Salben · Puder · Externa

Salben · Puder · Externa

Die äußeren Heilmittel der Medizin

Von

Dr. rer. nat. habil. Hermann v. Czetsch-Lindenwald

Apotheker · Geschäftsführer der Austria PAN-Chemie G.m.b.H. Wolfsberg (Kärnten)

und

Dr. med. habil. Friedrich Schmidt-La Baume

a. o. Professor · Chefarzt der Hautabteilung des Städtischen Krankenhauses Mannheim

Mit einem Beitrag

Die Aufgaben des Hautschutzes in der Gewerbehygiene

von Dr. Rolf Jäger

Leiter des Institutes für Kolloidforschung
der Johann-Wolfgang-Goethe-Universität Frankfurt a. M. - Bad Homburg v. d. H.

Dritte Auflage

Mit 57 Abbildungen

Springer-Verlag

Berlin / Göttingen / Heidelberg

1950

ISBN 978-3-642-49571-7   ISBN 978-3-642-49862-6 (eBook)
DOI 10.1007/978-3-642-49862-6

Vorwort zur dritten Auflage.

Durch die Umstände der Zeit hat die dritte Auflage, in der wieder alle Dermatologica in einem einzigen Bande behandelt werden, mehrere Jahre auf sich warten lassen. In diesen Jahren ging einerseits auch in der Pharmazie viel zugrunde, andererseits entstanden gerade in den letzten zwei Jahren zahlreiche neue Heilmittel und Möglichkeiten. So mußten die Antibiotica, die neuen Antizoonotica und Antimykotica besonders berücksichtigt werden. Für das Kapitel über die Antimykotica lieferte Dozent Dr. KIMMIG, Oberarzt der Universitäts-Hautklinik Heidelberg, experimentelle Unterlagen.

In einem besonderen Abschnitt sind ferner die Salben der Chirurgie behandelt.

Es wurde versucht, in einer Indikationstabelle, dem der Hauttherapie ferner stehenden Arzt Richtlinien für den Übergang der verschiedenen Applikationsformen bei Hautentzündungen zu geben.

Die feuchten Umschläge haben eine breitere Behandlung bez. ihrer Wirkungen auf die Hautzellen erfahren, wobei auch die neueste Literatur berücksichtigt ist. Bei der Besprechung der Pflaster sind die Arbeiten über Roh- und Hilfsstoffe sowie über Gewebegrundlagen der Pflasterindustrie angeführt.

Bei der Unzahl der seit der Währungsreform erschienenen neuen Präparate können und sollen natürlich nicht wahllos möglichst viel Präparate genannt werden, da ja, wie im 1. Vorwort vermerkt, das Buch kein „Spezialitätenlexikon" sein will.

Die Korrespondenz mit vielen Herstellerfirmen war schwierig und bisweilen unmöglich. Gibt es doch Hersteller ohne Fabrik und ohne legitimen oder erfahrenen Pharmazeuten. An dieser Stelle sei Herrn Dr. KAPPEL, Hautabteilung der Städt. Krankenanstalten Mannheim, für seine fleißige Mithilfe bei der Korrespondenz mit den Firmen besonders gedankt. Der Überblick über den z. Z. vorhandenen Arzneischatz ist schwieriger als bisher. Trotzdem hoffen wir, in der vorliegenden Auflage das Wesentliche über das umgrenzte Arbeitsgebiet gebracht zu haben. Der Einfachheit halber wurden die bisher in 2 Bänden vorliegenden Kapitel in einem Bande zusammengefaßt.

Wolfsberg-Kärnten, Mannheim und Bad Homburg v. d. H.
1950.

Die Verfasser.

Vorwort zur ersten Auflage.

Die vorliegende Arbeit über Salben soll für den Arzt, der Hauttherapie treiben will oder auf percutanem Weg Heilmittel anzuwenden pflegt, sowie für den Apotheker unter Berücksichtigung der neueren Forschungsergebnisse ein Leitfaden sein. Es wurde durch enge Zusammenarbeit von chemischer und medizinischer Seite aus versucht, Lücken zu schließen, die bisher in den Lehrbüchern über Hauttherapie bestanden, und es sollen neue therapeutische Möglichkeiten gezeigt werden. Dabei soll in übersichtlicher Form das Wissenswerte über die wichtigsten Salbengrundlagen und gebräuchlichsten Salbenwirkstoffe übermittelt und an klinischen Beispielen erörtert werden. Doch muß eingangs schon betont werden, daß die klinische Beurteilung von Salbengrundlagen gewissen Schwierigkeiten unterliegt. Es war absolut notwendig, die sog. Simultanbehandlung an gleichartig erkrankten und symmetrischen Körperstellen heranzuziehen, um lokale Verschiedenheiten, Spontanheilungen, die Capillar- und Hautdrüsenbeschaffenheit nicht außer acht zu lassen. Es ist verständlich, daß die im Modellversuch gefundenen Ergebnisse oft mit den klinischen Ergebnissen unerwartete Differenzen zeigen. Die verschiedene Reizempfindlichkeit nichtsymmetrischer Körperstellen, ferner Unterschiede in der Salbenverträglichkeit der verschiedenen Lebensalter, fehlerhafte Verbandtechnik, unzweckmäßiges Verhalten der Kranken, Außerachtlassung des Schmelzpunktes der Salben und der dadurch bedingten „Schicht- oder Dochtwirkung" sind Faktoren, die den klinischen Erfolg bei Reihenversuchen im voraus in Frage stellen und daher zu berücksichtigen waren.

Aus diesen vielen Fehlerquellen, die eine kritische klinische Prüfung erschweren, ist es wohl verständlich, daß die richtungweisenden Arbeiten von MONCORPS und PERUTZ bisher in der Praxis nicht den verdienten Widerhall gefunden haben.

Es kann im Hinblick auf die Fortschritte und Erkenntnisse der Dermatologie im letzten Jahrzehnt nicht geleugnet werden, daß die Salbengrundlagen, ihre Beziehung zur Resorption oder Diffusion von Wirkstoffen, um nur einiges hier zu nennen, ein Problem darstellen, mit dem sich fast alle Disziplinen der Medizin neben der Dermatologie und Kosmetik befassen sollten.

Die Anwendung fertiger Salben mit oft unübersehbaren Kompositionen oder Parfümierung kann nicht als Lösung bezeichnet werden. Um so mehr muß aber die Herstellung einwandfreier Salbengrundlagen, wie haltbarer Fette oder Kohlenwasserstoffe, von besonderer Reinheit mit bestimmtem Schmelzpunkt gefordert werden. Dann wird es sich auch bewerkstelligen lassen, daß durch Zusammenarbeit zwischen Arzt und Apotheker unter Verwendung von Salbenmaschinen die feststehenden Salben des DAB überall in gleicher Güte und mit gleicher Wirkung geliefert werden.

Dem Apotheker soll die Schrift die Auswahl der einzelnen Salbengrundlagen erleichtern und verständlich machen. Sie soll ihm all die Grenzgebiete näherbringen, in denen sich Pharmakognosie und Pharmakologie, Kolloidwissenschaft und Pharmazie begegnen, soll Themen besprechen, die überall gestreift, aber nirgends bearbeitet worden sind. Sie soll vor allem eine Brücke zwischen Arzt und Apotheker schlagen und jedem der beiden den Standpunkt und das Trachten des anderen verständlich machen. Sie soll dem Apotheker zeigen, warum der Dermatologe diese oder jene Forderung stellt und umgekehrt. Sie soll aber das altbekannte Wissen nicht wiederholen, wohl aber die Lehren der Kosmetik insoweit berücksichtigen, als nötig ist.

Das Buch soll und kann naturgemäß kein Spezialitätenlexikon sein und darf daher auch nicht als vollständige Liste für alle Neuigkeiten der Industrie gelten. Es greift vielmehr nur Typen aus dem Angebotenen heraus und will dem Leser an ihrem Beispiel das Verhalten der Wirkstoffe in verschiedenen Medien vor Augen führen.

Die Literatur der Dermatologen, Apotheker und Kosmetiker der letzten Jahre bis zum Beginn des Jahres 1939 (nunmehr bis 1944 ergänzt) sowie die älteren Arbeiten wurden berücksichtigt, ferner interessante Patente und Patentanmeldungen des In- und Auslandes. Es soll dadurch dem Leser die Möglichkeit gegeben werden, mit dem Erfinder in Verbindung zu treten. Die großen Fett- und Vaselinmengen, die wir zu den Versuchen benötigten, wurden uns von der I. G. Farbenindustrie A.G. Werk Oppau zur Verfügung gestellt. Ein Teil der Salben, die klinisch verwendet wurden, ist in der Apotheke des Städt. Krankenhauses Mannheim hergestellt worden; wir danken Herrn Oberapotheker Völlm und seinen Mitarbeitern für diese Unterstützung.

Ludwigshafen a. Rh., Mannheim und Frankfurt a. M.,
im Juni 1939.

Die Verfasser.

Vorwort zur zweiten Auflage.

Im Jahre 1939 erschien unser Buch über „Salben und Salbengrundlagen". Es hat im allgemeinen, wie dem Absatz und den Kritiken
zu entnehmen war, recht gute Aufnahme gefunden, so daß heute eine
zweite Auflage nötig war. Wir haben uns im Einvernehmen mit dem
Verlag entschlossen, diese Neuauflage zusammen mit einer gleichartigen
Arbeit über Puder, Schüttelmixturen Öle, und Waschmittel in Form eines
zweibändigen Werkes herauszubringen. Grund hierfür war vor allem
die innige Verflechtung der einzelnen dermatologisch gebrauchten
Arzneimittel. In der Therapie folgt die Anwendung von Pudern, Schüttelmixturen und Salben aufeinander, medikamentöse Seifen werden zur
Ergänzung der Behandlung herangezogen. Man kann Salben durch Puder
und Schüttelmixturen in vielen Fällen ersetzen, ein Umstand, der gerade in der Kriegszeit Bedeutung besitzt. Ein Buch über Salben kann
diese Ausweichmöglichkeiten naturgemäß nicht voll berücksichtigen.

Seit Erscheinen der ersten Auflage ist außerdem sehr viel über Salben
gearbeitet worden. Die Ersatzstoffe wurden eingehend behandelt, die
Gewerbehygiene brachte neue Gesichtspunkte. Es war daher nötig, auch
den Text der vorliegenden Arbeit grundlegend abzuändern und zu ergänzen. Die Anregungen der Kritiker des Buches über „Salben und
Salbengrundlagen" wurden soweit wie möglich berücksichtigt. Allerdings war dies nicht in allen Fällen möglich, denn der eine Kritiker
z. B. bedauerte, daß die Spezialpräparate nicht alle erwähnt sind, so
daß das Buch als Nachschlagewerk nicht brauchbar ist, der andere
wieder war der Ansicht, es seien deren zu viele erwähnt, so daß die
Übersichtlichkeit leide. Der eine fand, daß manche Produkte zu streng
kritisiert seien, der andere beanstandete zu milde Beurteilung. Eine
Besprechung wünschte unsere Stellungnahme in Zweifelsfällen, diesem
Wunsche wurde nach Möglichkeit Rechnung getragen.

Die im Vorwort der ersten Auflage angedeuteten Richtlinien wurden
auch in dem neuen Werk in beiden Bänden berücksichtigt. Es wurde
auch hier durch enge Zusammenarbeit von chemischer und medizinischer Seite aus versucht, auf Grund aller Literaturangaben und eigener
Ergebnisse die vorhandenen Lücken zu schließen. Auch hier wurde die
Simultanbehandlung an gleichartig erkrankten symmetrischen Körperstellen zur Prüfung herangezogen. Die klinischen Prüfungen führte wieder F. Schmidt-La Baume durch, alle anderen Arbeiten H. v. Czetsch-
Lindenwald.

Ludwigshafen a. Rh., Mannheim und Frankfurt a. M.,
im Oktober 1944.

Die Verfasser.

Inhaltsverzeichnis.

Inhaltsverzeichnis. XI

Salbenbehandlung.

Allgemeiner Teil.

a) Historischer Überblick.

In den bisherigen Auflagen wurde die Geschichte der Salbenbehandlung nur recht kurz dargestellt. Wenn wir heute darauf ausführlicher eingehen können, verdanken wir dies der Dissertation des Herrn VON GÖBEL[1], der das diesbezügliche Material zusammengetragen hat.

Die erste literarische Erwähnung finden die Salben im Papyrus Ebers, der etwa um 1600 vor Christi Geburt im Nildelta entstand. In ihm ist alles Wissen, das bis dorthin erkannt worden war, zusammengetragen. Salben, Pflaster und andere äußerlich anwendbare Medikamente finden darin eine eingehende Würdigung. Als Grundlagen tauchen schon damals Wachs, Öl, Tierfette und Harze auf. Butter und andere Molkereiprodukte spielen jedoch noch kaum eine Rolle. Als Wirkstoffe finden wir die heute noch gebräuchlichen: Salz, Mennige, Honig, Harz, Crocus, Zwiebel, Grünspan, Wacholderbeeren, Durrakorn (Stärke) und die heute verlassenen, wie Katzenexkremente.

Die Dermatologie der alten Griechen lehnt sich an das Wissen der Ägypter an. HIPPOKRATES behandelt frische Wunden ohne Salben. Er kennt aber bei abheilenden Wunden die Therapie mit erweichenden Präparaten, die eine gute Narbenbildung verursachen. Er verwendet als Grundlagen altes und frisches Schweinefett, Olivenöl, Wachs, Harz, Ziegenfett. Viele Salben enthalten als Grundlage Honig und den beim Eindicken von Wein entstehenden Sirup. Rom übernahm die griechische Therapie und ergänzte sie. Bei CELSUS finden wir den Rindertalg, Butter und Knochenmark als Salbengrundlagen, Lorbeerfrüchte, Ammoniacum, Cardamomen, Myrrhe, Kupferoxyd, Iris, Kalmus, Ginster, Terpentin als Wirkstoffe angeführt.

PLINIUS führt die Hirschhornasche, zahlreiche Drogen, die ätherische Öle enthalten, als Salbenbestandteile seiner Zeit an.

GALENS verstreute therapeutische Ausführungen über die Salbentherapie, in denen Beobachtung, fundiertes Wissen und Kombinationen niedergelegt sind, hat PAULUS VON AEGINA in Ostrom zusammengefaßt. Er veranlaßte auch Reinlichkeitskontrollen und trachtete die Haltbarkeit zu erhöhen.

Im Mittelalter baute man auf den Traditionen der Antike auf, der Horizont erweiterte sich aber nicht, sondern wurde kleiner, wenn auch die arabische Schule einige wesentliche Neuerungen brachte. Außerdem kamen im Mittelalter die Dispensarien und Antidotarien, die Vorläufer der heutigen Arzneibücher, auf. Im Antidotarium Nikolai, um 1130

---

[1] GÖBEL, VON: Dissertation München 1941.

geschrieben, 1471 gedruckt, erscheinen zehn Salben und drei Pflaster, von denen einige mit geringen Abwandlungen noch heute im Gebrauch sind.

BRUNSWIG kennt als Salbengrundlagen rotes, weißes und neues Wachs, Terpentin, Gummi, Wollfett, Tannenharz, Kolophonium, Mastix, Tragant, Honig, Rosenöl, Hasen- und Schweineschmalz, Enten-, Gänse- und Hennenfett, denen die verschiedensten Wirkstoffe beigefügt werden. Bei der Apostelsalbe, einer der wichtigsten Präparate des Mittelalters, läßt er als Hauptbestandteile Wachs, Tannenharz, Ammoniacum, Bleisalze zusammenarbeiten.

PARACELSUS empfiehlt zwar bei Pflastern und Ölen die Präparate der Schulmedizin, lehnt aber bei den ihm wichtigeren Salben die Kombination landfremder Stoffe ab. Butter und Honig sind seine Grundstoffe, da beide „Kräuterextrakte" sind, können sie ausgewechselt werden. Wirkstoffe sind Zubereitungen von Wegerich, Walwurz, Hohlwurzel, Natternkraut, Gerstenmehl, Eidotter, Regenwürmer, also Produkte, die in der Volksmedizin heute noch eine Rolle spielen. In seiner Zeit spielten die Salben eine große Rolle, neben den schon genannten Stoffen finden wir Aal und Wolfsleber, Wolfsgurgel, gekochte Hörner und Klauen, Menschen- und Tierkot, Blut von Rothaarigen, Menschen und Hunden, das Fett von Schwänen, Füchsen, Hunden, Schlangen.

Die Therapie der Chirurgen hat natürlich in Kriegen, so auch in den Napoleonischen, weitgehende Vervollkommnungen erreicht. So kommt es, daß im 19. Jahrhundert die Wundbehandlung mit Salben zurückgeht, ja nahezu völlig verschwindet. Der Gedanke der Wunddesinfektion taucht auf, bewußte chemische Forschung setzt ein, die Herstellung und Erklärung der Emulgierwirkung wird studiert.

Etwa um 1870 geht die Salbentherapie, die der Chirurg nur mehr für schlecht heilende Wunden verwendet, immer mehr in das Rüstzeug eines neuen Zweiges der Medizin, der Dermatologie über. Die Namen HEBRA, UNNA, KAPOSI, PIFFARD und LIEBREICH leiten die moderne Zeit ein, den Abschnitt also, mit dessen Wissen wir uns zu beschäftigen haben. Ihre Forschungen sind es, auf die wir heute aufbauen und die wir jetzt zum Teil erklären können. Vieles ist schon klar und zweckmäßig, noch mehr bleibt vorbehalten. Heute steht uns eine große Menge von Salbengrundlagen zur Verfügung, doch wann und wo wir diese oder jene am zweckmäßigsten anwenden, wie wir die verschiedenen Eigenschaften der Salbengrundlagen und des inkorporierten Arzneimittels zur Heilung am besten heranziehen und wie wir Mißerfolge verhindern, das wissen wir bei weitem nicht immer.

Die Dermatologie hat alte empirisch gefundene Rezepte. Sind diese Vorschriften das Optimum? Kann man sie durch Ändern der Grundlage verbessern? Bei der Borsalbe wurde das Schweinefett durch Vaselin ersetzt. Kommt dieser neuen Mischung noch die alte Wirkung zu? Lanolin-Vaselin-Gemische geben manche zugesetzten Medikamente schwerer ab als pflanzliche oder tierische Fette (JÄGER[1]). Berück-

---

[1] JÄGER: Hippokrates 8, 449 (1937).

sichtigen wir dies? Viele solche Fragen lassen sich aufstellen und bearbeiten. Wir müssen uns aber zuerst über die Grundlagen und deren chemisch-physikalische Konstanten ein Bild machen, das Bekannte vorüberziehen lassen und zuletzt die noch fehlenden Punkte zu klären trachten. Dann soll der Versuch gemacht werden, für die wichtigsten Arzneimittel die optimal wirksamen Grundlagen für die verschiedenen Indikationen zu finden und ungeeignete in einzelnen Fällen auszuschließen. Wir wußten ja nur in Ausnahmen, wie sich die inkorporierten Medikamente z. B. in der Salbe verhielten. Wir haben keine präzisen Angaben, für welches Medikament die eine, für welches die andere Salbengrundlage die beste ist (BRANDRUP[1]). Wir müssen aber darüber Bescheid wissen, denn es geht nicht an, daß wir die Tatsache, daß Vaselin nur $^1/_{40}$ der Salicylsäure gegenüber einer Öl-in-Wasser-Emulsion abgibt, vernachlässigen oder nicht berücksichtigen.

Um über alle diese Fragen Bescheid geben zu können, müssen wir uns zuerst über die Rohstoffe der dermatologischen Heilmittel klarwerden.

b) Die Rohstoffe der dermatologischen Arzneimittel, insbesondere der Salben.

Wir können die uns zur Verfügung stehenden Rohstoffe nach den verschiedensten Gesichtspunkten ordnen. Man kann z. B. in mineralische, pflanzliche, tierische und synthetische Produkte unterteilen und hat bei diesem Verfahren bereits erhebliche Schwierigkeiten zu überwinden, denn die gereinigten oder abgewandelten Naturstoffe können nach Belieben dieser oder jener Gruppe zugezählt werden.

Schweinefett ist sicher ein Naturprodukt; trifft dies auch beim hydrierten Fett noch zu? Welcher Unterschied besteht zwischen natürlichem und künstlichem Adrenalin? Wir kommen mit dieser Einteilung also über gewisse Mängel nicht hinaus. Trotzdem wird sie den Herstellern von „Naturprodukten" erwünscht sein, denn man kann in vielen Fällen meist fern jeder Kritik werbetechnisch operieren und dem, der es hören will, von vitalen Kräften der Naturstoffe und den Giften der Syntheseprodukte vielerlei erzählen.

Eine andere, wenn auch wenig gebräuchliche Einteilung in einfache und zusammengesetzte Rohstoffe, aus denen ihrerseits wieder kombinierte Arzneimittel entstehen, ist vorteilhafter. Einfache, also chemisch ohne tiefgreifende Reaktion verwendbare Arzneimittelrohstoffe sind z. B. das Wasser, der Alkohol, ein Alkaloidsalz. Pflanzliche Totalauszüge hingegen, Fette und Kohlenwasserstoffe sind zusammengesetzte Rohstoffe, denn sie lassen sich durch chemische Reaktionen oder physikalische Maßnahmen, z. B. durch fraktionierte Destillation, in einfache Rohstoffe teilen. Dieser Versuch, in 2 Gruppen zu unterteilen, hat den Nachteil, daß zu große Abteilungen entstehen und daß in vielen Fällen die einfachen Bestandteile sich von den zusammengesetzten nicht wesentlich unterscheiden.

---

[1] BRANDRUP: Pharmaz. Z.halle Dtschld **75**, 589 (1934).

Wir können vom Gesichtspunkt der Medizin aus unterteilen und die
Dermatologica in Adstringentia, Reduktionsmittel, Oxydationsmittel
usw. einteilen, Desinfizientia und Antiseptica, Lokalanaesthetica voneinander abtrennen. Diese Einteilung ist die bekannteste; die Lehr-
bücher folgen ihr vielfach, doch auch hier treten Schwierigkeiten auf,
da oft mehrere Mittel in einigen Gruppen gleichzeitig geführt werden
müssen.

Die exakteste Unterteilung liefert uns wohl die Chemie. Sie teilt die
Produkte wie folgt ein:

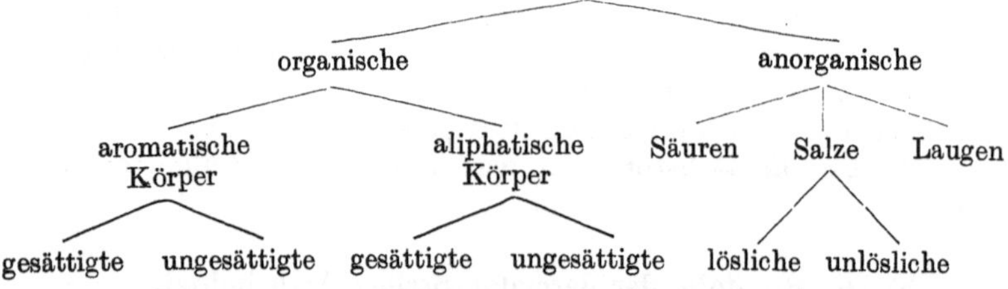

Die Unterteilung der anorganischen Rohstoffe ist so einfach und
übersichtlich, daß ihr nichts hinzuzufügen ist. Die wichtigsten organischen Mittel können aber auch in anderer vielleicht besserer Gruppie-
rung gebracht werden.

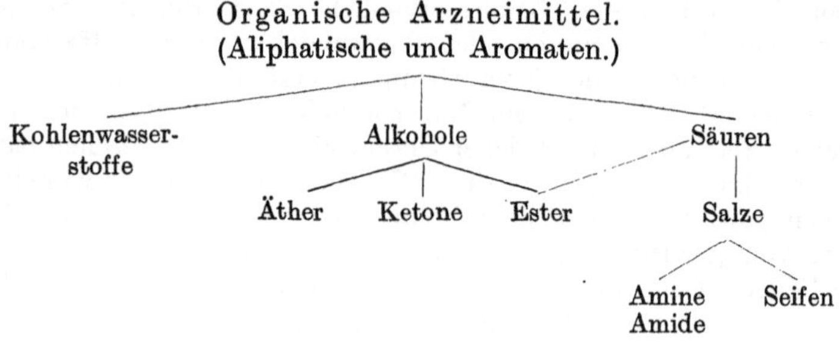

Diese Einteilung nach chemischen Gesichtspunkten bedarf natürlich
der Ergänzung. Man muß wissen, daß alle diese Stoffe, sowohl die aliphatischen als auch die aromatischen Substanzen, gesättigt und ungesättigt,
viele verzweigt sein können, daß die niederstmolekularen Stoffe Gase
sind, die nächsthöheren Flüssigkeiten und die weiteren feste Substanzen.

Im Anschluß an diese Einteilung sollen die einzelnen Gruppen, sofern sie Salbenbestandteile darstellen, kurz besprochen werden.

Kohlenwasserstoffe sind Substanzen, die nur aus Wasserstoff und
Kohlenstoff bestehen. Die aromatischen Kohlenwasserstoffe, die einen
oder mehrere Benzolringe enthalten, und die aliphatischen mit geraden
(Paraffine) oder verzweigten Ketten (Isoparaffine, z. B. Vaselin) sind,
wie schon oben angedeutet, gasförmig (Methan CH_4), dünn oder dick-
flüssig, schmalzig oder fest. Petroläther, Benzin, Paraffinöl, Paraffin
sind die wichtigsten therapeutisch verwendeten Kohlenwasserstoffge-

mische der Paraffinreihe, Vaselin ist chemisch ein Gemisch von verzweigtkettigen Isoparaffinen, Naphthenen und Aromaten.

Kurzkettige **Alkohole** sind Lösungsmittel, langkettig feste Substanzen. Der Methylalkohol mit einem C-Atom CH_3OH zeigt in seiner Formel die für alle Alkohole charakteristische OH-Gruppe. Von den gesättigten Alkoholen ist der Äthylalkohol C_2H_5OH mit 2 C-Atomen als Lösungsmittel wichtig. Ihm folgen der Propyl- und Isopropylalkohol. Der Isopropylalkohol ist mit dem Propylalkohol isomer, das heißt: es gibt in diesem Fall zwei Alkohole gleicher Summenformel mit verschiedenem Molekülaufbau. Man kennt verschiedene Arten von Isomerie, auf die einzugehen hier zu weit führen würde. Je komplizierter die Formel, um so mehr Isomere sind theoretisch denkbar und meist auch praktisch herstellbar. Alkohole mit größerer Kettenlänge, wie mit 12, 14, 16 und 18 C-Atomen, insbesondere die letzten 3, der Miristyl-, der Cetyl- und der Stearylalkohol, sind als Salbenbestandteile von Bedeutung. Noch kettenlängere Alkohole sind schwer rein zu beschaffen und stehen auch infolge ihres hohen Schmelzpunktes kaum in Verwendung.

Ungesättigte aliphatische Alkohole, also solche, die eine oder mehrere Doppelbindungen $C=C$ oder dreifache Bindungen $C\equiv C$ aufweisen, besitzen hier geringeres Interesse. Der Allylalkohol ist ein Lösungsmittel, das gewerbehygienisch interessant ist, und der Oleylalkohol hie und da Bestandteil von Salben. Durch die Doppelbindungen können sich die ungesättigten Verbindungen zu Polymeren aneinanderreihen. Derartige Verbindungen sind gummi- oder schleimartig und Bestandteile von Pflaster- oder Trockensalben. Neben diesen sog. einwertigen Alkoholen gibt es auch zwei-, drei- und mehrwertige.

$$CH_3OH \quad \text{einwertiger Alkohol (Methylalkohol),}$$

$$\left.\begin{array}{l} CH_2OH \\ CH_2OH \end{array}\right\} \text{zweiwertiger Alkohol (Glykol),}$$

$$\left.\begin{array}{l} CH_2OH \\ CHOH \\ CH_2OH \end{array}\right\} \text{dreiwertiger Alkohol (Glycerin).}$$

Wie schon die Beispiele zeigen, sind auch die mehrwertigen Alkohole von Wichtigkeit. Insbesondere dem Glycerin begegnen wir in Salben und Schüttelpinselungen. Steht es nicht zur Verfügung, so greift man vielfach zu „Ersatzmitteln", wie den Glykolen, vier-, fünf- und sechswertigen Alkoholen oder deren Mischungen, wie sie z. B. aus Zuckern gewonnen werden können.

Die meisten sind äußerlich brauchbar, manche per os gegeben giftig. Tritt ein solcher Vergiftungsfall ein, so wird man vorübergehend auch bei der äußerlichen Anwendung vorsichtig und lehnt z. B. die Glykole restlos ab. In Notzeiten vergißt man auch diese Vorsicht wieder.

Aromatische Alkohole sind vielfach Bestandteile von Desinfizienzien, ätherischen Ölen. Die Sterine sind aromatische Alkohole komplizierter Zusammensetzung.

Äther. Zwei Alkylgruppen (wie CH_3), durch Sauerstoff verbunden, geben einen Äther, eine Substanz, die aus den Alkoholen gewonnen werden kann. Der gewöhnliche Äther C_2H_5—O—C_2H_5 ist Lösungs- und Narkosemittel. Weitere Äther spielen zur Zeit noch keine Rolle; es ist aber nur eine Frage der Zeit, wann die Äther der C_{12}—C_{16}-Alkohole als Salbenbestandteile (Öl/Wasser-Emulgatoren) in die Therapie eingeführt werden.

Ester. Eine organische Säure ist durch die Gruppe COOH charakterisiert. Bindet man nun chemisch unter Wasseraustritt an diese Gruppe einen Alkohol, so erhält man einen Ester:

$$—COO_H + _{OH}CH_3 = —COOCH_3 \, .$$

Da wir nun die verschiedensten Alkohole und Säuren zur Verfügung haben, sind auch eine Unmenge Ester bekannt und in Verwendung. Gesättigte kurzkettige Ester, wie die Lösungsmittel „Essigester“ sowie Amylacetat und die Fette sind Ester. Alle Fette enthalten den dreiwertigen Alkohol Glycerin und als Säuren meist gesättigte oder ungesättigte Fettsäuren mit einer Kettenlänge von 8—24 C-Atomen. Da das Glycerin 3 Fettsäuren

$$CH_2OH$$
$$CHOH$$
$$CH_2OH$$

verestern kann, erhält man die verschiedensten Produkte, sogenannte Triglyceride. Bleiben zwei OH-Gruppen unverändert und wird nur eine verestert, so erhält man Monoglyceride, die wie die analog gebauten Diglyceride Emulgatoren darstellen.

Aromatischen Estern, wie denen der Salicyl- und Benzoesäure, begegnen wir unter den Desinfektionsmitteln. Fettsäureester einwertiger, meist langkettiger Alkohole nennt man Wachse.

Ketone sind Substanzen, die den Äthern äußerlich ähnlich gebaut sind, nur enthalten sie keine —O—, sondern eine —CO-Gruppe. Das einfachste Keton Aceton, CH_3—CO—CH_3, ist als Lösungsmittel bekannt. Weitere Ketone sind vielfach die Träger des Geruchs in ranzigen Fetten oder Duftstoffen. Ihnen und den ähnlich gebauten Aldehyden kommt hier nur beschränkte Bedeutung zu.

Säuren. Bei der Besprechung der Ester im Rahmen des Buches wurde schon angedeutet, daß organische Säuren durch die Gruppe COOH charakterisiert sind. Die wichtigsten Säuren sind in unserem Falle die Fettsäuren, deren Reihe mit der Ameisensäure beginnt; es folgt die Essigsäure, CH_3COOH, die nächsthöheren Homologen haben geringere Bedeutung, um so wichtiger sind die Fettsäuren mit 10—18 C-Atomen, die sog. Seifenfettsäuren, deren Salze die Seifen, deren Glycerinester die Speisefette bilden. Es gibt gesättigte (Palmitin- und Stearinsäure) und ungesättigte Fettsäuren (Linol- und Ölsäure), cyclische Säuren (Chaulmograsäure). Sie alle besitzen pharmazeutisch und chemisch Bedeutung. Neben den Monocarbonsäuren gibt es auch Dicarbonsäuren, deren Bau analog dem der zweiwertigen Alkohole ist. Dicarbonsäuren sind z. B. die Oxalsäure und die Adipinsäure.

Durch Substitution des Wasserstoffs der COOH-Gruppe, durch ein Metallion erhält man ein Salz, aus Fettsäuren z. B. die Seifen, die chemisch gesehen Salze sind. Die Bedeutung der verschiedenen Salze, die häufig therapeutisch wirksam sind, muß nicht eigens betont werden, an Stelle des Metalls können auch stickstoffhaltige Verbindungen treten. Man erhält dadurch Amine oder Amide, die z. B. Emulgatoren oder Chemotherapeutica sein können.

Wir sind uns bewußt, daß dieser Grundriß der chemischen Zusammenhänge nicht erschöpfend ist. Er kann unmöglich einen Überblick über die gesamte Chemie geben. Sein Zweck ist daher nur, die Zusammenhänge in Erinnerung zurückzuführen. Einzelheiten sollen jeweils unter den entsprechenden Abschnitten besprochen werden.

c) Salben und Salbengrundlagen.

α) Einteilung der Salben nach den Bestandteilen der Grundlagen.

Zunächst sei eine Klassifikation der vorhandenen Salbengrundstoffe gegeben:

1. Fette (Fettsäureglycerinester):
a) *Öle:* Glyceride meist pflanzlichen Ursprungs, und zwar vom nichttrocknenden Olivenöltyp und dem trocknenden, hochungesättigten Leinöltyp, Übergänge zwischen den beiden Arten.
b) *Schmalze,* meist tierischen Ursprungs, aber auch Pflanzenfette. Beispiel: Schweinefett, gehärtetes Erdnußöl.
c) *Talge,* tierischen und pflanzlichen Ursprungs. Beispiel: Hammel- und Rindertalg.

2. Paraffinkohlenwasserstoffe:
a) flüssig: Paraffinöl;
b) schmalzartig: Vaselin gebleicht und ungebleicht;
c) fest: Paraffine im engeren Sinne, Ceresin.

3. Wasser-in-Öl-Emulsionen: Wassertropfen in Fetten oder Kohlenwasserstoffen als äußere Phase suspendiert. *Typ:* Cholesterinemulsionen, Hautfett.

4. Öl-in-Wasser-Emulsionen: Öltropfen in wäßriger äußerer Phase. *Typ:* Sahne, Lecithin, Triäthanolamin-Emulsionen und fetthaltige Pflanzenschleimsalben.

5. Wasserlösliche Salben: Trockensalben; fettfreie Salben. Beispiel: Ungt. Glycerini, Gelatinesalben.

6. Wachse, tierischen und pflanzlichen Ursprungs: Fettsäureester, aber nicht des Glycerins, sondern mit anderen Alkoholen wie Myricylalkohol, Cholesterin. Beispiel: Wollfett, Bienenwachs.
Alkohole. Beispiel: Cetylalkohol, Cholesterin.

7. Seifenhaltige Salben: Beispiel: Naphthalan.

Alle diese Grundsubstanzen werden in größten Mengen verwendet; man schätzte den Verbrauch der pharmazeutischen Industrie und der Apotheken Deutschlands 1939 auf 9000 Tonnen jährlich, so daß z. B. die Auffindung von Austauschstoffen wirtschaftlich eine bedeutende Rolle spielen kann.

β) Büchernachweis.

Die nun folgende zusammenfassende Besprechung der einzelnen Gruppen von Salbengrundlagen umfaßt die wichtigsten in der neueren Literatur beschriebenen Präparate und deren Beurteilung. Sie soll nur orientieren, kann aber nicht die durchgearbeiteten Spezialwerke vollinhaltlich referieren und will vor allem keine Indikationstabelle darstellen. Wenn man sich eingehender informieren will, so sind folgende Werke zu empfehlen:

ARZT-ZIELER: Die Haut- und Geschlechtskrankheiten. Wien: Urban & Schwarzenberg 1934.

CZETSCH-LINDENWALD: Pharmazeutische Technologie. Wien: Springer 1948.

Deutsches Arzneibuch, 6. Ausg., sowie die Arzneibücher des Auslandes.

EICHHOLTZ: Lehrbuch der Pharmakologie. 3. u. 4. Aufl. Berlin: Springer 1949.

FÜRST: Grundriß der Arzneimittellehre für die Behandlung von Hautkrankheiten. Leipzig: Verlag Thieme.

GESTIRNER: Handbuch der galenischen Pharmacie. Deutscher Apotheker-Verlag. Berlin 1936.

HAGERS Handbuch der pharmazeutischen Praxis. 4. Aufl. Berlin: Springer.

HEFFTER, SCHÖNFELD: Chemie und Technologie der Fette und Fettprodukte. Wien: Springer 1939.

Handbuch der Haut- und Geschlechtskrankheiten. V/1 Pharmakologie der Haut, Arzneimittel. Allgemeine Therapie (PERUTZ, SIEBERT, WINTERNITZ). Berlin: Springer 1930.

JANISTYN: Kosmetisches Praktikum II. Augsburg: Ziolkowsky 1937.

KERN: Angewandte Pharmazie. Deutscher Apotheker-Verlag.

LANGE: Die Technik der Emulsionen. Berlin: Springer 1929.

LICHTWITZ, LIESEGANG, SPIRO: Medizinische Kolloidlehre. Dresden-Blasewitz: Steinkopff.

MANN, H.: Die moderne Parfümerie (bearbeitet von WINTER). 4. Aufl. Wien: Springer 1932.

MEYER, H. H.: Die experimentelle Pharmakologie als Grundlage der Arzneibehandlung. Berlin: Urban & Schwarzenberg.

PASCHKIS: Kosmetik für Ärzte. Wien: Hölder, Pichler, Tempsky 1923.

POUCHER, W.: Perfumes, Cosmetics, Soaps. London: Chapman and Hall 1938.

POULSSON: Lehrbuch der Pharmakologie. Leipzig: Hirzel 1940.

RAPP: Wissenschaftliche Rezeptur und Defektur. 2. Aufl. Berlin: Springer.

SCHÄFFER, ZIELER, SIEBERT: Behandlung der Haut- und Geschlechtskrankheiten. Berlin: Urban & Schwarzenberg 1940.

SCHRAUTH: Die medikamentösen Seifen. Berlin: Springer 1914.

SIDO: Neues Manual für praktische Pharmazie. 2. Aufl. Berlin: Springer.

SPALTON: Pharmaceutical Emulsions. Verlag Chemist a. Druggist. London 1950.

TRUTTWIN: Handbuch der kosmetischen Chemie. 2. Aufl. Leipzig: J. A. Barth 1924.

TRUTTWIN: Handbuch der Kosmetik. Leipzig: J. A. Barth.

TRUTTWIN: Grundriß der kosmetischen Chemie. Braunschweig: Vieweg.

VOLK u. WINTER: Lexikon der kosmetischen Praxis. Wien: Springer 1936.

WAGNER, A.: Die Herstellung von Hautcremen in der Praxis. Verlag für Chemische Industrie 1939.

WEICHHERZ-SCHRÖDER: Fabrikationsmethoden für galenische Arzneimittel und Arzneiformen. Wien: Springer 1930.

WINTER, FRED: Handbuch der gesamten Parfümerie und Kosmetik. 10. Aufl. Wien: Springer 1949.

WOJAHN: Kurze Einführung in die galenische Pharmazie. Dresden-Blasewitz: Steinkopff 1936.

1. Fette.

Unter dieser Gruppe wollen wir, dem Chemiker folgend, alle, also feste, flüssige und schmalzige Fettsäureglycerinester verstehen. Die Klassifikation ermöglicht auf den ersten Blick eine Beurteilung der chemischen Eigenschaften und ist klarer als eine Einteilung nach Konsistenz und Unterteilung nach dem Ursprung. Gerade die Hervorhebung des Ursprunges statt der chemischen Eigenschaften hat den mineralischen Produkten Eingang in die Pharmazie auch dort gewährt, wo sie nicht am Platze sind. Man sprach von Mineralfetten, ließ arglos, der Unterschiebung Vorschub leistend, das den Ursprung anzeigende Wort Mineral weg, und auf einmal war Vaselin ein Fettstoff, ja sogar ein hautaffines Hautnährmittel.

a) Schweineschmalz.

Um auf die Fette zurückzukommen, wollen wir uns vorwiegend mit den wichtigsten, den schmalzigen Produkten beschäftigen, besonders mit ihrem klassischen Vertreter, dem Schweineschmalz, denn andere Fette, wie Medulla bovinum, Rinderknochenmark, haben an Bedeutung schon lange verloren. Murmeltier-, Hunde-, Dachs-, Gänse-, Hasen- und andere „Schmalze" hingegen sind nur mehr in der Volksheilkunde in Verwendung. Sie wurden wie das Hundefett zum Teil per os als Heilmittel gegeben, und zwar vielfach aus Gründen der Signaturlehre. Der Hund hat eine ausdauernde Lunge, also muß sein Fett bei Lungenkrankheiten gut sein.

Im Handel sind die wenigsten derartigen Fette. Wenn sie verlangt werden, nimmt sie der Apotheker aus dem Standgefäß mit Vaselinum flavum. Das hat in ähnlicher Weise vor 110 Jahren schon PETER ROSEGGER erlebt und später beschrieben.

Schweinefett war bis zur Einführung des Vaselins die verbreitetste Salbengrundlage. Infolge seiner begrenzten Haltbarkeit wurde es aber seither immer mehr in den Hintergrund gedrängt. Trotz seiner Nachteile wird es nach ZUMBUSCH (zitiert bei RAPP) immer seinen Platz in der Therapie behalten, da es am besten schmiert, reizlos ist, mit Seife leicht abgewaschen werden kann und von den meisten Ekzemhäuten vertragen wird. Die Medikamentenabgabe aus Adeps suillus ist gut. Man vergleiche nach ATMA[1] nur die Heilwirkung einer Schweineschmalzsalbe mit der einer Stearatcreme.

Um das Schweinefett in der Therapie wieder auf den verdienten Platz zu setzen, sind Versuche gemacht worden, ihm die unerwünschten Eigenschaften zu nehmen. Die älteste Maßnahme ist die Entwässerung und der von E. WILSON vorgeschlagene Zusatz von Benzoeharz, in dem nach HUSA[2] das Koniferylbenzoat wirksam ist und der Neigung zum Ranzigwerden mit einem gewissen Erfolg entgegenwirkt. Wieweit dies zutrifft, sollen einige Zahlen aus unseren Protokollen zeigen.

---

[1] ATMA: Dtsch. med. Wschr. **1926**, 5.
[2] HUSA: Dtsch. Apoth.-Ztg **49**, 1538 (1934).

In einer Apotheke wurde aus einer Portion Schweinefett ein Teil ohne Benzoe aufbewahrt, ein anderer wurde zu Adeps suil. benz. verarbeitet. Wir kauften von beiden Partien und erhielten folgende Daten:

Tabelle 1.

	LEA-Zahl	Kreis-Reaktion	FELLENBERG-Reaktion	TÄUFEL-THALER-Reaktion	STAMM-KORPACZY-Reaktion
Schweinefett	62,6	++	++++++	+	++++
Adeps benzoatus, verschlossen aufbewahrt	1,96	+ gerade erkennbar	++++	—	++

Beide Proben wurden nun 14 Tage lang unter Licht- und Luftzutritt aufbewahrt. Die Reaktionen hatten sich wie folgt verschoben:

Schweinefett	200	+++	+++++++	++	++++++
Adeps benzoatus . . .	12,5	+	+++++++	—	++++

Die einzelnen Reaktionen kennzeichnen folgendes:

1. LEA-*Zahl* = Menge Peroxyd (Einleitung zum Ranzigwerden).
2. FELLENBERG-*Reaktion* = Aldehydranzigkeit.
3. *Kreisreaktion* = Vorhandensein von Epihydrinaldehyd (aus der Ölsäurespaltung, daher nur bei ungesättigten Fetten, z. B. Naturfetten).
4. TÄUFEL-THALER-*Reaktion* = Methylketone (Parfümranzigkeit).
5. STAMM-KORPACZY-*Reaktion* = Mechanismus nicht geklärt, vermutlich Oxysäuren.

Kurvenmäßig ergibt die LEA-Zahl folgendes Bild:

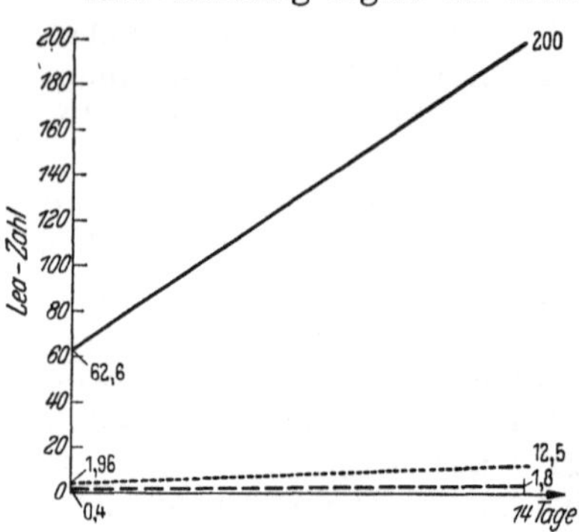

Abb. 1. ———— Anstieg der LEA-Zahl des Adeps suillus, ... Anstieg der LEA-Zahl des Adeps suillus benzoatus, — — — Anstieg der LEA-Zahl eines hydrierten synthetischen Fettes. Text hierüber S. 3.

Es zeigt sich also eine gewisse Hemmung, aber keineswegs eine Verhinderung der Ranziditätsneigung durch die Benzoinierung. Dazu kommt noch, daß, wie schon SCHMATOLLA[1] festgestellt hat, vom Benzoeharz nur wenige Prozent im Adeps zur Lösung und mithin zur Wirkung gelangen. Die Säure reagiert außerdem mit manchen zugesetzten Wirkstoffen, so mit Alkaloiden, mit denen sie braune Reaktionsprodukte bildet (FERRARIS[2]). Man sollte daher, und um eventuell eintretende Idiosynkrasien zu vermeiden, das Benzoeharz durch ein modernes Desinfiziens, etwa vom Nipagintyp, ersetzen. Die Kosmetik bedient sich dieser Mittel längst. Alle ihre Öl-in-Wasser-Emulsionen, viele Tragant- und Fettcremes wären sonst nicht haltbar. Andere Produkte, wie Thymol, Vanillin, α-Jonon, be-

---

[1] SCHMATOLLA: Pharmaz. Ztg **56**, 727 (1932).
[2] FERRARIS: Boll. chimic. farmac. **78**, 4 (1939).

währen sich, wie FIEDLER[1] referiert, neben der Desinfektions- bzw. Duftwirkung im selben Sinne. Aussichtsreich erscheint ferner der Zusatz von Maleinsäure in der Verdünnung 1:10000, die als indifferent bezeichnet werden kann. Ferner sollen nach TÄUFEL[2] das Vitamin E und nach zahlreichen anderen Autoren differente Substanzen, wie Pyrogallol, antioxydativ wirken. Den Stoffen kommt aber in der Salbentherapie nur beschränkte Bedeutung zu, da sie mit den Wirkstoffen reagieren können.

Einen anderen Weg zur Ausschaltung der Nachteile des Schweinefettes schlägt BRANDRUP[3] vor, indem er den Zusatz von 5% Cetylalkohol empfiehlt. Durch die Zugabe wird die Ranziditätsneigung herabgesetzt, es entsteht eine Salbengrundlage, die haltbar ist und sich mit Wasser gut emulgiert. Die Vorschläge für die Austriaca IX haben deshalb auch als Ungt. simplex eine Salbe gebracht, die 10% Cetylalkohol in 90% Schweinefett enthalten sollte. Weiter sollte nach HUMMER[4] ein durch Zusatz von Walrat härter gemachtes Schweinefett für Kühlsalben und Wundsalben in Betracht gezogen werden. Vaselin sollte nur zur Herstellung von Decksalben zur Anwendung kommen.

Schweinefett wird leicht körnig; um dies zu verhindern, läßt man geschmolzenes Fett auf Eis erstarren.

Um die Neigung zum Ranzigwerden herabzusetzen, kann man das geschmolzene Schweineschmalz durch Einarbeiten von 3% wasserfreiem, fein gepulvertem Natriumsulfat trocknen, dieses abfiltrieren und das Fett in vollen Flaschen vor Licht geschützt aufbewahren. Nach dieser Vorbehandlung hält es sich nach HORKHEIMER[5] *ohne Zusätze* mindestens 3 Monate. Die Bedeutung der richtigen Lagerung, die das Ranzigwerden verzögert, hebt SIDO[6] hervor. Er wendet sich gegen lichtdurchlässige Öl- und Salbengefäße.

Die Eigenschaft des Schweinefettes, leicht ranzig zu werden, hat auch schon propagandistische Verwertung gefunden. So wird bei einer ausländischen Salbe das Fehlen jeder tierischen Fettkomponente besonders hervorgehoben.

Auch der Geruch des reinen Adeps suil. wird bisweilen beanstandet. Industrial Chem.[7] empfiehlt daher auf eine Anfrage hin hydriertes Wollfett. Aber auch geringes Hydrieren des Schweinefettes führe zu einem haltbaren, geruchlosen und nur wenig gefärbten Produkt.

Soweit die Versuche, die Haltbarkeit des Schweineschmalzes zu verbessern. VESTERLING[8] ging weiter, er hat für das DAB 6 die Streichung des Schweineschmalzes angeregt. Zu seiner Prüfung sei die Beschaffung eines Refraktometers nötig. Da ein solcher Apparat für den Apotheker untragbar sei, soll das Fett durch Adeps lanae, Ungt. adipis lanae und das Ungt. neutrale des ersten Weltkrieges (Wollfett und Paraffinsalbe)

[1] FIEDLER: Klin. Wschr. 19, 10 (1040).
[2] TÄUFEL: Chem. Ind. 65, 10/11, Nr 1 (1942).
[3] BRANDRUP: Vortrag auf der deutschen Naturforscher- und Ärztetagung 1934.
[4] HUMMER: Vortrag, zit. im Parfumeur 40, 726 (1933).
[5] HORKHEIMER: Pharmaz. Ztg 5, 60 (1934).
[6] SIDO: Pharmaz. Ztg 5, 60 (1934).
[7] Ind. Chem. 16, Nr 181, 79 (1941).
[8] VESTERLING: Pharmaz. Z.halle Dtschld 12, 143 (1923).

ersetzt werden. Ein solcher Vorschlag berücksichtigt die Erfahrungen der Dermatologen zu wenig.

In der Kosmetik spielt das Schweineschmalz ebenfalls eine Rolle. Nach Hübscher[1] bestehen die „Elise Bock"-Präparate im wesentlichen daraus, etwa 13% Unverseifbarem und 15% Zinkoxyd.

Nächst der schlechten Haltbarkeit ist die niedrige Wasserzahl von 7,5 ein Nachteil des Schweinefettes, wobei unter Wasserzahl (abgekürzt WZ.) nach Casparis und Meyer[2] die Höchstmenge Wasser in Gramm, die 100 g einer wasserfreien Salbengrundlage bei Zimmertemperatur dauernd festhalten können, zu verstehen ist. Diese Wasserzahl sagt nichts über die Menge aus, die die Salbe an Salzlösungen aufnimmt. Letztere muß bei den verschiedenen Konzentrationen jeweils empirisch festgelegt werden (Mühlemann[3]). Der Zusatz von 2% Cetylalkohol läßt die WZ. bereits auf 240 hinaufschnellen (heiß einarbeiten und bis zum Erkalten rühren). Wollfett in Mengen von 15% zugesetzt, erhöht die WZ. auf 70. Wachs läßt die Zahl bei 10% Zusatz nur auf 26 hinaufsteigen (Meyer[4]).

b) Synthetische und andere Fette.

Aussichtsreicher als die Bemühungen, Schweinefett zu konservieren, erscheinen die Versuche, es durch *vollwertige Glyceride* ähnlicher Konsistenz zu ersetzen. Das Schweizer Arzneibuch, 5. Ausgabe, hat partiell hydriertes Erdnußöl mit einer Jodzahl zwischen 63 und 75, dem Schmelzpunkt zwischen 38 und 41° und der Verseifungszahl von etwa 190 eingeführt. Es ging damit damals als modernstes Arzneibuch als erstes bewußt den Weg, der vom Vaselin weg zu einem vollwertigen Ersatz des Schweinefettes führt. Die 11. Ausgabe des Arzneibuches der USA. ging auch vom Schweinefett ab, seine Salbengrundlagen wurden aber unphysiologischer, da als Ungt. simplex ein Gemisch von je 5 Teilen Wachs und Wollfett und 90 Teilen Vaselin angegeben wird.

Das in der Schweiz verwendete Fett wird von den Astra-Öl- und Fettwerken Steffisburg hergestellt und hat ohne Zusatz von fremden Emulgatoren bereits eine WZ. von 75. Seine wasserbindenden Eigenschaften, die durch Wollfettzusatz nicht verbessert werden, beruhen nach Meyer[5] und Schenk[6] auf dem Mono- und Diglyceridgehalt des Produktes. Diese nur teilweise veresterten Glyceride entstehen bei der Hydrierung, werden also nicht zugesetzt und sind nicht in optimaler Konzentration vorhanden (Mühlemann[7]). Ihre emulgierende Wirkung ist bekannt und z. B. im Amer. P. 926369, das Monoglyceridzusatz als Emulgator für Speisezwecke schützt, beschrieben worden. Eingehende Versuche zu diesem Thema hat Mühlemann[8] angestellt. Er zeigte, daß

[1] Hübscher: Parfumeur 1940, Nr 51.
[2] Casparis u. Meyer: Pharm. acta helvetica 1936, 1.
[3] Mühlemann: Pharm. acta helvetica 1940, 1, 30.
[4] Meyer: Diss. Bern 1936.
[5] Meyer: Diss. Bern 1936.   [6] Schenk: Diss. Bern 1938.
[7] Mühlemann: Pharm. acta helvetica 15/1940, 1, 2, 3.
[8] Mühlemann: Pharm. acta helvetica 15/1940, 1.

die Partialglyceride, die ja auch im Tegin Träger der Wirkung sind, jedoch — für sich allein zugefügt, Wasser-Öl-Emulsionen ergeben — je nach ihrer Zusammensetzung und dem Fettkörper, den sie emulgieren sollen, gute oder schlechte Emulgatoren darstellen. Am besten schneiden die ungesättigten Monoglyceride ab; die gesättigten Diglyceride wirken kaum mehr emulgierend.

Nach FEDOROVA[1] haben die Russen ebenfalls gehärtete Fette in die Dermatologie eingeführt. SCHAMUILOW, BATKINA und BENJAMOWITSCH[2] empfehlen insbesondere das hydrierte Sonnenblumenöl, ein salbenartiges, auf der Haut schmelzendes Produkt, das indifferent ist und die Haut entspannt. FIERO[3] wiederum empfiehlt hydriertes Ricinusöl vom Fp. 42 bzw. 82° als weiche bzw. harte Salbengrundlage. Das Produkt wird schwer ranzig, nimmt viel Wasser auf und mischt sich mit Alkohol. Derselbe Autor hat nun in Fortsetzung seiner Versuche auch die Sulfonate des Ricinusöls und deren Metallsalze geprüft. Er erhält dadurch keine Salbengrundlagen, sondern vielmehr altbekannte gute Öl-Wasser-Emulgatoren. Eine Mischung von Oxystearinsäure (aus gehärtetem Ricinusöl) und Paraffin oder Glyceriden gibt gallertige Salben, die auf der Haut schmelzen.

Das Jap. P. 4475/35 schützt ein Verfahren zur Herstellung von Salben aus Sojaöl. Das hydrierte Öl wird als Salbengrundlage im Jap. P. 2077/35 beschrieben. Eine ungarische chemische Fabrik, die Neovasol Vegyipari KFT, hat sich gehärtete Öle wie Kürbiskernöl, Sojaöl, Ricinusöl und Lebertran als Salbengrundlagen schützen lassen. Um die sonst von selbst eintretende Weiterhärtung zu verhindern, setzt man 5—50% Paraffinkohlenwasserstoffe oder ähnliche Substanzen, die das Fortschreiten der Reaktion verhindern, zu. Da die WZ. dieser Produkte kleiner als 2 ist, müssen im Bedarfsfalle Emulgatoren zugesetzt werden. Als Konservierungsmittel werden Benzoate und Salicylsäure empfohlen. Auch gehärtetes Walfett, für sich allein oder mit Emulgatorzusätzen, ist brauchbar und wurde von KAUFMANN, MEMMESHEIMER, MULZER, SCHMALFUSS und LOTTERMOSER in einer Gemeinschaftsarbeit auf seine Brauchbarkeit geprüft[4].

GOLLNICK[5] berichtet als erster über Versuche mit dieser Grundlage am Krankenbett und nennt das Walfett eine gute, medikamentenabgebende Grundlage, die infolge ihrer Lagerfähigkeit empfohlen werden kann. WILDE[6] beanstandet den Geruch des ihm zur Verfügung stehenden Versuchspräparates. Jedenfalls wird das Walfett, sobald die technischen Schwierigkeiten behoben sein werden, eine brauchbare Grundlage vom Typ des Schweinefettes darstellen. BORNHARDT[7], ein

[1] FEDOROVA: Vestn. Ven. i Derm. **1938**, 19.

[2] SCHAMUILOW, BATKINA u. BENJAMOWITSCH: Vestn. Ven. i Derm. **2**, 194 (1937).

[3] FIERO: J. amer. pharmaceut. Assoc. **25**, 862 (1936); **28**, 100 (1939); **29**, 502 (1940).

[4] KAUFMANN, MEMMESHEIMER, MULZER, SCHMALFUSS u. LOTTERMOSER: Fette u. Seifen **1938**, 1.

[5] GOLLNICK: Dermat. Wschr. **1940**, Nr 35.

[6] WILDE: Dermat. Wschr. **1940**, Nr 35.   [7] BORNHARDT: Diss. Münster 1940.

Mitarbeiter KAUFMANNs, hat die verschieden stark hydrierten Walöle systematisch untersucht und festgestellt, daß sie das Schweinefett voll ersetzen können. Sie sind haltbarer und nehmen gut Wasser auf, ja die höher hydrierten Partien waren sogar als Suppositoriengrundmasse brauchbar. Ester höherer Fettsäuren mit Polyglycerinen sind nach einem franz. Patent (840761) als Salbengrundlagen bzw. Emulgatoren verwendbar. Nach einer Notiz im Schweizer Industrieblatt vom 25. 7. 1942 kann man auch Sardinenöl zu einer brauchbaren und haltbaren Salbengrundlage verarbeiten. Das Öl wird bei 300° über Nickelkatalysatoren hydriert und weist einen Schmelzpunkt von 48° auf. Die Versuche hat TOMOTARO TSUCHIGA in Japan angestellt.

Auch Glyceride, die besonders schwer ranzig werden, ohne aber hydriert zu sein, hat man zur Salbenherstellung herangezogen; so die Fulwebutter (Fp. 39°). Sie wird in Indien aus dem Samen des Butterbaumes gewonnen, hält sich selbst im tropischen Klima monatelang, ohne sich zu verändern, und soll insbesondere für kosmetische Zwecke sehr geeignet sein[1]. Auch aus dem Lebertran können Glyceride von Fettsäuren, die sich zur Herstellung von Salben eignen, durch Tiefkühlung gewonnen werden[2].

Ein weiteres Produkt ist *Cetiol*, ein nach Angabe des Herstellers (Deutsche Hydrierwerke) aus tierischen Fetten gewonnener veredelter, flüssiger Wachsester, der sehr beständig ist und nicht ranzig wird. Er besteht aus Ölsäureester des Oleylalkohols, verbessert das Aussehen der Cremes und dringt leicht in die Haut ein, ohne einen fettigen Glanz zu hinterlassen. Näheres über Cetiol und ein ähnliches Produkt derselben Firma, Ocenol K, teilen JANISTYN[3] und BAUMANN[4] mit. Auf die eingehende Broschüre des einen von uns (SCHMIDT-LA BAUME: Die Öl-Wasser-Emulsionen. Hirzel-Verlag 1950) soll nur verwiesen werden.

Artadeps, Chem. Fabrik, Tempelhof, vom Schmelzpunkt 41,5°, der WZ. 32,5, der Jodzahl 13,5 und dem Säuregrad 0,54, soll Schweinefett ersetzen, wird sehr schwer ranzig und besteht aus wenig Fettsäureestern und vielen Kohlenwasserstoffen, hat also nur dem Namen nach Fettcharakter.

Brauchbare Salbengrundlagen sind auch die *synthetischen Fettsäureglyceride*, wie die der Fettwerke in Witten-Ruhr bzw. der Badischen Anilin- und Sodafabrik, Ludwigshafen a. Rh., die allerdings noch nicht im Handel sind. Diese gesättigten Produkte mit einer Jodzahl von 0—10, Unverseifbarem um 1%, einer Säurezahl unter 1, einer Verseifungszahl um 240 und einer WZ. von über 120 ähneln chemisch den vollkommen hydrierten Ölen. KAISER und DRÄXL[5] haben eingehend darüber berichtet; da außerdem im Text noch öfter darauf verwiesen wird, soll hier nur das Wichtigste erwähnt werden. Sie sind streichbar wie Schweinefett und werden nur sehr schwer ranzig. Die *Lea*-Zahl, die bei der Kurve auf S. 10 eingezeichnet ist, zeigt ihr Ver-

---

[1] Notiz in Seifensieder-Ztg **61**, Nr 27.   [2] Madaus D.R.P. 626432.

[3] JANISTYN: Dtsch. Parfümerie-Ztg **1936**, 6.

[4] BAUMANN: Parfumeur **16**, 79 (1942). Dtsch. Apoth.-Ztg **59**, 3/4 (1944).

[5] KAISER u. DRÄXL: Südd. Apoth.-Ztg **79**, 481 (1939).

halten gegenüber dem konservierten und naturbelassenen Fett eindeutig. Unsere klinischen Versuche, die sich eingehend mit den Produkten beschäftigten, wurden von SCHMIDT[1] bestätigt und ergänzt. Er führt das gute Lösungsvermögen für Salicylsäure an und zeigt die gute Wirkung von Blei- und Schwefelsalben, die auf dieser Basis bereitet wurden.

Die Fette, die aus oxydierten Braunkohlenparaffinen und Glycerin erzeugt werden, sind in Talg- und Schmalzform herstellbar und enthalten keine Kohlenwasserstoffe.

Hydriertes *Palmkernöl*, das einen Zusatz von 12,5% Paraffinöl enthält, wird von CALDWELL[2] als beständiger, gut brauchbarer Ersatz für Schweinefett in den Tropen empfohlen.

Kokosfett ist trotz seiner guten Haltbarkeit und der schönen Farbe nicht brauchbar, da es Reizungen verursacht. Die Fettsäure mit 12 C-Atomen, der Hauptbestandteil, ist ja bekanntlich stark hautreizend.

Rinderfett findet sich nur selten in Salben. So enthält nach dem Schweizer Patent 203258 ein Lichtschutzmittel dieses Fett und „die Konsistenz verbessernde Stoffe, wie Lanolin oder Pflanzenöl". Zur „Verstärkung" könne man dieser Mischung noch Methylumbelliferon oder dgl. zusetzen.

Der *Rindertalg* wird in Spezialfabriken in zwei Phasen durch Auspressen getrennt. Die ölige weiche Phase, die Obermargarine, ist als Salbengrundlage wohl brauchbar, die feste, das „Stearin", schmilzt zu hoch. Aus Rindertalg (Premier Jus) kann man durch teilweise Verseifung sehr ansprechende Cremes herstellen. Man nimmt z. B. 90 Teile Premier Jus, 3 Teile NaOH und 160 Teile Wasser, kocht auf und rührt bis zum Erstarren. Das Rühren darf, obwohl es bei größerem Ansetzen 24 Stunden und mehr dauert, nie unterbrochen werden, da man sonst ein knolliges Produkt erhält.

Hammeltalg wird durch Digerieren mit 2% $NaHCO_3$ und 0,15% Hydrazinsulfat gereinigt und hält sich in Töpfen bei 0,5% Thymolzusatz gut. Um seine Konsistenz herabzusetzen, gibt man Ricinusöl zu (v. MIKSA[3]).

Humanol (Menschenfett aus Lipomen) soll sich nach BONDARTSCHUCK[4] im Gemisch mit Fischtran und mit oder ohne Jodoformzusatz gut zur Wundheilung eignen. Der Grund hierfür sei die leichte Resorbierbarkeit.

Butter sollte im neuen Arzneibuch Österreichs, das in Vorbereitung war bzw. ist, als Salbengrundlage dienen. Butterschmalz ist ebenfalls brauchbar. E. ROSENBERG sucht um ein Patent an, demzufolge hydriertes Milchfett mit einem Tropfpunkt von 36—50° als Salbenbestandteil geschützt werden soll. Derartige Salben nehmen fast so viel Wasser auf wie Cholesterinsalben.

Adeps induratus ist von flüssigen Bestandteilen durch Pressen befreites Schweinefett, das vor allem in den Tropen Verwendung findet.

---

[1] SCHMIDT: Klin. Wschr. **1940**, 889.
[2] CALDWELL: Quart. J. pharm. **12**, 689 (1939).
[3] MIKSA, VON: Ber. ung. pharmaz. Ges. **17**, 297 (1941).
[4] BONDARTSCHUCK: Kazan. med. Ž. **1937**, 182.

Ungt. simplex von UNNA ist eine 2 : 1-Mischung von benzoiniertem Fett und Öl.

Außer den schmalzartigen Glyceriden besitzen noch die festen, wie z. B. Kakaobutter, sowie die Öle in der Pharmazie Interesse.

Kakaobutter, ein Gemisch der Glyceride der Palmitin-, Stearin-, Arachin-, Linol- und Ölsäure, dient in den Salben zur Regelung des Schmelzpunktes sowie, gleich dem *Hammel-, Rinder-* und *Hirschtalg*, zur Versteifung. Den gegenteiligen Zweck verfolgt der Zusatz von *fetten Ölen*, Erdnußöl, von Lein- und Mohnöl, die infolge ihres ungesättigten Charakters Jod und Schwefel addieren, Olivenöl, Sesamöl, Ricinusöl, Cottonöl, Bucheckernöl (sehr gut verwendbar). Mandelöl ist dünnflüssig, hat großes Eindringungsvermögen, wird aber leicht ranzig. Es ist hier nicht der Ort, alle diese Öle und Fette eingehend zu besprechen, sie folgen mehr oder minder dem Schweineschmalz in ihrem Verhalten auf der Haut. Ihre pharmazeutischen Eigenschaften wurden schon oft beschrieben. Die Unterschiede sind zudem nur graduell, nicht generell wie zwischen Fetten und Paraffinkohlenwasserstoffen. Es sei daher nur auf die Arzneibücher, auf HAGERS Handbuch und auf TRUTTWIN verwiesen.

In neuester Zeit ist es möglich geworden, glyceridfettartige Salben herzustellen, die anderseits in ihren Eigenschaften, insbesondere infolge der Benzinunlöslichkeit, wiederum Parallelen mit Schmierseife besitzen. Wir selbst haben mit derartigen Präparaten, die in Fettlösungsmitteln unlöslich, mit Wasser aber emulgierbar sind, Versuche gemacht. Die Präparate bestehen nach dem Schweiz. P. 225456 des einen von uns mit WOLFF und SATTLER aus Estern von Dicarbonsäuren mit Glykolen und dienen in Gewerbeschutzsalben (Arretil L, Blankonin) als lösungsmittelresistente Grundlagen. CUILLERET und GATTEFOSSE[1] empfehlen fettsaures Triäthanolamin und Fettsäureglykolester, da diese Substanzen mit Wasser vermischt salbenartig bleiben und bei Ekzemen und Scabies gut „resorbiert" würden.

c) Soll man nun gesättigte oder ungesättigte Fette verwenden?

Die ungesättigten Körper·sind, wie wir von den Schlafmitteln her schon wissen, wirksamer und aktiver als gesättigte. Im Granugenol, vielleicht auch in den Harz- und Chlorophyllsalben, sind es die ungesättigten Anteile, die granulierend wirken. Schieferölpräparate verlieren ihren Wert, sobald die Doppelbindungen abgesättigt werden. Die Multivalsalbe ist auf Grund ihrer ungesättigten Fettsäuren wirksam, ebenso teilweise der Lebertran. LÖHR, UNGER und ZACHER[2] haben den Wert der ungesättigten Anteile nachgewiesen. SEIRING[3] befaßte sich damit, so daß wir an den Beobachtungen nicht vorbeigehen dürfen, wenigstens soweit wir chirurgische Indikationen oder Ulcerationen vor uns haben. Es dürfte sich daher empfehlen, bei Salben, deren granu-

---

[1] CUILLERET u. GATTEFOSSE: Bull. Soc. franç. Dermat. **46**, 3 (1939).
[2] LÖHR, UNGER u. ZACHER: Münch. med. Wschr. **1937, 47**.
[3] SEIRING: Münch. med. Wschr. **1936, 40**.

lationsanregende Wirkung im Vordergrund steht, auf das Vorhandensein ungesättigter Anteile zu achten. KAUFMANN[1] hat in dieser Richtung die ersten Hinweise gebracht.

Mit Leinöl und Maisöl hat man in Amerika Versuche bei Ekzemen gemacht, da bei diesem Krankheitsbild in der Haut weniger ungesättigte Fettsäuren vorhanden sein sollen als bei Gesunden. Die positiven Ergebnisse, von denen anfangs berichtet wurde, sind aber umstritten und werden von TAUB und ZAKON[2] abgelehnt.

Wir haben dementsprechend bei vielen Salben die vollkommen gesättigten synthetischen Fette nicht ausschließlich verwendet, sondern auch ein Gemisch von 7 Teilen festem Fett, $1^1/_2$ Teilen Erdnußöl und $1^1/_2$ Teilen Lebertran geprüft. Das Produkt, das eine Jodzahl von etwa 30 hatte, war pharmazeutisch als Grundlage befriedigend.

Dermatologisch waren die Vorteile der ungesättigten Anteile aber nicht hervorstechend. Das oben angegebene Gemisch wirkte z. B. in Form einer Borsalbe bei Vergleichsversuchen am Menschen bei einem Pemphigus nicht anders als die Fette allein. Es ist möglich, daß nur gewisse ungesättigte Fettsäuren, z. B. die des Lebertrans, wenn sie einen bestimmten Prozentsatz überschreiten, wirksam sind.

Die Fette und Öle werden für sich allein oder als Bestandteil der Emulsionen beider Typen verabreicht und stellen gut eindringende Medikamententräger dar. Jedes Fett besitzt für sich allein auch ohne Zusatz von Emulgatoren eine gewisse Wasseraufnahmefähigkeit. Diese Eigenschaft der Fette steht nur in scheinbarem Widerspruch zu der Tatsache, daß es ohne Emulgatoren keine Emulsionsbildung gibt. Denn die Fette enthalten eben schon von Natur aus geringe Prozentsätze an Emulgatoren: Naturfette, z. B. Sterine, gehärtetes Erdnußöl und die synthetischen Produkte vermutlich Mono- und Diglyceride, oder sie bilden keine echten, sondern nur Pseudoemulsionen, in denen die Verteilung des Wassers nur durch die Zähigkeit der Materie erhalten bleibt.

Die Fette, Öle und Talge sind infolge ihrer guten Verträglichkeit, ihrer „Hautaffinität" und ihrer Eigenschaft, viele eingearbeitete Medikamente gut zur lokalen Wirkung und Resorption zu bringen, wichtige Salbengrundlagen. Die Nachteile, deren Auftreten die Bedeutung der Fette zurückgedrängt hatte, sind korrigierbar. Es gibt Glyceride, in denen sie bereits behoben sind. In manchen Fällen müssen wir, um wirksame Salben zu erzielen, teilweise ungesättigte Fette verwenden (s. Jodsalben). Auch zur Wundheilung scheinen bestimmte ungesättigte Anteile besser zu sein, so daß vollkommen hydrierte Fette mit einem Zusatz von Ölen, die freie Doppelbindungen enthalten, wie Lebertran, „aktiviert" werden können. Wir wissen allerdings nicht, welchen Ungesättigten besondere Heilwirkung zukommt. In der Literatur wird nur immer von „bestimmten" oder „gewissen" Körpern gesprochen. Definiert wurden sie noch nicht. Die Ölsäure, die Linol- und Linolensäure besitzen weder im freien noch im gebundenen Zustand eine sicher bewiesene Epithelisierungskraft.

---

[1] KAUFMANN: Arch. Pharmaz. **267**, 232 (1929).
[2] TAUB u. ZAKON: J. Amer. med. Assoc. **1935**, 105.

Parallelen scheint diese äußerliche Therapie auch in der inneren Medizin aufzuweisen, auch bei der oralen Darreichung scheinen „gewisse" ungesättigte Fettsäuren nötig zu sein. Man kann sie auch hier Vitamin F nennen und wird damit Gegner auf den Plan ziehen, die die Vitaminwirkung leugnen.

Wie unsicher wir auf dem ganzen Gebiet noch sind, zeigt eine Arbeit von SOMEKAVA und SUZUKI, die genau das Gegenteil von den anderen Autoren behaupten. Ihnen zufolge ist die schädliche, per os beobachtete Wirkung des Waltrans auf die ungesättigten Anteile zurückzuführen und kann durch Hydrierung entfernt werden.

Jedenfalls haben die Fette mit manchen ungesättigten Säurekomponenten einen zusätzlichen hautpflegenden Wert (Leinöl, Sojaöl, Weizenkeimöl, Lebertran). Ihr Zusatz hat daher auch schon zu verschiedenen Patenten, wie des franz. P. 880748, der Vasenolwerke geführt.

Eine gewisse Parallele finden wir hierfür auch in der Arbeit von BUU HOI und RATSUMANANGA[1], die feststellten, daß Chaulmograöl durch Hydrierung zwar wirksam bleibt, aber ungiftig wird.

Die bisher besprochenen Triglyceride besitzen, im großen gesehen, alle recht ähnliche Eigenschaften, ob sie nun fest oder flüssig oder salbenartig sind. Sie sind in gleicher Weise verseifbar und emulgierbar, aber selbst keine Emulgatoren. Die Mono- und Diglyceride hingegen sind selbst Emulgatoren und werden daher an anderer Stelle besprochen.

Die Ester der höheren Fettsäuren mit niederen einwertigen Alkoholen, etwa Äthyl- oder Isopropylalkohol, wiederum haben mehr Lösungsmittelcharakter und sind in der Lage, Wollfett zu lösen und es in angenehmer Form, etwa als „Hautfunktionsöl", zur Wirkung zu bringen. Butylstearat wiederum, ein alter Bestandteil der Kosmetik, wird in kleinen Mengen zugefügt, um Salben weicher zu machen.

d) Hautfett.

Immer wieder lesen wir, daß eine Salbe, eine Hautcreme, hautaffine Bestandteile enthält, daß sie dem Hautfett ähnlich zusammengesetzt ist. Der ideale Zustand wäre es ja auch, wenn wir mit einer Hautcreme oder Salbe die Substanzen der Haut zuführen könnten, die ihr fehlen, also das Hautfett, das durch Wasch- und Emulgierungsmittel, Lösungsmittel, durch mechanischen Abrieb der Haut entzogen wird. Zwei Schwierigkeiten stehen dem entgegen. Zunächst kommt das Hautfett von innen heraus und durchdringt also nicht nur die obersten, sondern auch die tieferen Partien der Haut, die ihrerseits in noch tieferen Schichten mit anders zusammengesetzten Depotfetten emulgiert ist. Zum andern ist aber die Zusammensetzung dieses Oberhautfettes eines Gemisches aus Talgdrüsenfett, Hornschichtfett, aus niederen Fettsäuren des Schweißes und dem Niederschlag der Umwelt (Hautcreme-, Seife- und Waschmittelreste) recht unterschiedlich. Es wurde deshalb bisher auch so gut wie nie untersucht, und insbesondere das Fett der Hände,

---

[1] BUU HOI u. RATSUMANANGA: Bull. Soc. Chim. biol. Paris **1941**, 459.

der Arme und des Gesichtes, also der Partien, die gecremt und gesalbt
werden müssen, war uns recht unbekannt. Das Ziel der Analytiker war
bisher meist das Lipomfett, Bauchfett, die Fette der subcutanen Gewebe, die, wenn sie auch von der Ernährung in geringfügiger Weise beeinflußt werden, doch im wesentlichen immer weitgehend ähnliche Konstanten aufweisen.

In den älteren Arbeiten finden wir Hinweise auf die Zusammensetzung in der Habilitationsschrift LINSERS[1]. Er zeigt, daß der Haut-
talg ein Gemenge von Alkoholestern, Ölsäureverbindungen und Alkoholen darstellt. UNNA[2] unterteilt das Fett in ein Talgfett und ein
Hornschichtfett und stellt fest, daß das Epidermisfett 120% Wasser
aufnehmen kann. FREUND[3] erwähnt, daß das Zellfett 1,4—2,8% Cholesterin, das Hornschichtfett 16—19% Cholesterin enthalte. Das Hornschichtfett enthält bis 83% Neutralfett (besser ausgedrückt Wachse)
und bis 36% Unverseifbares.

Wir haben nun eingehende Versuche durchgeführt, die die Konstanten des Fettes klären sollten, das durch Lösungsmittel von den Händen,
den Armen und dem Gesicht herabgelöst werden kann. Zu Versuchspersonen wurden 12 teils männliche, teils weibliche gesunde Personen
zwischen 20 und 40 Jahren herangezogen. Ihnen wurde täglich früh-
morgens durch Petroläther Hautfett an den erwähnten Stellen entzogen und die gewonnenen Fettmengen, die zwischen 0,1—0,6 g wogen
(nach mehrmonatigem Sammeln) analysiert. Die Säurezahl des Fettes
lag zwischen 39 und 62, die Verseifungszahl zwischen 158 und 207, der
Prozentgehalt an Unverseifbarem zwischen 9 und 35 und die Jodzahl
der Rohsäuren (Bestimmung nach KAUFMANN) zwischen 21 und 36. Im
Durchschnitt war die Säurezahl 50, die Verseifungszahl 181, das Unverseifbare 19,4 und die Jodzahl 28,7. Die großen Schwankungen sind
wahrscheinlich hauptsächlich auf äußere Umstände zurückzuführen.
Mehrere der Versuchspersonen wuschen sich mit Seife, eine Person,
deren Fett eine große Jodzahl aufwies, wusch sich das Gesicht täglich
mit Kölnisch Wasser ab, dessen hochungesättigte ätherische Öle die
Konstanten sehr wohl beeinflussen können, andere wuschen sich mit
Satina, Praecutan oder cremten sich. Irgendein besonderer Einfluß war
aber nicht festzustellen und in dem gesammelten Hautfett waren weder
besondere Waschmittel- noch Creme-Bestandteile wiederzufinden. Es
schien vielmehr so zu sein, daß z. B. ein Sulfonat zum Teil auf die
Haut aufzieht, anderseits aber wieder leicht emulgierbare Anteile des
Hautfettes abemulgiert und entfernt.

Im Anschluß an diese Versuche wurden alle Reste des Hautfettes zu
einer Salbe vereinigt und deren Wasserzahl, welche die abnorme Höhe
von 548 zeigte, bestimmt.

Daran anschließend wurde ein künstliches Hautfett aus Ölsäure-
cholesterinester, Stearylalkohol und Fettsäureglyceriden hergestellt.
Dieses Fett hatte eine Wasserzahl von 260, war zum Unterschied vom

---

[1] LINSER: Habil.-Schr. Naumburg 1904; Arch. klin. Med. **80**, 201 (1904).
[2] UNNA: Mschr. f. prakt. Dermat. **1907**, Nr 8.
[3] FREUND: in TRUTTWIN: Handbuch der Kosmetischen Chemie. 2. Aufl.

natürlichen Hautfett etwas fester und ließ sich wie dieses sehr leicht in die Haut einreiben.

Weder das natürliche als Creme aufgestrichene noch das künstliche Hautfett haftete aber fester als eine gute Hautcreme. Dies scheint auch gar nicht notwendig zu sein, denn auch die zahlreichen Hautcremes, die keine oder nur wenige Prozente der Inhaltsstoffe, die im Hautfett vorkommen, enthalten, erfüllen ihren Zweck genau so, so daß der Gedanke naheliegt, daß eine *Hautcreme nicht etwa dem Hautfett äquivalent zusammengesetzt sein, sondern nur mit der Haut eine Emulsion bilden muß*. Diese Emulgierung gestattet das Eindringen in die oberen Zellschichten, die Creme ist auf der Haut eine Fett-in-Haut-Emulsion und hat Tiefenwirkung.

Diese Theorie, daß die Haut eine Emulsion sei, hat viel für sich. GOODMAN[1] baut sie allerdings so weit aus, daß er die gesamte Hauttherapie in seine Ideen einspannt. Ihm zufolge wird die Haut in zwei Haupttypen eingeteilt. Der erste ist der Öl-in-Wasser-Emulsionstyp. Ist nun die Haut eines Individuums von demselben Emulsionstyp wie die Seife, so kann die Haut der Seifenemulsion widerstehen. Viele Personen, die die Seife vom Öl-in-Wasser-Emulsionstyp vertragen, reagieren auf die unlöslichen fettsauren Salze. Der Reiz kann durch die physikalischen oder chemischen Eigenschaften der unlöslichen Seife verursacht werden.

Als zweiter Hauttyp wird der Wasser-in-Öl-Emulsionstyp angesehen. Er verträgt die Öl-in-Wasser-Seifen-Emulsion nicht. Der Ersatz einer Öl-in-Wasser-Emulsionsseife durch eine andere Öl-in-Wasser-Emulsionsseife hilft der gereizten Haut nichts. Viele Cremes, die als Ersatz für Seife dem Öl-in-Wasser-Emulsionstyp angeboten werden, sind eigentlich nichts anderes als dieselbe Seife in Cremeform. Es ist selbstverständlich, daß in solchen Fällen zur Behandlung der umgekehrte Typ herangezogen werden muß, meint der amerikanische Autor.

Der für den Patienten mit einer Hautkrankheit rezeptierende Arzt soll also die Phase der Haut in Betracht ziehen. GOODMAN behauptet sogar, daß das Vehikel von größerer Wichtigkeit sein kann als der verschriebene aktive Bestandteil. Wenn die für die Haut verordnete Applikation zur Zeit der Anwendung von gleicher Phase wie die Haut ist, so kommt es zu keiner Schädigung. Eine Haut in der Öl-in-Wasser-Phase kann z. B. geheilt werden, wenn die Medizinalsalbe in der gleichen Phase liegt. Wenn es sich aber ergibt, daß das verordnete Vehikel in der der Haut im Zeitpunkt der Anwendung entgegengesetzten Phase liegt, so ergeben sich weitere Schwierigkeiten. Lanolinemulsionen stellen den Wasser-in-Öl-Typ vor. Patienten, die Lanolin nicht gut vertragen, sollten für ihre kranke Haut Öl-in-Wasser-Emulsionen anwenden, die auf Stärkegelen oder Schleimen aufgebaut sind. Diese sind mit den Emulsionen der gegenteiligen Phase äquivalent, wenn sie mit dem Fett der angegriffenen Hautoberfläche in Berührung treten.

---

[1] GOODMANN: J. amer. med. Assoc. **1940**, 1005.

Diese Theorie verblüfft beim ersten noch unkritischen Lesen und hat in ihrer Plastizität etwas Bestechendes. Bei genauerer Durcharbeit der Idee finden wir aber in ihr einen alten Bekannten wieder, allerdings in neuem Gewande. Der Öl-in-Wasser-Typ ist nichts anderes als der Sebostatiker, der Wasser-Öl-Typ der altbekannte Seborrhoiker.

Wie dem nun auch sein mag, wie die Worte und Definitionen auch gewählt seien, alle Salben- und Cremefabriken möchten eine hautfettartige Masse herstellen und suchen, schon aus werbetechnischen Gründen, den Nachweis zu erbringen, daß gerade ihr Produkt hautaffin, ein künstliches Hautfett sei. Chemisch ist dies nicht der Fall. Physikalisch, und dies scheint das Ausschlaggebende zu sein, mag es sehr wohl gelingen, hautfettartige Produkte zu bereiten. Sie müssen ja nur im Schmelzpunkt und in den Emulgatoreigenschaften dem Hautfett ähnlich sein. Chemisch dem Hautfett nahe zu kommen, wurde im *Vasenol* versucht, eine Substanz, die als Bestandteil von Pudern, Salben und fertigen Produkten geliefert wird. Es schmilzt bei 35°, reizt nicht und wird nicht ranzig. Es besteht aus cholesterinreichen Wachsalkoholen, die mit Fettsäureestern und Phosphatiden versetzt sind. Mit Vaselin bildet Vasenol eine Grundlage, deren WZ. 500 beträgt.

2. Paraffinkohlenwasserstoffe.

Unter diesem Kapitel sind ölartige, geschmeidig streichbare und feste, in der unbelebten Natur vorkommende oder aus ihren Rohstoffen gewinnbare Produkte zu verstehen.

1. Ölartige Substanzen:

a) Petroleum, das bekannte Erdöldestillationsprodukt.

b) Paraffinöl, Paraffinum liquidum, aus den über 360° siedenden Anteilen des Erdöls oder der Braunkohlenparaffine durch Destillation und Raffination gewinnbar. Auch aus Steinkohle kann man ähnliche Produkte gewinnen.

c) Vaselinöl wird aus Rohparaffinen ausgepreßt, es wird in den meisten Büchern mit Paraffinöl identifiziert, ist aber davon, da es ausschließlich ein Erdölprodukt darstellt, durch die Herkunft zu unterscheiden.

2. Salbig geschmeidig streichbare Substanzen:

a) Vaselinum flavum wird aus den Rückständen der Petroleumraffination gewonnen.

b) Vaselinum album wird aus dem gelben Vaselin durch Entfärben hergestellt.

c) Ungt. paraffini wird durch Zusammenschmelzen von Paraffinöl und festem Paraffin, gegebenenfalls unter Zusatz von Wollfett, hergestellt; eine Abart stellt das Ungt. durum, das ebenfalls aus festem und flüssigem Paraffin besteht, dar.

d) Künstliches Vaselin kann praktisch mit Ungt. paraffini gleichgesetzt werden.

e) Synthetisches Vaselin wird aus Braunkohlenparaffinen durch Hydrierung erzeugt.

f) Die Hyvaline H und W sind Kohlenwasserstoffe auf synthetischer Grundlage (Badische Anilin- und Soda-Fabrik). Sie stehen der Vaseline so nahe, daß sie ohne weiteres an dessen Stelle verwandt werden können.

3. Feste Körper:

a) Paraffinum solidum wird aus Erdölrückständen oder bei der Braunkohlen schwelung und Benzinsynthese gewonnen.

b) Ceresin ist besonders gereinigter Ozokerit (Erdwachs).

Petroleum ist ein gutes Mittel gegen tierische Parasiten. VEYRIÈRES[1] empfiehlt es, gegebenenfalls mit Cumarin parfümiert, in einer jetzt wohl überholten Salbe, die 2 Teile mit je 1 Teil Adeps Lanae und Wachs enthält.

Paraffinum liquid., von der Deutsch-Baltischen Öl-Gesellschaft oder ähnlichen Firmen hergestellt, ist ein häufiger Bestandteil der Salben. Der Zusatz hat den Zweck, die Präparate geschmeidiger zu machen; außerdem wirkt er sich günstig auf den Preis aus. Als Trägersubstanz für Nasenöl u. dgl. empfiehlt es sich nicht, da es gelegentlich aspiriert werden kann und so bisweilen zu Paraffinpneumonien führt (EICHHOLTZ)[2].

GROSSMANN und SIMON[3] empfehlen Paraffinum liquid. als Zusatz zu wasserfreien weichen Salben, die z. B. zur Behandlung von Verbrennungen dienen sollen, da es nicht ranzig wird. Außerdem habe es epithelisierende Eigenschaften, wie sie das Granugenol Knoll besitze. Dazu ist jedoch zu sagen, daß Granugenol kein Paraffinöl ist, sondern aus besonderen Chargen bestimmter petroleumartiger Erdölfraktionen ausgewählt wird. Es unterscheidet sich prinzipiell vom Paraffinum liquid. durch den Besitz von Doppelbindungen, die hier Träger der granulationsanregenden Eigenschaften sind. Paraffinum liquid. soll keine Doppelbindungen besitzen, ihm fehlt auch die Heilwirkung. Granugenol ist ein Medikament, aber keine Salbengrundlage. Paraffinöl ist eine Salbengrundlage; es wäre verfehlt, es irrtümlich zum heilenden Medikament machen zu wollen und damit z. B. eine Granugenpaste nachzuahmen.

Vaselinöl steht dem Paraffinum liquid. nahe, ist aber dünnflüssiger und nicht so gereinigt wie dieses. SIEBERT[4] warnt daher, es als Ersatz des Paraff. liquid. zu gebrauchen, zumal es auf der Haut und auch subcutan zu Reizungen führen kann.

Paraffine sind geradkettig, die *schmalzigen Paraffinkohlenwasserstoffe,* die in den letzten 50 Jahren die wichtigsten Salbengrundlagen geworden sind, insbesondere das Vaselin, das sich durch seine große Indifferenz und praktisch unbeschränkte Haltbarkeit auszeichnet, weisen verzweigte Ketten und ringförmige Moleküle auf.

Vaselin wird aus den Erdölen nach dem Abdunsten der leichtflüchtigen Anteile durch Einblasen warmer Luft und Behandlung des schmalzartigen Rückstandes mit Säuren und Bleicherden gewonnen und stellt eine je nach der Bleichung weiße, gelbe oder bräunliche Masse dar. Die Arzneibücher geben verschiedene Reaktionen an, die Vaselin erfüllen muß. Verseifbare Fette, fremde organische Stoffe, oxydable Substanzen und Säuren sollen nicht nachweisbar sein. Der Schmelzpunkt von 35—45° wurde ohne Zweifel vorgeschrieben, um Vermischungen mit festen und flüssigen Paraffinen auszuschalten. Mittlerweile kamen nun synthetische Sorten heraus, die um 60° schmelzen und dem DAB-

---

[1] VEYRIÈRES: Rev. franç. Dermat. **1925,** 1.

[2] EICHHOLTZ: Lehrbuch der Pharmakologie. 3. u. 4. Aufl. Berlin: Springer 1949.

[3] GROSSMANN u. SIMON: Med. Welt **1935,** Nr 22.

[4] SIEBERT: Handbuch der Haut- und Geschlechtskrankheiten. V/1, Berlin: Springer 1930.

Vaselin gleichwertig sind. KERN und CORDES[1] schlagen daher mit Recht vor, die Limitierung des Schmelzpunktes mit 45° fallen zu lassen.

Die Bestimmung des Flammpunktes ist nur wissenschaftlich von Wert, ebenso ist die Viscosität bei 50, 60 und 80° für die Praxis nur von beschränkter Bedeutung. Uns interessiert die Knetfähigkeit bei Zimmer- (Verarbeitungs-) Temperatur, nicht irgendeine Viscosität bei höheren Temperaturen. Wertlos sind diese Messungen trotzdem nicht, denn KERN und CORDES, die die Viscosität bei verschiedenen Temperaturen verglichen, konnten daraus auf die Zusammensetzung Schlüsse ziehen.

UTZ[2] hat den Brechungsindex verschiedener Vaselinen untersucht; es gelang ihm nicht, damit Resultate zu erzielen, die auf die Zusammensetzung schließen ließen.

KERN und CORDES maßen auch die Dielektrizitätskonstanten verschiedener Vaselinsorten. Für die Pharmazie ist dieser Wert unwichtig, um so bedeutender für die Elektroindustrie.

Die Vorschrift, daß Vaselin keine körnigen oder grob kristallinen Anteile enthalten darf, soll ebenfalls Streckungsmittel ausschalten. „Trichite", feine Kristallnadeln, deren Enden zugespitzt erscheinen, sind charakteristisch für eine gute zähe Vaselinsorte, denn ihr „Netz" bedingt erst die Zügigkeit des Vaselins. Die Trichite orientieren sich in Richtung des Zuges, der durch Streichen oder Reiben entsteht, ein Grund für die Schmierwirkung des Vaselins; ZIEGENSPECK[3] hat darüber eine interessante Arbeit veröffentlicht, die die Untersuchungen mit dem Polarisationsmikroskop zusammenfaßt. Er zeigt darin, daß die Trichite beim Erstarren des Vaselins parallel zu den Rändern der Oberfläche und größerer Luftblasen entstehen, so daß sie eine Art Schutzschicht bilden.

Vaselin wurde von CHESEBROUGH im Jahre 1871 entdeckt, von PIFFARD wurde es im Jahre 1876 in New York und kurz danach von KAPOSI[4] in Europa in die Dermatologie eingeführt. Vaselin hat immer mehr Bedeutung erlangt, obgleich sowohl dem Dermatologen, der die Salben verbraucht, als auch dem Apotheker, der sie herstellt, die Nachteile des Präparates wohl bekannt sind, so daß das Suchen nach neuen und besseren Grundlagen schon verhältnismäßig früh einsetzte. So ist ZUMBUSCH (zitiert bei RAPP) unter den Dermatologen als Gegner des Vaselins aufgetreten. Er führt als Beispiel an, daß das Ungt. Diachylon, das nach dem DAB 6 mit Vaselin bereitet wird, dem nach der österreichischen Pharmakopöe Nr. 8 mit Schweinefett hergestellten Präparat unterlegen ist. Vaselin vermag die Krusten bei der Ekzembehandlung nicht zu lösen und sei außerdem überhaupt bei Ekzemhäuten verpönt. Die deutsche Arzneibuchvorschrift gestattet es daher nicht mehr, die genannte Salbe zur Ekzembehandlung heranzuziehen. RAPP glaubt, die große Verbreitung des Vaselins auf die pharmazeutische Industrie zurückführen zu müssen. Deren Salben sollen besonders haltbar sein und würden deshalb mit Vaselin bereitet. Es muß jedoch darauf hin-

---

[1] KERN u. CORDES: Arch. Pharmaz. **281**, 1, 23; ferner CORDES: Diss. Braunschweig 1940.   [2] UTZ: Südd. Apoth.-Ztg **61**, 152 (1921).

[3] ZIEGENSPECK: Blätter f. Untersuchungs- u. Forschungsinstrumente 1. 6. 1 (Emil Busch, Rathenow, Hauszeitung).   [4] KAPOSI: Wien. med. Wschr. **1878**, 17.

gewiesen werden, daß das deutsche Arzneibuch den mit Vaselin hergestellten Salben den größten Raum zubilligt und daß auch die Apotheker
Vaselin für die Herstellung von Hausspezialitäten schätzen.

Das Vaselin wurde außerdem auf Antrag von Apothekern in das
DAB aufgenommen. LEFELD[1] schreibt: „Ob dieses (Schweinefett) nicht
gänzlich in dem neuen Arzneibuch fehlen könnte, und zwar nicht zum
Schaden der Pharmazie? Ist es doch ein Fett, das sehr zur Ranzidität
neigt und, wie wir gesehen haben, recht gut zu ersetzen ist."

Als Nachteil des Vaselins wird vom Dermatologen angeführt, daß
es bisweilen Reizungen verursacht, und zwar wird immer wieder hervorgehoben, daß das weiße Vaselin, also das anscheinend reinere Produkt,
mehr reizt als das gelbe. Die Ursache hierfür scheint in den Rückständen
aus dem Bleichvorgang zu liegen.

Unerwünscht ist ferner die Eigenschaft, die Poren zu verstopfen,
so daß die Perspiratio insensibilis an den mit Vaselin bedeckten Hautstellen, wie ROTHMANN[2] mitteilt, um 40—60% gehemmt wird, wogegen
Zinkpaste nur eine 20—33proz. Behinderung verursacht. Diese unerwünschte Eigenschaft muß berücksichtigt werden, wenn eine Salbe
auf große Körperpartien aufgetragen werden soll. Man wird hier echte
Fette oder Öle oder Emulsionen verwenden, da durch diese Grundlagen
der Gasaustausch weniger behindert wird und die Gefahr einer Wärmestauung vermieden werden kann. Auch ist die Hautreinigung ausschließlich mit Vaselin oder ähnlichen Produkten nicht empfehlenswert, da sie
nach OPPENHEIM wie auch nach MATRAS zu Schädigungen führen kann[3]
(Paraffinwarze).

RUPP[4] meint allerdings, daß alle diese Reizungen nur auf Verunreinigungen beruhen, die reinen Kohlenwasserstoffe reizen nicht. Dies ist
bedingt richtig, sie reizen chemisch nicht, wohl aber durch Verstopfung
der Haut — physikalisch. Davor schützt uns keine Reinheitsprobe.
Unter den chemischen Reizstoffen sind es vielfach flüchtige Anteile,
die durch Wasserdampfdestillation entfernt werden können. Durch diese
Maßnahme konnten viele sog. Nachkriegsvaseline dem Verbrauch zugeführt werden.

MEMMESHEIMER[5] beschreibt ein Vaselinoderma, das die Form einer
RIEHLschen Melanose zeigte und auftrat, weil ein nässender Fleck der
Wange dauernd mit Vaselin behandelt wurde.

SCHOCH[6] verwandte 12 Jahre lang täglich vaselinhaltige Tuben-
brillantine; es traten auf der Kopfhaut blumenkohlähnliche Gewächse
auf, die immer wiederkehrten und erst beim Weglassen der Brillantine
verschwanden. Der Verfasser empfiehlt deshalb, bei der Verwendung von
Vaselin und Brillantine Vorsicht walten zu lassen.

Manche Nachteile des Vaselins sind in der schlechten Beschaffenheit

---

[1] LEFELD: Ber. dtsch. pharmaz. Ges. **27**, 191 (1917).
[2] ROTHMANN: Arch. f. Dermat. **131**, 549 (1921).
[3] Zit. im Zbl. Hautkrkh. **54**, 226; ferner Wien. med. Wschr. **1936**, 14, 18.
[4] RUPP: Dtsch. Apoth.-Ztg **1933**, Nr 97.
[5] MEMMESHEIMER: Dermat. Wschr. **1937**, 40.
[6] SCHOCH: Mschr. Krebsbekpfg. **11**, 31 (1943).

minderwertiger Sorten, die nicht gereinigt, sondern gebleicht sind, zu suchen. Je reiner ein Vaselin ist, um so weniger neigt es zum Vergilben im Licht (SCHMATOLLA[1]).

Auch in der Kosmetik, in der Vaselin in verschiedenen Cremes enthalten ist und als Hautnährstoff u. dgl. bisweilen empfohlen wird, mehren sich die Stimmen gegen dieses Produkt, nicht zuletzt, weil die Kosmetiker über Idiosynkrasien gegen Vaselin fast noch mehr zu klagen haben als die Dermatologen. SIMON[2] berichtet, daß Reklamationen wegen Unverträglichkeit des Vaselins auch dann noch auftreten, wenn der Forderung von SCHWARZ[3] entsprechend ausschließlich DAB 6-Ware verwendet wird. Er führt dies auf den Umstand zurück, daß Cosmetica nicht wie Medikamente gelegentlich, sondern tagaus, tagein verwendet werden. SCHWARZ[4] weist die Hersteller der Cosmetica darauf hin, daß vaselinhaltige Cremes überall da nicht geeignet sind, wo der Haut verlorengegangenes Fett zugesetzt werden soll oder wo Vaselin als Fettkörper die Resorption von Arzneimitteln gewährleisten soll. Es werde wegen seiner leichten Streichbarkeit zwar vom Laien als ideales Fettmittel bestaunt, eigne sich aber wohl nur als Abschminkmittel.

Ein weiterer Nachteil des Vaselins, den der Apotheker bei der Verarbeitung spürt, ist die Eigenschaft, nur wenig Wasser aufzunehmen. Nach CASPARIS und MEYER[5] zeigen die bekanntesten Sorten folgende Wasserzahlen:

<pre>
Vaselinum fl. Wilburine . . . . . WZ. 15,6
Vaselinum alb. Wilburine . . . . „ 12,35
Vaselinum fl. Br. . . . . „ 10,5
Vaselinum alb. Br. Wilburine. . . „   8,1
Vaselinum fl. Chesebrough . . . . „   9,3
</pre>

Die gebräuchlichsten Sorten nehmen danach zwischen 8 und 15% Wasser auf, eine Eigenschaft, die nicht auf den im Vaselin etwa vorhandenen Emulgatoren, sondern ausschließlich auf der Viscosität beruht. Es bilden sich nur Pseudoemulsionen, worauf schon das mikroskopische Bild der Wasser-Vaselin-Verreibung hinweist, das grobe und ungleichmäßige Dispersion zeigt[6] (MEYER). Man sieht dies sofort, wenn man die Wasserphase färbt.

Wir möchten daher vorschlagen, daß die Wasserzahl nur zur Bewertung von echten Emulsionen herangezogen wird. Sie soll unseres Erachtens nur mit blau gefärbtem Wasser bestimmt werden. Diese Anfärbung ermöglicht es auf den ersten Blick, echte und Pseudoemulsionen zu unterscheiden; sie zeigt vor allem, daß Vaselin überhaupt kein Wasser bindet, sondern es nur anhaften läßt (Oberflächenspannung und Viscosität sind die Ursache dieser Erscheinung). Die Wasseraufnahmefähigkeit der Salben darf nur dann therapeutisch genützt werden, wenn eine echte oder Pseudoemulsion vorliegt.

---

[1] SCHMATOLLA: Pharmaz. Ztg **1932**, Nr 77.
[2] SIMON: Parfumeur **1934**, 25, 496.   [3] SCHWARZ: Parfumeur **1914**, 25, 459.
[4] SCHWARZ: Parfumeur **1937**, 25, 455.
[5] CASPARIS u. MEYER: Pharm. acta helvetica **1935**, 11—12; **1936**, 1.
[6] MEYER: Diss. Bern 1936.

Da die verschiedensten Emulgatoren zur Verfügung stehen, fehlt es nicht an Versuchen, mit ihrer Hilfe wasseraufnehmendes Vaselin herzustellen. Altbekannt ist das Ungt. molle, das seine Wasseraufnahme dem Wollfett verdankt. Alle diese Mischungen mit Wollfett und Wasser ergeben echte Emulsionen. So bewirkt bereits ein Zusatz von 5% Adeps lanae eine Zunahme der WZ. auf 78. Weitere Erhöhung des Wollfettanteils steigert die Wasseraufnahme nicht im selben Tempo.

Goris und Liot[1] empfehlen den Zusatz von 0,5—1% Cholesterin. Diese Beimischung gestattet die Zuführung von 10—20% Wasser oder Arzneistofflösungen, mit denen es eine homogene Salbe bildet. Der Preis werde durch den Cholesterinzusatz nicht wesentlich erhöht.

Cetylalkoholzusatz verbessert die Wasseraufnahmefähigkeit des Vaselins ebenfalls. Die höchste WZ., die um 50 liegt und je nach der Vaselinmarke schwankt, ergibt 5proz. Zusatz.

Cetylalkohol und Wollfett können auch gleichzeitig verwendet werden. So hat, um die Wasseraufnahmefähigkeit besonders günstig zu gestalten, das Schweizer Arzneibuch das Ungt. cetylicum aufgenommen. Es setzt sich aus 4 Teilen Cetylalkohol, 10 Teilen Wollfett und 86 Teilen Vaselin alb. zusammen und ergibt je nach dem verwendeten Vaselin eine WZ. von 70—118 (Meyer[2] und Casparis und Meyer[3]). Auch mit Schleimen, Tragant u. dgl. kann man Vaselin emulgieren.

Wratschko hat auf einem anderen Weg den Versuch gemacht, ein wasserbindendes Vaselin herzustellen[4], indem er Glycerin mit Vaselin erhitzte. Hierdurch soll eine Polymerisation ausgelöst werden, durch die das so behandelte Vaselin die Fähigkeit erhält, Wasser im Verhältnis 2:1 aufzunehmen. Das derartig präparierte Vaselin ist etwas dunkler als das Naturprodukt. Es wird durch diese Behandlung nicht wesentlich teurer. Das Präparat war bei seiner pharmakologischen Prüfung als reizlose Salbengrundlage bestätigt worden, hat sich jedoch bisher nicht durchgesetzt.

Auch durch bloßes Erhitzen ohne Zusätze soll nach dem D.R.P. 193599 die Emulgierfähigkeit verbessert werden. Ein weiterer Weg ist die Behandlung des Vaselins mit Chloraten.

Hiermit sind die Eigenschaften des Vaselins bearbeitet und die Versuche, die Nachteile auszumerzen, besprochen. Es seien der Vollständigkeit halber noch 2 Patente angeführt, die gerade Vaselin als Salbengrundlage angeben. Das erste, das D.R.P. 487315, nimmt Vaselin, das mit Wasser sich zersetzende Stoffe umhüllt, zur Verarbeitung mit leuchtenden Metallsalzen wie Strontium-Bisulfid oder Phosphor!? (blauleuchtend). Der Erfinder versprach sich von derartigen Leuchtsalben neuartige therapeutische Effekte. Das Amer. P. 1919055 läßt Vaselin mit UV.-Licht bestrahlen; es werde dadurch vom Medikamententräger zum Medikament, werde bactericid, soll strahlende Energien enthalten, Wunden zur Heilung bringen und Brandwunden lindern.

[1] Goris u. Liot: Rep. de Pharmac. 81, 323 (1925).
[2] Meyer: Diss. Bern 1936.
[3] Casparis u. Meyer: Pharm. acta helvetica 1935, Nr 12.
[4] Wratschko: Pharm. Presse 1932, 229.

Das **Ungt. paraffini,** eine Mischung aus festem und flüssigem Paraffin, ist indifferent, in seiner Konsistenz aber nicht so haltbar wie Vaselin, da das Paraffin darin zur Kristallisation neigt. Es ist auch nicht so zügig wie Vaselin. Es wurde in den letzten Jahren von vielen Dermatologen bekämpft und ist, in der Therapie zurückgedrängt, aus dem Arzneibuch verschwunden. Der Arzt stellt bei den mit dieser Grundlage hergestellten Bor- und anderen Salben oft Unverträglichkeitserscheinungen fest. Auch der Apotheker schätzt es auf Grund seiner Neigung zur Entmischung nicht. Im übrigen ist nicht nur das Präparat selbst, sondern es sind auch die Salben, deren Grundlage Ungt. paraffini darstellt, nicht sehr haltbar. So wird die in der älteren englischen Pharmakopöe erwähnte 3% Phenol enthaltende Paraffinsalbe nach FRANKLIN[1] nach längerer Lagerung durch Ausscheidung des Phenols unbrauchbar. Ersetzt man 5% der Paraffinsalbe durch Schweineschmalz, so tritt diese Ausscheidung nicht mehr ein[2].

WINTERNITZ[3] erwähnt, daß nach STRAUB Paraffinsalbe in Prothesen giftig wirken könne. Nicht einwandfreies Paraffin bewirkt in der Salbe Reizungen und Pigmentierung der Haut (JESSNER). Es wird weder durch die Haut hindurch noch im Gewebe z.B. als Prothese resorbiert. RAPP, der seine großen Erfahrungen und die Beobachtungen der Dermatologischen Klinik in München in der schon mehrmals zitierten Schrift niedergelegt hat, betont ausdrücklich, daß nach ZUMBUSCH das Ungt. paraffini mit Abstand die schlechteste aller Salbengrundlagen sei. Als Abschminkmittel, ferner als Massagesalbe wird es seinen Platz behalten und soll ihn auch behaupten. Als Salbe im dermatologischen Sinne bleibt es vollkommen hautfremd und kann der Haut — selbst wenn man es durch einen Emulgator eindringbar macht — höchstens mechanisch durch Entspannung nützen. Ein so emulgierfähig „hydrophil" (wie man früher sagte) gemachtes Ungt. paraffini ist daher in manchen Fällen als Medikamententräger brauchbar. Einen Ersatz des Hautfettes stellt eine derartige Zubereitung aus Paraffinsalbe und 5% Cholesterinen nicht dar. UNNA[4], der die Mischung als „ein dem Hautfett möglichst adäquates sauerstoffhaltiges Fett" als die ideale Salbengrundlage schlechtweg bezeichnet, geht mit dieser Ansicht zu weit.

Eine neue Indikation für Paraffinsalben ist vor einigen Jahren aufgetaucht, nämlich die Erzeugung von Schweiß oder Hyperämie. Nach der engl. Patentanmeldung der Cutasy Laboratories Inc. überzieht man zur Heilung von Erkältungen die Haut mit einem Gemisch von 45—70% Mineralöl und 30—55% eines Vaselin-Paraffin-Gemisches. Das Gemisch erzeugt auf der Haut einen Film, der infolge geringer Viscosität und niedriger Oberflächenspannung die Schweißtröpfchen durchläßt, sich aber sogleich wieder schließt. Wird nun der mit derartigen Überzügen versehene Körper einer leicht erhöhten Temperatur ausgesetzt, die aber normalerweise die Schweißbildung noch nicht in

---

[1] FRANKLIN: Pharm. J. **113**, 656 (1924).
[2] Pharmaz. Z.halle Dtschld **66**, 374 (1925).
[3] WINTERNITZ: Handbuch der Haut- und Geschlechtskrankheiten V/1, 657.
[4] UNNA: TRUTTWIN: Handbuch der kosmetischen Chemie 2. Aufl., S. 159.

Gang bringt, so tritt, vermutlich durch einen auf die Schweißdrüsen ausgeübten Reiz, eine erhöhte Schweißabsonderung ein. Das Verfahren vermeide somit den Gebrauch von schweißtreibenden Drogen und mache den Gebrauch von türkischen Bädern unnötig. Erwähnt sei noch, daß derselbe Effekt, wenn er überhaupt angestrebt werden sollte, auch mit einer viscosen hochschmelzenden Vaseline erzielt werden kann.

In der Dtsch. Apoth.-Ztg **1938**, 1541 wird Montanwachs in Mischung mit Ceresin und Vaselinöl 4:3:13 oder mit Glycerin $\overline{aa}$ 6, calc. Soda 0,6, Wasser 40 und Marseiller Seife 0,25 empfohlen. Die Salben sehen gut aus, werden aber bei genauer Prüfung kaum besser abschneiden als Paraffinsalben, auch sind sie alkalisch, ein Umstand, der nicht immer erwünscht ist.

In manchen Fällen wird Vaselin mit festem Paraffin gestreckt, um die Viscosität und den Schmelzpunkt hinaufzudrücken. Analytisch ist solchen Mischungen schwer beizukommen. Anhaltspunkte gibt nach KEDVESSY[1] die Armani-Rodano-Reaktion, derzufolge 1 g der Prüfsubstanz in einer Mischung von gleichen Mengen absolutem Alkohol und Benzol gelöst wird. Der Bodensatz ist proportional dem Paraffinanteil.

Die sog. **künstlichen Vaselinsorten** werden in Friedenszeiten abgelehnt, da sie immer wieder Reizungen verursachen. Sie sind aber in Kriegszeiten nötig und haben etwa folgende mehr oder weniger abgeänderte Zusammensetzung:

Rp. Ceresin 15—25 Teile
Vaselinöl 75—85 Teile.

Die Mischungen, die dem Ungt. paraffini nahestehen, sind nicht so zügig und viscos wie Vaselin, sondern immer mehr oder weniger kurz. Vaselinartige Salbengrundlagen erhält man nach dem Amer. P. 2 133 412 aus Wachs oder Paraffin, Mineralöl und 5—10% eines plastischen Isobutylenpolymerisates, d. h. also durch Zusatz von Opanol mit einem Mol.-Gewicht von über 100000. Derartige Zusätze machen ein solches Vaselin so viscos, daß es meterlange Fäden zieht.

Das **synthetische Vaselin** (D.R.P. 713627), Hyvaline H der Badischen Anilin- und Sodafabrik, Ludwigshafen a. Rh., das erstmalig in der ersten Auflage beschrieben und in die Versuche einbezogen wurde, darf nicht mit dem künstlichen Vaselin verwechselt werden. Es unterscheidet sich vom Vaselin DAB 6 durch seinen Ursprung, denn es wird nicht aus Petroleumrückständen, sondern aus Produkten der Braunkohlendestillation hergestellt. Es übertrifft im Erfüllen der Reinheitsforderungen des Arzneibuches das beste weiße Vaselin und ist ihm in bezug auf seine Reizlosigkeit nicht nur gleichwertig, sondern sogar überlegen. Es hat jedoch einen höheren Schmelzpunkt (Fp. 56—62°). Seine Eigenschaften wurden eingehend von KAISER und DRÄXL[2] beschrieben. Es vergilbt an Licht und Luft weitaus langsamer als Vaselinum album und erfüllt so nach SCHMATOLLA[3] ein weiteres Kriterium der Reinheit. Im

---

[1] KEDVESSY: Ber. ung. pharmaz. Ges. **18**, 93 (1942).
[2] KAISER u. DRÄXL: Südd. Apoth.-Ztg **1939**, 47; **1939**, 481.
[3] SCHMATOLLA: Pharmaz. Ztg **1932**, 727.

Augenblick ist das synthetische Vaselin noch kein Handelsprodukt, es kann aber jederzeit ein solches werden, wenn die Disposition der Rohstoffe dieses gestattet. Hochschmelzendes Vaselin, wie das eben beschriebene, darf zur Herstellung *offizineller Salben* nicht verwendet werden, es sei denn im Einverständnis mit dem Arzt. Auch das Verschneiden mit Paraffinöl ist unstatthaft. Derartige Produkte sollen sich auf der Haut teilen und geben zu Beanstandungen Anlaß. BRANDRUP[1] wie auch FEIST[2] streichen solche Mischungen auf unglasierte Tonteller oder Leder und schließen aus dem Verhalten dieses Aufstriches auf die Qualität des Vaselin. KERN und CORDES (loc. cit) weisen darauf hin, daß auch allerbeste Sorten sich teilen können, und warnen vor Anlegung eines überstrengen Maßstabes.

Wir selbst haben bei manchen synthetischen Vaselinsorten, die sich zum Unterschied von anderen bei diesen Versuchen zum Teil trennten (das Verhalten ist weitgehend vom Ausgangsmaterial abhängig), im klinischen Versuch nie eine nachteiligere Wirkung gesehen. Dies ist ja natürlich, denn nach UNNA soll eine Salbe ja sogar aus hoch und niederschmelzenden Anteilen bestehen! Man wird, um den Fortschritt nicht zu hemmen, in Zukunft in solchen Fällen nicht das Präparat in die Arzneibuchvorschrift hineinpressen, sondern die Vorschrift in eine Rahmenvorschrift umändern[3].

Epithelan (Orbis-Werk, Braunschweig, vormals Fricke und Klotz) ist nach WINTERNITZ[4] ein mit amorphem Kohlenstoff angereichertes Naturvaselin vom Fp. 42°. Es dient als Heilmittel bei Verbrennungen.

Paraffinum solidum und **Ceresin** dienen vorwiegend zur Versteifung allzu flüssiger Salben und zur Erhöhung des Schmelzpunktes, da sie erst über 50° flüssig werden. Für sich allein hatte das Paraffin vorübergehend eine ziemlich große Verwendung in den sog. Paraffinpackungen (Ambrine, Parapak u. a.). Man glaubte, damit der Haut hohe Temperaturen zumuten zu können, und versuchte, auch medikamentöse Zusätze aus diesen Packungen in den Körper übergehen zu lassen. Es hat sich aber durch die Untersuchungen von LAMPERT[5] herausgestellt, daß das flüssige Paraffin, auf die Haut aufgetragen, auf dieser schnell eine feste wärmeisolierende Schicht bildet. Das Vertragen von 80° und mehr ist deshalb nur scheinbar. An der Haut sind diese Temperaturen nur kurze Zeit anzutreffen, und die Paraffinpackung wirkt nicht anders als eine Wärmestauung, die man auch auf anderem, oft bequemerem Weg erreichen kann.

Ceresin und Ozokerit können ebenfalls als Salbengrundlagen verwendet werden. KERN[6] und SCHMATOLLA[7] haben sich dafür schon vor Jahren eingesetzt. Ceresinfettgemische können allerdings zu großen

[1] BRANDRUP: Dtsch. Apoth.-Ztg **1930**, 54; **1933**, 993.
[2] FEIST: Dtsch. Apoth.-Ztg **1937**, 303.
[3] CZETSCH-LINDENWALD: Apoth.-Ztg. (Wien), **1948**, 10.
[4] WINTERNITZ: in Handbuch der Haut- und Geschlechtskrankheiten.
[5] LAMPERT: Dtsch. med. Wschr. **1930**, 2084.
[6] KERN: Pharmaz. Ztg **82**, 28 (1937).
[7] SCHMATOLLA: Pharmaz. Ztg **82**, 35 (1937).

Enttäuschungen führen, so daß Versuche am Platze sind. Die beiden
Stoffe sind nämlich ineinander nur im flüssigen Zustand löslich. Unter
seinem Schmelzpunkt erstarrt Ceresin und bildet ein Gerüst, in dem das
Fett „schwebt‟. Ein System entsteht, das wie bei Bienenwaben die
flüssigere Phase trägt; verarbeitet man es, so zerstört man das Gerüst,
und der Bau stürzt ein (Tixotropie).

Astrolatum wurde von JANISTYN[1] beschrieben. Es ist eine neue
Vaselinsorte, die bei 61° schmilzt und den Arzneibuchforderungen entsprechen soll, eine Feststellung, die beim Fp. nicht zutrifft. Es wird von
den Ceresinwerken, Weiskirchen/Taunus, hergestellt und ist
äußerlich ein ziemlich festes, etwas kurzes Vaselin, das in der Kosmetik
verwendet wird.

Zusammenfassend ist zu sagen, daß die Paraffinkohlenwasserstoffe
entweder zur Konsistenzänderung der Salben dienen oder selbst Salbengrundlagen sind. Sie sind, wie die Praxis und Versuche zeigten, in ge-
wissem Grade geeignet, das durch irgendeine therapeutische Maßnahme
oder durch Waschen entfernte Hautfett zu ersetzen, haften ohne Zusätze
aber schlecht auf der Haut und geben inkorporierte wasserlösliche Medikamente meist nur schwer ab. Öllösliche Präparate werden mittels
Vaselin durch die gesunde und kranke Haut in genügender Menge zur
Resorption gebracht, doch empfiehlt sich die Verwendung der Paraffinkohlenwasserstoffe in diesen Fällen im allgemeinen nicht immer, da
durch sie der Gasaustausch der Haut behindert wird, die Poren verklebt
werden und Reizungen entstehen können.

Das Vaselin und das Ungt. paraffini, das als Massagesalbe sehr geschätzt wird, sind billige Salbengrundlagen, insbesondere für wasserhaltige Emulsionssalben, die durch Zusatz des gerade empfehlenswertesten Emulgators jederzeit einfach hergestellt werden können. In
manchen Fällen, in denen der Preis den Ausschlag gibt, insbesondere in
der billigen Kosmetik, werden sie nicht zu verdrängen sein. In der Dermatologie, wo Kranke behandelt werden, muß das Beste gerade gut genug
sein. Wir müssen hier in vielen Fällen auf andere Grundlagen zurück-
greifen, seien es hydrierte Öle, synthetische Produkte oder Wachse.
Dieser vielleicht etwas strenge Standpunkt mußte in Kriegs- und Notzeiten weitgehend gemildert werden, denn in solchen Fällen standen diese
Grundlagen gar nicht zur Verfügung. Da mußten wir uns mit den un-
definiertesten Produkten begnügen und lernen die Haut als ungeheuer
resistentes Objekt in einem Großversuch kennen. Überblickt man die
zahlreichen Paraffine und Ozokerite und Produkte, die Fett- bzw.
Wachscharakter haben, aus dunklen Quellen stammen und von Laien,
ohne daß auch nur die chemischen Konstanten bekannt sind, ohne jede
klinische Vorprüfung in Cremes — oft noch dazu falsch — eingesetzt
werden, so kann man den Hautzellen, die das alles oder doch fast alles
vertragen, nur höchste Bewunderung zollen. Da werden doch von dieser
oder jener Firma Tausende von Dosen in primitivsten Waschküchen
zusammengesotten, anders kann man eine solche Manipulation nicht

---

[1] JANISTYN: Dtsch. Parfümerie-Ztg **1933**, 5.

nennen, verkauft und vom Publikum verwendet. Ja, sie werden sogar, wenn nicht gar zu grobe Schnitzer gemacht werden oder Bakterienkulturen mitverwendet wurden, vertragen und erfüllen ihren Zweck, zu fetten. Ja, darüber hinaus haben ganz primitive Mittel sogar noch Heilwirkung. SAINZ DE AJA[1] hat z. B. Schmieröle der Autoindustrie mit bestem Erfolg als Perubalsam- bzw. Granugenolersatz empfohlen. In solchen Zeiten muß man derartige Produkte wohl zulassen, sofern sie verträglich sind. Der Unfug, derartige Mischungen zum Patent einzureichen, muß aber, als dem Ansehen des Patentwesens abträglich, von der Allgemeinheit aufs schärfste bekämpft werden.

Erwähnt sei noch, daß nach H. HARTWIG[2] Vaselin die Wundheilung hemmt. Lanolin hat diese Eigenschaft in geringerem Grad, noch weniger Ungt. leniens. Am Kranken verwischten sich die Resultate, so daß bei keiner der geprüften Grundlagen von einer Verzögerung der Heilung gesprochen werden kann.

3. Emulsionen.

a) Einteilung.

Reine Fette und Kohlenwasserstoffe nehmen nur wenig Wasser in sich auf. Will man wasserhaltige Salben herstellen — sei es, um wasserlösliche Medikamente einzuführen, sei es, um die wasserhaltigen Salben selbst als Therapeuticum zu verwenden —, so müssen, wie schon mehrfach besprochen, Emulgatoren die Wasseraufnahmefähigkeit erhöhen; man muß Emulsionen einer der Typen:

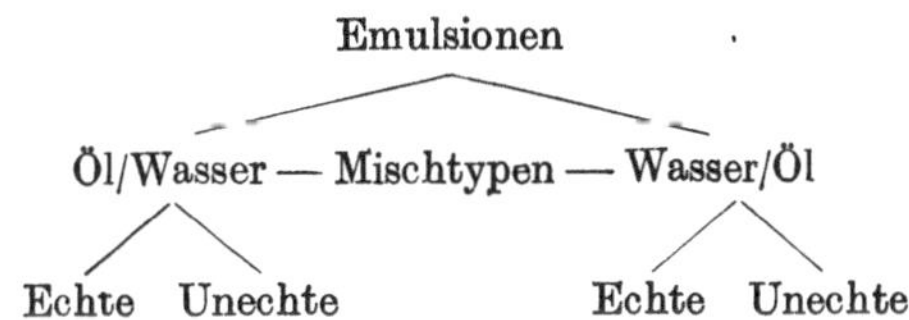

die noch getrennt besprochen werden, herstellen. Alle diese Typen sind sowohl dem Apotheker als auch dem Kosmetiker bekannt. Insbesondere letztere stellen für ihre Cremes fast nur Emulsionen her, da sie oft billiger und höheren Temperaturen gegenüber unempfindlicher sind und leicht in die Haut eindringen. So schmilzt z. B. Vaselin bei etwa 40°; eine gut verarbeitete Vaselinemulsion kann, wie STAHL[3] erwähnt, noch bei 60° cremeartig sein. MONCORPS sowie BERNHARD und STRAUCH, LIESEGANG, CLAYTON, LANGMUIR-HARKINS, BÜCHI, MÜHLEMANN u. a. haben führend zur Klärung des Emulsionsvorganges beigetragen. Ohne deren Arbeiten bestände heute noch keine Klarheit.

Die Einteilung in Wasser-in-Öl- und Öl-in-Wasser-Emulsionen befriedigt den Apotheker und den Arzt, die Trennung in mechanische und chemische Emulsionen, ist unklarer, da mehr Übergänge vorhanden

---

[1] SAINZ DE AJA: Medicina (Madrid) 9, 205 (1941).
[2] HARTWIG, H.: Diss. Frankfurt a. M.   [3] STAHL: Parfumeur 1934, 31.

sind. Man verstand unter ersteren meist Wasser-in-Öl-Emulsionen und unter letzteren Öl-in-Wasser-Verarbeitungen, die unter Zuhilfenahme von Seifen der emulgierten Fette zustande gekommen sind.

Die Wasser-in-Öl-Emulsion besteht aus Wassertröpfchen, die in Öl suspendiert sind. Öl ist hier die äußere zusammenhängende Phase, man kann solche Emulsionen mit Öl verdünnen. Die Öl-in-Wasser-Emulsion besteht aus Öltröpfchen im wäßrigen Medium, das Wasser stellt die äußere Phase dar; derartige Emulsionen können mit Wasser verdünnt werden und dicken durch Verdunstung des Wassers bei unsachgemäßer Lagerung ein.

Der Ausdruck „in Öl" bzw. „in Wasser" ist zwar allgemein üblich, aber zu eng gefaßt. Die Ölphase kann auch streichbar, ja geradezu fest sein. Eine alle Möglichkeiten umfassender Ausdruck wurde noch nicht geprägt, da nicht Wasser oder Öl, sondern wasserlöslich bzw. öllöslich gemeint ist und alle Versuche kurz und präzis zu charakterisieren, langatmige Erklärungen voraussetzen.

Welche Emulsion entsteht, hängt vom Emulgator und teilweise von der Technik der Herstellung ab. Im allgemeinen kann man als Regel (BANCROFT) anführen, daß fettlösliche Emulgatoren Wasser-in-Öl- und wasserlösliche Emulgatoren Öl-in-Wasser-Emulsionen liefern (siehe folgende Tabelle!).

Öl-in-Wasser-Emulsionen sind abwaschbar. Wasser-in-Öl-Emulsionen verhalten sich beim Waschen so wie die Fette, die ihnen als Grundlage dienen.

Tabelle 2. Emulgatoren, Konzentrate und fertige Emulsionen.

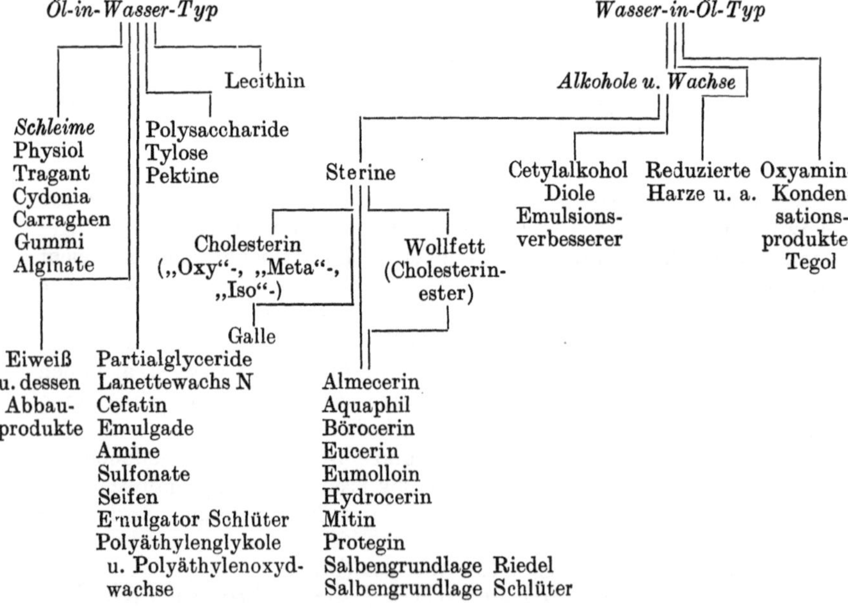

b) Erkennungsmöglichkeiten.

Therapeutisch sind zwischen den einzelnen Emulsionstypen große Unterschiede festzustellen. Ein wasserlösliches Medikament wird, wenn die wäßrige Phase von Fett umschlossen ist, ganz anders wirken, als wenn es in der äußeren Phase enthalten ist, und umgekehrt werden andere Effekte beim öllöslichen Wirkstoff zu erzielen sein. Es ist daher nötig, daß man bei der Herstellung bzw. Verordnung einer Salbe über das Wesen der Emulsionstypen unterrichtet ist. Bei fertigen Emulsionen kann die Frage nach dem vorliegenden Typ auftauchen. Man bestimmt ihn

1. durch die Indicatormethode. Man nimmt einen wasser- oder einen öllöslichen Farbstoff und legt ihn auf die Oberfläche der Emulsion. Handelt es sich um eine Wasser-in-Öl-Emulsion, ist also die Ölphase außen, so dringt der öllösliche Farbstoff (z. B. Sudan) ein; ist dagegen die wäßrige Phase außen, so dringt der wasserlösliche Farbstoff (z. B. Methylenblau) ein.

2. Tropfenverdünnungsmethode. Ein Tropfen der Emulsion, in Wasser gebracht, breitet sich aus, sofern die äußere Phase der Emulsion Wasser war bzw. umgekehrt, er breitet sich in Öl aus, wenn die äußere Phase Öl war. Die Methode ist beschränkt anwendbar, sie eignet sich meist nur für flüssige Präparate. Bei Anwesenheit von Schleimen als Emulgatoren, z. B. von Tragant oder Tylose, verwischen sich die Resultate besonders bei festeren Salben, da diese der Verdünnung mit Wasser Widerstand entgegensetzen. Stearat- und sonstige Seifencremes sind seifig; man kann sie sofort erkennen, wenn man sie zum Händewaschen verwendet und damit dieselben Erfolge wie mit einer Seife erzielt.

3. durch die elektrische Leitfähigkeitsmethode. Ist die äußere Phase Wasser, so wird die Leitfähigkeit insbesondere dann erhöht, wenn Elektrolyte zugefügt werden.

4. Filterpapiermethode[1]. Etwa 1 g der zu prüfenden Emulsion wird auf Filtrierpapier locker aufgestrichen. Eine Öl-in-Wasser-Emulsion zeigt nach einigen Stunden einen breiten nassen Rand um die aufgestrichene Stelle herum, eine Wasser-in-Öl-Emulsion entweder überhaupt keinen oder nur einen ganz schmalen feuchten Streifen.

Man stellt die Emulsion, falls ihre Bestandteile bekannt und greifbar sind, aus gefärbtem Öl und gefärbtem Wasser frisch her und prüft mikroskopisch, welche Phase außen oder innen liegt.

Mischtypen sind nur auf diese Weise zu erkennen.

c) Wasser-in-Öl-Emulsionen.

Die Wasser-in-Öl-Emulsionen sind in der Therapie und Kosmetik weit verbreitet, da sie bedeutende Vorteile, wie größere Eindringungstiefe, vor den Fetten und Kohlenwasserstoffen besitzen. Sie lassen wasserlösliche Medikamente zwar langsam, aber in sehr feiner Verteilung

---

[1] EHRFELD: Diss. München 1929.

zur Wirkung kommen und dringen in die Haut gut ein. Geeignete Emulgatoren stehen in großer Auswahl zur Verfügung, ihre Verwendung ist seit langem bekannt, so daß technisch bedeutende Erfahrungen vorliegen. Ferner liegt das Hautfett der unteren Schichten auch in Form von Wasser-in-Öl-Emulsionen vor; diese Form entspricht daher den physiologischen Bedingungen, die man an eine Hautpflegesalbe stellt, nach JÄGER[1] am ehesten.

Die Stabilität der echten Wasser-in-Öl-Emulsionen ist bedeutend. Lanolin ist gegen Entmischung resistenter als z. B. die in einem eigenen Kapitel gesondert besprochenen Kühlsalben, die Pseudoemulsionen darstellen.

Die verbreitetsten Emulgatoren der Wasser-in-Öl-Gruppe sind Sterine, insbesondere Cholesterin und dessen Derivate, also Substanzen, deren sich die Natur selbst bedient; denn das Hautfett enthält relativ große Mengen freien und kleinere Mengen veresterten Cholesterins in der Gesamtmenge von 16—19% (UNNA zit. bei STAHL[2]).

Das reine **Cholesterin** selbst eignet sich als Emulgator zur Herstellung wasserreicher Salben, ist aber teuer. Ein Zusatz von 10% genügt, um nach SIEDLER[3] dem Adeps suillus eine Wasseraufnahmefähigkeit von 218% zu verleihen. Ungt. cereum nimmt infolge des Zusatzes 214% Wasser auf und selbst Ungt. paraffini noch 219%. Die ohnehin schon bedeutende Wasseraufnahmefähigkeit des Adeps lanae wird durch Cholesterinzusatz *nicht* erhöht, die guten sonstigen Eigenschaften werden jedoch weiter verbessert. In vielen Fällen wird die Beifügung von 3% genügen; sie ergibt bei Vaselin eine Salbenbasis, die ihr Gewicht an Wasser aufnimmt, also eine WZ. von 100.

Eingehend haben JOHNSTON und LEE[4] über derartige Salben berichtet. Sie loben besonders eine Salbe aus 5 g Cholesterin, 20 g Wollfett, 45 g Vaselin, 25 g Walrat und 5 g Bienenwachs. Man schmilzt diese Masse bei 50° und emulgiert sie mit Wasser von gleicher Temperatur. Sie nimmt mehrere 100% Wasser auf und hält es dank des Wachses und Walrats auch fest.

In der Literatur finden sich immer noch Angaben, daß diese oder jene Salbe Meta- oder Oxycholesterin enthalte. Nach MOHS[5] ist das erstere nur ein unreines Cholesterin, das zweite Produkt kann ebensowenig als ein definierter chemischer Körper erkannt werden. Oxydation des Cholesterins würde dessen Emulgatoreigenschaften zudem herabsetzen. Isocholesterin ist ein Agnosterin-Lanosterin-Gemisch, das LIFSCHÜTZ Oxycholestenol (D.R.P. 485198) nannte. Es ist kein Emulgator! Andere Sterine, insbesondere Phytosterine, die aus dem Tallöl isoliert werden können, wirken ähnlich günstig und sind in Mengen von 2—3% zugesetzt (Schwed. P. 80941) als Salbenemulgatoren (Wasser-Öl) brauchbar. JANISTYN[6] hat in einer Reihe von Versuchen zahlreiche

---

[1] JÄGER: Die rauhe Haut. Hippokrates **8**, 449 (1937).
[2] UNNA: Zit. bei STAHL: Seifensieder-Ztg **1935**, 43.
[3] SIEDLER: Pharmaz. Ztg **77**, 1219 (1932).
[4] JOHNSTON u. LEE: Drug Cosmet. Ind. **1940**, 2, 199.
[5] MOHS: Angew. Chem. **1939**, 2, 64; Fette u. Seifen **1938**, 2.
[6] JANISTYN: Fette u. Seifen **1940**, 9; Seifensieder-Ztg **68**, 173 (1941).

Sterine geprüft und festgestellt, daß insbesondere diejenigen, die durch Digitonin gefällt werden können, Emulgatoren sind. Ihre Wirkung wird durch Zusatz von Alkoholen, wie etwa Cetylalkohol, und Fett- bzw. Wachssäureestern verstärkt; sie ist bei ungesättigten Sterinen ausgeprägter als bei gesättigten. Durch Zusätze von Cholesterinestern zu freiem Cholesterin wird die WZ. weiter außerordentlich erhöht (POWER, LEUSH und WALKER[1]). (Wie weiter oben angegeben, hat SIEDLER das Gegenteil gefunden.)

Interessant ist, wie wir anhangsweise erwähnen wollen, eine Tabelle von SONDERMANN[2], der die Wasseraufnahme von Vaselin bei Verwendung von verschiedener Sterine und Sterinester zeigt.

Cholesterin 3 % . . . . Aufnahme 250 %
   ,,   3 % Cholesterinacetat . . .   ,,   500 %
   ,,   3 % Cholesterinlaurat . . .   ,,   600 %
   ,,   3 % Cholesterinpalmitat . .   ,,   700 %
   ,,   3 % Cholesterinstearat . . .   ,,   800 %

Man sieht daraus, daß die Fettsäurekomponente an der Emulgierwirkung dieselbe Bedeutung hat, wie in Seifen ihr Optimum aber erst bei der Stearinsäure erreicht, bei einer Kettenlänge also, bei der die Qualität der Seifen als Emulgatoren (s. Seite 55) wieder abnehmen. Man wird auf Grund dieser Unterlagen neue Emulgatoren bauen können. Das reine, aus tierischen Organen isolierte Cholesterin besitzt heute als Salbenemulgator vorwiegend theoretisches Interesse. Unter Cholesterol, Wollfettalkohol, Cholesterin sind heute die Wollfettalkohole zu verstehen, die die Träger der Emulgierwirkung des Wollfetts sind und die durch Spaltung desselben neben den als Waschmittel brauchbaren Seifen der Säuren gewonnen werden. Sie sind natürlich nicht chemisch rein, sondern Gemische. Wie sie hergestellt werden, wird weiter unten eingehend geschildert.

Die handelsüblichen Wollfettalkohole enthalten nach SPALTON[3] nur etwa 30 % Cholesterin. Das ,,Cholesterol" wiederum 50 bis 70 % Cholesterin und sonst die als Emulgatoren unwirksamen, schon oben erwähnten Agno- und Lanosterine.

Die amerikanische Pharmakopoe kennt in ihrem ,,hydrophilic Petrolatum" eine Cholesterinsalbe mit 1 % Cholesterin, 15 % Wollfett in einem Gemisch von Stearylalkohol, weißem Wachs und Paraffin. Das Britische Arzneibuch schreibt für sein ,,Ointment of wool alcohols BP" 6 % Cholesterin in einem Gemisch verschiedener Paraffine vor. Daraus wird mit destilliertem Wasser aa 50 das Hydrous ointment BP hergestellt.

Das **ungereinigte,** den Griechen schon bekannte **Wollfett** fand um 1880 neuerdings Verbreitung unter dem alten Namen Oesypus; es war dunkelbraun schmierig und übelriechend, soll aber nach IHLE, TÄNZER, RUGE, BERLINER, ROSENTHAL u. a. therapeutisch ausgezeichnet gewirkt haben, war billig und reizlos. Die daraus bereiteten Salben wurden

---

[1] POWER, LEUSH u. WALKER: J. amer. pharmaceut. Assoc. **29,** 1 (1940).
[2] SONDERMANN: Pharmazie **1947,** II c, 280.
[3] SPALTON: Pharmaceutical Emulsions. London 1950.

besser und länger vertragen als andere. Mit Amylum und Zinkoxyd sei es bei Ekzemen geradezu ein Specificum[1] gewesen. Mit Zinkoxyd und fettem Öl vermischt findet es als Pasta Oesypi noch heute hier und da Liebhaber.

Das **gereinigte Wollfett** bzw. dessen wasserhaltige Emulsionsform, das **Lanolin,** wurde von LIEBREICH[2] in die Therapie eingeführt, da es haltbarer als die damals bekannten Glyceride war und im Gegensatz zu Vaselin die zugefügten Medikamente beim Eindringen in die Haut nicht behindert. Wollfett, Adeps lanae, ist heute noch der wichtigste Emulgator[3]. Es besteht nach HENK[4] aus einem Gemisch der Ester von Butter-, Isovalerian-, Capron-, Öl-, Palmitin- und Cerotinsäure und möglicherweise aus Karnaubasäureestern des Cholesterins sowie höheren Alkoholen, darunter Cerylalkohol, Karnaubylalkohol (ca. 3—4% unverseifbares freies Cholesterin). Weitere Bestandteile sind (KUWATA und KATUNO[5]) Lanooctadecylalkohol mit 18 und Lanylalkohol mit 21 C-Atomen. Man hielt es für außerordentlich haltbar. Leider trifft dies nicht in dem erwarteten Ausmaß immer und überall zu. Insbesondere an Licht und Luft verdoppelt sich die Ranzidität im Laufe eines Jahres. Seine leicht spaltbaren niederen Ester bedingen den bald eintretenden Geruch, die hohe Jodzahl zeigt den ungesättigten Charakter mancher Bestandteile, die ihrerseits die Klebrigkeit verursachen, an. Wollfett läßt sich unter Druck mit Laugen verseifen. Aus den Autoklavenrückständen kann man dann die Seifen nach einem von KEUTGEN[6] beschriebenen Verfahren als Kalksalze unter Wasserzusatz ausfällen. Die Alkohole werden mitgerissen und aus dem getrockneten Rückstand mit Aceton ausgezogen (98%). Die Alkohole sind dann ein Salbenzusatz von gut emulgierender Wirkung und die Seifen als K- oder Na-Salze zu Waschzwecken brauchbar. Man gewinnt auf diese Weise oder durch Destillation einerseits alle als Emulgatoren brauchbaren Substanzen und anderseits zusätzlich Waschmittel, so daß die Aufspaltung des Wollfettes rationeller erscheint als die Verwendung des Rohproduktes. Dieses Vollwachs ist dem Adeps lanae bedeutend überlegen, haltbarer und wahrscheinlich das Eucerin bzw. Eucerit Unnas bzw. Beiersdorfs.

Nach dem jap. Patent 128431 läßt sich Wollfett zu einem farblosen Produkt hydrieren. Leider steht uns dieses Erzeugnis nicht zur Verfügung, so daß wir damit keine Versuche anstellen konnten. Es ist anzunehmen, daß durch die Absättigung die Emulgierkraft herabgesetzt wird.

Wollfettsalben verändern sich beim jahrelangen, unfachgemäßen Lagern. Ag-, Hg- und Pb-Salze sollen sich teilweise durch Reduktion zu Metallen, die sich wiederum mit dem Fett zu Metallseifen verbinden, umwandeln können. SEYMUR und SIMMONITE haben Wollfett-Weißölemulsionen auf ihre Haltbarkeit geprüft und eine Zunahme der Säurezahl und Abnahme der Acetylzahl beobachtet. Auch die mit Digitonin

---

[1] RUGE: Mschr. prakt. Dermat. **23.**   [2] LIEBREICH: Berl. klin. Wschr. **1885,** 47.
[3] Pharmaz. Ztg **1936,** 96.   [4] HENK: Fette u. Seifen **1939,** 12, 751.
[5] KUWATA u. KATUNO: J. Soc. chem. Ind. Japan Suppl.-Band **41,** 227 B (1938).
[6] KEUTGEN: Chem. Ztg **64,** 409 (1940).

fällbaren Substanzen ändern sich. Sie erklären diese Vorgänge mit Polymerisation. Durch das Ansteigen der Säurezahl brechen derartige Emulsionen.

In der Praxis wirkt sich diese Beobachtung nicht aus, sofern man nicht Jahrzehnte alte Salben verwendet. Auch die Überempfindlichkeit, die gelegentlich beobachtet wird, (LINDEMARK[1]) hat nur theoretisches Interesse. Wollfett ist nach wie vor einer der wenigen Emulgatoren (und davon der billigste), die den Wasseröltyp ergeben und alle Arten Zusätze ohne Zersetzung vertragen.

Die Wasseraufnahmefähigkeit des Wollfettes ist eine rein passive, das Wasser muß eingearbeitet werden. Adeps lanae ist kein Schwamm, der etwa Wasser aufsaugt. So selbstverständlich dies ist, so muß doch darauf hingewiesen werden, da die Eigenschaft auch in wissenschaftlichen Arbeiten mißverstanden wird und Angaben, denen zufolge das Wollfett Wasser aus der Haut herauszieht und aufnimmt, keineswegs selten sind.

Salben, die Wollfett als Emulgator enthalten, sind in allen Ländern offizinell. Das DAB 6 führt Lanolin und Ungt. molle an. Die belgische Pharmakopöe hat eine Mischung von Vaselin und Adeps lanae $\overline{\text{aa}}$ als Ungt. simplex eingeführt. In den Lehrbüchern wird die Bezeichnung Lanolin oft mit Adeps lanae gleichgestellt. Um Verwechslungen zu vermeiden, wollen wir das wasserfreie Wollfett Adeps lanae, das wasserhaltige dagegen Lanolin nennen. Der Ausdruck Lanolin anhydric. ist vollkommen abzulehnen.

Lanolin und Ungt. molle bereitet man am zweckmäßigsten selbst; denn die im Handel erhältlichen Verarbeitungen enthalten, wenn sie nicht von ersten Firmen stammen, vielfach mehr Wasser, als die Arzneibücher vorschreiben. So fand MAYER[2], daß bei Lanolin statt 20% Wasser 22—46% zugefügt war. Ungt. molle enthielt statt 10% Wasser 12—21%.

Man kann natürlich auch Wollfett und reines Cholesterin bzw. Wollfettalkohole gleichzeitig verwenden. LINDEMARK[1] schlägt eine solche Mischung, die 5 Teile Vaselin, 2,5 Teile Wollfett, 0,5 Teile Wachs und 2 Teile Cholesterin enthalten soll, vor. Von besonderen Vorteilen dieser Schmelze, die ziemlich teuer wird, konnten wir uns nicht überzeugen. (Siehe auch weiter oben Einfluß des Cholesterins auf WZ. des Wollfetts.)

Wollfett ist nicht nur Salbengrundlage, sondern vorwiegend auch ein Emulgator. Ein Rezept, das neben Zinkoxyd, Stärke und Tumenol mit den Komponenten: Vaselin, „Lanolin anhydricum" $\overline{\text{aa}}$ ad 100 endet, ist nicht nur in der Nomenklatur fehlerhaft, sondern verschwendet auch das Wollfett, ohne damit irgendeinen Vorteil zu erzielen. Dazu kommt noch, daß schon ein 5proz. Zusatz die WZ. des Vaselins beispielsweise nach (CASPARIS und MAYER) von 8 auf 78,6 steigen läßt. Weitere Erhöhung des Wollfettzusatzes steigert die WZ. nicht mehr im selben Tempo. Die WZ. ist bei einem p_H von 7 am höchsten und fällt im alkalischen und sauren Milieu ab. Die WZ. des Wollfettes ist von der

---

[1] LINDEMARK: Farmac. Tid. **1938**, 922.
[2] MAYER: Pharmaz. Ztg **1933**, 36, 483.

Sorte weitgehend abhängig. Wollfett ist nach Jernstad und Svendsen[1] bei 140° 3stündigem Erhitzen sterilisierbar. Die Emulgatoreigenschaften werden bei dieser Temperatur noch nicht verschlechtert.

Da an der Wollfettgrundlage die Emulgierwirkung, die Hydrophilie (wie man früher sagte), wertvoll ist, bemühte sich Lifschütz um eine Salbe, die emulgiert, ohne aber die Nachteile des Wollfettes zu besitzen.

Das **Eucerin anhydricum** (Beiersdorf), das aus den Versuchen entstand, enthält 6 Teile „Eucerit" (Wollfettalkohole mit etwa 30 bis 35% Cholesterin) und 94 Teile Vaselin oder Ungt. paraffini. Es nimmt bis zu 600% Wasser auf und ist eine brauchbare Grundlage zur Wasser-in-Öl-Salben-Bereitung, da es nicht so reaktionsfähig ist wie Wollfett. P. G. Unna ging so weit, daß er Eucerin als einzige Grundlage empfahl[2]. Es ist als Salbengrundlage den Apotheken vorbehalten und steht dem Kosmetiker nicht zur Verfügung. Der Emulgator ist überhaupt kein Handelsartikel. Will man ihn in Cremes haben, so muß man die Beiersdorfschen Niveapräparate verwenden oder das äquivalente Produkt für die Kosmetik, das Laceran derselben Firma, anwenden, das z. Zt. nicht hergestellt wird.

Eucerin ist eine Mischung gleicher Teile der wasserfreien Salbe mit Wasser. Eucerin erhält man besonders gleichmäßig, wenn man Eucerin anhydricum mit warmem oder heißem Wasser verarbeitet. Die optimale Wasseraufnahmefähigkeit liegt bei etwa 45°, über 60° nimmt sie wieder ab.

Es ist nötig, an dieser Stelle auf die **Wasserzahl** noch näher einzugehen und auch ihren Ausbau zur Sprache zu bringen. Die Wasserzahl orientiert nur über die Wasseraufnahmefähigkeit der gerade vorliegenden Substanz. Wir haben deshalb Kurven aufgestellt, die wir Wasserzahlkurven nennen. Wenn z. B. Wollfett eine Wasserzahl von 300 hat, so interessiert es uns doch zu wissen, wieviel Wasser das Wollfett mit 80, 70, 50, 30 usw. Prozent Vaselin verschnitten aufnimmt, und darüber orientiert die Wasserzahlkurve. Man sieht an ihr sofort, ob das Produkt, das gerade zur Prüfung steht, eine fertige optimale Salbengrundlage darstellt oder ob es mehr ein Emulgator, ein Konzentrat ist. In ersterem Fall wird die Wasserzahl des unverschnittenen Produktes die höchste sein und dann mit der Steigerung der Zusätze mehr oder minder linear oder parabolisch abfallen. Im anderen Fall wird die Wasserzahl durch Beifügung von Paraffinkohlenwasserstoffen noch verbessert.

In nebenstehendem Bild sind drei Kurven dargestellt.

Die erste Kurve zeigt das Wollfett. Das reine Wachs nimmt annähernd die fünffache Menge seines Gewichtes an Wasser auf. Je mehr man Vaselin zufügt, um so geringer wird die Wasserzahl. An sich wäre also Wollfett, wenn es nur auf die Wasseraufnahmefähigkeit ankäme, die optimale Salbengrundlage. Da ihm aber die Geschmeidigkeit fehlt, die wieder dem Vaselin zukommt, müssen wir uns zu einer Kompromiß-

---

[1] Jernstad u. Svendsen: Pharm. Acta Helvetia **22**, 608 (1947).
[2] Unna: Med. Klin. **1907**, 42, 43.

lösung bereit finden und z. B. 60% Wollfett und 40% Vaselin oder 40% Wollfett und 60% Vaselin miteinander mischen. Im ersteren Fall haben wir eine Wasserzahl von 400, im zweiten nur mehr die von etwa 270.

Ähnlich wie das Wollfett reagiert ein Alkoholgemisch aus der Paraffinoxydation, Emulgator II, ein vaselinartiger Körper, der, zu gleichen Teilen mit Vaselin verschmolzen, das Optimum an Wasseraufnahmefähigkeit besitzt. Ganz anders verhält sich der Emulgator I, eine salbenartige Masse, aus hydrierten Tranen. Ohne Vaselinzusatz nimmt dieses Produkt nur sein dreifaches Gewicht an Wasser auf. Fügt man aber mehr als 60% Vaselin, am besten 90% zu, so steigt die Wasserzahl rapid an. Man bekommt ein Optimum von nahezu 700%. Diese Substanz ist also keine Salbengrundlage, sondern ein typischer Emulgator, der zwar für sich allein auch verwendbar ist, das aber vorwiegend dazu geeignet ist, die Wasseraufnahmefähigkeit des Vaselins zu steigern.

Die Kurven sind verhältnismäßig leicht und mit geringen Materialmengen zu gewinnen. Wir sind so vorgegangen, daß wir entweder den reinen Emulgator oder seine Mischschmelze mit Vaselin mit blaugefärbtem Wasser in der Reibschale mit einem Pistill so lange portionsweise versetzt und verarbeitet haben, bis keine weitere Wasseraufnahme erfolgte. Dann lagerte die Emulsion 48 Stunden lang bei Zimmertemperatur und

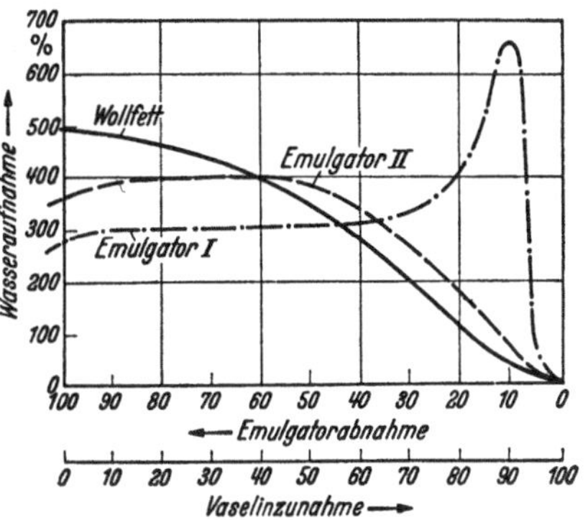

Abb. 2. Wasserzahlkurven von Wa/Öl-Emulgatoren.

wurde nach Ablauf dieser Zeit eingehend untersucht. War keine Wasserausscheidung erfolgt, so war die aufgenommene Wassermenge sofort als Wasserzahl verwertbar. War ein Teil des Wassers ausgeschieden worden, so wurde es herausgeknetet und gewogen, der Rest wurde neuerdings homogenisiert und wieder 48 Stunden gelagert und dann untersucht. War nun kein weiteres Wasser ausgetreten, so war die anfangs aufgenommene Wassermenge abzüglich der ausgeschiedenen als Grundlage für die Wasserzahl verwertbar, war wieder neue blaue Flüssigkeit ausgetreten, so wurde der Lagerungsversuch so lange wiederholt, bis Konstanz eintrat, und dann wurde die Summe der Gewichte der jeweils ausgetretenen Wassermengen vom anfangs aufgenommenen abgezogen und daraus dann die Wasserzahl errechnet. Diese Wasserzahlkurven sollten von jeder mit Vaselin mischbaren Grundlage, insbesondere von jedem Wasser-Öl-Emulgator und von jedem Konzentrat bekannt sein. Es kann sich dann jeder Verbraucher unschwer ein Bild machen. Er kann die Salbe weitgehend variieren, die Wasseraufnahmefähigkeit ganz oder zum Teil ausnützen und erhält im ersteren Fall verhältnismäßig temperaturempfindliche, im letzteren weniger gefährdete Produkte, deren Tröpfchengröße kleiner als die der Salben mit voll ausgenutzten Emulgatoren ist (SCHLUMPF[1]).

Versuche, auf Cholesterinbasis fertige Salbengrundlagen oder Cholesterinderivate als Emulgatoren in den Handel zu bringen, blieben nicht aus. Die wichtigsten sind bzw. waren:

Almecerin (Chem. Fabrik Tempelhof), eine Grundlage zur Herstellung fetter Salben. Es enthält als Emulgator Cholesterinderivate und als Grundlage Paraffinkohlenwasserstoffe, Wachsalkohole und Fettsäureester und war früher nach JOSEPH[2] vaselinfrei; seither wurde aber nach AUGUSTIN[3] dieses Präparat zugesetzt. Almecerin kann auf kaltem und auf warmem Wege verarbeitet werden.

Aquaphil (Wollwäscherei Döhren bei Hannover) nimmt bis zu 500% Wasser auf. Salbengrundlage auf Wollfettbasis, die auch als Aquaphil W, das bis 60° wärmebeständige Emulsionen liefert, erhältlich ist.

Cofamon (Kollaplast, Wiesbaden) soll die Wollfettalkohole und die Alkohole anderer Fette (wahrscheinlich Stearyl- und Cetylalkohol) enthalten und wird als Salbengrundlage deklariert.

Cholesterin-Vaselin siehe **Mollcerin.**

Eumattan Speiko (Kripke, Speier & Co., Berlin) ist dem Aussehen und den Eigenschaften nach ein Wollfett-Vaselin-Gemisch, das 400% Wasser aufnimmt. Die Zusammensetzung wird nicht angegeben.

Eumolloin (Louis Ritz in Hamburg) ist eine geruchlose, neutrale, wasserfreie Salbengrundlage. Als Emulgatoren werden auch hier Cholesterin- und „Oxy"cholesterinabkömmlinge genannt, als Träger Kohlenwasserstoffe. Es wird nach wie vor hergestellt.

Eulestol (Synochem-Präparat) ist eine cholesterinhaltige Salbengrundlage mit großer Wasseraufnahmefähigkeit.

Euvaselin (Reiss) ist weißes Vaselin mit einem Wollfett und Ceresinzusatz.

Hydrocerin und **Börocerin** (Böhringer, Ingelheim) sind keine Salbengrundlagen im engeren Sinne, nicht Trägersubstanzen, sondern Emulgatoren, die nur in kleinem Prozentsatz der Grundlage zugeführt werden, um die Eigenschaften der Salbe oder Creme, insbesondere die Emulgierfähigkeit zu heben. Beide Produkte sind Cholesterinderivate und machen laut Prospekt Fette, die kein Wasser emulgieren, emulsionsfähig, so daß sie 100—200% und mehr Wasser aufnehmen.

Hydrocerin, ein wachsartiges Produkt, wird mit Vaselin zusammengeschmolzen und dann im Erkalten emulgiert.

Börocerin hat einen besonders hohen Cholesteringehalt und ergibt glanzlose Cremes, die, obwohl Wasser-in-Öl-Emulsionen, äußerlich den Stearatcremes ähnlich sind, so daß der Kosmetiker, für den die Produkte vorwiegend gedacht sind, durch die beiden Emulgatoren die Möglichkeit zu variieren besitzt. Verarbeitung wie bei Hydrocerin.

---

[1] SCHLUMPF: Dissert. Zürich 1942.
[2] JOSEPH: Dermat. Wschr. 1934, 40, 1296.
[3] AUGUSTIN: Dtsch. Parfümerie-Ztg 1934, 12—13.

Laceranum (Beiersdorf) ist ein dem Eucerin ähnliches Produkt mit verringertem Cholesteringehalt, das der kosmetischen Industrie zur Verfügung steht. Es wird z. Zt. nicht hergestellt.

Lovan (Queisser, Hamburg) nimmt bis zu 300% Wasser auf und soll ein Produkt aus Rohwollfett sein.

Milkuderm (Klinke) wird als Vollmilch-Fettsalbe mit einem Wasseraufnahmevermögen von über 100% bezeichnet; ihr können Medikamente wie Resorcin und Borsäure zugesetzt werden. In Form des Hydroderm enthält es Hexamethylentetramin.

Mitinum purum (Krewel, Leuffen), das von JESSNER stammt, ist eine fertige Emulsion einer isotonischen Flüssigkeit (Milch?) in einem wollfetthaltigen Salbenkörper; es nimmt das Doppelte seines Gewichtes an Wasser auf. Es wird auch als Paste und Creme in den Handel gebracht[1].

Mollcerin (Schmatolla, Hamburg) enthält Cholesterin und andere hochmolekulare Alkohole des Wollfettes in Vaselin und nimmt viel Wasser auf. Es wird jetzt unter dem Namen **Cholesterin-Vaselin** von Wetz, Hamburg, hergestellt.

Parachol enthält ebenfalls Cholesterin und dessen Derivate als Emulgatoren. Es ist ein amerikanisches Präparat der Glyco-Products Ltd.

Protegin (Goldschmidt A.G., Essen) ist ein Gemisch aus Paraffinkohlenwasserstoffen und Cholesterin. Dieses Präparat, wie auch das stärker emulgierende Protegin X derselben Firma, ergeben denselben Emulsionstyp, nämlich Wasser-in-Öl. Sie werden bis zum Schmelzpunkt erhitzt, mit dem portionsweise zugesetzten angewärmten Wasser verrührt und nach erfolgter Emulgierung kaltgerührt. Die meisten Medikamente können diesen Salben zugefügt werden, nicht jedoch Emulgatoren, die den Öl-in-Wasser-Typ geben. Protegin wurde von STAHL[2] in die Therapie eingeführt.

Salbengrundlage (Riedel-de Haën) enthält Cholesterin und dessen Derivate als Emulgatoren, nimmt bis zu 500% Wasser auf.

Unguentum Vasenoli (Vasenol-Werke) ist eine Salbengrundlage und besteht aus Wollfettalkoholen, Wollwachsen, Wachsestern des Cetylalkohols, Bienenwachs und Vaselin, nimmt gut Wasser auf und ist beständig und reizlos.

Weitere Emulgatoren und Konzentrate aus Wollfettalkoholen sind Vita-Lanochol, Euhydrin, Nimco, Cordulan, Mittel, die größtenteils aus Amerika stammen. Sie sind dort neben einigen deutschen Präparaten, die in USA. andere Namen erhalten haben, im Handel. In England ist neben Eucerin, das von Herts Pharmaceuticals hergestellt wird, noch das Aquaphor der Duke Pharmaceutical Co. Ltd. in Verwendung. Außerdem ist „Cholesterol", das Wollfettalkohol-Gemisch, Handelsartikel und wird von verschiedenen Firmen in den Handel gebracht.

Das **Fetron**, ein Gemisch von 3—10% Stearinsäureanilid mit Vaselin, das von LIEBREICH im Jahre 1905 eingeführt wurde, ferner

---

[1] Notiz in Pharmaz. Z.halle Dtschld 1930, Nr 20, 320.
[2] STAHL: Parfumeur 1935, 43.

Cearin, nach Issleib[1] eine Mischung aus Karnaubawachs, Ceresin und Paraffinen, sind Präparate, die sich in der Literatur noch vorfinden, nach unseren Erkundigungen aber nicht mehr im Handel anzutreffen sind.

Mit einem Anilid besitzen wir auch eigene, wenn auch negative, Erfahrungen. Wir verwendeten „Vorlauffettsäure"-Anilid, also die Verbindungen der Fettsäuren mit 6—9 C-Atomen. Das Produkt ist wasserlöslich und erhöht die Wasseraufnahmefähigkeit von Vaselin nur unbedeutend. Da die Emulsionen zudem nicht haltbar sind, interessiert dieses Anilid nur theoretisch.

Nahezu alle bisher besprochenen Wasser-in-Öl-Emulgatoren sind also Cholesterinabkömmlinge. Einen ganz neuen Typ scheint die Patentanmeldung von Bockmühl und Middendorf zu erschließen, die Kondensationsprodukte aus Fettsäuren und Aminen (meist Triäthanolamin) anwendet. Die beiden Substanzen geben bei gewöhnlicher Temperatur Seifen, die Öl-in-Wasser-Emulgatoren sind, bei 150—180° (ohne Wasserzusatz) aber nach D.R.P. 546406 Kondensate, die mit Wachs oder Vaselin vermischt bis 500 % Wasser aufnehmen.

Cholesterinderivate und Cetylalkohol sind z. Z. unsere wichtigsten Emulgatoren; die bisher besprochenen Grundlagen enthalten die ersteren, beide enthält das Ungt. cetylicum P. Helvet. 5, das unter dem Kapitel Vaselin besprochen wurde und nach Meyer[2] dem Dermocetyl Siegfried nachgebildet zu sein scheint.

Schübel[3] ist der Ansicht, daß die Sterine über ihre Bedeutung als Emulgatoren hinaus noch auf die Resorption von Salbenwirkstoffen einen wesentlichen Einfluß hätten. Er führt Starkenstein und Hendrich an, denen zufolge die Veränderung des Lipoidgehaltes der Haut auch die Resorptionsbereitschaft für lipoid- bzw. wasserlösliche Wirkstoffe beeinflußt. Gewiß, dies ist richtig, kommt aber allen fettartigen Körpern, die in diesem Fall eben lipoidreich sind, zu. Man könnte diese Umstimmung sicher auch mit Wachsen oder Kohlenwasserstoffen erreichen.

Schübel[3] nimmt ferner an, daß sich Cholesterin mit Säuren, etwa Salicylsäure, verestert und daß diese Ester sich wesentlich anders verhielten als die freie Säure. Dies letztere ist sicher richtig, unwahrscheinlich dürfte aber sein, daß sich ein so träger Alkohol wie Cholesterin und eine so schwache Säure wie Salicylsäure in der Salbe bei Zimmertemperatur verestern können.

Der aliphatische **Cetylalkohol** mit 16 C-Atomen ist für sich allein kein Emulgator, wird aber in Gegenwart von Fetten und Kohlenwasserstoffen ein solcher; er schmilzt bei 49,2°, wird aus dem Walrat oder synthetisch gewonnen und ergibt Wasser-in-Öl-Emulsionen. Er werde leicht von der Haut resorbiert und fördere die Resorption anderer Fette[4], ein Satz, der in dieser Form nicht richtig ist; denn damit bereitete Salben dringen zwar in das Stratum corneum ein, resorbiert werden sie aber ebensowenig wie die anderen Alkohole, Fette und Kohlenwasserstoffe. Dem Chole-

---

[1] Issleib: Ber. dtsch. pharmaz. Ges. 8, 127 (1898).
[2] Meyer: Diss. Bern 1936.　[3] Schübel: Med. Klin. **1943**, 17/18.
[4] Filmer: Fette u. Seifen **45**, 1 (1938).

sterin ist er nicht völlig gleichwertig, die damit bereiteten Salben sind zäher, schwerer verreibbar und nicht so stabil. In der Wasserbindefähigkeit sind sie dem Cholesterin unterlegen. Die kosmetische Industrie hat sich die emulgierenden und die emulsionsverbessernden Eigenschaften des Cetylalkohols schon seit langem nutzbar gemacht und bringt auf dieser Basis die verschiedensten Cremes in den Handel. Der Alkohol steht in seiner Emulgierfähigkeit hinter dem Wollfett zurück, verbessert aber die Konsistenz nicht nur der Wasser-in-Öl-, sondern auch der Öl-in-Wasser-Emulsionen. Als Lanettewachs soll der technische Cetylalkohol unter den Alkoholen eingehender besprochen werden.

Cetylalkohol und Octodecylalkohol mit weißem Vaselin und 30% Wasser ergeben die Salbengrundlage **Cetosan** Dr. Fresenius (Homburg v. d. H.), die HERXHEIMER[1] empfohlen hat.

Octodecylalkohol (Stearylalkohol) für sich allein besitzt annähernd dieselben kosmetischen Eigenschaften wie Cetylalkohol (SEDYWICK[2]).

Wir konnten uns von der Brauchbarkeit des Stearylalkohols, den wir in einer Menge von 10% den Vaselinsalben zufügten, an umfangreichen Versuchen selbst überzeugen. Die Mischung nimmt je nach der Vaselinsorte 50—150% Wasser auf und ist vollkommen reizlos. BAMBER[3] und SOULSBY[4] zufolge ist Stearylalkohol besser als Cetylalkohol. Er wird in Konzentrationen von 2—7% den Salbengrundlagen zugefügt. Zur Stabilisation von Emulsionen genügen geringere Zusätze. Er soll heilend bei Ekzemen und Pruritus wirken (GOODMAN und SUESS[5]).

Im Gegensatz hierzu sind der Myricylalkohol (14 C-Atome) und seine Ester keine Emulgatoren (JANISTYN[6]). Die höheren Homologen, der Eikosylalkohol (20 C-Atome) (ein Bestandteil des Hautfettes) und die weiteren mit 22 und 24 C-Atomen scheinen nach unseren Versuchen ähnlich wie die C_{16}- und C_{18}-Alkohole zu wirken, aber wertmäßig nicht völlig an diesen heranzureichen.

Noch höhere Alkohole spielen nur als Versteifungsmittel eine Rolle.

Oxydierend (mit Chromsäure) gebleichtes Montanwachs ist nach D.R.P. 739595 der Dehydag ein guter Cremeemulgator, insbesondere in Gegenwart von größeren Mengen hydrierter Öle, die allerdings für sich allein schon gute Emulgatoren sind.

Butter, eine Wasser-in-Öl-Emulsion, und auch Butterschmalz waren als Salbengrundlagen beliebt und werden in der Volksheilkunde noch verwendet. In den Vorschlägen für ein österreichisches Arzneibuch 1938 war die Butter als Grundlage für Augensalben in Erwägung gezogen worden. Man wird mit ihr die Wirkung von Wasser-in-Öl-Emulsionen erzielen und hauptsächlich wegen der geringen Haltbarkeit Störungen erwarten müssen, sie zwingt aber, und dies ist sicher von Vorteil, jeweils zur Frischherstellung der Salbe.

---

[1] HERXHEIMER: Münch. med. Wschr. **1931**, 195.
[2] SEDYWICK: Soap. Perfum. Cosmet. **12**, 161 (1939).
[3] BAMBER: Brit. J. Dermat. **52**, 21 (1940).
[4] SOULSBY: Brit. J. Dermat. **52**, 25 (1940).
[5] GOODMAN u. SUESS: Urol. Cutaneous Rev. **42**, 909 (1938).
[6] JANISTYN: Fette u. Seifen **1940**, 9.

Laneps war ein mit Paraffin verdicktes Gemisch flüssiger Benzyl-
und Xylylnaphthaline, eine Salbengrundlage der Zeit um 1917, die viel
Wasser aufgenommen hat und nach zahlreichen Arbeiten nicht gereizt
haben soll (RAPP, KREKE u. a.). Sie ist trotz damaliger guter Resultate
nicht wieder aufgetaucht.

Weitere Versuche, Wasser-in-Öl-Emulsionen herzustellen, wurden
von verschiedener Seite unternommen. So haben COHN und HIRSCH
sich im D.R.P. 587846 das Dammarharz als Emulgator schützen lassen;
insbesondere in Wasser nicht oder schwer lösliche Medikamente kann
man mit diesem Emulgator, wenn sie in der Ölphase gelöst sind, in
wirksame Salbenemulsionen einarbeiten. Man löst z. B. 1 Teil Dammarharz in 2,2 Teilen Äther auf, verdünnt, damit die Klebrigkeit verschwindet, mit 5 Teilen Paraffinöl und emulgiert nun mit 12—15 Teilen
Wasser. Man kann aber auch die wasserunlöslichen Stoffe mit Dammar
und Wasser emulgieren und dann der fertigen Salbe den Arzneistoff in
Lösung zufügen. (Angaben aus der Patentschrift.)

Die Deutschen Hydrierwerke haben sich im D.R.P. 648758 ein Verfahren zur Herstellung von Salbengrundlagen schützen lassen, das dadurch gekennzeichnet ist, daß man *reduzierte Harze* für sich allein
oder mit Fett-Wachs-Alkoholen oder Kohlenwasserstoffen zu Salbengrundlagen verarbeitet. Die Wasseraufnahmefähigkeit dieser Salbengrundlage soll unbeschränkt sein, ein Umstand, der Zweifel aufkommen
läßt; denn es ergeben sich sehr schmiegsame Wasser-in-Öl-Emulsionen,
die im allgemeinen nicht unbeschränkt verdünnt werden können.

Citomulgan (Günther Gienow, Hamburg) ist ein flüssiger Emulgator der Emulsionen von Wasser-in-Öl-Typ. Es wird hergestellt durch
Umesterung und Polymerisation hochwertiger tierischer und pflanzlicher
Öle, wobei ein Gemisch auch Mono- und Dygliceriden und deren Polymeri-
sationsprodukten entsteht. Dadurch wird eine erhöhte Viscosität der
verwendeten Öle erzielt, die sich wieder in einer Erhöhung des Emulgier-
effektes und der Festigkeit der gebildeten Emulsionen auswirkt. Citomulgan ist völlig neutral und hat eine Säurezahl, die unter 1 liegt.

Gemulgan von der gleichen Firma ist eine Verarbeitung des Cito-
mulgans in gelber Vaseline im Verhältnis von 3 Teilen Citomulgan
+ 7 Teile Vaseline.

Gemulgan ST, ebenfalls von Gienow, ist unter Verwendung von
Stearinsäure als Grundsubstanz nach den gleichen Prinzipien hergestellt
wie das Citomulgan. Durch die Verwendung der gesättigten Stearin-
säuren ergibt sich aber ein Emulgator vom Typ Öl-in-Wasser (s. u.).
Es hat schwach alkalische Reaktionen, dazu Erhöhung der Wasserlöslichkeit, neben der Umesterung und Polymerisation einer geringfügigen
Verseifung vorgenommen wurde.

Die Wasser-in-Öl-Emulsionen sind nicht in allen Fällen am Platze,
haben aber keine eigentlichen Kontraindikationen; nur Kindersalben
sollen nach SCHWARZ[1] stets wasserfrei hergestellt werden (keine Cold-
creme). Man nimmt zweckmäßig Wollfettvaselin und Zinkoxyd. Die Salben

---

[1] SCHWARZ: Parfumeur **1937**, 31.

sollen zähe sein. Es schadet nichts, wenn sie erst durch die Hauttemperatur streichfähig werden. Nur dann haften sie fest und verhindern sicher Schädigungen durch den Harn. Auch Lebertransalben sollen wasserfrei sein, da sie sich in Gegenwart von Wasser leichter zersetzen.

Die unechten oder Pseudoemulsionen vom Wasser-Öl-Typ werden nur durch das Ungt. leniens vertreten. Diese Salbe, deren Eigenschaften auf S. 75 besprochen werden, ist emulgatorfrei und hält nur durch die Viscosität zusammen.

Da Wasser-in-Öl-Emulsionen leichter in die Haut eindringen, bringen sie zugefügte Medikamente, insbesondere wasserlösliche Substanzen, besser als Kohlenwasserstoffe zur Resorption. Eine allgemeine Klassifikation läßt sich aber nicht geben, vielmehr müssen in jedem einzelnen Fall die Eigenschaften des Medikaments mitberücksichtigt werden. Die WZ. ist bei den Wasser-in-Öl-Emulsionen jedenfalls kein Maßstab für die Resorption zugesetzter Medikamente. Sie muß nicht höher als 100 sein. Grundlagen, die das 5- und 6fache ihres Gewichts an Wasser aufnehmen, bieten zwar wirtschaftliche, aber keine therapeutischen Vorteile, denn nach MEYENBERG[1] soll eine Creme, um zu starke Quellung zu vermeiden, nicht mehr als 40% Wasser enthalten, was sich allerdings bei unseren therapeutischen Versuchen mit Öl-Wasser-Emulsionen nicht als notwendig erwies.

d) Öl-in-Wasser-Emulsionen.

Ebenso wichtig wie die Wasser-in-Öl- ist der andere Typ, die Öl-in-Wasser-*Emulsionen.* Hierher gehören Salben, die mit Hilfe von Polysacchariden und Lecithin emulgiert werden, sowie die in der Kosmetik viel verwendeten *Stearatcremes.* Diese letzteren haben als sog. Tagescreme viele Freunde, da sie einen schönen Matteffekt geben und konservierend wirken. In der Dermatologie erfreuten sie sich als Salbengrundlagen zu Unrecht keiner so großen Wertschätzung und Verbreitung, nur Macremal und Cremor (beide von Fresenius) sind schon lange im Handel, und neuerdings werden die Lanettewachs-N-Emulsionen viel verwendet. Die Öl/Wa-Emulsionen bilden in der Therapie die wichtige Brücke zwischen feuchten Verbänden und Salben[2]. Vergleiche das Therapieschema S. 117.

In den englisch sprechenden Ländern sind sie durch die Einführung der Lanettewachse, des Laurylsulfonates, der Crills, Spans, Tweens und Arlacels (Sorbit- und Pentaerytritester) über die Kosmetik auch in die Pharmazie eingedrungen. Wir werden uns mit diesen Emulgatoren noch beschäftigen.

Neben den Na- und K-Stearaten kann man auch das Ca-Salz als Emulgator heranziehen. Im Jap. Pat. 4116/37 wird vorgeschlagen, auf Fette in Gegenwart von Ca-Ionen Lipase einwirken zu lassen. Wenn 25% der Fette in Ca-Seifen verwandelt sind, unterbricht man die Hydro-

---

[1] MEYENBERG: Ther. Gegenw. **83**, 237 (1942).

[2] SCHMIDT-LA BAUME: Die Emulsionen in der Hauttherapie. Verlag Hirzel 1950.

lyse und wäscht aus. Das Endprodukt ist eine Salbengrundlage, die große Wassermengen aufnimmt, aber dem Wasser-Öl-Typ zugehört.

Wir haben vor einigen Jahren als Ausweichsalben zahlreiche Ca-Seifen-Emulsionen hergestellt, konnten uns von ihrem Wert aber nicht überzeugen. Sie sind säure- und alkaliempfindlich und schlecht haltbar.

Zunächst seien die **Polysaccharide** als Emulgatoren von Öl-in-Wasser-Emulsionen besprochen. Es sind vorwiegend Pseudoemulsionen, die auf Grund der Viscosität beider Teile zusammenhalten.

RAPP erwähnt ausführlich die an der Hautklinik München seinerzeit geprüften quellungsfähigen *Physiolsalben* der Polydyn-Werke, Prag, die auch MONCORPS in seine Resorptionsversuche eingeschlossen hat. Es standen folgende 3 Hauptsorten zur Verfügung:

Physiol A bestand nur aus Schleim, war fettfrei und keine Emulsion;
Physiol B enthielt 30% Fett nicht genannter Art als innere Phase;
Physiol C enthielt 50% Fett.

Physiol enthielt keine Konservierungsmittel, sondern war durch lockere Additionsverbindungen der Polyosen mit anorganischen Ionen unzersetzt haltbar und sogar selbst eine Art mechanisches Desinficiens. Es sei die künstliche Nachahmung des arteigenen Schleimes ohne dessen unästhetische Nachteile und die natürlichste und unschädlichste Salbengrundlage, die die Poren nicht verstopfe und gute Resorption gewährleiste, schrieb ihr Erfinder ZAKARIAS[1]. Es handelte sich wohl um Tylose oder Pektin.

Öl-in-Wasser-Emulsionen auf **Pektinbasis** trocknen nach dem Eindringen des Fettes in die Haut an ihrer Oberfläche zu einem Film, der die Haut schützt[2], ein.

Eine solche Salbe kann man durch Mischen von 10—20% Aplona-Apfelpulver mit Wasser herstellen. Nach MÜHLBÄCHER[3] erzielt man damit gute Erfolge bei infizierten Wunden und Dermatosen. Es liegt nahe, hierfür geriebene Äpfel zu verwenden. Eine andere Pektinsalbe, die noch Lebertran und Glycerin enthält, beschreibt REINISCH[4]. Vulnopekt, wie das Präparat heißt, wird mit einem Tupfer bei Portioerosionen lokal angewandt. Ohne Fettzusatz kann Pektin ebenfalls verwendet werden. Es nimmt im leicht sauren Bereich (Milch- oder Citronensäurezusatz) sein 30—40faches Gewicht an Wasser auf und ergibt dann eine Art Trockensalbe, die für manche Zwecke brauchbar ist.

Zu den ältesten Emulsionen gehören die **Lecithin** enthaltenden, denn alle mit Eigelb verarbeiteten Cremes und flüssigen Verarbeitungen beruhen auf der Emulgierung durch ein Lecitho-Protein, das 20% Lecithin enthält. In neuerer Zeit haben die Lecithine in der Kosmetik an Bedeutung gewonnen, denn Lecithin als „Zellbaustoff" ist ein Bestandteil vieler Nährcremes. Ob Lecithine aber wirklich resorbiert werden und nicht nur mit der Haut emulgieren (wie jeder andere Emulgator), ist noch nicht klargestellt und wird ohne Zuhilfenahme von „markiertem" Leci-

[1] ZAKARIAS: Chemik.-Ztg **1927**, 34.
[2] RUEMELE: Pharmaz. Z.halle Dtschld **75**, Nr 48, 753 (1934).
[3] MÜHLBÄCHER: Hippokrates **1936**, 116.
[4] REINISCH: Zbl. Gynäk. **1938**, 15, 798.

thin und komplizierten Apparaturen kaum zu klären sein. Die Literatur, die KUNZE[1] sichtet, ergeht sich nur in Vermutungen und Hoffnungen. Nach dem ganzen Verhalten all der Emulgatoren wird es gar nicht resorbiert und wirkt seinem Charakter nach fettähnlich und nicht mehr. Exakte Beweise eines Besseren liegen nicht vor. Aus der inneren Medizin können wir keine Schlüsse ziehen. Nach BÜRGI[2] ist die orale Lecithintherapie so gut wie unwirksam; denn es wird im Darm in seine Komponenten gespalten. Zum Wiederaufbau stehen dem Körper jederzeit genügend Bausteine zur Verfügung. Trotzdem muß man sich in Übersichten, wie etwa in der von HALDEN[3], ein Bild über die äußerliche und innere Lecithinwirkung zu machen suchen.

Da die Lecithine zwar vor Bakterienwirkung geschützt werden müssen aber Fette selbst als Antioxydationsmittel vor dem Ranzigwerden bewahren (WITTKA)[4], wird ihre Bedeutung vielleicht noch steigen. Zwischen Ei- und Pflanzenlecithin bestehen chemische und physiologische Unterschiede, die aber in der Kosmetik nicht in Erscheinung treten.

In der Pharmazie haben Japaner Lecithin-Vaselin als Salbengrundlage empfohlen. Sojalecithin sei jetzt so billig, daß man daraus Salben herstellen kann. Die Resorption aus Öl-Wasser-Emulsionen sei besser als aus umgekehrten Produkten (ITO, MINOR und TAKASHI NARUSE), ein Satz, der nur bedingt seine Richtigkeit hat und nicht verallgemeinert werden darf.

Lecithinsalben werden hergestellt, indem man das Lipoid entweder in Wasser quellen läßt und Fett zufügt, oder es werden 10% Lecithin unter gelindem Erwärmen mit Fett verrührt. Diese Mischung nimmt dann ihr Gewicht und mehr an Wasser auf. Die Salbe muß mit einem Desinficiens versehen werden. SCHWARZ[5] gibt folgende Vorschrift:

> 5,0 Pflanzenlecithin,
> 0,15 Nipasol,
> 45,0 Vaselin alb.,
> 50,0 Aqua dest.

Diese gelblich-weiße Creme dringt in die Hautschicht ein, ohne zu fetten. Man kann mit derartigen Cremes der Haut „Fett" zuführen, muß sich dann aber natürlich eines vaselinfreien Rezeptes bedienen.

Als Übergang zu einer weiteren wichtigen Gruppe der Öl-Wasser-Emulgatoren, den Lanettewachsen, Aminoalkoholen und den fettsauren Salzen, sind die phosphorilierten Alkohole zu nennen, die in der Pharmazie allerdings so gut wie keine Rolle spielen.

Lanettewachs N (Deutsche Hydrierwerke Sapotex, Rodleben, jetzt auch in Düsseldorf) ist Cetylalkohol, der einen säurebeständigen Emulgator aus Fettalkoholsulfonat und lecithinähnlichen Phosphatiden enthält und dadurch eine gute Grundlage für Cremes und

[1] KUNZE: Lecithin. Berlin: Rosemeyer u. Dr. Sänger-Verlag 1941.
[2] BÜRGI: Schweiz. med. Wschr. **1941**, 1209.
[3] HALDEN: Chem. Ind. **64**, 9 (1941).
[4] WITTKA: Chemik.-Ztg **1937**, 37.
[5] SCHWARZ: Seifensieder-Ztg **1938**, Nr 23, 438.

andere kosmetische Präparate darstellt (Öl-Wasser-Emulsion). Ausführliches berichtet darüber BAUMANN[1].

Als Unguentum-Lanetti wurde eine „Grundsalbe" empfohlen, die neben Lanettewachs N, Cetiol noch Paraffinum liqu. in 60% Wasser enthält. Statt Paraffin haben wir 10—20% Vaselin der „Grundsalbe" zugefügt und festgestellt, daß sich das Produkt mit den verschiedensten Wirkstoffen verarbeiten ließ und auch gleich den Fettsalben therapeutisch wirksam war.

Ein ähnliches Präparat ist auch das höherschmelzende Lanettewachs N 52, eine Mischung von Cetyl- und Stearylalkohol und den oben angegebenen Emulgatoren. Lanettewachs N hat insbesondere als Salbenkonzentrat für Kühl- und Sparsalben Bedeutung. Lanettewachs A 52 entspricht dem N 52, enthält aber nur einen der Emulgatoren und wird besonders bei der Herstellung von Kühlsalben mit essigsaurer Tonerde eingesetzt. Seine Hauptverwendung liegt allerdings im Nahrungsmittelgebiet. Das Cetylsulfonat einer dieser Emulgatoren dient außerdem als Schaummittel in Zahnpasten und als Blutstillungsmittel in Verbandstoffen. Eine eingehende Broschüre des einen von uns[2] unterrichtet über den klinischen Einsatz der Produkte, die durch Schmelzen von 10—30 Teilen des Wachses und Kaltrühren mit 70—90 Teilen Wasser bereitet werden. 5—20% Cetiol verbessern die Eigenschaften dieser Salben.

Emulgator A nennt die Firma Schlüter, Hamburg, einen von ihr neu in den Handel gebrachten Emulgator auf der Basis tierischer Fette und Mineralöle. Er nimmt bis zu 700 Teile Wasser auf und verträgt alle üblichen Zusätze, wie Salicylsäure, Resorcin u. a.

Auf der gleichen Basis entwickelte die Firma eine Salbengrundlage Schlüter 106. Sie verträgt Zusätze von 200 Teilen Wasser. Die Temperaturbeständigkeit der Emulsion liegt zwischen −10 und +50°.

In klinischer Erprobung haben sich bei uns die Präparate gut bewährt. Wir wandten sie bei generalisierten nicht nässenden Dermatosen mit gutem Erfolg an, lediglich bei einer Salvarsandermatitis erlebten wir eine leichte Irritation.

RIEHL und FISCHEL[3] haben aus Cetylalkoholsulfonat (1%ig), Lanolin und Walrat eine Lanettesalben-ähnliche Grundlage, die sie **Doritin** nennen, herausgebracht. Sie bestätigen mit dieser Salbe alle die Resultate, welche unter Lanettewachs geschildert wurden. Auch diese Salben müssen konserviert werden. Doritin wird in Wien hergestellt und ersetzt in Österreich die Lanettewachssalbe.

Lanettewachs N wird z. Z. aus dem Betrieb der Deutschen Hydrierwerke Rodleben und Düsseldorf hergestellt. Gleichzeitig wird z. Z. Lanettewachs A = Ungt. lanetti produziert. Für die Westzonen übernehmen die Deutschen Hydrierwerke in Düsseldorf die Produktion des Lanettewachs N.

---

[1] BAUMANN: Seifensieder-Ztg **1942**, 5. 79; Apoth. Ztg **82,** 2 (1944).
[2] SCHMIDT-LA BAUME: Die Öl-Wasser-Emulsionen. Verlag Hirzel 1950.
[3] RIEHL u. FISCHEL: Wien. med. Wschr. **99.** 11/12 (1949).

Eustearol (Euderma-Gesellschaft, Mannheim) stellt eine salbenfertige Öl-in-Wasser-Emulsion dar, die aus Stearinsäure, Palmitinsäure, Glycerin, Emulgatoren und Wasser besteht. Die Grundstoffe sind bekanntlich in der kosmetischen Industrie weitgehend verwendet und wurden durch einen Ammoniakzusatz emulgierfähig hergestellt[1]. Eustearol stellt durch seinen Emulgator eine Emulsion dar, die vielleicht eher als Mischemulsion anzusprechen ist, da durch zusätzliche Verarbeitung von Öl leicht auch eine gemischte Emulsion entstehen kann. Der neuartige Emulgator (ein Stearat einer organischen Base und ein Monoester der Stearinsäure mit Glycerin) gewährleistet eine Emulsion, die im Gegensatz zu bisherigen Stearinsäure-Emulsionen erheblich stabiler ist. Auch Zusätze von Redoxsubstanzen, wie Pyrogallol, Cignolin u. a., sowie ionisierende Salzzusätze bis zu 5% führen keine Brechung der Emulsion herbei. Im Gegensatz zu ähnlichen Emulsionen entsteht auch bei längerem Stehen keine Membranbildung. Wir beobachteten die Emulsion bis zu 4 Monaten im geheizten Zimmer. Eustearol wird nicht ranzig und kann durch Wasserzusatz bis zur Milchkonsistenz verdünnt werden. Wir haben das Liniment als gleichwertiges Ausweichmittel des allbekannten Brandlinimentes Ol. lini, aqua cal. āā verwendet. Es können bis 600% Wasser aufgenommen werden. In dieser milchähnlichen Verdünnung wird es vom Erfinder (Dr. FLEMMING, Euderma-Gesellschaft, Mannheim) auch als Laxans mit Kamillen- oder Schafgarbenlösung als Klistier (50—75 ccm) empfohlen. Bei sehr empfindlichen Patienten wird gelegentlich im Stadium der akuten Dermatitis leichtes Brennen nach Eustearolapplikation angegeben, das wahrscheinlich auf dem Glyceringehalt beruht.

Condor-Vaseline. Die Deutsch-baltische Ölgesellschaft, Hamburg, stellt ein Vaselin her, das mit beliebiger Menge Wasser zu einer Emulsion verdünnt werden kann. Auch mit diesem Vaselin kann ein Brandliniment, eine milchähnliche Emulsion, hergestellt werden, in die verschiedene Wirkstoffe eingearbeitet werden können. Im Hinblick auf den z. Z. mangelnden Patentschutz hat die Gesellschaft nähere Angaben über die Zusammensetzung verweigert. Das Präparat wird z. Zt. nicht geliefert.

Cefatin (Tempelhof) besteht nach WOJAHN aus einem Gemisch von Fettalkoholen, Fettsäuren, Polyaminoalkoholen, ergibt Öl-Wasser-Emulsionen und ist wachsartig. Die geringe Oberflächenspannung erleichtert nach JOSEPH[2] das Eindringen in die Zellen und Gewebespalten. Die Verarbeitung des Cefatin erfolgt auf warmem Wege.

Cefatinsalben sollen nach GROSSMANN und SIMON[3] nicht mehr als das $2^1/_2$—3fache des Fettgewichtes an Wasser enthalten. Cefatin wird geschmolzen und dann in flüssigem Zustand emulgiert, da es bei Zimmertemperatur die Konsistenz von Bienenwachs besitzt. Cefatin-, insbesondere Ricinusöl-Cefatin-Salben sind cremeartig und haben in der Kosmetik eine gewisse Verbreitung[4].

---

[1] SCHAEFER: Z. Haut- u. Geschlechtskrankheiten 1949.
[2] JOSEPH: Dermat. Wschr. **1934**, Nr 40.   [3] GROSSMANN u. SIMON: Med. Welt **1935**, Nr 32.   [4] Notiz in Pharmaz. Ztg **82**, 1077 (1935).

Glysolid (Gustav Snoek, Berlin) ist nach HÜBNER[1] eine hydrophile Wachsemulsion, die sich in Krätzesalben als Vaselinersatz gut bewährte.

Tegin der Goldschmidt A.G., Essen, besteht nach einigen Autoren aus Kaliumstearat, Glycerinmonostearat und Glycerindistearat und ist eine wachsartig aussehende Substanz, die von SALMONY[2] eingehend untersucht wurde; sie schmilzt bei 57°. Tegin (10—15%) wird mit den Fetten oder Kohlenwasserstoffen sowie dem Wasser zusammen geschmolzen, aufgekocht und dann kaltgerührt. So entsteht z. B. schon eine Salbe, wenn man einen Teil Tegin mit 9 Teilen Wasser bei 70° schüttelt. Die Teginsalben vertragen Zusätze von Teer, Menthol, Schwefel, nicht aber die Einarbeitung von wasserlöslichen Salzen und Säuren sowie von Zinkoxyd, an dessen Stelle Titandioxyd verwendet werden muß.

Das saure **Tegacid** ist Tegin mit Sapaminphosphat als Emulgator. SCHRADER und MARCHIONINI[3] haben damit eine saure Creme zur Behandlung der Seborrhöe ausgearbeitet, das Aciderm vom p_H 2,3 bzw. 4,6.

Ähnliche Produkte sind die amerikanischen Emulgatoren Glycomine und Glycopone und der holländische P- u. S-Emulgator. Die Monoglyceride geben wasserlösliche Salben. COR und GOEDRICH[4] schlagen ein derartiges Produkt aus Monostearat 10 g, Glycerin 25 g, Bentonit 2 g und Wasser 63 g vor. Der Bentonit wird angeteigt und mit dem im Glycerin gelösten Stearat vermengt.

Die Partialglyceride sind je nach ihrer Beziehung zu der Fettphase der Salbe gute oder schlechte Emulgatoren. Höhere Fettsäuren emulgieren besser als kurzkettige; bei ungesättigten Fettsäuren trifft dies aber nicht zu, die sterische Konfiguration und die Molekulargröße haben auch hier Einfluß, so daß Monoglyceride, wie Monolaurin, gute, Diglyceride für Vaselin schlechte Emulgatoren sind (MÜHLEMANN)[5].

Glycerin ist nur einer der vielen mehrwertigen Alkohole. Statt diesem 3-wertigen können auch 4- bis 6wertige, teilweise mit Fettsäure verestert werden. Man erhält auf diese Weise eine große Auswahl. Wir hatten vor ca. 8 Jahren derartige Emulgatoren in Händen, konnten uns aber von ihren besonderen Vorteilen nicht überzeugen. Anders in Amerika und England. Das dort in Gebrauch stehende Sortiment beginnt mit den Monooleaten, Lauraten, Stearaten, setzt sich mit den Estern des Pentaerytrits fort und endet mit den Monoestern des Mannits und Sorbits. In England sind sie unter dem Namen Crill bekannt, in Amerika führen sie die Bezeichnung Spans, Tweens, Arlacels, Atlas. Es sind teils Mono-, teils Di-Ester, es gibt aber auch Sorbit-Sesquioleat (Crill Nr. 16).

Die bei uns seinerzeit abgelehnten Polyäthylenoxyd-Emulsionswachse (Carbowax) vervollständigen das Repertoire, das nur erwähnt

---

[1] HÜBNER: Das Deutsche Gesundheitswesen **1948**, **III**, Nr 22.
[2] SALMONY: Chem.-techn. Rdtch. **1931**, Nr 12.
[3] SCHRADER u. MARCHIONINI: Dtsch. med. Wschr. **1934**, 25.
[4] COR u. GOEDRICH: J. amer. pharmaceut. Assoc. Tract. Pharm. I, 5 (1940).
[5] MÜHLEMANN: Pharm. acta helvetica **15**, 1, 2, 3 (1940).

sei, da die Namen auch Eingang in die Fachliteratur gefunden haben. Eingehendes findet sich im bereits erwähnten Emulsionsbuch SPALTONS[1].

Es ist wohltuend, daß die Amerikaner und Engländer ihre Emulgatoren wirklich genau definieren. Wenn z. B. ein Crill oder Span herausgebracht wird, so ist dies ein ganz genau definierter chemischer Körper. Wir auf dem Kontinent können uns dazu noch nicht recht entschließen. Arlosan (Geigy) z. B., das MÜHLEMANN und WASSERFALLEN[2] prüften und auch zur Herstellung von oral anwendbaren Salben geeignet fanden, ist „ein Gemisch höherer Fettsäureester mit höheren aliphatischen Alkoholen und deren Sulfonaten".

Sapamine (Ciba, Basel) sind Salze des Diäthylaminoäthyloleylamids oder des Stearylamids. Sie haben seifenartigen Charakter und sind gute Öl-in-Wasser-Emulgatoren. Sapaminphosphat ist der Emulgator des Tegacids. Sapaminemulsionen sind sauer, in saurem Medium haltbar und abwaschbar. KAISER und EGGENSBERGER[3] haben die Sapaminemulsionen der Pharmazie erschlossen, nachdem sie in die Kosmetik schon Eingang gefunden hatten. Jodkalisalbe und weiße Präcipitatsalbe waren gut, verfärbten sich aber beim Lagern. Bei solchen Versuchen muß ein sehr wichtiger Punkt bedacht werden. Die Sapamine geben Öl-in-Wasser-Emulsionen, die Präcipitatsalbe DAB 6 enthält wenig Wasser, die Jodkalisalbe ist eine Wasser-in-Öl-Emulsion. Der Ersatz derartiger altbekannter Salben durch Sapaminemulsionen ändert die Zusammensetzung und Wirkung der Präparate, ein Umstand, der bei vielen Salben nicht unberücksichtigt bleiben darf. Daher sind solche Versuche erst dann wertvoll, wenn sie nicht nur pharmazeutisch, sondern auch dermatologisch durchgearbeitet werden.

Zu den besten Emulgatoren der Technik gehören die Fettalkoholsulfonate, Fettsäurekondensationsprodukte, Amine, Eiweißkondensate, Wasch- und Netzmittel der Textilindustrie. *Satina* und *Praecutan* haben als Wasch- und Badezusätze schon Eingang in die Dermatologie gefunden. Als Salbenemulgator sind bei uns nur die Sulfonate, die in den Lanettewachsen enthalten sind, angeführt. Andere werden aber sicher folgen, sofern es die Patentlage gestattet. Eiweißkondensate (Satina) scheinen bereits in der Satinacreme, deren Deklaration allerdings keine genauen Schlüsse zuläßt, enthalten zu sein. Das Amer. Pat. 2173203 schützt Produkte aus einem wasserlöslichen Salz eines Schwefelsäureesters einer aliphatischen Polyoxyverbindung, deren eine OH-Gruppe mit einer langkettigen Fettsäure verestert ist. Es handelt sich wohl um Polyäthylenoxydemulgatoren, deren Einsatz bisher in Europa auf Grund gewerbechemischer Versuche abgelehnt wurde.

Die in der Kosmetik viel gebrauchten **Triäthanolaminseifen** sind gute, ja sogar bessere Emulgatoren als Na- oder NH_3-Seifen zur Herstellung von Öl-in-Wasser-Emulsionen, deren Verwendung in der Dermatologie

---

[1] SPALTON: Pharmaceutical Emulsions, Verlag Chemist and Druggist. London 1950.

[2] MÜHLEMANN u. WASSERFALLEN: Pharm. Acta Helvet **24**, 6/7255 (1949).

[3] KAISER u. EGGENSBERGER: Pharmaz. Ztg **1932**, 898.

MUMFORD[1] bespricht, aber nicht empfiehlt, da er, wie auch RAY und BLANC[2], Reizungen beobachtete. ANGELO[3] stellte fest, daß Triäthanolstearat sehr gute Cremes liefert. Man mischt das Stearat, ein Pulver, mit Wasser oder Glycerin und erhitzt zum Schmelzen, anschließend rührt man kalt und erhält so eine brauchbare Salbe. Nach MALANGEAU[4] bewährt sich eine Salbe aus 100 g Stearinsäure, 25 g Triäthanolamin, 100 g emulgierender Ester und 775 g Wasser besonders. Der Ester ist ein Gemisch von 5—10 Teilen Diäthanolaminstearat und 90—95 Teilen Diäthylenglycolmonostearat. Man erhitzt das Amin mit der doppelten Menge Wasser auf 80° und fügt diese Mischung unter Rühren einem gleichwarmen Gemenge der Säure mit dem Ester und dem Wasser zu. Nach dem Erkalten bildet sich eine homogene Creme, deren Verträglichkeit anscheinend nicht geprüft wurde. Derartige Produkte müssen mit Nipagin oder Fettabacterin H (BELANI[5]) steril gehalten werden.

Das technische Triäthanolamin, eine Mischung von Mono- und Triäthanolamin, bildet nur mit Fettsäuren Seife, ist aber nicht in der Lage, Glyceride zu spalten. Die Verseifung wird durch Einrühren der Base in die — wenn nötig — geschmolzenen Säuren vorgenommen. Nach dem Amer. P. 2 129836 kann man ein Gemisch aus einer Fettsäure, Triäthanolamin und z. B. Vaselin als Emulsionsgrundlage aufbewahren. Mit Wasser verdünnt bildet die Mischung dann sofort eine brauchbare kosmetische Salbe. Näheres über Triäthanolamin in F. FISCHERS Broschüre: „Das Triäthanolamin und andere Äthanolamine, ihre Eigenschaften und vielseitige Verwendung." Berlin: Allg. Industrie-Verlag.

Nach FIERO[6] sind die *Isopropanolamine* dem Triäthanolamin gleichwertig oder überlegen.

Trigamine der Glyco Products Co. ist technisches Triäthanolamin.

Morpholin (Diäthanolaminanhydrid) — Fettsäureester und die Ester der Sebacinsäure (Octan-1, 8-dicarbonsäure), wie Triäthanolaminsebacinat, sowie das Diäthylenglykolmyristinat sind Öl-Wasser-Emulgatoren, die in der Kosmetik Bedeutung besitzen oder zu anderen Zwecken verwendet werden. Zur pharmazeutischen Salbenherstellung werden sie unseres Wissens bisher nicht gebraucht, zumal Fettsäurederivate mit 8—12 C-Atomen, wie auf S. 429 gezeigt wird, verhältnismäßig leicht zu Reizungen führen.

BIEDEBACH und WEIGAND[7] haben mit Piperazin und Ölsäure Öl-Wasser-Emulsionen hergestellt, die als Salben Verwendung finden können. Ob sie jedoch wirtschaftliche Bedeutung erlangen, sei dahingestellt.

Cremor (Fresenius), eine stark wasserhaltige Öl-Wasser-Emulsion, enthält als wirksamen Bestandteil Stearinseife.

[1] MUMFORD: Brit. J. Dermat. **50**, 540 (1938).
[2] RAY u. BLANC: Arch. of Dermat. **42**, 285 (1941).
[3] ANGELO: Boll. chim. farm. **78**, 92 (1939).
[4] MALANGEAU: J. Pharmacie **1942**, II, 263.
[5] BELANI: Fette u. Seifen **47**, 542 1940).
[6] FIERO: Chem. Abstr. **34**, 6 (1940).
[7] BIEDEBACH u. WEIGAND: Arch. Pharmaz. **279**, 3 (1941).

Macremal (derselben Firma) enthält neben Cetaceum, Cetosan und Wasser Stearinseife als Emulgator (HERXHEIMER[1]).

Mischungen von stearin- und palmitinsaurem Kalium mit Paraffinöl waren unter dem Namen **Ebaga** im Handel.

Unguentum stearini ist eine Emulsion von Stearinsäure und Cetaceum in glycerinhaltigem Wasser. Emulgator ist auch hier Kaliumstearat. Das Cetaceum kann durch Paraffinöl ersetzt werden. Das Glycerin ist entbehrlich, wenn statt Kalium- Triäthanolaminseife verwendet wird (NÉMEDY[2]).

Wie schon bei der Besprechung der Lanettewachse erwähnt, sind die Öl-Wasser-Emulsionen gut geeignet, „Fett" einzusparen. Bei uns arbeitete man mit Lanettewachs. In Frankreich werden von GATÉ[3] und Mitarbeitern drei ähnliche Produkte empfohlen, nämlich *Triétine*, eine Stearatcreme, die nur beschränkt anwendbar ist, Cétaline, eine Mischung von Stearinsäure, Glycerinstearat und einem Abkömmling der Ricinolsäure als Emulgator. Dieses Produkt, das wohl ein Sulfonat enthält, scheint also eine Kombination der Eigenschaften von Tegin und Lanettewachs aufzuweisen. Ähnlich schien auch Sédetine beschaffen zu sein, ein Analogon zu Cétaline, das aber an Stelle des Ricinolsulfonates Laurylsulfonat enthält.

Lasupol ist ein Phthalsäureester höherer Fettalkohole. Es ist hart, fettig, schmilzt bei 34—37° und wurde mit Silicium- und Aluminiumgelen von FRIESEN[4] zu einer Salbe verarbeitet.

Unter den zahlreichen Cellulosederivaten, die sich in der Technik als Emulgatoren, Appretur- und Schlichtemittel eingeführt haben, sind es insbesonders die Methyl- und Methyl-Äthyläther, die kalt quellen und das Natrium-Salz der Carboxymethylcellulose, das in heißem Wasser quillt.

Derartige Präparate sind die von KALLE für die Pharmazie ausgearbeitete Tylose, die den Namen Adulsion führt. Fondin der Sichewerke Nürnberg, Polycell der St. Michaeler Papierfabrik in Österreich, Cellofas A, Methocel, Celacol und Cellocel verschiedener englischer Firmen. Als Typ kann die am eingehendsten studierte Adulsion gelten.

Die **Adulsion** (Kalle), eine Tylose, quillt, wenn man 4—7 Teile mit 96—93 Teilen heißen Wassers übergießt, zu einem vaselinartigen Schleim auf. Er kann für sich allein als Trockensalbe verwendet werden oder bildet, mit Cellophan überdeckt, eine Art feuchter Kammer (STÖHR[5]). Mischt man in der Reibschale dem Schleim Vaselin zu, so erhält man eine Öl-in-Wasser-Emulsion. Verwendet man aber statt Vaselin ein Gemisch von Kohlenwasserstoffen und 10 Teilen Wollfett und trägt den Schleim portionsweise unter Reiben in die fette Salbe ein, so gelingt es meist, eine Wasser-in-Öl-Emulsion herzustellen. Beide Typen werden zweckmäßig noch homogenisiert. Dies gelingt leicht mit auf dem Düsenprinzip arbeitenden Maschinen, nicht aber mit einem Dreiwalzenwerk.

---

[1] HERXHEIMER: Münch. med. Wschr. **1932**, 47.
[2] NÉMEDY: Ber. ung. pharmaz. Ges. **17**, 533 (1942).
[3] GATÉ, CUILLEROT u. BIZEAU: Ann. de Dermat. **8**, 1, 362 (1941).
[4] FRIESEN: Pharmaz. Ztg **84**, 547 (1949). [5] STÖHR: Chirurg **1940**, 15, 444.

Die Produkte sind pharmazeutisch sehr aussichtsreich und in der Lage,
Vaselin weitgehend einzusparen. Dultz[1] gibt eine Reihe derartiger
Präparate an. Gute Erfahrungen mit Tylose wurden in England gemacht.
Bamber[2] und Soulsby[3] berichten darüber. Stöhr empfiehlt insbesondere Zinkpasten, Pellidol-, Perubalsam-, Silbernitrat- und Lebertransalben auf Adulsionsbasis; Tanninsalben lassen sich mit der Adulsion
nicht herstellen, wohl aber mit Tylose KN 25 und KNGOO. Weitere
Adulsionssalben hat der eine von uns mit L. Markert und L. Markert[4] allein ausgearbeitet.

Die Bedeutung von Adulsionssalben in der Gewerbehygiene liegt
in dem für Fettlösungsmittel undurchdringlichen Film, der die darunter
liegende Haut überzieht.

Milch- bzw. Sahnesalben werden nur selten verwendet und wären
frisch zu bereiten. Die in der Pharmaz. Ztg[5] angegebenen Mischungen
verdienen den Namen nicht; sie sind bestenfalls butterfetthaltige sahnige
Cremes, denn die Rezepte

Paraffin	24,0		Lanolin	10,0
Walrat	60,0		Ol. Cacao	15,0
Ol. Ricini	70,0	oder	Sahne	30,0
Sahne	300,0		Cera alba	22,0
Cera alba	90,0		Aqua	20,0
Wollfett	58,0			

ergeben Gemische, die mit Sahne nur wenig mehr zu tun haben. Nach
dem Streit der gegensätzlich wirkenden Emulgatoren wird wahrscheinlich eine Salbe entstehen, die nicht mehr eine Öl-in-Wasser-, sondern
eine Wasser-in-Öl-Emulsion darstellt, oder ein Mischtyp. Sahne ist das
jedenfalls nicht, auch nicht, wenn Paraffin und Wachs wegbleiben.

Eine Öl-in-Wasser-Emulsion stellt auch die von C. P. Unna im Jahre
1895 empfohlene *Caseinsalbe* dar, eine Mischung von Casein 14, Alkali
0,43, Glycerin 7,0, Vaselin 21,0, Acid. carbolic. 0,5, Zinc. oxydat. 0,5,
Aqua dest. ad 100. Sie ergibt eine äußerst feine Emulsion, die sich mit
Säuren und Kalksalzen nicht verträgt, weil dadurch das Casein ausgefällt wird. Sie trocknet auf der Haut in wenigen Minuten zu einem
schützenden Film ein, ist also die erste Trockensalbe. Eine solche Salbe
scheint auch die Neopansalbe zu sein, die als Wirkstoffe ätherische Öle
enthält und in der Literatur öfters erwähnt wird.

Mumford[6] hat eine Salbengrundlage aus 3 Teilen Paraffin liqu.,
3 Teilen Vaselin, 2 Teilen Hexa- und Octodecylalkohol, die 10% ihrer
Phosphorsäureester enthält, beschrieben; sie ist reizlos, stabil gegen
zugesetzte Medikamente und kann durch Wasser- oder Ölzusatz variiert
werden. Sie gleichen den Lanettewachssalben.

Na-Alginat wurde von Milne[7] empfohlen. Es ist ein braunes Pulver,

[1] Dultz: Dtsch. Apoth.-Ztg **1940**, 69, 524.
[2] Bamber: Brit. J. Dermat. **52**, 21 (1940).
[3] Soulsby: Brit. J. Dermat. **52**, 25 (1940).
[4] v. Czetsch-Lindenwald u. L. Markert: Südd. Apoth.-Ztg **1940**, 28. —
L. Markert: Südd. Apoth.-Ztg **1942**, 15/16.
[5] Notiz in Pharmaz. Ztg **1936**, 8, 123.
[6] Mumford: Brit. J. Dermat. **50**, 540 (1938).
[7] Milne: Chem. Trade J. **108**, 152—153, 2808 (1941).

das sich in Wasser löst und in Gegenwart von Calciumsalzen geliert. Der eine von uns hat auf dieser Basis eine Gleitpasta für die tierärztliche Praxis ausgearbeitet. Das Präparat *Viscopan* der Panchemie WOLFSBERG ist abwaschbar, desodorierend, keimtötend und wurde klinisch bestens beurteilt.

Aus Kalzium-Alginat kann man auch Gewebe, oder besser gesagt Filme herstellen, die sich im alkalischen Medium auflösen, bzw. von der Gewebsflüssigkeit des Körpers gelöst werden. Derartige Filme oder ein sterilisiertes Kalzium-Alginatpulver können mit Sulfonamiden- und Penicillinsalzen beschickt werden und dienen dann zur Behandlung von Brandwunden, Wunden und Haemorrhagien[1].

Eigelb und Eiklar spielen als Emulgatoren nur eine geringe Rolle in der Salbenherstellung. Die besten Präparate würden durch einen Zusatz von 4% Eiklar oder 10% Eigelb erhalten werden. Alkalibehandeltes Casein hingegen erreicht derartige Effekte schon in einer Konzentration von 1% und säurebehandeltes bei 3,5%. Die Salben werden mayonnaiseartig (KOSIN[2]).

Recht gute Erfahrungen haben wir mit Milei-Vaselin-Salben gemacht. Nimmt man wäßrige Quellungen von Milei (für Mayonnaisen) und emulgiert damit Vaselin, so erhält man Emulsionen, die mit Leichtigkeit mit der Haut emulgieren und doch keinen fettigen Rückstand hinterlassen. Verwendet man die Creme in großem Überschuß, so bilden sich auf der Haut schmutzabhebende Krümel, man erhält eine „Vanishingcreme".

Natriumcaseinat schlägt GELLEROWA[3] als Öl-Wasser-Emulgator vor. Sie erhitzt 1 Teil Casein mit 4 Teilen 1proz. wäßriger Natriumbicarbonatlösung so lange auf dem Wasserbad, bis eine leimartige klare Lösung entstanden ist.

Erwähnt seien noch die Alkalien, die man früher für Emulgatoren hielt. Sie bilden mit Fettsäuren Seifen, und diese wirken emulgierend. Man kann daher Vaselin nicht damit emulgieren. Da ein Überschuß der Alkalien zudem schadet, sind sie als Emulgatoren im engeren Sinne verschwunden. Hingegen müssen Emulgade F (Dehydag), der Emulgator 157 (Goldschmidt) sowie die PF-Grundlage (Tempelhof) erwähnt werden, Präparate, die schöne Öl-Wasser-Emulsionen ergeben, aber nicht so sehr zur Herstellung von Salben, als vorwiegend zur Verarbeitung in flüssige Cremes und milchartige Produkte empfohlen werden. Emulgade F wird auch dort mit Erfolg eingesetzt, wo es sich darum handelt, in Öl-Wasser-Emulsionen höheren Fettgehalt und größere Mengen Elektrolyte unterzubringen.

MONCORPS hat festgestellt, daß die Salicylsäure aus Öl-Wasser-Emulsionen weitaus am intensivsten von der gesunden Haut aufgenommen wird. Schwefel, ein Körper, der sich besser in Öl löst als in Wasser, wurde jedoch nur schlecht resorbiert. Mit wasserlöslichen Medikamenten wird man auf der geschädigten Haut eine intensive und rasche, durch

---

[1] Chemist and Druggist, Februarheft 1949.
[2] KOSIN: Vopr. Pitanija **7**, 81 (1938).
[3] GELLEROWA: Pharmaz. J. (russ.) **12**, 22 (1939)

die Ölkomponente aber gemilderte Wirkung erreichen. Öllösliche Körper hingegen werden in diesem Emulsionstyp spät und schwach und oberflächlich wirken. Über die Öl-Wasser-Emulsionen liegt also bereits umfangreiches Material vor. Trotzdem gelingt es immer wieder „Erfindern", auf mehr oder minder neue Kombinationen Patente zu erhalten. So schützt z. B. das franz. Pat. 872577 eine Creme aus Lanolin, Stearin, Glycerin und Triäthanolamin! Derartiger Unfug belastet die Wirtschaft, und es fehlt solchen „Erfindungen" jedes Niveau. Man wird derartige Erfindungen durch Einspruch bekämpfen müssen.

Bei allen Öl-Wasser-Emulsionen muß das Austrocknen beim Lagern vermieden werden. Wenn keine luftdichten Gefäße oder Tuben zur Verfügung stehen, so sollte wenigstens die Oberfläche der Emulsionen durch ein Papierblatt (Pergament) oder einem Paraffinfilm bedeckt werden, denn die Membran, die sich z. B. auf unsachgemäß verpackten Lanettewachs-N-Salben bildet, ist zwar ein guter Austrocknungsschutz, sieht aber nicht gut aus.

Zusammenfassung. Öl-in-Wasser- und Wasser-in-Öl-Emulsionen sind unentbehrliche Salbengrundlagen. In welchem Falle der eine, in welchem der andere Typ die optimale Grundlage darstellt, wann wir Fette und wann wir Paraffinkohlenwasserstoffe emulgieren müssen, entscheidet das zugefügte Medikament und die Indikation, bei der die Salbe angewendet werden soll. Zwischen Emulsionen und Lösungen sind prinzipiell Unterschiede vorhanden. Lebertran kann man mit Vaselin-Lanolin nicht emulgieren, wohl aber in diesem Gemisch lösen. Diese Lösung wird von der Haut fester gehalten als das Öl allein, da letzteres abtropfen würde. Daher ist intensivere Wirkung zu erwarten, nicht durch die Emulgierung, wie BAMBERGER[1] annimmt.

Die Emulsionssalben der Pharmazie brauchen im allgemeinen nicht mehr Wasser als 50% des Endgewichtes aufzunehmen. Grundstoffe mit WZ. von über 100 geben einen erwünschten Spielraum. Das hohe Wasseraufnahmevermögen derartiger Salben bringt therapeutisch aber keine Vorteile. Auch in der Kosmetik machten sich schon vor 10 Jahren Bestrebungen gegen den Ehrgeiz mancher Hersteller, in die Creme möglichst viel Wasser hineinzupumpen, bemerkbar (AUGUSTIN[2]). Die Ansicht, daß besonders wasserreiche Salben auch eine besonders große Resorption gewährleisten, beruht auf einem Irrtum. Sie verschwinden gut in der Haut, sofern der Emulgator noch aktiv und nicht restlos beansprucht ist. Sie gewährleisten aber keine besonders gute Resorption.

e) Mischtypen von Öl-Wasser- und von Wasser-Öl-Emulsionen.

Diese treten dann auf, wenn die Emulsion zum Umschlagen neigt. Verrührt man 0,15 ccm einer in der Hitze bereiteten klaren 1 proz. Kaliumstearatlösung mit 5 ccm Olivenöl, so entsteht bei langsamem Zureiben von 5 ccm Wasser eine ziemlich unbeständige Emulsion von Wasser-in-Öl. Gibt man nun langsam weitere Kaliumstearatlösung hinzu, so be-

---

[1] BAMBERGER: Dermat. Wschr. **1936**, 28.
[2] AUGUSTIN: Seifensieder-Ztg **1937**, 8.

ginnt zwischen 0,6 und 0,9 ccm die Emulsion sich teilweise zu entmischen. Das frei werdende Öl emulgiert sich jetzt in Form größerer Kügelchen im Wasser. Prüft man die Emulsion nach der auf S. 33 geschilderten Methode mit Methylenblaulösung 1 : 100000, so zeigt sich, daß die Öltröpfchen immer noch reichlich Wasser in sich schließen. Es liegt also eine Doppelemulsion vor. Fügt man weitere 0,5 ccm der Kaliumstearatlösung zu, so bildet sich beim Verrühren eine Öl-Wasser-Emulsion. Derartige Produkte können gelegentlich unerwünschterweise entstehen. Einen therapeutischen Wert besitzen sie nicht.

f) Aussehen der Emulsionen.

Über die Theorie und die Herstellung der Emulsionssalben ist bereits so viel Literatur vorhanden, daß wir uns auf die schönen Ausführungen von KERN in seinem Buche beschränken können. Wir möchten nur ihr Aussehen in Erinnerung bringen, insbesondere das mikroskopische, denn die makroskopischen Bilder sind bekannt.

Die Emulsionen mit 2 flüssigen Phasen, die dem Apotheker geläufiger sind, stellen infolge der Oberflächenspannung das bekannte regelmäßige Mosaik von Kugeln der inneren Phase, die in der äußeren schweben, dar (Abb. 3). Die Größe der Kugeln schwankt je nach der Verarbeitung, dem Emulgator und den sonstigen Eigenschaften der beiden Phasen.

Außer den in Salben meist vorkommenden wasserhaltigen Emulsionen, deren eine Phase eben Wasser ist, gibt es noch andere; von den Metall-in-Fett-Emulsionen ist uns die graue Salbe geläufig. Auch der Seifenschaum ist eigentlich eine Emulsion vom Typ Gas-in-Wasser.

Bei den Salbenemulsionen ist ein Bestandteil, das Fett, annähernd fest (Abb. 4). Wir erhalten daher im mikroskopischen Bild oft nicht mehr kugelige Gebilde; sie sind vielmehr in manchen Fällen verrieben, zerquetscht, und ein Ungt. molle (Abb. 5) sieht im Mikroskop nicht immer wie ein Mosaik runder Steinchen, sondern oft wie ein aus sehr feinen Teilen bestehender Preßkork aus. Zwischen dieser Form und gröberen Verreibungen bestehen zahllose Übergänge und Mischformen, je nachdem man maschinelle Hilfsmittel heranzieht oder nur einfache Handanreibungen im Mörser vorliegen.

Dasselbe finden wir bei den Öl-in-Wasser-Emulsionen, die bei der Verarbeitung im Mörser überhaupt nur in Ausnahmefällen feine Verreibungen ergeben. Sie sind, insbesondere wenn sie hochschmelzende Fette enthalten und nur im Mörser verrieben werden, schon makroskopisch grießig. Im Mikroskop zeigt sich ein grob disperses Gemenge (Abb. 6), das aber trotzdem eine bei bescheideneren Ansprüchen noch brauchbare Emulsion darstellt.

Pseudoemulsionen vom Wasser-in-Öl-Typ, wie das Ungt. leniens, halten nur infolge der Viscosität der äußeren Fettphase zusammen. Im Mikrobild zeigen sie sehr unregelmäßig große Wassertropfen im Fett verteilt (Abb. 7). Man sieht einer solchen Emulsion die Tendenz zur Entmischung schon von außen an.

Sehr wasserreiche Wasser-in-Öl-Emulsionen können geradezu das Aussehen von mit Wasser gefüllten Bienenwaben besitzen. Auf der Haut verhalten sie sich, sofern sie bis zur äußersten Grenze mit Wasser gefüllt sind, ähnlich den unstabilen Emulsionen.

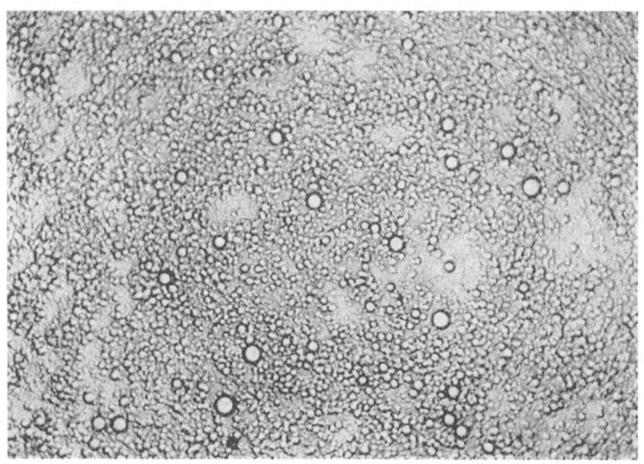

Abb. 3. Flüssige Öl-in-Wasser-Emulsion nach Art der flüssigen Hautcremes. (Handanreibung.) (Vergr. 1:300.)

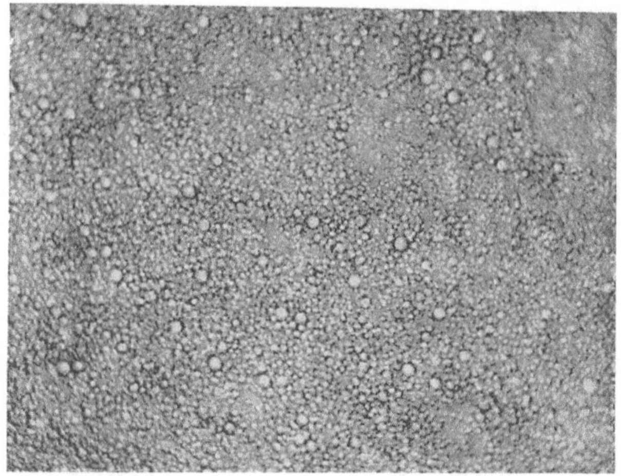

Abb. 4. Salbenartige Wasser-in-Öl-Emulsion. Die innere wäßrige Phase hat die Kugelform nahezu immer bewahrt. (Handanreibung.) (Vergr. 1:300.)

Aus der Güte eines Emulgators Schlüsse zu ziehen, ob diese oder jene Substanz in einem bestimmten Falle besonders am Platze ist, kann nicht gewagt werden. Dies läßt sich wohl nur aus der Erfahrung heraus ermöglichen, denn alle die Trübungsmessungen und sonstigen Möglichkeiten zur Testung kommen für das Milieu „Haut" nicht in

Frage. Man muß probieren, vergleichen. Anhaltspunkte gibt nach SCHMALFUSS[1] das Verhalten von Schäumen, denen die zu prüfende Substanz zugefügt wurde. Ein Öl-in-Wasser-Emulgator, der in kleinen Mengen den Schaum „standfest" macht und das Platzen der Blasen ver-

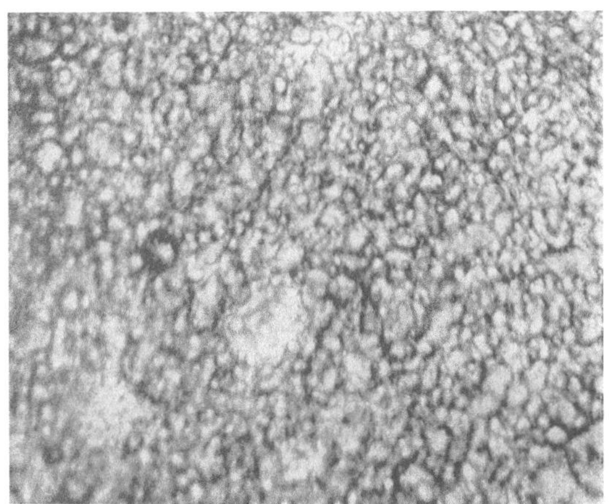

Abb. 5. Die fein verteilte helle Wasserphase ist von dunkelgefärbtem Öl umgeben. (Handanreibung.) Ungt. molle. (Vergr. 1:300.)

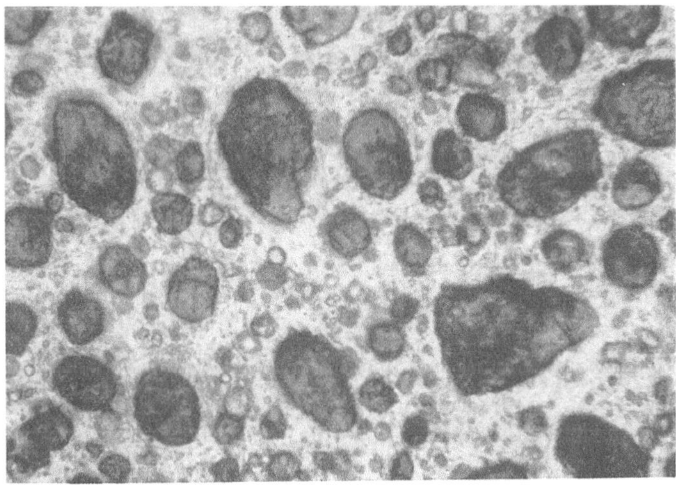

Abb. 6. Die dunkelgefärbten Fettbrocken sind vom hellen Wasser umgeben. Die Kugelform ist annähernd erhalten. (Handanreibung.) Öl-in-Wasser-Emulsion. (Vergr. 1:300.)

hindert, ist für die Cremeherstellung gut geeignet. Ein Wasser-in-Öl-Emulgator hingegen, der den Schaum schon in kleinsten Mengen zerstört, ist als Salbenbestandteil geeigneter als ein solcher, der dies erst in größeren Mengen zustande bringt.

---

[1] SCHMALFUSS: Fette u. Seifen **1940**, 11, 526.

Für die klinische Verwendung von Öl-Wasser-Emulsionen mag ihre kühlende Komponente bei entzündlichen Veränderungen der Haut angezeigt sein, während Wasser-Öl-Emulsionen bei chronischen Affekten reine Fettsalben ersetzen können.

Es ist unzweckmäßig, Wasser-Öl- und Öl-Wasser-Emulgatoren gleichzeitig zu verarbeiten, da sie sich gegenseitig in ihrer Wirkung aufheben. Dieser Satz gilt natürlich nur für echte, also oberflächenaktive Öl-Wasser-Emulgatoren. Pseudoemulgatoren, etwa Schleime und Tylose, die nur auf Grund ihrer Viscosität Emulsionen (Pseudo- oder Quasiemulsionen) bilden, können ohne weiteres z. B. mit Wollfett zusammen verarbeitet werden. Man stellt in solchen Fällen zuerst den Schleim her und arbeitet ihn dann in das Wollfett ein.

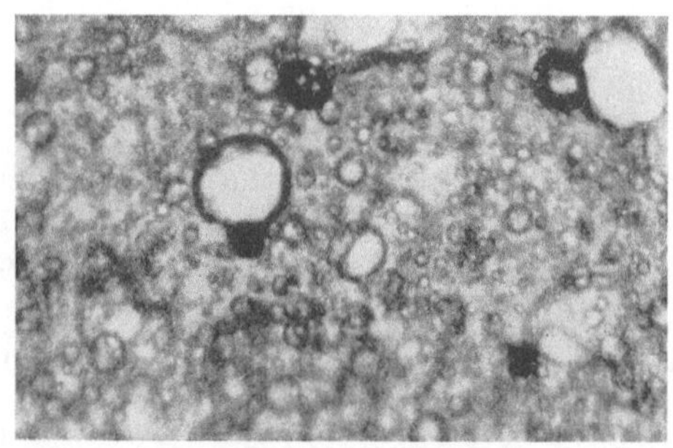

Abb. 7. Helle Wassertropfen verschiedener Größe im Fett.
Infolge der Lichtbrechung fast schwarze Luftblasen.
Ungt. leniens. (Vergr. 1:300.)

Derartige Mischungen wurden von der Beo Petri A. G. in Wiesbaden in einer Patentanmeldung beschrieben. Es müßte unseres Erachtens erst bewiesen werden, daß sie besonders gute therapeutische Erfolge erbringen.

Temperaturempfindlichkeit der Emulsionen. Manche ätherische Öle und Elektrolyte haben die unerwünschte Eigenschaft, Emulsionen zu zerstören. Wir werden ferner noch sehen, daß Emulsionen häufig durch Zusätze von Emulgatoren des entgegengesetzten Typs ungünstig beeinflußt werden. Außerdem kann eine Emulsion auch durch Temperatureinwirkung zerstört werden. In den kalten Wintern der Jahre 1939 bis 1941 und 1946—1947 gingen viele Hautcremes beim Versand und bei der Lagerung unter extrem niederen Temperaturen auseinander. Welche Temperaturen kritisch zu werten sind und welche Emulsionsformen besonders empfindlich sind, ist bisher unseres Wissens nicht festgestellt worden, so daß Versuche mit Emulsionen beider Typen angebracht erschienen.

Bei ihrer Durchführung wurden die Prüfungsprodukte im Thermostaten bzw. in Kältekammern bei genau festgelegten Temperaturen 24 Stunden lang verwahrt und im Anschluß daran, evtl. nach erfolgtem Auftauen, untersucht. Zur Kenntlichmachung der Wasserphase und der ausgeschiedenen Wassermengen war das Wasser vor der Emulgierung mit Methylenblau gefärbt worden.

Die Öl-in-Wasser-Emulsionen erwiesen sich als weitaus stabiler als der umgekehrte Typ. Wir prüften bei −70°, −20°, −5°, 0°, +5°, +20°, +37°, +42°, +50°, +60° und +70° und stellten fest, daß z. B. Eiweiß-, Stearat- und Lanettewachssalben erst bei +70° und darüber auseinandergehen. Gegen tiefe Temperaturen sind sie unempfindlich, falls störende Elektrolyte fehlen. Sie frieren zu harten marmorartigen Massen ein und tauen ohne Zerstörung wieder auf.

Die Wasser-Öl-Emulsionen reichen in ihrer Beständigkeit an den umgekehrten Typ leider vielfach nicht heran. Es gibt natürlich Ausnahmen, wie z. B. Eucerin cum aqua, das sogar bei 100 Grad nicht zerstört wird. Wir prüften Wollfett und zahlreiche nicht im Handel erhältliche Gemischemulgatoren, die ihr hohes Wasseraufnahmevermögen z. B. aliphatischen Alkoholen verdanken. Die Wasserzahlen dreier dieser Prüfungsprodukte bewegten sich innerhalb sehr weiter Grenzen (siehe Kurven auf S. 36). Belastet man nun den Emulgator voll, d. h. nützt man seine Emulgierfähigkeit voll aus, so ist diese Emulsion in den meisten Fällen schon bei Zimmertemperatur recht empfindlich und scheidet, wenn auch nur kleinere Mengen, Wasser aus. Der Emulgator II z. B. nimmt 500% Wasser auf und scheidet innerhalb einer Woche 10% wieder aus. Belastet man den Emulgator nur halb, gibt also nicht die volle Wassermenge, sondern nur die Hälfte zu, so erhält man bei Zimmertemperatur völlig stabile Emulsionen, die sich nur bei bestimmten kritischen Temperaturen trennen. *Je weniger die Emulgierkraft ausgenützt ist, um so stabiler sind die Emulsionen.* Die kritischen Temperaturen sind +4°, der Schmelzpunkt, +40° und Temperaturen unter null Grad. Die meisten der von uns geprüften Wasser-Öl-Emulsionen zersetzen sich oberhalb 40° ziemlich schnell; durch Kniffe, wie Cetylalkoholzusatz oder nur geringen Wasserzusatz, kann die kritische Temperatur bis auf 60° hinaufgedrückt werden. In unseren Breiten dürfte sich dies aber meist erübrigen. Es ist ja selbstverständlich, daß eine Salbe nicht bei höheren Temperaturen als beim Schmelzpunkt der Fettkomponente gelagert werden darf. Bei +4° waren insbesondere die Wollfettsalben mit Wasserzusatz zum Teil entmischt; man kann sie leicht wieder zusammenrühren. Plötzlich auf null Grad abgekühlte Salben hielten eigentümlicherweise der Entmischungstendenz in allen Fällen stand. Unter null Grad gefriert das Wasser und sprengt die Emulgatorhülle, die bei dieser Temperatur nicht mehr genügend schmiegsam ist, um der Ausdehnungstendenz der Eiskristalle standzuhalten. Plötzliches Abkühlen schadet weniger als allmähliches, eine Tatsache, die wir beim Tiefkühlen von Obst und Gemüse ja auch beobachten können. Andere Emulsionen wiederum waren nur bei Zimmertemperatur haltbar und entmischten sich bei *jeder* Wärmezu- oder -abfuhr. Manche technisch verwendete Wasser-Öl-Emulsionen sind andrerseits sogar kochbeständig (Schmiermittelemulsionen).

Die Temperaturbeständigkeit der Emulsionssalben ist also vorwiegend vom Emulsionstyp abhängig, der Wasser-Öl-Typ ist häufig empfindlicher, bei extrem tiefen und hohen Temperaturen müssen ungeeignete oder überbelastete Emulsionen ausgeschaltet werden. Salben vom Wasser-Öl-Typ werden unempfindlicher, wenn man die Wasseraufnahmefähigkeit nicht voll ausnützt und Cetylalkohol zufügt. Das letztere Verfahren bessert aber nicht immer und oft nur in verschwindend kleinem Maße. Manche Emulgatoren liefern nur bei Zimmertemperatur beständige Wasser-Öl-Emulsionen, andere wieder weitgehend unempfindliche Präparate. Es wird daher in jedem einzelnen Fall eine eingehende Prüfung der Lage nötig sein. In der Salbentherapie ist zwar nicht die Temperaturresistenz nötig, die von Schmiermitteln gefordert wird; aber um die Minimalforderung der Stabilität zwischen 0° und 40° kommen wir für unser Klima nicht herum. MEHLHOFER[1] gibt als Limittemperatur 30° an. In Europa mag dies genügen. In heißen Ländern wird man 40° annehmen müssen.

Neuere Arbeiten von MÜNZEL[2] zeigen, daß man Wasser-Öl-Emulsionen zwar leichter warm emulgieren kann, da die Konsistenz als Dispersionshemmung wegfällt. Trotzdem ist das Kaltemulgieren vorzuziehen, da kein Zusammenfließen möglich ist. Die Emulgatoren verhindern das nachträgliche Zusammenfließen nicht. Einen in dieser Richtung vollendeten Emulgator wird es nicht geben. Das Zusammenfließen verhindert nur die Konsistenzerhöhung, die im einzelnen Falle bis zur Starrfettkonsistenz getrieben werden müßte.

4. Wasserlösliche Salben, fettfreie Salben
und Trockensalben.

Die wasserlöslichen und fettfreien Salben sowie die eintrocknenden salbenartigen Firnisse treten in ihrer Bedeutung hinter den Emulsionen, Fetten und Paraffinkohlenwasserstoffen zurück. Es handelt sich meist um in Wasser gequollene Pflanzenschleime oder um anorganische Pasten und Gallerte, in vielen Fällen also gleichsam um Öl-in-Wasser-Emulsionen ohne Ölzusatz, so daß sich die Indikationen oft überschneiden. Die Öl-in-Wasser-Emulsionen haben ja schon eine gewisse Ähnlichkeit mit den löslichen Salben; denn sie sind bereits mit Wasser verdünnbar, wenn auch nicht klar löslich.

Die älteste Salbe der ersten Gruppe ist das Ungt. glycerini, die *Glycerinsalbe*, die nach dem DAB 6 aus Weizenstärke, Wasser, Glycerin, Weingeist und Tragant bereitet wird und etwas abgeändert als Glycerolatcreme oder mit Zinkoxyd versetzt als Creme Simon auch in der Kosmetik Bedeutung besitzt. Sie war bisher infolge ihrer Wasserlöslichkeit das Mittel der Wahl für Salben für den behaarten Kopf, sofern aus ihr Wirkung des zugefügten Medikamentes zu erwarten ist. Maisstärke ist weniger geeignet als Weizenstärke. Der Tragantzusatz ist notwendig, bleibt er weg, so erhält man unbefriedigende Resultate (ROBERTS[3]). Zu

---

[1] MEHLHOFER: Pharmazie **5**, 202 (1947).
[2] MÜNZEL: Pharm. acta helvetica **22**, 12, 86, 190 (1947).
[3] ROBERTS: Quart. J. pharm. **11**, 18 (1938).

bedenken ist, daß eine 75% Glycerin enthaltende Salbe durch die osmotischen Eigenschaften des Glycerins Reizerscheinungen verursachen kann, so daß Vorsicht bei Wunden und Schleimhäuten am Platze ist. Glycerin ist nicht steril, sondern enthält Sporen. Es muß für bestimmte Zwecke sterilisiert werden.

Man hat versucht, das Glycerin durch Glykol oder andere Körper zu ersetzen. So haben sich die Deutschen Hydrierwerke im D.R.P. 666921 die Verwendung des 1,5-Pentamethylenglykols schützen lassen. Diese Versuche scheinen pharmazeutisch und dermatologisch mit zufriedenstellendem Erfolg gelungen zu sein. Die Giftigkeit oral applizierter Glykole zeigt sich erst bei Dosen von 10—50 ccm pro kg Ratte (Mancini[1]), also bei Mengen, die hoch über den durch die Haut hindurchdringenden liegen. Erwähnt sei auch das Carbitol, der Monoäthylester des Diäthylenglykols, das in der Kosmetik von Davidsohn und Davidsohn[2] empfohlen wurde. Nach Gross[3] ist keine lokale Schädigung oder Nierenreizung durch resorbiertes Glykol zu befürchten. Auch Perkaglycerin, die konzentrierte Lösung von milchsaurem Kalium, ist angeblich zur Herstellung von Honiggelees und den Ungt. glycerini analogen Salben geeignet[4]. Sorbitan-Monolaurat und Mannit-Fettsäurederivate sind brauchbar[5], wenn sie auch mehr Emulgatoren als glycerinartige Substanzen sind. In Deutschland dürfte Glycerogen der Farbwerke Höchst das beste Glycerinersatzmittel der Kriegszeit gewesen sein (Bauschinger[6]). Es ist ein Gemisch von Glycerin und 2—6wertigen Alkoholen, ein Hydrierspaltprodukt von Kohlehydraten. Verwendungsfähig sind auch Sorbit und insbesondere Sorbitsirup[7], der in Amerika als Glycerinersatz verwendet wird.

Vor einigen Jahren hat die eidgenössische Arzneibuchkommission[8] zum Problem Glycerinersatz Stellung genommen. Sie hält Glykol für unbrauchbar, da es zu giftig sei (per os). Kohlehydrate und Tylosen sind äußerlich mit Beschränkungen brauchbar. Sorbit ist teuer, kann aber äußerlich *und* innerlich verwendet werden. Lactate sind oral gegeben schwach wirksam, Pflanzenschleim schlecht haltbar.

In ihrer Konsistenz sind die Glycerinsalben nicht besonders befriedigend. E. Unna (im Truttwin) schlägt daher ihre Verbesserung durch Eucerinzusatz vor. Man erhält dadurch eine Emulsion, die günstigere Eigenschaften besitzt, ein Produkt mit mehr salbenartigen Eigenschaften, wogegen das **Glycerolatum aromaticum** (Herxheimer) mehr leimartig ist und Aceton sowie Parfüm enthält. Auch ihm können Arzneimittel zugesetzt werden, genau so dem Ungt. solubile (Stefan) und der Bassorinpaste, modifizierten Glycerinsalben.

In der Kosmetik spielen die Glycerin-Honigcremes nach Art des

---

[1] Mancini: Chem. Abstr. **33**, 3886 (1939).

[2] Davidsohn u. Davidsohn: Riechstoffindustrie u. Kosmetik **1937**, Nr 1.

[3] Gross, in Lehmann-Flury: Toxikologie und Hygiene der technischen Lösungsmittel. Berlin: Springer 1938.

[4] Notiz in der Pharmaz. Ztg **1937**, Nr 44.

[5] Mitteilung in Riechstoffindustrie u. Kosmetik **1939**, Nr 11.

[6] Bauschinger: Fette u. Seifen **48**, 3 (1941).   [7] Amer. Perf. 1940, Sept.

[8] Schweiz. Apoth.-Ztg **81**, 44 (1943).

Kalodermagelees eine wichtige Rolle. Es handelt sich nach der Literatur vermutlich um Gelatine-, um Agar-Agar- oder *Tragant*-Glycerin-Gemische. Verschiedene Vorschriften, die derartige Produkte ergeben sollen, sind in den Fachbüchern zu finden. So soll Tragant (etwa 1%) mit Glycerin (etwa 25%) verrieben oder durch Aufkochen im Glycerin zur Lösung gebracht werden. Borax oder Borsäurezusätze scheinen die Haltbarkeit des so gewonnenen Gelees zu erhöhen[1].

Die Tragantsalben haben auch als Massagecremes Verbreitung. Sie enthalten meist Tragacanth. plv., Zinc. oxyd. plv. und Aq. dest. sowie Glycerin. Man bereitet zunächst den Schleim und rührt dann den festen Bestandteil darunter.

Unter den **Gelatinesalben,** für die es verschiedene Vorschriften gibt, ist das Gelatol, das SIEBERT erwähnt[2], zu nennen; es besteht aus Gelatine, Glycerin und Wasser und ist eine Salbengrundlage, ebenso Gelantum. Es ist klar, daß man aus Gelatinesalben auch Pasten herstellen kann. UNNA hat solche Produkte schon 1883 angegeben. Je nach dem Gehalt an Glycerin erhielt er weiche Produkte, harte und Salbenstifte, die er in seiner Monatsschrift für praktische Dermatologie 1883 und später eingehend beschrieb.

Eine Grundlage, die vor 20 Jahren als Vorläufer der Tyloseschleime aufkam, war das fettfreie **Physiol A.** Es ist nach RAPP[3] ein Carraghen-, ein Tragantschleim. Es ist mit Wasser leicht abwaschbar und hatte gute Schmiereigenschaften. Die Salicylsäure wird aus Physiol etwa so wie aus einem Lanolin-Vaselin-Gemisch resorbiert (MONCORPS). Der Fettzusatz bei Physiol C verbesserte die Salicylresorption außerordentlich.

Außer Tragant kommen noch die Schleime von Salep, Cydonia, Eibisch, Lein, Carraghen gelegentlich in diesen Salben als Quellsubstanzen zur Anwendung. So empfiehlt STEIGER[2] einen Schleim aus 20 g Carraghen, 30 g Glycerin, 10 g Argentum proteinicum und 440 g Wasser und eine ähnliche Verarbeitung aus 10 g Tragant, 100 g Glycerin, 35 g Silbereiweiß und 355 g Wasser. Auch Pektine (Hemicellulosen) werden von MOSIG[4] als Grundlagen zu fettfreien Salben und eintrocknenden Firnissen empfohlen. In derartige Salben kann man auch organische Säuren einarbeiten, ein Vorzug, da viele Emulsionen sich damit nicht vertragen und zerfallen. Dazu kommt noch, daß die Pektingallerten die Wundheilung fördern und die Reinigung beschleunigen (THOMSON[5]). In diesen Fällen dürften sie auch angezeigt sein, da sie, „wasserbetont‟ und nicht „fettbetont‟, die Wunden wenig reizen. (Weiteres über Pektine als Emulgatoren siehe S. 46.)

Alle diese Salbengrundlagen (Glycerinstärkesalben, Tragantsalben, nehmen beträchtliche Mengen von Quellungswasser auf, sie vergrößern also ihr Volumen, wenn man sie ins Wasser legt. Sie sind

---

[1] SIEBERT: Handbuch der Haut- und Geschlechtskrankheiten **V/1,** 431. Berlin: Springer (1930).
[2] STEIGER: Schwiz. Apoth.-Ztg **78,** 221 (1940).
[3] RAPP: Seifensieder-Ztg **1930,** 3.
[4] MOSIG: Pharmaz. Z.halle Dtschld **1937,** Nr 1, 1.
[5] THOMSON: Ind. Med. **7,** 441 (1938); Amer. chem. Abstr. **32,** 22 (1938).

daher nach ZAKARIAS[1] resorptionsfähig, wogegen dies bei dem nicht-quellenden Lanolin nicht der Fall sei. Nun enthalten diese Salben, sofern Fette darin vorhanden sind, diese als Öltröpfchen, als Öl-in-Wasser-Emulsion. Nach ZAKARIAS[1] Angaben vereinigt eine solche Salbe die physikalisch-chemischen Eigenschaften der wäßrigen Lösungen mit denen der fetten Salbengrundlagen. Leider ist dies eine Verallgemeinerung, der nicht gefolgt werden kann. Sie stimmt bei der Salicylsäure, ist aber bei Schwefel unrichtig, denn letzterer wurde nach MONCORPS gerade aus Physiol beinahe am schlechtesten resorbiert. Zudem ist Quellfähigkeit mit Resorbierbarkeit noch lange nicht identisch.

Es muß noch berücksichtigt werden, daß diesen wasserhaltigen Salben vom Hautfett das Eindringen in die tieferen Partien erschwert wird; es sei denn, bei den zugefügten Medikamenten handelt es sich um Körper, die infolge ihrer Lipoidlöslichkeit aus der Masse herausgelöst und in die Tiefe weiterbefördert werden.

Die Wirkung des Glycerins als Bestandteil von Salben ist eigentlich noch nie zum Studium eingehender Untersuchungen gemacht worden. Seine Verwendung beruht einerseits auf technischen Vorteilen, die Salben werden durch den Zusatz ansprechender und trocknen nicht aus. Anderseits hat aber wohl die immer wieder gezeigte, aber noch nie exakt bewiesene oder erklärte Eigenschaft des Glycerins, die Haut zu glätten, zu derartigen Kombinationen geführt. Das Toiletteglycerin, das jetzt als Hautpflegemittel meist abgelehnt wird, hat doch wohl die Eigenschaft, in sonst ganz refraktären Fällen die rauhe Haut zu glätten. Wahrscheinlich ist dies durch eine vorübergehende Hyperämisierung bedingt, ferner durch einen Epithelisierungsanreiz auf kleinste Rhagaden oder auf Wasseranreicherung durch den wasseranziehenden Alkohol. Natürlich kann Glycerin keine Schutzsalben ersetzen, zumal es bei längerer Anwendung die Oberhaut sehr weich macht, da es durch seine Hygroskopizität über das Maß des Erwünschten hinaus zu viel Feuchtigkeit auf die Hornzellen bringt.

Vielen Schleimsalben gibt man bei der Herstellung Alkohol zu, um das Klumpen zu verhindern. Der Alkohol geht beim Erwärmen verloren. Nach dem D.R.P. 741651 vergärt man ihn in der Salbe mit Essigsäurebildnern und soll so gut haltbare saure Salben, die auch sonst Vorzüge hätten, erhalten können.

Weitere Möglichkeiten, um fettfreie Salbengrundlagen zu finden, haben PÄSSLER und KÜHL zur Debatte gestellt, indem sie den Quark oder Pflanzeneiweiße, wie Kleber, vorschlugen. Die Eiweißstoffe werden darin durch H_2O_2 sterilisiert und mit 60—70% sterilem Wasser versetzt. Man erhält so eine reizlose, im Hinblick auf ihre therapeutische Verwendung und Wirkung noch nicht näher bekannte Salbengrundlage, die laut D.R.P. 669158, das dem letzteren Autor erteilt wurde, als Bleich- und Reinigungsmittel gute Dienste leistet (s. auch D.R.P. 667409).

Auch Magermilch kann laut Schweiz. P. 200840 Salbenbestandteil, z. B. in Stearatcremes, sein.

---

[1] ZAKARIAS: Handbuch der Haut- und Geschlechtskrankheiten V, 83 (1930).

Snoek hat im D.R.P. 696429 Mischungen von Glycerin mit höheren Alkoholen, wie Myristinalkohol, und einen Emulgator, wie Cetylsulfonat, beschrieben. Die salbenartigen Produkte können als Hautpflegemittel verwendet werden. Wir persönlich halten es für einen Unfug, all die möglichen Kombinationen auf dem Salbengebiet zum Patent anzumelden, jedes Glycerinersatzmittel einzureichen. Wenn derartige Patente auch rechtlich durchgehen, so sind sie rein gefühlsmäßig doch abzulehnen. Die Präparate an sich mögen ja gut sein. Wir wenden uns nur gegen derartige Patente. Snoek hat mittlerweile diese Salbenart unter dem Namen Glysolid in großer Aufmachung herausgebracht. Die Firma liefert Zink-, Tannin-, Campfer-, Salicylglysolid und andere Kombinationen.

Eine Mischung von Lecithin- und Cetylalkohol hat sich Higuti im jap. Patent 129206 als Hautpflegemittel schützen lassen. Hier gilt wohl auch das oben von Snoek-Patenten Gesagte.

Recht gut durchgearbeitet sind von Stör[1] die **Tylosesalben,** die an andrer Stelle auch schon erwähnt wurden, da sie nicht nur unter den wasserlöslichen oder besser mit Wasser verdünnbaren Salben, sondern auch unter den Emulsionstypen besprochen werden müssen. Stör hat als Grundlage eine Mischung von 4 Teilen Adulsion mit 96 Teilen Wasser angewandt und diesem Präparat Zinkoxyd, Pellidol, Argentum nitricum, Lebertran und Perubalsam zugefügt. Zur Wundbehandlung eignete sich besonders eine feuchte, durch Cellophan abgedichtete Kammer, unter der die Salbe nicht austrocknet. In der Dermatologie ist die Mischung ebenfalls brauchbar, und zwar überall dort, wo Schüttelmixturen angezeigt sind. Das Austrocknen ist hier unerwünscht. Man wird es daher zweckmäßigerweise durch Zusatz von 10—20% Glycerin verzögern oder verhindern.

Tylosesalben kommen ferner als *Schutzsalben gegen Fettlöser* in Frage, wobei man sich klar sein muß, daß der Schutz nur vorübergehend ist und auch wegen des allerdings durch Zusätze vermeidbaren Abblätterns und Einreißens der Filmschichten nicht vollkommen sein kann.

Cor und Goedrich[2] beschreiben eine abwaschbare Salbengrundlage, die aus 10 Teilen Glycerinmonostearat, 25 Teilen Glycerin, 2 Teilen Bentonit und 63 Teilen Wasser besteht. Der Bentonit wird angenetzt und dann als Brei auf dem Wasserbad dem Glycerin-Monostearat-Gemisch zugefügt. Man soll in diese Salbe Borsäure, Jod, Schwefel und Jodkali, ohne Zersetzung befürchten zu müssen, einarbeiten können und wird mit dem letzten Präparat nach dem später unter Jodsalben Gesagten sicher Versager erleben. Andrerseits sind natürlich Betonitquellungen oder das Unemul (Aluminiumhydroxydgel) der Engländer als Basis für Kolloidschwefel, Benzylbenzoat durchaus brauchbar. Man muß sich nur überlegen, daß solche Pasten nicht universell anwendbar sind.

Einen ganz anderen Weg zu fettfreien Grundlagen beschreiten die Hersteller der **Stearatcremes,** Zubereitungen, die auf Grund der Reizlosigkeit des Stearins und ihres Matteffektes als Tagescremes Verbrei-

---

[1] Stör: Chirurg **12**, 15 (1940).
[2] Cor u. Goedrich: J. amer. pharmaceut. Assoc. Pract. pharm. I, 5 (1940).

tung besitzen. Sie gehören nur beschränkt, z. B. als Adeps saponaceus, verseiftes Schweinefett mit Wasser, ferner als Cremor (Fresenius), in die Pharmazie, sie interessieren aber als wichtige Cosmetica. Sie bestehen aus den Alkaliamin- oder Ammonsalzen, vorwiegend der Stearinsäure, freier Stearinsäure, Wasser, Glycerin, evtl. Fettstoffen, und sind Öl-in-Wasser-Emulsionen und im diesbezüglichen Kapitel kurz erwähnt. Sie sind alkalisch, beeinflussen den Säuremantel der Haut manchmal ungünstig, da sie durch dessen Säuren zersetzt werden, ihr System ändern und neutralisieren. Sie können nach MUNFORD dadurch Reizungen verursachen[1]. UNNA meint in TRUTTWIN[2], daß die Stearinsäure als Hautcosmeticum brauchbar sei, da sie ein Bestandteil des Hautfettes ist. Doch muß dieser Ansicht die Tatsache entgegengehalten werden, daß die freie Säure im Hautfett gegenüber den Estern und Wachsen nicht in wesentlichen Mengen vorhanden ist. Die einseitige Zugabe eines Teiles verbessert daher die Lage weniger als die aller oder der fehlenden Komponenten.

Als Beispiel einer Stearatcreme sei folgende Vorschrift angeführt:

Man schmilzt 150 g Stearin auf dem Wasserbad, erhitzt 150 g Glycerin und 750 g Wasser auf 60°, gibt dann 7,2 g starke Ammoniakflüssigkeit und das geschmolzene Stearin hinzu, rührt gut durch und erhitzt $^1/_2$ Stunde unter öfterem Umrühren auf dem Wasserbade. Man läßt die Mischung 3 Tage stehen und setzt dann Riechstoffe zu[3]. Derartige Verarbeitungen, die noch zahlreiche Zusätze enthalten können, sind die Mouson- und die Marylancreme, fettfreie, seifenhaltige Cosmetica.

WINTER[4] nennt als weitere nichtfettende Stearatcreme das Reaktionsprodukt aus

Rp. Stearin	20,0		**Rp.** Stearin	10,0
Vaselinöl	2,0	oder	Vaselinöl	45,0
Ammoniak	8,0		Wasser	45,0
Wasser	140,0		Calc. Soda	1,0

Zwischen beiden sind natürlich alle Übergänge möglich.

Erwähnt seien noch die fettfreien Reinigungscremes, die beim Verreiben auf der Haut Krümel bilden und so Schmutzpartikelchen mitnehmen; sie werden als Vanishing-Cremes angepriesen. Die fettfreie Schaumcreme Hacelineschnee enthält z. B. Acid. stearinic., Natriumbicarbonat und Hamameliswasser.

Rost, Tübingen, hat Salben aus wasserlöslichen Aminen und Kohlehydraten, z. B. aus Harnstoff und Traubenzucker, hergestellt. Man mischt die beiden Komponenten im Verhältnis 1 : 1 und verrührt die Masse mit Wasser oder Glycerin zu einer salbenartigen Grundlage. Die Salbe nimmt Schwefel, Hg, ätherische Öle und andere dermatologische Wirkstoffe leicht auf und soll sie infolge der durch die Wasserlöslichkeit bedingten großen Penetrationskraft intensiv zur Wirkung bringen. Tat-

---

[1] MUNFORD: Brit. J. Dermat. **50**, 540 (1938).
[2] TRUTTWIN: Handbuch der kosmetischen Chemie, 2. Aufl. Leipzig: J. A. Barth.
[3] Notiz in Chem. a. Druggist, zit. in Pharmaz. Z.halle Dtschld **66**, 438 (1925).
[4] WINTER: Handbuch der kosmetischen Chemie, 2. Aufl., **6**, 580.

sächlich mag eine solche Salbe große Vorteile auf den epithelberaubten fettfreien Partien in der Wundbehandlung besitzen. Schon die Masse an sich dürfte da indiziert sein; denn Harnstoff ist ein gutes Mittel bei entzündlichen Affektionen sowie bei Infektionen, wo er desinfizierend wirkt (MULDAVIN und HOLTZMANN[1]). Er wird in Amerika in 2proz. oder gesättigter Lösung bzw. in Kristallen viel zur Wundpflege verwendet. In derselben Richtung wirkt auch der Zucker, der, in Salben und in Form von Honig verwendet, wohl nicht nur osmotisch bedingte Heilwirkung zeigt. Welche Eigenschaften diese Salben als Medikamententräger aufweisen, hängt auch vom Medikament ab. Nur Versuche mit jedem einzelnen Wirkstoff können hier klären. Das Reoxyl Tosse, das später noch besprochen werden soll, berechtigt zu weiteren Versuchen.

Im Zusatzpatent D.R.P. 722619 werden Polyalkylenoxyde als wasserlösliche Salbengrundlagen beschrieben. Sie allein oder Kondensate aus den Oxyden und Glycerin, Sorbit oder Stearinsäure sind in der Lage, sonst schwer lösliche oder unlösliche Produkte, wie Scharlachrot und einige Anaesthetica, zu lösen, so daß man von derartigen Salben eine verbesserte therapeutische Wirkung erwarten kann. Diese Art ist ja in den Crills, Spans und Tweens mittlerweile weitgehend ausgebaut worden (siehe S. 50).

Unter dem Sammelnamen *Fissan* (Deutsche Milchwerke, Zwingenberg) ist eine Reihe von Salben und Salbengrundlagen bekanntgeworden. Als Zusatz zu diesen Präparaten dient Milcheiweiß. Nach Angabe der Fissanwerke kommt für die Therapie der Struktur des Eiweißkörpers entscheidende Bedeutung zu. Aus Milcheiweiß wurde von A. SAUER ein Abbauprodukt gewonnen, das infolge seines labilen Charakters „Labilin" genannt wird und nach Fixierung die Grundlage von Salben usw. bilden kann. Die Entstehung des Labilins geht bei Bluttemperatur in Gegenwart von Borsäure und unter Mitwirkung bestimmter Penicilliumarten vor sich. Es entsteht Boroflavin (R. KUHN[2]), ein neuer Wirkstoff von gelber Farbe, der in seinen Eigenschaften dem Lactoflavin sehr ähnlich, aber chemisch verschieden ist. Genau wie Flavine könne der neue Wirkstoff Wasserstoff aufnehmen oder abgeben, also an den biologischen Oxydations- und Reduktionsprozessen teilnehmen.

Es scheint eine Substanz zu sein, die beim Wachstum gewisser Schimmelpilze entsteht, ein bakterienhemmendes Mycoin, nach Art des Penicillins.

Ein anderer wichtiger Aufbaustoff der Fissanpräparate ist das Fissankolloid, eine Kieselsäure feinster Teilchengröße mit einer inneren Oberfläche von 150 qm pro Gramm. Ein Kilogramm dieser Kieselsäure nimmt einen Raum von 25 l ein. Durch das Fissankolloid soll die Verteilung therapeutisch wirksamer Stoffe auf große Oberfläche bewirkt werden.

---

[1] MULDAVIN u. HOLTZMANN: Lancet **1938** I, 549.
[2] R. KUHN: Öst. Chem. Ztg **1943**, 1/2.

Die Grundlage der fetthaltigen Fissanpräparate ist eine Emulsion von labilem Milcheiweiß in organverwandten Fetten. Aus diesem „Organosol", dem Unguentum Fissani, lassen sich rezeptmäßig Salben und Pasten verschiedenster Art bereiten.

Für die fettfreien Fissanpräparate, insbesondere Puder und fettfreie Salben, dient als Grundlage ein Hydrosol, zu deutsch eine Schleimsalbe, die unter Zusatz von präparierten Diatomeen hergestellt wird.

Nach MOLDENHAUER[1] soll Fissan besonders wirksam sein, weil es gut den elektrischen Strom leitet. Dann müßte eine Schleimsalbe noch viel besser sein; denn da ist die wäßrige Phase außen, die Leitfähigkeit noch größer. Auch die große innere Oberfläche des Kolloids, die KREILOS REITZ[2] als Ursache für die auch von uns in den meisten Fällen beobachtete gute Verträglichkeit anführt, kann nicht den Ausschlag geben; denn Kolloide sind in Salben vom Fett umschlossen und dadurch in der Entfaltung der Oberflächenkräfte behindert. Die Erklärung der guten Wirkung dürfte einfach die sein, daß im Fissan eine sehr homogene Mischung von Fett, Eiweiß und Wasser vorliegt, ein Gemenge, in dem die Nachteile der einen Komponente durch andere Bestandteile paralysiert werden. Wieweit das Mykoin noch wirkungsfähig vorhanden ist, ist noch nicht nachgeprüft.

Überempfindlichkeiten gegen das Milcheiweiß wurden von uns nur in einigen Fällen beobachtet. Die *Fissanwerke* stellen in Form der Ungt. Fissani und Fissan-Paste Salben dar, die bei leichten Hautschädigungen gerne in Anwendung gebracht werden und auch als Grundlage verwandt werden können.

In Notzeiten kann man, wie die Verfasser dieses Buches schon zeigten, fetten und fettfreien Salben Talcum zufügen und so erheblich sparen. SSELINSSKY[3] hat dementsprechend aus Vaselin, Talcum, Gelatine, Stärke, Sonnenblumenöl und Glycerin eine sparsame und gut verträgliche Salbe hergestellt. Er hat eine weitere fettarme Grundlage aus Talcum, Stärke, Glycerin, 5% Vaselin, 4% Fischtran oder Sonnenblumenöl und Wasser zusammengestellt, die besonders gut vertragen werden soll.

Auch die Hefe hat man als „Vaselinersatz" in Salben herangezogen. Nach KESSLER[4] wird Bierhefe gewaschen und ausgepreßt und mit destilliertem Wasser 3 Minuten lang gekocht. Der heiße Brei wird abgenutscht und ist dann nach einer Nachwaschung gebrauchsfähig und bei 0° lagerfähig. Wir haben auch mit der *Waldhof-Nährhefe*, Mannheim, einen Brei mit Aq. dest. hergestellt und bei Ulcera cruris aufgestrichen. Hier wie auch bei schweren Ekzemen und Neurodernitis sahen wir danach gelegentlich Heilungsfortschritte, aber auch Reizungen.

Dermacym (Blaes) war nach ESCHENBRENNER[5] eine Aufschwemmung frischer Bierhefe in Form einer weichen Paste. Die eiweißhaltige Grund-

[1] MOLDENHAUER: Der Vertrauensapotheker **1932**, 2.
[2] KREILOS REITZ: Münch. med. Wschr. **1940**, 51.
[3] SSELINSSKY: Pharmazie (russ.) **1940**, 9/10.
[4] KESSLER: Pharm. acta helvetica **17**, 47 (1942).
[5] ESCHENBRENNER: Dtsch. Apoth.-Ztg **1934**, 93.

lage ergab mit fetten Ölen Öl-in-Wasser-Emulsionen, konnte aber auch für sich allein als eintrocknende Salbengrundlage verwendet werden. Sie eignete sich zur Herstellung von allen Salben mit wasserlöslichen Medikamenten. Öllösliche Substanzen wurden in Fett gelöst zugegeben. Über Dermacym fanden sich in der zugänglichen Literatur nur die Angabe SPANIERS[1], der von guter Wirkung spricht, und die Rezepte RAPPS[2], die sich auf Herstellungsvorschriften beschränken. Das Mittel ist nicht mehr im Handel.

HERGENRÖTHER[3] empfiehlt die *Pelose*, einen Heilschlamm, als fettfreie Salbengrundlage, der sich bei Ulcus cruris, Lupus erythematodes, Pemphigus vulg., Rosacea cum Acne bewährte. Tatsächlich sind derartige Massen, insbesondere in Kriegszeiten, in vielen Fällen den fetten Salben nicht nur aus Ersparnisgründen vorzuziehen. Ton und Lehm wurden von uns[4] als Salbenersatz für Spezialzwecke empfohlen. Darüber hinaus wurde der Bentonit[5], ein vulkanischer Ton, erwähnt; 5 g Bentonit auf 100 g Wasser geben Salben von Wollfettkonsistenz, 2 g Bentonit auf 100 g Wasser glycerinartige Produkte. Er hat mit Schwefel zusammen verarbeitet unter Wasserzusatz als Krätzemittel gute Erfolge erzielt, ESME[6] empfiehlt Glycerin- und Zuckerzusätze, um das Eintrocknen zu verhindern. (Diese Salben sind enelbinartig.) Eine „Gallerte" aus Kaolin und Kleister wird von Ross[7] als Hautschutz gegen Teerschäden empfohlen. 28 g Stärke werden mit 50 g Wasser verrieben und der Brei in 950 g Wasser einige Minuten gekocht. 36 g Phenol, 50 ccm Glycerin und 1600 g Kaolin werden eingerührt und die klumpenfreie Masse gegebenenfalls etwas angefärbt. Es handelt sich also um eine Art Schüttelmixtur, die den direkten Kontakt Haut-Noxe mechanisch unterbinden soll.

Interessant sind die in einem amerikanischen Patent von der U. S. Industrial Alcohol Co., New York, beschriebenen Alkoholsalben, die über 75% Äthyl- oder Propylalkohol enthalten. Zur Herstellung dieser Grundlagen werden hochmolekulare Fettsäuren und echte Wachse mit Ätznatron verseift und dem Alkohol zugemischt. Der Salbe können Vaselin u. dgl. als Emulsion zugefügt werden. Den Produkten kommt wohl nur beschränkte Verwendung zu.

HOEHNLE hat sich im franz. P. 875538 „Salben aus Lichen islandicus und Gummi" schützen lassen. Ein solches Präparat aus 10 Teilen Lichen, 2 Teilen Gummi und 88 Teilen Wasser wird für die Kosmetik empfohlen und kann mit Fettstoffen emulgiert werden.

Zu den kolloidalen *Metallsalzen* als Salbengrundlage leitet ein im D.R.P. 587142 geschütztes Verfahren bzw. sein Endprodukt über. Demzufolge gewinnt man mit hochmolekularen Säuren, namentlich solchen der Fett- und Ölsäurenreihe, aus Silicatlösungen Abscheidungen. Diese pastenförmigen Massen stellen höchstwahrscheinlich Gleich-

[1] SPANIER: Med. Welt **1933**, 39.   [2] RAPP: Pharma-Medico **1934**, 5.
[3] HERGENRÖTHER: Hippokrates **1939**, 1233.
[4] v. CZETSCH-LINDENWALD u. SCHMIDT-LA BAUME: Apoth.-Ztg **1939**, 89.
[5] Drugs and Cosmetic **46**, 2 (1940). Ferner Monitor d. l. Farm. **1944**. 5, 50.
[6] ESME: Ind. chimique **28**, 230 (1941).   [7] ROSS: Brit. med. J. 1948. 4572.

gewichtszustände zwischen Fett- und Ölsäure, Kieselsäure und den Salzen dieser Säuren dar; sie sollen kosmetisch und therapeutisch als Salbengrundlage von ausgezeichneter Wirkung sein.

Aluminiumhydroxydgel hat annähernd das Aussehen von weißem Vaselin, ohne aber dessen sonstige Eigenschaften zu besitzen. Auf der Haut bildet das Gel einen unsichtbaren Überzug. Es verträgt sich mit vielen medikamentösen Zusätzen, insbesondere wasserunlöslichen, natürlich aber nicht mit Säuren wie Salicylsäure. MEYER[1] empfiehlt die Gele, da sie bactericid seien. Über Unenul wurde bereits auf S. 66 berichtet.

Siliciumdioxydgele enthalten 80—90% Wasser und dienen vorwiegend als Grundlage zu Spezialhautcremes.

In eigenen klinischen Versuchen konnten wir uns von besonderen Vorteilen der Siliciumgele bei Hautentzündungen und Oberflächensubstanzverlusten nicht überzeugen.

PERONET und GENET[2] geben zur Herstellung eine Vorschrift. Ihr zufolge läßt man zu einer HCl-Lösung eine verdünnte Na-Silicat-Lösung zufließen. Man erhält dann eine gallertige Masse, die abgenutscht und mit 25% Glycerin verrieben wird. Der Glycerinzusatz verhindert das Eintrocknen. Solche Salben reizen also kaum. Als Ersatzmittel kommen sie aber weniger in Frage, denn wenn überhaupt etwas ersetzt werden muß, so ist es in erster Linie doch das Glycerin. Trotzdem finden in Kriegszeiten derartige Gele als Fettkörperersatz größeres Interesse. MEYER[1] setzt sich für Aluminiumgel ein, und PONTE[3] prüft das Siliciumgel als Grundlage für alle im italienischen Arzneibuch vorkommenden Salben pharmazeutisch durch. Er stellt fest, daß nur Säuren, Jod und einige Quecksilbersalze, die Phenole und die Salben, die durch Lösen in der Wärme bereitet werden sollen, sich mit dem Gel nicht verarbeiten lassen. Wir unsererseits möchten aber feststellen, daß herstellbare Salben noch lange nicht wirken und daß solcher „Ersatz" erst nach Prüfung durch den Dermatologen empfohlen werden sollte. Der Hauptnachteil solcher Gele besteht in der Eigenschaft, sehr rasch auszutrocknen und reizauslösende Krümel zu bilden. Dies kann man durch Glycerinzugabe, wie schon erwähnt, verhindern, doch wurde auf den theoretischen Wert dieser Abhilfe schon verwiesen. Damit ist wohl auch für die Glycerin-Wasser-Bentonit-Gele, die SOLDI und CUCCIA[4] empfehlen, keine Aussicht auf weitere Verbreitung. Berücksichtigen muß man auch, daß solche Gelarten nicht von jeder gesunden, geschweige denn von kranker Haut vertragen werden. Man wird sie daher nur in besonderen Fällen für sich allein verwenden und, da sie emulgieren, meist Fetten zufügen, um ihre therapeutischen, häufig adstringierenden Eigenschaften in milderer Form auszunützen. Nach dem Schweiz. P. 223166 der Fa. Wander, Bern, erhält man durch Mischen von 1—2 Teilen Leichtmetallgelen mit 3 Teilen Pflanzengelen gute Salben. Wir haben damit keine Versuche angestellt.

[1] MEYER: Dtsch. Parfümerie-Ztg **1939**, 3; Südd. Apoth.-Ztg **1939**, 83.
[2] PERONET u. GENET: J. Pharmacie **1937**, 490.
[3] PONTE: Boll. Chim. Farmac. **78**, 4 (1939).
[4] SOLDI u. CUCCIA: Ann. Chim. farmac. **1940**, 89.

Lignin soll als Abschminkmittel in Rußland verwendet werden; wir selbst haben festgestellt, daß es als Vorwaschmittel bei starker Ölverschmutzung gut verwendbar ist. Als Salbengrundlage ist es unverändert, wegen der dunklen Farbe weniger brauchbar. R. MÜLLER hat aber in einer Patentanmeldung das Fällungsprodukt, das man durch Behandeln von Sulfitablauge mit starken Säuren gewinnt, nach erfolgter Waschung und Trocknung als Pastengrundlage beschrieben. Das Präparat nimmt Glycerin und etwa das 20fache seines Gewichts an Wasser auf. Große Bedeutung wird aber auch dieses wäßrige Gel nicht gewinnen, denn zu allen diesen Salben ist Glycerin nötig, eine Substanz, die dann immer fehlt, wenn solche Stoffe aushelfen könnten.

Auch **Tylose** kann, wie schon besprochen, zu Salben (ohne Fettzusatz) verwendet werden. Sie bildet nach dem Trocknen Filme. Ähnlich wirken Polyvinylalkohol und polymerisierte ungesättigte Säuren bzw. deren Salze. All diese Salben können durch Glycerinzusatz in ihrer Eintrocknungstendenz herabgesetzt werden. Man kann Tyloseschleim auch in Wollfett einarbeiten und bekommt dann Schleim-in-Fett-Emulsionen. Diese naheliegende Idee hat natürlich zu einer Patentanmeldung (Beo Petri A. G., Wiesbaden) geführt. Der Patentanspruch preist als Vorteil, daß in solchen Salben sowohl wasser- wie auch öllösliche Wirkstoffe eingearbeitet werden können (geht dies beim Lanolin denn nicht?), und betont, daß die Resorption überraschenderweise höher sei als die der bisherigen Grundlagen! (Warum und wie bewiesen?)

Antiphlogistine, Albertistine, Enelbin und Fissankataplasmen sind Bolusverreibungen mit Glycerin und Salicylsäure, ätherischen Ölen und Borsäure als Zusätzen. Es handelt sich um hyperämisierende Umschlagpasten von Salbencharakter, die nicht eintrocknen und ein bedeutendes Wärmehaltvermögen besitzen. Neben diesen Produkten können auch Bentonit (Cox[1]) und Elkonit (TAINKER[2]), Tonerdesorten verwendet werden. Beide quellen im Wasser und erstarren zu pastenartigen Gallerten. Wesentlich ist in diesen Pasten immer wieder der Glycerinzusatz, ohne den die Pasten zu lehmigen Agglomeraten oder Pulvern eintrocknen. Alle diese glycerinfreien Umschlagpasten der Kriegs- und Nachkriegszeit verschwinden schlagartig mit dem Erscheinen des Glycerins.

Trockensalben in „Pulverform" bespricht KLAUSNER[3] und faßt damit den Begriff „Salben" etwas zu weit. Pflanzenschleimpulver mit Seifenzusatz, die aufgestäubt erst mit dem Sekret quellen, sind für manche Zwecke sehr geeignet, aber keine Salben im Sinne der Definition dieser Galenica.

Wiederholt wurde der Versuch gemacht, eintrocknende und abwaschbare oder als Filme abziehbare Salben einzuführen. Daher verdient das D.R.P. 673962 von BEUTNER, das ihr Prinzip erläutert, der Erwähnung. Die Salbe hat als Grundlage zwei Arten von Kunstharzen: eines, das in Lösungsmitteln unlöslich ist und der Salbe teigartige Kon-

---

[1] Cox: J. amer. pharmaceut. Assoc. **1940**, 210.

[2] TAINKER: J. amer. pharmaceut. Assoc. **19 0**, 19.

[3] KLAUSNER: Dermat. Wschr. **1937,** 32 u. Engl. P. 2396/38.

sistenz verleiht, z. B. ein Harnstoff-Aldehyd-Kondensat, als zweites ein in flüchtigen Lösungsmitteln gelöstes, das als Schutzkolloid für das erste Harz dient, z. B. ein Phenol-Aldehyd-Harz. Das Produkt soll als Medikamententräger brauchbar sein, trocknet mit den Medikamenten schnell zu einem fest haftenden Film ein, schützt die Haut wirkungsvoller als Fettsalben und schmutzt nicht, wie z. B. Salben auf Vaselingrundlage. Derartige Salben sind auch im Handel gewesen, z. B. die Curtrosasalbe der *Curta*, die WENDT[1] beschrieb. Er hat mit dem Präparat, das auch mit Cignolin- und Surfenzusatz erhältlich war, gute Erfahrungen gemacht. GRAEVENITZ[2] empfiehlt das letztere Präparat bei Krätze. Es stille den Juckreiz sehr schnell und verschmutze die Wäsche nicht. Recht geschickt nennt die Werbung derartige Salben Verband und Salbe in einem. Bei Verwendung dieser Salben auf größeren Hautflächen, z. B. bei Scabies, muß beachtet werden, daß solche Filme die Hautatmung hemmen und die Schweißabdunstung behindern.

Der erste Vorläufer dieser Salben war Gelanthum nach UNNA und MIELK, ein Produkt, das aus dem Bassorinfirnis entwickelt wurde und beim Eintrocknen fein verteilte Medikamente zur Wirkung brachte. Man nahm 2,5% Gelatine und erhitzte die Lösung in 97,5% Wasser so hoch, daß die Gelatinierungsfähigkeit herabgesetzt wurde. Um die Konsistenz und Tragfähigkeit zu steigern, wurde Tragant zugefügt. Gelanthum trocknet ein und kann mit einem Emulgator zusammen Öl, ohne diesen nur durch seine Viscosität Fette aufnehmen.

UNNA empfiehlt sein Gelanthum an Stelle des Kaseinfirnis, der teuer war und mit einigen Medikamenten reagierte. Werbetechnisch begründet gehören diese Präparate in die Gruppe der Salben, deffinitionsmäßig zu den Lacken und Firnissen.

Aus Polyalkoholen und aus Äthylenoxydpolymerisaten kann man ebenfalls Salben herstellen, Produkte, die je nach dem Ausgangsstoff mehr fett- oder schleimartig ausfallen. FLEISCHMANN[3] bespricht ein solches nicht im Handel erhältliches Produkt, das als Übergang von den Schüttelmixturen zu den Salben dient und nicht dauernd verwendet werden soll, (D.R.P. 705450, 722619.)

5. Wachse, Alkohole, Äther und Fettsäuren.

Wachse sind Fettsäureester ein- oder zweiwertiger cyclischer oder aliphatischer hochmolekularer Alkohole, wie z. B. der Sterine (Cholesterin), des Cetylalkohols (im Walrat) oder des Myricylalkohols (im Bienenwachs).

Wollfett, Adeps lanae, ist das wichtigste tierische Wachs, das im wesentlichen verschiedene Sterinester und Cholesterin enthält und diesen letzteren seine emulgierenden Eigenschaften verdankt. Seine Emulsionen gehören in das diesbezügliche Kapitel; hier sollte es nur erwähnt werden,

[1] WENDT: Dermat. Wschr. **1939**, Nr 52.
[2] GRAEVENITZ: Münch. med. Wschr. **1939**, 52.
[3] FLEISCHMANN: Dermat. Wschr. **116**, 23 (1943).

weil es chemisch zweifellos ein Wachs ist, den physikalischen Eigenschaften zufolge kann man es als „Fett" auffassen. Anderer Nomenklatur zufolge ist nicht das „Wollfett" schlechthin mit dem Namen „Wachs" zu bezeichnen, sondern nur dessen unverseifbare Anteile (48 %).

Man war bisher immer der Meinung, daß Cholesterin und seine Ester die Resorption fördern. Diese Ansicht hat jedoch keine Allgemeingültigkeit. Es gibt auch Fälle, in denen es als Dämpfer und als Verzögerer auftritt. Wir werden dies bei der Salicylsäure, beim Bienengift und dem Insulin noch sehen. Ist dies aber nicht natürlicher? Cholesterin hat neben der Emulgierwirkung in der Haut doch wahrscheinlich den Zweck, die Haut zu schützen und unerwünschte Stoffe an der Passage zu hindern; daher bindet es hämolytische Gifte, wie Schlangengift und Saponine, und ist ein Antagonist des Lecithins, das die Entzündungsbereitschaft fördert. Es erleichtert die Passage von Fetten[1]. Demgemäß ist also Cholesterin ein willkommener Zusatz bei Cremes und in der Kosmetik zweckmäßig, aber als Medikamententräger in der Dermatologie, zumal auch Überempfindlichkeit festgestellt wurde[2], nicht in allen Fällen am Platze.

Synthetisches Wollfett wurde von BURGMANN[3] empfohlen. Es ähnelte dem echten Produkt zwar äußerlich, hat sich aber nicht bewährt. Es enthielt 32 % harzige Bestandteile und war vermutlich ein Gemisch veresterter Harze mit Paraffinkohlenwasserstoffen[4].

Cetiol extra und Cetiol. Oleylalkohol-Oleinsäureester der Deutschen Hydrierwerke sind synthetische Wachsester flüssiger Konsistenz, die aus tierischen Ölen gewonnen werden. Als Wachse werden sie nicht ranzig, dringen gut in die Haut ein und machen Salben, denen sie zugefügt werden, geschmeidig. Man kann Cetiol auch als Grundstoff für medizinische Öle verwenden, da es ein gutes Lösungsmittel für die in Frage kommenden Substanzen ist (BAUMANN[5]).

Walrat (Cetaceum) wird vom Walratorgan der Pottwale gebildet, ist vorwiegend Palmitinsäure-Cetylester, enthält aber auch Laurin-, Myristin- und Stearinsäureester. Es wird durch Ausfrieren aus dem Pottwalöl oder auch synthetisch (von den Deutschen Hydrierwerken) gewonnen, ist kristallin und hat selbst nur geringe Emulgierwirkung. Der Walrat-Palmitinsäure-Cetylester ist aber sehr indifferent und reizlos und verleiht den Salben und Pflastern, denen er zugefügt wird, größere Festigkeit und besseres Aussehen und drückt den Schmelzpunkt und die Konsistenz herab[6]. Er wird mit Öl verschmolzen auch zu einer Cerat-pastenartigen Salbe, ferner zu Pomaden und in der Kosmetik verwendet.

Bienenwachs ist schon im Altertum den Salben zur Konsistenzverbesserung zugesetzt worden und wird es noch heute. Die ungebleichte Form Cera flava und die gebleichte unterscheiden sich in ihrer Verträg-

---

[1] THIEME: Pharmaz. Z.halle Dtschld **73**, 434 (1932).
[2] SÜLZBERGER u. LORSE: J. amer. med. Assoc. **96**, 25, 2099.
[3] BURGMANN: Pharmaz. Z.halle Dtschld **65**, 392 (1942).
[4] Pharmaz. Z.halle Dtschld **66**, 82 (1925).
[5] BAUMANN: Seifensieder-Ztg **69**, 79 (1942).
[6] Pharmaz. Z.halle Dtschld **79**, 449 (1938).

lichkeit nicht voneinander. Doch wird letztere leichter ranzig und soll benzoiniert werden.

Karnaubawachs besteht vorwiegend aus Cerotinsäure-Melissyl-Ester und dient in seltenen Fällen zur Versteifung von Salben.

Montanwachs gehört als Paraffinkohlenwasserstoff nur dem Namen nach hierher und soll sich nach einer Notiz[1] als Salbengrundstoff gut bewähren. So ist z. B. eine Mischung aus 40 Teilen Montanwachs, 30 Teilen Ceresin und 130 Teilen Vaselinöl eine gute wasserfreie Salbe und ein Reaktionsprodukt aus 6 Teilen Montanwachs, 6 Teilen Glycerin, 0,6 Teilen Soda, 0,25 Teilen Marseiller Seife und 40 Teilen Wasser eine wasserhaltige Salbe (stearatcremeartig).

Butylstearat S ist zum Teil fettende Substanz, zum Teil Lösungsmittel. Das Produkt, dessen Hersteller die Deutschen Hydrierwerke sind, dient daher als Homogenisator für körnige Fette und als Zusatz zu Mattcremes, deren Perlmutterglanz erhöht wird.

Die **Wachssalben** vom Typ des Ungt. cereum bestehen aus einem festen Wachs und einem flüssigen Fett. Sie werden durch Zusammenschmelzen der einzelnen Bestandteile gewonnen und gegebenenfalls mit Arzneistoffen versetzt. In ihrer Konsistenz sind sie härter als die gewöhnlichen Salben. Sie härten auch leichter nach und bilden Knötchen. Um dies zu verhindern, gießt man das Öl-Wachs-Gemisch an einem kühlen Ort in einen Mörser, dessen Wandungen beim Füllen möglichst wenig benetzt werden sollen. Nach 8—24 Stunden wird mit einem leichten Pistill durchgeknetet, dann in einem anderen Mörser nochmals durchgearbeitet (OBIGER[2]).

Die **Cerate,** ein Mittelding zwischen Salben und Pflastern, waren früher sehr verbreitet, man unterschied über 50 Arten. Das Mandelcerat z. B. war Ungt. leniens ohne Wasserzusatz. Weitere Cerate enthalten Harze oder leiten zu den Lippenstiften über (SCHWARZ[3]).

Ungt. simplex nach LEISTIKOV, das die alte österreichische Pharmakopöe übernahm, besteht aus 15 Teilen Wachs und 85 Teilen Schweinefett.

Pasta cerata. 10 Teile Bienenwachs (gelb) werden geschmolzen und mit 1 Teil Liquor Ammon. caustic. versetzt. Dann wird gegebenenfalls unter Zusatz weiterer Ammoniakflüssigkeit kaltgerührt. Sie wird allein oder mit gleichen Teilen Vaselin vermischt als Salbe verwendet.

Ungt. basilicum ist die Mischschmelze aus:

Erdnußöl	9 Teile	
Gelbes Wachs		
Kolophonium $\overline{aa}$	3	„
Hammeltalg	3	„
Terpentin	2	„

Ungt. cereum wird aus Erdnußöl und gelbem Wachs im Verhältnis 7 : 3 zusammengeschmolzen.

Ungt. leniens. Je nach dem Land ist die Arzneibüchervorschrift verschieden. Hauptbestandteile sind Wachs, Mandelöl, Wasser, evtl.

---

[1] Apoth.-Ztg **1938**, 1541. [2] OBIGER: Dtsch. Apoth.-Ztg **1937**, 823.
[3] SCHWARZ: Seifensieder-Ztg **1940**, 1.

Rosenwasser. Statt Mandelöl kommen in einzelnen Ländern Sesam- oder Erdnußöl in Frage. Die Engländer fügen Borax zu. Es handelt sich meistens um Pseudoemulsionen, doch sollen diese Salben in einem anderen Kapitel besprochen werden.

Salbenstifte waren mit Wachs oder Paraffin versteifte Salben, die schwer schmelzen und daher eine lokale Behandlung einzelner Stellen mit den zugesetzten Arzneimitteln gestatten.

Polycera-Präparate (Reichold, Rothenkirchen) sind Wachsgemische für die Kosmetik. Als Salbengrundlage wird Polycera ungt. anhydricum, das 300% Wasser aufnimmt, empfohlen.

Epidor (Truttwin, Dresden) war eine Öl-Wachs-Emulsion, eine Salbengrundlage für feste und ölige, aber nicht für wäßrige Substanzen.

Penetran des gleichen Herstellers soll weniger Fett enthalten.

In der Patentliteratur finden wir auch noch einige nicht uninteressante wachshaltige Salben. So sind im D.R.P. 629526 als Hautschutzmittel insbesondere gegen Berufskrankheiten die Lösungen fester Wachse in flüssigen geschützt. Derartige Salben sind nicht emulgierbar und wären im Gegensatz zu Vaselin „hautaffin".

Das D.R.P. 648606 ermöglicht laut Angabe des Erfinders auch Stoffe in die Haut einzuverleiben, die bisher nur peroral gegeben werden konnten. Es handelt sich im wesentlichen um eine Lösung von Äthylalkohol in wasserfreiem Wollfett. Diesem Präparat kann man dann die wäßrigen Arzneimittel mit der Lösung zusetzen, oder man löst das Medikament, das man der Salbe einverleiben will, in Alkohol und mischt diese dem entwässerten Wollfett zu.

Die **Alkohole** sind wasserlöslich oder, sofern es sich um Produkte mit längeren Ketten als z. B. die Wachsalkohole handelt, emulgierbar oder selbst Emulgatoren. Sie sind dann in der Lage, Paraffinkohlenwasserstoffe und Fette mit Wasser zu emulgieren und die Emulsionen beider Typen zu verbessern. Die Nomenklatur der Alkohole und Wachse wird leider nicht scharf eingehalten. Unter Wachsen versteht man vielfach auch höhere Alkohole mit Wachscharakter. So sind die Lanettewachse großenteils gar keine Wachse, sondern vorwiegend Alkohole, und die synthetischen und Mineralwachse können Kohlenwasserstoffe, Isoparaffine, Ester, Säuren und Alkohole sein. Da das vorliegende Buch aber nicht nur das Ziel hat, die Chemie der Dermatologica klarzustellen, kann auf die Bereinigung der Namen verzichtet werden. Es genügt, wenn die Verflechtung erklärt wird.

Eingehende Untersuchungen über die Verwendbarkeit der gesättigten Alkohole mit 12, 13, 14, 16 und 18 Kohlenstoffatomen und des Oleinalkohols verdanken wir dem CASPARIS-Schüler RAUBER[1]. Er stellte fest, daß 3—5% der gesättigten Alkohole die Wasserzahl von Schweinefett auf 60—80% erhöhen, die des Vaselins wird hingegen nur um etwa 15% gesteigert. Fügt man aber einem Gemisch von Vaselin und Cetylalkohol ein fettes Öl, etwa Olivenöl oder Sesamöl (50%), zu, so steigt die Wasserzahl auf 300 und mehr. Der Oleinalkohol ist ein schlechter

---

[1] RAUBER: Diss. Bern 1938.

Emulgator. Geraniol und Linalool, hochungesättigte Alkohole, die als ätherische Öle verwendet werden, sind nicht nur keine Emulsionsvermittler, sondern stören die Emulsionen bisweilen.

Isopropylalkohol wird nach dem engl. P. 503313 Ölen zugesetzt, um beständige Lösungen von Jod zu gewährleisten.

Cholesterin und dessen Derivate, also die Alkohole des Wollfettes, sind ebenso wie der Cetylalkohol mit 16 Kohlenstoffatomen, der Alkohol des Cetaceums, bereits unter den Emulgatoren besprochen.

Corol, Satol und Ocenol, flüssige Fettalkohole, wurden als Zusatz in der Kosmetik empfohlen, um die Emulsionen homogener, geschmeidiger und haltbarer zu machen. Ocenol ist Oleinalkohol und wurde von AUGUSTIN[1] in kosmetische Präparate eingearbeitet.

Stearylalkohol mit 18 Kohlenstoffatomen ist ein guter Emulgator, den REDGROVE[2] für die Kosmetik empfiehlt (kein Handelsartikel). Als Emulgator spielt er in der Kosmetik noch nicht die Rolle wie Cetylalkohol, obwohl man mit geringeren Mengen auskommt und dieselben Resultate erreicht[3]. Eine Mischung von Cetyl- und Stearylalkohol ist die Fettbasis des englischen Polawachses, das als Emulgator einen Zusatz von Polyäthylenoxyd-Sorbitester enthält. Ohne Emulgatorzusatz ist das Gemisch unseres Wissens nicht erhältlich.

Der **Myristinalkohol,** also ein Alkohol mit 14 C-Atomen, dient nach dem D.R.P. 633056 der Deutschen Hydrierwerke zum Geschmeidigmachen von Salben und Cremes. Er ist unter dem Namen Lanettewachs K im Handel und bildet auf Grund seines Schmelzpunktes von 35—38° einen wertvollen Bestandteil von Salben und Suppositorien.

Lanettewachs 0 (Deutsche Hydrierwerke A.G.). Unter diesem Namen steht ein Gemisch von Palmitin- und Stearinalkohol zur Verfügung. Ein kleiner Prozentsatz Lanettewachs 0 in Wasser-in-Öl-Emulsionen verbessert deren Stabilität und erhöht das Eindringungsvermögen und damit die Tiefenwirkung. Ein Zusatz von 10% Lanettewachs 0 zu Vaseline gestattet, in diese 10—20% Wasser bzw. wäßrige Lösung einzuarbeiten. Lanettewachs 52 entspricht dem Lanettewachs 0, besitzt aber auf Grund eines höheren Gehaltes an Stearylalkohol einen höheren Schmelzpunkt. Es enthält Sulfonate als Emulgatoren.

Äther. In dieser Gruppe kannte man bisher pharmazeutisch nur den Äthyläther, der als Lösungsmittel und Narkoseäther allgemein bekannt ist. Die Technik verwendet darüber hinaus weitere kurzkettige Äther, wie Äthylglykoläther, als Lösungsmittel.

Ein Patent (D.R.P. 693517 der Firma Henkel & Co.) hat nun darauf verwiesen, daß Fettalkoholäther als Salbenbestandteile und als Fettkomponenten für überfettete Seifen geeignet seien. Wir prüften zwei solche Äther, den Monoglycerinäther des Fettalkoholgemisches C_{12}—C_{18} und den Monopropylenglykoläther des Tetradecylalkohols, die uns vom Hautschutzlaboratorium der Dehydag überlassen wurden.

---

[1] AUGUSTIN: Dtsch. Parfümerie-Ztg **1939**, 3 sowie Notiz in der Allg. Öl- u. Fett-Ztg **1939**, Nr 4, 156.   [2] REDGROVE: Manufactur Perfumer **3**, 43 (1939).
[3] Amer. J. Pharmacy **111**, 2 (1939); Quart. J. pharm. Pharmacol. **12**, 2 (1939).

Das erste Präparat weist einen Erweichungspunkt von 23,9° und den Schmelzpunkt 29,9°, das letztere den Erweichungspunkt 27,4° und den Schmelzpunkt 29,7° auf. Beide Produkte haben Vaselincharakter, sind weißlichgelb, undurchsichtig, schmelzen auf der Haut und dringen, ohne Glanz zu hinterlassen, ein. Sie emulgieren sich leicht mit Wasser zu Öl-Wasser-Emulsionen und nehmen als solche Fette, Paraffine und Wachse als Fettkomponente auf. Da die Emulsionen sehr temperaturempfindlich sind, kommen die Äther wohl weniger als Emulgatoren denn als Zusatzmittel zur Konsistenzverbesserung in Frage.

Salben nach dem franz. P. 877756 werden durch Mischen (bei erhöhter Temperatur) von Glycerin mit Wachs, Wachsalkoholen und Äthern hergestellt, sind haltbar, neutral und haben Fettcharakter.

Unter den *Säuren*, die in Cremes enthalten sein können, sind alle Fettsäuren zu nennen, allerdings werden sie, mit Ausnahme der Stearinsäure, die, um „anzusäuern", auch unverseift zugesetzt wird, vorwiegend als Seifen, als Öl-Wasser-Emulgatoren angewandt.

6. Seifenhaltige Salben und salbenähnliche Produkte.

Die Alkaliseifen sind Emulgatoren und werden als solche zur Herstellung von Öl-in-Wasser-Emulsionen in der Salbenbereitung verwendet. Da diese Verwendung unter den Emulsionen behandelt ist, interessiert hier lediglich die Seife als Therapeuticum und als Salbenzusatz.

Als ersteres wird Schmierseife, **Sapo kalinus** (aus Leinöl), Sapo kal. venalis (auch aus anderen Pflanzenölen) bei Tuberkulose und, um die Antikörperbildung zu steigern, bei Lues angewendet (HÜBNER[1]). Für uns sind die Seifenzusätze, die durch ihre Emulgier- und Hautmacerationswirkung die Resorption verbessern sollen, wichtiger (Salicylsäureresorption). Eigentlich sollte dies nicht erwartet werden, da doch Salicylsäure und Seife Salicylate, die schwerer resorbiert werden, bilden. Anscheinend reicht aber die Seifenwirkung aus, um auch noch das Salicylat zur Resorption zu bringen. Bei den anderen Medikamenten nimmt man ein ähnliches Verhalten an, und zwar bei einigen wohl zu Unrecht, bei anderen mit Berechtigung. Exakte Versuche sind in der Literatur nicht beschrieben.

Sapo unguinosus ist eine überfettete, aus ˙Adeps suill. bereitete salbenartige Seife. Ein ähnliches Produkt, eine Mischung aus 10 Teilen Seifenpulver und 90 Teilen benzoiniertem Schweinefett, wurde zur Reinigung gesunder und kranker Haut von GEPPERT und SCHULTZE[2] empfohlen.

Naphthalan ist selbst ein Therapeuticum, das nach CASPER[3] resorbiert wird, kann aber auch als Salbengrundlage verwendet werden. Es ist ein Gemisch von Rohnaphtha und 2,5—4% Seife und besitzt nach obigem Autor vor allem folgende Vorzüge: hohen Schmelzpunkt, der auch in

---

[1] HÜBNER: Dtsch. med. Wschr. **1922**, Nr 5, 157.

[2] GEPPERT u. SCHULTZE: Dermat. Wschr. **1930**, 2, 67.

[3] CASPER: Dermat. Wschr. **50**, 1615 (1934).

größter Sommerhitze ein Abtropfen verhindert, weiche Konsistenz, Reizlosigkeit und gute Resorption, worunter wohl das Eindringen in die
Haut zu verstehen ist (Schmelzpunkt 67—70°)[1]. Das Naphthalan bewirkt nach AIVASOW und MOUTALINOW[2] im Tierversuch bei Dauerappli-
kation Haarausfall, die Haare wachsen nach einiger Zeit um so stärker
nach. Naphthalan bewährt sich, bei 37° aufgepinselt, bei Dishydrosis,
Psoriasis u. dgl. Man wischt die Pinselung nach 25 Minuten mit Lignin
ab und wiederholt diese Maßnahme täglich (LISTENGARTEN[3]). Naphthalan befördert die Wasseranreicherung im Gewebe. Kalium- und
Natriumsalze nehmen ebenfalls zu, der Calciumgehalt ab (ALEKPEROV[4]).
Diese Beobachtungen dürften auf den Seifengehalt zurückzuführen
sein. Na-Ionen sind in der Seife enthalten. K-Ionen werden, wie
wir wissen, durch Seifenbehandlung zum Nachteil der Ca-Ionen vermehrt.

Lanaftal, Nafalan und Petrosapol sind ähnliche Präparate.

Die **Vasogene** (Pearson, Hamburg) und ihre Ersatzprodukte, die
Vasolimente, sind flüssige, homogene, mit Wasser zu Öl-in-Wasser-
Emulsionen emulgierbare Zubereitungen von flüssigen Paraffinkohlenwasserstoffen, Ölsäure und spirituöser Ammoniaklösung. Sie stellen für
sich allein Medikamente dar und können auch als Grundlagen Arzneimittel (Jod, Campher, Chloroform) zur Resorption bringen. Sie wirken
da wohl wie Salben mit niedrigem Schmelzpunkt.

Die Herstellung der Vasolimente im Apothekenlaboratorium ist, wie
RAPP betont, mit Schwierigkeiten verbunden, da die dazu nötige
10proz. alkoholische Ammoniaklösung nicht im Handel erhältlich ist
und erst selbst hergestellt werden muß. Auch die Ölsäure ist nicht
immer in gleicher Qualität zu erhalten, so daß die in der Apotheke
hergestellten Vasolimente den Vasogenen nicht gleichwertig sind.
Die Vasolimente zersetzen sich leicht, insbesondere das 10proz. *Sali-
cylvasoliment*, das sich entmischt. Eine Verbesserung der Haltbarkeit
erreicht man, wenn man sich statt eines 90proz. Alkohols des absoluten bedient.

Isapogen (Schürholz), ein ähnliches Produkt, ist laut Angabe im
GEHE eine Seifenlösung mit Zusätzen von Jod und Campher. Es dient
zur Behandlung rheumatischer Erkrankungen und ist bei diesen Indikationen ohne Zweifel auf Grund seiner Bestandteile am Platz. Ob
allerdings GERECKE[5] mit der Behauptung recht hat, daß die Isapogene
ebenso wie die Schmierseife selbst resorbiert würden, bedarf wohl noch
eines eindeutigen Beweises. Die Annahme, daß die resorbierten Seifen
eine Anreicherung der Lipolysine im Blutserum ermöglichen und so die
lipolytischen Fähigkeiten des Körpers verstärken und den Tuberkel-
bacillus beim Tuberkulösen angreifbar machen, ist eine Theorie, die
angezweifelt werden muß. Die guten Erfolge, von denen der Autor

[1] SCHRÖDER: Ber. dtsch. pharmaz. Ges. **6**, 348 (1896).
[2] AIVASOW u. MOUTALINOW: Věstn. Ven. i Derm. **1939**, Nr 11, 51.
[3] LISTENGARTEN: Věstn. Ven. i Derm. **1940**, Nr 4, 44.
[4] ALEKPEROV: Věstn. Ven. i Derm. **1940**, Nr 2/3, 65.
[5] GERECKE: Med. Klin. **25**, 352 (1929).

berichtet, können auch dem Campher und dem Jod zuzuschreiben sein. Die Seifen könnten nach HÜBNER[1] mit ihrer Umstimmung der Haut-p_H-Werte als Reiz wirken. Es ist dies wahrscheinlicher als die Lipolysine-theorie, derzufolge es sich ja um spezifische Lipolysine für Tuberkel-wachs handeln müßte, denn sonst würden nicht nur diese Lebewesen, sondern auch das Körperfett in Mitleidenschaft gezogen werden. Wahrscheinlicher sind daher die Folgerungen aus den Untersuchungen von v. BAYER und MOSBERG[2], denen zufolge die Schmierseife dieselben Veränderungen im K/Ca-Stoffwechsel bewirkt wie die kochsalzarme Kost. Damit scheint ihre Wirkung bei Tuberkulose u. dgl. geklärt zu sein. Schmierseifeneinreibung steigert auch die Antikörperbildung, so daß z. B. die WASSERMANNsche Probe dadurch negativ werden kann.

Tallölseifen sind als Waschmittel ebenso brauchbar wie die aus dem Öl gewonnenen Sterine, die als reizlose Emulgatoren von STRAUSS[3] empfohlen werden.

FELDHOFF hat Tallöl zur Herstellung von Vasolimenten verwendet und bezeichnet es als einen Rohstoff für wichtige Handverkaufsartikel.

HOLDERMANN[4] hat die synthetischen Fettsäuren C_6—C_9 (Vorlauffettsäuren aus der Paraffinoxydation) zum selben Zweck empfohlen. Diesem Vorgehen muß widersprochen werden. Ein einziger Versuch, diese Vasolimente auf die Haut aufzutragen, hätte ihn von der Tatsache überzeugen müssen, daß sich die Seifen im Hautmilieu zersetzen und bestialisch stinken. Die Schlußfassung aus solchen Vorschlägen kann nur lauten: Keine Empfehlung von Medikamenten ohne Prüfung der klinischen Eigenschaften.

Velopural (Neoslaboratorium, Berlin) ist eine überfettete Seifensalbe mit Alkohol. Es soll zugefügte Medikamente, wie Ichthyol, Salicylsäure und ätherische Öle, bei inneren Indikationen zur Wirkung bringen.

Sudian (Krewel, Leuffen), eine gelbe Salbe aus Kaliseife, Schwefel und Fett, wird bei Tuberkulose empfohlen.

Die unlöslichen Bleiseifen sind unter den Bleisalben eingehend behandelt. Außerdem können nach einem japanischen Patent noch andere Metallsalzseifen verwendet werden. Da das uns zugängliche Referat aber keine Schlüsse auf die Zusammensetzung ziehen läßt und das Original uns nicht zur Verfügung steht, können wir hierzu nicht Stellung nehmen.

Neue Salbengrundlagen, deren Anfänge sich aber schon vor zehn Jahren abzeichneten, verwendeten BÜCHI und GUNDERSEN[5] zur Herstellung von Penicillinsalben. Es sind dies partielle Ester von langkettigen Fettsäuren mit Sorbit und Mannit und Polyoxyalkylenoxydderivate dieser Ester. Sie werden mit Stearinsäure und Wasser z. B. wie folgt verarbeitet.

---

[1] HÜBNER: Dtsch. med. Wschr. **1930**, 13.

[2] v. BAYER u. MOSBERG: Münch. med. Wschr. **1932**, 7, 261; ferner Münch. med. Wschr. **1931**, 22; **1932**, 17.

[3] STRAUSS: Dtsch. Parfümerie-Ztg **25**, 406 (1939).

[4] HOLDERMANN: Dtsch. Apoth.-Ztg **1939**, 1091.

[5] BÜCHI u. GUNDERSEN: Pharm. Helvetica Acta **23**, 86 (1948).

Acid. stearinic. . . . . 10 Teile   Polyoxyalk. Ester . . . . 10 Teile
Ester . . . . 3 „   Wasser . . . . 69 „

Wir besitzen mit diesen Salben keine Erfahrung, haben aber ähnliche Ester als Wasser-Öl-Emulgatoren geprüft. Siehe z. B. Kurve!

Die Bedeutung derartiger Emulgatoren, der Crills, Atlas, Spans, Tweens, ist von SPALTON[1] eingehend gewürdigt. Ob sie sich in die kontinentale Pharmazie so einführen werden wie in die amerikanische und englische und insbesonders in die dortige Kosmetik, bleibt abzuwarten.

Zusammenfassend ist zu sagen, daß der Seifenzusatz in Salben vorwiegend drei Gründe hat:

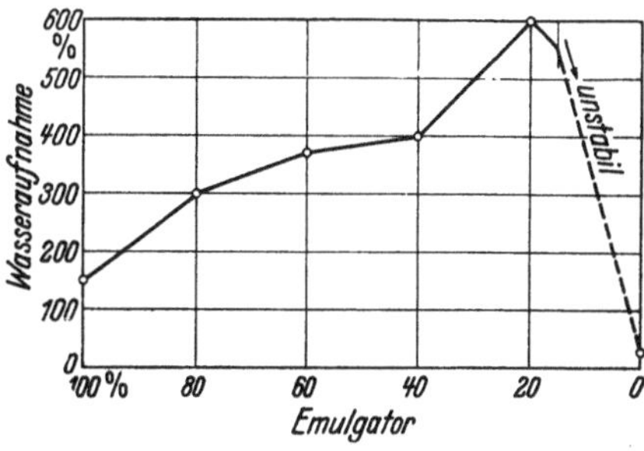

Abb. 8. WZ-Kurve des Pentaerythrit-Nachlauffettsäureesters mit 1 OH-Gruppe. Versuche mit Vaselin.

1. Die Seife dient als Öl-in-Wasser-Emulgator. Man erhält leicht abwaschbare Salben.

2. Der Seifenzusatz soll die Resorption anderer zugesetzter Medikamente, wie der Salicylsäure, verbessern.

3. Die Seife soll auf und in der Haut, vielleicht auch nach erfolgter Resorption von Spuren, im Körper umstimmend wirken; sie soll auch den Blut- und Exsudatzucker zum Absinken bringen und den Ca-Gehalt zugunsten des K-Spiegels verringern. Dadurch werde die Entzündungsbereitschaft gefördert und die Abwehr begünstigt.

7. Physikalische Eigenschaften der Salben und Pasten.

Salben sind nach der Definition des Deutschen Arzneibuches zum äußeren Gebrauch bestimmte Arzneizubereitungen, die bei Zimmertemperatur streichbar sind und mit Ausnahme der Glycerinsalbe beim Erwärmen schmelzen.

Fette, Kohlenwasserstoffe, deren Mischungen und andere Stoffe, die als Salbengrundlage verwendbar sind, besitzen einen Aggregatzustand, der mit dem der Teige, Teere und Peche zwischen fest und flüssig steht. Sie sind aber geschmeidig, streichbar, butterartig. Die Salben gehen zum Unterschied von den Talgen und Paraffinen, die in den Salben nur zur Versteifung dienen, bei Temperaturerhöhung von harten Körpern allmählich in feste und weiche Salben über und schmelzen verhältnismäßig unscharf. Der Temperaturbereich zwischen fest und flüssig ist bei verschiedenen Fetten und Kohlenwasserstoffen verschieden groß.

Pasten sind Salben, in die größere Mengen feste Bestandteile eingearbeitet wurden. Über Emulsionssalben wurde bereits unter dem diesbezüglichen Kapitel berichtet. Sowohl die Wasser-in-Öl-Emulsionen als auch die Pasten sind etwas weniger wärmeempfindlich und bleiben infolge ihres Gehaltes an festen oder flüssigen Bestandteilen, ähnlich

---

[1] SPALTON: Pharmaceutical Emulsions. London 1950.

wie z. B. Peloide, durch ein verhältnismäßig weites Temperaturintervall streichbar, können sich aber bei großer Kälte entmischen.

Man kann die Streichbarkeit einer Salbe am einfachsten mit dem Finger oder Spatel auf der Hand oder einer Glasplatte feststellen. Im ersteren Falle muß man berücksichtigen, daß die Arbeitstemperatur dann die der Haut ist, und daß man das Temperaturintervall, in dem das Fett oder Gemisch streichbar ist, nicht feststellen kann. Ein anderer Weg zur exakten Feststellung ist das Arbeiten mit dem Farinographen, dem Fettpenetrometer ASTM D 217—33 T, den die Fabriken der Hochdruckschmierstoffe verwenden, oder mit dem BRABENDERschen Plastographen, der automatisch die Strukturveränderungen der plastischen Massen, die durch mechanische oder thermische Beanspruchung hervorgerufen werden, in Kurvenform registriert. Auch beim Durchsaugen von Fetten und Salben durch Siebplatten kann man aus dem Widerstand, den das zu prüfende Gut entgegensetzt, verwertbare Schlüsse auf die salbigen Eigenschaften ziehen.

Man kann auch die Torpedomethode nach FREUND und WACHTEL[1], die EMMERICH und HEBENSTREIT[2] modifiziert haben, anwenden. Ein torpedoförmiger Körper wird darin an einem Faden durch Gewichte durch die zu untersuchende Masse gezogen.

Für unsere Zwecke brauchbar sind ja auch alle die Methoden, die zur Prüfung von Lagerfetten ausgearbeitet wurden. WERFELSCHEID[3] beschreibt eine hierfür geeignete Apparatur von den Sartoriuswerken, Göttingen, in der die Fette zuerst vorgeknetet werden. Dann wird mit Unterdruck durch eine Lochplatte gesaugt. Die Apparatur kann gekühlt und erwärmt werden. Der nötige Unterdruck, der am Manometer abgelesen werden kann, gibt ein Maß für die Konsistenz.

Sehr genaue Resultate erhält man auch mit dem HÖPPLER-Konsistometer der Firma Haake, Medingen bei Dresden. Die Apparatur besteht im wesentlichsten aus einem Thermostaten und einem Hohlzylinder, in dem sich durch einen Führungsstab eine Kugel durch das zu messende Material hindurchbewegt. Die Kraft, die hierzu nötig ist, wird durch einen Hebelarm, der mit Gewichten belastet wird, ausgeübt und durch ein Meßwerk gemessen. Man erhält die Werte in Centipoisen angegeben und kann so natürlich genaue Angaben bekommen, die den Vergleich verschiedener Chargen ermöglichen. Diese Apparatur werden alle die Firmen nötig haben, die Wert darauf legen, daß ihre Salben immer dem Modell, das sie ausgearbeitet haben, voll entsprechen.

Da in Apotheken diese Apparate kaum je notwendig und vorrätig sein dürften, haben wir Vorversuche mit einer einfachen **Fallmaschine**, die für den Apothekenbetrieb genügend genaue Ergebnisse zeigt, angestellt. Der Apparat besteht aus einem 50 g schweren Glasstab mit einem Durchmesser von 0,8 cm, der durch ein senkrechtes Rohr von 1 cm

---

[1] FREUND u. WACHTEL: Balneologe **1936**, 8.

[2] EMMERICH u. HEBENSTREIT: Dtsch. med. Wschr. **1939**, 12.

[3] WERFELSCHEID: Sitzung des Schmiermittelausschusses des VDFh vom 3. 7. 41.

Durchmesser in die Salbe hineinfällt. Der unten mit Millimetereinteilung versehene Glasstab wurde durch das Rohr aus immer gleicher Höhe (150 cm) in weithalsige Salbentöpfe von 100 g Salbeninhalt, 6 cm Weite und 8 cm Höhe, die mit der zu prüfenden Salbe vollkommen gefüllt waren, einfallen gelassen. Vorher wurden jeweils 5 Töpfe mit der gleichen Salbenzusammensetzung 24 Stunden in einem Raum aufbewahrt, der eine bestimmte konstante Temperatur besaß. Nach 24 Stunden hatte die Salbe die Raumtemperatur angenommen und wurde mit dem Fallstab auf ihre Zähigkeit gemessen. Das Verfahren wurde an sämtlichen 5 Töpfen angewandt und bei den verschiedensten Temperaturen wiederholt.

Fette, in die der Glasstab weniger tief eindrang als $^1/_2$—1 cm, sind talgartig; von 1—5 cm reichen die gewöhnlichen, von 5—8 cm die weichen Salben. Je größer das Temperaturintervall ist, in dem eine Einfalltiefe von mehr als 1 cm und weniger als 8 cm festgestellt wird, um so einfacher ist die Verarbeitung der Grundlage. Bei Talg und Kakaobutter ist die Einfalltiefe bis nahe an den Schmelzpunkt sehr gering. Synthetisches Vaselin verhielt sich zwischen 5—40° den oben angegebenen Bedingungen entsprechend. Bei Fetten ist die Temperaturspanne, in der sie salbig sind, meist wesentlich geringer. Pasten und Wasser-in-Öl-Emulsionen verhalten sich etwas günstiger als die dazu verarbeitete Grundlage allein. Glycerinsalben sind kaum temperaturempfindlich.

SCHLUMPF[1] hat unsere Methode etwas variiert. Er nimmt einen graduierten Glasstab von 50 g Gewicht und 0,8 cm Durchmesser von 42,3 cm Länge und läßt ihn durch das Führungsrohr 75 cm tief fallen. Es mißt dann die Länge des aus der Salbe herausragenden Stabteiles, zieht sie von der Gesamtlänge ab und erhält so die Einfalltiefe und zeigt, daß man bei dieser Variation von der Topfgröße weitgehend unabhängig wird.

Die Versuche mit dem Fallstab, die eine einfache Konsistenzmessung darstellen, unterrichten unabhängig vom ungleichmäßigen Fingerdruck und der Hauttemperatur über die zur Verarbeitung brauchbare Salbenkonsistenz, die bei möglichst vielen Temperaturgraden, zumindest aber bei Zimmertemperatur, vorhanden sein soll. Die USP XIII (1947) schreibt daher eine derartige Penetrometermethode, die Ähnlichkeit mit unserer Fallstabmethode hat, vor. Sie hat als erstes Arzneibuch den Wert derartiger Messungen erkannt.

Mit allen schmelzbaren Salben kann man auch die üblichen Viscositätsprüfungen durchführen. HOLDERMANN[2] hat z. B. mit dem OSTWALDschen Reibungsröhrchen die verschiedensten Vaselin- und Fett- bzw. Ölsorten geprüft und außerordentliche Unterschiede beobachtet. Wir müssen aber berücksichtigen, daß derartige Messungen bei 60°, also weit über dem Schmelzpunkt, vorgenommen werden und so ein falsches Bild geben müssen, da diese Temperatur den Verhältnissen auf der Haut nicht entspricht. Ricinusöl hat z. B. bei 60° eine dreimal längere Durch-

---

[1] SCHLUMPF: Diss. Zürich 1942.
[2] HOLDERMANN: Dtsch. Apoth.-Ztg **1929**, 74; Südd. Apoth.-Ztg **1931**, 36.

laufzeit als Vaselin. Bei Hauttemperatur ist es aber flüssig und Vaselin ist salbig.

Weitere physikalische Apparate sind konstruiert worden, um die Öl-abscheidung von Fetten zu messen. Sie bestehen aus Siebplatten, die beim Dauererwärmen das ausgeschiedene Öl abtropfen lassen. Auch sie könnten zur Beurteilung der Salben, insbesondere bei Mischungen von festen und flüssigen Komponenten, herangezogen werden. Sie arbeiten jedenfalls exakter als die Tonteller und Lederflecke, die auf S. 29 besprochen wurden.

Eine Salbe muß also möglichst schon unter oder wenigstens bei Zimmertemperatur und darüber hinaus bis zur Körpertemperatur geschmeidig streichbar sein, sie soll je nach dem Verwendungszweck auf der Haut fest oder flüssig sein, in diesen Zustand aber noch nicht bei Sommertemperaturen übergehen.

Spezieller Teil.

1. Welche Grundlage ist die beste?

Wir haben nun die große Anzahl der zur Verfügung stehenden Salbengrundlagen an uns vorüberziehen lassen. Jede einzelne hat ihre Vorteile, die Kohlenwasserstoffe die Beständigkeit, die Fette ihre gute Verträglichkeit. Beide sind keine Nährböden für Bakterien, ihr gutes Haftvermögen an der Haut, ihre Fähigkeit, Wasser abzustoßen, machen sie zu unentbehrlichen Grundlagen für sich allein und in Emulsionsform. Die wasserlöslichen Salben wieder sind leicht abwaschbar und zeigen in vielen Fällen besondere Resorptionsbedingungen.

Alle diese Vorteile müssen wir bei der Wahl einer Salbengrundlage gegeneinander abwägen, denn „die schematische Verordnung bei der Salbenbehandlung ist sicherlich verbesserungsbedürftig. Wenn wir als Grundlage immer nur das Vaselin verschreiben, so ist das unrichtig. Die Alten haben auf diesen Teil (die Salbengrundlage) der Salben einen ganz besonderen Wert gelegt. Es ist auch tatsächlich ein sehr großer Unterschied, ob wir die mit den Wundsekreten verseifbaren Fette tierischen oder pflanzlichen Ursprungs als Salbengrundlage verwenden oder mineralische Öle, die als undurchlässige Schicht eine Ansammlung der Wundabsonderung unter dichtem Abschluß bewirken. Der Sinn des Verbandes ist beide Male ein wesentlich anderer", sagt MAGNUS[1]. Er zeigt damit die Bereitschaft des Klinikers, von der Polypragmasie abzurücken, wenn ihm die richtigen Grundlagen zur Verfügung gestellt werden. Das reichliche Angebot haben wir in den vorstehenden Abschnitten aufgegliedert und die Vor- und Nachteile der einzelnen Bestandteile besprochen. Nun sollen die Forderungen, die man an eine Salbe stellt, diskutiert werden; denn immer wieder kommen neue Salbengrundlagen, und wir wollen diese doch kritisch beurteilen können.

---

[1] MAGNUS: Münch. med. Wschr. **1934**, 31, 1174.

Je nach Einstellung des Verbrauchers sind die Ansprüche natürlich verschieden. ZIELER[1] z. B. unterscheidet zwischen

weichen Salben. . . . wie Schweinefett, Vaselin und Eucerin,
sehr weichen Salben. . „ Paraffinsalbe, Zinksalbe und Borsalbe,
zähen Salben . . . . . „ Ungt. cereum,
Pasten . . . . „ Zinkpaste, aber auch Zinköl.

HOPF[2] zeigt in einem Schema die Hilfsmittel der Dermatologie:

Salben	$\longrightarrow$	Pasten	Schüttelmixturen
(reine Fette)		(Fette und Puder)	Puder
$\downarrow$			Wasser
Cremes	$- - - \rightarrow$	weiche Pasten	Glycerin
(Fette und Wasser)		(Cremes und Puder)	

G. P. UNNA (Ointment bases. 1912) hat seine Forderungen an eine ideale Salbengrundlage wie folgt präzisiert:

1. Haltbarkeit. — 2. Beständigkeit. — 3. Geschmeidigkeit. — 4. Indifferenz. — 5. Reizlosigkeit. — 6. Aufnahmefähigkeit für Flüssigkeiten, insbesondere Wasser. — 7. Leichte Abgabe des in ihm verteilten Arzneimittels an die Haut.

ROSENTHALER (zit. bei WOJAHN) stellt an eine Salbengrundlage folgende Anforderungen:

1. Sie darf die Haut nicht reizen.
2. Sie muß gegen Licht, Luft und zugesetzte Arzneistoffe beständig sein.
3. Sie muß in vielen Fällen schnell und vollständig resorbiert werden, bei Deck- und Augensalben muß dagegen die Resorption möglichst gering sein.
4. Sie muß möglichst Wasser binden können.
5. Sie muß Arzneimittel aufnehmen und an die Haut abgeben können.

Zu alledem kommt unseres Erachtens noch die Forderung, daß die Salbe den *Haut-p_H-Wert* nicht nachteilig beeinflußt, daß sie das *Haut-fett — wenn nötig — soweit als möglich ersetzt*, sowie die Wahl des *richtigen Schmelzpunktes*. Bevor wir aber diese Punkte besprechen, müssen wir uns noch eingehender mit der Literatur beschäftigen.

Wenn man vom Standpunkt des Arztes, und insbesondere des Dermatologen, die Entwicklung der Pharmakologie der Salben in den letzten Jahrzehnten überblickt, so muß wohl einmal die Erkenntnis des Diffusionsvorgangs und ferner das Studium der Emulsionsgesetze als wichtigster Fortschritt bezeichnet werden. v. HAHN[3] wies darauf hin, daß ein fettlöslicher Körper von Orten höherer Konzentration zu solchen niederer Konzentration diffundiert und das Eindringen wirksamer Körper aus der Salbe nach denselben Gesetzen erfolgt.

BERNHARDT und STRAUCH gaben in ihren Untersuchungen über die Emulsionstypen und ihre Beziehungen zur Medizin Richtlinien für eine zielbewußte Salbenlehre. Die Emulgatoren bestimmen je nach ihrer Eigenart die Beständigkeit, Aufnahme- und Abgabefähigkeit des Salbenvehikels, Schmelzpunkt und Indifferenz, von der die Wahl jedes einzelnen der zugegebenen Stoffe, besonders des Fettes, abhängt.

Wenn nun auch in der Monographie von PERUTZ über die Pharmakologie der Haut sowie durch die wichtigen Untersuchungen von MONCORPS die prinzipiellen Fragen der Salbengrundlagen geklärt und fest-

---

[1] ZIELER: Lehrbuch der Haut- und Geschlechtskrankheiten, 4. Aufl. 1937.
[2] HOPF: Fette u. Seifen **1939**, 3.   [3] v. HAHN: Zbl. Hautkrkh. **21** (1926).

gelegt sind, so haben doch diese Erkenntnisse bisher keine volle Beachtung durch Arzt und Apotheker gefunden und, abgesehen von der Ausnutzung durch die kosmetische Industrie, keine wesentliche praktische Bedeutung erlangt.

Eine 1933 durchgeführte klinisch-therapeutische Umfrage[1] beleuchtet die Stellungnahme der Klinik zu dem Problem, wobei bezeichnenderweise nach der Verträglichkeit der Salben, Pasten und Schüttelmixturen gefragt wurde, während von den Diffusions- oder Penetrationsverhältnissen bei der Umfrage keine Rede war.

Es sei kurz auf die Antworten der einzelnen Autoren eingegangen, um den damaligen Standpunkt einzelner Kliniken in Erinnerung zu bringen.

K. HERXHEIMER stellt gewissermaßen für die Verträglichkeit eine Skala auf, in welcher die Schüttelmixturen in Form von Umschlägen am besten vertragen werden, dann folgen die Pasten, wobei durch den inkorporierten Puder eine austrocknende Wirkung und bei gleichzeitigem Luftabschluß eine hyperämisierende Wirkung erzielt werden soll. An letzter Stelle standen die Salben, „weil hier die mechanische Reizung des Verbandes und die Empfindlichkeit gegen Fette bei Störung der Wasserverdunstung und Verminderung der Wärmeabgabe in Betracht kommt".

E. KEINING hielt die Aufstellung von umfassenden formulierten Regeln für die Wahl des Therapeuticums kaum für möglich, da eine „individuelle Behandlung" angestrebt werden müsse. Ganz allgemein wurde noch hervorgehoben, daß bei sehr komplex zusammengesetzten Medikationen der Grund für eine aufgetretene Reizung wohl meistens nicht in der Salbengrundlage liegt. Der Beweis dafür kann leicht dadurch erbracht werden, daß für kurze Zeit die Salbengrundlage allein ohne alle Zusatzsubstanzen auf ihre Verträglichkeit geprüft wird. Bei solchen Vorprüfungen haben sich zwei Gruppen von Menschen unterteilen lassen: solche, die besser Schüttelmixturen, und solche, die bevorzugt Salben vertragen. Die Analyse dieser Gruppen hat ergeben, daß Salben und weiche Pasten wegen ihrer sekretstauenden Eigenschaft von Seborrhoikern nicht vertragen werden, während Patienten mit verminderter Talgsekretion (Talgstockung oder Sebostase) keine Schüttelmixturen vertragen, da sie zu austrocknend wirken. In solchen Fällen ist also gerade die Zufuhr von Fetten am Platze. Voraussetzung für die Reizlosigkeit ist immer, daß die Grundlage von der normalen Haut des betreffenden Patienten vertragen wird. Dabei ist der Hinweis interessant, daß sich nach der geographischen Lage eine Verschiedenartigkeit des Krankengutes zeigt, wobei z. B. in Hamburg die Seborrhoiker überwiegen. Der Autor betont, daß bei Frauen die Notwendigkeit zur Kopfwäsche einen brauchbaren Anhaltspunkt für die Talgdrüsentätigkeit ergibt.

E. KROMAYER erwähnt, daß Salbenreizungen häufiger bei Gegenwart von tierischen und pflanzlichen Fetten auftreten, da durch deren Zersetzung eine Unverträglichkeit entstehen kann. Der Autor sieht die häufigsten Irritationen durch fehlerhafte Anwendungsart, z. B. wenn

---

[1] Dermat. Wschr. **1933**, 14.

die Salbe oder Paste in zu dichter Schicht aufgetragen wird, wodurch Schweißretention verursacht wird. Durch diesen Umstand sollen 95% der Störungen erklärt werden können.

R. LEDERMANN war der Ansicht, daß sich die Indifferenz der verschiedenen Arzneiträger auf der Haut weder bei gesunder noch bei kranker Haut vorausbestimmen lasse, sondern vorher Testversuche erforderlich seien. Daher sei es auch unmöglich, generelle Regeln über die Verträglichkeit von Medikamenten aufzustellen. Subakute oder chronische Entzündungsprozesse vertragen meist die Zinktrockenpinselung gut. Bei Salben würden häufig Überempfindlichkeiten der Haut beobachtet, wenn die Salbe ranzig geworden sei; daher sei Adeps benzoatus vorzuziehen, obwohl der Benzoezusatz bei mancher Haut nicht am Platze ist. Vaselin als Salbengrundlage kann dann Reizerscheinungen verursachen, wenn es ungereinigtes Petroleum oder Paraffin enthält. Daher soll nur reines Vaselin verwendet werden, das bei trockenen Hautentzündungen besser brauchbar ist als bei nässenden. Für nässende Hautflächen wird die Zinkpaste empfohlen, die aber ebenso wie das ihr nahestehende Zinköl gelegentlich durch Zusatz von unreinem Vaselin reizen kann.

C. MONCORPS fordert als Grundbedingung für den therapeutischen Erfolg, die Erfahrung und das Einfühlungsvermögen, das klinischmorphologische Bild mit der biologischen und physiko-chemischen Vorstellung des Heilmittels zu vereinen. Der Autor ging dann auf seine Versuche bezüglich der keratolytischen Wirkung der Salicylsäure ein, die bei Verwendung einer Schüttelmixtur als Vehikel fehlt, bei Pasten nur schwach und am meisten in Form einer Wasser-in-Öl-Emulsion wirksam ist. Bezüglich der Kühlsalben wurde hervorgehoben, daß die Kühlwirkung von der Abdunstungsmöglichkeit des inkorporierten Wassers aus dem Vehikel abhängt. Bei Schwefelzusatz ist die Resorption des Schwefels von der Wahl des Vehikels abhängig und dementsprechend auch der pharmakodynamische Effekt. Das inkorporierte Pharmakon kann in verschiedenen Grundlagen eine verschiedene Wirkung entfalten.

Als grundsätzlicher Fehler bei der Herstellung von Salbengrundlagen wird das sog. „geschönte" Vaselin erwähnt, dessen leuchtend gelbe Farbe durch Zusatz von Tropaeolinfarbstoff zustande kommt und reizbare Haut irritieren kann. Bestimmte Sorten von Adeps suill. benzoat., die von mit Fischmehl gefütterten Schweinen stammen, sind zugunsten des deutschen Schweinelendenfettes abzulehnen. Auch das Entwässern mit Natrium sulf. kann durch den Sulfitgehalt zu Hautreizungen führen. Ferner wird noch als Fehlerquelle ungenügende Dispergierung des Salbenwirkstoffes genannt, die zu einer zu hohen Konzentration auf der Haut führen kann. Es wird daher die Dreiwalzenmühle zur Salbenherstellung empfohlen. Auch die spurweise Beimengung von Kolophonium oder Seife kann zu Reizungen führen. An einwandfreien Salbengrundlagen, die im Großbetrieb hergestellt werden, ist der Dermatologe interessiert, nicht jedoch an unkontrollierbaren Salbenkompositionen.

A. PERUTZ glaubte, daß die Pasten durch ihren Pudergehalt und die dadurch bewirkte Capillarattraktion eine Aufsaugung des Sekretes ermöglichen, permeabler als Salben sind und eine geringere Tiefenwirkung haben. Sie reizen daher auch weniger als Salben. Da die Salben die Hautwasserabgabe verhindern, sollen sie bei akut entzündlichen Prozessen der Haut mit nässenden Flächen nicht verwendet werden. Die austrocknende Fähigkeit des Puders ist eine Funktion seiner Oberfläche.

F. PINKUS glaubte ebenfalls, daß manche Salben wegen einer bestehenden Fettüberempfindlichkeit nicht vertragen werden, ebenso wie es intestinale Fettunverträglichkeiten gibt. Akute, vesiculöse Dermatitiden sowie die dyshidrotischen Ekzeme sollen nicht mit Fett behandelt werden. Für diese unverträglichen Fälle kommen die Schüttelmixtur oder nur Bäder und Umschläge in Betracht.

K. TOUTON stand etwa auf demselben Standpunkt wie der vorige Autor.

R. WINTERNITZ hob hervor, daß die Verträglichkeit von Salben und Pasten von ihrer Grundlage, ferner von den Salbenwirkstoffen und der Technik der Verbände abhängt. Dabei empfahl er den Benzoezusatz zum Fett und weist auf die besonders sorgsame Bereitung von Augensalben hin.

Bezüglich der Verträglichkeit und der Saugfähigkeit der Pasten stand der Autor auf demselben Standpunkt wie die anderen. Er nahm durch den größeren Pulvergehalt der Paste eine gesteigerte capillare Saugfähigkeit an, die das flüssige Hautsekret aufnimmt und besser auf der Hautfläche haftet, so daß ein Deckverband überflüssig wird. In die physikalisch wirkenden Applikationsmittel können dann noch mit Erfolg resorptionsfördernde Therapeutica eingearbeitet werden, deren Verträglichkeit von der Substanzmenge, Einwirkungsdauer, Technik und Hautbeschaffenheit abhängt.

Wir werden aus allen diesen Antworten das Bestreben nach individueller Behandlung erkennen; wir sehen, daß zwischen den einzelnen Grundlagen Unterschiede vorhanden sind. Diese Differenzen zu kennen und zu nutzen, muß das Ziel des Therapeuten sein.

Eine Salbengrundlage, die in allen Fällen optimal wirkt, kann und wird es nie geben. Keine Salbe kann zugleich oberflächlich und in der Tiefe intensiv wirken, ist gleichzeitig neutral, sauer und alkalisch, kann wasserfrei und doch eine wäßrige Emulsion sein.

Wir müssen daher zunächst auch andere Gesichtspunkte berücksichtigen und überlegen, ob sie nicht die beste Klassifikationsmöglichkeit geben. Wir stellen folgende Fragen, nach deren Beantwortung eine Einteilung möglich ist:

a) Welche Wirkungen sollen mit der Salbentherapie erreicht werden?

Vor der klinischen Anwendung von Salben muß man sich zunächst einmal klarwerden, in welchen Hautschichten die Salben oder besser deren Wirkstoffe einen Heileffekt auslösen, oder ob gar die Haut nur als Durchgangsmembran die Einwirkung auf den Gesamtorganismus vermitteln soll.

Demnach werden wir also drei grundlegend verschiedene Heilmöglichkeiten feststellen:

1. Die rein *epidermotrope Therapie*. Darunter können alle Cosmetica gerechnet werden, die sich ja hauptsächlich mit der Haut als Grenzschicht befassen. Sie sollen dieser einen Mattglanz verleihen und „rauhe Haut" beseitigen. Die oft angepriesene Tiefenwirkung der Cosmetica durch Hormon- oder Vitaminzusätze ist bisher noch nicht sicher bewiesen. Wahrscheinlich trägt die gleichzeitig mit dem Cosmeticum empfohlene leichte Hautmassage durch ihre Hyperämiewirkung viel zu dem erwarteten Erfolg der Tiefenwirkung auf erschlafftes Bindegewebe bei.

Auch therapeutisch müssen wir gelegentlich rein epidermotrope Anwendung verlangen, z. B. bei der Behandlung der Ichthyosis vulgaris zur Beseitigung lästiger Hornhautschuppen, ferner bei den Saprophytosen, also bei Pilzen, die lediglich in der Epidermis sitzen wie bei Pityriasis versicolor. Die „Lebendgerbung der Haut" gegen berufliche Schädigungen und die Berufsschutzsalben sind hier zu erwähnen.

2. Die therapeutische Beeinflussung der tieferen Hautschichten, die wir hier kurz mit *Tiefenwirkung* bezeichnen wollen.

Dabei kommen besonders infektiöse Hauterkrankungen, Pyodermien, Mykosen, Hauttuberkulosen u. a. in Frage, auch Schälkuren bei Acne sind durch die Diffusion des Wirkstoffes erfolgreich. Ebenso ist die Salbenätzbehandlung, die z. B. früher bei Hautkrebsen angewendet wurde, hier zu erwähnen. Gerade in solchen Fällen, z. B. der elektiven Macerationen von subepidermal sitzenden Lupusknötchen wird die Wahl der Salbengrundlage für das Tempo der Diffusion des Wirkstoffes von Wichtigkeit sein.

Die Wege der Diffusion sind verschieden. Es kann das zuzuführende Medikament in der Zellmembran löslich sein, die Talgdrüsen durchwandern oder in die veränderte Membran eindringen und dort „verdaut" werden. Welche Situation eintritt, hängt vom Präparat ab und kann in den meisten Fällen nur vermutet werden.

Die Tiefenwirkung wird nur ausnahmsweise bei gesunder Haut angewendet, so z. B. als Schälkur bei Epheliden. Oft sind besonders verhornte oder undurchlässige Epidermiszellen mit dem Wirkstoff in Kontakt zu bringen oder zu durchdringen, so bei Lupus tumidus oder bei Hyperkeratosen. Es sei hierbei auf die Untersuchungen von Moncorps über die Wirkung der salbeninkorporierten Salicylsäure hingewiesen[1].

Bisher hat sich die praktische Hauttherapie im allgemeinen damit begnügt, bei verschiedenen Hautkrankheiten bestimmte Wirkstoffe empirisch auszuwählen, z. B. bei Seborrhöen Schwefel, bei Mykosen Salicyl und Betanaphthol oder Hg, bei Pyodermien Farbstoffe, Sulfur oder Hg, ohne die Salbengrundlagen nach den einzelnen Wirkstoffen abzustimmen. Auch die experimentellen Untersuchungen von Moncorps, deren Resultate bei den einzelnen Wirkstoffen erwähnt werden, haben die praktische Salbenkomposition bisher wenig geändert. Es klafft also

---

[1] Moncorps: Arch. exper. Path. **141.**

nach wie vor eine Lücke zwischen der zielbewußt aufgebauten Chemo-
therapie oder Pharmakodynamik der Haut und deren praktischen Verwendung. Der Grund dafür liegt wahrscheinlich in der oft recht schwierigen praktischen Auswertung der am Modellversuch gefundenen Resultate. Es sei hier nur kurz auf die Verschiedenheit der bei Schwefelsalben
ausgeführten Schwefellösungsformen (molekular oder kolloidal) hingewiesen, die natürlich bei der systematisch durchgeführten Simultantherapie zur Beurteilung der Salbengrundlagen beachtet werden müssen.

Nach den Ausführungen wird man ferner verstehen, wenn z. B. für
die Diffusion oder Resorption von Schwefel eine steigende Reihenfolge für
den Schwefelgehalt des Serums (Pasta Zinci, Physiol C, Eucerin anhydr.
cum aqua 50%, Lanolin cum aqua 25%, Vaselinum flav. und am besten
Adeps benzoat.) von MONCORPS gefunden wurde, ohne daß klinisch bei
angestellten Penetrationsversuchen mit Schwefelsalben in den oberen
Hautschichten ein absolut gleiches Abhängigkeitsverhältnis von den
verschiedenen Salbengrundlagen erwartet werden konnte. Immerhin
konnten recht bemerkenswerte Beobachtungen bei Fett- und Vaselingrundlagen gesammelt werden, die später angeführt sind.

3. Die *perkutane Therapie*. Dabei soll ein Salbenwirkstoff durch
die Hautschicht hindurchdringen und vom Blut- oder Lymphstrom
aufgenommen werden, wenn möglich ohne wesentlich auf die Haut
einzuwirken, jedenfalls aber ohne darin gespeichert zu werden. Durch
die intakte Haut soll ein Medikament durch intensives Einreiben der
Salbe zur Aufnahme gebracht werden. Ein Beispiel dafür ist die früher
allgemein verwendete Hg-Schmierkur oder die zur Rheumabehandlung verwendete Salicylsalbentherapie. Dabei kann in manchen Fällen
bei besonders geeigneter Salbengrundlage die Diffusion des Wirkstoffes
so schnell durch die Haut erfolgen, daß in kurzer Zeit histologisch der
Nachweis in den oberen Hautschichten nicht mehr gelingt. Als Beispiel
für die besonders schnelle Diffusionsmöglichkeit durch die Haut sei
die Diffusion von Gasen durch die gesunde Haut erwähnt. LANG[1]
und SCHMIDT-LA BAUME[2] konnten Radiumemanation nach Einwirkung
auf die gesunde Haut schon 5 bis 10 Minuten später in der Atemluft
nachweisen.

Auch zur Asthmabehandlung werden neuerdings percutan Salben-
therapieeinreibungen empfohlen (Asthmocut, Spascut von Dr. Koschade)
sowie zur Herzbehandlung das Präparat Cor-Vasogen. In eigenen klinischen Beobachtungen konnte bei Asthmaanfällen deutlich ein auf
percutanem Wege erreichter krampflindernder Effekt beobachtet werden.
Als schmerzstillendes Externum bei Neuritiden und Neuralgien, als
örtliches Sedativum bei schmerzhaften Zuständen des Herzens wird
Menthoneurin (Tosse) empfohlen. Es stellt ein „Emulsionsprodukt
reizloser Fette mit Salicylsäuremethylester-Menthol" dar. Salen (Ciba)
ist ein Gemisch des Methyl- und Äthyl-Glykolsäureesters der Salicylsäure. Als Salenal kommt es als Salbe mit 33% Salen in den Handel.
Sie ist indiziert bei rheumatischen Affektionen und Neuralgien.

---

[1] LANG: Strahlenther. **52** (1935).
[2] SCHMIDT-LA BAUME: Arch. Dermat. **172** (Kongreßband).

b) Wann soll eine entquellende oder gerbende Wirkung erreicht werden?

Eine besondere Form der Penetration oder Invasion von Wirkstoffen stellen Versuche dar, die *Entquellung* entzündlich veränderter Epidermis oder auch die *Gerbung*, die chemische Bindung in den oberen Hautschichten zu bewirken. Die Entquellung der entzündlichen Epidermis wird im allgemeinen durch feuchte Verbände nach der von HERMANN aufgestellten „entquellenden Reihe"[1] durchgeführt. Diese an überlebenden Epithelzellen gewonnenen Resultate wurden an lebender Haut von SCHMIDT-LA BAUME elastometrisch bestätigt[2]. Mikroskopisch zeigt die entzündlich veränderte Epidermis in den Zellen des Rete granulosum Protoplasmaveränderungen in Form der von UNNA beschriebenen ballonierenden Degeneration oder der tropfigen Entmischung. Ähnlich wie die feuchten Dunstverbände können bei beginnender entzündlicher Veränderung auch Puder oder Schüttelmixturen durch Austrocknung (Oberflächenvergrößerung) einen entquellenden Effekt auslösen. Wieder eine andere Entquellung ist die rein osmotische durch hygroskopische wasseranziehende Substanzen, wie Glycerin. Häufig stellt bei der Ekzemtherapie der Übergang von feuchten Verbänden zu Salben eine gewisse Schwierigkeit dar, wobei das Ekzem, wahrscheinlich durch Wärmestauung und dadurch bedingte Capillarerweiterung unter der luftabschließenden vaselinhaltigen Salbe, wieder aufflackern kann. Auch wird der Sekretfluß durch Salben bei nässendem Ekzem behindert. Wie später ausführlich beschrieben, sind auch Zinkpasten nicht in der Lage, große Sekretmengen aufzusaugen. Sie können nur durch Lückenbildung geringe Flüssigkeitsmengen von der Haut aus an die Oberfläche der Paste hindurchtreten lassen.

Die ersten Bestrebungen, den Übergang von feuchten Verbänden zu Salben zu erleichtern oder zu überbrücken, sind wohl in dem Ungt. glycerini (DAB) zu suchen, doch ist die osmotische Wirkung derartiger 75proz. glycerinhaltiger Massen häufig zu stark. Der Erfolg dieser Entquellungsversuche liegt wohl sicher in dem physiologischen Tempo der Entquellung. Wenn der „eukolloidale Zustand" der Zelle nicht wieder erreicht wird, ist eine Desepithelisierung durch Platzen der Zellmembrane die Folge. Der *biologische Takt der Entquellung* stellt die Lösung der Frage dar. Hierauf und auf die Wahl der Konzentration des Entquellungsmittels wurde bisher zu wenig Wert gelegt. So werden häufig bei feuchten Umschlägen, z. B. mit einer 1proz. Tanninlösung oder der offizinellen Liq. Aluminii acet.-Lösung starke Reizungen beobachtet, die durch Zellmembransprengung infolge zu schneller Entquellung zu erklären sind. In solchen Fällen würden die zehnfachen Verdünnungen der angeführten Lösungen angezeigt sein.

Wahrscheinlich sind auch die Erfolge von traubenzuckerhaltigen Salben bei Allergosen durch osmotische Wirkung und Entquellung zu

---

[1] HERMANN: Dermat. Z. **50** (1927).
[2] SCHMIDT-LA BAUME: Arch. f. Dermat. **153**, H. 3 (1927).

erklären. In derselben Richtung liegen die Bestrebungen der im Kapitel
über aluminiumsalzhaltige Salben besprochenen Beobachtungen.

Hier muß zusammenfassend hervorgehoben werden, daß der Erfolg
von der „biologischen Konzentration" des entquellenden Mediums abhängt, um überstürzten Wasserentzug und Zellmembranschädigung zu
vermeiden.

Daraus erhellt ohne weiteres, daß diese entquellenden Salben, ebenso
wie feuchte Umschläge, immer nur für eine gewisse kurze Zeitspanne —
einige Stunden bis Tage — vertragen werden, bis sich der Flüssigkeits-
spiegel in den entzündeten Hautschichten gesenkt hat. Für diese Zeitspanne kann natürlich keine Norm angegeben werden, sie hängt vielmehr
von der Stärke der entzündlichen Veränderungen ab und muß dem Einfühlungsvermögen des Arztes überlassen bleiben.

Hier soll noch auf Versuche hingewiesen werden, mit bestimmten
Salbenbeimengungen eine Gerbwirkung zu erzielen. Das Problem wurde
von JÄGER[1] mit Tactocutemulsionen bearbeitet und wird auch durch
„Dulgon"(Benckiser), das aus einer Kombination polymerer Phosphate
besteht, in Bäderzusätzen und als Wirkstoff in Salbengrundlagen versucht. Die Möglichkeit einer „Lebendgerbung", um diesen etwas zu
Mißverständnissen führenden Ausdruck zu gebrauchen, und die dadurch
erhöhte Widerstandsfähigkeit gegen Allergene hat für die Praxis eine
große Bedeutung. Auch hier wird für den Erfolg die geeignete Konzentration und Wirkungszeit in einer Salbengrundlage, die eine Penetration
des Wirkstoffes erlaubt, maßgebend sein.

c) Wann wird lediglich eine Kühlwirkung und Entspannung gewünscht?

In einer besonderen Gruppe werden mit Recht Salben mit Kühlwirkung und Entspannungseffekten zusammengefaßt. Eine Kühlwirkung
wird klinisch einmal bei juckenden Dermatosen ohne sichtbare Hautveränderungen, also normaler Hautbeschaffenheit, z. B. bei Pruritus, am
Platze sein, ferner aber auch bei chronischen Ekzemen mit starkem
Juckreiz oder anderen Dermatosen, wie z. B. DUHRINGsche Krankheit,
die mit Juckreiz einhergeht. Wenn gleichzeitig eine Entspannung der
Haut erreicht werden soll, also entzündliche Veränderungen vorliegen,
wird man nicht nur eine instabile Wasser-in-Öl-Emulsion, sondern
besser eine Schüttelmixtur wählen, deren Kühlwirkung noch größer
ist. Dabei wird auf die eingehende Ausführung in dem Kapitel über
Kühlsalben verwiesen.

d) Wann wird ein oberflächlicher Schutz der Haut vor äußerer Einwirkung benötigt?

Sogenannte Schutzsalben werden bei der Zunahme der Hautberufs-
krankheiten immer häufiger erforderlich werden. In späteren Kapiteln
werden die Lichtschutz-, Luftschutz- und die gewerblichen Schutzsalben

---

[1] JÄGER: Die rauhe Haut. Hippokrates 8, 449 (1937).

ausführlich besprochen. Es ist leider bei zunehmender Kenntnis der Affinität der Salbengrundlagen zu den in Frage kommenden Noxen eine erhebliche Komplizierung der Rezeptur zu erwarten. Eine einheitliche Schutzsalbe etwa in Form einer deckenden Fettschicht ist keine Lösung. Sie wird zu leicht abgewischt und hindert wie jede Salbe die Perspiratio insensibilis um 30—50%, wogegen Puder die Wasserabgabe, wenn auch in geringem Maße, steigern[1].

Dazu kommt noch, daß von vielen Handarbeitern jede Salbe auf der Haut als störend abgelehnt wird, weil z. B. mit einer eingefetteten Hand ein bestimmter Präzisionsgriff nicht ausgeführt werden kann. Der Schutz unserer Arbeiter in chemischen Betrieben oder allen Industriezweigen, in denen Berufskrankheiten beobachtet werden, sollte besonders in einer ausführlichen Belehrung über zweckmäßiges Entfernen der reizauslösenden Substanzen von der Haut in den Arbeitspausen eine wichtige Grundlage erfahren. Man kann in diesen Dingen nur mitreden, wenn man selbst mit der schädigenden Noxe am Arbeitsplatz gearbeitet hat.

R. und F. JÄGER haben 1938 in einer Arbeit über die Hautoberflächenstruktur, ihre Methodik und ihre Bedeutung für die Gewerbehygiene[2] mit ausgezeichneten Mikrophotos vom Hautrelief die von ihnen als capillare Räume bezeichneten Dehiscenzen unter den Epidermisschollen der rauhen Haut als Speicherungsmöglichkeit für Allergene hervorgehoben und bringen am Ende des Buches eine zusammenfassende Darstellung ihrer Erscheinung. Die Entfernung dieser kleinen Staub- und Allergenpartikel ist durch einfaches Waschen nicht ohne weiteres zu erreichen, wie die Autoren fluorescenzmikroskpoisch nachgewiesen haben. Eine systematische Hautpflege, welche die Beseitigung der rauhen Haut und der Rhagaden zur Folge hat, muß, unterstützt von aufklärenden Belehrungen, in den verschiedenen Industriezweigen angestrebt werden. Eine glatte Haut bietet viel weniger Möglichkeiten zur Bildung von sessilen Antikörpern in den Epidermiszellen als eine mit Rissen und Oberflächensubstanzverlusten übersäte Haut.

Ganz allgemein kann gesagt werden, daß wir beim Eincremen der Hände viel zuviel Creme verwenden. Durch Petrolätherbäder können wir nach den Versuchen des einen von uns[3] der Haut der Hände höchstens 0,1 g „Fett" entziehen, beim Eincremen schmieren wir uns aber die zehnfache Menge auf, um den Überschuß bald wieder an die Umgebung abzugeben.

Die Bedeutung der Simultantherapie oder Vergleichsbehandlung.

Die allgemeinen klinischen Darlegungen sollen nicht abgeschlossen werden, ohne noch kurz auf die notwendigsten Voraussetzungen für die Beurteilung der Salbentherapie am Kranken einzugehen. Wie schon im Vorwort der ersten Auflage angedeutet, ist die *fehlerfreie Simultan-*

---

[1] SCHMIDT, R.: Klin. Wschr. **20**, 31 (1941).
[2] JÄGER, R. u, F.: Arch. Gewerbepath. **9**, H. 2 (1938).
[3] v. CZETSCH-LINDENWALD: Arch. Gewerbepath., Gewerbehyg. **10**, 49 (1940).

therapie dazu erforderlich. Auch H. W. SIEMENS[1] hat in einer ausführlichen Abhandlung auf die Leistungsfähigkeit dieser Vergleichsmöglichkeit, die er Einseitenbehandlung nennt, hingewiesen. Sie wurde ursprünglich von SCHWENINGER, UNNA, DREUW, SCHÄFFER geübt, ist dann aber sehr zu Unrecht in den Hintergrund getreten. Wir können sie nur dann anwenden, wenn an symmetrischen Körpergegenden mit der gleichen Capillarversorgung und gleichen Gefäßverhältnissen, wobei besonders auf einseitige Varicen als Störungsfaktor zu achten ist, ferner wenn bei gleichen Säurewerten der Haut dieselben Krankheitserscheinungen bezüglich Intensität und Ausdehnung vorhanden sind. Bei der Behandlung der Hautkrankheiten sind wir in der Lage, alle diese Bedingungen häufig vorzufinden. Es sei nur an die mehr oder weniger universellen Ekzeme, symmetrisch lokalisierten Allergosen, Mykosen und Pyodermien erinnert, die ein weites Betätigungsfeld für die Simultantherapie bilden.

Dabei muß auch kurz die *Verbandtechnik* erwähnt werden. Es ist dringend zu raten, niemals bei dieser explorativen Simultanbehandlung die zu vergleichenden Salben dem Kranken selbst zu überlassen, da weder eine richtige Verbandtechnik noch die Vermeidung von Verwechslungen der für die rechte und der für die linke Seite bestimmten Salbe gewährleistet ist. Es liegt nicht im Rahmen dieses Buches, allgemeine Applikationsmethoden für die verschiedenen Hautzustandsbilder zu geben[2]. Es sei nur kurz zitiert, daß für akute Hautkrankheiten feuchte Umschläge, Puder, Schüttelmixturen, Zinköl, für subakute Hautkrankheiten Zinköl und Pasten, für chronische Hautkrankheiten Pasten und Salben in Frage kommen.

Für unsere Versuche mit Salben ist es wichtig, an den Vergleichsstellen genau dieselbe Verbandtechnik anzuwenden. Die Salben werden in gleicher Schichtdicke (messerrückendick) am besten auf feines, weiches Leinen (oft durchgewaschener alter Hemdenstoff) ausgestrichen und auf die Haut gelegt. Im Sommer wird Leinen noch besser als der etwas dickere Lintstoff vertragen, der sich wieder im Winter besser eignet. Auch die Zahl der Bindentouren ist zu beachten sowie die Schichtendicke der etwa auf das Leinen aufgelegten Watte. Auf alle Fälle darf eine einseitige Wärmestauung durch ungleiches Verbandmaterial nicht übersehen werden, ebenso wie auch die Dochtwirkung durch Aufsaugen von tief schmelzender Salbe (Ungt. leniens) in das Verbandmaterial. Soll mit Emulsionen behandelt werden, so wird am besten auf jeden Verband verzichtet. In diesen Fällen wird die Salbe vom Pflegepersonal an den Simultanstellen mit einem Gummifingerling in gleicher Dicke aufgetragen, wobei auch darauf geachtet werden muß, daß auf beide Hautstellen genau der gleiche leichte Druck zum Verreiben der Emulsion ausgeübt wird. Falls die Hautstellen nässen, so kann auf beiden Seiten ein Trikotstrumpf übergezogen werden. Oft werden gerade bei chro-

---

[1] SIEMENS: Arch. f. Dermat. **183** (1942).

[2] Siehe SCHÄFFER-ZIELER-SIEBERT: Behandlung der Haut- und Geschlechtskrankheiten. — MONCORPS: Jkurse ärztl. Fortbildg 4, 7 (1932). — HOPF: Fette u. Seifen **1939**, 3.

nischen Ekzemen und Neurodermitiden verbandlose Salbeneinreibungen angenehmer empfunden, so besonders als Nachbehandlung und zum Arbeitsschutz, der später von den Geheilten selbst ausgeführt wird.

Sehr wichtig ist die *Beachtung des Schmelzpunktes* der Simultansalben. Ein bei 50° schmelzendes Vaselin wird in dicker Schicht auf der Haut bleiben, während eine bei 35° schmelzende Salbengrundlage besonders im Sommer leicht vom Verband als Docht aufgenommen wird. Für circumscripte Pyodermien wird zweckmäßig eine „harte" Paste verwendet, die, mit einer dünnen Lage Watte abgeschlossen, ohne Verband an Ort und Stelle bleibt, falls es sich nicht um unruhige Kranke oder Kinder handelt, die überhaupt nicht zur Simultantherapie geeignet sind, da sie die Verbände häufig herunterreißen.

Auch der Entfernung von Salbenresten ist vom Arzt Beachtung zu schenken. Es geht nicht an, daß Salbenreste mit Benzol oder Benzin entfernt werden, da in unserer Zeit der Motorisierung häufig eine Überempfindlichkeit gegen diese Stoffe besteht oder aber eine Sensibilisierung damit erreicht werden kann. Salbenreste, besonders solche, die ranzig werden können, müssen morgens und abends vorsichtig mit Watte und, wenn erforderlich, mit einem reizlosen Öl (Oleum paraffini) entfernt werden.

Die *Beurteilung der Simultanbehandlung* stützt sich in erster Linie auf den objektiven Befund, den die symmetrischen Hautstellen nach der Behandlung bieten. Nur gelegentlich wird man auch subjektive Empfindungen des Kranken berücksichtigen. Dabei wird von manchen Kranken eine Fettgrundlage, die sich meist schneller in die Haut einreiben läßt und von der Haut schneller aufgenommen wird, als „angenehm" bezeichnet; aber auch das mehr als Oberflächenschichtmittel empfundene Vaselin wird gelegentlich subjektiv vorgezogen, ohne daß wir dafür besondere Richtlinien erkennen konnten.

Zum Schluß sei hier noch auf die *Berücksichtigung der allgemeinen Heillage* des Kranken verwiesen. Es ist jedem Arzt, der Hauttherapie treibt, geläufig, daß bei vielen Krankheitszuständen, die zunächst sehr therapieresistent waren, plötzlich eine große Heilbereitschaft einsetzt, ohne daß diese auf die äußere Salbenmedikation bezogen werden darf. Jahreszeitliche Einflüsse, vitaminreiche Kost oder Umstellung der sauren Winterdiät auf alkalische Sommerkost sind, um einiges anzuführen, damit in Zusammenhang zu bringen. Ferner spielen interne Medikationen, z. B. Arsen bei Schuppenflechten, eine wichtige Rolle. Ebenso wie man von einem isomorphen Reizeffekt bei Psoriasis dann spricht, wenn die Haut auf irgendeinen Reiz mit den bereits vorhandenen Hautveränderungen an der gereizten Stelle antwortet, so möchten wir hier den *isomorphen Heileffekt* hervorheben, der die oft plötzlich einsetzende Heilbereitschaft der Haut bezeichnen soll. In solchen Fällen wird man sich leicht vor einer falschen Relation zwischen Salbenverordnung und Heileffekt hüten können, wenn man berücksichtigt, daß der Heileffekt dann tatsächlich simultan aufgetreten ist bei Verwendung verschiedener äußerer Wirkstoffe und Salbengrundlagen.

Ähnlich wie hier für die Dermatologie ausgeführt, müssen wir auch in der Chirurgie bei der Beurteilung von Heileffekten an Wunden strenge Kritik anwenden. HAASE[1] betont dies ausdrücklich und weist darauf hin, daß z. B. bei Verbrennungen auch großen Ausmaßes oft massenhaft lebende Epithelinseln erhalten bleiben können. Sie sind dann der Ausgangspunkt der Überhäutung, die nebenbei noch von chemotaktischen Reizen angeregt, unabhängig von der sonstigen Therapie, schnell vonstatten geht und irrtümlich der gerade verwendeten Salbe zugeschrieben wird.

Wenn wir die Salbengrundlagen und ihre Eigenschaften nochmals in einem Schema zeigen, so sehen wir die Fülle des Gebotenen, die Übergänge zwischen den Typen. Jede einzelne hat besondere Vorteile.

Tabelle 3. Salbengrundlagen.

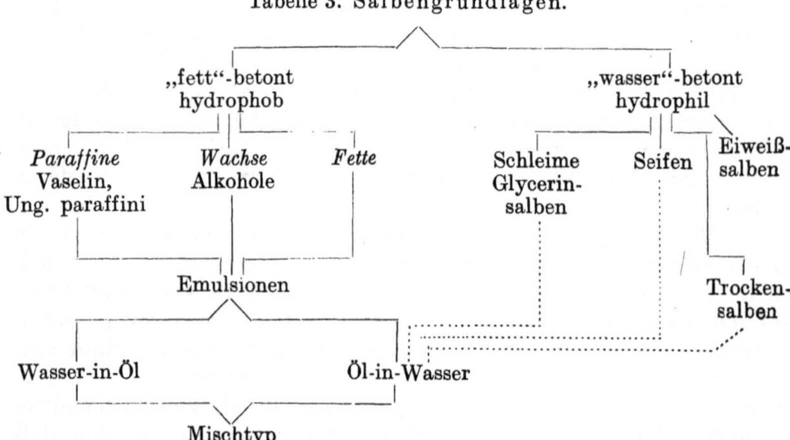

Alle die oben skizzierten Fragen müssen beantwortet werden, bevor man eine Salbe, die optimal wirksam sein soll, verordnet oder anfertigt. Die beste Salbe wird dann diejenige sein, die möglichst vielen Anforderungen nachkommt und den drei Grundfragen entsprechend ausgewählt ist. Für den Arzt und den Kranken ist der Unterschied, ob die Salbe durch die gesunde Haut hindurch wirksam sein soll, ob sie auf der geschädigten Haut direkt mit den zu behandelnden Schichten in Berührung kommt oder nur decken soll, grundsätzlich wichtig.

Im ersteren Falle müssen wir uns entweder

1. fettlöslicher Substanzen (Hormone, Alkaloidbasen),
2. die Haut verändernder Körper oder Verbände (Salicylsäure, feuchte Kammer),
3. der Scarifikation (Bienengifttherapie),
4. der Iontophorese,
5. der Verdauungsmethode nach UNNA (Pepsinumschläge) oder
6. einer Gleitschiene wie der ätherischen Öle

bedienen. Eine andere Möglichkeit, durch die Haut dem Körper Wirkungsstoffe in wirksamen Mengen aus Salben einzuverleiben, besteht nicht.

---

[1] HAASE: Zbl. Chir. **1941**, 8, 350.

Die Haut hemmt als nach außen gerichtetes außerordentlich widerstandsfähiges Organ alle Versuche, durch sie Medikamente einzuführen, mit Erfolg; nur auf die obengenannten Substanzen und Methoden ist sie nicht vorbereitet und ihnen daher nicht gewachsen. Sie schützt sich zunächst durch die Fette, die sich als Emulsion in tieferen Schichten und als Überzug in der Hornschicht befinden, dann durch die Hornschicht selbst sowie durch die wäßrige Durchtränkung. Nicht das Fett allein verwehrt den Medikamenten den Eintritt, auch nicht das Wasser oder das Eiweiß, sondern alle drei oder in einzelnen Fällen die Phase, die das zugefügte Arzneimittel nicht löst. Nur das Zusammenspiel aller ergibt den Schutz. „Entfettete" Haut, bei der aber nur die oberflächlichste Fettschicht entfernt ist, läßt schon Insulin (HERMANN und KASSOWITZ), nicht aber Bienengift oder Anaesthetica durch; mit Pepsin anverdaute Haut läßt Elektrolyte (UNNA), nicht aber Fette durch.

Skarifikation zerstört den Schutz teilweise, die skarifizierte Haut ähnelt ja dann der durch Verwundung oder Krankheit epidermisgeschädigten Haut. Hier können auch wasserlösliche Substanzen angreifen, etwa wie bei der Schleimhaut. Nur sind bei letzterer natürlich die Voraussetzungen noch günstiger, da hier ein Organ vorliegt, das zur Resorption geeigneter ist oder, wie die Darmschleimhaut, sogar dazu geschaffen ist.

Man kann je nach der Salbengrundlage bei gleicher Verbandtechnik eine stärkere oder eine schwächere Resorption, lokale oder nur Deckwirkung erreichen. Es muß daher nicht nur eine Pharmakognosie und eine Pharmakologie des in der Salbe inkorporierten Medikamentes, es muß diese Lehre auch über die Salbengrundlagen geben, auch über das Zusammenspiel beider. Modellversuch, Tierversuch und dermatologisch-klinische Beobachtung müssen zusammen jedem einzelnen Wirkstoff die geeigneten Grundlagen vorschreiben. Am wichtigsten ist natürlich der klinische Versuch. Das Tierexperiment nützt bei Schleimhaut- und Wundsalben, weniger bei der Beurteilung der Wirkung an gesunder Haut, da Menschen- und Tierhaut in ihrem Bau zu unähnlich sind. Der Modellversuch besitzt, wie wir sehen werden, nur orientierenden, nicht entscheidenden Einfluß auf die Wahl der Salbengrundlage.

Allen Forderungen kommt keine Salbengrundlage nach. Die eine ist fett und eine Salbe im engeren Sinne, die Schleime sind wäßrig oder glycerinhaltig und sozusagen feste Schüttelmixturen. Die Cosmetica sind einerseits als Schönheitsmittel, andererseits als Konservierungsstoffe zu betrachten. Kunst des Arztes ist es, alle zu kennen und im geeigneten Augenblick das Richtige zu wählen. Bei akuten Ekzemen z. B. sind nicht die Salben kontraindiziert, sondern die „fettbetonten" Präparate, bei Sebostase sind sie wieder indiziert.

Wir müssen als obersten Leitsatz die Tatsache in Erinnerung zurückführen, daß Schleime für die Schleimhaut das sind, was Fette für die Haut darstellen. Bei kranker und verletzter Haut haben wir ähnliche Verhältnisse vor uns wie bei Schleimhäuten. Da dies oft vergessen wird, werden Salben oft an falscher Stelle angewendet. Es kommt zu Schäden, die dem Präparat und nicht der Technik zugeschrieben werden. Wir

*wissen ja heute noch nicht genau, ob Salben bei Wunden in den meisten
Fällen nicht besser zu meiden sind und an ihrer Stelle Schleime oder Flüssigkeiten empfohlen werden sollen.*

2. Modellversuche.

Wie schon oben erwähnt, wurde der Versuch, den Wert einer Salbe
im Modellversuch zu klären, von den verschiedensten Autoren und in
verschiedener Versuchsanordnung angestellt.

Zunächst seien die Versuche von P. Unna[1] besprochen. Er hat z. B.
drei Soxhlethülsen mit 1proz. Phenolphthaleinsalben gefüllt. Als Salbengrundlagen dienten ihm

1. Vaselin. — 2. Adeps lanae anhydr. — 3. Adeps suillus.

Die drei Hülsen wurden in schwach alkalische physiologische NaCl-
Lösung getaucht. Adeps suillus gab schnell ab und färbte die Lösung
in einigen Minuten dunkelrot. Das Wasser um Adeps lanae war nach
2 Stunden rosa, dem Vaselin wurden auch nach vielen Stunden kaum
meßbare Farbspuren entzogen.

Noch primitiver sind die von Pindur[2] zitierten und abgelehnten
Versuche, in denen ein Salbentiegel mit Pergament verschlossen umgekehrt in Wasser gestellt wird. Der Wasserauszug wurde quantitativ
analysiert und sollte Rückschlüsse auf das Verhalten der Salbe auf der
Haut gestatten.

Unsere ersten Versuche wurden in ähnlicher Weise angestellt. Sie
seien erwähnt, wenn sie auch dem tatsächlichen Geschehen in der Haut
ebensowenig entsprechen wie die Unnas. Zunächst wurde mit verschiedenen Salbengrundlagen eine 1proz. Salicylsalbe angerieben. 1 g der Salbe
wurde zwischen Filtrierpapierstreifen zu einer etwa 1 mm dicken Schicht
zusammengepreßt und dieser Streifen dann mit der Salbe in eine 1proz.
Eisenchloridlösung getaucht. Aus dem Grad der Violettfärbung der
Lösung wurde auf die Abgabe der Salicylsäure durch die Salbengrundlage geschlossen, wobei noch bemerkt sei, daß die Salicylsäure
zuerst mit dem Fett angerieben wurde, dann kam bei den Emulsionen
erst der Wasserzusatz hinzu. Nach einer halben Stunde zeigte

1. Vaselin überhaupt keine Färbung der umgebenden Eisenchloridlösung,
2. Vaselin-Lanolin mit 20% Wasser eine mäßige violette Färbung,
3. Schweinefett dunkelviolette Färbung,
4. ein synthetisches schweinefettartiges Produkt mit 20% Wasser etwa dieselbe dunkelviolette Färbung,
5. das gleiche Fett ohne Wasserzusatz ebenfalls eine intensive Violettfärbung.

Da Vaselin die eingearbeitete Salicylsäure überhaupt nicht abgab,
wurde versucht, die Abgabefreudigkeit durch Zusätze zu erhöhen. Es
ergab sich folgende Reihe:

1. Vaselin. . . . . Eisenchloridlösung bleibt farblos.
2. Vaselin-synth. Adeps āā . . . .   „   wird leicht blau.
3. Wollfett-Vaselin āā . . . .   „   wird leicht blau.
4. Adeps als Kontrolle . . . . . .   „   wird dunkelblau.

---

[1] Unna, P.: Dtsch. med. Wschr. **1926**, 197.
[2] Pindur: Pharmaz. Z.halle Dtschld **81**, 5 (1940).

Es gelingt mithin nur unvollkommen, dem Vaselin seine unerwünschte Eigenschaft, das eingearbeitete Medikament Wasser gegenüber festzuhalten, durch Zusätze von leichter abgebenden Fetten oder Emulgatoren, aber ohne Wasser zu nehmen.

Die vorstehenden Versuche wurden bei Zimmertemperatur ausgeführt. Um den Bedingungen auf der Haut näherzukommen, wurde der letztgezeigte Versuch nochmals angestellt, und zwar auf eine Dauer von 24 Stunden im Brutschrank. Das Bild verschob sich hier ganz wesentlich. Das Vaselin zeigte keine Abgabe. Vaselin und synthetisches Adeps zu gleichen Teilen zeigten — wie auch Wollfett-Vaselin — starke Abgabe. Die beiden Salben waren beinahe geschmolzen und schwammen auf der Oberfläche. Am Boden des Gefäßes bildete sich ein dunkler Niederschlag, der beim Lanolingemisch noch stärker war als bei Salbe 2. Das beste Ergebnis zeigte auch hier wieder das synthetische Glycerid. Es tritt hier die Abhängigkeit der Versuche von der Temperatur zum erstenmal zutage. Wir werden uns in einem besonderen Kapitel damit beschäftigen müssen.

Beim nächsten Versuch wurden 8 Gelatineblöcke messerrückendick mit 8 verschiedenen 0,1 proz. Methylenblausalben bestrichen und festgestellt, inwieweit innerhalb von 24 Stunden das Methylenblau von der Salbengrundlage wieder abgegeben wird und in die Gelatine diffundiert. Ähnliche Versuche haben ABELMANN und LIESEGANG[1] mit Trypaflavin angestellt. Sie gingen sogar weiter und haben der Gelatine verschiedene Eiweißsorten zugesetzt und durch sie meist eine Hemmung beobachtet.

Es ergaben sich nach 24 stündiger Einwirkung bei Zimmertemperatur folgende Resultate, die in nachstehender Tabelle niedergelegt sind.

Tabelle 4. Zunahme der Methylenblauabgabe an die Gelatineblöcke vom Vaselin. ⟶ zum synthetischen Fett steigend.

1	2	3	4	5	6	7	8
Vas.-fl.	Vas. Adeps lanae āā 2 Aqua 1	Vas. synth.	Adeps suill.	Synth. Fett schmalzig 20% Wasser	Seb. ov.	Synth. Fett talgig	Synth. Fett schmalzig
0	+	+	++	++	++ +	++ ++	++ ++

Versuchsdauer 24 Stunden.

Erklärung der Zeichen: 0 keine Abgabe. + Abgabe. Je mehr Kreuze, desto stärker und tiefer die Färbung der Gelatine.

Die beiden Versuche zeigen eindeutig, daß Vaseline gegenüber wäßrigen Medien den eingearbeiteten wasserlöslichen Farbstoff überhaupt nicht wieder abgibt. Die vom Vaselin umgebenen Medikamententeilchen sind umschlossen und wäßrigen Medien gegenüber nicht imstande, dem Verteilungskoeffizienten Öl-Wasser entsprechend wirksam zu werden. Die Glyceride, die seit alters her als Salbengrundlage bevorzugt wurden, aber infolge ihrer Neigung, leicht ranzig zu werden, als Medikamententräger zurückgedrängt waren, sind *dem Modellversuch nach* zweckmäßi-

---

[1] ABELMANN u. LIESEGANG: Dermat. Wschr. 1918, 697.

gere und abgabefreudigere Salbengrundlagen, so daß heute, wo uns
Produkte, die nicht ranzig werden, zur Verfügung stehen, doch wieder
Aussicht auf breitere Verwendung dieser Grundlagen besteht.

Dies gilt aber alles nur dem wäßrigen Medium, nicht der gesunden
Haut gegenüber. Es läßt Schlüsse zu, mit welcher Salbengrundlage Salben für die Schleimhäute, für die verletzte Haut, für Augen und Nasen
zu bereiten sind, nicht aber, welches Medium an gesunder Haut anzuwenden ist. Die Versuche geben gewisse Fingerzeige. Von „eindeutigen
Ergebnissen", wie P. Unna meint, kann im Hinblick auf die Therapie
nicht gesprochen werden.

Ähnlich sind auch die von Bauschinger[1] erwähnten Versuche mit
Leder sowie die Capillaritätsproben und die Versuche an toter Haut nicht
als Kriterien, die Schlüsse auf den wahren Sachverhalt auf der lebenden
Haut zulassen, geeignet, sondern nur als Modellversuche zu werten.

Warum sind die vielversprechenden Versuche nicht maßgebend?
Weil wir das Medium „Haut", dieses komplizierte Gebilde aus fettdurch-
tränkten Hornzellen, Eiweißstoffen, wäßrigen Schichten, dieses nach
außen auf Defensive eingerichtete lebende Organ, nicht nachbilden können. Wir müssen uns daher auf Versuche am Menschen beschränken,
denn auch Tierversuche geben uns nur Anhaltspunkte. Die Tierhaut ist
wenig geeignet, bindende Schlüsse auf das Verhalten an der anders
gebauten menschlichen Cutis zu geben.

Wollen wir die Wirkung an der lebenden Haut beurteilen, so müssen
wir auch die Haut als Testobjekt verwenden. Ein Versuch mit Trypa-
flavinsalben, also mit Verarbeitungen eines wasserlöslichen Farbstoffes,
soll, obwohl er den sonstigen Versuchen mit Farbstoffen vorweggenom-
men ist, ein Bild von den Unterschieden geben, die schon mit primitivsten Mitteln festgestellt werden können.

Folgende drei Salben:

1. die Verreibung von 0,5 g Trypaflavin   in   Vaselin   30 g
2. die Lösung   von 0,5 g Trypaflavin in 5 g Wasser in Vaselin-Wollfett $\overline{aa}$ 12,5 g
3. die Lösung   von 0,5 g Trypaflavin in 8 g Wasser in Fett u. Cetylalkohol 22 g

wurden an drei verschiedenen Stellen (bei gleichem p_H) eines gesunden
Unterarmes aufgestrichen, die Salbe mit einem Leinenläppchen bedeckt
und 1 Stunde liegengelassen. Nach dieser Zeit wurden alle drei Salben
mit Watte weggewischt. Nach Abwischen der Vaselinsalbe zeigte die
Haut nicht die geringste Gelbfärbung, die Salbe 2 brachte deutliche
Färbung, die Salbe 3 ebenfalls. Nun wurden alle drei behandelten Stellen
mit Seife und Wasser in gleich kräftiger Weise bearbeitet. An den Stellen,
an denen die Salbe 1 und 2 gelegen hatten, war nichts mehr zu sehen; die
Salbe 3 dagegen war so tief eingedrungen, daß die Gelbfärbung auch
durch einmaliges Waschen mit Seife nicht entfernt werden konnte. Der
Versuch beweist die an sich ja bekannte Tatsache, daß es meist zwecklos
ist, wasserlösliche Medikamente in Vaselin zu verteilen. Man kann bei
einer derartigen Salbe nicht immer mit einer therapeutischen Wirksamkeit, geschweige denn mit einer Resorption rechnen.

---

[1] Bauschinger: Fette u. Seifen **1938**, 186.

Auffallend ist, daß wir bei Augensalben ganz andere Erfahrungen machen und dort eigentlich fast alle Medikamente in Vaselin eingebettet anwenden. Einerseits sind hier andere Verhältnisse, da durch den ständigen Lidschlag die Salbe dauernd durchgeknetet wird. Andrerseits liegt der Verdacht nahe, daß bei starker Medikamentenabgabe die Augensalben überdosiert wären und die schwache Abgabe aus Vaselin hier als Bremse wirkt.

Bevor wir auf die einzelnen in Salben wirksamen Medikamente und ihre Einarbeitung in das beste Medium zu sprechen kommen, müssen wir vier Gruppen aufstellen:

Wasserlösliche Medikamente. Sie müssen dem Modellversuch zufolge entweder in Wasser in Form von Öl-in-Wasser- oder von Wasser-in-Öl-Emulsionen gelöst oder in Polysaccharidsalben appliziert werden. Welche Form die geeignetste ist, kann erst nach Versuchen mit dem in Frage kommenden Medikament in jedem einzelnen Falle geklärt werden.

Fettlösliche Körper folgen anderen Gesetzen und sind in den diesbezüglichen Kapiteln besprochen.

In **Wasser und Fett unlösliche Substanzen** dienen vor allem zur Konsistenzänderung, um Salben in „Pasten" zu verwandeln, und werden unter dem Kapitel „Zinkpasten" behandelt.

Medikamente, die sowohl in Wasser als auch in Lipoiden löslich sind, interessieren als nächste Gruppe. Sie werden sich je nach ihrer Phasenlöslichkeit entweder wie wasserlösliche oder wie öllösliche Körper verhalten. Welcher Fall eintritt, zeigt am besten ein Versuch in vitro und in vivo.

Auch wir haben in dieser Richtung orientierende Vorversuche mit Cardiazol- (Knoll-) Salben angestellt. Dieser leicht wasser- und in 90 Teilen Sesamöl lösliche Körper schien geeignet zu sein, doch konnten wir auch bei der 5fachen therapeutisch per os verwendeten Dosis weder aus synthetischem Vaselin, noch aus synthetischem Fettsäureglycerinester Fp. 35°, noch aus einer Wasser-in-Öl-Emulsion, in der Cardiazol in dem suspendierten Wasser gelöst worden war (Fett-Cetylalkohol), eine meßbare und verwendbare Reaktion auf den Körper feststellen.

Es scheint demnach und nach den sonstigen Erfahrungen, daß auf der gesunden Haut die sowohl wasser- als auch lipoidlöslichen Körper nicht so leicht zur Resorption kommen, wie man vielleicht erwarten sollte. Vielmehr werden derartige Körper nur so resorbiert, wie sie aus der Phase heraus aufgenommen werden, in der sie leichter löslich sind. Ein Mittel, das leicht wasser- und schwer lipoidlöslich ist, verhält sich ähnlich den nur wasserlöslichen Medikamenten; im umgekehrten Fall ähnelt die Wirkung eines leicht lipoid- und schwer wasserlöslichen Stoffes der der ätherischen Öle.

Das Verhalten einer Salbe im wäßrigen Milieu können wir noch eher im Modellversuch nachahmen als das auf der gesunden Haut. Aber auch im ersteren Fall bleibt es ein Modellversuch, der nur bedingt übertragen werden darf. Dessen ist sich wohl auch SCHULZ-UTERMOHL[1], der eine neue Methode der experimentellen Wirksamkeitsprüfung von Wund-

---

[1] SCHULZ-UTERMOHL: Z. exper. Med. **105**, 3, 322 (1939).

salben beschrieben hat, bewußt. Er prüft die direkte Keimschädigung nach einer Suspensionsmethode, die Beeinflussung der Leukocyten durch die Salbe und die Beeinflussung der Phagocytose. Die im Versuch gewonnenen Ergebnisse an verschiedenen Wundsalben stimmten in 3 Fällen mit den Ergebnissen der Praxis überein und seien deshalb verwertbar. Wer weiß, wie schwer die Beurteilung einer Salbe in der Praxis ist, wird der Folgerung nur bedingt recht geben.

Diese Modellversuche zeigen, und das war der Zweck dieses Kapitels, daß man allgemein orientierende Versuche im Hinblick auf die Hauttherapie nicht direkt übertragen kann. Die Ergebnisse im wäßrigen Medium lassen keine Folgerung auf die Haut zu. Die Eigenschaften des Medikamentes A in einer Salbe auf der Schleimhaut lassen keinen Schluß auf die des Medikamentes A auf der gesunden Haut zu. Es wäre grundfalsch, wollten wir aus den Ergebnissen eines Modellversuches das Verhalten ganzer Gruppen von Medikamenten beurteilen. Es wäre verfehlt, wenn wir aus dem Verhalten einer Salbengrundlage auf das einer ähnlichen folgern wollten.

Es bleibt daher nur übrig, wenn nicht für jedes einzelne Medikament, so doch für jede Gruppe, für jeden Verwendungszweck unter den tatsächlichen Bedingungen, die in der Therapie vorkommen, Versuche anzustellen. Vieles ist in dieser Richtung schon getan worden. Viel bleibt unerledigt, denn bei Berücksichtigung aller Punkte würde jeder der nun folgenden Abschnitte ein Buch für sich. Daher soll Bekanntes und bereits Veröffentlichtes nur kurz gestreift, Neues ausführlicher besprochen werden. Die Übersichtlichkeit leidet darunter etwas, doch sollen Zusammenfassungen am Schlusse jedes Kapitels diesen Nachteil nach Möglichkeit korrigieren.

Über den Weg der Substanzen, die durch die Haut zur Resorption gelangen, sind in der Literatur nur einzelne Hinweise zu finden. Allgemeine Regeln sind jedenfalls nicht aufzustellen. Die Talgdrüsen sind als Vermittler in vielen Fällen beteiligt, die Emulgierwirkung zugesetzter oder in der Haut vorhandener Emulgatoren, ferner die Diffusion und Konzentrationsgefälle. Je nach den Eigenschaften des Medikamentes wird diese oder jene Möglichkeit besonders ausgenutzt werden. Unlösliche und fettlösliche Substanzen ziehen vorwiegend den Talgdrüsen entlang, wasserlösliche kommen durch Emulgierung zur Wirkung.

Modellversuche im weiteren Sinne sind auch alle Prüfungen der Resorption von Medikamenten an der Frosch- und Fischhaut. Die Froschhaut, sowohl die am lebenden Tier als auch die als Membransack verwendete Cutis, ist für Wasser durchlässig, wie von REID, BART, OVERTON, DURIG u. a. festgestellt wurde (siehe bei BÜRGI[1]). Na-Salze gehen von außen nach innen, Kaliumsalze in beiden Richtungen, Aminosäuren, Zucker und Polypeptide wandern nach innen. Diese Faktoren und noch andere bei BÜRGI zitierte Eigenschaften zeigen eindeutig, daß die am Frosch gewonnenen Erkenntnisse auf Warmblüter und insbesondere auf den Menschen nicht übertragen werden dürfen.

---

[1] BÜRGI: Die Durchlässigkeit der Haut für Arzneien und Gifte. Berlin: Springer 1942.

Wir müssen daher wenn überhaupt aus Versuchen am Warmblüter Erkenntnisse schöpfen. Um für chirurgische Zwecke brauchbare Unterlagen zu gewinnen, wurde z. B. nach BARON[1] eine neue Methode ausgearbeitet, in der äußere Einflüsse auf die Wunde, insbesondere die physikalische Abriegelung derselben durch die Salbe ausgeschaltet worden sind. Er injiziert Meerschweinchen in die rechte und linke Flankenmitte 2 ccm Salbe und sieht in deren Bereich nach etwa einer Woche seitengleiche Hautdefekte und schließt aus dem Heilungsverlauf auf die Eigenschaften der Salben. Es zeigte sich, daß Vaselin eine heilungsbeschleunigende Wirkung hat, Zinkpaste und Wollfett hemmen; die 20proz. Digilanidsalbe zeigt ebenfalls eine Heilungsbeschleunigung. Diese Versuche können im Spezialfalle wertvoll sein, man darf aber nicht verallgemeinern.

3. Werden Salbengrundlagen resorbiert?

Manche Salbenhersteller bejahen die Ernährung der Haut durch Salben, die sie eigens zu diesem Zweck fabrizieren. FIEDLER[2] z. B. gibt an, Lecithin, Cholesterin und die Vitamine A, D und F würden „hautnährend" wirken, und erwähnt, daß dies bewiesen sei, ohne allerdings die Beweise eindeutig zu zitieren. Es ist ja wirklich verblüffend, wie zahlreiche Salben, insbesondere Eiweißsalben, spurlos in der Haut verschwinden.

„Eine Einwirkung auf die Haut im Sinne von Nährcremes, Hormoncremes, Vitaminsalben und Funktionsölen gibt es nicht", sagt OPPENHEIM[3]. Durch die Spezialisierung und diesen ablehnenden Standpunkt, der den Hersteller und Verbraucher derartiger Cosmetica nicht befriedigt, ist die Pflege der gesunden Haut dem Hautarzt und Apotheker immer mehr entglitten. Die kosmetische Industrie geht eigene und oft fortschrittliche Wege und sucht den entstehenden Mängeln mit Salben und Cremes vorzubeugen oder vorhandene zu behandeln bzw. sie zu überdecken. Den ersteren Zweck trachtet sie mit Tages- und Nachtcremes, Reinigungsmitteln, den letzteren mit Bleichcremes, Schminken, Lippenstiften, Depilatorien u. dgl. zu erreichen.

Wenn wir uns der ersten Gruppe zuwenden, so interessiert vor allem die Frage, was eigentlich mit einer eingeriebenen Creme bzw., dermatologisch gesehen, mit einer Salbengrundlage geschieht. Sie verschwindet in der Haut. Dient sie tatsächlich als Hautnahrung ? Wird sie wirklich resorbiert, gelangt sie also ins Körperinnere und wird sie dort verbrannt ?

In der Literatur gehen die Meinungen über die „Resorption" der Salbengrundlagen auseinander. MIGAZAKI[4] meint, daß die ganze Haut resorbiert und Adeps suillus, Adeps Lanae, Ol. oliv. und Vaselin sicher hindurchgingen. Weiter sprechen die Kosmetiker immer wieder von „leichter Resorption", von „Hautnährstoffen" u. dgl., doch wird hier

---

[1] BARON: Arch. exper. Path. Pharmakol. **201**, 2, 186 (1943).
[2] FIEDLER: Klin. Wschr. **19**, 10 (1940).
[3] OPPENHEIM: Wien. klin. Wschr. **1936**, 13, 416.
[4] MIGAZAKI: Jap. J. of Dermat. **31**, 5 (1931).

eben das Verschwinden einer Creme in der Haut der Resorption gleichgesetzt. Unter Resorption ist aber die Diffusion durch die Haut hindurch in die Blut- und Lymphbahn zu verstehen; es besteht kein Grund, hier eine andere Definition gelten zu lassen, um so mehr, als das tatsächliche Verhalten der Salben und Cremes durch das Wort „Tiefenwirkung" viel besser erklärt wird.

UNNA und FREY haben über die „Resorption", besser Penetration oder Tiefenwirkung von Salben Versuche angestellt[1]. Sie versetzten verschiedene Fettstoffe mit Tusche, rieben diese in *Meerschweinchenhaut* ein und stellten das Eindringen der Tusche in Schnitten fest. Bei Vaselin war kein Eindringen festzustellen. Dagegen drang die Tusche aus Wasser-in-Öl-Emulsionen verschieden tief ein, aus Ungt. leniens weniger tief als aus Eucerinum. Der Versuch ist interessant, läßt aber auf die Resorption der Salbe selbst keine wesentlich entscheidenden Schlüsse zu. Er zeigt, wie Tusche sich verschieden verhält, wie Tusche von den Fetten und Kohlenwasserstoffen festgehalten oder freigegeben wird, nicht aber, was mit den „Gleitschienen" geschieht. Die Fragestellung will über das Schicksal der Fette und des Cholesterins und ihre Resorption Bescheid wissen, nicht aber über die darin aufgenommene unlösliche Tusche.

Eher verwendbar sind noch die Versuche BAUSCHINGERS, wonach man der auf die Haut aufzutragenden Salbengrundlage einen Farbstoff — je nach der Art der Grundlage —, fett- oder wasserlöslich, zufügt. Das Eindringen der Farben kann dann als Maßstab für das Eindringungsvermögen der Fette gewertet werden[2], da der öllösliche Farbstoff mit dem Medium eine Einheit bildet und der wasserlösliche bei wäßrigen Salben dieses Medium verkörpert.

Derselbe Autor schlägt ferner vor, die Capillarität einzelner Salben, die an Filterpapier leicht geprüft werden kann, zu Modellversuchen über die Resorption heranzuziehen. Er erwähnt ferner die Bedeutung der Löslichkeit und der Diffusion der Salben durch halbdurchlässige tierische Membranen sowie die Bedeutung des mechanischen Elementes beim Einreiben in die Haut. Als Modell darf nur frische unbehandelte Haut verwendet werden, Kalbshaut oder ungebrühte Schweinehaut.

All dies sind aber Modellversuche, deren Wert nicht überschätzt werden darf. Sie zeigen in vitro das Eindringen in die Haut, die „Penetration", geben aber über das Verhalten der lebenden Haut und die *Resorption* im eigentlichen Sinne keinen Aufschluß.

JOLLES gibt in TRUTTWIN S. 129 an, daß äußerlich applizierte Fette nach einigen Autoren durch die Hautfollikel auch in die tieferen Hautschichten und durch die Lymphbahnen in das Blut gelangen sollen. Derselbe Autor (zit. nach RAPP) erwähnt ferner, daß mineralische Fette und Wachse (gemeint sind also Kohlenwasserstoffe und nicht Fettsäureester) als körperfremde Substanzen eine wesentlich geringere Resorbierbarkeit gegenüber tierischen und pflanzlichen Fetten sowie Ölen be-

---

[1] UNNA u. FREY: Dermat. Wschr. **1929**, 327.
[2] BAUSCHINGER: Fette u. Seifen **1938**, 186.

sitzen. ELLER und WOLFF[1] kommen zu denselben Schlüssen, Fett dringt vornehmlich entlang der Haarpapillen und durch die Talgdrüsen ein, und zwar flüssiges schneller als festes. Am besten dringen tierische, dann Pflanzenfette ein, und an letzter Stelle stehen die Kohlenwasserstoffe. Die tiefste Eindringung ist 4—6 Stunden nach der Applikation zu beobachten, dann verschwinden die Fette. Alles dies zeigt aber doch nur ein mehr oder minder tiefes Eindringen der Salben. Resorbiert werden sie, wie wir sehen werden, alle nicht, aber die *echten* Fette dringen tiefer ein, sie emulgieren leichter und bilden glanzlosere Schichten, verschwinden in tieferen Hautpartien und können so Resorption vortäuschen. Das Wollfett dringt infolge seiner Emulgierfähigkeit besonders schnell ein. Ob und wie sich die immer wieder betonte besondere „Hautaffinität" in der Haut auswirkt, ist eindeutig noch nicht erwiesen. Bei dem Estergemisch ist sie nicht wahrscheinlich, denn STAHL[2] hat mit der Feststellung wohl recht, daß bei *Ersatz* des Oberhautfettes auch ein diesem ähnliches Gemisch, also Wachse, Fett, freies Cholesterin, und nicht so sehr tierische, von der Natur zu anderen Zwecken bestimmte Cholesterinester allein zur Anwendung kommen sollen.

Die quantitative Erfassung der von der Haut aufgenommenen Salbe kann durch Rückwägen der nicht aufgenommenen Fettmenge, sofern die Salbe in überreicher Menge aufgestrichen wurde und nichts verdampfen kann, festgestellt werden. Doch hat all dies nichts mit Resorption zu tun. Was z. B. RODKINSON[3] auf diesem Wege zeigte, ist die Emulgierfähigkeit im Hautmilieu. Die Fette und Kohlenwasserstoffe können in die Tiefe der Haut nicht eindringen, wohl nicht nur, weil sie, wie P. UNNA[4] meint, durch die cholesterin- und ölsäurereichen Schichten nicht durchkommen, sondern vielmehr, weil sie durch die wasserreichen Schichten nicht durchkönnen. Fett ist für Fett kein Hindernis, Wasser für Wasser keines, wohl aber Wasser für Fett und Fett für Wasser. Da die Haut beides enthält, ist sie gegen *Wasser* und gegen *Fett* so widerstandsfähig.

Die Fette, insbesondere flüssige tierische Glyceride, dann in zweiter Linie Pflanzenöle, feste Glyceride und zuletzt Vaselin, dringen nach einem Referat der *Med. Klin.*[5] in die Haarbälge und Talgdrüsen der Kaninchen ein, dort verschwinden sie nach einigen Stunden. Der Verfasser nimmt daher Resorption an. Wenn man Resorption mit Tiefenwirkung gleichsetzt, so stimmt dies, faßt man die Definition aber schärfer, so kann von Resorption keine Rede sein. Das geht auch aus den Tuscheversuchen von UNNA[6], der bei Emulsionen Eindringen bis zur Cutis beobachtete, hervor.

Wie schwierig die Dinge liegen, zeigen die Versuche von HURST[7] an der doch wesentlich einfacher gebauten Insektenhaut. Er stellte fest, daß manche Insekticide erst dann toxisch wirken, wenn sie mit Pa-

---

[1] ELLER u. WOLFF: Arch. Dermat. amer. **40**, 900 (1939).
[2] STAHL: Seifensieder-Ztg **1935**, 43.   [3] RODKINSON: Diss. Bern 1939.
[4] UNNA, P.: Dtsch. med. Wschr. **1926**, 5.
[5] Med. Klin. **37**, 6, 140 (1941).   [6] UNNA: Dermat. Wschr. **1929**, 9.
[7] HURST: Zit. im Chem. Zbl. **1940** I, 3544.

raffinen u. dgl. vermischt aufgetragen werden. Dies beruht auf dem
Bau der Haut. Eine äußere lipoide Schicht wird durch Vermittlung der
Paraffine leichter durchdrungen, und die innere Protein- und Chitin-
schicht kann dann keinen Widerstand mehr entgegensetzen.

In weiteren Tierversuchen hat Mallinkrodt-Haupt[1] wiederum
Kaninchen und Meerschweinchen mit Schweinefett und Wollfett in
größten Mengen behandelt, ja geradezu eingepackt, benötigte bis zur
6fachen Menge des Körpergewichtes der Versuchstiere und beobachtete
unter diesen ungewöhnlichen Bedingungen Nebennierenverfettung und
Lipämie. Sie nimmt an, daß diese Symptome durch resorbiertes Fett
verursacht würden. Wir halten es aber für wahrscheinlicher, daß all dies
durch Störungen des Fettstoffwechsels bedingt ist. Andernfalls müßte
das im Blut und an den Nebennierenrinden beobachtete Fett die Konstanten des Wollfettes besessen haben.

Wirklich eindeutige Beweise für die erfolgte Resorption von Fetten
oder fettartigen Körpern sind aber wohl nur durch den Nachweis der
Substanzen, die äußerlich auf die Haut appliziert worden waren, im
Innern des Körpers des Versuchstieres zu erstellen. Der eine von uns[2]
hat in dieser Richtung ein ziemlich umfangreiches Versuchsprogramm
durchgeführt. Je eine Gruppe von Meerschweinchen wurde mit Vaselin,
mit Wollfett, mit durch schweren Wasserstoff markiertem Fett behandelt und eine weitere Gruppe als Kontrolle unbehandelt gelassen. Die
einzelnen Tiere wurden 6 Monate lang auf der rasierten Bauchhaut in
einem Flächenausmaß von etwa 25 qcm mit den Substanzen bestrichen
und die Salben einmassiert. Es war Vorsorge getroffen worden, daß die
Tiere das aufgeschmierte Material nicht ablecken konnten.

Nach einem halben Jahre wurden alle Tiere getötet und seziert. Es
zeigten sich in der Unterhaut, im Retroperitonium, an Niere und Neben-
niere sowie im Netz nur normale Fettpolster, die in ihren Konstanten
keine Abweichung von der Norm aufwiesen.

Im Anschluß an diese Versuche wurden alle enthäuteten Tiere mit
5-n-Natronlauge nach Kumagawa und Suto aufgeschlossen, die Lösung,
die die Seifen aller fetthaltigen Teile mit Ausnahme der Haut enthielt,
mit Salzsäure neutralisiert und die einzelnen Fettsäuren eingehend
analysiert. Falls nun Vaselin in bedeutender Menge durch die Haut
hindurchdringt, so müßte der unverseifbare Anteil der Fettsäuren einen
höheren Gehalt zeigen, die Kohlenwasserstoffe müßten in dieser Partie
nachzuweisen sein. Die gewonnenen Zahlen gaben aber keinen Anhaltspunkt hierfür. Eine größere Resorption und Anreicherung von Cholesterin und Cholesterinestern durch die Haut hindurch müßte einerseits
im Ansteigen des Unverseifbaren, anderseits durch den Nachweis von
größeren Cholesterin- und Cholesterinestermengen zu führen sein. Auch
hier gaben die Konstanten keinen Hinweis auf irgendwelche abnorme
Sterinmengen. Die Cholesterinmengen, die einerseits über das Digitonid
und anderseits über dieselbe Substanz nach Verseifung mit Natrium-

---

[1] Mallinkrodt-Haupt: Med. Klin. **37**, 55 (1941).
[2] v. Czetsch-Lindenwald: Vortrag auf der Kriegstagung der Dtsch. dermat.
Ges. Würzburg 1942; Ref. Pharm. Ind. **1943**, I.

methylat gewonnen wurden, wichen von der Norm nicht ab. Die letzte Gruppe der Tiere war mit einem mit schwerem Wasserstoff hydrierten Fett bestrichen worden. Der schwere Wasserstoff wurde durch Elektrolyse von schwerem Wasser nach SCHÖNHEIMER und RITTENBERG[1] gewonnen. Das zur Hydrierung verwendete Öl, eine Mischung von gleichen Teilen Leinöl und Erdnußöl, wies einen Prozentgehalt von 33,6 mg-% schwerem Wasser im Verbrennungswasser auf. Nun wurden die Körperfettsäuren nach RITTENBERG und SCHÖNHEIMER[2] verbrannt und der D_2O-Gehalt des Verbrennungswassers ermittelt (Methode FROMHERZ, SONDERHOFF, THOMAS[3]). Die Resultate konnten aber die Resorption von schwerem Wasser nicht beweisen, denn das Verbrennungswasser des Körperfettes unterscheidet sich nach der üblichen Reinigung durch nichts vom destillierten Wasser, insbesondere wies es keine Abweichungen im spezifischen Gewicht auf. Es gelang also nicht, auf diesem Wege eine erfolgte Resorption nachzuweisen.

Nach MOSER und WERNLI[4] wurden Fette percutan dargereicht und es konnten dann im Harn relativ große Fettmengen gefunden werden. Damit wäre Resorption erwiesen. Sie sind aber mit ihrer Ansicht nicht unbestritten geblieben, ebensowenig wie LATZEL und STEYSKAL[5], die berichten, daß Fetteinreibungen in die Haut von Normalpersonen eine Abnahme des Körpergewichtes, die nach ihrer Vermutung auf eine erhöhte Wasserdurchlässigkeit der Haut (verstärkte Perspiratio insensibilis) zurückzuführen sei, bewirken. STEYSKAL versuchte daraufhin bettlägerigen Kranken, bei denen die orale Ernährung Schwierigkeiten machte, die nötige Calorienzahl in Form von Fett und Eiweiß sowie Kohlehydraten durch die Haut hindurch zur Verfügung zu stellen. Die eingeriebenen Eiweißmengen wurden nach 3 Tagen im Urin nachgewiesen, der Blutzucker stieg an.

Dem stehen jedoch die Ergebnisse von WINTERNITZ und NAUMANN[6], Halle, gegenüber. Diese Autoren weisen mit Recht darauf hin, daß der anatomische Bau der menschlichen Haut bei intakter Epidermis nur wenig hautfettlösliche und unlösliche Stoffe durchläßt. Wenn die eingeriebenen Stoffe auch von der Epidermis aufgenommen werden, so ist damit ihre Resorption noch nicht erwiesen. WINTERNITZ und NAUMANN führten ebenso wie BERNHARD und STRAUCH Versuche mit jodiertem Olivenöl und Schweinefett bzw. Jodipin durch, um durch den Jodnachweis die Frage der Resorptionsfähigkeit der Haut weiter zu klären. Die Jodreaktion im Harn war negativ, nachdem als Salbengrundlage jodiertes Olivenöl bzw. Schweinefett genommen worden war. Allerdings stehen diese Ergebnisse im Gegensatz zu den unter dem Kapitel Jodsalben geschilderten Beobachtungen, daß z. B. Iothion schon nach 1 Stunde

---

[1] SCHÖNHEIMER u. RITTENBERG: J. of biol. Chem. **111**, 163 (1935); **113**, 505 (1936).

[2] RITTENBERG u. SCHÖNHEIMER: J. of biol. Chem. **111**, 169 (1935).

[3] FROMHERZ, SONDERHOFF, THOMAS: Ber. dtsch. chem. Ges. **70**, 6, 1219 (1937).

[4] MOSER u. WERNLI: Pharmaz. Z.halle Dtschld **69**, 401 (1928).

[5] LATZEL u. STEYSKAL: Wien. klin. Wschr. **1926**, Nr 42.

[6] WINTERNITZ u. NAUMANN: Dtsch. med. Wschr. **1929**, Nr 44.

im Harn nachzuweisen sei. Doch beweist auch dies nur die Jod-, nicht aber die Fettresorption.

Die Beobachtung, daß durch Öleinreibungen die Perspiratio insensibilis erhöht wird, ist von RISKIEWICZ[1] widerlegt worden. Er stellte, was ja auch wahrscheinlicher ist, keine Förderung, sondern eine Hemmung bis zu 30 Prozent fest. Man muß also die Hoffnung, die Haut zur Beeinflussung der Fettbilanz heranzuziehen, begraben; wenn etwas Fett resorbiert wird, so bleibt, wie WINTERNITZ und NAUMANN in der oben zitierten Arbeit angegeben haben, die Menge unter dem $^1/_{1500}$ der applizierten Dosis. Hiermit sind also die STEYSKALschen Arbeiten zu mindest ins Wanken geraten. HERMANN[2], der alle Arbeiten in dieser Richtung bespricht, schließt ebenfalls skeptisch. Auf den ursprünglich für den Kliniker gedachten STEYSKALschen Arbeiten basierte die Tokaloncreme, die Sahne, Olivenöl, emulgiertes Eiweiß und Pflanzenextrakte enthält, ein Cosmeticum, das auf die Wirkung an der Oberfläche abzielt und mit großem Reklameaufwand empfohlen wurde.

Paraffinkohlenwasserstoffe, also Vaselin und Ungt. paraffini, sind percutan und parenteral, insbesondere ohne Emulgatorzusatz, nach den meisten Autoren, wie z. B. nach BERNHARD und STRAUCH, überhaupt völlig unresorbierbar[3]. Nur POULSSON erwähnt in seinem Lehrbuch, daß im Tierversuch Vaselin nach langer Applikation durch die Haut resorbiert, im Muskel gelagert und zum Teil nach Monaten verbrannt und im Darm ausgeschieden werden kann. Sonst bleiben die Kohlenwasserstoffe oberflächlich haften und verkleben die Ausgänge der Schweißdrüsen so, daß die Perspiratio insensibilis zu 60% gehemmt wird. Der Schweiß dringt zwar, wenn er unter einem gewissen Druck steht, durch, aber ein Teil wird, wie schon aus dem unangenehmen Gefühl der Wärmestauung zu schließen ist, zurückgehalten. Man kann dies sofort feststellen, wenn man den einen Handrücken mit Vaselin, den anderen mit gleichen Mengen Fett bestreicht und beide Hände in einen Glühlichtkasten hält. Das Vaselin bildet eine Schicht, unter der Wassertröpfchen auftreten, sie vergrößern sich, durchbrechen den Film und können abgeschleudert werden. Fettsäureglycerinester hingegen dringen in geringem Grade in die Haut ein und behindern die Perspiration weniger.

Dem Namen, nicht dem Wesen nach, gehört zu den hier zur Debatte stehenden Produkten noch die Hautnährsalbe nach Geh.-Rat v. NOORDEN; sie ist laut Angabe eine fettarme Salbe mit einem Calciumchloridzusatz von 3—5%. Der Calciumzusatz soll der Haut zugute kommen und leicht resorbiert werden. Doch darf hier unter Resorption wohl nicht mehr als Tiefenwirkung, lokale Calciumwirkung in den tiefen Hautschichten verstanden werden, denn Elektrolyte werden durch die gesunde Haut hindurch nicht aufgenommen, wie bereits zahlreiche Arbeiten nachgewiesen haben (Invasion).

Man kann also wohl feststellen, daß eine Resorption von Fetten und Paraffinkohlenwasserstoffen durch die Haut hindurch nicht stattfindet.

[1] RISKIEWICZ: Diss. Berlin 1927.
[2] HERMANN: Pharmaz. Z.halle Dtschld **1930**, Nr 25.
[3] BERNHARD u. STRAUCH: Z. klin. Med. **101**, 671 (1927).

Eine Calorienzufuhr durch die Haut, eine Ernährung durch sie von außen her ist nicht möglich. Das Verschwinden unter die Hautoberfläche beruht vorwiegend auf einer Emulsionsbildung. Aus der Haut oder von ihrer Oberfläche wird die Emulsion mechanisch durch andere Körperteile, durch die Wäsche in die Umwelt herausgedrückt und abgewischt. Dieses Verschwinden der Salbe täuscht Resorption vor. Es handelt sich, in der Gesamtheit gesehen, aber nicht um Verschwinden nach innen, sondern nach außen.

Es kann nun therapeutisch notwendig sein, die Haut möglichst tief zu durchdringen. In diesem Falle nehmen wir Emulgatoren oder fertige Emulsionen, z. B. Wasser-in-Öl-Emulsionen wie das Hautfett der tieferen Partien, denn das der Oberfläche ist nach PERUTZ und LUSTIG[1] keine Emulsion, sondern eine wasserfreie Fettphase. UNNA empfiehlt in der oben zitierten Arbeit den Zusatz von Kaliseifen, also Öl-in-Wasser-Emulgatoren. Diese dringen tief ein, genau wie schleimhaltige Salben. Fette und Paraffinkohlenwasserstoffe dringen in die Haut, wie schon MACHT[2] bewies, nicht tief ein; ihr Vorteil liegt in ihren erweichenden und schützenden Eigenschaften sowie in ihrer Funktion als Fixiermittel.

Man kann den Fettentzug bei trockener Oberhaut kompensieren und ihr genügend Fett zuführen. Empfehlenswert sind hierzu cholesterinhaltige Wachs-Fettsäure-Glycerinester-Gemische. So etwa Lanolin-Wachs-Mischungen mit Lecithinzusätzen. Um die Wärmeabgabe der Haut herabzusetzen, kann man die Haut einfetten, muß aber bedenken, daß es hierbei zu unerwünschten Nebenwirkungen kommen kann[3].

Das „Fett" der obersten Schichten besteht größtenteils aus Alkoholen und Wachsen; erst das Unterhautfett ist vorwiegend aus Glycerinestern zusammengesetzt. Bei der Substitution der fehlenden Mengen müssen wir dem Rechnung tragen. Hautäquate Fette tierischen oder pflanzlichen Ursprungs gibt es, wie HOPF mit Recht betont, nicht[4]. Es gibt aber gut- und schlechtverträgliche Fette, Öle und Paraffinkohlenwasserstoffe, solche, die mehr, und solche, die weniger emulgieren, Präparate, die oft reizen, und solche, die selten zu Beanstandungen Anlaß geben. Theoretisch können wir jeden Paraffinkohlenwasserstoff und jedes Fett durch Emulgatoren zu einer gut eindringenden Hautcreme verarbeiten; die Vorteile der Kohlenwasserstoffe und Glyceride treten hier nicht so in Erscheinung wie bei den Salben, bei denen wir die Löslichkeitsverhältnisse und die Abgabe des zugesetzten Präparates durch Emulgatoren nicht immer beeinflussen können.

---

[1] PERUTZ u. LUSTIG: Dermat. Wschr. **1933**, 27.

[2] MACHT: J. amer. med. Assoc. **1938**, 909.

[3] PERUTZ: Im Handbuch der Haut- und Geschlechtskrankheiten.

[4] HOPF: Vortrag auf der Hauptversammlung der deutschen Gesellschaft für Öl- und Fettforschung. Hamburg 1938.

4. Der Säuremantel der Haut und seine Beziehungen zu den Salbengrundlagen.

Wir wissen aus älteren Arbeiten der UNNA-Schule, von MEMMES-HEIMER, PERUTZ und LUSTIG, von SCHADE und MARCHIONINI[1], die alle wiederum auf Publikationen von HAUSS[2] und anderen aufbauen, daß die gesunde Hautoberfläche an den meisten Stellen des Körpers sauer ist, wogegen manche Krankheiten ein alkalisches p_H der Haut verursachen. Alkalisch reagieren ferner die Partien unter den Achseln, die Genital- und Analgegend und die Haut unter den Brüsten der Frauen. Der Säuregehalt der Haut ist vom Pufferungsvermögen der Haut, der Hornschichtdicke und vom p_H des Schweißes abhängig, der beim Verdunsten die Säuren auf der Hautoberfläche zurückläßt und so deren Reaktion zum größten Teil bedingt. Er wird auch von der Ernährungsweise beeinflußt (LOHMAR[3]), ja er scheint sogar geographisch Unterschiede aufzuweisen, denn die Freiburger Kliniker erhielten saurere Werte als wir bei Versuchen in Ludwigshafen. Versuchspersonen von Ludwigshafen, in Freiburg gemessen, ergaben andere Werte als eingesessene Freiburger. Der Säuremantel ist ein Schutz gegen Bakterieneinwirkungen, seine niederen Fettsäuren werden wir daher nach Möglichkeit nicht neutralisieren; alkalisch reagierende Salben und/Cremes sind daher theoretisch nicht so empfehlenswert wie saure, denn mit ersteren vernichten wir ein wichtiges Bollwerk gegen Infektionen und verbessern den Nährboden pathogener Keime. BURTENSKOW[4] gibt an, daß die Fettsäuren, die auf der Haut vorkommen, von der Ameisensäure angefangen bis zur Stearin- und Ölsäure, in freiem Zustand eine stärkere, in Seifenform schwächere Wirkung gegen Bakterien, Pilze und Virusstoffe (!?) auf der Haut ausüben. Bei der Besprechung des p_H der Salben ist die Tatsache zu beachten, daß Fette und Kohlenwasserstoffe nicht dissoziieren und daher eigentlich keine Wasserstoffionenkonzentration zeigen. Wenn im folgenden aber doch davon gesprochen wird, so ist das p_H der wasserlöslichen Salbenanteile gemeint.

Die Säurebehandlung intertriginöser Epidermophytien der Zehen ist alt und stammt von KLINGMÜLLER. Sie wurde von MARCHIONINI[5] ausgebaut. Er konnte zeigen, daß Salzsäure-Alkohol, Normolactol und Borsäure, altbekannte Mittel, in diesen Fällen kausal wirken, da sie die Lebensbedingungen der Saprophyten erschweren. Ähnliche Wirkung dürfte auch der Salicylsäure zukommen. Der Säureanteil allein bietet nach P. W. SCHMIDT[6] keinen Schutz vor pathogenen Pilzen. Auf der Haut kommen nach LÖHNER[7] Ameisen-, Essig-, Propion-, Butter-,

---

[1] MARCHIONINI bzw. SCHADE u. MARCHIONINI: Arch. f. Dermat. **154**, 690; **158**. 290; **166**, 354; Klin. Wschr. **1928**, 284; **1929**, 924; **1938**, Nr 52; **1938**, 747; Schweiz. med. Wschr. **1928**, 1055; Dermat. Z. **56**, 248 (1929).
[2] HAUSS: Mh. Dermat. **14**, 343 (1892).   [3] LOHMAR: Diss. Köln 1939.
[4] BURTENSKOW: Brit. med. Bull. **3**, 7/8 (1945).
[5] MARCHIONINI: Dermat. Z. **56**, 248 (1929).
[6] SCHMIDT, P. W.: Arch. f. Dermat. **182**, 102 (1941).
[7] LÖHNER: Pflügers Arch. **202**, 25 (1924).

Valerian-, Capron-, Capryl-, Caprin-, Palmitin- und Stearinsäure vor, ferner stickstoffhaltige Verbindungen, wie Ammoniak, Harnstoff, Kreatin. Auch aromatische Oxysäuren sind vorhanden, so fand KAST[1] Äther- und Phenolschwefelsäure.

Die Kosmetik hat sich nach REDGROVE[2] den Forderungen nicht verschlossen und stellt nach Möglichkeit saure Cremes her und vermeidet, wie RUEMELE hervorhebt, Borax und Seife als Zusatz[3]. REDGROVE[4] geht davon aus, daß die Haut bei einem p_H-Wert von 3—5 ziemlich sauer ist. Um diesen natürlichen Schutz nicht zu stören, sollte man Natrium- und Magnesiumcarbonat in Salben vermeiden. Geeignet sind Substanzen, wie Sapamine, Alkoholsulfonate, Citronen- und Milchsäure.

Auch LEVINSON[5] empfiehlt den Ausschluß von Rohstoffen mit einem p_H-Wert < 3 und > 11 (kaust, Soda, wasserfreies Al-Chlorid usw. sollen nicht verwendet werden). Seiner weiteren Forderung, daß Sonnenbrandschutzcremes schwach alkalisch und wasserlöslich sein sollen, damit der saure Hautschutzüberzug neutralisiert wird und die Fermentation von Dihydroxylphenyl-Glykokoll durch die Thyrosinase unter dem Einfluß bestimmter UV.-Strahlen und die Bildung von Melanin (natürliches Hautpigment) stattfinden kann, ist nach dem Vorstehenden schwer zu folgen, denn eine Verschiebung des Haut-p_H-Wertes nur um kosmetischer Effekte willen sollte, falls sie vermeidbar ist, unterbleiben.

Anderseits meint SCHIMMEL[6], daß alle Cremes, die in ihren p_H-Werten wesentlich vom Neutralpunkt p_H 7 abweichen, die Haut reizen. Die Lehre vom Wert der sauren Cremes ist somit nicht vollkommen unbestritten und wahrscheinlich nicht zu verallgemeinern.

Wir sehen also, daß für die Behandlung und Pflege der gesunden Haut in vielen Fällen eine Salbe mit einem p_H, das kleiner als 7 ist, vorzuziehen sein wird. Auf Wunden, bei geschädigter Haut und auf Schleimhäuten ist die saure Reaktion der Salben nicht so wesentlich; bei Lichtschutzmitteln scheint sie sogar vielfach kontraindiziert zu sein. Die Wundsalben zeigen wie die Wunden selbst oft alkalische Reaktion. Ob die sauren oder alkalischen Salben hier angezeigt sind, ist schwer zu entscheiden, jedenfalls steht fest, daß auch letztere keine Schäden verursachen, ja sogar Vorteile haben können. Unsere Ansicht geht mit den neuesten Erfahrungen DAVIDSONS[7] parallel. Auch er glaubt, daß bei Wundsalben ein schwach alkalisches p_H (7,7) sich günstig auswirken.

Um zu zeigen, welche Reaktionen die üblichen Salben oder, besser gesagt, deren wasserlösliche Anteile, auf die es ja allein ankommt, haben, wurde von uns eine einfache Methode, die für den Zweck genau genug ist, ausgearbeitet. Sie geht derjenigen von NELSON[8] für die p_H-Bestim-

---

[1] KAST: Hoppe-Seylers Z. **11**, 506 (1887).

[2] REDGROVE: Pharm. J. **137**, 295 (1936).

[3] RUEMELE: Dtsch. Parfümerie-Ztg **1937**, 120.

[4] REDGROVE: Amer. perf. Cosmet. **1937**, Nr 31, 83.

[5] LEVINSON: Fette u. Seifen **45**, Nr 4, 248 (1938).

[6] SCHIMMEL: Amer. Parf. **1941**, 2.

[7] DAVIDSON: Brit. med. Bull. **3**, 3—5 (1945).

[8] NELSON: Proc. amer. Meet. Western Div. Amer. Dairy Sci. Assoc. **23**, 69 (1937).

mung in Butter und den Angaben MAHLERS[1] parallel. Es wurde zunächst folgendes Rezept angefertigt:

Vaselin synth. alb.   70,0
Cholesterin   2,0
Univ. Indicator Merck   28,0

0,2 g dieser Salbe, deren p_H feststeht, 2 Tropfen bidestilliertes Wasser und 0,2 g der zu prüfenden weißen oder schwach gefärbten Salbe werden in einer kleinen Reibschale zusammengerieben. Nach etwa 1 Minute intensiver Emulgierung erhält man eine echte oder eine Pseudoemulsion. Die eingeschlossenen oder ausgetretenen Wassertropfen zeigen eine Farbe, die an Hand der dem Indicator beigegebenen Tabelle auf das p_H der Salbe schließen läßt.

Wo Vaselin synth. nicht zur Verfügung steht, muß Augenvaselin genommen werden, da das gewöhnliche Vaselin doch noch Spuren von Säuren enthält. Diese Mengen spielen therapeutisch keine Rolle, geben der Indicatorsalbe aber nach einigem Lagern ein gelb-rot-gesprenkeltes Aussehen und verwischen zudem die Resultate.

· Manche Salben nehmen das Wasser-Emulgator-Gemisch mühelos auf; dann ist es zweckmäßig, noch 1—2 Tropfen 1:1 mit Wasser verdünnten Indicator zuzusetzen. Man wartet noch 1—2 Minuten und bekommt dann die zu Vergleichen geeignete Färbung. Die Methode versagt bei stark gefärbten Substanzen.

FIEDLER[2] hat deshalb eine von andrer Seite beanstandete potentiometrische Methode (Chinhydronelektrode) ausgearbeitet. Er läßt das zu untersuchende Präparat schmelzen und mit Wasser 10 Minuten lang in flüssigem Zustand unter Rühren ausziehen. Das Wasser wird dann abfiltriert und nach dem Erkalten gemessen. Er mißt also auch nur die wasserextrahierbaren Anteile und natürlich nicht die Salbe selbst, so daß alle Haarspaltereien in dieser Angelegenheit überflüssig sind.

Der eine[3] von uns hat nun in einigen tausend Messungen die Beeinflussung des Haut-p_H durch das Waschen, durch Salben und Cremes nachgeprüft. Es zeigte sich, daß man durch Waschen mit Seife die Haut tatsächlich in geringem Grade alkalisiert, sofern man nicht gut spült. Die Haut erreicht, wenn sie nicht stark sauer war, also ein p_H von 6 oder darüber aufwies, auf $^1/_2$ bis 1 Stunde Werte, die etwa bis 8 reichen können. Darüber hinaus ging die Alkalisierung nicht. Stearatcremes haben meist ein p_H um 7, sie alkalisieren für kurze Zeit etwa bis 7,2, dann tritt aber ein Umschlag ein, und die Haut wird in den meisten Fällen weitaus saurer als vorher. Ob dies durch Abspaltung der Fettsäuren geschieht oder durch Anregung der Säureproduktion, sei dahingestellt. Jedenfalls sind die Stearatcremes nicht in der Lage, irgendwie schädigende p_H-Werte zu erzeugen. Nach unseren Erfahrungen kann dies auch die Seife nicht, denn auch sie tritt als „Säurelocker" auf. Die besseren Bedingungen, die sie für das Bakterienwachstum schafft, werden in den meisten Fällen durch die Desinfektionswirkung

---

[1] MAHLER: Parf. moderne **1937**, 349.

[2] FIEDLER: Fette u. Seifen **48**, 11 (1941); ebenda **49**, 10 (1942).

[3] v. CZETSCH-LINDENWALD: Arch. Gewerbepath., Gewerbehyg. **10**, 49 (1940).

wettgemacht. Natürlich gilt dies nur auf normaler Haut; an den alkalischen Stellen der Haut sind andere Verhältnisse, die ein Ansäuern nötig machen können, anzutreffen. Bei den Messungen fiel ferner auf, daß die stark sauren Werte von 3—5 nie gefunden wurden. Es zeigten sich durchweg p_H-Werte > 6. Ob dies mit der fleischarmen Ernährung im Kriege oder mit anderen Ursachen, z. B. den amphoteren Eigenschaften des Eiweißes, zusammenhängt, sei dahingestellt. An der Meßtechnik liegt es nicht, da die Apparatur täglich mit Pufferlösungen kontrolliert wurde.

Nach unseren Versuchen waren die offizinellen Salben sauer. Alkalisch reagierten von den dauernd gebrauchten Salben einer Apotheke das Ungt. Wilkinsoni, Pasta Zinci cum Naphthalano, ferner natürlich Sapo kalinus. Sauer waren Diachylonsalbe, Lebertransalbe, Jodkalisalbe mit synthetischem Fett, Pasta Zinci salicylata, Granugenpaste.

Die Salbengrundlagen, wie Wollfett, Schweinefett, synthetisches Fett und Vaselin, waren leicht sauer; die Ansicht STERNS[1], daß Vaselin sauer, Schweinefett aber basisch reagiert, konnte mit dieser Methode nicht bestätigt werden, beide waren noch sauer, das Vaselin allerdings stärker. Die meisten in der Dermatologie verwendeten Wirkstoffe, wie Chrysarobin, Dermatol, β-Naphthol, Tumenol, sind sauer, Talcum, Xeroform, Pyrogallol leicht alkalisch. MARCHIONINI und SCHMIDT[2] sowie FIEDLER fanden ähnliche Zahlen.

OTTO[3] hat eine saure Salbe empfohlen, die folgende Zusammensetzung hat:

> **Rp.** Nipagin
> Ammonchlorid $\overline{aa}$ 1,0
> Hydrocerin   2,5
> Aqua dest.   25,0
> Vaselin   ad 100,0

Von den Industriepräparaten waren die Salben mit Lokalanaestheticis großenteils alkalisch, dieselbe Reaktion zeigten auch Detoxinsalbe und die Lichtschutzsalben.

Nun zu den Salben, die auf Grund der Lehren vom Säuremantel der Haut hergestellt wurden. Ein solches Produkt ist nach der Literatur z. B. das Eucutol, das nach unseren Versuchen ein p_H von 5,5 hatte. Das **Tegacid,** also Glycerinmonostearat mit Sapaminphosphat, ist die Grundlage des Aciderm (Höppner, Düsseldorf), einer sauren Creme, die SCHRADER und MARCHIONINI[4] in die Therapie der Seborrhöe eingeführt haben. Aciderm kommt in zwei Formen in den Handel, und zwar „stark" 2,3 p_H und „schwach" 4,6 p_H. Als Säure ist Milchsäure inkorporiert[5], ferner als Puffer milchsaure Salze und als Wirkstoff ätherische Öle.

WOHNLICH[6] betont die günstige Wirkung der Säurebehandlung der

---

[1] STERN: Klin. Wschr. **1926**, 38.
[2] MARCHIONINI u. SCHMIDT: Klin. Wschr. **1939**, 13.
[3] OTTO: Südd. Apoth.-Ztg **1940**, 51.
[4] SCHRADER u. MARCHIONINI: Dtsch. med. Wschr. **1934**, 25.
[5] RAPP: Münch. med. Wschr. **1935**, 10, 397.
[6] WOHNLICH: Med. Wschr. **1949**, 3, 4, 283.

Ekzeme. Aluminium- und Blei-Acetate waren ungeeignet, da sie selbst Ekzembildner seien. Borsäure mußte, da zu schwach, abgelehnt werden.

Am besten bewährte sich eine Mischung von 1% Milchsäure und 1% Natriumlaktat, also eine Puffermischung, die durch das Serum nicht neutralisiert wird.

Nach WOHNLICH handelt es sich beim Ekzem anscheinend um eine Störung im Auf- und Abbau des Glycogens in der Haut. Das Gleichgewicht ist gestört, es wird zu wenig Glycogen erzeugt, zu viel abgebaut. Die Milchsäure scheint nun die Lyse einzuschränken, die Synthese zu begünstigen.

Der Ekzematiker braucht Fettzufuhr, verträgt sie aber nicht. Durch Milchsäurezusatz wird die Verträglichkeit verbessert. Der Autor hofft auf Grund dieser Beobachtungen auf dem Weg von der rein symptomatischen zur kausalen Ekzemtherapie zu sein.

Der „**biologische Säuremantel** Ingelheim", ein Puffergemisch vom p_H 3,7, enthält ein den natürlichen Verhältnissen entsprechendes Säuregemisch, das sich in Hautcremes leicht einarbeiten läßt, eine mit Na-Lactat gepufferte Milchsäurelösung[1].

Hydrargyrum praecipitatum album wirkt ansäuernd. Näheres unter Hg-Salz-Salben.

Lenicet (Reiss), eine Aluminiumverbindung (s. u. Metallsalzsalben), verursacht durch seine Pufferwirkung auf der Haut ein p_H von 3,5.

Ammonchlorid wird von STEIN und PERUTZ 10proz. in Ungt. leniens als Läusemittel empfohlen, um ihnen im sauren Milieu die Lebensbedingungen zu entziehen[2]. Die Therapie läßt sich nur in Kliniken durchführen und gibt z. B. nur Versager, wenn eine Apotheke das Präparat als Läusemittel abgibt.

Cetasal und **Sedatol** sind zwei Präparate der französischen Parfümerieindustrie. Sie werden von GATEFOSSE[3] empfohlen. Cetasal gestattet kein Unterschreiten des p_H von 6,5, das Sedatol kann mit Säuren vermischt werden und erlaubt einen Spielraum vom p_H 2—9. Die Zusammensetzung ist nicht angegeben.

Mykozem (Chemosan, Wien) enthält „organische Säuren" und 2% Harnstoff in Eucerin und wird bei allen mykotischen Ekzemen von RITTNER[4] empfohlen. Auch die Vasenolwerke haben eine sauer gepufferte Salbe herausgebracht, HOFFMANN[5] empfiehlt sie zur Behandlung der Ammoniakdermatitis der Kleinkinder. Nach MEMMESHEIMER[6] sind saure Salben bei Hautpilzerkrankungen zu Beginn der Behandlung zwecklos, zur Vorbeugung und Nachbehandlung aber gut geeignet.

Erwähnt sei, daß Säuren auch zu anderen als dem oben beschriebenen Zweck zugesetzt werden. So gibt es eine gepufferte Milchsäuresalbe, die bei Ozaena empfohlen wird.

---

[1] AUGUSTIN: Seifensieder-Ztg **1939**, 13, 253.
[2] STEIN u. PERUTZ: Wien. med. Wschr. **1935**, 7.
[3] GATEFOSSE: Parf. moderne **1939**, I.
[4] RITTNER: Med. Klin. **1940**, 27, 745.
[5] HOFFMANN: Kinderärztl. Praxis **13**, 151 (1942).
[6] MEMMESHEIMER: Dtsch. med. Wschr. **1943**, 2.

Zusammenfassend ist zu sagen, daß Hautcremes nach Möglichkeit den Schutz gegen Bakterien, den der Säuremantel bewirkt, nicht abschwächen, sondern eher verstärken sollten. Die kranke Haut besitzt Neigung, alkalisch zu werden, nur die Haut der Psoriatiker bleibt immer sauer. Bei Salben, die auf der kranken epithelberaubten Haut zur Wirkung kommen sollen, richtet sich das p_H der Salbe nach dem applizierten Medikament und der Indikation seiner Anwendung. Die Borsalbentherapie z. B. verdankt sicher einen Teil ihrer Wirkung der günstigen Beeinflussung des Säurespiegels der Haut, da die Säure, adsorptiv an die Haut gebunden, so den fehlenden Säuremantel an epithelberaubten Stellen ersetzt. Im entzündeten Gewebe besteht bereits eine lokale Acidose, so daß hier eine leichte Alkalisierung schmerzstillend wirkt und auch therapeutisch günstig wirken kann. Bei Achselschweiß soll man nicht „gerben", sondern ansäuern.

Über das p_H des Schweißes herrschte bis in die letzte Zeit Uneinigkeit. Kleinere Mengen sind durch die Hautsäuren sauer, unphysiologisch große sind alkalisch (LEDUC[1]). Die im Schweiß auftretenden Säuren, Milch-, Propion-, Butter- und Askorbinsäure, töten Pilze ab (PACK[2]), MARCHIONINI[3] hat festgestellt, daß die ekkrinen Schweißdrüsen, die sich auf den ganzen Körper verteilen, sauren Schweiß, die apokrinen, die insbesondere die Lücken im Säuremantel versorgen, alkalischen Schweiß ausscheiden. Er erklärt damit die Differenzen in der Literatur.

Betont muß werden, daß die Lehre vom Säuremantel, die in der Dermatologie und Kosmetik ähnliche Bedeutung erlangt hat wie das BÜRGISche Gesetz in der inneren Medizin, gleichfalls nicht überschätzt werden soll, da sie sonst mißverstanden ähnliches Unheil stiftet wie BÜRGIS Gesetz in der Arzneimittelherstellung. Der Säuremantel wird, wie SCHREUS[4] nachgewiesen hat, auch bei Waschungen mit Wasser vorübergehend zerstört. Nach $^1/_2$ Stunde ist das ursprüngliche p_H wiederhergestellt. Bei Präcutanwaschungen dauert dies $^1/_2$—$1^1/_2$ Stunden, bei Seifenwaschungen über 2 Stunden. Da aber Waschungen, insbesondere die mit der an sich desinfizierenden Seife, die Funktionen der Säuren für die angegebenen Zeiten übernehmen, bedeutet die Kenntnis der Lehre vom Säuremantel keineswegs eine notwendige Abkehr von der Reinlichkeit. Die Seife ist bei Hautgesunden noch immer das beste Reinigungsmittel.

Praktische Richtlinien für die Wahl des Therapeuticums.

Es ist verständlich, daß sich nach einer so eingehenden Beleuchtung des Salbenproblems mit der notwendigen Anführung der wichtigsten pharmakologischen und klinischen Erkenntnisse mit Nennung zahlreicher Salbengrundlagen der kritische Arzt vor bisher ungeahnte Schwierigkeiten gestellt sieht.

---

[1] LEDUC: Parf. moderne **32**, 293.
[2] PACK: Arch. Dermat. amer. **1939**, 126.
[3] MARCHIONINI: Klin. Wschr. **1939**.   [4] SCHREUS: Med. Welt **1939**, 222.

Hier wie wohl auf allen Gebieten des Wissens mag es zunächst scheinen, daß mit zunehmender Erkenntnis die Probleme nicht kleiner, sondern größer werden und daß gerade die tägliche Rezeptur erschwert wird. So wurden uns auch für die neue Auflage des Buches Vorschläge gemacht, eine „*Indikations-Tabelle*" aufzustellen, aus der man sich „kurzerhand" für die Therapie orientieren könne.

Wir glauben wohl, daß dieser Vorschlag in der allgemeinen Fassung, etwa für alle wichtigen Hautkrankheiten externe Therapeutica anzuführen, nicht in den Rahmen dieses Buches gehören kann, da die verschiedenen Applikationsformen wieder in sich so viel Möglichkeiten bergen. Dennoch schien nach Abwägung der Möglichkeiten ein „*Therapieindex*" denkbar, der den besonders schwierigen Übergang von Pudern zu feuchten Umschlägen, Salben und Pasten in richtunggebender Weise darstellt. Dies kann naturgemäß nur am klinischen Bilde der beginnenden Entzündung, also der akuten Dermatitis mit ihren Übergängen zum Ekzem und der Neurodermitis schematisch gezeigt werden. Diese kurze Orientierung hat aber für den weniger geübten Praktiker vielleicht deshalb allgemeinen Wert, weil fast jede Hautkrankheit durch äußere oder innere Ursache einmal ekzematisieren kann. So sehen wir z. B. gelegentlich eine Psoriasis durch eine zu hochprozentige Cignolinsalbe von einer akuten Dermatitis überdeckt, zu deren Beseitigung dann das folgende Schema auch in Betracht käme. Wichtig zur Erreichung des Heileffektes ist immer die Vergegenwärtigung der histologischen Veränderung des jeweiligen Hautzustandbildes, wobei man sich darüber klarwerden muß, welche Wirkung erreicht werden soll.

Von diesem Gesichtspunkte aus könnte man die Salbentherapie in folgende Wirkungsbereiche einteilen:

1. Antiphlogistische Behandlung = entzündungshemmend, wobei allerdings die terminale Teertherapie noch als „gerbend" erwähnt werden muß (s. Tabelle).

2. Antiinfektiös: Oberflächlich: Saprophytosen, Staphylodermieen. Tiefe; Mykosen: Antimykotica, Antizoonotica.

Neben spirituösen Lösungen und desinfizierenden Salben (Sulfonamide) sind hier Antibiotica und entkeimende Seifen zu nennen.

3. Epithelisierend: Defektheilungen: Zunächst oberflächliche Reinigung bzw. Desinfektion, dann Zirkulationsbesserung (Gefäßdilatatorische Mittel). Granulationsanregung und Epithelisierung. (Die beste Epithelisierung ist in vielen Fällen die „feuchte Kammer" mit physiologischer Kochsalzlösung).

4. Hyperämisierend: Salben mit gefäßdilatierenden Mitteln Priscol, Acrothermsalbe, Frostschutzsalbe. (Oft Ausschaltung neurogener Komponenten durch paravertebrale Injektion nicht zu entbehren.)

5. Antipruriginös: Kühlsalben und Anästhesierende Salben.

6. Ätzend:

a) mild: Schälkuren bei Acne, Epheliden,

b) stark: (Keratolytica) bei Vegetationen, Hyperkeratosen, Schwielen (früher bei Ca. und Lupus angewendet).

7. *Perkutanmethoden:* Antirheumatica. Desensibilisierende Umschläge nach URBACH. Hormon-Tuberkulinsalben, perlinguale Resorption, Antiasthmatica: Spascut. Spasmolytica: Recorsan, Corvasogen.

Tabelle 5. Therapieschema.

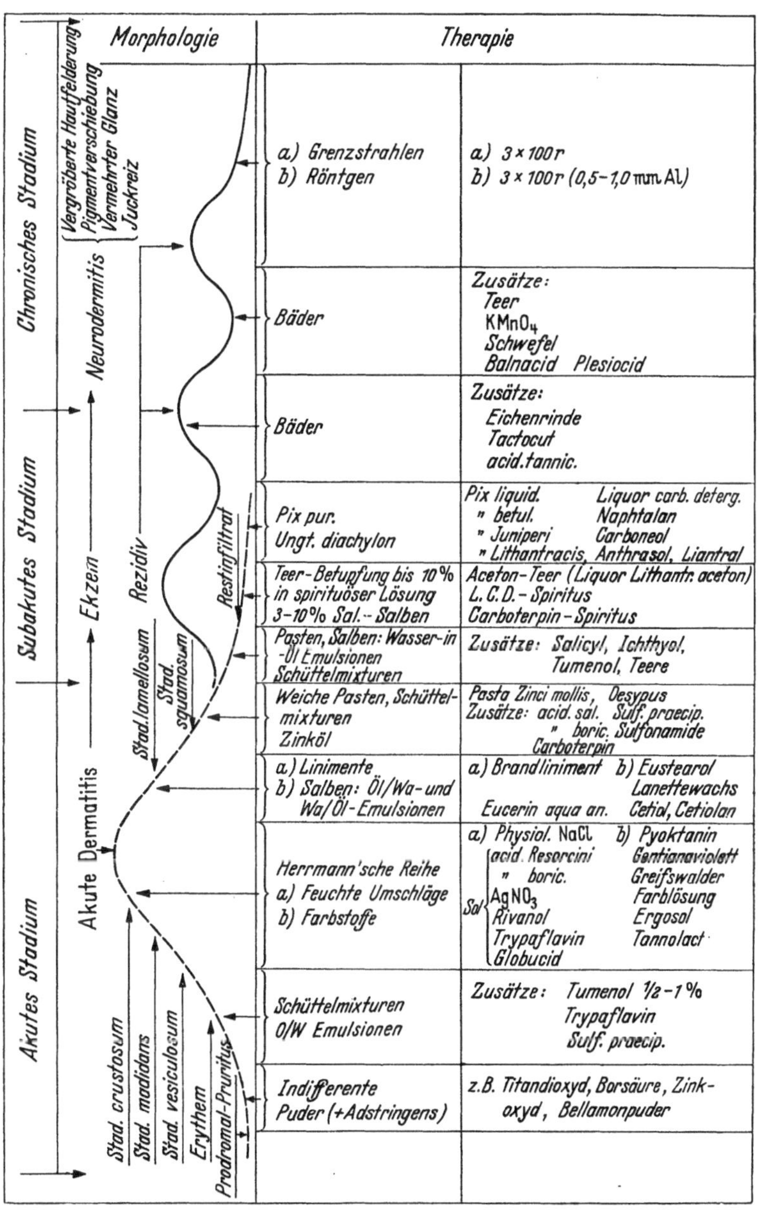

8. Hautschutzsalben: Licht-, Strahlen- und Gewerbeschutzsalben.

9. Kosmetische: Nivellierung der Hautoberfläche, Färbung, Bleichung, Desodorierung, Antihydrotica.

Wenn auch in der modernen Hauttherapie die interne Behandlung einen immer größeren Raum einnimmt, hier sei nur an die Diätbehandlung des Lupus oder an die Milch- und Obstsafttage zur Entwässerung der Haut erinnert, so wird man doch auf eine externe Therapie keinesfalls verzichten können. In diesem Sinne sei hier die Tabelle angeführt, die als Richtlinie für die externe Behandlung der Dermatitis und des Ekzems gelten soll, da sie sich besonders für den Nichtspezialarzt als ein therapeutisch schwieriges Kapitel erwiesen hat.

5. Salben, die die Haut schützen sollen.

a) Lichtschutzmittel.

Zunächst seien die gegen das ultraviolette Licht und dessen Schädigungen eingesetzten Mittel besprochen. Wie MEMMESHEIMER[1] feststellt, werden die Schutzmechanismen der Haut im Epithel und in der Cutis ausgelöst. Im ersteren kommt es zur Bildung von Vitamin D und histaminartigen Verbindungen, die den ganzen Körper beeinflussen. Wir wollen die Schäden ausschalten, doch soll nach Möglichkeit die Hautbräunung nicht verhindert, der Verbrennung aber vorgebeugt werden. Wir suchen dies mit zahlreichen reizlosen Stoffen in verschiedenen Medien zu erreichen.

Es handelt sich um ein Gebiet, das die Kosmetiker, die Dermatologen und jeden einzelnen Laien, der in der Ausübung seines Sportes Lichtschutzmittel benötigt, interessiert, so daß die Literatur über dieses Thema zwar umfangreich, aber widersprechend geworden ist. Die einen Autoren sind der Ansicht, daß eine Salbe, welche die aktiven UV.-Strahlen abfiltriert, oberflächlich auf der Haut bleiben muß, die anderen wollen die Filterung in den tieferen Hautpartien stattfinden lassen. Auch über die Strahlen, die abgehalten werden müssen, herrscht keine Übereinstimmung; nach HAHN[2] ruft die Wellenlänge von 297—303 $\mu\mu$ die stärkste Pigmentierung hervor, von 250—300 $\mu\mu$ glaubt FREUND[3] die intensivste Erythembildung beobachtet zu haben. Nach HENSCHKE[4] (HAUSSER[5] drückt sich ähnlich aus) verursachen die UV.-Strahlen von unter 320 $\mu\mu$ Erythem, das längere UV.-Licht aber Bräunung. Es scheint demnach nicht erstrebenswert zu sein, die Strahlen über der genannten Länge von 320 $\mu\mu$ abzuschirmen. Die Forderungen, die einer Sonnenschutzcreme gestellt werden, gehen also von den verschiedensten Gesichtspunkten aus. Der eine Autor wünscht diese Eigenschaften, der andere jene. Der eine fordert völligen Lichtschutz, der andere teilweisen.

---

[1] MEMMESHEIMER: Dermat. Wschr. **1937**, 7.

[2] HAHN: Strahlenther. **1934**, 40.

[3] FREUND: Wien. klin. Wschr. **1933**, 25, 779.

[4] HENSCHKE: Arch. f. exper. Path. **190**, 220 (1938); Strahlenther. **67**, 639 (1940).

[5] HAUSSER: Zit. bei WUCHERPFENNIG: Med. Welt **1938**, 52—53.

Lendle[1] will kein Tannin in Cremes einarbeiten lassen, dadurch werde die Reizung gesteigert. Nach ihm soll eine Sonnenschutzcreme

1. die Schweißabsonderung stauen,
2. reizlindernd wirken,
3. filtern.

Er gibt als Beispiel folgende Vorschrift an:

Rp.	Almecerini	400,0
	Aqua dest.	600,0
	Paraff. liqu.	100,0
	Boracis	10,0
	Alc. cetylic.	20,0
	Syr. simpl.	10,0
	Methyl-Umbelliferon	11,0

Die Herstellung dieser Creme ist einfach, das Produkt filtert gut. Ob man aber der Forderung, Tannin auf jeden Fall wegzulassen, folgen soll, und ob eine Schutzsalbe, die die Schweißsekretion statt auf dem schnellsten und angenehmsten Wege wegzubringen, stauen soll, optimal wirkt und reizlos ist, möchten wir nicht entscheiden. Raabe[2] hat die wichtigsten von der Industrie angebotenen Lichtschutzsalben geprüft und festgestellt, daß Eucutol, Niveacreme, Engadina, Aesculo und Vaselinum album die Erythembildung dämpfen und dadurch auch die Schmerzhaftigkeit der Haut ausschalten. Absoluten Strahlenschutz, der sowohl die Entstehung des Erythems als auch die des Pigments verhindert, bieten gelbes Vaselin, Gletscher-Mattan, Ultrazeozon sowie Lanolin. Diese mit der Höhensonne gewonnenen Ergebnisse werden in neueren Arbeiten nicht bestätigt, wahrscheinlich, weil Raabe seine Versuchspersonen zu dick mit den Salben bestrichen hat, denn er gab 2 g Salbe auf kleinhandtellergroße Flächen. Daher auch die guten Ergebnisse mit Vaselin, die von uns bei dünneren Schichten nicht gesehen wurden, denn die Salben sollen bei einer durchschnittlichen Dicke von 0,007—0,0085 mm schon schützen (Henschke[3]). Schulze[4], der in schönen Versuchen größte Erfahrung sammeln konnte, teilt mit, daß der natürliche Schutz der Haut von keiner der zahlreichen geprüften Salben erreicht wird. Auch andere Arbeiten, wie auch eine Publikation in der Schweiz. Apoth.-Ztg[5], stimmen darin überein, daß Lichtschutz- salben, die Chininsulfat, Äsculin, Salol u. dgl. filternde Substanzen als Träger der Lichtschutzwirkung enthalten, wenn sie gegen das Ery- them wirken, auch die Pigmentierung verhindern. Diese letztere ist eine Funktion der Strahlung, ein natürlicher Schutz des Körpers. Wenn wir nun die Strahlen abhalten, so stellt der Körper sein Schutzmittel, das Pigment, nicht her, denn es wird nicht benötigt. Filtern wir nicht ab, so haben wir keinen Sonnenschutz, und der Körper wird ihn bilden,

[1] Lendle: Pharmaz. Ztg **1936**, 903.
[2] Raabe: Dermat. Wschr. **1934**, 1, 129.
[3] Henschke: Arch. f. exper. Path. **190**, 220 (1938); Strahlenther. **67**, 639 (1940); Dtsch. Mil.arzt **1942**, 9.
[4] Schulze: Münch. med. Wschr. **1935**, 1184.
[5] Schweiz. Apoth.-Ztg **1932**, 24, 289.

Teilfilterung erreicht ein Kompromiß, aber Totalabfiltern und doch Bräunen wird nur ausnahmsweise möglich sein.

HENSCHKE (oben zitiert) hat ebenfalls 50 Sonnenschutzmittel geprüft und bei 15% seine Forderung nach Dämpfung der Erythembildung durch Absorption der Wellenlängen von 290—315 $\mu\mu$ und Bräunung erfüllt gesehen. Die meisten Filtersubstanzen hatten auch zu langwelliges Licht absorbiert. Nur wenige vernichten in geradezu idealer Weise nur die erythemerzeugenden Strahlen. Doch schon AMELUNG und KUHNKE[1] treten seiner Ansicht entgegen und meinen mit MEMMESHEIMER[2], daß sich ein Lichtschutzmittel auf kurz- und langwelliges Licht erstrecken, aber nicht 100proz. absorbieren soll, damit die Bildung wichtiger Schutzstoffe nicht verhindert wird. In seinen neuen Richtlinien stellt HENSCHKE die Forderung, daß ein Schutzmittel weniger als 20% wirksame Strahlen durchläßt. In anderen Fällen sollen nur 10% durchgelassen werden.

CALAME[3] berichtet, daß es gelungen sei, einen Körper herzustellen, der unter natürlichen Bedingungen die Melaninbildung begünstigt. Dieses Melanigen sei alkalisch und neutralisiere zuerst den Säuremantel der Haut, der der Melaninbildung entgegenstehe. Es sei in Form einer Lichtschutzsalbe, die auf Grund ihrer Zusammensetzung bis an die Pigmentschicht vordringe, erhältlich und fördere dort die Melaninbildung. Zwar würden auch saure Lichtschutzcremes 90% der UV.-Strahlen absorbieren, aber die restlichen 10% genügen zur Reizung und seien im sauren Medium nicht imstande, Melanin zu bilden. Neue Erfahrungen, die CALAME bestätigen, liegen unseres Wissens noch nicht vor. Da das Melanigen ein Umbelliferon in Triäthanolamin darstellt, ist eine neue, unbekannte Wirkung, die über die Äsculin- und Umbelliferonwirkung hinausgeht, auch nicht zu erwarten.

Wenn man nun die sonst im Handel befindlichen Lichtschutzsalben, Öle und sonstigen Flüssigkeiten betrachtet, findet man neben Pigmenten, wie Zinkoxyd, für das sich FOULON[4] besonders einsetzt, vorwiegend Äsculinderivate als Träger der Wirkung. Die Verwendung des Äsculins geht auf UNNA[5] zurück. Es wurde von ihm eine 10proz. Salbe empfohlen. Zeozon und Ultrazeozon enthalten 3 bzw. 7% eines Äsculinderivates[6]. Sie sollen eingerieben werden und nicht nur oberflächlich die Haut überziehen[7]. Äscuvalcreme enthält 3% Äsculin und 4% „Oxycholesterinsäure". Das Äsculin verliert seine Löslichkeit und mithin seine Fluorescenz- und Filterwirkung im sauren Medium. Die Salben müssen daher alkalisch sein, es sei denn, man verwendet öllösliche Derivate. Dies scheint auch im Sinne der Hautschutzwirkung nötig zu sein, denn MARCHIONINI und HÖVELBORN[8] wiesen nach, daß alkalische Salben bei

---

[1] AMELUNG u. KUHNKE: Dtsch. med. Wschr. **1938**, 38, 1345.
[2] MEMMESHEIMER: Fortschr. Ther. **1937**, 333.
[3] CALAME: Seifensieder-Ztg **1938**, 24, 456.
[4] FOULON: Wien. pharm. Wschr. **74**, 267 (1941).
[5] UNNA: Med. Klin. **1910**, Nr 12.
[6] Pharmaz. Z.halle Dtschld **62**, 690 (1921).
[7] Mitt. dtsch. u. österr. Alpenver. **1931**, 4, 96.
[8] MARCHIONINI u. HÖVELBORN: Arch. f. Dermat. **154**, 251.

sonst gleicher Zusammensetzung eine deutlich stärkere Lichtschutzwirkung ausüben. Dies mag teilweise auf die Tatsache zurückzuführen
sein, daß die Fluorescenzstoffe eben nur im alkalischen Medium wirken.
Anderseits sind aber auch die Salben ohne derartige Stoffe geeigneter, um
die Erythemschwelle hinaufzurücken. SCHMITT[1] hat festgestellt, daß
die Lichtüberempfindlichkeit, die durch manche Teerbestandteile verursacht wird, durch alkalische und allenfalls durch neutrale Salben hint-
angehalten wird. Verwendet man aber saure Salben, so wird das Erythem
sogar verstärkt.

Die verschiedentlich angewendeten Umbelliferone und Naphthol-
sulfosäuren sind durchwegs in schwach alkalischem Medium wasserlöslich
und verarbeitbar. Außer diesen genannten Präparaten sind noch Chlorophyll, 2, 6-disubstituiertes Pyridin, Carbonsäuren, Cumarinderivate und
Chininsalze, die eventuell reizen, beliebte Filtersubstanzen. So empfiehlt
SCHWARZ[2] eine Chininsalbe auf Polysaccharidbasis. Damit erreicht man
auch weitaus mehr als mit 4% Chinin in Vaselin-Lanolin, eine Salbe,
die wohl infolge ihrer schwachen Wirksamkeit 2 mm dick (!) aufgestrichen
werden soll. An Stelle von Salben kann man auch Tanninlösungen verwenden. WITHFIELD[3] schlug sie für diese Indikation vor, nachdem dies
MEYER und AMSTER[4] schon 1925 und VEIEL schon 1878 getan hatten.
Das sehr verbreitete Tschamba Fii ist eine derartige Lösung, die durch
weitere Zusätze noch verbessert sein soll, wogegen Tschamba Fii Neu
aus Essigsäure, einem Sulfonat und Tannigan besteht (REICHERT[5]).
Im Schweiz. P. 187246 werden die Lösungen eines Reaktionsproduktes
aus äsculinähnlichen Substanzen mit Tannaten, z. B. Natriumtannat,
im Patent 212058 Ester der β-Naphthoesäure, die öllöslich sind, als
wirksame Schutzmittel empfohlen. Im D.R.P. 621769 werden jodierte
Sterine als wirksame Schutzmittel empfohlen. Es sollen ganz geringe
Mengen genügen, um eine günstige Filterwirkung zu erzielen. Escalol
ist ein amerikanisches Produkt, das nur in saurem Medium wirksam ist.
Zusammensetzungsangaben fehlen. Stilben, Isosafrol, Dibenzalazin,
Azin, in der Helioderm-Strahlenschutzsalbe Klinke, Benzalacetone
0,2—1,0%, sind ebenfalls brauchbar, sofern sie gelöst sind, KIEMING
und DUCKER[6] haben sie, in Vaselin inkorporiert, für wirksam befunden.
Das D.R.P. 720756 schützt die Ester der Anthranilsäure mit bicycli-
schen Terpenalkoholen (etwa Bornyl und Fenchylanthranilat), die man
den üblichen Salben und Cremes zu 5% zufügt. Andere Anthranilate,
wie Anthranilstearat, sind öllöslich und ähnlich wie Benzylbeonzoat in
Öl gelöst wirksam.

Erwähnt sei auch noch das GIVAUDAN[7]-Sonnenbrand-Schutzmittel
Nr. 2, das ein Methylanthranilat ist und 5% der bräunenden Strahlen
durchlassen soll. Im Gegensatz zu Salicylaten bräune es noch, verhindere

---

[1] SCHMITT: Diss. München 1938.　　[2] SCHWARZ: Parfumeur 1932, 43, 691.
[3] WITHFIELD: Brit. med. J. 1931.
[4] MEYER u. AMSTER: Zit. bei MEMMESHEIMER: Fette u. Seifen 1939, 639.
[5] REICHERT: Dtsch. Apoth.-Ztg 1941, 37.
[6] KIEMING u. DUCKER: Strahlenther. 65, 315 (1939).
[7] GIVAUDAN: Manufactur Perfumer 4, 52 (1939).

aber bereits Verbrennungen. Ähnliches wird von Methylsalicylat (8 bis 10%) berichtet. Es wird im Amer. P. 2041874 geschützt und ist der Wirkstoff des Hamols, eines Schweizer Präparates, dessen Grundlage Vaselin—Lanolin ist. Überempfindlichkeiten hat WINKLER[1] beschrieben. KUMBER und DANIELS[2] fanden, daß p-Diaethylaminobenzoesäureäthylester, p-Dimethylaminobenzoesäuremethylester, p-Aminobenzoesäureäthylester den Umbelliferonen und Salicylaten überlegen sind.

Als Lichtschutzmittel sind nach den Untersuchungen von ZENNER[3] die Sulfonamide, insbesondere das eigens hierfür hergestellte Solan einer Züricher Firma, hervorragend geeignet. Verfasser zeigte, daß sie den üblichen Lichtschutzmitteln, die er nahezu völlig ablehnt, weit überlegen sind, und fand durch Tannin keinen Schutz. Die Sulfonamide sind nach ihm und HOPF[4] in gelöstem Zustand also Lichtschutzmittel, sofern man sie äußerlich appliziert. Intern gegeben wirken sie umgekehrt, nämlich lichtsensibilisierend (EIDINOW[5]), was PFEIFFER[6] allerdings bestreitet.

HOPF[4] fand vollen Schutz durch Sulfonamide, gute Wirkung von Aqua Engadina, Delial, Nubra Nu, Stora und Versager bzw. recht wechselnde Ergebnisse bei Tannin. Nivea-ultra-Öl wirkte gut, Loroco Sonnenbrand mäßig, Glycerin, Öle und Fette hatten keine Wirkung. Ultra-Zeozon, Äsculin-Strahlenschutz, Antilux, Nivea-ultra-Creme und gelbes Vaselin hatten sehr gute bis mäßige Wirkung. Es steht fest, daß das Tannin unter bestimmten Bedingungen ein wirksames Lichtschutzmittel darstellt. BÖHME und WAGNER[7] fanden gute Schutzwirkung, und wir selbst haben andererseits mit 10 proz. Tanninsalben u. a. auf Glycerinsalbengrundlage durchgeführt und mit diesem Mittel völligen Schutz gegen das UV.-Licht einer Analysenlampe erzielt. Die Intensität des Schutzes zeigt das Bild, das auf Seite 113 auch in diesem Buch gebracht wurde. Um jeden Trugschluß auszuschalten und nicht evtl. an Stelle der Tanninwirkung die der Glycerinsalbe zu testen, wurde Glycerinsalbe ohne, mit 10, 20 und 30% Tanninzusatz nebeneinander geprüft. Die erste gab keinen, die anderen 3 Salben zeigten vollen Schutz. Im Anschluß wurde derselbe Versuch mit Lanettewachssalben derselben Tanninkonzentration wiederholt. Auch hier dasselbe Resultat. Die Salbe ohne Tannin gab keinen Schutz, wohl aber die tanninhaltigen. (Siehe Abb. 9. Bei *1* Schutz durch 30 proz., bei *2* durch 20 proz., bei *3* durch 10 proz., bei *4* durch tanninfreie Glycerinsalbe.)

Welche Ursache das Versagen der Tannin-Glycerinsalben bei ZENNER und HOPF hatte, kann ohne genauere Unterlagen nicht entschieden werden. Es wäre möglich, daß die Salben zu alt waren und dadurch inaktiviert wurden. Eine zweite Möglichkeit wäre die, daß das DAB 6-Ungt. glycerini kein DAB 6-Präparat war. Es war ja Krieg, und sowohl Glycerin

---

[1] WINKLER: Schweiz. med. Wschr. **1938 II**, 917.
[2] KUMBER und DANIELS: J. Amer. Pharm. Assoc. sci. Ed. **37**, 474 (1948).
[3] ZENNER: Ther. Gegenw. **1948**, 127; **1950**, 4; Strahlenther. **1948**, 629.
[4] HOPF: Med. Klin. **1942**, 23.
[5] EIDINOW: Brit. J. physic. Med. **1939**, 150.
[6] PFEIFFER: Dtsch. med. Wschr. **1942**, 44, 1074.
[7] BÖHME u. WAGNER: Fette u. Seifen **49**, 11 (1942).

wie auch Tragant und Stärke waren schwer beschaffbar, ein einziges Substitutionsprodukt (etwa Tylose statt Tragant), das mit Tannin reagiert, kann hier zu Fehlresultaten führen. Ferner war Tannin natürlich in recht wechselnden Qualitäten erhältlich, und mag da ein Unterschied liegen, den man durch Substitution von synthetischen Gerbstoffen ausschalten könnte.

Auch Tannin in Lösungen versagte bei den Versuchen der obigen Autoren. Dies ist allerdings leichter zu erklären. Wir wollen hierauf im Abschnitt über die Lösungen näher eingehen.

Fette und Kohlenwasserstoffe allein genügen den Anforderungen, die man an ein Lichtschutzmittel stellt, nicht (MALOWAN[1]).

Das Tiroler Nußöl ist meist nicht aus Tirol und kein Nußöl. Es handelt sich um gefärbtes Pflanzen- oder Mineralöl, bestenfalls um eine ölige Abkochung frischer Nußschalen, in der pyrogallartige Körper färben, aber nicht etwa das UV.-Licht abfiltern und pigmen-

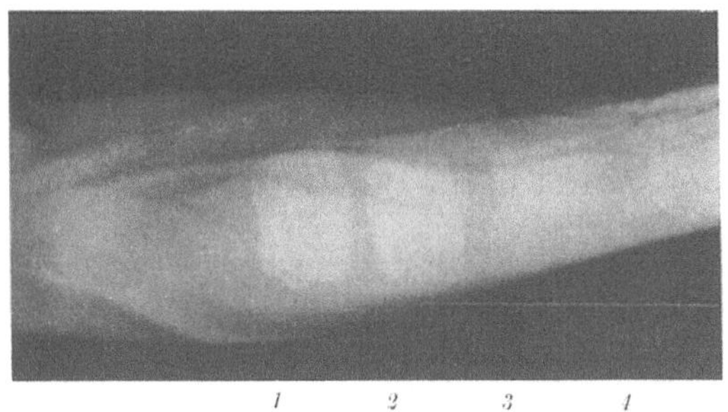

Abb. 9: Lichtschutzwirkung von Tannin-Glycerinsalben.
1 30proz. Salbe. *2* 20proz. Salbe. *3* 10proz. Salbe. *4* Tanninfreie Salbe.

tieren. Die Behörden haben dementsprechend im Jahre 1938 angeordnet, daß unter dem Namen Nußöl nur das gepreßte Öl aus Nüssen geführt werden darf. Andere Produkte, die Blätterextrakte enthalten, müssen verständlich gekennzeichnet werden. Verschiedene Bräunungscremes sind noch im Handel, die Pyrogallol (!), Anilinfarben, Kaliumpermanganat u. dgl., gleichfalls rein färbende Substanzen, enthalten, doch sind diese rein symptomatischen Modesachen ebensowenig eingehend zu besprechen wie die Salben, denen Pigmente, wie Zink- oder Titanoxyd, ein fleischfarbig gefärbtes Aluminiumpulver (Amer. P. 2175 213), zugefügt werden.

Der Überblick läßt sich beliebig ausbauen; allein über Lichtschutzmittel könnte ein Buch geschrieben werden. Es gibt weitere öllösliche Stoffe, wie Solproter, ferner wasserlösliche, fluorescierende Substanzen. Sie alle werden in Cremes und Salben eingearbeitet. In einer anonymen Arbeit[2] finden sich zahlreiche Rezepte, die neben denen der verschiedenen kosmetischen Handbücher verwertet werden können. Es ist durch genaue Absorptionskurven den Herstellern von Lichtschutzmitteln die

---

[1] MALOWAN: Parfumeur **1934**, 19, 353.
[2] Fette u. Seifen **1942** II, 815.

Möglichkeit gegeben, ihre Produkte auf bestimmte Absorptionswerte abzustimmen (PÖCKEL und WAGNER[1]).

Obwohl die zahlreichen Autoren teilweise mit Spektralphotometer, mit dem SCHALLschen Erythemmesser und sonstigen genauen Methoden arbeiteten, ließ sich keine Einigung erzielen, wenn auch gute Methoden zur Prüfung, wie z. B. die von ELLINGER[2] ausgearbeiteten Versuche, zur Verfügung stehen.

Dies ist ein großer Fortschritt, denn nach allen älteren Literaturstellen war es nicht möglich, ein gleichzeitig bräunendes und die Haut vor Verbrennungen schützendes Lichtschutzmittel zu finden. Alle die früher verwendeten absorbierenden Salben verhindern bis zu einem gewissen Grad die Erythembildung; doch ging damit die Verhinderung der Pigmentbildung parallel.

Eine gewisse Sonderstellung bildet das leicht saure Delial, das z. B. MEYER-BULEY[3] als erythemschützend, aber bräunend schildert. Es enthält die für diesen Zweck im D.R.P. 676103 geschützte Phenylbenzimidazolsulfosäure als Lichtschutzmittel, die nur den Bereich um $325\,\mu$ abschirmt.

In manchen Fällen wird eine Salbe verlangt, die bei UV.-Bestrahlungen und zur Nachbehandlung dienen soll. Es muß ausdrücklich darauf hingewiesen werden, daß während der Bestrahlung nur indifferente Salben angewandt werden sollen. Es ist zwecklos, die Bestrahlung unter Zwischenschaltung eines Schirmes vorzunehmen, und die Wirkung wird in gleicher Weise zunichte gemacht, wenn man die Strahlen durch chemische Mittel vernichtet. *Nach* der Einwirkung kommt eine Tanninsalbe, die das Erythem dämpft, nicht aber ein Umbelliferon, das nur während der Bestrahlung als Sonnenschirm wirkt, in Frage. Zwischen beiden steht das Zinkoxyd, ein Sonnenschirm während, ein Desinfiziens und die Heilung förderndes Mittel nach der Bestrahlung.

Eigene Versuche mit Äsculin, Chininsalzen und Tannin, die zu keinem neuen Lichtschutzmittel führen sollten, wurden angestellt, um zu klären, ob ein bestimmtes bekanntes filterndes Medikament in verschiedenen Salbengrundlagen dieselbe Wirkung zeigt oder ob hier neben dem Präparat auch die Grundlage wichtig ist. Zunächst wurden drei verschiedene 2proz. Chininsulfatsalben hergestellt. Die Salbe Nr. 1 war eine gewöhnliche Verreibung von hochschmelzendem, synthetischem Vaselin mit dem Chininsulfat, die Salbe Nr. 2 eine Wasser-in-Öl-Emulsion. In der wässerigen Phase war das Chininsalz, soweit möglich, gelöst, sonst fein suspendiert; die Salbe Nr. 3 war Ungt. glycerini, dem das Salz einfach beigerieben worden war. Die drei Salben wurden einige Stunden stehengelassen, damit sich wenigstens in Salbe 2 und 3 noch ein weiterer Teil des Chinins lösen könne. Diese drei Salben wurden zunächst unter der Analysenquarzlampe auf ihre Fluorescenz geprüft. Die Salbe 1, also die Vaselinsalbe, fluorescierte überhaupt nicht, die Salbe 2 zeigte bedeutende Fluorescenz, doch wurde diese von der Salbe 3 noch

---

[1] PÖCKEL u. WAGNER: Arch. Pharmaz. **280 II**, 373.
[2] ELLINGER: Arch. f. exper. Path. **175**, 181 (1934).
[3] MEYER-BULEY: Münch. med. Wschr. **1933**, 35.

etwas übertroffen. Ob die Fluorescenz als Maßstab für die Aktivierung der UV.-Strahlen gewertet werden kann, sollte an dem nun folgenden Versuch am Arm geklärt werden; doch war hier als weitere Unbekannte der Umstand zu nennen, daß die Salbe 1, das Vaselinpräparat, ganz oberflächlich die Haut bedeckte, die Salbe 2 als Emulsion, die mit Lanolin und Glyceriden bereitet war, eindrang und die Salbe 3 wieder oberflächlich haftete. Der Versuch wurde folgendermaßen angestellt:

Je $^1/_2$ g der Salbe wurde in 10 qcm Haut (Unterarm) leicht eingerieben. Zwischen den einzelnen „Versuchsfeldern" blieb genügend unbehandelte Haut übrig, um Vergleichsmöglichkeiten zu gewährleisten. Der Arm wurde dann in einer Entfernung von 25 cm 12 Minuten lang dem ungefilterten Licht einer Analysenquarzlampe ausgesetzt. Das Resultat nach 7 Stunden, nach denen die größte Reaktion nach WUCHERPFENNIG[1] zu erreichen ist, war folgendes:

Es zeigte sich an der ganzen bestrahlten Seite ein kräftiges Erythem. Das Vaselin hatte keine Schutzwirkung, die Emulsion etwa eine 30proz., die *Glycerinsalbe eine ungefähr 80proz.* Schutzwirkung, ohne irgendwie zu reizen, ausgeübt. Dieses an mehreren Personen beobachtete Resultat wurde bei 10proz. leicht alkalischen Äsculinsalben gleicher Art ebenfalls erzielt.

Mit einer 3proz. Tanninsalbe bzw. der 3proz. wäßrigen Lösung wurden die Versuche an derselben und anderen Personen wiederholt.

Salbe 1 enthielt als Salbengrundlage Vaselin synth.

Salbe 2 eine Wasser-in-Öl-Emulsion; die Gerbsäure war in Wasser gelöst, die Ölphase bestand aus synthetischen Glyceriden mit einem Zusatz von 1% Cholesterin.

Salbe 3 war die offizinelle Glycerinsalbe, in die das Tannin eingearbeitet worden war.

Zubereitung Nr. 4 war eine 3proz. wäßrige Lösung. Die Versuchsanordnung war dieselbe wie bei der Chininsalbe, nur wurden empfindliche Personen statt 12 Minuten nur 5 Minuten bestrahlt.

Das Vaselin hatte keine Schutzwirkung, die Emulsion hatte etwa 30proz., die Lösung 60proz. und die *Glycerinsalbe vollkommenen* Schutz gewährt (s. Abb.10).

Die gute Wirkung der Glycerinsalbe soll nun nicht unbedingt dazu verleiten, derartige Salben herzustellen, denn nach BAUSCHINGER[2] wird Glycerin in derartigen Präparaten abgelehnt. Andererseits ist wiederum das Tanningelee der Firma Kutiak, Wien, mit Glycerin hergestellt und hat sich, größtenteils bei anderen Indikationen (Verbrennungen), als Gerbstoffpräparat bewährt (ELLMAUTHALER[3]).

Bemerkt sei noch, daß Cholesterin, wenigstens den Versuchen an der Tierhaut zufolge (RIX und SCHULTE[4]), 10-, 20- und 40proz. im Vaselin oder Glycerid die UV.-Empfindlichkeit erhöht. Der Versuch hat vorläufig nur theoretisches Interesse, kann aber bei der Kombination von Schutzmitteln berücksichtigt werden.

---

[1] WUCHERPFENNIG: Med. Welt **1938**, 52—53.
[2] BAUSCHINGER: Fette u. Seifen **46**, 12 (1939).
[3] ELLMAUTHALER: Wien. med. Wschr. **1947**, 97, 20—21.
[4] RIX u. SCHULTE: Beitr. path. Anat. **101**, 429 (1938).

Zusammenfassung. Die UV.-Lichtabsorption ist von der Wahl des Adsorbens, etwa Zinkoxyd, oder des fluorescierenden Stoffes und von der Salbengrundlage abhängig. Wasserlösliche Wirkstoffe sind in wäßrigen Salben und Schleimen wirksamer als in Emulsionen. Die meisten Lichtschutzmittel sind nur im alkalischen Milieu brauchbar, ein Umstand, der zu den Folgerungen aus der Lehre vom Säuremantel der Haut im Gegensatz steht. Je nach dem wirksamen Körper muß die Salbe ihn oberflächlich festhalten oder in den tieferen Hautschichten zur Wirkung bringen. In beiden Fällen muß eine Schichtdicke von Bruchteilen von Millimetern, und zwar durchschnittlich 8 μ, genügen. Bei der Verwendung von wasserhaltigen Verarbeitungen ist ein Glycerinzusatz notwendig, damit die Salbe durch Eintrocknen nicht an Wirksamkeit verliert. Das Ziel, Erythemschutz und Bräunung gleichzeitig zu erzielen, wird nur in Ausnahmefällen erreicht. Das p_H der Salbe muß beobachtet werden und darf, obwohl es, wie schon bemerkt, meist alkalisch ist,

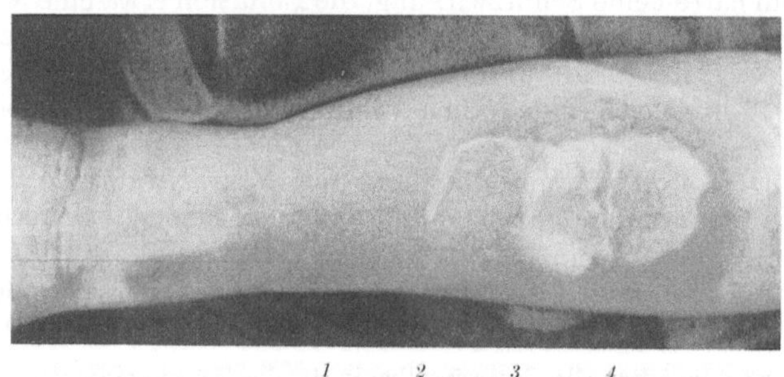

Abb. 10. Innenseite des Unterarmes, 7 Stunden nach Bestrahlung. *1* Tannin in Vaselin suspendiert, *2* Tannin in der wäßrigen Phase gelöst (Lanolin), *3* Tannin in der wäßrigen Phase gelöst (Glycerinsalbe), *4* wäßrige Tanninlösung.

nicht verändert werden, da sonst die gelösten Wirkstoffe ausfallen und unwirksam werden. Wir möchten daher Kombinationen von fertigen Salben mit Resorcin-Zinkpaste und ähnlichen nur nach Prüfung der Wasserstoffionenkonzentration des Endgemisches empfehlen.

Von den UV.-Lichtschäden verhütenden Präparaten müssen die in der *Röntgentherapie* bisweilen verwendeten Salben unterschieden werden. Sie können in zwei Gruppen eingeteilt werden. Die erste soll die Haut nicht vor den Strahlen, wohl aber vor den durch sie zu erwartenden Schäden der Strahlendermatitis schützen.

Es ist ja bekannt, daß jede Röntgenstrahlenanwendung, von einer bestimmten r-Zahl an, die bestrahlte Haut zu einem Locus minoris resistentiae macht, von dem weitere Schäden abgehalten werden müssen.

Es leuchtet ohne weiteres ein, daß eine *nach* einer Tiefenbestrahlung angewendete Schutzsalbe einen sicheren Schutz gegen Radiodermatitis nicht geben kann.

Man hat versucht, insbesondere die Trockenheit der Haut als hervorstechendstes Symptom der Röntgenschädigung zu bekämpfen und verwendete nach WELSCH[1] Ungt. leniens und Schweinefett. Die beiden

---

[1] WELSCH: Münch. med. Wschr. **1930**, 35, 1489.

Salben zersetzen sich aber ebenso wie Ol. camphorat. mitior. WINTZ schlug daher die Radermasalbe aus Wollfett, Vaselin und Pflanzenextrakten vor. Der eine von uns hat auf der Röntgenstation des Krankenhauses Ludwigshafen eine Salbe aus 50 Teilen Vaselin, 10 Teilen Wollfett und 40 Teilen einer 1 proz. wässerigen Lösung von Tannigan mit bestem Erfolg anwenden lassen.

KNOLL bringt unter dem Namen Eutyol eine Salbe heraus, die Holzgerbstoffextrakte als Wirkstoff enthält und von DIETER[1] empfohlen wird.

Die zweite Gruppe soll die Teile der Haut, deren Beeinflussung durch die Strahlen unerwünscht ist, schützen. Diese Salben enthalten als Adsorbentien Schwermetallsalze. Ein Vertreter dieser Art ist die *Desitin-Strahlensalbe*, die Lebertran, Milch, Wismut- und Bariumverbindungen enthält und nach ARENDT[2] vor Röntgenstrahlen schützt und nachträgliche Schäden verhindert.

b) Salben im Luftschutz.

Wir hoffen, daß die Anwendung von Luftschutzsalben in Zukunft entfällt. Da aber die Arbeit, die bei der Erforschung der Schutzsalben aufgewendet wurde, für die Beurteilung von Gewerbeschutzsalben von Wert sein kann, möchten wir auf diesen Abschnitt nicht völlig verzichten und bringen ihn mit unwesentlichen Kürzungen.

Salben kommen im Luftschutz als Prophylacticum und Therapeuticum, insbesondere gegen flüssige Kampfstoffe und deren Schäden in Betracht. Die Kampfstoffe der Gelbkreuzgruppe verhalten sich wie ein ätherisches Öl, dementsprechend muß auch die Prophylaxe und die Therapie sein. Man muß den Kampfstoff in eine unwirksame Form bringen oder ihm die Berührung mit der Haut verwehren.

In der Literatur wird erwähnt, daß das Einfetten der Haut mit Vaselin als Notbehelf gegen Verletzungen durch Gelbkreuzkampfstoffspritzer schütze. Dies ist nur beschränkt der Fall. Die Kampfstoffe sind vaselinlöslich und würden, einmal eingedrungen, durch das Vaselin nur verteilt, aber nicht abgehalten oder herausgelöst werden. Die Amerikaner versuchten im Krieg 1917—18 sich gegen Gelbkreuz durch Salben aus Zinkoxyd, Leinöl, Schweineschmalz und Lanolin oder aus Stearinsäure, Zinksalzen und pflanzlichem Öl zu schützen. Die Erfolge waren nicht sehr ermutigend.

MUNTSCH[3] hat in Modell- und Tierversuchen festgestellt, daß gegen die Gelbkreuzkampfstoffe Olivenöl, Schweinefett, Glycerin und Kollodium vollkommen versagten. Eine Tonerdegallerte-Vaselin-Mischung wirkte nur kurze Zeit. Wollfett und Wachs (letzteres mit Paraffin liquid. streichbar gemacht) schützten sehr lange. Vaselin bewirkt eine oberflächliche Verteilung des Kampfstoffes und läßt ihn erst nach längerer Zeit in geringer Menge durchdringen. Einen völligen Schutz bieten

[1] DIETER: Strahlentherapie **1943**, 73.
[2] ARENDT: Münch. med. Wschr. **1933**, 29.
[3] MUNTSCH: Gasschutz u. Luftschutz **1933**, H. 5, 130.

1 proz. Gelatinelösung und antiphlogistische Umschlagpasten (Enelbin).
Das Schweinefett erwies sich geradezu als Schlitten für den Kampf-
stoff beim Eindringen in die Haut. Nach Mocsi[1] ist glycerinhaltiger
Leim gut gegen Senfgas wirksam.

Diese Versuche stehen nicht im Widerspruch zu unseren später
zitierten Ergebnissen mit Salben, die Hautreizstoffe enthielten; denn
hier sollen die Hautreizstoffe durch eine Schicht verschiedener Salben
abgehalten werden, in unseren Versuchen enthielten die Salben den
Hautreizstoff schon verteilt. Sie mußten ihn nicht abhalten, sondern
weiterleiten. Die Versuche Muntschs sind vielmehr eine Bestätigung
der Tatsache, daß Fette derartige Substanzen besser lösen und leichter
abgeben als Kohlenwasserstoffe und Wachse. In einer anderen Arbeit[2]
berichtet Muntsch von Versuchen mit Lanolin- oder Paraffin- bzw.
Stearinsalben, schon eingedrungene Lostteilchen herauszulösen. Die
Erfolge der Salbenbehandlung waren wesentlich schlechter als die mit
Chlorkalk, so daß erstere nicht empfohlen werden konnten.

Zur Behandlung der eingetretenen Schäden eignen sich innerhalb der
ersten 15 Minuten die haltbaren Chlorkalksalben, die von Wasser ebenso
unabhängig sind wie die 5 proz. Natrium-Sulfaminochloratum-Salbe, die
Thomann[3] empfiehlt. Diese Salbe ist sehr gut haltbar, wie Olsen[4] festgestellt hat. Moir[5] empfiehlt ein Gemisch von gleichen Teilen Vaselin und
Chlorkalk und legt besonderen Wert auf gutes Vaselin, denn die Salbengrundlage spielt auch hier eine nicht unbedeutende Rolle. Sie soll nach
Fishburn[6] glycerinfrei sein, da schon kleinste Mengen dieses Alkohols den
Chlorkalk zerstören. Bei Herstellung der Moirschen Salbe im Großen
kann es zur Erhitzung kommen. Auch eine Mischung von 12 Teilen Chlorkalk, 40 Teilen Kokosseifenpulver und 70 Teilen Wasser ist brauchbar,
sie muß aber frisch bereitet werden (Büchi und Feinstein[7]). Will man
Dauersalben bereiten, so ist ein Paraffingemisch oder Vaselin mit möglichst kleiner Jodzahl empfehlenswert, da bei ungesättigten Anteilen
Reaktionen zwischen Chlorkalk und der Grundlage eintreten (Brindle
und Rosser[8]). Pastinsky[9] wiederum verwendet 1—5 proz. Salben, die
Lanolin, Borvaselin-Lebertran als Grundlage enthalten, und spricht
dieser Mischung, die ungesättigte Fette enthält, besonders gute Wirkung zu.

Zur Behandlung der Augen nennt Muntsch[10] eine alkalische Augensalbe nach folgendem Rezept, das in die Richtlinien der Ophthalmologi-
schen Gesellschaft aufgenommen wurde:

---

[1] Mocsi: Allatorvosi Lápok **64**, 37 (1941).
[2] Muntsch: Gasschutz u. Luftschutz **1933**, H. 9.
[3] Thomann: Schweiz. Apoth.-Ztg **1936**, 79.
[4] Olsen: Dansk Tidscr. f. Farm. **1940**, 3.
[5] Moir: Anest. **65**, 154 (1940).
[6] Fishburn: Pharmac. J. **144**, 35 (1940).
[7] Büchi u. Feinstein: Pharm. acta helvetica **15**, 3 (1940).
[8] Brindle u. Rosser: Quart. J. pharmac. Pharmacol. **13**, 261 (1940).
[9] Pastinsky: Wien. med. Wschr. **90**, 46 (1940).
[10] Muntsch: Leitfaden der Pathologie u. Therapie der Kampfstofferkrankungen.
Leipzig: Thieme; Gasschutz u. Luftschutz **1936**, 2.

Rp.	Natr. biborac. subt. pulv.	1,0
	Natr. bicarbon. puriss. pulv.	2,0
	Aqua dest.	
	Adeps lanae anhydr. $\overline{aa}$	10,0
	Vasel. americ. alb.	ad 100,0

Borax und Natron gehen bei dieser Salbe nicht vollkommen in Lösung, bilden aber eine Art Depot, das durch die Tränenflüssigkeit des Auges erschöpft und zur Wirkung gebracht wird. Nach diesem Rezept, das in der Kriegszeit offizinell geworden ist, werden die beiden festen Körper ohne Wasserzusatz verrieben, dann kommt das Wollfett, dann das Vaselin und zuletzt das Wasser hinzu. HEINSIUS[1] ist der Ansicht, daß diese Salbe von einer 0,1 proz. Dichloraminsalbe noch übertroffen werde. Cocainsalben sind abzulehnen, Novocain und andere Ersatzmittel erlaubt.

Zur Ausheilung der Hautschäden empfiehlt MUNTSCH im oben zitierten Buch individuelle Behandlung. Er warnt vor anästhesierenden Salben und rät, die Salbentherapie erst in späteren Stadien aufzunehmen, wenn die akuten Schäden durch Naßbehandlung, etwa durch Berieselung oder Bäder, abgeklungen sind. Am Auge ist die Ophthalmo Z 2-Salbe der Franzosen, die Farbstoffe in einer Wasser-in-Öl-Emulsion enthält, in der Heilperiode angezeigt.

In der englischen Literatur der Kriegsjahre wurde schon wiederholt darauf hingewiesen, daß Kupfersulfatlösungen bei Phosphorverbrennungen, insbesondere bei denjenigen mit unverbrannten Phosphorteilchen, schmerzlindernd und durch Phosphürbildung entgiftend wirken. STRAUB[2] trat für diese Therapie im deutschen Schrifttum ein und empfahl eine Paste aus 2 proz. Kupfersulfatlösung und Bolus. Wir haben Versuche mit 2 proz. Lösung, die mit 4 % Adulsion verdickt war und nicht absetzt, mit Erfolg angestellt.

UTERMARK[3] erwähnt die Ablehnung dieser Therapie durch ZERNIK und TÜRAUF und empfiehlt Natriumperkarbonat, das den Phosphor schnell oxydiert.

Zusammenfassend ist über Salben im Luftschutz zu sagen, daß sie als Schutz gegen Kampfstoffe den Gelatinelösungen oder Antiphlogistine unterlegen sind. Die alkalische Augensalbe hat für ihre Indikationen Bedeutung. In der Nachkriegszeit trat verschiedentlich das Problem auf, die großen Vorräte an alkalischen Augensalben nutzbringend zu verwerten. WALTER[4] hat größere Partien untersucht und festgestellt, daß ein großer Prozentsatz verdorben, jedenfalls für den gedachten Zweck unbrauchbar war. Er schlägt vor, die Salbe zu schmelzen, mit Wasser zu waschen, mit Natriumsulfat zu trocknen, zu filtrieren und dann als gewöhnliche Grundlage zu verwerten. Chlorkalksalben wirken, sofort aufgetragen, gut, versagen aber, wenn sie erst nach $^1/_2$ Stunde oder später angewandt werden[5]. Kupfersulfatschleime sind als Mittel gegen Phosphorverbrennungen optimal wirksam.

[1] HEINSIUS: Münch. med. Wschr. **1940**, 14; Veröff. Marinesan.wes. 430.
[2] STRAUB: Münch. med. Wschr. **1943**, 52/53; **1944**, 1/2.
[3] UTERMARK: Pharmazie **5, 3**, 115 (1950).
[4] WALTER: Pharmazie **3, 4**, 165 (1948).
[5] Med. Welt **1937**, 95.

6. Decksalben.

Diese Präparate müssen gesunde Haut vor dem Benetzen durch Wund- und andere Sekrete schützen. Sie sollen also ähnliche Eigenschaften besitzen wie die Salben, die im Gewerbe die Haut vor Schäden durch wäßrige Noxen bewahren. Es muß daher hier auch auf das diesbezügliche Kapitel von JÄGER verwiesen werden. Darüber hinaus sollen sie die oberflächlich geschädigte Haut schützen.

Einen neuen Weg in der Behandlung der Hautkrankheiten und zum Hautschutz des Neugeborenen hat die Firma Merz & Co., Frankfurt, eingeschlagen. Sie bringt als Ederma eine Salbe, die aus einer Eiweißfettcreme besteht, der die natürlichen Schutz- und Aufbaustoffe der Vernix caseosa des Neugeborenen, wie Cholesterin, Lipoide und Albuminoide, zugesetzt sind. Durch die schwachsaure Reaktion dient sie der Haut als Schutzdecke. Schon makroskopisch überzieht sie die Haut „wie weicher Käse, ohne einen Nachteil mit sich zu bringen". Doch schützt sie nicht nur die Haut, sondern soll sie auch mit arteigenen Stoffen sättigen und die Entwicklung unterstützen. Die Vernix caseosa artificialis zersetzt sich nicht und nimmt nur in ganz geringem Maße Wasser auf.

Die Zinkpaste und ähnliche Produkte sind bei der ersteren Indikation nicht in allen Fällen das optimal geeignetste Medium, da sie nicht fest haften und nicht dünn genug aufgetragen werden können. Zähe und wasserabstoßende, mit der Haut gut emulgierende Salben mit hohem Schmelzpunkt und wenig festen Bestandteilen, z. B. Wollfett und Wachs āā 4,0, Olivenöl oder Cetiol 2,0, sind am ehesten geeignet. Um sie sichtbar zu machen, können sie allenfalls mit Titanoxyd versetzt werden. In den von uns angestellten Versuchen hat sich

Vaselin DAB 6 oder synth.	8,0
Adeps lanae	1,0
Titanoxyd	1,0
Gummi oder Oppanol 50	1,0

gut bewährt. Das Wollfett kann, um jede Emulgierung der Sekrete auszuschließen, auch wegbleiben, es erhöht aber die Haftfestigkeit.

DICK[1] empfiehlt zur Abdeckung der Haut Quecksilber- oder Quecksilbersalzsalben, um eine Desinfektionswirkung zu erzielen und weist darauf hin, daß zur Abdeckung der Umgebung von Dünndarmfisteln noch keine Salbe vorhanden sei; sobald die Haut maceriert ist, haften die gebräuchlichen Salben nicht mehr. Am besten wirkt wohl noch Wollfett, das allenfalls durch Paraffinöl verdünnt wird. Es haftet, wenn auch nicht fest, infolge seiner hydrophilen Gruppen auch auf Wunden und gibt ihnen einen gewissen Schutz gegen wässerige Flüssigkeiten.

Öle und Fette mit einem Schmelzpunkt unter 37° genügen in manchen Fällen, werden aber schnell von der Wäsche weggesaugt. „Abwaschbare Decksalben", die gegen wäßrige Sekrete beständig sein sollen und in der Veterinärmedizin brauchbar sein können, sind nur mit besonderen Kunstgriffen einigermaßen befriedigend herzustellen, da die

---

[1] DICK: Med. Klin. **1941**, 19.

in dieser Definition geforderten Eigenschaften einander diametral entgegenstehen. So kann der Versuch gemacht werden, einen reizlosen, in Wasser leicht, in Fett aber möglichst unlöslichen Öl-in-Wasser-Emulgator, z. B. Fettalkoholsulfonat oder Seife, *trocken* in Körnchenform in Fett zu suspendieren. Den Sekreten gegenüber ist er gedeckt durch die Fetthülle. Wird die Salbe aber an der Stelle, die gewaschen werden soll, mit Wasser benetzt und dieses durch Reiben emulgiert, so bildet sich eine DRP.-747919-Emulsion, die abgewaschen werden kann.

BAYER[1] wendet sich in einer interessanten Arbeit gegen das Pudern der Säuglinge. Der Puder saugt viel zu wenig Sekrete auf und sollte durch Fette ersetzt werden. Auch hier sind Öle und weiche Salben trotz der guten Verträglichkeit nicht zu empfehlen (Dochtwirkung der Windeln). Er rät zu Puerlan Helfenberg, einer Mischung von gummiartigen Pflanzenstoffen und Vaselin.

Als Decksalben gegen Lösungsmittel sind Schleime[2] und Glycerinsalbe geeignet. Weitere Präparate enthalten einen benzinunlöslichen, fettartigen Körper, der viele Eigenschaften der Fette besitzt, aber Adipinsäure-Glykolester, einen Weichmacher, darstellt.

Die Prüfung einer Salbe auf Lösungsmittelresistenz erfolgt am besten in der Prokterschen Filterglocke, einem Apparat der Gerbereichemiker nach Art der Lampenzylinder, dessen untere weite Öffnung mit dünnem Papier, das mit der zu prüfenden Salbe bestrichen ist, verschlossen ist. Füllt man den Zylinder mit Lösungsmitteln, die die Salbe durchdringen, so tropft das Lösungsmittel schnell ab; hält die Salbe stand, so bleibt die Membran dicht. Eine Salbe, die 30 Minuten resistent bleibt, kann als lösungsmitteldicht bezeichnet werden.

An Hand dieser Apparatur, auf Grund chemischer Analysen und nicht zuletzt auf der Basis unserer Erfahrungen, können wir die zur Zeit denkbaren oder im Handel befindlichen Gewerbeschutzsalben in mehrere Gruppen einteilen und kommen zu ähnlichen Schlüssen wie HOPF[3].

Gruppe 1. Öl-Wasser-Emulsionen auf Basis von Stearatcremes oder Lanettewachssalben. Diese Produkte enthalten 20—60% fettartige Stoffe, können also sehr sparsam sein und sind nicht lösungsmittelresistent, sofern ihnen nicht Gallerten oder dgl. zugesetzt wurden. Typ: Tagescreme der kosmetischen Industrie.

Gruppe 2 enthält Wasser-Öl-Emulsionen und 30—70% fettende Bestandteile. Dieser Typ, der insbesondere dann gewählt wird, wenn Medikamente zugesetzt werden, wird fast ausschließlich mit Wollfett oder Konzentraten hergestellt. (Kein Schutz gegen Fettlöser, falls nicht Schleim eingearbeitet wurde, wohl aber Schutz gegen Säuren und Laugen.)

Gruppe 3 umfaßt die Hautmilchpräparate, die 5—15% Fett enthalten, also sehr sparsam sind. Sie fetten, schützen nicht vor Lösungsmitteln.

Gruppe 4 enthält Schleimsalben, deren Grundtyp, die Glycerinsalbe

---

[1] BAYER: Dtsch. med. Wschr. **1930**, 41.

[2] STAWITZ: Pharm. Ind. **12**, 3 (1950).

[3] HOPF: Ther. Gegenw. **83**, 87 (1942).

des Arzneibuches, in weitesten Grenzen variiert werden kann. Diese
Salben sind lösungsmittelresistent und mit Wasser abwaschbar.

Gruppe 5 umfaßt Präparate, die in den vier vorhergehenden Abschnitten nicht untergebracht werden können. Dies sind Emulgator-
lösungen, die auf der Haut eintrocknen und das Abwaschen schädlicher
Substanzen, die sich beim Arbeiten darüber lagern, erleichtern und gegen
Fettlöser schützen (Servoplast), ferner Arretil L, das bereits auf S. 16
besprochen wurde, und weitere Spezialsalben. Unter den letzten ist z. B.
eine durch das Amer. P. 2249523 geschützte Salbe gegen photographische
Entwickler zu nennen. Der Patentschrift zufolge ist eine Komponente
dieser Salbe ein organischer Celluloseester, etwa das Butyrat, und die
andere, in der der Ester in der Hitze gelöst wird, ein tierisches Öl oder
Fett mit einer Jodzahl von weniger als 125.

Nach HOPF soll eine Salbe abdecken, haften und in die Haut eindringen. Wie ihre Lösungsmittelresistenz geprüft werden kann, wurde
bereits ausgeführt, auch die Staub- und Wasserresistenz, die Eindringungstiefe kann im Modellversuch nach Prüfungsmethoden, die
zum Teil schon ausgearbeitet wurden (HOPF, PEUCKERT, JÄGER,
v. CZETSCH-LINDENWALD), zum Teil aber noch geschaffen werden müssen, untersucht werden. Sie sind richtungsweisend, aber nicht entscheidend, da sich unter Umständen solche Untersuchungsergebnisse
mit der praktischen Prüfung nicht in Übereinstimmung bringen lassen.
HOPF zeigt dies an Hand verschiedener Beispiele. Man muß also Verständnis und Erfahrung haben und kann sich dann an die Probleme
heranwagen. Dieser Überblick möge hier genügen, zumal JÄGER auf das
Problem der Gewerbeschutzsalben im Rahmen seines Beitrages über
Hautumweltforschung eingehen wird.

7. Kühlsalben.

Das Ungt. leniens, das UNNAsche Ungt. refrigerans, die cold creames
und cleaning creames sind alle mehr oder minder Kühlsalben. Dermatologisch werden sie als indifferente Salben, die das Hitze- und Span-
nungsgefühl beseitigen, als Medikamententräger viel verwendet, da der
Kühleffekt ein gutes Korrigens gegen Reizungen empfindlicher Haut
darstellt. Wir können von ihnen auch eine gewisse Wirkung auf die
Capillaren erwarten, da diese indirekt durch die Temperaturerniedrigung wieder zur normalen Funktion gebracht werden.

Es handelt sich um Öl-in-Wasser- oder diejenigen Wasser-in-Öl-
Emulsionen, die, auf die Haut gebracht, dort zerfallen oder umschlagen,
so daß das Wasser eine gewisse kühlende Wirkung auf die Haut ausüben kann. UNNA hat die Lehre begründet, wonach das Wasser aus den
Kühlsalben austritt und auf der Haut verdunsten soll. Die Bindung
der Wärme, die zur Verdunstung nötig ist, übe den kühlenden Effekt
aus. Kühlsalben sollen daher viel Wasser aufnehmen und enthalten,
haltbar und weich sein. Ein Lehrbuch hebt hervor, daß derartige
Salben aus der Haut heraus noch Wasser aufnehmen und es auch

wieder abdunsten lassen. Als Beispiel einer Kühlsalbe gibt es folgende
Vorschrift an:

> Adeps lanae 10,0
> Vaselinum flav. 4,0
> Oleum ricini 2,0
> Aqua dest. ad 20,0.

Während WINTERNITZ[1] noch alle Salben mit Wassergehalt als Kühlsalben auffaßt, betont MONCORPS[2], daß nicht jede Wasser-in-Öl-Emulsion eine Kühlsalbe ist. Es sind vielmehr nur die unstabileren, zum Zerfall neigenden Salben hierfür geeignet. Eine mit Wollfett hergestellte
stabile Salbe gibt kein Wasser ab und kühlt deshalb nicht. Im Gegenteil,
Lanolinsalben bringen das inkorporierte Wasser 70—140 mal langsamer
zur Verdunstung als ein ihrer Oberfläche gleicher Wasserspiegel (RY-
BÁK[3]). Sie behindern außerdem die Perspiratio insensibilis, die nach
PFLEIDERER die Hauttemperatur senkt, und wirken so eher im Sinne
einer Erwärmung und nicht einer Kühlung. Es ist ja auch bekannt, daß
Lanolinsalben (auch wasserhaltige) gegen Temperaturerniedrigung schützen. Durch Stärke- oder Kieselgurzusätze kann man nach RYBÁK die
aus fetten Substanzen bestehenden Scheidewände zwischen den Wasser-
bläschen der Wasser-Öl-Emulsionen leitend durchbrechen, das Wasser
sei dann in der Lage zu verdunsten und zu kühlen. Er kommt damit zu
den Kühlpasten der alten Arzneibücher, die neben Zinkoxyd noch beträchtliche Stärkemengen enthielten und dem Autor zufolge in der Lage
sind, sowohl zu kühlen als zu trocknen. Zinkoxyd allein ist, weil nicht
porös, nach RYBÁK nicht in der Lage, Wasser aufzunehmen und weiter-
zuleiten, eine Beobachtung, die durch unsere Versuche (Bd. II) bestätigt
werden konnte. Die oben angeführte Salbe ist also keine Kühlsalbe. Die
DAB 6-Vorschrift läßt die Salbe aus Mandelöl, Cetaceum, Wachs und
Wasser bereiten, es entsteht eine unstabile kühlende Emulsion, die
dem Rezept der holländischen Pharmakopöe überlegen ist; denn letztere
bedient sich des Wollfetts als Emulgator und kühlt nicht, wie KANNE-
GIESSER und v. D. WIELEN[4] nachgewiesen haben.

Die 5. Ausgabe des Schweizer Arzneibuches hat in der dort beschriebenen Kühlsalbe das Erdnußöl teilweise durch Vaselin ersetzt und
den Wassergehalt erhöht. Man ging von der irrigen Ansicht aus, daß die
Kühlwirkung nun intensiver werden würde, beobachtete aber das Gegenteil. Die Dermatologen waren mit der kühlenden Wirkung der neuen
Salbe, die zudem bisweilen reizte, keineswegs zufrieden und haben
nachgewiesen, daß Vaselin und Lanolin, auf die Haut gebracht, tempera-
turerhöhend wirken[5] (Wärmestauung). Diesen Gesetzen folgt das vaselinhaltige Ungt. refrigerans des 5. Schweizer Arzneibuches. In seiner Vorschrift werden auch Wachs und Walrat, Bestandteile der Salbe der
4. Ausgabe, durch Cetylalkohol ersetzt. Der Wassergehalt stieg von 20
auf 46%. Die pharmazeutisch hervorragend aussehende Salbe, die nicht

---

[1] WINTERNITZ: Handbuch der Haut- und Geschlechtskrankheiten V/1, 658.
[2] MONCORPS: Arch. f. exper. Path. 141 (1929).
[3] RYBÁK: Česká Dermat. II, 201, 234, 304 (1921).
[4] KANNEGIESSER u. v. D. WIELEN: Pharmaceut. Weekbl. 68, 1165 (1931).
[5] LUTZ u. HAENEL: zit. Zbl. Hautkrkh. 54, 198 ff. (1937).

mehr ranzig wird, viel homogener ist und kleinere Wasserteilchen zeigt,
entsprach, da sie eine echte und nicht mehr eine auf der Haut zerfallende
Pseudoemulsion darstellt, klinisch den Anforderungen nicht, so daß die
Autoren eine neue Kühlsalbe vorschlugen, die wieder vaselin- und
cetylalkoholfrei ist.

Nicht umsonst enthalten die Kühlsalben der meisten Pharmakopöen
Wachs, Walrat und Öl als Salbengrundlage und besitzen nur einen
Wassergehalt von 19—30%. Man bedient sich mit Absicht schwächerer
Emulgatoren, die auf der Haut schon versagen und die Salben aus-
einanderfallen lassen, und nicht z. B. des Wollfettes, das viel gleich-
mäßigere Emulsionen liefert, aber sie auch nicht zerfallen läßt.

Auch andere Stimmen wenden sich gegen die Vorschrift des Schweizer
Arzneibuches. WEINREICH[1] meint, daß nur Wachssalben Coldcremes
seien. Eine mit P. C. signierte Arbeit erwähnt, daß die Salben mit verseifbaren Fetten eine weit bessere Durchlässigkeit für Wasser und Salzlösungen zeigen als die Kohlenwasserstoffe. Diese fehlende Durchlässigkeit bedingt nach ihr den schlechten Kühleffekt. Sie bringt folgendes
Rezept in Vorschlag:

> **Rp.** Alcohol cetyl.   0,5
> Acid. boric.   3,0
> Ol. arachidis   10,0
> Aqua dest.   25,0
> Ol. Rosae gtt. I
> Ol. Arach. hydrogenat. ad 100,0.

WEINREICH hingegen bevorzugt folgende Verschreibung:

> **Rp.** Cera alba   100,0
> Cetaceum   100,0
> Ol. Arachidis   550,0
> Aqua dest. fervid.   250,0
> Cetylalkohol (evtl. Cholesterin)   5,0
> Ol. Rosae gtt. XX.

WEINREICH und P. C. haben beide recht und unrecht. Die Vorschrift
der Helvet. 5 ergibt keine Kühlsalbe, doch beruht die Kühlwirkung
weder auf der Durchlässigkeit der Fette für Wasser noch ausschließlich auf der besonderen Eigenschaft von Bienenwachs. Es müssen
vielmehr Öl-in-Wasser- oder unstabile Wasser-in-Öl-Emulsionen hergestellt werden, um Kühlwirkung zu verursachen. Man kann zwar
wie KERN[2] das offizinelle Ungt. leniens durch Zusatz von 2,5% Cholesterin stabilisieren und erhält damit eine jeden Apotheker außerordentlich befriedigende augenscheinliche Verbesserung der Salben, aber
durch den Zusatz wird die unstabile Emulsion zur stabilen; sie kühlt
nicht mehr. Wir konnten dies in eigenen Versuchen an 10 Personen feststellen. Nachdem wir ein Ungt. leniens DAB 6 und ein solches nach dem
KERNschen Rezept hergestellt und den Versuchspersonen eingerieben
hatten, gaben alle übereinstimmend an, daß nur das DAB 6-Präparat
kühle. Bei der Herstellung derartiger Rezepte muß deshalb der Dermatologe mitarbeiten.

---

[1] WEINREICH: Schweiz. Apoth.-Ztg **1936**, 49.
[2] KERN: Dtsch. Apotheke **1933**, 12, 140.

Meist sind also die Kühlsalben unstabile Wasser-in-Öl-Emulsionen. Der Öl-in-Wasser-Typus ist in dem von HERXHEIMER[1] empfohlenen Macremal vertreten, einer Stearatcreme mit Cetaceumzusatz und 85% Wasser. Die besondere Eigenart der durch die Definition „Kühlsalben" zusammengefaßten Präparate ist nicht nur auf den Wassergehalt allein zurückzuführen, sondern auch auf die besonderen Eigenschaften des Gesamtkomplexes. Wenn wir aus Paraffinum liquid.- und Cetylalkoholsalbe nach der Vorschrift der Schweiz. Apoth.-Ztg[2] eine angeblich für den Handverkauf geeignete Kühlsalbe zusammenstellen, so erhalten wir ein gut aussehendes, paraffinhaltiges, hautpflegendes Produkt, aber sicher keine Kühlsalbe im Sinne des Dermatologen.

Ob eine solche Salbe kühlt oder nicht, muß jedenfalls vor Empfehlung eines Rezeptes festgestellt werden. Hierzu sind Versuche an einer Reihe von verschieden empfindlichen Personen nötig; ferner als Ergänzung auch der **Farbenversuch,** der im folgenden geschildert werden soll. Gerade er zeigt den Unterschied zwischen einer echten Öl-in-Wasser- bzw. Wasser-in-Öl-Emulsion, wie das Ungt. molle, und der Pseudoemulsion Ungt. leniens. In allen Fällen wird vor der Herstellung das Wasser mit gleichen Mengen Methylenblau, das Fett mit Sudan III rot gefärbt. Die Salben zeigen schon makroskopisch ein gänzlich verschiedenes Aussehen. Das Ungt. molle ist blauviolett, die fein verteilte wäßrige blaue Phase übertönte die Rotfärbung des Sudanfarbstoffes vollkommen, das Ungt. leniens hingegen ist rotviolett. Die rote Fettphase ist hier imstande, das nicht so fein verteilte und deshalb nicht so intensiv farbwirksame Methylenblau im Farbwert zurückzudrängen. Mikroskopisch ist das Ungt. molle eine äußerst feine, homogene Emulsion, die Kühlsalbe hingegen zeigt größere und kleinere Wassertröpfchen in kompakter Fettmasse verteilt. Auf der Haut mit gleichen Mengen Wasser verrieben, bleibt das Ungt. molle blauviolett und ist nicht imstande, sich mit dem zugesetzten wäßrigen Medium zu vermischen. Die Kühlsalbe entmischt sich schon beim Auftragen, das rote Fett dringt ein, das blaue Wasser tritt an die Oberfläche, mischt sich mit dem Zusatz und fließt ab. In der Endwirkung ist das Ungt. leniens in seiner Fettwirkung, da die wässerige Phase verschwindet und nicht mit eindringt, betonter; es färbt die Haut in dem vorstehenden Versuch rot, das Ungt. molle hingegen ist weder Fett noch Wasser, sondern ein Komplex beider Bestandteile, eine stabile Emulsion, ebenso der Öl-in-Wasser-Typ, der die Haut durch das Wasser färbt; sie ist blau, färbt blau und ist mit Wasser sofort verdünnbar; sie ist in ihrer Wirkung „wasserbetont".

Dieser Versuch mit den gefärbten Phasen kann bei der Herstellung jeder Kühlsalbe zur Kontrolle mit kleinen Mengen angestellt werden. Färbt das Methylenblau ähnlich wie bei Öl-in-Wasser-Emulsionen das zugesetzte farbstofffreie Wasser auf der Haut leicht, so handelt es sich um eine unstabile Emulsion, um eine Kühlsalbe, zumal dann, wenn die

---

[1] HERXHEIMER: Münch. med. Wschr. **1932**, 47.
[2] Schweiz. Apoth.-Ztg **1934**, 35, 459.

Haut durch das Fett rot gefärbt wird; bleibt aber die Salbe blauviolett und gibt nichts vom Methylenblau an das Wasser ab und färbt auch die Haut nicht rot, so handelt es sich um eine echte Emulsion vom Typ Ungt. molle. Die rein blaue Farbe läßt auf eine Öl-in-Wasser-Emulsion schließen.

Der Farbversuch zeigt auch die geringe Haltbarkeit des echten Ungt. leniens. Nach 3 Monaten war die bei Zimmertemperatur gelagerte Salbe nicht nur ranzig, sondern auch großenteils entmischt, so daß auch dieses Präparat nach Möglichkeit frisch bereitet werden oder nicht länger als 1 Monat lagern sollte.

Die Ranzidität allein wäre noch bekämpfbar, denn STICH[1] zeigt, daß die Ranziditätsprodukte aus der Salbe und den Rohstoffen mit heißem Wasser ausgezogen werden können. Die Zerfallsneigung ist aber ohne Änderung im Gefüge nicht aufzuheben.

Die Frage: „Wie erklärt sich nun die Kühlwirkung?“ ist endgültig noch nicht beantwortet. Wir wissen, daß nur gewisse Emulsionen Kühlsalben sind, die näheren Umstände sind aber noch nicht besprochen.

Die Kühlwirkung soll darauf zurückzuführen sein, daß das Wasser bei seiner Verdunstung die Haut abkühlt. Doch fand schon RUPP[2], daß diese Theorie recht unwahrscheinlich sei, denn die Verdunstungsgeschwindigkeit der, wie er annimmt, auf der Haut noch fettumhüllten Wassertröpfchen ist viel zu gering, um eine merkliche Temperaturerniedrigung zu erzielen. Er hält es trotz der irrigen Ansicht über das Verhalten der Salbe auf der Haut mit Recht für wahrscheinlicher, daß diese geschmeidigen Wassersalben die nötige Befeuchtung, die dann als kühlend und lindernd empfunden wird, vermitteln. Er stellt deshalb solche Wassersalben mit Cetylalkohol, Vaselin und Paraffinum liquid. her und scheint mit diesen Präparaten bei richtiger Verarbeitung günstige Wirkung im Sinne der Entspannung, wenn auch nicht der Kühlung erzielt zu haben.

MONCORPS und seine Schule, vor allem HERFELD[3], haben sich mit der Frage der Kühlwirkung eingehend beschäftigt. Sie stellten fest, daß die sog. Kühlsalben vom Leniens-Typ praktisch so gut wie überhaupt nicht kühlen. Die Kühlwirkung der Trockenpinselungen ist weitaus intensiver. Die Versuche, die am Modell und am Menschen angestellt wurden, geben eine neue Erklärung für die Wirkung der Kühlsalben, nämlich die, daß die Salben, in die Haut eingedrungen, Wasser abgeben. Dieses Wasser kann durch den lang andauernden Kontakt auf der Haut oberflächlich eine Quellung bewirken, so daß die im wäßrigen Medium gelösten Medikamente besser eindringen und resorbiert werden können. Jedenfalls steht fest, daß die so erstrebte und oft betonte Kühlwirkung ganz unwesentlich ist. Zwar tritt das Wasser in Aktion, aber nicht seine Verdunstungskälte allein verursacht die Kühlung, sondern auch die Quellung, die HERFELD anführt, und die Entspannung der Haut durch die Emulsion, die RUPP betont. Es scheint

---

[1] STICH: Südd. Apoth.-Ztg 81, 55—56 (1941).
[2] RUPP: Pharmaz. Ztg 1934, 1141.
[3] HERFELD: Diss. München 1938.

weiterhin unserer Meinung nach Tatsache zu sein, daß die zu beobachtende Kühlwirkung nicht so sehr durch die Verdunstung, als vielmehr durch den Wärmeentzug, durch das ausgetretene Wasser, das als besserer Wärmeleiter der umgebenden Haut Calorien schneller entzieht als Fette oder stabile Emulsionen, verursacht wird. Denn die Kühlung ist im ersten Augenblick am intensivsten und nimmt schnell ab, wogegen die Verdunstungskühlung länger anhalten müßte.

Bisher wurde nur von Kühlsalben, die an sich auch Medikamententräger sein können, gesprochen. Es versteht sich von selbst, daß der Zusatz von kühlenden Medikamenten eine Kühlwirkung entfaltet. Die von ZUMBUSCH und von SCHEFFER angegebenen Essigsaure Tonerde enthaltende Salben geben deshalb einen gewissen Kühleffekt, obwohl sie als stabile Emulsionen dies nicht erwarten ließen. Ebenso „kühlen" Mentholsalben auch dann, wenn sie gar kein Wasser enthalten. Sie wirken rein nervös, erregen die Nerven, welche den Kältereiz leiten und täuschen so Kühlung vor, ohne daß eine wirkliche Temperaturerniedrigung erfolgt.

Kühlend wirken also vor allem Öl-in-Wasser-Emulsionen, bei denen das Wasser an die Haut herantreten kann. Ein Beispiel dafür ist auch die Paste refrigerans RF, die aus Leinöl und Kalkwasser, Kreide und Zinkoxyd besteht.

Zusammenfassend ist festzustellen, daß stabile Wasser-in-Öl-Emulsionen keine Kühlsalben darstellen. Kühlsalben sind Öl-in-Wasser- oder *unstabile* Wasser-in-Öl-Emulsionen, ihre Kühlwirkung — temperaturmäßig gesehen — ist gering, sie entspannen aber die Haut. Als bessere Wärmeleiter, wie Fette oder Wasser-in-Öl-Emulsionen, erzeugen sie, aufgestrichen, ein kurzdauerndes Kühlegefühl, indem sie der Umgebung Calorien entziehen.

Wie der Versuch mit den gefärbten Kühlsalben zeigt, ist zwischen der Wasser-in-Öl-Emulsion, die insbesondere in der Kosmetik oft als Cold Cream bezeichnet wird, und den Pseudoemulsionen vom Typ des Ungt. leniens ein grundlegender Unterschied. Die ersteren sind „*fettbetont*", die Haut wird vom fettlöslichen Farbstoff gefärbt, die letzteren sind „*wasserbetont*". Hier wirkt vor allem die wässerige Phase. Sie haben also in der Dermatologie verschiedene Wirkung und nicht denselben Anwendungszweck.

Kühlsalben nach Art des Ungt. leniens und die Öl-in-Wasser-Emulsionen müssen konserviert und für arzneiliche Zwecke am besten frisch bereitet werden. Will man eine Kühlsalbe vom Charakter des Ungt. leniens, so empfiehlt sich ein dem Pharmakopöepräparat ähnliches Produkt, wie z. B.

Cera alba	7,0
Cetaceum	8,0
Ol. Arachidis	60,0 (oder Cetiol)
Aqua dest.	25,0,

also das Arzneibuchpräparat, in dem das verderbliche und teure Mandelöl durch Cetiol ersetzt ist. Ein ähnliches Präparat schreibt das jugoslawische Arzneibuch vor, es ersetzt das Mandelöl durch Sesamöl.

Durch die Zugabe guter Emulgatoren, wie Cholesterin (KERN), oder
Stabilisatoren, wie Cetylalkohol (BRANDRUP[1]), erhalten wir schönere
Emulsionen; die Salbe verliert aber die Eigenschaften, die wir mit
Recht oder Unrecht in einer „Kühlsalbe" suchen.

Salben als Medikamententräger.

Wir kommen zu den Salben, insbesondere zu den fetthaltigen, die als
Medikamententräger die Haut oder den Körper beeinflussen sollen und
vor allem im chronischen Stadium indiziert sind, wogegen fettfreie
Mittel oder Zinköle zur Behandlung akuter Fälle besser am Platze sind.
Ihre Vielzahl und die verschiedenen Eigenschaften der eingearbeiteten
Arzneimittel verlangen nach einer Einteilung, die wir nach den ver-
schiedensten Arten vornehmen können. Wir sind imstande, die Indika-
tionen als leitende Gesichtspunkte zu nehmen und alle Ekzemsalben
zusammen zu besprechen, dann die Ätzpasten, die Rheumasalben usw.
Wir können auch die Unterteilung nach der Art der Inhaltsstoffe, ob
sie organisch oder anorganisch sind, durchführen. Die übersichtlichste
Einordnung ist die in:

1. *Salben, die vorwiegend durch die gesunde Haut hindurch Medikamente abgeben sollen*, wie Salicylsalben, Salben mit ätherischen Ölen,
Salben mit metallischem Quecksilber, Jodsalben, Hormon- und Vitaminsalben bei inneren Indikationen, Bienengiftsalben und Salben mit Haut-
reizstoffen. Also Diffusion! Resorption! Fernwirkung.

2. *Salben zur Behandlung der kranken Haut und von Wunden*, wie
Borsalben, Pyrogallus- und β-Naphtholsalben, Teersalben, Ichthyolsalben, Metallsalzsalben, Lebertransalben, Zucker- und Honigsalben,
anästhesierende Salben. Lokale Penetration!

Dazu kommt noch die Einteilung in wasserlösliche, öllösliche bzw.
unlösliche Medikamente. Die Synthese beider Einteilungsmöglichkeiten
wollen wir an Hand der wichtigsten Gruppen besprechen und dann
daraus die Folgerungen ziehen.

Zwischen den einzelnen Unterteilungen bestehen selbstverständlich
laufende Übergänge. So sind z. B. die Hormon- und Vitaminsalben bei
beschädigter Haut genau so oft und vielleicht noch häufiger in Verwendung als bei gesunder Haut. Mit diesem Übergreifen der einzelnen Themen müssen wir uns abfinden, denn auch bei den anderen Einteilungs-
versuchen käme derartiges vor, und schließlich gibt es kaum ein in
Salbenform verwendetes Präparat, das vollkommen unlöslich oder in
beiden Phasen (Wasser und Öl) gleich gut löslich ist, das ausschließlich
nur eine Indikation hat, denn auch die Lebertransalben — um nur ein
Beispiel anzuführen — dienen sowohl zur Wundbehandlung als auch zur
Verhütung von Sonnenbrandschäden.

Da wir uns zuerst der Resorption der Medikamente widmen, müssen
wir uns die Ausführungen von PERUTZ[2] in die Erinnerung zurückführen.

---

[1] BRANDRUP: Dtsch. Apoth.-Ztg **1934**, 49.
[2] PERUTZ: Handbuch der Haut- und Geschlechtskrankheiten V/1 137ff.

Er erwähnt darin die älteren Arbeiten von FLEISCHER, SCHWENKEN-BECHER, FILEHNE, KREIDL und ROTHMAN. Er zeigt, wie die Diffusion auf osmotischen Kräften beruht, und betont, daß sie um so schneller vor sich geht, je kleiner das zur Resorption angebotene Molekül ist. Wir können also die Resorptionsgeschwindigkeit durch die Wahl eines größeren oder kleineren Moleküls bis zu einem gewissen Grad steuern.

Mit dem Problem der Ein- und Durchdringung der Haut beschäftigen sich besonders die Autoren C. GUY LANE und IRVIN H. BLANK[1], die auch eine Übersicht über die im letzten Jahrzehnt angefallene Literatur geben. Der Nachweis zahlreicher Stoffe im Urin, wie Jod, Hormone, Vitamine und ätherische Öle, zeigt, daß diese die Hautbarriere durchdringen können.

Die Anatomie der Haut ergibt dabei besondere Möglichkeiten, die von denselben Autoren[2] erörtert wurden. Die Oberfläche der Haut ist uneinheitlich und wird durch Follikel- und Drüsenöffnungen unterbrochen. Die Epidermisschichten werden in der Tiefe der Follikel dünner und bilden schließlich nur eine wenige Zellen dicke Schicht. Auch der Schweißdrüsenkanal muß als mögliche Eingangspforte betrachtet werden. Die Grenzfläche der Haut ist mit einem Fetthäutchen (PERUTZ und LUSTIG) bedeckt, das mehr oder weniger einheitliche Lipoide darstellt. Es unterscheidet sich von den Fetten der tiefergelegenen Hautschichten prinzipiell durch wenig Fettsäuren, weist dafür aber mehr Wachse und Cholesterinester auf. Vor allem enthält es einen höheren Prozentsatz nicht verseifbarer Substanzen und mehr Phosphorlipoide. Nach KOPPENHOEFFER[3] können die Lipoide der Oberfläche leichter mit Wasser vermischt werden, was auf dem Oxycholesterol und den Phosphorlipoiden beruhen soll. In Gegend vermehrter Schweißdrüsen liegt über dem Fetthäutchen noch ein wäßriger Film. Erkrankte Haut zeigt andere Merkmale. Wenn sie trocken ist, so ist wahrscheinlich das Fetthäutchen als Begrenzung vorhanden z. B. bei Ichthyosis; ist sie feucht, so können die oberen Zellschichten zerstört sein, und seröse Sekrete bilden dann die Grenzfläche.

Zusammenfassend wird von den Autoren hervorgehoben, daß die gesunde Haut durch Wasser normalerweise nur schwach angefeuchtet, jedoch durch Zusatz befeuchtungsfördernder Mittel mühelos durchnäßt werden kann. Das lipoide Häutchen der Oberfläche kann dabei durchdrungen werden und Wasser vom Stratum Corneum aufgenommen werden (Maceration). Die gesamte Epidermis kann durch Wasser nicht durchdrungen werden. Dagegen kann das Wasser auch in Follikel- und Drüsenmündungen eintreten. Es wird angenommen, daß Elektrolyte die Haut durchdringen, wenn wäßrige Lösungen mit Elektrolyten auf der Hautoberfläche vorhanden sind. Eine Kochsalzlösung muß mehr als 0,85 proz. sein, wenn ihr Eindringen in die Zellen der Hornschicht verhindert werden soll. Ölige Substanzen feuchten die intakte Haut-

---

[1] LANE u. BLANK: Arch. Dermat. **54**, Nr 5 (1946).

[2] LANE u. BLANK: Cutaneus Detergents, J.A.M.A. **118**, 804—817 (1942).

[3] KOPPENHOEFFER, R. M.: The Distribution of Lipids in Fresh Steer Skin. Biol. Chem. **116**, 321—341 (Nov. 1936).

oberfläche an, durchdringen das lipoide Häutchen und scheinen leicht in die Haarfollikel einzudringen. Es ist nicht bekannt, daß ölige Mittel das Stratum Corneum durchdringen. Ätherische Öle dringen schneller als übrige Substanzen in die Haut ein. Emulsionen einiger Öle penetrieren schneller als das Öl allein, ein Symptom, das noch nicht befriedigend erklärt werden kann. Reibung und Dehnung der Haut sowie erhöhte Temperaturen beschleunigen wahrscheinlich die Penetration.

Anschließend untersuchen die Autoren noch den Einfluß der einzelnen Substanzen auf die Verdunstung der Hautoberfläche. Dabei ergibt sich, daß mit Wasser nicht mischbare Öle, Kollodium, Pflaster und Bandagierung die Oberflächenverdunstung verzögern, während mischbare Öle und Emulsionen weniger abschließend wirken. Durch die Verdunstungsbehinderung wird die Haut weicher, weil die unmerkliche Schweißabgabe verzögert wird. Leicht verdunstende Mittel, wie Wasser und organische Lösungen, wirken kühlend und auch juckreizlindernd. Denselben Effekt können auch Puder durch Vergrößerung der Oberfläche hervorrufen.

Zum Schluß wird noch die Erweichung der oberen Hautschichten kritisch beleuchtet. Wasser trocknet die Haut nach längerer Berührung aus. Als Ursache der trockenen Haut im Winter muß der erhöhte Wasserverlust bei niedrigem Feuchtigkeitsgrad angesehen werden. Daher im Winter die Trockenheit und das Aufspringen unbedeckter Hautteile. Hydrophile Kolloidlösungen werden Wasser schneller als normal aus der Haut entfernen und werden zur Austrocknung therapeutisch angewandt. Ölige Vehikel (Öl-Wasser-Emulsion) werden als erweichende Mittel angesehen, da sie nach Verdunstung des Wassers einen lyophilen Ölfilm auf der Haut hinterlassen. Die Wasser-Öl-Emulsion soll einen ähnlichen Effekt haben. Wasserunlösliche Öle (Petrolat und Olivenöl) wirken gut erweichend, weil sie die Verdunstung von der Oberfläche verhindern. Nachteilig ist, daß sie ein öliges oder warmes Gefühl hinterlassen. Firnisse verhindern jede Verdunstung durch Filmbildung, sie haben daher eine gering erweichende Wirkung. Puder trocknen aus, wenn sie nicht wie Zinc. stearat hydrophob sind und nur wenig Feuchtigkeit entfernen. Wenn sie etwas fettig sind, haben sie vielleicht gering erweichende Wirkung. Organische Lösungsmittel entfernen als gute Fettlöser viele natürliche Lipoide der Haut und trocknen daher aus. Die Ölsubstanzen der Haut werden zwar durch sie nicht verdunstet, aber anders verteilt.

Anschließend an die unter der geschilderten Einteilung aufgezählten Salben sollen dann noch einige Grenzgebiete besprochen werden. Es wird die Beeinflussung der therapeutischen Wirksamkeit durch den Schmelzpunkt und die Konsistenz erwähnt werden, ferner die Förderung der Resorption durch medikamentöse Zusätze, die Salbenherstellung und die Aufbewahrung. Es sollen einige besonders seltsame Salben erwähnt und zum Schluß nochmals eine Übersicht gegeben werden.

Salicylsalben.

Die Salicylsäure, die in Fetten leichter löslich ist als in kaltem Wasser, wird von der Haut resorbiert. Sie gehört zu den am häufigsten in Salbenform angewendeten Medikamenten, da ihre Wirkung in 4 Richtungen in der Therapie ausgenützt wird. Denn

1. steigert der Salicylsäurezusatz die Resorption zugefügter Medikamente,

2. die bei 1—2proz. Salben auftretende keratoplastische, bei stärkeren Salben keratolytische bzw. in hohen Konzentrationen ätzende Wirkung ist in der dermatologischen Praxis unentbehrlich,

3. die interne Salicylsäurewirkung bei der Rheumabehandlung ist die Grundlage zahlreicher Rheumasalben,

4. Salicylsäure wirkt antiparasitär. Als Desinfiziens wird sie im diesbezüglichen Kapitel besprochen.

Mit der Salicylsäure als Gleitschiene für Jodide, Bromide und Chloride beschäftigte sich schon SOKOLOW[1]. Er stellte fest, daß alle diese Salze aus Lanolin oder Vaselin nur dann resorbiert werden, wenn ihnen die Salicylsäure durch ihre keratolytische Wirkung die Hautschranke durchbricht, eine Beobachtung, die allerdings schon von GUNDROW[2] bestritten wurde. Denn nach diesem Verfasser wird die Salicylsäure zwar resorbiert, sie fördert die Resorption anderer Medikamente aber nicht. Die heutige Ansicht gibt wieder SOKOLOW recht, nicht für alle Mittel aus allen Medien, wohl aber für die wasserlöslichen Medikamente, ferner für die Behandlung mit Teer, dessen Wirkung durch die Säure verstärkt wird (FÜRST). Auch Salicylsäureester werden bei Zusatz von freier Salicylsäure besser resorbiert (MONCORPS[3] sowie ROJAHN und WIRTH[4]).

Den Dermatologen interessiert am meisten die lokale, desinfizierende und keratolytische Wirkung, wobei letztere nach MONCORPS mit der Resorptionsgröße parallel geht. Der Dermatologe wird daher, wenn er die keratolytische Wirkung auf die gesunde Haut anstrebt, auch die Resorption der Salicylsäure mit in Kauf nehmen müssen. MONCORPS[5] sowie auch CLAUSSEN[6] fanden, daß die Salicylsäure aus 5proz. Salbenverbänden mit Vaselin-Zinkpasten nur in geringer Menge resorbiert wird. Aus Eucerinemulsionen war die Resorption besser, am besten aus Öl-in-Wasser-Emulsionen, da das Wasser das Keratin der Haut zum Quellen bringt und so das Eindringen der Salicylsäure erleichtert. Gute Resorption erzielt man auch aus Sapo kalinus salicylatus, wie MAY nachgewiesen hat. Der Grund hierfür liegt wohl in der verstärkten Maceration, also in einer Schädigung der Haut durch die Kaliseife, und im Verschieben der Haut-p_H-Werte ins Alkalische, was im übrigen als Nach-

[1] SOKOLOW: Arch. f. Dermat. **30**, 115 (1895); **35**, 271 (1896).
[2] GUNDROW: Arch. f. Dermat. **71** (1904).
[3] MONCORPS: Arch. f. exper. Path. **163**, 4 (1931).
[4] ROJAHN u. WIRTH: Arch. f. exper. Path. **175**, 1 (1934).
[5] MONCORPS: Arch. f. exper. Path. **141**, 152, 155, 163, 175.
[6] CLAUSSEN: Diss. München 1929.

teil gewertet werden muß. Es handelt sich hier außerdem um einen Sonderfall, der chemisch zu erwarten war und von ROJAHN und WIRTH[1] auch bestätigt wurde, nämlich nicht um Salicylsäure — sondern um Salicylatresorption, denn die Säure wird durch das Alkali in kurzer Zeit in das Salz umgewandelt. Die Salicylate werden aus Öl-in-Wasser-Emulsionen resorbiert (MERZ[2]). Auch mit ätherischen Ölen kann man die Resorption der Salicylsäure verbessern und z. B. aus Lanolin therapeutisch wirksame Mengen zur Aufsaugung bringen.

Die Inunktionsversuche von MONCORPS und die unter gleichen Bedingungen angestellten eigenen Prüfungen können in Form einer graphischen Darstellung gezeigt werden (Abb. 11).

Danach haben die beiden Vaselinsorten unter 1% des der Salbe zugefügten Salicyls im Harn wiederfinden lassen, Eucerin wasserfrei 2%, mit Wasser versetzt 5%, Fette zwischen 1 und 3%, fetthaltige Schleime 40%. Da, wie umseitig schon erwähnt, die Keratolyse mit der Resorption parallel geht, müßte nicht nur der Internist, der die Resorption der Salicylsäure anstrebt, sich diese Beobachtungen zu eigen machen, sondern auch der Dermatologe, der Keratolyse erreichen will. Eine Salicyl-Vaselin-Salbe müßte danach, um gleiche Wirkung zu erzielen, 40 mal stärker dosiert sein als eine Öl-in-Wasser-Emulsion aus Pflanzenschleim und Fett. Dies ist aber in der hier aufge-

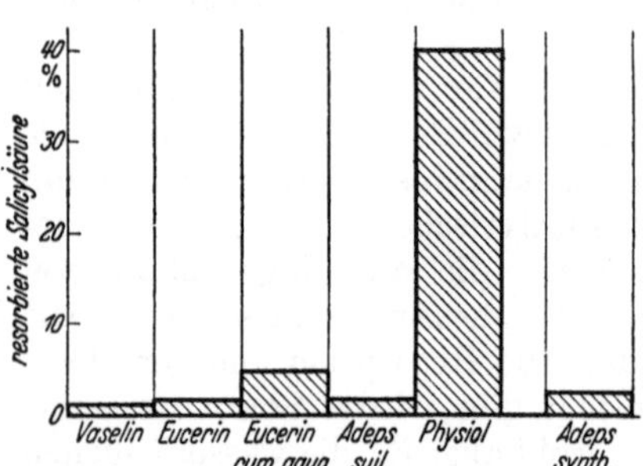

Abb. 11. Graphische Darstellung der Salicylsäureresorption aus Salben. Hergestellt unter Benutzung der Angaben von MONCORPS. Die Salicylsäureresorption aus synthetischem Fett ist in Versuchen, die nach der von MONCORPS angegebenen Technik angestellt wurden, ermittelt worden.

stellten Form nur bedingt richtig. Denn bei den dermatologischen Indikationen und den dort angewendeten Dosen verwischt sich die Salicylwirkung aus dieser oder jener Grundlage mehr oder weniger. Man erhält nicht die Unterschiede, die die verschieden große Resorption erwarten läßt. Man muß sie aber im Hinblick auf die Resorption kennen, denn die Salicylsäure ist nicht indifferent und hat neben gelegentlich auftretenden allergischen Reaktionen schwere Schädigungen nach der Aufnahme in den Körper, ja selbst Todesfälle hervorgerufen[3, 4].

SCHÜBEL[5] meint, daß die Salicylsäure mit freiem Cholesterin einen Ester bildet, so daß die Resorption herabgedrückt werde, denn die Ester penetrieren schwerer durch die Haut als freie Säuren.

Klinisch ergibt die Beurteilung der *Salicylsalbenwirkung* keineswegs identische Resultate mit der Resorptionsskala von MONCORPS, der schon

[1] ROJAHN u. WIRTH: Arch. f. exper. Path. **175**, 1 (1934).
[2] MERZ: Arch. Pharmaz. **269**, 455 (1930).
[3] SANNICANDRO: Il Dermosifilogr. **1937**, 7.
[4] ZUMBROICH: Diss. Frankfurt 1918.
[5] SCHÜBEL: Med. Klin. **1943**, 17/18.

darauf hinwies, daß jede Salbengrundlage bezüglich des Eintritts der
durch das Salicyl bedingten Keratolyse ihre eigene Konzentrations-
schwelle hat. So tritt nach diesem Autor bei Eucerin c. aqua und Physiol C eine Keratolyse schon bei 0,5—1 proz. Salicylzusatz ein, während
sie bei Lanolin oder Vaselin erst bei 5 proz. Salicylzusatz beginnt und
bei Pasta Zinci oder Adeps suill. benzoat. sogar erst bei 15 proz. Salicylzusatz. Dabei ist hervorzuheben, daß die keratolytische Wirkung der
Salicylsäure auch durch die Verbandtechnik erheblich modifiziert werden
kann. Eine Keratolyse wird durch wasserdichte Abdeckung verstärkt,
wenn z. B. aus einer Öl-in-Wasser-Emulsion das Wasser als disperse
Phase nicht abdunsten kann.

Für die Praxis muß hervorgehoben werden, daß bei 1—5 proz.
salicylhaltigen Salbengrundlagen, wie Schweinefett oder synthetischem
Fett, Zinkpaste, Lanolin und Vaselin, eine nennenswerte hornhaut-
erweichende Wirkung kaum in Erscheinung tritt. Im Gegensatz zu
MONCORPS, der allerdings auch hervorhebt, daß in vitro erhobene Be-
funde über die Abgabefähigkeit verschiedener Grundlagen für Salicylsäure keine Rückschlüsse für die Therapie zulassen, sahen wir auch bei
Salicylemulsionen (Öl-in-Wasser und Wasser-in-Öl) keinen besonderen
Unterschied zu den obengenannten Grundlagen. Unsere eigenen klinischen Versuche erstreckten sich sowohl auf das Studium der keratolytischen als auch auf antiparasitäre und keratoplastische Wirkung, z. B. bei
Erythrodermien, Neurodermitis flexurarum, Mykosen, Ichthyosis u. a.

Die keratolytische Wirkung entsprach klinisch nach unseren Erfahrungen nicht der Resorptionstabelle von MONCORPS und seiner Staffelung
für Salbengrundlagen, die er, hinsichtlich der Resorption von Salicyl
gemessen, an der Eliminationskurve im Harn aufstellt. Zwar war bei
Simultanbehandlung mit 1—5 proz. Salicyl in Adeps oder Vaselin das
Adeps selbst schneller eingedrungen, doch war eine deutliche therapeutische Differenz bei diesen Salbengrundlagen nicht zu buchen. Wir sahen
auch bei Ichthyosisfällen, die wir simultan mit 1—10 proz. Salicylsalben
(teils Vaselin, teils Wasser-in-Öl-Emulsion) behandelten, nicht den erwarteten Unterschied in der Keratolyse zugunsten der Emulsion. Als
Erklärung dafür darf wohl angenommen werden, daß die Resorption aus
der Emulsion so schnell durch die Haut hindurch erfolgt, daß das Salicyl
in der Epidermis gar nicht zur Wirkung gelangen kann, während es im
Harn nachzuweisen ist.

Von den verschiedenen Salbengrundlagen, die wir klinisch erprobten,
wurde bei Erythrodermien häufig das synthetische Adeps (Triglycerid)
als angenehmer empfunden, da es nicht als Decksalbe auf der Haut liegen
blieb, sondern sich leicht in die Haut einreiben ließ und dadurch die
Hautspannung verminderte. Wir müssen also streng unterscheiden,
ob wir die Salicylsäuresalbe nur zur Keratolyse, lokal oder allgemein bei
internen Indikationen anwenden wollen. Im ersten und letzten Falle
werden wir die am besten verträgliche Grundlage nehmen, im zweiten
aber zweckmäßigerweise eine Öl-in-Wasser-Emulsion in Form einer
Pflanzenschleimsalbe oder, wenn sonst nichts dagegen spricht, den hier
die Resorption fördernden impermeablen Verband wählen.

Wir müssen außerdem noch darauf achten, daß, wie SEMMOLA und GARDENGHI[1] feststellten, jugendliche Haut, Wunden und haarige Partien besser resorbieren als alte und glatte Haut.

Salicylsalben können bei Überempfindlichen zu schwerster allergischer Intoxikation führen. ECKERT[2] beschreibt z. B. einen Fall, in dem ein 12jähriges Mädchen, das während 5 Wochen ohne jede Reaktion 10 proz. Salicylvaselin vertragen hatte, innerhalb von 24 Stunden an einer Salicylsäurevergiftung starb. Er empfiehlt daher, vor der Behandlung auf Allergie zu achten. BEKER[3] rät zu Schleimsalben.

Die Salicylsäuretherapie ist außer in Fällen von Überempfindlichkeit auch heute noch bei Rheuma angezeigt[4]. Unter den zahlreichen Industrie- und Apothekenpräparaten, die hierfür in Frage kommen, haben nur wenige Öl-in-Wasser-Emulsionen als Medium. Viel häufiger ist Seifenzusatz anzutreffen.

Zu den Salicylsalben im weiteren Sinne gehört wohl auch der Salicyltalg, ein von alters her überliefertes, viel gebrauchtes Requisit zur Prophylaxe von wunden Füßen und Fußschweiß. Eigentlich sollte man annehmen, daß es bei diesen beiden Indikationen fehl am Platze ist, ebenso wie die in der Pharmaz. Z.halle Dtschld 1922, Nr 63, gegen Handschweiß empfohlenen Paraffin-Lanolin-Salben mit Salicylzusatz und Thymol, die sicher recht unangenehm kleben. Denn wenn man die Haut mit Salicylsäure noch keratolysiert, wie dies im Schuh, einem nicht sehr durchlässigen Verband, auch bei schwachen Salicyldosen zu erwarten ist, muß das Wundlaufen doch eigentlich nicht besser, sondern schlechter werden. Der Fußschweiß aber kann mit anderen Desinfizienzien besser geruchlos gemacht und mit Adstringentien intensiver verhindert werden. Wir haben dementsprechend versuchsweise Talgstangen mit 0,5% eines öllöslichen Desinfiziens hergestellt und diese in einer Arbeitsgemeinschaft prüfen lassen. Wider Erwarten befriedigten derartige Präparate aber in keiner Weise.

Die von THOMANN[5] angegebene Salbe der Eidgenössischen Armee

Sebum	80,0
Adeps lanae	20,0
Vaselin	85,0
Sapo med.	5,0
Formaldehyd sol.	20,0
Methyl. salicyl.	1,0

ließ sich mit Fett und Vaselin gut bereiten und befriedigte die Prüfer mit und ohne Methylsalicylatzusatz. Salicylsäure ist also in den Talgstangen ersetzbar, und zwar sogar durch alkalische Mittel, denen saure Verarbeitungen noch vorgezogen werden können.

Unter den vielen Präparaten, die sich der Salicylwirkung zur Rheumabekämpfung bedienen, sind die meisten nicht mit freier Säure, sondern mit deren Derivaten, hauptsächlich Estern, hergestellt. Diese Ester

[1] SEMMOLA u. GARDENGHI: Il Dermosifilogr. 17, 57 (1942).
[2] ECKERT: Med. Klin. 1940, 42.   [3] BEKER: Öst. Apath. Ztg. 4, 42 (1949).
[4] SEEL: Fortschr. Ther. 1935, 8.
[5] THOMANN: Schweiz. Apoth.-Ztg 1938, 48.

sind öllöslich und verhalten sich dementsprechend wie ätherische Öle, insbesondere der Methylester, der ja der Hauptbestandteil des Wintergrünöles ist. Sie werden in Gegenwart von Wasser oder intracellulär in freie Säure aufgespalten (HAUSCHKA[1]). Es seien einige erwähnt:

Diplosalsalbe (Boehringer) enthält Salicylsäureester. Sie wird bei Rheuma und Neuralgien empfohlen.

Doloresumsalbe (Kyffhäuser-Laboratorium) enthält Chloroform, Salicylsäure-Methylester, Phenylchinolincarbonsäure und ätherische Öle.

Dolorsanbalsam (Opfermann, Köln) enthält Jod, Menthol, Campher, Methylsalicylat in einer Salbengrundmasse.

Fissan-Rheuma-Salbe. Wasser-in-Öl-Emulsion mit Salicylsäure. Fissan-Rheuma-Salbe wird z. Z. nicht hergestellt.

Gayebalsam (Dr. Ivo Deiglmayer, München) enthält Ester der Salicylsäure, Acid. formicic., Camphora, ätherische Öle. Der Balsam wird als Antirheumaticum empfohlen.

Keratolyn (Beiersdorf) besteht aus Acid. salicyl. 1%, **Liantral** 2,5%, Zinkseife 22,5%. Das Neuartige dieser Salbe ist die Zinkseife, eine fettsaure Zinkverbindung, die der Bleiseife in der Diachylonsalbe analog ist und bisher therapeutisch nicht verwendet wurde. Eigene Erfahrungen fehlen.

Litinsalbe (Togalwerk) enthält Salicylsäure, Salicylisoamylester und ätherische Öle.

Mesotan (Bayer), Salicylsäure-Methoxymethylester, ist nur in wasserfreien Salben, insbesondere Fetten und Ölen, haltbar, da es sich mit Wasser zersetzt. In Vaselin sind nur 15% löslich.

Penatencreme (Riese, Rhöndorf), eine Zinksalbe mit Salicylsäure, Borsäure, ätherischen Ölen, Paraffinöl und Vaselin sowie Adeps lanae.

Präservativcremes bestehen aus Kaliseife, Wasser, Vaselin und Zinkoxyd sowie Salicylsäure oder Kresol. GERLACHS Präservativcreme Gehwohl soll in Vaselin-Lanolin Gerb-, Benzoe- und Salicylsäure, Trioxymethylen und Zinkoxyd enthalten.

Rheumasan (Reiss), Salicylseifensalbe etwa: Vaselin flav. 70,0, Sapo kalinus 20,0, Terpentinöl und Salicylsäure āā 5,0.

Rheumitrensalbe enthält Dijodoxychinolin, Schwefel, Salicylsäure-ester des Fenchylalkohols.

Rheusolex (Med. Produkt) enthält Methylsalicylat, Seife, Lanolin und 20% Oeynhausener Quellsalz; letzteres *soll* die Wirkung der Solbäder unterstützen.

Salenal-Ciba enthält einen Äthyl- und Methylglycolsäureester der Salicylsäure in einer nicht definierten Salbengrundlage.

Salhuminsalbe 37 (Bastian, München) enthält laut Angabe „salicylierte Humussäuren", Zinksalz der salicylierten Humussäure in einer fast fettfreien Salbengrundlage, die nach HERRMANN aus Glycerin und

---

[1] HAUSCHKA, in TRUTTWIN: Handb. der kosmet. Chemie, 2. Aufl.

Kieselsäure zu bestehen scheint[1]. MONCORPS hat auch freie Salicylsäure nachgewiesen. Die Resorption der Salicylsäure war sehr hoch[2].

Salitcreme (Heyden) enthält 17,5% Salicylsäure-Bornylester, 1,5% Salicylsäure, 5% Capsicum und 1% eines Phthalsäureesters in fettfreier Grundlage.

Salol, Salicylsäurephenylester, wird 5proz. in Salben bei Pruritus, Decubitus u. a. verwendet.

Saltetrajodsalbe (Buer, Köln) enthält Salicylsäure und an Lecithin gebundenes Jod.

Schälkur Eidechse (Karge, Berlin) für die Fußpflege ist nach der Literatur ein 30proz. Salicylvaselin.

Rheumella, Rheucomen, Rheumex, Esterdermasan, Salenal sind weitere Präparate.

DBS (5,5 Dibromsalicyl), eine bakterizide und fungizide Substanz. In 10proz. Salben und Lösungen, die gut vertragen werden, kommt es den Sulfonamiden an Wirksamkeit gleich. KOCH und REISER[3] berichten darüber.

Zusammenfassung. Die Salicylsäure- bzw. Salicylsäureestersalben werden von den Dermatologen auf Grund ihrer lokalen Wirkung und von den Internisten auf Grund ihrer Fernwirkung in den verschiedensten Konzentrationen und mit den verschiedensten Grundlagen verordnet. Letztere haben insbesondere für die Fernwirkung große Bedeutung. Denn es gibt Salbengrundlagen, die bei günstiger Konzentration gegenüber Vaselin die 40fache Menge der zugesetzten Salicylsäure zur Resorption bringen. Es sind dies Öl-in-Wasser-Emulsionen. In der Dermatologie sind die Unterschiede, insbesondere bei niedriger Dosierung der Salicylsäure, nicht so wesentlich, wogegen die Rheumasalben in der genannten Emulsionsform weitaus am wirksamsten sein werden. Viele Rheumasalben, die freie Säure enthalten hatten, zeigten bei einer Analyse des gelagerten Präparates keinen Säuregehalt mehr an. Es bilden sich durch Reaktion mit anderen Bestandteilen Salze, Amide oder Ester. Auch diese werden resorbiert. Ob die beste Resorption die beste Rheumaheilwirkung gewährleistet, steht noch nicht fest.

Um schlecht resorbierbare Medikamente, vor allem wasserlösliche Präparate, zur Resorption zu bringen, besitzt die Salicylsäure als Gleitschiene eine, wenn auch nicht zu überschätzende Bedeutung. Als Desinfiziens tritt die Salicylsäure insbesondere in Fetten und Kohlenwasserstoffen als Lösungsmittel in den Hintergrund, da ihr hierfür ungünstig gelagerter Verteilungskoeffizient Öl-Wasser einer intensiven Wirkung entgegensteht. Als Konservierungsmittel zersetzlicher Salben kann sie durch wirksame und weniger resorbierbare Substanzen ersetzt werden.

Bei der Behandlung großer Flächen mit leicht abgebenden Salben können Intoxikationen auftreten.

---

[1] HERRMANN: Dtsch. Apoth.-Ztg **1938**, 96.

[2] MONCORPS, C.: Arch. f. exper. Path. **163**, H. 4. — NOTHMANN, M., u. M. WOLFF: Klin. Wschr. **1933**, 8; vgl. auch M. WOLFF: Inaug.-Diss. Breslau 1932.

[3] KOCH u. REISER: Südd. Apoth.-Ztg. **1949**, 225.

Quecksilbersalben.

Die Quecksilbersalbe ist eines der ältesten Medikamente überhaupt. Zu ihrer Herstellung verwendete man schon im Mittelalter Schweinefett als Salbengrundlage.

In der neueren Zeit haben die Bereitungsvorschriften der verschiedenen Ausgaben des Deutschen Arzneibuches dauernd gewechselt. Die erste Ausgabe gestattete die Verwendung von alter ranziger Salbe als Emulgator. Da das ranzige Fett aber Hautreizungen verursachte, ging schon die 2. Auflage von dieser Vorschrift ab. Die nächsten Ausgaben verbesserten die Konsistenz der Salbe.

Für den Apotheker ist die Herstellung der Salbe mit Arbeit und Mühe verbunden, da die „Abtötung", das Emulgieren des Metalls, nicht einfach ist. Es handelt sich ja um eine Metall-in-Öl-Emulsion, zu deren Herstellung Cholesterinester und vielleicht auch fettsaures Hg als Emulgatoren dienen müssen. Das Hg wird zuerst mit Hammeltalg verrieben; je ranziger dieser ist, um so mehr Quecksilberseifen bilden sich und um so leichter wird die Abtötung. Dies weiß auch der Kärntner Bauer, der ranziges Schweineschmalz zur Herstellung einer Läusesalbe, die er selbst bereitet, gebraucht (KORDON[1]). Je ranziger die Grundlage ist, um so leichter tritt aber auch Reizung durch die Salbe auf. Mit Vaselin gelingt die Hg-Salbe ohne Emulgator überhaupt nicht[2]. Der wichtigere Emulgator ist wahrscheinlich das Adeps lanae, ein Metall-in-Öl- und Wasser-Öl-Emulgator. Die Seife scheint ihm die Emulgierung durch Änderung der Oberflächenspannung zu ermöglichen. Als Emulgator tritt sie wenig in Aktion, da sie, wie alle Schwermetallseifen, kaum emulgieren.

Man hat auf den verschiedensten Wegen versucht, die Emulgierung zu erleichtern. Terpentin z. B. wird zugefügt, da es die Adhäsion des Quecksilbers an das Fettgemisch erhöht. Benzin soll ähnliche Wirkung haben. Alle diese Hilfsmittel sind abzulehnen, da sie kein Pharmakopöepräparat ergeben und zudem die Resorptionsbedingungen grundlegend ändern können. Insbesondere ist der Zusatz des Terpentins und der anderer ätherischer Öle, die DISTELMANN[3] vorschlägt, bedenklich. Man wird zwar die erwartete Resorptionssteigerung des Metalles und der Seifen feststellen, ändert aber durch den Zusatz das Gefüge Salbe, ihre Wirkungsart und erhält unsteuerbare Ergebnisse. ESCHENBRENNER[4] empfiehlt Hefeextrakt zum Emulgieren des Hg. Dadurch ist die Möglichkeit gegeben, die Salbe frisch zu bereiten. 30 g Quecksilber werden nach der Vorschrift des Autors mit 10 g Extrakt (Zyma in Deutschland, Pan-Chemie in Österreich) portionsweise im Mörser verrieben und dann mit Vaselin auf 100 g aufgefüllt. Eine derartige Salbe wird zwar nicht leicht ranzig, auch ist die Bildung fettsauren Quecksilbers nicht in gleichem Maß zu befürchten wie bei 100 % Fett enthaltender Grundlage,

---

[1] KORDON: Bäuerliche Arzneimittel im ostmärkischen Alpengebiet. Wien: D. Apotheker-Verlag 1941.   [2] BURGESS, GEOFFREY, C.: Pharmac. J. **132**, 352.
[3] DISTELMANN: Pharmaz. Ztg **1924**, 770.
[4] ESCHENBRENNER: Apoth.-Ztg **1932**, 28, 429.

doch ist die Resorption aus einem solchen Produkt, das, strenggenommen, dem Arzneibuch nicht entspricht, noch unbekannt; eine solche Salbe muß daher dermatologisch noch durchgearbeitet werden, bevor sie als Ersatz des Arzneibuchpräparates allgemeinen Eingang findet.

Die neue 5. Auflage des Schweizer Arzneibuches schreibt eine Hg-Salbe nach folgendem Rezept vor:

> **Rp.** Hydrargyrum cinereum 30,0
> Adeps lanae 20,0
> Vaselinum flav. 40,0
> Aqua dest. 10,0.

Das Hg ist mit Wollfett unter Zusatz von genügend Tinctura Benzoes aetherea abzutöten. Dann fügt man eine Schmelze der übrigen Bestandteile zu. Es handelt sich hier um eine Vaselinsalbe, die Wollfett als Emulgator und Seifenbildner enthält. Über die Resorption aus dem Präparat fanden sich in der Literatur keine Angaben. Jedenfalls verschwindet die Salbengrundlage schnell in der Haut und läßt das Metall, also die innere Phase, als grauen Belag oberflächlich zurück, etwa so wie gefärbte Kühlsalben das Wasser nicht mitnehmen. Der Entwurf für die Pharm. Austriaca IX enthielt eine Hg-Salbe, die Wollfett, Lecithin und Adeps suill. enthalten sollte.

Es wurde auch die Abtötung des Quecksilbers mit wasserstoffsuperoxydhaltigem Äther empfohlen, der Quecksilber in merklichen Quantitäten löst[1]. Es handelt sich um Versuche, die BURGESS gemacht und POETHKE und BAUER[2] bestätigt haben. Die Abtötung wird damit erklärt, daß das H_2O_2 geringe Mengen von Quecksilberoxyd bildet, das sich mit den Fettsäuren zu fettsaurem Quecksilber umsetzt. Ganz sicher ist diese Erklärung aber nicht, denn nach v. ARKEL[3] entsteht in Hg-Salben kein Oxyd, auch nicht bei H_2O_2- und Terpentinzusatz. SYDOW[4] hingegen gelang die Herstellung von Oxydul und Oxyd außerhalb der Salbe. Die Verbindungen wurden eingearbeitet. Aus ihr bilden sich dann fettsaure Salze. Mit Vaselin gelingt die Abtötung nicht, es sei denn, man fügt freie Ölsäure hinzu[5]. Auch Lecithin, Dammarharz und Saponinzusätze wurden eingearbeitet, doch hat dies nach FUCHS[6] keine Vorteile. Die USA.-Pharmakopöe verwendet ölsaures Hg als Emulgator und als Salbengrundlage 30% Wollfett, 13% Vaselin und 5% Wachs. Die Salbe ist 50proz. und wird, um die Mitiorform zu gewinnen, mit 2% Wachs und 38 Teilen Vaselin verdünnt[7].

Nach DANEY[8] läßt sich die Verarbeitung durch Zugabe von Cholesterin und etwas Wasser erleichtern. Zu 479,5 g Adeps benz. gibt man 0,75 Cholesterin und 15 g Wasser und verreibt damit 500 g Quecksilber portionsweise.

---

[1] DOTT: Pharmaz. Z.halle Dtschld **61**, 792 (1920); sowie KREMBS: Diss. München 1927.

[2] POETHKE u. BAUER: Pharmaz. Z.halle Dtschld **76**, 533 (1935).

[3] v. ARKEL: Pharm. Weekbl. **1936**, 45.

[4] SYDOW: Arch. Pharmaz. **280**, 9 (1942).　　　[5] Schweiz. Apoth.-Ztg **1935**, 618.

[6] FUCHS: Arch. Pharmaz. **271**, 276 (1933).

[7] HARMS: Dtsch. Apoth.-Ztg **1938**, 104, 1578.

[8] DANEY: Bull. Trav. Soc. Pharmacie Bordeaux **79**, 33 (1941).

In der Praxis begegnet man immer wieder den Konzentraten, konzentrierten Verreibungen von Quecksilber mit einem Fett, die durch Verdünnen mit Schweineschmalz zum endgültigen Produkt verarbeitet werden sollen. Da das Alter derartiger Verreibungen nicht nachprüfbar ist und alte Quecksilbersalben und Konzentrate einen viel zu hohen Prozentgehalt an Quecksilberseife aufweisen können, sind sie trotz der bequemen Verarbeitungsmöglichkeit abzulehnen. Nicht umsonst schreiben DANKWORTH und LUG vor[1], daß das Ausgangsmaterial für die Salbe vollkommen frisch sein muß.

Uns hat sich folgende Herstellungstechnik, die zudem ein Arzneibuchpräparat ergibt, sehr bewährt. Das Olivenöl-Wollfett-Gemisch wird zusammengeschmolzen und im Erkalten, aber noch flüssig, in eine Reibschale, in der das abgewogene Hg schon enthalten ist, eingegossen. Dann wird sofort emulgiert. Auf diese Weise ist die Herstellung des Konzentrates, das dann mit der Fettschmelze verrieben wird, kaum schwieriger und länger dauernd als die Emulgierung von Wollfett und Wasser. Intoxikationen durch Hg-Dämpfe sind bei einer Arbeitstemperatur von kaum 40° wohl nicht zu befürchten; um alles zu tun, kann man im Freien emulgieren.

Die Menge fettsauren Salzes, die sich in der Salbe bei jahrelanger Aufbewahrung bildet, bleibt nach DIETZEL und SEDELMEIER[2] klein, wenn man dem Arzneibuch entsprechend die dort vorgeschriebene Salbengrundlage verwendet. Nimmt man an deren Stelle aber Wollfett, Erdnuß- und Olivenöl, so findet man schon nach wenigen Monaten große Mengen fettsauren Quecksilbers. Es ergeben sich dann wohl auch neue therapeutische Effekte, so daß man, wenn die bekannte Quecksilbersalbenwirkung erzielt werden soll, auch die vorgeschriebene Grundlage verwenden muß.

MENSCHEL[3] fand in einer frisch bereiteten Quecksilbersalbe einen Hg-Seifengehalt von 0,03%, bei 3 Jahre alten Globuli aber schon 15,7%. Ähnliche Zahlen gibt auch SYDOW[4] an. Er erwähnt auch, daß Belichtung und Erwärmung den Gehalt an Hg-Seifen heraufsetzen. Die fettsauren Salze sind sehr giftig und reichen in ihrer Toxizität an Sublimat heran. Der Verfasser schlägt daher eine zulässige Höchstgrenze von 0,5% vor und gibt Methoden zum Nachweis der Hg-Seifen an. MENSCHEL und SYDOW haben festgestellt, daß diese seifenhaltigen Salben im Tierversuch zu tödlichen Vergiftungen führen. Es wird deshalb nicht wundernehmen, wenn bei Wiederkäuern, denen die Quecksilbersalbe als Mittel gegen Ungeziefer eingerieben wurde, Todesfälle beobachtet wurden. Pflanzenfresser sind gegen Quecksilberverbindungen besonders empfindlich. Die Resorption des fettsauren Hg bedingt Vergiftungserscheinungen, deren Stärke nicht vom Metallgehalt, sondern vom Metallseifengehalt abhängt. Es ist deshalb abwegig, zur Herstellung der Läusesalbe für Tiere in der Apotheke ranzige Salbenreste zu verwenden, wie dies nach der Dissertation von KREMBS[5] vorkommen soll.

[1] DANKWORTH u. LUG: Pharmaz. Ztg **65**, 361 (1924).
[2] DIETZEL u. SEDELMEIER: Arch. Pharmaz. **1928**, Nr 7.
[3] MENSCHEL: Biochem. Z. **137**, 193 (1923).
[4] SYDOW: Arch. Pharmaz. **280**, 9 (1942).   [5] KREMBS: Diss. München 1927.

Mit hydrierten Ölen und Fetten kann Quecksilbersalbe bereitet werden, doch entspricht ein derartiges Präparat natürlich nicht dem Arzneibuch. Auch mit synthetischem Fett läßt sich, wie wir festgestellt haben, eine gut haltbare Salbe herstellen, doch müßte vor ihrer Empfehlung und Verwendung erst an einer Klinik die Resorptionslage studiert werden. Eine 1 Jahr alte derartige Salbe war unverändert geblieben, der Quecksilberseifengehalt hatte nicht zugenommen. Eine Schweinefettsalbe hingegen war ranzig, unangenehm riechend geworden, und die Hg-Seifen hatten die dreifache Höhe erreicht.

Um die Unannehmlichkeiten der Quecksilbereinreibungen herabzusetzen, wurde vorgeschlagen, graue Salbe mit Bolus oder Talcum durchzukneten. Man erhielt ein Pulver, das mit Wasser zu einem Brei verrieben wurde. Dieser Brei hat den Fettcharakter gänzlich verloren und wird wie eine Ölfarbe aufgetragen. Nach einem anderen Verfahren wurde Quecksilber mit Terpentinöl und Bolus verrieben, die Mischung mit Wasser versetzt und Tragant zugegeben[1] und diese Mischung jeden 5. Tag mit der Hand aufgetragen. Das Präparat ist in wenigen Minuten getrocknet. Die anfänglich leicht graue Farbe verschwand nach 24 Stunden. Der Überzug haftete 3 Tage und fiel dann ab. Die Darreichung ist reinlich, welche Wirkung sie aber hatte, ist nicht gesagt. *Mercuriol* war ein Hg-Puder, der in Säckchen auf dem Körper getragen wurde und den Hg-Dampf zur Wirkung brachte. *Mercutin*, ein Pulver, das 50% Hg-Metall enthält, wird von RANZENHÖFER[2] empfohlen. Damit es besser haftet, kann man mit Borsalbe grundieren. *Hg-Resorbin* war eine exakt dosierbare Hg-Verreibung in Resorbin (Altmeister). P. G. UNNA[3] hat sich für 33% Hg enthaltende überfettete Seifensalben sehr eingesetzt. Die *Sapo cinereus Unna* sollte die alte Hg-Salbe ersetzen. Sie ist aber wieder vergessen worden. Auch das mit Hg versetzte, von KIRSTEN[4] eingeführte *Mollin*, das ohne Zusatz als Massagemittel, sonst als Salbengrundlage empfohlen wurde, hat seinen Urheber nicht überlebt, es bereicherte den Arzneischatz nicht. Wieder andere Vorschläge, die auf 1870 und 1883 zurückgehen, haben mit Hg-Salben imprägnierte Tücher zur Therapie herangezogen (MERCULINT).

Über die Resorption des Quecksilbers aus der Salbe bestehen noch heute verschiedene Ansichten, und zwar die einen dahingehend, daß die Heilkraft des Quecksilbers bei der Schmierkur auf dem Quecksilberdampf beruht, der durch die Körperwärme erzeugt wird und insbesondere durch die Atemwege zur Resorption gelangt. Tatsächlich wird Quecksilber aus der grauen Salbe in nennenswerter Menge verdampft, und zwar nach RENK[5] aus 3000 qcm bestrichener Hautfläche in 1 Stunde bei 35° 8—18 mg. Sollte also die oben skizzierte Ansicht zu Recht bestehen, so wäre die Einverleibung des Hg nach WELANDER[6] durch Auf-

---

[1] Pharmaz. Z.halle Dtschld **63**, 26 (1922).
[2] RANZENHÖFER: Wien. med. Wschr. **1929**, 43.
[3] UNNA, P. G.: Mschr. f. prakt. Dermat. **5**, 348 (1886); **26**, 93 (1898).
[4] KIRSTEN: Mschr. f. prakt. Dermat. **5**, 337 (1886).
[5] RENK: zit. in Dermat. Wschr. **1894**, 459.
[6] WELANDER: Arch. f. Dermat. **1893**.

streichen auf die Haut an Stelle des Einreibens zweckmäßiger, ferner die Anwendung von Säckchen, die, innen mit Quecksilbersalbe bestrichen, an der Brust oder am Rücken des Kranken befestigt werden. Man könnte auch von der Verwendung der Salbe überhaupt Abstand nehmen und geringste Mengen Quecksilberdämpfe inhalieren lassen. Das Verfahren wurde von ENGELBERTH[1] empfohlen, er hat jedesmal 0,18 bis 0,22 g einatmen lassen.

Es war von Interesse zu prüfen, inwieweit die Quecksilbersalben in der Lage sind, Quecksilberdampf in die Umgebung abzugeben und ob die verschiedenen Salbengrundlagen auf die Intensität dieser Dampfabgabe einen Einfluß hatten. Hierzu wurden 4 Hg-Präparate (30 proz.) bereitet, das 1. mit Vaselin, das 2. mit synthetischen Glyceriden, das 3. mit Lanettewachs und das 4. war eine Verarbeitung mit Bolus. Bei den ersten beiden war Wollfett der Emulgator, bei der Lanettewachssalbe Lanettewachs und Wollfett und bei der 4. war ein Wollfettkonzentrat mit dem Bolus zu einem Pulver verrieben worden.

Alle 4 Präparate wurden nun in luftdichten Gefäßen mehrere Tage verwahrt. Darüber hing in einem Mullsäckchen 1 g Jod, das allmählich verdampfte und sich mit dem Hg-Dampf als rotes Quecksilberjodid an den weißen Wandungen der Aufbewahrungsgefäße niederschlug. Interessanterweise war die Intensität der Rotfärbung bei allen 4 Präparaten nahezu gleichstark. Es könnte sein, daß die Bolusverreibung etwas mehr Jodquecksilber gebildet hatte, denn das graue Pulver war auf der Oberfläche gelb geworden. Ihm dürfte in Intensität der Färbung die Lanettewachssalbe gefolgt sein.

Der Versuch, wenn er auch nur orientierenden Charakter trägt, zeigt, daß alle Präparate der geprüften Typen Quecksilber in Dampfform zur Ausscheidung bringen. Wenn auch auf der Haut vielleicht noch andere Komponenten mitwirken, so daß man den Versuch nicht übertragen kann, so zeigt er doch, daß beim Lagern ganz wesentliche Mengen von Quecksilber in Dampfform entweichen. Man wird dies berücksichtigen müssen und schon deshalb die Lagerung der Hg-Salben und -Verreibungen nicht allzulange ausdehnen und dampfdichte Gefäße verwenden.

Nach der Ansicht von BÄRENSPRUNG[2] hängt die Wirksamkeit der Quecksilbersalbe von ihrem Oxydulgehalt ab. Das Oxydul soll von den Hautsekreten gelöst werden und in dieser löslichen Form zur Resorption gelangen. Andere Autoren glauben, daß nur das fettsaure Quecksilber vom Körper resorbiert werde, doch dürfte diese Theorie nach KREMBS (s. oben) wenig Wahrscheinlichkeit besitzen, da zwischen alten, stark quecksilberseifenhaltigen und frischen Salben kein therapeutischer Unterschied bestehen soll.

Es dürfte sowohl fettsaures als auch metallisches Quecksilber resorbiert werden, und zwar scheint letzteres insbesondere entlang der Ausführungsgänge der Talgdrüsen in das Innere des Körpers hineinzudiffundieren. Den exakten Nachweis der Hg-Resorption durch die Haut hat

[1] ENGELBERTH: Ugeskrift for Laeger 1923, 717.
[2] BÄRENSPRUNG: Arch. f. Dermat. 56, 1 (1901).

Bürgi[1] erbracht. Er konnte 19 Stunden nach der Salbeneinreibung Hg im Harn nachweisen. Auffallend ist hier das große Intervall von 19 Stunden. Es ist dies wohl die Zeit, die der Körper braucht, um aus dem angebotenen Metall und der Fettverbindung resorbierbare Salze zu machen und auszuscheiden.

In diesem Zusammenhang interessieren die Arbeiten von Wild und Ivy Roberts[2], die zunächst feststellen, daß vom in die Haut eingeriebenen Lanolin 28%, vom Schweinefett 18% und von Paraffinen 12% „resorbiert" würden. Aus Lanolinsalbe wurde 2,7% Hg resorbiert, aus Schweinefett 4,7% und aus Paraffinsalbe 2,5%. In der Gesamtwirkung war also das nicht so wie Lanolin eindringende Schweinefett doch weitaus die wirksamste Salbengrundlage.

Fuchs[3] hat alle Möglichkeiten, Hg in Salben zu verarbeiten, durchgeprüft. Gute Resultate zeigte nach Holdermann[4] gefälltes Hg, das homogen in sehr feiner Verteilung in der Salbe erhalten blieb. Er schreibt dem feinst verteilten Metall die beste Wirkung zu, doch muß bedacht werden, daß ein Teil der Wirkung doch dem Metalldampf zukommt und daß dieser von der Verteilung wohl nicht proportional abhängig ist. Eine Salbe, die dem Arzneibuch entspricht, dürfte wohl genügen und Anordnungen über diese Vorschrift hinaus nicht nötig sein.

Zusammenfassend ist zu sagen, daß die Herstellung der Quecksilbersalben, insbesondere die Emulgierung, unbedingt nach der Arzneibuchvorschrift zu erfolgen hat. Die Salben sollen aus vollkommen einwandfreiem Ausgangsmaterial bereitet werden. Dem fettsauren Quecksilber, das als lipoidlöslicher Körper leicht resorbiert wird, kommt ein wesentlicher Teil der Wirkung zu. Es wird eines Versuches wert sein, an Stelle der bisherigen nichtsteuerbaren Salben ein exakt eingestelltes Präparat aus fettsaurem Quecksilber herzustellen und statt der ranzig werdenden bisherigen Salbengrundlage ein gehärtetes Öl oder ein synthetisches Fett, das diesen Nachteil nicht oder kaum aufweist, zu verwenden.

Der Aufbewahrung der nach dem Arzneibuch hergestellten Salbe ist größte Bedeutung beizulegen. Krembs schlägt hierfür braune Glasbüchsen vor, da glasierte Porzellantöpfe wegen ihrer Porosität abzulehnen sind. Die oft beobachteten Reizerscheinungen auf der intakten Haut sind auf die Gegenwart von Aldehyden (Aldehydranzigkeit) zurückzuführen, ein Umstand, der bei der Wahl der Salbengrundlage für ein kommendes Arzneibuch noch besonders berücksichtigt werden muß. Am besten wird wohl die Frischherstellung der nicht allzuoft gebrauchten Salbe sein, denn alte Präparate zersetzen sich und werden durch Oxydgehalt unter Umständen sogar gelb.

Inwieweit die Verwendung der Quecksilbersalbe bei Lues noch Berechtigung hat, ist hier nicht zu entscheiden. Die Beobachtung von Lopez de Haro[5] könnte zur Skepsis verleiten, da nach ihm die mit

---

[1] Bürgi: Wien. klin. Wschr. **1936**, 51, 1545.

[2] Wild u. Ivy Roberts: Brit. med. J. **1926**, 3416.

[3] Fuchs: Arch. Pharmaz. **271**, 276 (1933).

[4] Holdermann: Pharmaz. Ztg **74**, 1097, 1274 (1929).

[5] Lopez de Haro: Wien. med. Wschr. **1936**, 15.

Quecksilber geradezu saturierten Arbeiter der Bergwerke in Almadén, sofern sie Syphilitiker sind, zwar keine Hauterscheinungen zeigen, wohl aber an Neurolues leiden.

Bei anderen Indikationen besitzt die Salbe noch Interesse; es sei nur die Verwendung der grauen Salbe bei Panaritien, Furunkeln, Abscessen in Erinnerung gebracht. Die Salbe wird nach WIETFELD[1], SCHMIDT[2] und ZEPLIN[3] bei diesen Indikationen eingerieben oder, wo dies nicht möglich ist, dick aufgestrichen.

Erwähnt sei noch, daß es eine Quecksilbersalbe in 50proz. Form als Ungt. fortior gibt, und daß die 2:5 verdünnte offizinelle Salbe als Ungeziefermittel verwendet wird, wohl veraltet im Hinblick auf neue Hexachlorcyklohexanpräparate.

P. G. UNNA hat graue Salbe mit 5—10proz. arseniger Säure verarbeitet und berichtet, daß diese Mischung bei multiplen Warzen aufgetragen und mit einem Pflaster bedeckt oder in Form der Guttaplaste günstig wirkt (E. UNNA[4]).

Weitere Metallsalben.

Neben Hg-Salben hat die homöopathische Schule auch Gold-, Eisen-, Kupfer-, Uran- und Antimonsalben angewandt. BAUER[5] ließ die mit Vaselin bereiteten Präparate auf die Haut, die den erkrankten Partien am nächsten lag, aufstreichen und hat trotz dieser naiven Anwendungsart bei Blasen-, Leber-, Nieren- und Gallenleiden von Erfolgen berichtet. Die Salben waren 1—10proz., nur die Goldsalben enthielten geringere Mengen, nämlich Verreibungen von $D_{5—15}$.

Ein neues Präparat, das Hg und kolloides Silber enthält (oder das Amalgam), ist die Infectin-Furunkelsalbe der Fa. Opfermann.

Fein gepulvertes Aluminium ist vorläufig zwar nur ein Bestandteil eines Puders, es ist aber wohl nur eine Frage der Zeit, daß, wenn sich diese Therapie weiter bewähren sollte, auch Aluminiumsalben auftauchen werden. FUCHS und LUTZEGER[6] stellten nämlich fest, das *Medargal* der Diffundol-Gesellschaft Darmstadt, das praktisch aus reinem Aluminiumpulver besteht, bei Verbrennungen Toxine bindet und die Verbrennungen mit gutem, kosmetischem Erfolg rasch zur Abheilung bringt. Der Puder wird auf die Wunden gestreut und mit einem indifferenten Salbenlappen fixiert.

Jodsalben.

Man kann die Salben, in die Jod als wirksames Medikament inkorporiert wird, in Präparate mit 1. elementarem Jod, 2. anorganischen Jodsalzen, 3. organischem Jod einteilen.

---

[1] WIETFELD: Münch. med. Wschr. **1933**, 8, 288; ferner **1934**, 33, 1281.
[2] SCHMIDT: Münch. med. Wschr. **1934**, 13, 472.
[3] ZEPLIN: Münch. med. Wschr. **1926**, 42.
[4] UNNA, E., in TRUTTWIN: Handbuch der kosmetischen Chemie, 2. Aufl.
[5] BAUER: J. amer. Inst. Homoeop. **1940**, 9, 434.
[6] FUCHS u. LUTZEGER: Ärztl. Wschr. **1949**, 181.

Jod (elementar). Diese Art Salben ist in Deutschland nur in Form der Jod-Jodkalisalbe bekannt; sie wird mit Adeps suill. bereitet und enthält 5 Teile Jod, 25 Teile KJ auf 200 Teile Fett, in USA. 4 Teile Jod und 4 Teile KJ auf 100 Teile Ungt. simplex und Glycerin. In Portugal wird ein 5proz. Jodöl aus Mandelöl bereitet. Andere Arzneibücher kennen die 5proz. Jodvaseline, die durch 4—5stündiges Behandeln von Vaselin mit Jod bei 50—60° hergestellt wird.

Das Jodex (Klopfer) enthält neben Jodkupfer 4% freies Jod in einer „Salbengrundlage", Jodex flüssig ebenfalls Jodkupfer und 4% Jod in einem Pflanzenöl, also in einem Glycerid. Da das freie Jod vom Fett angelagert wird, ist das Analysenergebnis von ROJAHN und KLAUDITZ[1], die im Jodex 75% Vaselin, freies Jod und beinahe 25% jodierte Fette fanden, ohne weiteres verständlich. Auch die Lösung von 5 Teilen Jod in 10 Teilen Vasoliment, die in 85 Teilen Vaselin verarbeitet wird, hat sich nach W. ZIMMERMANN (Privatmitteilung) gut bewährt.

Über die Resorptionsunterschiede aus den einzelnen Medien finden sich in der Literatur nur die Angaben von BLISS[2]. Er fand, daß Jod nach der Aufpinselung KJ-freier Jodtinktur 9 Stunden nach der ersten Applikation im Urin nachzuweisen ist. Nach der Jodkalisalbenanwendung fand er kein Jod im Urin. Jodsalbe wirkt schneller als Tinktur, wäßrige Salzlösungen hingegen ließen überhaupt keine Wirkung erkennen. Da Jod sowohl in Vaselin als auch in Fetten löslich ist und schon bei Zimmertemperatur einen hohen Dampfdruck besitzt, wird es tatsächlich leicht, wenn auch unökonomisch, da es teilweise verdampft oder vom Eiweiß zurückgehalten wird, zur Resorption gelangen und lokale Wirkung entfalten sowie in saurem Milieu der Haut elementare Jod- bzw. Jodtinkturwirkung besitzen. Bei diesen Jodsalben[3] interessiert die Frage, welcher Unterschied zwischen

1. Jodfett aus Adeps suill.	Jodzahl	56	5proz.
2. Jodfett aus Adeps synth.	„	< 1	5proz.
3. Jodvaselin aus Vaselin synth.			5proz.
4. Jodvaselin aus Vaselin alb. DAB 6			5proz.

zu beobachten ist. Alle 4 Salben wurden durch Einrühren des gepulverten Jods in die warme Grundmasse bei 50—60° hergestellt. Die Salben 1, 2 und 4 waren braun, enthielten das Jod also wohl als Komplexsalz, die Salbe 3 war violett. Alle 4 Präparate wurden nun 4 Wochen lang bei etwa 30° aufbewahrt. Sie gaben in dieser Zeit das inkorporierte Jod infolge seines Dampfdruckes teilweise an die Luft ab. Die Intensität war aber in allen Fällen verschieden. Die Salben 2 und 4 gaben viel Jod ab, die Salben 1 und 3 wenig. Um den Unterschied zu demonstrieren, wurden alle 4 Salben in flache Wägegläser umgegossen und erkaltet mit einem feuchten stärkeimprägnierten Lappen bedeckt. Nach 1 Stunde war (wie Abb. 12 zeigt) die Stärke über Salbe 2 tiefblau, über Salbe 4 heller, über Salbe 3 kaum und über Salbe 1 am wenigsten gefärbt. Nun wurde statt der vergänglichen Stärkereaktion die Färbung eines thallium-

---

[1] ROJAHN u. KLAUDITZ: Dtsch. Apoth.-Ztg **1929**, 19.

[2] BLISS: J. amer. pharmaceut. Assoc. **25**, 8, 694 (1936).

[3] v. CZETSCH-LINDENWALD, H.: Zbl. Hautkrkh. **1939**.

hydroxydhaltigen feuchten Lappens im Joddampf herangezogen. Es zeigten sich parallele Ergebnisse. Salbe 2 ließ mit Salbe 4 viel Jod in Dampfform entweichen und färbte das Thalliumsalz dunkelbraun, Salben 1 und 3 ließen nur schwache Gelbfärbung zu. Eine Analyse der 4 Salben ergab, daß Nr. 1 von dem zugefügten Jod nahezu alles addiert hatte und nun 4,97% organisch gebundenes Jod enthielt, der Fettstoff (Adeps synth.) enthielt davon 2,9%, Salbe 3 noch 0,9% Gesamtjod, und das Vaselin, das vollkommen entfärbt war, nur 0,01%. (Das elementare Jod und das als Ion gebundene wurden vorher durch Auswaschen mit Natriumthiosulfatlösung bzw. Wasser entfernt.) Die Ergebnisse sind denen von PULLENS[1] außerordentlich ähnlich. Er fand, daß eine 4proz. Jod-Schweinefett-Salbe nach 4 Monaten nur mehr 2,9% freies Jod enthielt.

Damit konnte festgestellt werden, daß die Salbe 1 das Jod größtenteils organisch gebunden enthält. Die Wirkung des elementaren Jods ist von ihr nicht zu erwarten, wohl aber die der Jod-Fettsäuren. Das

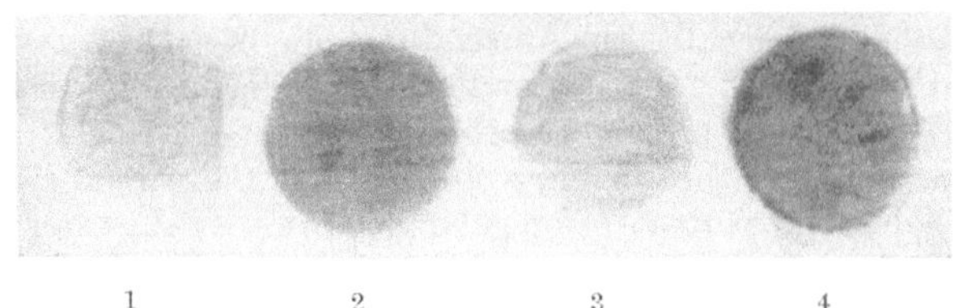

Abb. 12. Dampfdruck des Jods in Salben. Mit Stärke nachgewiesen.

Adeps synth. und das Vaselin DAB 6 geben an die Luft und damit wohl auch an die Haut am meisten Jod ab; sie werden — frische Zubereitung vorausgesetzt — am meisten Jodwirkung haben.

Jodvaselin stellt man durch Lösen des gepulverten Jods in Vaselin von ca. 50° her. Man überschichtet zweckmäßigerweise das Jod mit Vaselin und erwärmt dann mit warmem Wasser. Man kann aber auch das Jod in Chloroform lösen und die Lösung in Vaselin einarbeiten. Man muß dann aber so lange rühren, bis das Chloroform vertrieben ist.

Jodsalze. An Stelle von Jod in Vaselin läßt sich natürlich auch Jod-Jodkalilösung in Ungt. molle oder Wollfett einarbeiten, wie dies die Reichsformeln vorschreiben. Erfahrungen darüber, ob die Wirkung dadurch verbessert oder die Haltbarkeit verringert wird, liegen nicht vor. Denn die Beurteilung der Salben, die *Jodkali* enthalten, ist außerordentlich schwierig. So widersprechend wie sich unsere Wünsche zu den Eigenschaften der Elektrolyte verhalten, so ungleich sind auch die Angaben in der Literatur über die Jodkalisalben. Elektrolyte werden doch, wie wir wissen, ganz allgemein nicht (POULSSON) oder nur in unterschwelligen Spuren resorbiert. Dies ist für Jodnatrium von WITHEHOUSE und HUGL RAMAGE[2] und auch für Jodkali von FREUND (zitiert nach RAPP) nachgewiesen. Wir verlangen aber trotzdem Resorption und

---

[1] PULLENS: Pharmac. J. **35**, 610.
[2] WITHEHOUSE u. HUGL RAMAGE: Proc. roy. Soc. Lond. B **113**, 42—48 (1933).

können Kensuke Migazaki[1] und viele andere bei Perutz genannte
Autoren, wie Rothmann, anführen, die Aufnahme durch die Haut aus
Wasser, Lanolin und selbst Vaselin beobachtet haben. Bürgi[2] wies nach,
daß derartige Elektrolyte, wie z. B. Jodnatrium, erst aus Konzentra-
tionen von mehr als 10 % in die Haut einzudringen beginnen. Du Mesnil[3]
stellte fest, daß bei einem Eczema impetiginosum, bei bloßliegendem
Corium, also bei geschädigter Haut, durch die Elektrolyte in wäßriger
Lösung natürlich passieren können, resorbiertes Jod nachzuweisen ist.
Bei Psoriasis und Ulcus cruris erhielt er wechselnd positive und negative
Resultate, offenbar weil die Blutversorgung der kranken Teile in verschiedenem Grade gestört war. Bei gesunder Haut aber konnte er überhaupt keine Jodresorption nachweisen. Diese Beobachtungen, die ganz
im Rahmen des Möglichen und Wahrscheinlichen liegen, decken sich
jedoch nicht mit den Äußerungen von Sprinz[4], denen zufolge aus 10 proz.
Jodkalisalbe, die mit Eucerin hergestellt war, vielleicht auf Grund der
großen Tiefenwirkung der leicht emulgierfähigen Grundlage, das Jod
schon nach 3 Stunden im Harn nachgewiesen werden konnte, sofern
man mindestens 2,5 g Salbe zur Anwendung brachte. Die Ausscheidung
von Jod soll 36 Stunden dauern. Aus Vaselin wiederum wird das Jodkali
nach Joseph[5] überhaupt nicht resorbiert. Rothmann[6] meint, daß das
Jodkali zwar nicht aus Lösungen, wohl aber aus Salben auf dem Wege
über die Talgdrüsen zur Resorption gelange. Hauschka[7] ist der Ansicht,
daß im Jodkali infolge der weitgehenden Dissoziation dieses Salzes auch
das Jodion zur Wirkung kommt, so daß auch das Jodkali typische Jodwirkung zeigt. Poulsson erwähnt, daß in Salben durch Wasser und
Fett H_2O_2 gebildet werden soll; dadurch entstehe freies Jod, das leicht
zur Resorption gelangt.

Weitere Versuche, die die Jodkaliresorption aus Salben klären
sollten, hat Mühlemann[8] angestellt. Er hat Glascuvetten, die 15 bis
20 g Salbe aufnahmen, mit Leukoplast gegen die Haut gepreßt und
schloß aus der Gewichtsdifferenz, die die Cuvette vor und nach der Verwendung zeigte, auf die Resorption, die er auf gesunder und kranker
Haut zu ermitteln suchte. Er konnte nicht sicher nachweisen, daß die
Beigabe gelösten Jodkalis wirksamer ist als die einfache Verreibung des
festen Salzes mit der Salbengrundlage. Vaselin, Lanolin und Cetylsalbe
waren als Grundlage wenig geeignet, Ol. Arachidis hydrogenat. war
besser. Kranke Haut nahm mehr Jod auf als gesunde. Die Versuche sind
sehr schlecht reproduzierbar, wie der Autor meint, weil wahrscheinlich
die Ernährung, atmosphärische Einflüsse und die Arzneimittelsättigung
mitspielen.

Die Ergebnisse befriedigen aber auch sonst nicht voll, denn das Ver-

---

[1] Kensuke Migazaki: Jap. J. of Dermat. **1931**, 31, 5.
[2] Bürgi: Wien. klin. Wschr. **1936**, Nr 51.
[3] Du Mesnil: Dtsch. Arch. klin. Med. **50**, 101; **51**, 527.
[4] Sprinz, in Truttwin: Handbuch der kosmetischen Chemie. 2. Aufl.
[5] Joseph: Dermat. Wschr. **1934**, 40, 1294.
[6] Rothmann: zit. durch Perutz.
[7] Hauschka, in Truttwin: Handbuch der kosmetischen Chemie.
[8] Mühlemann: Pharm. acta helvetica **1940**, 3.

schwinden der Salbe in den obersten Hautpartien, die einmal naß, einmal trocken sind, ist noch lange nicht einer Resorption im engeren Sinne gleichzusetzen. Es kann sehr wohl sein, daß ein sehr großer Teil des Jodkalis nur in die obersten Hautpartien eindringt und bereits beim nächsten Waschen daraus wieder herausgelaugt wird.

Wir sehen also, daß bei den Jodkalisalben Resorption angestrebt wird, aber keineswegs unumstritten feststeht.

Nicht nur dem Arzt, der Jodkalisalben anwendet, begegnen Schwierigkeiten, sondern auch dem Apotheker, der sie bereitet. So beklagt sich SEILER[1], daß die Salbe des neuen Schweizer Arzneibuches so viel Wasser enthält, daß die Grenze der Stabilität erreicht sei. Er empfiehlt deshalb, konzentriertere Lösungen und mehr Öl zu verwenden. Jodkalisalbe läßt sich mit Vaselin und Ungt. neutrale nach LINDECK[2] nur schlecht bereiten. Er schlägt deshalb vor, Bolus alba zuzusetzen. Man erhält dadurch gute Salben, doch muß eingewendet werden, daß es — abgesehen von den überhaupt unzweckmäßigen Grundlagen — in derartigen Verarbeitungen vollständig dem Bolus überlassen bleibt, wieviel er von dem einmal adsorbierten Jodkali an die Haut und durch sie hindurch wieder abgibt und zur Wirkung kommen läßt. Solche Kniffe erleichtern die Rezeptur, sind aber nicht im Sinne der Therapie. Ein weiterer Grund, warum die Jodkalisalbe dem Apotheker Sorgen bereitet, ist vor allem in ihrer Verfärbung gelegen; sie soll nach der Deutschen Apotheker-Zeitung[3] auf die manchen Schweinefetten zugesetzten Konservierungsmittel zurückzuführen sein. Selbstbereitetes frisches Schmalz verfärbt sich nicht. Thiosulfatzusatz verhindert die Verfärbung nur zu einem gewissen Grade.

Auch in England haben Versuche von PENMAN[4] gezeigt, daß die Mengen des freien und gebundenen Jods außerordentlich schwanken. Er schlägt deshalb folgendes Verfahren vor: Man löst das Jod in kaltem Erdnußöl und wartet dann etwa 2 Monate bis zum Verschwinden der braunen Farbe, dann wird weiches Paraffin zugesetzt. Man bekommt dann wohl eine Salbe, die fettsaures Jod enthält.

FIERO[5] hat teilweise hydrierte Öle und Schweineschmalz zu Emulsionen verarbeitet und auf die Haltbarkeit geachtet. Er stellte fest, daß eine mit Sesamöl hergestellte Salbe, deren Emulgator Triäthanolaminstearat war, am haltbarsten ist, geht aber auf den therapeutischen Wert nicht ein.

Wie sind nun alle diese widerstreitenden Ansichten über die Jodkalisalben auf einen Nenner zu bringen und wie lautet das Rezept für eine haltbare, unzersetzt farblos bleibende Jodkalisalbe?

Diese letztere Frage ist wesentlich leichter zu beantworten, man braucht nur, wie oben bemerkt — selbst ausgelassenes Adeps suillus zu verwenden, oder man bedient sich noch besser der synthetischen oder

---

[1] SEILER: Schweiz. Apoth.-Ztg **1935**, Nr 51, 709.
[2] LINDECK: Pharmaz. Ztg **1921**, 540.
[3] Dtsch. Apoth.-Ztg **1938**, 67, 1018; ebenda **1938**, Nr 69.
[4] PENMAN: Quart. J. pharm. **12**, 380 (1939).
[5] FIERO: J. amer. pharmaceut. Assoc. **29**, 187 (1940).

hydrierten Fette, aus denen bereitete Jodkalisalben, wie Versuche
zeigten, monatelang schneeweiß bleiben. Die Jodkalisalben aus Vaselin
(Spanisches Arzneibuch) oder eine Salbe aus 8 Teilen Vaselin und
2 Teilen Wollfett, die HAGER erwähnt[1], sind hingegen nicht zu empfehlen, da — wenn überhaupt Jodresorption durch die gesunde Haut
stattfindet — diese notwendigerweise unterschwellig bleiben muß, wogegen bei geschädigter Haut auch diese Salben voll wirksam sein werden.

Schwieriger ist die Beantwortung der Frage, wieso der eine Autor
Resorption durch die gesunde Haut nachgewiesen hat, der andere aber
nicht. Es dürfte sich dieser Zwiespalt durch die verschiedene Herstellung
der Salben sowie durch die wechselnden Grundlagen und deren Eigenschaften selbst erklären. Das Schweinefett mit einer vom DAB 6 zu-
gelassenen Jodzahl von 36—66 spaltet additionsfähiges freies Jod durch
die Ranziditätsprodukte ab. Dies zeigt die braune Färbung (TSCHIRCH
und BARBEN[2]), die mit sinkender Jodzahl stark abnimmt. Das Schweinefett und wohl auch Wollfett addieren nun durch ihre teilweise ungesättigten Bestandteile immerhin merkliche Mengen des erst abgespaltenen Jods.
Mit hydriertem Arachisöl andererseits konnten Jodkalisalben hergestellt
werden, die noch nach 60 Tagen keine Jodausscheidung zeigten, ein
Umstand, der übrigens auch bei synthetischen Fetten zutrifft, denn
wir konnten auch nach einem Jahr bei einer aus diesen Fetten bereiteten
Jodkalisalbe keine Jodausscheidung nachweisen. Es ist nun möglich,
daß das Jodkali in den schönen weiß gebliebenen Salben als anorganischer fettunlöslicher Elektrolyt überhaupt nicht oder unterschwellig
resorbiert wird, wohl aber das organisch gebundene, an die ungesättigten
Doppelbindungen addierte Jod, das fettlöslich durch das Körperfett
weniger am Eindringen behindert wird. Dies würde die wechselnden Ergebnisse erklären. Der eine Autor hat gesättigte bzw. nahezu gesättigte
oder nichtranzige Fette, die kein Jod addierten, verwendet, der andere
dagegen nicht. Zur Stützung dieser Ansicht wurden 3 Jodkalisalben mit
Schweinefett mit Jodzahlen zwischen 50 und 60 und 3 weitere mit
synthetischen Fetten mit Jodzahlen unter eins 6 Monate lang aufbewahrt und dann auf Jodkali und organisch gebundenes Jod untersucht.
Die Schweineschmalzsalben wiesen 26—52% *Jod in organischer Bindung*
auf. Der Rest war als Jodkali wiederzufinden; die Salben, deren Grundlage synthetisches Fett war, hatten 100% des Jodkalis als solches bewahrt. Versuche, nach Einreibung der letzteren Salben in Mengen von
1—5 g Jod im Harn nachzuweisen, schlugen regelmäßig fehl. Schon vor
64 Jahren suchte man daher die Nachteile der Jodkalisalben zu kompensieren. UNNA[3] und MIELCK[4] haben ihre überfettete Kaliseife empfohlen. Das Produkt war als Ersatz der DAB-Präparate gedacht, hat sich
aber nicht eingeführt.

*Auf der gesunden Haut ist nicht das Jodkali wirksam, sondern es sind
die Jodadditionsprodukte der Fettsäuren,* die in ähnlicher exakt dosier-

---

[1] HAGERS Handbuch der pharmazeutischen Praxis 2, 19 (1930).
[2] TSCHIRCH u. BARBEN: Schweiz. Apoth.-Ztg **1924**, 62, 281.
[3] UNNA, G. P.: Mschr. f. prakt. Dermat. **5**, 1886.
[4] MIELCK: Mschr. f. prakt. Dermat. **5**, 1886.

barer Form, auf anderem Wege bereitet, ja auch im Jodipin vorliegen.
Die Lage ist ähnlich der bei den Quecksilbersalben. Dort ist nach alter
Technik eine gewisse Ranzidität notwendig, um überhaupt eine Salbe
herstellen zu können. Hier sind ranzige, ungesättigte Fette nötig, um Jodwirkung zu erzielen. Nur die Doppelbindungen sind imstande, aus den
nichtresorbierbaren Elektrolyten resorbierfähige Additionsprodukte zu
erzeugen; also ist für die Jodsalbe wie bisher das Schweinefett oder ein
anderes nicht voll hydriertes Fett als Salbengrundlage nötig. Eine gewisse
Gelbfärbung stört sicher weniger als Wirkungslosigkeit. Bei geschädigter Haut wird auch das unveränderte Jodkali der unzersetzten Salbe
resorbiert. Ranzige Salben sind nicht jedermanns Freude, wir werden also nur unzersetzliche Jodkalisalben für die geschädigte Haut
herstellen und bei gesunder Haut öllösliche organische Jodverbindungen
vorziehen.

Unter den **organischen Jodverbindungen,** die in der Salbentherapie
eine Rolle spielen, ist das *Jothion „Bayer"* (Dijodhydroxypropan) als
Typ zu werten. Es repräsentiert eine Reihe von Körpern, die, leicht
öllöslich, gut resorbiert werden, und zwar sowohl von der gesunden
als auch von der epithelberaubten Haut[1]. Die intakte Haut ist, wie dies
ja auch bei anderen Medikamenten zutrifft, nicht überall gleich durch-
gängig für Jothion. Bei Glatzen, Narbengewebe und Ichthyosis ist die
Resorption verzögert[2]. Ob man das Jothion für sich allein verwendet
oder in Form einer Fettsalbe, ist gleichgültig. Die Zufügung von Fett
verursacht jedenfalls keine wesentliche Verlangsamung der Resorption.
Als Diffusionsmembran kommt nicht nur die Epidermis in Frage, sondern auch die Talgdrüsen, die nach OPPENHEIM die Fähigkeit zu haben
scheinen, fettlösliche Substanzen aufzunehmen.

Die Jothionsalben kommen sowohl lokal als desinfizierende Salben
als auch vor allem bei internen Indikationen, wie bei Asthma, Bronchitis,
Gelenkentzündungen, Exsudaten und luischen Erkrankungen in Frage.
Die 10—25proz. Salbe (am Scrotum 1—2proz.) darf nicht durch feste
Verbände fixiert sein, da sie sonst die Haut maceriert. Das Jothion
wird außerordentlich schnell resorbiert und kann schon $^{1}/_{2}$ Stunde nach
Bestreichen der Haut im Speichel und Harn nachgewiesen werden. Über
die Wahl der Salbengrundlage finden sich in der Literatur keine Anhaltspunkte. Im Sinne der Resorption sind hier ohne Zweifel alle Fette
und Kohlenwasserstoffe geeignet, da aus ihnen die öllöslichen Körper
mit genügender Geschwindigkeit einwandern. Doch empfiehlt es sich,
bei Vaselin und Paraffinsalbe als Grundlage, um eine Verschmierung
der Hautporen zu verhindern, die betreffenden Hautpartien jeweils
nach einigen Tagen mit Seifenwasser abzuwaschen. Die Verwendung
von Emulsionen dürfte sich gleichfalls empfehlen, da insbesondere bei
den Öl-Wasser-Emulsionen ein die Resorption verbesserndes „Gefälle"
entsteht.

Wichtig sind ferner die zur lokalen Wirkung bestimmten *Jodoform-*
salben; sie werden 10proz. bei uns mit Vaselin, in Amerika mit Benzoe-

---

[1] RAVASINI u. HIRSCH: Arch. f. Dermat. **1905,** 74.
[2] OPPENHEIM: Arch. f. Dermat. **1908,** 93.

schmalz bereitet. Da das Jodoform in den Fetten löslich ist, gilt hier dasselbe über die Salbengrundlage wie beim Jothion. Bei epithelberaubter Haut ist die Gefahr der übermäßigen Resorption und damit der Vergiftung gegeben. Eine 2 proz. Jodoformsalbe mit Vaselin wird von FRANKEN[1] kaffeelöffelweise per os in Marmelade bei Darmtuberkulose gegeben.

Vioformsalben sind 10 proz. und dienen äußerlich zur Desinfektion, ebenso die **Aristolsalbe,** die durch Lösen des Aristols, des Dijoddithymols in Öl und der darauffolgenden Einarbeitung der Lösung in die Salben bereitet werden muß. Trockenes Verreiben gewährleistet keine desinfizierende Wirkung. **Airolsalben** sind 5—25 proz. und müssen einwandfrei sein. Sie sollen nicht mit Metallen in Kontakt kommen.

Jodex (Klopfer): seine Zusammensetzung wurde schon erwähnt, über Erfolge berichtet HÜBNER[2].

5% **Jodsilber** in Lebertransalbe als Grundlage wird zur Wundbehandlung empfohlen[3].

Jodalcet (Reiss), eine Jod-Cer-Verbindung, ist ein Bestandteil desinfizierender Puder.

Außer der Reihe standen nach einer Arbeit von KOSCHADE[4] Jodeiweißverbindungen in einer stabilen, „nach einem besonderen Verfahren" hergestellten Salbe. Es sollen darin die Oberflächenaktivität der Wirkstoffe vergrößert sein, so daß die Salben das Eindringen der Medikamente durch die Haut in das Blut in jedem Fall gewährleisten. Der Autor hat Vergleichsversuche zwischen Salbenapplikation und intramuskulärer Jodtherapie äquivalenter Dosen angestellt. Danach wurde das Jod bei der ersteren Darstellungsform schon vom ersten Tag an im Harn nachgewiesen. Die Salbendarreichung wirkte erst nach 7 Tagen, erreichte nach 13 Tagen das Optimum und wurde am 14. Tage abgebrochen.

Der Autor erklärt sich den Befund mit einem überaus langsamen Eindringen des Arzneimittels durch die Haut und nimmt ein langes Verweilen der percutan verabreichten Stoffe, hier also des Jods, in der Blutbahn an. Besondere Bedeutung hat diese Therapie nicht erhalten.

Zusammenfassend ist festzustellen, daß Jod in elementarer Form aus den verschiedenen Salbengrundlagen infolge seiner Fettlöslichkeit und hohen Dampfspannung resorbiert wird. Fette und Kohlenwasserstoffe halten das Jod aber verschieden fest zurück; erstere gehen, falls sie ungesättigt sind, organische Verbindungen ein. Die Jodkalisalbe wirkt, wenn sie nur Jodkali enthält, bei intakter Haut nicht, wohl aber bei geschädigter. Bei unverletzter Haut sind jodierte Fette am Platze. Man muß in diesem Fall also Schweineschmalz oder ein anderes ungesättigtes und ranzig werdendes, nicht ein gesättigtes Fett verwenden, da diese ebensowenig wie Paraffinkohlenwasserstoffe Jod addieren. Jothion und die anderen öllöslichen organischen Jodverbindungen

---

[1] FRANKEN: Rev. méd. Suisse rom. **1930**, 10.
[2] HÜBNER: Dtsch. med. Wschr. **1930**, 13.
[3] JUNGHANNS: Dtsch. med. Wschr. **1937**, 25, 963.
[4] KOSCHADE: Münch. med. Wschr. **1924**, 34, 1311.

werden aus den verschiedenen zur Verfügung stehenden Salbengrundlagen von Fett- oder Kohlenwasserstoffcharakter ohne weiteres resorbiert, doch empfehlen sich hier Fette, da die Paraffinkohlenwasserstoffe die Poren der Haut verkleben. Dasselbe gilt für lokal desinfizierende Salben mit Jodoform u. dgl.

Die Verträglichkeit des Jods und seiner Verbindungen ist nicht immer gut; es empfiehlt sich daher eine Vortestung, um Überempfindliche auszuschalten. Bei Hyperthyreoidismus sind alle Jodsalben kontraindiziert. Jodacne und Jododerma tuberosum können auch ohne besondere allergische Bereitschaft bei dauernder Darreichung von Jodsalzen auftreten. Jodtoxikosen können auch bei kleinsten Mengen entstehen. So hat eine Salbe, die pro Gramm nur 1,4 mg Jod enthielt, in zwei Fällen (Ulcus cruris-Behandlung) Vergiftungen verursacht.

Die percutane Joddarreichung ist wahrscheinlich nicht weniger wirksam als die orale (STURM und SCHULTZE[1]). Ob das Jod nun nach HEFFTER[2] durch das bei der Autooxydation der Fette entstehende H_2O_2 in molekularer Form in Freiheit gesetzt wird, sich an Eiweiß anlagert und so zur Resorption kommt, oder ob es in fettlöslicher, organischer oder anorganischer Form einwandert, interessiert uns weniger als eben die Tatsache, daß Jod aus Jodsalben überhaupt zur Wirkung kommt. Die Haut ist ein Joddepot (STURM und BUCHHOLZ[3]), das je nach dem Bedürfnis des Körpers das aufgenommene Jod mehr oder minder schnell abgibt. Je langsamer die Einwanderung, um so wirksamer die Medikation. Die Jodausscheidung im Harn ist nur sehr bedingt als Maßstab für die Resorption zu werten, denn sie ist von der Umlaufgeschwindigkeit des Jods weitgehend abhängig. Diese wiederum ist bei Basedow groß, bei Tuberkulose z. B. klein (STURM und SCHULTZE[4]).

Erwähnt sei noch, daß man, um elementares Jod zur intensiven Wirkung zu bringen, auch Lösungsvermittler, z. B. Diäthylenoxyd, gebrauchen kann. Man löst Jod darin und arbeitet die Lösung in Vaselin ein. LAWALL und TICE[5] haben mit einer solchen Salbe, die als Antisepticum dient, Wunden behandelt.

Im allgemeinen wird man Jod nur aus therapeutischen Gründen zufügen. SCHNEIDER und BODENSIEK gingen in einer Patentanmeldung weiter und fügen 0,0005—0,005% zu, um Wollfettsalben haltbarer zu machen. Der geringe Jodzusatz soll keine Schäden auf der Haut verursachen. (Vorsicht, Toxikosegefahr!)

Sonstige Halogen- und Salzsalben.

Chlor und *Brom* sind Bestandteile zahlreicher Medikamente, die ihrerseits wieder als Wirkstoffe vieler Salben zur Anwendung kommen. Meist handelt es sich um salzsaure Salze, evtl. auch um Bromverbindun-

---

[1] STURM u. SCHULTZE: Z. exper. Med. **90**, 173 (1933).
[2] HEFFTER: Arch. f. Dermat. **72** (1904).
[3] STURM u. BUCHHOLZ: Dtsch. Arch. klin. Med. **161**, 227.
[4] STURM u. SCHULTZE: Z. exper. Med. **90,** 173 (1933).
[5] LAWALL u. TICE: J. amer. pharmaceut. Assoc. **1931**, 20, 8.

gen. Man will hier nicht die Wirkung des Halogens oder der Säuren, sondern man verwendet derartige Präparate nur infolge ihrer Löslichkeit. Ausnahmen sind die Chlorkalksalben im Luftschutz und gegen Pernionen und manche Bromverbindungen, durch deren Applikation in Salben man sedative Bromwirkung zu erzielen hofft.

Meerwassersalben, Mutterlaugensalben aus verschiedenen Heilbädern müssen wohl hier oder unter den Jodsalben angeführt werden. Oder soll man sie zu den indifferenten Salben rechnen? Der Zusammensetzung nach handelt es sich durchwegs um Wasser-in-Öl-Salben auf Wollfettbasis, deren Meerwasserkomponente nicht wirksam sein kann, sie sind daher durch Zusätze, z. B. ätherische Öle, „verstärkt" und dann wohl imstande, die Wirkung der Begleitstoffe zu gewährleisten. Eingedicktes Meerwasser oder Mutterlaugen dürften in geringerem Grade auch osmotisch reinigen.

Fluor findet sich in 2 Salben bzw. Salbengruppen: im jetzt kaum mehr verwendeten Fluor-Epidermin (Valentiner und Schwarz) und in den Fissanen. Nach MEITNER[1] enthielt das erstere Präparat Fluorpseudocymol und Difluordiphenyl in Vaselin-Lanolin. Es handelte sich um ein Präparat, das öllösliche Produkte enthielt und sowohl nach obigem Autor als auch nach KRAUSS und BASS[2] bei Ulcera und Wunden empfehlenswert war.

Über das Fissankolloid wurde bereits ausführlich berichtet. Es handelt sich um einen oberflächenaktiven Körper, der, selbst unlöslich, die Wirksamkeit zugesetzter Medikamente steigern und physikalisch, aber nicht chemisch, in das Geschehen eingreifen soll.

Ätherische Öle, Balsame und Campherarten.

Ätherische Öle sind lipoidlöslich und durchdringen die intakte Haut, eine Tatsache, die schon von OVERTON[3] festgestellt wurde. Nach FILEHNE[4] nehmen sie ihren Weg wahrscheinlich über die Talgdrüsen, die sie reizen und empfindlich machen.

Man bedient sich der ätherischen Öle in Salben, um ihre desinfizierenden oder lokal reizenden Eigenschaften auszunutzen, aber auch, um interne Fernwirkung zu erzielen. Die lokale Reizung und die damit verbundene bessere Durchblutung der Hautcapillaren werden besonders durch Terpentin und Senföl bewirkt; vorwiegend intern beeinflussen die meisten anderen Öle, wie Methylsalicylat (Wintergrünöl), Eucalyptusöl[5].

Balsame, also Lösungen oder Gemenge von Harzen in bzw. mit ätherischen Ölen, haben durch die Ölkomponente ähnliche Wirkung. Ihr wichtigster Vertreter ist der Perubalsam.

Man kann die erfolgte Resorption der ätherischen Öle auf verschiedene Weise zeigen. PFAFFRATH[6] hat sie nach Salbeneinreibung in der Atmungsluft durch ihren Geruch nachgewiesen.

---

[1] MEITNER: Reichsmed. Anz. **1903**, 14.
[2] KRAUSS u. BASS: Allg. Wien. med. Ztg **1900**.
[3] OVERTON: Pflügers Arch. **42**, 115.   [4] FILEHNE: Berl. klin. Wschr. **1898**, 3.
[5] Literatur bei BÜRGI: Schweiz. med. Wschr. **1937**, 20.
[6] PFAFFRATH: Arch. f. exper. Path. **174**, 143 (1933).

MACHT[1] hat zahlreiche ätherische Öle aus Fetten und Paraffin-kohlenwasserstoffen durch die Tierhaut (weiße Maus) diffundieren lassen und, da sie alle in hohen Dosen giftig sind, ihre Wanderungsgeschwindig-keit an dem Eintritt toxischer Erscheinungen gemessen. Der Tod trat nach der Applikation von Zimt-, Fenchel-, Birken-, Orangen-, Pfefferminz-, Thymian-, Sassafrasöl in durchschnittlich 2 Stunden ein. Am ungiftigsten erwies sich Wintergrünöl, dessen Hauptbestandteil Methylsalicylat ist, ein Ester, der sich zersetzt und im Körper Salicylwirkung entfaltet.

STÄHLI[2] hat die BÜRGISche Apparatur, eine Glasglocke (siehe S. 102), mit verschiedenen ätherischen Ölen beschickt, auf die geschorene Kanin-chenbauchhaut aufgeklebt und die resorbierten ätherischen Öle in der Ausatmungsluft mit Vanillin-Salzsäure nachgewiesen. Er konnte zeigen, daß Thymian-, Citronen-, Terpentin-, Rosmarin-, Bergamott-, Latschen-kiefer-, Wacholder-, Lavendel- und Eucalyptusöl wirklich resorbiert und durch die Ausatmungsluft ausgeschieden werden. Die Zeit bis zum Eintreten der Rotfärbung des Reagens war verschieden lang, diese selbst wechselnd stark.

WAELTI[3] hat ähnliche Versuche mit Kampfer angestellt und eben-falls ein positives Ergebnis erhalten.

Bei unseren eigenen Versuchen sollte nicht die Resorption, sondern die lokale Wirkung der Öle aus Salben heraus studiert werden. Wir be-dienten uns daher zuerst des Modellversuchs, um auch das Verhalten eines wäßrigen Mediums gegenüber den ätherischen Ölen — in unse-rem Falle das leicht nachweisbare Methylsalicylat — kennenzulernen.

Wir stellten mit folgenden 5 Salbengrundlagen, nämlich 1. Vaselin, 2. synthetischem Fett von Schweineschmalzcharakter, 3. Vaselin-Woll-fett a̅a̅, 4. einer Öl-in-Wasser-Emulsion, 5. einer Wasser-in-Öl-Emulsion, Methylsaliylatsalben her.

Jedes Gramm dieser Grundlagen enthielt einen Tropfen ätherisches Öl. Von den Salben wurde je 1 g mit möglichst gleicher Oberfläche an einem Glasstab in 1 proz. Eisenchloridlösung eingetaucht. Die Öl-in-Wasser-Emulsion verteilte sich schon in den ersten Minuten. Es ent-stand eine starke Violettfärbung. Die anderen 4 Versuchspräparate zeigten in dieser Zeit keinerlei Farbreaktion und wurden deshalb eine Stunde im Brutschrank bebrütet. Nun zeigte die Öl-in-Wasser-Emulsion noch immer die weitaus intensivste Färbung. Die Wasser-in-Öl-Emulsion färbte wesentlich weniger, ebenso das Vaselin. Eine noch schwächere Violettfärbung ergab das Vaselin-Adeps lanae-Gemisch. Keine merkbare Abgabe zeigte der synthetische Fettsäureglycerinester.

Es traten also in dem Modellversuch dem Wasser gegenüber große Unterschiede in der Medikamentenabgabefreudigkeit aus den einzelnen Salbengrundlagen auf. Das sonst diffusionsfreudige Fett löste das Öl zwar am besten, hielt es aber fest, und zwar fester als Vaselin. Die Emul-sionen zeigten deutlich die Wichtigkeit der Wahl der richtigen äußeren Phase und des Verteilungsgrades.

Bei den Versuchen an der Haut sollte an Stelle des Resorptions-

---

[1] MACHT: J. amer. med. Assoc. **110**, 6, 408 (1938).
[2] STÄHLI: Diss. Bern 1940. [3] WAELTI: Diss. Bern 1939.

nachweises der Öle im Organismus ihre lokale Wirkung als Test herangezogen werden. Als geeignet erwies sich hierzu das Allylsenföl. 2 Tropfen
dieses Öles wurden mit je 10 g Salbengrundlage verarbeitet, und zwar mit:

1. Vaselinum synth., Schmelzpunkt 62°,
2. Vaselinum album DAB 6, Schmelzpunkt etwa 40°,
3. Vaselinum DAB 6, Adeps lanae āā,
4. einer Öl-in-Wasser-Emulsion,
5. einer Wasser-in-Öl-Emulsion,
6. einem synthetischen Fett (Glycerinfettsäureester vom Schmelzpunkt 36°),
7. einem synthetischen Fett (Glycerinfettsäureester vom Schmelzpunkt 42°).

Je 0,5 g dieser 7 Salben wurden auf Mull-Läppchen gestrichen und
30 Minuten auf der Unterarmhaut liegen gelassen. In allen Fällen trat
nach dieser Zeit unter starkem Brennen gleichmäßig intensive Rötung
auf. Es bestand lediglich der Unterschied, daß bei brünetten Versuchspersonen die Rötung schneller verschwand und nicht so intensiv war
als bei blonden. — Dies ist um so mehr verwunderlich, als das Senföl,
infolge seines hohen Dampfdruckes, unverdünnt schwächer reizt als in
Kataplasmen oder Salben.

Die Grundlagen, die wir gewählt haben, hemmten das Öl also *praktisch gleich intensiv*. Der Versuch wird jedoch durch die „Unbekannte", die
Dampfspannung in den einzelnen Phasen, etwas entwertet. Das Senföl
hat aber doch in Salben ähnliche Eigenschaften wie die anderen ätherischen Öle, das zeigen die Beobachtungen von BLISS[1], die er bei mit
Methylsalicylat durchgeführten Versuchen machte. Anscheinend haben
alle ätherischen Öle diese Eigenschaft, soweit Fette oder Paraffinkohlenwasserstoffe als Trägersubstanzen in Frage kommen. Aus wäßrigen
Methylsalicylatsuspensionen hingegen wird, wie BROWN und SCOTT[2]
nachwiesen, mehr Salicylat resorbiert als aus einer alkoholischen Lösung
und daraus wieder mehr als aus dem reinen Ester. Wasser gibt eben
den darin nichtlöslichen Ester leicht an die Haut ab. Seine Anwesenheit
fördert die Zersetzung des Esters, so daß nicht nur das ätherische Öl,
sondern auch die Säure zur Resorption zur Verfügung steht.

Wenn wir nun die Modellversuchsergebnisse, die Erfahrungen von
BLISS und unsere Resultate graphisch gegenüberstellen, erhalten wir
folgende Bilder:

Tabelle 6.

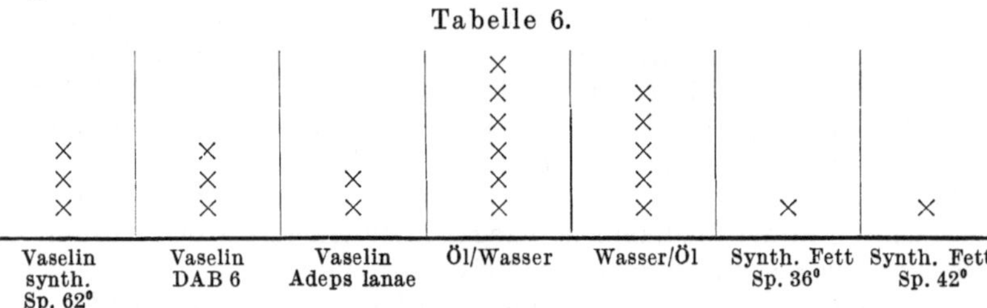

Modellversuch.

Eisenchloridhaltiges Wasser wird von methylsalicylathaltigen Salben verschieden
intensiv gefärbt. Je höher die Kolonne der Kreuze, um so intensiver die Färbung.

[1] BLISS: J. amer. pharmaceut. Assoc. **25**, 694 (1935).
[2] BROWN u. SCOTT: J. of Pharmacol. **50**, 32 (1934).

Tabelle 7.

$\times$	$\times$	$\times$	$\times$	$\times$	$\times$	$\times$
$\times$	$\times$	$\times$	$\times$	$\times$	$\times$	$\times$
$\times$	$\times$	$\times$	$\times$	$\times$	$\times$	$\times$
Vaselin synth. Sp. 62°	Vaselin DAB 6	Vaselin Adeps lanae	Öl/Wasser	Wasser/Öl	Synth. Fett Sp. 36°	Synth. Fett Sp. 42°

Versuche an der Haut.

Die ätherischen Öle beeinflussen die Haut aus verschiedenen Grundlagen heraus praktisch gleich stark. Alle Kolonnen sind gleich hoch.

Im Wasser ist die Abgabe aus den einzelnen Salbengrundlagen je nach der Löslichkeit des ätherischen Öles im Medium außerordentlich verschieden. Auf der Haut verschwinden die ohne Zweifel vorhandenen Unterschiede. Im Modellversuch geben die Fette als gute Lösungsmittel weniger Öl an Wasser ab' als Vaselin, auch weniger als Emulsionen. Beim klinischen Versuch sind die Unterschiede ausgeglichen, die wäßrigen Teile der Haut haben keinen genügend stark hemmenden Einfluß auf die Resorption.

Wenn wir nun die einzelnen Indikationen besprechen, bei denen ätherische Öle appliziert werden, soll zuerst die lokale Wirkung auf die gesunde Haut erwähnt werden. Hier sind das Senföl sowie manche Terpene zu nennen, deren lokal hautreizende Wirkung z. B. bei der Rheumabehandlung ausgenutzt wird. Das Menthol „kühlt" und wird deshalb manchen Kühlsalben zugefügt.

Einige ätherische Öle, wie Nelkenöl, Anis-, Citronen-, Lorbeer- und Eucalyptusöl, werden gegebenenfalls unter Zusatz von Lebertran lokal neben Chinosol, Naphthalin u. a. in Salbenform als Schnakenschutzmittel empfohlen. Leider wirken sie sehr kurz, denn sie verdunsten nach außen und diffundieren infolge ihrer Lipoidlöslichkeit durch die Haut hindurch in das Innere des Körpers. Es müßte daher nach einer die Schnaken abschreckenden, aber nicht resorbierbaren Substanz gesucht werden, denn die Öle sind nicht indifferent, sie können Nierenreizungen verursachen, ein Umstand, der bei der guten Resorption durch die Haut berücksichtigt werden muß. Oder man bedient sich eines Schnakenschutzmittels mit anderen Wirkstoffen, etwa einer 1proz. Chininsalbe mit Lebertran und Lanolin[1]. Wirksamer als Lanolinsalben werden auch hier Pflanzenschleime sein[2]. Vielleicht gibt auch das D.R.P. 512665 einen Hinweis, wie die Nachteile der fettlöslichen Mückenschutzmittel zu umgehen sind. Nach ihm wird ein poröser Stein mit ätherischen Ölen getränkt, und diese werden durch Eintauchen in Paraffin fixiert. Außerdem gibt es ein Verfahren, ätherische Öle in Form einer Doppelverbindung mit bestimmten anorganischen Salzen, wie Calcium oder Mg-Bromid, oder ähnlich wirkende Substanzen, wie Cumarin und seine Derivate, auf der Haut zu fixieren, wobei

---

[1] Pharm. Z.halle Dtschld **1928**, Nr 69.
[2] STAWITZ: Pharm. Ind. **12**, 3 (1950).

durch die langsam erfolgende Abspaltung der ätherischen Öle ein sich über einen längeren Zeitraum erstreckender Schutz gegen fliegende Insekten erzielen läßt. Dieses im D.R.P. 694681 geschützte Verfahren ist im Mückenschutzmittel „Mipax", einer Flüssigkeit, ausgewertet.

Die Parfümierung von Salben verursacht in manchen Fällen Reizung der gesunden Haut, noch mehr aber erkrankter Stellen (Ungt. Diachylon und leniens). Kosmetische Artikel werden trotzdem wohl immer parfümiert werden, da sie sonst unverkäuflich liegenbleiben würden. Dermatologische Salben bleiben aber besser ohne solche Zusätze. Sie müssen nicht duften, sollen aber heilen und reizlos sein, und diese letzte Eigenschaft kann durch ätherische Öle gefährdet werden, zumal einzelne Öle oder Ölbestandteile, wie Thymol, geradezu als Antigen wirken können (HANSEN[1]).

Hier sei daher darauf hingewiesen, daß fast alle ätherischen Öle in Salben bei längerem Gebrauch eine Allergie hervorrufen können. So sahen wir nach Gebrauch einer aus zahlreichen Ölen zusammengesetzten Patentsalbe eine schwere Gesichtsdermatitis entstehen, die, wie durch Hautteste geklärt wurde, auf die Oleum-Lauri-Komponente zurückzuführen war. Nach Abheilung der allergischen Dermatitis bekam der Patient einige Wochen später ein Rezidiv in Form eines Lippenekzems, das dadurch entstand, daß der Patient sich ein Lorbeerblatt aus einer Sauce durch den Mund gezogen hatte.

Die Wundheilung wird durch ätherische Öle nicht beschleunigt, im Gegenteil, die Tierversuche STOCKMANNS[2] zeigten, daß stark bactericide Öle das Gewebe schädigen, ohne die Abwehrkräfte zu steigern.

Vielen Salben sind ätherische Öle zugefügt, um die Resorption anderer Heilmittel zu fördern. Exakte Unterlagen für diese Wirkung als Gleitschiene hat MACHT in der schon mehrfach zitierten Arbeit geliefert. Auch Gewerbeschutzsalben sollten nicht parfümiert werden. Diese Forderung läßt sich allerdings nicht durchführen. Unparfümierte Salben werden nicht gekauft. Wir gaben an zwanzig Versuchspersonen dieselben Gewerbeschutzsalben, teils parfümiert, teils nicht, zu Versuchen ab. Alle zwanzig behaupteten, die parfümierte Salbe wirke besser!!

Nun kurz die wichtigsten ätherischen Öle, die in Salben vorkommen:

Ol. Anisi, 1—10proz., dient in Salben gelöst als Läusemittel. Da Resorption unerwünscht ist und wir nur die Oberfläche und die Haare behandeln wollen, wird eine abwaschbare Öl-in-Wasser-Emulsion als Salbengrundlage zweckmäßig sein. Es kam im Jahre 1915 durch eine Arbeit FRÄNKELS[3] auf und wurde im selben Jahr von WESENBERG[4] abgelehnt. Heute haben wir wohl wirksamere und leichter erreichbare billigere und sicherere Mittel.

Ol. Arnicae wird meist bei seiner Verwendung als Volksheilmittel in Form von 3—5% der ölhaltigen Tinktur in Salben eingearbeitet. Es ist ferner ein Bestandteil des Ungt. benzidale und zahlreicher Speziali-

[1] HANSEN: Dtsch. med. Wschr. **1939**, 7.   [2] STOCKMANN: Diss. Zürich 1937.
[3] FRÄNKEL: Wien. klin. Wschr. **1915**, 313.
[4] WESENBERG: Dtsch. med. Wschr. **1915**, 861.

täten, so der Arniflorsalbe (Schwabe), der Traumafluidsalbe und
Pasta (Schwabe), Präparaten, in denen es Hyperämie und leichten
Reiz erregen soll. Echinacea angustifolia, eine nordamerikanische Composite, wirkt arnicaähnlich und wird zusammen mit Aristolochia clematidis als Wirkstoffträger in der Echiplantsalbe (Schwabe) angewandt.

Ol. Cajeputi ist neben Campher, Hyoscyamusöl, Seidelbastextrakt
und Salicylsäure zu 0,9% in der Bexuolsalbe, die bei Rheuma empfohlen
wird, enthalten.

Ol. Caryophyllorum, Nelkenöl, dient zur Abschreckung der Mücken.
Resorption wird nicht angestrebt. Es empfiehlt sich die 5—10proz.
Verarbeitung z. B. in einer Mischung von 3 Teilen Wollfett und 7 Teilen
Glyceridsalbe.

Ol. Chamomillae ist vorwiegend in Form der Kamillosan- und ähnlichen Salben zur Schmerzbeseitigung als entzündungshemmendes Mittel, mildes Desinfiziens und Desodorans in Verwendung.

Ol. Eucalypti wird zur Abschreckung der Mücken und als Expectorans
in Salben, für die bei ersterer Indikation die Ausführungen bei Ol. Caryophyllorum gelten, empfohlen.

Ol. Gaulteriae, Wintergrünöl, enthält vorwiegend Methylsalicylat.
Es dient zur Rheumatherapie, in der ja auch zahlreiche andere organische
Salicylverbindungen, die sich in Salben wie ätherische Öle verhalten,
verordnet werden.

Ol. Hyperici, ein Macerat des frischen, an ätherischen Ölen reichen
Krautes mit fettem Öl, wird und wurde als Wundmittel unverändert und
als Salbenbestandteil verwendet. Über den Wirkungsmechanismus als
solches ist nichts bekannt. Es scheint ähnlich wie Arnica und Calendula
zu wirken und hat infolge seines Hypericingehaltes lichtsensibilisierende
Eigenschaften.

Ol. Juniperi ist neben Kräuterextrakten in dem Ungt. Juniperi enthalten.

Ol. Lauri steht zwischen fetten und ätherischen Ölen und ist ein
häufiger Bestandteil von Schnakenschutzsalben. Als Heilmittel steht
es vorwiegend in der Veterinärmedizin in Verwendung und ist in manchen Ländern in Salben offizinell.

Ol. Menthae bzw. Menthol wirkt selektiv erregend auf die Kältenerven, „kühlend" und leicht schmerzstillend. Es ist bei akuten Ekzemen
zu vermeiden.

Campher ist mit Ungt. molle, Vaselin oder Wollfett und Paraffinsalbe in 10proz. Verarbeitungen als juckstillendes, leicht antiseptisches
Mittel, z. B. bei Frostbeulen, in Verwendung, Versuche, derartige Salben
als Kreislauftonica zu verwenden, sind bisweilen erfolgreich. Auch bei
Tuberkulose ist ein Versuch mit Camphersalben möglich. So berichtet
BAUSE[1] von guten Resultaten mit Permeatin, einer Lanolinsalbe, die
auch noch Guajacol enthält. Bei Frostbeulen bewährt sich auch gut
die Priscolsalbe der Ciba. Priscol ist ein synthetisch dargestelltes Imidazolinderivat.

---

[1] BAUSE: Dtsch. med. Wschr. **1925**, 49.

Ol. Terebinthinae wird aus Salben leicht resorbiert (verursacht oft Überempfindlichkeit). Es dient als desinfizierendes, hautreizendes Mittel und z. B. bei Ulcus cruris 4,5 proz. in Vaselin zur Granulationsanregung. Bei dieser Indikation ist es auch neben Hexamethylentetramin Bestandteil der Terpestrolsalbe (Deiglmayer). Weitere derartige Mittel waren Cilauphen, Cilaudent, Präparate, über die JENDRISSEK[1] berichtet.

Pinal (Dr. Atzinger & Co.) ist eine Benzoe-Zink-Terpentin-Salbe mit einer nur aus animalischen Stoffen präparierten Grundlage. Sie wird bei Hautaffektionen empfohlen, die mit einer gewissen Feuchtigkeit einhergehen, bes. bei Ulcus cruris.

Unguentum populi, die in manchen Gegenden von der Landbevölkerung noch viel verlangte Pappelsprossensalbe, enthält Gerbstoff, Harz und im ätherischen Öl-Benzylbenzoat und -Salicylat und andere Benzylester. Sie dürfte nach PFAU[2] dieser Komponenten wegen bei Verbrennungen und Hämorrhoiden sehr wohl wirksam sein. Außerdem konserviert das Harz die Grundlage besser als Benzoeharz.

Die Wirkung des **Perubalsam** setzt sich aus der der ätherischen Öle und der Harze zusammen. Er ist lokal desinfizierend, besitzt aber auch Fernwirkung, die nach erfolgter Resorption als Nierenreizung in Erscheinung treten kann. Die vorwiegend antiseptische Eigenschaft, zu der auch eine keratoplastische Komponente hinzukommt, hat ihm in der Dermatologie und Chirurgie einen wichtigen Platz eingeräumt. Trotz der auftretenden Allergien und trotz des Siegeszuges der Lebertransalben in der Wundversorgung ist er nicht zu verdrängen. Perubalsam oder seine Nachahmungen sind ein wesentlicher Bestandteil zahlreicher industriell hergestellter Salben. Nach KRÄUTER[3] ist er den Vitaminsalben in der Wirkung gleichwertig. Seine Nachteile bestehen darin, daß 10% der Hautkranken und 2% der Gesunden sowie nach SCHÖNE[4] die Röntgengeschädigten ihn nicht vertragen. Sie reagieren nach ENGELHARDT[5] auf seine sämtlichen Inhaltsstoffe, Benzoeester sowie auch auf Benzoetinktur, so daß auch das Adeps benz. in diesen Fällen Störungen verursachen dürfte. Ferner bildet er mit manchen Substanzen, wie mit Borsäure, unerwünschte Verbindungen.

Perubalsam „buttert" bei längerem Verreiben mit Vaselin, mit dem es zuerst glatte Mischungen ergibt, aus. Man setzt ihn daher zweckmäßig als letzten Bestandteil zu und rührt nur kurz um. Um homogene Perubalsamsalben herzustellen, muß man Ricinusöl zu Hilfe nehmen, man verreibt den Balsam mit dem Öl und fügt diese Mischung der Grundlage zu. Nach BRIDON[6] kann man durch Auflösen von 2 Teilen Balsam in 1 Teil Chloroform und Eintragen dieser Mischung in 8 Teile Vaselin ein Konzentrat machen, aus dem dann die in der Rezeptur üblichen Verdünnungen bereitet werden. Allerdings verlangt die Herstellungsvor-

---

[1] JENDRISSEK: Zahnärztl. Rdsch. **1939**, 6.
[2] PFAU: Helvet. chim. Acta **21**, 1524 (1938); Pharmazie **4,** 9 (1949).
[3] KRÄUTER: Münch. med. Wschr. **1937**, 27.
[4] SCHÖNE: Med. Klin. **1939**, 15, 510.
[5] ENGELHARDT: Münch. med. Wschr. **1935**, 7.
[6] BRIDON: Wien. pharm. Wschr. **73**, 31 (1940).

schrift für die Mischung ein mehrstündiges Verreiben, bis das Lösungsmittel verdunstet ist. Es befriedigt zudem nur bei manchen, aber keineswegs bei allen Vaselinsorten.

Styrax wird in Salben gegen Läuse und bei Krätze etwa 10 proz. mit oder ohne Schwefelzusatz in einer Mischung von Sapo viridis und Adeps suill. verwendet.

Myrrhensalben sind verschiedentlich im Handel. Das einfache Mischen von Fett oder Vaselin mit Myrrhen führt zu unbefriedigenden, sich auf der Haut trennenden Salben. Die Spezialpräparate enthalten daher „filtrierte Myrrhe", darunter dürfte wohl das gummifreie ätherische Öl gemeint sein, das sich in den Grundlagen unschwer löst.

Resina Elemi (Elemiharz) ist ein Bestandteil mancher im Ausland offizineller Salben.

Terebinthina laricina und Vaselin a̅a̅ sollen als Wundsalbe nach SCHULZ[1] sowie nach MOMBURG alle anderen Salben, auch die Lebertransalbe, übertreffen. Man erhält sie durch Zusammenschmelzen von gleichen Teilen Harz und Fett oder Vaselin (SCHMALZ),[2] Ein Industriepräparat aus Lärchenharz, Vaselin und Lebertran ist Provulnolan (Lichtenheld), über das RAU und HEINEMANN[3] sowie LANGE[4] berichteten. Die Reichsformeln geben auch ein derartiges Präparat an. Es enthält 10 Teile Lebertran und 25 Teile Harz auf 100 Teile Vaselin.

Eine Sonderstellung nimmt das **Bergamottöl** ein, das die UV.-Lichtempfindlichkeit der Haut beeinflußt, eine Beobachtung, die so alt ist wie das Kölnische Wasser, dessen Hauptbestandteil Bergamottöl ist. URBACH und KRAL[5] haben die Desensibilisierung durch das Öl experimentell belegt. Sie stellten fest, daß sie insbesondere bei parenteraler oder auch oraler Vitamin-C-Darreichung intensiv ist. Doch wird anderseits das Öl zur Bräunung bei Vitiligo sowie zur Pigmentierung der anästhetischen Herde bei Lepra herangezogen[6], und MIESCHER[7] stellt die obigen Betrachtungen URBACHs überhaupt in Abrede.

Nun zur *Wirkung der Salben mit ätherischen Ölen bei geschädigter Haut und bei Wunden.* Hier kommt die aus verschiedenen Arbeiten bekannte stark desinfizierende Wirkung zur Geltung. Dies und die Stimulierung der natürlichen Heilungsvorgänge durch ätherische Öle und Harze erklärt die Wirkung zahlreicher Wundsalben. Dazu kommt noch, daß manche Öle, wie dies GONZENBACH[8] an der Ilon-Absceß-Salbe nachgewiesen hat, eine deutliche phagocytosesteigernde Wirkung ausüben sollen.

Der hyperämisierenden Eigenschaften mancher ätherischer Öle, wie des Nadelholzöls, des Rosmarinöls und Thymols, bedient man sich bei Erfrierungen.

---

[1] SCHULZ: Chirurg **1939**, 1, 263.   [2] SCHMALZ: Landarzt **1939**, 12.
[3] RAU u. HEINEMANN: Med. Welt **1937**, 5.   [4] LANGE: Med. Welt **1938**, 1495.
[5] URBACH u. KRAL: Wien. klin. Wschr. **1937**, 27.
[6] SÉZARY u. GUÉDÉ: Congrès de dermatologistes de langue française **36**, 469 (1931).
[7] MIESCHER: Schweiz. med. Wschr. **1938**, 888.
[8] GONZENBACH: Med. Klin. **1931** I, 58.

Der Internist verwendet Salben mit salicylsäureabspaltenden natürlichen oder synthetischen ätherischen Ölen, z. B. mit Methylsalicylat,
zur Erzielung der Salicylwirkung, andere wie die Terpene als „ableitende"
Rubefacientia. Hierzu steht ihm eine Unzahl von Fabrik- und Apothekenpräparaten zur Verfügung (Rheumasan u. a.). Die expectorierende
Wirkung des Eucalyptusöls und die spasmolytischen Eigenschaften
mancher anderer Öle, der Benzylverbindungen und des Camphers,
werden zur äußeren Behandlung von Bronchial- und Gefäßleiden herangezogen.

Bei der Herstellung von Salben, die ätherische Öle oder Balsame
enthalten, können wir — wie die Versuche zeigten — jede Fett- oder
Kohlenwasserstoffgrundlage nehmen. Wir werden eine haltbare, verträgliche, den Wärme- und Gasaustausch nicht behindernde Salbe herstellen
und Fette nehmen bzw. Emulsionen vom Wasser-in-Öl-Typ.

Wir müssen uns bei der Herstellung der letzteren aber durch eine
Vorprobe überzeugen, daß die Emulsion nicht durch den Ölzusatz
zerstört wird.

Die Harze und Balsame haben nach SCHMIDT[1] die wichtige Eigenschaft, echte Fixiermittel für Riechstoffe zu sein, sie absorbieren die
riechenden Substanzen an ihrer Oberfläche. Ambra, Zibeth und Mo-
schus scheinen anders zu wirken, und zwar durch Erregung der Ge-
ruchsnerven.

Bei der Herstellung von Glyceridsalben mit ätherischen Ölen und
Parfümkompositionen ist auch noch zu berücksichtigen, daß einige, wie
Eugenol und Thymol, oxydationshemmend, Anethol, Diphenyloxyd,
Isosafrol, Vanillin, Heliotropin und α-Jonon aber fördernd wirken
(NAKAMURA[2]).

Nun zu den Industriepräparaten. Wir führen hier einige Mittel an
und zeigen, daß manche zahlreiche Stoffe enthalten, wir wollen ferner
erwähnen, daß die kasuistische Literatur über diese Produkte Bände
füllen könnte, und trachten, im übrigen die schon erwähnte Einteilungs-
weise zu bewahren.

Cilauphen-Harzsalbe (Bika Chem.-Pharm. Fabrik, Stuttgart) enthält
neben Phenol ätherische Öle, wie Eucalyptus, Colophonium, Campher
und Terpentin. Sie kommt wie ähnliche „Absceß-Salben" zur Hyperämisierung der Haut in Frage und ist bei Ekzemneigung kontraindiziert.

Ätherische Öle als Gleitschiene enthält die **Diffundolsalbe,** die ferner
aus Schwefelverbindungen in Natronseifensalbe, die besonders gute
Resorption gewährleisten soll, besteht.

Auf der kranken Haut wirken unter vielen anderen alle Perubalsam
enthaltenden Mittel, z. B.

Epithensalbe (Temmler). Sie enthält Scharlachrot und Perubalsam
in „besonderer Grundlage".

Histopinbalsam der Nitritfabrik, Berlin, enthält Histopin-
extrakt aus Staphylokokkenstämmen, Perubalsam, ZnO, Bismut subnitricum.

---

[1] SCHMIDT: Dtsch. Parfümerie-Ztg **24**, 21, 61, 161 (1938).
[2] NAKAMURA: J. chem. Ind. **36**, 2600, 3353 (1933).

Ilonabsceßsalbe (Ilon, Freiburg) besteht jetzt aus 33,5% Lärchenterpentin, Kolophonium, ätherischen Ölen, 0,1% Phenol, 0,2% Chlorophyll, 66,2% freie und veresterte Fettsäuren in Kombination mit Vaseline als Salbengrundlage. Damit hat sich die Fettgrundlage und der frühere hohe Phenolgehalt geändert. Da eigene Erfahrungen fehlen, wird auf die Arbeiten von GERAUER[1], Hautklinik Kiel, und CRAMER[2]. Chirurg. Klinik Freiburg, verwiesen.

Kamicylsalbe (Dr. Fresenius, Bad Homburg) enthält die Öle, Kamillenextrakt und Salicylsäure in einer Wasser-Öl-Emulsion.

Kamillosansalbe (Bad Homburg) enthält die ätherischen Öle der Kamille in einer nicht näher bezeichneten Salbengrundlage und ist sowohl als Medikament als auch selbst wieder als Salbengrundlage verwendbar. Kamillocreme ist eine dieselben Öle enthaltende Stearatcreme.

Kamichtal Byka besteht aus Ungt. molle, Glycerin, Kamillen- und Terpentinöl — das erstere soll die Entzündung hemmen, das letztere sie fördern —, ferner aus Karwendol, Natriumsalzen und Ameisensäure.

Lyssiasalbe enthält nach KUHN[3]
ZnO—Amyl. $\overline{aa}$ 150,0, Vaselin flav. 350,0, Naphthalan 160,0, Balsam peruv. 60,0, Chinolin. sulf. 5,0, Ichthyol 10,0, Extr. Hamamelidis 30,0, Ol. Cacao 30,0, Bismut. oxyjodogallic. 10,0, Adeps lanae ad 1000,0.

Mova-Wundbalsam (Mova-Gesellschaft, Wiesbaden) enthält Hamamelisextrakt, Perubalsam, Aminobenzoesäureäthylester in einer 4proz. Zinkoxydsalbengrundlage und wird gegen Ekzeme, Furunkel usw. empfohlen.

Auf der gleichen Grundlage beruht der Mova-Brustwarzenbalsam.

Remedia externa (Obermeyer), wie Mamillon, Parvulan, Ungt. herbale, enthalten in öligen und wäßrigen Auszügen Pflanzenextrakte, teilweise mit ätherischen Ölen.

Terpestrolsalbe (Deiglmayr) besteht aus Terpentinöl, Hexamethylentetramin und einer „Salbengrundlage" und dient als Granulations- und Epithelisierungsmittel.

Varikosansalbe (Kermes) enthält laut Angabe „Albuminolipoide", Fette, Bitumen- und Teeröle, Kolloidschwefel, Hamamelisextrakt, ZnO, Anästhesin, Bismut. subnitric., Campher, Perubalsam, Lanolin, Vaselin flav., Vaselinöl.

An der Menge der Bestandteile gemessen, wird sie von der **Sprätinsalbe**, die 17 Komponenten enthält, noch übertroffen.

Zu nennen sind dann noch Combustin, Philonin.

Internen Indikationen dienen die zahlreichen Methylsalicylatsalben, wie Rheusolex, Rheumasan. Der Geruch verrät häufig ihren Wirkstoff schon von weitem.

Als Husten- und Kreislaufmittel, die teilweise auch mechanisch durch Massage wirken sollen, sind zu nennen

---

[1] GERAUER, A.: Diss. Kiel 1948.
[2] CRAMER, P.: Ärztl. Sammelblätter **1950**, 5, 97.
[3] KUHN: Münch. med. Wschr. **1932**, 1, 27.

Präparat:	*Inhaltsstoffe:*
Antitussin-Salbe (Täschner)	Eucalyptus- und Rosmarinöl sowie Thymol
Eukolesin (Bavaria Würzburg)	Eucalyptus- und Terpentinöl, Kreosot, Menthol
Hustensalbe Tancré	Eucalyptus- und Terpentinöl, Benzyl-Benzoat, Menthol und Campher
Mafera Herzsalbe (Schwabe)	Campher und Menthol, Anylnitrit, Zimt-öl, Baldrian in Paraffinsalbe
Recorsansalbe (Bavaria Würzburg)	Menthol, Nicotin, Campher, Baldrian, Senföl

Lerminol (Schwabe), ein Rheumamittel, enthält Latschenkiefernöl, Salicylester, Rhus toxicodendron und Arnica in Lanolin-Vaselin, also Mittel, die das Körperinnere durch die Haut hindurch beeinflussen sollen.

Einige aus der Volksmedizin übernommene Salben seien noch erwähnt; sie enthalten entweder ätherische Öle oder Reizstoffe, die sich ähnlich verhalten.

Unguentum calendulae ist bei den Ärzten fast vergessen, wird aber von Laien und Heilkundigen, wie z. B. auch von KNEIPP und Pfarrer KÜNZLE, der in der Schweiz außerordentliches Ansehen beim Publikum besitzt, sehr empfohlen. Nach HAGER wird sie aus 1 Teil Calendula-Fluidextrakt und 9 Teilen Adeps lanae hergestellt. KNEIPP empfiehlt die Herstellung aus den Blüten, Olivenöl und Wachs. Da der Wirkstoff vermutlich das ätherische Öl ist, werden wohl durch diese letztere Vorschrift, in der die Öle geschont werden, bessere Resultate erzielt werden. Der Farbstoff ist leicht öllöslich, so daß die Salben eine orange Farbe aufweisen.

Majoransalbe wird meist mit Vaselin hergestellt. HAGE[1] ersetzte dieses durch Adeps suillus und betont die Überlegenheit der Salbe auch in ihrer dermatologischen Wirkung.

Die Ultra Jon G.m.b.H., Düsseldorf, bringt ihre **Ultra-Cut-Salben** in drei verschiedenen Formen, deren Beschreibung wir den Prospekten entnehmen.

1. Ultra-Cut-A-Absceß-Salbe. Sie wird in einer Grundlage von Emulsionsform mit Zusatz von Terpentinöl, Harz, Salicylsäure, Jod hergestellt. Außerdem enthält die Salbe einen Phenol-Kochsalz-Campher-Komplex, in dem das „als Puffer-Antisepticum wirkende Phenol durch äquivalente Mengen Campher abgesetzt ist. Durch das in der Emulsion enthaltene Bleipflaster-Titan-Gemisch wird nekrotisches Gewebe in adstringierender Weise beeinflußt".

2. Die Ultra-Cut-D-Salbe enthält ätherische Öle und Pflanzenextraktgemische, die eine erhöhte Durchdringungsfähigkeit der Haut bewirken sollen. Entzündungsvorgänge sollen durch Anregung „anabolischer und katabolischer Prozesse" günstig beeinflußt werden. Die Salbe wird infolgedessen bei Entzündungsvorgängen, Lymphadenitiden, Neuralgien und rheumatischen Affektionen empfohlen.

3. Ultra-Cut-EF-Salbe stellt eine Sammelbezeichnung für drei verwandte Salben dar.

---

[1] HAGE: Dtsch. Apotheke **1934**, 4, 58.

a) Ultra-Cut-EF I besteht aus Kamillen-Festemulsion, Galloborsaurem Aluminium und Zinkoxyd, sie wird empfohlen im akutentzündlichen Stadium des Ekzems.

b) Ultra-Cut-EF II ist eine überfettete Festemulsion mit Zinkoxyd, Schwefel, 3 % weißem Quecksilberpräcipitat, sie wird bei chronischem Ekzem und Psoriasis vulgaris empfohlen.

c) Ultra-Cut-EF III ist ebenfalls eine überfettete Festemulsion mit Zinkoxyd, enthält aber als Zusatz ein Teerpräparat, das mit einer organischen Schwefelverbindung gemischt ist. Die Salbe ist als Ausweichmöglichkeit bei quecksilberüberempfindlichen Personen oder bei besserem Ansprechen auf Teerpräparate gedacht. Bei der Herstellung der Salben hatte die Firma den Plan, eine kontinuierliche Behandlungsmöglichkeit für alle trockenen Stadien des Ekzems zu schaffen. Die Nomenklatur, der sich ihre Prospekte bedienen, ist bemerkenswert; Pufferantiseptica, Bleipflaster-Titan-Gemische, anabolisch-katabolische Prozesse, Festemulsionen, Galloborsaures Aluminium sind wohl größtenteils neue Erfindungen bzw. recht ungebräuchliche Ausdrücke. Wir wollen hoffen, daß die Salben an sich so neuartig überlegen sind wie die „Fachausdrücke".

Ungt. Rosmarini comp. wird nach dem DAB 6 mit Schweinefett, nach anderen Vorschriften auch mit Vaselin bereitet und enthält neben Rosmarinöl noch Lorbeeröl, Terpentin und andere ätherische Öle.

Auch unter den **Harzsalben** gibt es Industriepräparate, so die Mischung von Vaselin und Harz $\overline{aa}$, die MÜLLER-MERNACH[1] empfiehlt und Lichtenheld herstellt; sie sollte nach SCHMALZ[2] mit Wollfett statt mit Vaselin bereitet werden. Ferner ist die **Cilauphensalbe** (Bika), die Kolophonium, Torpentin, Phenol und ätherische Öle enthält und von SCHARFBILLIG[3] eingeführt wurde, zu nennen.

Feste Hautreizstoffe. *Gewisse feste hautreizende Stoffe* verhalten sich ähnlich wie die ätherischen Öle, so daß sie geradezu als Untergruppe geführt werden können. RUHMANN[4], der sich mit der Hautreizwirkung eingehend befaßt hat, teilt deshalb nicht chemisch in Alkohole, Aldehyde, Amine, ebensowenig in feste und flüssige, sondern vom Standpunkt der Therapie aus in Substanzen ein, die entzündliche Hautrötung (Senfmehl, Meerrettich), Nesselausschläge (Brennesseln, Histamin), Pustelausschläge (Cutivaccine, Pondorfimpfung, Seidelbast, Cardol), Blasen (Cantharidin) verursachen. Wir wollen aber hier bei der Trennung in flüssige und feste Hautreizstoffe bleiben und müssen feststellen, daß auch die letzteren durch die intakte Haut eindringen. Es war daher nur zu klären, ob sie aus den verschiedenen hier interessierenden Medien heraus gleich schnell und intensiv zur Wirkung gelangen. Um dies zu erkennen, wurden Versuche mit Cantharidin-Merck-Salben

---

[1] MÜLLER-MERNACH: Münch. med. Wschr. **1935**, 11, 405.

[2] SCHMALZ: Landarzt, zit. in Dtsch. Apoth.-Ztg **1940**, 46.

[3] SCHARFBILLIG: Dtsch. med. Wschr. **1937**, 4, sowie Hippokrates: **1935**, 1.

[4] RUHMANN: Drastische Hautreizbehandlung. Leipzig: Krüger 1937.

angestellt, und zwar mit 1 prozentigen Verreibungen mit folgenden Grundlagen:

1. Synthetisches Vaselin . . . . Fp. etwa 60°
2. Vaselinum album DAB 6 . . . . „   „   40°
3. Vaselinum album DAB 6 Adeps lanae āā „   „   40°
4. Synthetisches Fett . . . . „   „   36°
5. Synthetisches Fett . . . . „   „   42°

Die Salben wurden in Dosen von je 0,5 g auf vierfach gelegte Mullläppchen von 1 qcm Größe gestrichen und auf die Unterarme der Versuchspersonen mit Leukoplast fixiert. Nach 5 Stunden wurden die Salben entfernt. Alle Stellen zeigten Rötung. Die intensivste Rötung war durch die Salben Nr. 1, 2 und 5 verursacht. Etwas geringere Reaktion machte die Salbe Nr. 3, die weitaus geringste zeigte die Salbe Nr. 4.

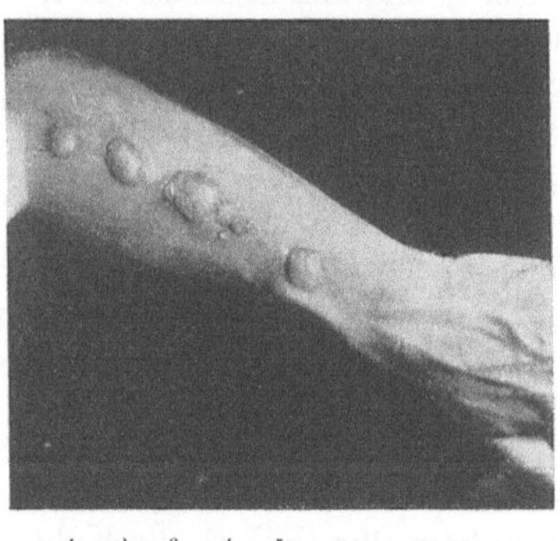

Abb. 13. Versuche mit 1 proz. Cantharidinsalben.

Nach weiteren 3 Stunden schossen an den Stellen, an denen die Salben Nr. 1, 2, 3 und 5 gelegen hatten, große Blasen auf. Bei Salbe Nr. 4 blieb die Reaktion schwach (s. Abb. 13).

Weitere Versuche sollten uns klarstellen, ob der Unterschied zwischen der Abgabe aus den Salben Nr. 4 und 5, also aus zwei ganz gleichartig gebauten, nahe verwandten Glyceriden, seine Ursache in dem Wesen der Fette habe oder ob ein äußerlicher Grund dafür haftbar zu machen sei. Der Versuch wurde deshalb wiederholt, doch wurden die beiden Fette an Stelle von Mulläppchen auf kleine Cellophanplatten aufgestrichen. Bei sonst gleichen Bedingungen wie in der oben geschilderten Versuchsreihe zeigte sich nun auch eine völlig gleiche Reaktion, ein Beweis dafür, daß hier der zu niedere Schmelzpunkt der Salbe für das Versagen des Präparates verantwortlich war. Der Fp. von nur 36° ließ die Salbe Nr. 4 auf der Haut schmelzen, sie wurde durch die Dochtwirkung der Gaze abgesaugt und kam auf der Haut nicht zur Wirkung.

Hier zeigte sich besonders deutlich, daß die Wahl eines Fettes mit niederem Schmelzpunkt in der Verbandtechnik berücksichtigt werden muß. Ein Fett, das unter Hauttemperatur schmilzt, verhält sich auf ihr wie ein Öl und nicht wie eine Salbe.

Es muß noch erwähnt werden, daß im Selbstversuch, der zweimal mit einem Zwischenraum von vier Tagen wiederholt wurde, keinerlei Nierenstörungen aufgetreten sind, obwohl die pro Arm bei gleichzeitiger Anwendung aller 5 Salben applizierte Menge von $2 \times 5 \times 0{,}025$ g Cantharidin nahe an die nach LESCHKE[1] letale Dosis von 0,3 g heranreicht.

---

[1] LESCHKE: Münch. med. Wschr. **1932**, 1835.

Infolge seiner Nichtflüchtigkeit ist die Resorption langsamer als die Blasenbildung. Es bleibt oberflächlich länger haften als z. B. Senföl, das auch viel schmerzhafter wirkt. Der Versuch kann daher rechtzeitig abgestoppt werden. Aus diesem Grunde war von den beiden einzigen Fällen der Literatur über die Vergiftung durch Cantharidinsalben nur der eine von SWAINE im Jahre 1846 tödlich. Der Fall von WYSOKY[1] war infolge der Hautschäden bedrohlich, aber nicht tödlich, obwohl nach Berechnung des Autors etwa 11 g Canthariden in der aufgewendeten Salbe verstrichen wurden. Akute Schäden sind nach diesen Erfahrungen daher weniger zu fürchten als chronische.

Das Cantharidin spielt in der Dermatologie vorwiegend als haarwuchsförderndes (Hyperämie-) Mittel eine Rolle. Seine Wirkung auf die Haut wird in manchen Fällen ausgenützt, um „die Haut zu erwärmen". So wird die Tinktur manchen Salben in Mengen von 1—5% zugegeben. Doch ist bei derartigen Versuchen, insbesondere bei wiederholter Applikation, Vorsicht am Platze, da Cantharidin auf der Augenschleimhaut ätzt und resorbiert wird. Auch zur Resorptionssteigerung oder um sonst nichtresorbierbare Salze zur Aufnahme durch die Haut zu bringen, etwa Alkaloidsalze, gibt man Cantharidentinktur zu Salben oder Alkaloidlösungen hinzu.

Derartige Versuche sind meist fehl am Platze, da sie zu schweren Schädigungen führen können, und zwar sowohl von seiten des Cantharidins als auch von seiten des zugesetzten Alkaloids, dessen Resorption zwar verbessert wird, aber deshalb noch lange nicht gesteuert und exakt dosiert werden kann. So hat z. B. MILCO[2] eine chronische Pilocarpinvergiftung nach Gebrauch eines Haarwassers beschrieben, das 0,5% Pilocarpin, Cantharidentinktur und Alkohol enthielt. Genau dieselben Schädigungen wären natürlich auch bei der Darreichung einer Salbe zu erwarten.

Die blasenziehende Wirkung des Cantharidins wird zusammen mit der des Crotonöls in der Pasta Öttinger forte, der Bimssteinpulver zur Hautrauhung zugefügt ist, und in der BAUNSCHEIDTschen Salbe, die als Grundlage Lanolin-Vaselin enthält, verwendet, um Krankheitsstoffe auf die Haut „abzuleiten". Das BAUNSCHEIDTsche Öl soll laut Angabe eine Dispersion „pustulanter Eiweißstoffe" sein. RUHMANN[3] stellt fest, daß seine Zusammensetzung unbekannt ist, so daß es als Geheimmittel zu werten ist. Eine ähnliche Cantharidintherapie verfolgt SCHARFBILLIG[4] mit „künstlichen Brandblasen", deren Füllung dem Patienten i. m. injiziert werden kann. Er erzielt damit gute Ergebnisse bei den meisten inneren Krankheiten. RUHMANN hat ebenfalls eine derartige Salbe entwickelt, sie enthält Crotonöl, Seidelbastrindenauszug, Cajeputöl und wird mit Tafelsalz, das mechanisch Läsionen verursacht, eingerieben.

Die Cantharidinsalben der Arzneibücher werden meist durch Di-

---

[1] WYSOKY: Wien. klin. Wschr. 1932, 31.

[2] MILCO: Klin. Wschr. 1930, 4, 170.

[3] RUHMANN: Drastische Hautreizbehandlung. Leipzig: Krüger 1931.

[4] SCHARFBILLIG: Die Cantharidenblasenbehandlung. Hippokrates-Verlag.

gerieren von gepulverten spanischen Fliegen mit Schweinefett 6proz. hergestellt. PFAU[1] schlägt Digestive mit heißer Vaselin vor. Die neueren Arzneibücher lassen Cantharidin in Chloroform lösen. Die Lösung wird dann eingetragen, so daß das Endprodukt 0,5 g Wirkstoff auf 1 kg Salbe enthält.

Neben Cantharidin werden auch Capsaicin, Extrakte aus Rhus toxicodendron und Veratrin in Salben als die Durchblutung fördernde Mittel verwendet (Alopecie). Die Dilste-Salbe, die in Alpenländern als Antirheumaticum sehr beliebt ist, besteht aus Leinöl 8,0, Wollfett 70,0, Ol. Arnicae 3,0, Ol. Rosae, Ol. Cinnamomi aa 1,00, Ol. Terebintinae 2,0, Capsicum pulv. 15,0.

Die Reichsformeln führen eine Capsaicinsalbe mit Rosmarinöl, Menthol und Capsaicin in Tyloseschleim zur Rheumabehandlung an. Man verwendet mit Recht das reine Capsaicin und nicht einen unkontrollierbaren Auszug, ließe aber besser das Menthol weg, da die Wirkung der beiden Antagonisten im Hinblick auf die „Erwärmung" zusammen 0 ergibt. Sonst ist der neue Weg, derartige Präparate in Tylose-(Adulsion-) Salbe zu applizieren, sicher brauchbar und erfolgversprechend.

Zusammenfassend ist über die ätherischen Öle und fettlöslichen Hautreizstoffe in Salben zu sagen, daß sie aus Fetten, Paraffinkohlenwasserstoffen und Emulsionen praktisch gleich schnell zur Wirkung kommen. Niedrig schmelzende Salbengrundlagen ziehen leicht in den Verband, so daß dessen Beschaffenheit diese Eigenschaft ausgleichen soll. Wird schnelle Diffusion angestrebt, so ist die Verwendung wasserfreier Salben empfehlenswert, da in Emulsionen die Diffusion fettlöslicher Substanzen nach PATZSCHKE und HAHN[2] verzögert ist, wenn auch die langsamere Wirkung nach unseren Versuchen keinerlei Rolle spielt. Je größer die Löslichkeit eines Körpers in Lipoiden und je kleiner sie im Wasser ist, um so schneller erfolgt die Resorption. Doch darf die Wasserlöslichkeit den Wert Null nicht erreichen. Alle ätherischen Öle sind giftig, auch das Methylsalicylat, das bei äußerer Anwendung nach LAWSON und KAISER[3] zum Tode eines Kindes geführt hat.

Bei Verwendung von Salben oder Emulsionen mit ätherischen Ölen muß besonders bei desepithelisierter Haut oder bei Ulcerationen mit dem Zustandekommen einer Überempfindlichkeit gegen die ätherischen Öle durch Bildung von sessilen Antikörpern in der Epidermiszelle gerechnet werden. Diese Feststellung erklärt zwanglos die nicht so seltene Tatsache, daß gelegentlich bisher gut vertragene Salben plötzlich eine starke Reizwirkung entfalten und zu Ekzemschüben Anlaß geben[4].

---

[1] PFAU: Pharmazie **4**, 9 (1949).
[2] PATZSCHKE u. HAHN: Zit. im Handb. für Haut- u. Geschlk. **5** (1), 920.
[3] LAWSON u. KAISER: Zbl. Kinderheilk. **34**, 11, 413 (1938).
[4] SCHMIDT-LA BAUME: Das Ekzem im Lichte der neueren Forschung. Z. ärztl. Fortbildg **1937**, Nr 18.

Hormone und körpereigene Substanzen, Vitamine und verwandte Stoffe.

a) Weibliche Sexualhormone.

Ausfallserscheinungen, insbesondere die Störungen an der Oberfläche des Körpers, die durch Unterfunktion der Hormonproduktion verursacht werden, legen einen Versuch mit Sexualhormonsalben nahe, da die hormonhaltigen Bäder (Franzensbader Moor) und die Erfolge der lokalen Therapie aussichtsreiche Behandlung erwarten lassen. Die Follikelhormone sind zudem in manchen Anwendungsformen, z. B. als Benzoat, öllöslich, so daß Resorption zu erwarten war und von Ito Hajazu Kon[1] nachgewiesen wurde. Auch Kun[2] hat nach Applikation von Follikelhormonsalben mit 1500 Benz.-Einheiten pro ccm im Tierversuch Wirkungen, nämlich Hyperämie und Verdickung der Haut an den Einreibestellen, beobachtet. Die percutane Hormonzufuhr kann die orale Zufuhr ergänzen und bis zu einem gewissen Grad ersetzen. Sie wird jedoch die in die Salbe eingearbeiteten Einheiten nicht voll ausnützen. Zondeck[3] hat hierfür genaue Zahlen angegeben. Ihnen zufolge soll die Ausnützung der in Salben zugefügten Östronmengen etwa 14% betragen. In Benzol, Äther, Alkohol aufgenommenes Hormon kam zu 100% zur Wirkung. Auf die Salbengrundlage wird bei der Herstellung einer Follikelhormonsalbe kein so großes Gewicht zu legen sein wie bei einem nichtöllöslichen Präparat; man wird Versuche anstellen und das am besten verträgliche Medium wählen. In der Literatur finden sich deshalb auch keine Hinweise auf die Art der zweckmäßigsten Grundlage. Nur Schwarz[4] erwähnt, wohl auf die von Zondeck gemachten Erfahrungen zurückgreifend, daß die wirksamste Form die einer Lösung in 60proz. Alkohol sei, dann folgt die wäßrige Lösung und dann die Zubereitung mit Cold Cream; zuletzt steht Vaselin. Die Resultate sind mit Vorsicht zu werten, denn Erdnußöl wirkt nach Espinasse[5] an kastrierten Mäusen lokal begrenzt pseudoöstrogen auf das Vaginalepithel, so daß die Resultate verwischt werden.

Die Literatur über Sexualhormonsalben ist groß. Klaften[6] wendet Follikelhormonsalben bei klimakterischen Dermatosen, Jaffé[7] bei Acne an; er empfiehlt derartige Präparate bei schlaffer Haut. Bei dieser Indikation findet Reifferscheid[8] keine Wirkung, wohl aber bei einer schweren Dermatitis dysmenorrhoica symmetrica, bei der 1—2 mal täglich 5000 IBE. Progynon in Eucerin appliziert wurden. Doch auch dieser Erfolg wurde mit Unterstützung parenteral applizierter Hormonmengen erreicht. Tscherne[9] hat Östroglandolsalbe bei Craurosis vulvae

---

[1] Ito Hajazu Kon: Zbl. Gynäk. **1937**, 1094.
[2] Kun: Wien. klin. Wschr. **1937**, 12.   [3] Zondeck: Lancet **1938** I, 1107.
[4] Schwarz: Parfumeur **1938**, 34.
[5] Espinasse: Nature **144**, Nr 3659, 1013 (1939).
[6] Klaften: Med. Klin. **1937**, 17, 566.
[7] Jaffé: Schweiz. med. Wschr. **1937**, 21.
[8] Reifferscheid: Münch. med. Wschr. **1937**, 43, 1700.
[9] Tscherne: Zbl. Gynäk. **1938**, 3.

auf die Schleimhaut aufgestrichen und dort Resorption beobachtet. MACBRYDE[1] empfiehlt, große Dosen von Follikelhormonsalben auf unterentwickelte Brüste zu streichen und berichtet von guten Erfolgen dieser Behandlung. BAUER[2] gab kleinere Dosen der Salbe zur Behandlung und Verhinderung von Rhagaden. WOBKER[3] berichtet, daß er mit Follikelhormonsalben außergewöhnlich gute Erfolge bei Erfrierungen 1. und 2. Grades erzielt habe; er erklärt diese Beobachtung mit den gefäßerweiternden Eigenschaften des Hormons. Außerdem sieht man gute Erfolge bei Acne vulg., Pruritus vulvae, Erythrocyanosis, bei Erkrankungen der Haut, die mit einer ovariellen Fehlleistung in Zusammenhang stehen.

Auch neuere Arbeiten von ALLENDORF und SARRE[4], CHOFIEL[5] und anderen bestätigen diese Erfahrungen, die teilweise mit Sexualhormonsalben allein, zum Teil aber auch mit den entsprechenden Hormonen und Zusätzen des gefäßdilatierenden Priscols-Ciba gewonnen wurden. ALLENDORF und SARRE konnten hautthermometrisch wesentliche Temperatursteigerungen durch die Therapie nachweisen. Mit Priscolsalbe ohne Hormonzusätze wird nach Arbeiten von BUCKREUS[6] eine günstige Beeinflussung von Ulcera cruris erzielt.

Die Industrie brachte verschiedene Follikelhormonsalben heraus und hat auch die Stilbene in Salben eingearbeitet.

Follikulin Menformon-Salbe (Degewop) enthält im Gramm 1000 IE. = 2 mg Dihydrofollikelhormon und wird bei Pruritus vulvae und ovariell bedingten Dermatosen empfohlen, wird z. Z. aber nicht hergestellt.

Granormonsalbe, ein ungarisches Präparat, besteht aus Lebertran, Testes, Hautextrakt, Ovar, Hypophyse, Thyreoidea. Soviel Komponenten, so universell nach FRENKEL und HEKS[7] die Wirkung.

Östroglandolsalbe (Roche) enthält pro Gramm 1000 IE. Die nicht näher definierte Salbengrundlage soll eine optimale Resorption gewährleisten. Die Wirksamkeit ist im Tierversuch überprüft, die Verwendung der Salbe wird bei Acne vulg., Seborrhöe und Pubertätsdermatosen empfohlen. Die Salbe ist einzumassieren (SCHRATTENBACH[8]).

Ovocyclinsalbe Ciba enthält pro Gramm 0,1 mg Oestradiol.

Ichtoestren (Cordes-Hermanni) kommt in Zäpfchen und als Liquidum in den Handel. Wirkstoff ist ein östrogenwirksames Bitumensulfonat.

Rugalonsalbe (Sanabo Chinoin) hat HALLA[9] geprüft. Es ist eine Hormoncreme, die besonders wirksam sei, da sie als Grundlage Fette und nicht Vaselin, das nach BOURGET[10] praktisch nichts zur Resorption

---

[1] MACBRYDE: J. amer. med. Assoc. **112**, 1045 (1939).

[2] BAUER: Münch. med. Wschr. **1939**, 621.

[3] WOBKER: Dtsch. med. Wschr. **1940**, 1267.

[4] ALLENDORF u. SARRE: Z. Kreislaufforschg **35**, 5, 62 (1943).

[5] CHOFIEL: Bull. méd. **61**, 169 (1947).   [6] BUCKREUS: Med. Welt **15**, 736 (1941).

[7] FRENKEL u. HEKS: Therapia **1930**, 7, 437.

[8] SCHRATTENBACH: Wien. med. Wschr. **1938**, 34.

[9] HALLA: Wien. med. Wschr. **1931**, 43, 1414.

[10] BOURGET: Rev. méd. Suisse rom. **1930**, 10.

gelangen lasse, enthalte. Die Ansicht trifft jedoch bei fettlöslichen Medikamenten, wie wir zeigen konnten, nicht in dieser apodiktischen Form zu.

Suppletansalbe (Böhringer-Mannheim) enthält Perlatan und Lactationshormon in Vaselin-Lanolin-Gemisch. Sie dient zur Behandlung der Brostdrüsen bei Milchsekretionsstörungen und wird von verschiedenen Kliniken empfohlen.

Undensalbe (Bayer) enthält pro Gramm Salbe 1000 IE. Östron. Sie wird mehrmals täglich intensiv am Erkrankungsherd eingerieben.

Mit **Fissansalben,** die 100 und 200 IE. im Gramm Salbe enthielten, hat BAUER[1] Brustwarzenrhagaden behandelt bzw. verhindert. Die beiden Salbenkonzentrationen waren in gleicher Weise wirksam; gegenüber hormonfreien Fissansalben ist die hormonhaltige aber deutlich überlegen.

Cyrensalben, die pro Gramm Salbe 1 mg des synthetischen Produktes Cyren, das östrogen wirkt, enthalten, können als Ersatz für Follikelhormonsalben verwendet werden. Sie wirken lokal, wie LEINZINGER[2] zeigte, gut lactationshemmend. Für den Fall, daß sie nur einseitig angewendet werden, stellen sie nur eine Brust ruhig. Auch bei Erfrierungen sind sie brauchbar (HEYDE[3]).

Östromonsalbe (Merck) enthält 0,1 % Dioxydiäthylstilben in einer nicht näher definierten Grundlage. Sie wird von WAGNER[4] bei varikösen Ulcerationen, ulcerösen Prozessen nach Röntgenbestrahlungen und bei Sclerodermie in Form von Stößen (zwischendurch indifferente Verbände) empfohlen. Über weitere Erfahrungen in der Dermatologie berichtet KÜHNAU[5], aus einer Frauenklinik RAUSCHER[6] und KUSZLEB[7]. Letzterer hat bei keimdrüsenbedingten Gingivitiden gute Erfahrungen in der Zahnheilkunde.

Insbesondere die amerikanische kosmetische Industrie hat sich der Hormonsalben bemächtigt und empfiehlt Präparate, die Follikelhormon u. dgl. enthalten, zur Hautpflege. Da dieses Vorgehen zu Störungen des Cyclus und anderen Schäden führen kann, hat sich das J. amer. Assoc. 1940 (Maiheft) veranlaßt gesehen, eine Warnung, in der für derartige Mittel Rezeptzwang gefordert wird, zu veröffentlichen. Auch ELLER und WOLFF[8] bekennen sich zu diesen Forderungen, da die Wirkung von Hormonzusätzen nicht übersehen werden könne.

b) Testespräparate.

BECKER[9] berichtet von guten Erfahrungen mit 20proz. Testosteronsalbe, die das Allgemeinbefinden hob. ZONDECK (loc. cit.) hat im Tierversuch die Resorption des Progesterons durch die Haut festgestellt.

---

[1] BAUER: Münch. med. Wochr. **1939**, 16.
[2] LEINZINGER: Zbl. Gynäk. **1941**, 49.   [3] HEYDE: Fortschr. Ther. **1941**, 7.
[4] WAGNER: Arch. Derm. **181**, 9, 395 (1940).
[5] KÜHNAU: Ebenda **179**, 3, 522 (1939).
[6] RAUSCHER: Geb.-Hilfe u. Frauenheilkunde **12**, 764 (1939).
[7] KUSZLEB: Paradentium **1941**, 12, 10.
[8] ELLER u. WOLFF: J. amer. med. Assoc. **114**, 20 (1940).
[9] BECKER: Med. Klin. **1938**, 51, 1692.

Das *Anertanöl* (Boehringer) enthält 5 mg Testosteronpropionat pro Gramm und wird insbesondere bei Prostatahypertrophie und Potenzstörungen empfohlen.

Welche Wirksamkeit männliche Hormone in Salben besitzen können, zeigt eine Arbeit von Foss[1]. Ihr zufolge waren, um die Potenz eines Kastraten zu heben, subcutan 40 mg Testosteronpropionat nötig, in Salben die 2—3fache Menge, per os die 20fache. Die Ciba empfiehlt ihre Perandrensalbe (2—3 g = 12 mg) daher vor allem zur Erzielung lokaler Effekte. Das freie Testosteron wird besser resorbiert als das Methylat oder Propionat.

Nach Fuszgängers Versuchen[2] ist die Applikationsstelle für den Erfolg der Behandlung wesentlich. Auf den Hahnenkamm aufgestrichen ist die ölige Hormonlösung um ein Vielfaches wirksamer als Injektionen. Einreibungen in die Rückenhaut sind der cutanen Einverleibung unterlegen. Demnach kann man das Hormon percutan zwar gut testen, aber nur unökonomisch anwenden.

c) Hypophyse.

Nun sollen Hypophysenpräparate besprochen werden. Sie werden nach Koschade[3] resorbiert. Die Salben „**Spascut** und **Astmocut**" von Lutze & Co., Berlin, werden an einer beliebigen unverletzten Hautstelle eingerieben; der Asthmaanfall wird damit ebensogut beseitigt wie mit der gleichen Menge eingespritzten Asthmolysins, nur mit einer Verspätung von 10—20 Minuten. Astmocut wirkt in der Dosis von 1 g so intensiv wie eine Asthmolysininjektion, hält aber 2—8 Stunden länger an. Die Salbe enthält außer dem Hormon noch Eiweißprodukte und kleinste Mengen Jodkali, Arsen und Kieselsäure und ist nach unseren Erfahrungen bei Bronchopathia allergica gut wirksam.

Allergicut, ein ähnliches Präparat, enthält außer Hypophysenhinterlappen noch Nebenschilddrüsen- und Pollenextrakte. Die Salbengrundlage ist offenbar dieselbe, die Koschade[4] bei seinen Jodversuchen (s. Jod) verwendet hat. Sie wird zu unserem Bedauern nicht beschrieben, denn eine solche Salbe, die Jod erst nach 8 Tagen, Hypophysin aber fast so schnell wie eine Injektion abgibt, wäre einer eingehenden Prüfung unbedingt wert. Nach Rojahn[5] handelt es sich um eine Lanolinsalbe, die 10% Alkohol enthält, eine Analyse, die verblüfft, denn die Wirkung ist klinisch nachzuweisen.

Neben diesen Produkten werden nach einer ungarischen Patentanmeldung noch wäßrige HHL-Extrakte mit Salbenemulsionen verarbeitet, um Präparate zu gewinnen, die, auf die Schleimhaut aufgestrichen, Diabetes insipidus „heilen" sollen. Wenn genügend HHL-Hormon vorhanden ist, kann man die Therapie auch auf diese ziemlich komplizierte Art betreiben.

[1] Foss: Lancet **1939**, 502.
[2] Fuszgänger: Med. u. Chemie 1, 194, Leverkusen 1934.
[3] Koschade: Münch. med. Wschr. **1934**, 34, 1311.
[4] Koschade: Münch. med. Wschr. **1937**, 16, 614, sowie **1939**, 21, 817.
[5] Rojahn: Arch. Pharmaz. **273**, 179 (1935).

d) Insulin.

Da es trotz aller Anstrengungen noch nicht gelungen ist, ein oral wirksames Insulinpräparat herzustellen, versuchte man schon immer, auf anderen Wegen Insulin zuzuführen. Es lag nahe, Insulin direkt auf die Haut zu streichen oder in Salbenform zu applizieren. Das Aufstreichen auf die Haut ergab in Tierversuchen TANIGAWAS[1] auch bei Zusatz von Seifen negative Resultate, und langes Liegenlassen von Lappen auf der Haut, die mit Salzsäure und Insulin getränkt waren, ergab schwache Blutzuckersenkungen. Manche Autoren, wie BRUGER und FLEXNER[2], verneinen daher jede Resorption von Insulin aus Salben durch die intakte Haut. HERMANN und KASSOWITZ[3] wiederum bejahen sie auf Grund eingehender Versuche und haben darauf ein Handelspräparat, eine Insulinsalbe Ilocutan, aufgebaut.

Auf diese Untersuchungen muß kurz eingegangen werden. Die Autoren (Engl. P. 439856) wiesen nämlich nach, daß nur die lebende Haut unter gewissen Bedingungen Insulin durchläßt, nicht aber die tote. Die Resorption ist also eine Funktion des Lebens, eine Erklärung für viele Fehlschläge bei Modellversuchen. Die Haut über Muskeln resorbierte besser als die über dem Peritoneum und den Knochen. Säuren schädigten oder verbesserten die Diffusion. Zu ersteren gehören Essig-, Propion-, Valerian-, Milch- und Oxalsäure, zu letzteren Butter-, Bernstein-, Apfel- und Citronensäure. Indifferent waren Wein- und Gluconsäure. Die Hemmung war um so stärker, je besser die Lipoidlöslichkeit der Säure war. Sauer reagierende Haut muß vor Insulinanwendung neutralisiert werden. Ein Zusatz von 1,5% Cholesterin verminderte oder verhinderte die Insulinresorption, desgleichen das Hautcholesterin, das daher vorher mit Petroläther entfernt wurde. Die Feststellung dieser Tatsache besitzt außerordentliche Tragweite, denn sie beschränkt sich nicht auf Insulin allein. Die Resultate von HERMANN und KASSOWITZ sind allerdings nicht unbestritten. MAIER-WEINERTSGRÜN[4] hat im Gegensatz zu PŘIBRAM[5] bei Gesunden und Kranken keine Wirkung erzielt.

Auch mit anderen Mitteln gelingt es, Insulin zur Resorption zu bringen. So halten WILKOEWITZ und LENUWEIT[6] die Behandlung leichterer Diabetiker mit Insulin-Triäthanolamin-Gemischen für aussichtsreich.

KINGISEPP und TALLI[7] berichten, daß es gelinge, mit einem anscheinend saponinartigen Resorptionsförderer Insulin aus Salben zur Resorption zu bringen. Etwa 25% der applizierten Menge kamen zur Wirkung, ein Resultat, das nicht eindeutig überzeugen kann. WUHRMANN[8] glaubt, durch Zusätze zur Kakaobutter die Insulinresorp-

[1] TANIGAWA: Mitt. Akad. Tokio **30**, 273 (1940).
[2] BRUGER u. FLEXNER: Proc. Soc. exper. Biol. a. Med. **35**, 429 (1936).
[3] HERMANN u. KASSOWITZ: Arch. f. exper. Path. **179**, 524, 529ff. (1935).
[4] MAIER-WEINERTSGRÜN: Klin. Wschr. **1936**, 1246.
[5] PŘIBRAM: Klin. Wschr. **1935**, 1534.
[6] WILKOEWITZ u. LENUWEIT: Z. klin. Med. **1933**, 2, 54.
[7] KINGISEPP u. TALLI: Klin. Wschr. **1939**, 1323.
[8] WUHRMANN: Schweiz. med. Wschr. **1939**.

tion aus Suppositorien zu ermöglichen. Auch seine Versuche, die eine Ausnützung von 10 % der zugefügten Mengen ermöglichen, interessieren nur den Theoretiker, da sie wirtschaftlich nicht tragbar sind.

Die Anwendung des Insulins in Salbenform ist nicht nur auf Überlegungen der Internisten zurückzuführen, sondern sie wurde auch von Chirurgen, z. B. von LEVAI[1], vorgeschlagen, um bei Diabetikern und Nichtdiabetikern torpide Geschwüre zur schnellen Abheilung zu bringen. Die Insulinsalbentherapie bei diesen Indikationen geht auf die Arbeiten von ADLERSBERG und PERUTZ[2], in denen die lokale Insulinwirkung belegt wurde, zurück. Die Insulin-Fornet-Salbe, die von HEDEN[3] bei Ulcus cruris empfohlen wurde, ist ein geeignetes derartiges Präparat. GOMEZ DA COSTA[4] verwendet zur Vernarbung von Hautgeschwüren eine Salbe, die 20 klin. Einheiten pro Gramm enthält. GOSACESCU und Mitarbeiter[5] haben eine Salbe aus 30 g Insulinlösung (zu 20 Einheiten pro Kubikzentimeter), 30 g Lanolin und 60 g Vaselin bei atonischen und varicösen Geschwüren mit Erfolg verwendet. TABANELLI und MINGAZZINI[6] haben 10 Einheiten Insulin neben unspezifischer Salbenbehandlung in septische Wunden eingespritzt. Die guten Erfolge dieser lokalen Zufuhr werden mit der Steigerung des örtlichen Stoffwechsels erklärt. Man darf bei der Behandlung aber nicht vergessen, daß Wunden das Insulin resorbieren können, so daß es zu Hypoglykämien kommen kann.

Wenn wir also zusammenfassen, so spricht für die Insulinbehandlung von Wunden und Geschwüren der Erfolg verschiedener klinischer Untersuchungen. Die Diabetesbehandlung hingegen ist auf diesem Wege zum mindesten mit großer Insulinverschwendung verbunden. BÜRGI[7] geht sogar noch wesentlich weiter und spricht ihr jeden Wert ab. Insulin als Eiweißkörper habe ein viel zu großes Molekül, um die Haut zu durchdringen, und die Tierversuche seien mit so vielen Fehlerquellen behaftet, daß ihr positiver Ausfall nichts beweise. Eigene Versuche haben wir nicht angestellt, unsre ganzen Erfahrungen mit anderen Medikamenten veranlassen uns aber, der Ansicht BÜRGIS zu folgen.

e) Sonstige Hormone und Organpräparate.

Adrenalin gelangt nach MIGAZAKI[8] aus Salben durch die gesunde Haut praktisch nicht zur Resorption, hat jedoch als Mittel gegen Rosacea — 0,5—1,0 g der Lösung 1 : 1000 in 30 g Ungt. leniens — historisches Interesse. Infolge seiner chemischen Empfindlichkeit wird es sonst nur in Schleimhautsalben zur Anämisierung (UNNA) mit Resorcin bei subnasaler Sykosis verwendet. Bei seinen Indikationen kommen ihm

---

[1] LEVAI: Wien. klin. Wschr. **1930 I**, 362.

[2] ADLERSBERG u. PERUTZ: Dtsch. med. Wschr. **1930 II**, 1905.

[3] HEDEN: Wien. med. Wschr. **1938**, 24.

[4] GOMEZ DA COSTA: Münch. med. Wschr. **1934**, 35.

[5] GOSACESCU u. Mitarbeiter: Ref. in Zbl. Hautkrkh. **33**, 379 (1930).

[6] TABANELLI u. MINGAZZINI: Losp. Magg. **1939**, 16.

[7] BÜRGI: Die Durchlässigkeit der Haut f. Arzneimittel und Gifte. Berlin: Springer 1942.

[8] MIGAZAKI: Jap. J. of Dermat. **1931**, 31.

chemisch nahestehende Körper je nach Indikation und Anwendungsart in Frage. Es sei nur an Lenirenin, Stryphnon, Adrianol, Xylidrin und Ephedrin erinnert. In Augensalben dient es anscheinend zur Protrahierung der Wirkung zugesetzter Medikamente. In Hämorrhoidalsalben finden sich oft Adrenalinderivate, die lokal anämisieren sollen (Lenirenin-Belladonna-Salbe). BENESI[1] streicht adrenalinhaltige Salben außen auf die Nase auf und glaubt damit nach erfolgter Resorption Sistieren des Schnupfens zu erreichen. Bei Erfrierungen sollen sich Adrenalin und auch ähnliche Verbindungen wie Priscol bewähren.

Hauthormon. Das in der Kosmetik eine große Rolle spielende Hormon, dessen Existenz noch nicht unumstritten feststeht, wird aus Hautextrakten von Amphibien, insbesondere Schildkröten, hergestellt. Das Schildkrötenöl sei reich an Vitaminen, fette nicht und adstringiere[2]. Der Hauptgrund seiner Verwendung ist aber wohl ein Schluß, wie wir ihn in der Signaturenlehre kennen. Die Schildkröte hat einen Panzer, also panzert das Öl unsere Haut. Von der Pharmazie (z. B. von ROJAHN[3]) und der Dermatologie wird es meist abgelehnt. SCHWARZMANN[4] berichtet von guten Ergebnissen mit Glanducutin (Richter). MILBRADT[5] weist auf günstige Beeinflussung von Allergieerscheinungen hin.

Amor Skin ist eine Salbe mit Schildkrötenöl[6].

Im **Eukutol,** das BICKEL[7] beschreibt, soll ein „Regenerationshormon" zusammen mit Cholesterin die Zellteilung begünstigen. Das Cholesterin ist mit UV.-Licht aktiviert, „es zieht die sauren Valenzen an sich, wirkt dadurch günstig auf den Säuremantel der Haut und ist ein wichtiger Zellbaustoff".

Epidermin (Richter, Berlin) war laut Angabe eine Mischung von Follikel- und Gelbkörperhormonen, der Hoden-, Placentar-, Brustdrüsenwirkstoffe und Hautextrakt junger Tiere beigefügt wurden. Die letztere Komponente wurde auf Grund der Versuche von KATAOKA[8] und HAAG[9] sowie anderer in der Epiderminbroschüre gebrachter Argumente eingearbeitet. Epidermin wird in Cetiol gelöst und ist temperaturempfindlich, bei orientierenden Vorversuchen sahen wir keine positive Wirkung. Im Gegenteil, bei Simultanversuchen an zwanzig Gartenarbeiterinnen wurde übereinstimmend die Blindsalbe als wirksamer empfunden. Die Hersteller wollten seit 1942 auf diese unsere Beobachtung zurückkommen, taten es aber bis heute noch nicht.

Mit der Herstellung von Hauthormonen befaßt sich auch die **Chemische Fabrik Gedeon Richter in Budapest.** Sie hat Hormonzusätze für Salben und Cremes in den Handel gebracht, und zwar:

1. **Gynodermin,** weibliches Sexualhormon, pro Gramm 2% ME. Da man von dem Konzentrat 10—20% in Salben verarbeitet, führt man pro Einreibung etwa 50 Einheiten zu.

---

[1] BENESI: Wien. med. Wschr. **1938,** 11.
[2] Notiz in Pharmac. J. **132,** 592 (1934).   [3] ROJAHN: Pharmaz. Ztg **1934,** 15.
[4] SCHWARZMANN: Dermat. Wschr. **1936,** 36.
[5] MILBRADT: Dermat. Wschr. **1935,** 22.   [6] Pharmaz. Z.halle Dtschld **1930,** 160.
[7] BICKEL: Dermat. Wschr. **1928,** 86, 849.
[8] KATAOKA: J. med. Coll. Knijo **1940.**   [9] HAAG: Med. Welt **1937.**

2. **Hormodermin.** Enthält Hautextrakt sowie Gehirnlecithin; ein Zusatz dieses Hormons soll das Gynodermin aktivieren.

3. **Androdermin** enthält Testishormon. Die Grundsubstanz enthält pro Milligramm 4 Hahnenkamm-Einheiten. Wie stark diese Grundsubstanz im Androdermin verdünnt ist, gibt AUGUSTIN[1], der sich ausführlich damit beschäftigt, nicht an.

Gynodermin und Hormodermin sind hauptsächlich bei Frauen wirksam, bei Männern wirken sie „langsamer". Ernst sind diese Präparate wohl nicht zu nehmen.

Adenosinphosphorsäure, Histamin und **Acetylcholin** werden aus einer hauttalgähnlichen, sehr gut eindringenden cholesterinesterhaltigen Emulsion nach HOPF[2] resorbiert. Aus der Salbe, die 20% feste Bestandteile enthält, wurden durch die Substanzen die Capillarfunktionen beeinflußt, so daß entzündliche Reize auf der Haut nur wenig zur Wirkung kommen konnten. Im Tierversuch sind sie ferner nach GREVE[3] in der Lage, das Haarwachstum in den meisten Fällen zu verstärken. Derartige körpereigene, chemisch den 3 Substanzen nahestehende Präparate enthält auch das **Akrotherm** (Klinke), das zur Behandlung von Durchblutungsanomalien und von EDER[4] gegen Frostbeulen empfohlen wird. Die **Imadylsalbe** (Roche) enthält Histamin und wird einmassiert. BETTMANN[5] hat sie bei Muskel- und Gelenkerkrankungen empfohlen. Die Elektrophorese der Salbe ist besonders wirksam.

Histaconsalbe (Rhenania) enthält 1% Histamin und Aconitdispert in einer elektrisch leitfähigen Salbengrundlage, also wohl in einer Öl-in-Wasser-Emulsion. Die Salbe wird durch Iontophorese oder nach Abfeilen der obersten Hornhautschichten durch Massage in die Haut hineingearbeitet.

Eine 10proz. **Acetylcholinsalbe** kann man nach einer Vorschrift von Hoffmann-La Roche auch selbst mit Paraffinöl und Wollfett sowie Vaselin herstellen. Der Wirkstoff ist sehr hygroskopisch.

Atmungsfermentsalben nennt ZAJICEK[6] seine frisch bereiteten Präparate, mit denen er Schwerhörigkeit günstig beeinflußt. Seine Erfahrungen bestätigt ECHTERMEYER[7] teilweise, die Behandlung muß öfter wiederholt werden. Das Präparat ist nur wenige Tage haltbar und muß auf Eis gelagert werden. MENZEL[8] empfiehlt diese Salben ebenfalls. Dem Schwed. P. 104976 ZAJICEKS zufolge gelangt man durch Mahlen der frischen Drüsen, Filtrieren des Preßsaftes und Verarbeiten desselben mit Agar und Nelkenöl jetzt auch zu haltbaren Produkten mit guter Resorbierbarkeit.

Euterextrakte frisch geschlachteter junger Kühe können nach der englischen Patentanmeldung der CIBA, Basel, als Salbenbestandteile verwendet werden. Sie sollen die Blutzirkulation fördern und so tonisch wirken.

---

[1] AUGUSTIN: Parfumeur **1936**, 9, 169.
[2] HOPF: Münch. med. Wschr. **1936**, 691.
[3] GREVE: Dermat. Wschr. **1937**, 5.　　[4] EDER: Dtsch. Mil.arzt **1938**, 8.
[5] BETTMANN: Med. Klin. **1933**, 7.　　[6] ZAJICEK: Wien. klin. Wschr. **1938**, 8.
[7] ECHTERMEYER: Med. Klin. **1939**, 545.
[8] MENZEL: Schweiz. med. Wschr. **1942**, 289.

Embryonalextrakt hat G. Kühne[1] als Salbenzusatz bei Ulcus cruris geprüft. Sie fand, daß der Auszug anfangs die Heilung beschleunigte, das Endergebnis war aber nicht über den Rahmen des Üblichen hinausgehend.

In einem Bericht über die Fortschritte der Sowjetchirurgie wird erwähnt, daß Goldberg[2] die Therapie von schlechtheilenden Wunden und Ekzemen mit salbenartigen Embryonalgewebsextrakten erfand. Er entfernt etwa 15 ccm lange Pferdeembryonen operativ, trocknet und mahlt· sie. Zu 200 g werden 150 g Lebertran gegeben, dann 10—25 g Sulfonamide auf 1000 g Vaselin.

Eine neue Therapie versucht die Böhme Fettchemie, Chemnitz, mit ihrer Placentasalbe **Placentol.** Es handelt sich laut Prospekt um eine Salbe aus dem Extrakt des Gesamtwirkstoffs in völlig neuer Grundlage und nicht um eine Organbrei-Salbenmischung. Als Indikationen werden klimakterische Dermatosen, Ichthyosis, Acne, Röntgendermatitis, ferner auf internem Gebiet Bronchitiden, Asthma bronchiale, Migräne und Ausfallserscheinungen genannt. Man massiert die Salbe an den Ohren (Anklänge an Zajiceks Salbenbehandlung, die aber totgeschwiegen wird), in den Gelenkbeugen, an den Schulterblättern oder lokal ein.

Schilddrüsenhormon fanden wir in der Literatur nur als Bestandteil einer „Entfettungscreme für zu starke Brüste". Wirksam dürfte ein solches Mittel sein. Daß wir solchen Unfug nicht empfehlen wollen, ist selbstverständlich.

Unter dem Namen **Hirudoid** bringt das Luitpold-Werk, München, eine Salbe, die auf percutane Weise eine anticoagulämische Wirkung erzielt. Die wirksame Substanz ist in ihrer pharmakologischen Wirkung dem Hirudin ähnlich, deckt sich aber chemisch nicht mit ihm. Kautzsch[3] fand nicht nur eine verlängerte Gerinnungszeit, sondern auch verlängerte Prothrombinzeit nach Anwendung der Salbe. Sie ist indiziert bei Thrombose, lokalisierten Entzündungsvorgängen, Furunculose und Varicen. Es kommt nach Kautzsch gelegentlich zu Nebenwirkungen, wie Nasenbluten, Durchfälle.

Zusammenfassung: Die Diffusion öllöslicher Hormone ist möglich. Wasserlösliche Hormone wirken auf der Schleimhaut und der beschädigten Haut. In den meisten Fällen ist die percutane Hormontherapie durch parenterale Darreichung zu ergänzen.

Vitamine in Salben.

Da, wie wir wissen, wasserlösliche Körper ganz anderen Resorptionsgesetzen folgen als öllösliche, müssen die Vitamine nach ihren Verteilungskoeffizienten in 2 Gruppen eingeteilt werden. Zur ersteren der wasserlöslichen gehören der Vitaminkomplex B, das Vitamin C, zur öllöslichen Vitamin A und D und das umstrittene Hautvitamin F, ungesättigte Fettsäuren.

---

[1] Kühne, G.: Diss. Frankfurt/M. 1940.
[2] Goldberg: Ars medici **1949**, 341.
[3] Kautzsch, E. Dr.: Dtsch. med. Wschr. **1949**, H. 17.

Zunächst seien die *wasserlöslichen Präparate* besprochen, und zwar als erstes das *Vitamin B_1*, das durch Iontophorese ohne weiteres zur Wirkung gebracht werden kann. KASAHARA und Mitarbeiter[1] haben es auch in Form einer 30proz. Betaxinsalbe mit Ungt. Wilsoni (Ungt. adipis suill. benz. mit 16% H_2O) als Grundlage zur Heilung Beri-Berikranker Tauben herangezogen. Die Tiere standen nach Einreibung mit 20 E. nach 2½—17 Stunden auf, liefen nach weiteren 2 bis15 Stunden. Die Heilung hielt 2—9 Tage an. Die Resorption ist also ungleichmäßig und therapeutisch nicht verwertbar, wenn nicht überhaupt ein Fehler unterlaufen ist und die Tauben Vitamin B_1 per os zu sich genommen haben.

Anders ist die Resorption natürlich im Schleimhautmilieu der Augen. Hier ist lokale und vielleicht auch resorptive Wirkung zu erwarten und von CZUKRÁSZ[2] bei Herpes corneae auch beobachtet worden. Er gab 0,03—0,1proz. Salben, die er durch Mischen der den Ampullen entnommenen Lösung mit Eucerin gewann.

Lactoflavin (B_2), das unseres Wissens bisher als Salbenbestandteil geringe Bedeutung hatte, wird für interne Indikationen auch keine erhalten, da LAUBER[3] das Fehlen jeder Resorption nachgewiesen hat. *Vitamin C* soll aus WILSONscher Salbe, wie KASAHARA und KAWASHIMA[4] nachwiesen, resorbiert werden. Sie rieben eine 30proz. (!) Ascorbinsäuresalbe auf die Brusthaut stillender Mütter und wiesen das Vitamin C in der Milch nach. Sie bringen Tabellen, denen zufolge die Milch aus der mit Salbe eingeriebenen Brust in den ersten 6 Stunden nach der erfolgten Maßnahme insgesamt im Durchschnitt 6 mg mehr ausschied als die Norm. In den Tabellen fällt auf, daß die bestrichene Brust in 2 Fällen wesentlich mehr Vitamin C in die Milch abgab als die unbestrichene, nämlich 32,1 : 26,0 mg bzw. 38 : 30 mg. In den anderen beiden Fällen betrug die Differenz nur 0,1 bzw. sogar 0,7 mg mit negativem Vorzeichen. Die behandelte Brust gab weniger ab als die unbehandelte. Die Beobachtung, daß die behandelte Brust mehr Vitamin abgab, läßt einen technischen Fehler vermuten, denn so direkt und einfach liegt der Weg der resorbierten Ascorbinsäure wohl nicht. Leider fehlen C-Vitamin-Bestimmungen im Harn, so daß die Resultate der Japaner noch ergänzt werden müssen. Die Herstellung von Vitamin-C-haltigen Salben ist zudem zwecklos, da das Vitamin in derartigen Verreibungen ohne besondere Schutzmaßnahmen schnell zersetzt würde. Da der Vitaminmangel die Heilung verhindern kann, ist seine Zufuhr oft nötig, aber nach LAUBER und ROSENFELD[5] nicht in Salbenform durch die gesunde Haut hindurch.

MALINOWSKI[6], der als einziger umfassendere dermatologische Versuche mit einer 1proz. Ascorbinsäuresalbe in Eucerin durchführte, hatte bei Ekzemen nur von Versagern oder Reizungen berichtet; bei Seborrhöe

---

[1] KASAHARA u. Mitarbeiter: Klin. Wschr. **1938**, 27, 939.
[2] CZUKRÁSZ: Orv. Hetil. (ung.) **1939**, 15.
[3] LAUBER: Münch. med. Wschr. **1937**, 24, 927.
[4] KASAHARA u. KAWASHIMA: Klin. Wschr. **1937**, 4, 135.
[5] LAUBER u. ROSENFELD: Klin. Wschr. **1938**, 45, 1587.
[6] MALINOWSKI: Diss. Berlin 1940.

waren die Erfolge besser, und bei Impetigo contagiosa konnten von 10 Fällen 8 geheilt werden. Anders bei Salben für die Mundschleimhaut, die Merck herausbringt. Das Cebion aus dieser Paste wird durch die Mundschleimhaut resorbiert oder geschluckt und kommt aus der Paste direkt oder indirekt auf alle Fälle zur Wirkung. Daß die Schleimhaut Wirkstoffe resorbiert, ahnte schon 1535 EUCHARIUS RÖSSLIN, der das Einreiben des Zahnfleisches mit gepulverten Hagebutten empfahl. MAYER[1] berichtet über gute Erfahrungen nach Massage des Zahnfleisches mit einem 1½ cm langen Pastenstück bei Gingivitis, Stomatitis, Schwangerschaftsaffektionen der Mundschleimhaut und Paradentose. Die zahnärztliche Literatur über dieses Thema ist außerordentlich umfangreich.

Nun zu den *öllöslichen Vitaminen*. Hier ist vor allem das luftsauerstoff- und säureempfindliche Vitamin A zu nennen, das als Wirkstoff in Vaselin-Lanolin-Salben in der Pharmaz. Ztg[2] besprochen wird. Nach dieser Literaturstelle sollen derartige Salben 0,5—2% Vogan-Öl-Lösung auf 100 g Salbe enthalten. MÜLLER[3] berichtet von guten Erfolgen mit einer solchen Verarbeitung bei Dermatitis exfoliat. generalis. Wilson Brocqu, MONACELLI[4] von Erfolgen bei Ulcus tropicum. Das **Leolan** und das **Infadolan** der Leowerke sind derartige Produkte, doch soll nach der Apoth.-Ztg[5] auch die **Leocreme** Vitamin-A- und bestrahlte Lanolinfraktionen enthalten. Das Vitamin A ist auch ein Bestandteil einer Salbe, die 2000 E. pro Kubikzentimeter enthält und von HORN und SANDOR[6] zur Wundheilung empfohlen wurde. Auch **Vitaraminsalbe** enthält in Vaselin-Lanolin-Gemisch Vitamin A bzw. die Vorstufe Carotin und soll Brandwunden günstig beeinflussen. UENO[7] arbeitete bei dieser Indikation mit 1proz. Salben. Die Beschleunigung der Wundheilung durch Vitamin-A-Salbe haben im Tierversuch CHEVALIER und ESCARRAS[8] nachgewiesen. In der Augenheilkunde hat HEINSIUS[9] mit einer 2proz. Vogansalbe (2% Voganlösung auf 100 g Salbe) bei Wunden und Verätzungen der Hornhaut gute Erfolge erzielt. Eine solche Verarbeitung ist 2—4mal so Vitamin-A-reich als guter Lebertran, da 1 ccm Voganöllösung 120000 IE. enthält. In vielen Fällen wird man mit ½—1proz. Salben ausreichen. Man kann Zinkpaste, Borsalbe, Ungt. molle oder wasserfreies Eucerin als Grundlage nehmen und gegebenenfalls Scharlachrot, Perubalsam u. dgl. als zusätzliche Medikamente beifügen. Das Carotin, also das Provitamin A, ist öllöslich und wird von GATTEFOSSE[10] auch in einer neueren Arbeit, die JANNAWAY[11] zitiert hat, nachdrücklichst empfohlen. Es soll Wund- und Frostschäden heilen, antiseborrhoisch wirken, Hautschlaffheit und Runzeln zurückbilden. Es zersetzt sich

[1] MAYER: Dtsch. zahnärztl. Wschr. **1938**, 41.   [2] Pharmaz. Ztg **1935**, 22, 285.
[3] MÜLLER: Münch. med. Wschr. **1936**, 52, 2116.
[4] MONACELLI: Med. Welt **1937**, 50, 1738.
[5] Dtsch. Apoth.-Ztg **1933**, Nr 41.
[6] HORN u. SANDOR: Dtsch. med. Wschr. **1934**, 27.
[7] UENO: Pharmac. Ber. **1938**, 4, 120.
[8] CHEVALIER u. ESCARRAS: C. r. Soc. Biol. Paris **1937**, 23, 1073.
[9] HEINSIUS: Münch. med. Wschr. **1937**, 24, 937.
[10] GATTEFOSSE: Parf. moderne **1936**, Nr 11, 473.
[11] JANNAWAY: Soap. perf. a. Cosmetics **10**, 955.

im Licht, die Salben müssen daher im Dunkeln aufbewahrt werden (HAJMARK[1]).

Zu beachten ist bei der Verwendung des Carotins und des Vitamin A in Salben, daß Fette mit hoher Peroxydzahl das Vitamin weitgehend zerstören[2]. Es empfiehlt sich daher als Vitaminträger ein haltbares, indifferentes, z. B. synthetisches Fett oder ein Paraffinkohlenwasserstoff. Über 100° erhitzte Glyceride dürfen nicht mit dem Vitamin zusammengebracht werden, da sie dieses nach HARRELSON[3] zerstören. Ob das Vitamin A noch erhalten ist, kann man nach W. R. FEARON[4] durch Phosphorpentoxyd nachweisen. Man erhält einen tiefvioletten Farbstoff, der in einem voluminösen Niederschlag ausfällt und durch Zentrifugieren abgesondert werden kann. Wird dieser Niederschlag vom Farbstoff befreit, so gibt er keine Reaktion mehr auf Vitamin A, und Öle, die auf diese Weise entfärbt werden, verlieren ihre wachstumfördernde Wirkung. Vitamin A enthaltende Öle geben auch mit in trockenem, hellem Petroleum aufgelöstem Pyrogallol und anderen mehrwertigen Phenolen bei Gegenwart von Trichloressigsäure Farbreaktionen[5].

Das Wissen über Vitamin-A-haltige Salben ist, wie die Literaturübersicht zeigt, nicht unbedeutend. So sind Versuche von LAUBER und ROCHOLL[6] angestellt worden. Sie zeigten, daß Lanolin-Vaselin- bzw. Cholesterinsalben bei weißen Mäusen für sich allein verzögernd auf die Wundheilung wirkten. Lediglich das Vitamin A in mittleren und kleinen Dosen in Verbindung mit einer Cholesterinsalbengrundlage wirkte stark beschleunigend. Größere Dosen sollen die Wundheilung sogar verzögern, was von PUESTOW, PONCHER und HAMMAT[7] nicht bestätigt werden konnte. LAUBER und ROCHOLL hatten im Tierversuch bei künstlich gesetzten Verbrennungen mit Tanninlösung und vitaminfreien Ölen keine Verstärkung des Heilungsverlaufes gegenüber den Kontrollen festgestellt. Lebertran und Öle bzw. Salben, die einen hohen Prozentsatz Vitamin enthielten, beschleunigten die Heilung um 25%, und zwar sowohl in Verarbeitungen, die A und D, als auch in solchen, die D allein enthielten. Das Vitamin A wäre nach diesen Autoren daher nicht der wichtigste Faktor bei der Wundheilung.

Vitamin D ist öllöslich und oxydationsempfindlich. Salbenhersteller müssen dies berücksichtigen. GORDONOFF hat im Versuch beobachtet, daß Vitamin D durch die Haut resorbiert wird und schwere Sklerosen verursachen kann. Er äußerte gegen derartige Salben Bedenken, blieb aber nicht ohne Gegenstimmen. Denn MONCORPS[8] pflichtet ihm zwar prinzipiell bei, kommt dann aber später zum Schluß, daß das in derartigen Salben und Cremes aktivierte Vitamin D in zu geringen Dosen resorbiert wird und keine Schäden zu erwarten sind.

---

[1] HAJMARK: Maslob. Shirow **1937**; zit. Seifensieder-Ztg **1938**, 40.
[2] LEASE u. a.: Chem. Abstr. **32**, Nr 8, 2987 (1938); Nr 5 (1939).
[3] HARRELSON: Chem. Abstr. **39**, 6 (1940).
[4] FEARON, W. R.: Biochemic. J. **19**, 888 (1925).
[5] Pharmaz. Z.halle Dtschld **68**, 124 (1927).
[6] LAUBER u. ROCHOLL: Klin. Wschr. **1935**, 1143.
[7] PUESTOW, PONCHER u. HAMMAT: zit. Zbl. Hautkrkh. **60, 112**, 42 u. 938.
[8] MONCORPS: Münch. med. Wschr. **1933**, 33.

Auch MEMMESHEIMER[1] hält Salben mit Vitamin-D-Zusatz eher für nützlich als für schädlich, und SCHIEBLICH und PALLASKE[2] haben nachgewiesen, daß Wollfett bei Bestrahlung kein D-Vitamin bildet. Jedenfalls empfiehlt insbesondere in Amerika eine umfangreiche Laienpropaganda dem Publikum als Schönheitsmittel Vitamin-D-haltige Cremes; doch werden derartige Präparate auch in Deutschland hergestellt, z. B. die **Blendea-Hautcreme.** Die Präparate gehen wohl auf eine Arbeit von NAVARRE[3], ferner auf die Ergebnisse von NORDMANN und HÖGER[4] sowie auf BISCEGLIE (ebenda zitiert) zurück, der an Gewebskulturen deutliche Wachstumssteigerung durch Vitamin D bzw. A + D erzielen konnte. Die Autoren erwähnen, daß Vitamin-D-haltige Salben das Aussehen der Haut verbessern. Doch auch die Dermatologie hat sich schon mit Vitamin D-Salben beschäftigt. Es sei nur erwähnt, daß gute Erfahrungen mit 0,5—1% Vigantolöl enthaltenden Salben bei Ekzemen mitgeteilt wurden. Vitamin D ist in Salbenform auch bei Rachitis wirksam. ASTROW und MORGAN[5] berichten darüber. Allerdings war die 45fache orale Menge nötig. MONCORPS erhält in der oben zitierten Arbeit im Tierversuch ähnliche Resultate.

Nach HELMER[6] dringt das Vitamin D sogar sehr leicht in die Haut ein, wird aber durch Waschungen auch sehr leicht entfernt. Die Ansicht von KOCH und ENGELS[7], daß Vitamin D in Paraffinöl nicht zur Resorption gelangt, da das Vehikel nicht aufgenommen wird, ist unseres Erachtens nicht stichhaltig. Die Erfahrung spricht dagegen und auch die Beobachtung, die wir an anderen öllöslichen Wirkstoffen machen konnten.

Leokrem (Leo-Werke, Dresden) ist eine Wasser-Öl-Emulsion mit Cholesterinalkohol als Emulgatoren. Sie enthielt Vitamin D und Lecithin, wird jetzt aber vitaminfrei hergestellt.

Das „*Vitamin F*", das nach HINSBERG[8] in allen natürlichen Fetten und im Weizenkeimöl vorkommt, besteht chemisch aus mehrfach ungesättigten Fettsäuren bzw. deren Glyceriden oder Seifen und kann nach WOCKER[9] auf Grund seines ungesättigten Charakters nachgewiesen werden. KUHN und GERHARD[10] haben jedoch festgestellt, daß die angegebenen Reaktionen, wie zu erwarten war, unspezifisch sind.

Es ist öllöslich und wird sowohl in der Kosmetik als auch in der Dermatologie als Zusatz zu Salben empfohlen. Cremes enthalten nach AUGUSTIN[11] pro Gramm zweckmäßigerweise 1000 Shepherd-Linn-E. (ein Rattentest, der etwas verfrüht ausgearbeitet und mehr-minder kritiklos ausgeschrotet wird). Bei Dermatosen werden bis zu 5000 Sh.L.E. pro

[1] MEMMESHEIMER: Dtsch. med. Wschr. **1933**, Nr 44; ferner Arch. Dermat. **1934**, 170, 2.
[2] SCHIEBLICH u. PALLASKE: Dtsch. med. Wschr. **1935**, 24.
[3] NAVARRE: Amer. Parfumeur **27**, 83 (1932).
[4] NORDMANN u. HÖGER, zit. durch JENCIO: Münch. med. Wschr. **1935**, 37, 1485.
[5] ASTROW u. MORGAN: Zit. nach Parfumeur **1935**, Nr 44.
[6] HELMER: Ref. Pharmaz. Z.halle Dtschld **1940**, 104.
[7] KOCH u. ENGELS: Zbl. Chir. **1938**, Nr 6.   [8] HINSBERG: Diss. Jena 1931.
[9] WOCKER: Helvet. chim. Acta **24** F, 98, Nr 1 (1941).
[10] KUHN u. GERHARD: Vitamine und Hormone **3**, 3/4 (1942).
[11] AUGUSTIN: Parfumeur **1937**, 29.

Gramm empfohlen. Die Haut soll[1] vor der Applikation der Vitamin-F-haltigen Salbe entfettet werden. Vitamin-F-Konzentrate, die pro Gramm bis zu 250000 E. enthalten, bringen die Ölwerke Noury van der Lande, Emmerich, wie auch Henning, Berlin, heraus. Die erstere Firma propagiert insbesondere Vitamin FO, das auch Vitamin A, Provitamin A und Vitamin D enthalten soll.

Über gute Wundheilung mit aus derartigen Konzentraten hergestellten Salben berichten GRANDEL[2] und SPEIERER[3], der die FRENKEL-sche Salbe, die 2,5 IE. Insulin und die Vitamine A, D, E, F enthält, insbesondere bei Ulcus cruris und bei Hautschäden auf diabetischer Grundlage empfiehlt, sowie SCHNEIDER[4]. In Amerika ist die Literatur über die Vitamin-F-Wirkung weitaus reichhaltiger. Allein die Bibliography of the Scientific Evolution of Vitamin F, die von der Archer Daniels Midland Company Chicago 1936 ausgegeben wurde, zählte 66 Publikationen auf.

Wenn man an das Vitamin glaubt, so kann man auch das Calcium-linoleat verwenden; es soll nach GLENNAN[5] Vitamin-F-Wirkung haben. Die Therapie wird dadurch einfacher, die Erklärung der Wirkung aber noch schwieriger, denn wenn das Ca-Salz wirkt, müßte ja eigentlich die gewöhnliche Linolsäure das Vitamin sein. Jedenfalls können wir die Haut- und Wundwirkung des Vitamin F heute nicht mehr als Schwindel abtun. SCHNEIDER geht sogar weiter und hält Vitamin-F-Salben für wertvoller als Lebertransalben. Über den Wirkungsmechanismus wissen wir noch wenig. RUFF[6] meint, daß die ungesättigten Fettsäuren als Sauerstoffüberträger wirken. Man wird der Wahrheit am nächsten kommen, wenn man den Vitamincharakter negiert und die ungesättigten Fettsäuren als lebenswichtige Bausteine der körpereigenen Lipoide, als nötigen Nahrungsbestandteil auffaßt. Wie das „Vitamin" von außen her appliziert wirken soll und kann, wissen wir nicht. Trotzdem beginnt auch in Deutschland die kosmetische Literatur über die Vitamin-F-Wirkung reichhaltiger zu werden. AUGUSTIN[7] ist der Ansicht, daß Haut und Haare „Bedürfnis" nach dem Vitamin hätten. Um Schäden zu verhindern, genüge ein Zusatz von 0,05% (der Lösung zu 250000 Einheiten) im Gramm Hautcreme. Die Arbeiten wie auch die Testung des „Vitamins" sind vorläufig noch mehr spekulativ als beweisend, man sollte sich mit dem Problem aber doch beschäftigen, zumal wir durch KARRER und KÖNIG[8] heute wesentlich weiter sind. Ihnen zufolge gibt es kein Vitamin F, sondern nur „essentielle" Fettsäuren, nämlich Linol, Linolen und Arachinsäure. Diese sind in der Lage, die Rattenacrodynie zu heilen.

Vitamin-F-„99"-Heilsalbe wird vom Diva-Laboratorium,

[1] Chemist a. Drugist **1938**, 679.
[2] GRANDEL: Fette u. Seifen **1938**, 10, 573.
[3] SPEIERER: Münch. med. Wschr. **1938**, 50.
[4] SCHNEIDER: Med. Klin. **1941**, 17.
[5] GLENNAN: J. amer. pharmaceut. Assoc. **28**, 305 (1939).
[6] RUFF: Dtsch. Apoth.-Ztg **54**, 872 (1939).
[7] AUGUSTIN: Seifensieder-Ztg **1939**, Nr 13, 253.
[8] KARRER u. KÖNIG: Helvet. chim. Acta **26**, 2 (1943).

Zürich, produziert. Sie enthält 3000 i. E. Vitamin F pro Gramm Salbe. Vitamin F spielt beim Fettstoffwechsel, bei den Abwehrvorgängen (Entzündungshemmung und Heilung), Antigenbildung und Allergiehemmung eine wesentliche Rolle. Sie wird für Ulcera cruris, Furunculosen und alle entzündlichen Dermatosen empfohlen.

Als Lichtschutzsalbe bringt das Desitin-Werk die **Heliodor-Strahlenschutzsalbe,** die außer Vitamin F Ol. Jecor. Asell. Azin, Talcum und Zinc. oxyd. enthält.

Das **Vitamin E,** also das Antisterilitätsvitamin, ist ebenfalls fettlöslich und dürfte demnach zu einem Teil wenigstens resorbiert werden. Es besitzt bei uns in der externen Therapie noch wenig Bedeutung, ebensowenig als Cremezusatz, doch soll es nach amerikanischen Literaturangaben die Wirksamkeit von Salben bei Acne erhöhen. Zur Wundheilung wurde es von MARCHESI[1], PEGREFFI[2] und PACINI[3] herangezogen. Vitamin E wird durch ranzige Fette zerstört (WEBER[4]).

Das **Vitamin H,** der „Hautfaktor", besitzt keine Bedeutung in der sonst schnell arbeitenden Kosmetik. Es ist auch den Kosmetikern am Menschen noch zu hypothetisch, zu schwer greifbar und hat die Hoffnungen GYÖRGYIS[5], bei Seborrhöe wirksam zu sein, nicht erfüllt. Es ist nicht, wie MILBRADT[6] meint, fettlöslich, sondern wasserlöslich, wird nach SCHULZ durch die Haut resorbiert[7] und steht in der Dermatologie, auch intern verabreicht, noch nicht in Verwendung. Auch wir konnten klinisch bei mehreren Seborrhöen und frühexsudativen Ekzematoiden mit seborrhoischen Erscheinungsbildern selbst bei großen Dosen keine Wirkung feststellen. VARGA[8] hat bessere Erfahrungen gemacht, er empfiehlt es bei seborrhoischen Ekzemen in Zusammenhang mit B- und C-Vitamin-Konzentraten.

Gemische von Vitaminen enthalten die Lebertransalben, die im nächsten Abschnitt besprochen werden. In Amerika hat ferner noch das Avocadoöl, ein fettes Öl aus Persea gratissima, einer Lauracee des tropischen Amerikas, Bedeutung als Zusatz zu den Cremes. Es soll die Vitamine A, B, D und E enthalten.

Natürlich sind auch Kombinationspräparate, die z. B. Vitamin A und D enthalten, im Handel. Ein solches Produkt ist die **Riccovitansalbe,** die GASSMANN[9] bei Verbrennungen, Quetschungen und Ulcera empfiehlt.

Vitamin PP, Nicotinsäure, Glyceronikotinat, Glycerin und Honig als Basissubstanz enthält die fettfreie **Dermavipp-PP-Salbe** der Sapos-Laboratorien Genf. Das Präparat wird bei Rhagaden, Frostbeulen, kleinen Wunden, Sonnenbrand und Röntgenschäden empfohlen.

Chlorophyll ist ebenfalls Bestandteil von Salben, die zur Wundheilung dienen. Wirksam sind insbesondere Chlorophyll-Natrium und

---

[1] MARCHESI: Ber. Physiol. **90,** 91 (1936).
[2] PEGREFFI: Zbl. Chir. **1936,** Nr 38, 2287.
[3] PACINI: Wheat Germ. oil. New York: Verlag The American Physician Inc.
[4] WEBER: Chem. Abstr. **33,** 3853 (1939).
[5] GYÖRGYI: Z. ärztl. Fortbildg **1931,** 377.
[6] MILBRADT: Dermat. Wschr. **1936,** 41.
[7] SCHULZ: Med. u. Chem. **3,** 197.   [8] VARGA: Dermat. Wschr. **1938,** 1453.
[9] GASSMANN: Schweiz. med. Wschr. **68,** 437 (1939).

reines Chlorophyll, Mg-freie Abkömmlinge sind wertlos. Die Zusätze von 0,05—2,0% werden meist in Vaselin verrieben. BÜRGI[1], der das Chlorophyll ursprünglich als Wachstumsvitamin mit dem Charakter eines echten Vitamins auffaßte, bringt in seinen diesbezüglichen Arbeiten recht instruktive Bilder, die zeigen, daß Dermocetyl dem Vaselin als Grundlage vorzuziehen ist. Die 1—10proz. Chlorophyllsalben waren dem Unguentolan bedeutend überlegen und wurden auch von Vitamin A-Salben nicht erreicht (Tierversuche). Die von BÜRGI seinerzeit in Aussicht gestellten klinischen Arbeiten sind längst erschienen. BÖHRINGER[2] und SAEGESSER[3] berichten von der starken Granulationsanregung bei frischen Wunden. GRUSKIN[4] meint, daß dem Chlorophyll auch eine gewisse desinfizierende Wirkung zukomme. BOWERS[5] beobachtete keine bakteriostatische Wirkung, wohl aber nach seinen 1proz. Chloresumsalben rasche und feine Granulation und schnelle Wundreinigung. Die heilungshemmende Wirkung vieler Salbengrundlagen und insbesondere der Sulfonamide wird durch Chlorophyll aufgehoben. Es lag daher nahe, diese beiden Komponenten gleichzeitig zu verarbeiten. BOWERS hat in der oben zitierten Arbeit ausgeführt, daß in den Sulfonamiden die bakteriostatischen, die heilungsanregenden im Blattgrün gefunden seien.

Die klinischen Erfahrungen von GERBIG, BARMUTH und BODE mit einer derartigen kombinierten Salbe Per CHsan faßt W. MAYER[6] zusammen. Bei den Vergleichsversuchen GERBIGS wurden die einzelnen Komponenten und die Kombination in gleicher Grundlage verwendet. Letztere erwies sich bei allen breit eröffneten Abszessen, Phlegmonen, Furunkeln, parasitösen und skabiesartigen Ekzemen als deutlich überlegen.

Biosan Lannacher Heilmittel-Werke enthält 0,4% Natriumsalz des Chlorophyll in wasserlöslicher Grundlage. ZIRM[7] berichtet über die Entstehungsgeschichte.

Per CHsan ist das Präparat, mit dem die obigen Autoren, die W. MAYER referiert, gearbeitet haben. Es enthält Sulfonamide und Chlorophyll.

Epigranolsalbe Austria Pan-Chemie Wolfsberg ist eine Sulfonamid-Chlorophyll-Salbe, die der eine von uns entwickelte (H. CZETSCH-LINDENWALD)[8]. Sie hat sich insbesonders auch bei Ulcera cruris bewährt.

Die Firma Sell, Deggendorf (Anima-Präparate), hat in ihrer **Anima Schrundenkur** Chlorophyll, Lebertran und Harze eingearbeitet.

---

[1] BÜRGI: Das Chlorophyll als Pharmakon 1932; ferner Schweiz. med. Wschr. **67**, 1173 (1937); 483 (1938); Klin. Wschr. **1921**, 3. Bull. Soc. Therapeut. **1938**, Nr 7; Schweiz. med. Wschr. **72**, 239 (1942); Ber. des Vereins Schweizer Physiologen 1942; Dtsch. med. Wschr. **1942**, 893.

[2] BÖHRINGER: Schweiz. med. Wschr. **1942**, 850.

[3] SAEGESSER: Med. Praxis **1942**, 541.

[4] GRUSKIN: Amer. J. Surger. **1941**, Zit. v. BÜRGI.

[5] BOWERS: Amer. J. Surger. **73**, 37 (1947).

[6] W. MAYER: Pharmac. Zhalle. Dtschl. **88**, 39 (1949).

[7] ZIRM u. HANUS: Öst. Apoth.-Ztg. **3**, 34—35 (1949).

[8] CZETSCH-LINDENWALD: Wien. med. Wschr. **100**, 226 (1950).

Diese Gewerbeschutzsalbe, die für Stein- und Waldarbeiter gedacht ist, haben wir an zahlreichen Versuchspersonen geprüft und recht gute Erfolge gesehen. Die Versuchspersonen, die schon die verschiedensten Mittel verwendet hatten, sagten übereinstimmend aus, daß die Schrundenkur überlegen wirke. Sie verklebt die Rhagaden zuerst mechanisch, regt dann die Granulation an. Sie ist nachts zu verwenden und wird durch eine tagsüber gebrauchte prophylaktische Pflegesalbe ergänzt.

Neben dem Chlorophyll sind noch andere Porphyrine wirksam, so das Hämatoporphyrin. Die beiden wichtigsten Porphyrine, Chlorophyll und Hämatoporphyrin, enthält eine Salbe **Porphyrol** des Schweizer Serum- und Impfinstitutes und die gleichnamige Salbe der Firma Klinke, Hamburg. Man kann sich solche Salben auch selbst bereiten, muß dann aber darauf achten, daß man nicht gekupfertes — unwirksames Chlorophyll verwendet. In wäßrigen Lösungen verwendet man das Natriumsalz des Chlorophylls.

Photodyn (Hämatoporphyrin der Nordmarkwerke) sei hier noch erwähnt, da über die Vitiligobehandlung mit diesem Präparat, wenn auch vorwiegend in Injektionsform, von GUTIERREZ[1] und HELG[2] Arbeiten erschienen. Die Behandlung ist langwierig.

Die **bestrahlten Salben,** die um das Jahr 1930 aufkamen, sind eine besondere Gruppe, die in ihrer Wirkung am ehesten zu den Vitaminsalben passen. Man soll mit ihnen gute Granulations- und epithelisierende Wirkung erzielen, z. B. bei Ulcus cruris.

FASAL[3] hat **Metuvitsalbe** (Chemosan, Wien) in dieser Richtung geprüft. Es handelt sich um eine kurz- und langwellig bestrahlte Salbe aus Schweinefett, Kakaobutter und Metallsalzen. Ihre Wirkung ist laut Angabe auf eine Art mitogenetische Strahlung, die nach unseren Versuchen photographisch nicht nachweisbar ist und von bestrahltem ZnO und Fetten ausgeht, zurückzuführen (MARCONI[4]). Die Salbe wird auf Leinenlappen aufgetragen und dann aufgelegt. Bei starker Sekretion ist nach dem Erfinder RIED nicht entfettete Gaze statt der Leinwand zu nehmen[5].

In der Chirurgie hat FASAL die granulations- und epithelwachstumanregende Wirkung der Philoninsalbe, die 0,25 Teile bestrahltes Cholesterin enthält, festgestellt; in der Kinderheilkunde empfiehlt sie ERKENS[6] und in der Dermatologie STAMER[7].

Lebertran wird durch Bestrahlung mit UV.-Licht inaktiviert. ADAM[8] wies nach, daß dadurch die antirachitische Wirkung zerstört wird. Aber auch die Jodzahl sinkt während der Bestrahlung, so daß wir annehmen können, daß auch die ungesättigten Anteile, insbesondere die Sterine, abgesättigt werden. Da zudem freie Säuren auftreten, ist durch die Bestrahlung kein Nutzen, sondern nur Schaden zu erwarten.

---

[1] GUTIERREZ: Rev. Med. Mexico **1939** u. **1940,** 19.
[2] HELG: Schweiz. med. Wschr. **1944,** 1143.
[3] FASAL: Med. Klin. **1930** I, 595.   [4] MARCONI: Med. Klin. **1932,** 125.
[5] RIED: Wien. klin. Wschr. **1930,** 29.   [6] ERKENS: Münch. med. Wschr. **1932,** 27.
[7] STAMER: Dermat. Wschr. **1936,** 51, 2085.   [8] ADAM: Klin. Wschr. **36,** 5.

Fermente, wie Pepsin[1] (1—10% mit HCl-Zusatz) und Pancreatin, werden in Wundsalben zur Verdauung nekrotischer Partien sowie zur Erweichung der Keloide verwendet. Erwähnt sei die Pankreasdispertsalbe, die u. a.[2] für diese Indikationen, gegebenenfalls nach vorheriger Pepsin-Salzsäure-Behandlung, empfohlen wird. Denselben Zweck verfolgt auch das Ungt. encymi comp. Röhm und Haas, die **Pankreas-enzymsalbe** derselben Firma, die FEHR[3] bei Ulcus cruris empfiehlt, ferner die **Pyosolvasalbe,** die von FISCHER[4] auch bei Lupus verwendet wird. Sie enthält Pankreasdispert 2proz. in Vaselin und dient zur Behandlung von Wunden, zur Erweichung von Schwielen und Narben. Die Salbe wird messerrückendick auf die zu behandelnde Stelle aufgetragen und mit Mull bedeckt. Täglicher Verbandwechsel. Läsiolan (Kalichemie) enthält Rhodan- und Kalisalze, tryptisches Enzym und ein Lokalanaestheticum in „neutraler Salbengrundlage". Regenitsalbe (Curta) enthält 1½% Pankreasferment in einer „Salbe" und dient der Behandlung derselben Indikationen. Von guten Erfolgen berichtet ULICZKA[5]. **Pancrederma-Wundsalbe** (Stockhausen) enthält Pankreasferment in Lebertran-Lanolin-ZnO-Paste; sie wird bei Ulcus cruris und bei Verbrennungen empfohlen. Alle die Salben sind meist Wasser-in-Öl-Emulsionen auf Cholesterinbasis, sie sollen, um ihre Haltbarkeit zu steigern, mit einem Desinfiziens versehen sein.

Acrustin in Pulver- und Salbenform (**Atmos** Fritzsching Co., Viernheim-Hessen) enthält Pepsin, Borsäure und Phenolkampfer. Das Pulver wird für Schleimhautbehandlung der Nase und des Pharynx, die Salbe bei Borkenbildung am Naseneingang angezeigt.

Ochsengalle, 1proz. in 10 Teilen Wachs und 90 Teilen Lanolin, wird bei Ulcus cruris, Decubitus und Intertrigo in Form der Uwe-Salbe (Dippold, München) angeraten.

Hefe findet sich in manchen von den Kosmetikern empfohlenen Acnecremes. Die Firma Suvek hat sich z. B. ein solches Präparat aus Hefe, Glycerin und Lanettewachs schützen lassen[6]. Das franz. P. 870386 schützt einen Hefeextrakt, der die Zellatmung und Zellteilung förden soll und durch Alkoholextraktion oder ähnliche Arbeiten gewonnen wird. Auch in Gärung befindliche Bierhefe soll auf Grund ihrer mitogenetischen Strahlenwirkung Ulcera cruris günstig beeinflussen. KAINZL[7] läßt bei seiner Therapie Bierhefe mit Zucker gären und trägt den Brei auf.

Es hat den Anschein, als würden alle Hormon- und Vitaminsalben vorwiegend über den Gesamtorganismus und nicht lokal wirken (LAUBER[8]). Die meisten Salbengrundlagen hemmen die Wundheilung, am wenigsten Fissan und Eucerin. Man muß daher bei der Wundbehandlung mit Salben auch an die Grundlage denken. Vogan z. B. ist im Vaselin unwirksam, ebenso Carotin; in Fissan und Eucerin beschleunigen sie

---

[1] SCHÜSSLER: Münch. med. Wschr. **1921,** 3.   [2] Med. Klin. **1928,** 24, 67.
[3] FEHR: Münch. med. Wschr. **1936,** 22, 896.
[4] FISCHER: Dermat. Wschr. **1937,** 11.   [5] ULICZKA: Fortschr. Med. **1937,** 15.
[6] JANISTYN: Kosmetisches Praktikum.
[7] KAINZL: Čas. lék. česk. **1939,** 791.   [8] LAUBER: Hippokrates **1940,** 20.

den Heilvorgang (LAUBER). Da anderseits mit Schleimen (Tylose) nach
dem Vortrag von STÖHR[1] besonders gute Wundheilung zu erzielen ist
und die Ansicht, daß fette Salben bei der Wundbehandlung nicht am
Platze sind, oft zu hören ist, wird sich in dieser Richtung eine Ablehnung der fetten Salben zugunsten der Schleime entwickeln. In dieser
Richtung gehen bereits DURHAM und RAE[2], die Sulfonamidsalben in
Schleimbasis gegenüber Fetten für überlegen halten.

Lebertransalben.

Diese Präparate dienen fast ausschließlich der Behandlung von
Wunden und der geschädigten Haut. Sie sollen trotzdem, da ein wesentlicher Teil ihrer Wirksamkeit auf Vitamine zurückzuführen ist, hier
schon behandelt werden. Der Tran wurde, wie das Lehrbuch für Kriegs-
chirurgie von FRANZ mitteilt, schon im Kriege 1870/71 und früher zur
Wundbehandlung verwendet. Auch die Desitinsalben sind seit vielen
Jahren in Verwendung. Doch hat die Lebertransalbentherapie im
Jahre 1932 durch DE MUTH[3] und insbesondere durch LÖHR[4], vorwiegend
bezüglich der Applikationsart, Auftrieb erhalten. Gegenwärtig gibt es
wohl über keine Salbe so viel Literatur, wie über die mit Lebertran.
Schon die Unguentolanbroschüre des Jahres 1938, welche das Wissen
über die Salbe, insbesondere in therapeutischer Richtung bereichert
in pharmazeutischem Sinne aber weniger bietet, zählte 59 Original-
arbeiten auf. Die Zusammensetzung der Unguentolansalbe, die nach
der Vorschrift LÖHRS hergestellt wird, ist nicht genau bekannt. Die Angabe, daß die Salbe Lebertran in einer indifferenten Grundlage enthalte, befriedigt nicht völlig, wenn auch aus den Arbeiten LÖHRS zu
schließen ist, daß Vaselin verwendet wurde.

Der Lebertran, der gleichzeitig Träger der Wirkung und Grundlage
ist sowie Fette oder Kohlenwasserstoffe sind auch Bestandteile der
sonstigen Lebertransalben. Wäßrige Emulsionen sind bei der Herstellung der Lebertransalbe zu vermeiden, da der Tran dadurch in seiner
Haltbarkeit ungünstig beeinflußt wird, ein Leitsatz, der leider immer
wieder unberücksichtigt bleibt. Unbestritten ist diese Beobachtung
MECKELBACHS[5] allerdings nicht; denn STÖHR[1] gibt an, daß eine Lebertransalbe aus 30% Tran und 70% einer Adulsionslösung 5 : 95 mindestens so geeignet ist wie ein Präparat auf Vaselingrundlage. Ursache
hierfür mag der starke Verbrauch in einem Krankenhaus sein, durch
den eine allzulange Lagerung verhindert wird. Die Lebertranemulsion,
die per os gegeben wird, ist ja auch einige Monate lang wirksam. Dazu
kommt noch, daß neben den Vitaminen auch die Fettsäuren, die ja durch
die Tylose nicht geschädigt werden, wirksam sind. Der Ausfall der
Vitamine, der in ungünstigen Fällen sicher eintritt, wird zudem durch

---

[1] STÖHR: Chirurgen-Kongreß Berlin 1940, 15, 444.
[2] DURHAM u. RAE: Brit med. J. 1, 566 (1945).
[3] DE MUTH: Nat. eclect. med. Assoc. Quart. **23**, 103.
[4] LÖHR: Chirurg **1933**, 29, 1612; **1934**, 5, 263.
[5] MECKELBACH: Schweiz. Apoth.-Ztg **1938**, 19.

die Adulsion, das bessere, der Wunde entsprechendere Medium, bestimmt wettgemacht. MECKELBACH empfiehlt folgendes Rezept für eine wasserfreie kombinierte Salbe:

Ol. jecoris aselli standard. 30,0
Adeps lanae anhydr.   50,0
Vaselinum alb.   18,0
Balsam peruv.   2,0

DZEMBROWSKY[1] hingegen wählt eine Mischung von 40 Teilen Tran und 60 Teilen Vaselin. Erstere Vorschrift ergibt nicht unbedingt das optimale Produkt, da der Perubalsam Reizungen verursachen kann und das Vaselin nach LÖHR für sich allein günstiger zu wirken scheint als wollfetthaltiges. Dazu kommt noch, daß z. B. MUTSCHLER[2] Kombinationen überhaupt ablehnt und dem Unguentolan, also einer Lebertransalbe ohne weitere Wirkstoffzusätze, die beste Wirkung zuschreibt.

LUNDH[3] beobachtete im Tierversuch an Meerschweinchen, daß Vaselin, Vaselin-Lanolin und Ungt. molle die Heilung von Wunden verlangsamen, Lebertransalben sie aber beschleunigen. Ähnliche Resultate erhielt SCHUBERT[4], der an Kaninchen gelbes DAB.6-Vaselin, wasserfreies Adeps lanae und eine Mischung von Adeps lanae, Vaselin und Erdnußöl mit Wasser, die letzte bei Luftzutritt ohne Verband, geprüft hat. Am besten wirkte die letzte Salbe, dann das Wollfett, am langsamsten das Vaselin, unter dem die Wundränder öfters gerötet waren und teilweise auch Infiltrate aufwiesen. Derselbe Versuch, am Menschen angestellt, zeigte anfangs die gleichen Ergebnisse. Auch hier trat eine gewisse Verzögerung bei Wollfett und Vaselin ein. Später verwischten sich die Resultate aber mehr und mehr, so daß noch einmal Versuche angestellt werden mußten. Es wurden allerdings teilweise andere Salben verwendet, doch konnte durch Unguentolan- und Pellidolsalbe (letztere mit der oben geschilderten Wasser-in-Öl-Emulsion als Grundmasse) eine Beschleunigung der Wundheilung erzielt werden. Die anderen Salbengrundlagen hatten, wenn auch keine Beschleunigung, so doch auch keine Verzögerung der Wundheilung bewirkt. Interessante Versuche stellte auch PUESTOW[5] an. Er beobachtete an Tieren, daß Lebertransalben die Wundheilung um 50% beschleunigen, Vitamin-A- und -D-Salben verbessern sie um 25%. Tanninsalben sind den Kontrollen nicht überlegen. LAUBER[6] wiederum hat an Kaninchen durch die verschiedensten Lebertransalben keine Heilbeschleunigung beobachtet. Die Grundlagen hemmen sogar die Abheilung, nur Eucerin und eine „Cholesterinsalbe" (Merck) wirkten günstig. Er kam daher in einer anderen Arbeit zur völligen Ablehnung der Salbe, da sie mehr Nachteile (Geruch, Maceration der Wundränder) als Vorzüge besitze. LÖHR und UNGER[7] haben Lebertran mit den verschiedensten Salbengrundlagen gemischt und

---

[1] DZEMBROWSKY: Z. org. Chir. **1935**, 70, 336.
[2] MUTSCHLER: Münch. med. Wschr. **1937**, 18, 692.
[3] LUNDH: Zbl. Chir. **1936**, 63, 2860.
[4] SCHUBERT: Dermat. Wschr. **1937**, 39, 1251.
[5] PUESTOW: Lag. Gyn. a Obst. **66**, 563.
[6] LAUBER: Med. Welt **1937**, 415; Hippokrates **1940**, 20.
[7] LÖHR u. UNGER: Pharmaz. Ztg **1937**, 73, 910.

fanden, daß Cholesterin und seine Derivate in Salben die Wundheilung hemmen. Lebertran kann diese Eigenschaft nur kompensieren, wenn nicht zu hohe Cholesterinmengen zur Verwendung kommen. Ein weiterer Grund also, um das oben angegebene Rezept als nicht optimal anzusehen. Am besten hat sich nach LÖHR in dieser Versuchsreihe das Vaselin bewährt. Fette scheinen nicht in Erwägung gezogen worden zu sein, da sich alle Versuche um das Cholesterin und das Vaselin mit und ohne Zusätze gruppieren. LÖHR, UNGER und ZACHER[1] betonen, daß im Gegensatz zu anderen Autoren von ihnen keine Hemmung der Wundheilung durch Vaselin beobachtet werden konnte. Da die wirksamen Bestandteile alle fettlöslich sind, ist auch keine Verzögerung durch die unwirksame Komponente zu erwarten, wohl aber könnte die allzusehr deckende und luftabschließende Vaselinwirkung nachteilig sein.

Welche Komponenten sind nun eigentlich im Lebertran wirksam? Sicher kommt dem Vitamin-A-Anteil ein sehr wesentlicher Faktor zu. Dafür sprechen u. a. die Versuche von HORN und SANDOR[2].

DRIGALSKI[3] verglich die Heilwirkung einer Vitamin A-haltigen Lebertransalbe mit einem Präparat, in dem das Vitamin zerstört war. Heilwirkung im Sinne einer Lebertrantherapie kam nur dem ersteren Präparat zu. Ähnliche Ergebnisse gibt HEINSIUS[4] an und glaubt, daß das Vitamin A der alleinige epithelisierende Faktor der Lebertransalbe sei. Das Vitamin D dürfte nur zusätzlich günstig wirken.

SEIRING[5] schreibt die Hauptwirkung den freien Doppelbindungen zu und scheint damit bis zu einem gewissen Grad recht zu haben. Auch KOCH und ENGELS[6] haben auf Grund ihrer Studien an der Multivalsalbe Gehe, die keine Vitamine, sondern nur ungesättigte Fettsäuren enthält, gleichsinnige Beobachtungen gemacht. Die Salbe soll den vitaminhaltigen Lebertransalben, diese wieder den vitaminfreien gleichwertig sein. KOCH und ENGELS sowie FERVERS[7] haben ihre Verwendung auch bei frischen infizierten Wunden empfohlen, die nicht zuletzt auf Grund der Desinfektionswirkung heilen.

Auch JECEL[8] meint, daß die ungesättigten Fettsäuren, die nach seiner Ansicht Sauerstoff aufnehmen und dadurch reduzierend und bactericid wirken, die wichtigste Komponente des Lebertrans seien. Verfasser bewegt sich dabei aber in Spekulationen; denn der Lebertran ist kein Desinfiziens im engeren Sinne, wenn auch FISCHER[9] ein staphylokokkentötendes wasserlösliches (!!) Prinzip darin nachgewiesen habe. SCHNEIDER[10] ist auf Grund seiner Versuche ebenfalls ein Vertreter der Ansicht, daß die ungesättigten Fettsäuren, insbesondere die Octadien-

[1] LÖHR, UNGER u. ZACHER: Münch. med. Wschr. 1937, 97.
[2] HORN u. SANDOR: Dtsch. med. Wschr. 1934, 27.
[3] DRIGALSKI: Z. Vitaminforsch. 1934, 4.
[4] HEINSIUS: Arch. Ophthalm. 1936, 1.
[5] SEIRING: Münch. med. Wschr. 1936, 40, 1632.
[6] KOCH u. ENGELS: Zbl. Chir. 1938, 6.
[7] FERVERS: Münch. med. Wschr. 1938, 42.
[8] JECEL: Wien. med. Wschr. 1940, 20.
[9] FISCHER: Mikrobiol. Epidemiol. Immunbiol. 1941, 4, 105.
[10] SCHNEIDER: Klin. Wschr. 20, 18 (1941).

säure, das „Vitamin FO", das aus dem Provitamin, der Linolensäure entstehen soll, als Wirkungsträger für die Lebertranwirkung haftbar zu machen seien.

Manche ungesättigte Paraffine, Sulfonate und Fettsäuren haben an sich starke granulationsanregende Wirkung, eine Beobachtung, die im Granugenol Knoll seit 1915 ausgenützt worden ist. Dazu kommen noch die physikalischen Eigenschaften derartiger Lebertransalben, die auf Wunden rasch schmelzen, nekrotische Gewebe durchdringen und Keime fixieren[1], ja nach DRIGALSKI sogar abtöten[2] sollen. LÖHR weist weiter darauf hin, daß zwischen Vitaminen und den ungesättigten Fettsäuren ein Synergismus besteht, also Lebertran in seiner Totalität wirksam ist. KÄSTNER[3] hingegen meint, daß nicht so sehr die Lebertransalbe als vielmehr die Verbandtechnik die Ursache für die guten Erfahrungen sei.

Eine Eigenschaft der ungesättigten Fettsäuren soll noch erwähnt werden. Sie hemmen nach JENSEN und WIESE[4] die Blutgerinnung. Paraffinöl ist indifferent, Leinöl hemmt bereits, Lebertran in noch stärkerem Maße. In manchen Fällen ist dies sicher sogar ein Vorteil, im anderen wieder nicht. Die Autoren schreiben die Nachblutungen bei Lebertranverbänden zum Teil dieser Eigenschaft des Tranes zu.

Man suchte die Lebertranwirkung auf verschiedenen Wegen, z. B. durch Chlorierung, noch zu steigern. Ein solcher chlorierter Lebertran wirkt anscheinend nicht auf Grund seines Vitamingehaltes, der durch die Chloranlagerung zerstört werden soll[5], eine Beobachtung, die allerdings von BAMBERGER[6] nicht bestätigt wird. Seine Erfahrungen stehen aber wieder zu Untersuchungen von DILLER[7], der nachgewiesen hat, daß beim Chlorieren die Vitamine geschädigt werden, sobald das Chlorion einen Prozentgehalt von über 0,1 erreicht, in Widerspruch. Der Zusatz von Zinkoxyd zu derartigen Salben, die chlorierten Tran enthalten, läßt den Vitamingehalt weiter absinken. Dasselbe bewirkt Talcumzusatz. Man kann auch Kalomel, Borsäure und Zinkoxyd zu Lebertransalben zufügen. Rezepte bringt das Pharm. Weekblad f. Ned. India[8]. Die Unzweckmäßigkeit der Kombinationen haben wir oben besprochen.

Die ältesten Lebertransalben sind die jetzt ohne Chlorzusatz herauskommenden **Desitinpräparate,** über die u. a. BAER[9] berichtet. Nach Ansicht des Autors dringt die Salbe infolge des Lebertranzusatzes besonders tief in das Gewebe ein und verursacht dort eine Hyperleukocytose, die die Heilung günstig beeinflußt. Die Desitinolansalbe enthält Lebertran, die Desitinsalbe noch Zinkoxyd, Wollfett, Talcum, die Desitin-Honigsalbe hat noch Zusätze von Bienenhonig. Die Desitin-Strahlenschutzsalbe, um nur noch eine der Desitinkombinationen zu

---

[1] BOSSE: Münch. med. Wschr. **1936,** 15, 601.
[2] DRIGALSKI: Sitzgsber. Berl. med. Ges. 4, 12, 35.
[3] KÄSTNER: Münch. med. Wschr. **1940,** 6, 167.
[4] JENSEN u. WIESE: Zbl. Chir. **1939,** Nr 18.
[5] Pharmaz. Ztg **1935,** 98, 1286.   [6] BAMBERGER: Dermat. Wschr. **1936,** 28.
[7] DILLER: Dtsch. Apoth.-Ztg **1938,** 57 u. 58.
[8] Dtsch. Apoth.-Ztg **54,** 930 (1939).   [9] BAER: Fortschr. Ther. **1927,** 9, 326.

nennen, besteht aus Lebertran und Milchfett, Talcum und Vaselin.
Ferner ist das **Unguentolan** (Heyl) anzuführen. Darin soll insbesondere
das Vitamin A geschont und haltbar gemacht worden sein[1], und zwar
nach einer Vorschrift, die sich rezepturmäßig durch Dampftranver-
arbeitung nicht ersetzen lasse.

Unserer Meinung nach kann man nicht schonender arbeiten als kalt
in einer Patene die beiden Komponenten zusammenzumischen. Wenn es
eine noch schonendere Methode gibt, so ist sie veröffentlichenswert.
Geschieht dies nicht, so ist wohl anzunehmen, daß am Schreibtisch ge-
zaubert wird, um ein so einfaches Präparat nicht in die Rezeptur ab-
gleiten zu lassen.

Lenitose-Lebertransalbe (Johann A. Wülfing, Gronau/Hann.)
enthält 30% Lebertran in einer Vaselinegrundlage.

20proz. **Fissanlebertranpaste** als Brandsalbe und 50proz. Fissanlebertransalbe als Wundheilsalbe werden von den Deutschen
Milchwerken, Zwingenberg, in den Handel gebracht.

Hamelogran (Dr. Willmar Schwabe) ist eine Lebertransalbe mit
einem Zusatz von Hametum-Extrakt. Sie wird vor allem zur Wundbehandlung und bei Verbrennungen empfohlen.

Desintolan der Desitin-Werke ist eine Salbe, die sich aus Ol.
Jecor. Asell., Vaseline und Adeps lanae zusammensetzt.

Novalanpaste (Reiss) enthält Lebertran, Lecithin, Lenicet und
Tumenol. **Scottinsalbe** (Scott u. Bowne, Frankfurt) wird mit 25 und
50% Lebertran herausgebracht und soll geruchlos, aber voll wirksam
sein. Man kann Lebertransalben, dem Hersteller zufolge, durch zusätzliche Medikamente noch spezifischer wirksam machen. Ein derartiger
Versuch ist die **Argiodlebertransalbe,** die JUNGHANS[2] empfiehlt. Sie
enthält 1,5% Jodsilber. Ferner ist die **Fissanlebertransalbe** zu nennen,
die auch auf Schleimhäuten bei Portioerosionen von BAUMGART, PLATZ
und TSUTSUBOPULOS[3] empfohlen wird. Sie soll nach ALTENKAMP[4] besser
wirken als Lebertran- Vaselin.

Terracerin (Beiersdorf) ist eine Wundsalbe auf Eucerin-Basis, die
die Vitamine des Lebertrans, insbesondere dessen ungesättigte Fettsäuren, enthält.

MADAUS empfiehlt in seinem Lehrbuch der biologischen Heilmittel
Bals. Peruv., Mellis dep. $\overline{aa}$ 5,0, Jecorol ad 50,0 (Jecorol ist ein Roh-
lebertran). **Vulpuransalbe** enthält Lebertran, „Oxy"cholesterin,
Emplastr. Plumbi, Perubalsam. Ihre Herstellung wurde von WASICKY
angeregt, ihre Anwendung von KOPF[5] empfohlen.

Terracerin ist eine Lebertransalbe (Beiersdorf), in der die Vitamine
und besonders die ungesättigte Fettsäure des Tranes zur Wirkung kommen sollen.

Die **Salmarsalbe** begnügt sich mit der Lebertranwirkung nicht, es
wird daher Meerwasser zugesetzt, denn der Fisch muß schwimmen.

---

[1] Pharmaz. Ztg **1935**, 12, 152.   [2] JUNGHANS: Dtsch. med. Wschr. **1937**, 25.
[3] BAUMGART, PLATZ u. TSUTSUBOPULOS: Münch. med. Wschr. **1936**, 19.
[4] ALTENKAMP: Hippokrates **1938**, 2.
[5] KOPF: Wien. med. Wschr. **1936**, 19.

Unterlagen, denen zufolge Meerwasser besonders günstig auf die Wundheilung wirkt, sind uns nicht bekannt. Hingegen ist es, wie schon oben erwähnt, unzweckmäßig, zum Tran Wasser hinzuzufügen.

Die **Riccortansalbe,** die GRASSMANN[1] empfiehlt, enthält die ungesättigten Fettsäuren aus dem Tran, die Vitamine aber aus anderer Quelle. Auch Vitamin C ist zugefügt.

Intrigon (Penaten) enthält Lebertran in der Penatencreme und ist bei Intertrigo und Dermatosen angezeigt.

Swansolwundsalbe (Dr. R. Voß, Hamburg) ist eine Frischmilch-Lebertran-Zinksalbe.

Man kann also die verschiedensten Substanzen den Lebertransalben zufügen, auch Tanninverbindungen **(Tannovitolsalbe).** Ob alle diese Zusätze aber wirkliche Vorteile zeigen, wird sich kaum beweisen lassen.

Das Hauptanwendungsgebiet der Lebertransalben liegt in der Wundbehandlung. LÖHR und ZACHER[2] traten auch für die Tranbehandlung der Verbrennungen ein, da sie der Tanninapplikation überlegen sei.

Es gibt Stimmen, die im Gegensatz zu LÖHR dem Lebertran an sich die beste Wirkung zuschreiben (SAUERLAND[3]). Will man aber eine zusammengesetzte Salbe, so sind nach der vorstehenden Übersicht die bisher besten Lebertranverarbeitungen mit Vaselin zubereitet. Der Zusatz von geringen Mengen Wollfett dürfte nicht schaden. Wachse scheinen als Grundlage für Lebertransalben ganz allgemein brauchbar zu sein, und zwar sowohl auf Grund ihrer Reizlosigkeit als auch infolge ihrer Eigenschaften, den Schmelzpunkt zu erhöhen. Sie sind so ein notwendiges Gegengewicht gegen den Tran, der den Schmelzpunkt erniedrigt, und ermöglichen es, besonders hochprozentige Salben herzustellen. Unter den wachshaltigen Rezepten für Lebertransalben findet sich eines, das 1 Teil gelbes Wachs und 5 Teile Vaselin zusammenschmelzen läßt. Die Schmelze wird dann wieder abgekühlt und nahe an ihrem Erstarrungspunkt mit 4 Teilen Lebertran verrührt[4]. Glyceride sind als Zusatz zu Lebertransalben bisher von SIDO in seinem Manual in Erwägung gezogen worden. Außerdem hat die Firma Wander, Bern, in ihrer **Intensylsalbe,** die neben Lebertran noch Thymol, Salol, Resorcin und ätherische Öle enthält, als Grundlage Fette gewählt, um bessere Bedingungen auf der Haut und im Wundbett zu erzielen.

Wir haben 30 proz. Vaselin-Lebertran-Salben mit gleichprozentigen Fettsäureglycerinester (synth.)-Lebertranverarbeitungen parallel zur Wundheilung in der Chirurgie herangezogen. Therapeutisch zeigte sich kein wesentlicher Unterschied zwischen den beiden Präparaten. Es sei denn, daß in dem einen oder anderen Falle eine leichte Rötung der Wundränder, die bei dem Vaselinpräparat auftrat, bei der Fettgrundlage nicht beobachtet wurde. Dermatologisch wurden gleichlautende Resultate erzielt. Doch zeigte sich hier wie auch in der Chirurgie die angenehmere Konsistenz der Fettmischung, die nicht so schmierte wie das Vaselinpräparat.

---

[1] GRASSMANN: Schweiz. med. Wschr. **1939,** 437.
[2] LÖHR u. ZACHER: Zbl. Chir. **1939,** 1.
[3] SAUERLAND: Dtsch. Mil.arzt **1938,** 9.   [4] Krk.hausapotheke **10,** 18 (1937).

Als Geruchsverbesserer für Lebertransalben wird von den Reichs-
formeln Cumarin genannt, eine Substanz, die auch sonst in käuflichen
Salben enthalten zu sein scheint. Schädigungen durch dieses schmückende
Beiwerk sind zwar nicht beschrieben, aber möglich.

Zusammenfassend ist über Lebertransalben zu sagen, daß die Grundsubstanz sowohl Fett oder Wachs als auch Vaselin oder eine Mischung
sein kann. Die Unterschiede sind nicht sehr wesentlich. Welcher Bestandteil nun eigentlich im Lebertran wirkt, steht noch nicht fest. Man
wird am besten fahren, wenn man nicht eine Komponente, sondern den
Komplex „Lebertran" als Wirkstoff auffaßt. Die wichtigen Träger der
Wirkung scheinen die ungesättigten Anteile des Trans zu sein. Den Vitaminen kommt zumindest eine zusätzliche synergistische Wirkung zu.

Die Meinungen über Wundsalben sind außerordentlich geteilt. Den
Verfechtern steht eine große Anzahl von Gegnern gegenüber. MAGNUS[1]
z. B. ist der Ansicht, daß Ruhigstellung besser sei als Salbenbehandlung. CANNADAY[2] berichtet, daß Luft und Licht mehr leisten. UFER[3]
hat Unguentolan, Vaselin und zwei Wundheilungstinkturen im Tierversuch geprüft und immer nur eine Verzögerung, nie eine Beschleunigung
der Heilung bei den behandelten Wunden feststellen können. (Siehe das
Kapitel Salben in der Chirurgie.)

Bienen- und Schlangengiftsalben.

Zur Rheumatherapie wird Bienengift sub-, intra- und percutan so-
wie intramuskulär verwendet. Für die percutane Darreichung haben die
Hersteller der Präparate auch Salben in den Handel gebracht, da, wie
MADER berichtet[4], das Einreiben keine Schmerzen verursacht.

Da das Cholesterin und dessen Derivate, die einen wesentlichen
Prozentsatz der Hautfette ausmachen, die wirksame Substanz neutralisieren und das Gift wasserlöslich ist, also nicht durch die Haut hindurch-
gelangen kann, bediente man sich der verschiedensten Kunstgriffe,
um Resorption zu erzielen. So setzte MACK — der Hersteller der **Forapinsalbe** — zunächst, allerdings mit negativem Ergebnis, Salicylsäure
als Gleitschiene zu. Resorption trat erst ein, als feine Kristalle zugegeben wurden, welche die durch die Salicylsäure keratolysierte Haut
verletzten und so dem Bienengift einen direkten Weg eröffneten, oder
man bedient sich nach SCHWAB eines Spezialreibers, der die Haut lädiert,
um Resorption zu erreichen[5]. In letzter Zeit ist auch eine Forapinsalbe
mit Histaminzusatz aufgetaucht; sie wird zur Iontophorese empfohlen.

Die **Apicursalbe** (Hoffmann-La Roche) enthält zur Verbesserung
der Resorption 10% eines Salicylsäurederivates, ferner 1% Histamin-
dihydrochlorid, das, wie HERMANN[6] berichtet, die Capillaren erweitert
und die Resorption verbessert, und ätherische Öle, die, wie wir aus der

---

[1] MAGNUS: Münch. med. Wschr. **1934**, 1172.
[2] CANNADAY: Amer. J. Surg. **1934**, 288.   [3] UFER: Hippokrates **1940**, 9.
[4] MADER: Münch. med. Wschr. **1936**, 32, 1311.
[5] SCHWAB: Münch. med. Wschr. **1934**, 793.
[6] HERMANN: Dtsch. Apoth.-Ztg **1938**, 95.

Arbeit MACHTS wissen (s. oben), die Resorption wasserlöslicher Medikamente verstärken. Es wird empfohlen, die Salbe einzumassieren oder sich der Iontophorese zu bedienen, ein Verfahren, das auch mit Forapin nach RUTENBECK die Erfolge verbessert[1].

Apisartron (Dr. Blell, Magdeburg) enthält Bienengift und „milde Hautreizstoffe in neutraler Salbengrundlage" und wird in 2 Stärken geliefert.

Neben den internen Indikationen hat das Bienengift anscheinend auch eine gute Wirkung auf die Wundheilung, die veterinär nach WAGNER[2] bereits ausgenützt wird.

Amodyn percutan ist das Gift der europäischen Sandviper in Emulsionssalbenform, das von der Apotheke Winter in Innsbruck hergestellt wird. Als lokal reizendes Mittel enthält die Mischung Sen öl, als Gleitschine Methylsalicylat. Bei Asthma, Rheuma, Ischias wird es auf den Innenpartien der Oberschenkel nach erfolgter Waschung intensiv eingerieben.

Viperin (Schlangengiftsalbe) des Staatl. Seruminstituts Wien wird gegen Schnupfen in die Armbeuge eingerieben (JESCHEK[3] und MECHNER[4]).

Über dem Wirkungsmechanismus der Schlangengiftsalben wissen wir einiges durch 2 Dissertationen, die sich mit **Serpinsalbe,** eine dem Viperin ähnlichen Schnupfenheilmittel der Chemosan, Wien, beschäftigt. LÖFFLER[5] stellte fest, daß Serpineinreibungen die Temperatur und die Albumin-Globulinwerte so beeinflussen wie Eiweißinjektionen. MAYER[6] beobachtete, daß auch das leukocytäre Blutbild so beeinflußt wird, wie man es von der unspezifischen Reiztherapie erwarten kann.

Phenylchinolincarbonsäuresalben.

Phenylchinolincarbonsäuresalben werden zur Behandlung gichtischer Erkrankungen empfohlen. Die zugefügte Säure ist, sofern man große Dosen (20 g Salbe täglich) verabreicht, im Harn aufzufinden[7]. Bei kleineren Mengen war keine positive Reaktion im Harn nachzuweisen. SZANTO[8] hat daher eine einfachere Methode erdacht. Er applizierte eine atophanhaltige Salbe und beobachtete die Harnsäureausscheidung. Da diese vermehrt war, wurde seiner Ansicht nach das Atophan resorbiert. Die Salbe enthält außer Atophan noch Salicylat, Chloroform und ätherische Öle, wie sie MACHT zur Resorptionssteigerung verwendet hat. Auch KIONKA[9] hat nach einem derartigen Präparat Atophan im Tierversuch nachgewiesen. Allerdings mußte er 0,25 g der Säure in 5 g Salbe einreiben, um eine deutliche Reaktion zu erzielen. Im Parallelversuch ohne

---

[1] RUTENBECK: Münch. med. Wschr. **1935**, 24, 957.
[2] WAGNER: Berl. u. Münch. tierärztl. Wschr. **1939**, 23.
[3] JESCHEK: Klin. Wschr. **1938**, 16, 583.
[4] MECHNER: Wien. med. Wschr. **1936**, 38, 1065; Münch. med. Wschr. **1936**, 32.
[5] LÖFFLER: Dissertation Tierärztl. Hochschule. Wien 1942.
[6] MAYER: Dissertation Tierärztl. Hochschule. Wien 1942.
[7] HORSTERS u. ROTHMANN: Med. Klin. **1926**, 15.
[8] SZANTO: Med. Welt **1928**, 1782.
[9] KIONKA: Fortschr. Ther. **1929**, 6, 173.

ätherische Öle war sogar die doppelte Menge notwendig, so daß die Öle tatsächlich die Resorption gefördert haben.

Die Salben sind also, wenn auch unökonomisch, wirksam. Mancher Arzt wird sich nun fragen, ob die Applikation derartiger innerlich wirksamer Medikamente durch die Haut zweckmäßig ist. Die percutane Resorption hängt von der Beschaffenheit der Haut in hohem Grade ab. Sie tritt außerordentlich langsam ein, hält lange an und ist nicht steuerbar. Man erreicht mit verzettelten oralen Dosen mehr und bedient sich dabei noch einer einfachen Methode. Die zusätzlich wirksamen anderen Salbenbestandteile können nach wie vor angewendet werden. Beantwortet können diese Einwände nur im Rahmen der Therapie werden, denn gegen die orale oder die Injektionsbehandlung können äußere Gründe sprechen.

Die Industrie hat, um Freunden der Salbentherapie Rechnung zu tragen, einige derartige Salben herausgebracht.

Zu nennen ist z. B. die **Atochinolsalbe** (Ciba), sie enthielt 20% des Allylesters der Phenylcinchoninsäure. Die Salbe wird aber z. Z. nicht hergestellt.

Resorptionsfördernde bzw. -hemmende Substanzen und Maßnahmen.

Öllösliche Körper diffundieren durch die gesunde Haut aus Salben heraus nach den unter dem Kapitel über die ätherischen Öle geschilderten Gesetzen. Danach ist bei solchen Substanzen das Medium, sofern es sich um wasserfreie Salben handelt, für den Grad der Resorption nicht so wichtig, als man annehmen sollte. Die resorptionsfördenden physikalischen Maßnahmen, wie die Massage, die Wahl des richtigen Schmelzpunktes, die Iontophorese und die richtige Verbandtechnik, können die Wirkung verbessern. Die zur Steigerung der Resorption zugesetzten chemischen Präparate haben bei den öllöslichen Stoffen aber weniger Bedeutung, wohl aber das Einmassieren, das Schädigen der Haut, die Erzeugung von Hyperämie.

Ganz anders verhält es sich bei den wasserlöslichen Körpern. Auch hier können wir zunächst mit physikalischen Hilfsmitteln die Resorption erleichtern. Wir können die Haut entfetten, durch luftdichte Verbände, vorhergehende Bäder macerieren und auflockern, die Salbe einmassieren. Ökonomisch wird die Behandlung mit Hormonen, Alkaloiden und Vitaminen, sofern sie auf Fernwirkung abzielt, dadurch noch nicht. Die percutane Darreichung in Salbenform wird nie eine exakte Dosierung gestatten; sie wird die Erwartungen FLURYS[1], ein neuer Zugang zum Körper zu sein, im Hinblick auf die Wirkung zufriedenstellen, aber die zugefügten Dosen bei keinem Präparat auch nur annähernd ausnützen.

Die cholesterinhaltige Schranke der Haut, deren mit zunehmender Tiefe sich ändernde Wasserstoffionenkonzentration, die äußere Beschaffenheit der Haut, die Außentemperatur, die Löslichkeit der Sub-

---

[1] FLURY: Vortrag am Physiologentag in Zürich 1938.

stanz im Salbenmedium, in den Hautfetten und den Sekreten, alle diese Faktoren sind nicht genau zu fassen. Sie bilden Fehlerquellen, die sich nicht ausschalten lassen; sie sind Inaktivatoren der Medikamente, die eine exakte Berechnung der tatsächlich zur Wirkung gelangenden Mengen unmöglich machen.

Als wichtige chemische Maßnahme zur Resorptionssteigerung ist der Zusatz von *Emulgatoren* zu nennen, mögen sie nun wie Seifen Öl-in-Wasser- oder Wasser-in-Öl-Emulsionen ergeben. Die Emulgierung erleichtert auf jeden Fall das Eindringen der Salbe, vergrößert die Kontaktfläche und legt diese in tiefere Hautschichten. Welchen Emulgator man nimmt, ist vom Medikament und dessen Phasenlöslichkeit in Öl oder Wasser, seiner Empfindlichkeit und seinem Verhalten zu dem in Aussicht stehenden Medikament abhängig.

Die Badische Anilin- und Soda-Fabrik, Ludwigshafen-Rhein, bringt die Emulgatoren **Cremophor FM** und **Cremophor O.** Ersterer ist eine ölige, unverseifbare Flüssigkeit, die in alkoholischer Lösung gegen Phenolphthalein einen Verbrauch von $2-3$ ccm $^n/_{10}$ NaOH pro 5 g Substanz zeigt; mit Ölen und Fetten gut mischbar, ergibt der Emulgator Wasser-Öl-Emulsionen, die sich durch Zusatz von Seifen umkehren lassen. Bei Verwendung von Cremophor O erhält man beliebig verdünnbare Öl-Wasser-Emulsionen.

Es handelt sich wohl um besonders gereinigte Polyäthylenoxydwachse, die früher als Emulphore in der Technik bekannt waren, aber, wie Seite 50 ausgeführt wurde, für die Anwendung in Cremes und Salben nicht freigegeben waren. Anscheinend konnte man auf Grund der Erfahrungen mit den Crills, Spans u. dgl. die anfänglichen Bedenken zurückstellen. Es ist erklärlich, daß so stark oberflächenaktive Emulgatoren, ähnlich wie Sulfonate, die Durchwanderungsgeschwindigkeiten steigern.

Ätherische Öle und hautreizende Substanzen, wie Kohlensäure, Ammoniak, Alkalien, erhöhen die Resorptionsgröße, sofern sie Emulgatoren sind, als solche, sie lockern aber auch das Gewebe auf, verbessern die Durchblutung, zerstören evtl. Schranken und verstärken dadurch auch die Aufnahmebereitschaft. Die diesbezüglichen Untersuchungen von MACHT[1] sind unter dem Kapitel „Ätherische Öle" ausführlich zitiert. Der Autor konnte sonst nicht resorbierbare Alkaloide durch Zusatz von ätherischen Ölen als Gleitschiene zur Aufsaugung bringen. Eine Bestätigung hierfür ist auch in den Angaben von LEHMANN[2] zu sehen, in denen nachgewiesen wird, daß Jod, Jodkali, Insulin und Vitamin B resorbiert werden, sofern man ihnen Fichtennadelextrakt zufügt. Der Extrakt hat hier die Funktion ätherischer Öle, die die Durchblutung fördern und hiermit die unterschwelligen Wirkungseffekte steigern.

Die *Saponine*, die, schon lange als Therapeutica bekannt, von KOFLER[3] besonders studiert wurden und die Permeabilität der Schleimhaut wesentlich steigern, dürften die Durchdringungsfähigkeit der gesunden

---

[1] MACHT: J. amer. med. Assoc. **110**, Nr 6, 408 (1938).
[2] LEHMANN: Schweiz. Apoth.-Ztg **80**, 8 (1942).
[3] KOFLER: Arch. exper. Path. **109**, 362; **116**, 35 (sowie das Buch: Die Saponine).

Haut zunächst als Emulgatoren beeinflussen[1]. Es kommt ihnen aber auch eine Wirkung zu, welche der der Hautreizstoffe bzw. der ätherischen Öle nahesteht. Ein Teil wird zwar vom Hautcholesterin entgiftet, also inaktiviert; ein anderer verbessert aber die Resorptionslage, denn sonst wären die Untersuchungsergebnisse von MILBRADT[2] nicht zu erklären. Er stellte fest, daß Saponine bis zu einem gewissen Grad in der Lage sind, die Hautpermeabilität für Adrenalin und Insulin zu erhöhen. Als Vehikel wurden Mattan oder Eucerin gewählt. Die Ergebnisse zeigten jedoch auch hier, daß der Effekt in keinem Verhältnis zur angewandten Hormonmenge stand.

Farbstoffe, in Eumattan und Vaselin feinst verrieben oder in Wasser gelöst, zeigten aus den saponinhaltigen Zubereitungen eine weit größere Penetrationskraft, die MILBRADT durch Auflockerung und Quellung der Haut erklärte, die zum Teil aber durch die Emulgierwirkung zustande kommt. Saponine ergeben Öl-in-Wasser-Emulsionen, die Farbstoffe viel tiefer eindringen lassen als Wasser-in-Öl-Emulsionen. Jod, Salicylsäure, Pyrogallol und Naphthalin werden durch die aufgelockerte und gequollene Haut bei Saponinzusatz vermehrt aufgenommen. Sie passierten rascher die Haut, die lokal-dermatologische Wirkung war nicht besser als bei Salben ohne Saponinzusatz. Der Zusatz interessierte dementsprechend mehr den Internisten als den Hautarzt. Bei Anästhesinsalben hatte eine 5—6proz. Mattansalbe mit 3% Saponinzusatz etwa die Wirkung einer 10proz. Salbe ohne Saponin. Die Einsparung ergab demnach praktisch keine Vorteile. Bei Novocainsalben verursachte der Saponinzusatz überhaupt keine Beeinflussung.

Als Erklärung für die verstärkende Wirkung dürfte mit MILBRADT die Bindung der Sterine, also die Inaktivierung des Cholesterins, ferner die Auflockerung des Gewebes und schließlich die Emulgier- bzw. Netzmittelwirkung heranzuziehen sein. Therapeutisch gesehen sind saponinhaltige Salben also wahrscheinlich kein Fortschritt. Wir wissen dies allerdings noch nicht genau, da saponinhaltige Salben doch immer wieder empfohlen werden. So hat LECLERC[3] eine Salbe aus Origanumöl, Vaselin-Lanolin und Efeuextrakt, das ja bekanntlich größere Mengen Hederasaponin enthält, als Mittel gegen Zellgewebsentzündungen empfohlen.

Pharmazeutisch gesehen ist der Zusatz von Saponinen sehr wohl zu vertreten. Im Liquor Carbonis detergens ermöglicht das Saponin die feine Verteilung des Teers. Hierzu wird zum Teil Quillajatinktur verwendet, HERXHEIMER[4] hat Roßkastaniensaponin vorgezogen, KOFLER und PERUTZ[5] lassen 1 Teil Oleum Cadini in 20 Teilen Primulatinktur lösen. Dieses Präparat wie auch die anderen sind in Salben gut anwendbar, nur ist darauf zu achten, daß die Salbe zweckmäßigerweise mit

---

[1] Pharmaz. Z.halle Dtschld **69**, 651 (1928).

[2] MILBRADT: Z. exper. Med. **1933**, 87, 795.

[3] LECLERC: Zit. durch PEYER: Pflanzliche Heilmittel. Deutscher Apoth.-Verlag.

[4] HERXHEIMER: Münch. med. Wschr. **70**, 1275 (1923).

[5] KOFLER u. PERUTZ: Pharmaz. Z.halle Dtschld **66**, 364 (1925).

Cetylalkohol oder als Stearatcreme zu bereiten ist, da Cholesterinderivate und Saponine sich beeinflussen. Eine Salbe, wie sie im franz. P. 848958 beschrieben ist: 55 g Vaselin, 25 g Wasser, 5 g Cetylalkohol, 5 g Cholesterin, 10 g Heilbuttleberöl, 0,25 g Saponin und Riechstoffe, ist ein Unsinn, da sich die Saponine und Cholesterin gegenseitig inaktivieren.

Durch *Adrenalinzusatz* kann in besonderen Fällen bei Augensalben eine verstärkte und protrahierte Wirkung, also das Gegenteil der Resorption, die aber im Endeffekt eine verbesserte Resorption vortäuscht, erzielt werden. So gibt die Chemische Fabrik Heißler in Chrast bei Chrudim an, daß ein Cocain-Adrenalin-Gemisch die „Tiefenwirkung" des Argentum nucleinicum in ihrer Akutinsalbe (eine Augensalbe) bedeutend verbessert. Die Tiefenwirkung wird aber auf der Schleimhaut wohl nicht verstärkt, sondern die „Verweildauer" erhöht, die Gesamtwirkung verlängert und dadurch natürlich intensiver.

Die *richtige Wahl des Schmelzpunktes* ist für die Intensität der Salbenwirkung ebenfalls wichtig. UNNA schlägt vor, Salben aus hoch- und niederschmelzenden Komponenten zu mischen. Die niederschmelzende Komponente dringe leicht ein, insbesondere natürlich, wenn ihr ein Emulgator als Vermittler zugefügt wird. Bedingung für das Funktionieren dieser Maßnahme ist das richtige Verbandmaterial und seine zweckmäßige Anwendung, wodurch die Dochtwirkung ausgeschaltet wird.

P. UNNAS Erklärung, daß die niedrig schmelzende Substanz eindringe, die höher schmelzende aber oberflächlich haften bleibe, ist nicht immer aufrechtzuerhalten. In den meisten Fällen trennen sich die beiden Substanzen nicht, sie schmelzen gemeinsam bei einem Mischschmelzpunkt. Der niedrigere Fp. des Gemisches, der unter der Hauttemperatur liegt, erleichtert die Penetration, so daß der Endeffekt richtig, der Schluß aber falsch war. Die ganze Frage der Schmelzpunktbestimmung und die des Erweichungspunktes rechtfertigt eine eingehende Besprechung, denn der Schmelzpunkt einer Substanz von Fettcharakter ist weitgehend von der Vorbereitung für die Bestimmung abhängig. Es ist daher nötig, die vorgeschriebenen Maßnahmen genau durchzuführen.

In wie weiten Grenzen die Schwankungen, die allein auf die Technik des Füllens der Bestimmungsröhrchen zurückzuführen sind, sich bewegen können, zeigt eine Arbeit von PYTALO[1]. Er hat jedesmal die Glashülse der UBBELOHDESCHEN Tropfpunktapparatur mit Naturvaselin in verschiedener Weise gefüllt und erhielt je nach der Technik verschiedene Werte. Bei der ersten Versuchsreihe wurde die Glashülse vorschriftsmäßig mit Vaselin gefüllt, wobei Luftblasen nicht ganz vermieden wurden. Er fand hierbei 39,0°; 39,3°; 39,2°; 39,0°. Bei der zweiten Bestimmung wurde die Hülse gefüllt wie bei 1. unter möglichst genauem Vermeiden von Luftblasen und 39,8°; 39,6°; 39,8°; 39,7° gefunden. In der dritten Serie wurde das Vaselin geschmolzen in die Glashülse gegossen und bei Zimmertemperatur (+ 28° C) erkalten gelassen.

---

[1] PYTALO: Petr. **1922**, Nr 27.

Gefunden: 41,3°; 41,4°; 41,3°; 41,3°. Bei der 4. Reihe wurde das Füllen wie bei 3 vorgenommen, aber die gefüllte Hülse wurde 2 Tage bei Zimmertemperatur (+ 28° C) stehengelassen. Die Resultate waren: 42,0°; 42,2°; 42,1°; 42,0°. Weiter füllen wie bei 3. und Lagern der Glashülse im Eisschrank bei 0° durch 24 Stunden. Es wurden gefunden: 42,4°; 42,5°; 42,3°; 42,4°. Nach Füllweise Nr. 6 wurde von dem geschmolzenen Vaselin ein Teil auf eine Glasplatte in dünner Schicht gegossen, erstarren gelassen und hierauf in die Hülse wie bei 1. eingefüllt. Gefunden: 41,4°; 40,8°; 41,2°; 41,1°. Die Versuche zeigen, daß durch die verschiedene Art des Füllens auch die Tropfpunkte verschieden ausfallen. Von den Füllarten ist 6. vorzuziehen, weil es vorschriftsmäßig geschieht, nur mit dem kleinen Unterschied, daß das Vaselin vor dem Einstreichen erst geschmolzen und auf einer Glasplatte erstarren gelassen wird. Diese kleine Manipulation hat den Zweck, das Vaselin homogener zu machen, als es in der Blechbüchse ist, wo das Vaselin beim längeren Lagern usw. strukturelle Veränderungen erleidet, die eben durch Verschiedenheit der Tropfpunkte zum Ausdruck kommen können.

Geringe Zusätze von anders zusammengesetzten Stoffen von Fettcharakter sind in der Lage, den Schmelzpunkt (Tropfpunkt) und auch den Erweichungspunkt (Methode Krämer-Sarnow) weitgehend zu beeinflussen. In Fällen, in denen Austauschstoffe unklarer Zusammensetzung zur Materialstrekkung herangezogen wurden, kann

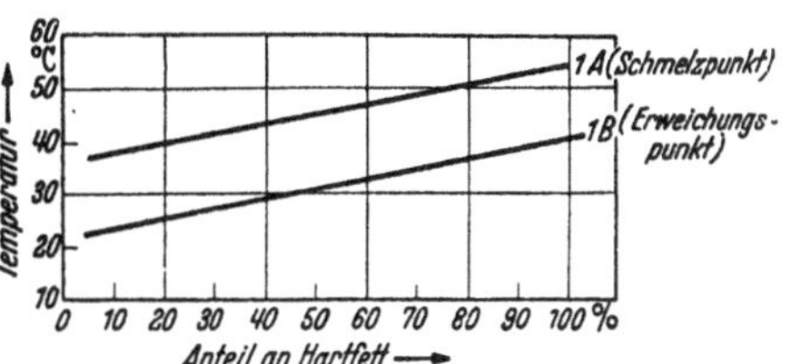

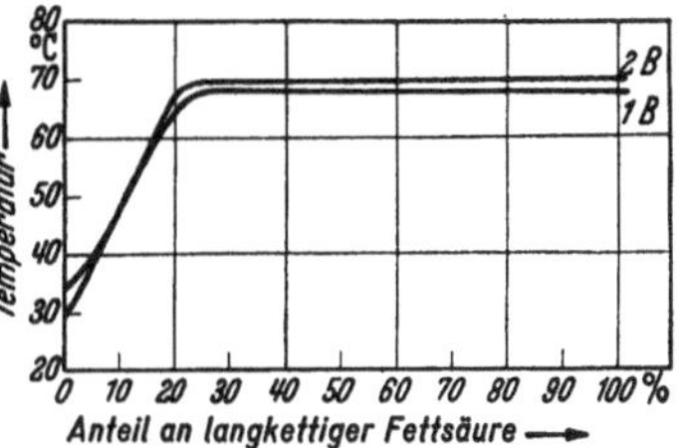

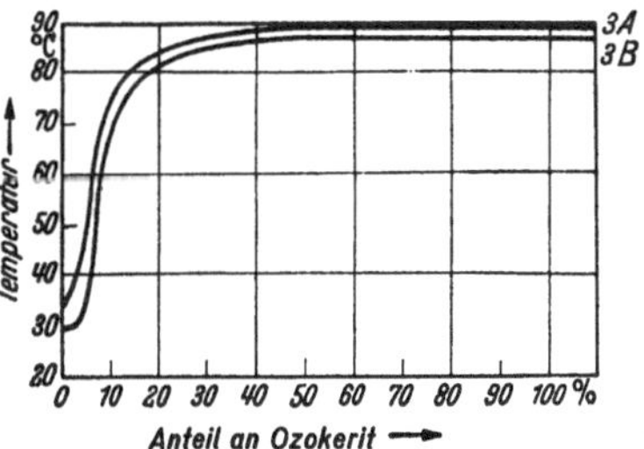

Abb. 14. Beeinflussung von Schmelzpunkt und Erweichungspunkt durch verschiedene Zusätze zu Glyceridfetten.

man da, sofern man die nötigen Vorversuche nicht anstellt, unliebsame Überraschungen erleben. Mischt man ein Glyceridfett vom Schmelzpunkt 37° mit einem härteren von 54°, so nehmen Schmelzpunkt und Erweichungspunkt genau proportional zum Zusatz des Hartfettes zu. Der Schmelzpunkt 37° und der Schmelzpunkt 54° können durch eine Gerade verbunden werden und der Erweichungspunkt des bei niederer Temperatur erweichenden ist mit dem des höher erweichenden Fettes geradlinig zu verbinden (Kurve 1A und 1B, Abb. 14).

Die Bildung von Eutecticis, die sich in Schmelzpunkten, die niedriger liegen als die der beiden Komponenten, anzeigen, ist bei den Salbengrundstoffen und ihrer Kombination nur selten zu erwarten. Sehr häufig tritt aber ein anderes, noch viel merkbareres Symptom ein, das bald erwünscht, bald unerwünscht sein kann. Es ist dies die plötzliche Änderung des Schmelzpunktes, sobald man den Zusatz des schwerer schmelzenden Produktes über ein gewisses Maß steigert. In solchen Fällen steigen Schmelzpunkt und Erweichungspunkt nicht gerade an, sondern bilden eine Kurve (Abb. 14 *2B* und *1B, 3A* und *3B*). Die Erklärung für dieses Phänomen, das man beobachtet, wenn man Glyceride mit langkettigen Fettsäuren, Ozokeriten und besonders gearteten Paraffinen zusammenschmilzt, ist in der geringen Löslichkeit der beiden Komponenten ineinander gelegen. Die härtere höherschmelzende Substanz bildet beim Festwerden eine Art Gitter, in dem der weiche Anteil hängt. Bienenwaben aus Wachs schmelzen ja auch erst dann, wenn der Schmelzpunkt des Wachses erreicht ist, und sind nicht flüssig, obwohl der Honig darin flüssig ist. Sofern die Gitterkonstruktion dünn ist, hält sie Belastungen nicht aus; der Schmelzpunkt des weichen Fettes gibt den Ausschlag. Erhöht man ihre Resistenz aber durch Vergrößerung der harten Komponente, so weist der Schmelzpunkt und Erweichungspunkt bald die Höhe der harten Komponente auf.

Man kann also durch Zusammenschmelzen verschiedener Fette, Wachse, Paraffine ganz wechselnde Effekte erzielen und muß sich jeweils vom Ausfall des Endproduktes durch Vorversuche und Prüfung des Resultates überzeugen.

Vorläufig lediglich theoretisches Interesse haben die Versuche von G. P. Unna[1], in denen ein neuer Weg zur percutanen Darreichung von verschiedenen, sonst unresorbierbaren Salzen gesucht wurde. Er verdaute durch Umschläge mit salzsaurem Pepsin die Eiweiße der Haut, so daß diese für Arzneimittel, wie Alkaloidsalze, Elektrolyte, Atropin, Adrenalin, Borsäure, Pyrogallol u. dgl., durchlässig wird. Die Methode hat keine große Bedeutung erlangt, wohl weil die Resorption, wenn sie bestätigt werden sollte, nur unsteuerbare Resultate ergeben kann. Ihr haften zudem Mängel an, denn dem exakten Nachweis einer tatsächlichen Resorption mancher der angegebenen Körper, wie des Kochsalzes, dürften große Schwierigkeiten entgegenstehen. Wie dem aber auch sei, für Alkaloide und andere Substanzen standen Unna Reaktionen zur Verfügung, die ein einwandfreies Arbeiten ermöglichen. Die Versuche Unnas könnten daher vielleicht, modifiziert in Form von pepsinhaltigen Salben, noch einmal Bedeutung bekommen. Jedenfalls zeigt der Versuch, daß nicht das Fett, nicht Eiweiß oder Wasser, sondern die Gesamtheit den Schutz der Haut gegen äußere Einwirkung übernommen hat. Ist der Komplex zerstört, wird also das Fett durch Emulgierung, das Eiweiß durch Verdauung inaktiviert oder vernichtet, wird eine Scarifikation gesetzt, eine Auflockerung oder Entzündungsbereitschaft geschaffen, dann ist die Resorption sonst unresorbierbarer Körper möglich. Unökonomisch und unsteuerbar bleibt die percutane Darreichung immer. Sie wird in der internen Medizin keine neue Applikationsform von Be-

---

[1] Unna, G. P.: Berl. klin. Wschr. **77** (1920).

deutung werden, kann aber zur Behandlung interner Fälle mit Medikamenten großer Wirkungsbreite dienlich sein, ohne der oralen exakten Dosierung Konkurrenz machen zu können.

Auch durch die Anwendung von Ultraschall kann man die Resorption nach einer Arbeit von FLORSTEDT und POHLMANN[1] steigern. Die Verfasser zeigten dies an Histamin, Bienengift und Cantharidin. Leider haben sie den Unterschied zwischen Substanzen, wie Cantharidin, die sowieso durch die Haut hindurchgehen, also nur in ihrer Passage beschleunigt werden, und Substanzen, die sonst nicht durch die Haut passieren, wie etwa Elektrolyte, nicht herausgearbeitet.

Resorptionshemmend wirken Tanninzusätze, in manchen Fällen auch Glycerin. Produkte, die entweder kein Lösungsmittel für eine Substanz sind oder sich darin nicht lösen, sind ebenfalls in der Lage, die Resorption zu hemmen. Dies kann gewerbehygienisch von Wert sein. Das Blankonin und die Arretile, Gemische von Adipinsäure-Glykolestern, die auf Vorschlag des einen von uns herauskamen, haben hautpflegende Eigenschaften wie Fette, sind aber in vielen organischen Lösungsmitteln unlöslich, so daß diese damit nicht in Berührung kommen. Sie stoßen sie ab wie Wasser ein fettes Öl und verhindern so in vielen Fällen Hautschäden, die durch Entfettung verursacht werden.

Salben mit vorwiegend lokaler Wirkung.

Ohne scharfe Übergänge kommen wir von den Salben mit großenteils interner, mit „Fernwirkung", zu den vorwiegend lokal wirkenden. Zwischen beiden ist der eine Unterschied wesentlich: die ersteren Salben bringen nach Möglichkeit öllösliche Substanzen zur Resorption, die anderen müssen und sollen in den meisten Fällen gar keine Aufsaugung bewirken, sie tun dies aber als Nebenwirkung vielfach doch, sie bringen sogar nicht nur öllösliche Medikamente zur Fernwirkung in den Körper hinein, sondern unter bestimmten Bedingungen auch wasserlösliche; es sei denn, ein allzu starker Sekretstrom hemmt die sonst bei geschädigter Haut nach NAKAGAVA KIYOSHI[2] und allen Erfahrungen verstärkte Resorption. Wir haben hier also lokale Wirkung anzustreben; die Fernwirkung, die bei Wunden und geschädigter Haut immer eintreten wird, ist meist unerwünscht.

Borsalben.

Die Borsalben sind die ersten Vertreter der Gruppe von Salben, die vorwiegend lokal wirken sollen. Das Ungt. acid. boric. kommt in allen Arzneibüchern vor. Die Salbe wird 1—10proz. verordnet, die Pharmakopöen schreiben sie 10proz. vor, doch wechselt die Grundlage. Deutschland, Frankreich, Spanien, Holland und Norwegen verlangen Vaselinum album, England Paraffinsalbe, Dänemark Adeps suill.; Wachssalbe mit Glycerinzusatz ist in Ungarn offizinell.

---

[1] FLORSTEDT u. POHLMANN: Z. exper. Med. **107**, 2, 213 (1940).
[2] NAKAGAVA KIYOSHI: Jap. J. of Dermat. **44**, 16 (1938).

Die Borsalbe soll, wie schon erwähnt, nur örtlich wirken. Eine gewisse Borresorption, insbesondere aus Borwasser[1] und beim Aufstreuen von Borsäurekristallen auf Wunden, ist nachgewiesen, aber nicht erwünscht. BOSSE[2] glaubt, vor Borsalben geradezu warnen zu müssen, da die resorbierte Säure, für deren Resorption in toxischen Mengen aus Salben er allerdings den Beweis schuldig bleibt, schwere Störungen und Todesfälle verschuldet hat. Ihm ist wahrscheinlich der Fall von GISSEL[3] in Erinnerung. Einem Kinde wurden 30 g Borsäure auf eine Brandwunde aufgestäubt. Nach schlagartiger Verschlechterung trat innerhalb von 5 Tagen Exitus ein. Außerdem weist in neuerer Zeit FELLOWS[4] darauf hin, daß in seiner Klinik 3 tödliche Borsäurevergiftungen nach äußerlicher Applikation von Borsäureumschlägen eingetreten seien. Es muß daher betont werden, daß eindeutige Versuche mit Salben nicht vorliegen und kaum ein Fall von Borvergiftung aus Salben in der Literatur bekannt ist. Um aber sicher zu gehen, haben wir den Harn Gesunder und Kranker, die mit Borsalbe behandelt worden waren, auf Borausscheidung zuerst nach üblichen qualitativen Methoden, und als dies kein Ergebnis zeitigte, spektrographisch untersucht. Die Versuche wurden mit vier verschiedenen Borsalben angestellt.

Salbe 1 enthielt in Vaselin 10% Borsäure,
Salbe 2 enthielt in synthetischem Fett 10% Borsäure,
Salbe 3 enthielt in einer Wasser-in-Öl-Emulsion 3% Borsäure (gelöst),
Salbe 4 enthielt in einer Öl-in-Wasser-Emulsion 3% Borsäure (gelöst).

Jeder Gesunde und jeder Kranke erhielt 10 g der Salben eingerieben (bei Gesunden auf Brust und Arme, bei den Hautkranken auf die geschädigten Stellen). Dabei fiel zunächst auf, daß die Borsalbe auf Fettgrundlage keine, die auf Vaselinbasis hergestellte dagegen eine recht unangenehme Verschmierung, Wärmestauung und Behinderung der Abdunstung verursacht. Die beiden Emulsionen verhielten sich wie Hautcremes der Typen, denen sie zugehörten. Gesunde schieden, ob ihnen Borsalbe appliziert worden war oder nicht, im Durchschnitt 1—2 mg Bor pro Liter Harn aus. Keine der 4 Salben war also imstande, durch die gesunde Haut hindurch Borsäure zur Resorption zu bringen. Bei Erythrodermien gelangte die Säure zur Resorption und Ausscheidung: aus Fett und Vaselin durchschnittlich 30 bzw. 34 mg, aus der Wasser-in-Öl-Emulsion 6,5 mg und aus der Öl-in-Wasser-Emulsion 95 mg. Die letzteren beiden Salben sind aus technischen Gründen nur 3proz. gewesen, die Resultate müssen also mit 3,3 multipliziert werden, um sie auf die Werte der 10proz. Salben zu bringen. In nebenstehender Tabelle sehen die Unterschiede folgendermaßen aus.

Wir sehen also, daß bei unverletzter Haut keine Borresorption zu erwarten ist. Bei geschädigter Haut ist die Aufnahme der Säure aus allen Anwendungsformen möglich und aus Öl-in-Wasser-Emulsionen am intensivsten. Es könnte hier bei Behandlung sehr großer Flächen unter

---

[1] KALENBERG: J. of biol. Chem. **62**, 199 (1924).
[2] BOSSE: Münch. med. Wschr. **1936**, 15, 601.
[3] GISSEL: Zbl. Chir. **1933**, 28.
[4] FELLOWS: Maine Med. Assoc. J. **1948**. 39. 339.

Umständen tatsächlich zur Aufnahme schädigender Mengen kommen[1]. Abgesehen von den Schäden, die *resorbierte* Borsäure verursachen kann, treten, wenn auch selten, doch bisweilen auch Überempfindlichkeitserscheinungen auf. SIEMENS[2] beschreibt solche Fälle im Rahmen einer Arbeit, in der auch Idiosynkrasien gegen Liqu. carbon. detergens, Quecksilber + Salicylsäure besprochen werden. In einer weiteren *Arbeit*[3] weist derselbe Autor außerdem nach, daß Borwasserumschläge bei nässenden Ekzemen völlig wirkungslos sind (Simultan- oder, wie er sie nennt, Rechts-, Links- bzw. Einseitenversuche). Er hält die Borsäure hier für ein Relikt aus der voraseptischen Zeit, eine Einstellung, die den Wert der gesamten Borsäuretherapie überprüfenswert erscheinen läßt.

Die Borsalbe, die bei Ekzematisationen, Allergosen u. dgl. als mildes Desinfiziens, ansäuerndes Mittel und zur Entquellung (HERMANN[4]) verordnet wird, ist unter allen Salben der Apotheke einer der wichtigsten Handverkaufsartikel, so daß eine eingehende Prüfung ihrer Wirksam-

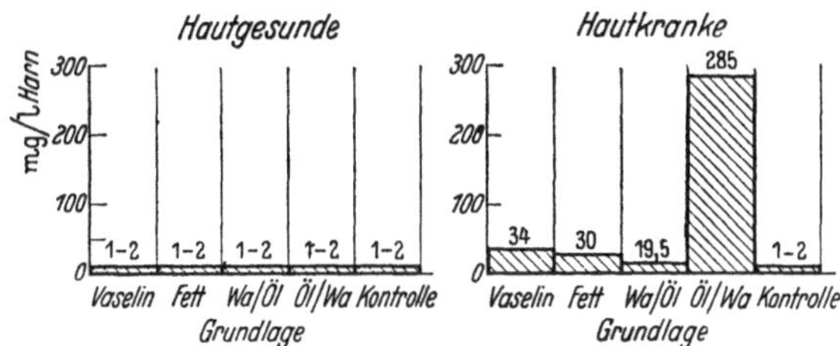

Abb. 15. Resorption der Borsäure aus 10proz. Salben.

keit in bezug auf die Salbengrundlage gerechtfertigt erscheinen muß. Wir haben uns dieser Aufgabe unterstellt und drei wasserfreie Salbengrundlagen mit 10% Borsäurepulver verarbeitet:

1. Vaselinum alb. synth. — 2. Ungt. Paraffini. — 3. Adeps synth.

Mit diesen 3 Salben wurden ausgedehnte Ekzematisationen behandelt und sowohl das subjektive als auch das objektive Befinden genau registriert. Es zeigte sich, daß die Borsalbe auf Adepsgrundlage am schnellsten in die Haut eindringt. Sie war schon nach 1 Stunde von den obersten Hautschichten aufgenommen worden und behinderte den Wärmeaustausch in keiner Weise, was von den Patienten sehr angenehm empfunden wurde. Die Borsalbe auf Vaselingrundlage verursachte in einer Anzahl von Fällen Juckreiz. Ursache hierfür war vielleicht die Wärme- oder Sekretstauung, denn die Vaselinschicht befand sich noch nach vielen Stunden unverändert auf der Hautoberfläche. Die Paraffinsalbe entsprach in ihrer Wirkung dem Vaselinpräparat. Diese Beobachtungen wurden in allen Fällen gemacht, so z.B. bei einer Terpentinallergose, bei der ebenfalls die Adepsgrundlage als am angenehmsten

---

[1] Cosmet. **1950**, 216.   [2] SIEMENS: Münch. med. Wschr. **1939**, 30, 1145.
[3] SIEMENS: Arch. f. Dermat. **183**, 2 (1942).
[4] HERMANN: Dermat. Z. **1927**, 50.

empfunden wurde und die größte Heilwirkung zu haben schien. Die Versuche ergaben, daß die Adepsgrundlage bei akuten Ekzematisationen am angenehmsten wirkt. Es zeigte sich jedenfalls auch in unseren Versuchen der Unterschied, den ZUMBUSCH (zitiert nach RAPP) hervorhebt, daß Borsalben, die nicht mit echten Fett-, sondern mit Vaselin- oder Paraffinsalben hergestellt wurden, die empfindliche Ekzemhaut zuweilen reizen. ZUMBUSCH verwendete für seine Borsalben deshalb Schweinefett. Wir haben die besser haltbaren synthetischen Produkte zur Prüfung herangezogen. Sie bewährten sich sehr gut, so daß ihre Einführung in die Therapie mit Borsalben empfohlen werden kann.

Eine Ausnahme bilden die Fälle, in denen durch die Borsalbe Luftabschluß erzielt werden soll. Hier sind die unter 36° schmelzenden Fette ebensowenig brauchbar wie Vaselin-Paraffinöl-Mischungen, die sich trennen und nicht abdecken[1]. Hier dienen uns höher als bei 37° schmelzende Vaselinsorten.

In all diesen Borsalben ist die Borwirkung verhältnismäßig gering, denn Vaselin löst nach MÜLLER[2] nur wenig Borsäure auf, und die verriebenen Teilchen sind vom fetten Medium umhüllt und kommen mit den Sekreten nur in kleinen Mengen in Berührung. Man betreibt mit der Borsalbe also nicht so sehr Bortherapie, als Behandlung mit der Salbengrundlage.

Will man die Borwirkung verstärken, so muß die Säure gelöst in Wasser-in-Öl- oder Öl-in-Wasser-Form vorliegen. Bei ersterem Typ ist nur sehr geringe, bei letzterem starke Borresorption durch die geschädigte Haut und das Gewebe zu erwarten.

Nach FÜRST ist folgende Borsalbe sehr beliebt, die als Typ für Wasser-in-Öl-Emulsionen mit Borzusatz angeführt sei:

> **Rp.** Acid. boric.
> Glycerin aa 2,0—4,0
> Vaselin
> Lanolin aa 20.

In ihr ist die Säure wie bei Borsäurecremes vom Öl-in-Wasser-Typ gelöst und die Acidität durch Glycerin verstärkt oder, besser gesagt, die Löslichkeit verbessert, so daß wir Resorption erwarten müssen, andererseits aber mit erhöhter Wirkung rechnen können. Er empfiehlt auch eine Bor-Zink-Paste, doch muß hier die Reagierfähigkeit der beiden Bestandteile, über die auf S. 311 Näheres ausgeführt wird, berücksichtigt worden.

Borosan (Dr. Fresenius) enthält 1% Borsäure in mit Paraffin geschmeidig gemachtem Cetosan. Mit Novocain und ätherischen Ölen versetzt ist sie die Bormelinsalbe (Dr. Fresenius).

Borax, Natriumtetraborat, wird durch die gesunde Haut nicht resorbiert. Es ist ein wichtiger Bestandteil zahlreicher Kosmetica, in denen es als schwacher Emulgator und als Konservierungsmittel verwendet wird; es ist alkalisch.

---

[1] FEIST: Dtsch. Apoth.-Ztg **1937**, 19.
[2] MÜLLER: Dtsch. Apoth.-Ztg **1898**, 88, 768.

Borolan L.P.C. (Lupocid-Ges.) enthält außer Borsäure noch Bienenwachs, Honig und pflanzliche Öle in Vaselin-Lanolin und wird bei Ekzemen, Rhagaden, Fissuren empfohlen.

Zur Prophylaxe im Gewerbe ist es nach FINKENRATH[1] nicht geeignet, da es reizt und nicht schützt.

Die **Perosalbe** (Opfermann) besteht nach HAECKEL[2] aus Bienenwachs und „Glycerinborsäure", worunter wohl ein Ester ähnlich denen, die in den Gesichtswässern gelöst sind, zu verstehen ist. Sie soll bei Schweißekzemen, Rhagaden und Ulcus cruris brauchbar sein.

Zusammenfassung. Die Borsalbe, ein mildes Desinfiziens, die auch als Ersatz für den fehlenden Säuremantel der Haut in Frage kommt und teilweise auch deshalb günstig wirkt, wurde bisher meist mit Vaselin bereitet. Die Wirkung der Fette als Grundlage ist besser, so daß deren Verwendung empfohlen werden kann. Da die Säureteilchen vom Fett oder Vaselin umschlossen sind, kommen verhältnismäßig geringe Mengen mit der Haut und den Sekreten in Berührung. Wir sehen bei der Borsalbe also teilweise den Effekt der Grundlage und nicht nur den des Medikaments. Wollen wir die lokale *Bor*wirkung verstärken, so müssen wir als Lösungsmittel Glycerin zufügen, oder wir bedienen uns einer Wasser-in-Öl- oder Öl-in-Wasser-Emulsion als Grundlage und lösen die Säure in der wäßrigen Phase. Borresorption ist durch die gesunde Haut aus keiner Salbenform heraus zu erwarten. Bei geschädigtem Corium wird die Borsäure vom Körper aufgenommen. Sie kann bei großen Flächen in differenten Mengen resorbiert werden, so daß in solchen Fällen Vorsicht am Platze sein kann.

Pyrogallolsalben.

Pyrogallol = Trioxybenzol, das 5—10 proz. (aber nicht höher) in Salben auf Grund seiner Ätzwirkung auf das Lupusgewebe in der Dermatologie vielfach Verwendung findet, hat die Eigenschaft, mit manchen Grundlagen schwarze Reaktionsprodukte zu bilden. Nur erstklassige Vaselinsorten und Fette, die keine reagierenden Substanzen enthalten, sind für Pyrogallol- und Silbersalze verwendbar[3]. Allerdings ist die Verfärbung mehr für den Apotheker von Interesse als für den Hautarzt, der mit ihr rechnet und dieser Eigenschaft nur geringe Bedeutung zumißt. Trotzdem interessieren Haltbarkeitsversuche. Hierbei wurden acht verschiedene 5 proz. Pyrogallolsalben hergestellt und 1 Monat lang in Petrischalen in diffusem Zimmerlicht bei durchschnittlich 25° stehengelassen.

Salbe Nr. 1, mit synth. Vaselin, war nach dieser Zeit noch unverändert weiß.

Salbe Nr. 2, mit Vaselinum album DAB 6, wies ganz leichte Bräunung auf.

Salbe Nr. 3, mit Paraffinsalbe, war leicht gebräunt, innen jedoch noch annähernd farblos.

Salbe Nr. 4, eine Wasser-in-Öl-Emulsion, mit Adeps lanae zubereitet, war außen dunkelbraun, innen hellbraun.

---

[1] FINKENRATH: Zbl. Gewerbehygiene **1937**, 14, 206.
[2] HAECKEL: Wien. med. Wschr. **1940**, 991.
[3] Pharmaz. Z.halle Dtschld **69**, 288 (1928).

Salbe Nr. 5, eine Öl-in-Wasser-Emulsion, mit Adeps synth. zubereitet, war äußerlich etwas gebräunt, innerlich unverändert.

Salbe Nr. 6, mit Adeps suillus, war außen und innen schwarzbraun.

Salbe Nr. 7, mit Adeps synth., war äußerlich leicht gebräunt, innerlich unverändert.

Salbe Nr. 8, aus wasserfreiem Lanolin bereitet, war äußerlich dunkelbraun, innerlich nahezu unverändert.

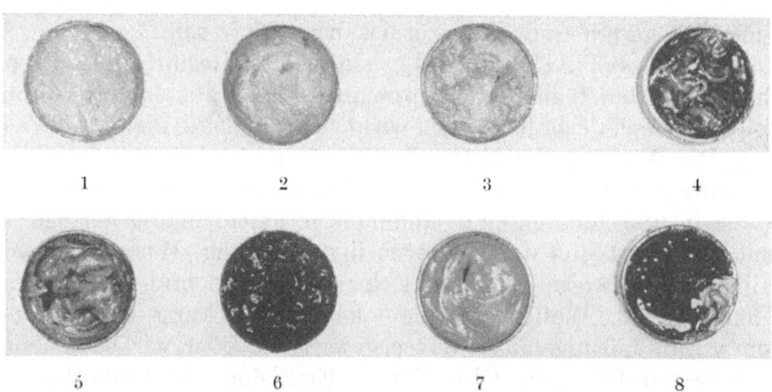

Abb. 16. Haltbarkeitsversuch mit verschiedenen Pyrogallolsalben.

Der Versuch zeigt, daß mit natürlichen Glyceriden keine haltbare Pyrogallolsalbe herzustellen ist und daß die Haltbarkeit der aus synthetischem bzw. natürlichem Vaselin bzw. Paraffinsalbe sowie auch der Salbe aus synthetischem Fettsäureglycerinester bedeutend überlegen ist.

Im Anschluß an diese Versuche wurden die 5proz. Salben Nr. 1 und Nr. 7 obiger Klassifikation klinisch geprüft. Bei Psoriasis wirkte die Salbe mit der Fettgrundlage in 2 Fällen rascher als die mit Vaselin bereitete. Die Infiltrate wurden schneller resorbiert. Bei den anderen Fällen war der Unterschied im Sinne der Heilung nicht so deutlich, doch war die Adepssalbe symptomatisch angenehmer.

Bei Tbc. cutis luposa wurden 10proz. Pyrogallolsalben geprüft. Die mit Adeps bereitete Salbe verursachte bedeutend größere Macerationen, aber auch größere Schmerzen. Die Ätzung war mit dieser Salbe nach 6, mit der Vaselinsalbe erst nach 10 Tagen beendet.

Die Haltbarkeitsversuche sind dermatologisch wahrscheinlich nicht so wichtig wie pharmazeutisch, denn das oxydierte Pyrogallol (Pyraloxin) soll dem nicht oxydierten überlegen sein, eine Beobachtung, die den UNNAschen Theorien von den reduzierenden Substanzen schwere Erschütterungen bereitete.

Erwähnt sei noch, daß 2proz. Pyrogallolsalben in Vaselin als Sonnenbräunungsmittel empfohlen und hergestellt werden. Ein derartiges Vorgehen muß verurteilt werden. Pyrogallol ist kein Cosmeticum, kein Färbemittel, sondern ein differentes Medikament, das — resorbiert — Nierenschäden verursachen kann. Eine derartige Salbe müßte übrigens, wenn sie mit Alkalien, z. B. Seife, in Berührung kommt, schwarz werden, so daß der bedauernswerte Sonnenbadende fleckig wird. Außerdem

reagieren 75% der Menschen nach Zurhelle[1] schon auf niederer
dosierte als 10 proz. Salben mit gemischt ekzematös toxischen Erscheinungen. Nur 8% der Fälle reagierten auch auf 40 proz. Salben nicht.

Nun zu den Präparaten der Industrie:

Psorigallol Herxheimer (Dr. Fresenius, Bad Homburg) ist eine
10% Pyrogallol enthaltende Kombination mit Teer (Lithantrol). Es
dient in 2—10 proz. Salben zur Psoriasisbehandlung.

Pyraloxin Unna (Mielk, Hamburg), ein oxydiertes Pyrogallol,
wurde bei Ekzemen und Pityriasis capitis in 0,5 proz. Salben empfohlen.
Es soll angenehmer wirken als Pyrogallol.

Lenigallol (Knoll) ist Pyrogalloltriacetat. Es wird in 2—5 proz.
Salben bei Ekzemen empfohlen und gut vertragen. Siemens[2] weist
darauf hin, daß dieses Mittel bei Lupus zur Ätzung sehr geeignet sei,
bei Psoriasis aber ist Pyrogallol meist besser, wenn auch nicht zu seltene
Ausnahmen das Gegenteil zeigen.

Zusammenfassend kann festgestellt werden, daß die Pyrogallolsalbe
auf Fettgrundlage schneller und intensiver wirkt als eine gleichstarke
Vaselinverarbeitung. Man kann bei Verwendung von Fetten als Grundlage mit der Dosierung herabgehen. Die Schmelzhaftigkeit der Salben
wird durch Zusätze von Lokalanaestheticis herabgemindert. Alkalien
sind fernzuhalten und pro Tag sollen nicht mehr als 5 g verwendet
werden, um Vergiftungen zu vermeiden (Fürst).

Die Pyrogallolschäden äußern sich in Methämoglobinbildung und
Nephritis und können tödlich sein. So berichtet Pewny[3] von einem
Todesfall, in dem ein Salicylsäurezusatz zu einer Pyrogallol-Zink-Paste
die Resorption anscheinend verstärkt hat. Die Intoleranz ist nach
Rusch[4] in der Gravidität besonders groß. Nach Unna[5] ist durch Salz-
säuregaben per os die Vergiftungsgefahr herabzumindern.

Tanninsalben.

Als Lichtschutzmittel wurde die Gerbsäure schon besprochen. Sie
wird ferner in Salben auf Grund ihrer entquellenden und gerbenden
Wirkung in der Dermatologie therapeutisch und prophylaktisch verwendet. 10 proz. Salben sollen der wässerigen Lösung nach Kreutzberg[6], der Saegesser zitiert, überlegen séin (leider ist die Grundlage
nicht angegeben). Gerbung findet insbesondere auf der Schleimhaut
statt, ferner bei Verletzungen und Brandwunden, aber nicht auf der
gesunden Haut, da dort die eiweißfällende, also die gerbende Wirkung
sich nicht entfalten kann. Man verwendet das Tannin nach Davidson[7],
dem Neuentdecker der Gerbstoffbehandlung, die Nikolsky schon vor
60 Jahren empfohlen hatte, in Brandsalben, in der Rosenthalschen
Schwefel Tannin Salbe, die 5—10% Gerbsäure und 10—20% Schwefel

---

[1] Zurhelle: Arch. f. Dermat. **183**, 130 (1942).
[2] Siemens: Münch. med. Wschr. **1939**, 30, 1145; Arch. f. Dermat. **183**, 2 (1942).
[3] Pewny: Med. Klin. **1925**, 26.   [4] Rusch: Wien. klin. Wschr. **1901**, 52.
[5] Unna: Mschr. f. prakt. Dermat. **1885**, 21, 601.
[6] Kreutzberg: Dtsch. med. Wschr. **1939**, 8, 263.
[7] Davidson: Amer. J. Surg. **1925**, 41; 1926, 40.

in Vaselin enthält. Sehr wirksam ist hier das Tannin allerdings ebensowenig wie in der von SAEGESSER[1] gelobten 0,5proz. Vaselin-Lanolin-Salbe, denn es ist vom Vaselin umschlossen und durchdrungen und kann ohne Wasser, dem der Zugang verwehrt ist, nicht wirken. Daher wurde die 20proz. Tanninsalbe der 11. Ausgabe der USA.-Pharmakopöe mit 20% Glycerin bereitet. Mehr zu erwarten ist bei einzelnen Indikationen vom Taktocut, das JÄGER bei Verbrennungen[2] empfiehlt und das eine Öl-in-Wasser-Emulsion, die auf bzw. in der Haut zu einer Wasser-in-Öl-Emulsion umschlägt, darstellt. In letzter Zeit wurde die Tanninbehandlung, die neben der Lebertrantherapie eine Zeitlang das unumschränkte Heilmittel bei Verbrennungen darstellte, verschiedentlich angegriffen. Sowohl CAMERON[3] wie auch GREEN[4] lehnen sie ab, da die Gerbstoffe resorbiert und Leberschäden verursacht werden können. Die Gerbstoffbehandlung sei nicht in der Lage, endogene Toxine zu fixieren. Wir fürchten, daß diese Ablehnung zu schroff ist. Die hypothetischen Toxine mögen zwar nicht gebunden werden, aber die Zellpermeabilität wird herabgesetzt und Schorfbildung verhütet von außen herangetragene Schäden. An einer Resorption des Tannin können wir auf Grund rein chemischer Überlegungen nicht glauben. Die Nachteile des Tanninschorfes lassen sich sicher durch die Wahl der richtigen Gerbstoffe ausschalten.

Taktocut färbt nicht und reagiert nicht mit Eisen. Es wird in Form von Konzentrat als Zusatz zu Bädern, als Brandgelee oder als Taktodorcreme bei Verbrennungen, als Taktocutsalbe und Creme zur Prophylaxe und Behandlung von Ekzemen, bei Mykosen und Hyperhydrosis empfohlen. Der Wirkstoff wird als hochmolekularer Gerbstoff auf Sulfonamidbasis definiert.

Taktocut-Konzentrat ist ein wirksames Vorbeugungs- und Heilmittel gegen Hautschäden, wie Ekzeme, Dermatitiden, Rhagaden, Intertrigo, Wundlaufen, Decubitus, Wundliegen, gewerbliche Hauterkrankungen usw. Ferner bei Verbrennungen aller Grade. Taktocut-Konzentrat wirkt stark entzündungswidrig, entquellend und hat große Tiefenwirkung. Es lindert Juckreiz und Schmerzen. Der Wirkstoff bei Taktocut-Konzentrat ist ein ebensolcher hochmolekularer synthetischer Gerbstoff (symm. dichlorphenylsulfonsaures Ammonium).

Taktocut-Salbe, zur Verhütung von Ekzemen sowie gegen Entzündungen und Erosionen der Haut, enthält als Wirkstoff den gleichen Gerbstoff in reizloser Salbengrundlage und zeichnet sich durch die gleichen Vorzüge wie Taktocut-Konzentrat aus.

Taktobrand-Gelee ist ein ausgezeichnetes Mittel zur ersten Hilfe gegen Verbrennungen 1., 2. und oberflächlich 3. Grades. Auch hier ist der Wirkstoff desselben Gerbstoffes in reizloser Geleegrundlage.

Taktodor ist gegen Übersekretion der Schweißdrüsen indiziert bei

---

[1] SAEGESSER: zit. bei HARTTUNG: Med. Klin. **1941**, 129.
[2] JÄGER: Münch. med. Wschr. **1936**, 39.
[3] CAMERON: Brit. med. Bull. **3**, 3—5 (1945).
[4] GREEN: Ebenda **3**, 3—5 (1945).

Schweiß von Amputationsstümpfen, Achselschweiß, Schweißfüßen, Schweißhänden, Interdigitalmykosen.

Taktodor-Creme gegen Hautschäden, insbesondere auch zum Schutz und zur Pflege für Amputationsstümpfe, besteht aus demselben Gerbstoff in reizloser Cremegrundlage, Stearat und Adeps lanae enthaltend vom Mischtyp Öl-in-Wasser und Wasser-in-Öl. Das Präparat besitzt ein ausgezeichnetes Eindringungsvermögen und bewirkt rasche Heilung.

Köst[1] empfiehlt bei Verbrennungen eine 20proz. Tanninsalbe mit Trypaflavinzusatz 0,1% in Glycerinsalbe als Grundlage. Da er dies sonst selten verwendete Unguentum glycerini wählte, hat er die Vorteile einer Tanninlösung vor der Suspension ohne Zweifel richtig erkannt, er folgt zudem den Erfahrungen von Fasel[2], der diese Salbe schon ein Jahr früher empfohlen hat. Baltin[3] hat ein Gelee entwickelt: 5,4 Teile Tannin, 165 Teile Glycerin, 3 Teile Tragant; er verwendet diese Masse bei Verbrennungen im Gesicht.

Tannin macht auf der Wäsche dunkle Flecken, es ist lichtempfindlich und soll bei der Bearbeitung und Verwendung nicht mit Eisen in Kontakt kommen. Es wird nicht resorbiert, da es in den eiweißhaltigen Schichten gebunden wird. Die Wirkung der Tanninsalben als Schutzmittel gegen Gewerbeallergosen ist nicht unbeschränkt, ja es verursacht in allerdings seltenen, bei Perutz im Handbuch zitierten Fällen sogar selbst allergische Reaktionen.

Ratanhia-Gerbsäure wurde von Oppenheim[4] und von Fried[5] in Form einer 10% Ratanhia-Extrakt oder -Tinktur und 0,5% Thymol enthaltenden Vaselinsalbe zur Überhäutung empfohlen. Goldhammer[6] modifizierte das Präparat, indem er das Vaselin durch Unguentum simplex ersetzte. Doch wird über Idiosynkrasie gegen solche Salben berichtet[7]. Die Haut läßt sich gegen Ratanhia bei 86% der Versuchspersonen leicht sensibilisieren. Kumer[8] lehnt die Tanninanwendung im Gesicht und in allen Partien, in denen Narben entstellend wirken, ab, da die Tanninbehandlung die Narbenbildung nicht günstig beeinflussen soll.

Großer Beliebtheit erfreuen sich die *Auszüge aus* **Hamamelis virginiana,** einem nordamerikanischen Strauch. Hamamelisdestillate sind gerbstofffreie, aber als Träger des ätherischen Öles wirksame Substanzen. Bewiesen ist dies erst unlängst von Neugebauer[9] am Kaninchenohr, an dem eine deutliche hämostatische Wirkung zu beobachten war. Schwabe hat sich mit den Hamamelisdestillaten und denen des Ersatzmittels aus Haselnußblättern (Corylus avellana) beschäftigt. Die Firma brachte Hametumsalbe mit dem Destillat allein, Hamelogran

[1] Köst: Med. Welt **1939**, 49.   [2] Fasel: Chirurg **1938**, 13.
[3] Baltin: Mschr. Unfallheilk. **49**, 65 (1942).
[4] Oppenheim: Wien. klin. Wschr. **1918**, 16, 146.
[5] Fried: Dermat. Wschr. **1921**, 1.
[6] Goldhammer: Dermat. Wschr. **1927**, 16.
[7] Grolnick: J. amer. med. Assoc. **1938**, 110, 951; J. invest. Derm. **1938**, 179.
[8] Kumer, Wien. med. Wschr. **1947**, 44—45, 503.
[9] Neugebauer: Pharmazie **3**, 8 (1948).

mit Lebertranzusatz heraus. Sie enthalten Gerbstoffe, die teilweise glykosidisch gebunden sind und Spuren eines ätherischen Öles sowie Schleimstoffe, die emulgierende Eigenschaften besitzen. Der Zusatz von Hamamelis ist oft der Stolz eines Cremeherstellers. Welche eindeutigen Vorzüge das Mittel gegen Tannin zeigt, liegt nicht fest. Unter anderem ist es wertvoll, weil es als wäßriger Auszug die Salbenerzeuger zwingt, Emulsionen, bei Tanninsalben die einzige wirksame Form, herzustellen. Im **Ungt. Hamamelidis** F.M.B.: Rp. Extr. Hamamelid. 5,0, Lanolin 5,0 und Vaselin 40,0 erfreut es sich auch in der Pharmazie einer gewissen Beliebtheit, so daß derartige Präparate auch in die Reichsformeln übernommen wurden.

Man kann Tanninsalben natürlich auch in Kombination mit anderen Mitteln anwenden. WINN[1] z. B. schlägt eine Gerbsäurewundsalbe zur Behandlung infizierter Alveolen in der Zahnheilkunde vor. Sie besteht aus je 30 Teilen Vaselin und Tannin, je 0,9 Teilen Chlorphenolcampher und Jodtinktur, 0,45 Teilen Aconittinktur und 1,8 Teilen Chloroform.

Die **Tannovitolsalbe** der Byk-Guldenwerke enthält Tanninalkylen und Lebertran und wird vom Herstellerwerk als Brandsalbe empfohlen. Es schwebte dem Erfinder wohl die fettgare Gerbung vor, die nacheinander Gerbstoffe und Trane anwendet. Nach Schilderung des Prospektes wirkt die Salbe vorwiegend als Lebertranpräparat, das Tannin ist von der Fettkomponente umschlossen und wird dadurch weniger zur Geltung kommen.

Unter den einheimischen Gerbstoffdrogen, die in der Kosmetik gebraucht werden können, ist vor allem die Tormentillwurzel zu nennen. SCHWARZ[2] nennt den Salbei, bei dem der Gerbstoffgehalt sehr gering und umstritten ist, Borretschwurzeln, Geumarten als einheimische, für die Kosmetik geeignete Gerbstoffdrogen, doch denkt er vorwiegend an Mundwässerzusätze und nicht an Salbenbestandteile. Tormentillextrakt hingegen wird in der Südd. Apoth.-Ztg **1940**, Nr 49 neben Eichenextrakt als 10proz. Salbenbestandteil (Unguentum molle als Grundlage) angeführt.

Tannoform (Merck)-Salbe, 10proz., mit Vaselin-Lanolin, dient als Antisepticum und Adstringens, wird auch als Puder hergestellt.

Tebege (Kutiak, Wien) ist ein Tanningelee auf Glycerinbasis, das in allen Fällen, bei denen Gerbstoffbehandlung angezeigt ist, empfohlen wird. Es enthält Trypaflavin und ist wohl auf die Arbeit KÖST zurückzuführen. Eine Reihe von Autoren, zuletzt ELLMAUTHALER[3], haben darüber eingehend berichtet.

Captol (Jacobi, Elberfeld), eine Verbindung von Chloralhydrat und Tannin, kommt in 1—2proz. Salben, die den Haarausfall bekämpfen sollen, vor.

Bromocollsalbe (Curta) enthält Bromocoll, das durch Fällung einer Dibromtanninlösung durch Leim bereitet wird. In Resorbin, in einer

---

[1] WINN: Dtsch. zahnärztl. Wschr. **1939**, 42.
[2] SCHWARZ: Fette u. Seifen **1939**, 9.
[3] ELLMAUTHALER: Wien. med. Wschr. **1947**, 97/20—21.

Menge von 20% aufgenommen, dringt es laut Angabe in die Haut ein und entfaltet dort aufgespalten juckstillende Bromwirkung auf den Nervenendapparat, die durch das Tannin verlängert wird.

Chemocollsalbe (Curta) enthält den bromierten Gerbstoff Chemocoll. Die Wirkung der Salbe geht der obengenannten Bromocollsalbe parallel.

Dulgon (Benckiser), eine Kombination polymerer Phosphate, die in drei Einstellungen, nämlich sauer, neutral und alkalisch, zur Verfügung steht, wird als Bäder- und Salbenzusatz verwendet, um Gerbwirkung zu erzielen (Brandwunden). Da es sich um ein wasserlösliches Produkt handelt, gelten für die Salbenbereitung dieselben Gesetze wie für Tanninsalben. Auch andere Gerbstoffe dürften verwendbar sein, doch müßte ihre Reizlosigkeit und therapeutische Wirkung in jedem Falle erst erprobt werden.

Zusammenfassung. Tannin und seine Glycerin-, Alkohol- und wasserlöslichen Ersatzprodukte entfalten ihre Wirkung als fettunlösliche Substanzen vorzüglich in wässerigem Milieu, also in Öl-in-Wasser- oder in Wasser-in-Öl-Salben, deren Frischbereitung empfehlenswert ist.

Chrysarobinsalben.

Chrysarobin = *Dioxymethylanthranol* ist in Wasser unlöslich, in fetten Ölen schwer löslich. Es hat antiparasitäre Wirkung und wird deshalb auch bei Mykosen verwendet, wenn auch seine Hauptindikation infolge seiner reduzierenden Eigenschaften die Psoriasis ist. Es wirkt auf die Herde intensiver ein als auf die umgebende gesunde Haut.

Chrysarobinsalben sind 0,1—5,0proz., in der amerikanischen Pharmakopöe, 11. Ausgabe, 6proz. und werden meist mit gelbem Vaselin, evtl. unter Zusatz von Teer, bereitet. Als weiteres Adjuvans dient bisweilen Sapo viridis, so in der DREUWschen Salbe, die auch Salicylsäure enthält. SIEMENS[1] lehnt den Seifen- und Alkalizusatz ab, da dadurch die Chrysarobinwirkung aufgehoben wird. In einer weiteren ausführlichen Arbeit desselben Autors[2] wird auch der Salicylzusatz abgelehnt, da er die Heilwirkung kaum verbessert, aber zu Reizungen führt. In Vaselin ist die Heilwirkung besser, aber auch die Reizung stärker. Er schlägt daher eine Leydener Chrysarobin-Teer-Salbe vor, die je 1 Teil Chrysarobin, Ol. Rusci und Zink-Vaselin enthält. Man soll mit kleinen Dosen beginnen und rasch zu 20proz. Salben ansteigen.

Lanolin ist als Grundlage für Chrysarobinsalben nicht so geeignet wie Vaselin, das wissen wir aus den Arbeiten von SIEMENS. Ob Fette nicht besser wirken als Vaselin, sollte ein Versuch klarstellen.

Zunächst wurden drei gleichstarke (5proz.) Salben aus

1. synthetischem Fett, Fp. 37°,
2. Vaselin alb. DAB 6, Fp. 37°,
3. Vaselin synth., Fp. 62°

hergestellt. Bei der Verarbeitung zeigte sich kein Unterschied, nur scheint das Chrysarobin bei etwa 70° im Fett etwas besser löslich zu

---

[1] SIEMENS: Münch. med. Wschr. 1938, 1.
[2] SIEMENS: Arch. f. Dermat. **179**, 6, 580 (1939).

sein als in den beiden Vaselinsorten. Alle 3 Salben sind gut haltbar. Im Modellversuch im ammoniakalischen Wasser verändert sich 1 g der Salbe 2, auf einem Objektträger verstrichen, kaum, sie gab auch keine Färbung an das umgebende Wasser ab. Salbe 3 färbte sich etwas dunkler und rötete das wäßrige Medium. Salbe 1 wurde oberflächlich braunschwarz, das Wasser tiefrot. Man sollte nun annehmen, daß auf der gesunden Haut und am Krankenbett die Salbe 1 am besten wirkt; doch schon am gesunden Arm der Versuchsperson zeigte sich nach 5 stündiger Applikation der 3 Präparate, daß die Verreibungen 2 und 3 eine intensivere Bräunung hinterlassen hatten als Salbe 1.

Simultanversuche bei Psoriasis mit 5 proz. Chrysarobinsalben, bei denen auf der einen Seite Adeps synth., auf der anderen Vaselin synth. mit gleichem Schmelzpunkt verwendet wurde, ergaben, daß die Adepsseite früher die für Chrysarobin typische Verfärbung der Haut zeigte, während die Vaselinseite eine schnellere Resorption der Psoriasispapeln aufwies. Auf der Vaselinseite trat in manchen Fällen überhaupt keine Violettfärbung ein, in anderen verspätet.

Diese Beobachtungen sind wohl so zu deuten, daß die Adepsgrundlage das Chrysarobin schneller durch die Haut diffundieren läßt, wobei in manchen Fällen die Diffusion des Chrysarobins so schnell ist, daß sie im Heileffekt hinter der vaselinhaltigen Grundlage zurückbleibt. Die Salbengrundlagen waren auf denselben Schmelzpunkt eingestellt, so daß Fehlerquellen durch die Schicht- bzw. Dochtwirkung von Verbandstoffen ausgeschaltet werden konnten. Dieses Verhalten der Chrysarobinsalben ist geradezu als klassisches Beispiel zu werten. Es zeigt eindeutig, daß alle Modellversuche, ja selbst Resorptionsversuche keinen Anhaltspunkt geben, der irgendwie auf das klinische Verhalten Schlüsse ziehen läßt.

SIEMENS[1] hat in Simultanversuchen ähnlicher Anordnung Chrysarobin-Vaselin und Chrysarobin-Zink-Paste verglichen. Die erstere Salbe reizte stärker, war in der Heilwirkung aber nicht überlegen. Ein Zusatz von Salicylsäure verstärkte die Heilwirkung nur wenig, reizte aber stark. Chrysarobinsalben und -pasten sollen nach demselben Verfasser nicht mit Pflaster und nur in besonders hartnäckigen Fällen mit Verbänden abgedeckt werden, da dadurch die Reizung verstärkt wird. Chrysarobin-Traumaticin ist den Salben unterlegen, auch die Cignolinfirnisse seien der Paste nicht gleichwertig. Ob man ein- oder dreimal täglich Chrysarobin verwendet, scheint nicht sehr ausschlaggebend zu sein.

Cignolin (Bayer) ist ein entmethyliertes Chrysarobin, also Dioxyanthranol. Es wirkt 2—5mal stärker als das Naturprodukt, so daß die Dosis erniedrigt werden kann.

Da es einerseits Chrysarobin-Überempfindliche gibt, die auf Cignolin nicht reagieren und andererseits auch gegenteilige Fälle beobachtet wurden (SIEMENS), kann man durch Wechsel dieser beiden Medikamente noch dort Erfolge erzielen, wo ohne Austauschmittel die Medikation mit den wirksamsten Antipsoriaticis eingestellt werden müßte.

---

[1] SIEMENS: Münch. med. Wschr. **1938 I**, **1939 I**, 1145; Arch. f. Dermat. **183**, 2 1942).

Es ist hier bei der Besprechung der Chrysarobinsalben wohl die geeignetste Art, kurz auf die von TROPLOWITZ eingeführten von UNNA[1] empfohlenen Salbenstifte einzugehen. Die Stifte, deren Wirkstoff Chrysarobin, Cignolin, Pyrogallol oder Salicylsäure ist, haben den Zweck, engumschriebene Hautstellen sehr energisch zu behandeln.

Die Stiftengrundmasse besteht aus 1 Teil Wachs und 2 Teilen Wollfett. Das Medikament wird wie in Salben dosiert. Die Konsistenz ist so bemessen, daß man ohne große Kraftanstrengung Salbenstriche auf der Haut ziehen kann, ohne daß der Stift beim Gebrauch seine Konsistenz völlig verliert. Man verwendet die Stifte bei Alopecia areata, bei umschriebenen Mykosen und Psoriasisherden. Die Salicylstifte eignen sich zur Behandlung von umschriebenen Hornschichtverdickungen der Hohlhand. Will man nur fetten, so sind einfache Salbenstifte ohne Medikamentenzusatz gut brauchbar.

Chrysarobin ist ein sehr differentes Mittel, das auf der gesunden Haut, an den Genitalien, insbesondere aber auf der Schleimhaut und in den Augen schwere Schäden verursachen kann. Bei der Bereitung und Anwendung der Salbe ist dies zu berücksichtigen. Man muß mit niederen Konzentrationen beginnen. IGERSHEIMER[2] empfiehlt, die Hände der Kranken nachts verbinden zu lassen, um die unwillkürliche Berührung der Augen zu verhindern.

Resorption des Chrysarobins kann zu Nierenreizungen führen, der Harn muß daher kontrolliert werden[3]. Als Salbengrundlage für Chrysarobinsalben bleiben nach wie vor Vaselin bzw. Zinkpaste empfehlenswert.

Resorcinsalben.

Resorcin ist in der Dermatologie einerseits ein Ätz-, Schäl- und Epithelisierungsmittel, andererseits ein Desinfiziens. Hier sollen vorwiegend die ersteren Indikationen besprochen werden, die desinfizierende Wirkung hingegen, die später eingehend behandelt wird, sei jetzt nur als Test herangezogen. Sie ist bei gleichem Resorcingehalt aus Fetten und Vaselin gleich befriedigend. Wasserfreie Verarbeitungen dürften vorzuziehen sein, da in solchen Fällen das Gefälle Fett-Wasser auf der Haut wirksam ist und diese Kraft nicht vorweg verbraucht ist. In der Literatur hat sich daher auch keine Angabe gefunden, die für Resorcinsalben eine bestimmte Grundlage besonders empfiehlt. So ist eine 2,5proz. Resorcin-Zink-Paste mit Vaselin-Lanolin als Grundlage in manchen Fällen in Gebrauch. Bei Acne schlägt NEISSER folgende Rezepte vor:

Rp. Resorcini	0,1		**Rp.** Resorcini	0,2—0,6	
Zinci oxydat.			Amyli		
Bismut. subnitr. aa	2,0		Zinci oxydat. aa	4,0	
Ungt. lenient.			Vaselini flav.	20,0	
Ungt. simpl. aa ad 20,0.					

---

[1] UNNA: Mschr. prakt. Dermat. **1886,** 157.
[2] IGERSHEIMER: Klin. Mbl. Augenheilk. **1912,** 50, 518.
[3] LINDE: Dtsch. med. Wschr. **1898,** 539.

Eine Salbe mit Resorcin, Salicylsäure, Carvacrol, β-Naphthol in Vaselin wird unter dem Namen *Lupocid* (Meinzer u. Peter, Karlsruhe) von Vonno[1] und Wendelborn[2] zur Ätzung bei Lupus und bei Allergosen zur Desensibilisierung des Epithels, bei dem die 33proz. Salbe schon lange in Verwendung steht, in vier verschiedenen Stärken empfohlen.

Euresol (Knoll), Monoacetylresorcin, wird in 10proz. Salben verwendet.

Resorcin und seine öllöslichen Abkömmlinge können aus Salben zur Resorption kommen und Vergiftungen verursachen. Kaminsky und Etcheverry[3] berichten von einer solchen Vergiftung, die nach Behandlung von Hyperpigmentationen mit einer 30proz. Resorcin-Seifen-Mixtur eintrat und akute, teilweise bedrohliche Symptome zeigte. Die Salben sind mit besonderer Vorsicht herzustellen, da unverriebene Kristalle ätzend wirken. In den ersten drei Lebensmonaten ist die Anwendung von Resorcinsalben wegen der Vergiftungsgefahr nach Libenam[4] zu unterlassen.

Aknederm (Desitin-Werke) ist eine Schwefel-Ichthyol-Resorcinpaste.

β-Naphtholsalben.

β-Naphthol wurde von Kaposi 1881 in die Dermatologie eingeführt. Es ist öllöslich, bactericid, leicht juckstillend und in höheren Konzentrationen ein Schälmittel, das die gesunde Haut resorbiert. Es wird in 1—10proz. Salben angewendet. So gibt die französische Veterinärpharmakopöe eine 10proz. β-Naphthol-Vaseline an. Unna hat für sein β-Naphthol-Präparat Glycerin-Gelatine, Lassar für seine Schälpaste Vaselin und Kaliseife aā, Kaposi $^1/_3$ Schweinefett, $^1/_3$ Kaliseife als Grundlage angegeben. Unnas Gelatine war 6proz., Lassars Schälpaste 10proz., Kaposis Krätzensalbe 9proz.

Als Krätzemittel wird β-Naphthol für sich allein oder mit Schwefel zusammen verwendet. Die Reichsformeln z. B. führen zwei derartige Präparate, in denen die Wirkung noch durch Schmierseifenzusatz verstärkt ist, an. Als Salbengrundlage dient dort Unguentum molle. Ob der Schmierseifenzusatz, der einen Teil des Naphthols zu Naphtholaten umwandelt, tatsächlich die Wirkung steigert, ist u. W. noch nicht geprüft worden. Man gibt ihn aus Überlieferung, sollte sich nach den Erfahrungen von Siemens mit der Dreuwschen Salbe aber doch einmal mit der Frage eingehend beschäftigen (siehe S. 219).

β-Naphthol-Salben werden auch von Gerhardt[5] als Schälkuren empfohlen; man muß aber bedenken, daß sie bei Nierenkranken kontraindiziert sind, und daß auch bei Gesunden schon 3 g β-Naphthol tödliche Nephritiden verursachen können[6]. Auch Schädigungen der Augen

---

[1] Vonno: Med. Welt **1936**, 4.   [2] Wendelborn: Dermat. Wschr. **1937**, 11.
[3] Kaminsky u. Etcheverry: Rev. argent. Dermato Sifilol. **22**, 148 (1938).
[4] Libenam: Med. Welt **1935**, 34, 1217.   [5] Gerhardt: Parfumeur **1932**, 39.
[6] Starkenstein, Rost, Pohl, zit. nach Schwarz: in Parfumeur **41**, 659.

wurden beobachtet. In der Hand des Kosmetikers, der nicht Arzt ist, sind solche Salben gefährlich.

Zur Brandwundenbehandlung empfiehlt Tunger[1] eine β-Naphthol-Salbe auf Paraffinsalbengrundlage mit Eucalyptusöl. Durch den Öl-zusatz wird die Resorption beeinflußt und evtl. das Gewebe gereizt; er ist daher wohl abzulehnen.

β-Naphthol ist lichtempfindlich, die Salben werden zweckmäßiger-weise in dunklen Gefäßen aufbewahrt. β-Naphthol ist kein indifferentes Mittel, resorbiert kann es die Nieren und die Augen schädigen. Da es öllöslich ist, kann aus allen Fetten und Paraffinkohlenwasserstoffen mit einer genügenden Wirkung gerechnet werden. Die verschiedenen Salben-grundlagen eignen sich wohl gleich gut zur Herstellung der β-Naphthol-Salben.

Teersalben.

Die verschiedenen Teersorten, deren wichtigste Pix liquida (Holz-teer) und Pix lithanthracis (Steinkohlenteer) sind, werden in zahlreichen Salben zur Anwendung gebracht. Diese wiederum enthalten die ver-schiedensten Salbengrundlagen. In Amerika und England wird Holz-teer $\overline{aa}$ mit einer Wachs-Schweinefett-Mischung verrieben; Frankreich und Portugal schreiben eine 10proz. Holzteer-Schweinefett-Salbe vor, Spanien dieselbe Grundlage, aber 15% Teer, Belgien 20% Teer und 80% Ungt. simplex. Lassar gab eine alkalische 15proz. Teer-Vaselin-Seifensalbe an.

Wir müssen, um die Wirkung des Teers in Salben zu analysieren, dessen Bestandteile und ihr Verhalten in Fetten kennen und zugrunde legen, denn seine Gesamtwirkung resultiert aus den Einzelkomponenten.

Der Steinkohlenteer enthält Phenole, Kohlenwasserstoffe, Naphthalin und Anthracenderivate, basische Substanzen vom Pyridintyp, also fast durchweg fettlösliche Substanzen, und reagiert alkalisch. Holzteer ent-hält Phenole, Terpene, Homologe der Essigsäure, Kresole. Die Basen und Anthracenderivate fehlen. Er reagiert sauer.

Die Phenole des Teers scheinen die Ursache der anästhesierenden und juckstillenden sowie antimykotischen Wirkung zu sein; den Kohlen-wasserstoffen, der Benzol-, Naphthalin- und Anthracenreihe sowie dem Schwefel dürfte die heilende Wirkung zukommen, wogegen die Pech-bestandteile keine nennenswerte Wirkung ausüben (Fürst). Die Pyridine sind giftig.

Birkenteer ist ein Bestandteil der mit Adeps suill. bereiteten Wilkin-sonschen Salbe, da der Schwefel die Teerwirkung verstärkt.

Sulf. depurat.
Pix betul. $\overline{aa}$ 30,0
Sapo med.
Adeps suill. $\overline{aa}$ 60,0
Creta alba 20,0.

In dieser Salbe soll die Seife die Hornschicht zum Quellen bringen, die Kreide die Abschilferung erleichtern, die sauren Teerbestandteile neu-

---

[1] Tunger: Med. Welt 1922, Nr 3.

tralisieren. Der Schwefel keratolysiert die Parasiten, die auch der Teer
abtötet.

Die alte WILKINSONsche Salbe ist jedoch infolge ihrer schmierigen
Beschaffenheit und des Geruchs wegen nicht beliebt. Die Pharmaz. Ztg
1934, 6, 71 gibt an ihrer Stelle folgendes Rezept an:

> Bals. peruv. 30,0
> Sulf. praecip. 10,0
> Ichthyoli 5,0
> Sagrotani 2,0
> Ol. Lavand.
> Ol. Anisi $\overline{aa}$ 0,2
> Ungt. molle 100,0.

Es ist dies natürlich ein völlig anderes Rezept, das erst geprüft werden
muß. In ihm werden die Öle den Geruch verbessern, die Fernwirkung
aber verstärken, sie bleiben besser weg.

Da die Teersalben nicht dauernd verwendet werden, ist nach BÖHME[1]
keine Carcinomgefahr bei ihrer Anwendung gegeben. Es gibt aber auch
Autoren, die alle Teerprodukte aus der Dermatologie ausscheiden wollen.
REDING[2] geht noch weiter und wendet sich auch gegen die Hormon-
therapie mit hohen Dosen und gegen die Behandlung mit radioaktiven
Stoffen und Vitaminen.

Über die Resorption der Teerbestandteile sind in der Literatur exakte
Angaben von MONCORPS, SCHMIDT und THOLEY[3] gemacht worden. Nach
dem Aufstreichen einer 2—5proz. Ol. Rusci-Zink-Paste auf die gesunde
Haut läßt sich 1—2 Tage lang eine geringe Mehrausscheidung von Ge-
samtphenol im Harn nachweisen. Bei Verwendung des unverdünnten
Teers war die Mehrausscheidung 5 Tage lang zu beobachten. Sie betrug
das 1½—3fache der normalen Phenolausscheidung. Aus Steinkohlenteer wurde wesentlich weniger resorbiert. Bei Guajacolbelastung ergab
sich ein Resorptionsausmaß von 3—6% der aufgetragenen Menge.
Eucerin, also die Wasser-in-Öl-Emulsion, ergab bessere Resorption als
Teginsalbe, eine Öl-in-Wasser-Verreibung. Die Resorption wechselt stark
und ist insbesondere von der sehr unterschiedlichen Teerbeschaffenheit
abhängig. Es ist verständlich, daß die Bestandteile je nach der Kohlen-
sorte und der Schweltemperatur schwanken, und daher am Platze, für
die Teere genauere Konstanten auszuarbeiten.

Außer dem Teer kennt das DAB 6 noch 5 Teerbestandteile, wasser-
oder öllösliche Produkte, die, soweit sie in Salben verwendet werden,
in getrennten Kapiteln besprochen werden. Je nach der Löslichkeit
wird auch die Resorption verschieden sein. Öllösliche Produkte werden
rasch durch die gesunde Haut resorbiert werden, wasserlösliche hier
oberflächlich bleiben.

Von den zahlreichen Teerprodukten der Industrie sollen nur Anthrasol (Knoll), entfärbter Teer, Cadogel (Homburg), Carboneol,
Carboterpin (Fresenius), Liantral, Lithantrol, Pittylen, Pittalon,
das Pitral (Lingner) und kolloider Teer (Heyden) genannt werden.

---

[1] BÖHME: Med. Welt **1937**, 18.   [2] REDING: Strahlenther. **64**, 540.
[3] MONCORPS, SCHMIDT u. THOLEY: Arch. f. exper. Path. **185**, 573 (1937).

Empyroderm und Sulfanthren wird z. Z. nicht hergestellt. Pix solubilis ist ein Teersulfonat, Liquor carbon. detergens ist eine alkoholische Lösung, die, mit Wasser verdünnt, Teer-in-Wasser-Emulsionen ergibt und Quillajasaponin als Emulgator enthält. Dieses wird vom Cholesterin im Wollfett inaktiviert, so daß damit nur schwer Salben bereitet werden können.

Da die juckstillenden ebenso wie die sonstigen dermatologischen Wirkungskomponenten, die keratoplastischen, keratolytischen ätzenden Eigenschaften durch den lokalen Kontakt mit dem Teer und dessen Bestandteilen, nicht aber durch Fernwirkung verursacht sind, empfiehlt sich bei gleicher Wirksamkeit eine Salbengrundlage, die keine allzu starke Resorption, insbesondere der giftigen Phenole, erwarten läßt. Die meisten Salben sind daher wohl aus reiner Empirie mit Vaselin bereitet. Die schmierige und unsaubere Teerbehandlung hat schon vielfach zur Suche nach Auswegen angeregt. JAKOB und WEBER[1] versuchen einen synthetischen Teer, der 1,10% Anthracen, 10,9% Naphthalin, 4% Phenanthren, 2,3% Carbazol, sowie Phenol, Pyridin, Picolin, Chinolin und Kresol in 100 Teilen Vaselin enthält. Diese Mischung sei frei von „Ballaststoffen" und wird mit essigsaurer Tonerde, Wollfett und Zinksalicylpaste zusammen verwendet.

TRUTTWIN[2] hat schon lange vor diesen Amerikanern ein ähnliches Präparat ausgearbeitet, indem er die niedersiedenden Teerbestandteile einarbeitete, die höheren aber wegließ. Dieses „Pixalbin" hat DUFKE[3] mit gutem Erfolg in Salben, Schüttelmixturen und Lösungen bei Ekzemen, Psoriasis, Lichen ruber planus und Alopecia pityrodes angewandt. Von den Deutschen Milchwerken, Zwingenberg, werden Fissan-Teersalbe, Fissan-Teeröl, Fissan-Teerschüttelmixtur und Fissan-Teerstifte angeboten, über die eigene Erfahrungen zwar fehlen, die aber von anderen sehr empfohlen werden.

Teeruderm (Desitin-Werk) enthält Pix lithan., Zinc. oxyd. Talc. Titandioxyd, Adeps lanae und Vaseline.

FRESENIUS hat Carboneol, Salicylsäure und feinst verteilten Schwefel in der Carbosulfansalbe in die Form einer Wasser-Öl-Emulsion verarbeitet.

Teer ist kontraindiziert bei Nierenkranken. Die Teerbehandlung größerer Flächen als ein Viertel des Körpers kann zu Intoxikationen führen. Lokale Reizungen werden bisweilen beobachtet, ebenso Teeracne durch Verstopfen der Talgdrüsen durch die Pechbestandteile. Im Teer sind die einzelnen Komponenten, die Phenole, Naphthene, Kohlenwasserstoffe, beim Nadelholzteer nach WASICKY[4] die ätherischen Öle wirksam. Die Schwarzfärbung des Urins sowie gelegentlich auftretende Cylindrurien sind den Klinikern bekannt und erfordern besondere Beobachtungen. Teere und Schieferöle sind in Fettlösern teilweise löslich,

---

[1] JAKOB u. WEBER: Arch. of Dermat. **40**, 90 (1939).
[2] TRUTTWIN: Münch. med. Wschr. **1939**, 24.
[3] DUFKE: Dermat. Wschr **100**, 19 (1935).
[4] WASICKY: zit. bei PERUTZ: Handbuch für Haut- und Geschlechtskrankheiten.

man kann mit Äther-Chloroform Tinkturen herstellen, die von KNIERER
empfohlen werden. Um alkoholische Lösungen herzustellen, sind Lösungsvermittler wie das Saponin im Liquor carb. det. nötig. In Wasser
sind die Naturprodukte unslöslich, man wandelt sie daher chemisch
durch Schwefelsäurebehandlung um und erhält Präparate, denen der
nächste Abschnitt gewidmet ist.

Sulfonierte Teer- und Schieferölpräparate in Salben.

Mehr oder minder schwefelhaltige medizinisch verwendete Erd- und
Schieferöle werden in den verschiedensten Orten Europas gewonnen.
Die teilweise ungesättigten wasserlöslichen Ammon- oder Alkalisalze
ihrer Sulfosäuren und der Teere bilden in Fetten meist lösliche bzw.
damit gut mischbare Produkte und sind auch in Wasser löslich. Infolge
ihrer Schwefelkomponente und der ungesättigten Bestandteile wirken
sie reduzierend, gefäßverengernd, verhornend, antiseptisch und austrocknend. Es seien nur einige der bekanntesten Vertreter genannt:

Das Schieferöl **Ichthyol,** das von Cordes-Hermanni, Hamburg,
herausgebrachte Ammonium sulfoichthyolicum, das aus Seefelder
Schiefern stammt, ferner **Isarol** (Ciba), **Karwendol,** das aus bayrischen Schiefern gewonnen wird; das entfärbte **Leukichthol, Thigenol**
(La Roche) (ein Teeröl) **Tumenol** (Bayer), ebenfalls ein Ammon-
salz eines Schieferölsulfonates, aus allerdings schwefelarmen Schiefern
von Messel bei Darmstadt. **Tiol** (Riedel), ein Teeröl, **Eufosyl** (Phar-
mepha), ein Schieferöl-Schwefel-Präparat und Wirkstoff der Fosiderm-
produkte, die als verbesserte Teerprodukte bezeichnet und von SCHÖSSKE[1]
empfohlen werden. Ein weiteres Schieferölsulfonat ist Ichtynat Heyden,
das ebenfalls in Wasser und Glycerin löslich ist und in Salben eingearbeitet werden kann.

Karwendol, das aus den bayrischen Schiefern gewonnen wird, wird
von den Vasenol-Werken als Karwendolöl und saures Karwendol-
bad in den Handel gebracht. Die wirksamen Substanzen aller Karwendol-
präparate sind neben ungesättigten Kohlenwasserstoffen besonders
Thiophenhomologe. Sie beeinflussen das Redoxpotential, wirken hyperämisierend, bactericid und in schwachen Konzentrationen vorwiegend
keratolytisch. Durch Bindung an die Vasenol-Lipoide sei ausgezeichnete
Penetration in allen Karwendolpräparaten gewährleistet.

Das **Leukichthol** ist ein Sulfonierungsprodukt des Ichthyol, bei dem
durch schonende Verarbeitung die helle Farbe des Schieferöls erhalten
bleibt.

Leukichtan setzt sich aus hellem Ichthyol, Lebertran, Titanoxyd
und Ungt. molle zusammen. Es ist auf den Säuregrad der gesunden
Haut eingestellt.

STOCKHAUSEN nennt seine Schieferteeröle Plesiole.

Z. Z. werden **Plesioscab** als Antiscabiosum mit Benzylbenzoat als
Wirkstoff und Neo-Plesiol hergestellt, letzteres besteht aus Ammonium-

---

[1] SCHÖSSKE: Landarzt **1941,** 12, 148.

salzen von Sulfosäuren cyclischer und heterocyclischer Kohlenwasserstoffe, die organisch gebundenen Schwefel in Sulfon-, Sulfid- und Thiolbindung enthalten.

Diese Präparate werden als Salben mit allen gebräuchlichen Grundlagen verarbeitet: mit Glycerin-Gelatine (nach UNNA), Zinkpaste (NEISSER), Vaselin-Lanolin-Adeps suill., 2% Salicylsäure und 10%. Ichthyol in Lanolin-Adeps suill. aā 44 Teile enthält das Ungt. Ichth. comp. UNNA. Alle Grundlagen bringen die Präparate zur Wirkung; bedeutende Vorteile der einen oder anderen Form sind kaum zu erwarten, die gleichmäßige Verteilung des Medikamentes in der Grundlage wird aber durch Wollfettzusatz bedeutend verbessert (BRANDRUP[1]). Ob dieser Zusatz an sich die Wirkung der Salbe steigert oder hemmt, ist noch ungeklärt. KREILOS-REITZ[2] glaubt, daß Fissanöl und Fissansalbe als Grundlagen für Liquor carbonis detergens und Tumenolsalben die Wirkstoffe schneller und sicherer zur Geltung bringen. Liquor carb. detergens werde besser vertragen als das Sulfonat.

Unter den schieferölhaltigen fertigen Präparaten der Industrie sollen nur einige Beispiele, die im In- oder Ausland Bedeutung haben, erwähnt werden.

Dermichtol (Cordes-Hermanni) besteht aus Leukichtol, Acid. carbolic. und Acid. salicyl., Terpenen, Ungt. basilicum (VOLKMANN[3]).

Ichtolan (Cordes-Hermanni, Hamburg) heißen die 10-, 20- und 50proz. fertigen Ichthyolsalben der Ichthyolhersteller.

Inotiol (Dr. Debat) enthält ein Schieferölderivat, Hamamelisextrakt, Zink- und Titanoxyd; anscheinend ohne Fett oder Kohlenwasserstoffe. In Deutschland heißt das Präparat *Inoton* und wird von Klinge, Berlin, hergestellt.

Ichtynat ist ein ähnliches Produkt, das von SPIETHOFF[4] in 10proz. Vaselinverarbeitungen gegen Erfrierungen empfohlen wird.

Das **Ichthogel** der Ichthyol-Gesellschaft Cordes, Hamburg, stellt eine echte Ö-W-Emulsion dar, die völlig fettfrei ist und wasserlöslich. Sie wird als autogene Gallerte ohne Trägersubstanz oder Emulgatorzusatz beschrieben und ist angenehm in der klinischen Anwendung. Sie enthält etwa 8% Schwefelgehalt.

Lyssiasalbe (Lyssia-Werk, Freiburg) besteht aus Schieferölabkömmlingen, Zinkoxyd, Naphthalan, Perubalsam, Hamamelisextrakt, Bismut. oxyjodogallic., Dioxychinolin. sulf. in Vaselin-Lanolin-Mischung.

Pruriderm 6, früher Pruri-Milkuderm, der Desitinwerke enthält Extrakte aus Steinkohlen und Schieferölen und Salicylsäure in einer Fettpaste, über deren Zusammensetzung keine weiteren Angaben gemacht werden.

Varikosansalbe (Kermes, Hainichen in Sachsen) enthält außer Albuminen, Lipoiden, Fetten, bituminösen Teerölen „andere bei derartigen Produkten übliche Bestandteile".

---

[1] BRANDRUP: Pharmaz. Ztg **1933**, 78.
[2] KREILOS-REITZ: Münch. med. Wschr. **1940**, 51.
[3] VOLKMANN: Dtsch. med. Wschr. **1934**, 60.
[4] SPIETHOFF: zit. von GOLDHAHN: Med. Welt **1942**, 46.

Pheranol (Dr. S. Jourdan) enthält Ammoniumsulfoverbindungen auf neutraler Grundlage.

Thiosept der Thiosept-Ges., Wien, wird aus Tiroler Schiefern gewonnen. ROTHAUG und HEIN[1] empfehlen es bei Ekzemen, Dermatitiden u. dgl. Es ist nicht sulfoniert, also nicht wasser-, sondern lipoidlöslich. RUETE[2] hat derartige 5—10proz. Salben im Simultanversuch mit anderen üblichen Pyodermiemitteln verglichen und betont die Überlegenheit des Präparates.

Anichthol enthält neben hellem Ichthyol Menthol und Bismutum subgallicum und dient als Hämorrhoidalsalbe (RITTER und TIMMERMANN[3]).

Bezüglich der Resorption müssen wir unterscheiden, ob wir die Schleimhaut, die gesunde oder kranke Haut behandeln wollen. Im ersteren Falle ist die Resorption noch nicht geklärt[4], aber wahrscheinlich, da die Präparate vom Fett zum Wasser, in dem sie löslich sind, ziehen. Bei beiden letzteren durchdringt nach PINCUSSEN[5] das Ichthyol sowohl wäßrige als auch, wie er angibt, fette Schichten. Da die Resorption hier nicht schädlich oder unerwünscht ist und derartige Präparate auch innerlich in günstigem Sinne wirken, braucht gegen eine die Resorption besonders fördernde Salbengrundlage kein Bedenken erhoben zu werden. Wenig wirksam scheint nur das reine Vaselin als Salbenbasis zu sein, da das Ichthyol nach dem Schmelzen der Salbe auf der Haut wie ein Firnis zurückbleibt und dort die therapeutische Wirkung nicht entfalten kann, weil es gar nicht mit den wäßrigen Schichten der tieferen Hautpartien in Kontakt kommt.

In Emulsionen ziehen die Schieferölpräparate ins Wasser und kommen aus diesem zur Wirkung. An sich sind die Sulfonate der Schieferöle keine oder nur äußerst schwache Emulgatoren, die nur sehr unstabile Pseudoemulsionen, die gut kühlen, ergeben. In vielen Fällen kann man die Stabilität durch Zusatz von Öl-Wasser-Emulgatoren, z. B. 2% Lanettewachs N, verbessern. Manche Teere bzw. Teerpräparate haben die Eigenschaft, die Haut gegen Licht zu sensibilisieren. BAYER[6] hat darüber eingehende Untersuchungen angestellt und im Versuch nachgewiesen, daß Schieferteeröl und Holzteere hierzu nicht in der Lage sind. Pix lithantracis, Carboneol und Liathral sensibilisieren stark, Acetonteer, Carboterpin und Sulfanthren dunkel, schwach, Sulfanthren hell, Anthrasol und Liquor carb. det. nicht. Man wird dies berücksichtigen müssen, sofern an die Teertherapie eine Lichtbehandlung angeschlossen werden soll, und in solchen Fällen ein unbedenkliches Produkt auswählen. Nach den Ausführungen von STAWITZ[7] wird man in den geeigneten Fällen mit Teersulfonaten in Tyloseschleim Versuche anstellen.

---

[1] ROTHAUG u. HEIN: Wien. med. Wschr. **1938**, 39.

[2] RUETE: Münch. med. Wschr. **1940**, 20.

[3] RITTER u. TIMMERMANN: Dtsch. med. Wschr. **1937**, 41.

[4] LIEF: Münch. med. Wschr. **1935**, 5.

[5] PINCUSSEN: Dermat. Z. **1931**, 62.

[6] BAYER: Arch. f. Dermat. **183** II (1942).

[7] STAWITZ: Pharmazie. **12**, 2 (1950).

Metallsalzsalben.

Ganz allgemein wird man auch die Metallverbindungen in wasserlösliche, wie Kochsalz, fettlösliche (fettsaures Kupfer) und fettemulgierbare, wie Diachylon, in vollkommen unlösliche, wie Titandioxyd, einteilen können. Die wasserlöslichen dringen durch die gesunde Haut praktisch nicht durch. Die fettlöslichen sind hierzu eher in der Lage, die Pigmente hingegen bleiben an der Oberfläche, es sei denn, durch Reaktionen innerhalb des Komplexes Salbe-Medikament-Haut treten Umsetzungen ein, die eine Veränderung der Permeabilitätsverhältnisse bedingen. BÜRGI[1] bringt die älteren Arbeiten, die dieses Thema behandeln, zur Besprechung. Am interessantesten ist das Zitat der Publikation von ANTONIBON ARRIGO[2]. Der Verfasser tauchte seine Hand 10 Minuten lang in eine genau titrierte Lösung verschiedener Substanzen und konnte durch Rücktitration die Absorption gewisser Mengen von Salzen feststellen. Dies gelang ihm ohne Zweifel mit dieser Methode. Die Resorption von Chlor, Jod aus Jodkalium, Phenol, Salicyl- und Pikrinsäure kann man aber auf diesem Wege nicht nachweisen, denn die Haut ist als amphoterer Eiweißkörper in der Lage zu neutralisieren, zu puffern, zu absorbieren, so daß ein aus der Lösung verschwundenes Salz noch lange nicht resorbiert sein muß.

BÜRGIS eigene Untersuchungen sind für den Balneologen wichtig. Er konnte zeigen, daß Salze aus hochkonzentrierten, etwa 20proz. Lösungen zu einem gewissen Prozentsatz aufgenommen werden. Darüber und darunter wird die Resorption wesentlich geringer; er wies allerdings die Resorption auch nur indirekt nach, indem er die Konzentration der Lösungen vor und nach dem Handbad bestimmte.

Nun zu den einzelnen Metallsalzen und deren Verwendung in Salben.

Salben mit Aluminiumsalzen.

Wichtig ist das *Aluminium aceticum*, das als $^2/_3$-Acetat der Träger der Wirkung des Liquor alum. acet. ist. Dieses Präparat ist mit Wollfett, wie schon erwähnt, Bestandteil mancher Kühlsalben, wirkt entquellend bzw. quellungshemmend und ist durch seine saure Reaktion bzw. durch die Puffereigenschaften imstande, Störungen im Säuremantel der Haut zu beheben.

Alsol (Athenstaedt u. Redecker) ist eine 50proz. Al. acet. tart.-Lösung, die in der Alsolcreme verwendet wird. Außer der 50% Creme enthält auch die Acetonalhämorrhoidensalbe Alsol, und zwar in Kombination mit Trichlorbutyl-Salicylsäureester.

Lenicet (Reiss) ist ein polymerisiertes Al.-Subacetat, das in verschiedenen Salben zur Anwendung kommt und dort durch seine Pufferwirkung ein p_H von 3,5 erhält.

Fungicin (Dr. Christian Brunnengräber) enthält neben Aluminium Borsäure und Benzolderivate. Die Salbe wird als Antimykoti-

---

[1] BÜRGI: Die Durchlässigkeit der Haut für Arznei und Gifte. Berlin: Springer. 1942.   [2] ANTONIBON ARRIGO: Arch. internat. Pharmacodynamie **31,** 351.

cum empfohlen. Durch einen Zusatz Acetonchloroform soll eine kräftige Anästhesie erzielt werden.

Ormicet (Tempelhof), ameisensaures Aluminium, wird in Cremes verarbeitet.

Eine große Anzahl weiterer Aluminiumpräparate geht den genannten in der Wirkung parallel.

Chlorsaures Aluminium ist in der *Pertugan*salbe enthalten, die von BOERNER[1] zur Wundbehandlung empfohlen wird. Sie spaltet Chlor und Sauerstoff ab und soll im Anschluß daran die adstringierende Aluminiumwirkung entfalten.

Mallebrin, ebenfalls $(AlClO_3)_3$, der Wirkstoff der Mallebrinsalbe, ist ein Adstringens und Antisepticum und wird zu 10% in *Mitin* verarbeitet.

Aluminiumstearat ist ein Adstringens und leichtes Desinfiziens und häufiger Bestandteil alkalifreier wasserhaltiger Cremes (3proz.). Ein Zusatz von 3% des Stearates zu Hautölen soll diesen entkeimende Eigenschaften geben.

Alaun ist ein uralter Bestandteil von Bleichcremes und wird in neuerer Zeit als Mittel gegen Hyperhydrosis empfohlen. UNNA empfiehlt eine Paste aus Hühnerei, Alaun und Mandelöl, die auf der Haut trocknet und stark bleicht.

Aluminiumchlorid ist nach MONTENIER (Engl. P. 527439) ein wirksames Adstringens in Salben. Seine Reizwirkung kann durch Harnstoffzusatz beseitigt werden.

Aluminiumhydroxydgelsalben wurden von uns zu Versuchszwecken hergestellt. Sie enthielten zuerst 10% Aluminiumhydroxydgel; dieses wiederum besteht aus Aluminiumhydroxyd und 90% Wasser, so daß die Salbe — berechnet auf wasserfreies Aluminiumhydroxyd — 1proz. war. Zur Entquellung akuter Dermatitiden erwies sich diese Konzentration noch als zu hoch. Mit zwei Salben, die erste auf Adeps synth.-Grundlage, die andere mit Vaselin synth. bereitet, wurden simultan in 10 Fällen Versuche angestellt. Die mit Adeps bereitete Salbe erwies sich als weit besser entquellend oder quellungshemmend, die Vaselinsalbe war deutlich schlechter. Eine entquellende und heilende Wirkung trat bei letzterer Salbe nicht ein, es schien, als ob der Kontakt zwischen Medikament und Haut durch das Vaselin unüberbrückbar unterbrochen sei.

Die Versuche hatten kein neues Präparat zum Ziel, sondern sollten nur klarstellen, in welcher Grundlage wäßrige Arzneimittel dieses Typs besser wirksam sind. Sie fielen eindeutig zugunsten des Fettes aus, so daß dieses bei all diesen Gelen dem Vaselin vorgezogen werden kann.

Aluminiumsulfocarbolat — $Al(C_6H_4 \cdot H_2SO_4)_3 \cdot 9 H_2O$ — wird in Amerika bis zu 10proz. Salben als schweißhemmendes Mittel verwendet. Es ist nach NAVARRE[2] gut verträglich, soll jedoch mit Alkali, Oxydantien und Eisensalzen nicht zusammengebracht werden.

---

[1] BOERNER: Zbl. Chir. **1934**, 48.
[2] NAVARRE: Amer. Parf. **38**, 5, 36 (1939).

Bolus alba, Al.-Silicat, soll die Wundsekrete auch in Salbenform aufsaugen (Einzelheiten unter Zinkpaste). Der rote Bolus dient als Färbemittel in der Kosmetik. Bolus ist unlöslich.

Resorption der Aluminiumsalze aus Salben ist auf Grund der Indifferenz der unlöslichen, der eiweißfällenden Eigenschaften der wasserlöslichen Salze nicht zu erwarten und ist auch nicht anzustreben.

Arsen

wird in Form von arseniger Säure in Ätzpasten bisweilen verwendet. Als Muster kann das Ungt. Arsenici destruens F.M.G.

> **Rp.** Acid. arsenicosi 2,0
> Sulfur. dep.   2,0
> Ungt. Cerei   15,0

dienen, doch gibt es auch andere Ätzpasten, die mit Fett, Harzen und Wachsen bereitet werden. Eine von ihnen wurde von einem kroatischen Lehrer erfunden und bei Carcinom als besonders wirksam empfohlen. Die Nachprüfung an verschiedenen Kliniken bestätigte die Erwartungen aber nicht, doch kommen Erfolge vor. So beschreibt LINSER[1] ein Röntgencarcinom, das durch die KÜLZsche Paste zur Abheilung kam.

Antimon

bzw. dessen weinsaures Salz wird in manchen Ländern in Form des Ungt. Tartari stibiati zur Ätzung angewendet. Der fein gepulverte Brechweinstein wird nach dem DAB 6 mit 4, sonst je nach dem Lande mit 5 Teilen Vaselin, Schweinefett, Lanolin oder mit 3 Teilen Schweinefett angerieben. Die Salbe ätzt nur in saurem Milieu, so daß insbesondere die Ausführungsgänge der Follikel angegriffen werden; dadurch haben mit ihr vorgenommene Ätzungen ein variolaähnliches Aussehen. Um zu sehen, inwieweit die Salbengrundlage auf die Intensität der Wirkung einen Einfluß hat, wurden fünf verschiedene 20 proz. Ätzsalben bereitet:

> 1. mit Vaselin flav., Fp. 38°,
> 2. mit Vaselin synth., Fp. 60°,
> 3. mit Adeps synth., Fp. 35°,
> 4. mit Adeps synth., Fp. 45°,
> 5. mit Adeps lanae.

Die Salben wurden wie die Cantharidensalben geprüft. Es zeigte sich nach 5—24 Stunden keine Reaktion. Die Salben 2, 3 und 5 wurden dann nochmals 48 Stunden lang unter Luftabschluß appliziert; die intensivste Ätzung hatte Präparat 3, also die Fettsalbe, die Salbe 2 stand ihr kaum nach, Salbe 5 wirkte nicht. Auf der gesunden Haut ist also die beste Wirkung aus Fett zu erwarten, sie tritt aber erst nach 48 Stunden ein.

Bei Hautleishmaniose, also bei geschädigter Haut, wird 10 proz. Salbe nur 30 Minuten lang appliziert. Die Behandlung ist schmerzhaft und gefährlich, auch wenn mit der Dosierung bis auf 2 proz. Salben herabgegangen wird. SELMANOWITSCH warnt deshalb vor der Anwen-

---

[1] LINSER: Dermat. Wschr. **1938,** 12.

dung[1]. Die 10proz. Salbe wird zur Behandlung der Mikrosporie von OPPENHEIM[2] empfohlen. Der Autor glaubt mit Recht, daß die Herde intensiver geschädigt werden als die umliegenden, nichtbefallenen Partien. Doch ist diese Behandlungsart auf Grund verschiedener Nachteile und unsicherer Wirkung verlassen worden.

Antimonsalze werden wie Arsensalze von der geschädigten Haut resorbiert, es kann zu schweren, ja zu tödlichen Vergiftungen kommen. In alten Präparaten können die durch die Ranziditätsprodukte entstehenden Antimonseifen, die öllöslich sind, auch durch die gesunde Haut hindurch resorbiert werden.

Barium.

Bariumsulfid wird als Wirkstoff mancher Depilatorien empfohlen. Seine Verwendung steht mit dem § 3 des Gesetzes über die Verwendung gesundheitsschädigender Farben vom 5. Juli 1887 im Widerspruch und ist verboten[3]. Die anderen Bariumsalze, außer dem Sulfat, sind stark giftig; dieses ist unlöslich und therapeutisch unwirksam. Es findet sich zur Abschirmung in manchen Röntgenstrahlenschutzsalben.

Blei.

Die wichtigste Bleisalbe ist das *Ungt. Diachylon*, das von HEBRA mit Leinöl bereitet wurde. Jetzt wird es je nach dem Lande durch Zusammenschmelzen von gleichen Teilen Bleiseife = Emplastr. diachylon und Vaselin bzw. Schweinefett hergestellt und kann gegebenenfalls 2% Phenol oder 5—10% Salicylsäure enthalten. Nach ZUMBUSCH (zitiert von RAPP) wie auch nach WINTERNITZ[4] und RUNGE[5] ist die Fettsalbe, die z. B. die alte österreichische Pharmakopöe vorschrieb, der Vaselinsalbe des DAB 6, die von KAPOSI eingeführt wurde, überlegen. Die Vaselinsalbe sei nicht imstande, bei der Ekzembehandlung die Krusten zu durchdringen und zu lösen, sie reizt auch häufiger.

Ungt. Diachylon wird zweckmäßigerweise ohne Zusatz von Lavendelöl hergestellt, da dieses Reizungen verursachen kann. Das Ungt. Diachylon Hebra, das durch Zusatz von Olivenöl geschmeidiger gemacht werden kann, stellt auch nach ZUMBUSCH und MONCORPS[6] eine brauchbare Grundlage dar und wird ausschließlich als Salbenverband angewendet.

Es interessierte nun die Frage, ob das sonst dem Schweinefett gleichwertige Adeps synth. auch hier dieses ersetzen kann. Zu diesem Zweck wurde je eine Diachylonsalbe mit Fett und Vaselin hergestellt. Bei der Verschmelzung zeigten sich keine Unterschiede. In der Konsistenz war die Salbe mit Fettgrundlage angenehmer, sie drang leichter in die Haut ein. Therapeutische Versuche ergaben nicht immer die zu erwartenden deutlichen Unterschiede zwischen den beiden Salben,

---

[1] SELMANOWITSCH: Dermat. Wschr. **1936**, 50.
[2] OPPENHEIM: Zbl. Hautkrkh. **3**, 428 (1922).
[3] Seifensieder-Ztg **1939**, 4, 60.
[4] WINTERNITZ, in TRUTTWIN: Handbuch der kosmetischen Chemie. 2. Aufl.
[5] RUNGE: Dtsch. Apoth.-Ztg **1936**, 101.
[6] ZUMBUSCH u. MONCORPS: Jkurse ärztl. Fortbildg **1932**, 4, 8.

wohl aber den Vorteil (Schmidt[1]), daß aus der synthetischen Grundlage um 10% weniger Blei resorbiert wird als aus dem offizinellen Unguentum Diachylon. Dieses abweichende Verhalten gegenüber den von Zumbusch geprüften Salben erklärt sich vielleicht in der besseren Qualität des jetzt im Handel erhältlichen Vaselins. Die andere Möglichkeit, daß das Schweinefett hier nicht von dem sonst überlegenen synthetischen Fett ersetzt werden kann, ist unwahrscheinlicher. Zwar gibt es solche Fälle, z. B. bei Jodkalisalben, doch ist hier die Notwendigkeit freier Fettsäuren oder von Doppelbindungen, durch die sich das Naturprodukt unterscheidet, nicht einzusehen.

Das Ungt. Diachylon ist keine einfache Lösung oder Mischung, sondern eine Emulsion bzw. ein Mittelding zwischen Suspension und Emulsion, zu deren Herstellung kleine Wassermengen nötig sind. Aus völlig trockenen Bestandteilen kann die Salbe nicht bereitet werden.

Ungt. Plumbi, Bleisalbe (Bleiessigsalbe), wird nach dem DAB 6 mit *Ungt. molle* 1:9 bereitet. In England ist sie 2,5proz. und wird mit Paraffinsalbe hergestellt. In der Schweiz werden 10 Teile Bleiessig, 20 Teile Wasser und 70 Teile Cetylsalbe zusammengearbeitet. Die Salbe ist rein weiß, schmutzt nicht wie die DAB 6-Salbe und soll besser kühlen. Sie wird von Sido[2] empfohlen. Die Italiener verwenden Adeps benz. oder Vaselin. Über die Unterschiede zwischen den einzelnen Salben ist nichts bekannt. Es ist aber anzunehmen, daß die mit Adeps bereiteten Salben insbesondere bei längerer Lagerung die Resorption eher gestatten. Die Vaselinsalbe dürfte ungefährlicher sein. Die vom DAB 6 angeführte Salbe ist daher, wie auch Wojahn betont, zweckmäßig, da sie nur geringe Intoxikationsgefahr in sich birgt. Mit Fetten empfehlen sich nur die frisch bereiteten Präparate.

Ungt. Cerussae, Bleiweißsalbe, wird nach dem DAB 6 1:9 mit Vaselin bereitet. Manche Länder schreiben Adeps suillus als Grundlage vor; in Frankreich muß sie mit Schweinefett jedesmal frisch bereitet werden. Als Konzentration des Bleiweißes wird meist 1:2 gewählt. Um die Resorptionsgefahr nicht zu vergrößern, ist bei den mit Fett bereiteten Salben Frischherstellung des Ungt. Cerussae und des *Ungt. Cerussae camph.* angezeigt.

Plumbum oleinicum empfiehlt Behnt[3] mit Phenol und Quecksilberchlorid bei Lichen planus hypertrophicus.

In Österreich wird die Pasta plumbi Reimer außerordentlich intensiv propagiert. Es handelt sich um eine Salbe mit einer fettlöslichen Bleiverbindung (Ungt. Diachylon?), die bei allen Krankheiten wirken soll. Reimer[4] hat darüber erst unlängst seine 18. Publikation veröffentlicht. Sie hat eine Zusammenfassung der früher aus seiner Feder erschienenen 17 Arbeiten über die Salbe zum Inhalt.

Ungt. Plumbi tannici. 1 Teil Gerbsäure wird mit 2 Teilen Bleiessig verrieben und der Brei in 17 Teilen Schweinefett eingearbeitet. Frisch-

---

[1] Schmidt: Klin. Wschr. **1942**, 7.   [2] Sido: Pharmaz. Ztg **1936**, 81, 1197.
[3] Behnt: Arch. of Dermat. **1932**, 25.
[4] Reimer: Wien. med. Wschr. **1949**, 49/50, 69.

bereitung ist vorgeschrieben. Manche Länder nehmen Vaselin als Grundlage.

Öllösliche flüchtige Bleisalze diffundieren besonders leicht. Laves[1] hat dies bei Bleitetraäthyl nachgewiesen, außerdem gibt es eine Monographie über Bleitetraäthylvergiftungen, die aber großenteils Einatmungsschäden behandelt. Natürlich handelt es sich bei diesem Körper nicht um ein Therapeuticum, sondern um ein Antiklopfmittel der Technik, das keine therapeutische Breite, sondern rein toxische Eigenschaften besitzt.

Die Bleibehandlung, insbesondere mit Wasser oder öllöslichen Salzen, sollte weder bei der kranken noch bei der gesunden Haut allzulange fortgesetzt werden, da sie zu chronischen Bleivergiftungen führen kann[2]. Dies bestreitet allerdings Sprinz[3]. Auch Schmidt[4] ist der Ansicht, daß die Bleiresorption durch die Haut hindurch im Rahmen der normalen Therapie unterschwellig bleibt und nur bei Mißbrauch zu Schäden führen kann. Alle Bleisalben, insbesondere die mit Fetten hergestellten, sollten jeweils frisch bereitet werden, denn beim Lagern können Umsetzungen eintreten, die lösliche und resorbierbare Produkte ergeben. Die Salben sollen nicht in der Nähe des Mundes zur Anwendung kommen. Über Nacht sind sie zu bedecken, um jede Intoxikation durch Verschlucken auszuschließen. Doch ist auch sonst die drohende Bleivergiftung mit allen Mitteln zu bekämpfen. Es muß daran gedacht werden, daß Säuglinge sehr oft durch bleihaltige Cosmetica und Salben, die die Mutter·gebraucht, gefährdet sind (Gerlach). Alle Grundlagen sind praktisch gleich gut verwendbar.

Cadmium.

Ungt. leniens mit 2—5% Jodcadmium besitzt nach Winter[5] gewisse Verbreitung als Mittel gegen .Rosacea.

Calcium.

Die Salze dieses Metalles besitzen in Salben inkorporiert untergeordnete Bedeutung. Es sei nur an die Nährsalbe von v. Noorden, die in dem Abschnitt „Hautnährsalben" erwähnt wurde, gedacht. Sie wird das **Calciumchlorid** nicht durch die gesunde Cutis zur Resorption bringen, wohl aber die Haut lokal beeinflussen. So haben Lampronti[6] und Rasch[7] eine 6proz. Chloridsalbe in Vaselin bzw. eine 6proz. Salbe mit Menthol und Lanolin und Mandelöl bei schuppendem Ekzem bzw. bei Milchschorf beschrieben. Unna hat eine weitere Chlorcalciumsalbe auf der Basis von Wachssalbe-Adeps lanae entwickelt. Auch an Calciumgluconatsalben wäre bei denselben Indikationen zu denken.

---

[1] Laves: Dtsch. med. Wschr. **1939**, 48, 1746.
[2] Fühner: Dtsch. Apoth.-Ztg **1937**, 451.
[3] Sprinz: Handbuch der kosmetischen Chemie, 2. Aufl.
[4] Schmidt: Klin. Wschr. **1942**, 7.
[5] Winter: Handbuch der gesamten Parfümerie und Kosmetik, 2. Aufl.
[6] Lampronti: Riforma med. **1923**, 39.
[7] Rasch: Dermat. Wschr. **1923**, Nr 49, 50.

Calciumsulfide in Vaselin werden in Leuchtsalben verwendet; sie sollen auch u. a. Brandwunden heilen. In Öl-in-Wasser-Emulsionen und Gallerten sind sie (zu etwa 40%) oft in Depilatorien zu finden.

Aqua calcis, mit Leinöl $\overline{aa}$ 20,0, Kreide und Zinkoxyd $\overline{aa}$ 30,0 vermischt, ergibt die UNNAsche Kühlpaste. *Kalkseifen* dienen in seltenen Fällen als Emulgator (Brandliniment).

Chlorkalk (Calcaria chlorata) wurde im Luftschutz in Salbenform mit Vaselin verwendet, ferner 5—10 proz. bei Frostbeulen und mit Schweinefett bereitet bei Favus.

Calciumhypochlorit (Caporit) in 5—10 proz. Salben ist ein mildes Desinfiziens.

Calciumgluconicum in einer „geeigneten Salbengrundlage" (hydriertes Erdnußöl) verwendet KÜNZLE[1] bei Ekzemen. Die juckstillende Wirkung soll sehr angenehm empfunden werden.

Die Resorption von wasserlöslichen Calciumsalzen durch die gesunde Haut ist unwahrscheinlich, durch die epithelberaubte Haut möglich und eher nützlich als schädlich.

Cersalze.

Nach einer Patentanmeldung der Cirinewerke, Chemnitz, werden wasserlösliche Cersalze, wie z. B. das Chlorid (1% in 2% Wasser), an Stelle von Phosphaten den Salben zugesetzt, um die Haftfestigkeit auf der Haut zu erhöhen. Das Cersalz soll den Waschmittelfilm, der immer auf der Haut haftet und die Haftfestigkeit stört, verdrängen. Außer diesen Cersalzen sind noch fettsaure Verbindungen, wie Cerstearat, bekannt, sie dienen als Salbengrundlagen.

Eisen.

Am häufigsten werden Eisensalze zu Salben aus kosmetischen Gründen zugefügt, da Ocker u. dgl. den Präparaten einen bräunlichen Hautton geben, so daß ihre Anwendung weniger sichtbar wird. FANTUS und DYNIEWICZ[2] geben hierzu eine große Anzahl von Rezepten an.

Doppeltkohlensaures Eisen wird ferner von PIGNOT[3] 5 proz. in Vaselin zur Behandlung atonischer Wunden, die dadurch rasch heilen sollen, empfohlen. HAGERS Handbuch nennt eine Frostsalbe auf Fettbasis, die 5% Eisenoxyd und ebensoviel Terpentinöl enthält.

Rosistanwundsalbe enthält laut Angabe 5% aktive „FePH-Ionenkomplexe". Art, Zweck und Wirkung des Präparates sind nicht ersichtlich.

Sonst hat Eisen in der Dermatologie als Salbenbestandteil keine Bedeutung. Denkbar wären Eisenchloridsalben als leichtes Adstringens. IANAGAKI und Mitarbeiter haben sich im Jap. P. 3357/37 die Herstellung öllöslicher Mangan- und Eisensalze schützen lassen. Es wäre möglich, daß diese Präparate später einmal als Salbenbestandteile verwendet werden. Neu sind sie nicht, denn SCHÖNMACKER[4] hat derartige

---

[1] KÜNZLE: Schweiz. med. Wschr. **1939,** 21.
[2] FANTUS u. DYNIEWICZ: J. amer. pharmaceut. Assoc. **27,** 878 (1938).
[3] PIGNOT: Actas dermo-sifiliogr. **29,** 463 (1938).
[4] SCHÖNMACKER: Mschr. f. prakt. Dermat. **1884,** III/9.

Oleate schon vor 60 Jahren empfohlen. Wir haben sie als Emulgatoren geprüft. Sie geben Wa/Öl-Emulsionen von geringer Haltbarkeit.

Kupfer.

Cuprum aceticum ist wasserlöslich und dient in Salben 2proz. als Ätzmittel. Cuprum subaceticum, das basische Salz (Grünspan), 1 : 20, ferner Kupferjodür (1 : 10), Kupferoxyd (1 : 10 in Fett) und Kupfersulfat dienen ebenfalls als Ätzmittel, in geringen Konzentrationen zur Granulationsanregung.

Über die Resorptionslage der Metalle der Gruppe, zu welcher Eisen und Kupfer gehören, finden sich in der Literatur nur wenig Angaben. Das Cu spielt in der Salbentherapie eine wichtigere Rolle als das Mangan und das Eisen, die nur Bestandteile des einen oder anderen Rezeptes sind. Ihre wasserlöslichen Salze gelangen auf epithelentblößter Haut sicher zur Aufsaugung. Man bedient sich aber vorwiegend der gut penetrierenden, ja sogar durch die gesunde Haut zur Resorption gelangenden öllöslichen Kupfersalze in niedriger Dosierung als Heilmittel. SCHMIDT-München[1] hat ihre Resorption aus Vaselin-Adeps lanae-Gemisch gemessen. Er verwendete Cuprum oxyoleinicum, das fettlöslich ist, und erreichte bei Versuchen an der Haut Gesunder (Rücken, 10 g Salbe auf 1000 qcm) nach Einreibung der Salbe eine Steigerung des Cu-Gehaltes des Harnes. Bei Eczema marginatum, dyshidrotischem Ekzem u. dgl. war die therapeutische Wirkung der Salbe gut, die Cu-Resorption wurde bedeutender.

Cupricininsalbe (Dr. Degen u. Kuth) enthält in Ungt. molle fettsaures Kupfer gelöst. Die Salbe ist sauer, farblos und wird von ARETZ[2] bei Epidermophytien empfohlen. Ein ähnliches Präparat hat DOUMAR[3] bei Pityriasis versicol. angewandt.

Lecutyl, eine Kupfer-Lecithin-Verbindung, dient in 5proz. Salben mit 10% Cycloform als Ätzmittel.

Philoninsalbe enthält neben zahlreichen anderen Bestandteilen jodorthochinolinsulfosaures Kupfer.

Tracuminsalbe (Athenstaedt u. Redecker) enthält als Wirkstoff trichlorbutylmalonsaures Kupfer (5 bzw. 10%) und wird bei Trachom und Conjunctivitiden als bactericid und mild corrosiv empfohlen.

Kupfer-Dermasan wird als kolloide Kupfer-Lebertran-Verbindung bezeichnet. Es handelt sich also ebenfalls um ein organisches Cu-Salz, dessen Verarbeitung in Salbenform in zwei Formen mit Tiefenwirkung bzw. mit Oberflächenwirkung geliefert wird. Brandwunden reinigen sich im Tierversuch mit dem ersten Präparat innerhalb von 24 Stunden. Nach 5 Tagen konnte zur Applikation des zweiten geschritten werden, so daß nach 8 Tagen glatte Epithelisierung erzielt wurde. Bei Kontrolltieren trat erst nach Wochen Heilung ein[4]. Zur Ätzung bei Lupus verwendet man das Kupfer-Dermasan mit Tiefenwirkung. Propagandistisch

---

[1] SCHMIDT: Klin. Wschr. **1938**, 559. [2] ARETZ: Dermat. Wschr. **1936**, 40.
[3] DOUMAR: Bull. Soc. franç. Dermat. **1928**, 7.
[4] HERMANN: Ther. Gegenw. **1926**, Nr 3.

gesehen ist der Ausdruck ,,Tiefenwirkung" zu rechtfertigen. Im Rahmen unserer Darlegungen ist Oberflächenwirkung angebrachter.

PRIETO, AZCONA und AZUA DOCHAO[1] haben die interessante Beobachtung gemacht, daß eine 10proz. Kupferchloridsalbe in Wasser, Wollfett-Vaselin-Gemischen aa die Sonnenstrahlen der Wellenlänge von 3000—3400 Å völlig absorbiert. Da dieser Bereich gerade die Strahlen umfaßt, die die Urticaria solaris verursachen, konnte sich eine damit geschützte Patientin ohne Schaden im vollen Sonnenlicht bewegen. Alle anderen Lichtschutzmittel hatten völlig versagt.

Zusammenfassend kann gesagt werden, daß die Kupfersalben, die organische, fettlösliche Kupfersalze enthalten, nicht nur lokal wirken, sondern auch resorbiert werden. Anorganische Salze werden infolge ihrer Ätzwirkung in Salbenform verwendet. Bei geschädigter Haut ist Resorption zu erwarten.

Kieselsäure.

Als **Silansalbe** bringt die Firma Sander, München, eine Salbe, die als Wirkstoff das reine Hydrogel der Kieselsäure enthält, das von fremden An- und Kationen befreit sein soll.

Sicopur (Pharmazeutische Präparate Otto und Cie, Frankfurt/Main) stellt ein Silicium-Kolloid dar, das in Salbenform und als Lösung zu Umschlägen empfohlen wird. Es wird bei Dermatitiden, Furunkeln und Abszessen empfohlen. In eigenen klinischen Versuchen zeigte die Salbe eine gelegentlich unangenehme Austrocknung der Haut, während die Flüssigkeit sich gut bewährte.

Lithium.

Bestrahlte Lithiumsalze und Zinkoxyd enthält die *Metuvitsalbe* (Chemosan-Wien). Die bestrahlten Metallsalze sollen nach MORANDELL[2] die zugeführten Energien wieder abgeben und zum Unterschied von Zinksalbe auf der gesunden Haut ein Erythem verursachen.

Die Resorptionsverhältnisse sind dieselben wie bei Calcium.

Magnesium.

Als Streupulverbestandteil sind verschiedene Magnesiumsalze in Verwendung. In Salben wird *Talcum* (Magnesium-Polysilicat) eingearbeitet. Es ist vollkommen unlöslich in den Grundlagen und dient zur Konsistenzänderung und Streckung in Pasten. *Magnesiumcarbonat* wird als weicher, reizloser Bestandteil mancher Kühlsalben geschätzt (UNNA).

Ein gewisses Interesse beanspruchen noch Salben bzw. Cremes mit *Magnesiumhydroxyd*, die das D.R.P. 658166 schützt. Das Hydroxyd scheint in diesem Fall vorwiegend den Zweck zu haben, die Wasserstoffionenkonzentration und die Tiefenwirkung der mineralischen Kohlenwasserstoffe der Grundlage zu beeinflussen und leicht adstringierend zu wirken. Es wird in einer Wasser-in-Öl-Emulsion eingearbeitet.

---

[1] PRIETO, AZCONA u. AZUA DOCHAO: Arch. f. Dermat. **183**, II (1942).
[2] MORANDELL: Münch. med. Wschr. **1935**, 24, 995.

Magnesiumhypochlorit (Magnocid), mit Glycerin zu einer Paste verrieben, war ein Desinfiziens; wird aber heute nicht mehr hergestellt.

Magnesiumstearat ist vorwiegend ein Puderbestandteil, findet sich aber auch bisweilen in Hautcremes.

Magnesiumsulfat in Salbengrundlage ist der Wirkstoff des **Desquamin-Klinke.** Das Präparat wird für 24 Stunden aufgetragen und dient zu Schälkuren.

Mangan.

Mangan ist als Salbenbestandteil im Simanit, einer Silber-Mangan-Verbindung zur Wundheilung (s. unter Silber), enthalten. In Dänemark hat darüber hinaus im Winter 1941/42 eine Mangansalbe als Frostschutzmittel von sich reden gemacht; nach Umfragen der Gesundheitsführung[1] ist das „Metallosan Mangan" ohne Wirkung auf die Frostschäden.

Natrium

ist als Salbenbestandteil wohl in vielen Salben vertreten. Als Wirkungsträger kommt es insbesondere bei intakter Haut nicht in Frage. Es findet sich daher auch kaum namentlich aufgeführt. Nur eine Firma nennt Natrium- neben Lithiumsalzen und den üblichen Bestandteilen als Komponente einer Rheumasalbe.

Nickel.

Eine komplexe Jod-Uran-Nickel-Kobalt-Verbindung ist im **Niuran** enthalten, einem Präparat, das nach DUFKE[2] in Zinkpaste, Ungt. Diachylon, Vaselin oder Lanolin 10—50 proz. appliziert wird und den Jod-Uran-Verbindungen bei Ekzemen überlegen sein soll. Es stammt von TRUTTWIN.

Quecksilbersalze.

Die große Menge der in Salben verwendeten Hg-Salze zwingt uns, nur die wichtigsten anzuführen, vor allem das weiße und das gelbe Präcipitat.

Hydrargyrum praecipitatum album. Die daraus hergestellte Salbe ist 1—10 proz. Als Grundlage dient in Deutschland und in USA. Vaselin-Lanolin, in England und Holland Vaselin alb., in Portugal und Rußland Schweinefett. Die Salbe muß mit frischgefälltem feuchtem Präcipitat bereitet werden, denn die fertigen konzentrierten Verreibungen und die Vorschrift des DAB 5 (trockene Verreibung) geben nicht die Gewähr kleinster Korngröße, zumindest nicht ohne Dreiwalzenmühle. Die Herstellung kann man sich durch Verwendung einer Glasfilternutsche vereinfachen (UBRIG[3]).

Obwohl Hydrargyrum praecip. alb. nicht öllöslich ist, verhält es sich in Salben bis zu einem gewissen Grade ähnlich wie derartige Substanzen. Die Salben geben einen geringen Teil des Quecksilbers an den Körper ab. MONCORPS beobachtete, daß es, wahrscheinlich durch die sauren

---

[1] Gesundheitsführung **1942**, 5, 154.
[2] DUFKE: Dermat. Wschr. **1940**, Nr 50, 1054.
[3] UBRIG: Dtsch. Apoth.-Ztg **45**, 899 (1930).

Sekrete löslich gemacht, vorwiegend den Haarbälgen entlang wandert. Die Wahl der Salbengrundlage hatte im Tierversuch keinen Einfluß auf die Resorptionsgröße. Es ist aber nicht empfehlenswert, Präcipitatsalben mit Wasserzusatz herzustellen, da sie in dessen Gegenwart Ammonchlorid und eine Oxydomercuriverbindung (MONCORPS[1]) bilden, die im Statu nascendi wahrscheinlich erwünscht, im vorgebildeten Zustand aber unerwünscht sein soll. Allerdings darf nicht vergessen werden, daß auch die offizinelle Salbe Wasser enthält und daß Lanettewachssalben mit Präcipitatzusatz nach unseren Versuchen sich in der Wirkung vom DAB 6-Präparat nicht unterschieden. Nach FIERO[2] sind gehärtete Öle als Salbengrundlagen wirksamer als Vaselin.

Das Präcipitat in der Salbe wirkt aber nicht nur als Hg nach erfolgter Resorption, sondern vorwiegend lokal, ansäuernd, keratoplastisch bzw. ätzend. Die Resorption geht im allgemeinen außerordentlich langsam vonstatten. So konnten nach täglicher Applikation der 10proz. Salbe erst nach 22 Jahren Vergiftungserscheinungen beobachtet werden, ja GIBBS und Mitarbeiter[3] halten die Resorption durch die gesunde Haut für praktisch gleich Null. Andererseits kann es aber auch zu akuten Vergiftungen kommen. BLUM[4] berichtet über eine tödliche Vergiftung nach viermaligem Bestreichen einer etwa 40 qcm großen, an Folliculitis erkrankten Hautstelle mit der 10proz. Salbe.

Weiße Präcipitatsalbe wird häufig als Mittel gegen Sommersprossen empfohlen und darf zu kosmetischen Zwecken wegen der Resorptionsgefahr in nicht höherer als 5proz. Verarbeitung verwendet und verkauft werden. Ein ausgesprochenes Heilmittel stellt sie in dieser Konzentration und bei diesen Indikationen nicht dar, sondern nur ein Schälmittel, denn es ist unmöglich, die gefärbte Pigmentschicht zu entfernen, ohne die umgebende Haut zu beeinflussen[5]. Eine 3proz. Salbe auf Vaselinbasis mit Liquor carb. detergens-Zusatz wird gegen Psoriasis des Kopfes empfohlen und leitet damit zu den Teersalben über.

Welche Grundlage für die offizinellen Salben die beste ist, stand bisher nicht zur Debatte, da nach dem oben Gesagten die Unterschiede gering sein werden. P. LU-LI und KUEVER[6] haben außer FIERO Versuche angestellt; sie beobachteten, daß Hg-Salzsalben, die 2% Cholesterin in Vaselin enthalten, einen größeren sterilen Hof auf Agarplatten entwickeln als die ohne Cholesterin. Ob dieser Beobachtung auch praktische Vorzüge der teueren Salben zukommen, muß erst der Versuch zeigen. Jod und Salicylsäurezusätze sind in Präcipitatsalben nicht unbedenklich, da sie die Reizwirkung bedeutend verstärken.

Hydrargyrum oxydatum flavum bzw. rubrum ist 2proz. in Rußland mit Schweinefett frisch zu verarbeiten, die Belgier schreiben 5proz. Salbe mit Vaselin vor, die Amerikaner 0,9—1,1%, die anderen Länder

[1] MONCORPS: Arch. f. exper. Path. **155**, 51.
[2] FIERO: Chem. Abstr. **35**, 278, 1 (1941).
[3] GIBBS, SHANK, POND u. HAUSMANN: Arch. of Dermat. **44**, 862 (1941).
[4] BLUM: Sammlung der Vergiftungsfälle **8**, 181 (1937).
[5] Pharmaz. Z.halle Dtschld **68**, 192 (1927).
[6] P. LU-LI u. KUEVER: J. amer. pharmaceut. Assoc. **27**, 1217 (1938).

schließen sich diesen Vorschriften an. In Deutschland ist die 10proz. rote und die 5proz. gelbe Salbe offizinell. Diese Salben sollen alle nur in kleinen Mengen und nur kurz aufbewahrt werden und dürfen mit Eisen nicht in Berührung kommen. Sie dienen weitaus in den meisten Fällen der Behandlung von Pyodermien, wobei das gelbe Salz infolge seiner feineren Verteilung bei gleicher Konzentration wirksamer ist.

BERGVALL[1] hat nachgewiesen, daß Quecksilberoxydsalben auch in braunen Gläsern vor Zersetzung nicht geschützt werden. Er schlägt daher vor, die Salben nicht nur in lichtabhaltenden Gefäßen aufzubewahren, sondern auch diese Gefäße in besondere, dicht abschließende Holzkistchen zu stellen. Auch die Patienten sind auf die Lichtempfindlichkeit der Salben hinzuweisen[2]. Noch besser ist die Frischbereitung. Das gelbe Hg-Präcipitat bewährt sich 1proz. in Agargallerte, die 24 Stunden aufgetragen bleibt, zur Kopfläusevertilgung. Die salbenartige Masse, die, bei 50° geschmolzen, aufgetragen wird, läßt sich mit Seifenwasser leicht abwaschen[3]. Über die Resorption aus den Präcipitatsalben ist nur eine Arbeit zu finden, der zufolge Quecksilberoxyd und Quecksilbersalicylat von der Haut, als Salbe aufgetragen, annähernd gleich schnell aufgenommen werden; das Metall wird langsamer, Kalomel am langsamsten resorbiert[4]. Danach ist die Resorption also u. a. auch hier eine Funktion der Öl- bzw. der Wasserlöslichkeit, die sich auf gesunder und epithelberaubter Haut in der üblichen Weise auswirkt. Doch müssen die Zersetzungsgefahr und die Bildung von Hg-Seifen mit in Rechnung gestellt werden, da sie die Lage auf der gesunden Haut grundlegend ändern. Bei der Verwendung der gelben Präcipitatsalbe ist ärztliche Kontrolle nötig, denn GREUER[5] beschreibt einen Todesfall, der langandauernde Applikation des Ungt. hydrarg. oxydati flavi zur Ursache hatte. Er konnte in 500g Leber 0,75g Hg und in 60g Niere 0,5mg Hg nachweisen.

Sublimat in Schweinefett 0,2%, in Lanolin (UNNA) 0,1—1% und in Vaselin 0,1% dient zur Desinfektion. In ½—3proz. Vaselin-Lanolin-Salben kann es nach vorhergehender Prüfung der Haut (Überempfindlichkeit) als Bleichmittel bei Sommersprossen verwendet werden, es übertrifft an Wirkung die 10proz. Präcipitatsalbe weitaus. Die 0,3proz. NEISSER-LIEBERTsche Sublimatsalbe, ein Desinfiziens, ist eine Gelatine-Glycerin-Gallerte. Sie ist so stark wie die PRAUSNITZsche Salbe, die zur Verhütung der Geschlechtskrankheiten verwendet wird. RUGE hat 1936 ein Sublimat-Eucerin eingeführt, es hat nach HAHN[6] als Go.-Prophylakticum in über 200 Fällen nie versagt. Auf Wunden u. dgl. sind solche Salben natürlich nicht brauchbar.

---

[1] BERGVALL: Sv. farmac. Tidskr. **1927**, 303.

[2] Pharmaz. Z.halle Dtschld **68**, 667 (1927).

[3] WIKULILL: Wien. klin. Wschr. **1932**, 6.

[4] WILD u. ROBERTS: Brit. med. J. **1926 I**, 1076; Pharmaz. Z.halle Dtschld **69**, 24 (1928).

[5] GREUER: Dermat. Wschr. **111**, 44 (1940).

[6] HAHN: Dermat. Wschr. **1939**, 1114.

Phenylmercurisalben sind, mit Unguentum molle bereitet, besonders wirksam (JENSEN[1]).

Kalomel 2:8, mit Schweinefett verarbeitet, ist in England offizinell. Verwendet man statt gewöhnlichem Kalomel kolloidales, das keine größeren Teilchen als $8\,\mu$ besitzt, so erreicht man den Effekt einer Sublimatsalbe 1:100, ohne den Toxitätsgrad zu erhöhen. Man löst 3 Teile Mercurnitrat in 1:100 verdünnter Salpetersäure. Unter Umrühren läßt man diese Lösung in mit 1,2 g NaCl enthaltende 2proz. Gelatinelösung eintropfen. Dann wird bis zum Verschwinden der Salze dialysiert und eingedampft, bis 3 g = 1 g Kalomel enthalten. Die Suspension wird dann in die Salbengrundlage eingearbeitet[2]. Sie wird in Amerika gerne verwendet, denn auch CORNBLEET und Mitarbeiter[3] berichten von guten Erfolgen.

Als amerikanische Wehrmachtsrelikte kamen große Mengen Kalomelsalben zu uns, sie sind 30% und können wie 10proz. Präzipitatsalben verwendet werden.

Sozojodol-Quecksilbersalben dienen 1proz. als Adstringens bei Ulcus cruris.

Quecksilberjodür (gelb) wird 1:30 in Schweinefett verarbeitet.

Quecksilbernitrat ist als Salbenbestandteil im Ausland gebräuchlich. Eine solche Salbe ist in Amerika in die NF 6 aufgenommen. Eine weitere, die wesentlich wirksamer sein soll und 11,34% Nitrat, 1,35% Salpetersäure, 32% Wasser, 5% Wachs, 1,5% Cholesterin und 58 g Petrolatum enthält, wird von KUEVER und KUHL[4] bzw. KUEVER und BURNSIDE[5] empfohlen.

Ölsaures Quecksilber, 10proz. mit Adeps oder 10—30proz. mit Vaselin verdünnt, steht an Stelle der Hg-Metallsalben in Verwendung.

Fettlösliche Hg-Salzsalben sollen bei Nierenkranken nicht verwendet werden, doch empfiehlt sich bei allen Patienten die Kontrolle des Harnes, um Vergiftungen vorbeugen zu können. Bei wasserlöslichen Salzen und bei Präparaten, aus denen auf der Haut öllösliche Verbindungen entstehen können, gilt bei geschädigter Haut dasselbe.

Radium

(Emanationssalben).

Radioaktive Salben werden auf Grund der therapeutischen Wirkung der α-Strahlen angewendet. Sie können sowohl Radium als auch andere radioaktive Stoffe oder Emanation enthalten.

Das *Element* wird in Salben infolge seiner Gefährlichkeit, und um Verluste zu vermeiden, selten verwendet. Eine Schwachstrahlensalbe soll nicht unter 1 mg pro 5 g Salbe enthalten[6]. Häufiger verarbeitet

---

[1] JENSEN: Arch. Pharmac. og Chem. **42**, 547 (1940).

[2] VICHER, SNYDER, GATECOAL: J. amer. pharmaceut. Assoc. **26**, 1241 (1937).

[3] CORNBLEET, SLEPYAN, EBERT: J. amer. med. Assoc. **113**, 1804 (1939).

[4] KUEVER u. KUHL: J. amer. pharmaceut. Assoc. **29**, 325 (1940).

[5] KUEVER u. BURNSIDE: J. amer. pharmaceut. Assoc. **29**, 325 (1940).

[6] Schweiz. Apoth.-Ztg 1934, 202.

man radioaktives Uran mit Jod (Andriol-Uran-Salbe), Thorium und die Emanation, die in Fetten 36—100mal löslicher ist als in Wasser. Der *Emanationssalben* hat sich auch die Kosmetik angenommen, doch soll hier nur kurz von den dermatologisch verwendeten Präparaten die Rede sein. Ihre Herstellung kann nach verschiedenen Verfahren vorgenommen werden. So hat die Allgemeine Radium A.G. Berlin den Universalemanator nach HAPPEL herausgebracht. Mit ihm kann man nach WIEBERING[1] emanationshaltige Fette und Flüssigkeiten jeder gewünschten Dosierung herstellen.

In einem Bleikasten befinden sich in zwei kleinen Glaskölbchen emanierende Radiumpräparate, welche dauernd täglich dieselbe Menge Emanation abgeben. Eine Vorlage wird evakuiert und mit den Radiumkölbchen verbunden. Die gesamte Emanation geht nun als Gas in das Vakuum der Vorlage über. Hat man hier z. B. 10000 ESE. (Elektrostatische Einheiten; 1 Elektrostatische = 1000 Mache-E.) und bringt 10 ccm flüssige Salbe hinein, so erhält man nach gründlicher Mischung ein Präparat mit der Dosierung von 1000 ESE. pro Kubikzentimeter.

Die normale Dosierung beträgt 200 ESE. pro Kubikzentimeter, bei Schleimhäuten und Fisteln 100 ESE., bei Neoplasmen 1000 ESE., bei Röntgenschäden ansteigend je nach Zustand der Wunde 60—100 ESE. maximal.

LANGER[2, 3] empfiehlt 200 ESE. pro Gramm Salbe bei Hautkrankheiten und 500 ESE. pro Gramm bei Neubildungen. PRANTNER[4] wendet bei Arthritiden 7—25000 Mache-Einheiten, also 7—250 ESE. an.

An sich könnte man also derartige Salben selbst herstellen[5], doch empfiehlt sich in vielen Fällen der Bezug frischer Präparate, wie der Ra-Emanationssalbe oder Radonsalbe, in der die Emanation an Vaselin gebunden ist.

Der erwähnte Apparat wird nur den Krankenhäusern geliefert. Außerhalb der Anstalten können daher nur Präparate verwendet werden, die vom Großhersteller direkt bestellt werden. Die Firma sendet dann, um die Halbwertszeit der Emanation zu berücksichtigen, entsprechend überdosierte Salben an den Verbraucher.

Einen anderen einfachen Apparat zur Herstellung von Radonsalbe gibt PERLMAN[6] an. Er besteht aus einer Saugflasche mit 2 Stutzen, von denen einer mit einem kleinen Gefäß mit 2 Hähnen verbunden ist. Man gibt in die Flasche geschmolzenes Vaselin und evakuiert. Dann wird ein Rohr mit Radon in den Raum zwischen die Hähne gelegt und durch Schütteln zerbrochen. Man läßt die Emanation in das Vakuum einströmen und schüttelt, bis es gelöst wird. Nimmt man statt Vaselin Wachs, so erhält man radioaktive Moulagen.

[1] WIEBERING: Strahlenther. **67** (1939).
[2] LANGER: Dermat. Wschr. **1934**, 29.
[3] LANGER: Vortrag auf dem Radiologenkongreß in Zürich 1934.
[4] PRANTNER: Wien. med. Wschr. **1940**, 3.
[5] HAPPEL: Dtsch. med. Wschr. **1934**, 34, sowie Vortrag auf dem Radiologenkongreß Zürich 1939.
[6] PERLMAN: Amer. J. Roentgenol. **43**, 780 (1940).

Nach PRANTNER[1] muß bei der Herstellung von Emanationssalben berücksichtigt werden, daß infolge des raschen Zerfalls der Emanation immer nur kleine Mengen bereitet werden sollen und daß auch das öftere Öffnen zu großen Verlusten führt. Die Salbenkruken sollen nicht mehr als 5—10 ccm fassen, gasdicht und weithalsig sein, damit sie schnell entleert werden können. Die Emanationslösung darf nicht zugerührt werden, sie muß vielmehr durch Schütteln im geschlossenen Gefäß eingearbeitet werden.

Als Salbengrundlagen sind nach PRANTNER das Eucerin anhydr. und eine flüssige Öl-in-Wasser-Emulsion, die Saponin enthält, sehr geeignet. EIDINOW[2] erwähnt, daß mit Emanation beladene Wachstäfelchen schon seit Jahren in Verwendung stünden, überlegen seien allerdings Salben, die frisch bereitet und angewendet werden.

Thorium-Degea-Salbe, die früher Doramad hieß und auf JADASSOHN zurückgeht, wird von der Auer-Gesellschaft, Berlin, dem Verbraucher auf dem schnellsten Wege zugeleitet. 1 g Salbe enthält 1000 ESE. Soll die Behandlung durch mehrere Tage fortgesetzt werden, so wird auch hier, um der kurzen Halbwertszeit entgegenzuwirken, die Salbe vom Werk aus überdosiert.

Die Literatur über dieses Präparat ist sehr umfangreich. Es sei nur an die Arbeiten von SCHOLZ und FISCHER[3], LINSER[4], LEIPOLD[5] STÜHMER[6] und HÖHLE[7] erinnert.

Die **Gasteiner Kursalbe,** die ZIMMERMANN[8] empfiehlt, enthält Emanation in einer besonderen Grundlage mit Tiefenwirkung. Sie ist ortsgebunden, kann nicht transportiert werden und bildet eine Zusatzbehandlung zur Badetherapie. Ihre Wirkung wird durch Abdecken der Verbände mit Metallfolien wesentlich verstärkt.

Da die α-Strahlen aus allen Medien in den Körper eindringen, so wird die Wahl der Salbengrundlage bei Präparaten mit emanierenden festen Körpern nicht ausschlaggebend sein. Diejenigen Salben, die gasförmige Emanation enthalten, sind schwieriger optimal herzustellen. Vaselin z. B. nimmt davon wesentlich weniger auf als Schweineschmalz, Paraffinöl, Unguentolan oder gar Olivenöl, aber mehr als Rindertalg[9]. Die Strahlen dringen nicht tief in den Körper ein; man soll daher vor der Anwendung der Salben die in Betracht kommenden Stellen von Borken und Krusten befreien. Um Pigmentierung der Haut zu vermeiden, sind möglichst nur die erkrankten Stellen zu behandeln; sie werden im allgemeinen mit einer messerrückendicken Schicht bedeckt. Luftdicht abschließende Verbände verstärken die Wirkung.

In einer Kritik der ersten Auflage des Buches weist ein amerikanischer Autor darauf hin, daß strahlenaktive Salben nur unter besonderen Versuchsmaßregeln verwendet werden sollen. Da für diese Warnung

[1] PRANTNER: Wien. med. Wschr. **1940**, 3.
[2] EIDINOW: Proc. roy. Soc. Med. **32**, 553 (1939).
[3] SCHOLZ u. FISCHER: Berl. klin. Wschr. **1921**, 38.
[4] LINSER: Dermat. Z. **1928**, 53.   [5] LEIPOLD: Dermat. Wschr. **1935**, 11.
[6] STÜHMER: Dermat. Wschr. **1935**, 46, 49.   [7] HÖHLE: Med. Klin. **1950**, 10.
[8] ZIMMERMANN: Wien. med. Wschr. **1938**, 19.
[9] SCHRODT: Röntgenprax. **1938**, 743.

in der deutschen Literatur keine Anhaltspunkte zu finden waren, unterblieb bisher ein derartiger Hinweis. Er sei nachgetragen, da mittlerweile von SCHMITZ[1] Hautschädigungen durch einen Thoriumlack beschrieben wurden.

Silbersalben.

Argentum nitricum dient in Salben in der Dermatologie und in der Augenheilkunde verschiedenen Zwecken. In der Augenheilkunde wird eine 5proz. Silbernitratsalbe mit Bleiessig in Schweinefett angewendet.

Eine Wundsalbe mit 1—3% Silbernitrat, je 10% ZnO und Perubalsam in Adeps suill. oder Vaselin wird bei geschädigter Haut angewendet. Resorption des Silbersalzes ist hier nicht zu erwarten, da es vom Eiweiß unlöslich gebunden wird, wohl aber können Überempfindlichkeitserscheinungen auftreten. Die Salbe wird beim Lagern bzw. im Wundsekret durch Silberausscheidung schwarz, ein Schönheitsfehler, der, wie wir wissen, aus therapeutischen Gründen in Kauf genommen werden muß, da das elementare Silber teilweise Träger der Wirkung ist. Darauf beruhen ja die kolloidalen Silbersalben, die durch Lösen (nicht Verreiben) des *Colloids* in Wasser und Einarbeiten der Lösung in mit Wachs versteiftem Schweineschmalz bereitet werden sollen. HAGER[2] empfiehlt diese DAB 6-Salbe nicht, er rät zu einem Präparat auf Wollfett-Schweineschmalz-Basis.

Bei den Höllensteinsalben stand die Wahl verschiedener Grundlagen noch nicht zur Debatte. Wir haben daher 6 Salben und eine wäßrige Vergleichslösung hergestellt und zuerst ihre Haltbarkeit und ihr Verhalten im Modellversuch überprüft.

Nr. 1 war eine 0,2proz. wäßrige Silbernitratlösung.
Nr. 2 enthielt 0,2 g $AgNO_3$ in Tyloselösung und Vaselin $\overline{aa}$ 4,4 g.
Nr. 3 enthielt 0,2 g $AgNO_3$ in einer Stearatcreme ad 10 g.
Nr. 4 enthielt 0,2 g $AgNO_3$ in einer Wasser-in-Öl-Emulsion aus 1 g H_2O in 9 g Fett.
Nr. 5 enthielt 0,2 g $AgNO_3$ in einer Wasser-in-Öl-Emulsion aus 1 g H_2O in 9 g Adeps lanae.
Nr. 6 enthielt 0,2 g $AgNO_3$ in einer Wasser-in-Öl-Emulsion aus 3 g H_2O 2 g Wollfett, 5 g Vaselin.
Nr. 7 enthielt 0,2 g $AgNO_3$ in Vaselin suspendiert.

Die 7 Präparate verhielten sich, 29 Stunden an Licht und Luft belassen, folgendermaßen:

Abb. 17. Haltbarkeit verschiedener $AgNO_3$-Salben an Licht und Luft. Nr. 1: wäßrige Lösung, Nr. 2 u. 3: Öl-in-Wasser-Emulsionen, Nr. 4, 5 u. 6: Wasser-in-Öl-Emulsionen, Nr. 7: Suspension in Vaselin.

---

[1] SCHMITZ: Dermat. Wschr. 1941, 15.
[2] HAGERS Handbuch der Pharmaz. Praxis 1, 533.

Die Abbildung zeigt eindeutig, daß sich das Silbernitrat in wäßrigen Lösungen bei Licht- und Luftzutritt schon in 24 Stunden verändert. Unter Luftabschluß bleibt es in einwandfreien fett- und vaselinreichen Verarbeitungen nahezu unverändert, reagiert aber mit Wollfett und ranzigen Produkten.

Im Modellversuch mit Wasser geben, abgesehen von der Lösung und den beiden Öl-in-Wasser-Salben, nur die Salbe mit Fett und die Suspension von $AgNO_3$ in Vaselin mit HCl nachweisbare Silberspuren an das Wasser innerhalb von 2 Stunden ab.

Am gesunden entfetteten Arm zeigten sich innerhalb von 2 Stunden die in folgender Abbildung festgehaltenen Reaktionen:

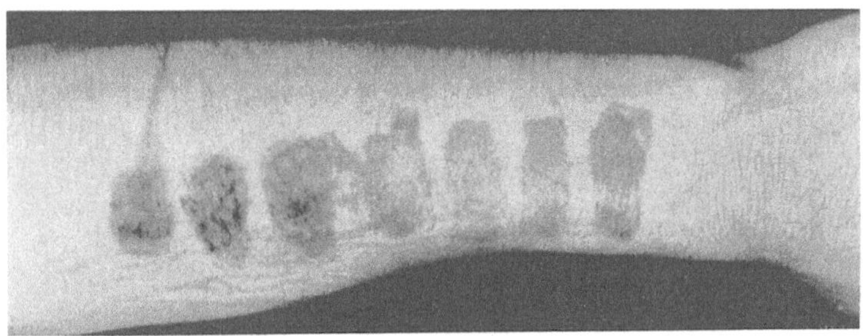

Abb. 18. Unterarm mit Silbernitratverarbeitungen, 2 Stunden lang behandelt.
Nr. 1: wäßrige Lösung, Nr. 2 u. 3: Öl-in-Wasser-Emulsionen, Nr. 4, 5 u. 6: Wasser-in-Öl-Emulsionen, Nr. 7: Suspension in Vaselin.

Es erwies sich also, daß, sofern man die Schwarzfärbung als Maßstab nehmen kann, die Öl-in-Wasser-Emulsionen Nr. 2 und 3 besonders reaktionsfähig sind. Eine so dunkle Färbung wird nicht einmal durch das Aufpinseln der 5proz. Lösung erreicht. Eine Bestätigung hierfür bilden die Angaben STÖHRS[1], der die Tylose- (Adulsions-) Salbe als Träger so wirksam fand, daß er die Silbernitratkonzentration bei gleicher Wirkung auf $^1/_3$ herabsetzen konnte. Den Wasser-in-Öl-Emulsionen steht, keineswegs erwartungsgemäß, die Suspension festen Silbernitrats in Vaselin kaum nach. Von den Wasser-in-Öl-Emulsionen war die mit Fett bereitete den beiden Wollfett enthaltenden eindeutig unterlegen. Die aus Überlieferung sowieso immer verwendeten Wollfettsalben sind — frisch bereitet — bezüglich ihrer Verwendbarkeit allen anderen weit voraus, sie sind mild und gleichmäßig und vor allem schmerzlos. Die intensiver angreifenden Öl-in-Wasser-Emulsionen sind ihnen, insbesondere anfangs, überlegen, aber in der geprüften Konzentration zu intensiv wirksam und brennen sogar auf der gesunden Haut. Die Silbernitratsalben werden wir daher in üblicher Dosierung nach wie vor mit Wollfett und Vaselin *frisch* bereiten. Von ersterer Substanz soll nur so viel genommen werden, als zur Emulgierung nötig ist. Öl-in-Wasser-Emulsionen sind, um gleiche Wirksamkeit zu erreichen, wesentlich niedriger zu dosieren.

[1] STÖHR: Chirurg **12**, 15 (1940).

Sowohl die Silbernitratsalben als auch die mit anderen Ag-Verbindungen wirken wohl größtenteils durch ihren Gehalt an fertigem oder auf der Applikationsstelle entstehendem metallischem Silber, Salpetersäure und Silbereiweiß. So das Ungt. nigrum:

Rp. Argent. nitr.	0,3
Bals. peruv.	3,0
Vaselin. flav. ad 30,0.

Protargolsalbe muß aus Lösungen, die nach der bekannten Vorschrift bereitet sind, hergestellt werden. Die rein lokale Wirkung wird mit 5—10proz. Salben erreicht, ohne daß Resorption zu befürchten ist. Es empfiehlt sich, Protargol und kein Argentum proteinicum zu verwenden, denn gerade bei diesen Salben hat HEID[1] die Vorzüge des Originalproduktes gegenüber Ersatzmitteln nachgewiesen.

Der Typ der Protargolsalbe vertritt verschiedene Silberverbindungen, die in ähnlicher Weise verwendet werden, so das **Ichtargan** (Silber-Ichthyol), das **Targesin,** das vorwiegend in der Augenheilkunde verwendet wird.

Silbersulfid ist ein Bestandteil der Philoninsalbe.

Eine *Silbermanganverbindung* enthält die Simanitsalbe, die zur Wundbehandlung empfohlen wird[2].

Die **Argolavalsalbe** enthält Silberhexamethylentetraminnitrat und ist farblos. Sie wird bei Intertrigo, Ekzemen und in besonders dafür hergestellten Verreibungen als Augensalbe empfohlen. Die 2proz. Salbe wurde bei Ulcus cruris von OPFER[3] verwendet.

Die zur Wundbehandlung geeignete **Argionsalbe** der Katadyngesellschaft, Berlin, enthält Katadynsilber, das nach dem bekannten Verfahren hergestellt wird.

Eine *Jodsilberverbindung* **Argyjod** (Linde, Wiesbaden) in Lanolin ist nach JUNGHANS[4] zur Wundbehandlung sehr geeignet.

Ungt. Argenti colloidalis DAB 6 wird durch Verreiben von 15 Teilen kolloidalen Silbers in 5 Teilen Wasser und Zufügen einer Schmelze von 7 Teilen gelbem Wachs und 73 Teilen Adeps suill. benz. bereitet. Dem Ungt. Credé fehlt bei sonst gleicher Zusammensetzung der Wachsanteil. Die Austriaca IX wird eine Salbe aus 15 Teilen Silber in 75 Teilen Cetylalkohol-Vaselin-Gemisch und 75 Teilen Wasser enthalten.

Außer den genannten Silbersalzen gibt es noch zahlreiche andere brauchbare Präparate, die das Citrat, Fluorid, Lactat, Phosphat, Ichthyolat und andere Salze enthalten.

Die Versuche mit Silbersalzen ergaben keine neuen Vorschläge, sie zeigten aber eindeutig den großen Unterschied zwischen Wasser-in-Öl- und Öl-in-Wasser-Emulsionen. In den mit Silbersalzen bereiteten Salben sind neben Silbereiweiß kolloides freies Silber und ätzende Salpetersäure wirksam.

---

[1] HEID: Tidsskr. norske Laegefor. **1933**, 2.
[2] Schweiz. med. Wschr. **1935**, 36.	[3] OPFER: Dtsch. med. Wschr. **1935**, 31.
[4] JUNGHANS: Dtsch. med. Wschr. **1937**, 25.

Thallium.

Salze dieses Metalles kommen in Salben hier und da als Depilatorien zur Anwendung. Bei langer Anwendung kann es zu Allgemeinvergiftungen kommen. So beschreibt RAMOND[1] einen Fall, der nach dreimonatiger äußerer Anwendung eines Depilatoriums, das etwa 2% Thalliumacetat enthielt, polyneuritisartige Lähmungserscheinungen aufwies. Besser als Salben sind nach LIBERMANN[2] 5—10—20proz. Lacke. Derartige Verarbeitungen seien die wirksamsten Depilatorien, die keine Nebenwirkungen verursachen.

Titan.

Ein dem Zinkoxyd ähnliches Produkt ist das Titandioxyd TiO_2, ein Körper, der in verdünnten Säuren unlöslich ist, größere Deckkraft besitzt als Zinkoxyd und leichter als dieses ist. Es hat in der Kosmetik das Zinkoxyd weitgehend verdrängt[3] und findet sich in manchen Spezialpräparaten, z. B. im Inoton. Im Gegensatz zu Zinkoxyd ist es in Wasser auch nicht in Spuren löslich, übt so keinerlei chemische Wirkung aus und ist auch mit organischen Säuren nicht zur Reaktion zu bringen, so daß durch den sauren Schweiß keine Salze, die evtl. zur Resorption gebracht werden können, gebildet werden. Überall dort, wo man also lediglich die physikalische Wirkung des Zinkoxyds und nicht dessen chemische erzielen will, wird zweckmäßigerweise das Titandioxyd verwendet werden. Wenn wir aber chemisch und physikalisch gleichzeitig vorgehen wollen, bleibt weiter das Zinkoxyd das wichtigere Präparat. Albuminurien kommen in besonders gelagerten Fällen nach Resorbtion löslicher Titansalze vor (PETGES, LABAT und LECOULANT[4]).

Titanborat und das Salicylat sind in der einen oder anderen Ekzemsalbe enthalten. Über eine besonders überlegene Wirkung der Salze fand sich in der Literatur kein Hinweis, doch berichten NICOLAS und LEBEUF[5] von einer guten juckstillenden Wirkung der 3proz. Salicylat-Lanolin-Salbe. Bei stark juckender Dermatitis blieb aber sowohl die Salicylat- als auch eine Salbe mit Titan-Chrysophansäure-Verbindungen unwirksam.

Uran.

Die günstigen Wirkungen, die mit manchen Uransalzen bei Hautaffektionen erzielt werden, sind auf die Radioaktivität zurückzuführen.

Das Uran hat TRUTTWIN in die Therapie eingeführt. Seinen Arbeiten zufolge[6] wirkt es antiparasitär und radioaktiv und ist bei Impetigo cont. Balanitis, Lupus erythematodes, Sycosis simpl. u. a. angezeigt (DUFKE[7]). Man verwendet es nach TRUTTWIN nicht als sauerstoffhaltiges Salz, da

[1] RAMOND: Presse méd. **1929**, 42, 692.
[2] LIBERMANN: Vestn. Venerol. i Dermatol. **9/10**, 10 (1939).
[3] SCHWARZ: Parfumeur **1930**, 14, 265.
[4] PETGES, LABAT u. LECOULANT: Presse méd. **1934**, 99, 233.
[5] NICOLAS u. LEBEUF: J. méd. Lyon **1928**, Nr 204.
[6] TRUTTWIN: Münch. med. Wschr. **1925**, 5; Dermat. Wschr. **112**, 20, 26 (1941).
[7] DUFKE: Dermat. Wschr. **111**, 50 (1940).

dieses zu toxisch wirkt, sondern als *Andriol*. Das Andriolprinzip enthält neben Uran noch Jod, das im Körper abgespalten „nascierend" wirkt. Katalysatoren (Nickel und Kobalt) beschleunigen die Wirkung in den Niuranpräparaten, die die Grundkomponente Andriol enthalten. Andriol- bzw. Niuransalben werden auch bei Ekzem verwendet. DUFKE mischt das Niuran mit Lanolin-Vaselin, Ungt. Diachylon, Zinkpaste. Auch fertige Andriol-, Uran- und Niuranpräparate waren im Handel. Zu nennen sind die Andriol-Uran-Salbe mite, normal und forte, Andriol-Wismut-Salbe, das Antipruriginosum Calmuran und die Chronexasalbe, alles Produkte, die von der Otto Stumpf A.-G., Leipzig, vertrieben wurden.

Im Calmuran ist das Jod durch Brom ersetzt. Chronexon ist eine Natrium-Jod-Uran-Verbindung.

Andere Autoren haben nach TRUTTWINS[1] ersten Veröffentlichungen ebenfalls Uransalben empfohlen. ARONSTAMM[2] bespricht eine 3proz. Uran-Nitrat-Salbe und FREISCHMIDT[3] sowie O. DONOVAN[4] geben bei Acne, Lupus erythemat. und Psoriasis, also bei den Indikationen der Andriole, Uranerzsalben.

Wismut.

Wismutoxychlorid, in England offizinell, dient 5—10proz. in Vaselin oder in Fettsalbe als mildes Schäl- und Bleichmittel.

Das wichtigste adstringierende und sekretionsbeschränkende Salz ist das *Bismutum subnitricum*, das auch als Ersatz des Zinkoxyds dient, wenn letzteres nicht vertragen wird. Im **Dermatol** kommen die fäulnishemmenden antiparasitären Komponenten zur Entfaltung.

Bismut. subnitric.-Salben und Dermatolsalben (Bismut. subgallicum) werden in den verschiedensten Konzentrationen allein, erstere z. B. in der BECKSCHEN Paste, 30proz. in Vaselin, Paraffin und Wachs, die ANDERL[5] bei Analekzemen als juckstillend besonders empfiehlt, mit ZnO, Teer und anderen Zusätzen in Vaselin, Ungt. leniens, Ungt. simplex und anderen Grundlagen verordnet. Es wird lediglich lokale Wirkung der Wismutsalze angestrebt, doch dürften sich unter den Salbenmassen auch hier Unterschiede zuungunsten des Vaselins zeigen. Durch die gesunde Haut ist bei keinem therapeutisch verwendeten Wismutsalz, sofern die Salbengrundlage nicht verdorben ist, Resorption zu befürchten. Bei großen epithelberaubten Wundflächen gelangen die sonst unlöslichen Salze durch unbekannte Reaktionen zur Lösung und Diffussion, sie können zur Wismut-Vergiftung, die der Quecksilber-Intoxikation ähnelt, führen. Unter den desinfizierenden Wismutsalzen sind Xeroform und Noviform zu nennen. Letzteres ist Tetrabromcatechinwismut und wird als Puderbestandteil sowie in der 5proz. (Augen-) Salbe angewandt.

In der **Siozwo-Heilsalbe** (F. Blumhoffer, Nachf.) ist außer Wismut kolloidales Siliciumdioxyd, Zinc. oxyd., Hamamelis, Ammon. sulfo-

[1] TRUTTWIN: Münch. med. Wschr. **1925**, 5; Dermat. Wschr. **112**, 20, 26 (1941).
[2] ARONSTAMM: Zbl. Hautkrkh. **1931**, 821.
[3] FREISCHMIDT: Dermat. Wschr. **1931**, 22.
[4] DONOVAN, O.: Zbl. Hautkrkh. **1931**, 779.
[5] ANDERL: Münch. med. Wschr. **1939**, 1643.

ichthyol., Adeps lanae, Vasel., Paraff. liquid., Ol. arom. enthalten. Die Salbe wird vor allem bei Ulcus cruris empfohlen, eigene Erfahrungen fehlen.

In der **Milansalbe** (Athenstaedt u. Redecker) liegt eine 10% trichlorbutylmalonsaures Wismut enthaltende Salbe gegen Brandwunden und chronische bzw. subakute Ekzeme vor.

Lokale Überempfindlichkeitserscheinungen auf Wismutsalze sind zwar selten, aber schon beschrieben worden (SCHIPKE[1]).

Zinksalben und Zinkpasten.

Der Unterschied zwischen den Pasten und Salben ist pharmazeutisch gesehen nur gradueller Art. Pasten sind genau wie die Salben Verarbeitungen von Fetten oder Paraffinkohlenwasserstoffen mit bestimmten Zusätzen; nur sind die Zusätze fester Körper bei den Pasten wesentlich größer. Die Dermatologen unterscheiden aber auf Grund der verschiedenen Indikationen ziemlich scharf zwischen beiden. So trennt ZIELER im Textband des Lehrbuches der Haut- und Geschlechtskrankheiten die Pasten und Salben und erwähnt, daß man sowohl mit Vaselin als auch mit Ungt. leniens oder Öl Pasten erhalte. Die Salben sollen rein physikalisch die obersten Schichten der Haut durchtränken und entspannen. Pasten hingegen tun dies nach der allgemeinen Ansicht weniger, sie saugen aber mit ihren festen Bestandteilen Sekrete auf und dunsten sie an der Außenseite wieder ab. Da die Sekrete zudem gerinnen, entsteht eine Deckschicht. Diese Meinung geht auf LASSAR zurück, der in seiner ersten Publikation über die Zinkpaste[2] als wesentlichsten Vorteil ihre Porosität anführt. Während Fette das Wasser nicht durchlassen, wirke die Paste geradezu absaugend, lasse auf Grund der Capillarwirkung der festen Bestandteile plasmatische Flüssigkeit durchtreten, sei also Salbe und Puder gleichzeitig, eine Ansicht, der auch PERUTZ im neuesten Handbuch noch beipflichtet und die sich trotz der Modellversuche von VEYRIÈRES[3], der zeigen konnte, daß Methylenblaulösung nicht in die Paste eindringt, immer wieder behauptet. Sie widerspricht aber der Anwendungsvorschrift verschiedener Autoren, wie von DIETEL[4], ferner von FÜRST. Beide empfehlen die Zinkpaste zum luft- und feuchtigkeitsdichten Abschluß feuchter Verbände, wozu sie, sollte die Paste tatsächlich porös und aufsaugend sein, sehr wenig geeignet wäre.

Wir wollen, um die Widersprüche zu klären, zunächst die alte LASSARsche Paste besprechen, ihr Rezept lautet:

Zincum oxydatum, Amylum āā 10,0
Vaselinum flavum   20,0.

Schon UNNA suchte das Präparat zu verbessern, da eine Paste nach der Vorschrift LASSARS in ihrer Trockenwirkung nur schwach sei. Er

---

[1] SCHIPKE: Dermat. Wschr. **1938**, 5, 141.
[2] LASSAR: Mschr. f. prakt. Dermat. **1883**, Nr 4, 97.
[3] VEYRIÈRES, zit. bei PERCIVAL: Brit. J. Dermat. **41** (1929).
[4] DIETEL: Dtsch. med. Wschr. **1939**, 2.

empfielt deshalb[1] folgende Vorschrift und hofft damit geradezu ein salbenartiges Löschblatt gefunden zu haben:

Zinkoxyd 24,0
Kieselgur 4,0
Ol. benzoatum 12,0
Adeps benz. 60,0.

Er gibt dann noch andere Rezepte an, für Kleisterpasten, die man als Glycerinsalben mit Zinkoxydzusatz auffassen kann, und Gummipasten aus Mucilago Gummi arab., Glycerin āā 1 Teil, Pulvis 2 Teile. Man mußte Stoffe einarbeiten, die mit dem Gummi nicht reagierten, und hat die Vorläufer der Trockensalben vor sich.

Das Ungt. Zinci des DAB 6 besteht aus 1 Teil Zinkoxyd und 9 Teilen benzoiniertem Schweinefett. Die UNNAsche Pasta Zinci mollis besteht aus Kalkwasser, Leinöl, Kreide und Zinkoxyd.

HERXHEIMER[2] hält die LASSARsche Paste für zu trocken und zu fest, er führte daher zuerst eine überfettete Zinkpaste, also ebenfalls eine „molle"-Form, ein, dann die **Cetosan-**Zinkpaste. (Cetosan nennt er ein Gemisch von 95% Vaselin und 5% Cetyl- und Oktodecylalkohol.)

RAPP hat das Vaselin, das auch in Pasten verarbeitet noch reizen kann, durch folgende Vorschrift umgangen:

Zincum oxydatum 54,0
Talcum 4,0
Adeps lanae 32,0
Ol. jecoris as. benz. 10,0.

Diese beiden Autoren gehen davon aus, daß das Vaselin nicht die richtige Grundlage für eine Trockensalbe sei, und verwenden Fette bzw. Öle oder Wachse, die Emulgatoren enthalten. SCHMATOLLA hingegen weist darauf hin, daß die Reizwirkung der heutigen Zinkpaste dem Mineralpulver Talcum, das die Stärke der Originalvorschrift LASSARS im ersten Krieg verdrängt hat und geblieben ist, zuzuschreiben ist. LASSAR habe nach vielen Versuchen die Stärke als Zusatz gewählt, denn gerade sie hatte die beste kühlende Wirkung auf die Haut und beseitigt die Impermeabilität der Paste[3].

Die Hersteller der „**Mattan**"-Präparate gehen wahrscheinlich von der Überlegung aus, daß eine Zinksalbe mit Wasserzusatz Vorteile besitze, und bringen die Mischung aus Vaselin, Wasser und Gleitpuder heraus.

Aus dieser kurzen Übersicht geht hervor, daß zwischen der Zinkpaste, der „molle"-Form und der Salbe laufend Übergänge vorhanden sind, daß die Paste ferner aus den verschiedensten Gründen nicht optimal wirkt. Sie befriedigt den Dermatologen nur, solange nichts Besseres da ist. Es steht fest, daß das Vaselin vielfach nicht das geeignete Medium ist, daß die Verwendung von Talcum an Stelle von Stärke keinen Vorteil brachte.

Wenn man nun unter Berücksichtigung des bisher über Salben Gesagten sich die Eigenschaften der Zinkpaste vor Augen führt und die

---

[1] UNNA: im TRUTTWIN, 2. Aufl., S. 149: ferner Mschr. f. prakt. Dermat. 1884.
[2] HERXHEIMER: Münch. med. Wschr. 1931, 5, 195.
[3] SCHMATOLLA: Pharmaz. Ztg 1934, 79, 1007.

Deutungsversuche überlegt, die uns die Wirkung des Präparates klären sollen, so müssen wir feststellen, daß die übliche Erklärung der austrocknenden Wirkung der Paste äußerst unwahrscheinlich ist. Sowohl Zinkoxyd als auch Talcum und Stärke sind mit Vaselin umgeben und durchtränkt und kommen mit dem Sekret doch überhaupt nicht in Berührung. Wie können sie da nach Art eines trockenen Filtrierpapiers die Sekrete von innen heraus aufnehmen und nach außen hin durch Verdunstung abgeben? Ein gefettetes Filter ist doch für alle wässerigen Flüssigkeiten vollkommen undurchlässig. Eine Zinkpaste, die mit Stärkezusatz lege artis hergestellt wurde, ohne aber nachträglich noch durch eine Maschine zu laufen, hatte bei 300facher Vergrößerung folgendes Aussehen (s. Abb. 19).

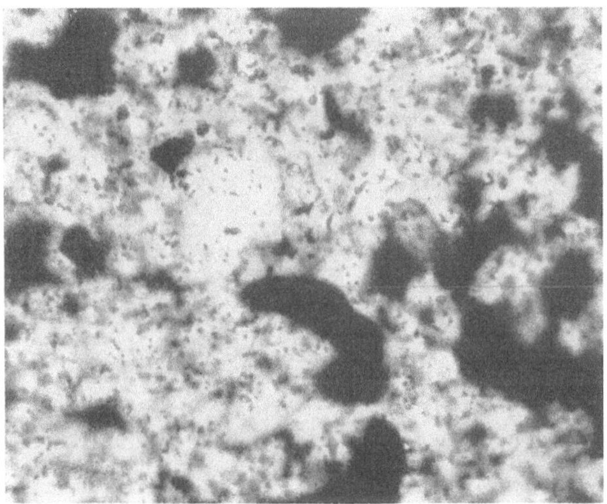

Abb. 19. Zinkpaste, Vergr. 1: 300, gefärbt. Die dunklen größeren Flecke sind Zinkoxyd, die kleinen Talcumteilchen. Der weiße Fleck etwas oberhalb der Mitte ist ein Stärkekorn.

Der Abbildung ist zu entnehmen, daß die festen Teile von dem im Präparat rot gefärbten Fett durchdrungen sind. Lediglich die Stärke, die vorher, um sie zu kennzeichnen, blau gefärbt worden war, ist nicht durchtränkt, sondern nur umschlossen. Daran ändert auch die feinere Verteilung durch nochmaliges Durcharbeiten der Paste, z. B. durch eine Dreiwalzenmühle, nichts. Hier haben Capillarkräfte wäßriger Medien keine Möglichkeit zur Entfaltung.

Die Wirkung der Zinkpaste muß auf anderen Gründen beruhen, denn auch Kieselgur oder sonst ein poröser Stoff kann innerhalb einer Vaselinsalbe kein Wasser aufnehmen. Diesbezügliche Modellversuche seien zunächst beschrieben. In ihnen wurden 2 Zinkpasten, die eine mit Fett und die andere mit Vaselin, bereitet, auf Glasplatten von 10 qcm in einer Schichtendicke von 1 mm aufgestrichen. Diese beiden Pasten wurden in Bechergläsern mit 5proz. Essigsäure 2 Stunden lang behandelt, dann herausgenommen und in der Essigsäure das evtl. vorhandene Zinkacetat durch Schwefelwasserstoff gefällt. Denn wenn die Essigsäure mit dem Zinkoxyd in Berührung kommt, so müßte sich Acetat bilden und dieses nachgewiesen werden können. Es zeigte sich jedoch, daß aus der mit Vaselin zubereiteten Paste überhaupt kein Zink in Lösung gegangen war, aus der Fettpaste nur Spuren. Es war deshalb zweckmäßig, nicht nur einen Modellversuch, sondern auch Versuche an der Haut anzustellen[1].

Hierzu wurden zunächst 2 Salben aus Kieselgur und Talcum aā 10,0, Kobaltchlorür 2,0, Vaselin 20,0 bzw. Fettsäureglycerinester 20,0 hergestellt. Jeder einzelne Bestandteil wurde vor der Verarbeitung vollkommen wasserfrei gemacht. Die im Exsiccator erkalteten Salben wur-

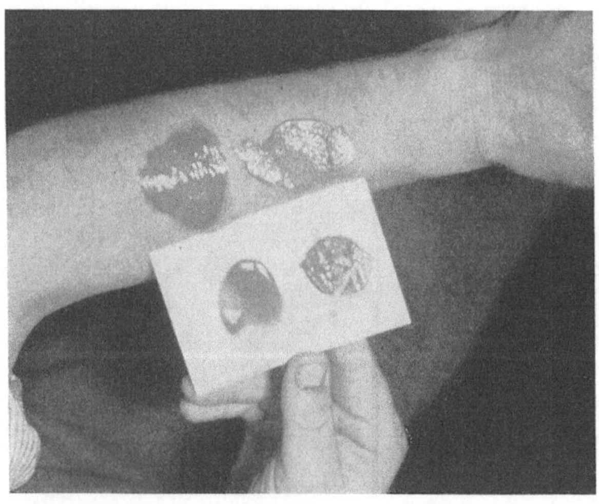

Abb. 20. Verfärbung einer Kobaltchlorürpaste durch Wasseraufnahme. Links aus Fett, rechts aus Vaselin bereitet. Oben auf der Haut, unten Kontrolle auf Papier.

den unter Ausschluß von feuchter Luft aufbewahrt. Das Kobaltchlorür war in dieser Salbe in der wasserfreien blauen Form adsorptiv an die Kieselgur gebunden worden, da es dieser vor dem Trocknen in Lösung zugefügt wurde. Die beiden Salben wurden nun in gleichen Mengen auf gleich große Partien der gesunden Unterarmhaut aufgetragen. Nach 2 Stunden war die mit Fett bereitete Salbe rosarot geworden, die Vaselinsalbe hatte sich kaum verändert; die Kontrollen, die statt auf die Armhaut auf Papier aufgestrichen und im Zimmer aufbewahrt worden waren, hatten sich überhaupt nicht verfärbt. Der Versuch zeigte zunächst, daß die Kieselgur im Fettmedium oder das Fett imstande ist, aus der Haut Wasser aufzunehmen; Kieselgur und Vaselin sind dazu nicht in der Lage.

---

[1] v. Czetsch-Lindenwald: Dermat. Wschr. 1939, 13, 365.

Um zu klären, woher dieser Unterschied kommt, wurde dieselbe Versuchsanordnung mit 3 anderen Salben wiederholt. Alle 3 Salben enthielten Talcum und Kieselgur āā 10,0, Kobaltchlorür 5,0 mit 30 g Fett bzw. Kohlenwasserstoffen. Als Salbengrundlage diente bei Salbe 1 synthetisches Vaselin, Salbe 2 enthielt dasselbe Vaselin + 5% Cetylalkohol als Emulgator, Salbe 3 enthielt einen Fettsäureglycerinester mit demselben Zusatz. Die Vaselinsalbe verhielt sich genau so wie im ersten Versuch; die beiden mit Emulgatoren versetzten Pasten 2 und 3 aber nahmen, wenn auch verschieden schnell, Wasser auf, was durch das Umschlagen der blauen Kobaltchlorürform in die rosarote bewiesen werden konnte. Es zeigte sich also, daß das Vaselin durch den Cetylalkoholzusatz dem Fett in bezug auf wasseraufnehmende Wirkung ähnlich geworden war.

Wenn wir also aus der Haut, und zwar sowohl aus der gesunden als auch aus der kranken, geschädigten, in eine Zinkpaste hinein Wasser eintreten lassen wollen, so müssen wir ihr Emulgatoren zusetzen. Es kommt hier sowohl auf den Emulgator als auch auf die Salbengrundlage an. Um dies zu beweisen, haben wir drei weitere Salben hergestellt, die in 10 g je 2 g Kobaltchlorür, Bolus alb. und Wollfett enthielten. Alle 3 Präparate wurden wie bisher nun in der Menge von 1 g auf die gesunde Unterarmhaut aufgestrichen, und es wurde beobachtet, in welcher Zeit das wasserfreie, blaue Kobaltsalz sich in die wasserhaltige rote Form umgewandelt hat. Es zeigte sich, daß die Vaselin- und Paraffinsalbe trotz eines Zusatzes des Wollfettes nicht einmal Spuren von Wasser aus der Haut aufgenommen hatte, wogegen die Salbe mit dem Glycerid innerhalb 1 Stunde rosa geworden war. Ähnlich verhielten sich die Kontrollen, die statt auf die Haut auf weißes Papier aufgestrichen worden waren. Die Vaselin- und Paraffinsalben hatten, obwohl sie 24 Stunden in feuchter Luft lagen, keinerlei Farbumschlag gezeigt. Die Fettsalbe war auch blau geblieben, doch wies sie insbesondere an den Rändern eine leicht rötliche Tönung auf. Cetylalkohol verbesserte also die wasseraufnehmenden Eigenschaften des Vaselins in diesem besonderen Fall, dagegen war Adeps lanae, sonst ein ausgezeichneter Emulgator, dazu nicht in der Lage.

Ähnliche Resultate ergab ein Versuch mit Pasta zinci molle und durum aus der Krankenhausapotheke sowie mit Esiderm. Alle drei Pasten wurden auf einem Objektträger gewogen und 5 Stunden lang bei 37° C mit physiologischer Kochsalzlösung überschichtet. Die Gewichtskontrolle ergab sowohl bei der weichen wie bei der harten Zinkpaste keine Gewichtszunahme bis auf 0,001 g, während das glycerinhaltige Esiderm eine 5,8 proz. Wasserzunahme zeigte.

Die Versuche zeigen, daß die Zinkpaste vom Typus des LASSARschen Präparates, mit Vaselin bereitet, aus der Haut überhaupt kein Wasser aufnimmt. Verwendet man statt des Vaselins Fett oder einen mit bestimmten Emulgatoren versehenen Paraffinkohlenwasserstoff, so erhält man zwar eine wasseraufnehmende Paste, doch dürfte es außer Zweifel sein, daß diese geringen Spuren von Wasser, die nicht durch Capillar-, sondern durch Emulgierwirkung aufgenommen werden, aber niemals wieder durch bloße Verdunstung, auch nicht im Vakuum, entfernt werden können, überhaupt keinen therapeutischen Effekt zeigen können. Der Lehrsatz: „Pasten sind Pulvergemische in einem die Plastizität gewährenden Mittel", den WINTERNITZ im Handbuch zitiert, kennzeichnet das Wesen zumindest der mit Fetten bereiteten Pasten vollkommen falsch. Er muß umgekehrt lauten: „Pasten sind Salben, die durch feste Bestandteile in ihrer Konsistenz verändert sind."

Die ohne Zweifel vorhandene Wirkung der Zinkpaste beruht also nicht auf der bisher angenommenen Theorie, sondern auf einem anderen physikalischen Mechanismus und auch auf chemischer Einwirkung. Die Zinkpaste ist auf der kranken Haut zunächst eine Schicht, die infolge der Zusätze von festen Bestandteilen lockerer ist und den Sekreten nicht den Widerstand entgegensetzen kann wie z. B. eine zähere Salbe. Die Sekrete dringen, da sie unter einem, wenn auch minimalen Druck stehen, durch die Paste, die ihnen nur einen geringen mechanischen Widerstand entgegensetzt, hindurch und können dann außen an der Oberfläche eintrocknen, ein ganz einfacher Mechanismus, der natürlich auch mit anderen geeigneten ähnlich porösen Salben und Pasten erreicht werden kann. Die Schicht, die Flüssigkeiten von innen heraus durchläßt und diese dann zur Verdunstung freigibt, ohne aber selbst eine Vermittlerrolle auszuüben, ist ein Klappenventil, das nach außen keinen, nach innen einen nicht überwindbaren Widerstand entgegensetzt. Dazu kommt die chemische Wirkung des Zinkoxyds, es ist ein leichtes Desinfiziens und Adstringens, das als Pigment Strahlen abhält.

Ist das Fett der Paste bei Hauttemperatur flüssig oder ein Öl (ZIELER nennt in seinem Buch das Zinköl auf Grund seiner Wirkung mit Recht eine Paste), so wird ein Teil abgeschmolzen und durch Emulgierung entfernt; der oberflächlich bleibende Pastenkörper enthält nicht mehr 20, 30 oder 50, sondern vielleicht 70% fester Bestandteile, er nähert sich einer festen Paste, einem Puder. Spuren von ZnO kommen nun mit dem Gewebe in Kontakt und die zweite, die chemische Wirkung der Paste setzt ein. Das Oxyd verbindet sich, soweit es mit den Hautsekreten in Berührung kommt, zu Zinkaten und ähnlichen Verbindungen, wenigstens in Spuren, und diese üben dann eine gerbende, entquellende Wirkung aus. Auch diese Erklärung ist naheliegend. Sie wird von der Tatsache bestätigt, daß die Salben von RAPP oder von UNNA, die mit Fetten, also emulgierbaren Substanzen oder direkt mit Zusatz von Emulgatoren hergestellt sind, besser wirken als die Vaselin-Zinkpaste. Durch die Emulgierung ist die Berührung der Sekrete, der Fette und des Zinks inniger, die chemische Wirkung wird intensiver. Nicht die Kieselgur ist es, die jetzt mehr Wasser ansaugt, sondern die Wirkung der Zinkate wird intensiver, die semipermeable Schicht wird noch besser durchlässig. Die Stärke wirkt nicht deshalb besser als Talcum, weil sie mehr Wasser aufnimmt, sondern weil sie eine günstigere Oberfläche besitzt, weil sie immer etwas feucht von Fett nur umhüllt, nicht durchdrungen wird. Die kleinen scharfkantigen Talcumteilchen sind dem Durchwanderungsdrange der Sekrete nicht so freundlich wie die größeren rundlichen Stärketeilchen, die wie eine Schicht groben Schotters von Wasser leichter durchdrungen werden als eine gleich dicke Schicht irgendeines scharfkantigen Splitts. Bei Berücksichtigung dieser Ansicht wird es möglich sein, die alte LASSARsche Paste, die dem Dermatologen unentbehrlich ist, noch optimaler zu gestalten, ein Präparat, das die Pastenwirkung vollinhaltlich zeigt, ohne Nebenwirkungen zu verursachen. Die Rezepte ändern sich weniger als die Erklärung der Wirkung. Diese war auf Fehlschlüssen aufgebaut und muß revidiert werden.

Zu den Zinkpasten kann auch das **Esiderm** (Klinke) gerechnet werden, eine Paste, die Zinkoxyd, Talcum, Kieselsäure, Glycerin und Wasser enthält und Vorläufer besitzt, nämlich die **Lotio Zinci (Fresenius)** sowie die Mikulicz-Pasten, die aus Glycerin, Bolus, Gummischleim und Zinkoxyd bestehen. MULZER[1] hat es in die Therapie eingeführt; es wird gegebenenfalls mit Zusätzen messerrückendick aufgetragen und trocknet in kurzer Zeit ein, so daß ein Verband meist überflüssig ist. Erneuerung zweimal täglich. Diese mit Wasser abwaschbare Paste verhält sich durch ihren Glycerinzusatz natürlich ganz anders als die mit Fetten bereitete Zinkpaste. Das Glycerin bewirkt einen osmotisch bedingten Flüssigkeitsstrom aus dem Gewebe heraus, die festen Bestandteile, die nicht vom Fett umhüllt sind, sondern vom wasseranziehenden Glycerin, treten mit den Sekreten in Berührung. Die angestrebte Austrocknung kann durch diese Paste besser erreicht werden. Inwieweit und in welchen Fällen die Wirkung derjenigen anderer Pasten überlegen ist, muß der Kliniker entscheiden. Nach unseren Erfahrungen wirkt Esiderm bei akuter Ekzematisation oder Inflammation für einige Stunden dünn aufgetragen gut entquellend und entzündungshemmend. Bei längerer Anwendung können erneute Reizerscheinungen auftreten, die wohl auf die zu starke Entquellung durch den osmotisch bewirkten Flüssigkeitsstrom hervorgerufen werden. (Siehe auch die Ausführung über den „biologischen Takt der Entquellung" auf Seite 91.) Dasselbe gilt wohl auch von der von STÖHR[2] empfohlenen **Adulsionspaste,** die aus je 26 % Zinkoxyd und Talcum und 48 Teilen 2,5proz. Adulsionslösung besteht. Auch hier liegt eine „salbenförmige" Schüttelmixtur vor, in der man durch Glycerinzusatz das Eintrocknen, eine meist unerwünschte Eigenschaft, verhindern könnte.

GOLDSTEIN[3] hat es sich zum Ziel gemacht, alle galenischen Präparate im Hinblick auf die Genauigkeit bei der Herstellung zu untersuchen. So prüfte er Lösungen, Tabletten auf die Fehlerbreite zwischen angegebenem und gefundenem Gewicht. Bei seinen Salbenuntersuchungen hat er Salicylsalben verschiedener Konzentration, Zinkoxyd-Salbe (10 %) und 5proz. Phenolsalben durchgearbeitet. Bei den Salicylsäuresalben fanden sich Fehler, die + — 68 % groß waren. Da die meisten Fehler wesentlich kleiner waren, will er + — 15 % als Toleranz zulassen. Bei der Zinkoxydsalbe wird eine Toleranzbreite von + — 10 % und bei der

[1] MULZER: Dermat. Wschr. **1936,** 20; **1937,** 37.
[2] STÖHR: Chirurg **12,** 15 (1940).
[3] GOLDSTEIN: Amer. J. Pharm. **1948,** 9, 5.

Phenolsalbe $+ -35\%$ gestattet. Daß diese Toleranz so ausnehmend
hoch erscheint, ist im Vorherrschen einiger recht hoher Fehler bei seiner
Unterlage begründet.

Tricho-Esiderm wird von den Deitinwerken eine Salbe genannt, die
auf Esidermgrundlage Anthrarobin, Schwefel, Phenylsalicylat und Thymol enthält.

Auch mit Wachsen und Walrat können Zinkpasten bereitet werden
(Lee und de Kay[1]).

Mollositin. Nach „jahrelangen Versuchen" gelang es Klövekorn[2],
dieses Zinköl in Tuben, das als Ölkomponente Lebertran enthält, herzustellen. Es soll u. a. auch kühlend wirken. **Metuvitsalbe** (Chemosan,
Wien), die schon mehrmals erwähnt wurde, besteht vorwiegend aus
Zinkoxyd, Lithiumsalz, Wachs und Schweinefett und gegebenenfalls
einem Lebertranzusatz (Metuvit cum Ol. jecoris). Das Produkt wird
mit UV.-Licht bestrahlt und erhält so neuartige biologische Eigenschaften, die sich in einer verstärkten Heilungstendenz der mit der Salbe
behandelten Wunden u. dgl. äußern. Ried[3] sowie Wolfram und Ried[4]
haben die besondere Wirkung des bestrahlten Präparates sowohl botanisch als auch pharmakologisch nachgewiesen. Photochemisch gelingt
der Nachweis etwa von Strahlen, die photographische Platten schwärzen, nach unseren Versuchen weder bei 2- noch bei 4-, 6- oder 12stündiger Exposition.

Ob das obengenannte Mollositin mit dem Produkt der Firma Klinke
(Lebertran, Wollfett, Glycerin, ZnO, TiO$_2$, Talcum, Kieselsäure) identisch ist, ist schwer zu entscheiden.

Bezüglich der Indikationen der Zinkpasten soll nur auf einen Punkt
verwiesen werden. Viele Chirurgen verwenden, wie Morandell[5] ausführt, die Zinkpaste als Hautschutz, um gesunde Haut vor Schädigung
durch Sekrete oder Harn zu bewahren. Hierzu ist sie nicht optimal
geeignet, da sie viel zu spröd ist. Sie ist aber ein gutes Beispiel für
unsere Ansicht, daß die Pasten kein Wasser annehmen, denn würde sie
Wasser aufnehmen, so wäre sie als Deckpaste denkbar ungeeignet. Hier
gelten die Regeln, die unter dem Kapitel „Decksalben" auf S. 130 angeführt sind. Zinkoxyd ist in verschiedenen Sorten im Handel, pharmazeutisch interessieren die Sammelbezeichnungen purum und crudum.
Ersteres ist überall dort zu verwenden, wo nicht ausdrücklich crudum
verordnet wird.

Auch die *Pasta Zinci salicylata*, in der die Salicylsäure ursprünglich
nur den Zweck hatte, Zersetzungserscheinungen (Ranzigwerden) in der
Salbengrundlage zu verhindern, gehört zu den Zinkpasten, wenn ihre
Wirkung auch nicht aus der der Zinkpaste und derjenigen der freien
Salicylsäure zusammengesetzt ist, sondern auf das Reaktionsprodukt
Zinksalicylat, das auch in reiner Form als Adstringens und Desinfiziens

[1] Lee u. de Kay: J. amer. pharmaceut. Assoc. **21**, 1022 (1932).
[2] Klövekorn: Dtsch. med. Wschr. **1939**, 16.
[3] Ried: Wien. med. Wschr. **1937**, 48.
[4] Wolfram u. Ried: Wien. klin. Wschr. **1937**, 22, 52.
[5] Morandell: Münch. med. Wschr. **1925**, 24, 955.

verwendet wird, zurückzuführen ist. Es war ja naheliegend und wurde von Kunz Krause[1] bewiesen, daß sich das ZnO und die Säure zum Salz umwandeln. Dieses wird durch die gesunde Haut hindurch nicht resorbiert (Grothe[2]).

Es sei noch erwähnt, daß außer dem Zinkoxyd auch das *Zinksulfat* therapeutisch verwendet wird. Eine solche Salbe mit 10% Zinksulfat, 3% NaCl und Anästhesin in Vaselin-Lanolin wird von Schlammadinger[3] bei Lupus zur Ätzung messerrückendick auf Billroth-Batist aufgetragen und wirkt nach 48stündiger Behandlung.

Eine 0,25proz. *Zinksulfat*salbe mit Vaselin wird in der Augenheilkunde angewandt.

Bemerkt sei noch, daß an Stelle von Zinkoxyd in der Kosmetik des In- und Auslandes das **Zinkstearat** und andere fettsaure Zinksalze Eingang gefunden haben. In der Pharmazie und Therapie sind die Präparate, die physikalisch vor dem leicht klumpenden Zinkoxyd Vorteile zeigen, in Ausnahmefällen als juckstillende Medikamente, z. B. von Herxheimer in Vaselin-Lanolin, empfohlen worden.

Die 5proz. Zinkstearatsalbe mit Vaselingrundlage wird auch als Brandsalbe verwendet. Wir haben in zahlreichen klinischen Fällen von Pruritus sowie zur Nachbehandlung von Ekzemen und Allergosen im nicht mehr entzündlichem Stadium, bei der sog. Neurodermitis flexurarum, 5proz. Zinkstearatsalbe mit Adeps- und Vaselingrundlage auch simultan verwendet. Fast immer wurde die juckstillende Zinkstearatkomponente, der in besonderen Fällen auch Percain. basic. zugegeben wurde, als sehr angenehm empfunden. Salben mit Adepsgrundlage waren bei Kranken mit spröder, trockener Haut bevorzugt, weil sich die Triglyceride leichter in die Haut einreiben lassen. Im allgemeinen wurde jedoch ein wesentlicher Unterschied der Salbengrundlagen subjektiv und objektiv in diesen Fällen nicht festgestellt.

Keratolyn (Beiersdorf) enthält als Wirkstoffe Zinkseife, Salicylsäure (reagiert sie nicht mit der Seife?) und Lianthral und ist zur Behandlung hyperkeratolytischer und kallöser Ekzeme bestimmt.

Vergiftungen durch Zinksalben, Pasten und Leime sind nicht zu befürchten, da keine Resorption löslicher Zinksalze zu erwarten ist. Für Zinkleime ist dies schon von G. P. Unna[4] hervorgehoben worden.

Als Streupulver eingeatmet ist Zinkstearat nicht ungefährlich. Es hat nach einer Umfrage des J. amer. med. Assoc. **1925**, 84 damals 28 Todesfälle verursacht.

Galmei besteht aus Zinkcarbonat und Silicat und ist der Wirkstoff der in der Volksmedizin bei Ulcus cruris verwendeten Galmeisalbe. **Zinkacetat** dient in 1—5proz. Salben als Adstringens und Bleichmittel bei Sommersprossen.

Bei uns sind Zinkcarbonatpräparate der Dermatologie so gut wie unbekannt. Anders in Amerika, wo eine Vorschrift der Nationalformeln

---

[1] Kunz Krause: Arch. Pharmaz. **1924**, 2, 115.
[2] Grothe: Diss. München 1937.
[3] Schlammadinger: Wien. klin. Wschr. **1930**, 17.
[4] Unna, G. P.: Mschr. f. prakt. Dermat. **1888**, 651.

eine Schüttelmixtur den verschiedensten Verbesserungsversuchen unter-
lag und ins Arzneibuch Eingang fand. Sie blieb aber nicht in Suspension,
bildet Krusten und befriedigt auf der Haut in bezug auf die Farbe
nicht (NADKARNI und ZOPF[1]). Versuche mit Gummi, Gelatine, Bentonit
wurden angestellt, Tylose, Natrium-Alginat und Pektin geprüft.

Am besten bewährte sich folgendes Rezept:

Zinkoxyd	8,0
Zinkcarbonat	8,0
Polyäthylenglycol 400	8 ccm
Polyäthylenglycol 400 — monostereat	3,0
Gelatinelösung	60 ccm
Aqua qu. s. ad	100

Zincum jodatum wird 5proz. bei Psoriasis verwendet.

Zincum subgallicum-Salben stehen bei Ekzemen in Gebrauch.

Swansolwundsalbe (Dr. Rich. Voß, Hamburg) ist eine Frischmilch-
Lebertran-Zinksalbe, die sich durch gute Streichfähigkeit auszeichnet.

Dermilonpaste (Ilon) ist eine modifizierte Zink-Lebertran-Paste.

Zinksuperoxyd, mit Talcum gemischt in 5—10proz. Salben auf
Vaselinbasis, dient als mildes Adstringens und Desinfiziens. In tierischen
Fetten wandelt es sich allmählich in reizende Zink-Fettsäure-Salze um.

FREEMAN[2] hat auf Grund älterer amerikanischer Arbeiten eine
Paste aus 60% Zinkperoxyd und 40 Teilen Wasser zur Wundheilung
herangezogen. Die damit hergestellten Verbände, die täglich zu erneuern
sind, wirken durch den entstehenden Sauerstoff insbesondere bei jau-
chigen Geschwüren günstig. Nach HOGLE[3] genügen 2—10proz. Salben
in Vaselin oder Öle bzw. Gelatine.

Zinkoxyd wird nur ausnahmsweise von der Haut nicht vertragen,
die Substitution durch Titanoxyd kann in solchen Fällen günstig sein.
Von großen Wundflächen kann so viel Zink resorbiert werden, daß es zu
Vergiftungen kommt (LEWIN[4]). Die intakte Haut läßt kein Zink durch[5].

Zusammenfassend kann festgestellt werden, daß die wasserlöslichen
Zinksalze in Salben vorwiegend als Ätzmittel, die schwer- bis unlöslichen
als juckstillende milde Adstringenzien und Pastenbestandteile verwendet
werden. Die Zinkpaste ist nicht porös wie ein Löschblatt, sondern
wirkt klappenventilartig. Die Zinkpaste mit nicht zu nieder schmelzen-
dem Fett und mit Stärke statt Talcum ist dem Arzneibuchpräparat
vorzuziehen. Das Zinkoxyd wirkt vor allem physikalisch durch Konsistenzänderung, die chemische Wirkung tritt dagegen zurück, auch die
desinfizierende Wirkung des Oxydes, die HAXBAUM[6] beobachtet hat,
dürfte in Salben- und Pastenform nur sehr gering sein, da das Medikament allseits von der Salbe umschlossen ist. PROUND und STIRKLAND
konnten sogar feststellen, daß Zinkpaste keinerlei desinfizierende Wirkung besitzt[7].

---

[1] NADKARNI u. ZOPF: J. amer. pharmaceut. Assoc. **1948**, 9, 4.
[2] FREEMAN: J. amer. med. Assoc. **115**, 3, 181 (1940).
[3] HOGLE: Lancet **1942**, 3.
[4] LEWIN: Die Nebenwirkungen der Arzneimittel, S. 173.
[5] GROTHE: Diss. München 1937.   [6] HAXBAUM: Brit. J. Dermat. **1928**, 12.
[7] PROUND u. STIRKLAND: J. amer. pharmaceut. Assoc. **26**, 730 (1937).

Schwefelsalben.

Der wasserunlösliche, in Schweinefett zu 0,92%, in Olivenöl zu 0,58% lösliche (Moncorps[1]) Schwefel ist auf Grund seiner keratolytischen, keratoplastischen, quellungsfördernden, juckstillenden und antiparasitären sowie seiner internen Stoffwechselwirkung eines der wichtigsten Heilmittel der Dermatologie, ein häufiger Bestandteil fertiger Spezialpräparate, vieler Pasten, Salben und Schüttelmixturen. Uns interessieren die Salben und Pasten, in die gereinigter, gefällter, sublimierter oder kolloidaler Schwefel eingearbeitet wird. Seine Resorption und Wiederabscheidung durch die gesunde Haut kann auf verschiedenen Wegen nachgewiesen werden. Moncorps hat im Tierversuch Wismutsalze subcutan eingelagert und ihre Schwärzung als Test herangezogen. Bier[2] schlägt vor, eine konstant gewogene Silberplatte von 200 qcm 10 Tage lang auf der Brust zu tragen. Ihre Gewichtszunahme und Schwärzung ist ein Maßstab für die H_2S-Ausscheidung. Er fand auf diese Weise, daß bei Kranken ganz andere Bedingungen als bei Gesunden vorhanden sind. So hat ein Patient bei mengenmäßig gleicher Schwefeldarreichung per os bei Seborrhöe 600 mal soviel Schwefel ausgeschieden als Gesunde, ja 600 mal soviel als er selbst 2 Jahre später nach Abheilung und Wiederherstellung des S-Stoffwechselgleichgewichts abgab.

Eine andere Methode zum Nachweis resorbierten und in die Atemluft übergehenden Schwefels besteht darin, daß man 3 Minuten lang durch einen Apparat atmen läßt, in dem H_2S durch Salpetersäure (1 : 1000) aufgenommen wird. Nach Eindampfen mit Wasser ist das Sulfat ausfällbar.

All diese Methoden sind bei Berücksichtigung der Fehlerquellen brauchbar, sie zeigen, daß bei sonst gleichen Bedingungen für die Wirkungsintensität des Schwefels auf der Haut die Feinheit seiner Verteilung in der Salbe maßgebend ist. In den Polysulfiden eingelagerter oder sonst gelöster Schwefel stellt die feinste Verteilung dar. Viel grober ist der kolloidale Schwefel, dann folgt die Schwefelmilch und endlich die Schwefelblüte. Die schnellste Resorption wird man also, wie Buchhold schon betont, mit gelöstem Schwefel der feinst verteilten Form erzielen[3]. Dies erklärt die gute Wirkung der Thermalbäder, über deren Wirkung u. a. im Boll. Sez. region. Soc. ital. Dermat. 5, 284 (1932) eingehend berichtet worden ist. Zur Wirkungsweise und dem Mechanismus der Schwefelresorption haben Moncorps, Heubner, Bürgi und andere Autoren, die von Perutz zitiert und besprochen wurden, Stellung genommen. Uns interessiert hier die Wirkungsintensität aus Salben, sie hängt vom vorliegenden Ionenzustand ab[4]. So kommt die quellungsfördernde Wirkung des Sulfhydrations im wesentlichen bei alkalischer

---

[1] Moncorps: Arch. f. exper. Path. **141**, 67.
[2] Bier: Münch. med. Wschr. **1930**, 38.
[3] Buchhold: Dermat. Wschr. **1929**, 43.
[4] Milbradt: Münch. med. Wschr. **1937**, 38, 1492.

Reaktion zur Geltung. Wir werden dies daher bei der Einstellung der Wasserstoffionenkonzentration der Salbe berücksichtigen müssen.

Um auf die rezepturmäßig herstellbaren Salben und Pasten zurückzukommen, interessiert vor allem eine Arbeit von BRANDRUP[1], die zeigt, daß sich der Schwefel im Adeps suill. und im Oleum oliv. molekular löst, im Paraffin und Vaselin zum Teil molekular, im Adeps lanae wenig kolloid. Auch SCHUBERT[2] rät von Vaselin-Schwefel-Salben ab, er empfiehlt wasserhaltige Salben, da Wasser zur Reaktion nötig sei, Eucerin oder Lanolin + 10% präcip. Schwefel. Unter Berücksichtigung dieser Ergebnisse und der Eigenschaften der Salbengrundlagen ist die Arbeit von MONCORPS eine Bestätigung des oben Gesagten. Nach MONCORPS wurde nämlich der Schwefel percutan aus Pasta Zinci am wenigsten resorbiert, dann in steigender Reihenfolge aus einer Öl-in-Wasser-, aus einer Wasser-in-Öl-Emulsion, dann aus Vaselinum flav., Adeps benz. Der Schwefelgehalt des Blutserums stieg naturgemäß am stärksten bei Adeps benz. als Salbengrundlage an, dann kam Vaselinum flav., dann die übrigen Medien in umgekehrter Reihenfolge.

Man wird also theoretisch mit einer Schwefelsalbe auf Fettgrundlage mehr *Fernwirkung* erreichen als mit einer Emulsion gleicher Schwefelkonzentration, denn wir werden bei der Verarbeitung von Salben die Form wählen, die eine molekulare Lösung erwarten läßt, also eben Fette und Öle, die als Lösungsmittel des Schwefels auch zur Injektionsbehandlung am empfehlenswertesten[3] sind. Rein empirisch ist dies ja längst festgestellt, und die Krätzensalbe des DAB 6 enthält als Grundmasse Schweinefett mit einem Zusatz von Teer und Kaliseife. Der Seifenzusatz soll einerseits das Abwaschen erleichtern, andrerseits alkalisieren, da im alkalischen Milieu stärkere Schwefelwirkung erwartet wird.

Es war von Interesse, zu prüfen, ob Schwefelsalben in der Lage sind, im Modellversuch Schwefelwasserstoff zu bilden. Zu diesem Zweck wurden 5 verschiedene 30proz. Schwefelsalben hergestellt. Die Grundlage der 1. bestand lediglich aus Vaselin, die der 2. aus Lanolin, die der 3. aus synthetischen Glyceriden, die der 4. aus Cetiol und die der 5. aus Lanettewachssalben. Die 5 Salben wurden mehrere Tage lang in luftdicht abgeschlossenen Räumen bei 30° verwahrt; über ihnen hing ein mit 5proz. Bleiacetatlösung getränktes Filterpapier. Eine eventuelle Schwärzung desselben hätte auf Schwefelwasserstoffabspaltung schließen lassen. Das Papier blieb erwartungsgemäß weiß. Im Anschluß an diese Versuche wurde den 5 Salben 1% Kaliumcarbonat und 5% Eiweiß in Form von Milei G zugefügt. Nun blieben die Papiere über den ersten 4 Salben weiß, das über der 5. Salbe hingegen färbte sich innerhalb von 24 Stunden schwarz. Bei der Wiederholung des letzten Versuches, in der jedoch der Salbe 0,1% Nipasol zugefügt worden war, blieb das Papier farblos.

Zweck des Versuches war, zu sehen, ob der Schwefel im neutralen oder alkalischen Milieu in der Lage ist, in Gegenwart von Eiweiß zu Schwefelwasserstoff reduziert zu werden. Tatsächlich gelingt dies nur in desinfektionsmittelfreien Öl-Wasser-Emulsionen. Da sich in alkalischen,

---

[1] BRANDRUP: Dtsch. Apoth.-Ztg **1933**, 993.   [2] SCHUBERT: Hippokrates **1941**, 30.
[3] Chem. Weekblad **1928**, 310.

konservierten Salben kein Schwefelwasserstoff bildete, bleibt leider die Frage offen, ob der Schwefelwasserstoff aus dem Schwefel (durch Bakterienvermittlung) entstand oder aus dem sich zersetzenden Eiweiß.

An Schwefelpräparaten steht uns eine große Auswahl zur Verfügung. Wir nehmen zur Salbenverarbeitung, falls wir Resorption anstreben, die feinste Schwefelform, also gefällten Schwefel, denn sie löst sich am ehesten noch weiter molekular, der Wert des kolloidalen Schwefels als lokales Therapeuticum ist unumstritten. AWE[1] gibt genaue Richtlinien, denen zufolge man die einzelnen Schwefelsorten in ihrer Korngröße unterscheiden kann. Die Bestimmung des Kolloidschwefels erfolgt durch Sedimentationsprüfungen. Die vielen therapeutischen Erfolge mit den kolloiden Schwefelbädern sprechen für eine Resorption. Lokal kann man an Stelle des gelösten oder fein verteilten Schwefels auch chemisch gebundenen verwenden. So berichtet THIEME in einer Patentanmeldung, daß sog. Edeleanu-Extrakte, das sind mit schwefeliger Säure gewonnene Auszüge aus Mineralölen, denen 10% Schwefel unter Erwärmen zugefügt wird, in Salben in der Lage seien, Acne in 12 Stunden zum Verschwinden zu bringen. Das Präparat enthält im Gegensatz zu den Seefelder Schieferölen, die in anderen Abschnitten (siehe S. 226) besprochen werden, keine Sulfogruppe im Kern, sondern einfache Additionsprodukte. Schwefel kann mit Teer, Resorcin und anderen Medikamenten kombiniert werden, nicht aber mit Schwermetallsalzen und Oxydationsmitteln.

Ob die Thermalwasserkonzentrate, die ROTHMANN[2] empfiehlt, genügende Konzentrationen ergeben und ob sie in Emulsionsform, in die sie verarbeitet werden müssen, noch genügend wirksam sind, muß wohl erst der Versuch ergeben. Thiosulfat scheidet in Gegenwart von Säuren Schwefel ab (WENDT[3]); man bedient sich dieser Eigenschaft in Salben, um nascierenden Schwefel zur Wirkung zu bringen (Sulf. Hydril-Salbe Lawes). Durch Erhitzen von Wollfett und Schwefel erhält man ein Additionsprodukt, Thilanin, aus Leinöl und Schwefel ein anderes Produkt; beide können zur Schwefeltherapie in Salben herangezogen werden.

An Präparaten der Industrie sind zu nennen:

Aulinogen (Böhringer-Waldhof). Bisäthylxanthogenat (mit 52% Schwefel) wird bei Acne empfohlen, und zwar 6% in Vaselin. 5proz. Dixanthogenvaselin empfiehlt HAXTHAUSEN[4] bei Scabies, wo es ohne vorbereitendes Bad gebraucht werden kann.

Blancosulf (C. Blank) ist ein Polysulfid, also eine echte Lösung.

Cathaminsalbe (Riedel) enthält 5% kolloiden Schwefel und 10% Zinkoxyd in „neutraler Salbengrundlage"[5].

Detoxin (Wülfing) stellt ein schwefelreiches Eiweißderivat dar, das durch Hydrolyse keratinhaltiger tierischer Decksubstanzen gewonnen und auch in Salbenform bei Ekzemen, Dermatosen, Ulcus cruris und zur Wundbehandlung verwendet wird.

---

[1] AWE: Südd. Apoth.-Ztg **89**, 52, 990 (1949).
[2] ROTHMANN: Parfumeur **1937**, 15, 270. [3] WENDT: Fortschr. Ther. **1938**, 14.
[4] HAXTHAUSEN: Ugeskr. Laeg. (dän.) 18. 9. 1941.
[5] WERR: Med. Klin. **1937**, 7.

Detoxin kommt in Salben und Puderform, außerdem mit Schwefel als Wülfing-Schwefelpuder und Wülfing-Kinderpuder und in Lebertransalbe als Lenitose in den Handel.

Die **Heil- und Wundsalbe Dr.** WOLFFS ist eine Zink-Stärke-Paste mit Glycerin-Lanolin als Salbengrundlage, Schwefel und Quecksilberoxyd.

Als **Lygal-Salbengrundlage** und **Kopfsalbe** bringen die Desitinwerke zwei neue Salben bzw. Salbengrundlagen in den Handel, deren Zusammensetzung in flüssigen und festen Kohlenwasserstoffen und Polyalkylenoxyden besteht, wobei Schwefel und Salicylsäure zugesetzt ist. Infolge des Emulgatorgehaltes der Grundlage zeichnen sich die Salben durch gute Abwaschbarkeit aus. Dadurch werden sie besonders geeignet zur Behandlung des behaarten Kopfes (Psoriasis seborrhoica usw.); ELLERBROEK[1] hat seine Erfahrungen mit der leicht abwaschbaren und daher für behaarte Stellen besonders geeigneten Salbengrundlage festgelegt. Wir selbst konnten mit dieser Salbengrundlage in einigen Fällen leichte Reizungen feststellen. Die Polyäthylenoxydwachse wurden, wie erwähnt, früher in Deutschland mit voller Absicht als Salbenbestandteile nicht eingeführt.

Ichtosyn ist ein synthetisches Schwefelpräparat der Deutschen Hydrierwerke, Rodleben, mit 20% organischem Schwefel. Wird als Zusatz zu Salben verwendet.

Septiolan, ein dänisches Produkt (Salbe und Puder), enthält Dibenzoyldisulfid, das auf der Haut Schwefel abspaltet (BONNEVIN[2]).

Impetigolan, das früher als Impetigo-Milkuderm von den Desitinwerken produziert wurde, ist eine Zinnober-Schwefel-Salicylsäure-Resorcinpaste. Sie wird bei Impetigo contag. und Acne necrotic. empfohlen.

Krätzemittel (Schering) und **Descabin** sind nach HÜBNER[3] dann zur Therapie verwendbar, wenn die Vorschrift eingehend beachtet wird, andernfalls sind Versager zu befürchten.

Mitigal (Bayer), Dimethyldiphenylendisulfid, ist eine Flüssigkeit zum Einreiben, eine echte Schwefellösung. Es kann auch in Salben angewendet werden. GRONQUIST[4] empfiehlt 6 Teile Mitigal, 1 Teil Salicylsäure, 23 Teile Eucerin anhydric. (Acne rosacea). Weitere Verordnungen mit Zinkoxyd, Mitigal und Eucerin sowie mit diesen Bestandteilen und Talcum werden ebenfalls angegeben.

Sulfidal (Heyden) wird 2—10proz. in Salben verwendet und ist kolloidaler Schwefel. Ein ähnliches Präparat ist auch das *Schwefeldiasporal* (Klopfer).

Die Gesellschaft Dr. von Szombathy, Eltville, bringt einen **Szombathy-Aktiv-Schwefel S 140** in den Handel. Das Präparat soll bei 36facher Vergrößerung die gleiche Teilchengröße besitzen wie kolloidaler Schwefel, zudem aber kugelförmig sein, wodurch eine größere

---

[1] ELLERBROEK: Hautarzt **1950**, 1.
[2] BONNEVIN: Acta dermato-vener. (Stockh.) **23**, 185 (1942).
[3] HÜBNER: Dtsch. Gesundheitswesen **3**, 22 (1948).
[4] GRONQUIST: Sv. Läkartidn. **1926**, 12.

Oberflächen- und Tiefenwirkung erreicht wurde. Durch das Präparat soll eine starke Blutdurchströmung bis in die Tiefe der Haut erreicht werden. Wenn man, wie der eine von uns, sich mit Kolloidschwefel intensiv beschäftigt und sieht, wie verschieden groß auch die Teilchen im Kolloidschwefel sein können, wundert man sich, daß in diesem Sonderfall all die kleinen Kügelchen gerade 36 mal kleiner sind als das größte oder kleinste Kolloidteilchen. Die Unterschiede, je nachdem, ob man warm oder kalt fällt, welches Schutzkolloid man wählt, sind doch enorm.

Die **Sulfide** des Bariums, Strontiums und Calciums sind die Grundkörper der älteren Depilatorien, die das Haar zu einer leicht abwaschbaren Masse verwandeln. Heute sind sie durch Thiomilchsäure und Thioglycolsäure bzw. deren Salze verdrängt.

Die **Sulfodomo-Schwefelsalbe** von den Sulfodomowerken soll nicht nur gereinigten Schwefel in der Gestalt der Schwefelblüte enthalten, sondern auch Salze der natürlichen Schwefelquellen. Dadurch soll eine keratoplastische Wirkung erzielt werden.

Fissan-Schwefelpaste und **Fissan-Schwefelmixtur** werden von den Deutschen Milchwerken, Zwingenberg, produziert.

Dimethyltianthren (Badische Anilin- und Sodafabrik) ist ein neues Präparat, das indikations- und anwendungsmäßig dem folgenden entspricht.

Tetmosol, ein amerikanisches Scabiesmittel, wird als Tetraacethyl-thiuran-Monosulfid deklariert, kam 1941 in den Arzneischatz und wird nach GORDON und UNSWARTH[1] durch 3—6 Tage appliziert.

Aus unseren klinischen Simultanversuchen sei hervorgehoben, daß wir im allgemeinen bei Verwendung des viel gebräuchlichen, frisch bereiteten Sulf.-Präcipitats in Pasta Zinci oxyd. molle oder durum sowie in Adeps- und Vaselingrundlagen bei den meisten symmetrisch lokalisierten Mykosen und Pyodermien lokal keinen wesentlichen Unterschied beobachteten. Es zeigte sich aber bei Behandlung der kindlichen Pyodermien, daß auf einen ausreichend hohen Schmelzpunkt der Salbengrundlage besonderer Wert zu legen ist. Die Grundlagen mit niederem Schmelzpunkt um 35° C erwiesen sich in der Wirkung deshalb als schlechter, weil sie leichter von der Haut durch kleine Bewegungen des Verbandes abgewischt werden können oder durch Dochtwirkung in den Verband aufgesaugt werden. Auch bei Schälkuren, die über Nacht z. B. auf dem Gesicht bei Acne angewendet werden, ist ein möglichst hoher Schmelzpunkt (etwa 45° C) zu wählen (z. B. bei Pasta Zinci oxyd. durum), damit die Salbengrundlage auch ohne Verband haftet.

Besonders erwähnenswert erscheint die Simultanbehandlung einiger symmetrisch lokalisierter Fälle, die zur Gruppe des Erythema exsudativum multiforme zu rechnen sind. Es handelte sich in einem Falle um ein nach einer Angina follicularis hämatogen entstandenes Mikrobid in Form von symmetrisch lokalisierten Pustelschüben, die palmar und plantar angeordnet waren. Hier wurde nun zum Studium der Diffusion

---

[1] GORDON u. UNSWARTH: Brit. med. Bull. **3**, 9/10 (1945).

des Schwefels auf der einen Hand eine 2- bzw. 5proz. Schwefel-Vaselin-Salbe, auf der anderen Seite die gleichprozentigen Adeps synth.-Salben angewendet (s. Abb. 21). Dabei zeigte sich eine deutlich schnellere Desepithelisierung der Pusteln auf der Adepsseite, die wohl durch schnellere Diffusion des Schwefels in den Pustelraum hinein zu erklären ist. Der ganze Heilungsvorgang verlief auf der Seite der Adepsgrundlage um einige Tage schneller.

Bei einem zweiten ähnlich gelagerten Fall eines Erythema exsudativum multiforme, das neben den Prädilektionsstellen ebenfalls palmar und plantar lokalisiert war, sahen wir bei der gleichen Simultanbehandlung wieder auf der Adepsseite deutlich Hämorrhagien in den Pusteln

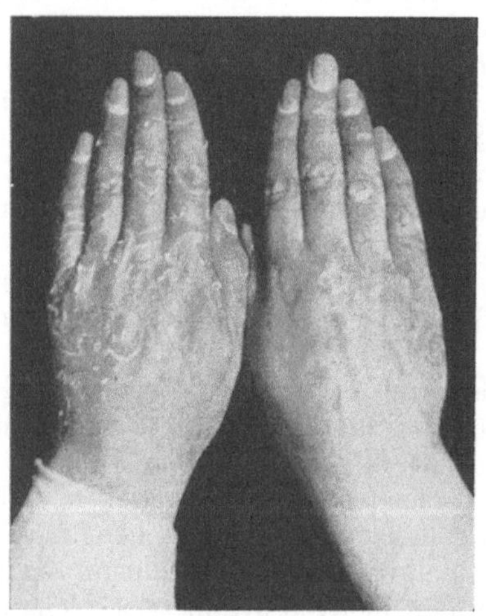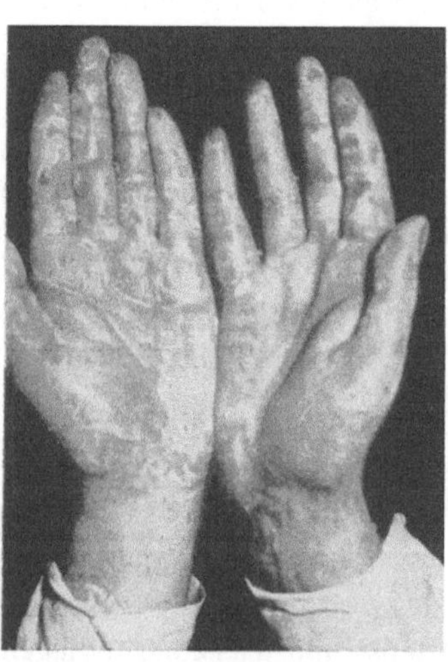

Abb. 21. Erythema exsudat. multiforme mit 5proz. Schwefelsalben behandelt; die linke Hand mit Adeps synth.; die rechte mit Vaselin als Salbengrundlage.

und kleinen Vesikeln entstehen, die auf der Vaselinseite einige Tage später nicht in demselben Ausmaße, nur angedeutet, erschienen. Auch hier muß eine schnelle Diffusion des Schwefels aus der Fettgrundlage registriert werden, wobei man das Auftreten der Hämorrhagien wahrscheinlich mit der Schwefeldiffusion und der Bildung von Sulfohämoglobin in Zusammenhang bringen kann.

Die Frischbereitung aller Schwefelsalben ist nötig, da der Schwefel in den Grundlagen durch OSTWALDsche Alterung, das sind Rekristallisationsvorgänge, aus der feinen Verteilung sich zu immer größeren, mechanisch reizenden und therapeutisch unwirksamen Aggregaten und Einzelkristallen zusammenschließt (R. MÜLLER[1]). Erwärmen der Salbe bei der Herstellung leistet der schnellen Rekristallisation Vorschub.

Bei kleineren Kindern kann der resorbierte Schwefel zu schweren Vergiftungen führen. BASCH[2] beschreibt sogar Todesfälle nach Krätze-

---

[1] MÜLLER, R.: Heyden-Jahrbuch 1940.
[2] BASCH: Mschr. Kinderheilk. **1926**, 32 sowie Arch. f. exper. Path. **1926**, 111, 156.

behandlung bei Säuglingen, so daß auch bei Schwefelsalben eine gewisse Vorsicht am Platze ist, sofern nicht auch die Wärmestauung durch Vaselin mit die Ursache für die Zwischenfälle war. Der intensive Geruch nach Schwefelwasserstoff macht es in den Kliniken nötig, Kuren mit Schwefelsalben in besonderen Räumen vorzunehmen.

Schwefel hat in Salben lokale und Fernwirkung, die erstere wird durch kolloide und echte Lösungen erreicht, die letztere durch echte Lösungen, also durch Verarbeitungen in Ölen und Fetten. Aus Emulsionen beider Typen, insbesondere aus Öl-in-Wasser-Emulsionen, ist nur geringere Fernwirkung zu erwarten. Noch ungünstigere Resorption des Schwefels ist aus der Pasta Zinci zu erwarten. Soll damit optimale Fernwirkung erreicht werden, so wird der Trockensubstanzgehalt herabgesetzt und statt des Vaselins ein Fett verwendet. Bei ausschließlicher Beachtung der lokalen Wirkung verwischen sich die Unterschiede der Fett- und Vaselinsalben in den meisten Fällen.

Zucker- und Honigsalben, Harnstoffsalben.

Der Gebrauch des Honigs in Wundsalben war schon den alten Ägyptern bekannt. Seine Verwendung als äußerlich anzuwendendes Medikament bei chirurgischen und dermatologischen Salbenindikationen wurde von ZAISS[1] in Erinnerung gebracht. Er betont in dieser Arbeit, daß der gereinigte Honig der Arzneibücher ein nach allen Regeln der Kunst um seine biologischen Werte gebrachter Stoff sei und propagiert daher das Naturprodukt, das Invertzucker und nicht, wie LANGE-SUNDERMANN meint, Lactose als Hauptbestandteil enthält.

Auf dieser neuen ZAISSschen Arbeit, die ihrerseits in den Publikationen SCHOENMAKERS 1883, der Honig und Lärchenpech in Amerika verwandte, Vorgänger hatte, beruht wahrscheinlich das Interesse an den Zucker- bzw. Honigsalben, die, auf Verletzungen gestrichen, dort zunächst ein steiles osmotisches Gefälle von Gewebe zur Salbe verursachen. Dadurch wird ein lebhafter Flüssigkeitsstrom aus der Wunde und damit eine Ausschwemmung von Verunreinigungen erreicht. Nach VOGT[2] schließt sich an diesen Vorgang noch eine zweite Etappe an, in der z. B. die Dextrose der Dextromonsalbe in das Gewebe eindringt und den Zellen Aufbaustoffe zuführt, so daß Infektionen leichter überwunden werden. Bei geschädigter Haut ist dies möglich, nicht aber bei intakter Haut, deren Undurchdringlichkeit für Zuckerarten WINTERNITZ und NAUMANN[3] bewiesen haben. Auch Milchzucker wird nicht resorbiert (BAUKE[4]).

Jedenfalls ist die Gewebsernährung durch Zuckersalben noch vollkommen unbewiesen, und derartige Behauptungen führen nur zu Gegenreaktionen, zur Ablehnung und Skepsis. SCHNEIDER[5] und andere nam-

---

[1] ZAISS: Münch. med. Wschr. **1934**, Nr 49.
[2] VOGT: Med. Klin. **1938**, Nr 28, 936.
[3] WINTERNITZ u. NAUMANN: Dtsch. med. Wschr. **1929**, 1828.
[4] BAUKE: Dtsch. med. Wschr. **1930**, 44.
[5] SCHNEIDER: Med. Klin. **1941**, 17, 18.

hafte Chirurgen bezeichnen daher die Honigsalben als „mystisch‘‘.
Süssengut[1] hingegen äußert sich positiv. Er meint, daß außer dem
Zucker die „aufgeschlossenen‘‘ Pollen mit ihrem Eiweiß, organische
Säuren und Xanthophyll, das seinerseits den Chlorophyllsalben die
Wirksamkeit verleiht, wertvolle Bestandteile seien. Hierzu kommt viel-
leicht das Reduktionsvermögen, das sich im Sinne einer keratoplastischen
Wirkung äußern könnte.

Uns interessieren die Fragen: Ist Zucker zweckmäßiger oder Honig?
Ist die Wirkung rein osmotisch bedingt oder kommen noch andere
Komponenten in Frage, wie dies Zaiss beim Honig sicher annimmt?
Welche Salbengrundlage ist die beste? Exakte Versuche liegen nicht
vor. Es steht jedoch fest, daß Traubenzucker empfehlenswerter ist als
der unter Umständen reizende Rohrzucker, der osmotisch schwächer ist
und im Gewebe nicht verbrannt werden kann[2]. Man kann aber auch
Milchzucker verwenden, und zwar 10—15proz. in Vaselin, Wollfett und
etwas Wasser, wie Gellhaus[3] empfiehlt. Die Hauptwirkung der Zucker-
und Honigsalben kommt doch wohl dem osmotischen Gefälle zu, durch
das ja auch hypertonische NaCl-Lösungen wirksam sind. Dies zeigt
wohl auch die gute Wirkung der Zuckerbestreuung von ulcerösen Flächen, über die Astwazeturoff[4] berichtet.

Erwähnt sei in diesem Zusammenhang die *Dextromonsalbe* (Maizena-
Gesellschaft, Hamburg). Sie enthält 20% Traubenzucker in einem
Cholesterin-Paraffin-Gemisch das schmilzt und so den Zucker mit den
zu behandelnden Stellen in Kontakt bringt (Vogt[5]). Dieses Präparat
kann, um die schmerzstillende Wirkung zu steigern, auch mit 2%
Anästhesinzusatz versehen werden und empfiehlt sich dann besonders
zur Behandlung wunder Brustwarzen (Poerschke[6]).

Mettstocks und Lazier[7] empfehlen zur Behandlung von Verbrennungen ein Pulver aus Methylcellulose und Sorbit, das vor Gebrauch
zu einer Salbe mit Wasser angerührt wird.

Manchen Autoren genügt die Honig- und Zuckerwirkung allein nicht.
Sie suchen die Präparate noch durch Zusatz von Lebertran zu verstärken und zu verbessern. Es sei hier an die Desitinhonigsalbe erinnert,
die Büchner[8] sowie Buchheister[9] empfehlen.

Als Salbengrundlage, sofern eine solche überhaupt nötig ist und
nicht der Honig oder die Zuckerlösung schon selbst salbig sind, dürften
Schleime oder Kohlenwasserstoffe, in Öl-in-Wasser-Emulsionsform zugemischt, statt Fetten, die insbesondere von den im Honig vorhandenen
Fermenten beeinflußt werden könnten und die Lösungen absperren,
zweckmäßig sein.

---

[1] Süssengut: Südd. Apoth.-Ztg **81**, 547 (1941).
[2] Luy: Münch. med. Wschr. **1937**, Nr 39, 1533.
[3] Gellhaus: Z. ärztl. Fortbildg **29**, 151 (1932).
[4] Astwazeturoff: Vestn. Venerol. i Dermatol. **8**, 65 (1939).
[5] Vogt: Med. Klin. **1938**, 28.
[6] Poerschke: Münch. med. Wschr. **1940**, 33.
[7] Mettstocks u. Lazier: Zit. in Wien. med. Wschr. **1946**, Nr 24/25.
[8] Büchner: Zbl. Chir. **1935**, 44.
[9] Buchheister: Münch. med. Wschr. **1935**, Nr 40, 1614.

Die wundheilende Wirkung des *Allantoins*, das durch Fliegenmaden produziert wird und neben der mechanischen Reinigung durch die fressenden Maden Anlaß zur Behandlung mit diesen appetitlichen Tierchen gegeben hat, leitet zu den nach MULDAVIN und HOLTZMANN[1] spezifisch, teils auch osmotisch aktiven und, wie JUNG[2] meint, vielleicht auch desinfizierenden, nach HOLDER[3] lytisch auf nekrotische Partien wirkenden Carbamid-, Harnstoff- oder, wie REDENZ[4] empfiehlt, Wöhlerstoff-Salben über, da sich der Harnstoff aus Allantoin bildet, so daß er auch in Allantoinsalben der Träger der Heilung ist.

Diese Salben sind als Wundsalben altbekannt, neu ist aber ihre zum Patent angemeldete Verwendung als Gewerbeschutzsalbe gegen Schäden durch Aldehyde. Diese Kombination geht von dem Gedanken aus, daß sich aus Harnstoff und Aldehyd nichtreizende Kunstharze kondensieren. Als Grundlage kommt dafür ein Schleim oder eine Wasser-in-Öl-Emulsion auf Wollfettbasis in Frage. Der Gehalt an Harnstoff soll etwa 10% betragen.

Die 5- bzw. 10proz. Reoxylsalbe (Tosse), eine Carbamidsalbe, enthält zudem noch das bactericide Reoxyl, eine Rhodanverbindung, in Erdnußöl und Wollfett; sie wird von KRAWINKEL[5] empfohlen. Auch NOLDEN[6] lobt die Salbe. Nach ihm ist Reoxyl „eine Kupplung von Harnstoff an Rhodan".

Die Herstellung von höher konzentrierten Allantoinsalben machte bisher Schwierigkeiten, das Amer. P. 2124295 läßt eine konzentrierte Lösung in Wasser, Glycerin und Triäthanolamin zu geschmolzener Stearinsäure hinzufügen. So entsteht eine 2—5proz. Salbe, die den Wirkstoff in feinst verteilter Form enthält.

Vulnovasogen (Pearson) enthält laut Angabe 5% Harnstoff in Vasogen spissum.

Man kann natürlich auch eine Mischung von Harnstoff, Milchzucker und Harnstoffsuperoxyd anwenden und damit gute Erfahrungen machen.

Allanturan ist eine Thoraduransalbe mit 1% Allantoin[7].

Die Europäer stellen Harnstoffsalben meist in Form von Wasser-in-Öl-Emulsionen oder wäßrigen Lösungen, die Amerikaner als Öl-in-Wasser-Verarbeitungen her. Es wird zweckmäßig sein, den letzteren zu folgen und als Endprodukt eine Öl-in-Wasser- oder traganthaltige Salbe herzustellen, denn das wäßrige Milieu gewährleistet die volle Entfaltung der osmotischen Kräfte besser als das ölige.

Die *Kytta-Präparate*, Auszüge aus Symphytum officinale, dem Beinwell, enthalten vorwiegend Schleim und Allantoin, daneben Spuren von zwei Alkaloiden und Cholin. Die Wirkung dürfte wohl auf das

---

[1] MULDAVIN u. HOLTZMANN: Lancet **1938 I**, 549.
[2] JUNG: Münch. med. Wschr. **1940**, 23.
[3] HOLDER: Chem. Abstr. **33**, 19, 7884 (1939).
[4] REDENZ: Münch. med. Wschr. **1938**, 29.
[5] KRAWINKEL: Münch. med. Wschr. **1938**, 29.
[6] NOLDEN: Ther. Gegenw. **1939**, 465.
[7] Notiz in der Südd. Apoth.-Ztg **1936**, 68, 726.

Allantoin im Schleim zurückzuführen sein, sofern man damit Wunden behandelt.

Zucker-, Honig- und Harnstoffsalben wirken in der Wundbehandlung teilweise spezifisch, vorwiegend osmotisch. Das osmotische Gefälle von der Wunde zur Salbe verursacht einen ausschwemmenden Flüssigkeitsstrom.

Desinfizienzien in Salben.

Die desinfizierenden Salben haben vorwiegend den Zweck, Wunden, Epidermophytien zu entkeimen oder gefährdete Stellen zu schützen sowie desodorierend zu wirken. Man darf die Erwartungen allerdings nicht zu hoch schrauben (SCHNEIDER[1]). Substanzen, die neben anderen Wirkungen auch desinfizieren, aber sonst besser in ein anderes Kapitel passen, sollen hier nur erwähnt und andernorts bearbeitet werden.

Zunächst müssen wir die Frage, ob die Salbengrundlagen an und für sich bactericid sind, verneinend beantworten. GÖRTZEN[2] hat so ziemlich alle Öle und Salbengrundlagen durchgeprüft und kam auch beim Lebertran zu dem Schluß, daß seine Wirkung nicht auf seine keimtötenden Eigenschaften zurückzuführen ist. Danach sind viele das Gegenteil behauptende Arbeiten umstritten, und auch der Lebertran ist, wie Öle und Fette und insbesondere Kohlenwasserstoffe, nicht selbst bactericid, sondern nur kein Nährboden und sozusagen ein mechanisches Desinfiziens. Er umhüllt die Bakterien und spült sie ab oder entzieht sie ihrem Substrat. SABALITSCHKA[3] weist ebenfalls nach, daß frische Glyceride kaum bactericid wirken. Erst durch Autoxydation oder künstliche Sauerstoffeinlagerung erhalten die Öle antimikrobe Eigenschaften. Zu diesen Ergebnissen kommt auch CONRADIN[4], der durch reine, synthetische Öl-Ricinol- und Leinölsäureester keine Desinfektionswirkung erzielen konnte. Desinfizienzien waren nur deren Oxydationsprodukte, die in den natürlichen Fetten als Begleitstoffe auftreten können.

Neben den Publikationen im ausländischen Schrifttum, z. B. den Arbeiten von PROUND und STIRKLAND[5], die sich eingehend mit dem Thema beschäftigen und z.B. feststellen, daß Schwefel, Galmei, Phenol, Borsäure und Zinkoxyd keine Desinfektionswirkung aus Salben nach der Agarplattenmethode zeigen, ist grundlegende Arbeit, durch die der Wert desinfizierender Salben bestätigt wurde, von SABALITSCHKA und DÜRRMANN[6] geleistet worden. Sie prüften nach, inwieweit Fette und Öle die Wirksamkeit von Desinfizienzien beeinflussen. Zunächst verarbeiteten sie Phenol, m-Kresol, Chlorkresol, Resorcin, Salicyl-, Ameisen- und Trichloressigsäure in Erdnußöl und ließen diese Mischungen, die etwa 2% Wasser enthielten, auf Staphylococcus pyogenes aureus ein-

---

[1] SCHNEIDER: Med. Klin. **1941**, 17.
[2] GÖRTZEN: Zbl. Bakter. I Orig. **134**, 169.
[3] SABALITSCHKA: Südd. Apoth.-Ztg **79**, 672 (1939).
[4] CONRADIN: Diss. Berlin 1939.
[5] PROUND u. STIRKLAND: J. amer. pharmaceut. Assoc. **26**, 730 (1937).
[6] SABALITSCHKA u. DÜRRMANN: Pharmaz. Ztg **81**, 335 (1936).

wirken. Es stellte sich heraus, daß keines der angewandten Mittel seine Wirkung im Öl ganz verloren hatte; bei Phenol- und Salicylsäure war sie stark herabgesetzt; Ameisen- und Trichloressigsäure zeigten die gleiche bactericide Wirkung in Wasser und in Öl; Resorcin war in Öl sogar stärker abtötend als in Wasser. PROUND, HARRIS und EDDELMAN[1] verglichen die bactericide Wirkung von ZnO, Phenol, Borsäure und Präcipitatsalbe auf Fettgrundlage mit der einer Basis von Silicagel und Glycerin und konnten auf Staphylokokkenagar die Überlegenheit der anorganischen Grundlage vor der organischen nachweisen.

Interessante Modellversuche beschrieb BRYAN[2]. Er hat die verschiedensten desinfizierenden Salben auf Agarplatten geprüft und an Hand der Breite der bakterienfreien Höfe um die Salbe auf die Desinfektionswirkung geschlossen. Die Resultate sind zwar nicht übertragbar, da sie nicht an der Haut gewonnen wurden und nur angeben, inwieweit diese oder jene Salbengrundlage ein Desinficiens in die Agarplatten hineindiffundieren läßt, geben aber doch einen interessanten Überblick. Am besten schnitt Mercurochrom 12% in Lanolin und Vaselin ab. Es folgten die 5proz. gelbe Hg-Salbe, Jodsalbe, eine Silbersalbe. Phenolsalben mit Petrolatum waren schwächer wirksam. Phenol in Vaselin, ZnO, Chrysarobin, Borsäure, Acriflavin, Resorcin, Schwefel, Gentianaviolett, Jodoform, Ichthyol zeigten unter den oben beschriebenen Versuchsbedingungen überhaupt keine Wirkung.

DARLINGTON und GUTH[3] geben an, daß nach dieser Methode getestet Betonitsalben mit Phenol wirksamer sind als mit Vaselin, das auch BRYAN bei dieser Versuchsanordnung als unwirksam fand.

Unveröffentlichte Versuche einer Untersuchungsstelle mit phenolischen Desinfizienzien der ehemaligen I.G. Farben-AG. hatten ähnliche Ergebnisse. Ein Benzolderivat in synthetischem Glyceridfett wirkt schlecht, in Vaselin dagegen gut. Osmaron (Bayer) war voll wirksam in Vaselin, synthetischem Vaselin und fettem Öl.

Weniger aufschlußreich ist die Publikation HODERS[4], der Chloraminsalbe (Salbengrundlage nicht angegeben) mit Wasser im Verhältnis 1 : 5 anrieb, diese „Standardverreibung" weiter mit Wasser bis 1 : 500 verdünnte und an diesen „Salbenverdünnungen" die Wirkung der Salbe zu studieren hoffte. Diese Verdünnungen sind aber nicht brauchbar, und er hat damit keine Prüfung der Salbe auf Bactericidie vorgenommen, sondern die des herausgelösten Chloramins getestet. An anderer Stelle dieser Arbeit zeigt der Verfasser in einem orientierenden Vorversuch die Bedeutung der desinfizierenden Salben. Drei mit Diphtherieerregern an der Bauchhaut gleich infizierte Kaninchen wurden a) mit Chloraminsalbe, b) mit Vaselin, c) nicht behandelt. Das Tier a) überlebte, die anderen dagegen starben.

[1] PROUND, HARRIS u. EDDELMAN: J. amer. pharmaceut. Assoc. **1940,** 372.

[2] BRYAN: J. amer. pharmaceut. Assoc. **25,** 7 (1936).

[3] DARLINGTON und GUTH: J. amer. pharmaceut. Assoc. pract. ed. **11,** 82 (1950).

[4] HODER: Münch. med. Wschr. **1930,** 40, 1724.

GERSHENFELD[1] beobachtete, daß synthetische Wachse, Cholesterine, Schweinefett und als letztes Vaselin in der oben gezeigten Reihenfolge abnehmend als Grundlagen für antiseptische Salben geeignet seien.

GIBSON und Mitarbeiter[2] betonen, daß Öl-Wasser-Emulsionen (wahrscheinlich auf Grund ihrer Netzwirkung an Mikroorganismen) wirksamer seien. Sie empfehlen als haltbare Salbe 0,5% Na-Laurylsulfonat, 8% Cetylalkohol, 50% Wasser und 41,5% Vaselin, also ein Produkt, das einer fetten Lanettewachssalbe ähnlich ist. Zu ähnlichen Schlüssen kamen O. BRIEN und BONISTEEL[3] bei ihren Versuchen mit Trichophyton interdigitale, zu deren Bekämpfung die üblichen Phenol-, Schwefel-, Jod- und Hg-Salben nicht ausreichten.

Wie ist nun das verschiedenartige Verhalten der einzelnen Desinfizienzien in den Salbengrundlagen zu erklären? SABALITSCHKA zieht hierfür den verschiedenen Verteilungskoeffizienten Öl/Wasser heran. Je besser eine Substanz öllöslich ist, um so schlechter löst sie sich in Wasser, desto stärker ist aber ihre Anreicherung aus Wasser in dem Lipoidanteil der Mikrobenzelle und damit ihre schädigende Wirkung auf die Bakterien. Wird umgekehrt ein leicht öllösliches Desinfiziens in öliger Lösung an Bakterien herangebracht, so zieht es zum Öl, und die Desinfektionskraft sinkt. Phenol ist leicht öllöslich, mit Wasser aber nur 1:15 mischbar. Daher fiel die Desinfektionskraft im öligen Medium ab. Resorcin dagegen ist gerade umgekehrt in Wasser leicht löslich, in Öl nur zu 7%. Die Desinfektionswirkung wird daher in der wasserfreien Salbe erhöht. Die Beobachtungen wurden an *Fetten* angestellt (an Fettsäureglycerinestern). Vaselin jedoch, ein Kohlenwasserstoff, hemmt die bactericide Wirkung überhaupt nicht, doch muß darauf geachtet werden, daß sich das Desinfiziens löst und verteilt und nicht in konzentrierter Form ausgeschwitzt oder von der Grundlage umschlossen wird.

Die Herabsetzung der Desinfektionswirkung einiger Substanzen, wie z.B. mancher Benzoesäureester, in echten Fetten kann man nach einer Patentanmeldung von SABALITSCHKA und BÖHM verhindern, wenn man das Desinfiziens in einem wasserlöslichen, aber mit dem Kohlenwasserstoff nicht mischbaren Lösungsmittel (z. B. Alkohol) aufnimmt und diese Lösung in die Grundlage hineinemulgiert. Man ändert so die Phasenlöslichkeit und gelangt zu ähnlichen Produkten wie die für manche Zwecke brauchbaren Alkoholsalben, die auf S. 64 beschrieben wurden.

Die desinfizierenden Zusätze zu Salben haben, wie erwähnt, in der Wundbehandlung und bei Epidermophytien Bedeutung. Hier sind Jodoformsalben (bei geschädigter Haut Resorptionsgefahr!), Xeroform-, Dermatol-, Eucupin-, Yatren- und Chinosolsalben zu nennen, ferner eine Paraoxybenzoesäuremethylester-Salbe in Ungt. Diachylon mit Paraffinöl verdünnt, die von BANG[4] bei Trichophytien verwendet wurde. In der Silbermanganitsalbe ist das wirksame Prinzip $Ag_2O_2MnO_2$ „Simanit". Die 1proz. Salbe auf „indifferenter Grund-

---

[1] GERSHENFELD: J. amer. pharmaceut. Assoc. Suppl. **112**, 281 (1940).

[2] GIBSON, PARKER, ALNUS: J. amer. pharmac. Assoc. **30**, 196 (1941).

[3] BRIEN, O., u. BONISTEEL: J. amer. pharmaceut. Assoc. **30**, 191 (1941).

[4] BANG: Dermat. Wschr. **1937**, 34.

lage" wird von LECHNIER[1] empfohlen. Im D.R.P. 692172 läßt sich die Katadyngesellschaft den Zusatz von oligodynamisch wirksamen Metallen oder Metallverbindungen schützen. Man schmilzt die Fette und bringt sie mit dem Wirkstoff in Berührung oder emulgiert „aktiviertes" Wasser mit Eucerin. Derartige Präparate seien zur Margarineherstellung, aber auch zu Salben infolge ihrer sterilisierenden Eigenschaften gut geeignet.

Phenol ist wasser- und noch besser öllöslich und nimmt eine gewisse Sonderstellung ein, da es in Salben nicht allein als Desinfiziens, sondern vorwiegend als Antipruriginosum, bei Rhagaden und insbesondere gegen Frostbeulen verordnet wird. Als Desinfiziens ist es in Fetten nur schwach wirksam, wohl aber in Wasser, von dem es infolge seines Verteilungskoeffizienten zum Lipoid der Bakterien zieht.

LASSAR empfiehlt:

Rp. Acid. carbol. 0,5
Vaselini
Ungt. Plumbi aa 10,0
Ol. amygdalarum 5,0

ROTHE verschreibt:

Rp. Acid. carbolic. 1,0
Tct. Jodi
Acid. tannic. aa 2,0
Ungt. cerei 30,0

KNOOP[2] verordnet gegen Lippengletscherbrand

Rp. Acid. carbolic. pur. 5,0
Sulfur. praec. 7,5
Pasta Zinci ad 60,0

Die 2proz. Carbolsalbe wird mit Schweineschmalz durch Zusammenschmelzen der Bestandteile und Kaltrühren hergestellt. Die 10proz. Salbe wird mit Ungt. paraffini bereitet. Lokale Schäden sind nach Phenolapplikation nicht selten, insbesondere bei Überempfindlichen. Da es resorbiert wird, kann die Anwendung zu großer Mengen zu Vergiftung führen, die sich in Nierenreizungen und Störungen des Zentralnervensystems äußern.

Für Phenolsalben als Desinfizienzien ist also ein Fett als Grundlage ungeeignet. Schleimige Produkte oder Seifen dürften sich, sofern sie den Phenolzusatz vertragen, günstiger verhalten. CLARK[3] schlägt daher eine Mischung von Petrolatum, Seife, Glycerin und Äthylalkohol als Phenolträger vor. BURNSIDE und KUEVER[4] verwerfen die USP-Grundlage aus 5% Wachs und 93% Vaselin ebenfalls, da sie auf Agarplatten keinen sterilen Hof erzeugt. Eine Salbe aus 0,25% Fettalkoholsulfonat (Gardinol), 6% Propylenglykol, 1,92% Wasser und 91,8% Vaselin wirke gut und werde durch Wachszusätze verschlechtert.

Nach HUSA und RADIN[5] ist die beste Desinfektionswirkung von

Rp. Phenoli 2,0 g
Adeps lan. 24,5 g
Vaselini 3,5 g

zu erwarten. Wasserzusatz würde nach den Autoren die Wirkung nicht wesentlich herabsetzen, wohl aber jede Änderung der Wollfettmenge.

---

[1] LECHNIR: Münch. med. Wschr. **1934**, 29, 1102.
[2] KNOOP: Münch. med. Wschr. **1931**, 20.
[3] CLARK: Chem. Abstr. **33**, 7496 (1939).
[4] BURNSIDE u. KUEVER: J. amer. pharmaceut. Assoc. **1940**, 337.
[5] HUSA u. RADIN: J. amer. pharmaceut. Assoc. **1932**.

Clark[1] hat festgestellt, daß alle Phenolsalben nur beschränkt haltbar sind, durch den Zusatz von Glycerin oder Natriumlaurylsulfonat wird der Wirkungsverlust vermieden.

Carvaseptpaste (Heyden) enthält 0,1% Chlorcarvacrol in einer fettfreien Grundlage nach Art der Stearatcremes. Es handelt sich also um eine Salbe und nicht um eine Paste.

Entozonsalbe. (Bayer) enthält 1% der wirksamen Substanz (Entozon) in einer Salbe, die abwaschbar ist und aus

Talcum, Zink. oxydat.	aa 10,0
Monostearinsäure-Glycerin-Ester	15,0
Ad. Lanae anhydr.	6,0
Glycerin	20,0
Igepon A	5,0
Wasser	ad 100,0

besteht. Sie wird in der Tierheilkunde verwendet. In ihr werden die auf Seite 131 geprägten Grundsätze zur Herstellung abwaschbarer Decksalben zum erstenmal verwirklicht. Das Waschmittel ist Igepon A (Taurylsulfonat).

Formaldehyd solut. wird 8-, 20- und 40proz. nach Unna in Vaselin-Lanolin, nach anderen Autoren mit Seifenzusatz in derselben Grundlage suspendiert gegen Fußschweiß in Salben verwendet. Seine Wirkung setzt sich aus der desinfizierenden und der gerbenden Komponente zusammen und kommt im alkalischen Medium zur Geltung.

Hidro-Milkuderm enthält Hexamethylentetramin. Dieses soll in saurem Schweiß Formaldehyd in „statu nascendi" abspalten und so depotartig wirken (Bruck[2]).

Der neue Name für Milkuderm ist **Hidroderm.**

Noviform-Salbe (Heyden) ist 5proz. und wird in der Augenheilkunde verwendet.

Rhodansalze sind manchen Salben als Desinfizienzien (Reoxyl Tosse) zugesetzt. Die Mucidannasensalbe (Kalichemie) enthält solche Stoffe als schleimlösendes und bakterientötendes Medikament. Sie wird auch von Scheidmann[3] empfohlen und soll als Wirkstoff das Calciumsalz des Hexamethylentetraminrhodanids enthalten. Ein weiteres Rhodanpräparat, dessen Zusammensetzung allerdings nicht angegeben wird, ist das Weidnerit-Gel, das mit und ohne Zusätze in der Veterinär- und Humanmedizin verwendet wird.

Surfen wird 1proz. in Salben zur antiseptischen Oberflächenbehandlung von Wunden, Pyodermien und Mykosen gebraucht.

Tegamid (Th. Goldschmidt A.G.) enthält als neuartiger Wirkstoff 15% einer höhermolekularen, in Wasser kolloidal löslichen Aminosäure, die neben großer Oberflächenaktivität hohe bakterostatische Wirksamkeit sowohl gegenüber grampositiven wie gramnegativen Bakterien besitzt. In den Handelspräparaten ist diese Substanz mit einem Fettsäureglycerid zu einer Salbe verarbeitet.

---

[1] Clark: Amer. J. pharm. Sci. support publ. Health III, 228 (1939).
[2] Bruck: Münch. med. Wschr. 1932, 28.
[3] Scheidmann: Med. Welt 1938, 49.

Terenol (Homburg) ist eine Formaldehyd-Seifensalbe und wird ebenfalls bei Hyperhydrosis empfohlen (SEGALL[1]).

Trypaflavin, Rivanol ferner die Quecksilber- und die anderen Metallsalze, die als Desinfizienzien in Verwendung stehen, werden oder wurden bereits unter besonderen Kapiteln besprochen.

Tymol und Aristol (Dithymoldijodid) sind fettlöslich und werden 10 proz. in desinfizierenden Salben verwendet.

Xeroform und Dermatol werden 5—10 proz. in Salben eingearbeitet.

Einen Abschnitt für sich bilden die kationaktiven Desinfizienzien vom Typ des Zephirols, die gleichzeitig Emulgatoren darstellen. Eine der bekanntesten Substanzen ist das Cetyltrimethylammoniumbromid (Cetrimid, Cetavlon). Es ist der Emulgator und Wirkstoff der in England bekannten Glasgow Nr. 9 Creme:

Rp. Cetyltrimethylammoniumbromid	1,0
Sulfanilamid	3,0
Wollfett	1,8
Bienenwachs	1,8
Ricinusöl	25,0
Cetylalkohol	5,0
Glycerin	10,0
Aqua dest.	52,4

Weitere gleichfalls bei SPALTON[2] bzw. bei CHRISTENSON und SHELTON[3] angeführte Rezepte lauteten:

Rp. Cetyltrimethylammoniumbromid	0,16
Pectin	1,0
Wollfett	1,0
Paraffin flüssig	12,0
Acid. boricum	2,0
Parfum	q. s.
Aqua dest.	ad 100,0

Rp. Lanettewachs SX	10,0
Cetyltrimethylammoiumbromid	1,0
Paraffin flüssig	8,0
Paraffin fest	15,0
Wasser	ad 100,0

Beachtet muß werden, daß die kationaktiven Desinfizienzien durch Beigabe von anionaktiven unwirksam werden.

Sauerstoffpräparate sind in der Kosmetik ziemlich verbreitet, um Sommersprossen und Ichtyosis zu behandeln, aber auch die Dermatologie kennt sie als Desinfizienzien. UNNA[4] empfiehlt, ohne auf die Haltbarkeit einzugehen, eine 20 proz. Perhydrolsalbe auf Eucerinbasis, die als Zusatz Kaliumchloratlösung enthält. Auch Persalze stehen in Gebrauch. Sie sollen weder in wasserhaltige Salben, noch in Fette, sondern in Vaselin eingearbeitet werden. FONROBERT[5] betont, daß die Verwendung wäßriger Lösungen des Wasserstoffsuperoxyds nicht zu haltbaren Salben führt, auch nicht, wenn man bestes Vaselin als Grund-

---

[1] SEGALL: Med. Welt **1928**, 31.
[2] SPALTON: Pharm. Emulsions. London 1950.
[3] CHRISTENSON u. SHELTON: J. amer. pharmaceut. Assoc. **1948**, 37, 354.
[4] UNNA: Dermat. Wschr. **59**, 895 (1914).
[5] FONROBERT: In TRUTTWIN: Handbuch der kosmetischen Chemie, 2. Aufl., 322.

lage nimmt. Man muß ein festes Superoxyd, wie Zink- oder Harnstoffsuperoxyd, verwenden, um eine zufriedenstellende, auf der Haut H_2O_2 abgebende Salbe herstellen zu können. Es scheint jedoch die Möglichkeit zu bestehen, das Superoxyd haltbar unterzubringen. KUNZMANN[1] hat eine solche 10proz. Salbe, Reteca-Paste, die vermutlich mit Nipagin konserviert ist, frisch und nach 3 Monaten untersucht und immer die gleiche Desinfektionswirkung gesehen. Da er die Zusammensetzung aber nicht angibt, möchten wir diese Eigenschaft der Paste nicht dem Superoxyd, sondern dem Nipagin zuschreiben. Produkte, die sich zersetzen und durch frei werdenden Sauerstoff den Deckel des Gefäßes abheben, befriedigen auch dann nicht, wenn man, wie dies bereits vorgeschlagen wurde, den Verschluß festbindet. In frischem Zustand ist die H_2O_2-Salbe als Desinfektionsmittel recht wirksam und ist von LAZAR[2] empfohlen worden. Als Grundlage dient Kaliseife oder Eucerin.

Benzylbenzoat ist nach mehreren, insbesondere französischen Autoren ein hervorragendes Krätzemittel, das schon zu Spezialitäten verwertet wird. PETGES[3] empfiehlt es in einer Salbe, in der seine Wirkung durch Zusätze noch verstärkt wird.

Rp. Benzylbenzoati 25,0
Sulfur. subl. 100,0
Cresoli 30,0
Saponis kalini 100,0
Adipis lan. 45,0
Vaselini 300 0.

Schering bringt diesen Wirkstoff in seinem *Favorin* zur Scabiestherapie heraus.

Es seien noch Nipaginsalben angeführt, die das Desinfiziens als Terapeutikum in großen Dosen enthalten und von BANY[4] empfohlen werden. Das Rezept seiner Salbe gegen Trychopytien lautet:

Rp. Nipagini 5,0
Ol. Paraff. 20,0
Ungt. Diachylon. 75,0

In vielen Fällen ist es nötig, Desinfizienzien den Salben zuzufügen, um ihre Haltbarkeit zu gewährleisten. Denn z. B. Staphylokokkus aureus, Bacillus subtilis und Escherichia Coli gedeihen leicht in Cosmeticis und können Gelatine und Gummi verflüssigen, so daß die Emulsion zerfällt (RUEMELE[5]). SALOMON[6] schlug nun vor, im Abfüllraum Ultraviolettlampen aufzustellen und so die Cremes und Salben während der Verarbeitung zu sterilisieren. Da die Überwachung einer solchen Anlage aber große Erfahrungen voraussetzt und die Resultate doch wohl zweifelhaft sind, wird man beim Zusatz von Desinfizienzien bleiben. Die älteste Methode besteht im Beifügen von Benzoeharz.

Fette, Lecithin und andere Stoffe, die sich bakteriell zersetzen, kann man ferner durch Fettabakterin oder einem Zusatz von Nipagin M,

[1] KUNZMANN: Dermat. Wschr. **1934**, 31, 1009.
[2] LAZAR: zit. im Zbl. Hautkrkh. **1938**, 10/11, 500.
[3] PETGES: Bull. trav. soc. pharmaceut. Bordeaux **76**, 78 (1938). — J. amer. pharmaceut. Assoc. **27**, 526 (1938).
[4] BANY: Dermat. Wschr. **1937**, 34.   [5] RUEMELE: Kolloid-Z. **91**, 1 (1910).
[6] SALOMON: Amer. Parfumeur **38**, 2, 41, 81 (1930).

das schon in Konzentrationen von 0,1% in Salbengrundlagen jede Schimmelbildung verhindert, konservieren. Nipagin beruht auf den Arbeiten von SABALITSCHKA[1]. Bei Goldcremes und fettfreien Cremes ist ein Zusatz von 0,15% nötig. Salicylsäure wird ebenfalls empfohlen, ist aber zugunsten der Benzoeester auf Grund ihrer bekannten dermatologischen und internen Wirkungen abzulehnen, zumal sie als freie Säure auch verschiedene Emulsionen zerstört oder mit anderen Bestandteilen reagiert.

Der dritte Verwendungszweck der Desinfizienzien in Salben hat nicht für den Dermatologen, wohl aber für den Tierarzt Bedeutung. Es handelt sich um die Herstellung der sog. Melkfette. Diese Präparate sind Lösungen bzw. Verreibungen von Desinfizienzien, wie Salicylsäure, Borsäure, oder besser des wirksameren Präparates Nipagin. Melkfette sollen die Hand des Melkers geschmeidig erhalten und die Übertragung infektiöser Eutererkrankungen, namentlich des gelben Galts, verhindern. Ihr Wert wurde von SEELEMANN[2] eindeutig bewiesen. Osmaron ist ein Salz hochmolekularer Fettamine, 0,6% ist der verbreitetste Zusatz. Als Grundlage kommen Vaseline und Tyloseschleim[3] in Frage.

Kein Desinfiziens im engeren Sinne sondern ein Bekämpfungsmittel von Läusen ist das Ungt. Sabadillae, eine 2—4proz. Sabadillsalbe in Benzoeschmalz oder Vaselin. Die Salbe wird oft mit Ol. Citri parfümiert, ein Vorgehen, das wir auf Grund der Untersuchungen MACHTS nicht mehr empfehlen können.

Zusammenfassung. Der Zusatz von Desinfektionsmitteln zu Salben dient:

1. Der Verhinderung von Infektionen in Wunden bzw. der Bekämpfung von Epidermophytien.
2. Der Konservierung von Salben, insbesondere von Wasser-in-Öl-Emulsionen.
3. Als Schutz gegen Infektionsübertragungen z. B. bei Melkfetten.

Der Effekt des zugefügten Arzneimittels richtet sich nach dem Verteilungskoeffizienten Öl/Wasser des Präparates. Ein wasserlösliches Desinfiziens ist im allgemeinen wirksamer als ein gut öllösliches Produkt, das von der Ölphase nur schwer an die Bakterienleiber herangebracht und abgegeben wird. Öl-in-Wasser-Emulsionen sind als Träger von wasserlöslichen Desinfizienzien recht wirksam und können insbesondere auch für Schleimhäute empfohlen werden (s. Abschnitt über wasserlösliche Medikamente).

Sulfonamidsalben.

Die Wichtigkeit der Sulfonamide rechtfertigt es, die damit bereiteten Salben etwas eingehender zu behandeln und in einem eigenen Abschnitt zu erfassen. BOSSE-BOSSE-JÄGER[4] haben die Erfahrungen bis 1943 mit

---

[1] SABALITSCHKA: Pharmac. Ind. **9**, 2 (1942).
[2] SEELEMANN: Dtsch. Tierärztebl. **1936**, 4. — Z. Fleisch- u. Milchhyg. **1936**, 14.
[3] STAWITZ: Pharm. ac. Ind. **12**, 3, (1950).
[4] BOSSE-BOSSE-JÄGER: Die örtliche Sulfonamidtherapie. Stuttgart 1943.

derartigen Produkten zusammengestellt. Sie selbst empfehlen 5—10 proz. Sulfonamidsalben in wasserfreiem Eucerin, und außerdem Lösungen, die Prontosil in einem Alkohol-Aceton-Gemisch, sowie 5 proz. Schüttel-mixturen mit Talcum und Glycerin enthalten. Ferner bringen sie ein Rezept, das Sulfonamid bzw. dessen Triäthanolaminsalz in einer Paraffin-öl-Emulsion enthält. Außerdem liegen noch ziemlich umfangreiche andere Versuche vor, doch haben sich nur wenige Autoren mit der Frage nach der zweckmäßigsten Salbengrundlage beschäftigt. Nach EYER und ROHRMANN[1] ist nach Bestreichen von Kaninchenohren mit öliger Prontosillösung eine therapeutische Wirkung festzustellen, so daß die Autoren diese öligen Präparate empfehlen zu können glauben. Nach einer Notiz, im Landarzt kann man 5—10 proz. Protosil rubr.-Salben mit gutem Erfolg bei Lymphgefäßentzündungen verwenden. Darüber hinaus liegen Erfahrungen mit Eleudronsalben und mit Albucidsalben vor. Letztere versagten nach SCHMIDT[2] in Form von 10 proz. Salben bei Meer-schweinchentrichopytien, wo sie reizten, aber nicht heilten. HRAD[3] hin-gegen berichtet von besonders guten Erfolgen gleich starker Albucid-salben in wasserfreiem Eucerin bei Verbrennungen.*

Versuche mit bewußt ausgewählten verschiedenen Salbengrundlagen hat HAWKING[4] angestellt. Er infizierte künstliche Wunden und be-handelte sie mit Salben und Lösungen. Alginat-Schleimsalben besserten die Mortalität um 4%, Stearatcremes mit Sulfonamiden um 20%. War Lebertran zugegen, wurde die Besserung auf 50% erhöht, und Suspen-sionen in Kochsalzlösungen hatten 100 proz. Erfolge. Die Resultate sind interessant, leider verwendete der Autor immer verschiedene Sulfon-amide, wodurch die Bewertung unmöglich wird. Außerdem sind solche Wundtaschen, die vernäht werden, kein Milieu, von dem auf die Wir-kung auf der Haut schließen kann, denn in diesen geschlossenen Räumen kann ein Schleim die Sulfonamid-Partikelchen nicht aufschließen, so daß eine hypertonische Lösung da am besten wirken muß, denn sie ist osmotisch wirksam, verursacht einen Säftestrom, der einen Teil der Bakterien ausschwemmt, und bringt außerdem intensivsten Kontakt Bakterium-Sulfonamid zu Wege.

LOKATELLI und BOWDEN[5] maßen die Wirksamkeit von Sulfonamid-salben an der Größe des sterilen Hofes, den sie auf Agarkulturen bil-deten. Sie fanden bei ihrer Versuchsanordnung keine Wirkung, was bei der fehlerhaften Prämisse nicht wundernehmen kann.

Für uns waren also nach wie vor folgende Fragen zu klären:

1. Welche Salbengrundlage bringt die Sulfonamidwirkung am besten zur Geltung?
2. Sind lösliche oder unlösliche Sulfonamide in Salben einzuarbeiten?
3. Welche Konzentration ist vorzuziehen?

---

[1] EYER u. ROHRMANN: Med. Welt **1939**, 13, 458.
[2] SCHMIDT: Dtsch. med. Wschr. **1940**, 8.
[3] HRAD: Dtsch. med. Wschr. **1941**, 42.   [4] HAWKING: Lancet **243** (1942).
[5] LOKATELLI u. BOWDEN: Brit. med. J. **1943** I.

* Ein neues besonders leicht lösliches Sulfonamid enthält die „Salthionsalbe" der Knoll AG., das p-Aminobenzolsulfonamidomethansulfonsaure Triäthanolamin.

Um die erste Frage zu klären, haben wir 4 Salben hergestellt.

1. Eine Verreibung des Wirkstoffes in Vaselin,
2. eine Suspension in der Ölphase einer Lanolinsalbe,
3. eine Aufschwemmung in der Wasserphase einer Lanettewachssalbe,
4. eine Suspension bzw. Lösung des Wirkstoffes in einer mit Borsäure versetzten Glycerinsalbe.

Die Salben, die zur Prüfung der ersten Frage hergestellt wurden, waren alle 10 proz. und enthielten als Wirkstoff Prontosil rubr. bzw. Eleudron. Sie wurden bei Pyodermien und Ektymathas angewendet.

In den von uns beobachteten Fällen konnte kein Unterschied in der Wirkung festgestellt werden. Nun war Punkt 2 zu klären.

Wir haben die 4 Salben, die bei Bearbeitung der ersten Frage besprochen wurden, mit gleich starken Präparaten verglichen, die das Ammon- bzw. Triäthanolaminsalz der beiden Sulfonamide in wäßrigen Lösungen bzw. Suspensionen enthielten. Nach dem DRP. 739448 der Firma Schering war anzunehmen, daß die löslichen Salze, insbesondere das Triäthanolaminsalz, wirksamer sind als die unlöslichen Substanzen. Im Gegensatz zu den Angaben des Patents sahen wir keinen Unterschied in der Wirkung von löslichen und unlöslichen Präparaten. Ja, bei der Klärung des Punktes 3, bei dem wir 3- und 30 proz. Salben anwandten, konnten wir nicht einmal Unterschiede in der Wirkung dieser so stark verschiedenen Salben beobachten. Das Resultat, das zwar nicht an einem überragend großen, aber doch immerhin ausreichenden Material gewonnen wurde, zeigt, daß es anscheinend nicht so wichtig ist, in welcher Salbenform man Prontosil anwendet, als vielmehr nur, daß man es überhaupt verwendet. Man wird also die Wahl der Salbengrundlage nicht vom Sulfonamid abhängig machen müssen, sondern wird die Grundlage den übrigen Bedingungen anpassen. Andererseits kann man auf Grund der Erfahrungen von FEGETTER[1], SPOTTS[2] und JELLOW[3] mit Acridin kombinieren. Alle Sulfonamide hemmen die Wundheilung[4], ebenso wie die Penicilline, so daß es zweckmäßig ist, ein granulationsförderndes Agens zuzufügen. Im Chlorophyll ist eine derartige Substanz gefunden. Wir berichteten darüber auf Seite 192 (Epigranolsalbe).

Sulfosellansalbe (Dr. G. Mann, Berlin) ist eine Sulfonamid-Lebertransalbe.

Gombardolsalbe (Boehringer) enthält 10 % Gombardol, Vitamin A und B, 0,5 % Zinkhydroxyd, Adeps lanae.

Antipyodermsalbe (Deutsche Hydrierwerke, Rodleben) besteht aus Ungt. Lanetti, Sulfonamiden, Halogenoxydiphenylmethan.

Nach TATCHER und McGILL[5] soll die Wirkung der Sulfonamide durch Methylenblau und Kresylbrillantgrün gesteigert werden. Vielleicht gibt dies einen Fingerzeig zur Verbesserung derartiger Salben.

---

[1] FEGETTER: Lancet **246**, 593, (1944).
[2] SPOTTS: Amer. J. Surg. **74**, 183, (1947).
[3] JELLOW: Austr. J. Pharm. **28**, 387, (1947),
[4] MUSILL: Wien, Tierärztl. Mschr. **37**, 6, 1950.
[5] TATCHER u. McGILL: Wien. med. Wschr. **1946**, 20, 21, 183.

Cibazol *(Ciba)* kommt als 5 % Salbe und 10 % Augensalbe in den Handel. In Emulsionsform (5 %) wird es mit dem Adrenalin ähnlich wirkenden Privin kombiniert. Auch *Eleudron Bayer* ist in 10 % Augensalben mit weißem Vaselin und 10—30 % Ungt. Glycerin in der Dermatologie verwendet. Das *Eubasin* der Nordmarkwerke wird von der Visuvia, Hamburg, in Salben eingearbeitet. *Eubasinpuder* jedoch wird nach wie vor vom Nordmarkwerk hergestellt.

Von der Firma Grünenthal wird jetzt eine **PS-Salbe,** die eine Kombination zwischen Penicillin und Sulfonamid darstellt, in den Handel gebracht. Die Salbe enthält ebenfalls 1000 IE Penicillin-Ca und 5 % Sulfathio carbamid und soll gute Haltbarkeit bei einer Lagerung unter 15° C aufweisen. Die PS-Salbe wird neben der Verwendung auf dermatologischem und chirurgischem Gebiet auch für ophthalmologische Indikation empfohlen.

Abschließend sei noch ein neues Desinfektionsmittel der Geigy-A.G., Basel, erwähnt, das in Zusammenarbeit mit W. JADASSOHN[1] in Salben- und Puderform klinisch besonders als Antimycoticum, ferner als besonders wirksames Mittel bei Staphylo- und Streptokokkeninfektion der Haut angeführt wird. Es handelt sich um ein 5,7-Dichlor-8-oxychinaldin, welches unter dem Namen **Sterosan** in 5 % Salbe, Puder und Paste im Gebrauch ist. Die klinische Prüfung ergab eine gute Verträglichkeit bei großer therapeutischer Breite. Nur auf Schleimhäuten kann es zu Reizerscheinungen kommen. Die fungiciden Eigenschaften werden von SIGG[2], HÄFNER und KYM[3] an zahlreichen Fußmykosen, interdigitalen Epidermophytien geprüft und haben andere Antimycotica in der Wirkung übertroffen. Die Oxychinolinverbindungen waren vorher schon als Antimycotica bekannt und im Vioform verwendet, doch war die Vioformwirkung angeblich nie so prompt.

Salben mit Antibioticis.

a) Penicillinsalben.

Es war zu erwarten, daß Penicillinsalben zur lokalen Behandlung geeigneter Krankheitsbilder bald ausgearbeitet würden. CAMERON[4] und GREEN[5] empfehlen mit BODENHAM[6] die Penicillinsalbentherapie der Verbrennungen. PORRIT[7] bespricht die Salbentherapie mit Penicillin bei Wunden und ROCBURGH[8] die dermatologischen Indikationen. Impetigo, Ekthyma, Intertrigo, Streptodermien, Erysipel, Aktinomykose und Karbunkel werden als Indikationen besonders hervorgehoben. Eingehende Angaben über die besten Salbenformen verdanken wir der Zusammenstellung BERRYS[9]. Die Haltbarkeit aller Penicillinpräparate ist vom

---

[1] JADASSOHN, W., u. FÄSZLER: Sterosan-Therapeut. Umschau **1945**, 1, 7.
[2] SIGG: Schweiz. med. Wschr. **1947**, 3.
[3] HÄFNER u. KYM: Schweiz. med. Wschr. **1947**, 52.
[4] CAMERON: Brit. med. Bull. **3**, 275 (1945).   [5] GREEN: Ebenda.
[6] BODENHAM: Lancet **1943 II**, 24.
[7] PORRIT: Penicillin its practical Application Butterworth. London 1946.
[8] ROCBURGH: Ebenda.   [9] BERRY: Ebenda.

Ph. abhängig und zwischen 6 und 6,5 optimal. Der Wirkstoff Penicillase muß abwesend sein. Dagegen verträgt es sich mit Sulfonamiden bei Abwesenheit von Wasser, nach MISCHLER mit Chlorkresol, Thymol, jodierten Ölen, Atropin und Lanettewachs. Unbeständig ist es in Gegenwart von Schwermetallsalzen und SH-Gruppen enthaltenden Eiweißbausteinen.

Als Medium zur Herstellung von Penicillinsalben schreibt die USP XII ein Gemisch von Wollfett, Wachs āā 50 Vaselin ad 1000 mit Penicillin-Calcium vor. Zur Herstellung von Wundsalben zieht BERRY den Öl-Wasser-Typ vor, da er sich mit den Sekreten besser mischt. Die Haltbarkeit dieser Produkte ist bei Zimmertemperatur auf sieben Tage beschränkt, wogegen die wasserfreien Präparate ein halbes Jahr stabil sind. Einen Überblick über die Stabilität gibt ein anonymer Autor[1].

Cremor Penicillini sterilisatus (BP) wird nach folgendem Rezept hergestellt:

Rp. Natrium oder Calcium Penicillin	50000 E.
Lanettewachs SX	7,0 g
Paraffin	5,0 g
Paraffin liqu.	41,0 g
Aqua sterilisata	47,0 g

Das Arzneibuch gestattet die Konsistenz durch Variation der Paraffinteile zu verändern. Eine andere Salbe kann nach dem Rezept

Rp. Lanettewachs SX	3,5
Paraffin liqu.	15,0
Aqua sterilisata	81,5

bereitet werden. Lanettewachs und Paraffin werden geschmolzen in einem Weithalsglas bei 60° mit 40 g Wasser bis zur Emulsionbildung geschüttelt. Die Emulsion wird bei 115° im Autoklaven 30 Minuten lang sterilisiert und dann mit der Lösung des Wirkstoffes im sterilen Wasser bei 60° durch weiteres Schütteln emulgiert und rasch abgekühlt.

Cremor Penicillini BP unterscheidet sich vom obigen Rezept durch Zusatz von 0,1 % Chlorkresol als Sterilisans. Auch hier muß das sterile Wasser auf 100° erhitzt werden, um die Penicillase auszuschalten. Die beiden Salben mit Lanettewachs werden durch ein Unguentum Penicillini ergänzt. Es entspricht in der Zusammensetzung weitgehend dem amerikanischen Präparat:

Rp. Calcium-Penicillin	50000 E.
Wollfett-Salbe	100 g.

Das Penicillin wird mit kleinen Salbenmengen verrieben und mit der durch eine Stunde auf 110° erhitzten und wieder abgekühlten Salbe vermengt. Die Salbe muß mit dem Ca-Salz, das weniger hygroskopisch ist, bereitet werden. Auch eine Eucerinsalbe wurde empfohlen (MURRAY[2]). Als wasserhaltige Emulsion besitzt sie aber nicht dieselbe Stabilität wie die wasserfreie Salbe.

Um die Vorteile der wasserlöslichen, abwaschbaren Öl-Wasser-Emulsionen mit denen der fettbetonten Grundlage zu kombinieren, und so eine Salbe mit einer Haltbarkeit von sechs Monaten zu erzielen, wurde

---

[1] Ref. Südd.Apoth.-Ztg. **89,** 8 (1949)
[2] MURRAY: Lancet **1945 II,** 544.

von BERRY eine Mischung von Wollfettsalbe 50, Lanettewachs SX 20 und flüssigem Paraffin 30 ausgearbeitet.

Auf die Frage hin, ob Penicillin das Wundheilungstempo beeinflusse, hat FUNK[1] Versuche mit Penicillin-Vaselin (wasserfrei) und Penicillin-Calcium in wäßriger Lösung angestellt. Da Penicillin die Kapillaren schädigt, ist die Hemmung der Wundüberhäutung ziemlich bedeutend, ja so groß, daß Cibazol und Eleudronsalben, die, wie alle Sulfonamide, sonst als heilungshemmend gelten, dem Autor das Bild einer Heilbeschleunigung im Vergleichsversuch darboten. Die Kapillarschädigung wurde mit Vitamin K behoben. Nach Ansicht des Referenten wären auch Versuche mit granulationsfördernden Substanzen, wie Blattgrün, angezeigt. Die hemmende Wirkung der Sulfonamide z. B. kann durch Chlorophyll in der Epigranolsalbe in eine fördernde umgewandelt werden.

Bei den Penicillinsalben, bei denen es auf das Medium weitgehend ankommt, hat man sich zum erstenmal bewußt die neuen Lehren der „Salbenheilkunde" nutzbar gemacht. BÜCHI und GUNDERSEN[2] haben in letzter Zeit mit den oben geschilderten offizinellen und anderen Grundlagen Penicillinsalben hergestellt und deren Haltbarkeit und Wirksamkeit untersucht. Am haltbarsten (Agarplattenversuche) waren wasserfreie Salben. Therapeutisch aber waren eine Tragant-Thylose-Salbe und Öl-Wasser-Emulsionen wirksamer. Die Haltbarkeit aber war auf 4—5 Wochen beschränkt. Alle Penicillinsalben sollen im Kühlschrank aufbewahrt werden. Die Kombination von Penicillin und Antiseptica kann vorteilhaft sein, es muß aber auf die Leukocytenschwächung durch letztere geachtet werden. Phosphatpufferzusätze verbessern im Gegensatz zu Zucker und Kochsalz die Stabilität.

Über Penicillinsalbe in der **Augenheilkunde** besitzen wir durch zahlreiche Autoren einen guten Überblick. SORBY und UNGAR[3] betonen, daß das handelsübliche Penicillin unverwendbar sei und nur das chemisch reine Ca- oder Na-Salz, das sich wasserfrei mehrere Monate hält, in Dosen von 100000 E. pro Gramm als Salbe verwendet werden kann. BELTOWS[4] hat Penicillinsalbe mit verschiedenen Grundlagen hergestellt. Stearate gaben am meisten Einheiten ab, reizten aber. Vaselin bewährte sich besser als Öl-Wasser-Emulsionen und Gelees. Die Versuche wurden mit gutem Erfolg bei Infektionen der Lider, Conjunctiva und Cornea durchgeführt, sofern die Erreger auf Penicillin ansprachen. Es gibt Patienten, die penicillinüberempfindlich sind. Allerdings ist dies nach eigenen Erfahrungen sehr selten. MEYER[5] läßt Salben mit 2000 Einheiten pro Gramm 4mal täglich einstreichen.

Als Resultat dieser Arbeiten kann man wohl das Oculentum Penicillini BP ansehen. Es wird aus 100000 E. Ca-Penicillin, 90 g gelber Augenvaselin und 10 g Wollfett steril bereitet. BÜCHI und GUNDERSEN haben eine ähnliche Augensalbe aus Vaselin 50 T., Paraffin liqu. 25 T.,

---

[1] FUNK: Med. Wschr. **3**, 8, 592 (1949).
[2] BÜCHI u. GUNDERSEN: Pharm. acta helvetia **23**, 86 (1948).
[3] SORBY u. UNGAR: Brit. med. J. **1946**.
[4] BELTOWS: Amer. J. Ophthal **27**, 1206 (1944).
[5] MEYER: Klin. Med. **1948**, 298.

Wollfett 15 T., Penicillin Na 100000 E. im Phosphatpuffer 6,3 ausgearbeitet. Die Tränenflüssigkeit spült den Wirkstoff beim Lidschlag aus der Salbe und ist gut haltbar. Auch in Deutschland werden von mehreren Firmen Penicillinsalben hergestellt, die auch von uns klinisch geprüft wurden. Die meisten Salben enthalten jetzt 1000 I.E. Penicillin-Ca pro 1 g Salbe und sind mit Sulfonamiden meist 3—5% kombiniert. Maßgebend dafür war die Tatsache, daß verschiedene gramnegative Keime gegen Penicillin refraktär sind und auch durch Bildung von Penicillinase den Penicillingehalt der Salbe zerstören können. Diese Kombination hat sich bei Pyodermien der Haut sehr bewährt. Die Sulfonamide wirken dabei wohl hauptsächlich gegen Strepto- und Pneumokokken, wohl auch gegen bestimmte Coligruppen, während das Penicillin die Staphylokokkengruppe abtötet (F. W. HERREL[1], H. KILLIAN[2], I. A. KOLMER[3]). In unserer klinischen Prüfung sahen wir mit Salben der Firmen Grünenthal-Göttingen; Boehringer-Mannheim; Lessing-Erfurt: schnelle Abheilungen. Reizungen haben wir nicht beobachtet. Die Salben sollen, wenn sie nicht über 15° gelagert werden, auch den Penicillingehalt für viele Monate nicht verlieren.

Ähnlich der Penicillinsalbe scheinen die Autolysatpräparate zu wirken (Autolysatsalbe und -puder). Die Fabrik spricht von „bakterostatischen Substanzen biologischer Art". Die Präparate werden besonders bei Prothesenträgern bei Amputationen zum Schutz vor Abszeßbildungen und Wundsein empfohlen.

Sehr interessant sind die Peniciplaste der Biochemie in Kundl, Tirol. Es wird eine lebende Penicillum-Kultur in Petrischalen versandt, sie wird abgelöst und auf Wunden aufgelegt. Es wird darüber im Abschnitt der die Pflaster behandelt, noch eingehend berichtet werden.

b) Tyrothricin.

Im Jahre 1939 gewann DUBOS ein bacterides Produkt aus der Kultur eines Bodenkeims, das Tyrothricin. Es besteht zu 20% aus Gramicidin und zu 80% aus Tyrocidin. Beide sind Polypeptide, bilden ein grauweißes Pulver und sind in Alkohol und Aceton löslich. In alkoholischer Lösung bleibt das Tyrothricin unbeschränkt haltbar und ist nicht wärmeempfindlich! Seine Wirksamkeit erstreckt sich jedoch nur auf grampositive Keime. Da es die Erythrocyten auflöst und bei oraler Verabreichung im Verdauungskanal zerstört wird, kann es nur lokal angewandt werden. Das Tyrothricin kommt daher nur in Form von Lösungen, Salben, Pudern und Pflastern in den Handel. Im allgemeinen empfiehlt sich die Benutzung einer Stammlösung, die 25—50 mg Tyrothricin in 1 ccm reinem Alkohol enthält und jederzeit den gewünschten Konzentrationen entsprechend verdünnt werden kann. Für feuchte Umschläge sind wäßrige Lösungen von 0,5 mg/ccm geeignet,

---

[1] HERREL, F. W.: Penicillin and other Antibiotic Agents W. B. Saunders Co. Philadelphia u. London 1945.

[2] KILLIAN, H.: Die Penicilline Arzneimittelforschungen 4, Cantor. Freiburg 1948.

[3] KOLMER, I. A.: Penicillin-Therapy. Appelton Co. New York u. London 1945.

für Spülungen 0,2 mg/ccm, für Pinselungen stärkere Konzentrationen bis zur reinen Stammlösung. Die Tyrothricinpräparate werden von der französischen Firma Sobio unter Leitung des Centre National de la Penicillin in Paris in den Handel gebracht. Für Deutschland steht der Vertrieb durch die Atmos Fritzsching und Co. G.m.b.H., Mannheim, bevor.

Größere Erfahrungen hat man bis jetzt in den USA., Frankreich, und mit dem Gramicidin S auch in den UdSSR gesammelt. Bewährt hat es sich bei Verbrennungen, postoperativen Eiterungen, offenen Frakturen, Osteomyelitis, Stomatogingivitis, Pneumokokkenconjunctivitis, Pyodermien und Impetigio contagiosa. Bei eitrigen Pleuritiden, Ekthymata, Folliculitis barbae und offenen Furunkeln waren die Ergebnisse unterschiedlich. Mykosen, Ekzeme und Seborrhoe blieben unbeeinflußt. Unsere Erfahrungen, die durch KWOCZEK[1] aus der Mannheimer Hautabteilung veröffentlicht wurden, beruhen bisher nur auf einem mittelgroßen Krankengut mit Hauterkrankungen, die sich besonders therapieresistent erwiesen. So wurde Folliculitis barbae, Perifolliculitis suffodiens et abscedens nuchae, alte Ektymata und ähnliche Erkrankungen behandelt. Dabei konnte festgestellt werden, daß diese Krankheiten bei intensiver externer Therapie gut auf Tyrothricin ansprachen. Um ein möglichst objektives Kriterium zu erhalten, wurde zur Simultanbehandlung übergegangen. Dabei erwies sich das Tyrothricin als überlegen gegenüber Farbstoffen, Sulfonamidsalben und antiphlogistischen Maßnahmen, wie Umschlägen mit physiologischer Kochsalzlösung, Borwasser und Rivanol. Kombinierte Salben, bestehend aus Sulfonamiden und Anilinfarbstoffen, sowie lokale Penicillinapplikationen sind nach den bisherigen Beobachtungen als gleichwertig anzusehen. Eine besondere Beobachtung sei hier noch erwähnt: Ein Kind mit postgonorrhoischem Fluor staphylogenes, der sich als völlig resistent gegenüber hohen Penicillin- und Supronaldosen erwies, klang unter der Behandlung mit Tyrothricin-Styli innerhalb einer Woche ab. Ausgedehnte Ulcera der Mund- und Gaumenschleimhaut mit fusi-spirillärer Symbiose heilten innerhalb von wenigen Tagen nach Pinseln mit Tyrothricinstammlösung und Gurgeln mit Tyrothricinlösung von 0,5 mg/ccm. Verbrennungen sprachen ebenfalls gut auf Tyrothricin an, wobei die gute Narbenbildung oder besser Epithelisierung ohne Narben erwähnenswert erscheinen. EHRLICH[2] verwendet Bacitracin (100 EH pro ccm) gegen grampositive Organismen.

In Halbseitenversuchen wurden Penicillin-, Tyrothricin-, Diplomycol- und Aureomycinsalben an einem größeren Krankengut angewandt. Die therapeutische Breite lag dem eigentlich antibiotischen Effekt entsprechend in annähernd gleichen Grenzen, eine Kombinationssalbe, bestehend aus Penicillin und Sulfothiocarbamid (PS-Salbe Grünenthal), jedoch zeigte sich den einfachen antibiotischen Salben gering überlegen (Dtsch. med. Wschr. im Druck).

_[1] KWOCZEK: Dermat. Wschr. **1949**, 120, 24.
_[2] EHRLICH: Bull. Amer. Soc. Hosp. Pharm. **4,** 177, (1947).

Lokalanaesthetica.

Unter der Anaesthicis sollen hier vorwiegend die Mittel besprochen werden, die ausschließlich der Schmerzherabsetzung dienen. Mittel wie Phenole, Schwefel, ferner juckstillende Substanzen, sollen nur kurz erwähnt werden.

Bei der Herstellung von schmerzstillenden Salben, deren wirksame Komponente Lokalanaesthetica sind, müssen je nach der Indikation der Salbe verschiedene Gesichtspunkte berücksichtigt werden. Eine Salbe, die krankes, der Epidermis beraubtes Gewebe schmerzlos machen soll, wird das inkorporierte Anaestheticum, also z. B. Novocain, in wasserlöslicher Form als Salz enthalten, und die wirksame Substanz daraus leicht an das Gewebe abgeben. Wir werden zuerst Wasser-in-Öl-Emulsionen versuchen, über deren Abgabefreudigkeit der im folgenden geschilderte Modellversuch Anhaltspunkte geben kann. Vier Salben wurden hergestellt:

<table>
<tr><td>1. Novocain chlorhydrat</td><td></td><td></td><td>3. Novocain chlorhydrat</td><td></td><td></td></tr>
<tr><td>Aqua dest.</td><td>āā</td><td>0,5</td><td>Aqua dest.</td><td>āā</td><td>0,5</td></tr>
<tr><td>Alkohol cetyl.</td><td></td><td>0,5</td><td>Adeps synth.</td><td>ad</td><td>10,0</td></tr>
<tr><td>Vaselin</td><td>ad</td><td>10,0</td><td></td><td></td><td></td></tr>
<tr><td>2. Novocain chlorhydrat</td><td></td><td></td><td>4. Novocain chlorhydrat</td><td></td><td>0,5</td></tr>
<tr><td>Aqua dest.</td><td>āā</td><td>0,5</td><td>Alcohol cetyl.</td><td></td><td>1,0</td></tr>
<tr><td>Adeps Lanae</td><td></td><td></td><td>Adeps synth.</td><td></td><td>4,0</td></tr>
<tr><td>Vaselin āā</td><td>ad</td><td>10,0</td><td>Aqua dest.</td><td></td><td>4,5</td></tr>
</table>

Alle 4 Wasser-in-Öl-Emulsionen wechseln mit dem Emulgator oder der Grundlage. Je 0,1 g der 4 Salben wurden zunächst in einem Vorversuch mit Wasser geprüft. Zu diesem Zweck wurden gleichgroße Glastäfelchen mit den Salben 1 mm dick bestrichen, in Bechergläschen mit 10 ccm Wasser bedeckt und 1 Stunde lang im Brutschrank behandelt. Dann wurden die 4 Digerierungsflüssigkeiten mit Salpetersäure angesäuert und mit 2 Tropfen Silbernitrat versetzt. Bei Nr. 4 war ein leichter Niederschlag, bei Nr. 1 und 3 leichte Opaleszens festzustellen, die Salbe Nr. 2 hatte überhaupt kein Novocain an das Wasser abgegeben. Es zeigte sich also, daß zwar ein Emulgatorzusatz die Abgabefreudigkeit einer Mischung beeinflußt, daß aber doch die Salbengrundlage, die ihrerseits oft Emulgatoren enthält, ebenso wichtig ist. Das Fett ist hier besser imstande, das wasserlösliche Anaestheticum abzugeben als das Vaselin. Diese Tatsache wird durch den Zusatz des einen oder anderen Emulgators zwar gemildert, aber nicht aufgehoben. Wenn wir noch die Beobachtungen von Schubert und anderen Autoren in Erwägung ziehen, daß Vaselin und Lanolin die Wundheilung hemmen oder zumindest nicht fördern, so könnten wir annehmen, daß die Fette als Bestandteile oder Grundlagen für anästhesierende Wundsalben geeigneter sind. Parallele klinische Versuche wurden allerdings nicht angestellt, da der Schmerz in geeigneten Fällen variabler ist als die zu erwartende Anästhesie, so daß die Fehler größer geworden wären als die Unterschiede zwischen den Salben.

Wie die angegebenen Rezepte zeigten, haben die 4 Salben Novocainchlorhydrat enthalten. Die im Handel befindlichen Salben mit Lokalanaestheticis enthalten die Wirkstoffe als Basen in alkalischen Grundlagen. Die Verwendung der wasserunlöslichen Basen an Stelle der löslichen Salze soll lokale Schäden durch zu hohe Konzentrationen verhindern, eine Art Depotwirkung erreichen und — da die Basen fettlöslich sind — Wirkung durch die gesunde Haut gewährleisten. Dies ist, wie man an sich selbst und aus der allerdings auch gegenteilige Ansichten vertretenden Literatur nachweisen kann, bis zu einem gewissen Grad gelungen. So wird erwähnt[1], daß ein lipoidlösliches englisches Anaestheticum in einer Salbe nach erfolgter Bestreichung der Haut die Haare schmerzlos entfernen lasse. Der *Panthesinbalsam* (Sandoz), der 5% der Base in einem pflanzlichen Fett enthält, ist gegen Schmerzen durch die gesunde Haut hindurch wirksam, und zwar nach GIGON[2] bei Rheuma und Entzündungen, nach BERGMANN[3] bei Wespen- und Bienenstichen, wo allerdings auch neutralisierende Stoffe und Cholesterinsalben (Selbstversuch) allein wirksam sind.

Curtacainsalbe (Curta), die 2% Pantocainbase enthält, wirkt nach WENDT[4] zufriedenstellend bei Juckreiz und Schmerzen verschiedener Genese. Ähnliches berichtet BRUCHHOLZ[5] von der **Percainsalbe** (Ciba), die jetzt als Nupercainal im Handel erscheint.

Ingelansalbe wird als juckreizstillende Salbe von Boehringer hergestellt. Sie wirkt reizlindernd und enthält als Wirkstoff das schwefelsaure Salz des Dioxyphenyläthanolisopropylamin oder Aludrin.

Leofrostcreme (Leo-Werke) ist eine fettfreie Salbe, die als Konstituens saures Natriumstearat enthält. Als Agentien sind Aluminiumoxyhydratgel als Adstringens und Harnstoff als heilender Faktor bei offenem Frost enthalten.

Calcium-Sandozsalbe enthält Calcium-Lactobionat, ein leicht lösliches Calciumsalz. Sie wirkt juckreizstillend.

Die wasserlöslichen Salze wirken ohne Gleitschiene infolge ihrer Wasserlöslichkeit entweder gar nicht durch die gesunde Haut hindurch (FENYËS[6], BÜRGI[7]) oder nur zu einem geringen Prozentsatz. Im Gegensatz hierzu sind die Basen fettlöslich und kommen nach FREYSTADTL[8] u. a., wenn auch nicht quantitativ, zur Wirkung. Die Wirkung hängt also wesentlich davon ab, ob die Salze der Anaesthetica oder die freien Basen verwendet werden. Dies zu zeigen, war der Zweck weiterer Versuche. Wir haben darin einen mit Petroläther oberflächlich entfetteten und einen naturbelassenen Unterarm in mehrmaligen Versuchen mit den 4 Novocainchlorhydratsalben bestrichen und mit einer Haarpinzette alle 5 Minuten an den Lanugohaaren gezogen, um eine evtl. vorhandene Anästhesie oder Schmerzherabsetzung nachweisen zu können. Es zeigte

<hr>

[1] Pharm. J. **135**, 497 (1935).   [2] GIGON: Schweiz. med. Wschr. **1931 I**, 206.
[3] BERGMANN: Münch. med. Wschr. **1936**, 29, 1172.
[4] WENDT: Münch. med. Wschr. **1937**, 4, 141.
[5] BRUCHHOLZ: Münch. med. Wschr. **1931**, 22, 914.
[6] FENYËS: Wien. med. Wschr. **1934**, 18.
[7] BÜRGI: Vortrag auf dem Physiologentag Zürich 1938, sowie Wien. klin. Wschr. **1936**, 51. Die Durchlässigkeit der Haut für Arzneien und Gifte. Berlin: Springer 1942.
[8] FREYSTADTL: Börgyogy. Szemle 16. I. 1938 u. a. O.

sich jedoch bei mehrmaligen Versuchen im Laufe von 2 Stunden nach keiner der Salben irgendeine Verminderung der Schmerzen.

Derselbe Versuch wurde am anderen Arm öfters wiederholt, nachdem die mit den Salben einzureibenden Stellen vorher angeritzt worden waren. Doch konnte auch hier keinerlei Schmerzherabsetzung beobachtet werden. Die durch die Scarifikation gerötete Haut brannte an allen Stellen gleich intensiv. Mithin kann gesagt werden, daß aus Novocainchlorhydratsalben unter den geschilderten Bedingungen durch die intakte und leicht scarifizierte entfettete und nicht entfettete Haut nicht genügend Anaestheticum diffundiert, um innerhalb von 2 Stunden schmerzstillend zu wirken.

Die Versuche decken sich mit den Resultaten Bürgis[1], nach denen es unter den verschiedenen Bedingungen nicht gelingt, mit auf die Haut applizierten Lokalanaestheticis Anästhesie zu erzeugen; sie gehen auch mit den Arbeiten von Bruchholz (l. c.), der mit Anästhesin Versager erlebt hat, parallel. Da die mit Novocainchlorhydrat hergestellten Salben nicht imstande waren, durch die intakte Haut hindurch Anästhesie zu erzeugen, interessierte die Frage, ob Präparate, die in üblicher Konzentration Basen enthalten, dazu in der Lage sind. Die obengeschilderten Versuche an den Lanugohaaren des Unterarmes wurden daher mit den alkalischen Salben der Industrie, die oben beschrieben wurden, in derselben Reihenfolge wiederholt. Das Ergebnis war in sämtlichen Fällen negativ.

Andererseits wurden bei einem außerordentlich juckenden Arzneimittelexanthem die letzteren 3 Salben gleichzeitig nebeneinander aufgestrichen. Dort, wo die Haut nicht mehr voll intakt war, hatten alle 3 Präparate gleich gut juckstillende Wirkung. Es waren daher weniger die Salben als die Testmethode ungeeignet.

Ein weiterer Versuch sollte deshalb den Unterschied zwischen den 3 Salben und einer Kontrolle auf der gesunden Haut auf anderem Wege klären. Hierzu wurden an den Unterarmen je 10 qcm mit den 3 Salben und eine vierte Stelle mit Vaselin behandelt. Die Präparate wurden in einigen Fällen nur aufgestrichen, in den anderen auch eingerieben, allerdings nicht 10—15 Minuten einmassiert, wie Hutembeck[2] vorschreibt. Nun wurden alle 10 Minuten 1-g-Gewichte, die in siedendem Wasser auf 100° erwärmt worden waren, aufgelegt und auf der Haut erkalten lassen. Der Schmerz war immer gleich intensiv, ob die Salben eingerieben oder aufgestrichen wurden, ob dieses oder jenes Anaestheticum bzw. die Kontrolle geprüft wurde. Größere Gewichte, wie 2 g oder 5 g, die infolge ihrer Schwere stärker auf die Haut drückten und größere Wärmekapazitäten besaßen, haben bei den Anaetheticis, der Kontrolle und auf unbehandelten Stellen immer gleich unerträglich gewirkt. Alle Salben waren also auf der gesunden Haut wirkungslos gegenüber frischem Verbrennungsschmerz und dem Schmerz, der beim Ziehen an den Lanugohaaren auftritt. Allerdings sind die Versuche,

---

[1] Bürgi: Schweiz. med. Wschr. **1937**, 20, 433.
[2] Hutembeck: Dtsch. med. Wschr. **1933**, 31.

wenn man FREYSTADTL[1] recht gibt, nicht genügend stichhaltig, da der
Kältereiz am leichtesten, dann Schmerzzustände anderer Genese und zuletzt der Verbrennungsschmerz beeinflußt werden. FREYSTADTL, dessen
Arbeit sehr lesenswert ist, bestätigt im übrigen die hier dargelegte Beobachtung, daß ölige Lösungen der Basen durch die gesunde Haut wirksamer diffundieren als Chlorhydrate in Wasser-in-Öl-Emulsionen. Panto-
cain- und Percainsalbe sind nach ihm sehr wohl imstande, schwere
Schmerzzustände durch die unverletzte Haut hindurch zu lindern,
allerdings erst 10 und mehr Stunden nach der Applikation. Auch Cocainsalben, die die Base enthalten, sind wirksam. Die Arzneibücher Frank-
reichs, Englands und Italiens hatten deshalb um die Jahrhundertwende
die Base in ein Pharmakopoepräparat aufgenommen (HIRSCH[2]).

Die Prüfung der Kälteempfindlichkeit ist demnach die beste Testmethode, so daß wir die Versuche mit wasserlöslichen Anaestheticis
wiederholten. Zu diesem Zweck wurden zuerst 2 Salben, die Wasser-
in-Öl- und Öl-in-Wasser-Emulsionen (mit Vaselin als Grundlage und
Cholesterin bzw. Lecithin als Emulgator) mit 0,75% Pantocainchlor-
hydratgehalt geprüft. Je 0,2 g Salbe wurde auf 6 qcm Unterarmhaut
verstrichen und leicht einmassiert. Nach jeder vollen Stunde wurde
dann ein Eiswürfel von 2 cm Kantenlänge aufgelegt und gewartet, bis
das Kältegefühl kräftig wahrnehmbar wurde. Bei den ersten Versuchen
zeigte sich innerhalb von 5 Stunden weder bei der Öl-in-Wasser- noch
bei der Wasser-in-Öl-Emulsion eine Wirkung. Nach 6 Stunden hat die
Wasser-in-Öl-Emulsion geringe Anästhesie hervorgerufen. Bei weiteren
Versuchen hatte die Öl-in-Wasser-Emulsion gegenüber der zur Kontrolle
nur mit Vaselin bestrichenen Hautpartie keine Verzögerung des Kälte-
schmerzes, der nach 20 Sekunden eintrat, erzielt. Die Wasser-in-Öl-
Emulsion verzögerte den Eintritt nach 2stündiger Einwirkung um 30
auf 50 Sekunden und verursachte eine leichte, aber oberflächliche Anästhesie, die viele Stunden anhielt.

Aus den Versuchen können wir zunächst lernen, daß die Öl-in-
Wasser-Emulsion in diesem besonderen Falle nicht wirksam ist; anscheinend trocknet sie zu rasch ein, und das trockene Salz wirkt nicht
mehr. Weiterhin sehen wir, daß auch mit wasserlöslichen Anaestheticis
eine, wenn auch nicht schnell und leicht nachweisbare Anästhesie erreicht werden kann.

Da anästhesierende Salben auch in der Augenheilkunde Interesse
besitzen, wurden die obenerwähnten 4 Novocainchlorhydrat-Salben
auch am Kaninchenauge auf ihre Wirkung geprüft. Zu diesem Zweck
wurden der Eintritt der Gefühllosigkeit und ihre Dauer mit der Reiz-
borste festgestellt. Die Salbe Nr. 1 war einer 5proz. wäßrigen Lösung
gleichwertig. Die Salbe Nr. 2 ergab um 50%, Salbe Nr. 4 um 150%
längere Anästhesie. Die Salbe Nr. 3 hingegen wirkte ganz unregelmäßig,
und zwar in allen 15 Parallelversuchen, die mit den 4 Salben angestellt wurden. Einmal ergab sie keine, das andere Mal gute, den Salben
Nr. 2 und Nr. 4 entsprechende Resultate. Es scheint, daß hier die Kon-

---

[1] FREYSTADTL: Dermat. Wschr. **1938**, 3.
[2] HIRSCH: Universal-Pharmakopöe I (1902).

sistenz und der Schmelzpunkt nicht entsprochen haben. Wenn wir nun die durch die drei Arbeitsmethoden gewonnenen Resultate graphisch darstellen, erhalten wir folgende Bilder:

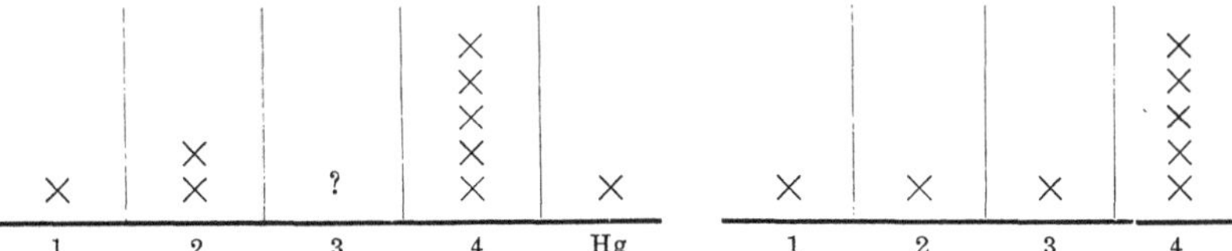

Abb. 22. Dauer der Anästhesie durch 4 Novocain hydrochl.-Salben und einer gleich starken Lösung am Kaninchenauge.

Abb. 23. Chloridabgabe derselben Salben an Wasser.

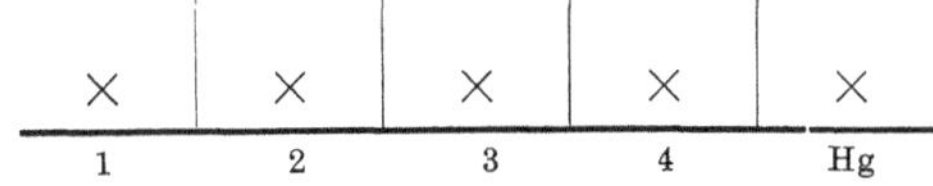

Abb. 24. Unterschwellige Wirkung der Salben auf der gesunden Haut.

Die Bilder zeigen, daß die Salbe Nr. 4 sich im Auge als am wirksamsten erwies, und stehen damit mit den Beobachtungen von GROSS-MANN und SIMON[1], nach denen Vaselin und andere Medien mit 5% Anästhesin verrieben, praktisch gleich stark wirken, soweit die Beeinflussung eines wäßrigen Mediums in Frage kommt, in Widerspruch, der seine Ursache in der wenn auch geringen Öllöslichkeit des Anästhesins haben dürfte. Sie decken sich aber mit der Antwort auf die Anfrage 58 in der Pharmaz. Z.halle Dtschld[2], in der Wasser-in-Öl-Emulsionen als Grundlagen für derartige Präparate empfohlen werden, und ergänzen diese, indem sie Hinweise auf die Art der Emulsion bzw. der Fettkomponente geben.

Öl-in-Wasser-Emulsionen haben wir im Vergleich zu Wasser-in-Öl-Emulsionen auch an der Mundschleimhaut geprüft. Wir verwendeten hierzu die bereits erwähnten 0,75proz. Pantocainsalben. Beide Emulsionen (0,1 g) wurden zwischen Unterlippe und Kiefer eingestrichen. Die Öl-in-Wasser-Salbe verteilte sich im Speichel und war zur Salbentherapie ungeeignet. Die Wasser-in-Öl-Emulsion begann schon nach 5 Minuten zu wirken, nach 10 Minuten war der Höhepunkt erreicht, nach 30 Minuten war keine Wirkung mehr vorhanden. Die Anästhesie hatte auch die Zunge ergriffen, so daß eine Diffusion des Anaestheticums aus der Salbe in den Speichel angenommen werden muß.

Als Untergruppe der Salbe mit Lokalanaestheticis können die mit juckstillenden Medikamenten, z.B. Chloralhydrat, geführt werden, wenn auch die Mittel den verschiedensten Gruppen, wie den ätherischen Ölen, den Phenolen und den Schwefelpräparaten, angehören. Als Beispiel sei das Calmitol angeführt, eine Lösung von jodiertem Campheraldehyd mit Scopolaminzusatz. JADASSOHN, DELBANCO u. a. haben es in Mengen von 5—10% Zinkpasten zugefügt und diese Paste bzw. Salbe zur Juck-

---

[1] GROSSMANN u. SIMON: Med. Welt **1935**, 32, 1150.
[2] Pharmaz. Z.halle Dtschld **66**, 176 (1925).

stillung empfohlen. Ferner ist die Cycloformsalbe (Curta) zu nennen, die Cycloform, die den in Lipoiden schwer, aber in Wasser löslichen Alkylester der n-Amidobenzoesäure und Hamamelisextrakt enthält.

FREYSTADTL (oben zitiert) prüfte Carbol, Campher und Resorcin in Salben auf ihre juckstillende Wirkung und beobachtete, daß diese Präparate die Kälteempfindlichkeit und den Juckreiz beträchtlich herabsetzen, ohne aber anästhesierend zu wirken.

Anästhesierende Salben der Industrie:

Curtacainsalbe, enthält 2% Butylaminobenzoyldimethylaminoäthanol (Pantocain), ein Desinfiziens, und Aluminiumhydroxyd im alkalischen Medium.

Nupercainal (Ciba) wurde früher Percainal genannt. Die Salbe enthält als schmerzstillenden Bestandteil 1% Nupercainbase und wird bei beschädigter Haut, also bei Verbrennungen, Fissuren, Insektenstichen, Decubitus leicht aufgetragen. Bei intakter Haut (Myalgien), Brustschmerzen (tuberkulöser) soll sie einmassiert werden. In allen Fällen soll die Wirkung nach wenigen Minuten eintreten und durchschnittlich zehn Minuten anhalten.

Panthesinbalsam ist 5proz., als Grundlage dient ein Pflanzenfett.

Sedotyol (Dr. Debat, in Deutschland von Klinge, Berlin, hergestellt) enthält neben einem Lokalanaestheticum Hamamelisextrakt, Titansalze und Salicylsäure.

Zusammenfassend ist festzustellen, daß die Salben mit Lokalanaetheticis drei verschiedenen Zwecken dienen:

1. Sie sollen durch die gesunde Haut wirken. Hierfür sind vorwiegend die öllöslichen Basen geeignet. Die Salze wirken meist unterschwellig.

2. Wunden und Hautkrankheiten, bei denen das Corium frei liegt, können sowohl mit öllöslichen als auch mit wasserlöslichen Anaestheticis behandelt werden. Wirksam sind im letzteren Falle die Emulsionen beider Typen.

3. Auf Schleimhäuten sind die Wasser-in-Öl-Emulsionen (das Medikament in Wasser gelöst) verwendbar. Über den Wert der Öl-in-Wasser-Emulsionen und deren richtige Darstellung soll noch im übernächsten Abschnitt berichtet werden.

Anästhesierende Salben, denen Chlorhydrate zugesetzt sind, wirken auf der intakten Haut nicht. Mit alkalischen Salben, die die Basen enthalten, z. B. den Industriepräparaten, können wir zufriedenstellende Effekte erreichen; die Wirkung tritt aber nicht gleich, sondern erst nach 6—12 Stunden ein, insbesondere, wenn die Salbe nicht einmassiert, sondern nur aufgestrichen wird.

Antizoonotica.

a) Antiscabiosa.

Wenn wir uns entschließen, den Antiscabiosa und den Mitteln gegen Epizoonosen ein besonderes Kapitel einzuräumen, so geschieht dies aus mehrfachen Erwägungen. In den Nachkriegsjahren zeigte sich unter der Auswirkung der schlechten Waschmittel, der Fluktuation der Bevölkerung sowie der vorherrschenden Wohnungsnot in fast allen europäischen Ländern ein erhebliches Ansteigen der Krätzeerkrankungen sowie Befall mit Ungeziefer. Sodann ist in der Anwendung der Krätzekuren in den letzten Jahren ein so großer Fortschritt erreicht, daß eine kritische Abwägung der einzelnen Behandlungsmethoden auch für den Nichtdermatologen von Bedeutung sein mag.

Die Behandlung der Scabies. Die frühere Krätzetherapie bestand in der Einsalbung des Körpers mit teer- und schwefelhaltigen Salben, als deren Typ hier die WILKINSONsche Salbe genannt sei:

Rp. Calc. carbon.	10,0	
Pic. betul.	10,0	
Sulf. Sublim.	20,0	
Sap. Calin.	25,0	
Vaselin, flav. ad	100,0	

Der Nachteil dieser Behandlung liegt darin, daß durch die Salbe die Poren der Haut sowie die Wäsche stark verschmiert werden und die Kur drei Tage durchgeführt werden muß, also meist klinische Behandlung erfordert. Wegen der Verknappung an Salbenmitteln wurde im Kriege von WAWERSIG[1] eine fünf Minuten lange Einreibung mit 60proz. Natriumthiosulfatlösung und nach weiteren fünf Minuten mit 6% HCL-Lösung empfohlen. Die Einreibungen mußten ebenfalls zweimal täglich drei Tage lang durchgeführt werden. Die Behandlung war sehr unbeliebt, weil sie bei bestehenden Rhagaden oder Exkoriationen Schmerzen verursachte.

Einen wesentlichen Fortschritt bedeutet das **Mitigal,** B a y e r, das eine hellgelbe ölige Lösung darstellt und annähernd 25% Schwefel enthält. Das Dimethylthianthren (B a d i s c h e A n i l i n - u n d S o d a f a b r i k) tritt an die Stelle des Mitigals und wird bei gleicher Indikation in gleicher Weise angewandt. Ein ähnliches Präparat liegt im **Catilan** von B a y e r vor, das ebenfalls eine organische Schwefelverbindung enthält. Auch mit diesen Mitteln, die ebenso wie die anderen Antiscabiosa zu Beginn der Behandlung und nach Beendigung ein heißes Seifenbad erfordern, dauerte die Kur drei Tage. In Ermangelung anderer Salbenbasen zur Bekämpfung der Scabies wurde von LEROUX[2] und Mitarbeitern die hochdisperse Tonerde Bentonit empfohlen, die durch Wasseraufnahme eine gelatinöse Beschaffenheit annimmt und wie ein Lotio auf die Haut gestrichen wird. In diesem Zusammenhange sei das **Scabron** von B e i e r s d o r f erwähnt, ein Schwefel-Aluminium-Silicatgel, das neben Scabies auch bei Mykosen, Pyodermien und Acne empfohlen wird. Auch mit diesem Präparat dauert die Krätzekur noch drei Tage.

Ähnlich in der Anwendungsform wie das **Mitigal** hat sich uns das **Scaben** von T e m m l e r bewährt, das aus Perubalsambestandteilen mit Benzoe- und Salicylsäureester besteht. Das Präparat wird auch von empfindlicher Haut fast immer reizlos vertragen. Eine gewisse Vereinfachung und Neuerung brachte die Puderbehandlung mit Descaben

---

[1] WAWERSIG: Med. Welt **1942**, Nr 50.
[2] LEROUX u. Mitarbeiter: Bull. Sci. pharmacol. **49**, Nr 1/2, S. 9 (1942).

von der Firma Kast und Ehinger, das von Schneider[1], Tübingen, als 3-Tage-Kur empfohlen wird.

Über eine Lösung von halogenisiertem Alkylphenol in dem Präparat **Moriphen** der Firma Hammer & Co., Hamburg, berichtet Hopf[2]. Die Patienten sollen etwa ½ Stunde nach der Einreibung bis zur erfolgten Antrocknung des Präparates unbekleidet bleiben. Gleichzeitig erfolgt Körper- und Bettwäschewechsel. Weitere Einreibungen können an den folgenden Tagen stattfinden. Gelegentlich wird über Brennen an empfindlichen Hautpartien geklagt. Unter 309 sah Verf. 9 Rezidive.

Eine andere Präparatgruppe enthält als wirksamen Stoff das Benzyl-Benzoat, das teils in fertigen Präparaten als **Favorin** der Firma Schering, Berlin und Braunschweig nach Anregung von Kimmig und Vonkennel vorliegt. Das in Wasser unlösliche Benzyl-Benzoat ist in diesem Präparat mit Wasser abwaschbar bei gleichzeitiger keratolytischer Komponente. Nach einem Bad läßt man das Favorin wenigstens 24 Stunden einwirken, am nächsten Tage wird eine zweite Einreibung empfohlen und abschließend ein Reinigungsbad vorgenommen. Auch Scabies mit sekundären Infektionen soll für diese Therapie geeignet sein. Von den Desitinwerken, Hamburg, wird **Scabisitin,** eine Benzyl-Benzoat-Emulsion empfohlen sowie das **Perscabit** von den Deutschen Hydrierwerken, Rodleben. Das Liniment enthält außerdem noch Sulfur kolloidale, Halogenoxydiphenylmetan $+$ Isonaphthol auf Lanettwachs-Grundlage. Es werden 2—3 Einreibungen an zwei aufeinanderfolgenden Tagen für die Kur empfohlen[3]. Die chemische Fabrik Stockhausen stellt **Plesioscab** her, das Benzyl-Benzoat und Taktocut auf der Grundlage eines Netzstoffes enthält, es ist ein seifenförmiger, geruch- und farbloser Stoff und eignet sich für eine 2-Tage-Kur.

Weitere Antiscabiosa seien noch angeführt:

Krätzemittel Schering ist ein kolloidales Schwefelpräparat.

Perscatol (Böhme-Fett-Chemie, Chemnitz) ist ein geruchloses Wirkstoffliniment auf der Basis von (DDT).

Acasir und **Acasir „stark"** (Borschers, Goslar) ist eine kolloidale Schwefel-Zinkoxyd-Emulsion. Eigene Erfahrungen fehlen. Doch wird das Präparat in der Arbeit von Hübner[4] sehr ablehnend beurteilt.

Ecrasol (Chem. Fabrik, Schürholz) stellt eine flüssige, geschwefelte Fettsäureseife mit Zimtaldehyl und Betanaphtol dar. Es wird an drei Abenden auf feuchte Haut aufgetragen.

Tetraaethylthiurammonosulfid ist im Tetmosol, das Bradshaw[5] empfiehlt, enthalten.

Von den Geigy-Werken, Basel, wird ein neues Antiscabiosum **Eurax** empfohlen, das sich aus einer größeren experimentellen Arbeit von 1100 neusynthetisierten Präparaten als besonders acaricid ergeben hat. Es handelt sich um eine Creme mit einem Gehalt von 10 % Crotonsäure-N-aethyl-o-toluidid. Die Vorversuche wurden an den Milben der

[1] Schneider: Med. Klin. **1946** Nr 21.   [2] Hopf: Med. Welt **1942**, Nr 30.
[3] Hübner: Das deutsche Gesundheitswesen **1947**, H. 22.
[4] Hübner, R.: Das deutsche Gesundheitswesen **1948**, H. 22.
[5] Bradshaw: Chem. Zbl. **I,** 448 (1945).

Kaninchenkrätze durchgeführt, ähnlich wie das KWOCZEK in der Mannheimer Hautabteilung mit anderen Substanzen bei überlebenden Kopfläusen prüfte. DOMENJOZ[1] beobachtete dabei die Steigerung der Spontanmotilität der Milben, das reversible Sistieren der spontanen Bewegungen und schließlich das irreversible Sistieren. In dem Eurax fand er ein Krätzemittel, das schon in 2% Verdünnung wie bisher keine andere Substanz eine sichere Wirkung zeigte, während z. B. das Benzyl-Benzoat erst bei einer Konzentration von 10% an sicher abtötend auf Psoroptes cuniculi wirkt. Es ergab sich ferner auch eine gute bakteriostatische Wirkung ebenfalls im Gegenteil zum Benzyl-Benzoat und Mitigal. Das Mittel ist geruchlos und erwies sich bei einer größeren Patientengruppe (326 Fälle) als nicht toxisch. Das Präparat brennt auch nicht an erodierten Stellen. Allerdings erfordert die Behandlung ein zweimaliges Einreiben von ca. 50 g Salbe im Abstand von 24 Stunden ohne vorheriges Bad, da es sich auf der trockenen Haut leichter einreiben läßt und besser in sie eindringt (BURCKHARDT und RIMAROWICZ[2]). Auch auf die Arbeit von DORNER[3] wird verwiesen.

Einen besonderen Raum in der Scabiesbehandlung haben die **Dixanthogene** eingenommen, die zunächst 10% Vaselin in 1944 von WESTERHUIS[4], ebenso von HAXTHAUSEN als 5% Salbe empfohlen wurde.

Ein Bisäthylxanthogen stellt das **Aulin** der Firma Boehringer, Mannheim, dar, das in öliger Form bei einem 7proz. Zusatz von Ungt. Lanetti eine sehr gut verträgliche farblose Öl-Wasser-Emulsion darstellt und die antiscabiöse Behandlung auf einen halben bis einen Tag einengt. Das Mittel ist fast geruchlos und beschmutzt die Wäsche nicht. Wir haben während des Krieges Tausende von Krätzefällen damit mit bestem Erfolg behandelt. Auch das Aulinum solidum der gleichen Firma zeigt dieselben Resultate und wird als flüssiger Puder angerührt und als Lotio auf die Haut gestrichen.

Mit den Präparaten **Aulin, Aulinoform** und **Scabintan** der Firma Raschig, Ludwigshafen, das aus chlorierten Alkyl-Phenolen in einer Seifenlösung besteht, wurde von uns die sog. *Krätzeschnellkur* ausgebaut, die eine Behandlung der unkomplizierten Scabies *einmalig in vier Stunden* ermöglicht. Voraussetzung ist die gute Tiefenwirkung der Präparate und die sichere Abtötung der Milben und ihrer Eier innerhalb von zwei Stunden. Die Kranken haben die Anweisung, die nicht auskochbaren Kleidungsstücke sowie die Bettdecke zur Desinfektion mitzubringen, die gleichzeitig während der Schnellkurbehandlung stattfindet.

WILLWOHL[5] hat über 1200 Fälle von der Mannheimer Hautklinik in seiner Arbeit berichtet. Die Schnellkur beginnt mit einem Voll- oder Brausebad, bei welchem die oberen Epidermisschichten durch Verwendung von Seife und möglichst warmem Wasser zur Diffusion des Wirkstoffes vorbereitet werden. Danach reiben sich die Kranken mit dem

---

[1] DOMENJOZ, R.: Schweiz. med. Wschr. **1946**, 47.
[2] BURCKHARDT u. RIMAROWICZ: Ebenda **1946**, 47.
[3] DORNER: Dtsch. Med. Rundschau **1949**, 15.
[4] WESTERHUIS: Ndld. Tschr. Geneesk. **1944**.
[5] WILLWOHL: Med. Klin. **1948**.

Schnellkrätzemittel ein, wobei die drei genannten Präparate praktisch gleiche Verträglichkeit und denselben Heileffekt mit nur 3—7% Rezidiven ergab. Dabei sind allerdings Rezidive im häuslichen Milieu mit einbegriffen, in welches die Patienten nach der Schnellkur zurückkehren.

Die Verwendung von **DDT** (Dichlordiphenyltrichlormethan) in Puder oder öliger Lösung, auch Gix-Emulsion, die noch fluorhaltig ist, hat sich zwar nach MÜHLENS[1] bei sechstägiger Anwendung glänzend bewährt, wurde aber wegen der Länge der Kur wieder verlassen, zumal in der britischen Literatur von M. CASE auf toxische Erscheinungen hingewiesen wurde mit Leukopenie, Hämoglobinämie, Auftreten von Indican im Harn, Gliederschmerzen, Müdigkeit, Hör- und Sehstörungen und ängstlichen Verstimmungen. Diese Symptome verschwanden nach vier Wochen wieder. Eine 8—9mal intensivere Wirkung auf Insekten entwickelt das **Hexachlorzyklohexan,** das von französischen Autoren[2] in 3proz. Lösung für die Behandlung der Krätze als Schnellkur empfohlen wurde. Die Lösung des Präparates in Fett zeigt allerdings leicht Hautreizungen.

Auf ähnlicher Basis beruht das Präparat **Jacutin** von Merck, Darmstadt, mit dem wir ausgezeichnete klinische Erfahrungen haben[3]; nach einem Bade werden die Patienten mit der farblosen Emulsion vom Hals bis zu den Füßen intensiv eingerieben, wobei weder die Wäsche beschmutzt wird noch ein unangenehmer Geruch auftritt. Die einmalige Einreibung genügt zur Abheilung der unkomplizierten Scabies. Ein ähnliches Präparat ist von der Firma Wieland in Lauingen in Vorbereitung.

Die Behandlung des in manchen Gegenden recht häufig auftretenden Leptus autumnalis kann mit denselben Mitteln erfolgen. Da meist Pyodermien gleichzeitig vorhanden sind, wird es sich empfehlen, diese Stellen besonders nach Betupfung mit Pyoktannin- oder Trypaflavinlösung mit einer sulfonamidhaltigen Zinkpaste abzudecken.

Während man bei den Antiscabiosa den genauen Zeitpunkt des Absterbens der Krätzemilben und ihrer Brut in der Haut nicht festlegen kann, so hat man bei der *Bekämpfung von Läusebefall* durch die Möglichkeit von Laboratoriumsversuchen eine erheblich exaktere Basis. Zwar wurde von KRANTZ[4] und SCHMIDT-LA BAUME[5] (von letzterem mit dem Ultropakt) die photographische Darstellung der Krätzemilben und ihrer Brut in der Haut des Menschen veröffentlicht. Doch erlauben auch diese Methoden noch keinen sicheren Nachweis über den Zeitpunkt des Absterbens der Milben.

b) Antimykotica.

Die Behandlung der Mykosen hat bisher in der Dermatologie einen besonderen Platz eingenommen und die fast unübersehbare Zahl der vorhandenen und in letzter Zeit neuen Antimykotica kann wohl als

---

[1] MÜHLENS: Med. Klin. **1946**, Nr 16.   [2] Touraine Presse méd. **1945**, Nr 35.
[3] SCHAEFER, R.: Über Erfahrungen mit Hexachlorzyklohexan in der Dermatologie. Dtsch. med. Wschr. **1949**.
[4] KRANTZ: Münch. med. Wschr. 1940, **I**, 445.
[5] SCHMIDT-LA BAUME: Dermat. Wschr. 1943, **3**, 41.

Zeichen dafür angesehen werden, daß ein ideales Therapeuticum bisher noch nicht gefunden wurde. Maßgebend dafür ist die außerordentlich verschiedene Lokalisation der Pilze in den Hautschichten bei den sehr abweichenden Erkrankungsformen. Es ist ohne weiteres einleuchtend, daß die sog. Saprophytosen, bei denen die Pilze sich in den oberflächlichen Hornschichten ausbreiten, einer desinfizierenden Therapie sehr leicht zugänglich sind. Dadurch erklärt sich auch die sehr verschiedene Beurteilung der einzelnen Heilmittel. Bei einer Pityriasis versicolor oder einem Erythrasma kann eine Abheilung in einigen Tagen meist schon mit einem Salicylspiritus erreicht werden oder aber mit einem Ichthyolpuder, ohne daß diese Mittel deshalb als Antimykotica bezeichnet werden dürfen.

Die kritische Wertung eines Antimykoticums muß vielmehr zwei Forderungen gerecht werden, die wir hier zu Beginn besonders unterstreichen wollen. Einmal ist eine einwandfreie *pilzabtötende Wirkung* erforderlich, die in Nährbodenversuchen festgelegt wurde, zum anderen muß das Mittel auch eine gute klinische Wirkung besonders bei tiefsitzenden Mykosen zeigen. Dieser Faktor wird am besten als *Tiefenwirkung* bezeichnet und kann nur klinisch oder im Tierversuch gewertet werden, da bei Kulturversuchen die Kulturen wegen ihres Sauerstoffbedarfes nur oberflächlich wachsen. Aus diesen Überlegungen geht schon hervor, daß bei der klinischen Behandlung der tiefsitzenden Mykosen ein gutes Antimykoticum nur dann seine Wirkung entfalten kann, wenn es evtl. durch eine Gleitschiene in direktem Kontakt mit den Mycelien gebracht wird.

An dieser Stelle möchten wir Herrn Doz. Dr. KIMMIG, Heidelberg, besonders für seine Unterstützung danken, mit der er uns seine neuesten Erkenntnisse mit verschiedenen Chemikalien zur Verfügung stellte. Aus seinen umfangreichen Versuchen mit Testungen an etwa 54 Substanzen können wir zusammenfassend folgendes sagen:

Nach seinen Untersuchungen erschöpfte sich die antimykotische Wirksamkeit der Phenole im großen und ganzen bei 1:1000, lediglich Thymol und Hexylresorcin zeigten eine stärkere Wirksamkeit. Bei den Benzoesäurederivaten lagen die Verhältnisse ähnlich, bei den Farbstoffen sehr unterschiedlich. Die Wirkung erschöpft sich bei der Greifswalder Farbstoffmischung und bei der Castellanischen Lösung bei 1:100, beim Trypanrot, Alizarinrot und Säurefuchsin bei 1:500, beim Rivanol, Acridingelb und Rivanol bei 1:1000, beim Methylviolett bei 1:5000, bei Malachitgrün und Gentianaviolett bei 1:10000, beim Brillantgrün bei 1:250000. Nach KIMMIGS Untersuchungen wirken die quartären Ammoniumbasen noch in der Verdünnung von 1:100000. Das gleiche gilt für die quartären Phophoniumbasen, während die quartären Arsoniumbasen nur bei 1:50000 wirksam sind. Für die klinische Anwendung haben diese Verbindungen den Vorteil, daß sie nicht färben und sowohl als feuchte Verbände, Schüttelmixturen wie auch in Salben und Pasten inkorporiert angewandt werden können. Von den Isomeren des Hexachlorcyclohexans wirkt die δ-Isomere am stärksten, und zwar noch bei 1:10000.

Um die Mykosen nicht nur mit externer Therapie anzugehen, wurden in verschiedenen Kliniken Versuche mit peroraler Sulfonamidapplikation angestellt mit teils widersprechenden Ergebnissen. KWOCZEK und v. MOERS-MESSMER[1] konnten nachweisen, daß „die Sulfonamide nicht mykocid, sondern nur mykostatisch wirken, allerdings erst in so hohen Konzentrationen, die praktisch über längere Zeit hindurch im menschlichen Serum nicht zu erzielen sind". Auch für die externe Therapie erscheinen nach KIMMIGS Untersuchungen die Sulfonamide wenig geeignet zu sein. Bei den gebräuchlichsten Sulfonamiden liegt die mykostatische Wirkung zwischen 1:250 und 1:500, das gleiche gilt für die Thiosemicarbazone, von denen das Thiosemicarbazid und Thiosemicarbazon des p-Dimethylaminobenzaldehyds am stärksten wirken, nämlich noch bei 1:1000.

Die Ciba-A.G. bringt ein Jodchloroxychinolin als Wundantisepticum in den Handel, das auch mit Erfolg als Antimykoticum angewandt wurde, Fabrikname: **Vioform,** über welches BERTLICH[2] über Pilzerkrankungen der Bergleute berichtet.

Eine Weiterentwicklung stellt das **Sterosan** der Geigy-A.G., Basel, dar. Eine ausführliche Darstellung über die Behandlungserfolge gibt K. SIGG[3]. Wir selbst haben sehr gute Erfahrungen mit dem **L.P.C. Pyocid** der Deutschen Lupocidgesellschaft, Karlsruhe, gemacht, das sich aus Thymol, Carvacrol und Chlorcarvacrol zusammensetzt. Weiter erwähnen möchten wir das „**Cornusept**" der Cornu O.H.G. und Dr. Paulus u. Göbel, Bonn, das aus aliphatischen und carbocyclischen Säuren und deren Ester, Teerwirkstoffen, Chloroform und Alkohol besteht, das **Fungicin** (Dr. Christian Brunnengräber, Lübeck), ein Gemisch hochwertiger Antiseptica und Adstringentia, deren genaue Analyse aus patentrechtlichen Gründen nicht angegeben werden kann. Schon seit längerer Zeit wird Kupfer als Antimykoticum gebraucht. Von dieser Reihe liegt uns das **Mykopan** (Bergmann und Co., Hamburg) und **Cuprizinin** (Dr. Degen u. Kuth, Düren) vor. Erfahrungen mit letzterem Präparat haben ARETZ[4], WINKLER und SCHMID[5] und RABOLD[6] veröffentlicht.

In letzter Zeit hat KLEINE-NATROP[7] ausführlich über die externe Kupfertherapie berichtet. Er behandelt in der Arbeit außer dem von uns oben genannten Fungicin das **Mykosan** der gleichen Firma, über das uns eigene Erfahrungen fehlen.

Auf Grund ausländischer Erfahrungen hat sich die Undecylensäure als Antimycoticum eingeführt[8].

---

[1] KWOCZEK u. v. MOERS-MESSMER: Derm. Wschr. **120**, Heft 4.
[2] BERTLICH: Dtsch. med. Wschr. **1939**, Nr 19.
[3] SIGG: Schweiz. med. Wschr. **1947**, Nr 3.
[4] ARETZ: Dermat. Wschr. **1936**, Nr 4.
[5] WINKLER u. SCHMID: Klin. Wschr. **1938**, Nr 16.
[6] RABOLD: Med. Welt **1938**, Nr 13.
[7] KLEINE-NATROP: Arch. f. Derm. **187** (1948).
[8] SULZBERGER und Mitarbeiter: U.S.Nav.med.Bull **45**, 237 (1945); Arch. Derm. Syph. **55**, 391 (1947); KENDALL ebenda **55**, 113 (1947).

In neuerer Zeit wird das **Dibromsalicyl** von Kuhn, Heidelberg, synthetisiert und als Antimykoticum von B. Braun, Melsungen, als DBS-Salbe und Lösung empfohlen. Vonkennel[1] hat ausführlich Stellung genommen. Nach seinen Angaben hemmt es im Nährbodenversuch bereits bei 1:1000 Trichophyton- und Epidermophytonpilze, ein Ergebnis, das Kimmig und wir in eigenen Untersuchungen nicht bestätigen konnten, die eine wesentlich geringere Wirksamkeit ergaben. Gutes leisten das **Dermido** der Unicura, Hamburg, und das **Resalin.** Bei einem kritischen Überblick über die augenblicklich verfügbaren Antimykotica, die wir an einem großen Krankengut in Halbseitenprüfungen vorgenommen haben, können wir das Hyosan (Dichlordioxydiphenylmethan) der Firma Raschig, Ludwigshafen, das „D 25"ein 2,2-diosey-5,5-dichlor-diphenilsulfid der Firma Dr. Pfleger, Bamberg, und die Undecylensäurepräparate Mykosil (Wieland, Lauingen) und Mykotin (Frankfurter Arzneimittelfabrik) etwa an gleicher Stelle nennen.

Über der Flut der neuen Präparate sei das seit Jahren erprobte, von K. Herxheimer in die Therapie eingeführte **Carboterpin** nicht vergessen. Es handelt sich um ein Teerderivat der Firma Fresenius, Homburg, das sich seit Jahrzehnten als 10% Spiritus mit 1—2% Salicylbeigabe bewährt hat.

c) Antipediculosa.

Im Hinblick auf die exakte Beurteilung der einzelnen **Antizoonotica** in ihrer Wirksamkeit auf Kopfläuse hat Kwoczek[2] in der Mannheimer Hautklinik mehrere Mittel invitro auf Läuse und Nissen untersucht. Dabei zeigte sich ein bestimmter Grad der Wirksamkeit der einzelnen Mittel, die durch Einstellung der makroskopischen, der mikroskopischen Bewegungen und Extremitätenzuckungen sowie der Darmperistaltik dargestellt wurden. Am wenigsten wirksam war Aulin, das bis zum Tode der Läuse bei doppelter Dosis etwa 12 Stunden Zeit benötigte. Auf die Nissen hatte es keinerlei Einfluß. Aus der DDT-Gruppe wurde DDT- und **Lucex**-Puder sowie Lauseto Neu geprüft. Dabei zeigte sich, daß die tödliche Einwirkungsdauer um mehrere Stunden schwankte. Die Nissen wurden auch von diesen Mitteln nicht beeinflußt. Schneller wirkte **Cuprex** von der Firma Merck, Darmstadt, auch wenn der Kontakt mit den Läusen nicht direkt stattfand. Die Nissen wurden durch halbstündigen Kontakt mit Cuprex abgetötet. Vereinzelt wurden aber bei dieser Behandlungsart am Menschen Kopfhautreizungen beobachtet. Am wirksamsten erwies sich das **Pultox** der Firma Wieland, Lauingen, das einen halogenierten Benzolabkömmling das Hexachlorzyklohexan als wirksame Substanz enthält und Läuse und Nisse nach 20 bis 60 Minuten sicher abtötete.

Es ist interessant, daß von der gleichen Firma neuerdings das Präparat auch in Puderform gegen sämtliche Ungezieferarten unter dem Namen „**Knacks-Puder**" vertrieben wird und ein Präparat „**Synthal**", Hexachlorzyklohexan, gegen sämtliche Pflanzenschädlinge mit außer-

[1] Vonkennel: Dtsch. med. Wschr. **1949**, Nr 5.
[2] Kwoczek: Z. Haut- u. Geschlechtskrankheiten **1947**.

ordentlicher Wirkungsbreite empfohlen wird. Da dieses Mittel in Puderform bei Menschen und Warmblütern nicht toxisch wirkt, ist damit ausgehend von DDT ein erfolgreicher Schritt weiter zur Insektenbekämpfung und damit zur Eindämmung von Seuchen und Schädlingen getan. Unter den bisher fünf bekannten Isomeren ist eines ca. 100 mal so stark wie die anderen. Die hohe Giftigkeit gegen Fliegen ist noch bei 10^{-12} g wirksam.

Salben mit Alkaloiden und Glykosiden.

In früheren Zeiten hat man so ziemlich alle Alkaloide oder Auszüge aus Alkaloid- und Glykosiddrogen in Salbenform angewandt. In der modernen Medizin kam man auf Grund von Dosierungsschwierigkeiten mehr und mehr davon ab.

Im allgemeinen wird man, sofern man auf die Haut oder durch sie einwirken will, die fettlöslichen Basen als Wirkstoffe bevorzugen. Bei Wund-, Augen- und Nasensalben kommen aber auch die wasserlöslichen Salze gelöst und emulgiert zur Wirkung. Wir müssen daher auch hier scharf zwischen wasser- und öllöslichen Wirkstoffen trennen und erstere im wäßrigen Milieu, letztere auf intakter Haut anwenden.

Fettlösliche Alkaloidbasen und fettsaure Alkaloide werden verschiedentlich verwendet. ESCHBAUM[1] stellte fettsaure Salze von Chinin und Veratrin her und konnte aus Salben, die 2% davon enthielten, Resorption nachweisen. In Amerika sind derartige Salben sogar patentiert worden (Amer. P. 2139839).

Vorläufig ist eine Chininverbindung dieser Art als Sonnenschutzmittel geprüft, wogegen die anderen Alkaloide vorläufig mehr als Fraßgifte und Insektizide gedacht sind.

Zu bemerken ist aber, daß gerade bei Sonnenschutzmitteln eine Resorption unerwünscht ist. Hier sollten also die wasserlöslichen Chininsalze und nicht die Basen angewendet werden.

Die Basen von Atropin, Chinin, Pilocarpin werden nach MIGAZAKI[2] von der gesunden Haut resorbiert. Immer bleibt die Resorptionsgröße ungenau, die Resorption unökonomisch und unsteuerbar, muß aber z. B. bei der Verordnung der LASSARschen Haarpomade, die 2% Pilocarpin in Rindermark enthält, berücksichtigt werden.

Im folgenden sollen die wichtigsten Alkaloidsalben kurz besprochen werden.

Aconitsalben. Man verwendet 0,5 g Aconitin auf 20 g Salbe und bedient sich der freien Ölsäure als Lösungsvermittler. Sie bildet das fettsaure Salz des Alkaloides und dieses kommt teilweise zur Resorption. Da das Aconitin unstabil und hochtoxisch ist, kann von diesem Präparat, das ungenau wirkt, abgeraten werden.

Extractum Belladonnae wird ziemlich oft in Hämorrhoidalsalben verwendet. Äußerlich appliziert ist es wohl wenig wirksam. Die Atropinsalbe, die nach Art der obengenannten Aconitsalbe bereitet wird, ist

---

[1] ESCHBAUM: Ber. dtsch. pharmaz. Ges. **32**, 274 (1922).
[2] MIGAZAKI: Jap. J. of Dermat. **1931**, 31, 5.

abzulehnen. Atropinaugensalben sind auf der Schleimhaut wirksam und stehen hier nicht zur Diskussion.

Auffallenderweise sind in anderen Ländern die Belladonnasalben noch nicht aus der Therapie verschwunden. So hat z. B. die USP XIII (1947) eine Belladonnasalbe mit 10% Extraktgehalt angeführt.

Colchicin-, Cicuta virosa- und Coniinsalben sind nicht empfehlenswert, werden aber bisweilen angeboten.

Pilocarpinchlorhydrat wird nach der japanischen Patentanmeldung 9317/38 in Wollfett und Kakaobutter als Heil- und Schutzmittel gegen Erfrierungen empfohlen. Wieweit die Hoffnungen in diese Salbe als Prophylakticum zu Recht bestehen, kann ohne Versuche nicht entschieden werden. Nach Lage der Dinge kann man aber vermuten, daß keine andere Wirkung als die der Fettstoffe erreicht werden kann.

Neuerdings wird **Pernionin-Salbe** (Arzneimittel Krewel) genannt. Genaue Rezeptur wird nicht gegeben.

Opiumsalben mögen, sofern man eine geringe, meist unterschwellige Resorption annehmen will, eine schwache Wirkung entfalten. Ökonomisch und steuerbar ist die Darreichung, die daher besser unterbleibt, auf keinen Fall.

Veratrin wird in 1proz. Salben als Antirheumaticum hie und da verwendet. Die Reichsformeln geben ein derartiges Präparat an. Wenn sich solche Salben auch einer gewissen Beliebtheit erfreuen, so sind sie unserer Meinung nach doch immer bedenklich, zumal sie leicht eindringen und an die Nervenenden gelangen. Sie leisten trotzdem nicht mehr als perorale Gaben und könnten durch Verkettungen ungünstiger Umstände doch zu Intoxikationen führen. Außer diesen Präparaten gibt es noch Spezialsalben wie die öfters reizende Chininsalbe, die als Lichtschutzmittel angewendet werden kann. Zusammenfassend ist jedenfalls von Alkaloidsalben, die durch die gesunde Haut hindurch wirken sollen, abzuraten. Sie entsprechen nicht mehr unserer Zeit und sind entweder ungenau oder nicht wirksam.

Kombinationen von Alkaloiden und anderen Stoffen sind nur mit Vorsicht aufzunehmen.

Huurman[1] empfiehlt als Wundpaste für die Mundhöhle folgende Zusammensetzung:

        Rp. Adeps lanae   8,0
            Vasel. alb.   30,0
            Acid. tannic.   30,0
            Tinct. jodi   0,9
            Tinct. aconiti   0,45
            Chloroform   1,8
            (Chlorophenolcamph.)   0,9
            M. f. Paste s. Wundpaste

Derartigen Rezepten, die so empfindliche Stoffe wie Aconitin und Jod gemeinsam und obendrein noch in Verbindung mit Gerbstoff enthalten, kann nur mit großem Mißtrauen begegnet werden. Außer der ungesteuerten Resorption sind bei der Therapie mit solchen Präparaten so viele Unbekannte einzukalkulieren, daß an eine ordnungsgemäße Wirkung nicht gedacht werden kann. Wir müssen solche Mischungen ablehnen.

---

[1] Huurman: Zahnärztl. Rdsch. **1941**, 9, 328.

Glykoside sind wasserlöslich, wir dürfen daher nur im wäßrigen Medium eine Resorption und Wirkung erwarten.

So war früher Digitalis ein häufiger Bestandteil von Wundsalben und Furunkulosemitteln. Auch jetzt werden solche Salben noch empfohlen. WINKLER[1] verarbeitet 10% Digitalysat in Eucerin anhydr. und berichtet von guter Juckreizstillung dieser Mischung bei Pruritus, senilen Neuralgien und Herpes Zoster. Das Ergänzungsbuch führt eine Digitalissalbe aus dem Extrakt an. Eine ähnliche Digitalissalbe kennt schon die Londoner Pharmakopöe von 1722, und BARON[2] empfahl eine Salbe aus 10 Teilen Digipurat und je 45 Teilen Vaselin-Lanolin als Wundbehandlungsmittel.

Rheum- und **Aloeextrakte** sind öfters Bestandteile von Entfettungssalben. Sie kommen in dieser Form nicht zur Wirkung, die Herstellung dieser Produkte ist eine Verschwendung wertvoller Rohstoffe.

An dieser Stelle müssen noch kurz Salben mit lokaler, durchblutungsfördernder Wirkung erwähnt werden. Es wird hier gleichzeitig auf das Kapitel unter Hormonsalben S. 177 verwiesen. Ein besonders interessantes Präparat stellt die Trafuril-Salbe dar, die auch als Lösung (siehe S. 414) angewendet werden kann. In der Wirkung ist sie der Priscol-Salbe wohl noch etwas überlegen, da die Wirkung nach unseren Erfahrungen länger anhält. Die wirksame Substanz ist ein Nicotinsäureester, der kurze Zeit nach Auftragen der Trafuril-Salbe bzw. -Tinktur eine Rötung und starkes Wärmegefühl an der Haut entstehen läßt. Empfohlen ist die Salbe für rheumatische Erkrankungen, Nervenentzündungen, Frostbeulen, Zirkulationsstörungen an den Acren. Wir selbst verwandten die Salbe auch mit gutem Erfolg bei Alopecia areata.

Wasserlösliche Medikamente mit lokaler Wirkung.

Hierzu gehören manche Desinfizienzien, Lokalanaesthetica und Farbstoffe sowie Medikamente aus anderen Kapiteln. Da aber die Wasserlöslichkeit doch einer der wesentlichsten Faktoren zur Beurteilung der Wirkung ist, sollen hier noch einige Zeilen die gemeinsamen Eigenschaften klären, die Salben mit solchen Medikamenten besitzen. In der Literatur finden sich über die Resorption von Farbstoffen verschiedene Arbeiten, die BÜRGI[3], ergänzt durch eigene Versuche, kritisch wertet. Darnach werden saure Anilinfarben, wie Eosin, resorbiert und sind, wie JAMADO und JODLBAUER[4] zeigen, in der Galle und im Blut nachweisbar. Die Werte am Menschen bleiben, auch unter Zuhilfenahme des elektrischen Stromes, sehr klein. Ja, AOKI[5], der mit wäßrigen und alkalischen Lösungen und Emulsionen arbeitete, stellt sogar fest, daß

---

[1] WINKLER: Wien. med. Wschr. **1930**, 38.

[2] BARON: Chirurg **12**, 160 (1940).

[3] BÜRGI: Die Durchlässigkeit der Haut für Arzneimittel und Gifte. Berlin, Springer 1942.

[4] JAMADO u. JODLBAUER: Arch. intern. Pharmakodynamie **19**, 215.

[5] AOKI: Ber. Physiol. **101**, 322; **102**, 620.

bei unverletzter Haut keine Farbstoffresorption stattfindet. Trypanblau und Carmin gehen nach dort zitierten Arbeiten zwar in die Haut hinein, aber nicht durch sie hindurch. In den meisten Fällen wollen wir nun aber nicht das Innere des Menschen färben, keine Resorption erzielen, sondern nur lokal einwirken: Hierfür können Salben verschiedener Art herangezogen werden.

Die Arzneibücher schreiben vor, daß wasserlösliche Medikamente, in wenig Wasser gelöst, in Form einer Wasser-in-Öl-Emulsion zur Anwendung kommen sollen. Fast immer ist Wollfett der Emulgator. Es handelt sich demnach um echte Emulsionen mit sehr fein verteilten Wassertröpfchen. Der Verwendungszweck, d. h. ob die Salbe auf die gesunde, die geschädigte, die Schleimhaut, auf die Haare oder im Auge einwirken soll, hatte bisher keinen Einfluß auf die Zusammensetzung der Präparate, bei denen zwar feine Verteilung angestrebt wurde, die sonstigen Eigenschaften einer Salbe, die Resorptionsunterschiede verursachen, aber nicht berücksichtigt wurden.

Wenn wir nun derartige Wasser-in-Öl-Emulsionen im Mikroskop betrachten, so stellen wir fest, daß die Wassertröpfchen von Fett umgeben und eingesperrt sind, sie werden festgehalten, und nur kleine Mengen haben beim Aufstreichen die Möglichkeit, mit der Haut, Schleimhaut und den sonstigen Stellen, die durch die Salbe beeinflußt werden sollten, in Kontakt zu treten.

Aus diesem Grund ist die Leitfähigkeit der Lanolinsalben, wie MOLDENHAUER[1] feststellt, sehr klein und der eines reinen Vaselinpräparates nicht sehr überlegen. Dieses Phänomen ist selbstverständlich und darf nicht zu irgendwelchen Schlüssen verwertet werden. Es ist unsinnig, zu behaupten, daß die Leitfähigkeit irgendein Maßstab für den therapeutischen Wert sei. Wenn dies zuträfe, wären Lebertran und andere Nichtleiter wertlos und Elektrolytlösungen, ja auch verdünnte Mineralsäuren therapeutisch hochwichtige Substanzen. Versuche, die klären sollten, ob mit den Wasser-in-Öl-Emulsionen die optimalen, für alle Verwendungszwecke besten Darreichungsformen gefunden sind, waren daher angezeigt.

MIESCHER[2] stellte fluorescenzmikroskopische Untersuchungen an über die Penetration von fluorescierenden Stoffen in die Haut (Tierversuche) und konnte zeigen, daß ein Eindringen in die lebende Epidermis in den durch Fluorescenz noch erfaßten Konzentrationen (zirka 1 : 100000) nicht stattfindet, gleichgültig, welche Salbe oder sonstigen Lösungsmittel man verwendet. Die Imprägnation bleibt auf die oberen Hornschichten beschränkt und dringt nur in Spalten und Risse tiefer. Die beste Durchtränkung erhält man durch Pyridin und Natronlauge. Die Schweißdrüsen und Kanäle sind für das Eindringen ohne Bedeutung, die Talgdrüsen bilden im beschränkten Maße eine Eindringpforte für fettlösliche Stoffe. In unseren Versuchen wurden als Test Salben mit wasserlöslichen Farbstoffen gewählt, da die Penetration dieser Farbstoffe als ein Kriterium für das Eindringen ungefärbter wasserlöslicher Medikamente dienen

---

[1] MOLDENHAUER: Vertrauensapotheker **1932**, 2.
[2] MIESCHER: Dermatologica **83**, 1/3 (1941).

kann. Es wurden deshalb je fünf verschiedene 0,1 proz. Trypaflavin- und Methylenblausalben hergestellt.

Salbe Nr. 1 hatte Vaselin,
Salbe Nr. 2 hatte synthetisches Fett,
Salbe Nr. 3 hatte Vaselin + 20 % Wollfett als Emulgator (ohne Wasserzusatz) als Grundlage.
Salbe Nr. 4 stellte eine Öl-in-Wasser-Emulsion dar, die 60 % Tyloselösung und 40 % Fett enthielt.
Bei Salbe Nr. 5 handelte es sich um eine Salbe mit 20 % Wasser, 20 % Wollfett und 60 % Vaselin.

In den ersten 3 Salben waren die Farbstoffe in Form einer feinsten Verreibung suspendiert, in den Salben Nr. 4 und 5 waren sie zuerst in Wasser gelöst und dann der wäßrigen Phase zugesetzt worden. Die ersten 3 Salben waren nur wenig gefärbt, die Salben Nr. 4 und 5 wiesen, wie zu erwarten war, intensivere Tönung auf. Nun wurden mit jeder Salbe etwa 5 qcm große Flächen gesunder Haut (Unterarm) bestrichen. Die Salbenmenge, die in allen Versuchsfällen gleich war (0,5 g), konnte eine Stunde lang einwirken. Die normale gesunde Haut wurde durch die Salben Nr. 1 und 3 überhaupt nicht gefärbt. Vaselin mit und ohne Zusatz eines Emulgators hatte keine Wirkung. Ein Emulgator ohne Wasser hat hier praktisch keinen Einfluß auf die Penetration aufgeschlämmter wasserlöslicher Medikamente, das Wasser der Haut wird

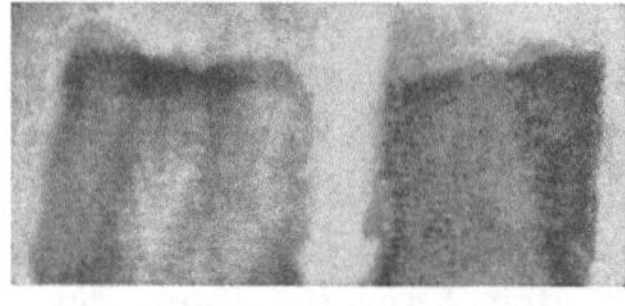

Abb. 25. Färbung der Haut mit den Salben Nr. 4 und 5.

nicht zur Emulgierung herangezogen. Die Salbe Nr. 2 hinterließ geringe Färbung, die Salbe Nr. 4 färbte außerordentlich intensiv die Haut, wogegen die Salbe Nr. 5 zwar selbst intensiv gelb bzw. blau war, die Haut aber weniger färben konnte (Abb. 25). Dies zeigte sich insbesondere nach Abwischen der Salben sowie Abwaschen mit Seifenwasser. Nur die Salbe Nr. 4 hatte einen Fleck hinterlassen, der dem Waschen widerstand. Alle anderen Salben hatten nur oberflächlich gewirkt, ihre Färbung war nicht so tiefgreifend, daß sie dem Abwaschen widerstanden hätte. Alle Salben reichten an die Färbewirkung einer wäßrigen Lösung nicht heran und färbten nur die oberste Hautschicht, so daß von Resorption wäßriger Substanzen, die nach MIGAZAKI[1] aus Salben durch die Haut hindurchgehen sollen, keine Rede sein kann. Derselbe Versuch an entfetteter Haut ergab gleichartige Resultate, nur waren die Farbtönungen etwas intensiver und insbesondere bei der Salbe Nr. 4 dem Waschen gegenüber resistenter. Sowohl Trypaflavin als auch Methylenblau hatten gleichgerichtete Ergebnisse gezeigt. Es ergab sich also, daß auf der gesunden Haut, ob sie nun entfettet oder nicht entfettet war, die Öl-in-Wasser-Emulsionen am intensivsten gewirkt hatten. An der Schleimhaut (Lippe) zeigten sich gleichsinnige Resultate, die durch folgenden Modellversuch bestätigt wurden:
Je 0,1 g der 5 Salben wurden möglichst gleichmäßig auf Papier auf-

---

[1] MIGAZAKI: Jap. J. of Dermat. 1931, 31, 5.

gestrichen und 48 Stunden lang in 40 ccm Wasser liegengelassen. Die Salbe Nr. 3 hatte eine intensivere Färbung des Wassers ergeben, die Salbe Nr. 2 eine geringere Tönung. Die Salben, die auf dem Papier verblieben waren, zeigten gegenüber den nicht mit Wasser behandelten keinen Unterschied, nur Salbe Nr. 4 war vollkommen entfärbt. Aus dieser einen Salbe war aller Farbstoff, also das gesamte wirksame Medikament, herausgezogen worden, wogegen die Salbe Nr. 5, die uns naturgemäß am meisten interessierte, zwar weiterhin intensiv gefärbt war, aber nicht eine Spur Farbstoff an die Umgebung abgegeben hatte.

Ein weiterer Versuch an der lebenden Kaninchenhaut zeigte die Unterschiede zwischen Wasser-in-Öl- und Öl-in-Wasser-Emulsionen als Farbstoffträger noch eindeutiger. Zwei Hautpartien wurden mit gleich

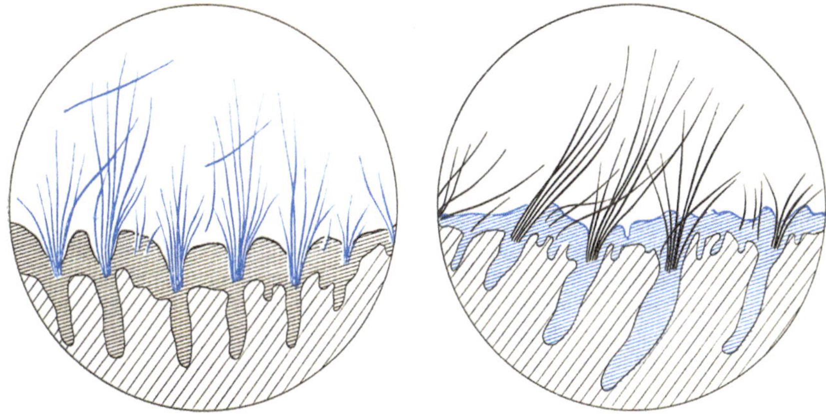

Abb. 26 und 27. Färbung der Haut durch Farbstoffe in verschiedenen Emulsionstypen.
[1 proz. Pyoctaninsalben vom Öl-in-Wasser-Typ (26) und Wasser-in-Öl-Typ (27).]

großen und gleich konzentrierten 1 proz. Pyoctaninsalben der beiden Emulsionstypen 20 Minuten lang behandelt. Im Gefrierschnitt erhielten wir dann obige schematisch gezeichnete Bilder.

Abb. 26 gibt also die Wirkung einer 1 proz. Pyoctanin-Öl-in-Wasser-Emulsion wieder, wobei sich eine diffuse Färbung fast der ganzen Epidermisschicht der Kaninchenhaut zeigt. Fast die gleiche Farbenintensität hat das Follikelepithel, das dem der Oberflächenepidermis entspricht, bis zur Gegend der Papillen angenommen. Demgegenüber fällt das völlige Freibleiben der Haare von dem Farbstoff aus der Öl-in-Wasser-Emulsion auf. Das Corium und die interpapillären Räume sind ebenfalls ungefärbt geblieben.

Im Hinblick auf therapeutische Maßnahmen wäre also die Öl-in-Wasser-Emulsion als Träger für wasserlösliche Farbstoffe dann zu wählen, wenn Krankheitsherde in der Epidermis oder den Follikeln mit dem Farbstoff in Kontakt gebracht werden sollen. Es kommen also Mykosen, Pyodermien und acneiforme Zustandsbilder, wie Impetigo Bockhart und Ostiofolliculitiden, in Frage. Auf den Schleimhäuten können wir durch Zusatz von Schleimen die Öl-in-Wasser-Emulsionen gut haftend und schwer löslich machen, so daß die Wirkung trotz des hier ungünstigen, da mit Wasser verdünnbaren, Typs lange anhält. Resorption durch die Haut findet bei wasserlöslichen Substanzen, wenn überhaupt, nur in Spuren statt. Immer bleiben die resorbierten Mengen aber minimal, unterschwellig. Gerade hier dürfen wir Resorption und Penetration nicht identifizieren.

Die Abb. 27 zeigt die Einwirkung der 1proz. Pyoctanin-Wasser-in-Öl-Emulsion, die ein völlig gegensätzliches Bild zeigt. Darin sind von dem Farbstoff alle Hautschichten sowie auch das Follikelepithel völlig frei geblieben, und nur die Haare selbst zeigen eine deutliche Verfärbung, soweit sie die beim Kaninchen typischen verhornten Zellen, das hornige Netz der HENLEschen Schicht, also die eigentlichen Haare betreffen. Die Erklärung dafür dürfte in der Netzwirkung dieses besonderen Gemisches auf den verhornten Haarzellen liegen, wobei die Färbung im ganzen schwächer als bei der Farbdiffusion aus der wäßrigen Phase zu beobachten war.

In einem weiteren Versuch an lebender menschlicher Haut haben wir die Wirkung zweier bestimmter Emulgatorentypen bezüglich des Farbstofftransportes in die menschliche Haut untersucht (*fettlösliche Farbe*).

Zu diesem Zweck wurde eine 1proz. Sudan III-Fett-Lösung, welcher einmal 10proz. Lecithin- und einmal 10proz. Cholesterinzusatz beigegeben war, 3 Stunden auf menschliche Haut einwirken lassen und anschließend nach Excision histologisch im Gefrierschnitt untersucht. Dabei zeigte sich, daß gleichsinnig mit den obigen Trypaflavin- und Pyoctaninversuchen am Kaninchen auch der fettaffine Farbstoff mit Lecithinzusatz als Öl-in-Wasser-Emulgator den Farbstoff bis fast in die Basalzellenschicht der Epidermis eindringen ließ. Aus dem gleichen cholesterinhaltigen Sudanfett war jedoch nur die oberste Zell-Lage des Stratum disjunctum, die sich in dem Präparat lamellenartig abgehoben hatte, sudanrot verfärbt. Es besteht also danach in manchen Fällen sicherlich für den Farbstofftransport in die Haut eine spezifische Wirkung der einzelnen Emulgatoren.

Klinisch haben wir zahlreiche Versuche bei Mykosen und Pyodermien mit Trypaflavin und Pyoctanin-Wasser-in-Öl- und Öl-in-Wasser-Emulsionen unternommen. Dabei ergab sich eindeutig, besonders wenn wir den Farbstoff nur in ganz geringer Konzentration zusetzten, daß die wasserlöslichen Farbstoffe aus der Wasser-in-Öl-Emulsion die Haut erheblich geringer verfärbten und auch geringer eindrangen. Letzteres konnten wir immer dann feststellen, wenn die Patienten die mit Farbstoffemulsionen behandelten Stellen später mehrfach mit Seife abwuschen, wobei dann oft noch nach Tagen nur die Stellen, welche mit der Öl-in-Wasser-Emulsion behandelt waren, Farbstoffreste zeigten. Eine stärkere Diffusion aus der Wasser-in-Öl-Emulsion haben wir ganz ähnlich wie bei der Kaninchenhaut auf der behaarten Kopfhaut.

Im Sinne der Heilung ließen sich trotz der Ergebnisse bei unseren Versuchen keine eindeutigen Resultate zugunsten eines der Emulsionstypen feststellen. Dies ist wohl durch die zu therapeutischen Zwecken hoch konzentrierten (meist 1 proz.) Trypaflavinemulsionen zu erklären. Bei solchem Überschuß diffundiert bei dem längeren Kontakt mit der Haut schließlich auch auf der Wasser-in-Öl-Emulsions-Seite Farbstoff in die Haut.

Eine gewisse Mittelstellung zwischen Öl-in-Wasser- und Wasser-in-Öl-Emulsionen weist das Ungt. leniens auf, das als zerfallende Kühlsalbe das darin enthaltene Wasser und gegebenenfalls verarbeitete wasserlösliche Medikamente freigibt. Wenn wir den oben geschilderten Modellversuch, der auf die Wirkung der wasserlöslichen Medikamente, auf die Schleimhaut und die epidermisgeschädigte Haut Schlüsse zuläßt, mit gefärbten Kühlsalben anstellen, so erhalten wir eine Wasserfärbung, die weitaus intensiver ist als die bei der Wasser-in-Öl-Emulsion, wenn sie auch nicht an die Wirkung der Öl-in-Wasser-Emulsion heranreicht. Auf der gesunden Haut trennen sich die beiden Phasen, die wäßrige dringt jedoch nicht in die Haut ein, da ihr das Fett — da es hautaffiner ist als das Wasser — zuvorkommt.

Kann man die Emulgatoren, insbesondere diejenigen, die den Wasser-in-Öl-Typ ergeben, untereinander austauschen, ohne die Wirkung zu ändern? Ist die verschieden starke Penetration lediglich eine Funktion des Emulgators, oder hat auch die Grundlage einen Einfluß? Wir können zur Beantwortung dieser Fragen die bisherigen Resultate heranziehen. Es ergeben sich dann folgende Punkte:

1. Der Emulgator spielt bei der Herstellung von Salbenemulsionen zwar eine wichtige Rolle im Hinblick auf die Resorption und Penetration, doch ist die Salbengrundlage nach wie vor ebenso wichtig, zumal wenn es sich um Vergleiche zwischen Vaselin und echten Fetten, die meist schon emulgierende Substanzen enthalten, handelt. Dies zeigten u. a. auch die Versuche, die unter dem Abschnitt „Zinkpasten" beschrieben sind und klären sollten, inwieweit ein Emulgator die Wasseraufnahme der Zinkpasten durch die Haut verbessert. Wenn wir eine Salbe in ihrer optimalen Form herstellen wollen, so müssen wir im Modellversuch sowie an der gesunden und kranken Haut die besten Bedingungen feststellen. Aus der Emulsionskraft des gewählten Emulgators und dem Verteilungskoeffizienten Öl/Wasser des zugesetzten Arzneistoffes können wir theoretisch Schlüsse ziehen, praktisch ist das nicht möglich, da noch Unbekannte auftreten, die das in unseren Theorien angenommene Verhalten ändern können. Bei der Herstellung der Wasser-in-Öl-Emulsionen ist daher ein Versuch zweckmäßig. Er verursacht zwar Arbeit, aber er gibt dann die Gewähr, daß man wirklich eine optimale Salbe besitzt (z. B. Silbernitratsalben).

2. Die Öl-in-Wasser-Emulsionen sind in vielen Fällen, z. B. bei Pyodermien, die geeigneteren Träger für wasserlösliche Medikamente und nicht die Wasser-in-Öl-Emulsionen, die bisher wegen ihrer leichten Herstellung, ihrer guten Haltbarkeit und ihres günstigen Aussehens hierfür ausersehen waren. Insbesondere dort, wo ein Medikament in der wäßrigen Phase gelöst wirken soll, ferner auf Schleimhäuten und verletzter Haut, ist ein Versuch mit einer reizlosen Öl-in-Wasser-Salbe als Träger anzuraten. Allerdings ist die Haltbarkeit ohne Desinfiziens beschränkt,

ein Umstand, der wohl auch zur geringen Verbreitung dieses Typs beigetragen hat. Die Wirkung der Öl-in-Wasser-Emulsionen ist hier, sofern
sie mit wasserlöslichen Substanzen beladen sind, der der wäßrigen
Lösungen ähnlich, aber milder, depotartiger und tiefgreifender.

Auf der gesunden Haut können wir, je nachdem eine Öl-in-Wasser-
oder eine Wasser-in-Öl-Emulsion angewendet wird, ganz verschiedene,
in den Bildern gut erkennbare Effekte erzielen. Auf sehr wasserreichen
Stellen, auf Schleimhäuten und stark sezernierenden Wunden, werden
gewöhnliche Wasser-in-Öl-Emulsionen rasch verdünnt und abge-
schwemmt. Hier sind schleimhaltige Mischungen desselben Typs, die
der Verdünnung einen gewissen Widerstand entgegensetzen, indiziert.
Auf trockenen Stellen, die der Luft ausgesetzt sind, trocknen Wasser-
in-Öl-Emulsionen rasch ein und werden dann praktisch unwirksam. Hier
muß der impermeable Verband als Gegenmittel herangezogen werden.
All dies sind Punkte, die nur bei der Öl-in-Wasser-Emulsion als Medi-
kamentengrundlage berücksichtigt werden müssen. Diese Salben sind
also in den geeigneten Fällen wirksamer, aber individueller zu behandeln. Das Schema F versagt hier vollkommen.

3. Aufschlämmungen wasserlöslicher Medikamente in Fett oder
Vaselin sind in manchen Fällen vollkommen wirkungslos, in anderen
wider Erwarten stark wirksam. Wann der eine und wann der andere
Fall eintritt, entscheidet nur der Versuch.

Farbstoffe.

Die wasserlöslichen Farbstoffe sind eine Untergruppe der im vorigen
Kapitel beschriebenen Präparate. Da es aber auch öllösliche Farben
gibt, müssen wir, bevor wir uns ein Bild über ihre Wirkung und die
Resorptionsbedingungen machen, alle therapeutisch verwendeten Farben
in die beiden Gruppen einteilen.

Die öllöslichen Produkte, vor allem das Aminoazotoluol und seine
Abkömmlinge, wie das Scharlachrot (Aminoazotoluol-β-Naphthol), werden aus allen Fetten und Kohlenwasserstoffen in die gesunde Haut eindringen. Auf der epithelfreien Haut und auf Wunden wirkt die 8proz.
mit Vaselin bereitete Scharlachrotsalbe zuerst lokal, Resorption wird
ohne Schaden für den Organismus zu erwarten sein. Die Tiefenwirkung
können wir durch Zusätze von Lecithin oder andere Öl-in-Wasser-
Emulgatoren verstärken. Dies zeigt auch NORIKAMI[1], er stellt in einer
umfangreicheren Arbeit fest, daß Scharlachrot (Biebrich) von verschiedenen Azoverbindungen die beste Wundheilung verursachte. Als
Salbengrundlage brachte eine Mischung von Lanolin, Vaselin und Reis-
kleienöl die Wirkung am besten zur Geltung.

Pellidol (Bayer), Diacetylaminoazotoluol, ist wirksamer als Scharlachrot, daher sind die Salben nur 2proz. Pellidol und Scharlachrot-
salben stellt man durch Lösen des Wirkstoffes in geschmolzenem Vaselin
auf dem Wasserbade her. Höhere Temperaturen anzuwenden ist ein

---

[1] NORIKAMI: Nisshin Igaku Zasshi. 1942. I.

Fehler. Allenfalls kann man die Toluolderivate in Chloroform lösen und diese Lösung bei Zimmertemperatur in die Grundlage einarbeiten. Man muß dann allerdings so lange rühren, bis das Lösungsmittel verdunstet ist. Nach STÖHR[1] kann man bei gleichem Effekt die Pellidolkonzentration um $^2/_3$ verkleinern, wenn man statt Vaselin eine 4proz. Adulsion- (Tylose-) Salbe anwendet. Es scheint in diesem Falle das Gefälle von der wäßrigen Phase zur Wunde hin günstige Bindungen zu schaffen. Menschen, die berufsmäßig mit Azofarben zu tun haben, sind gegen diese Farbstoffgruppe bisweilen überempfindlich und vertragen diese Salben nicht (SCHÖNFELD[2]).

Die wasserlöslichen Substanzen folgen den im vorstehenden Kapitel geschilderten Gesetzen. Als wichtigste wasserlösliche Farbstoffe sind zu nennen:

Pyoctanin (Merck) blau, ist wasserlöslich, besteht aus den Chloriden des Penta- und Hexamethylpararosanilins. Es wird in 1—2proz. Salben angewendet.

Pyoctanin (gelb) wird 2—10proz. in Salben verwendet und ist in warmem Wasser leicht löslich.

Rivanol (Farbwerke Höchst), Äthoxy-6, 9-Diaminoacridinlactat, ist wasserlöslich, wird in Vaselin 1proz. verwendet. Emulsionen sind als Grundlage vorzuziehen. In Zinkpaste wird es 1proz. von OXENIUS[3] bei Pemphigus neonatorum empfohlen.

Trypaflavin (Farbwerke Höchst), 3, 6-Diaminoacridin-Hydrochlorid, wird 5- bis 10proz. in Salben bei Pyodermien verwendet. Es diffundiert im sauren Milieu erheblich schneller in Gallerten ein als im neutralen oder alkalischen (ABELMANN und LIESEGANG[4]). Trypaflavinflecke entfernt man mit Aflavol.

Septacrol (Ciba) ist eine Verbindung eines Acridinfarbstoffes mit Silbernitrat. Es wird in Salben 1 : 200 verarbeitet, ist etwas wasserlöslich und lichtempfindlich und muß dunkel aufbewahrt werden.

Methylenblau wird in Wasser gelöst 1 : 50, in Wollfett und Vaselin bei manchen Krankheiten der Kopfhaut empfohlen. Es ist lichtempfindlich.

Brillant- und Malachitgrün werden in $\frac{1}{2}$—2proz. Salben bei Furunkulose, Pyodermien, Trichophytia profunda sowie bei Ulcus molle von BRUND-MAKEELOKA[5] empfohlen. $\frac{1}{2}$ proz. Salben sind bei infizierten Brandwunden am Platze.

Neutralrotsalben hat ALDAWE[6] bei beginnendem Trachom mit Erfolg gegeben.

Gentianaviolett haben englische und amerikanische Autoren bei Brandwunden in 1proz. wäßrigen Lösungen oder Tragantgallerten (30 : 1000) angewendet. Die letztere Darreichungsform ist nach ihnen wirksamer.

---

[1] STÖHR: Chirurg **12**, 15 (1940).
[2] SCHÖNFELD: Münch. med. Wschr. **1942**, 24.
[3] OXENIUS: Münch. med. Wschr. **1935**, 15.
[4] ABELMANN u. LIESEGANG: Dermat. Wschr. **67** (1918).
[5] BRUND-MAKEELOKA: Dermat. Wschr. **1934**, 2, 69.
[6] ALDAWE: Zbl. Ophthalm. **1934**, 31, 414.

Die bisherigen Farbstoffe sollten therapeutisch wirksam sein. Die
Mischung aus TiO_2 40 Teile, ZnO 17 Teile, Eisenoxyd 5 Teile, Terra
silicea 0,5 Teile, Bleiweiß 1,0, Paraffin liqu. 0,5, Glycerin 16,3,
Wasser 19,7, Nipagin 0,1 stellt ein Präparat dar, das, gegebenenfalls
unter Zusatz von Ocker, Hautschäden überdecken soll. Es trocknet
nicht aus und fettet nicht (KLAUDER[1]).

Zusammenfassung. Öllösliche Farbstoffe können mit Fetten und
Kohlenwasserstoffen zu wirksamen Salben verarbeitet werden. Auf
Grund der sonstigen Vorteile der Fette möchten wir zu diesen raten.

Für wasserlösliche Farben gilt die Zusammenfassung des letzten
Kapitels. Nach BURKE und GRIEVE[2] sind Anilinfarben im alkalischen
Milieu bactericider als bei anderem p_H. Es ist daher ein Versuch mit
schwach alkalischen Salben angezeigt.

Salben mit abgetöteten Bakterien, Filtraten und Antiviren.

Diese Produkte werden sowohl zur Therapie als auch zur Diagnose
verwendet. In beiden Fällen ist die Wirkung bis zu einem gewissen
Grad von der Wahl der Salbengrundlage abhängig. So konnte STEYSKAL[3]
zeigen, daß man bei der Wahl einer schmiegsamen und in die Haut eindringenden Salbe als Grundlage mit der Dosis wesentlich herabgehen
kann. Er konnte die für Desensibilisierungsversuche nötigen Mengen
auf ein Fünfzigstel bis zu einem Hundertstel herabsetzen und erhielt
noch dieselben Resultate. Die Untersuchungen haben in der Dermatologie noch nicht den verdienten Widerhall gefunden. Die Salben sind
fast immer Wasser-in-Öl-Emulsionen auf Cholesterin- oder Cholesterin-
esterbasis. Sie sollen nach RUEMELE[4] ein p_H von 7 haben, müssen Desinfizienzien als Zusatz erhalten und dürfen keine Bestandteile aufweisen, die den Wirkstoff beeinflussen oder ausfällen können. Die Präparate genügen den Anforderungen. Den Nachteil der wenig wirksamen,
aber dafür haltbaren Adeps-lanae-Verarbeitungen gleicht man durch
höhere Dosierung aus.

Als Typen der Bakteriensalben seien nur einige besprochen:

Inoseptasalbe (Dr. Debat, in Deutschland von Klinge, Berlin,
hergestellt) wird gegen eitrige Hautschäden empfohlen und enthält ein
in den Kulturen von Staphylo-, Streptokokken und Pyocyaneus auf-
tretendes Antivirus in einem cholesterinhaltigen Fettkörper, der Tiefenwirkung gewährleisten soll.

Antiflammin (Serotherapeut. Inst. Wien, Alleinvertrieb Behring-
werke) ist eine Antivirussalbe zur lokalen Behandlung der Haut und
der Schleimhaut und enthält Streptokokken-, Staphylokokken- und
Pyocyaneus-Antivira, Staphylokokken-Formoltoxoid, Surfen und Zinkoxyd in einer „Salbengrundlage".

[1] KLAUDER: Arch. f. Dermat. **42**, 224 (1940).
[2] BURKE u. GRIEVE: Amer. J. med. Sci. **168**, 98 (1924).
[3] STEYSKAL, zit. durch NEMETZ: Wien. med. Wschr. **1930**, 3.
[4] RUEMELE: Pharmaz. Z.halle Dtschld **81**, 42 (1940).

Diffusylsalbe (Schwabe) besteht aus Arsentrioxyd, Schwefel, Arnica, Echinacea und Staphylokokkenvaccine in Vaselin-Lanolin.

Die **Staphyrilsalbe** (Woelm) wird bei Phlegmonen, Abscessen u. dgl. empfohlen und enthält eine konzentrierte Staphylokokkenvaccine.

Ateban ist eine von Neumann[1] angegebene Tuberkulinsalbe, die, ohne Herdreaktionen auf den Stellen der Applikation auszuüben, nach erfolgter Resorption die Tuberkulose günstig beeinflussen soll.

Diagnostische **Tuberkulinsalbe** (Merck) wird nach Moro durch Emulgierung des bis zur Gewichtskonstanz eingedickten Tuberkulins in Adeps lanae hergestellt. Zur Therapie der Hauttuberkulose wird von Dörfel und Passarge[2] sowie von Richter[3] in Kombination mit Strahlenbehandlung empfohlen. **Ectebin,** das dieselben Bestandteile und zusätzlich abgetötete Bacillen vom Typ humanus und bovinus aufweist (2—20proz. Verdünnungen). Es dient auch zur Diagnose. Nach Lusebrink[4] ist die Salbe zur Hauttuberkulosebehandlung nur beschränkt brauchbar, sie wirkt nur im Rahmen der üblichen Therapie als Nachbehandlungsmittel, um Rezidive zu verhindern, und bei kindlichen Patienten.

Percutan Tuberkulinsalbe „Hamburger" (Hersteller: Fresenius, Homburg) dient zur Diagnose und besteht aus zur Gewichtskonstanz eingedicktem Alttuberkulin in Salbenform. Die Genauigkeit des Testes auf inaktive und floride Tuberkulose wird mit 90% geschätzt.

Dermotubin Löwenstein wird vom Staatlichen Serotherapeutischen Institut, Wien, hergestellt. Es ist eine auf ein Viertel ihres Volumens eingeengte Glycerinbouillonkultur von Tuberkelbacillen mit einem 25proz. Gewichtszusatz von auf besondere Weise gezüchteten und abgetöteten Tuberkeln. Es enthält mehr Bacillen als jede andere Tuberkulinsalbe, doch scheinen dadurch nach Hiti[5] oft auch Fälle positiv zu reagieren, die sicher negativ sind, so daß der Autor bacillenfreie oder -arme Salben vorzieht.

Diphtherie-Schutzsalbe Löwenstein. Nach Hassmann[6] gelingt es mit einem modifizierten Präparat, dessen Vorläufer keine allgemeine Anerkennung gefunden hatte, gefährdete Kinder einige Monate lang zu immunisieren. Die Einreibung (3—5 ccm) soll alle 3 Monate wiederholt werden und ist durch neuere wirksamere Methoden wohl überholt.

Otto Mayer[7] berichtet von einer Antivirussalbe, die bei infektiösen Furunkeln und ähnlichem auf Läppchen aufgestrichen und aufgelegt wird. Ein Phenolzusatz fördert die Wirkung, darübergelegte Antivirusgallerte und ein impermeabler Verband unterstützen die Therapie.

---

[1] Neumann: Wien. med. Wschr. **1940,** 26.
[2] Dörfel u. Passarge: Dermat. Wschr. **1934,** 36.
[3] Richter: Münch. med. Wschr. **1934,** 17.
[4] Lusebrink: Dermat. Wschr. **1940,** 36.
[5] Hiti: Med. Klin. **1939,** 1.
[6] Hassmann: Münch. med. Wschr. **1932,** 22.
[7] Mayer, Otto: Med. Welt **1939,** 634.

Abhängigkeit der Wirkung und der Verträglichkeit der Salben von der Applikationsart, Konsistenz und vom Schmelzpunkt.

In einer schon ausführlich referierten Arbeit über die Salicylsäureresorption aus verschiedenen Salbengrundlagen hat MONCORPS den Einfluß der Verbandtechnik auf die Wirkung der Salben erwähnt. Er vertrat mit Recht die Ansicht, daß, allerdings ohne Berücksichtigung des Verteilungskoeffizienten Öl/Wasser eines Körpers, die geringe Resorption aus einer mit Schweinefett hergestellten Salicylsäuresalbe auf den zu niederen Schmelzpunkt der Grundlage zurückzuführen ist, daß also eine an sich wirksame Salbe fast unwirksam wird, wenn man bei ihrer Anwendung ihre Eigenschaften nicht voll berücksichtigt. Wir konnten in unseren Versuchen mit Cantharidinsalben gleichsinnige Beobachtungen anstellen. Es zeigte sich, daß unter zwei vollständig gleichartigen 1 proz. Salben mit Fettsäureglycerinestern als Basis die eine Salbe, die einen Schmelzpunkt von 45° hatte, intensiver wirkte, wogegen bei dem anderen Produkt, das bei 35° schmolz, fast keine Reaktion zu beobachten war, weil die Salbe nicht auf der Haut blieb, sondern durch den Verband, der lediglich aus Mull bestand, weggesaugt worden war. Ähnlich war das Ergebnis mit 2 Cantharidinsalben auf Vaselingrundlage. Das eine Präparat mit 62° Schmelzpunkt wirkte intensiv, das andere mit 35° war aufgesaugt worden.

Wenn der Schmelzpunkt einer Salbe der Hautwärme angeglichen werden soll, so müssen wir sie kennen. Die Rumpftemperatur schwankt nach BIERMANN[1] zwischen 33,5 und 36,9, die des entblößten Oberkörpers nach KISCH[2] zwischen 30 und 34°, im Zimmer zwischen 33 und 34°. Die Wärme der Extremitäten zeigt größere Unterschiede. So wurden an der großen Zehe je nach der umgebenden Temperatur sowohl 15° als auch 45° gemessen. Zirkulationsstörungen erniedrigen; akute Arthritis erhöht die Temperatur. Bei Urticaria findet sich nach J. IPSEN[3] eine bis zu 2° erhöhte Temperatur. Bei akutem Ekzem betrug die Steigerung 1,4°. Bei Psoriasis und Erythema induratum war eine Erniedrigung gegenüber der Umgebung von 0,9° festzustellen. Über entzündeten Organen ist die Temperatur übernormal (SCHEURER und MÜLLER[4]). Therapeutisch kann man die Hauttemperatur nach PFLEIDERER[5] aus Formeln, in denen die Wärmeproduktion, Einstrahlung, Lufttemperatur, Perspiration, Atmungswärmeabgabe, Ableitung, als Bekannte vorausgesetzt sind, genau berechnen, praktisch ist das aber nicht durchführbar, da man schließlich nicht verschiedene Dinge voneinander abziehen kann, selbst wenn sie alle mit Calorien theoretisch gemessen werden können.

---

[1] BIERMANN: J. amer. med. Assoc. **1936**, 14, 106, 1158.
[2] KISCH: Wien. klin. Wschr. **1934**, 38.
[3] IPSEN, J.: Hauttemperaturen. Leipzig: Georg Thieme 1936.
[4] SCHEURER u. MÜLLER: Dtsch. Arch. klin. Med. **181**, 566 (1938).
[5] PFLEIDERER: Arch. f. Dermat. **180** (1940).

Die Hautwärme schwankt also zwischen 33 und 37°, wobei Über- und Unterschreitungen in beiden Richtungen vorkommen, und wir müssen den Schmelzpunkt der Salben, wollen wir nicht Öl-, sondern echte Salbenwirkung, die schon der Pflasterwirkung nahesteht, etwas über Bluttemperatur halten. Salben sollen nach TRENDELENBURG[1] bei Zimmertemperatur halbfest sein, bei Körpertemperatur erweichen und erst bei höherer Temperatur schmelzen.

Abgesehen von der Temperatur der Haut und der Verbandtechnik sind auch sonst Unterschiede, die bei Salben durch den Schmelzpunkt hervorgerufen werden, bedeutend. Eine Salbe, die unter der Temperatur der Hautoberfläche schmilzt, wirkt auf der Haut als Öl und wird am leichtesten eindringen, aber in dicker Schicht abfließen. Eine Salbe mit dem Schmelzpunkt um 40° bleibt auf der Haut eine Salbe. Präparate, die wesentlich höher schmelzen, führen zu den Pflastern über, nahezu festen Körpern, denen insbesondere, wenn sie lipoidlösliche Stoffe enthalten, auch Tiefenwirkung zukommt. Wasserhaltige Salben, die wesentlich unter 38° schmelzen, sind temperaturempfindlich und entmischen sich leicht. Zu hoch schmelzende Salben sind im Gegensatz zum eben Gesagten zu zäh, sie bleiben oberflächlich auf der Haut liegen und dringen nur schwer ein. Für kosmetische Cremes sind daher nach JANISTYN[2] Präparate mit einem Tropfpunkt von 41° als optimal zu bezeichnen.

Unsere meistverwendeten Salbengrundlagen, wie Schweinefett und Vaselin, haben einen Schmelzpunkt zwischen 36 und 42° bzw. 35 und 45°. Das gehärtete Erdnußöl schmilzt zwischen 38 und 41°. Salben mit diesen Grundlagen bleiben demnach auf der Haut in den meisten Fällen noch fest, es sei denn, daß der Schmelzpunkt durch das zugesetzte Medikament herabgesetzt wird. Der Festigkeitsgrad kann durch Mischung verschiedener Komponenten oder durch Beifügung eines Emulgators und von Wasser beliebig geändert werden. Je höher der Schmelzpunkt ist, bei gleicher, die oben geschilderte Fehlerquelle der Fettaufsaugung durch den Verband ausschaltender Technik, desto geringer ist die Penetration. Wollen wir daher tiefer eindringen, so müssen wir nach UNNA[3] eine höher schmelzende Grundlage mit einer nieder schmelzenden oder mit einem Öl zusammen verwenden. Wir erhalten ein Produkt mit einem Mischschmelzpunkt, das leichter eindringt. Wir sehen also, daß der Schmelzpunkt die Wirkung in zwei Richtungen beeinflußt. Wir müssen ihn, um die zu erwartende Wirkung zu erzielen, richtig wählen und die Verbandart dem Schmelzpunkt der Salbe anpassen, so daß die capillare Ansaugung der geschmolzenen Salbe durch den Verband verhindert wird. Ein gut geglückter Versuch, die Dochtwirkung auszuschalten, sind die von UNNA angegebenen Salbenmulle, die aus engmaschigen, von der Salbe durchdrungenen Mullflecken bestehen. Davon wird nach Bedarf die nötige Menge abgeschnitten und auf die zu be-

---

[1] TRENDELENBURG: Grundlagen der allgemeinen und speziellen Arzneiverordnung. Berlin: F. C. W. Vogel 1938.
[2] JANISTYN: Fette u. Seifen **1940**, 3.
[3] UNNA: Dtsch. med. Wschr. **1926**, 5, 198.

handelnden Stellen aufgelegt. Es waren verschiedene solcher Mulle, die man auch selbst herstellen kann, im Handel; so mit Borsäure, Phenol, Hg und dessen Salzen, Salicylsäure, Bleipflaster, Zinkoxyd, Ichthyol, Chloralhydrat.

Für die heiße Jahreszeit oder für die Tropen müssen Salben etwas härter sein und höher schmelzen. So erlaubt das Deutsche Arzneibuch für die Ausrüstung der Schiffsapotheken, daß in den Salben das Schweineschmalz oder Vaselin bis zu einem Drittel des Gewichtes durch Wachs oder Ceresin ersetzt wird.

Das englische Arzneibuch gestattet Wachse und Talg als Zusatz, das Schweizer Arzneibuch sieht für die heiße Jahreszeit einen Zusatz von 10% Wachs oder festem Paraffin vor.

Weitere tropenfeste Salbenkörper empfiehlt CALDWELL[1], der ein hydriertes Palmkernöl mit einem Schmelzpunkt von 40—42° und dessen Mischung mit 12,5% Weichparaffin als geeignet befunden hat.

Das neue synthetische Vaselin hat einen Schmelzpunkt von etwa 60°. Es ist daher allen auf der Erde praktisch vorhandenen klimatischen Temperaturen gewachsen und muß mit keinem Wachs oder Paraffin verschnitten werden. Bei Zimmertemperatur ist es dem amerikanischen Vaselin vollkommen gleichartig, ersetzt mithin Vaselin-Paraffin- oder Wachsmischungen völlig, ohne daß die Gefahr besteht, daß Teile der Mischung sich absetzen oder auskristallisieren. Die Salben sind im Sommer und im Winter gleich geschmeidig, ein wesentlicher Vorteil gegenüber den mit Wachs oder Paraffin verschnittenen Grundlagen.

Fettsäureglycerinester wird man zweckmäßigerweise mit höher schmelzenden talgartigen Produkten oder Wachsen versetzen, nur in Ausnahmefällen zum Paraffinzusatz greifen, da dieser die Resorptionsverhältnisse ändern kann. Man kann aber auch, zumal wenn es im Rahmen der Therapie liegt, Öl-in-Wasser-Emulsionen, die bedeutend wärmebeständiger sind, verwenden. Die Verbandtechnik hat noch aus einem anderen Grunde Einfluß auf den Endeffekt. So erwähnt KROMAYER[2], dem sich TOUTON und WINTERNITZ an derselben Stelle anschließen, daß die Verwendungsart der Salbe ebenso wichtig wie die gute Beschaffenheit für die Verträglichkeit sei. Liegt das Präparat messerrückendick auf, so wird der Gasaustausch behindert, Schweiß und Fett werden unter der Schicht gestaut und reizen, insbesondere bei gut sitzenden Verbänden. Der Autor meint, daß annähernd 95% aller Unverträglichkeitserscheinungen auf unzweckmäßige Anwendung, 5% auf schlecht zubereitete Salben und Pasten und nur der Bruchteil eines Prozents auf wirkliche Überempfindlichkeit zurückzuführen seien. Der abdichtende, macerierende Verband wird seine besonderen Indikationen, in denen man seine Wirkung anstrebt, bewahren, er kann aber auch schaden und z. B. bei Essigsäure-Tonerde-Verbänden geradezu Verätzungen hervorrufen (STALF[3]).

Zusammenfassend ist zu sagen, daß die richtige Wahl des Schmelz-

---

[1] CALDWELL: Quart. J. pharm. **1939**, 12, 689.
[2] KROMAYER: Dermat. Wschr. **1933**, Nr 14.
[3] STALF: Dtsch. med. Wschr. **64**, 898 (1938).

punktes einer Salbe und die richtige Applikation nicht nur die erwartete Wirkung erst gewährleisten, sondern diese auch ohne Reizungen zur Geltung kommen lassen. Unter richtigem Schmelzpunkt ist, sofern man *Salben*wirkung erreichen will, eine Temperatur von über 37° zu verstehen. Die Technik richtet sich nach den in der Therapie vorhandenen Gesetzen. Sie soll aber die Beobachtungen KROMAYERS und die Capillarität des Verbandes berücksichtigen.

Direkte Reizwirkung üben luftabschließende Salben aus. Daher kommt unter allen das Ungt. Paraffini bezüglich der Beurteilung seiner Verträglichkeit am schlechtesten weg. Fette und Emulsionen schließen nicht so dicht ab wie die meisten Kohlenwasserstoffe, sie werden daher als Salben und Cremes besser vertragen.

Chemische Reaktionen in Salben.

In Salben können, insbesondere bei Gegenwart von Wasser, zugesetzte Medikamente miteinander reagieren und sowohl erwünschte als auch unerwünschte Reaktionsprodukte ergeben. Zu den ersteren gehören das fettsaure Hg in der Quecksilbersalbe und die Jodadditionsprodukte mit Schweinefett in der Jodkalisalbe, ferner das Zinksalicylat in der Pasta Zinci salicylata, die Bildung von kolloidem Jodsilber in wäßrigen, mit Silbersalzen versetzten Jodkalisalben, das Entstehen freien Silbers im Ungt. nigrum.

Die wichtigsten unerwünschten Reaktionen seien im folgenden nach ihrer Häufigkeit angeführt:

Borsäure und Zinkoxyd bilden in Gegenwart von Wasser, also in Emulsionen, sandartige Körner aus einem Borat. Die Dtsch. Apoth.-Ztg 1938, 93, schlägt vor, derartig sandig gewordene Salben durch die Dreiwalzenmühle zu schicken; dann werden sie wieder streichbar. Dagegen ist aber einzuwenden, daß ein vermahlenes Zinkborat ein Zinkborat bleibt. Über die Wirkung dieses Salzes, das in der Therapie nicht verwendet wird, finden sich keine Hinweise in der Literatur, jedenfalls kommt ihm nicht die Wirkung zu, die der verordnende Arzt erwartet. Er muß daher vom Apotheker auf die eintretende Reaktion hingewiesen werden, damit die Herstellung der Salbe unterbleibt, das Wasser weggelassen oder das hier reaktionsfähige Zinkoxyd durch das indifferente Titansalz ersetzt wird. In wasserfreien Salben wird die Reaktion langsam oder gar nicht eintreten. Der Vorschlag für die Pharmakopoea Austriaca IX enthielt daher eine Zinkborsalbe aus Zinkpaste und Borvaselin aa. Ob ihr Wert bedeutend gewesen wäre, müßten erst klinische Versuche feststellen; sie ist der Pasta aseptica FMB, deren desinfizierende Wirkung nicht überragend sein dürfte, außerordentlich ähnlich.

Wasserhaltige Gemische von **Zinkoxyd mit Metallsalzen** (Bi, Hg) müssen bei Gegenwart von Glycerin oder anderen mehrwertigen Alkoholen vor Licht geschützt aufbewahrt werden. Bei Nichtbefolgung dieser Regel schwärzt sich das Gemisch (CASPARIS, KÄMPF und MITREA[1]).

---

[1] CASPARIS, KÄMPF u. MITREA: Pharm. acta helvetica **10**, 143 (1935).

Alkaloidsalze einerseits und Tannin, Alkalien, Carbonate, Borax, Metallsalze, Jod andererseits geben in wäßrigem Milieu Umsetzungen, deren Entstehen bekannt sein muß.

Novocainchlorhydrat bildet mit Chloriden zusammen Doppelsalze, mit manchen Perubalsamsorten einen roten Farbstoff[1]. Derartige Kombinationen sind daher zu vermeiden.

Resorcin und Anästhesin reagieren auch in Salben miteinander. Es empfiehlt sich daher, derartige Mischungen zu unterlassen.

Jodsalze und Quecksilber oder dessen Salze dürfen nicht gleichzeitig gegeben werden, da das Reaktionsprodukt nach EICHHOLTZ[2] zu verheerenden Vergiftungen führt. Verätzungen durch Sublimat und Jodkali, die auf der Haut Jodquecksilber bilden, sind außerordentlich schmerzhaft. Jodsalze reagieren auch mit Natriumbicarbonat und Bismut. subnitric.

Mit Ammonsalzen und Ammoniak sowie weißem Präcipitat können Jodsalze explosiven Jodstickstoff bilden (TRENDELENBURG[3]). Jod reagiert mit Gummi, ätherischen Ölen; Jothion mit Alkalien.

Silber- und Quecksilbersalben können mit Wollfett frisch zubereitet, nicht aber gelagert werden, da derartige Salben bei längerer Aufbewahrung fest werden. Auch Jod reagiert mit den ungesättigten Anteilen des Adeps lanae.

Argentum nitricum darf nicht mit Halogensalzsalben, Tannin, Alkalien, Kohlehydraten und Eiweiß sowie Phenolen zusammengebracht werden. *Kolloidsilber* explodiert mit H_2O_2 verarbeitet.

Hexamethylentetramin, ein Bestandteil mancher Salben, die Formaldehyd abspalten sollen, wirkt nur in saurem Medium; ein Zusatz von alkalischen Bestandteilen, die die ohnehin schwachen Säuren der Haut neutralisieren, vernichtet die Wirkung und ist daher zu vermeiden.

Perubalsam gibt mit Vaselin beim unmittelbaren Verreiben körnige Ausscheidungen. Man verreibt ihn daher zuerst mit etwa 1 g Ricinusöl und gibt diese Mischung der Verreibung der anderen Bestandteile zu.

Salicylsäure reagiert mit Eisensalzen und Alkaloiden sowie mit manchen Emulgatoren (Seifen).

Schwefel und Schwefelverbindungen dürfen mit verschiedenen Substanzen nicht zusammengebracht werden. So geben sie mit Schwermetallverbindungen wie Bleisalzen oder Wismutpräparaten auch in Salben schwarze Sulfide. Mitigalsalbe auf Diachylonbasis ist daher nicht empfehlenswert, es sei denn, man wünscht gerade ein allerdings stark reizendes Sulfid. Die Reaktion kann auch im Körper bei gleichzeitiger Anwendung der Komponenten an verschiedenen Stellen eintreten und so die Fernwirkung beider Medikamente aufheben. Auch mit Halogensalben kann Schwefel Reaktionsprodukte eingehen.

Tannin verfärbt sich mit Alkalien und gibt mit Eiweiß und Metallsalzen Niederschläge.

---

[1] Dtsch. Apoth.-Ztg **1937**, 78, 1244.   [2] EICHHOLTZ: Dermat. Wschr. **1937**, 4.
[3] TRENDELENBURG, P. und L. LÉNDLÉ: Grundlagen der allgemeinen und speziellen Arzneiverordnungslehre. 6. Aufl. 1945 (Neudruck 1949). Berlin: Springer.

Wasserstoffsuperoxydsalben werden nicht selten in der Kosmetik zur Sommersprossenbehandlung verwendet. STEIN[1] empfiehlt

            Perhydrol   1,0
            Eucerin   6,0
            Vaselin ad   15,0

zur Aufhellung der Keloide. Er gibt an, daß die Salbe in dicht und fest schließenden Gefäßen aufbewahrt werden soll, da der frei werdende Sauerstoff sonst den Deckel abhebt. Also zersetzen sich die Präparate und wirken, wenn überhaupt, nur in ganz frischem Zustand. Sie sind zweckmäßigerweise durch wasserfreie Verarbeitungen von Persalzen zu ersetzen. In Schälpasten wird bisweilen versucht, Quecksilberpräcipitat mit Perborat oder H_2O_2 zu verstärken. Derartige Salben zersetzen sich, auch wasserfrei, unter Bildung von Quecksilberoxyaminoverbindungen.

Triäthanolaminsalben dürfen nach MAYNARD[2] nicht mit Schwefel und Schwermetallsalzen verarbeitet werden, da die Base mit den Zusätzen reagiert.

Stearatcremes sind meist alkalisch, wir müssen dies bei der Bereitung zahlreicher Salben, die alkaliempfindliche Medikamente enthalten, in Rechnung stellen.

Teginsalben vertragen sich mit wasserlöslichen Salzen und Säuren nicht. Auch Zinkoxyd bewirkt allmähliche Zerstörung der Emulsion. Andere Emulsionen werden durch konzentrierte Elektrolytlösungen oft zerstört. Eine Vorprobe mit kleinen Mengen ist daher zweckmäßig.

Öl-in-Wasser- und Wasser-in-Öl-Emulgatoren sind nicht gleichzeitig in einer Salbe zu verwenden. So entmischt sich z.B. eine Verarbeitung von Liquor carb. deterg. (Öl-in-Wasser-Emulgator Saponin) und Wollfett (Wasser-in-Öl-Emulgator). Es gelingt zwar durch Zusatz von Tylose oder Pektin, ferner durch Herauslösen des Saponins mit Wasser eine haltbare Emulsion herzustellen, doch ist dies Energieverschwendung. Man vernichtet die Wirksamkeit des einen Emulgators, um den anderen seine Kraft entfalten zu lassen, oder man übersteigert durch Zusatz anderer gleichgerichteter Emulgatoren die Wirkung des einen Typs, um den anderen umzubringen. In solchen Fällen ist die jedenfalls elegantere Methode die, nur einen Emulgatorentyp anzuwenden. Soll der Öl-in-Wasser-Typ des Liquor carb. deterg. gewahrt bleiben, so bleibt das Wollfett weg und man emulgiert das Vaselin, wenn nötig, unter weiterem Zusatz von Öl-in-Wasser-Emulgatoren. Soll der Typ der Wasser-in-Öl-Emulsion gewahrt bleiben oder eine wasserfreie Salbe hergestellt werden, so empfiehlt sich statt des Liquors ein mit Fett mischbares Teerpräparat.

Ein weiteres Beispiel einer Salbe, die gegenteilig wirkende Emulgatoren enthält, ist die bisweilen verordnete Mischung von Brandliniment und Wollfett. Das Rezept löst die an eine Brandsalbe gestellte Aufgabe nicht gerade elegant, denn es resultiert nicht das erwartete Liniment in festerer Form, sondern ein alkalisches Lanolin. Die Herstellung gelingt nur dann, wenn das fertige Liniment in das Wollfett eingearbeitet

---

[1] STEIN: Wien. klin. Wschr. **1932**, 32.
[2] MAYNARD: Arch. of Dermat. **1936**, 2, 34.

wird. Bei dieser Prozedur wird der schwache Emulgator, Kalkseife, mit dem Leinöl im Wollfett gelöst, die wäßrige Lösung tritt in das Gemisch als Wasser-in-Öl-Emulsion ein. Es bildet sich keine Doppelemulsion. Die elegantere Lösung ist auch hier das Brandliniment in einer Öl-Wasser-Emulsion, z. B. eine Lanettewachssalbe einzuarbeiten.

Hier muß auch noch die Tatsache besprochen werden, daß verschiedene Medikamente, insbesondere Elektrolyte und ätherische Öle, in wäßrigen Lösungen, aus stark wasserhaltigen Salben, z. B. aus dem Ungt. Cetylicum das dort bereits eingearbeitete Wasser wieder austreten lassen. Rosenwasser z. B. vermindert die Wasserzahl des Ungt. Cetylicum um die Hälfte. Jodkali hat ähnliche Eigenschaften, so daß die offizinelle Salbe der Helvetica, die ursprünglich 30% Wasser enthält, nun nurmehr 10% aufweist. MÜHLEMANN[1] hat darüber eingehende Untersuchungen angestellt und betont, daß man in jedem einzelnen dieser Fälle das Verhalten experimentell feststellen müsse.

Zusammenfassend ist festzustellen, daß all die Reaktionen der Chemie, die zwischen reagierfähigen Körpern überhaupt auftreten können, auch in Salben zu erwarten sind. In wasserhaltigen Grundlagen ist mit schneller Umsetzung zu rechnen, in wasserfreien Präparaten, falls es sich um wasserlösliche Reagenzien handelt, mit gegebenenfalls außerordentlich verzögerter. Wenn eine Reaktion zu erwarten ist, so muß nicht nur die Wirkung der ursprünglich zugesetzten Medikamente, sondern auch die des Reaktionsproduktes in Rechnung gestellt werden. Umsetzungen in Salben sind nach MAYRHOFER[2] und nach KNOTT[3] möglich:

1. zwischen oxydierbaren Substanzen und Oxydationsmitteln;
2. zwischen Metallsalzlösungen und Lauge, Ammoniak, Alkaloidsalzen, Eiweiß, Borax, Gerbstoff, Gummi;
3. zwischen Gummi einerseits, Borax, Eiweiß, Metallsalzen andererseits;
4. zwischen Alkaloidsalzen und Borax, Tannin, Metallsalzen;
5. zwischen Gerbstoffen und alkaloid- und anderen stickstoffhaltigen Salzen, Eiweiß, Gelatine, Metallsalzlösungen;
6. zwischen Säuren und Hydroxyden, Carbonaten, Ammoniak;
7. zwischen Jod und Stärke, NH_3 oder Tannin;
8. zwischen der Salicylsäure sowie ihren Salzen und Ammonverbindungen, Eisensalzen und manchen Emulgatoren.

Überholte Salben, Grenzfälle, Kuriositäten.

In älteren Arzneibüchern finden wir schmerzstillende, schlafmachende und beruhigende Salben, die Alkaloide wie Atropin, Opiate, Lupulin u. dgl. enthielten. Wir haben jetzt exakter dosierbare Präparate, so daß man davon immer mehr abkommt. Im Mittelalter gab es Hexensalben, mit denen man heute noch dunkle Geschäfte machen kann, denn der Glaube an solche Mittel lebt fort. Da wird z.B. in der Schweiz. Apoth.-Ztg **1936**, 257, als Kuriosum eine medialmagische Salbe beschrieben, die, unter der Achselhöhle und in der Genitalgegend aufgestrichen,

---

[1] MÜHLEMANN: Pharm. acta helvetiva **1940**, 2.
[2] MAYRHOFER: Wien. med. Wschr. **1931**, 14.
[3] KNOTT: Pharm. J. a. Pharmacist **1932**, 519.

stundenlange Träume verursachen soll. Bei der Analyse der Salbe konnten nur Spuren von Alkaloiden nachgewiesen werden. Sie war ursprünglich sicher sehr viel wirksamer und gefährlicher, dafür spricht die Anwendungsvorschrift. Sie ist ja auf die alkalischen Hautpartien aufzustreichen, da dort die Alkaloidbasen in fettlöslicher Form am besten zur Resorption gelangen; dann hat der Hersteller es wahrscheinlich mit der Angst zu tun bekommen und ließ das Alkaloid weg.

Von derartigen magischen Salben zu trennen sind die „Salböle nach Zarathustrischen Grundsätzen", die, aus Paraffinöl bestehend, nicht in ihrer Wirkung, sondern durch ihre Anwendung einen gewissen Wert haben, da sie zu Massage und leichtathletischen Übungen veranlassen.

Die Schlankheitscremes sind schwerer zu verstehen. Ein solches Präparat stellt z. B. eine Salbe dar, die 0,2% organisches Jod und Aloeextrakt in Glycerinsalbe enthält. Der Beweis der Jodresorption aus diesem Medium mag gelingen. Die Aloeoxyanthrachinone sind in diesem Mittel wohl ebenso unwirksam wie die aus Rhabarber, die eine andere derartige Creme in Vaselin suspendiert enthält. Ebenso unwirksam wie harmlos und bestenfalls als Massagecreme verwertbar ist ein anderes Produkt, das aus Stearat, Pflanzenschleim, Glycerin, Wasser und Aromastoffen besteht.

Ein leicht ranziges Mandelöl kommt unter phantasievollem Namen in den Handel und soll, „ein Duft- und Dungstoff der Haut, zur wahren Schönheitspflege dienen und nicht, wie die bisherigen Mittel, nur eine Hautschmiere sein".

Diabetessalben aus Vaselin und Spuren von Pflanzenextrakten, Pflanzengeschwulstsalben ähnlicher Zusammensetzung sowie eine Quellsalzsalbe, die Spuren von Pflanzenauszügen, aber kein Quellsalz enthalten, sind eine rein kriminelle Angelegenheit, insbesondere wenn eine Pappdose jeder einzelnen dieser Zubereitungen nur zu hohen Preisen erhältlich ist. Es ist bedauerlich, daß solche Zaubereien nicht ausgeschaltet werden können. Da ist ja die Seeschlick-Hautpaste „zur Hautverjüngung durch Meeresschlick", von dem 4 × 20 g *nur* RM. 1,— kosten, noch außerordentlich billig. Die Reichhaltigkeit der Schlickinhaltstoffe Al, Ca, Mg, Na, Ti, N, P entschädigt den Käufer, der sich übervorteilt hält.

Besonders raffiniert ging der Hersteller der Gothania-Präparate vor. Er verkaufte nach Peyer[1] 20 g parfümiertes Vaselin als Erektionsgelee um RM. 5,— und eine Mischung aus Wasser, Vaselin und Wachs als Muskelcreme zur Herstellung einer kräftigen Brust. Wenn auch vernünftige Käufer derartige Produkte ablehnen werden, so ist doch allein schon der Versuch eines derartigen Betruges auf das schärfste zu verurteilen.

Wimpernwuchssalben sind in Amerika in Mode. Nach Navarre[2] bestehen sie aus gelbem Vaselin! Man parfümiert sie mit ätherischem Öl und gibt das so beliebte Schildkrötenöl hinzu. Anscheinend enthält

[1] Peyer: Südd. Apoth.-Ztg **1941**, 2, 3.
[2] Navarre: Manuf. Chem. **1933**, 12, 377.

es Hormone, die die Wimpern der Schildkröten zum Wachsen brachten.
Das Ganze wird gekauft und ist unwirksam wie die Büstenmittel in
Salbenform, die bestenfalls als Massagecreme wirken. Es gab auch ein
Präparat, das zellbelebende, hautstraffende und verschönende Nordsee-
energien enthält. GRIEBELS Analyse ergab als Bestandteile Wollfett,
festes und flüssiges Paraffin, verdünntes Seewasser sowie Olivenöl[1].

Eine Mischung von Senföl und Casein „emaniert 100% des optimalen Maximums radioaktiver Strahlen" und wird bei Leber- und
Gallenleiden sowie Entzündungen empfohlen.

Cremes, die ohne Sonne bräunen, Alloxan oder Pyrogallol enthalten,
sind Verirrungen, die nicht nützen, wohl aber schaden können.

Weißes Vaselin, das homöopathische Milchzuckerverreibungen von
Na. bic., Lithium Sil., Fe, Spongia usta enthält, dürfte keine Über-
dosierungsgefahr in sich bergen, auch Lecithin in gelbem Vaselin, eine
Salbe, die zur Kräftigung der weiblichen Brust empfohlen wird, kann
nicht schaden.

Die Zahl derartiger Produkte ist groß, über ihren Wert oder Un-
wert müssen Arzt und Apotheker in jedem einzelnen Fall entscheiden.
Anerkannt unwirksame Produkte sind abzulehnen, die Käufer zu be-
lehren, da nur dadurch eine Aufklärung möglich ist und die Arbeit im
Dienste der Volksgesundheit die erhofften Früchte bringt. Sehr wertvoll und bisweilen eine Quelle der Erheiterung war das Studium der von
C. GRIEBEL und PAYER in der pharmazeutischen Fachpresse laufend
veröffentlichten Analysen, die oft mit phantastischen Angaben empfohlene Mittel als sehr einfache Mischungen aufklärten.

In einer Kritik der ersten Auflage dieses Buches wurde angeregt,
noch viele an anderen Orten genannte Präparate hier an dieser Stelle
zu bringen. Leider können wir diesem Wunsche nicht folgen, denn eine
solche Klassifizierung ist immer subjektiv und würde uns außer dem
Hersteller noch alle diejenigen auf den Hals hetzen, die mit einem
eventuell zweifelhaften Produkt doch „etwas gesehen haben". Wir
hoffen daher, daß es genügt, hier nur die tollsten Dinge zu bringen,
über die anderen Produkte muß und kann sich jeder selbst ein Urteil
bilden.

Die reelle kosmetische und pharmazeutische Industrie behauptet nur
das, was vertreten werden kann. Propagandaergüsse wie der folgende:
„Mit V. haben Sie mehr als eine duftende Schönheitscreme, Sie haben
die Garantie für tatsächliche Wirkung auf neuer Basis. Die Methode
ist einfach, der Erfolg sicher dank der direkten Nährung und Aktivierung
der Zellen", werden wohl nicht ernster genommen werden, als sie gemeint sind. Niemand wird sich hungrige Zellen mit offenen Mündern,
die nach Aktivierung und Nahrung schreien, plastisch vorstellen und
ebensowenig kann er dann an eine Beeinflussung des Hungers und
Durstes von außen glauben.

Kuriosa sind letzten Endes auch Angaben, die wissenschaftlich sein
sollen, für den Verbraucher der Salben aber keinerlei Wert besitzen.

---

[1] GRIEBEL: Parfumeur **1931**, 35, 586.

Wenn ein Prospekt z. B. angibt, daß die NN-Salbe bei 37° einige Leitfähigkeit $K = 0,98 \times 10^{-7}$ besitzt, und daß diese mithin 20 mal bedeutender als die des Lanolins sei, so ist dies eine Spiegelfechterei. *Damit kann man überhaupt nichts anfangen.* Ebensowenig interessiert uns die Viscosität bei 50, 60 oder gar 80°. Diese Zahlen, die nur für Schmieröle Wert besitzen, haben im Rahmen der Salbentherapie keine Bedeutung. Jodzahl, Verseifungszahl u. dgl. der Fettgrundlagen wären interessant, fehlen aber.

Salben der Chirurgie.

Salbentherapie wird vor allem in der Dermatologie getrieben. Ihr folgt an Wichtigkeit die Chirurgie, deren Präparate im folgenden besprochen werden sollen, dann sind noch die Salben der Ophthalmologie, der Internen Medizin, der Oto-Laryngologie, soweit sie spezielle Gesichtspunkte aufweisen, zu erwähnen.

Die Grundlagen der Salben der Chirurgie sind naturgemäß die uns bekannten. Wenn wir von einer rein chirurgischen Salbenbehandlung sprechen können, so hat dies seinen Grund nur in der zum Teil abweichenden Indikationsstellung und den damit verbundenen Wechsel in den Wirkstoffen.

v. GUGEL[1] stellt die Indikationen und Gründe der chirurgischen Salbenbehandlung in folgendem Schema zusammen:

Salbenindikation.	**Salbenaufgabe.**
Gesunde frische Wunden	Schutz
Gut granulierende Wunden	Schutz
Mit reichlichem Sekret	
Schlecht granulierende Wunden	
Geschwüre	{ Abdunstung, medikamentöse Beeinflussung bis zum Reiz.

Nach Ermittlung der Indikationen soll der Chirurg die Verträglichkeit prüfen. Konstitutionstypen, die bestimmte, insbesondere fette Salben nicht vertragen, sind natürlich auch hier auszuschließen. Sie gelten für die Wundumgebung, daneben gibt es eine Salbenintoleranz, die durch die vorhergehende Therapie provoziert wurde. Nach v. GUGEL ist dafür häufig eine Gewebsübermüdung verantwortlich, so daß ein Wechsel im Heilmittel auch dann am Platz ist, wenn lediglich der Reizeffekt ausblieb.

Die Ansicht, daß bei einer Paste die Fettmembranen durch die Puderbestandteile unterbrochen sind, sei sie nun irrig oder nicht, hat die Chirurgen veranlaßt, diese Medikation als Deckmittel der Wundumgebung einzuführen. Bei der Besprechung der Pasten ist eingehend auf diese Medikation und ihrer Anwendungsmöglichkeit eingegangen.

Ganz allgemein soll von Fall zu Fall geklärt werden, welche besonderen Aufgaben einer Salbe zufallen soll. v. GUGEL hat die Möglichkeiten beleuchtet. Auch der Schutz des Wundfeldes vor Verletzung, Reizung und Austrocknung ist von diesem Autor eingehend besprochen

---

[1] v. GUGEL: Dissertation München 1941.

worden. Unsere Aufgabe ist es, weniger den Chirurgen zu informieren, wann er eine Salbe anzuwenden hat (das findet er in seiner Fachliteratur), als vielmehr, welche Salbe und welche Grundlagen zu verwenden sind. v. Gugel hat darüber alles bekannte Material gesammelt und mit den Erfahrungen der Klinik Lexer bzw. Magnus verarbeitet. Ihm zufolge ist für den Salbenverband eine Grundlage zu wählen, die das Sekret teilweise aufzunehmen oder zumindest so auflockern kann, daß eine Verklebung verhindert wird. Dies geschieht durch Emulsionssalben oder durch weiche Salben mit echten Glycerid-Fetten (Lebertran). Die Glyceride sind auch vorzuziehen, wenn eine Basis für osmotisch wirksame Salben (mit Honig, Zucker, Harnstoff) geschaffen werden soll. Paraffine sind im allgemeinen abzulehnen. Ausnahmen bestehen jedoch besonders für Vaselin, wenn ein gewisser Wärmeschutz erzielt werden soll. Ferner wird man hochschmelzende Vaselinsorten dort anwenden, wo das Verkleben und Durchwachsen des Verbandes mit Granulationen verhindert werden soll. Entzündete Wunden, in denen eine Acidose besteht, können durch alkalische Salben in ihrer Schmerzwirkung gemildert werden. Anaesthetica enthaltende Salben können auf Emulsionsbasis (Vaselin-Lanolin) bereitet werden, da eine solche Salbe auch einen gewissen mechanischen Schutz gewährleistet (Blume[1]).

Salben, die zur Reinigung des Wundbettes verwendet werden sollen, müssen Wasser enthalten und es mit der Wunde in Kontakt bringen. Wenn v. Gugel auf diese Gedankengänge hin als Grundlage für Zucker- und Honigsalben die Wollfettbasis vorschlägt, so können wir ihm nicht ganz folgen. Die Wollfettsalben sind nicht aktiv wasseranziehend, sondern, wenn nicht schon „gesättigt", bestenfalls in der Lage durch Emulgierung, also durch mechanische Arbeit, Wassertröpfchen zu suspendieren. Wir können auch nicht glauben, daß die vielfach geäußerte Ansicht stimmt, die schwachen Basen des Wundsekrets seien in der Lage, echte Fette zum Teil zu verseifen. Wer jemals eine Verseifung durchgeführt hat, wird wissen, daß viel stärkere Basen als die des Wundbettes erst nach stundenlangem Kochen oder gar im Autoclaven Glyceride verseifen. Die Autoren Löwe, Magnus, v. Schärcher stellen sich eine Art von Verseifung in monomolekularen Filmen vor und bauen darauf eine Wundreinigungstheorie auf: „Die Seife entsteht als Grenzschicht zwischen den lebensfähigen Wundgeweben und dem Wundinhalt, lockert die Haftfähigkeit von Krusten, Gerinnseln, toten Zellen und Gewebsteile." Deshalb seien Fette indiziert. Das letztere mag sein, die Begründung ist aber zweifellos eine andere als die durch die Verseifungstheorie gegebene.

Zur Anregung der Gewebsneubildung in Fällen, in denen eine solche Aufgabe der Theorie erwächst, sind die bereits eingehend auf S. 16 besprochenen ungesättigten Paraffinwasserstoffe (Granugenol) oder Glyceride (Lebertran), Perubalsam, Teere, Harze, Chlorophyll, wie in der Epigranolsalbe, indiziert. Als Grundlagen dienen Fette und Emulsionen.

---

[1] Blume: Zbl. ges. Chir. **35**, 2208.

Zur Unterstützung der Infektabwehr empfiehlt v. Gugel Salben, die einen tiefen Schmelzpunkt haben, Emulsionssalben auf Glyceridgrundlage. Er erklärt die günstigere Wirkung dieser Präparate wieder mit der Theorie der Verseifung im Wundbett. Als Schutz und Stärkung der gesunden Nachbarschaft der Wunden, also als Decksalben, können Salben verwendet werden, die die Ekzembereitschaft nicht ungünstig beeinflussen und außerdem durch eine möglichst indifferente Schicht (Vaselin und Lanolin) Schutz vor Sekreten ohne Störung gewährleisten sollen.

Salben in der Tierheilkunde.

Eine Zusammenstellung aller Salben ist nicht vollständig, wenn nicht auch die in der Tierheilkunde verwendeten Präparate erwähnt sind. Die Grundlagen und wirksamen Medikamente sind dieselben, wenn auch teilweise in anderen Konzentrationen. Wir finden die gleichen Desinfizienzien, Antipruriginosa, Jod und Hg, die Cantharidensalbe, Ichthyolpräparate und ätherische Öle wieder. Dazu kommen noch Produkte, die zur Ungeziefervertilgung dienen, wie z. B. das Rotenon aus der Derriswurzel. Stawitz[1] zitiert Greve, der gute Erfahrungnn mit Tylosesalben bei der Wundheilung machte.

Als Grundlage wird von vielen Veterinären Fett bevorzugt, doch auch Vaselin und selbst Ungt. Paraffini besitzen dieselbe Bedeutung wie in der Humanmedizin.

Die Salben werden in gleicher Art hergestellt und sollen qualitativ den Humansalben ebenbürtig sein. Es wäre ein grober Kunstfehler für den Tierarzt, minderwertige Produkte zu verwenden; auch die Tierhaut reagiert auf schlechte Grundlagen und unreine Medikamente. Bezüglich der optimalen Penetration und Resorption gelten ähnliche Gesetze wie in der Humanmedizin. Es wäre daher zweckmäßig, wenn der Tierarzt in enger Fühlung mit dem Apotheker auch für seine Fälle eine Klärung herbeiführen würde. Bei der Wund- und Schleimhautbehandlung können die in der Humanmedizin gemachten Erfahrungen ohne weiteres übernommen werden. Bei Behandlung der gesunden Haut ist zu berücksichtigen, daß sie behaart und bei Großtieren kräftiger und dicker ist, so daß die unter Umständen erwünschte Resorption verzögert wird.

Salben in der Pflanzenzucht.

Auch in der Pflanzenbehandlung werden, dies sei nur des Interesses halber erwähnt, Salben angewandt. Die sog. Wuchsstoffe, wie Indolylessigsäure, also Substanzen, die das Wurzelschlagen von Stecklingen erleichtern und beschleunigen, werden im In- und Ausland vielfach mit Lanolin zu Pasten, die man auf Schnittstellen aufstreicht, verarbeitet. Winkleyleck und McClinlock[2] beschreiben ein solches Präparat, das

---

[1] Stawitz: Pharm. Ind. **12**, 3 (1950).
[2] Winkleyleck u. McClinlock: Proc. amer. Soc. hortic. Sci. **38**, 94 (1941).

durch Erhitzen von 38 g Lanolin, 7,5 g Stearinsäure, 2,7 g Triäthanolamin und 100 g Wasser bereitet wird. In diese Mischung, die eine Öl-in-Wasser-Emulsion darstellt (also die Gefäße nicht so verschmiert wie Lanolin allein), wird der in 95proz. Alkohol gelöste Wuchsstoff eingearbeitet. Derartige Salben sind mit der gleichen Vorsicht zu bereiten wie humanmedizinische Salben, denn schädigende Stoffe können ganze Stecklingskulturen vernichten. Ja, sogar ungeeignete Substanzen, wie Wollfett, Wachse und Vaselin, stören die Wasseraufnahme so, daß die Stecklinge absterben. Es ist also auch auf diesem Gebiet Erfahrung nötig. Man wird Öl-in-Wasser-Emulsionen nehmen oder noch besser Schleime, da das Öl in diesen Fällen überflüssig ist (STAWITZ[1]).

Homöopathische Salben.

Einen Überblick über die Salben der homöopathischen Schule verdanken wir MÜNCH[2]. Er führt in seiner Arbeit aus, daß der jüngeren homöopathischen Ärztegeneration die Anwendung äußerlicher Mittel nur mehr wenig bekannt sei. Salben der Homöopathie werden aus Ursubstanzen, Urtinkturen oder Verreibungen im Verhältnis 1 : 9 mit einer Mischung Lanolin Ungt. Paraffini DAB. 5 bereitet. SCHULZE[3] berichtet, daß die Potenzierung insofern Schwierigkeiten bietet, als hierüber keine näheren Angaben gemacht werden. Bisweilen wird die Ansicht vertreten, daß die Salbengrundlage genau so anzusehen ist wie andere indifferente Verdünnungsmittel. Danach müßte eine Salbe mit der sechsten Dezimalpotenz wie eine Verreibung aus dem Urstoff durch 6maliges Pontenzieren im Verhältnis 1 : 10 mit der Salbengrundlage verrieben werden.

In der Praxis ist es nach SCHULZE aber anscheinend üblich, eine Milchzuckerverreibung der fünften Dezimalpotenz 1 : 9 mit der Grundlage zu verarbeiten. Der Wirkstoff wird dann in der sechsten Potenz in der Salbe enthalten sein, die Salbe selbst aber ist eine 10proz. Milchzuckersalbe mit allen Eigenschaften solcher Präparate.

MÜNCH hat die gebräuchlichsten homöopatischen Salben besprochen.

Aconit = Sturmhut, wird in Form von Salben in 1—2proz. Verarbeitungen zur Schmerzstillung verwendet.

Camphora = Kampfer als 20proz. Salbe zusammen mit Terpentin- und Rosmarinöl bei Bronchitiden und Pneumonien.

Canthariden werden in 1proz. Salbe bei Frostbeulen besprochen.

Cicuta virosa = gefleckter Schierling, soll bei carcinomatösen Affektionen zur Schmerzlinderung teilweise mit überraschender Wirkung als 10proz. Salbe verwendet werden.

Cuprum = Kupfer. 2—3proz. Kupfersalben verwendet MÜNCH bei Drüsenschwellungen.

---

[1] STAWITZ: Pharm. Ind. **12,** 3 (1950).
[2] MÜNCH: Dtsch. Z. Homöopathie **18,** 42 (1939).
[3] SCHULZE: Herstellung und Prüfung homöopatischer Arzneimittel. Steinkopff. Dresden 1943.

Graphit wird als 1proz. Salbe bei Hautleiden, insbesondere bei rhagadiformen Ekzemen empfohlen.

Hamamelis- und **Linaria-**(RUCKLA[1])Salben werden zur örtlichen Behandlung von Ulcerationen und Hämorrhoiden gebraucht.

Petroleum. Eine 10proz. Salbe ist in der Homöopathie zur Behandlung von Hautausschlägen mit Schrunden und Frostbeulen bekannt.

Phytolacca decandra = Kermesbeere. 20proz. Salben werden nach einem von MÜNCH zitierten Autor mit Vaselin bereitet und dienen zur Behandlung carcinomatöser Geschwüre.

Die Homöopathie geht also in den meisten Fällen bezüglich der Salben mit der Allopathie konform, so daß wir uns, obwohl einige neue Mittel auftauchen, mit dem kurzen Hinweis auf MÜNCHS Arbeit begnügen können.

Schleimhaut- und Nasensalben, Augensalben.

Auch unter den Schleimhautsalben verfolgen wir je nach der Indikation verschiedene Zwecke und müssen dementsprechend die Salbengrundlagen wählen.

In vielen Fällen wird lediglich eine *Deckwirkung* angestrebt. Hier müssen wir eine auf dem wäßrigen Medium gut haftende weiche und indifferente Salbe nehmen vom Typ der zahlreichen Nasensalben, die alle Vaselin, Paraffinöl und Wollfett, letzteres um die Klebrigkeit zu erhöhen, enthalten.

Öl und geschmolzene Fette gelangen aus der Nase unter ungünstigen Umständen in die Lunge, wo sie Pneumonien verursachen können. Sie sollen daher nur unter strenger Indikationsstellung und unter den üblichen Vorsichtsmaßregeln verwendet werden[2]. Meist wird diesen Decksalben, die das Schleimhautepithel schützen sollen, ein Medikament zugesetzt, das lokal oder nach erfolgter Resorption die sonstigen therapeutischen Maßnahmen unterstützen soll. An der wäßrigen Schleimhaut finden wir dann ähnliche Verhältnisse wie im Modellversuch. Wir verwenden dort meist wasserlösliche Medikamente, die allerdings aus den oben skizzierten Decksalben nicht optimal zur Wirkung kommen. Man muß daher nach Grundlagen Ausschau halten, die bessere Resorptionsbedingungen gewährleisten; wir werden nach dem Vorschlag von WOLF[3] an ein modifiziertes Ungt. leniens denken, da wir wissen, daß sich dieser Typ leicht trennt, oder wir gehen zu Öl-in-Wasser-Emulsionen über oder bei manchen Medikamenten zu echten Fetten wie Schweinefett oder dessen modernen Nachfolgern. Die wichtigsten Arzneimittelträger sind wohl die Öl-in-Wasser-Emulsionen, etwa Tragantschleime, die, wenn sie sehr weich sind, zu den viel verwendeten flüssigen Emulsionen überleiten. FUNK, Stuttgart, hat vorgeschlagen, Pflanzenschleime, insbesondere Psyllium- oder Leinsamenschleim zu verwenden. Er gewinnt daraus eine fettfreie, wasserhaltige, salbenartige Mischung, die

---

[1] RUCKLA: Dtsch. Z. Homöop. **1941,** 8.

[2] MARUM u. KLEISSNER: Schweiz. med. Wschr. **1938,** 20. — ROBINSON u. GOLDNER: J. amer. pharmaceut. Assoc. **1940,** 1, 410.

[3] WOLF: Hals- usw. Arzt **27,** 4 (1936).

gerade für die Schleimhäute geeignet erscheint. Die Salbe ist zäh, setzt dem Eintrocknen wie auch dem Verdünnen mit Wasser Widerstand entgegen, so daß man, da sie nicht rasch resorbiert wird, die Schleimhäute mit einer lange Zeit wirksam bleibenden Schicht Salbe bedeckt. Auf die Außenhaut verrieben, bildet die Salbe eine dünne zähe Schutzschicht. Ähnliche Erfolge könnte man vielleicht auch mit Tyloseschleimen erzielen, doch stehen die dazu nötigen Versuche noch aus.

Auch im Amer. P. 2176592 scheint an eine solche Schutzsalbe gedacht zu werden. Die Erfinder lassen Gelatinelösung mit Calciumhydroxyd versetzen und überziehen die Nasenschleimhaut, um die „Tannine" (!), die ihrer Ansicht nach den Heuschnupfen verursachen sollen, abzuhalten. Eine verworrene Angelegenheit, in der aber ein guter Kern stecken kann.

Zur endgültigen Klärung des Problems der Schleimhautsalben wäre dieselbe Arbeit nötig, die für die dermatologischen Salben aufzuwenden war. Hier sollen daher nur zwei orientierende Vorversuche zeigen, wie stark die Unterschiede zwischen den einzelnen Salben sind. Bei einer Heuschnupfenkranken brachten 2 Ephedrinsalben Linderung für eine Stunde. Von den beiden Präparaten

1. Ephedrini hydrochlor. 0,5	2. Ephedrini hydrochlor. 0,5
Vaselin synth. ad 10,0	Adeps synth. ad 10,0

haftete die Salbe 2 besser auf der Schleimhaut und war angenehmer im Gebrauch. Zeitlich beobachtete die Versuchsperson im Hinblick auf Wirkungsdauer keinen Unterschied, sie gab aber an, daß 3 proz. *Ephetoninsalbe* (Merck), die aus einer Wasser-in-Öl-Emulsion auf Kohlenwasserstoffen und Cholesterin beruht, 1½ Stunden wirke, ebenso die *Ephedrasalbe* (Henning), die 1½% Ephedrin. hydrochloricum in Ungt. Glycerini enthält. Die einfache Suspension eines wasserlöslichen Medikaments in Fetten ergibt also ein Produkt, das den Wirkstoff nur zum geringen Teil abgibt. Wasser-in-Öl-Emulsionen sind empfehlenswerter, ebenso Öl-in-Wasser- oder Schleimsalben. Man erhält hier also klinisch ähnliche Resultate wie im Modellversuch.

Unlösliche Körper hingegen scheinen in Vaselin suspendiert angenehmer zu sein als in Glyceridfett. Rupp[1] hat festgestellt, daß er in letzterem Falle leichter zu mechanischen Reizungen kommt. Anscheinend wirken sich der niedrigere Schmelzpunkt und die Möglichkeit einer Fettresorption, die beim Vaselin nicht gegeben ist, ungünstig aus, denn ein Augenarzt konnte uns bei Parallelversuchen die Erfahrungen Rupps voll bestätigen.

Im zweiten Fall, in dem allerdings nicht die Schleimhaut behandelt wurde, wurde zur Behandlung eines Ekzems der Nase auf der einen Seite eine 1 proz. Trypaflavinsalbe als Öl-in-Wasser-Emulsion, auf der anderen eine Wasser-in-Öl-Emulsion verwendet. Die erstere Salbe wurde angenehmer empfunden und brachte schnellere Abheilung als die letztere. Die Beobachtung deckt sich also mit den Erfahrungen mit Farbstoffsalben auf der normalen Haut.

---

[1] Rupp: Dtsch. Apoth.-Ztg **1933**, 1408.

Auch bei der Verwendung von Augensalben haben wir ein wäßriges Medium zu behandeln. Die Resorptionsbedingungen nähern sich auch hier denen der Modellversuche in Wasser oder auf Gelatineplatten. Richtungsweisend sind ferner die Tierversuche mit Novocainsalben.

Bei den Augensalben müssen wir weitgehend variieren. In vielen Fällen sind das schlecht abgebende, aber gut schmierende Vaselin und dessen Verarbeitungen empfehlenswerter als resorbierbare Fette, die das unlösliche Medikament im Bindehautsack, wo es Reizungen verursachen kann, zurücklassen. Bei wasserlöslichen Mitteln ist diese Nebenwirkung nicht zu befürchten. Daher empfiehlt hier TOULANT[1], zu tierischen oder pflanzlichen Fetten zu greifen.

Als Augenvaselin ist ein speziell gereinigtes Produkt, das besonders zügig ist, im Handel. Es schmilzt etwas höher als das gewöhnliche Präparat, besitzt aber sonst, abgesehen von dem höheren Preis und den schon erwähnten Eigenschaften, keine besonders hervorzuhebenden Konstanten.

Aus den Augensalben gelangen wasserlösliche Substanzen, wie die salz- und schwefelsauren Alkaloidsalze, ungleich leichter zur Resorption als wasserunlösliche Arzneiformen. Desinficientia folgen den Gesetzen, die unter dem diesbezüglichen Kapitel angeführt wurden, sofern sie in emulgierfähigen Grundlagen verarbeitet sind.

GOLAZ und FREUDWEILER[2] raten, als Grundlage für Augensalben zu nehmen:

Alcohol cetylicus 4,0
Adeps lanae   10,0
Vaselin alb.   86,0

BRANDRUP empfiehlt als offizielle Augensalbengrundlage[3]:

Adeps lanae
Aqua dest.
Vaselin $\overline{aa}$ 10,0.

DENHARD[4] schlägt vor, die Augensalben für den Winter mit 10% Paraffin. liquid. geschmeidiger zu machen. Als Grundlage dient ihm Chesebrough-Vaselin mit einem Zusatz von 10% Aqua dest. – Adeps lanae āā, also eine wasserarme Wasser-in-Öl-Emulsion.

STEIGER[5] hat mit der Mischung von Paraffinum subliquidum (Paraffin. liqu. DAB 6), 40 Teilen, und Unguentum cetylicum besonders gute Erfolge erzielt. Die Salbe verteilt sich leicht und ist völlig reizlos.

HUMMER berichtet (l. c.), daß die Pharmakopöekommission für das im Jahr 1933 bearbeitete neue österreichische Arzneibuch Butter in Erwägung gezogen habe.

Sofern wir wasserlösliche Medikamente in Augensalben verwenden wollen, werden also Wasser-in-Öl-Emulsionen vorgezogen, bei unlöslichen Körpern Vaselin. Den Öl-in-Wasser-Emulsionen ist der zugänglichen Literatur zufolge noch kaum nähergetreten worden, anscheinend

---

[1] TOULANT: Pharmaz. Mh. 4, 206 (1923).
[2] GOLAZ u. FREUDWEILER: Schweiz. Apoth.-Ztg 1932, 39, 493.
[3] BRANDRUP: Pharmaz. Ztg 1934, 973.
[4] DENHARD: Dtsch. Apotheke 1933, 19, 249.
[5] STEIGER: Schweiz. Apoth.-Ztg 1940, 18.

weil sie am Auge gegenüber den wäßrigen Lösungen keine besonderen
Vorteile zeigen. Zähe Salben sind auf alle Fälle zu meiden, da sie zur
Nesterbildung führen (LEHMANN[1]).

Bei der Herstellung von Augensalben ist so steril wie möglich zu
arbeiten, Ausbrennen der Reibschalen mit Alkohol, Reinigung der
Pistille und des Spatels. Selbstverständlich ist feinste Verteilung kleinster Pulverteile für Augensalben Voraussetzung. LEPKE[2] schlägt daher
Pulver von Salicylsäure, Borsäure u. dgl. als pulv. subtilis pro Ungt.
als Handelsartikel vor.

ROTHENKIRCHEN[3] empfiehlt das Dispergens B, eine haltbare Emulsion aus Wasser und Olivenöl āā. Wasserlösliche Substanzen, unlösliche
verreibbare Produkte werden mit dem Dispergens verarbeitet und dieses
Konzentrat der Grundlage zugefügt. Die Substanzen sind dann in der
wäßrigen Phase fein verteilt. STEIGER[4] läßt körnige Pulver auf einer
mattgeschliffenen Glasplatte mit einem ebenfalls mattgeschliffenen
Reiber mit etwas Paraffinöl verreiben und dann diese Mischung in die
Salbengrundlage eintragen.

Irgamid (Geigy-A.-G.) enthält als wirksame Substanz 15% N_1-
Dimethylacroyl-sulfanilamid. Die Grundlage ist nicht angegeben.

Fissan-Augensalbe (Deutsche Milchwerke, Zwingenberg) enthält 5% Hg-Präcipitat und Bleiacetat.

Von HOFFMANN-LA ROCHE wird eine 1proz. Prostigminsalbe mit
nicht näher bezeichneter Grundlage für Augen- und Nasenkrankheiten
in den Handel gebracht.

Es braucht nicht eigens betont zu werden, daß die Forderung nach
Frischbereitung gerade bei den meisten Augensalben erhoben werden
muß. Bei den Atropinsalben z. B. ist die Base schlecht haltbar, aber
auch deren Salze verlieren bei unrichtiger Lagerung ihre Wirksamkeit
(ALLPORT[5]).

Bei Schleimhautsalben müssen wir also je nach der Indikation
zwischen Decksalben und Medikamenten abgebenden Präparaten unterscheiden. Erstere werden nach wie vor vorwiegend aus Vaselin und
dessen Mischungen bestehen, bei letzteren sind salbenartige oder flüssige
Emulsionen empfehlenswert.

Bei den Augensalben bestehen ähnliche Verhältnisse, doch haben
hier die Öl-in-Wasser-Emulsionen noch geringe Verbreitung. SCHULZE[6]
hat Homatropin in verschiedenen Grundlagen, darunter in Tylose, eingearbeitet. In diesem Medium kam das Alkaloid am besten zur Wirkung.
Nur wasserlösliche Wirkstoffe kommen an die Lipoidhüllen der Nerven
heran. Diese Hüllen durchwandern sie dann als Basen[7].

---

[1] LEHMANN: Schweiz. Apoth.-Ztg **79**, 4 (1941).
[2] LEPKE: Dtsch. Apoth.-Ztg **1933**, 73.
[3] ROTHENKIRCHEN: Pharmaz. Ztg **1934**, 80, 1016.
[4] STEIGER: Schweiz. Apoth.-Ztg **1940**, 18
[5] ALLPORT: Zit. Pharmaz. Ztg **1936**, 22, 303.
[6] SCHULZE: Pharmazie **5**, 220 (1949).
[7] LIESEGANG: In „Die örtliche Betäubung in der Zahnheilkunde". GUIDO
FISCHER. 5. Aufl.

Salbenherstellung, Prüfung und Verpackung.

Zur Herstellung der einzelnen Salbentypen stehen dem Apotheker hierfür verschiedene Hilfsmittel zur Verfügung. Je nach den zu verarbeitenden Mengen und der Art des Endproduktes nehmen wir zur Salbenbereitung:

Matte bzw. glatte Glas- oder Metallplatten, die gegebenenfalls beheizt werden können, Stahlspateln oder mattgeschliffene Glaspistille mit ebener Oberfläche als Reiber.

Porzellanreibschalen, glatt oder rauh, mit Porzellanpistillen mit Hand- oder maschinellem Antrieb (Abb. 28), Salbenreibschalen aus Reinnickel, aus Kunststoffen, wie Pollopas, oder emailliertem Blech mit Holzpistillen.

Einwalzenmühlen, wie die Kosmeta von Spangenberg, Mannheim, in denen eine Porzellanwalze das Gut an einem Querbalken zerreibt (nur größere Modelle).

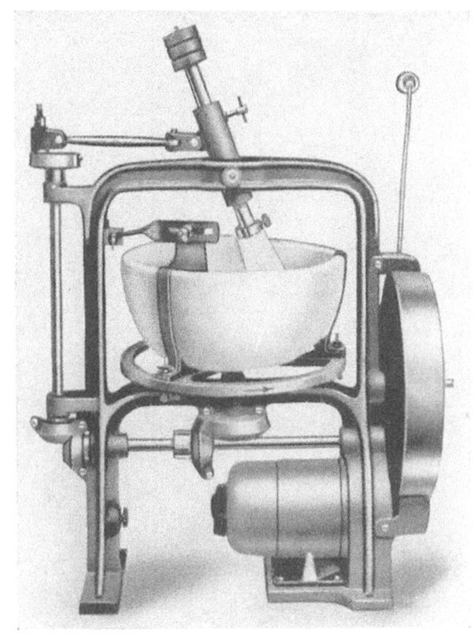

Abb. 28. Motorgetriebene Porzellanreibschale (Pharmafa, Chemnitz).

Dreiwalzenmühlen. Sie arbeiten nach dem Prinzip der Glasplatten mit geschliffenem ebenem Pistill. Sie verreiben die festen Bestandteile besser als Reibschalen und gewährleisten am ehesten nesterfreie Salben.

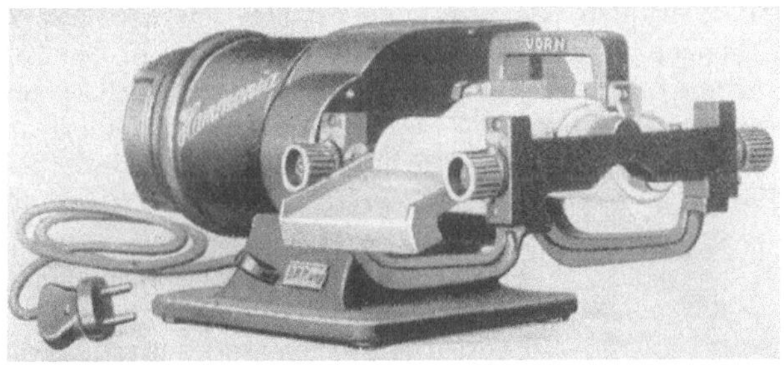

Abb. 29. Dreiwalzenwerk Hammonia (Deckelmann, Altona).

Zylindermühlen. Diese Apparatur besteht aus einem Zylinder, in dem das Mahlgut, in unserm Fall eine Salbe, durch einen Kolben zwangsläufig oder mit Handbetrieb zwischen einer ruhenden und einer rotierenden Mahlscheibe vorbeigedrückt wird (Abb. 30).

Sie sind den Dreiwalzmühlen wegen der Kompliziertheit der Beschickung, der diskontinuierlichen Arbeitsweise und schließlich der schlechten Vermahlung (kleine Reibfläche) unterlegen.

Apparate, die sich besonders zur Herstellung der beiden Emulsionstypen eignen, sind der Unguentor, der Handkneter, der Almator, Rührwerke, alles Maschinen, die ursprünglich vorwiegend zur Herstellung von Cosmeticis erdacht waren.

Die zweckmäßigste Herstellungsart richtet sich nach der Menge der zu verarbeitenden Substanzen, dem Schmelzpunkt und der Art der Grundlage sowie nach den Eigenschaften der Inhaltsstoffe.

Die einfachsten Methoden können beim Verarbeiten öllöslicher Körper angewendet werden. Hier werden die Substanzen, wenn sie in der Kälte mischbar oder, bei großer Zähigkeit, in der Wärme zusammenschmelzbar sind, unmittelbar in der Reibschale, oder wenn es sich um kleine Mengen handelt, auf einer Glasplatte verrieben. Als Grundlage wird man eine der Substanz gegenüber indifferente, gut penetrierende und

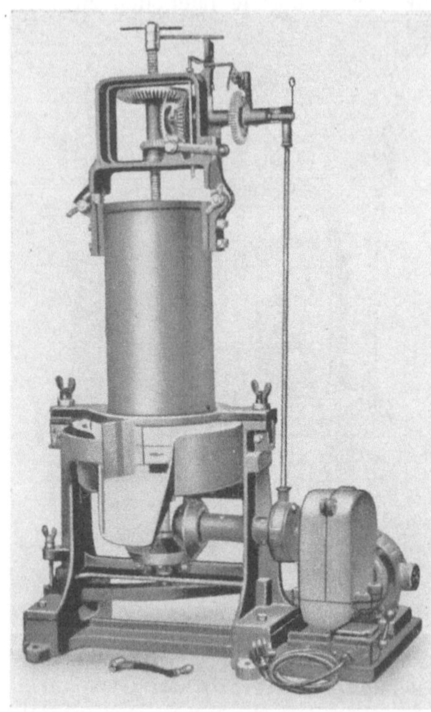

Abb. 30. Zylindermühle (Pharmafa, Chemnitz).

haftende Salbe wählen. Bei manchen Substanzen wird ein Lösungsmittel die Einarbeitung erleichtern; so wird Pellidol in Chloroform gelöst, die Lösung in Fett eingetragen und dann das $CHCl_3$ vertrieben.

Wasserunlösliche Substanzen werden feinstens zerkleinert und in die Salbengrundmasse in Portionen einverleibt. Mit dieser Methode hat sich vorwiegend LEPKE[1] beschäftigt. Er zitiert auch MONCORPS[2]. Dessen Arbeit zufolge ist bei gleichbleibender Salbengrundlage die therapeutische Wirkungsintensität des einverleibten Arzneistoffes direkt proportional der Oberfläche, die dem Wirkstoff durch die Zerkleinerung gegeben ist. So ist z. B. die weiße Quecksilberpräcipitatsalbe des DAB 6 durch die wesentlich feinere Vertei-

Abb. 31. Rezeptur-Salbenmaschine „Hammonia" mit eingebautem Widerstand (Deckelmann, Altona).

[1] LEPKE: Dtsch. Apoth.-Ztg **1933**, Nr 73, 1060.

[2] MONCORPS: Arch. f. exper. Path. **141**, H. 1/2.

lung des Präcipitats sehr viel stärker als die des fünften Arzneibuches. Es genügt daher, um den Wirkungswert einer Salbe zu beurteilen, nicht, eine Gehaltsbestimmung vorzunehmen, sondern es muß auch eine Teilchengrößenbestimmung vorliegen. Das unlösliche Pulver muß also fein sein und vor der Verarbeitung durch Sieb 6 des DAB 6 geschlagen werden[1]. Doch auch dann erzielt man mit den Salbenreibschalen und Holzpistillen nur sehr schwer eine gleichmäßige Salbe ohne Substanznester, leichter mit den Porzellanreibschalen mit rauher Oberfläche. Die beste Verteilung erhält man bei kleinen Mengen unter 10 ccm beim Arbeiten auf der Glasplatte und der gegebenenfalls vorgewärmten Salbenmischplatte mit Spatel und

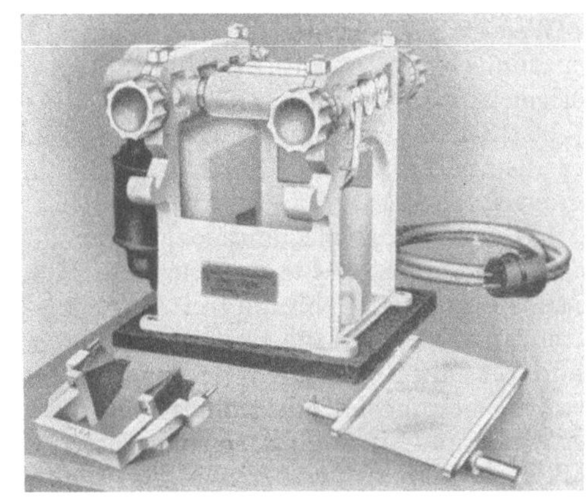

Abb. 32. Rezeptur-Salbendreiwalzwerk „Schnellrezept" (Pharmafa, Chemnitz).

plangeschliffenem Pistill, bei größeren Mengen mit den Dreiwalzenmühlen, Apparaten, die in den verschiedensten Ausführungen und Größen zur Verfügung stehen. Wir bringen im Bild solche Mühlen, die vom Hersteller bezogen werden können (Abb. 29, 31—33).

Die Hammonia wird mit einem Motor von $1/6$ PS angetrieben und besitzt gegeneinander verstellbare Hartporzellanwalzen. Sie verarbeitet 50—100 g in der Minute und wird auch ohne elektrischen Widerstand geliefert. Besser ist das Modell mit Widerstand (Awe[2]), durch den die Umlaufgeschwindigkeit der Walzen der Eigenart der gerade in Arbeit befindlichen Salbe angepaßt wird.

Abb. 33. Dreiwalzenwerk (Pharmafa, Chemnitz) (größeres Modell).

Die elektrische „Schnellrezept"-Maschine (Abb. 32) besitzt gleich-

---

[1] BECHER: Dtsch. Apoth.-Ztg **1936**, 49/50.
[2] AWE: Dtsch. Apoth.-Ztg **1938**, 81, 1200.

falls verstellbare und verschieden schnell laufende Porzellanwalzen, verarbeitet auch kleine Mengen von 5 bis 25 g in der Minute. Sie ist für die Rezeptur daher geeigneter als die Hammonia, die in der Defektur überlegen ist.

Weitere Mühlen, wie die von Hauff, Berlin, oder Hochleistungsmaschinen von Pharmafa (Abb. 33) leiten zu den in der Großdefektur nötigen Apparaten über. Es handelt sich dann schon um Aggregate, die ¾- bis 2-PS-Motoren eingebaut haben, eine Leistung von 25—100—150 kg pro Stunde aufweisen. Die Walzen bestehen dann meist aus Porphyr, Granit oder Metall.

Über die Dreiwalzenmühle, die wohl *für jede Apotheke notwendig ist*, da sie im Gegensatz zu den maschinell angetriebenen Reibschalen feste Bestandteile einwandfrei verreibt, besteht bereits umfassende Literatur. Es sei auf die Prüfungsberichte von MAEDER[1], KERN[2], KERN und DÜERKOP[3] verwiesen, ferner auf AUMÜLLER[4] und CLAUS[5]. Die Autoren besprechen dort ihre Erfahrungen mit den Mühlen, die sich besonders gut für alle Arten von festen Salben und Pasten eignen, so daß ohne ihre Hilfe z. B. wirklich gute Zinkpasten oder Dermatolsalben nicht herstellbar sind. Alle konzentrierten Salben verreibt CLAUS, obwohl dies eigentlich nicht nötig ist, bevor er sie in die Dreiwalzenmühle gibt, in der MÜRLEschen Quecksilbermühle, um sicher zu gehen, daß keine Pulvernester in die Salbenmühle geraten. Die Salbe wird dann 2—3mal durch die Walzenmühle laufen gelassen, wobei die Spaltöffnungen zwischen den einzelnen Walzen bei jedem Beschicken enger gestellt werden.

Wasserlösliche Substanzen hat man bisher immer in Lösung und meist in Form einer Wasser-in-Öl-Emulsion abgegeben. KANNEGIESSER und v. D. WIELEN[6] empfehlen hierfür Adeps lanae, wenn eine besonders feine Verteilung des Wassers gewünscht wird, und zeigen, daß große Mengen eines wasserlöslichen Medikamentes in wenig Wasser, kleine hingegen zweckmäßig in viel Wasser gelöst eingearbeitet werden. Kleinere Mengen dieses Typs können wir im Mörser und in der Reibschale herstellen. Die Öl-in-Wasser-Emulsionen aber, ferner größere Mengen werden mit maschinellen Hilfsmitteln wie dem Handkneter, den SCHRADER[7] für den Wasser-Öl-Typ besonders empfiehlt, besser. Sowohl bei der maschinellen als auch bei der Kleinherstellung mit der Hand muß die richtige Temperatur eingehalten und auch auf die Beschaffenheit der Reibschale geachtet werden. In Porzellangefäßen mit rauher Oberfläche kann man mit dem Fett nicht so viel Wasser einverleiben wie in glatten emaillierten.

Nun zu den einzelnen Maschinen, die besonders zur Herstellung

[1] MAEDER: Schweiz. Apoth.-Ztg **1937**, 26.
[2] KERN: Dtsch. Apotheke **2**, Nr 22, sowie ebendort **1934**, Nr 26, 49.
[3] KERN u. DÜERKOP: Dtsch. Apoth.-Ztg **1938**, 53.
[4] AUMÜLLER: Dtsch. Apoth.-Ztg **1936**, 1649.
[5] CLAUS: Dtsch. Apoth.-Ztg **1934**, Nr 8, 417.
[6] KANNEGIESSER u. v. D. WIELEN: Pharmaceut. Weekblad **68**, 1165 (1931).
[7] SCHRADER: Vortrag auf der Hauptversammlung der Dtsch. Ges. f. Fettforschung Hamburg 1938.

von Emulsionen gedacht sind. Da ist zunächst der Handkneter der Goldschmidt A.G., der zur Herstellung der Tegincremes in 2 Größen mit 200 und 1000 g Fassungsvermögen entwickelt worden ist, zu nennen. Er emulgiert im Vakuum, so daß keine Luft in die Salbe gebracht wird und sie nach längerer Aufbewahrung nicht zusammensackt. Man emulgiert Tegincremes bei 70°, proteginhaltige Verarbeitungen bei 40—45° und knetet langsam kalt. Der Kneter verarbeitet auch andere Salben und wurde von KERN und LEOPOLD[1] geprüft (Abb. 34a und b).

Man füllt den Zylinder *1* mit allen zur Emulsion bestimmten Bestandteilen, entfernt dann die Luft durch die Pumpe *2*. Dann erwärmt man den Zylinder *1* auf dem Wasserbad bis zur Schmelze aller Teile und emulgiert bei der vorgeschriebenen Temperatur durch Stoßen des Stempels. Nach etwa 100 Stößen wird gekühlt und im Erkalten weitergestoßen. Die Salbe ist dann gebrauchsfertig.

Der Almator der Chemischen Fabrik Tempelhof, ein Rührwerk, ist zur Verarbeitung von Almecerin und Cefatin konstruiert, er kann aber auch zur Herstellung anderer Salben verwendet werden.

Die „Rührliesel" der Alexanderwerke, ein ähnlicher Apparat, der eigentlich für die Küche konstruiert wurde, wird besonders zur Emulgierung von Börocerin und Hydrocerin empfohlen. Aus eigener Erfahrung wissen wir, daß man damit auch Stearatcremes herstellen kann. Eine ähnliche, mit einem Motor angetriebene Maschine ist das Planetenrührwerk Elektro-Rapid, das SCHNEIDER[2] besonders empfiehlt.

Die Emulgiermaschine „Zenith" der Firma Steinhorst, Leipzig, wird in 5 Typen hergestellt und verkörpert das Prinzip der Turbomischer. Von den alten 3 Typen arbeitet der Typ 1 diskontinuierlich, Typ 2 und 3 kontinuierlich. Wir bringen Bilder der kleinsten und der zweitgrößten Ausführung. Denn neuerdings sind noch eine größere Maschine mit ca. 1000 Liter Leistung und ein Laboratoriumsmodell entwickelt worden.

Beim kleinen Modell wird in dem bierkrugartigen Gefäß emulgiert. Bei den größeren laufen die Emulsionsbestandteile bei *E* und *Z* zu und die fertige Emulsion bei *A* ab. Die Modelle beschreibt W. MEYER[3] eingehend.

Der von KOCH[4] geprüfte Unguentor, der für Handbetrieb und mit einem Elektromotor gekuppelt geliefert wird, ist zur Herstellung von Emulsionen nicht geeignet. Er homogenisiert aber vorzüglich und ist der Typ der Homogenisatoren. In ihm werden die in den Einfüllstutzen, der, wie auf der Abbildung ersichtlich, auch mit einem heizbaren Doppelmantel versehen sein kann, durch ein Düsensystem gepreßt und so fein verrieben. Er eignet sich besonders für weichere Salben.

Welchen Typ der besprochenen Maschinen man nun verwendet, richtet sich nach den zur Verfügung stehenden Mitteln und den einzelnen

---

[1] KERN u. LEOPOLD: Dtsch. Apoth.-Ztg **1933**, Beiheft 7 zu „Die Deutsche Apotheke".
[2] SCHNEIDER: Dtsch. Apoth.-Ztg **1942**, 101/102.
[3] MEYER, W.: Fette u. Seifen **96**, 359 (1939).
[4] KOCH: Dtsch. Apoth.-Ztg **1937**, 11.

Fällen. In der Apothekenpraxis zeigt jede bei richtigem Einsatz außerordentliche Vorteile, die KERN[1] für den Unguentor und die Dreiwalzenmühle hervorhebt. Ohne diese Hilfsmittel dürfte eine genau arbeitende

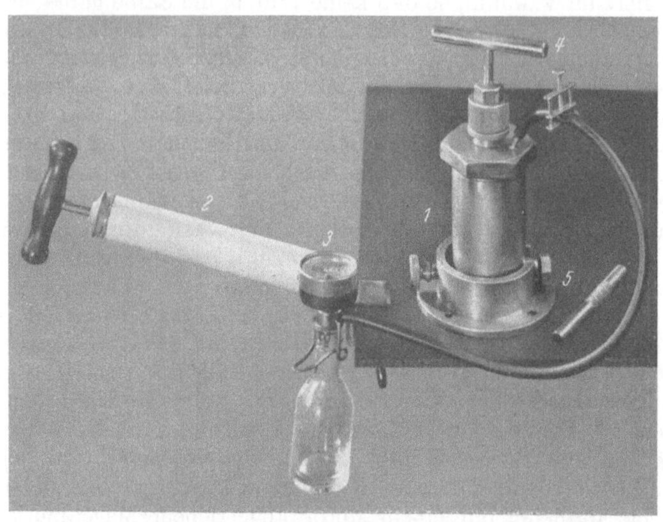

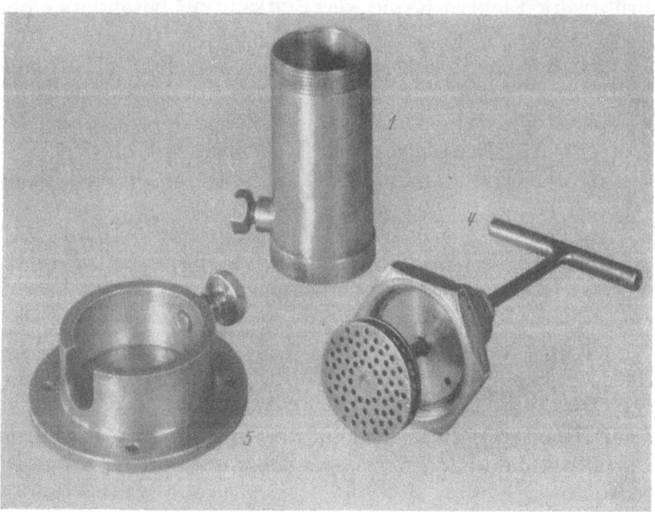

Abb. 34a und b. Handkneter der Goldschmidt A.G., Essen. *1* Emulgierzylinder, *2* Luftpumpe, *3* Manometer mit Abscheider, *4* Stempel, *5* Fuß.

Apotheke heutzutage kaum mehr denkbar sein, weil bei ihrer Verwendung auf Concentrata, die zur Zersetzung neigen, verzichtet werden kann und die Frischherstellung der Salben in den allermeisten Fällen

---

[1] KERN: Dtsch. Apoth.-Ztg **1928** Nr 76, 77.

möglich ist; denn nur frische, fein verarbeitete Salben befriedigen Apotheker, Kliniker und Patienten.

Über die sonstigen Apparaturen, die vorwiegend den Großhersteller kosmetischer Produkte interessieren, sei auf die Arbeiten von WAGNER[1] verwiesen, ferner auf die Angaben von KERN in seinem bereits genannten Buch.

Für besondere Stoffe, wie z. B. Emanation, sind spezielle Arbeitsmethoden ausgearbeitet worden. So hat sich RAJEWSKY im D.R.P. 660246 ein Verfahren schützen lassen, demzufolge das zu lösende gas- oder staubförmige Produkt in erwärmte Kammern gebracht und durch sie mittels einer rotierenden Düse geschmolzenes Fett oder Vaselin hindurchgeblasen wird. Die hohe Adsorptionsaktivität frisch hergestellter Teilchen werde so maximal ausgenützt. Die Salbengrundlage kann eine elektrische Aufladung erhalten, um mit Hilfe der sich anziehenden positiv bzw. negativ geladenen Teilchen eine intensivere Mischung zu erzielen. Der Apparat ist von RAJEWSKY und BURKHARDT[2] ausführlich beschrieben worden. Obwohl er zweifellos hervorragende Produkte liefert, kommt er infolge seiner Kompliziertheit für Apotheken gar nicht, für Kliniken und für die Industrie nur in Ausnahmefällen in Frage. Dieses Verfahren, das zur Herstellung von Radiumemanationssalbe entwickelt wurde, besitzt für die Herstellung anderer Salben im Apothekenbetrieb derzeit wohl keine Bedeutung. Durch die *Ultraschalltechnik* sind in Zukunft ganz neue Möglichkeiten für Verfeinerung der Emulsionstechnik gegeben, die heute wohl noch nicht zu übersehen sind.

Wie wichtig die Wahl der besten Technik bzw. der vorteilhaf-

Abb. 35. Unguentor (R. Gann, Stuttgart, Fuldaer Str. 34).

Abb. 36. Emulgiermaschine „Zenith" (kleines Modell).

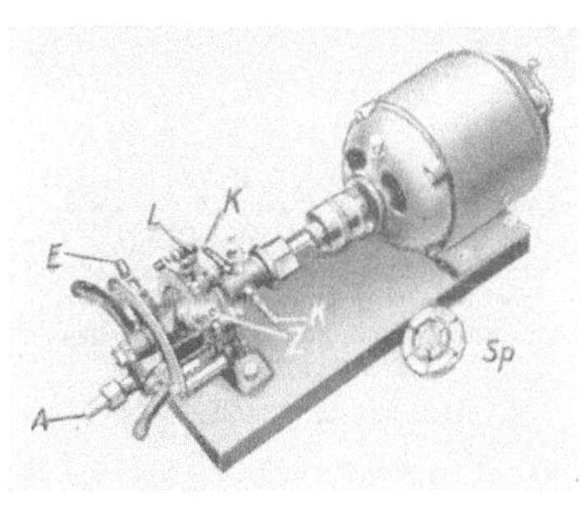

Abb. 37. Emulgiermaschine „Zenith" (großes Modell).

---

[1] WAGNER: Parfumeur **1934**.
[2] RAJEWSKY u. BURKHARDT: Kolloid-Z. **89**, 2 (1939).

testen Maschinen ist, zeigt eine Serie von Bildern, die alle eine Hautmilch aus

Emulgade F	2,0
Cetiol extra	8,0
Nipagin	0,15
Paraffin	0,5
Wasser	89,55

darstellen. Abb. 38 zeigt die Milch im Becherglas mit einem Rührer bei
210 Touren zusammengerührt. Abb. 39 zeigt dasselbe Präparat, das durch

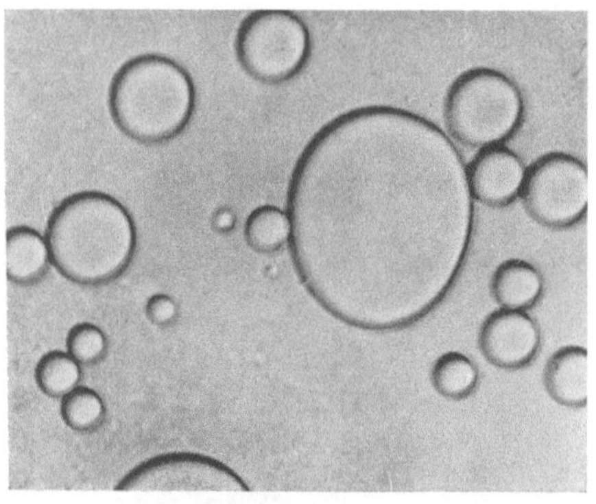

Abb. 38. Rühren.

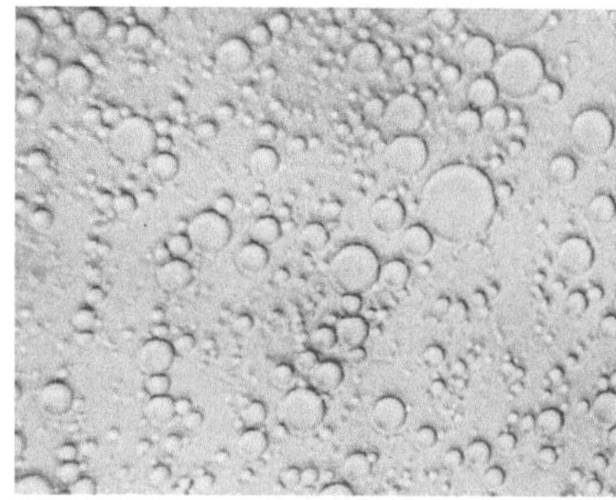

Abb. 39. Schütteln.

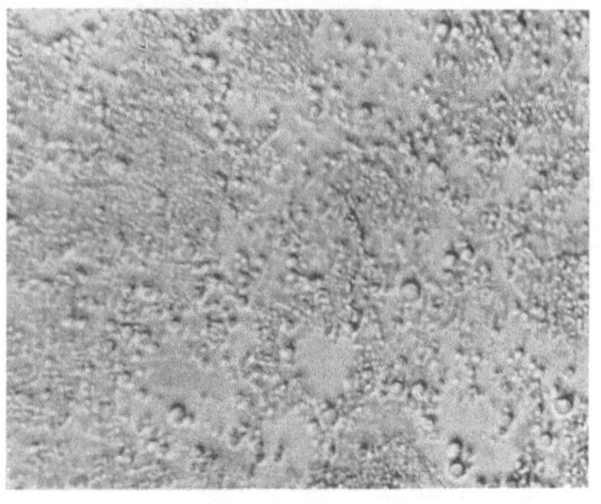

Abb. 40. Emulgieren mit der SCHRÖDERschen
Maschine.

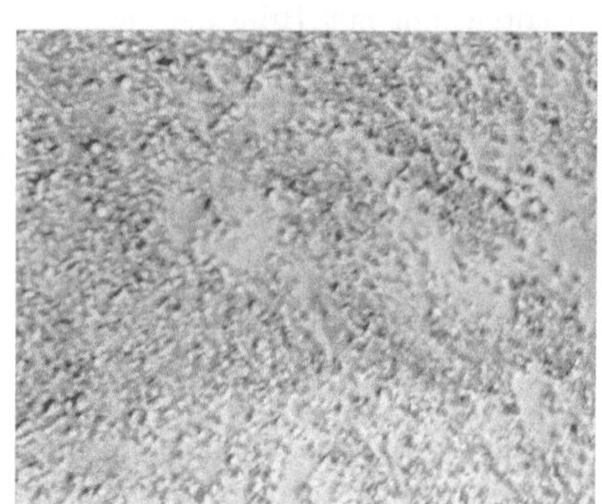

Abb. 41. Emulgieren mit dem Emulgor.

Abb. 38—41. Emulgiereffekt verschiedener Methoden bzw. Maschinen[1].

Schütteln in einer Flasche gewonnen wurde und bereits eine wesentlich feinere Verteilung aufweist. Abb. 40 und 41 sind Emulsionen, die
durch die SCHRÖDERsche Emulgiermaschine bzw. durch den Emulgor
angefertigt wurden und feintropfiger und haltbarer sind.

Die Wahl der Herstellungsart muß dem Apotheker, die der Salben-

---

[1] Die Abbildungen sind Originalaufnahme des Mikro- und Kinolabors der
Deutschen Hydrierwerke und wurden uns vom Hautschutzlabor der Dehydag für
das Buch liebenswürdigerweise überlassen.

grundlage dem behandelnden Arzt vorbehalten bleiben; beide müssen sich über die Wichtigkeit der Technik, der richtigen Kombination klar sein. Denn man ist bei Mißerfolgen mit den Salben oft geneigt, die Schuld auf ungeeignete Arzneistoffe zu schieben, während hierfür das unzweckmäßig gewählte Medium oder die falsche Herstellung verantwortlich gemacht werden muß.

Zur unrichtigen Verarbeitung gehört unseres Erachtens auch der Gebrauch der Concentrata. Die Nachteile des Quecksilberkonzentrates wurden schon unter dem diesbezüglichen Kapitel besprochen, aber auch die anderen sind abzulehnen, da sie zwar der Bequemlichkeit, nicht aber der Therapie dienen. Sie werden ja alle mit Vaselin 1:2, 1:1, 1:3 oder 1:10 zubereitet. Die Wirkstoffe sind demnach von Vaselin umschlossen und wirken auch in der optimalen Salbe vorwiegend so, wie wenn das ganze Präparat mit Vaselin verarbeitet worden wäre. Dazu kommt noch, daß sich die Concentrata zersetzen.

Eine Ausnahme mag eine 50%-Verreibung frisch gefällten Hg-Präcipitates in Vaselin-Lanolin sein. Dieses Konzentrat ergibt bessere Salben als der getrocknete Wirkstoff.

Die Prüfung fertiger Salben wird vor allem der Apotheker vornehmen. Der Dermatologe hingegen wird sich bei einwandfreier makroskopischer Beschaffenheit auf die Apotheke verlassen. Über die Untersuchungsmethoden hat KERN in seinem Buch wichtige Ausführungen gemacht; es erübrigt sich, sie hier zu wiederholen. Weitere Methoden über dieses Thema haben PEYER einerseits, SCHLUMPF[1] andererseits ausgearbeitet.

Das Abfüllen der fertigen Salben wird in der Apotheke in den meisten Fällen mit der Hand vorgenommen werden. Nur die Tuben sind mit Tubenfüllmaschinen, die in jeder Ausführung geliefert werden, zu beschicken und dann mit einer Spezialzange oder einer Maschine luftdicht abzuschließen[2].

Zusammenfassung. Jede Art von Salben, mag es sich um Emulsionen, um die Verarbeitung fester Bestandteile oder die einfache Lösung und Mischung von Fetten und fettlöslichen Substanzen handeln, verlangt die ihr zukommende Technik, deren Anwendung die Salbe optimal werden läßt. Viele Wasser-in-Öl-Emulsionen und Schmelzen verschiedener Fette und öllöslicher Präparate bedürfen bei der Herstellung kleinerer Mengen keiner maschinellen Hilfsmittel. Die Herstellung aller anderen Typen von Salben und Pasten sollte nicht ohne Maschinen vorgenommen werden. Zur Verarbeitung der Emulsionen beider Arten stehen der Unguentor, der Handkneter, der Almator zur Verfügung. Zur Erzeugung von Verreibungen fester Bestandteile ist die Dreiwalzenmühle zu empfehlen.

Die Salbenherstellung kann und soll vom Apotheker mehr denn je gepflegt werden, da dadurch die Verwendung frischer Arzneien gefördert

---

[1] SCHLUMPF: Diss. Zürich 1942.

[2] v. CZETSCH-LINDENWALD: Pharmazeutische Technologie; Springer: Wien 1948.

wird. Die Beschäftigung mit diesen Produkten ist aussichtsreicher als
die Herstellung von rein chemischen Präparaten, wie Argentum proteinicum, Albuminum tannicum, Silberkolloid und ähnliche Zubereitungen,
zu deren Erzeugung im Apothekenlaboratorium weder die Apparatur
noch die Zeit vorhanden ist. Die Apotheke muß heute die ihr zu-
kommenden Galenica optimal herstellen; ein Versuch, Chemikalien
im kleinen herzustellen, wäre ein Rückschritt, der ebensowenig ge-
billigt werden kann wie die industrielle Herstellung nichthaltbarer
Salben.

Aufbewahrung von Salben.

Dieses Kapitel kann möglichst kurz werden, da ja die meisten Salben
der Rezeptur frisch bereitet werden sollten. „Ein solches frisches Präparat unterscheidet sich von den alten abgelagerten Zubereitungen ganz
außerordentlich. Von diesem Unterschied kann man sich sofort überzeugen, wenn man alte Salbenvorräte durchmustert und nur mit dem
Geruchsinn eine Prüfung vornimmt[1]." Der Gesichtssinn zeigt uns
schwarz gewordene Pyrogallolsalben, die grau aussehenden Salben, die
gelbes Präcipitat, und die oxydierten gelben Salben, die metallisches Hg
enthalten sollen. Die Analyse zeigt uns, daß alte Salben die vorgeschriebene Zusammensetzung nicht mehr haben, daß sich die Kennzahlen
geändert haben, und daß schon einmal gelöste Körper wieder aus-
kristallisierten und so unwirksam wurden. Verdorbene Salben sind
schädlich und zudem verlorene wertvolle Rohstoffe, das Verderben muß
daher verhindert werden. Sehr eindrucksvoll zeigen Kern[2] und Schlumpf[3]
die Nachteile der Lagerung von Salben, die Körper enthalten, die
kristallisieren können. Die feine Verteilung z. B. eines Salzes, das in
Wasser gelöst emulgiert wird, ist nur bei frischen Präparaten gewährleistet. In gelagerten kann es zur Kristallbildung kommen. Die Erscheinung ist bei der alkalischen Augensalbe besonders deutlich zu
beobachten, tritt aber auch bei Salben, die kein Wasser enthalten,
z. B. bei Schwefelsalben, sowie bei manchen Konzentraten auf
(Müller[4]).

Die Salbentherapie hat an Bedeutung verloren, die sie aber wiedergewinnen wird, wenn richtig verarbeitete frische Präparate mit optimalen
Grundlagen nicht mehr enttäuschen. Allerdings ist es nötig, daß Arzt
und Apotheker vom Wesen der Salben mehr wissen als bisher. Die
Fertighaltung von Salben, die dermatologisch verwendet werden, soll
nur dann empfohlen werden, wenn der Hersteller die Haltbarkeit in
jeder Hinsicht garantieren kann. Solange diese Forderung noch nicht
Allgemeingut ist, müssen wir uns mit der Lagerhaltung von Salben in
großen Gefäßen und abgepackt beschäftigen. Wir müssen die zahlreichen Vorschriften der Arzneibücher berücksichtigen. So hat die
Helvet. V. z. B. für kolloidale Silbersalbe und gelbe Quecksilbersalbe

---

[1] Rapp: In „Wissenschaftliche Pharmazie in Rezeptur und Defektur".
[2] Kern: Südd. Apoth.-Ztg **1939**, 70.   [3] Schlumpf: Diss. Zürich 1942.
[4] Müller: Heyden-Berichte **1941**.

schwarze Töpfe vorgeschrieben. Bei anderen Salben genügen zur Aufbewahrung wohl die in den Apotheken vorrätigen Gefäße, denn schließlich wird nicht vollständiger Lichtabschluß, sondern nur Lichtschutz verlangt[1].

Das DAB 6 schreibt für eine Reihe von Medikamenten, die in Salben verwendet werden, Lichtschutz vor[2], so für gelbes Quecksilberoxyd, Airol, Protargol, Bismut. oxyjodogallic., Chloramin, Hydrargyrum praecipitatum, H_2O_2, Jodoform, Methylenblau, β-Naphthol, ätherische Öle, Pellidol, Pyrogallol, Resorcin, Tuberkulin. Die daraus bereiteten Salben müssen streng genommen (da jeder diesbezügliche Hinweis im Arzneibuch fehlt) nicht lichtgeschützt verwahrt werden[3]. Es versteht sich jedoch von selbst, daß die Vorschrift auch hier gelten muß, denn in Salben sind die empfindlichen Substanzen durch ihre feine Verteilung dem zersetzenden Einfluß des Lichtes noch viel mehr ausgesetzt als bei der Lagerung in Form von Pulver. Genau so wichtig wie der Schutz vor Licht- ist der vor Luftzutritt, alle Salben sollen in dichten Gefäßen — wenn möglich, durch eine Folie abgedeckt — aufbewahrt werden.

Zur Dispensation bewähren sich seit alters her die möglichst breiten niederen Porzellangefäße, doch muß darauf geachtet werden, daß auch der Deckel bis zu einem gewissen Grad lichtundurchlässig ist. Den Porzellantöpfen sind Milchglaskruken, Bakelittöpfe und die aus sonstigen Kunstharzprodukten wie Pollopas, Igelit, Igamid gleichwertig oder überlegen. Die innen lackierten Papptöpfe lassen das Fett einige Monate lang nicht durch, sind aber nicht sehr gefällig. Die an manchen Orten noch gebräuchlichen Holzspanschachteln sind vollkommen abzulehnen, da sie schon in wenigen Stunden das Fett durchdringen lassen und obendrein auch lichtdurchlässig sind. Ihre Verwendung ist Sparsamkeit am falschen Platze. Die Verpackung ist billig, die Salbe wird aber wertlos.

Die Forderung nach Lichtundurchlässigkeit der Salbentöpfe ist wichtig, doch darf man keinen so strengen Maßstab wie KAELIN[4] anwenden. Er nahm ähnlich wie SCHWENKE[5] photographische Filme, die er in dem gut verschlossenen Salbentopf 2½ Stunden lang exponierte. Papp-, Bakelit- sowie außen und innen schwarz glasierte Porzellantöpfe waren vollständig undurchlässig, weiße Porzellankruken nur teilweise, sie genügen aber nach der Dtsch. Apoth.-Ztg 1939, 7, für die meisten Zwecke, besonders wenn der Kranke angewiesen wird, die Salbe dunkel zu verwahren.

Verschiedene Kunststoffkruken wurden von ROJAHN und FILSS[6] geprüft. Sie erwiesen sich als allen Anforderungen gewachsen; doch muß erwähnt werden, daß es sich hier um erstklassiges Material handeln muß, denn BÜCHI und SCHENKER[7] haben beobachtet, daß sich in man-

---

[1] Schweiz. Apoth.-Ztg **1933**, Nr 44, 577.
[2] HUGEL: Dtsch. Apoth.-Ztg **1937**, 87.
[3] BECHER: Dtsch. Apoth.-Ztg **1937**, 93.
[4] KAELIN: Schweiz. Apoth.-Ztg **1936**, 113.
[5] SCHWENKE: Dtsch. Apoth.-Ztg **1937**, 28.
[6] ROJAHN u. FILSS: Pharmaz. Ztg **1932**, 8, 111.
[7] BÜCHI u. SCHENKER: Schweiz. Apoth.-Ztg **1935**, Nr 20, 239.

chen Kunststofftöpfen Salben mit Phenolabkömmlingen verfärben können. Es wird deshalb empfehlenswert sein, für derartige reaktionsfähige Salben auch weiter noch Porzellan- oder Milchglaskruken zu verwenden und empfindliche Kunstharztöpfe indifferenten Salben zu reservieren oder sie innen zu paraffinieren.

Wie O. W. MEYER[1] ausführt, ist bei der Herstellung von Kunststoffkruken insbesondere auch Wert auf indifferente Füllstoffe in der Preßmasse zu legen. Haltbarkeitsversuche durchführen!

Viele dieser Kruken, insbesondere die kleineren, befriedigen zwar in den oben geschilderten Eigenschaften, sind aber oft eine Qual des Verbrauchers. Diese langen dünnen Röhren, die oft geliefert werden, sind unpraktisch, sie werden schwer gefüllt, noch schwerer aber entleert, sie sollten flacher und breiter sein. Weißblechdosen haben in der Kosmetik größere Verbreitung gefunden als in der Pharmazie. Sie können überall dort verwendet werden, wo keine Reaktion des Medikamentes mit dem Metall zu befürchten ist, also bei den meisten wasserfreien Salben und Wasser-in-Öl-Emulsionen. Öl-in-Wasser-Emulsionen hingegen lassen das Metall rosten und werden unansehnlich und verfärbt.

Wir kommen nun zu den Tuben aus Metall, Kunststoff und Glas, die insbesondere für die Cosmetica Bedeutung haben. Zinntuben mit einem Bleigehalt von über 1% sind in mehreren Staaten verboten und auch dort abzulehnen, wo dieses Verbot noch nicht besteht, da das Blei infolge der langen Einwirkung der darin aufbewahrten Präparate allmählich in Form von fettsauren Salzen in die Grundmasse einwandern kann. Verzinnte Bleituben und Zinntuben werden von Glycerinsalben und Wollfett stark angegriffen, von Vaselin hingegen nicht[2]. Bei einer Untersuchung von Cosmeticis in Bleituben erwiesen sich 22% als bleihaltig[3]. Die Gefahr ist nach SCHWARZ[4] allerdings nicht groß, da die Bleimengen unterschwellig bleiben. Da aber andere Möglichkeiten vorhanden sind, sollte man diese Tuben auch für Cosmetica nicht verwenden.

Die Aluminiumtuben, die bei Gegenwart einer alkalisch reagierenden Füllung immer mit einem elastischen Lack überzogen sein müssen, dürften neben den Zinntuben nach wie vor das Optimum darstellen. Sie waren in Deutschland durch eine im Reichsanzeiger Nr 199 vom 27. 8. 1938 veröffentlichte Verordnung als einzige Metalltuben zugelassen. Aluminiumtuben eignen sich für die meisten Zwecke, nicht aber für quecksilberhaltige Verarbeitungen (KAISER[5]). Es empfehlen sich daher doch wohl Haltbarkeitsversuche vor dem Anfüllen großer Mengen; man vermeidet dadurch Verluste und kann rechtzeitig zu anderem übergehen, denn auch Glas- und Zellglastuben haben sich jetzt den Markt erobert. Letztere entsprechen nun allen Anforderungen und wurden zum erstenmal auf der Leipziger Frühjahrsmesse 1938 gezeigt.

---

[1] MEYER, O. W.: Pharm. I, 7, 327 (1946).
[2] Metallwirtschaft 20, 44, 1074 (1941).
[3] JUNKER: Pharmaz. Z.halle Dtschld 62, 271 (1921).
[4] SCHWARZ: Parfumeur 1932, 32, 513. [5] KAISER: Krk.hausapotheke 1938, 11.

Die Lacküberzüge sind jetzt so haltbar (DULTZ[1]), daß zu Bedenken kein Anlaß vorhanden ist. Außerdem kann man nach dem D.R.P. 707256 den Salben unlösliche Silicate, z. B. Silicagel, zufügen und durch diesen Zusatz, der unter 1% der Gesamtmasse beträgt, die Korrosion weitgehend verhindern. Man muß sich aber klar sein, daß dadurch das Gefüge der Salben grundlegend geändert wird. Im Kriege muß der Fabrikant vielfach all das nehmen, was er bekommen kann, da Aluminiumtuben oft fehlen, ging man zu Zinktuben über. Sie sind spröder und empfindlicher, man wird sie daher sorgsam behandeln und gefüllt nicht länger als 3 Monate lagern.

Einer Zeitungsnotiz[2] zufolge haben sich Tuben aus 0,03 mm dickem Stahl sehr bewährt. Die Tuben sind biegsam, haltbar und können rostfrei hergestellt werden.

Das D.R.P. 532628 schützt Tuben, die aus einem metallischen Tubenkopf, einer Tubenhülse aus einer Metallfolie, an die ein- oder beiderseitig Cellulosefolien aufgeklebt sind, bestehen. Derartige Tuben sollen die Vorteile der Metall- und der Cellulosefolien aufweisen.

Bei den Glastuben drückt ein Pappkolben den Inhalt, der durch das Glas ständig kontrolliert werden kann, durch ein Kunststoffmundstück heraus. Empfehlenswert sind derartige Tuben z. B. für Quecksilbersalben, die Metall angreifen würden.

Zahlreiche Salben müssen, um vor bakterieller Zersetzung oder vor dem Schimmel geschützt zu werden, konserviert werden. Über den Wert des Benzoeharzes wurde bereits ausführlich unter dem Kapitel „Fette" gesprochen. In der Kosmetik sind Benzoesäure, Borax, Formalin (bei Schleimen) und viele andere Mittel gebräuchlich.

Am bekanntesten ist der p-Oxybenzoesäuremethylester (Nipagin-Solbrol), der nach WINTER für Schleime in einer Menge von 0,12 bis 0,15% zugesetzt werden muß. Emulsionen benötigen mit steigendem Fettgehalt größere Mengen bis 0,3%.

Die Salbengrundlagen, insbesondere Fette, sollten unbedingt unter Licht- und Luftabschluß gelagert werden, eine Selbstverständlichkeit, auf die wir schon unter dem Kapitel Fette hinwiesen. Wie vorteilhaft sich der Abschluß auswirkt, zeigt eine Pressenotiz[3], derzufolge 25 Jahre alte licht- und luftgeschützte Butter sich von einem frischen Präparat kaum unterschied.

Über das „Abfüllen pastenförmiger und flüssiger Stoffe, Verschließen und Etikettieren" ist von STRÖER im Verlag Teubner, Leipzig, eine ausführliche Monographie erschienen. Das Buch beschreibt alle nötigen Maschinen und hat für den Fabrikanten Interesse.

Zusammenfassung. Alle Salben und Salbengrundlagen sollen, alle Verarbeitungen lichtempfindlicher Medikamente müssen unter Licht- und Luftabschluß aufbewahrt werden. Da auch Fette am Licht schneller verderben, empfiehlt sich die Lagerhaltung aller Salben in einem dunklen kühlen Raum. Für die Rezeptur sind die üblichen Salbenkruken aus Porzellan, Glas oder Kunststoff zweckmäßig, sie sollen breit und nieder,

---

[1] DULTZ: Südd. Apoth.-Ztg **1940**, 527.   [2] Dtsch. Apoth.-Ztg **1943**, 3/4, 17.
[3] Chem. Ind. **1939**, 1, 27.

nicht dünn und eng sein. Tuben sind insbesondere bei Cosmeticis am
Platze. Um den Luftabschluß möglichst gut durchzuführen, empfiehlt
es sich, volle Gefäße zu verwahren und die Salben mit Folien aus Papier
oder Metall zuzudecken. Pappdosen sind zur Verwahrung von Emulsionen ungeeignet.

Salbengrundlagen der Apotheke und der Industrie.

Eingangs wurde schon erwähnt, daß RAPP der Industrie den Vor-
wurf gemacht hat, sie hätte das Vaselin infolge seiner Haltbarkeit in
die Therapie so eingeführt, daß es nunmehr auch dort verwendet werde,
wo es nicht am Platze sei und durch andere Grundlagen ersetzt werden
sollte. Es wurden deshalb zunächst einmal die von der Industrie hergestellten Salben auf ihre Grundlage geprüft, und es konnte festgestellt
werden, daß tatsächlich in den weitaus meisten Fällen Vaselin verwendet wird. Sehr beliebt ist auf Grund seiner Billigkeit das Ungt.
molle, das oft als Grundmasse für die bei der Ulcus-cruris-Behandlung
gedachten Salben auftaucht. So soll es z. B. in einer Salbe homöopathische Mengen von Ca, Fe, Li sowie Kräuterextrakt zur Wirkung gelangen lassen. Man bemerkt jedoch einen gewissen Zug zur individuellen
Verwendung anderer Rohstoffe. Denn abgesehen von dem Lanolin,
Wollfett und den Paraffinsalben begegnen wir doch auch den Ölen, den
Glycerinsalben, dem Schweinefett und den Pflanzenschleimen. Manche
Firmen nehmen auch Emulsionen mit Eucerin sowie Fettsäureglycerinester bei Ekzemsalben. Auch Olivenöl, Lebertran oder Gemische beider
mit Vaselin stehen in Verwendung. In neuerer Zeit hat sich das Lanettewachs so durchgesetzt, daß heute nahezu die Hälfte der Gewerbeschutzsalben diese Grundlagen enthält. Oft begegnet man gar keiner Angabe.
Nur den Inhaltsstoff zu nennen und statt die Salbengrundlage zu
definieren, einfach „Massa Unguent.“, „Basis“, „Salbenkorpus“ oder
„Grundlage auf neutraler Basis“ zu schreiben, ist zwar einfach, kann
den Arzt aber nicht befriedigen. Ebensowenig kann die Definition „fast
fettfreie Salbe“ oder „hautaffine Grundlage“ zufriedenstellen.

Wir haben diese Forderung schon in der ersten Auflage — leider
mit geringem Erfolg — aufgestellt. Wir müssen daher heute wohl
schärfer werden und derartig „definierte“ Salben zu den Geheimmitteln
rechnen.

Die Hersteller von Arzneimitteln sollten die Salbengrundlage definieren, eine Forderung, die auch SCHNEIDER[1] und eine Anzahl Chirurgen, die in einer Aussprache das Wort ergriffen, vertreten. Sie verlangen mit Recht die Angabe der Art der Salbengrundlage, des Wirkstoffes, der Menge des Emulgators, der Leazahl und der Wasserzahl.
An Stelle der letzteren beiden würden wir die Jodzahl und die Menge
des eingearbeiteten Wassers vorschlagen, denn die Leazahl ist eine
Konstante der Glyceridfette und variabel, sie ändert sich mit dem
Alter des Fettes und kann so nicht exakt angegeben werden. Die Wasser-

---

[1] SCHNEIDER: Med. Klin. **1941**, 17, 18.

zahl ist für den Pharmazeuten zur Beurteilung der Grundmasse von Wert, den Kliniker interessiert aber nicht, wieviel sie aufnehmen kann, sondern wie hoch sie belastet ist. Dem Erzeuger von Cosmeticis muß vorläufig zugebilligt werden, daß er die Zusammensetzung geheimhält, denn sie gewährleistet ihm oft den einzigen Schutz seiner Präparate. Doch werden auch schon hier Forderungen nach der Deklaration erhoben[1], so von FINKENRATH[1], der Dermatitiden nach einer Schönheitscreme, deren Zusammensetzung nicht bekanntgegeben wird, beschreibt. Interessant sind ferner die Arbeiten von GOLDSTEIN[2]. Er berichtet darin eingehend über die Fehlerbreite, die man bei Salben antrifft. Wie schon erwähnt, hat er insbesondere Zink-, Salicyl- und Phenolsalben durchgearbeitet. Es war auffallend, wie hoch die Fehler, die er fand (bis 100%), waren. Durch die großen Differenzen, die einzelne Salben aufweisen, ist der Durchschnitt, den er als erlaubte Fehlerbreite, als „Toleranzbreite" für die amerikanische Pharmakopöe ausarbeitet, relativ hoch. Bei Phenolsalben will er $+ - 35\%$, in Summe also 70% Breite gestatten, bei Zinkoxydsalben noch $+ - 10\%$, bei Salicylsalben $+ - 15\%$. Auch SCHWARZ setzt sich für eine Reform der Pharmazie und Kosmetik ein[3]. Gerade bei der Salbenbehandlung, bei der wir mit mehr Unbekanntem rechnen müssen als bei der oralen oder parenteralen Darreichung, müssen uns klare und knappe Angaben die Wahl des optimalen Medikamentes und seiner Trägermasse erleichtern. Umschreibungen, wie „. . . Salbe stellt eine neuartige Komposition alter Heilmittel dar, in der längst bekannte Produkte auf das glücklichste mit den Erzeugnissen der modernen pharmazeutischen Wissenschaft verbunden sind", gehören nicht in wissenschaftliche Zeitschriften, zumal dann nicht, wenn man weiß, daß die Salbe Kamillen, Lebertran, Perubalsam und Anästhesin in einer undefinierten Salbengrundlage enthält. Hier könnte eine staatliche Stelle, die das Erzeugnis prüft und nach Art des Patentamtes vor Nachahmungen in Schutz nimmt, dem Erzeuger die Angabe der Grundlage ohne Furcht vor Nachahmungen ermöglichen. Das österreichische Spezialitätengesetz, das jetzt neuzeitlich umgestaltet ist, arbeitet ebenfalls in dieser Richtung, ohne aber Schutz zu gewähren.

Wie steht es nun mit den Salbengrundlagen der Apotheke? Wenn der Arzt nichts anderes verordnet, muß der Apotheker Ungt. molle als Grundlage nehmen. Meistens wird diese Emulsion oder das bei den Ärzten besonders beliebte Vaselin angewendet. Wir haben uns in etwa 20 Apotheken Südwestdeutschlands, vor allem auch in Anstaltsapotheken, erkundigt und fanden überall fast ausschließlich das Vaselin in Gebrauch. Fast immer wird Vaselin mit oder ohne Lanolin für die in der Praxis gebrauchten Salben verwendet, so daß die Variationsbreite bei den in den Apotheken hergestellten Salben eher noch geringer ist als bei den von der Industrie herausgebrachten.

Es müssen also Arzt, Apotheker und Industrie zusammen in der Salbenlehre zu individualisieren suchen. Nicht einer von den dreien ist

---

[1] FINKENRATH: Ärztl. Sachverst.ztg **1934**, Nr 5.
[2] GOLDSTEIN: Amer. J. Pharm. **1948**, 9, 5.
[3] SCHWARZ: Parfumeur **1931**, 41, 685.

ausschließlich schuld am Verlust der früher bekannten Kunst, Salben zu verschreiben, sondern die Zeit an sich; sie stellt eine derartige Überfülle an Material zur Verfügung, daß sich nur ein Spezialist auskennt. Nicht eine Salbengrundlage ist für alle Medikamente gleich geeignet, sondern in dem einen Falle diese, in dem anderen Falle jene. Die Unterschiede können allerdings so klein sein, daß sie zu vernachlässigen sind, ein weiterer Grund für das Aufgeben der individuellen Rezeptur.

In der Rezeptur der Zukunft werden wohl am besten folgende 5 Grundlagen ständig vorrätig sein und fallsweise mit dem vorgeschriebenen Medikament verarbeitet werden:

1. *Vaselin* zur Herstellung von Decksalben;

2. *Fett* zur Bereitung von Schwefelsalben, Salben mit öllöslichen Bestandteilen;

3. *Wasser-in-Öl-Emulsionen* aus Fett oder Vaselin mit Cholesterin oder dessen Abkömmlingen als Emulgator, zur Erzeugung konservierender Fettcremes, zur Rezeptur mancher wasserlöslicher Medikamente;

4. *Öl-in-Wasser-Emulsionen*. Der Typ dient zur Bereitung von „fettfreien" Konservierungs- und Hautpflegemitteln, ferner als Vehikel mancher wasserlöslicher Substanzen, die in Lösung leicht eingearbeitet werden können (chemische Unverträglichkeit beachten);

5. *Schleimsalben* mit oder ohne Fettzusatz als Vehikel wasserlöslicher Präparate zur Schleimhaut- und Wundtherapie sowie in der Gewerbehygiene.

Mit diesen 5 Grundlagen kann man dann in Zukunft individualisieren und so ziemlich alle Salben bereiten. Welche Salbe als Typ aufgeführt wird, interessiert hier nur in zweiter Linie. Die Auswahl ist Sache der offiziellen Stellen. Spezialsalben behalten dabei natürlich nach wie vor ihre Existenzberechtigung. Öle, Paraffine, Wachse und Alkohole werden weiter nötig sein, um die Konsistenz der Salbe variieren zu können und es dem Arzt zu ermöglichen, die Vorteile spezieller Komponenten in seinen Salben auszunützen.

Wenn wir also zusammenfassen, so sehen wir, daß Apotheker und Industrie in gleicher Weise das Vaselin vorziehen. Grund hierfür ist die gute Haltbarkeit dieser Kohlenwasserstoffe, die Indifferenz gegenüber den Zusätzen, die Geschmeidigkeit und nicht zuletzt das Angebot, das über das der Fette weit hinausgeht. Wir glaubten früher, Vaselin zugunsten der Fette zurückdrängen zu müssen, da es, nicht „hautverwandt", der Haut keine Pflege angedeihen lassen kann. Durch das Großexperiment des Krieges mußte man an dieser strengen Auffassung etwas irre werden. Was wird doch alles auf die Haut geschmiert und schadet nicht. Dazu kommt noch, daß all die Kohlenwasserstoffe, Wachse, Alkohole, Glyceride und sonstigen Ester chemisch ja auch dem Hautfett ziemlich unähnlich sind und es chemisch nicht ersetzen können.

Wir müssen daher wohl umlernen und das Problem der Fettung nicht mehr chemisch, sondern physikalisch sehen. Ein Stoff vom Fettcharakter ist, sofern er gut vertragen wird, zur Therapie geeignet. Durch Emulgatoren können wir seine Eigenschaften weitgehend ändern, sie denen des Hautfettes in bedeutendem Grade annähern. Das Problem wird zum physikalisch-kolloidchemischen.

Über das Entfernen von Salbenresten.

Der Apotheker hat viele Salbenreste, die nicht mehr verwertet werden können. Da es sich meist um Vaselin-Wollfett-Präparate handeln wird, so empfiehlt es sich, sie zusammenzuschmelzen und zunächst von festen Teilen zu trennen. Dann wird mehrmals wechselnd mit Säure und Lauge und anschließend mit Wasser und aktiver Kohle gereinigt und das Endprodukt als Rohvaselin zum Einfetten von Metallen u. dgl. verwendet. Glyceridfette werden zuerst filtriert, dann gespalten und mehrmals mit Wasser ausgezogen. Die freien Fettsäuren können dann, evtl. nach nochmaliger Reinigung, zu Seifen verarbeitet werden.

Hier soll aber in erster Linie vom Entfernen von Salbenresten von Haut und Haaren die Rede sein. Fettbetonte Salben wird man mit Öl oder Cetiol, billiger, aber allergiegefährdeter mit Lösungsmitteln, wie Benzin, entfernen. Die Gefahr der Reizung ist damit in vielen Fällen gegeben, ein Hinweis, der die kaum verwendeten abwaschbaren Salben auf Schleimbasis und die Öl-in-Wasser-Emulsionen in den Vordergrund stellt.

Benzin kann in Ausnahmefällen auch nützlich sein. So berichtet MENZE[1], daß es sich bei Erysipeloiden, bei denen es sich zuerst infolge eines Irrtums bewährte, in 18 Fällen als voll wirksam erwies.

Zusammenfassung.

Wir haben uns bemüht, in den vorstehenden Abschnitten die wichtigsten Salben nach ihrer Zusammensetzung, ihrer Wirkungsart und den Eigenschaften der zugesetzten Medikamente, insbesondere der Löslichkeit, in Gruppen geteilt, aufzuzählen. Salben, die Präparate ähnlicher Eigenschaften enthielten, sind in den gemeinsamen Kapiteln behandelt und, soweit sie als Vertreter eines bestimmten Typs in Frage kommen, ausfuhrlich, sonst nur kurz besprochen worden. Es kristallisierte sich eine Art Salbenlehre heraus, durch die es möglich ist, in vielen, wenn auch nicht in allen Fällen für ein bestimmtes Medium das die optimale Wirksamkeit gewährleistende Medikament zu finden oder wenigstens den Weg zu zeigen, auf dem die betreffende Salbengrundlage gefunden werden kann. Es wird dadurch möglich sein, therapeutisch oft sehr unerwünschte Versager oder Nebenwirkungen auszuschließen. Fertige optimale Rezepte sollten nicht ausgearbeitet werden, denn dies ist Sache des Praktikers; es sollte zwar das Verständnis für die Salben und deren Unterschiede nähergebracht werden, die optimalen Verordnungen soll und muß sich jeder Leser selbst ableiten.

---

[1] MENZE: Dermat. Wschr. 1940, 30.

Immer wieder werden neue Salbengrundlagen angeboten. Ihre Art läßt nun schon auf Grund ihrer Zusammensetzung Schlüsse auf die beste Verwendungsmöglichkeit zu. Keine Grundlage wirkt überall optimal, aber auch jede einzelne hat spezielle Indikationen, bei denen gerade sie das Optimum der Wirkung gewährleistet. Vaselin und Paraffinkohlenwasserstoffe werden als Bestandteile von Decksalben, als Gleitsalben zu Massagezwecken und zur Abdichtung undurchlässiger Verbände indiziert bleiben. Sie werden in einzelnen Fällen auch noch als Träger für lipoidlösliche Substanzen, wie ätherische Öle, in Frage kommen und als Schutzmittel gegen manche gewerbliche Schädigungen verwendet werden. Die Fette eignen sich besonders zur Herstellung von wasserfreien Salben mit unlöslichen oder nur fettlöslichen Substanzen. Sie sind zur Pflege der gesunden Haut wichtig und werden bei vielen Emulsionen beider Typen unentbehrliche Bestandteile der öligen Phase bleiben.

Die Wasser-in-Öl-Emulsionen können zur Herstellung von protrahiert wirkenden Salben mit lipoidlöslichen Medikamenten brauchbar sein. Sie sind die gegebene Form für viele Hautpflegemittel, dürften aber als Träger wasserlöslicher Medikamente oft durch die Öl-in-Wasser-Emulsionen überholt sein. Die wasserlöslichen Salben sind in ihren Indikationen den Öl-in-Wasser-Emulsionen gleichzusetzen. Sie sind wie diese abwaschbar und deshalb z. B. besonders für den behaarten Kopf geeignet. Wachse und Alkohole sind als Zusätze zur Konsistenzverbesserung und vielfach als Emulgatoren des Wasser-in-Öl-Typs wichtig. Die daraus bereiteten Salben sind als Decksalben und als Hautpflegemittel wie als dermatologische Grundlagen wertvoll. Seifenhaltige, wäßrige Salben kommen insbesondere als Träger der Salicylsäure, die durch die Haut hindurch zur Resorption gelangen soll, in Frage.

Wenn wir diese hier kurz dargestellte Salbenlehre auf die einzelnen Indikationen anwenden, so ist zu sagen, daß Salben, die zur Behandlung der gesunden Haut dienen, entweder Wasser-in-Öl- oder Öl-in-Wasser-Emulsionen sein sollen. Ein Mindestgehalt von freien Cholesterin- und Glyceridfetten ist, sofern verlorenes Hautfett ersetzt oder die Unterfunktion der zu wenig arbeitenden Talgdrüsen ergänzt werden soll, empfehlenswert, denn nur dadurch wird es möglich, die Haut mit der Salbe zu emulgieren.

Soll durch die gesunde Haut hindurch ein Medikament einverleibt werden, so richtet sich die Wahl der Salbengrundlage nach dem einzuführenden Präparat. Man muß ein Löslichkeitsgefälle Salbe-Haut herstellen. Zur Darreichung von Schwefel bedient man sich eines Fettsäureglycerinesters. Salicylsäure wird aus Öl-in-Wasser-Emulsionen am besten resorbiert. Lipoidlösliche Stoffe oder ätzende bzw. in milderer Form die Haut macerierende Medikamente gehen durch die gesunde Haut hindurch. Ihre Resorption erfolgt aber weder quantitativ noch steuerbar. Will man die Resorption erhöhen, so kann man sie durch Zugabe von Emulgatoren, Seifen, Salicylsäure, durch Vorbehandlung mit Pepsinumschlägen oder durch ätherische Öle, durch mechanisches Einreiben steigern. Man kann lipoidunlösliche Substanzen, z. B.

Alkaloidsalze, fettlöslich machen, so daß sie durch die Haut hindurch zur Resorption gelangen können.

Zur Behandlung der kranken epithellosen Haut eignen sich nur die besten Fette und evtl. Paraffinkohlenwasserstoffe für sich allein, wenn es sich um die Zufuhr unlöslicher Stoffe handelt, als Ölphase von Wasser-in-Öl- oder Öl-in-Wasser-Emulsionen bei wasserlöslichen Wirkstoffen.

Als Salbengrundlage für Schleimhautsalben sind gallertige Öl-in-Wasser-Emulsionen niedrig schmelzender Fettsäureglycerinester wirksamer als der umgekehrte Typ. Ähnliches gilt für Suppositorien.

Für die Verträglichkeit der Salben ist zunächst die Güte der Grundstoffe Bedingung. Es ist wichtig, zu wissen, daß Paraffinkohlenwasserstoffe die Hautatmung bedeutend mehr behindern als Fette oder Emulsionen. Es ist ferner wesentlich, daß Salben, sofern sie nicht auf der Haut schmelzen und dann als Öle wirken, nur in der unmittelbaren Berührungsschicht mit der Haut wirksam sind. Das dicke Aufschmieren von Salben ist daher in vielen Fällen, abgesehen bei Decksalben, unangebracht, da es sekretstauend und teuer ist.

Akute Dermatitiden vertragen die Salbenapplikation oft nicht, hier sind Schüttelmixturen u. dgl., fett- und paraffinkohlenwasserstofffreie Medikamententräger empfehlenswerter.

Seborrhoiker sind empfindlicher gegen Fette und Paraffinkohlenwasserstoffe als Sebostatiker, Personen mit verminderter Talgsekretion, so daß eine Vorprüfung auf die Hautkonstitution empfehlenswert erscheint.

In keinem ärztlichen Fach ist der Arzt auf das Verständnis des Apothekers so angewiesen wie in der Dermatologie. Gerade hier kommt es auf die enge Zusammenarbeit an. Ohne grobe Fehler können Pulver und Dekokte nicht unwirksam werden. Wohl aber kann die unrichtige Wahl der Salbengrundlage die beabsichtigte Wirkung verhindern oder in das Gegenteil umschlagen lassen. Aus Linderung wird Reizung. Die Salbenherstellung und -verordnung bedingt individuellstes Verständnis der Salbenlehre und der darin waltenden Gesetze. Die Salben sind eine der wichtigsten Grundlagen der Rezeptur und werden es bleiben, wenn Apotheker und Arzt nicht nur ihre Herstellung beherrschen, sondern auch ihre therapeutische Wirksamkeit zu lenken verstehen. Die Kunde von der Salbenbereitung war bisher das Stiefkind des Apothekers, so daß es kein Zufall ist, daß von 10 über Salben handelnden Publikationen 8 in der kosmetischen Literatur zu finden sind. Das Studium der Salben wird sie wieder wirksamer machen, sie werden den verlorenen Boden zurückgewinnen.

Die vorliegende Studie hat nicht alle Salben berücksichtigt, wohl aber alle Typen. Die nicht besprochenen Medikamente verhalten sich wie eines der angeführten, so daß ein Eingehen auf weitere Präparate nur ermüdet hätte. Außerdem würde die eine Hälfte der Kritiker sich über zu große Weitschweifigkeit, die andere noch immer über zu geringe Ausführlichkeit beschweren. In der vorliegenden Form ist die zweite

Gruppe ausgeschaltet. Wir hoffen mit unseren Ausführungen, Anregungen zu geben, die dieses schwierige Gebiet der Arzneimittellehre weiter aufklären. Wenn alle Salben unter den verschiedensten Bedingungen getestet werden, wird sich in vielen Fällen ein neuer Effekt, eine Verbesserungsmöglichkeit zeigen. Es ist ja noch unendlich viel zu klären, so daß niemand um die Beschaffung eines Themas besorgt zu sein braucht.

Puder und Pudergrundlagen.

Allgemeines. Die Puder gehören genau wie die Salben zum ältesten Rüstzeug der Dermatologen und Kosmetiker.

Schon die Salbenrezepte waren rein empirisch gefunden und nicht wissenschaftlich untermauert; noch viel mehr ist dies bei den Pudern, mit denen erst wieder in den letzten Jahren systematisch gearbeitet wurde, der Fall. Es existieren nur wenige Modellversuche, die hier mehr Aussicht auf Erfolg haben als bei den Salben, kaum Simultanprüfungen, die doch die Grundlage zu allen therapeutischen Erfolgen bilden müssen. Es soll daher alles Vorhandene zusammengetragen und durch neue Versuche ergänzt werden.

Definition. Ein Puder, Pulvis adspersorius oder inspersorius, ist ein äußerlich anzuwendendes pulverförmiges Arzneimittel, das meist aus mehreren Komponenten, aus organischem oder anorganischem Material, zusammengesetzt ist. Es soll entweder nur physikalisch kühlen, gleitfähig machen und trocknen oder darüber hinaus auch noch zugesetzte Medikamente zur Wirkung bringen.

Ein Puder soll seinem Verwendungszweck entsprechend zusammengesetzt sein und die Wirkstoffe möglichst günstig zur Geltung bringen Er muß ferner noch Eigenschaften, wie Unzersetzlichkeit, Billigkeit u. a. m. aufweisen. Alle diese Voraussetzungen werden nur von wenigen Stoffen erfüllt. Es ist daher nötig, jede einzelne Grundmasse und ihre Eigenschaften zu schildern, insbesondere Kennzahlen, die uns einen Überblick ermöglichen, aufzustellen.

Kennzahlen. Diese Kennzahlen sind zur Charakterisierung der verschiedenen Substanzen genau so nötig wie z. B. die Wasserzahl bei den Salben. Sie sind exakter als ein bloßes Beschreiben und definieren die

Wasseraufnahmefähigkeit,
Ölaufnahmefähigkeit,
das Schüttgewicht,
die Oberflächenabsorptionskraft,
das Kühlvermögen (Wärmekapazität und Leitfähigkeit),
die Haltbarkeit,
das p_H der Puder-Wassermischungen,
die auf einer bestimmten Hautfläche haftende Menge (Deckkraft).
Die Gleitfähigkeit und Glätte sowie die Verstäubungstendenz müssen auch weiterhin geschätzt werden.

Unter *Wasseraufnahmefähigkeit* ist die Gewichtsmenge Wasser zu verstehen, die 1 g Substanz in der ENSLIN-Apparatur[1] aufsaugt. Der Apparat, der natürlich nur Modellversuche gestattet, besteht aus einem U-Rohr, das auf der einen Seite mit einer Glasfritte abgeschlossen wird. Auf der anderen Seite ist das Rohr in der Höhe der Fritte mit einem waagrecht angeschlossenen graduierten Rohr verbunden. Legt man nun auf die Fritte 1 g der Prüfsubstanz, so wird sie Wasser aufsaugen und das Volumen dieses verbrauchten Wassers wird in der graduierten Röhre abzulesen sein. Man kann auf diese Weise Kurven gewinnen, die sowohl die Geschwindigkeit als auch die Menge Wasser, das in bestimmten Zeitintervallen aufgesaugt wird, aufzeichnen.

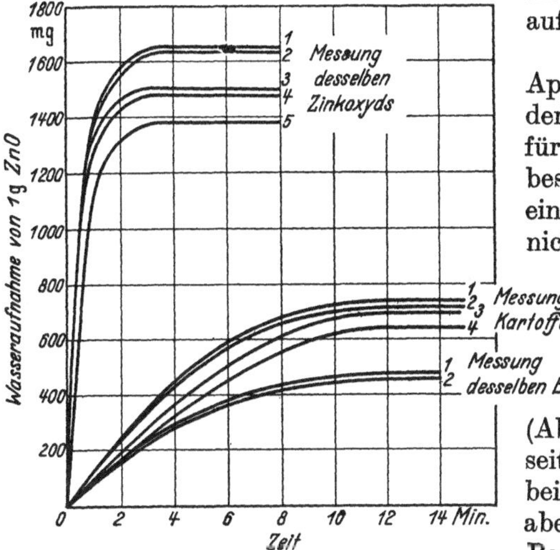

Abb. 42. Reproduzierbarkeit der Messungen mit der Enslin-Apparatur.

Leider haben die mit dieser Apparatur gewonnenen Bilder, die sehr anschaulich sind, für die Puderbeurteilung nur beschränkten Wert, da sie einerseits, wie schon erwähnt, nicht auf der Haut, sondern an Modellen erhalten werden und bei Grundlagen verschiedenen Ursprungs (Talcum) (Abb. 42) schwanken, anderseits nur die Wasseraufnahme bei Überangebot von Wasser, aber nicht die viel wichtigere Beeinflussung des Wasserhaushaltes der Haut angeben.

Die Reproduzierbarkeit ist, wie eine große Anzahl von Messungen des einen von uns bestätigen konnte, im Hinblick auf die Geschwindigkeit der Wasseraufnahme gut, zur Beurteilung der aufgenommenen Wassermenge bei manchen Produkten hervorragend, für alle ausreichend. Der Winkel zwischen der Abszisse der Diagramme und der aufsteigenden Kurve ist bei ein und demselben Prüfstoff immer nahezu derselbe. Man kann also sagen: Zinkoxyd nimmt Wasser schnell auf, Talcum langsam. Die Apparatur ist auch in der Lage, die *Ölaufnahmefähigkeit* einer Pudergrundlage zu zeigen. Man mißt hier zweckmäßig bei 37° (im Thermostaten), um die temperaturabhängige Viscosität des Öles unter den auf der Haut vorhandenen Bedingungen beurteilen zu können. Die Resultate sind in der Abb. 43 in gestrichelten Linien angezeichnet, die Wasseraufnahme durch ausgezogene Striche. Aus dem Bild ergibt sich eindeutig, daß fast alle Pudergrundlagen das Wasser, falls sie es überhaupt auf-

---

[1] ENSLIN, O.: Chem. Fabrik **60**, 494 (1933); FREUNDLICH, ENSLIN, LINDAU: Kolloid-Beih. **37**, 6 (1933).

nehmen, schnell anziehen und nach wenigen Minuten vollgesaugt sind. Die viscosen Öle werden langsam aufgenommen, die Aufsaugung ist nach 15 Minuten noch nicht beendet.

Das Kurvenbild zeigt ferner, daß man an Hand der Diagramme stark wasseraufsaugende Puder etwa aus Kieselgur und Magnesia usta, schwach wasseraufsaugende aus Talcum und Magnesiumstearat, ölaufsaugende aus Zinkoxychlorid oder Bismutum subnitric. herstellen kann.

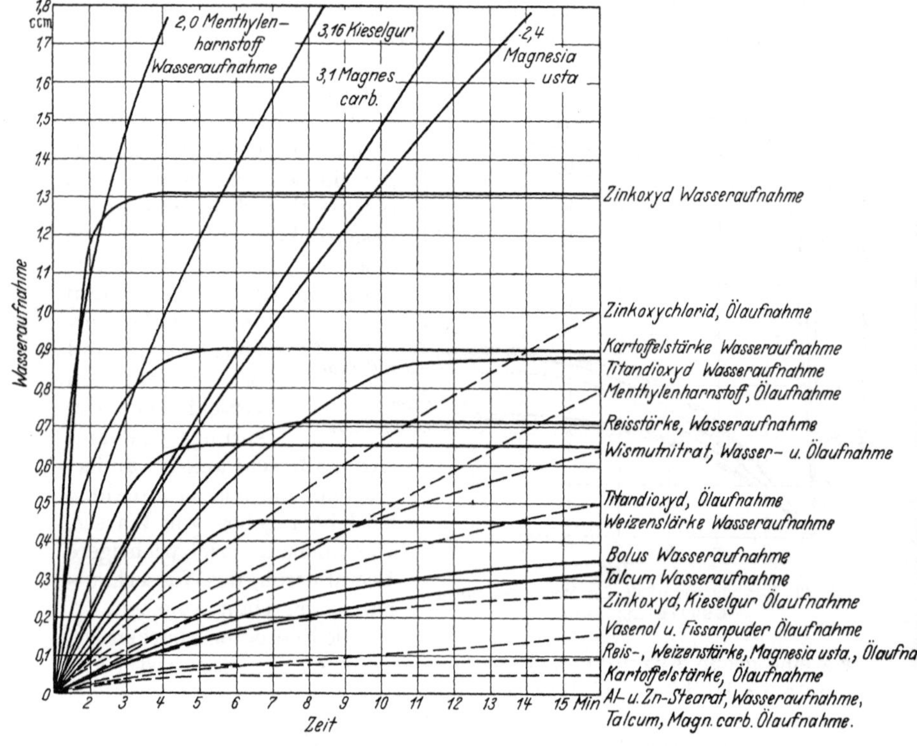

Abb. 43. Wasser- u. Ölaufnahme verschiedener Puder und Puderbestandteile im Enslin-Apparat bei 37° gemessen.

Die Versuche mit der ENSLIN-Apparatur geben, ähnlich wie die Capillaranalyse bei der Untersuchung der Pflanzenextrakte, auch Anhaltspunkte zur Beurteilung fertiger Puder. Man kann feststellen, in welche Kategorie die Puder gehören, und zusammen mit den Resultaten des üblichen Analysenganges Schlüsse auf den Verwendungszweck ziehen.

Es geht nun nicht, daß bei der Besprechung der einzelnen Puderbestandteile jedesmal Kurven gebracht werden oder auf Abb. 43 verwiesen wird. Die Kurven werden daher durch Angaben der Geschwindigkeit der Aufnahme einerseits und der Menge, die 1 g Substanz in 15 Minuten aufgenommen hat, anderseits, ersetzt. An Stelle der Kurve für

die Wasseraufnahme von Zinkoxyd wird dann ein Wasseraufnahme-
faktor $W \dfrac{4}{1,3}$ stehen, der besagt, daß diese Substanz in 4 Minuten 1,3 g
Wasser aufnimmt. Bei der Ölaufnahme wird der entsprechende Faktor
$\ddot{O} \dfrac{15}{0,25}$ lauten, der bedeutet, daß 1 g Zinkoxyd in 15 Minuten 0,25 g
Paraffinöl bei 37° aufsaugt. Das hierzu gewählte Paraffinöl hatte nach
dem HÖPPLER-Viscosimeter bei 37° eine Viscosität von 80 CP und bei
20° eine solche von 170 CP. Der Zähler hat die Größe 15 oder ist kleiner.
Im ersteren Falle heißt dies, daß die Aufsaugung in 15 Minuten abgebrochen wurde und zu dieser Zeit noch nicht beendet war. Ist der Zähler
kleiner als 15, so bedeutet dies, daß in der Zahl der Minuten, die der
Zähler ausdrückt, die Aufsaugung beendet war. Ein Faktor $W \dfrac{2}{x}$ zeigt
also, daß 1 g Puder die volle Wassermenge x bereits in 2 Minuten aufgesaugt hat und dann kein weiteres Wasser aufnimmt, ferner daß die
Kurve zu Beginn des Versuches steil ansteigt und nach 2 Minuten waagrecht verläuft.

Die nächste wichtige Angabe, die uns zur Puderbeurteilung dient,
ist das *Schüttgewicht*. Darunter ist das Volumen in Kubikzentimetern zu
verstehen, das ein Gramm einer Substanz ausfüllt. 1 g Magnesia usta
mit einem Schüttgewicht von etwa 8 füllt also 8 ccm Raum aus. Das
Schüttgewicht ist vom spezifischen Gewicht, der Art und Größe der
Teilchen abhängig.

Ein weiterer Punkt ist die *Absorptionskraft* für Toxine, Farbstoffe
u. dgl. Man ermittelt diesen Faktor bei Pudergrundlagen nach ähnlichen
Verfahren wie das im DAB 6 für Tierkohle angegebene mit Methylenblaulösung 0,15/100. Die meisten Pudergrundlagen absorbieren nur sehr
wenig Farbstoffe, so daß auch Fertigprodukte, wie Vasenol und Fissanpuder, nur wenig Methylenblaulösung entfärben. Die Absorptionskraft
ist außerdem weitgehend vom Material abhängig und schwankt z. B. bei
verschiedenen Kaolinen so stark, daß sie nicht in Zahlen erfaßt
werden kann.

Unter dem *Kühlvermögen* verstehen wir die Eigenschaft verschiedener
Puderbestandteile, der Haut mehr oder weniger Kalorien zu entziehen
und so eine Kühlwirkung zu verursachen. Das Kühlvermögen ist, wie
später eingehend gezeigt werden soll, von der Wärmeleitfähigkeit und
Wärmekapazität der gewählten Substanz abhängig und kann nur geschätzt werden.

Die *Haltbarkeit* der Pudergrundlagen ist bei den anorganischen Substanzen meist unbeschränkt, beim organischen Material von verschiedenen Umständen abhängig. Die eine Grundlage kann sich an der Luft
verändern, z. B. hygroskopisch sein, die andere in feuchtem Milieu unter
dem Einfluß von Bakterien oder chemisch zersetzen, die dritte backt
bei Wasserzutritt zu einer Schmiere zusammen.

Die p_{H}-*Werte* der Gemische von einem Teil Puder und 10 Teilen
Wasser wurden mit der Chinhydronelektrode und dem HELLIGE-Poten-

tiometer gemessen. Man mißt damit natürlich nur die wasserlöslichen dissoziierbaren Anteile. Eine p_H-Bestimmung unlöslicher Substanzen gibt es ja nicht. Die Daten müssen bekannt sein, wenn auch ihr Wert (S. 112) nicht überschätzt werden soll.

Die Menge, die auf trockener bzw. feuchter Haut haftet, wurde jeweils auf einer Fläche von 100 qcm durch Wiegen der abgepinselten Teilchen auf einer Torsionswage bestimmt. Sie muß angeführt werden, denn die schönsten sonstigen Eigenschaften können illusorisch werden, wenn der Puder nicht haftet.

Unter *Deckkraft* eines Pigmentes versteht man die Färbungsintensität einer bestimmten Menge. Titandioxyd z. B. besitzt eine bedeutende Deckkraft; schon kleine Mengen sind in der Lage, den Puder selbst und die Haut intensiv weiß zu färben. Zinkoxyd ist hierzu weniger geeignet, Bolus alb. besitzt nur eine sehr geringe Deckkraft. Diese Konstanten, die z. B. mit Hilfe eines Leukometers, einem in der Textilwäsche viel verwendeten Apparat, gemessen werden könnten, exakt zu ermitteln, würde im Rahmen dieses Buches zu weit führen, zumal sie dermatologisch nur beschränkt interessieren und auch kosmetisch nicht gemessen, sondern nur aus der Erfahrung heraus beurteilt werden.

Eine gewisse Beurteilung der *Gleitfähigkeit* eines Puders gestatten die Versuche, die hauptsächlich angestellt werden sollen, um alle die Kombinationen, welche die Streuöffnungen der Dosen verkleben, auszuschalten. Eine leere Puderdose beliebiger Art wird mit 10 g der Prüfsubstanz gefüllt und abwechselnd mit dem Boden gegen die Tischplatte und mit der Streufläche gegen ein Auffanggefäß, das den ausgestreuten Puder aufnimmt, in gleichstarkem Schlagen gestoßen. Die Zahl der Schläge gegen die perforierte Fläche wird gezählt und gibt, sofern man zu allen Prüfungen dieselbe Dose verwendet, ein Maß für die Zeit, in der 10 g verbraucht werden. Die Zahlen sind vom Schüttgewicht abhängig. 10 g Magnesia usta nehmen ein Mehrfaches des Volumens von Zinkoxyd ein. Daneben sind aber auch noch die Teilchengröße, ihre Adhäsion und Ballungsneigung, die ihrerseits von der Feuchtigkeit abhängig ist, beeinflussende Faktoren. Eine Reihe von solchen Zahlen sieht bei Verwendung einer Vasenol-Kinderpuder-Blechdose wie folgt aus (die Zahlen ändern sich bei Verwendung anderer Dosen oder Siebe, ihr Verhältnis zueinander bleibt aber gleich):

Bei Verwendung derselben Dose und einer Substanz aus gleicher Charge sind die Werte reproduzierbar. Sie zeigen, daß Magnesiumsalze infolge ihrer Leichtigkeit von der Luft gebremst werden, so daß besonders lange Zeit bis zum völligen Verbrauch benötigt wird.

Tabelle 8.

Grundlage	Zahl der Doppelschläge
Bolus alb............	33
Kieselgur	140
Magnesia usta	130
Magnesia carb.	180
Zinkoxyd	60
Titandioxyd........	45
Calc. praecip.	102
Reisstärke.........	30
Kartoffelstärke	32
Weizenstärke	33
Methylenharnstoff	25
Agfa-Grundlagen.....	43

Als letzter Faktor sei noch die *Verstäubungsneigung* erwähnt. Sie ist nur bei wenigen Pudergrundlagen ausgeprägt und zum Teil von den Faktoren, die beim letzten Versuch genannt wurden, abhängig. Diese Eigenschaft kann durch einen einfachen Versuch beurteilt werden. Man nimmt eine Puderdose mit 10 g einer Pudergrundlage und trachtet beim Pudern auf einem Papierbogen das Zentrum mehrerer konzentrischer Kreise zu treffen, wobei der Schüttelschlag 10 cm vor Erreichen der Papierfläche abzufangen ist. Dabei wird der Großteil der Masse in die nächste Umgebung dieses Mittelpunktes fallen. Ein Teil wird aber verstäubt und in der Peripherie niedersinken. Man kann nun die Flächen ausmessen und die jeweils gefallenen Pudermengen wiegen. Man erhält auf diese Weise Zahlen, wie sie in folgender Tabelle zusammengestellt sind.

Tabelle 9.

Grundlage	A In einen Innenkreis v. 20 cm $\varnothing$ fallen %	B In den weiteren Kreis v. 40 cm $\varnothing$ fallen % (abzügl. A)	C In den äußersten Kreis von 60 cm $\varnothing$ fallen % (abzügl. A + B)	Besonderes
Bolus alb.	100	—	—	
Kieselgur	100	—	—	Rest
Magnesia usta	93,20	5,97	0,8	verstäubt
Magnesia carb.	92,05	6,99	0,9	meterweit
Zinkoxyd	99,9	0,1	—	
Titandioxyd	100	—	—	
Calcium praecip. . . .	100	—	—	
Reisstärke	100	—	—	
Kartoffelstärke	100	—	—	
Weizenstärke	100	—	—	
Methylenharnstoff. . .	99,8	0,2	—	
Agfa extra.	100	—	—	
Agfa spezial	100	—	—	
Talcum	99,99	0,01	—	

Die Aufstellung zeigt, daß praktisch nur die Magnesiumsalze verstäuben, die anderen Grundlagen besitzen diese Eigenschaft nicht oder nur in geringem Grade.

Alle diese Konstanten und sonstigen in Zahlen nicht ausdrückbaren Eigenschaften der Puderbestandteile, wie die Gleitfähigkeit, die rein empirisch gefunden werden muß, ermöglichen es uns, Puder, die einem bestimmten Zweck dienen sollen, zu kombinieren. Sie sollen daher jeweils in den nun folgenden Abschnitten angeführt werden.

1. Anorganische Produkte.

Die bekannteste Substanz in dieser Gruppe ist das *Talcum*, Talcum venetum, fein gepulvertes Magnesiumpolysilicat, das hochfeuerfest und in Wasser und Säuren nahezu unlöslich ist. Es fühlt sich fettig an und macht die Haut gleitend. Die Faktoren $W\dfrac{15}{0,4}$ und $\ddot{O}\dfrac{\infty}{0}$ sagen aus, daß 1 g Talcum in 15 Minuten 0,4 g Wasser und auch in längster Zeit überhaupt kein Öl aufsaugt, daß also die von PERUTZ[1] zitierte Ansicht, Talcum besitze ein besonders starkes Bindevermögen für Öle und Fette, nicht zutrifft, sie bedeuten aber nicht, daß Talcum mit Öl und Fett nicht etwa *passiv* gemischt werden kann.

Das Schüttgewicht beträgt 1,4, die Haltbarkeit ist unbeschränkt. Die Oberflächenabsorptionskraft ist sehr gering. Das p_H der Puder-Wasser-Mischung ist 7,3. Auf trockener Haut (100 qcm) haften 25 mg, ohne Kühlwirkung auszuüben, auf feuchter Haut 100 mg. Scharfkantige Stücke und Schollen, die nach BASSITA[2] zu Reizungen führen können, sind durch Mahlen und Sieben leicht auszuschalten.

Eisenhaltiges Talcum rötet sich bei Zusatz von Salicylsäure und carbonathaltiges Talcum entwickelt mit Säuren Kohlensäure, die ihrerseits zu Volumenvermehrung führt. Da die Carbonate außerdem alkalisieren, müssen derartig unreine Produkte ausgeschaltet werden. WALLRABE und SCHARTNER[3] haben daher Prüfungsvorschriften, die über diejenigen des DAB 6 hinausgehen und derartige Verunreinigungen ausschließen, ausgearbeitet. Sie lassen mit Salicylsäure auf Eisen prüfen und titrieren den Carbonatgehalt.

KUNZ-KRAUSE[4] weist weiter darauf hin, daß eine andersgeartete Rotfärbung des Talcums durch geschöntes Vaselinöl, dessen Methylorangezusatz durch die Säurewirkung des Talcums in Rot umschlägt, auftreten kann. Hier ist natürlich das Talcum für die Färbung nicht verantwortlich, und das Öl ist abzulehnen. Nach EJDERMAN und BALJUK[5] kann man den Talcum- und Kaolingehalt der Puder schnell analytisch bestimmen, indem man Mg und Al als Oxychinolate fällt. Die MgO-Menge mit 3,155 multipliziert ergibt den Talkgehalt, die Al_2O_3-Menge mit 2,531 multipliziert den Kaolingehalt der Proben.

Bolus alba, Kaolin, ist natürlicher eisenfreier Ton, eine für pharmazeutische Zwecke chemisch gereinigte, im wesentlichen aus kristallwasserhaltigen Aluminiumsilicaten (99,8 %) bestehende Pudergrundlage, die nach der bisherigen Ansicht gut austrocknen soll. $W \dfrac{15}{0,34}, \ddot{O} \dfrac{15}{0,17}$, p_H der Puder-Wasser-Mischung um 6,8 — je nach der Sorte schwankend —, Schüttgewicht 1,6. Auf 100 qcm trockener Haut haften 12 mg, auf feuchter Haut 48 mg. Die Haltbarkeit ist unbeschränkt, die Absorptionskraft von der gewählten Sorte weitgehend abhängig und jedesmal zu bestimmen, in den meisten Fällen ist sie gering.

Bolus rubra ist chemisch und physikalisch dem weißen Kaolin gleich, enthält aber Spuren von Eisen, die ihm die rote Farbe verleihen. Durch diese Tönung kann er dort verwendet werden, wo weiße Pulver die Haut zu auffallend färben.

---

[1] PERUTZ: Im Handbuch der Haut- und Geschlechtskrankheiten **5**, 1.
[2] BASSITA, zit. in PERUTZ: Handb. der Haut- und Geschlechtskrkh. V/1.
[3] WALLRABE u. SCHARTNER: Dtsch. Apoth.-Ztg **1933**, 571.
[4] KUNZ-KRAUSE: Dtsch. Apoth.-Ztg **144**, 1 (1933).
[5] EJDERMAN u. BALJUK: Öl- u. Fett-Ind. (russ.) **16**, 5/6 (1940).

Terra silicea, Kieselgur, ein grobes Pulver, besteht aus den Panzern der Diatomeen und ist geglüht praktisch reines Kieselsäureanhydrid. $W\dfrac{15}{3,16}$, $Ö\dfrac{15}{0,25}$, p_{H} 7,35, Schüttgewicht 4,9. Auf 100 qcm trockener Haut haften 12, auf feuchter Haut 50 mg. Kieselgur kann auf der Haut Scheuern und Brennen und Jucken verursachen. Es ist unbeschränkt haltbar und oberflächenaktiv (mehr oder weniger je nach Sorte).

Magnesia usta, Magnesiumoxyd, ein sehr leichtes weißes Pulver, hat ein Schüttgewicht von 8,3. Der Faktor $W\dfrac{15}{2,4}$ ist groß, der Faktor $Ö\dfrac{15}{0,09}$ gering. Das p_{H} der Pudermischung beträgt 5.45. Auf 100 qcm trockener Haut haften 2, auf feuchter 15 mg. Die Haltbarkeit ist unbeschränkt. Oberflächenaktivität ist keine vorhanden. Magnesia usta kühlt, auf die Haut gebracht, gut.

Magnesium carbonicum ist ein basisches Carbonat, das mit seinem Schüttgewicht von 7,9 ähnlich leicht wie die vorhergehende Verbindung ist. Sein Faktor $W\dfrac{15}{3,1}$ ist noch höher wie der von Magnesia usta, die Ölaufnahme $Ö\dfrac{15}{0,09}$ gleich niedrig. Auf 100 qcm trockener Haut haften nur Spuren, auf feuchter Haut 20 mg Substanz, die durch einen weichen Pinsel abgestaubt werden kann. Das p_{H} der Wassermischung ist 5,72. Magnesiumcarbonat ist haltbar und besitzt keine Oberflächenaktivität. Es gibt, kosmetischen Pudern zugesetzt, den begehrten „pfirsichfarbigen Samtton". Ihm ähnlich, aber teuer sind die äquivalenten Beryllium- und Zirkonverbindungen. Sie alle werden in der Kosmetik als Duftstoffträger mit dem Parfüm vermengt der Puderkomposition zugefügt.

Zincum oxydatum, Zinkoxyd, kommt in den verschiedenen Marken in den Handel. Das Arzneibuch definiert das Zincum oxydatum crudum genau, so daß dieses Produkt, das als Puderbestandteil fast ausschließlich verwendet wird, bestimmten Anforderungen genügen muß — $W\dfrac{4}{1,5}$, $Ö\dfrac{15}{0,25}$. Zinkoxyd reagiert schwach alkalisch, p_{H} 7,4. Auf 100 qcm trockener Haut haften 12, auf einer gleichgroßen feuchten Hautfläche 27 mg. Schüttgewicht 2,7. Es besitzt keine Oberflächenaktivität. Der basische Charakter des Zinkoxyds wirkt sich in vielen Fällen günstig aus, da dadurch übelriechende Säuren, meist niedere Fettsäuren, neutralisiert werden. Zinkoxyd ist außerdem ein mildes Desinfiziens und wirkt, wie Borg und Haxthausen[1] formulieren, „schwach katalytisch".

Titandioxyd hat wegen seiner größeren Deckkraft und vollkommenen Indifferenz das Zinkoxyd in der Kosmetik vielfach verdrängt, spielt aber in der Pharmazie zu Unrecht noch keine Rolle. $W\dfrac{11}{0,86}$, $Ö\dfrac{15}{0,5}$, p_{H} 7,12. Auf trockener Haut haftet das Oxyd nicht, auf 100 qcm feuchter Haut 70 mg. Schüttgewicht 1,4.

---

[1] Janistyn: Taschenbuch der modernen Parfümerie und Kosmetik. Stuttgart: Wiss. Verlags-Ges. 1942.

Barium sulfuricum ist ein indifferenter Bestandteil mancher kosmetischer Puder, insbesondere der „Kompakte". Dermatologisch spielt das Salz keine Rolle, so daß wir von der Angabe von Konstanten absehen können.

Strontiumsulfat ist nach JANISTYN[1] in Kompakten dem sonst üblichen Bariumsulfat vorzuziehen. Dermatologisch liegen auch über dieses Salz keine Erfahrungen vor.

Calcium sulfuricum, Gips, dient vorwiegend als Grundmasse zu den heute selten hergestellten gegossenen Pudersteinen.

Creta alba, der natürliche kohlensaure Kalk, gemahlene Kreide, wird in medizinischen Pudern (und auch in Zahnreinigungsmitteln) nur selten verwendet, in der Kosmetik braucht man sie zum „massieren". Pharmazeutisch zieht man meist den präcipitierten Kalk, das durch Kohlensäure künstlich gefällte Produkt, das feinkörnig und gleichmäßig ist, vor. Es zeigt eine Wasseraufnahmefähigkeit von $W \dfrac{15}{0,4}$. Für kosmetische Zwecke bringt eine englische Firma mehrere Sorten in den Verkehr.

Galmei, natürliches Zinkcarbonat und Silicat, ist eine seltene Pudergrundlage, der man die Eigenschaft, besonders stark auszutrocknen, zuschreibt. Es deckt weniger als Zinkoxyd, adstringiert aber stärker (JANISTYN[1]).

Aluminiumoxyd wird in der Kosmetik verwendet. Es ist rein weiß und haftet gut auf der Haut. Ähnliche Eigenschaften soll nach einer Patentanmeldung auch das basische (unlösliche) Aluminiumsulfat haben.

Ähnliche Eigenschaften hat *Aluminiumhydroxyd*. Sowohl diese Grundlage als auch die vorerwähnte adstringieren und gehören mehr zu den Wirkstoffen als zu den indifferenten Grundlagen.

Die indifferenten oder nahezu indifferenten anorganischen Puderbestandteile sind im Vorhergehenden besprochen. Die Wismutsalze, die Borsäure und andere Stoffe sind nicht zu den Pudergrundlagen, die je nach dem Zweck des Puders zugefügt werden, sondern zu den Wirkstoffen zu rechnen. Sulfide sind als Grundlagen zu vermeiden.

2. Organisch-anorganische Produkte.

Hierzu gehören die Metallsalze organischer Säuren, meist *Aluminium-*, *Magnesium-* oder *Zinksalze* der *Fettsäuren* mit 11—18 Kohlenstoffatomen. Sie bilden auf Grund gemeinsamer Eigenschaften eine Gruppe für sich, fühlen sich fettig an, geben der Haut einen matten Schimmer und kühlen, obwohl sie weder Wasser noch Öl aufnehmen, sehr gut. Man kann deshalb keinen Wasser- oder Ölaufnahmefaktor und kein p_H für diese Salze, die nicht dissoziieren, angeben. Die Zahlen für die Haftfestigkeit auf der Haut sind folgende:

Al-Stearat	auf 100 qcm	trockener Haut	24 mg,	feuchter Haut	31 mg,
Zn-Stearat	„ 100 qcm	„	„ 25 mg,	„	„ 30 mg,
Zn-Undekanat	„ 100 qcm	„	„ 24 mg,	„	„ 51 mg.

Das Schüttgewicht von Al-Stearat beträgt 5,4,
  „   „   „ Zn-Stearat   „ 4,7,
  „   „   „ Zn-Undekanat   „ 4,5.

---

[1] JANISTYN: Zit. S. 351.

Die Agfa stellt zwei Pudergrundlagen her, nämlich Agfa-Puderbasis Z extra und Agfa-Puderbasis spezial. Das erstere Produkt ist ein reines undekansaures Zink, das letztere eine Mischung dieses Salzes mit Stearat. Die Puderbasis Z extra besitzt ein auffallend gutes Gleitvermögen, das sich beim Verreiben günstig auswirkt, das Zinkstearat hingegen „bremst" geradezu, ist aber viel billiger. Die Puderbasis Z spezial nun hat den Preisvorteil des letzteren und durch den Zusatz die günstigen Eigenschaften des ersteren Produktes, so daß beide die Haut gleitend machen, gut haften und die Haftfestigkeit der Zusätze erhöhen. Kosmetischen Pudern werden beide Grundlagen zu 3—10%, meist zu 5% zugefügt. Größere Zusätze sind zu vermeiden, da derartige Puder stark stäuben. Der Zinkstearatstaub darf nicht eingeatmet werden (Intoxikation). — Interessant ist das D.R.P. 703129, es läßt, um Feinheit und Deckkraft der Puder zu erhöhen, Stearate auf Talcum niederschlagen. Man löst das Zinkstearat in Xylol, behandelt damit Talcum und filtriert nach dem Erkalten ab.

3. Organische Substanzen.

Unter den organischen Puderbestandteilen sind die Stärken am wichtigsten. An erster Stelle steht die

Reisstärke, Amylum oryzae, die ein feines kantiges Korn von 4—5 μ Durchmesser besitzt. Sie zeigt den $W \dfrac{8}{0,7}$ und den $\ddot{O} \dfrac{15}{0,09}$, ein p_H von 6,5 und ein Schüttgewicht von 1,5. Auf 100 qcm trockener Haut haften 25 mg, auf feuchter 60 mg. Die Oberflächenaktivität ist bei dieser und den anderen Stärken gering.

Kartoffelstärke, Amylum solani, ist exzentrisch geschichtet und grobkörniger, denn die einzelnen Teilchen weisen einen Durchmesser von 100 μ auf. Ihr $W \dfrac{6}{0,09}$ und $\ddot{O} \dfrac{15}{0,05}$, das p_H von 6,5 sowie das Schüttgewicht von 1,2 sind den Konstanten der Reisstärke recht ähnlich. Ihr Haftvermögen auf der Haut ist bedeutend höher als das der anderen Stärken. Auf 100 qcm trockener Haut haften 120 mg, auf feuchter 270 mg.

Weizenstärke, Amylum tritici, hat $W \dfrac{6}{0,45}$ und $\ddot{O} \dfrac{15}{0,09}$, ein p_H von 6,4 und ein Schüttgewicht von 1,5. Hierin und in den Mengen, die auf der Haut haften, ist sie der Reisstärke vollkommen gleich. Sie besteht aber aus verschieden großen Körnern, kleinen von 5—7 μ und großen linsenförmigen von zirka 30 μ Durchmesser.

Seltener verwendete Stärken sind die *Marantha-, Buchweizen-* und *Bohnen*stärke. Die Buchweizenstärke soll der kosmetischen Literatur zufolge die beste Pudergrundlage dieses Sektors sein. Pharmazeutisch ist sie ungebräuchlich.

Alle Stärken haben den Nachteil ihrer Zersetzlichkeit gemeinsam, sie sind daher aus den medizinischen Pudern weitgehend verdrängt worden. Dies zeigen schon einfache Versuche, wie die Glührückstandsbestimmungen, die mit Markenpudern durchgeführt werden und 95 bis 100% der Einwaage ergeben, d. h. 95—100% der Puder sind anorganisches glühbeständiges Material und kein verbrennbares Kohlehydrat.

Die Pharmazie und die Kosmetik haben die Kartoffelstärke abgelehnt und die Reisstärke vorgezogen. Der Grund hierfür dürfte in der Kornstruktur liegen, denn die Differenzen in den Konstanten allein rechtfertigen nicht die bedeutenden Unterschiede, die auch wir bei Simultanversuchen fanden. Träger akuter Dermatitiden sagten übereinstimmend aus, daß die Reisstärke bedeutend angenehmer wirke, besser kühle, eine Beobachtung, die auch durch die Kontrolle des klinischen Bildes bestätigt werden konnte.

An Stelle der Stärken werden in manchen Fällen auch die *Mehle* verwendet, die den ersteren aber nicht gleichwertig sind.

Die echte **Mandelkleie,** die gepulverten entölten Preßkuchen der Mandelölpressung, sind selten gebrauchte Puderbestandteile. Die Mandelkleie ist aber ein beliebtes Reinigungsmittel, da sie, im Überschuß angewendet, Fett aufsaugt und emulgiert.

Kunstharzmassen. Die bisherigen Kunstharzpuder haben sich nicht besonders durchgesetzt, da es sich meist um gemahlene Produkte, weiße Pulver ohne besonders charakteristische Eigenschaften handelte, Stoffe, die eben anfielen, und die, wie man hoffte, in der Pharmazie oder wenigstens der Kosmetik untergebracht werden können. Kunststoffpulver, die eigens zur Puderbereitung hergestellt wurden, kannte man noch nicht. Ein Harnstoff-Formaldehyd-Kondensationsprodukt, das unter besonderen Bedingungen ausgefällt in Form eines mikrokristallinen Pulvers herstellbar ist, dürfte Aussicht auf größere Verwendung besitzen, da es in manchen Eigenschaften weit über die anderen Trocken-

puderbestandteile hinausragt. Seine Faktoren $W \dfrac{3,5}{2,0}$ und $Ö \dfrac{15}{0,8}$ zeigen

seine starke und schnelle Wasser- bzw. Ölbindung. Das Schüttgewicht beträgt 2,6. Es ist chemisch indifferent und verhält sich auf der Haut wie ein anorganischer Bestandteil, haftet aber fester und in größerer Menge. Die Masse ist nicht oberflächenaktiv und reagiert schwach alkalisch ($p_H = 8$). Dies ist bei ihrer nahezu vollkommenen Unlöslichkeit ohne jede Bedeutung. Ob sich die Einführung lohnt, wird von wirtschaftlicher Seite zu klären sein.

Lykopodium ist ein früher sehr geschätzter Puderbestandteil, der jetzt meist durch Ersatzstoffe substituiert wird, da nicht genügend Material beschafft werden kann. Die Bärlappsporen sind dreiseitige Pyramiden von 30—35 μ Durchmesser mit konvex gewölbten Basen. Die Grundfläche ist vollständig, die anderen Flächen sind bis nahe an die Kanten von einem Netzwerk von Leisten bedeckt, die 5—6eckige Maschen bilden. Das Ganze ist mit einem eingesunkenen, mit Wasser nicht benetzbaren Häutchen überzogen. Diese äußeren Eigenschaften der Pulverkörnchen, die häufig durch Koniferenpollen und Schwefelstaub verfälscht werden, bedingen die wasserabstoßende Wirkung des Lykopodiums, seine Gleitfähigkeit (Pulvis fluens), welche den Puder lockerer und fließender werden läßt. Die Droge wird nicht von allen

Patienten reizlos vertragen und deshalb und auf Grund der geringen Beschaffungsmöglichkeit häufig durch ein Ersatzprodukt, dessen Vorschrift UNNA angab, substituiert. Er läßt 98 Teile Kartoffelstärke mit einem Teil Karnaubawachs umhüllen und einen weiteren Teil Magnesiumcarbonat zufügen. Paraffin kann an Stelle des Karnaubawachses nicht genommen werden, da es zu klebrig ist und einen zu niedrigen Schmelzpunkt aufweist, wohl aber Wachse, die hochschmelzend, sehr hart als Imprägnierungsmittel für Trinkbecher aus Papier allgemein bekannt sind. Die Eigenschaft des Lykopodiums, weiterzurollen, beruht nicht auf dem Fettgehalt, sondern nur auf der kugeligen Gestalt und dem oben geschilderten Häutchen. Das Fett ist innerhalb des Häutchens eingeschlossen und kann nicht in Aktion treten. Würde es diffundieren, so wäre die Gleitfähigkeit aufgehoben, da das Öl die Körner verkleben würde.

Gepulverte Drogen sind als Puderbestandteil ebenfalls in Gebrauch. *Salbeiblätterpulver* z. B. wird in geringen Mengen zugesetzt, hält die Pudermasse locker und soll durch seinen Gerbstoff- und ätherischen Ölgehalt wohl auch therapeutisch wirken. Inwieweit dies der Fall ist, wurde noch nicht geprüft. Das *Eibischblätterpulver* quillt im Sekret und scheint zugesetzt zu werden, um die Haftfestigkeit auf sezernierender Haut zu fördern. Als drittes Drogenpulver sei noch das der *Iriswurzeln* erwähnt. Es besteht vorwiegend aus Stärke, enthält aber auch Zellwandfragmente und Raphiden (Ca-Oxalatkristalle) und kann deshalb und durch die Duftstoffe zu Reizungen führen. Es wird in älteren Puderrezepten verhältnismäßig häufig erwähnt und wegen seines Jonongehaltes (Veilchenaroma) als Parfümträger angewendet.

Die drei Drogenpulver sind heute nahezu obsolet. Dies gilt aber nicht von allen Pflanzenpulvern, denn die *Eichenrinde* ist nicht nur der Hauptbestandteil, sondern nahezu der alleinige Träger der Wirkung des Frekasanpuders, der S. 377 eingehender besprochen wird. Auch *Rathaniawurzelpulver* von einer tropischen südamerikanischen Papilionate wird angewendet. Es verursacht wie das Iriswurzelpulver und das Lykopodium bisweilen Allergien. Diese Eigenschaften sind den meisten Ärzten unbekannt, so daß mitunter an alles, nur nicht an Reizungen durch eine Komponente des verwendeten Puders gedacht wird.

4. Farbstoffe der Puder.

Es kann erwünscht sein, einen Puder, der auf unbedeckter Haut zur Anwendung kommt, zu färben, um ihn unsichtbar zu machen, der Haut die „kalkige Note" zu nehmen. Medizinische Puder werden deshalb mit Bolus rubra getönt. Daneben sind noch Ocker und gebrannte Siena im Gebrauch.

· Die Kosmetik hat ein wesentlich weiteres Repertoire. Für rosa und rote Tönungen werden Erythrosin, Phloxin, Gelb- und Braunlacke angewendet. Auch Cadmiumsulfid, Eosin, Ultramarin, Kobaltblau, also lösliche und unlösliche Farben verschiedenster Herkunft und auch Lacke stehen im Gebrauch.

5. Puder der Industrie.

Hier sollen die Pudergrundlagen, die von pharmazeutischen Fabriken hergestellt und ohne Medikamentenzusatz als indifferente Puder, mit Zusätzen als Wirkstoffträger herausgebracht werden, besprochen werden.

Vasenolpuder sind anorganische, talcumreiche, überfettete Puder, die gleitfähigmachende (Talcum) und absorbierende Stoffe (Zinkoxyd, Titandioxyd und kolloide Kieselsäure) enthalten. Dieses Gemenge wird mit Vasenol, einem Gemisch von Cholesterin, dessen Fettsäureestern, Phosphatiden und Vaselin beladen. Durch die besondere Beladung des Puderträgers mit einer Kombination hydrophober und hydrophiler Fette wird den Vasenolpudern eine gesteuerte, allmählich wirksame Aufsaugefähigkeit verliehen. Vasenol ähnelt physikalisch (es nimmt 500 % Wasser auf, schmilzt bei 35°) und chemisch dem Hautfett. Der Vasenolpuder wird insbesondere auch bei Hyperhydrosis (MARESCH[1]) empfohlen.

Die **Fissanpuder** der Milchwerke Zwingenberg bestehen aus drei Komponenten, dem anorganischen Siliciumdioxyd in Form von Kieselgur als Trägersubstanz, dem Fissankolloid einer Kieselfluorverbindung als Körper, der die Oberfläche vergrößert, und dem labilen Milcheiweiß, dem die Wirkung vorwiegend zugeschrieben wird (HESEMANN[2]). Es handelt sich hierbei um ein Produkt, das auf S. 68 des ersten Teiles eingehend beschrieben wurde. Der geringe Zusatz „Labilin" scheint therapeutisch hinreichend zu wirken, denn weitaus der größte Teil der Fissanpuder ist glühbeständig, also aus anorganischem Material zusammengesetzt. Das basische Fissan-Kolloid hingegen mit $W \dfrac{15}{14}$ ist der Quantität nach Nebenbestandteil, der Qualität nach Hauptbestandteil. Es wird als enorm leichte Masse (Schüttgewicht 20—25), die auch lufttrocken bedeutende Mengen Wasser enthält und weitere Mengen, ohne naß zu werden und zu verklumpen, aufnimmt und außerordentlich oberflächenaktiv ist, beschrieben (HESEMANN[3], POLLAND[4]). Es überzieht gemeinsam mit dem Labilin die Diatomeen. Die Wasseraufnahme $W \dfrac{15}{3,16}$ und die Ölaufnahme $Ö \dfrac{15}{0,25}$ des Kieselgurs wird dadurch zwar herabgedrückt, die günstigen therapeutischen Eigenschaften werden aber anscheinend nicht verändert, denn FREUND[5], JANUSCHKE[6], HEGDOLPH[7] u. a. haben die Präparate mit Erfolg verwendet.

Als Pudergrundlage wird Fissan mit Schwefel, Ichthyol, Teer und Silber-Tannin kombiniert. Auf diese Produkte wird in den speziellen Kapiteln einzugehen sein.

Dialonpuder ist auf Talcumbasis aufgebaut und enthält Borsäure, Thymol und eine „Spezialsalbengrundlage", anscheinend ein Produkt, das dem Unguentum Diachylon ähnlich zusammengesetzt ist.

---

[1] MARESCH: Therapeutische Mitteilungen der Vasenolwerke.
[2] HESEMANN: Fette u. Seifen **49**, 1 (1942).
[3] HESEMANN: Therapie der Gegenwart **2** (1938).
[4] POLLAND: Wien. med. Wschr. **1931**, 1.   [5] FREUND: Med. Klin. **1930**, 27.
[6] JANUSCHKE: Münch. med. Wschr. **1928**, 43.   [7] HEGDOLPH: Med. Welt **1931**, 30.

6. Gemischte Puder.

UNNA hat die mineralischen Puder in stark wasseranziehende und in fettaufsaugende unterteilt und hoffte durch Mischung verschiedener Komponenten wechselnde Effekte zu erzielen. Talcum ist daher als Massagepuder und pulverförmiges Gleitmittel nahezu die einzige Substanz, die bisweilen unvermischt verwendet wird. Alle anderen Grundlagen sind nur Bestandteile gemischter Puder, welche die Wirkung der einzelnen Komponenten gemeinsam aufweisen sollen. Genau so ist es ja bei den Salben, die nur selten aus einer einzigen Grundmasse bestehen.

Wir müssen nun wissen, inwieweit die einzelnen Puderbestandteile auch in dem Verhältnis auf der Haut liegen bleiben, in welchem die Komponenten zusammengemischt wurden. Es zeigte sich doch, daß Stärke in ganz anderen Dosen auf der trockenen Haut haftet als z. B. Titandioxyd. Verdrängt nun die Stärke das Titandioxyd oder ziehen beide in dem Verhältnis auf, in dem sie gemischt wurden? Die Frage kann nur durch Versuche beantwortet werden, die folgendermaßen angestellt wurden: 5 Mischungen aus je einem brennbaren und einem nichtbrennbaren Bestandteil wurden wie bei den Versuchen zur Klärung der Menge des haftenden Puders durch eine Schablone, die 100 qcm Haut freiließ, auf trockene und feuchte Haut gepudert. Der Überschuß wurde sofort bzw. nach dem Trocknen abgeklopft und der haftende Rest abgepinselt, gewogen, geglüht und zurückgewogen. Der Schwefel und die Stärke verbrennen, so daß der Glührückstand das halbe Gewicht des abgepinselten Puders betragen muß, sofern beide Komponenten zu gleichen Teilen aufziehen. Die Versuche ergaben nun folgendes:

Tabelle 10.

Art des Puders	Gewichtsanteil des Glührückstandes in %	
	Trockene Haut	Feuchte Haut
Talcum Schwefel āā 5	30	40
Weizenstärke TiO$_2$ āā 5.	50	45
Schwefel ZnO āā 5.	45	50
Magnes. usta Schwefel āā 5	60	25
Magnes. usta Weizenstärke āā 5	20	25

Die Aufstellung zeigt, daß von den Pudern, die 1:1 gemischt wurden, auf die Haut nicht jeweils dieses Verhältnis der Komponenten aufzieht, sondern daß die Menge schwankt. Ursachen hierfür dürften Differenzen im Schüttgewicht und die verschiedene Haftfestigkeit sein. Bei der Großherstellung von Pudern wird es daher nötig sein, ähnliche Versuche wie die oben angedeuteten durchzuführen, um einen Anhaltspunkt zu finden, der die richtige Zusammensetzung der Puder gewährleistet.

Indifferente Puder. Im allgemeinen ist die Wirkung indifferenter Puder ein physikalisch-chemisches Problem. Man nimmt an, daß die Hornschicht entfettet wird. Die nachrückenden Sekrete finden nur geringen Widerstand und strömen deshalb schneller, wodurch eine Steigerung der normalen Wasserverdunstung erfolgt (PERUTZ[1]). Wir werden auf diese Annahme in späteren Abschnitten S. 363 und S. 367 noch zurückkommen. Jedenfalls ist die Wirkung indifferenter Puder vorwiegend eine adsorptive. Beim Aufstreuen entsteht ein disperses System, das, sofern capillaraktive Substanzen zugegen sind, lokale Konzentrationsänderungen verursacht. Diese Störung ist vom Bestreben der Haut, die Änderungen auszugleichen, gefolgt. Es kommt zur Diffusion, also zur Erscheinung, die für die Wirkung der medikamentösen Puder Voraussetzung ist. In welcher Größenordnung sich die aufgenommenen Wassermengen bewegen, sollen einige Versuche zeigen, denn die Wasseraufnahmefähigkeit einer Puderschicht auf der Haut bzw. auf einer trockenen Glasplatte wurde bisher noch nicht geprüft, alle bisherigen Ergebnisse wurden an Modellen gewonnen. Es war daher interessant, im Vakuum getrocknete Puder auf 100 qcm großen Glasplatten und auf gleichgroße Hautflächen aufzustreuen, 15 Minuten darauf zu belassen und die Wasseraufnahmefähigkeit durch Wiegen der abgepinselten Pudermengen — sofort und nach erfolgter Trocknung — zu kontrollieren. Auf ein Gramm Substanz gerechnet nimmt fast jeder Puder Wasser auf. Verschiedene Puder ziehen auf der Glasplatte mehr Wasser an sich als auf der Haut der Versuchsperson, deren Unterarm trockene Haut aufwies. Die Ursache hierfür mag in der Temperaturdifferenz zwischen der zimmerwarmen Glasplatte (22°) und der wärmeren Haut (35°) gelegen sein. Jedenfalls ist die wasseraufnehmende Wirkung der Puder auf der Haut sehr gering und bewegt sich in Milligrammdosen wie die nebenstehende Tabelle zeigt.

Tabelle 11.

	Menge	Wasseraufnahme	
		auf der Haut	auf Glasplatten
	g	g	g
Reisstärke.	1	0,016	0,05
Kartoffelstärke . .	1	0,062	0,018
Weizenstärke . . .	1	0,012	0,07
Bolus.	1	0,003	0,003
Kieselgur	1	0	0,030
Magnes. usta . . .	1	0,005	0,035
Magnes. carb. . . .	1	0,04	0,02
Zinkoxyd	1	0	0,009
Titandioxyd. . . .	1	0,01	0,0015
Stearate	1	0,003	0,005

7. Puder mit Medikamentenzusätzen.

Allgemeines. Auch über diese Arzneiform sollen, bevor auf Einzelheiten eingegangen wird, einige allgemeine Gesichtspunkte besprochen werden. Wir wissen, daß Schwefel, Ichthyol, Teer, Zinkoxyd in Pudern, wenn auch anders als aus Salben heraus, wirksam sind. Farbstoffe, ätherische Öle können in Pudern Nebenwirkungen verursachen, sind also auch — im weiteren Sinne wenigstens — wirksam. Der Nachweis, wie weit die Wirkung geht, kann klinisch-empirisch erbracht werden. An Modellversuche wurde noch kaum herangegangen. Es sollen daher,

---

[1] PERUTZ: Handb. der Haut- und Geschlechtskrkh. **V/1**. Berlin: Springer.

ähnlich den Versuchen zur Klärung der Salbenresorption, einige experimentelle Prüfungen beschrieben werden. Sie sollen klären, ob das Medium auf die Wirkung einen Einfluß hat oder ob es gleichgültig ist, diese oder jene Pudergrundlage zu verwenden. Bei manchen Salben, z. B. bei Salicylsalben, fand man lokal keine wesentliche Differenz, ob man die Säure in Vaselin, Öl/Wasser oder Wasser/Öl-Emulsionen verarbeitet. Die Resorption ist aber nach den eingehenden Untersuchungen von MONCORPS[1] vom Medium ganz außerordentlich abhängig und kann, bei gleicher Konzentration, aus dem einen Medium heraus 40mal größer sein als aus einem anderen Milieu.

Bei den Salben haben wir den *Wert der Modellversuche* überall dort gering veranschlagt, wo die gesunde trockene Haut behandelt wird, ein Milieu, das durch Modelle nicht nachgeahmt werden kann. Bei der Schleimhautbehandlung, bei der Wundpflege und sonst beschädigter Haut gibt die Modellprüfung aber gute Hinweise zur Wahl der besten Grundlage. Ähnliche Verhältnisse können wir auch bei Pudern erwarten. Ein Tanninpuder zum Beispiel, der im Modellversuch versagt, wird auch auf Brandwunden nicht in der Lage sein, einen Schorf zu bilden; ein Farbstoffpuder, der Gelatineblöcke nicht färbt, wird auch auf der feuchten Haut nicht in der Lage sein, seinen Wirkstoff zur Diffusion, zur Voraussetzung der Wirkung, zu bringen.

Unsere Modellversuche wurden in verschiedenen Arbeitsanordnungen vorgenommen. Die interessantesten seien kurz beschrieben:

3proz. Gelatinelösung wurde in Bechergläsern von 40 ccm Fassungsvermögen und einem Durchmesser von 3,5 cm erstarren gelassen. Die Gallerte, die als Modell dient und bei genügend Kontakt in der Lage ist, aus dem Puder den Wirkstoff herauszuziehen, d. h. herausdiffundieren zu lassen, wurde, sofern die Wirkstoffe gefärbt waren, unbehandelt gelassen. Wo dies nicht der Fall war, wurde sie mit Spuren von Chemikalien versetzt, die mit dem Medikament gefärbte Niederschläge bilden. Eisenchlorid z. B. zeigte das Eindringen von Tannin- und Salicylsäure außerordentlich intensiv.

Nachstehend werden die Resultate einiger der Versuchsreihen in Schaubildern gebracht.

Abb. 44 zeigt, wieweit *Methylenblau* aus verschiedenen Pudergrundlagen, hier Substanzen genannt, in die Gelatineblöcke hineindiffundierte. Die Diffusion wurde nach dem Fortschreiten der blauen Zonen in der Gelatine beurteilt und nach 1, 2, 3 und 24 Stunden abgelesen. Aus dem Bild ist zu ersehen, daß Zinkoxyd, Methylenharnstoff, Talcum und Kieselgur und deren Mischungen gute, Titandioxyd und Reisstärke mäßige und Bolus sowie Aluminiumstearat ungeeignete Medien sind. Die Kartoffelstärke hat Wasser aus der Gelatine herausgesogen, diese aber nicht gefärbt, sie ist also im Sinne der Therapie mit wasserlöslichen Medikamenten unbrauchbar.

Abb. 45 stellt denselben Versuch mit *Tanninpudern* dar. Die Gelatine war mit Eisenchlorid absichtlich verunreinigt, so daß ein diffundierendes Tannin schwarze Fällungen (Tinte) bildet. Wir sind uns bei dieser

---

[1] MONCORPS: Zit. S. 142.

Versuchsanordnung der Fehlerquellen, die durch die Reaktion Eisensalz $\rightleftarrows$ Tannin auftreten, bewußt, glauben die Resultate aber doch bringen zu können, da der Effekt für die Brauchbarkeit der Anordnung spricht. Das Bild zeigt bei gleicher Anordnung der Kästchen, daß die

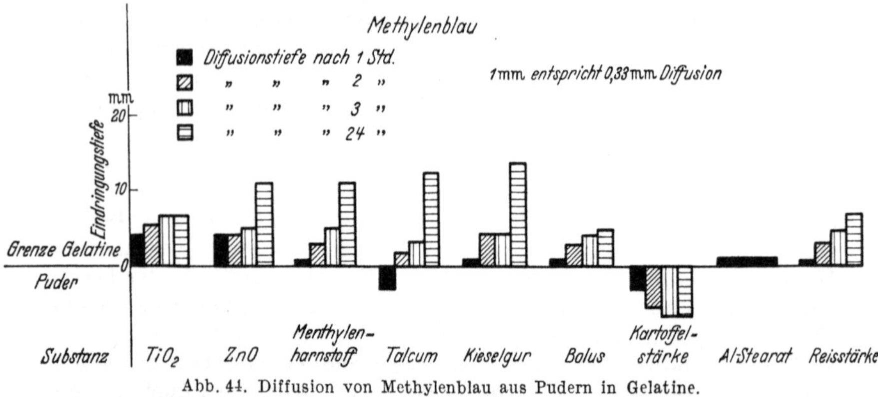

Abb. 44. Diffusion von Methylenblau aus Pudern in Gelatine.

Verhältnisse hier wesentlich anders liegen. Zinkoxyd und Aluminiumstearat sind nicht in der Lage, Tannin zur Wirkung zu bringen. Optimal wirken Kartoffelstärke, die anderen Stärken und Talcum, Bolus und Titandioxyd schneiden etwas schlechter, Kieselgur und Methylenharnstoff wesentlich ungünstiger ab. Es fällt auf, daß der Tanninpuder zum

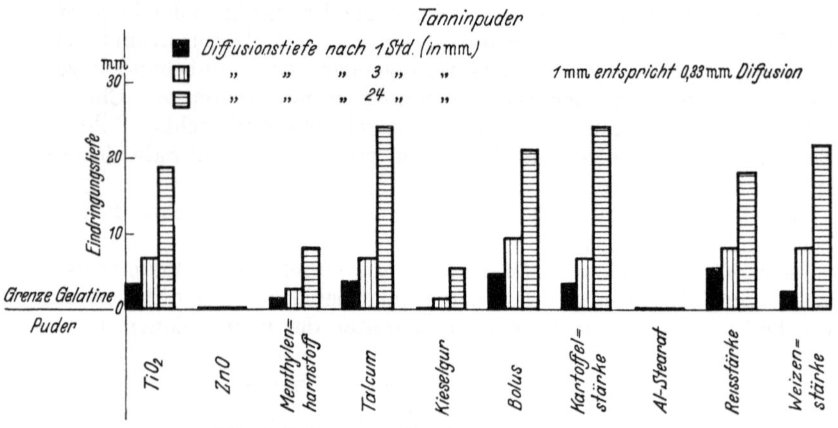

Abb. 45. Diffusion von Tannin aus Pudern in Gelatine.

Unterschied von Methylenblaupuder bei Talcum und bei der Kartoffelstärke nicht in der Lage ist, Wasser aus der Gelatine herauszuziehen. Grund hierfür dürfte die anders geartete Herstellungsweise sein. Im Falle des Farbstoffpuders wurde das Methylenblau in Wasser gelöst mit den Medien gemischt und getrocknet. Das Tannin hingegen wurde als Pulver zugemischt. Im ersteren Falle mag durch das Anfeuchten der Grundlage und das Wiedertrocknen eine Art Aufschluß bewerkstelligt worden sein. Tannin gerbt außerdem die Gelatine, es entsteht ein Film, der den Wasseraufstieg verhindert.

Daß Unterschiede im *Haftvermögen von Pigmenten* vorhanden sind, kann man auch optisch durch Verwendung von im Ultraviolettlicht leuchtenden Farbstoffen zeigen. Hierzu wurden 8 Grundlagen mit 10% Lumogen L rot neu, einem Leuchtstoff (Pigment) verrieben und auf die Haut von 10 Personen aufgepudert. Die behandelten Stellen leuchteten nun unter der UV-Lampe ganz verschieden intensiv auf und gaben so Anhaltspunkte für die Beurteilung der Haftfestigkeit. Es zeigte sich, daß in diesem Falle Kartoffelstärke weitaus am meisten Leuchtstoff an die Haut heranbrachte, Bolus und Kieselgur folgen. Die Resultate mit Methylenharnstoff, Reisstärke waren uneinheitlich, und die übrigen Substanzen teilten der Haut nur wenig oder *keinen* Leuchtstoff mit.

Schon diese Modellversuche zeigen, daß die Pudergrundlagen die einzelnen zugefügten Heilmittel ganz verschieden stark zur Wirkung bringen. Darnach müßte also jeder Hersteller von Pudern — sofern die optimale Kombination nicht im voraus, z. B. chemisch bedingt oder aus Erfahrung vorliegt — erst Modellversuche oder klinische Prüfungen anstellen, um das Optimum herauszufinden.

Die klinische Bestätigung der durch Modellversuche herausgefundenen optimalen Kombinationen war bei den Salben nur dort zu erbringen, wo Schleimhäute oder Stellen mit geschädigter Haut zu behandeln waren. Bei den Pudern ist die Lage ähnlich, aber für den Modellversuch günstiger. Eine Salbe zum Beispiel, die Pigmente, etwa Quecksilberpräcipitat, enthält, bringt diesen Wirkstoff doch an die Haut heran, und zwar in der durch das Rezept festgelegten Konzentration. Bei den Pudern aber wird eine Grundlage, die das Pigment gar nicht an die Haut heranbringt, im oben geschilderten Versuch — also Titandioxyd, Zinkoxyd, Talcum und Stearate — schon auf Grund der Modellversuche, wenigstens für dieses geprüfte Pigment auszuschalten sein.

Wir kommen nun zu einzelnen Abschnitten, in denen besonders wichtige Gruppen von Pudern zusammengefaßt werden.

Saure Puder. Über die Grundlagen der Hautbehandlung mit sauren Substanzen wurde von den Verfassern im Abschnitt, der die sauren Salben behandelt, bereits eingehend berichtet. Es kann daher hier auf die Arbeiten verwiesen werden, die alle auf der Lehre vom Säuremantel der Haut beruhen. Diese Lehre besagt, daß die menschliche Haut sauer reagiere, ein p_H von etwa 4,2—5,5 aufweise und durch diese saure Schicht weitgehend vor bakteriellen Schäden geschützt werde. Der „Säuremantel" besitzt unter den Achseln, unter den Brüsten der Frauen und in der Schamgegend Lücken, die durch saure Cremes und Puder geschlossen werden können. Tatsächlich sind wir in der Lage, mit sauren Medikamenten Mykosen und bakterielle Infektionen an den Stellen, an denen es zweckmäßig ist, günstig zu beeinflussen. Ob es darüber hinaus aber Zweck hat, die Haut ganz allgemein anzusäuern, sei dahingestellt. In den letzten Jahren mehren sich nämlich die Stellen, die vor Überschätzung des „*Säuremantels*" warnen, ja eigene Untersuchungen des einen von uns[1] haben an Hand von über 15000 Messungen nie die tiefen Werte anderer Prüfer, sondern im Durchschnitt ein p_H von 6,7 ergeben.

Es gelang in Ludwigshafen nicht, die niederen Werte von 4,2—5,5, die andere Autoren fanden, zu reproduzieren. Auch GREUER[2] fand höher liegende Werte zwischen 5 und 6. Ursachen hierfür mögen die veränderte Ernährung im Kriege und klimatische, vielleicht auch rassische Unterschiede sein. Alkalisierung und Ansäuerung veränderten das p_H vorübergehend, nach 1—2 Stunden waren die ursprünglichen Werte aber wieder hergestellt. Es hat also den Anschein, als ob der „Säuremantel" im bisher angenommenen Sinne gar nicht vorhanden oder „ätherisch" dünn sei, und daß es keinen „Mantel" gebe, sondern nur den *Eiweißkomplex Haut-keratin, der Laugen und Säuren in weiten Grenzen als amphoterer Eiweißstoff neutralisiert* und zu seinem p_H zurückkehrt. Sein p_H, der „isoelektrische Punkt", wird an manchen Stellen von größeren Mengen sauren oder nach Zersetzung alkalischen Schweißes überlagert. Die Lage ist dann so, daß kein „Säuremantel" zu „flicken" ist, sondern daß *alkalische Stellen* in einzelnen Fällen zu behandeln sind. Die sauren Werte bedürfen nur selten einer Stützung, denn die Haut ist in der Lage, selbst Alkalisierungen durch 1 : 1000 NaOH in einer Stunde zu neutralisieren, und die üblichen Seifenwaschungen sind überhaupt nur selten imstande, das Haut-p_H weiter als bis zum Neutralpunkt $p_H = 7$ zu alkalisieren.

Die Ansäuerung hat neben der „Verstärkung des Säuremantels", wenn wir bei dieser Nomenklatur bleiben wollen, den Zweck, die Gefäße zu kontrahieren und die Haut zu „reinigen". Man führt sie durch Waschungen mit „Toilette-Essigen", sauren Cremes oder auch Pudern durch.

Die Puderbehandlung hat natürlich nur dort Wert, wo genügend Feuchtigkeit vorhanden ist, um die pulverförmigen Säuren — nur solche kommen in Frage — zu lösen. Man wird also meist Borsäurepuder — denn die Salicylsäure hat neben der sauern dennoch andere Wirkungen, die sie zu anderen Verwendungszwecken vorbestimmen — in den Interdigitalräumen mit Erfolg verwenden, auf der trockenen Haut aber geringere Erfolge erzielen.

Viele anorganische Pudergrundlagen sind, da unlöslich und nicht dissoziierbar, praktisch neutral, andere, wie Zinkoxyd und die meisten Handelspuder, sind schwach alkalisch. SCHMIDT[3] bringt eine Liste, die wir auszugsweise wiedergeben.

Tabelle 12.

	Substanz	p_H
Grundlagen . . .	Talcum	7,3
	Bolus	6,8
	Stärke	6,5
Medikamentöse Bestandteile .	Zinkoxyd	7,4
	Borsäure	4,2
	Schwefel	5,7
Fertige Puder. .	Sulfodermpuder . . .	8,4
	Fissan-Schweißpuder .	7,6
	Fissan-Schwefelpuder .	7,4
	Fissan-Ichthyolpuder .	7,5
	Vasenolpuder	7,1
	Fosidermpuder. . . .	7,1
	Hametumfettpuder . .	7,3
	Lenicetpuder	4,7
	Milkudermpuder . . .	7,0

---

[1] v. CZETSCH-LINDENWALD, H.: Arch. Gewerbepath., Gewerbehyg. **10**, 5 (1941); Fette u. Seifen **47**, 401 (1940).   [2] GREUER: Arch. f. Dermat. **185**, 2 (1944).
[3] SCHMIDT: Klin. Wschr. **20**, 31 (1941).

Er zeigte durch Messungen mit der Epicutanelektrode dann weiter, daß Stärke und Talk nur eine unmerkliche, Bolus (wahrscheinlich durch Adsorption von Säuren) und Zinkoxyd eine größere Verschiebung ins Alkalische verursachen. Die meisten fertigen Puder, mit Ausnahme der Lenicetpräparate, alkalisieren. Nach SCHMIDT ist es nun zweckmäßig, säuernde Puder zu bevorzugen, da diese die biologischen Abwehrkräfte unterstützen. Tatsächlich wird man an den „Lücken des Säuremantels" zweckmäßigerweise saure Puder anwenden. An den übrigen Stellen dürfte sich dies unseres Erachtens erübrigen, da die Haut die geringe Verschiebung ins Alkalische in kurzer Zeit ausgleicht.

Ein saurer Puder, der den Forderungen SCHMIDTS entspricht, ist der Lenicetpuder. Lenicet ist polymerisiertes Aluminiumsubacetat, das als Pulver mit Bolus zusammen den Lenicet-Bolus bildet. Außer diesem Präparat sind ein Lenicetwund- und -körperpuder aus Lenicet, Bolus, Talcum und ätherischen Ölen, ein Kinderpuder ohne die Öle, aber mit Wollfett, ein Formalinpuder, der neben den Bestandteilen des Kinderpuders noch Formaldehyd enthält, Lenicet-Bolus mit Silber und mit Milchsäure im Handel. Die letzteren beiden sind Gynaecologica, die von JASCHKE, STOECKEL u. a. in einschlägigen Lehrbüchern bei Vaginitis, Vulvitis und darüber hinaus bei Pemphigus neonat. besprochen werden. Die indifferenten Körper- und Kinderpuder bestehen aus 93 bzw. 90% anorganischem Material und zeigen die Faktoren $W\dfrac{15}{0,55}$ und $W\dfrac{15}{0,30}$. Der Kinderpuder nimmt infolge des Wollfettzusatzes weniger Wasser auf.

An den alkalischen Hautstellen, insbesondere dort, wo infolge starker Behaarung viel Hautfeuchtigkeit zurückgehalten wird, ist jeder Stärkezusatz zu vermeiden. Man verwendet dort nur anorganische Grundlagen meist saurer Reaktion, nach BRUCK[1] z. B.:

> **Rp.** Acid boric.   1,0
> Zincum oxydat.
> Talcum venet. $\overline{aa}$ ad 10,0.

In diesem Rezept wird man, um Reaktionen der Borsäure mit dem Zinkoxyd zu vermeiden und deren Wirkung zu erhalten, das Oxyd durch eine andere anorganische, nicht reaktionsfähige Grundlage ersetzen (Titandioxyd).

Kühlende Puder. Über kein Kapitel aus der Pudertherapie ist so viel gearbeitet worden wie über die Kühlpuder. UNNA hat die Wirkung dieser Puder durch Kondensation der insensiblen hautwarmen und hautfeuchten Dunstatmosphäre der Haut zu erklären versucht. Dadurch werden Kühlung und Trocknung hervorgerufen. Diese Theorie hat sich als falsch herausgestellt. Aber auch viele andere Erklärungsversuche, die zur Erläuterung des Phänomens herangezogen werden, sind oft von falschen Annahmen ausgegangen. RYBÁK[2] hat sich hiermit eingehend beschäftigt und konnte einige Theorien ausschalten. Er konnte zeigen, daß die Annahme, durch die Saugwirkung der Puder werde die Kühlung

---

[1] BRUCK: Fortschr. Ther. **1934**, 2.
[2] RYBÁK: Česká Dermat. **2**, 201, 304 (1921).

verursacht, unhaltbar ist, denn das Aufsaugen bindet keine Wärme, und die Quellung der Stärke macht sogar, wenn auch in praktisch bedeutungslosen Dosen, Wärme frei. Darüber hinaus geht, wie eigene Versuche zeigten, die Aufsaugfähigkeit und die Kühlintensität nicht parallel. Aluminiumstearat z. B., das überhaupt kein Wasser aufsaugt, kühlt sehr gut; Talcum, das in der ENSLIN-Apparatur mehr als sein Eigengewicht an Wasser aufnimmt, kühlt nicht.

Die zweite Theorie, ,,Puder entfetten und erhöhen deshalb die Perspiratio insensibilis", ist nach RYBÁK unhaltbar, weil die Entfettung erst nach wiederholtem Pudern, der Kühleffekt aber beim ersten Bestreuen und im ersten Augenblick auftritt.

BECHHOLD[1] meint, daß die Puder wahrscheinlich Wasser adsorbieren und auf Grund ihrer großen Oberfläche die Verdunstung beschleunigen. RYBÁK wies nun aber nach, daß die Hautoberfläche durch Bepudern nur um das $1\frac{1}{2}$—$2\frac{1}{2}$fache vergrößert wird, und zeigte am Modellversuch, daß die Oberflächenvergrößerung keinen bemerkenswerten Effekt hervorruft. Er kommt daher zu einer neuen Theorie: Die Haut ist keine in allen Teilen gleichartige Fläche, sondern besteht aus Feldern, die von Vertiefungen unterbrochen werden. Die Furchen, Täler und Gruben sind feuchter als die höher liegenden Stellen, die Verdunstung findet vorwiegend in den tieferen Partien statt. Bestreuen wir nun die Haut mit Puder, so breitet sich die Feuchtigkeit durch Capillarwirkung angesaugt über die vorher trockenen Stellen aus und kühlt durch Verdunstung auch dort, wo früher keine Wasserabgabe stattfand, auf den ,,Feldern", unter denen die auf Wärme und Kälte empfindlichen Nerven liegen.

Die Erklärung, so einleuchtend sie auch aussehen mag, hat zwei Schwächen. Das Wasser steht nicht in Furchen wie auf einem überschwemmten Acker, sondern ist seinerseits nur capillar aufgesaugt und als Emulsionswasser vorhanden (siehe die Haut als Emulsion von GOODMAN[2]), und dann kühlen, wie oben schon angeführt, auch Puder grundlagen, die überhaupt kein Wasser aufsaugen, geschweige denn leiten können. Auch diese Erklärung befriedigt nur zum Teil.

Eine weitere Theorie, die WINTERNITZ[3] von DARIER herleitet, konnte durch Versuche der Verfasser widerlegt werden. Sie führt die Kühlwirkung auf die Hautoberflächenvergrößerung und auf die Steigerung der Wärmestrahlung zurück. Die Wärmestrahlung wird aber durch Puder kaum beeinflußt. Dies zeigten Versuche mit einer Thermosäule, die mit einem Spiegelgalvanometer kombiniert von der Haut der Versuchsperson in stets gleichbleibender Entfernung aufgestellt wird. Wenn nun die unbehandelte Haut bei Einhaltung bestimmter Bedingungen einen Ausschlag von z. B. 80 Teilstrichen (im folgenden Nullwert 80 genannt) zeigt, so muß eine Erhöhung der Wärmestrahlung das Galvanometer noch weiter ausschlagen, eine Senkung der Wärmestrahlung den Ausschlag kleiner werden lassen.

---

[1] BECHHOLD: Kolloide in Biologie und Medizin **1919**, 393.
[2] GOODMAN: J. amer. med. Assoc. **1940**, 1005.
[3] WINTERNITZ: Handb. der Haut- u. Geschlechtskrkh. **V/1**, 632. Springer: Berlin.

Zur Durchführung genauer Versuche ist es nötig, zunächst den Normalausschlag festzustellen. Hierfür muß sich die Versuchsperson mindestens eine Stunde vor Beginn der Untersuchung im Versuchsraum, der eine konstante Temperatur aufweisen muß, einfinden. Vernachlässigt man diese Forderung und kommt die Versuchsperson z. B. aus der Winterluft frisch in den Raum, so wird ihre Ausstrahlung zuerst kleiner als normal sein. Dann wird sie vorübergehend größer sein als der Durchschnitt, um sich nach der angegebenen Zeit zur Norm zu senken. Händewaschen mit kaltem oder heißem Wasser erniedrigt bzw. erhöht die Wärmestrahlung ebenfalls. Man muß auch immer dieselbe Stelle zu den Versuchen wählen, denn die Abstrahlung ist von der Durchblutung abhängig und je nach dieser größer oder kleiner. Als Versuchsstellen sind die Handinnenfläche, der Handrücken, der Unterarm, die Brusthaut u. a. gleichermaßen geeignet.

Die Strahlung einzelner Personen ist an äquivalenten Stellen außerordentlich verschieden. Sie ist unabhängig vom Alter und Geschlecht. Als Beispiel seien einzelne Nullwerte angegeben, wobei unter Nullwert der Normalausschlag zu verstehen ist:

Tabelle 13.

Alter u. Geschlecht	♂ 38				♀ 17		♀ 18	♂ 30	♂ 58	♀ 55	♂ 17	♀ 24
Versuchsperson	Ce.				Kö.		Ei.	Be.	He.	Ho.	El.	Ar.
Nullwert der Handinnenfläche ..	80	75	76	80	57	56	63	61	58	63	67	91	46	52

Die Versuche wurden an 8 Personen angestellt; die nachstehende Tabelle zeigt die Resultate an 3 Personen: Ce., Kö., und Ei., denen die an den übrigen Personen gewonnenen Resultate parallel gehen.

Tabelle 14.

Art der Behandlung	Ausschlag des Galvanometers in Teilstrichen		
	Versuchsperson Ce.	Versuchsperson Kö.	Versuchsperson Ei.
Unbehandelte Haut	80. 75. 76. 80	57. 56	61. 58
Bestreut mit Tierkohle	76. 75	55. 55. 54	55
Bestreut mit Schwefel depuratus . .	77	58	59
Bestreut mit Schwefel praecipit. . .	63. 54. 60	30. 38. 32	44. 45. 43
Bestreut mit Bismut subnitric. . . .	76	52	54
Bestreut mit Titandioxyd	76	53	55
Bestreut mit Zinkoxyd	77. 78	53	52
Bestreut mit Zinkundekanat	71	50	53
Bestreut mit Zinkstearat	74	51	58
Bestreut mit Kaolin	78. 77	51	55
Bestreut mit Talkpulver	71	47	57
Bestreut mit Bentonit	77	50	55
Bestreut mit Kieselgur	76	51	54
Bestreut mit Weizenstärke	71	57	57
Salbe Öl-Wasser	79	55	61
Salbe Wasser-Öl	56	54	57
Vaselin	71	50	56

Die Versuche ergeben, daß weder die geprüften Pudergrundlagen noch die Salben imstande sind, die Wärmestrahlung zu erhöhen. Erniedrigt wird die Strahlung nur vom präcipitierten Schwefel, wogegen die Salben auf den *Strahlungsverlust* kaum einen Einfluß haben. Ihre wärmeschützende Eigenschaft, die ja allgemein bekannt ist, ist nicht auf eine Hemmung der Strahlung, sondern auf eine Behinderung des Wärmeaustausches zurückzuführen.

Weitere Versuche, die Kühlwirkung zu klären, wurden von SCHMIDT[1] an der Haut, also unabhängig von Modellen, durchgeführt. Er hat an Versuchspersonen nachgewiesen, daß die Perspiratio insensibilis von allen organischen und anorganischen Pudergrundlagen und fertig gemischten Pudern, gleichgültig ob sie fein oder grob dispers sind, um 20—25% gesteigert wird. Diese Steigerung ist, wie er mit hochempfindlichen Thermoaggregaten zeigen konnte, nicht in der Lage, die Haut irgendwie abzukühlen, und wird vom Temperaturregulierungsmechanismus der Haut sofort paralysiert. SCHMIDT wies daher als erster auf die wesentlichste Ursache für den Kühleffekt hin, auf den Temperaturausgleich zwischen Hauttemperatur und Puder-Zimmertemperatur.

Ähnliche Bedingungen finden wir auch bei „Kühlsalben", eine Tatsache, auf die sowohl SCHMIDT als wir hingewiesen haben. Der Nachweis der Richtigkeit dieser Ansicht ist bei Pudern sehr leicht zu führen; es ist nur nötig, Substanzen von Zimmertemperatur und solchen von 37° nebeneinander auf die Haut aufzustreuen, ein Versuch, der naheliegt, aber noch nie durchgeführt wurde. Die Resultate bringt folgende Zusammenstellung, die sich lediglich auf das Gefühl, auf das es hier ankommt, und nicht auf Messungen stützt.

Tabelle 15.

Substanz	Kühleffekt bei trockener Haut		Kühleffekt bei feuchter Haut		
	bei 20°	bei 37°	bei 20°	bei 37°	
Fissanpuder . .	gut	wärmt	gut	∅	Die warm aufgetragenen
Vasenolpuder . .	gut	wärmt	∅	∅	Puder kühlen auch dann
Talcum	∅	∅	∅	∅	nicht, wenn sie sich auf
Weizenstärke . .	sehr gut	∅	gut	∅	Hautumwelttemperatur ab-
Al-Stearat . . .	sehr gut	wärmt	gut	∅	gekühlt haben, obwohl sie
Magnes. usta . .	gut	wärmt	∅	∅	dann die Oberfläche vergrö-
Zinkoxyd . . .	∅	∅	∅	∅	ßern, capillar Wasser auf-
Titandioxyd . .	∅	∅	∅	∅	saugen und alles das tun,
Reisstärke . . .	gut	∅	gut	∅	was zu Erklärungen heran-
					gezogen wurde

Die Zusammenstellung zeigt, daß kein einziger lufttrockener Puder von 37° kühlt, weder sogleich noch später, also auch dann nicht, wenn alle Theorien, die sich auf die Änderung der Wasserverteilung, der Verdunstung beziehen, noch Geltung haben müßten. Die Erklärung der Kühlwirkung ist also folgende: *Puder entziehen, sofern sie nicht wärmer als 20—25° sind, der Haut Wärme und verursachen dadurch ein Kühle-*

---

[1] SCHMIDT, R.: Klin. Wschr. **20**, 31 (1941).

gefühl. Diese Eigenschaft, die so viele Theorien verursachte, und die werbetechnisch so häufig ausgewertet wurde, ist nahezu ausschließlich vom Wärmeleitvermögen und der Wärmekapazität abhängig. Alle die anderen Kühlungsfaktoren, wie Vergrößerung der Oberfläche, Abdunstung und die zu einer Theorie noch gar nicht ausgebaute, aber wohl aussichtsreiche Tatsache, daß gute Wärmeleiter die kälteempfindlichen Nervenendapparate „kühlen", also Wärme entziehen, verursachen nur unterschwellige Kühlung, die überhaupt nicht in Erscheinung tritt, aber — rein theoretisch gesehen — lange anhält. Ursache für die verschiedene Wärmekapazität und Leitfähigkeit ist neben den wechselnden Eigenschaften der trockenen Substanzen ihr wechselnder Wassergehalt in lufttrockenem Zustand. Stärke enthält nach HEISLER[1] etwa 5—10mal so viel Wasser wie Bolus, Talcum und Zinkoxyd und leitet wohl schon aus diesem Grunde besser als die mineralischen Grundlagen.

Überfettete Puder. Eine größere Anzahl von Arbeiten und Theorien ist zum Thema Fettung und Entfettung durch Puder geliefert worden. Die Entfettung der Haut ist ja das eindrucksvollste gewollte oder unerwünschte Symptom bei der Pudertherapie und der Grund für die Herstellung von „Fettpuder", die besser decken, d. h. besser an der Haut haften (DARIER[2]) und den Wasserhaushalt günstig beeinflussen.

Man kann sog. überfettete Puder durch Verreiben der Grundlage mit Vaselin, Öl, Wollwachs u. dgl. herstellen. Diese einfache Methode genügt in vielen Fällen. Der Puder ist dann eine sehr fettarme Paste. Eine andere Herstellungsmöglichkeit ist die, den Fettstoff in einem leichtflüchtigen Lösungsmittel zu lösen, die Pudermasse mit dieser Lösung zu tränken und dann zu trocknen. Das Resultat ist in beiden Fällen ein anderes. Wird z. B. ein Puder nach dem ersten Verfahren hergestellt, so hüllen wir die Pudermasse je nach der Fettmenge mehr oder minder mit der hydrophoben Fettmasse ein, durchtränken sie aber nicht. Die Wasseraufnahmefähigkeit von Kieselgur, Methylenharnstoff, Reisstärke, Titandioxyd bleibt daher größenordnungsmäßig unverändert. Sie sinkt bei Kartoffelstärke, Weizenstärke und Zinkoxyd bedeutend. Es kommt also sowohl auf das Material selbst als auch auf dessen Verarbeitung an. Beim einen Stoff reicht die Fettmenge aus, um alle Poren zu verkleben, beim anderen nicht, es bleiben Öffnungen, durch die das Wasser eindringen kann. Wenn wir nach der zweiten Methode arbeiten, so dringt die Fettlösung auch in die Poren ein, verschließt sie aber nicht. Wir erhalten im Modellversuch in der ENSLIN-Apparatur auch wesentlich andere Ergebnisse.

Abb. 46 stellt die Wasseraufnahme verschiedener gefetteter Pudergrundlagen dar. Werden sie mit den ausgezogenen Kurven von Abb. 43 auf S. 346 von ungefetteten Substanzen verglichen, so zeigt sich die Kurve des Zinkoxychlorids nahezu unverändert; die Wasseraufnahmegeschwindigkeit und Menge wurde durch 10proz. Paraffinölzusatz (in Äther gelöst mit dem Oxychlorid vermischen und den Äther verjagen) nicht beeinflußt. Zinkoxyd nimmt durch den Paraffinölzusatz bedingt

---

[1] HEISLER: Diss. München 1941.
[2] DARIER: Grundriß der Dermatologie, 4. Aufl. Leipzig 1936.

um die Hälfte weniger Wasser auf. Die Wasseraufnahme erfolgt zehnmal so langsam. Zwischen diesen beiden Extremen bewegen sich die anderen Kurven, so daß sich bei gefetteten Pudern unser Faktor $W \dfrac{\text{Zeit}}{\text{Menge}}$ im Zähler meistens vergrößert, im Nenner verkleinert. Vasenol-Kinderpuder z. B. hat im fettbeladenen, also dem handelsüblichen Zustand den

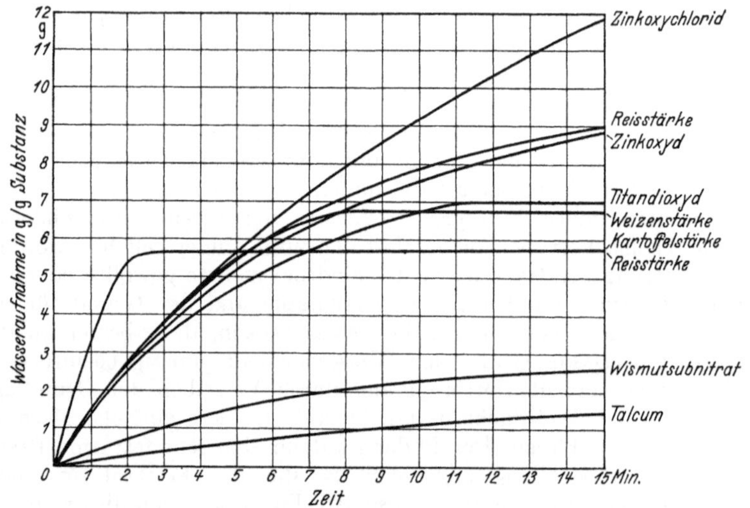

Abb. 46. Wasseraufnahmekurven gefetteter Puder.

Faktor $W \dfrac{15}{0,015}$, im geglühten Zustand, also fettfrei $W \dfrac{8}{1,16}$. Hametumpuder ändert sich beim Glühen noch mehr, nämlich von $W \dfrac{15}{0,01}$ (fettbeladen) auf $W \dfrac{10}{1,10}$ (fettfrei).

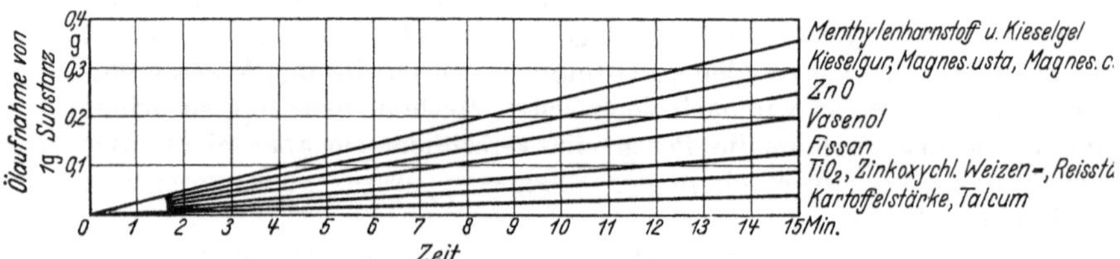

Abb. 47. Ölaufnahmekurven gefetteter Puder.

Die Ölaufnahmebestimmung von gefetteten Pudern kann im Thermostaten bei 37° erfolgen. In den Versuchen der Verfasser konnten die in Abb. 47 wiedergegebenen Kurven mit sehr guter Reproduzierbarkeit gewonnen werden. Als Testsubstanzen dienten 10proz. Verreibungen von Wollfett mit der zu prüfenden Pudermasse. Die Kurven dieses Bildes sind wesentlich flacher als die von Substanzen ohne Wollfettzusatz.

Man kann auch daraus schließen, daß die „Entfettung" der Haut durch gefettete Puder tatsächlich geringer sein wird als durch ungefettete.

Soweit die Modellversuche mit der ENSLIN-Apparatur, die zwar einen Überblick geben, aber den tatsächlichen Verhältnissen nur zum Teil Rechnung tragen. Sie zeigen, daß mit den beiden Herstellungsarten verschiedene Resultate erzielt werden. Ob es noch eine dritte Bereitungsart von überfetteten Pudern gibt, ist uns nicht bekannt. Zu denken wäre an ein Aufsprühen von Fett auf die Pudermasse. Es ist möglich, daß dies die Herstellungsart ist, die manche Puderfabrikanten mit den Angaben „nach besonderem Verfahren" andeuten.

Nun zu den Versuchen an der menschlichen Haut. Unsere eigenen Untersuchungen nahmen wir mit Leuchtsalben vor. Auch sie sind nur beschränkt verwertbar und zeigen, wie eine aufgestrichene Salbe mit Puder entfernt werden kann, klären aber das Kernproblem, inwieweit Puder die unbehandelte gesunde Haut entfetten, nicht. Es wird schwer sein, hier durch Modellversuche zu Ergebnissen zu gelangen. Wir müssen uns mehr oder weniger auf Spekulationen verlassen, auf die Methode also, mit der die bisherigen Beurteiler der Puderentfettung ebenfalls arbeiteten, ja arbeiten mußten. Im Gegensatz zu ihnen sind wir aber der Ansicht, daß die Entfettung durch Puder auf unbedeckter gesunder Haut minimal ist, denn die pulverförmigen Massen sind klein und nicht in der Lage, das tiefer in der Haut liegende Fett herauszuziehen. Klinisch beweisen konnte man diese Ansicht nicht. Wir zeigten mit unseren Leuchtsalben nur, daß aufgestrichenes Fett durch Puder entfernt wird.

Derartige Versuche haben wir mit Vaselin und Unguentum molle, die mit einem fettlöslichen Leuchtstoff (Fluorol V) gesättigt waren, angestellt. Sie zeigten, daß ein aufgestreuter Puder sich auf der Haut mit Fett belädt und abgeklopft im Ultraviolettlicht aufleuchtet. Das Fett bleibt rein mechanisch an den Partikeln kleben, hält sie, sofern genug Angebot vorhanden ist, sogar zusammen. Der Puder haftet an der Fettschicht, wahrscheinlich ohne die darunter befindliche Haut noch im Sinne der Puderwirkung zu beeinflussen. Dies gibt die Möglichkeit, überschüssige Salben zu entfernen. Inwieweit aber Hautfett abgelöst wird, bleibt offen. Wenn es überhaupt abgelöst wird, so sind es winzige Mengen, denn die „Entfettungssymptome", die auftreten, sind sicher zum Großteil gar keine wirklichen Funktionen der Entfettung, sondern täuschen diese nur vor. Wir haben ja gesehen, daß eine Reihe von $\ddot{O}\dfrac{X}{Y}$-

Faktoren so kleine Nenner aufweisen, daß von einer Entfettung durch den Puder schon größenordnungsmäßig selbst bei Ölen, geschweige denn bei den viscosen Fetten kaum die Rede sein kann. Die Stärken, Magnesia usta, Talcum u. a. nehmen bei 37° in 15 Minuten weniger als 10% ihres Gewichtes oder überhaupt kein Paraffinöl auf, das Hautfett ist viscoser als das genannte Öl. Außerdem haften auf 100 qcm Haut nur 10—50 mg. Auch bei voller Ausnützung der Aufnahmefähigkeit würden nur 1—5 mg aufgesaugt werden und nur dann, wenn Öl bzw. Hautfett wie in der ENSLIN-Apparatur in mehrtausendfachem Überangebot vorhanden ist.

Auf der Haut treffen aber die Verhältnisse des ENSLIN-Apparates gar nicht zu. Da ist kein Überangebot vorhanden, der Puder tritt nicht mit Fett allein, sondern mit dem lebenden Gebilde Haut, einer Emulsion vom Öl/Wasser- oder Wasser/Öl-Typ in Kontakt. Die Fließgeschwindigkeit bei diesem festen Aggregatzustand zum Puder hin ist gleich Null.

Versuche, die Fettung der Haut nachzuweisen, waren gleichfalls angebracht. Sie hatten zum Ziele, klarzustellen, ob flüssige Öle besser fetten als Vaselin, und sollten auch zeigen, ob das Medium, die Pudergrundlagen also, und die Art der Fettungstechnik irgendwie einen Einfluß auf die Fettung der Haut besitzen. Die Versuche wurden mit Paraffinöl und Vaselin, die beide flüssig wiederum mit Fluorol V, einem öllöslichen, im Ultraviolettlicht blau fluoreszierenden Farbstoff gesättigt waren, angestellt. Diese Fettungsmittel wurden mit der Pudermasse verrieben auf die Haut aufgepudert. Dann wurde der Puder abgeblasen (mit Luft von 8 atü Druck) und die Fluorescenz der Haut gemessen. Sie kann nur auf hängengebliebenes Fett zurückzuführen sein. Die Resultate zeigt folgende Tabelle, in der die Fettung der Haut durch Puder, die 5% fette Substanz enthielten, getestet wurde.

Tabelle 16.

Substanz	Paraffinöl		Vaselin		Besondere
	mit der Grundlage im Mörser gemischt	in Äther gelöst auf die Grundlage aufgetragen	mit der Grundlage im Mörser gemischt	in Äther gelöst auf die Grundlage aufgetragen	
Kaolin	+— (+)	+ (+—)	+— (0)	+ (++)	
Kieselgur	+— (+)	— (+—)	0 (0)	+— (+)	
Vasenolkinderpuder, geglüht	+— (+—)	++ (+)	+— (+—)	+ (+)	
Kartoffelstärke . .	++ (++)	+ (+—)	++ (+)	+++ (+++)	der Puder v... pastenart... fett
Talcum	+ (+)	+++ (+)	+ (0)	++ (+)	
Zinkoxyd	0 (0)	0 (0)	0 (0)	0 (0)	

Je mehr +, um so mehr Fett konnte auf der Haut im Ultraviolettlicht nachgewiesen werden, nachdem die Haut mit einem Überschuß an Material bepudert, leicht eingerieben, mit einem Luftstrom von 8 atü abgeblasen und mit Watte vorsichtig und leicht abgewischt worden war. Die Zusammenstellung, in der die Resultate an Personen mit rauher Haut ohne Klammer, die an solchen mit glatter Haut in Klammern gesetzt sind (Querschnitte aus je 5 Versuchsreihen, die gut übereinstimmten), zeigt zunächst:

1. Rauhe Haut wird weitaus besser gefettet als glatte. Die Fettung ist also von der Haftmöglichkeit der Puder abhängig.

2. Die beiden Herstellungsverfahren zur Bereitung von Fettpudern sind im Gegensatz zu den Resultaten an der ENSLIN-Apparatur in diesem Versuch praktisch gleichwertig. Dies schließt eventuell vorhandene, hier nicht angewandte weitere Verfahren, die vielleicht besser wirken, nicht aus.

3. Die Fettung der Haut durch Puder ist, gleiche Fettmenge vorausgesetzt, in hohem Grade von der Pudergrundlage abhängig. Stärke, die das ganze Fett außen abgelagert trägt, fettet weitaus besser als Substanzen, die eine innere Oberfläche besitzen und proportional zu deren Größe weniger fetten.

Man kann nun einwerfen, daß wir unsere Versuche mit Kohlenwasserstoffen durchführten, also mit einem Material, das schlecht auf der Haut haftet und nicht eindringt. Wir haben deshalb die Prüfung mit einer Mischung von Vaselin und Wollfett $\overline{aa}$ 5,0, die zu 5% den Pudern zugefügt wurde, wiederholt. Es zeigte sich dasselbe Ergebnis.

FIEDLER[1] ging bei seinen Versuchen ganz andere Wege. Ihm zufolge sind die Puder, die überhaupt in der Lage sind Wasser aufzunehmen, befähigt, in dünner Schicht aus dem Wasserspeicher „Haut", und zwar aus oberflächlichen und tieferen Schichten Wasser ruckartig herauszuziehen und zur Verdunstung zu bringen. Er belegt diese Theorie mit dem „Handschuhversuch", bei dem ein mit 2—3 g Puder teilweise gefüllter Gummihandschuh der Versuchsperson übergezogen wird. Durch Reiben wird der Puder auf die Hand verteilt und nach 2 Stunden auf seinen Feuchtigkeitsgehalt untersucht. Die in FIEDLERS oben zitierter Arbeit angegebenen Tabellen zeigen, daß eine wasseraufnahmefähige Pudergrundlage bestrebt ist, ihr Wasserabsorptionsvermögen so schnell wie möglich abzubinden, sich also mit Wasser zu sättigen, ein Verhalten, das wir aus dem Verfahren mit der ENSLIN-Apparatur kennen, das aber den natürlichen Bedürfnissen der Haut nicht entspricht. Neben dem Wasser bindet die Pudergrundlage auch die Lipoide der Haut. Im „Handschuhversuch" hat FIEDLER 0,29—0,85 mg % Fettsubstanz, die aus dem Hautfett stammte, im Puder wieder finden können. Nimmt man Pudergrundlagen, die besonders stark absorbieren, so erhält man, wieder nach FIEDLER, 0,42—1,63% Hautfett in der Pudergrundlage und trockene bzw. sehr trockene Haut. Im umgekehrten Versuch mit gefetteten Pudern kann man auf der Haut das Puderfett nachweisen.

Die recht einleuchtenden Ergebnisse wurden allerdings unter den besonderen Bedingungen eines Modellversuches gewonnen. Sie entsprechen nicht völlig der Natur, denn im Gummihandschuh entsteht eine wasserübersättigte Atmosphäre und erhöhte Temperatur, die nahe an die Körperwärme heranreicht, so daß Emulgierwirkung, die unter therapeutischen Bedingungen keine Rolle spielt, auftritt. Dies muß berücksichtigt werden, wenn man die Berechtigung überfetteter Puder allein daraus herleiten will. Aber das ist ja nicht der Fall. FIEDLERS Versuche sollen und können nur als Ergänzung zu den therapeutischen Erfahrungen dienen.

Zusammenfassend können wir wohl sagen, daß die Fettung der Haut durch Puder möglich ist. Man nimmt sie auf Grund von therapeutischen Überlegungen an und kann ihr Vorhandensein am Modellversuch belegen. Die Entfettung der gesunden Haut durch Puder ist im Modellversuch nachweisbar. In der Praxis spielt sie keine bedeutende

---

[1] FIEDLER: Pharmak. ärztl. Fortbildg **32**, 4 (1941).

Rolle, um so mehr, als sie durch die Wahl von Grundlagen, die kein Fett aufsaugen, etwa von Talcum und Stearaten, ausgeschaltet werden kann. Die Fettpuder der Industrie, die sich recht gut bewährt haben, wie Fissan-, Vasenol-, Nivea- und Desitinpuder, enthalten jeweils etwa bis zu 10 % fettartige Substanzen, nämlich Vasenol, ein hautfettähnliches Vaselin-Cholesterinester-Lecithin-Gemisch, Eucerin, ein Cholesterin, Cholesterinester-Paraffingemisch und Lebertran. Desitin-Puder enthält Ol. Jecor. Aselli auf einer reizlosen Grundlage.

Auch Granugenolpuder sei hier erwähnt, obwohl er nicht fetten, sondern das Granugenol, eine granulationsfördernde ölige Masse, die aus Petroleum gewonnen wird, zur Wirkung bringen soll.

Fettende und entwässernde Puder. Überfettete Puder sind bei Seborrhoea oleosa, entwässernde bei trockener Haut nicht angezeigt. Bei anderen Indikationen hingegen können diese beiden Typen oder ein sowohl fettender als auch entwässernder Puder indiziert sein. UNNA hat ein solches, wie er hofft, doppelt wirksames Produkt angegeben:

Rp. Bolus rubr.   2,5
Bolus alb.   12,5
Magnes. carb.   20,0
Zincum oxydat. 25,0
Amyl. orycae   40,0.

Ein anderer Weg, zu fetten und zu entwässern, das Einfetten der Haut und anschließendes Pudern, ist wohl aus der Kosmetik übernommen, in der man mit einer Hautcreme „grundiert", damit der Puder besser haftet, also stärker deckt. KLINKE[1] hat dieses Verfahren in der Dermatologie empfohlen.

Theoretisch ist eigentlich zu erwarten, daß eine trennende Fettschicht, die zwischen Puder und Haut eingelegt wird, bei wasserlöslichen Wirkstoffen deren Penetration hemmt und so den Puder unwirksam macht. Versuche, die dies klären sollten, wurden noch nicht angestellt, da die Praxis kein auffallendes Versagen beobachten konnte. Sie waren aber am Platze, da wir auch hier von der reinen Empirie zum Beweis übergehen müssen. Die von uns angestellten Versuche waren Abwandlungen der auf der S. 359 geschilderten Gelatinemethode, mit Salicylsäure, Tannin und Methylenblau durchgeführt. Als Pudergrundlage wurde bei der Salicylsäure Talcum, beim Tannin Kartoffelstärke und beim Methylenblau Zinkoxyd gewählt, also Substanzen, die diese Wirkstoffe gut an die Gelatine abgeben, so daß die Diffusion leicht (bei der Salicylsäure und beim Tannin durch Zugabe kleiner Eisenchloridmengen zur Gelatine) nachzuweisen war. Eine Partie Gläser wurde nun ohne Behandlung mit Puder beschickt, eine weitere, nachdem auf die Gelatine Paraffinöl aufgegossen und wieder abgelassen worden war, so daß ein Film zurückblieb. Dieser Film war nicht in der Lage, die Penetration auch nur im geringsten abzuhalten. Wir können also annehmen, daß das Fetten der geschädigten Haut, von Wunden und Schleimhäuten die Wirkstoffe der Puder nicht abhält.

---

[1] KLINKE: Ther. Gegenw. **81**, 215 (1940).

Wie die Verhältnisse auf gesunder Haut sind, können wir, da keine geeignete Versuchsanordnung möglich ist, nicht klären.

Um gleichzeitig zu fetten und zu entwässern, stehen uns theoretisch mehrere Wege offen. Inwieweit sie zum Ziele führen, muß noch geklärt werden. FIEDLER[1] hält den Fettzusatz jedenfalls für angebracht, da er in der Lage sei, den allzu stürmischen Flüssigkeitsstrom aus der Haut in den Puder hinein abzubremsen.

Ein besonderer Abschnitt sei dem Milkudermpuder gewidmet, da er die Forderungen nach Fettung und Entwässerung auf einem neuen Wege zu erfüllen trachtet. Seine Pudergrundlage ist mit feinst verteiltem kolloidalem Silber als Wirkstoff und einem Emulgator — besser Netzmittel — versetzt. Durch letztere Komponente wird die Benetzbarkeit des Puders erhöht, seine innere Oberfläche wird zur Aufsaugung von Wasser bereiter. Die Differenz zwischen Milkudermpuder mit Netzmittel und dem ohne diesen Zusatz (ausgeglüht) ist gering und beträgt etwa 10%.

Die Wahl des Netzmittels und seiner Konzentration muß von Versuchen begleitet sein, da andernfalls, insbesondere bei zu hoher Konzentration, das Gegenteil erreicht wird. Verfasser wollten z. B. einen ausgeglühten Vasenolpuder, der den Faktor $W \dfrac{2}{1,4}$ besitzt, mit größeren Mengen Saponinlösung bzw. Lösungen von gereinigter Rindergalle noch wasseraufnahmefähiger machen, erreichten aber das Gegenteil. Beim Saponinzusatz von 1% sank der Faktor auf $W \dfrac{15}{0,4}$ und bei der Galle auf $W \dfrac{15}{0,6}$. Auch die Differenz der Faktoren von fabrikfrischem und ausgeglühtem Milkudermpuder ist nicht groß, sie beträgt nur 10% zugunsten des frischen Präparates. Es wurde also die Hemmung der Wasseraufsaugung durch das Fett paralysiert und darüber eine, wenn auch geringe Steigerung erzielt.

Albinpuder (Pearson & Co.) wird von H. WINKLER vor allem bei akuten vesiculösen und nässenden sowie seborrhoischen Ekzemen empfohlen. Er enthält als Grundlage Borsäure, Talk und Kieselsäure, außerdem Zinkoxyd.

Schwefelpuder. Schwefel kann in Pudern in gereinigter, sublimierter, in präcipitierter und in kolloider Form appliziert werden. Die erstgenannte Form ergibt die gröbste, die letztgenannte die feinste Verteilung in den Pudern, die 10—30proz. bereitet werden.

Schwefelpuder, der nur durch einfaches Mischen von Sulfur depuratus, sublimatus und praecipitatus mit einer Grundlage hergestellt wird, ist jedoch reaktionsträge, reizt durch scharfe Partikel mechanisch, wird nicht benetzt und saugt keine Sekrete auf.

Bei den Salben konnte man noch zweifeln, welche Form die beste sei, denn die kolloide gewährleistet zwar die feinste Verteilung, die anderen beiden aber lösen sich zum Teil in manchen Salbengrundlagen

---

[1] FIEDLER: Jkurse ärztl. Fortbildg **37**, 29 (1941).

und sind anscheinend dadurch in der Lage, besonders intensiv zu wirken (siehe S. 261). Bei den Pudern hingegen sind sich die Hersteller anscheinend über die Vorzüge der kolloiden Form einig. Besonders instruktiv zeigt dies die große Zusammenfassung von R. MÜLLER[1]. Seinen Arbeiten und denjenigen anderer Autoren zufolge soll ein wirksamer Schwefelpuder außerdem alkalisch reagieren, denn GANS[2], PASCHKIS[3], PULEWKA[4] u. a. stellen fest, daß die Aktivität des Schwefels durch Alkalität gesteigert wird, und MÜLLER selbst beweist an Fingernägeln, daß bei p_H 8,5—9,0 die optimalen Bedingungen zur Keratolyse zu finden seien. Bei diesen p_H-Werten ist noch keine Schädigung durch das Alkali zu befürchten.

Ein Schwefelpuder soll also nach Möglichkeit kolloidalen Wirkstoff enthalten, alkalisch reagieren und selbstverständlich gutes Haftvermögen besitzen, sowohl benetzbar als auch saugfähig sein. Er darf ferner nicht altern. Diesen letzteren Punkt sucht man durch Schutzkolloide einerseits, durch Niederschlagen und Fixieren des Schwefels auf eine wasserunlösliche, wasserfreie und großoberflächige Substanz anderseits zu erreichen. Es ist daher nicht leicht, einen optimalen Schwefelpuder herzustellen. Wir sind besser daran, wenn wir hier die Erfahrungen der Industrie nützen und ein bekanntes Produkt verwenden. *Sulfodermpuder* Heyden ist ein solches Mittel, das nach dem oben geschilderten Verfahren durch Niederschlagen des Schwefels hergestellt wird (D.R.P. 438985). Als Unterlage dient Talcum. Der Schwefel ist nach HAHN[5] mikroskopisch nicht mehr zu sehen, unter dem Elektronenmikroskop (RUSKA[6]), durch Windsichter und analytisch aber nachweisbar. Der

Puder sinkt im Wasser unter (ist also benetzbar) und zeigt den $W\frac{2,0}{1,1}$,

also sehr schnelle und ziemlich bedeutende Wasseraufnahmefähigkeit. Therapeutisch wurde der Puder bei Seborrhöe, Pyodermien, Acne, Pityriasis, Intertrigo, Impetigo und anderen Indikationen von zahlreichen Autoren, so in letzter Zeit von RAMEL[7], HOEDE[8] und HAHN[9] empfohlen. Sulfodermpuder enthält nur 1% Schwefel, wirkt aber intensiver als 30proz. mechanische Mischungen. Der *Fissanschwefelpuder* enthält 1,5% Schwefel, der anscheinend durch das Fissankolloid geschützt ist. Er haftet gut, ist oberflächenaktiv und wird von PERLS-KUNTZE[10] besprochen und als Vertreter der Puder, die durch Kolloide haltbar gemacht werden, erwähnt. Eine besonders intensive Schwefelwirkung soll man nach dem Franz. P. 874437 erhalten, wenn man schwefelhaltige Cholesterinabkömmlinge oder Wollfettderivate (Franz. P. 874834) mit Talk, Stärke oder dergleichen verreibt.

<hr>

[1] MÜLLER, R.: Heyden-Jahrbuch 1940.
[2] GANS: Zbl. Hautkrkh. **20**, 389 (1926).
[3] PASCHKIS: Kosmetik für Ärzte. Wien: Hölder 1905.
[4] PULEWKA: Z. physiol. Chem. **146**, 130 (1925).
[5] HAHN: Dtsch. med. Wschr. **61**, 547 (1935).
[6] RUSKA: Siemens-Z. **1940**, 230.
[7] RAMEL: Schweiz. med. Wschr. **1939**, 50.
[8] HOEDE: Med. Klin. **1939**, 32.   [9] HAHN: Dtsch. med. Wschr. **1935**, 14.
[10] PERLS-KUNTZE: Münch. med. Wschr. **1937**, 14.

Vasenol-Schwefel-Puder enthält den Schwefel an einen Vasenol-Cholesterin-Komplex gebunden, besitzt wegen seiner Lipoidlöslichkeit erhebliche Tiefenwirkung und ist von milder keratoplastischer und schwach baktericider Wirkung.

Sulfocit (Beiersdorf, Hamburg) wird durch Niederschlagen von Schwefel auf Aluminium-Silicatgel 2,5% hergestellt. Er entspricht etwa den Angaben, die wir über Sulfodermpuder machten.

Teerpuder. Die Teere und Teerprodukte kann man in Pudern genau so einarbeiten wie in Salben. Alle Formen sind gebräuchlich, der gewöhnliche Teer, wasserlösliche Sulfonate und Teerlösungen nach Art des Liquor carbonis detergens. Fissanteerpuder z. B. enthält in der schon mehrfach erwähnten Grundlage sowohl ein Sulfonat, nämlich 2% Tumenol, als auch den Liquor (8%). Er wird von KREILOS-REITZ[1] bei Acne, Seborrhöe, Pruritus, bei nässenden Ekzemen u. a. empfohlen.

Teersulfodermpuder wurde von BRUCK[2] angegeben. Er enthält neben dem Schwefel Teer in einer geruchlich und der Farbe nach nicht nachteiligen Form, so daß die juckreizstillende und antiekzematöse Wirkung auch ambulant durchgeführt werden kann. Er wird daher von WOLFF[3], SÄUFERLIN[4], GIERTMÜHLEN[5] bei Mykosen, Pityriasis ros., Pruritus, Neurodermitis und Acne vulg. verwendet.

Ichthyol, das bekannte Sulfonat des Seefelder Teerschiefers, wird gleichfalls als Puderwirkstoff verwendet. Der Fissan-Ichthyolpuder, der als Pulver und als Kompaktpuder herauskommt, enthält diesen bei Acne und Epidermophytien empfohlenen Wirkstoff zu 2% und außerdem 1,5% kolloiden Schwefel. Er wird von RUETE-SCHOLZ[6], RITTERSBRUCH[7] und BRUCK[8] empfohlen.

Karwendol (Vasenolwerk) ist 5 bzw. 10%. Der Schwefel liegt vorwiegend als Thiophenverbindung vor.

8. Metalle und Metallsalze in Pudern.

Einige Aluminium-, Beryllium- und Magnesiumsalze der höheren Fettsäuren haben wir als Pudergrundlagen bereits erwähnt. Es sollen daher nun die Puderbestandteile unter den Metallen und deren Salzen gebracht werden, die bisher noch nicht besprochen wurden und die infolge ihres Wirkstoffcharakters eine spezielle Bearbeitung notwendig machen.

Aluminiumsalze, Casil (Laves), wird als lösliche kieselessigsaure Tonerde definiert. Sie ist an kolloide Kieselsäure gebunden und wird von ihr im Wundsekret langsam abgespalten. Das Casil selbst wird als granulierendes Wundstreupulver, das stark aufsaugt, verwendet und

[1] KREILOS-REITZ: Münch. med. Wschr. **1940,** 51.
[2] BRUCK: Dtsch. med. Wschr. **1932,** 35.
[3] WOLFF: Dtsch. med. Wschr. **1933,** 21.
[4] SÄUFERLIN: Münch. med. Wschr. **1933,** 32.
[5] GIERTMÜHLEN: Münch. med. Wschr. **1933,** 32.
[6] RUETE-SCHOLZ: Dermat. Z. **68,** 5.
[7] RITTERSBRUCH: Med. Welt **1934,** 20.   [8] BRUCK: Fortschr. Ther. **1934,** 2.

ist ein Bestandteil des Casilpuders, der als Specificum gegen Hyperhydrosis und als Kinderpuder empfohlen wird.

Alsol-Streupuder ist gleichfalls im Handel. Über metallisches Aluminium als Brandwundenpuder erschien in letzter Zeit eine Arbeit, über die wir auf Seite 153 bereits berichteten.

Palliacolpuder besteht aus kolloidem Aluminiumhydroxyd, Talcum und Kieselgur und wird von LEINZINGER[1] und LOHMER[2] besprochen.

Bleisalze. Der Dialonpuder enthält nach Literaturangaben einen Zusatz von Bleioxyd. Nach der Roten Liste 1939 besteht er aus Borsäure, Tymol, „Salbengrundlage" und Talcum. In der „Salbengrundlage", das geht wohl aus dem Namen Dialon — wohl aus Diachylon — hervor, dürfte die Bleiseife vorhanden sein.

Nickelpektinatpuder und *Erythrocytenextrakte* wurden während des letzten Krieges in Amerika zur Granulationsanregung empfohlen[3].

Kalomel-Talcum-Mischungen empfiehlt ASBECK[4] bei Pediculosis. Er verordnet in den meisten Fällen 12 g Kalomel auf 40 g Talcum und geht nur in besonders hartnäckigen Fällen auf 20/40 g hinauf, bei besonders starken, durch die Läuse verursachten Reizungen, bei denen die Gefahr der Resorption gegeben ist, auf 8/40 g herab. Der Puder wird 4 Tage lang morgens und abends an allen befallenen Stellen angewendet. Während der Behandlung wird nicht gewaschen. Kopfpartien werden mit einem Tuch eingeschlagen. Reizungen oder Schäden durch resorbiertes Quecksilber wurden nie beobachtet.

Silbersalze und das Metall, ferner Argentum proteinicum, werden als Puderbestandteil öfters gebraucht. So enthält der Milkudermpuder kolloides metallisches Silber, das im Sekret eine antiseptische Wirkung entfaltet. Inwieweit die Pudergrundlage einen Einfluß auf die Wirkung hat, ist bisher noch nicht untersucht worden. Die Wirkung dieses Puders besteht auf einer komplexen Tannin-Silber-Verbindung mit labilem Milcheiweiß mit stark oligodynamischer Wirkung.

Uran wird in Kombination mit Jod (Andriolprinzip von TRUTTWIN) und Wismut in dem Andriol-Wismut-Streupulver (Vertrieb Otto Stumpf A.G., Leipzig) bei Ulcera-cruris-Geschwüren, Ekzemen, Sykosis- und Brandwunden verwendet. Das Uran wirkt als Schwermetall antiparasitär, ist in geringem Grad radioaktiv und spaltet das Jod allmählich im Verlaufe der Therapie ab.

Wismutsalze, wie Dermatol, Xeroform, Noviform, sind in zahlreichen desinfizierenden Pudern enthalten. Auch Bismutum subnitricum ist ein häufiger Bestandteil adstringierender Puder.

Zinkoxyd ist wegen seiner mild-adstringierenden Wirkung ein sehr häufiger Bestandteil von Pudern, den wir wie Titamdioxyd als Pudergrundlage bereits eingehend besprochen haben. Weitaus seltener wird das Oxychlorid verwendet. Zinkundekanat und das Stearat wurden bereits erwähnt.

---

[1] LEINZINGER: Münch. med. Wschr. **1938**. 20.
[2] LOHMER: Zbl. Gyn. **1940**, 12.   [3] MANDL: Ars Medici **1**, 3 (1946).
[4] ASBECK: Dermat. Wschr. **1941**, 15.

Wir sehen also, daß die Metallsalze in der Pudertherapie eine wesentlich geringere Rolle spielen als in der Salbenbehandlung. Es gibt nur wenige Metallsalze, die hier verwendet werden, und diese sind aus der Salbentherapie übernommen. Man hat diese Puder empirisch zusammengestellt und sich mit ihrer Verbesserung, mit dem Studium ihrer Wirkung, noch kaum beschäftigt. Es ist anzunehmen, daß wir hier, wenn wir ähnlich wie mit dem Schwefel intensiv arbeiten, interessante Ergebnisse erzielen könnten.

9. Gerbstoffpuder.

Die Gerbstofftherapie der Verbrennungen und anderer Hautschäden kann auch mit Pudern durchgeführt werden. Diese Anwendungsform hat sogar Vorteile, da die Puder zum Unterschied von Gerbstofflösungen nahezu unbeschränkt haltbar sind und ohne Apparatur überall angewendet werden können. Man hat dafür sowohl reines Tannin als auch Gerbstoffkonzentrate, ja selbst Gerbstoffdrogenpulver, vorgeschlagen und die verschiedensten Medien: Talcum, Kieselgur, Stärke als Grundlagen in Erwägung gezogen. Es scheiden aber alle die Grundlagen aus, die mit den gelösten Gerbstoffen reagieren könnten und so beide Komponenten unwirksam machen. Der auf S. 360 geschilderte Modellversuch zeigte ja schon, daß Zinksalze unbrauchbar sind; lösliche Magnesiumsalze werden gleichfalls wenig geeignet sein, gegen unlösliche, wie Talcum, ferner gegen Bolus und Stärken sind keine Bedenken zu erheben.

Ein interessantes Präparat ist der **Frekasanpuder,** der zunächst von DINAND, einem praktischen Arzt in Frankfurt a. Main, hergestellt wurde und nunmehr von FRESENIUS in den Handel gebracht wird. Er besteht nach MAYER aus einer Mischung von Eichenrindenpulver, den Salzen zweier Schwermetalle und einem indifferenten Pulver (Talcum?), das das Zusammenballen während der Sterilisation verhindert.

Es ist ohne Zweifel sehr zweckmäßig, an Stelle von reinem Tannin den Komplex der Eichenrinde (Ellag-Gerbstoffe) zu verwenden, da diese Substanzen mit allen ihren Ballaststoffen milder wirken. Die Arbeiten von MAYER[1], FLÖRKEN[2], WASSERMANN[3] bestätigen die theoretischen Überlegungen aus der Praxis.

Frekasanpuder enthält 3,1% mit Wasser extrahierbaren Gerbstoff, zeigt den Wasseraufnahmefaktor $W \dfrac{15}{0,10}$ und enthält 10% glühbeständige Substanzen. Da reine Eichenrinde etwa 4—5% Glührückstand ergibt, ist ihr Anteil im Puder recht groß, der an Talcum etwa bei 5% gelegen.

Schwierigkeiten dürfte anfangs das Sterilisieren bereitet haben, da die Ellag-Gerbstoffe nicht hitzebeständig sind und im allgemeinen nicht über 80° erwärmt werden sollen. FRESENIUS hat diesen Engpaß

---

[1] MAYER: Münch. med. Wschr. **1939**, 38.　　[2] FLÖRKEN: Chirurg **1940**, 4.
[3] WASSERMANN: Dtsch. Mil.arzt **6**, 4 (1941).

durch eine Sterilisationsmethode, die auch für Holz üblich ist, die Keim-
freimachung durch strömende Luft, anscheinend überwunden, denn
nach einer persönlichen Mitteilung von E. FRESENIUS ist die Erhal-
tung aller Wirkstoffe gewährleistet. Tatsächlich zeigt der Puder nach
der Freiberger Filtermethode getestet, wie schon erwähnt, 3,1% Gerbstoff, die Eichenrinde enthält etwa 6%, so daß ein wesentlicher Teil
die Hitze unbeschadet überstanden hat.

Hametumpuder der Firma Schwabe enthält 1,7% Ätherlösliches,
ist also ein Fettpuder, der Hamamelisextrakt enthält. Wirksam sind
darin nicht nur Gerbstoffe, die zu 0,7% enthalten sind, sondern auch
ätherische Öle, die sich nach SCHMIDT[1] adstringierend und entzündungswidrig verhalten.

An Stelle von Tannin wird auch Tannoform, E. MERCK, ein Konden-
sationsprodukt aus Gerbstoff und Formaldehyd, verwendet; er färbt,
wie auch Tanninpuder, Haut und Wäsche.

Formaldehyd gerbt ebenfalls und desinfiziert, so daß er häufig in
Pudern verwendet wird: Vasenol-Fußpuder, Formalin-Lenicetpuder.
(Der Fissan-Schweiß- und -Fußpuder enthält Paraformaldehyd.)

Die synthetischen Gerbstoffe, die JÄGER[2] zur Behandlung der Verbrennungen in Salben empfohlen hat, wurden bisher in Pudern unseres
Wissens nicht verwendet; da sie sterilisierbar und haltbar sind und mild
wirken, sind sie ohne Zweifel auch zur Puderbehandlung geeignet.

10. Desinfizierende und wundheilende Puder.

Unter einem Desinfiziens ist ein Präparat zu verstehen, das pathogene Keime vernichtet, unter einem Antisepticum ein Mittel, das für
die Dauer seiner Anwesenheit die Bakterienentwicklung hemmt. Dem
genauen Wortlaut der Definition nach sind daher die meisten Puder
Antiseptica, die ihre Wirkung im Hautmilieu entfalten sollen.

Da eine genaue Trennung zwischen antiseptischen und desinfizieren-
den Pudern nur sehr schwer durchzuführen ist, wollen wir bei der
Nomenklatur, die sich eingebürgert hat, bleiben, zumal die relative
Gültigkeit des Begriffes „Desinfiziens" bereits erwähnt wurde.

„Desinfizierende" Puder werden in der Chirurgie, Pädiatrie, Gynä-
kologie und in der Dermatologie verwendet. Die Anwendungsarten überschneiden sich vielfach, doch hat jedes Fach seine speziellen Erfahrungen.

Der Chirurg und der Gynäkologe bedienen sich der hier zur Besprechung stehenden Puder zur Händedesinfektion. Unter den wasser-
undurchlässigen Gummihandschuhen bildet sich leicht „Handschuh-
saft", der eine beträchtliche Anzahl von Keimen enthält und eine Gefahr für den aseptischen Wundverlauf bildet, sofern während des Ein-
griffes Löcher im Handschuh auftreten.

STRASSMANN[3] schlug daher vor, die Hände vor dem Anziehen der
Handschuhe mit Borsäurepuder zu behandeln. Er reibt die gewaschenen

[1] SCHMIDT: Klin. Wschr. **20**, 31 (1941).
[2] JÄGER, R.: Arch. Gewebepath. u. Hyg. **7**, 86 (1936).
[3] STRASSMANN: Arch. Gynäk. **1927**; Z. Geburtsh. **46**, (1901).

Hände damit trocken. Diese Säure ist bestenfalls ein Antisepticum und ist zudem schwer sterilisierbar, da man höhere Temperaturen als 135° nicht anwenden kann, ohne die Substanz chemisch weitgehend zu verändern. PITZEN[1], SÜSSBACH[2], BARDENHAUER[3], SONNTAG[4] u. a. schlugen daher den **Vasoform** bzw. **Vasenoloformpuder** vor. Das erstere Präparat enthält 4%, das letztere 2,5% einer Salicylsäure-Formaldehydkombination. Beide sind mit Vasenol überfettete anorganische Puder. Die Theorie der Wirkung wird von SÜSSBACH wie folgt angegeben:

„Die natürliche Absonderung des sauren Handschweißes bewirkt eine Abspaltung von Formaldehyd aus dem Puder und hemmt die Schweißabsonderung, wodurch wiederum eine Keimausschwemmung aus den Tiefen der Hautporen unterbunden wird. Sollte trotzdem bei dazu disponierten Menschen eine stärkere Schweißabsonderung eintreten, so spaltet sich auch entsprechend mehr Formaldehyd ab. Es ist ja bei richtiger Anwendung des Puders ein genügend großer Vorrat davon auf den Händen vorhanden." Ein weiterer Vorteil sei darin zu erblicken, daß der Puder leicht in die Unternagelräume zu bringen ist und sich beim Bewegen der Finger und Hände mit Vorliebe in den Interdigitalfalten sammelt, er also an den Stellen der Hände seine Wirksamkeit entfalten kann, die bei der Desinfektion immer besondere Schwierigkeiten bereiten.

Die Wirksamkeit der beiden Puder als Händedesinfektionsmittel wurde auch von KRUSE[5] an der gewöhnlichen Taghand und der mit Colikeimen künstlich infizierten Hand geprüft und bewiesen. Die gewöhnliche Taghand wurde wie zu einer Operation nach der Wasser-, Seife-, Bürsten- und Alkoholmethode vorbereitet und dann ihre Keimzahl bestimmt. Darauf folgte die Einpuderung und nochmaliges Bestimmen der Keimzahl. Der dann übergezogene sterile Operationshandschuh wurde etwa 3 Stunden lang an den Händen belassen und darauf wiederum die inzwischen aus den Poren ausgetretenen Keime bestimmt.

Ein wesentlicher Unterschied in der Wirkung des Vasenoloforms und des Vasoforms ergab sich in den Versuchen von KRUSE nicht.

Nach WESTERMEIER[6] hingegen gab Vasoformpuder die besten Ergebnisse, die insbesondere die der Borsäure übertrafen.

Nach dem 2. Weltkrieg wurden von der Firma K a s t & E h i n g e r zwei neue Puderformen entwickelt, die als Grundlage ein Magnesiumsilicat feinsten Dispersitätsgrades enthalten. Der *Bellamonpuder* dieser Firma enthält noch 5% Harnstoff, während der Adsulfanpuder 0,6 bis 0,8% Schwefel aufweist. R. RICHTER[7] berichtet über klinische Erfahrungen mit diesen Pudern, die auch in der Mannheimer Hautklinik an zahlreichen Fällen geprüft wurden. Wir machten dabei die in allgemeiner Hinsicht wichtige Erfahrung, daß die Teilchengröße eines

---

[1] PITZEN: Münch. med. Wschr. **1926**, 52.
[2] SÜSSBACH: Dtsch. Z. Chir. **213**, 211.
[3] BARDENHAUER: Med. Welt **1932**, 13. [4] SONNTAG: Zbl. Chir. **1929**, 23.
[5] KRUSE: Bakteriologische Versuche mit Vasenoloform. Leipzig 1926.
[6] WESTERMEIER: Dtsch. Z. Chir. **241**, 1/2 (1933).
[7] RICHTER, R.: Med. Monatsschr. **1948**, Heft 3.

Puders, der von der Firma bisher in nicht erreichter Feinheit hergestellt wurde, nicht zu klein sein darf. Es entsteht sonst eine Verstäubung des Puders in der umgebenden Luft des Kranken, die empfindliche Schleimhäute, besonders der Atmungsorgane, gelegentlich reizen kann. Auf unseren Vorschlag wurde daher der Puder in etwas gröberer Teilchengröße hergestellt, wonach Reizungen durch Herabsetzung der Verstäubungsneigung unterbleiben. Der Bellamonpuder erwies sich bei Erythemen als besonders angenehm. Der schwefelhaltige *Adsulfanpuder*[1] zeigte sich bei beginnenden Entzündungen besonders perigenital sowie in den Hautbeugen wirkungsvoll und durch seinen Schwefelgehalt bei salbenempfindlichen Seborrhoen sowie Epidermophytien indiziert. RICHTER erklärt die Wirkung des Schwefels auf der Haut dadurch, daß durch den gebildeten Schwefelwasserstoff eine leichte Entzündung der Papillarschichten und der oberen Cutisschicht mit Erweiterung der Gefäße entsteht. Gleichzeitig setzt eine vermehrte Hornbildung ein, wodurch der Heilungsvorgang als keratolytische Wirkung eingeleitet ist. In stärker alkalischem Milieu ist die Bildung von Schwefelwasserstoff aus elementarem Schwefel wesentlich verstärkt, wodurch es zu Reizwirkungen kommen kann und bei Bildung größerer Wasserstoffmengen zu einem keratolytischen Effekt. Deshalb dürften Puder keine alkalische Oberflächenreaktion schaffen, die bei nässenden Ekzemen reizen kann.

Klosterfrau-Aktiv-Puder (M. C. M. Klosterfrau) enthält als Grundstoff eine adsorbierende, stark aufsaugende und wasserbindende hydratische Kieselsäure. Diesem hydrophilen Grundstoff sind eine gleichfalls hydrophile Salbengrundlage (6,8%) sowie in geringer Konzentration (0,5%) Ester der Benzoesäure bzw. Ester substituierter Benzoesäuren einverleibt. Seine wasserbindenden, adsorbierenden Eigenschaften einerseits und sein relativ hoher Salbengehalt andererseits machen Klosterfrau-Aktiv-Puder zu einer Kombination von Trocken- und Fettpuder.

Adsorption von Methylenblau aus 0,1 proz. wäßriger Lösung = 2%. WZ $\dfrac{10}{2,15}$, Schüttgewicht 3,9.

Die Grundlagen der in der Chirurgie verwendeten Puder werden wohl immer Talcum, Bolus, Zinkoxyd, kurz gesagt, anorganisches Material sein, und zwar schon aus dem einfachen Grunde, weil die Komponenten durch Ausglühen sterilisiert werden können. Dies ist nach HELLENDAHL und FROMME[2] die einzige zuverlässige Methode, um Sporenfreiheit zu gewährleisten. Bei Verwendung der Puder ist zu beachten, daß sie erst nach etwa 30 Minuten wirken, also dann, wenn durch Perspiration genügend Feuchtigkeit im Innern des Handschuhs angereichert ist.

MANDL[3] faßt eine Reihe von Arbeiten zusammen, aus denen ersichtlich ist, daß Gewebeextrakte, z. B. Hühnerherzauszüge mit Sulfonamiden

[1] SCHNEIDER: Derm. Wschr. **1947**, Heft 7.
[2] HELLENDAHL u. FROMME: Zbl. Gynäk. **1912**, 48.
[3] MANDL: Ars Medici **1**, 3 (1946).

zusammen als Puder gegeben, Wunden heilten. Es geht leider aus der Arbeit nicht hervor, wie weit man mit Sulfonamiden allein gekommen wäre.

In der Kinderpflege werden Puder verwendet, um die durch den anatomischen Bau bedingte funktionelle Unreife der kindlichen Haut, eine Gefahrenquelle für das Kind, auszugleichen. Die Behandlung soll die dünne Hornschicht, die nur wenig gegen mechanische Schäden und Maceration und damit gegen das Eindringen von Krankheitskeimen schützt, stärken. Die Befürworter der Puderbehandlung in der Säuglingspflege ziehen mit ZUMBUSCH[1], JEHLE[2] u. a. fetthaltige Präparate, also überfettete Puder, vor. Ein desinfizierendes Mittel wird nur in Ausnahmefällen zugesetzt. OXENIUS[3] z. B. gibt gegen Pruritus ani bei Oxyuriasis Anaesthesinpulver und in besonders schweren Fällen eine Mischung von 2 Teilen Anaesthesin mit 18 Teilen Vasenoloform an.

Interessant ist als desinfizierender Puder der Vaopin-Wundstreupuder der Vasenolwerke, der als Wirkungsstoff ein jodiertes Phenol-Campher-Gemisch enthält. Unter der Sekreteinwirkung wird das Phenol allmählich abgespalten, so daß stets nur eine 1,3proz. Phenollösung entsteht, welche keinerlei Reiz- oder Ätzwirkung besitzt.

Wie SCHMIDT-LANGE[4] feststellte, hat das Bienengift eine beachtliche Desinfektionskraft. Diese Unterlage sowie die guten Erfahrungen SIEVERTS[5] haben wohl die Herstellung des Forapinpuders veranlaßt. Er enthält 0,25 mg% festes Bienengift in einem Gemisch von Bolus, Talcum und Kieselgel verteilt und wird bei schlecht heilenden Flächenwunden sowohl in der Human- wie auch in der Veterinär-Medizin empfohlen.

In der Dermatologie und in der Wundbehandlung ist die Anwendung desinfizierender Puder und solcher, die direkt oder indirekt pathogene Keime schädigen oder für sie ein ungeeignetes Medium verursachen, naturgemäß weitaus am größten. Hier werden Metallsalz-, Gerbstoff-, Formaldehyd- und Salicylpuder, die bereits S. 375 besprochen wurden, verwendet, ferner Puder mit Kresolen und Phenolen. Ein derartiges Desinfiziens in Puderform ist der Kresolpuder FRESENIUS, der im ersten Weltkrieg entstand. Er wird zur Läuse- und Flöhebekämpfung eingesetzt (Fleckfieberprophylaxe) und enthält 84% glühbeständige anorganische Substanzen sowie verschiedene Kresole. Sein aufdringlicher Geruch wird seine Verwendung auf besonders gelagerte Fälle beschränken.

Borsäure ist ein häufiger Bestandteil mild desinfizierender Puder, die neben diesem Wirkstoff noch andere Komponenten enthalten. Der Combustinpuder z. B. enthält die Säure, Bolus, Zinkoxyd, Talcum und Vaselinöl. Dialonpuder enthält die Säure, Thymol, Salbengrundlage und Talcum (Cowe Resorption der Borsäure[6]).

Chlorbromoxychinolin ist der Wirkstoff des Vulnalinpuders

---

[1] ZUMBUSCH: Handbuch der Kinderheilkunde.
[2] JEHLE: Dtsch. med. Wschr. **1938**, 12.
[3] OXENIUS: Münch. med. Wschr. **1934**, 51.
[4] SCHMIDT-LANGE, Münch. med. Wschr. **1944**, 34.
[5] SIEVERT. Dissertation Hannover 1940.
[6] Larnet **1950**, 216.

Riedel, der als Wundpuder empfohlen wird. Ihm parallel gebaut ist das Vioform *Ciba* (Jod-Chloroxychinolin mit 41 % Jod), das als fertiger 100%-Puder in kleinen Streudosen in den Handel kommt.

Ausgehend von dieser Substanz wurde von Geigy, Basel, der *Sterosanpuder* entwickelt, der ein 5,7-Dichlor-8-oxychinolin darstellt und bei der bakteriologischen Prüfung schon in geringer Konzentration gegen grampositive Kokken, wie Staphylo-, Strepto-, Enterokokken stark bactercid wirkt und dem Vergleichspräparat eindeutig überlegen ist. Außerdem hat die Substanz, wie bereits bei der Sterosansalbe erwähnt, auch besonders fungicide Eigenschaften, die es für die Behandlung von Interdigitalmykosen sehr geeignet machen.

Ein neuartiges Produkt, das zwar nicht desinfiziert, aber durch seine Reduktionsfähigkeit die Zersetzung aufgesaugten Schweißes verhindert, ist das Silicoameisensäureanhydrid, ein hochvoluminöses Pulver, das wasserunlöslich bei der Reduktion zu Kieselsäure und Wasser zerfällt. Man verwendet es in Salben 10 proz., in Puder 25 proz. (Patentanmeldung Dr. R. Müller, Chem. Fabrik v. Heyden, Radebeul-Dresden; 2. 4. 42 bekanntgemacht).

Eine besondere Gruppe stellen die Puder mit Chemotherapeuticis dar. Die **Sulfonamidpuder** haben gegenüber den Salben den Vorteil, daß sie aufgestreut den Kontakt Wunde-Wundsekret-Wirkstoff unmittelbar und nicht erst durch Vermittlung eines meist hemmenden Gliedes — der Salbengrundlage — zustande bringen. Sie sind daher in vielen Fällen wirksamer und werden in der Therapie vorgezogen. Hier ist der Sufortanpuder Homburg zu nennen, der aus 20 % Sulfapyridin und Sulfanilamid und 60 % Harnstoff besteht. Mützel[1] berichtet darüber.

Kombinationen mit Azochloramid, Proflavin, 5-Aminoacridin und Penicillin, Penicillin und p-Chlorphenol sind in der amerikanischen Literatur beschrieben und von Pfleger und Mitarbeitern[2] referiert worden.

Ähnliche Präparate sind der Ultraseptilurea- und Eubasinpuder. Letzterer besteht zu 80 % aus Milchzucker. Im Cibazolwundpuder, der aus 10 % Cibazol und 90 % Borsäure besteht, soll die Säure Trägersubstanz und Lösungsvermittler sein. Über seine Anwendung berichten Domanig[3] und andere in der neueren chirurgischen Literatur. Es ist zu erwarten, daß die Borsäure durch eine indifferente Grundlage, die nach eventuell eintretender Resorption nicht schaden kann, ersetzt werden wird.

Der Marfanil-Protalbin-Puder, kurz MP-Puder genannt, besteht aus 1 Teil Marfanil, dem salzsauren p-Aminomethylbenzolsulfonamid, und 9 Teilen Protalbin p-Aminobenzolsulfonamid. Dieses Gemisch ist hygroskopisch und muß verschlossen aufbewahrt werden. Die übliche chirurgische Wundversorgung wird durch den MP-Puder nicht ersetzt, sondern nur ergänzt. Das p_H der Wunden wird in den sauren Bereich verschoben (auf etwa p_H 5). Seine Anwendung erfolgt bei Quetsch-

[1] Mützel: Med. Welt **17**, 255 (1943).

[2] Pfleger, Knobloch, Schraufstätter: Pharmazie **5**, 4 (1950).

[3] Domanig: Zbl. Chir. **69**, 351 (1942).

wunden, Zerreißungen, zur Gasbrandprophylaxe, bei Fisteln, Peritonitis und bei Erfrierungen. Man streut 5—20 g des Puders ein. Arbeiten über das Thema liegen von BERGER[1], HAFERLAND[2], BOSSE[3], HELLMER[4] (der Prontosil-Milchzucker-Gemische verwendete), DOMAGK[5], GOECKE[6] und BAUERMANN[7] vor. Nach PLECH[8] ist die Behandlung der Erfrierungen mit Sulfonamid- bzw. Dermatolpudern geradezu das Mittel der Wahl. Es würde zu weit führen, alle Arbeiten (32 bis zum Jahre 1944) anzuführen.

Globucid-Puder (Schering) besteht aus sterilisierter Reinsubstanz ohne Beimengung und kann daher in alle Wunden — auch intraperitoneal — in Mengen von 5—10 g gebracht werden.

Septoplex-Puder enthält 30% p-Aminobenzolsulfonamid.

FRIEHS[9] spricht sich gegen Sulfonamidpulver aus, da sie leicht löslich seien und dadurch Schorfe und Sekretstauung verursachen, austrocknend wirken und die Granulation hemmten. Er zieht das Chemotherapeuticum und Desinficiens Formjodin vor, da es die Granulation anrege und die Wunde offen und übersichtlich halte. Der Verfasser geht auf die Zusammensetzung der wirksamen Substanz nicht näher ein. Doch geht sie wohl aus dem Namen und aus der von ihm zitierten Arbeit von PETERS[10] hervor.

HOFBAUER[11] will wegen der oben geschilderten Schorfbildung die Sulfonamidpuder nur bei akuten Infektionen, wo sie in den biologischen Abwehrkampf eingreifen, anwenden, nicht aber im Granulationsstadium, da sie hier die Wundheilung eindeutig hemmten. MUSSILL[12] spricht trotz der Granulationshemmung infolge der anderen Vorteile sich – in der Veterinärmedizin – für die Sulfonamidpuder aus. Nach KOCH[13] verursachen Sulfonamide in Pudern und Pasten nicht allzuselten Ekzeme, Conjunctivitiden und andere Hauterscheinungen. Die Überempfindlichkeit kann längere Zeit bestehenbleiben und auch durch orale Gaben anderer Sulfonamide erzeugt werden. Wir selbst sahen häufig akute Dermatitiden nach Marbadalpuder, vielleicht spielen die Chlorbindungen dabei eine Rolle. Sufortanpuder ist gut verträglich.

Über den Einfluß der Pudergrundlage auf den Wirkstoff wissen wir nur wenig. Ein Milchzuckerzusatz scheint jedenfalls zweckmäßig zu sein, da er die Hygroskopizität herabdrückt. Die Kombinationen werden in jedem einzelnen Fall zu prüfen sein, denn sonst sind unliebsame Überraschungen zu befürchten. STEENBERG und THORSELL z. B. stellten fest, daß Acridinderivate und Hormone so fest an Talcum gebunden werden, daß sie therapeutisch in dieser Mischung unwirksam sind.

---

[1] BERGER: Zbl. Chir. **1941**, 37.　　[2] HAFERLAND: Arch. klin. Chir. **202**, 3 (1941).

[3] BOSSE: Med. Welt **1941**, 31. BOSSE, BOSSE-JÄGER: Die örtliche Sulfonamidtherapie, Stuttgart 1943.　　[4] HELLMER: Chirurg **1941**, 17.

[5] DOMAGK: Chirurg **1941**, 151; Med. u. Chem. **4** (1942).

[6] GOECKE: Münch. med. Wschr. **1942**, 24, 542; ebenda 48, 1014.

[7] BAUERMANN: Mbl. Augenheilkunde **113** (1948).

[8] PLECH: Med. Klin. **1943**, 17/18.　　[9] FRIEHS: Wien. med. Wschr. **97**, 3 (1947).

[10] PETERS: Wien. med. Wschr. **89**, 25 (1939).

[11] HOFBAUER: Wien. med. Wschr. **98**, 7/8 (1948).

[12] MUSSILL: Tierärztl. Mschr. **37**, 6 (1950).

[13] KOCH: Med. Klin. **12**, 19, 587 (1947).

11. Schmerz- und juckstillende Puder.

Um die „kühlende" und damit juckstillende Wirkung zu steigern, hat man Mentholzusätze zu den Grundsubstanzen versucht.

Rp. Mentholi 0,2
Zinci oxyd.
Talci $\overline{aa}$ ad 20,0.

Derartige Mischungen reizen bisweilen, so daß BRUCK[1] trotz ihrer günstigen Wirkung Teerpuder vorzieht.

Schmerzstillende Puder im engeren Sinne enthalten Anaesthesin, Cycloform oder Orthoform in wechselnden Mengen. Eine Wirkung ist nur zu erwarten, wenn die Epidermis geschädigt ist und somit eine direkte Beeinflussung der Hautnerven nach erfolgter Penetration entsteht. Auf der gesunden Haut kommen die Wirkstoffe nicht zur Geltung, da sie, wie erst wieder BÜRGI[2] zeigte, die obersten Hautschichten nicht durchdringen. Ein solches Anaestheticum enthält das Cutrenpulver der Promonta, das im wesentlichen aus Harnstoff und Thioharnstoff besteht und zur Wundbehandlung dient.

12. Puder mit antibiotischer Wirkung.

Es lag nahe, auch Antibiotoca in eine Pudergrundlage einzuarbeiten. Vor allem *Penicillinpuder* sind in den letzten Jahren im Handel und werden steril hergestellt. BERRY[3] bespricht eine Mischung von Sulfathiazol (bei 150° sterilisiert) und 5000 I. E. Penicillin-Calcium pro Gramm. Das Präparat wird besonders bei infizierten Wunden sowie bei Verbrennungen empfohlen. Das Natriumsalz des Penicillins ist wegen seiner Hygroskopizität unbrauchbar. Als Verdünnungsmittel dient steriler Milchzucker oder Serumpulver. BÜCHI und GUNDERSEN[4] haben im Gegensatz zu älteren Autoren festgestellt, daß nicht nur die Calcium-, sondern auch die Natrium- und Kaliumsalze des Penicillin bei Zimmertemperatur und 60 % Luftfeuchtigkeit brauchbar seien. Auch letztere beiden Salze seien nicht so hygroskopisch, daß sie in Pudern unbrauchbar wären. Als Trägersubstanz kommen Milch- und Traubenzucker, Magnesiumoxyd, Lykopodium, Trockenserum — Trockenplasma in Frage. Die Kombination mit Sulfonamiden bringt keine Vorteile. Mit sterilem Milchzucker (150° 1 Stunde) hält sich der Puder etwa 2 Monate. Die Haltbarkeit erhöht sich, wenn das Penicillinsalz mit hydriertem Arachisöl umhüllt, durch den Ölfilm also geschützt dem Milchzucker oder z. B. auch Trockenmilch zugefügt wird. Eine Kombination von Penicillin-Ca mit Sulfanilamid stellt die Firma Grünenthal in ihrem PS-Puder her. Der Puder besitzt als Grundlage sterilen Milchzucker einer bestimmten Korngröße, der sich besser als andere Pudergrundlagen bewähren soll.

---

[1] BRUCK: Fortschr. Ther. **1943**, 2.
[2] BÜRGI: Die Durchlässigkeit der Haut für Arzneimittel und Gifte. Berlin: Springer 1941.
[3] BERRY: Penicillin, its practical application Butterworth. London 1946.
[4] BÜCHI u. GUNDERSEN: Pharm. Acta Helvet. **24**, 1 (1949).

Wie bereits auf S. 282 erwähnt, wird auch das *Tyrothricin* in Form von Puder in den Handel gebracht. Das Präparat der französischen Firma Sobio unter Leitung des Centre National de la Penicillin in Paris wird wahrscheinlich in Deutschland durch die Atmos Fritzsching u. Co. G. m. b. H., Mannheim, vertrieben werden. Wir haben das Präparat bei oberflächlichen Pyodermien, bakteriell stark verunreinigten Ulcerationen und sekundär impetiginisierten Ekzemen klinisch geprüft und stellten etwa die gleiche Wirksamkeit wie bei Penicillin oder Sulfonamidpuder fest.

13. Puder als Lichtschutzmittel.

Der Schutz gegen Sonnenstrahlen ist eine der ältesten Indikationen der Puderbehandlung. In Zeiten, in denen Sonnenschirme und eine blasse,höchstens rosige Haut modern und vornehm sind, braucht man Puder, um die „unfeine" Bräunung zu verdecken und zu verhindern. Schlägt die Mode um und ist Braun modern und sportlich, so hilft man mit Pudern, denen braune Pigmentfarben zugefügt werden, nach. Man gewinnt dadurch zwar nicht das Sportabzeichen, sieht aber so aus, als hätte man es.

Im Blütezeitalter der Puder, dem Rokoko, und auch später bis in die Gegenwart hinein, hat man fast durchweg mit deckenden Pigmentfarben als Puder gearbeitet. Zinkoxyd, in neuerer Zeit Titandioxyd und auch braune Pigmente waren das wichtigste Rüstzeug. Die anderen Lichtschutzmittel, die wir bei der Besprechung der Salben erwähnten, kamen in der Pudertherapie kaum zur Verwendung, da in dieser trockenen Anwendungsform die Grundbedingung fehlt, ihr Zustand: „in gelöster Form". Als Substanz aufgestreut wirken die Lichtschutzmittel alle entweder gar nicht oder nur dort, wo sie im Hautsekret zur Lösung kommen. Ein Kompromiß, der diese Divergenzen überbrücken soll, wird im D.R.P. 722425 der Ultra-Kosmetik-Gesellschaft, Berlin, vorgeschlagen. Sie läßt Ultraviolettlicht absorbierende (besser wäre inaktivierende) Substanzen, wie Umbelliferonderivate, in Fetten, Ölen u. dgl. lösen und trägt diese Lösungen durch Versprühen auf eine Pudergrundlage auf. Ein solches Lichtschutzmittel wirke nicht fettend, rufe keinen Fettspiegel hervor und könne mit Pigmenten weiter getönt werden. Die Firma war offenbar in der Lage nachzuweisen, daß es sich hier tatsächlich um eine Erfindung handelt, und daß das Verfahren nicht, wie man annehmen sollte, nur eine Modifizierung altbekannter Tatsachen ist.

14. Über die Herstellung der Puder.

Die einzelnen Komponenten der Puder sind fest, schmalzartig oder flüssig und können in verschiedener Weise zusammengebracht werden.

Der erste Arbeitsgang beim Mischen fester Puderbestandteile besteht im Sieben der einzelnen Komponenten, denen sich das Mischen anschließt. Maschinell sind dazu Mischtrommeln ausgearbeitet worden. Für die Rezeptur bewährt sich eine Blechdose, in der rotierende Metallkugeln das Mischen besorgen. Diese Anordnung mischt besser als ein Pistill in der Reibschale. Auch in der Kosmetik mischt man meist trocken[1] und siebt durch Seidensiebe. Die Farben werden mit einem Teil der Grundstoffe gemischt und als Konzentrat eingearbeitet. Daneben ist auch die „nasse Methode", in der feucht gemischt und dann getrocknet und gemahlen wird, hier und da in Verwendung.

Bei der Herstellung überfetteter Puder kann man:

1. einen kleinen Teil des Puders mit dem Fett verreiben und dieser Paste das restliche Material zufügen;

2. das ganze Material mit dem in Äther, Petroläther oder Benzin gelösten Fettstoff tränken und das Lösungsmittel beim weiteren Mischen verjagen;

3. das gelöste oder geschmolzene Fett dem Puder unter Rühren aufsprayen.

Die beiden letzteren Verfahren verteilen die Fettkomponente natürlich weitaus intensiver als das erstere, das immer einzelne Partikeln ungefettet läßt, andere dagegen überfettet.

Das zweite Verfahren hat den Nachteil, daß nicht nur die äußere, sondern auch die innere Oberfläche der Puderbestandteile, wie etwa des Kieselgurs, befetten. Dadurch wird Fett verschwendet und die sorptive Kraft der Grundlage herabgedrückt.

Die Industrie verwendet zur Herstellung überfetteter Puder „spezielle Verfahren". Worin diese bestehen, wird nicht angegeben.

15. Über die Verpackung der Puder.

Lose Puder werden nur in zwei Verpackungsarten geliefert, und zwar in Schachteln, aus denen man mit einem Wattebausch (kosmetisch mit einer Puderquaste) die daran haftende Menge entnimmt und aufstäubt, und in Streudosen. Die Streudosen können aus Blech, Pappe oder Kunststoff hergestellt sein. Die einfachste Form der Pappdosen besteht aus einem Zylinder, dessen eine Abschlußebene perforiert ist. Man öffnet die mit Papier geschützte Perforation und schützt dann die gebrauchsfertige Packung vor Puderverlusten durch eine Kappe. Eleganter sind ovale Blechdosen, die einen kleinen Aufsatz, einen Turm, tragen, dessen ebener Abschluß perforiert ist. Zweckmäßig erscheinen die Dosen, die z. B. die Desitinwerke für ihren Milkudermpuder gewählt haben. Es sind dies niedrige Zylinder, deren gewölbte perforierte Oberfläche durch Drehen geschlossen oder geöffnet werden kann. Die Unterseite ist zum Springkeildeckel ausgebildet, kann leicht geöffnet werden, so daß Nachfüllungen schnell vorzunehmen sind.

Die Marfanil-Protalbinpuderdosen sind flach, taschenuhrförmig. Auf einen Druck hin reißt die eingeschlossene Luft eine kleine Pudermenge durch die Ausstreuöffnung, die bei Nichtgebrauch mit einem Stopfen verschlossen wird. Diese Anordnung ermöglicht es, auch kleinere Dosen auf engumgrenztem Raum zu verteilen.

---

[1] Notiz in Fette u. Seifen **49**, 3 (1942).

16. Puder in der Kosmetik.

Die Puder spielen in der Kosmetik eine wichtigere Rolle als in der Medizin, jedoch nicht immer mit Berechtigung, denn zur Pflege der gesunden Haut ist das regelmäßige Einpudern völlig überflüssig. Es ist nur berechtigt, wenn Verfärbungen überdeckt oder übermäßige Absonderungen beseitigt werden sollen. Ein Zuviel ist der Haut unzuträglich, denn die Poren werden verstopft oder erweitert, die Haut wird welk und fahl, sie kann durch Kokken infiziert werden[1].

Technisch unterscheidet sich die Anwendung der kosmetischen Puder ziemlich weitgehend von der medizinischer Präparate. Letztere werden mit sterilen Wattebäuschen aufgetragen oder aus Streudosen appliziert, erstere mit Puderquasten oder, falls es sich um Kompaktpuder handelt, mit Leder oder Frotteekissen eingerieben. Die Puderquasten, die mit der Haut kaum in Berührung kommen, dürften nur selten zu Infektionen führen, die Kissen hingegen sind gefährlicher, da sie, einmal infiziert, leicht zur Verschleppung von Keimen dienen können.

Das Pudern zur Tönung der Haut ist der Kosmetik vorbehalten, es ist von der medizinischen Anwendung der Puder so weit entfernt, daß es nur erwähnt werden soll. Wirtschaftlich spielen die kosmetischen Puder in vielen Ländern eine sehr bedeutende Rolle. Die kosmetische Industrie vertreibt insbesondere drei Sorten von Pudern, lose Puder, kompakte und flüssige Puder.

Die losen Puder sind auch die in der Pharmazie verwendeten Präparate, die flüssigen Puder sind, wie schon erwähnt, pharmazeutisch gesehen Schüttelmixturen. Die Kompakte sind eine Puderform, die in der Pharmazie kaum verwendet werden. Sie seien daher im folgenden nur kurz besprochen.

Ein Kompaktpuder ist ein, meist durch Pressen, räumlich zusammengedrücktes Cosmeticum, aus dem man sich durch Abreiben mit einem Leder oder Tuch die nötige Pudermenge jeweils beschafft. Die Vorteile dieser Anwendungsform, nämlich der Fortfall des Stäubens und die Raumersparnis, stehen dem Nachteil, dem Verlust der Kornfeinheit gegenüber. Kompakte werden entweder gegossen, als Bindemittel dient dann Gips, oder, und dies ist weit häufiger der Fall, sie werden feucht oder trocken gepreßt. Der Zusammenhalt der Teilchen wird in diesen Fällen gleichfalls durch Bindemittel, „Binder" genannt, wie Stärke, Tragant, Gummi, gewährleistet.

Die Grundmassen der Kompakte sind vorwiegend Talcum, Kaolin, Zinkoxyd, Stärke, Magnesium- und Calciumcarbonat, also alle die Stoffe, die auch in losen Pudern die Grundmasse darstellen. Dazu kommen noch Farb- und Geruchstoffe, denn es handelt sich ja fast ausschließlich um Cosmetica. Der Parfümanteil beträgt 1—2%, derjenige der Pigmentfarben, zu denen auch noch lösliche Farbstoffe zugefügt werden können, etwa 25%. Die Anteile sind also ziemlich hoch, so daß bei Überempfindlichen Hautschäden möglich sind.

Einen ganz neuen Anwendungszweck haben die Puder durch D.R.P. 722 291 und ein Zusatzpatent erhalten. Mischt man z. B. einen fettlöslichen

---

[1] BRUCK: Fortschr. Ther. 1934, 2.

Farbstoff, wie Sudan III oder Ceresinviolett, mit Talcum oder besser mit Quarzmehl, und streut dieses Gemisch aus einer Puderdose auf kampfstoffverdächtiges Gelände, so löst der ölige Kampfstoff, den der Puder aufsaugt, die Farbe, und es bilden sich an den verseuchten Stellen gefärbte Flecken. Wenn wir auch hoffen, daß derartige Puder im Sinne des Patentes nie angewendet werden müssen, so hat die zugrunde liegende Idee doch auch für uns Interesse, man könnte sie motivieren und versuchen damit Fette und Fettlöser, z. B. auf der Haut nachzuweisen.

17. Klinische Ergebnisse der Puderbehandlung.

Die klinischen Indikationen der Puderanwendung haben in den eben verflossenen Jahrzehnten erhebliche Schwankungen und in den letzten Jahren eine wesentliche Ausdehnung erfahren.

Im Jahre 1915 empfahl LESSER[1] die Puderbehandlung nur bei akuten erythematösen und papulösen Ekzemen und schränkte diese Indikationen durch den Nachsatz „oder noch besser Pastenbehandlung" noch weiter ein. Er sagt dann auch: „Es kommt weniger auf die chemische Zusammensetzung des angewendeten Puders an, als auf seine Feinheit und Reinheit." Diese Einschränkung besteht heute nur noch dann zu Recht, wenn man die Wirkungsweise von ganz indifferenten Pudern, wie Zincum oxydatum, Talcum, Amylum u. a., ins Auge faßt. In dieser Hinsicht definieren auch ZIELER und SIEBERT[2] den Effekt: „Die Puderbehandlung hat nur bei ganz frischen, nicht nässenden Hautentzündungen eine heilende Wirkung."

Über die physiologische oder physikalisch-chemische Wirkung der Puder ist daher auch sehr wenig in den Hand- und Lehrbüchern zu finden. Im allgemeinen gibt man sich mit der Kühlwirkung zufrieden durch „Vergrößerung der Hautoberfläche", Aufsaugung oder Adsorption von Sekreten oder Schweiß und die dadurch bewirkte „action raffraichissante, desséchante et décongestionante" (DARIER). Auch WINTERNITZ[3] widmet in einer 113 Seiten langen Arbeit nur eine Seite der Puderbehandlung. Immerhin wird in dieser Arbeit schon auf verschiedene Puderwirkungen: als Vehikel, als Reiz- und Ätzmittel, auf antiparasitäre, antiseptische und anästhetische Wirkung hingewiesen.

C. BRUCK[4] geht dann 1934 eingehend auf die erheblich größere Anwendungsmöglichkeit der Puder bei der Behandlung und Pflege der Haut ein und begrüßt diese Entwicklung, weil die Puderbehandlung bei richtiger Indikation und Technik für den Kranken bequem und sauber, ohne Verband und Berufsstörungen erfolgen kann. Über die physikalische Wirkung ist auch von diesem Autor nichts wesentlich

---

[1] LESSER, ED.: Siehe das Kapitel über Hautkrankheiten in dem Buch „Die Therapie an den Berliner Universitätskliniken".

[2] ZIELER u. SIEBERT: Behandlung der Haut- und Geschlechtskrankheiten, 10. Aufl. 1940.

[3] WINTERNITZ: In Handbuch der Haut- und Geschlechtskrankheiten V/1. Berlin: Springer.

[4] BRUCK, C.: Fortschr. Ther. 1934, 2.

Neues erwähnt. „Das Ausschlaggebende für die physikalische Puderwirkung ist also der Dispersitätsgrad der einzelnen Puder.‘‘

Ehe wir nun den Indikationsbereich aufstellen, der heute durch die Pudertherapie ermöglicht ist, muß noch darauf hingewiesen werden, daß die *Technik* der *Puderanwendung* für den Erfolg maßgebend ist, ebenso wie etwa ein feuchter Umschlag ganz anders als ein Prißnitzverband wirkt. In klinischen Vorversuchen mit derselben indifferenten Zinkoxydpudergrundlage zeigte sich deutlich, daß *prinzipiell zwei verschiedene Applikationsformen* auf der gesunden oder kranken Haut ausgeführt werden können, und zwar einmal das „*Einpudern*‘‘ mit Wattebausch oder mit Streubüchse, wobei niederschlagsmäßig der Puder auf die oberen Hautschichten fällt, ohne daß der Bausch die Haut berührt, ferner das *Einreiben* oder gar *Einmassieren* von Puderarten.

Die *interne Behandlung* mit Puder auf den Schleimhäuten, Einblasen bei Cervixerkrankungen, das Schnupfen von anämisierenden oder hormonhaltigen Pudern sowie die chirurgische Puderanwendung zur Desinfektion von tiefen Verletzungs- oder Operationswunden seien hier nur anhangsweise erwähnt.

Es konnte erwartet werden, daß der mit einem sterilen Bausch eingeriebene Puder intensiver wirkt, da er mit den capillaren Räumen in der Epidermisoberschicht in engeren Kontakt kommt. Dies ergeben auch klinische Simultanversuche, bei denen an symmetrischen Körperstellen bei diffuser, beginnender Dermatitis Puder aufgestäubt und einmassiert wurde. Dabei zeigte sich deutlich eine stärkere Puderwirkung auf der Seite des Einmassierens. Dies trat besonders dann auffällig in Erscheinung, wenn z. B. ein Gerbstoff, wie Tannin, zugesetzt war.

Die von manchen Klinikern bei universellen Dermatitiden oder beginnenden ausgedehnten Ekzemen angewendete Form des *Puderbettes* kommt natürlich durch den intensiven Puderkontakt der Applikationsart des Einreibens sehr nahe.

Die *Applikationsform* des Puders ist also wichtig, das Aufstreuen oder das Einreiben hat eine prinzipiell andere Wirkung, wobei durch Einreiben eine intensivere Austrocknung mit indifferentem Puder erreicht werden kann.

Ferner sollten klinische *Simultanprüfungen* zeigen, ob wirklich die aufsaugende oder *austrocknende Wirkung* vom *Dispersitätsgrad* des an sich indifferenten Puders abhängt, also von der Teilchengröße, wobei der rein physikalische Vorgang der Austrocknung bei einem Puder mit besonders großer Oberfläche größer sein müßte.

Wir wählten zur Klärung dieser Frage zwei indifferente Pudergrundlagen pflanzlichen Ursprungs mit möglichst verschiedener Korngröße: die Reisstärke mit Körnchen von $4-5\,\mu$ und die Kartoffelstärke mit etwa $100\,\mu$ Körnchengröße.

Behandelt wurden mehrere Kranke mit beginnenden Dermatitiden im Gesicht und am Körper, bei denen symmetrische Stellen befallen waren. Es zeigte sich dabei, daß der feinkörnige Reispuder, sowohl beim Aufstreuen wie beim Einreiben, eine schneller austrocknende Wirkung hatte als die grobkörnige Kartoffelstärke. Dabei spielte also die scharfkantige Körnchenform des Reispuders keine störende Rolle. Der austrocknende Effekt hing deutlich von dem Dispersitätsgrad des Puders ab.

Wir haben nun versucht, den Therapiebereich der modernen Puderbehandlung, der ganz besonders durch die Sulfonamide und Antibiotica in der letzten Zeit erweitert wurde, in einer Tabelle übersichtlich zusammenzustellen.

Indikationsbereich der Puderbehandlung.

A. Kosmetisch(-dermatologische) Puder.

1. Nivellierend, bei Gesichtsnarben, z. B. nach Follikulitiden oder pustulösen Varicellen u. a.

2. Abdeckend, bei Pigmentmangel und Pigmentierungen, Dyschromien, Naevus flammeus u. a.

3. Färbend, rein kosmetisch auch bei Argyrose.

4. Desodorierend, bei Bromidrosis.

B. Therapeutische Puder.

1. Indifferente: zur Austrocknung beginnender Erytheme, Ekzeme oder Dermatitiden (siehe S. 357). Adsorptive Wirkung durch Bildung eines dispersen Systems.

2. Fettende bei besonders spröder und rauher Haut.

3. Entfettende, z. B. bei Seborrhoea oleosa.

4. Juckreizstillende und anästhesierende (Thymol-, Menthol- und Carbolsäurezusatz), siehe S. 384.

5. Kühlende (siehe S. 363).

6. Schutz- und Deckpuder, bei Analekzem, LEINERscher Dermatitis der Kinder mit Schichtwirkung.

7. Antibakteriell mit immunisierender oder bakteriostatischer Wirkung: Antipiolpuder, Autolysatpuder, Penicillin.

8. Desinfizierend: Jodoform, Xeroform, sulfonamidhaltige Puder.

9. Gerbende, adstringierende: Tannoformpuder, Frekasanpuder.

10. Ansäuernde bei Mykosen, siehe S. 361.

11. Ätzende: Summitates Sabinae und Resorcin, bei Condylomata acuminata.

12. Lichtschutz, siehe S. 385.

13. Hämostyptisch: CLAUDEN.

14. Hormonwirkung: Physhormonschnupfpuder (Hypophysen-Hinterlappenextrakt) bei Diabetes insipidus und nach GÖBBELS bei Acne rosacea[1].

Bei der Einteilung ist bewußt die Puderanwendung, bei welcher keine Veränderung der Hautzellen erstrebt wird, als kosmetische abgetrennt. An der Spitze der therapeutischen Skala wurde die älteste Anwendungsform der *Austrocknung* gestellt, wobei hier auf das bereits Ausgeführte mit anorganischen und organischen Produkten verwiesen wird. Klinisch kommen dafür nur Erytheme oder eben beginnende Ekzeme und Dermatitiden in Frage. Nach unseren Versuchen hat dabei das Bestreben der Industrie, möglichst fein disperse Puder herauszubringen, volle Berechtigung.

Allerdings haben besondere Versuche, die wir mit Unterstützung der Firma Kast & Ehinger bei Vorarbeiten zu den Bellamonpuder anstellten, gezeigt, daß eine zu feine nach neuen technischen Möglichkeiten erzielte Dispersität nicht immer klinisch optimal wirkt. Ein Puder mit zu fein disperser Verteilung und zu großem Schüttgewicht

---

[1] GÖBBELS: Kosmetologische Rundschau **3**, 2 (1935).

hat den Nachteil, als Nebel oder Luftkolloid die ganze Umgebung des Kranken auszufüllen. Dadurch können, wie schon erwähnt, bei empfindlichen Schleimhäuten Reizungen, z. B. eine Conjunctivitis, entstehen.

Über die *fettenden* und *entfettenden* Möglichkeiten ist in der pharmakologischen Ausführung S. 367 ausführlich berichtet worden, so daß von klinischer Seite nicht viel hinzuzusetzen ist. Im allgemeinen wird die Fettung der Haut mit Salben schneller und intensiver erreicht als mit Pudern, doch wird man zur Pudertherapie mit fetthaltigen Pudern greifen, wenn z. B. eine Allergie gegen Salbengrundlagen vorliegt oder aus bestimmten Gründen der matte Puderglanz auf der Haut erwünscht ist.

Die juckreizstillende oder anästhesierende Wirkung auf der intakten Haut kann den Effekt der spirituösen Betupfungen nicht erreichen. Ihre Anwendung in der Klinik ist daher auch sehr bescheiden. Oft hängt die juckreizstillende Wirkung eng mit der „*Kühlwirkung*" zusammen, wobei die Ausführungen S. 363 von Wichtigkeit sind.

Die praktische Anwendung der *Schutz-* und *Deckpuderbehandlung* der kleinen Kinder in den Hautfalten und der Genitalgegend wird allgemein durchgeführt. Die Anzahl der angepriesenen Mittel ist sehr groß, und in der Praxis werden die meist talcumhaltigen Puder wohl alle ziemlich gleich gut wirken. Dabei wird an erster Stelle die sekretaufsaugende, dann die Schichtwirkung der dick aufzutragenden Puder die gewünschte Schutzdecke bieten.

Hier sind besonders noch der Antipiolpuder und der Autolysatpuder (ENGEL) zu erwähnen, dem eine *immunisierende Substanz* zugesetzt ist. Nach dem Prinzip von BESREDKA wurde nach der Einführung der Antipiolsalbe auch Puder aus Talcum und Zinkichthyolat mit der immunisierenden Substanz (wahrscheinlich Staphylo- und Streptokokkenautolysato) zugesetzt. Die Puder erwiesen sich uns bei beginnenden Pyodermien und Follikuliditen in der Axilla und Genitalgegend als besonders wirksam, zumal wenn Salbe nicht vertragen wurde.

Die *Oberflächen-* und *Tiefendesinfektion* mit Pudern hat in den letzten Jahren eine bedeutende Beachtung erfahren. Wir wollen dabei im Rahmen dieses Buches nur kurz auf die chirurgische Behandlung infizierter und infektionsgefährdeter Wunden mit Sulfonamiden hinweisen. So bezeichnet H. HAFERLAND[1] zusammenfassend die Behandlung mit Marfanil-Prontalbinpuder als einen wesentlichen Fortschritt. G. DOMAGK[2] formuliert in seiner Arbeit „Die Grundlage der Sulfonamidtherapie unter besonderer Berücksichtigung der Bedürfnisse in der Chirurgie": „Die Wirkung aller Sulfonamide und ihrer Derivate beruht darauf, daß sie selbst oder im Körper daraus entstandene Spaltprodukte die Bakterien so schädigen, daß sie nunmehr den natürlichen Abwehrfunktionen des Körpers erliegen, insbesondere den Leukocyten und Histiocyten, die jetzt die geschädigten Keime phagocytieren und verdauen können, während ihnen das bei virulenten ungeschädigten Keimen

---

[1] HAFERLAND, H.: Arch. klin. Chir. **202**, H. 3.
[2] DOMAGK, G.: Chirurg **1941**. H. 15.

nicht gelingt. Die Verminderung der Bacillen und ihre Schädigung, die sich bei Streptokokken und Gasödemkeimen beispielsweise auf Blutplatten nachweisen läßt, waren an sich noch nichts Besonderes, da dieses auch manche der älteren Desinfektionsmittel können. Hinzu kommt aber, daß die brauchbaren Sulfonamide im Gegensatz zu den üblichen Desinfektionsmitteln nicht die so wichtige phagocytäre Tätigkeit der Leukocyten und Histiocyten hemmen, selbst noch nicht in viel höheren Konzentrationen, als sie zur Schädigung der Bakterien ausreichend sind."

Im Hinblick auf die leicht zu beurteilende lokale Wirkung durch Sulfonamidpuder bei Hautinfektionserkrankungen ist es merkwürdig, daß von dermatologischer Seite diese Behandlung erst begann, nachdem von chirurgischer Seite über Erfolge bei tiefen, infizierten oder infektgefährdeten Wunden berichtet wurde. Der Grund dafür mag darin liegen, daß zweifellos gute Oberflächendesinfizienzien in Lösungen und Salbenform vorhanden waren und man mit der Wirkung zufrieden war. Wichtig wird aber die Anwendung desinfizierender Puder besonders in Kriegszeiten, wo Salbengrundlagen gespart werden sollen, zumal auch der Verbrauch von Verbandmaterial und Wäsche durch Puderbehandlung erheblich eingeschränkt wird.

Schnieper[1] hebt hervor, daß die Anfänge der lokalen Sulfonamidtherapie von Jäger[2] angegeben wurden, der die außerordentlich günstige Wirkung der lokalen Prontosilanwendung bei einer größeren Zahl von Hautaffektionen, wie Phlegmonen, Furunkeln, Karbunkeln, Mastitiden, Mykosen, Ekzemen, Verbrennungen, Wunden u. a. sah. Dabei beruht der Vorteil der lokalen Anwendung der Sulfonamide nach Domagk darauf, daß am Infektionsherd eine besonders hohe Konzentration des Chemotherapeuticums zu erzielen ist, ohne daß dabei Gewebsschädigungen beobachtet werden. Auch mit einer unerwünschten Resorption ist nach bisherigen Erfahrungen nicht zu rechnen.

Klinisch besonders indiziert sind nach unseren Beobachtungen alle Formen von *Pyodermien* sowie oberflächlichen *Mykosen*, besonders *Saprophytosen* und *Hautdiphtherie*.

Bei den Pyodermien ist es wesentlich, zunächst durch Entfernung der Krusten mit Tupfer und Öl oder Ungt. leniens die Basis für den unmittelbaren Kontakt des Puders mit den Bakterien zu schaffen. Dann trocknen die Pyodermien sehr schnell ab und damit ist die Heilung meist schon in 3—4 Tagen erreicht. Wir haben Eubasin-, Cibazol- sowie Marfanil-Prontalbin-, Sufortanpuder und Marbadal klinisch simultan erprobt und im Vergleich mit Salbenapplikationen geprüft und fanden die verschiedenen Sulfonamidpräparate etwa gleich gut bewährt. Dasselbe gilt für die Puder mit Antibioticawirkung (Penicillin und Tyrothricin).

Wie aus dem Prospekt des Eubasinstreupuders hervorgeht, fällt die sofortige Verminderung der Eitersekretion und die Säuberung des Wundgebietes mit fortschreitender Granulationsbildung auf. Die schlechte Löslichkeit der Sulfonamide gestattet auch eine längere Anwendung, ohne daß Resorption nennenswerter Mengen der Substanzen eintritt.

---

[1] Schnieper: Schweiz. med. Wschr. **1941**, Nr 10.
[2] Jäger: Dtsch. med. Wschr. **1936**, 183.

Allerdings müssen die Puder und nicht Reinsubstanzen, die Nekrosen verursachen können (JECKER[1]), gebraucht werden.

Die Bedeutung der Sulfonamid-Puder in der Klinik wurde von W. SCHULTZE[2] gewürdigt. Der Autor hat besonders mit einem Pudergemisch von Prontalbin, Eleudron und Marfanil im Verhältnis 1 : 1 : 1 zahlreiche Hautkranke mit Pyodermie, Follikulitis, Furunkulose, Schweißdrüsenabscessen, lokalisierte und infizierte Ekzeme sowie Mykosen und Dekubitalgeschwüre behandelt. Er kommt zu dem Resultat, daß die Pudergemische nach direktem Kontakt auf der Haut, nachdem die Borken und Krusten sorgfältig beseitigt waren, schneller und intensiver wirken als nach Verarbeitung in Salbengrundlagen, zumal diese Patienten gelegentlich nach Vorbehandlung mit Salben eine regelrechte Fettreizung bekamen. Vorteilhaft werden diese Pudergemische mit feuchten Umschlägen (Borwasser oder Kamillenabkochung) kombiniert. Wenn die Haut sehr trocken ist, werden 1 bis 2 % dieser Pudergemische zu Zinköl oder als Zinkschüttelmixtur zu Zinc. oxydat., Talc. venet., Glycerin, Aqua dest. āā 1—5 % zugesetzt. Diese niedere Konzentration soll vollkommen ausreichend sein.

Diese Erkenntnisse sind besonders wichtig in Zeiten, wo Salbengrundlagen gespart werden müssen. Resorptionsschäden wurden nie beobachtet. Die leichte Wäscheverfärbung verschwindet nach normaler Wäsche, doch wird das Keratin der Nägel selektiv angefärbt. Auch zur Nachbehandlung von Scabies mit Pyodermie eignete sich die Behandlung gut. Bei Furunkeln wurde kein besonderer Erfolg erzielt, ebenso nicht bei Schweißdrüsenabscessen. Dagegen wurden sekundär infizierte Strophulusfälle in Form der Schüttelmixtur schnell gebessert. Lokalisierte Ohrekzeme wurden mit dem Pudergemisch und Borwasserstreifen rasch zur Abheilung gebracht. Bei tiefen Trichophytien ist naturgemäß kein Erfolg zu erwarten. Auch bei Verbrennungen 1.—2. Grades hat sich das Pudergemisch mit feuchten Verbänden gut bewährt.

Die klinische Anwendung der desinfizierenden Puder hat somit eine erhebliche Verbreiterung und Würdigung erfahren.

Für die Behandlung des Pemphigus neonatorum wurde von ROSENTHAL aus der Universitätskinderklinik Rostock[3] Vulnalinpuder, eine Chlor-bromoxychinolinverarbeitung, empfohlen, der sich auch bei starker Intertrigo und Varicellen bewährt hat. Auch bei Epidermophytien wird er angezeigt.

In der französischen Literatur berichtete SEZARY[4] über die Behandlung von Intertrigo, Balanitis, Impetigo, Ulcus cruris, Dermatitis herpetiformis mit Pudern. Erwähnt wird neben einem Puder mit

Cuprum sulfuricum 0,03
Zinc. sulf. 0,05
Talc. ad 20,0

auch ein Paramino-Phenyl-Sulfonamidpuder.

---

[1] JECKER: Helvet. med. Acta **9**, 3 (1942).
[2] SCHULTZE, W.: Med. Welt **1944**, 35/36.
[3] ROSENTHAL: Kinderärztl. Praxis **1942**, H. 11.
[4] SEZARY: Presse méd. **1941**, Nr 7879.

In der Venereologie wird besonders bei Ulcus molle und phagedänischen Ulcerationen sowie bei Lymphogranuloma inguinale die Sulfonamidtherapie in Pulverform zur Unterstützung der gleichzeitig parenteral gegebenen Sulfonamidkörper empfohlen. An dieser Stelle muß noch der besonderen Pflege bei den in letzter Zeit unter dem Bilde der Ekthymata oder ulcerierter Pyodermien auftretenden *Hautdiphtherien* gedacht werden.

G. BRILLINGER gab in einer Arbeit[1] ein ausführliches Bild über die Leistungsfähigkeit anderer Heilmittel im Vergleich zu Sulfonamidpudern:

Tabelle 17.

Medikament	Rivanol 1:10 000	Chinosol	Eubasin	Marfanil Prontalbin	Di-Serum
Zahl der Fälle	79	24	18	11	5
Behandlungstage	8,4	9,8	8,7	6,5	20,4

„Auffällig ist die bedeutend kürzere Behandlungszeit mit Marfanil-Prontalbinpuder, wobei ich mir der Fehlergrenze durch die erheblich geringere Vergleichszahl bewußt bin. Ich möchte gleich auf einen Nachteil der Puderbehandlung mit Sulfonamiden hinweisen. Es ist dies die Verkrustung der Geschwüre und die damit verbundene Sekretverhaltung, die neben erheblichen Schmerzen in vielen Fällen zu Entzündungen der Lymphbahnen und Lymphdrüsen führte. Ich habe daher trotz des Vorteils des schnelleren Freiwerdens der Geschwüre von Di-Bazillen der Behandlung mit 1 : 10 000 Rivanollösung den Vorzug gegeben.‟

Auf die von BRILLINGER hingewiesene Verkrustung der Pyodermien wurde bisher bei der Puderbehandlung kein großer Wert gelegt, jedoch können wir bei eigenen klinischen Beobachtungen diesen Nachteil bestätigen. Wir helfen uns bei Hautdiphtherien gegen die Verkrustung durch tägliche Entfernung der Auflagerungen mit einem indifferenten Öl oder mit Cetiol.

Über Penicillinpuder und Tyrothricinpuder wurde bereits auf Seite 384 berichtet. Bei der Lagerung des Penicillinpuders muß auf kühle, trockene Unterbringung geachtet werden. Der Tyrothricinpuder ist ja bekanntlich wärmebeständig. Nach unseren eigenen klinischen Prüfungen haben wir von den Pudern mit Antibioticabeimengungen keine wesentlichen Vorteile vor den Sulfamidpudern festgestellt.

RAUCH[2] stellte im Eigenversuch fest, daß sich unter lokaler Penicillin-Applikation frische Wunden weniger schnell schließen als unbehandelte. Selbst infizierte Kontrollwunden heilten besser als mit Penicillin behandelte. Histologisch zeigte sich in den Penicillinwunden eine starke Fibrinexsudation (Capillarwirkung des Penicillins) und ein verminderter Leukocytenreichtum durch Fehlen des Reizes der Bakterientoxine. Die Gefäßwirkung wird als toxisch aufgefaßt. Bei oberflächlichen Epitheldefekten zeigten weniger reine Penicillinpräparate eine starke, reines Penicillin G eine mäßig epithelisierende Wirkung.

---

[1] BRILLINGER, G.: Dermat. Wschr. **1943**.
[2] RAUCH: Dtsch. med. Wschr. **1949**, 11.

Die mit Penicillin behandelte Wunde schloß sich in 18 Tagen gegenüber 36 Tage Heilungsdauer der unbehandelten Kontrollwunde. Die
epithelisierende Wirkung von Penicillin ist schwächer als die der meisten
bekannten epithelisierenden Salben, jedoch besser als die vom 2%-
Pellidol.

Als Kombinationsprodukt von Sulfapyridin und Harnstoff steht der
Sufortanpuder zur Verfügung, der 20% Sulfapyridin, 60% Harnstoff
und 20% Sulfanilamid enthält. Neben der antiseptischen Wirkung wird
auch die sekretionsmindernde und desodorierende Komponente beschrieben. Das Präparat neigte zu Verklumpungen und wurde daraufhin in
seinem Dispersitätsgrad verfeinert, so daß jetzt bei der neuen Zusammensetzung keine Störungen vorkommen.

So hat sich die Sulfonamidpudertherapie neben dem alten gut bewährten Jodoform, das neben gelegentlichen Reizungen auch den Nachteil des „suspekten" Geruches an sich hat, einen wichtigen Platz in
der allgemeinen Puderbehandlung heute bereits erworben.

Das Xeroform, Bismutum tribromphenylicum hat wegen seiner Ge-
ruchlosigkeit neben Orthoform das Jodoform in vielen Fällen verdrängt
und wird neben der chirurgischen Behandlung von aseptischen und
infizierten Wunden und Geschwüren bei nässenden Ekzemen, Intertrigo
und Brandwunden empfohlen.

Die *Puder mit gerbender oder adstringierender Wirkung* werden in
der Dermatologie besonders bei Dishidrosen, ferner zur Behandlung der
Erosio interdigitalis, der Hand- und Fußmykosen und den dabei häu-
figen Hautmacerationen sowie zur Nachbehandlung von Ekzemen verordnet. Die klinische Anwendung der bekanntesten gerbstoffhaltigen
Puder, z. B. Tannoform (Merck) oder Frekasanpuder (Fresenius),
hat sich uns gleich gut bewährt. Allerdings besteht bei längerer Anwendung immer die Gefahr der zu großen Hautaustrocknung, wobei es
auch gelegentlich zu sekundären Entquellungsschäden der Epidermiszellen kommen kann. Doch wird sich das bei richtiger Indikationsstellung und nicht zu langer Anwendung vermeiden lassen. Besonders
bei beginnenden Ekzemen ist Vorsicht wegen zu starker Austrocknung
geboten, wodurch sonst der Heilverlauf ungünstig beeinflußt wird. Es
ist nach unseren Versuchen gleichgültig, ob mit dem Gerbstoff eine
indifferente Grundlage wie Weizenstärke oder eine oberflächenaktive
wie Kieselgur verarbeitet wird.

Über die klinische Beurteilung der *sauren Puder* ist nach den phar-
makologisch-biologischen Ausführungen (s. S. 361) nicht viel zu berichten. Im allgemeinen werden sie in der Kinderpflege zur Vermeidung
von Intertrigo besonders in der Form des Lenicetpuders befriedigend
wirken. Wir möchten die Puder mit saurem p_H als Nachbehandlung
von interdigitalen Mykosen empfehlen. Die direkte Beeinflussung der
Saprophytosen oder gar Mykosen darf nicht erwartet werden, da die
Tiefenwirkung zu gering ist und nicht an spirituöse Betupfungen oder
Salbenwirkung heranreicht.

Die Anwendung *ätzender Puder* ist bei Feigwarzen seit langem bekannt. Es wird der nekrotisierend wirkende Puder Summitates Sabinae-

Alumin. $\overline{aa}$ oder Summitates Sabinae mit Resorcin $\overline{aa}$ empfohlen, wobei als Nachbehandlung der austrocknende oder gerbende Tannin-Zinkpuder oder auch Dermatol meist verordnet wird.

Als **L. P-C. Pyocid-Puder** bringt die Lupocidgesellschaft einen ätzenden Puder, dessen Basis weißes Talcum und dessen Wirkstoff 3 % flüssig beigemengtes Lupocid sind.

Das Kapitel über die klinischen Ergebnisse soll nicht abgeschlossen werden, ohne noch auf die *Indikationsbreite* der *schwefelhaltigen Puder* hingewiesen zu haben. R. MÜLLER[1] hat in seiner Arbeit über den kolloidalen Schwefel in der Dermatologie auf die großen Vorteile dieser Schwefelpräparate besonders in Puderform aufmerksam gemacht und geht auch auf die zahlreichen Arbeiten über den Wirkungsmechanismus des Schwefels ein, der mit seiner Beeinflussung der keratolytischen und keratoplastischen Vorgänge im Verein mit einem Reiz auf die Basiszellen der Epidermis nicht leicht in ein therapeutisches Schema zu bringen ist. Den Kliniker interessieren die kolloidchemischen Forschungen der zahlreichen Autoren, die sich mit der Schwefelwirkung befassen, ebenso wie die sich daraus ergebenden praktischen Folgerungen. Die Indikationen für die Anwendungen der kolloidalen Schwefelpuder haben sich noch verbreitert. Zu der Pyodermiebehandlung kommt insbesondere die fast unsichtbare Behandlungsmöglichkeit der unbedeckten Körperteile bei der Kopf- und Gesichtsseborrhöe und Acne die durch hautfarbene Puder, wie Sulfoderm, unauffällig Tag und Nacht durchgeführt werden kann.

Besondere Ausführungen über *lichtschützende* und *hämostyptische* Puder sowie den anhangsweise angeführten Hypophysenvorderlappen-Schnupfpuder bei Rosacea erscheinen im Hinblick auf die relativ seltene Anwendungsform nicht erforderlich.

Zusammenfassend wird von klinischer Seite hervorgehoben, daß der Sektor der Puderbehandlung in der modernen Hauttherapie einen erheblich größeren Raum gewonnen hat. Dabei ist nicht nur das Einsparen von Verbänden und Salbengrundlagen wichtig, sondern vor allem die ohne Berufsstörung einhergehende unauffällige Form der Therapie, die demjenigen, der die feine Skala der Möglichkeiten zu meistern versteht, schöne Erfolge bringen wird.

Schüttelmixturen.

Schüttelmixturen sind flüssige oder noch gießbare Verreibungen unlöslicher Medikamente mit Flüssigkeiten, wie Wasser, Alkohol und Glycerin, die durch Schütteln gebrauchsfertig gemacht werden. Ein Schutzkolloid, das die Suspension verbessert und auf der Haut die Funktion eines Klebstoffes übernimmt oder auch nur suspendiert (Bentonit), ist meist in die Mischung, die als Wirkstoff vorwiegend Zinkoxyd, Schwefel oder Teer enthält, eingearbeitet. Durch weitere Zusätze können die verschiedensten Variationen hergestellt und von

---

[1] MÜLLER: Heyden Jahrbuch 1940.

salbenartigen Produkten bis zu dünnflüssigen Suspensionen alle Zwischenstufen zur Anwendung gebracht werden. Es ist klar, daß bei solch verschieden gearteten Heilmitteln, die Bindeglieder zwischen anderen Arzneipräparaten, den Salben und Emulsionen darstellen, Nomenklaturschwierigkeiten auftreten.

Einerseits sind die Produkte auf Grund ihres Aufbaues in ihrer Wirkung etwa den Öl-Wasser-Emulsionen, Suspensionen und Schleimsalben gleichzusetzen. Man kann auch hier in vielen Fällen gar keine Grenze ziehen, so daß die oben erwähnten Schwierigkeiten in der Bezeichnung leicht erklärlich sind. Das Esiderm, eine Zinksalbe, die eintrocknet, hat Salbencharakter, besitzt aber auch therapeutisch gesehen eine gewisse Ähnlichkeit mit den Schüttelmixturen und wird in den dafür geeigneten Fällen angewendet. Andererseits werden die Schüttelmixturen nach ihrem Eintrocknen zu haftenden Pudern und übernehmen teilweise deren Funktion, so daß sie auch als flüssige Puder bezeichnet und verwendet werden, obwohl gerade dieser Name besonders unglücklich gewählt ist und Pulvern, die fließen, etwa dem Lycopodium oder dem Fissankolloid zukommt.

Auch zwischen den Schüttelmixturen und Trockenpinselungen ist keine scharfe Trennung möglich. Es ist daher doch wohl zweckmäßig, in der Pharmazie sich einer engeren Deutung anzuschließen und unter der Bezeichnung Schüttelmixtur eben nur Arzneien aufzufassen, die, wie der Name sagt, erst durch Umschütteln in eine verwendungsfähige Form gebracht werden.

Schüttelmixturen bestehen aus mindestens zwei Bestandteilen, einer festen Phase, meist Zinkoxyd oder Schwefel, und einer Flüssigkeit, die aus Wasser, Alkohol, Glycerin oder den Austauschstoffen des letzteren, und eventuell einem Schutzkolloid besteht. Die feste Komponente kann auch aus Talcum, Magnesiumcarbonat oder Magnesia usta, Kieselgur, Bolus, überhaupt aus allen Pudergrundlagen oder deren Mischungen bestehen.

Als *Suspensionsflüssigkeit* werden Gemische von gleichen Teilen von Glycerin und Wasser oder Glycerin, Alkohol und Wasser verwendet. An Stelle des Glycerins kann Sorbitlösung gleicher Viscosität verwendet werden, eventuell auch Glykol[1], Polyglykol[1] oder Tyloseschleim. Diese Austauschstoffe sollen dieselbe Viscosität aufweisen. Der richtige Viscositätsgrad kann an Hand der Kurven von Abb. 48 leicht bestimmt werden, wenn man die Viscosität des Glyceringemisches abliest und sein Äquivalent durch Ziehen einer Horizontale zur Kurve des gewählten Ersatzstoffes hin aufsucht. Die zweite wichtige Eigenschaft des Glycerins, die Hygroskopizität, spielt in Schüttelmixturen eine verhältnismäßig untergeordnete Rolle, wenn auch auf sie nicht verzichtet werden kann, da dadurch die Haut weich und klebrig wird, so daß die festen Bestandteile besser haften. Sie kommt den Glykolen, ferner auch dem Sorbit zu, so daß diese Substanzen verwendet werden können. Die Konzentration dieser hygroskopischen Alkohole kann man weitgehend variieren, sie bleibt auf der Haut doch nicht erhalten und weicht

---

[1] In letzter Zeit besonders in Österreich abgelehnt.

einem Gleichgewicht, das einer Mischung von etwa 50% Glycerin/Haut
entspricht und weder durch weitere Wasserverdunstung noch durch
Wasseranziehung wesentlich geändert und erst durch Waschen zerstört wird.

Adulsion ist nicht hygroskopisch. Sie bildet einen Film, der die
festen Anteile der Mixtur festklebt, die Schüttelmixtur wird zur Trockensalbe.

Die Tylose wird nicht nur zur Verbesserung der Viscosität zugesetzt,
sondern auch als Schutzkolloid. Weitere Schutzkolloide sind Gummiarabicum-Lösung und evtl. Eiweißstoffe. Wir haben in Laboratoriumsversuchen z. B. Milei W 7 eingesetzt und festgestellt, daß Zinkoxyd-

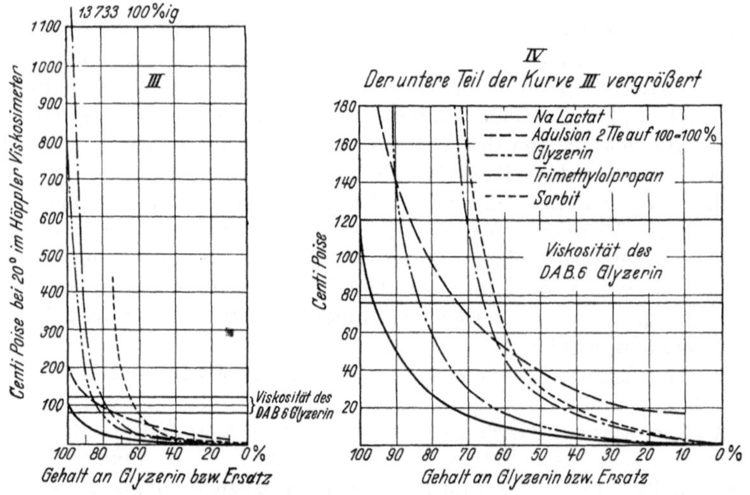

Abb. 48. Viscositätskurven von Glycerin und verschiedenen Glycerinersatzstoffen.

aufschwemmungen, die ohne Zusatz schnell sedimentieren, durch Zusatz von Anreibungen von 0,5% Milei mit 2% Glycerin stundenlang
suspendiert bleiben. Es wird zweckmäßig sein, solchen Verarbeitungen
0,1% Nipagin zuzusetzen.

SCHMIDT[1] sowie MONCORPS und SCHMIDT[2] konnten zeigen, daß
Schüttelmixturen kühlen, daß, um den Vorgang eingehender darzustellen, der Temperaturausgleich zwischen zimmerwarmer Mixtur und
blutwarmer Haut ein Kühlegefühl bewirkt. Anschließend hieran wird
weitere Wärme durch die Verdunstung der Suspensionsflüssigkeit entzogen. Bald stellt sich aber das oben erwähnte Gleichgewicht ein. Das
Glycerin wird so konzentriert, daß es seine Hygroskopizität entfalten
kann und weitere Verdunstung und damit Abkühlung verhindert. Die
Autoren erhalten daher Kurven, denen zufolge die wesentliche Kühlung
60—120 Minuten dauert, bis 8° beträgt und von einer zweiten Phase
gefolgt wird, bei der die festen Bestandteile nur unterschwellig kühlen.

[1] SCHMIDT, R.: Klin. Wschr. 20, 31 (1941).
[2] MONCORPS u. SCHMIDT: Arch. f. exper. Path. 185, 578 (1937).

Diese zweite Phase dürfte nur dort auftreten, wo der Glycerinanteil fehlt oder sehr niedrig gehalten ist. Die Verfasser fanden daher große Unterschiede zwischen einer Mixtur, die nur 10%, und zwei anderen, die 16% bzw. 25% Glycerin enthielten. Allerdings waren zwei Schüttelmixturen eigentlich nur Trockenpasten, denn Produkte, die salbenartig sind, kann man doch nicht „Schüttel"mixturen nennen, da ihr Wesen durch Schütteln nicht geändert wird. Sie sind äußerlich Salben, wenn auch keine fettenden.

Fissan-Schüttelmixtur (Deutsche Milchwerke, Zwingenberg) ist eine Suspension der Fissanstoffe in Glycerin und essigsaurer Tonerde, die vor allem auch zu Rezepturzwecken mit anderen spezifisch wirkenden Medikamenten geeignet ist.

Artesan-Schüttelmixtur (Firma Artesan) ist eine Lot. Zinci. Sie enthält keine organischen Emulgatoren. Als Träger ist ein organisches Kolloid gewählt. Dadurch wird ein gutes Netzvermögen erreicht.

Pyodron (Firma Artesan) ist eine Kombination der Artesan-Schüttelmixtur mit 5% Sulfonamiden.

Eine Schüttelmixtur ist, um nochmals zusammenzufassen, eine Suspension von festen Bestandteilen in einer mit Wasser mischbaren Flüssigkeit. Sie wird vor Gebrauch geschüttelt und erst dadurch verwendungsfähig.

Die Lotio Zinci oxydati (Herxheimer):

> **Rp.** Zinci oxydati crud. ͞a͞a 10,0
> Glycerini
> Ferri oxydat. rubr.   0,05
> Aqua dest.   34,95

Bei diesem Präparat ist das Eisenoxyd lediglich als Farbstoff zugesetzt.

Bekannte Schüttelmixturen sind:
Das Bleiwasserliniment Boeck, das aus je 5 Teilen Talcum und Stärke, 2 Teilen Glycerin und 10 Teilen Bleiwasser besteht, ferner das Kummerfeld*sche Wasser*, eine leicht alkalische, meist wäßrige, evtl. aber auch alkoholische Suspension, die 2—20% Schwefel als Wirkstoff, Campher als Hyperämiemittel, Gummi arabicum als Schutzkolloid und Fixiermittel enthält. Andere Modifikationen, die neben Schwefel, Glycerin, Alkohol und Wasser Gelatine als Schutzkolloid und Klebstoff enthalten, sind verschiedentlich angegeben worden.

An Stelle von Gummi und Gelatine kann auch eine 5proz. Adulsionslösung verwendet werden. Zweckmäßig wird es sein, an Stelle des groben Schwefels der Kummerfeldschen Vorschrift ein kolloides Produkt zu verwenden. Inwieweit damit ein Fortschritt, der theoretisch sicher zu erwarten ist, erzielt wird, müssen erst Versuche zeigen.

Die *Solutio* Vlemingkx, bei deren Herstellung 500 g Calcaria usta in kaltem Wasser gelöscht werden, wird durch Zusatz von 100,0 g Schwefel und Wasser (ad 600) ebenfalls eine alkalische Schüttelmixtur, die zur Scabiestherapie herangezogen wird. Auch hier ist ein alkalisches Milieu gewählt, da in diesem Schwefel besser zur Wirkung kommt.

Das Remedium contra Scabiem Lassar enthält 10% Schwefel und 24% gebrannten Kalk in 100 Teilen Wasser. Der Liquor antipsoricus *Hebra*, auch Krätzetinktur genannt, ist weder eine Tinktur noch ein Liquor, sondern gleichfalls eine Schüttelmixtur aus Schwefelblüten, Kreide, Teer, Seife und Alkohol.

Neben Schwefel, Zinkoxyd und gebranntem Kalk können natürlich nahezu alle in Salben verwendeten und in den diesbezüglichen Abschnitten bereits besprochenen unlöslichen und löslichen Wirkstoffe wie Zinnober, Bleiweiß verwendet werden. Im wäßrigen Milieu ist natürlich auf chemische Reaktionen zu achten. Quillt ein Bestandteil der Mixtur, so muß er niedriger dosiert werden, da sonst eine Paste entsteht. Bromocoll z. B. soll nicht höher als 10proz. in dieser Arzneiform verschrieben werden (Pindur[1]).

In manchen Fällen werden Schüttelmixturen vertragen, wo Salben reizen. Die Ursache liegt darin, daß die wäßrige Arzneiform durch Verdunstung kühlt, oberflächlich bleibt und auf der Haut ganz andere Eigenschaften entfaltet wie die Salbe, die eindringt und die Sekretion zu einem Zeitpunkt, in dem derartige Einwirkungen noch nicht am Platze sind, staut. Die Schüttelmixturen sind in Kriegszeiten eine wichtige Ausweichmöglichkeit, da sie, an Stelle der Salben gegeben, auch beim Fehlen vieler Salbengrundstoffe eine wirkungsvolle Therapie ermöglichen.

So empfiehlt Grogert[2] z. B. eine Trockenpinselung aus Sulfathiazol 5,0, Zincum oxydat., Talcum venetum, Glycerin und Wasser āā ad 100,0, die einer gleichstarken Thiazol-Zinkpaste und einer Salbe bei Furunkulose und Follikulitiden gleichwertig war.

Viele Ärzte gehen immer mehr dazu über, nur Rahmenrezepte, Verordnungen in verkümmerter Form aufzuschreiben und dem Apotheker die Zusammensetzung des Vehikels zu überlassen. Im Interesse der gleichmäßigen Zusammensetzung einer Arznei ist dies, wie Steiger[3] mit Recht ausführt, unerwünscht, denn der eine Apotheker kann nun diese, der andere jene Basis wählen, und der Patient wundert sich, daß die Schüttelmixtur bald so und bald so aussieht. Da meist 40% feste Bestandteile in 60% Flüssigkeit aufgeschwemmt werden, ist es klar, daß diese 60 Teile, wenn sie verschieden gewählt werden, recht unterschiedliche Produkte ergeben.

Verordnungen wie: 10proz. Schwefelpinselung 200,0 oder Tumenol-Ammon. 4,0, Phenol. liquefact. 3,0, Tinct. carbon. deterg. 20,0 Schüttelpinselung ad 200,0, sind also ungenau und sollten durch eingehend überlegte Rezepte ersetzt werden.

Die obenerwähnten zwei Schüttelpinselungen sollen demnach wie folgt verordnet werden:

Rp. Sulfuris praecipiati 20,0 ⎫	Glycerini ⎫	
Zinc. oxydati ⎬ 40%	Spiritus ⎬ 60%	
Talci āā 30,0 ⎭	Aqua dest. āā ad 200,0 ⎭	

---

[1] Pindur: Pharmaz. Z.halle Dtschld **1940**, 7, 77.
[2] Grogert: Fortschr. Ther. **18**, 270 (1942).
[3] Steiger: Schweiz. Apoth.-Ztg **1940**, 18.

Rp. Zinc. oxydat.

Talci	aa 40,0		Glycerini		
Tumenol. Ammon.	4,0	40%	Spiritus (95%)		60%
Phenol. liquefact.	3,0		Aqua dest. aa ad 200,0		
Liquor. carbon. det.	20,0				

Der Apotheker wird seinerseits mit Wasser mischbare Flüssigkeiten, wie Tumenol-Ammonium, von Anfang an mit den übrigen Flüssigkeiten mischen, Pix lithantracis und ähnliche mit Wasser unmischbare Flüssigkeiten aber erst am Schluß zu der fertigen Schüttelpinselung zufügen. Auf unverträgliche Mischungen ist genau so zu achten wie bei anderen Medikamenten.

Im Anhang an die Schüttelmixturen sollen noch die zur äußerlichen Applikation verwendeten flüssigen Emulsionen kurz besprochen werden. Sie werden in der Dermatologie verhältnismäßig selten verwendet und stellen in diesem Falle modifizierte Schüttelmixturen dar. Auch hier ist ja die flüssige Phase, meist Wasser und ein Schutzkolloid bzw. ein Emulgator, vorhanden. An die Stelle eines oder mehrerer fester, unlöslicher Bestandteile treten Öle, also flüssige, mit Wasser nicht mischbare Körper. Die flüssigen Öl-Wasser-Emulsionen treten in der Dermatologie zugunsten der creme- und pastenförmigen in den Hintergrund. Wir haben hier also gerade umgekehrte Verhältnisse wie in der Technik, wo die flüssigen Emulsionen eine erwünschte oder unerwünschte, jedenfalls aber bedeutende Rolle spielen.

Man kann differente und indifferente Öle emulgieren. Den ersteren Fall repräsentiert z. B. das Novoscabin, das CLASS[1] zur Scabiesbehandlung empfiehlt. Es enthält Benzylbenzoat in einer Ölemulsion. Das Präparat wird nach einem Reinigungsbad zweimal in Abständen von 15 Minuten eingerieben und nach 24 Stunden bei einem Bad entfernt.

Indifferente Öle, meist Paraffinkohlenwasserstoffe, enthalten die Hautmilchpräparate, die 5—15% einer Fettkomponente und im übrigen Wasser enthalten. Ihr Zweck ist, in der Gewerbehygiene mit wenig „Fett" eine möglichst günstige Einfettung zu erreichen. Von Cremes und Salben nimmt man meist 5—10mal mehr als nötig ist und beschmiert mit dem Überschuß nur die Hände und seine Umgebung. Von einer Hautmilch ·nimmt man weniger, da der Überschuß abfließt.

Eine neue Emulsionstherapie verdanken wir KREKLINGER[2]. Er hat schon im Jahre 1918 über die Behandlung stark infizierter Weichteilwunden mit *Petroleum* berichtet und verwendete in diesem Kriege eine Mischung von Petroleum und Adulsion. Am besten bewährte sich 10proz. Adulsion, in der 20% Petroleum emulgiert worden war. Zur Vermeidung des Anhaftens des Verbandes wird Vaseline verwendet, die auf einem Gazeschleier aufgetragen wird. Der Verfasser geht damit von dem Vorschlag STÖHRS ab, der mit Zellophanfilmverbänden (siehe S. 66) arbeitete. Das Petroleum reinigt die Wunden rasch und führt zu einer schnellen Abstoßung der Nekrosen (die Petroleumanwendung ist nichts wesentlich anderes als die des Granugenol KNOLL, das eine besonders gereinigte Petroleumfraktion darstellt).

---

[1] CLASS: Wien. med. Wschr. **1942**, 35.
[2] KREKLINGER: Münch. med. Wschr. **1918**, 12.

Samenemulsionen sind Produkte, die durch Zerstoßen und Quetschen von ölreichen Samen in Wasser bereitet werden. Geschälte Mandeln z. B. werden mit kleinen Mengen Wasser in der Reibschale zerquetscht und kräftig verarbeitet. Die im Speichergewebe vorhandenen Öltröpfchen gelangen hierdurch in die Wasserphase und bleiben durch Vermittlung der natürlichen Emulgatoren, Eiweißstoffe, Pektine, Zucker usw. in Emulsionsform. Die Mandelmilch, die auf diese Weise entsteht, wird in der inneren Medizin und in der Kosmetik hie und da verwendet.

Andere Emulsionen, wie die Lebertranemulsion, werden ausschließlich per os verordnet.

Eine der interessantesten Emulsionen der letzten Zeit war das *Lauseto*, zwar kein Therapeuticum, sondern ein Schädlingsbekämpfungsmittel, das insbesondere gegen Läuse eingeführt wurde. Die wirksame Substanz *Dichlor-Diphenyl-Trichloräthan* ist beinahe 80 Jahre bekannt. Müller, Basel (Geigy A. G.) fand nun in den letzten Jahren, daß sie ein hervorragendes Insektenvertilgungsmittel darstellt. Die Amerikaner verarbeiteten es vorwiegend zu einem Puder, dem DDT, der zur Läusebekämpfung, Fliegenabtötung, ja selbst zur Moskitovertilgung verwendet wurde. Der Puder wurde entweder in die Kleidung eingeblasen oder zur Großflächensanierung von Flugzeugen ausgeblasen. Nach McKenna blieben dadurch die alliierten Armeen läusefrei, ein großer Erfolg im Hinblick auf die Fleckfiebergefahr im Kriege. Der Verfasser irrt jedoch, wenn er die Ansicht vertritt, „es sei eines der unerklärlichen Geheimnisse, daß der deutsche Generalstab die Arbeit der Geigy-Werke nicht gesehen und verwertet habe". Die Wirkung der Substanz war auch den Deutschen bekannt. Das Mittel setzte sich anfangs schwer durch, da der allmächtige Leibarzt des Führers, Morell, an einem anderen Läusemittel finanziell interessiert war. Deutschland stellte aber dann doch eine Emulsion her unter dem Namen Lauseto. Das Mittel wurde anfangs nur zur Imprägnierung der Kleider empfohlen und erst später als hervorragendes Mittel gegen Flöhe, Fliegen, Pflanzenschädlinge und als Antiscabiosum verwandt. Von der ausländischen Literatur seien nur einige angeführt. Brunsvine[1] veröffentlichte über Läusevertilgung, Macdonald[2] über Moskito- und Crawford-Beusen[3] über Fliegenbekämpfung. Carneron[4] erwähnt, daß das DDT und das ähnlich verwendete Hexachlorbenzol (606 Gammexan) eingeatmet und durch die Haut resorbiert, nervös und leberschädigend wirken. Velbinger[5] berichtet von percutanen Resorptionsschäden bei Tierversuchen an Nagern, erwähnt aber ausdrücklich, daß sie erst bei Dosen, die in der Praxis nicht in Frage kommen, einzutreten pflegen.

Schönfeld[6] bringt uns in einer Arbeit, in der er das Präparat als Läusemittel empfiehlt, eine Übersicht über die reichlich verworrene Nomenklatur, die wir am besten in Form einer Übersicht zusammenstellen:

---

[1] Brunsvine: Brit. med. Bull. **3**, 9/10 (1945).   [2] Macdonald: Ebenda.
[3] Crawford-Beusen: Brit. med. Bull. **3**, 9/10 (1945).
[4] Carneron: Ebenda.   [5] Velbinger: Pharmazie **3**, 6, 270 (1947).
[6] Schönfeld: Dtsch. med. Wschr. **1947**, 3.

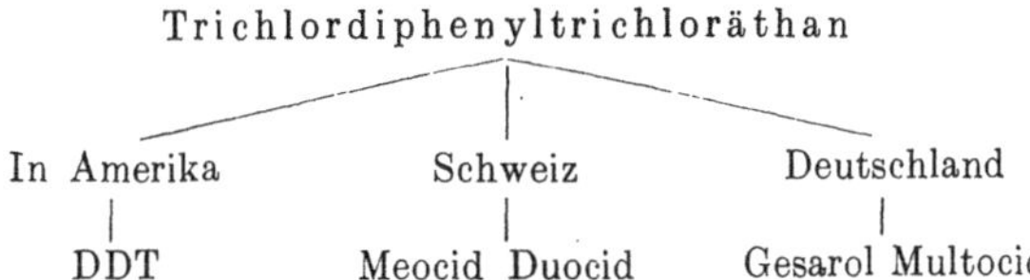

Die Substanz kann in Alkohol, Tetra, Propanol, Chloroform und Benzylalkohol (1 %) gelöst und als Flüssigkeit verwendet werden. SCHÖNFELD
empfiehlt als reizlos eine gleich starke Lösung in Äthylen-Glycol. In
Weiterverfolgung ihrer Arbeiten brachte Geigy 1946 das bereits erwähnte Eurax heraus. Weitere Präparate, wie *Scabron, Perscatol,
Perscabit* u. a. siehe unter *Antiscabiota*. Das *Hexachlorcyklohexan* (z. B.
im *Jacutin* der Firma Merck) scheint bisher der erfolgreichste Gipfel-
punkt an der langen experimentellen Reihe zu sein, die es ganz besonders
auch auf seine große Anwendungsbreite ganz allgemein als Schädlingsbekämpfungsmittel bezeichnet. Neuerdings hat es sich auch als Anthel-
minticum bewährt, wobei es keine toxischen Erscheinungen an Warm-
blütlern macht.

Öle.

Medizinische Öle sind Verreibungen unlöslicher Wirkstoffe oder
Farbträger, sogenannter Pigmente, oder Lösungen geeigneter Produkte
in pflanzlichen, tierischen und gegebenenfalls mineralischen Ölen und
dienen zur Hautpflege oder zur Therapie. Sie werden durch Verreiben
und Lösen in der Kälte oder bei erhöhter Temperatur hergestellt und
sind nicht unbeschränkt haltbar. Dem Arzt geläufig sind die Suspensionen von Zinkoxyd in flüssigen Glyceriden oder Wachsen, die häufig
zur Therapie herangezogen werden (Zinköl). Falls sie zur Verfügung
stehen, verwendet man Oliven- oder Mandelöl; fehlen sie, so begnügt
man sich mit Erdnußöl, ohne aber, wenn irgend möglich, auf Paraffinöl
zurückzugreifen. Grund hierfür dürften die Unterschiede in der Tiefenwirkung zwischen Glyceriden und Kohlenwasserstoffen sein, die gerade
bei dieser Arzneiform zur Geltung kommen. Paraffinöl bildet einen oberflächlichen Film, Pflanzenöle dringen in die Haut ein, bilden mit ihr
eine Emulsion, haben also Tiefenwirkung.

Wir können, wie schon angedeutet, drei Gruppen von Ölen unterscheiden:

1. ölige Suspensionen; 2. ölige Lösungen; 3. indifferente Öle.

Die **Suspensionen in Pflanzenölen** oder in Cetiol sind auf der Haut
geschmolzenen Salben und Pasten gleichzusetzen. Das Cetiol, das, wie
schon erwähnt, einen neuen Bestandteil der Therapie darstellt, löst
ätherische Öle, Mitigal, Pix lithantracis acetonatus, Liquor carbonis
detergens und Holzkohlenteer. Steinkohlenteer, Ichthyol, Perubalsam
und Salicylsäure werden suspendiert. In der Wärme löste Cetiol extra
mehr als 7% Salicylsäure, die aber in der Kälte wieder ausgeschieden
wurde. Von Resorcin wurden 5% und von Cignolin ½—1% von Cetiol
extra aufgenommen. Jod wird leicht gelöst und dürfte zum Teil wenig-

stens auch chemisch gebunden werden. Dijozol ließ sich gut mit Cetiol extra suspendieren, ebenso die offizinelle Jodtinktur und die in der Dermatologie häufig gebrauchte ARNINGsche Lösung (Tumenol Ammonium 8,0, Anthrarobin 2,0, Äther ad 60). Schwefel ließ sich in Cetiol extra bei Zimmertemperatur in Mengen von etwa 1% molekular lösen. 100° C heißes Cetiol extra nahm 7% Schwefel auf, wovon sich beim Abkühlen 6% wieder ausschieden. Wird die schwefelhaltige heiße Cetiol-extra-Lösung aber in eine Lanettewachssalbe eingearbeitet, so liegt 1% Schwefel molekular gelöst und der ausgeschiedene Anteil in sehr feiner Verteilung und damit in wirksamer Form vor.

Diese Daten, die an dem Präparat gewonnen und veröffentlicht[1] wurden, sind bei den pflanzlichen Ölen ähnlich aufzustellen und geben Anhaltspunkte, wie derartige Öle zu verwenden sind. Sie zeigen aber auch, daß die Gruppen von Ölen, die wir weiter oben aufstellten, durch Übergänge miteinander verbunden sind.

Um die feinen suspendierten festen Anteile in Schüttelmixturen wenigstens einige Zeit in Schwebe zu halten, erhöht man durch Zusätze die *Viscosität der wäßrigen Phase*. Hierzu dient Glycerin oder Gummi arab. oder sonst eine Substanz, die meist auch emulgierend-dispergierende Eigenschaften hat. Es lag nun nahe, in den Ölen eine ähnlich wirksame Substanz aus der Reihe der Wasser-Öl-Emulgatoren zu lösen und dadurch eine Verdickung und Dispergierung zu erzielen. Das erstere ist sicher gelungen, ob die Dispergierung gelang, ist unseres Wissens nicht bewiesen. HOGLE[2] hat aber jedenfalls entsprechende Versuche gemacht und gibt 3% Glycerinmonostearate als Dispergens in seine 10proz. Zinkperoxydöle, die er auf der Basis von Nußöl oder Paraffinöl aufbaut und zur Wundpflege empfiehlt.

Unter den fertigen öligen Lösungen ist das *Mitigal* zu nennen. ENGELHARDT und auch KRANTZ[3] berichten auf Grund einer Umfrage über gute Erfolge mit diesem in Paraffinöl gelösten Dimethyldiphenylen-disulfid mit 25% organisch gebundenem Schwefel, das u. a. von KROMAYER, SCHERBER, SCHREUS in älteren Arbeiten eingehend behandelt wurde. Der eine von uns hat zufriedenstellende Erfahrungen mit Aulin (Bisäthylxanthogenat) in Cetiol gelöst oder in Lanettewachssalben gemacht.

Als **Lösungen von Wirkstoffen** seien die im Volk noch sehr beliebten öligen Auszüge aus Pflanzen wie das *Oleum Hyperici* und *Hyoscyami* genannt, Medikamente, die öllösliche Wirkstoffe zur Geltung bringen sollen. Bei diesen schon früher erwähnten Arzneiformen dient das Öl nur als Medikamententräger, als Lösungsmittel. Der Wirkstoff ist im Oleum Hyperici das Hypericin, ein lichtsensibilisierender Farbstoff. Das Öl wird durch Maceration des frischen, blühenden Krautes Hypericum perforatun oder durch Mischen einer Tinktur mit Öl hergestellt. Das Hyoscyamusöl wird aus den getrockneten, mit Ammoniak alkalisierten Blättern auf kaltem Wege „maceriert" (ausgezogen und dient als Rheuma-

---

[1] SCHMIDT-LA BAUME: Dermat. Wschr. **20**, 385 (1942).
[2] HOGLE: Lancet **1942**, 3.   [3] KRANTZ: Dermat. Wschr. **1940**, 36.

mittel. Es ist, wenn auch unsteuerbar, infolge seines Gehaltes an Alkaloidbasen wirksam. Näheres über durch Mazeration gewonnene Pflanzenöle siehe in „Pflanzliche Arzneizubereitungen"[1].

Die **indifferenten Öle** dringen gut in die Haut ein und erweichen sie, so daß sie einerseits zur Pflege, andererseits zum Ablösen von Borken verwendet werden. Sie sind leichter emulgierbar als Salben, also abwaschbar, und daher auch zur Behandlung behaarter Partien geeignet. Ein solches Hautöl soll aus besten Rohstoffen bereitet, unter Luftabschluß verwahrt werden und wasserfrei sein. Darüber hinaus ist zu prüfen, ob die zugesetzten Medikamente nicht das Ranzigwerden beschleunigen. Es kann, sofern ein therapeutisch indifferentes Konservierungsmittel vorhanden ist, gegebenenfalls mit Desinfizientien und Antioxydantien versetzt werden[2].

Lebertran wird dermatologisch ohne Salbengrundlage nur selten verwendet. In der Chirurgie ist dies anders. Darüber wurde in auf S. 195 ausführlich berichtet.

Oliven- und Erdnußöl sind darüber hinaus häufige Bestandteile von Salbengrundlagen und sollen dort die Penetration verbessern. Besonders gilt dies vom Mandelöl, das allerdings leicht ranzig wird und teuer ist.

Dr. GRANDELs[3] *Hautdiät* ist ein *Weizenkeimöl*, das Provitamin A und Vitamin E der Keime sowie ungesättigte Fettsäuren enthält. Es zeigte sich zur Pflege der gesunden Haut als ausgezeichnetes reizloses Mittel, ganz besonders bei spröder und fettarmer Haut nach dem Waschen und Rasieren, sowie nach dem Kopfwaschen zur Einfettung trockener Haare. Auch als Massageöl hat es sich gut bewährt. Bei Hautkrankheiten wurde das Öl wie auch zu erwarten bei akuten Ekzematisationen nicht vertragen, wohl aber im Stadium der Deflammation, besonders zur Milderung der Spannungsgefühls. Auch bei Erythrodermien, soweit sie nicht sehr reizbar waren, wurde das Öl angenehm empfunden. Bei Seborrhoen zeigten sich gelegentlich Reizungen, aber auch wieder erhebliche Besserungen. Bei Acne vulgaris wurde es mit gutem Erfolg im Anschluß an die Schälkur angewendet. Aus der Ekzemgruppe scheinen die Kinder mit frühexsudativem Ekzematoid das Öl am besten zu vertragen.

Als Zusatz zur Bereitung von Borzinköl und Ungt. leniens haben sich uns folgende Rezepte bewährt:

Acid. boric.		5,0	Cer. alb.	30
Zinc. oxyd. crud.		100,0	Cetac.	35
Grandelöl	ad	500	Grandelöl	230
			Aqua dest.	100
			Vasel. alb.	200
			Ad. lanae anh.	50

Ein Teil der als Arzneimittel verwendeten Öle wurde bereits als Salbenbestandteile besprochen. Als Öle kommen noch Leinöl, Olivenöl, Sesamöl, Baumwollsamenöl, Mohnöl, Ricinusöl und einige seiner Derivate in Frage.

---

[1] v. CZETSCH-LINDENWALD: Pflanzliche Arzneizubereitungen. Stuttgart: Verlag Südd. Apoth.-Ztg, **1950**, 3. Aufl. [2] FIEDLER: Klin. Wschr. **1941**.
[3] GRANDEL: Hippokrates **1937**, 18, 441.

Leinöl wird aus gemahlenem Leinsamen durch kalte Pressung gewonnen. Es besteht aus den Glyceriden der Linolensäure und anderen dreifach ungesättigten Fettsäuren, der Ölsäure und gesättigten Säuren. An der Luft nimmt es Sauerstoff auf und erstarrt in dünner Schicht zu Firnis, es ist also der Typ der trocknenden Öle, die in der Lack- und Firnisindustrie große Bedeutung besitzen. Pharmazeutisch wird die Eigenschaft einzutrocknen nicht verwertet. Man verwendet das Leinöl nur zur Seifenherstellung und zur Bereitung des Brandliniments, das aus gleichen Teilen Leinöl und Kalkwasser bereitet wird. Die Kalkseifen wirken als Emulgator, so daß das Brandliniment eine Emulsion, die frisch zu bereiten ist, darstellt.

Mohnöl enthält dieselben Bestandteile wie Leinöl, der Linol- und Linolensäuregehalt ist aber geringer, so daß es langsamer und nicht so vollständig eintrocknet. *Baumwollsamenöl* ist ein wertvolles Nebenprodukt aus der Baumwollgewinnung. HERXHEIMER hat es besonders zur Herstellung von Seifenspiritus und als Zusatz zu Haarwässern empfohlen. Darüber hinaus ist es in Amerika Bestandteil zahlreicher kosmetischer Präparate (Cotton Oil).

Über Olivenöl und Sesamöl wurde bereits auf S. 13 berichtet. Alle die bisher besprochenen Öle können durch Hydrierung in Salben umgearbeitet werden. Hierbei wird an einem Teil der Doppelbindungen Wasserstoff angelagert; sättigt man alle freien Valenzen ab, so erhält man Hartfette. **Befelkaöl** (Befelka-Laboratorium, Osnabrück) enthält neben reizlosen Ölen Kamillen und Calendula und wird zur Pflege der kindlichen Haut empfohlen.

Eine Sonderstellung besitzt das Ricinusöl, das zu 80% aus den Glyceriden der Ricinolsäure besteht. Die Oxysäure verleiht dem Öl besondere Eigenschaften, von denen die wichtigste die Spritlöslichkeit und die Abführwirkung sind. Es ist als einziges fettes Öl mit Alkohol mischbar und wird daher oft zu „fetten" Haarwässern — das sind alkoholische Öllösungen — verwendet, da es nach dem Verdunsten des Alkohols als Film, der sich auf den Haaren niederschlägt, zurückbleibt. Für arzneiliche Zwecke wird nur kalt gepreßtes Öl verwendet. Als fettes Öl in Form von Salbe ist es infolge seiner schlechten Mischbarkeit wenig geeignet.

Ölartigen Charakter besitzen auch flüssige Kohlenwasserstoffe wie Vaselinöl und Paraffinum liquidum. Sie sind als Ersatzmittel der echten Öle in Verwendung, emulgieren aber mit der Haut schlechter als die pflanzlichen und tierischen Produkte. Ölige Wachse wie Cetiol sind wieder gut eindringende Produkte.

Lösungen.

Gewöhnliche wäßrige, alkoholische oder ölige Lösungen von Arzneimitteln bieten pharmazeutisch und klinisch großes Interesse. Ihre Wirkung ist vom „Gefälle" Lösungsmittel → Haut oder Lösungsmittel → Schädling abhängig und muß in den einzelnen Fällen geprüft werden. Sie ist häufig unbefriedigend, so daß wir bei wäßrigen und alkoholischen

Lösungen — die öligen werden unter Öle besprochen — zu aktivierenden Zusätzen greifen müssen. Wir können durch Alkalisierung, durch Netzmittelzusätze die Resistenz der Haut herabsetzen oder die Wirkstoffe näher heranbringen oder durch ein bestimmtes, zeitlich genau festgelegtes therapeutisches Vorgehen Reaktionen auf der Haut verursachen, Wirkstoffe „in statu nascendi" herstellen.

Der *Seifenspiritus* ist wohl das bekannteste Mittel, das den ersten beiden Zwecken dient; er ist alkalisch und ein Netzmittel. Benzylbenzoat z. B., das für sich allein verhältnismäßig schwach wirksam ist, wird zum guten Scabiesmittel, wenn man es nach KISSMAYER[1] in Seifenspiritus löst oder nach LUTZ[2] gleiche Teile von Benzylbenzoat, Isopropylalkohol (oder Spiritus dilutus) mit Kaliseife verarbeitet. Das Produkt ist natürlich nicht indifferent und kann Hautreizungen verursachen und muß daher in vielen Fällen durch ölige Lösungen, bei denen die Penetration und damit die Wirkung besser ist, ersetzt werden. Auch Perubalsam (50 proz.) in Spiritus kann als Lösung verwendet werden, ebenso viele andere auch in Salben gebrauchte Stoffe. So hat HOPF[3] Phenole, die in Wasser unlöslich sind, mit Seifenlösung emulgiert und dieses Moriphen genannte Produkt in der Scabiestherapie empfohlen. Hier wirkt die Seife als Emulgator, ermöglicht also rein physikalisch erst die Anwendung der Wirkstoffe im wäßrigen Milieu und dient dann wohl außerdem als Netz- und Alkalisierungsmittel. Sie war zahlreichen, gleichfalls geprüften modernen Emulgatoren überlegen, da sie weniger reizte als diese oft viel stärker emulgierenden Stoffe.

Über analytische Methoden zur Prüfung von Seifenspiritus und ähnlichen Präparaten haben SCHULEK und RÓZSA[4] berichtet.

Als Lösungsmittel in normalen Zeiten ist der Äthylalkohol am gebräuchlichsten. Die Verwendbarkeit des Methylalkohols in Kosmetikas wird immer wieder ventiliert und erst BÜRSTENBINDER[5] hält Parfüms und kosmetische Erzeugnisse auf dieser Basis für unbedenklich, sofern sie nicht getrunken werden. O. W. MEYER[6] ist dem scharf entgegengetreten und lehnt ihn auf Grund der Literatur energisch ab. Er ist der Ansicht, daß das Methanol durch die Haut resorbiert werde und dann all die bekannten Schäden verursachen kann. Jedenfalls kann man den Methylalkohol zu fertigen Produkten nicht verwenden. Es liegt unseres Erachtens aber kein Bedenken vor, damit eine Droge auszuziehen und ihn dann abzudestillieren und den Rückstand mit Äthanol wieder aufzunehmen.

Liquor carbonis detergens ist eine kolloide Lösung von Steinkohlenteer in einer mit verdünntem Alkohol bereiteten Seifenwurzeltinktur. Das Saponin ist schwach sauer, so daß dieses Präparat nicht alkalisiert. Man könnte an Stelle der Seifenwurzel auch Quillajarinde oder Roß-

---

[1] KISSMAYER: Mskr. prakt. Laegegning soc. Med. **1935**, 369; Bull. Soc. franç. Dermat. **1938**, 7.
[2] LUTZ: Schweiz. med Wschr. **1941**, 42.   [3] HOPF: Med. Welt **30**, 752 (1942).
[4] SCHULEK u. RÓZSA: Ber. ung. pharmac. Ges. **17**, 336 (1941).
[5] BÜRSTENBINDER: Pharmazie **1**, 257 (1948).
[6] MEYER, O. W.: Ebenda **2**, 209 (1947).

kastanien verwenden, ja auch Sulfonate oder Präcutan bzw. Satina müßten brauchbar sein. HUIZINGA[1] hat Rohsaponin vorgeschlagen und auch damit gute Erfahrungen gemacht.

An dieser Stelle sollen auch die üblichen Lösungen, die meist in der Dermatologie zu feuchten Umschlägen Verwendung finden, erwähnt werden. FR. HERRMANN[2] hat in seiner Arbeit das Problem ausführlich behandelt. Die frühere Ansicht, daß die desinfizierende Kraft der Lösungen die Heilwirkung verursacht, kann nicht aufrecht erhalten werden, da z. B. Borsäurelösung erheblich günstiger als stärker desinfizierende Phenol- oder Resorcinlösungen wirkt.

Auch die Kompensation der verwendeten H-Ionen-Konzentration im erkrankten Bezirk erklärt nicht allein den Heileffekt. An isolierten Epithelzellen konnte HERRMANN vielmehr nachweisen, daß die am meisten gebrauchten Lösungen den Quellungszustand der Haut deutlich beeinflussen. Er stellte auf Grund seiner Messungen eine therapeutische Reihe für den quellungshemmenden Effekt der gebräuchlichsten Lösungen auf und kam zu folgendem Resultat: Tannin (1%), essigsaure Tonerde (50—10%), Bleiwasser (5%), Borsäure (3—1%), Resorcin (1%), Tannin + Salicylsäure (1 + 0,1%), Wasser.

Auf der einen Seite der Reihe steht die stark quellungshemmende Gerbsäure, auf der anderen die quellungsfördernde Salicylsäure und Wasser.

Das Wasser ist nach der praktischen Erfahrung aller Dermatologen für die ekzematisierte Haut ebenso gefährlich wie stark aufquellende Elektrolytlösungen.

Nach unseren Erfahrungen hängt der Erfolg der feuchten Umschläge von der Konzentration der Lösungen ab, die in den Lehrbüchern meist viel zu hoch angegeben ist. Die 1proz. Tanninlösung wird den „biologischen Takt der Entquellung" häufig überschreiten und so auch zu Zellschädigungen führen können. Dagegen wird man mit einer Lösung 1 : 2000 schöne Erfolge haben. Dasselbe sehen wir bei der Resorcin- und essigsauren Tonerdelösung. Das Resorcin verwenden wir ebenfalls am liebsten in Verdünnungen von 1 : 2000. HERRMANN schlägt vor, die stark abdichtende Wirkung der 1proz. Tanninlösung durch den 0,1proz. Salicylsäurezusatz gewissermaßen als Antagonist zu kompensieren. Sehr eindrucksvoll sind auch die Versuche mit Kaulquappen oder Fischen von SCHADE, GIESECKE und KIELHOLZ: In einer Lösung von Salzsäure und Acidum tannicum starben die Tiere schnell, während sie in den gemischten Lösungen viel länger leben oder überhaupt nicht eingehen.

Borsäurelösung, isotonische Kochsalzlösungen sind weitere Präparate, die in der Therapie, z. B. zu Umschlägen, verwendet werden. Borsäure ist ein sehr schwaches Desinfiziens, dessen Verwendung in der Ekzembehandlung SIEMENS[3] eine „sehr wunderliche Gewohnheit der Schulmedizin" nennt, da ihm jede antiekzematöse Wirkung abgehe. Vielleicht ist dies, wie SIEMENS meint, ein Relikt aus der voraseptischen Zeit, vielleicht auch eine vorwiegend unbewußte „Säuremanteltherapie".

---

[1] HUIZINGA: Pharm. Weekbl. **78**, 735 (1941).
[2] HERRMANN: Dermat. Z. **50**, 377 (1927).
[3] SIEMENS: Arch. f. Dermat. **183**, II (1942).

Es gelang noch nicht, den Wert der Borsäureumschläge in Simultanversuchen nachzuweisen.

Infolge der Knappheit, die in den Nachkriegsjahren an geeigneten
Mitteln für *feuchte Umschläge* bestand, haben wir mit einigen neu im
Handel erschienenen pflanzlichen Lösungsmitteln das Problem der
Wirkungsweise der feuchten Umschläge noch einmal beleuchtet. Prin-
zipiell muß hervorgehoben werden, daß es *drei verschiedene Applikations-
formen* von feuchten Umschlägen gibt.

1. *Der feuchte Umschlag* als *Lokalantiphlogisticum* der Haut (im
Sinne der Arbeit von F. R. HERRMANN),

2. der *hyperämisierende* warme oder heiße Umschlag, oft mit alkoholischer Beimengung (ca. 30%), wie er zur Erweichung oder Einschmel-
zung von entzündlichen Infiltraten, z. B. cutan Phlegmonen, empfohlen
wird, mit oder ohne wasserdichten Stoff[1].

3. der *Prießnitzumschlag* oder *-verband* unter Verwendung einer
wasserdichten Schicht (Billroth-Batist usw.). Eine auf der Haut liegende mit Wasser getränkte Leinwandschicht wird abschließend noch
mit einem Wolltuch überdeckt. Dieser „Prießnitz" wird als altes Haus-
mittel, z. B. zur „Ableitung" bei Anginen, Bronchitiden, Pneumonien,
also hauptsächlich bei inneren Erkrankungen zur Dekongestion in das
Hautorgan, vielfach angewendet.

Dermatologisch kommt für die direkte Beeinflussung von Hauterkrankungen, besonders im Stadium der Ekzematisation, demnach nur
der feuchte Umschlag als *Antiphlogisticum* in Frage (s. Tabelle 5 S. 117,
Richtlinien für die Wahl des Therapeuticums). Die praktische Hand-
habe dieser feuchten Umschläge ist für den Erfolg maßgebend und sei
daher besonders angeführt: 10—15 Lagen Mull oder feine Leinenlappen
werden mit der Flüssigkeit durchtränkt, mit einem trockenen Leinen-
oder Handtuch umhüllt und mit einer Binde niedergebunden. Der eine
von uns ließ die Wirkung des wasserdichten Stoffes bei diesen Umschlägen in einer besonderen Arbeit untersuchen. NIEBEL[2] beobachtete in
einer luftdicht abschließenden um die Extremität gelegten Metall-
kammer die Verdunstung der feuchten Umschläge hygrometrisch und
stellte fest, daß durch eine Lage Papier oder Billroth-Batist die Verdunstung weitgehend gehemmt wird und somit statt einer antiphlogistischen Wirkung eine hyperämische Wärmestauung auftreten kann.

KAPPEL[3] hat nun in seiner Arbeit „Über die Wirkungsweise feuchter Umschläge, insbesondere bei drei pflanzlichen Lösungsmitteln" in
der Mannheimer Hautabteilung festgestellt, daß sich bei der Nachprüfung der sog. HERRMANNschen Reihe (siehe S. 408) eine deutliche
Abhängigkeit der Gewichtszunahme der Hautstückchen vom Ausgangs-
gewicht ergab. KAPPEL führte die starken Gewichtszunahmen (nach
HERRMANN die „Quellung") der kleinen Hautstückchen auf ihre relativ
größere Oberfläche zurück. Wenn man dabei ein solches Hautstück

---

[1] Siehe Therap. fachärztliche Winke.
[2] NIEBEL: Dissertation: Städt. Krankenhaus, Hauptabt. Mannheim 1943.
[3] KAPPEL: Z. Haut- u. Geschlechtskrankh. **VII**, 10, 369 (1949).

schematisch als Würfel auffaßt, ergibt sich, daß nur eine Fläche Oberflächenepithel hat, während fünf Flächen aus Schnittflächen bestehen. Auch HERRMANN hat auf diese Fehlerquelle hingewiesen, glaubt jedoch, daß bei Hautkrankheiten mit mehr oder weniger großen Gewebsdefekten die Flüssigkeit das subcutane Bindegewebe erreiche. Trotz dieser Erwägung erschien KAPPEL jedoch die Ausdehnung der Schnittflächen zu groß bez. ihrer Fehlerquelle. Da er einen Anhalt für die Wirksamkeit der Medikamente finden wollte, der unabhängig von der Größe des Zellsubstrates sein sollte, dichtete er die Schnittflächen der Hautstückchen mit Ol. rizin. 3., Collodium ad 100 ab. Bei sonst gleicher Versuchsanordnung erhielt er nun nur noch ganz geringfügige Kurvendifferenzen! Diese konnte er nicht mehr mit der „Kolloidkorrektur durch Quellungshemmung" erklären, sondern glaubt, daß die Wirkung feuchter Umschläge nicht nur auf diesen Nenner zu bringen ist. Sie ist vielmehr in der Summe vieler Möglichkeiten zu suchen, von denen nur einige mit den Schlagworten Desinfektion, Ausgleich des verschobenen p_H-Wertes und der Entzündungswärme mit reflektorischer Beeinflussung der Capillarweiten und Strömungsgeschwindigkeit — um nur einige zu nennen — angeführt werden sollen. Durch diese Erwägungen wird die experimentelle Beurteilung der Lösungsmittel für feuchte Umschläge bis zu einem gewissen Grade eingeschränkt, um so wichtiger bleibt das *Urteil der klinischen Prüfung*.

Im **Ergosol** (I. Wolf, Ludwigshafen) liegt ein Pflanzenextrakt vor, der Glukose, Oxalsäure, Tannin, Stickstoff, Eiweiß, SiO_2 und Trockensubstanz enthält. Genauere Angaben können wegen der derzeitigen Patentlage nicht gemacht werden. Klinisch wurde es in einer Verdünnung von $^1/_{50}$ mit Aqua dest. bei etwa 60 Fällen mit akuten nassen Dermatitiden, Stauungsekzemen, Ulcera cruris, ekzematisierten Seborrhöen, Salvarsandermatitis und ekzematisierter Mykose angewendet. Als Kriterium wurde simultan und symmetrisch mit 2% Borwasser behandelt. Der Erfolg war dabei mit Ergosol stets mindestens gleich gut, gelegentlich besser. Vor allem zeigten die Ulcera cruris eine gute Heilungstendenz. Bei anderen Fällen entsprach der Verlauf der Behandlung mit Borwasser. Reizungen wurden nicht gesehen.

In gleichem Sinne wurde ein Präparat **Tannolact**, das aus Blattgerbstoffen, Calciumlactat und Milchsalzen besteht, als Zusatz in feuchten Umschlägen klinisch geprüft. Es wurde in einer Konzentration von 1 : 200 bis 1 : 2000 angewendet. Der therapeutische Effekt entsprach dabei dem einer 1%- bis $1^0/_{00}$-Tanninlösung. Hervorhebenswert ist, daß keine Reizungen gesehen wurden, die bei entsprechenden Tanninlösungen gelegentlich beobachtet werden. Auch eine *fein pulverisierte Eichenrinde* (Firma I. Wolf, Ludwigshafen) wurde als gerbstoffhaltiges Mittel besonders als Zusatz zu Sitzbädern bei Analekzemen klinisch geprüft im Vergleich mit der bisher käuflichen Eichenrinde in Form grober Würfel. Wenn man beide Sorten vergleichsweise dreimal überbrüht, so enthält nach der Analyse von Dr. Quadbeck, Heidelberg, die bisher handelsübliche Eichenrinde nur 3,78%, während die fein pulverisierte 5,75% Gerbstoff abgibt. Bei längerem Kochen verschiebt sich das Verhältnis noch weiter zugunsten des pulverisierten Präparates, das schon äußerlich eine dunklere Farbe annimmt. Bei einer Vergleichswirkung von beiden Filtraten auf ein 30proz. Gelatineschichtmodell zeigte sich nach 24 Stunden bei der Abkochung der gewöhnlichen Eichenrinde eine Gewichtszunahme von 159% des Ausgangsgewichtes, während die Lösung der pulverisierten Eichenrinde nur eine Gewichtszunahme auf 122%, mithin also eine deutliche Quellungshemmung, zeigt, die hier mit sparsameren Mitteln erreicht wird. In praxi benötigt man von dem groben Eichenrindenpräparat etwa drei Hände voll für ein Sitzbad, während man mit dem pulverisierten Präparat mit zwei Eßlöffeln gut auskommt bei einer Auskochzeit von etwa zwanzig Minuten.

Auch Penicillinumschläge mit 400 bis 600 I. E. pro ccm sind empfohlen. Nach FRANKS[1] bewährten sie sich bei infizierten Ekzemen, Sykosis, Acne, versagten aber, wie vorauszusehen, bei Psoriasis, Lichen ruber planus, Lupus erythematosus sowie bei seborrhoischen und chronischen Dermatitiden auf mykotischer Basis.

Nach einer neuen Arbeit FREYSTADTLS[2] werden die Lösungen von Lokalanästheticis in Wasser als Umschläge Bedeutung erlangen. Der Autor, der auch mit anästhesierenden Salben viel gearbeitet hat, berichtet neuerdings, daß Cocain, Anaesthesin usw. durch die Haut gut anästhesierend wirken. Die Versager andrer Autoren beruhen darauf, daß sie nicht mehrere Stunden warteten, sondern sofortige Wirkungen sehen wollten. Die sehr lesenswerte Arbeit empfiehlt insbesondere den Benzylalkohol, der an Stelle der giftigen Karbolsäure verwendet werden soll. Auch bei diesen Lösungen ist das „Gefälle" zu beachten. Wäßrige Karbollösungen, aus denen der Wirkstoff zum Hautlipoid hinzieht, sind zehnmal so wirksam als Öllösungen, die den Wirkstoff zurückhalten.

Die interessantesten Lösungen sind ohne Zweifel diejenigen, die therapeutisch in zeitlich getrennten Abschnitten gegeben werden und den Wirkstoff erst auf der Haut erzeugen. Als Beispiel möge die Krätzetherapie nach DEMJANOWITSCH[3] geschildert werden. Die Patienten werden abends mit 40—60proz. Natriumthiosulfatlösung eingerieben und am nächsten Morgen mit 5—6proz. Salzsäure gepinselt. Die Behandlung wird mehrmals wiederholt und kann auch zeitlich viel enger zusammengerückt werden. WAWERSIG[4] läßt nur 15 Minuten lang eintrocknen und beginnt dann sofort mit der Salzsäurebehandlung und wiederholt diesen Zyklus nach 15 Minuten. Auch LÖHE[5] und SZÁBO[6] berichten von guten Erfahrungen mit dem „nascierenden" Schwefel. Unseres Erachtens sollte man, um durch Netzwirkung eine bessere Verteilung des Thiosulfates zu erzielen, diesem 0,5—1,0% eines Netzmittels, das die Säure verträgt, z. B. Cetylsulfonat, zufügen. Siehe auch den Abschnitt über Antiscabiosa.

---

[1] FRANKS: Wien. med. Wschr. **1946**, 20/21, 181.
[2] FREYSTADTL: Wien. med. Wschr. **94**, 5/6 (1944).
[3] DEMJANOWITSCH: Verh. Internat. Dermat.-Kongreß Budapest **1935**, II, 470.
[4] WAWERSIG: Med. Welt **1942**, 5.   [5] LÖHE: Med. Welt **1942**, 50.
[6] SZÁBO: Honvedorvos **12**, 138 (1940).

Wichtig ist diese Schwefelbehandlung auch dadurch, daß sie im stark sauren Milieu erfolgt, wogegen die sonstige Schwefeltherapie bewußt in alkalischer Umwelt (Carbonatzusätze zu den Salben und Lösungen) durchgeführt wird. Kolloide Schwefellösungen, wie Mitigal, Blancosulf, in Österreich Emulscabin haben den Zweck, in der Scabiestherapie den fein verteilten Schwefel beim Einreiben tief in die Haut eindringen zu lassen. Die Rückstände sind wie beim Blancosulf abwaschbar.

Die Brandwundenbehandlung mit Tanninlösungen wurde von England aus vor etwa 15 Jahren bekanntgemacht. Interessanterweise hat man mit einer einzigen Ausnahme (JÄGER) nie versucht, das Tannin, das in Lösung schlecht haltbar ist, durch andre Gerbstoffe zu ersetzen. Man hat nie geprüft, ob sich alle Gerbstoffe gleich verhalten. Aus England kam vor einigen Jahren sogar eine Gegenströmung gegen die Tanninbehandlung. CAMERON und MILTON[1] haben im Tierversuch festgestellt, daß das Tannin aus Brandwunden resorbiert werden kann und dann die Leber schädige. ROBINSON[2] wiederum sah keine positiven Erfolge und geht auf die „Dreifarbenmischung" aus je 1 % Brillantgrün, Gentianaviolett und Acriflavin, das er in eine Ölsäure-Seifengallerte einarbeitet, über. SALTONSTALL[3] wiederum hat Versuche angestellt und beobachtet, daß das Absetzen der Tanninbehandlung die Mortalität nicht vermindere. Die Leberschädigung sei wahrscheinlich nicht die primäre Ursache bei Toxämien nach Verbrennungen.

Eine interessante Kombination von alkoholischer Chrysarobinlösung und Eosin sollte, wie SIEMENS (oben zit.) berichtet, in Verbindung mit Ultraviolettlichtbestrahlungen die Psoriasis bedeutend besser beeinflussen als Salben und Pasten. Der Autor hat aber im Simultanversuch eindeutig nachgewiesen, daß dies in keiner Weise zutrifft. Alkoholische Lösungen kommen als Antimykotica in Frage. So wird z. B. von der Vornu O.H.G., Bonn, das **Cornusept** in den Handel gebracht. Es enthält aliphatische und carbocyclische Säuren und deren Ester, Teerwirkstoffe, Chloroform in alkoholischer Lösung. Rheumichthol ist ein Ichthyol-Spiritus.

Weitere Lösungen, wie die essigsaure Tonerde, Bleiwasser und GOULARDsches Wasser, sind chemisch von geringerem Interesse, werden aber therapeutisch häufig verwendet.

Auch die Jodtinktur ist eine Lösung und wird dementsprechend vom Schweizer Arzneibuch als Solutio, vom DAB 6 als Tinktur, als „Gefärbte" in wörtlicher Übersetzung geführt. Diese Präparate, so wichtig sie sind und so viel allein über die Ersatzmittel der Jodtinktur zu schreiben wäre, interessieren im Rahmen des Buches weniger als die eigentlichen Dermatologica unter den Lösungen, wie z. B. solche, die zu Filmen eintrocknen. Diese Art bildet also Wundverschlüsse und bringt ihrerseits zugesetzte Medikamente auf der Haut zur Wirkung.

Um wieder auf die Lösungen, insbesondere die wäßrigen Charakters, zurückzukommen, sei abschließend und nachdrücklich darauf hinge-

---

[1] CAMERON u. MILTON: Lancet 6260 (1943). [2] ROBINSON: Lancet 6264 (1943).
[3] SALTONSTALL: Ann. Surg. **121**, 291 (1945).

wiesen, daß Wasser die Haut nur sehr unvollständig benetzt. Es nützt nichts, Medikamente an die Haut heranzubringen, die dann in Tropfen stehenbleiben und abrinnen. Man kann auf diese Weise nur Fehlschläge erwarten. So haben z. B. sowohl ZENNER[1] wie auch HOPF[2] mit Tanninlösungen als Lichtschutzmittel nur Versager erlebt und schließen infolgedessen auf seine Unwirksamkeit. Die Gerbstofflösung rinnt ab und trocknet unregelmäßig ein, so daß sie keinen Effekt verursacht. Eine Übersicht, die das zeigen soll, sei angeführt:

Tabelle 18.

Lösung	Lichtschutzwirkung
10% Tannin in destilliertem Wasser	keine
10% Tannin in 1proz. Essigsäure.	keine
10% Tannin in 1proz. Sodalösung	keine
10% Tannin in 1proz. Cetylsulfonatlösung.	volle

Dieser orientierende Versuch zeigt schon, daß man die Wirkstoffe bei schlecht benetzenden Lösungsmitteln erst durch Netzmittel an die Haut heranbringen muß. Dies kann nun ein Sulfonat oder ein Saponin oder, wenn chemisch gesehen keine Bedenken bestehen, auch Seife sein. Die Wahl richtet sich nach dem Wirkstoff und dem p_H, das die fertige Lösung aufweisen soll. Die von ZENNER und HOPF geprüften Sulfonamide sind Lichtschutzmittel und besitzen in Lösungsmitteln oder als wasserlösliche Salze (Triäthanolaminsalze) benetzende Eigenschaften. Sie wirkten in den von den beiden Autoren gewählten Versuchsanordnungen, Tannin und andere Lichtschutzmittel versagten ohne Netzmittelzusatz. Das Versagen ist nicht auf sie, sondern auf die Versuchsanordnung zurückzuführen, wenn nicht gar alte Tanninlösungen, die sich bekanntlich schnell zersetzen, angewandt wurden. Nach DU BOIS und LEE[3] zersetzt sich eine Lösung:

Acid. tannic. 100,0
Natr. chloratum 10,5
Kal. chloratum 0,42
Calc. chloratum 0,84
Aqua dest. ad 1000,0

schnell. Stabilisierend wirkte von 34 geprüften Zusätzen einzig und allein 1% Natriumthiosulfat. Aber auch diese erfolgversprechenden Untersuchungen wurden nicht weitergeführt, da sich nach und nach ein Schwefeldepot bildet.

In vielen Fällen sind die Wirkstoffe gleichzeitig Netzmittel, hierzu gehören auch die Sulfonate, Ichthyol, Karwendol u. dgl. Man kann sie ohne weiteres mit Wasser verdünnt verwenden. Als wasserlösliche Sulfonate bzw. deren Salze sind sie in Lösungsmitteln unlöslich. Will man also Ichthyolspiritus oder -benzin herstellen, so darf man nicht das wasserlösliche Salz nehmen, sondern muß das Rohöl, das KNIERER[4] mit gutem Erfolg verwendete, lösen (10proz.).

---

[1] ZENNER: Klin. Wschr. **21**, 10 (1942); Arch. f. Dermat. **183 II** (1942).
[2] HOPF: Med. Klin. **1942**, 23.
[3] DU BOIS u. LEE: J. amer. pharmaceut. Assoc. **30**, 53 (1941).
[4] KNIERER: Dermat. Wschr. **1942 I**, 212.

Von der Ciba wird neuerdings ein durchblutungsförderndes Mittel
zur örtlichen Anwendung mit dem Namen **Trafuril** in den Handel gebracht. Die wirksame Substanz ist ein Nicotinsäureester, der kurze
Zeit nach Bestreichung der Haut mit der Tinktur (auch als Salbe verwendbar) an der bestrichenen Hautstelle eine Rötung und ein Wärmegefühl erzeugt. Das Präparat ist im Hinblick auf die Penetration oder
auch Diffusion besonders interessant, da die Wirkung sich auch auf
tieferliegende Gewebe oder Organe, wie Muskel und Gelenke, zu erstrecken scheint und im allgemeinen mehrere Stunden anhält. Das
Präparat wird empfohlen in Fällen, wo eine örtliche Verbesserung der
Hautdurchblutung oder eine Tiefenwirkung erreicht werden soll, z. B.
bei Muskelrheumatismus, Lumbago, Akroanästhesien und Erfrierungs-
schäden. Wir selbst haben das Mittel in einigen Fällen von Alopecia
areata durch Aufpinseln verwendet und hatten den Eindruck, daß das
Haarwachstum durch die Hyperämisierung beschleunigt wird.

Lösungen dringen nicht in allen Fällen durch die Haut hindurch,
im Gegenteil: Resorption tritt nur unter besonderen Umständen ein.
Wir können mit äußerlich angewandten Nährstofflösungen (z. B. Malz-
extraktbädern) keine Kräftigung erzielen. Es muß daher in allen Fällen
überlegt werden, ob Lösungen das gesteckte Ziel erreichen können.

Firnisse und Lacke.

Firnisse und *Lacke* sind Medikamententräger der Dermatologie,
die den Salben äußerlich recht fernstehen und doch wieder durch die
Trockensalben mit ihnen Berührungspunkte aufweisen. Sowohl die
Lacke als die Firnisse enthalten die Wirkstoffe zusammen mit einer
Trägersubstanz in einem Lösungsmittel wie Wasser, Alkohol, Äther,
Benzol und Aceton aufgeschlämmt oder gelöst. Nach dem Verdampfen der
Flüssigkeit bleibt das Medikament und der Träger auf der Haut zurück.

Im allgemeinen nennt man die mit Wasser bereiteten Produkte
Firnisse, und die mit organischen Lösungsmitteln hergestellten Lacke.

Man hat aber, vielfach von diesem Gebrauch abgehend, um genauere
Definitionen zu ermöglichen, die Firnisse bzw. deren Grundstoffe, ohne
sie von den Lacken scharf zu trennen, in vier Gruppen eingeteilt, und
zwar in:

1. Guttaperchalösungen, Elasticin, Aluminium-Oleatfirnisse, also in
Lösungen, die aufgetragen wie Gummipflaster kleben;

2. Lösungen von Harzen, Wachs, Fett, in Alkohol, Benzin oder
anderen Lösungsmitteln;

3. Emulsionen und Seifenlösungen;

4. Eiweiß-, Gummi-, Gelatine-, Wasserglaslösungen.

Es wird also mit anderen Worten wie in der Technik zwischen
membranbildenden gummiartigen Substanzen, den Lösungen, die nach
dem Verdunsten fettartige Filme zurücklassen, den Emulsionen, die
ohne viel sichtbaren Rückstand eintrocknen, und trockensalbenartigen
Mischungen unterschieden. Ja, man kann sogar aus Gelatine Stifte

machen, die Zinkoxyd, Ichthyol und andere Wirkstoffe enthalten und auf der vorher befeuchteten Haut beim Aufstreichen eine Leimdecke bilden (Glutektone Helfenberg). Es sind also viele Möglichkeiten, Hautfirnisse und Lacke herzustellen, vorhanden. Im Prinzip wirken die Präparate alle in derselben Richtung. Frisch aufgetragen bringen sie die intensivste Wirkung, die dann während des Eintrocknens abnimmt. Es erübrigt sich daher, jedes einzelne Medikament zu besprechen, und es genügt, nur einzelne Typen herauszugreifen.

So seien Filmogen und Sterilinlösungen, Cellulosenitrat und Öl in Aceton genannt, Mittel, die auch auf der feuchten Haut haften sollten, in einer Richtung also ähnliche günstige Eigenschaften wie die jetzt beliebten Schleime besaßen. Die beiden Präparate waren Träger verschiedener Medikamente, wie z. B. von Salicylsäure, Ichthyol, Chrysarobin.

Caseinfirnisse, die Borax oder Glycerin enthalten, sind weitere interessante Grundlagen, ebenso die Firnisse aus gequollenem Tragantschleim, salbenartige Produkte, sozusagen Glycerinsalben ohne oder mit geringem Glyceringehalt, denen die osmotische Wirkung des wasserentziehenden mehrwertigen Alkohols mehr — minder fehlt. Die Präparate trocknen, wie erwähnt, unter Filmbildung ein und sind in vielen Fällen in frischem Zustand salbenartig, sie sind also Trockensalben, wie der neue Ausdruck für ein altes Mittel lautet. Ähnlich zu beurteilen ist das Glycerolatum aromaticum, ein Präparat, das Tragant, Aceton und Glycerin enthält, so daß es nicht eintrocknete und mithin schon mehr zu den Salben gehört. Die Gelatinen UNNAS, etwa die Gelatina Lithargyri mit Glycerin, Wasser und Gelatine, sind Salben, deren Eigenschaften auf S. 64 besprochen wurden.

Bei der Herstellung all dieser aus Tragant und Glycerin bestehenden Produkte wird der Tragant mit dem Glycerin verrieben, dann das Wasser zugesetzt. Fehlt der Glycerinzusatz, so verreibt man den Tragant zuerst mit Alkohol, um Knollenbildung zu vermeiden.

Lacke enthalten meist ein mit Wasser nicht mischbares Lösungsmittel. Sie haften daher nur auf der trocknen Haut und stauen dort den Luft- und Wasseraustausch, eine Eigenschaft, die in manchen Fällen erwünscht sein kann. Sie ziehen sich und die darunterliegenden Gewebepartien beim Eintrocknen zusammen. Die beigefügten Medikamente kommen, sofern sie lipoidlösliche Körper sind, in dieser Arzneiform zur Wirkung. Bei wasserlöslichen Substanzen ist die Beurteilung schwieriger und häufige Versager sind möglich. Zwei Beispiele seien angeführt, Kollodium und Traumaticin.

Collodien — Collodia — sind ätherische Lösungen von Kollodium, denen Arzneistoffe zugefügt sein können. Das einfachste zusammengesetzte Kollodium ist das Collodium elasticum, das den „Weichmacher" Ricinusöl enthält, schmiegsam ist und seinerseits häufig als Grundmasse herangezogen wird. Das Lösungsmittel verdunstet auf der Haut, und das zurückbleibende feuergefährliche Kollodium erstarrt zu einem Häutchen. Die Collodia mit Milchsäure (6proz.), Cantharidenauszügen und Campher dienen zur äußerlichen Anwendung als Ätz- und Reizmittel. Die Collodien werden ferner als Träger von Sublimat (1 : 60), Crotonöl (25 proz.), Paraform (5 proz.), Salicylsäure (10 proz.), Jodoform (1—2 proz.), Tannin (0,5 proz.) benützt, bringen aber die wasserlöslichen Inhaltsstoffe wie die Gerbsäure kaum zur Wirkung. Extractum cannabis indicae ist ein überlieferter Bestand des Salicylkollodiums. Sein Wert geht hier über den eines grünen Farbstoffes nicht hinaus, da die uns zur Verfügung stehenden Indisch-Hanf-Präparate nur Abfälle der Haschisch-Herstellung im Orient sind und wenig Wirkstoffe enthalten.

Traumaticin wurde von AUSPITZ[1] eingeführt. Es besteht aus einer 10 proz. Guttaperchalösung in Chloroform und ist feiner als Gelatine, dichter als Kollodium und kann als Träger für Salicylsäure, Chrysarobin u. dgl. verwendet werden. Im letzteren Falle ist es aber den Pasten deutlich unterlegen (SIEMENS[2]), obwohl die Reizwirkung verstärkt hervortritt. Zu den Harzlösungen gehört das *Mastisol*, eine Lösung natürlicher Harze, und *Albertol*, das als feste Substanz ein Kunstharz enthält. Als Lösungsmittel dient eine Alkohol-Äther-(Benzol-)Mischung. Beide Produkte sind heute vorwiegend Verbandfixierungsmittel.

In den letzten Jahrzehnten ist über die Lacke so gut wie nicht mehr gearbeitet worden. Viele Produkte sind zugunsten der Salben und Schüttelmixturen verlassen worden. Ihre häufig als Nachteil empfundene Eigenschaft, impermeable Membrane zu bilden, wurde ihnen zum Verhängnis. Sie wurden, propagandistisch nicht gefördert, zugunsten anderer therapeutischer Maßnahmen, z. B. der Behandlung mit Trockensalben, aufgegeben.

Die Tiefenwirkung der Salben kann durch sogenannte Trockensalben, die zu den Lacken gehören, niemals erreicht worden. So wurden in klinischen Untersuchungen über die Heilwirkung von Trockensalben mit Salicylsäure und Cignolin Parallelversuche mit Salben angestellt und festgestellt, daß z. B. Keratolyse bei den Schuppenpapeln der Psoriasis meist an das Maß, das man mit gleichprozentigen Salben erreicht, nicht herankommt. Dafür können derartige Salben vorteilhaft bei Solitärpapeln, z. B. an den unbedeckten Körperstellen, verwendet werden, in Fällen, in denen durch Fixierung mit dem Lack ein Verband erspart wird. Die Begrenzung des festen Abschlusses eines größeren Krankheitsherdes kann z. B. bei bestimmten Mykosen besonders erwünscht sein und wird dann durch Traumaticin oder Kollodium, denen antimykotische Wirkstoffe beigefügt werden können, gut erreicht.

Umschlagpasten und Bäder.

Unter einer Umschlagpaste, einem Kataplasma, versteht man ein salbenartiges Produkt, das äußerlich appliziert auf der Haut seine eigene oder die Wirkung der zugesetzten Medikamente entfalten soll. Kataplasmen bestehen aus mindestens 2 Komponenten: einer flüssigen

---

[1] AUSPITZ: Wien. klin. Wschr. **1883**, 30/31.
[2] SIEMENS: Arch. f. Dermat. **183 II** (1942).

Phase, meist Wasser, gegebenenfalls Glycerin, und einer festen, Peloiden, Pflanzenpulvern oder anorganischem Material synthetischen Ursprungs.

Aus diesen beiden Bestandteilen werden einerseits in Fabriken Suspensionen oder salbenartige Mischungen hergestellt und gebrauchsfertig in Dosen in den Handel gebracht. Andererseits wird die feste Komponente, wenn die flüssige Wasser ist, in Würfelform oder lose als Pulver dem Verbraucher übergeben, damit er sich die Mischung selbst bereiten kann.

Zu den ersteren Produkten gehören die fertigen Umschlagpasten, wie Enelbin und Antiphlogistin, deren Zusammensetzung und deren Zweck auf S. 72 erläutert wurde.

Peloide und Pflanzenpulver kommen als Markenware oder in Pulverform in den Handel.

Unter *Peloiden* versteht man Massen, die in der Natur durch geologische Vorgänge entstanden sind und die therapeutisch in fein verteiltem Zustand mit Wasser gemischt in Form von Packungen und Bädern verwendet werden. Natürliche Peloide sind solche, die entweder unverändert oder ohne tiefgreifende Veränderung gebraucht werden; künstliche Peloide werden bei der Aufbereitung chemisch oder physikalisch weitgehend verändert. Die international eingeführte Klassifikation der Peloide teilt in zwei Hauptgruppen, die Biolithe und die Abiolithe, ein. *Biolithe* sind aus organischem Material oder unter Mitwirkung von Organismen entstanden.

Tabelle 19.

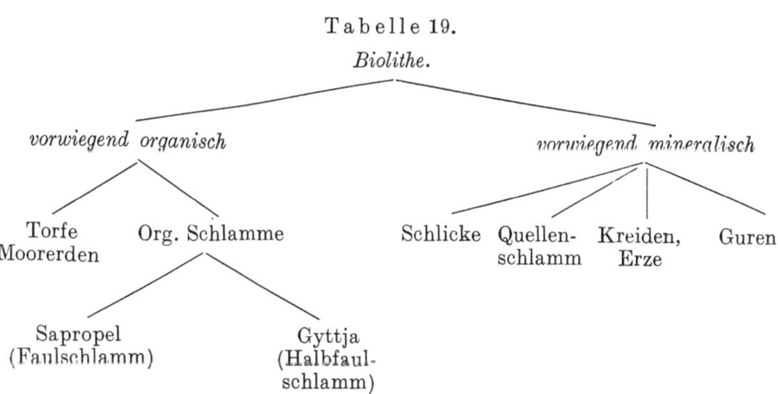

Im Gegensatz hierzu sind die *Abiolithe* durch Ablagerung von reinen Mineralsubstanzen entstanden.

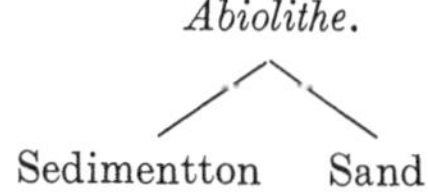

Zu den Peloiden gehören also die Sedimente wie Schlamm, Pelose, Torf, Schlick, Kreide und Heilerden, wie Lehm, Mergel und Löß. Die Peloide, über deren Gewinnung, Verarbeitung und therapeutische Verwertung das Buch BENADES[1] alles Wissenswerte enthält, sollen hier nur kurz besprochen werden. Sie sind im Augenblick ihrer Anwendung plastische Massen, die sich durch ihr großes Wärmehaltvermögen auszeichnen. Sie leiten die Wärme um so langsamer ab, je mehr Wasser sie festhalten können; entscheidend hierfür ist der Anteil an organischem Material, denn je mehr davon im Peloid enthalten ist, um so geringer ist die Wärmeleitfähigkeit. Bei vulkanischen Peloiden muß die feine Verteilung kleiner Partikelchen den Mangel an organischem Material wettmachen. Noch wichtiger als die Leitfähigkeit ist die Wärmekapazität; Peloide mit großer Kapazität sind denen mit kleiner überlegen.

JUNG[2] stellt in einer umfassenden Arbeit die neuesten Erkenntnisse über Heilerden zusammen. Er legt auf die Testung des Adsorptionsvermögens von Bakterien besonderen Wert. (Untersuchungen BELLERS[3].)

Die physikalischen Eigenschaften werden nach Kennzahlen beurteilt. Es sind dies die Wärmeleitzahl, Wärmekapazität, · Wärmehaltung, Daten, die bei einem bestimmten Wassergehalt ermittelt werden und dem Fachmann Anhaltspunkte geben.

Außer den physikalischen Eigenschaften der Peloide, wozu auch die Adsorptionskraft mancher Heilerden zu rechnen ist, sind die chemischen Bestandteile für den therapeutischen Erfolg ausschlaggebend. So wird ihnen bisweilen Salicylsäure zugefügt, wogegen sie von Natur aus an Ort und Stelle verwandt, Radiumemanation, sonst Humussäuren, Schwefel oder Schwefelverbindungen, Kohlensäure und östrogene Körper enthalten können. Die Wirkung dieser Substanzen aus Schlammen und Bädern ist sehr mild, wird aber durch die Dauer der Resorption bzw. Einwirkung und durch die Größe der zu behandelnden Hautfläche doch so, daß man Erfolge erwarten kann. Der Name Heilerde ist ein Gattungsbegriff geworden; man bezeichnet damit heute einen Teil der Peloide, und zwar diejenigen, die auch zur inneren Darreichung geeignet sind. Ursprünglich hieß nur das JUSTsche Produkt, ein Löß aus dem Nordharz, der jetzt unter dem Namen Luvos-Heilerde bzw. Proterra in den Handel kommt, Heilerde. Die Begriffe haben sich aber weitgehend verschoben, so daß der Name jetzt auch für ganz anders zusammengesetzte und anders wirkende Produkte anderer Lagerstätten gebraucht wird (VOGEL[4]). BENADE[5] nennt Heilerden alle Erden in mehr oder weniger feiner Verteilung, die durch Zersetzung und Verwitterung entstanden sind. Darunter fallen also auch Tone (Kaolin) und verwittertes Gestein.

Pflanzliches Material wird gleichfalls zu Breiumschlägen, Kataplasmen verarbeitet. Am häufigsten werden Leinsamenumschläge, Senfmehl- und Kräuterpackungen verwendet. Leinsamenumschläge dienen zur Erzielung und Haltung von feuchter Wärme, sie mazerieren die Haut und wirken durch die Feuchtigkeit der Schleimstoffe und andere Bestandteile bedingt wesentlich anders als ein Heizkissen, das trockene

---

[1] BENADE: Die Peloide. Steinkopff. Dresden 1938.
[2] JUNG: Pharmazie **5**, 3, 1950. [3] BELLERS: Dissertation Dresden 1947.
[4] VOGEL: Hippokrates **1943**, 1, 29. [5] BENADE: Balneologe **1938**, 9, 419.

Wärme erzeugt. Die Senfmehlkataplasmen enthalten Senfölglykoside, die angefeuchtet, spezifische Wirkstoffe, Senföle, die auf der Haut einen Reiz ausüben sollen, abspalten. Frisch gemahlener Senf wird unter Zusatz von lauwarmem Wasser zu einem Brei verarbeitet. Dieser wird in Stoff eingeschlagen und auf die zu behandelnde Stelle gelegt. Dort spaltet das Ferment Myrosinase die wirksamen Senföle aus den Glykosiden ab. Das Ferment wird durch höhere Temperaturen vernichtet. Die Umschläge sind daher mit lauwarmem Wasser anzufertigen.

Der zu Breiumschlägen verwendete schwarze Senf enthält reichlich fettes Öl, das als Lösungsvermittler für die ätherischen Öle bzw. bei deren Fehlen als Emulsionsbestandteil nötig zu sein scheint. Es wird daher von erfahrenen Praktikern, ohne Begründung zwar, betont, daß fetthaltiges Mehl und nicht die fettarmen Preßkuchen aus der Ölgewinnung, die zu verwerten wertvoller wäre, verwendet werden müssen, vielleicht auch weil die Austrocknung der Peloide dann nicht so schnell erfolgt.

Die Kräuterpackungen sind pharmazeutisch von geringem Interesse. Wenn ihr Wert auch nicht verkannt werden soll, so können sie doch hier unberücksichtigt bleiben, so daß nun die Besprechung der Umschlagpasten folgen kann.

Umschlagpasten haben den Zweck, ähnlich wie Peloide und Salben, von außen her Wirkstoffe durch die Haut hindurch zur Resorption zu bringen und, falls sie warm appliziert werden, die Wärme an der behandelten Stelle möglichst lange zu halten. Zum Unterschied von den Peloiden und Breiumschlägen werden sie nicht als Pulver, sondern als fertige Pasten in den Handel gebracht. Sie trocknen nicht ein und bestehen meist aus bestimmten Arten von Ton, Glycerin, ätherischen Ölen; Enelbin und Antiphlogistine sind die bekanntesten fertigen Produkte. Gut bewährt haben sich auch die beiden folgenden Rezepte,

I		II	
Bolus alba	50,0	Bolus alba	41,0
Glycerin	50,0—60,0	Adulsion	0,75
Acid. boric.		Glycerini	15,0
Ol. menthae pip.	.	Aqua dest.	37,0
Ol. Eucalypti		miscae cum	
Methylsalicyl. aa 0,1		Ol. menthae pip.	0,2
		Eucalyptoli	0,5
		Tymoli	0,05
		Methylsalicyl.	0,2
		Camphora	0,5
		Nipagin	0,1
		Spiritus 95 %	1,0
		Extractum Chamom. fl.	1,0

von denen II auch dann verwendet werden kann, wenn Glycerin nur ungenügend zur Verfügung steht (MARKERT[1]).

Analytisch kann der Gehalt an fetten und ätherischen Ölen und der Weichmachergehalt jeweils in üblicher Weise getestet werden.

---

[1] MARKERT: Südd. Apoth.-Ztg **1940**.

Hautreinigungsmittel unter besonderer Berücksichtigung der Seifen. Medikamentöse Seifen.

Reinigungsmittel sind Präparate, die zur Entfernung von Schmutz dienen. Da „Schmutz" aus Eiweiß, Fett, Kohle und anderem Material bestehen und auf Glas, Metall, Textilien und der Haut haften kann, gibt es auch zahlreiche, für die verschiedensten Zwecke geeignete Reinigungsprodukte. Uns interessieren im Rahmen dieses Buches nur diejenigen, die zur Reinigung der Haut eingesetzt werden können, sowie solche, die wie die Seifen eine therapeutische Wirkung besitzen. Es sind dies gleichzeitig meist auch Waschmittel, also Substanzen, die in Wasser gelöst wirken. Alle diese Wasch- und Reinigungsmittel gehören den verschiedensten Gruppen von Chemikalien an, denn man lernte bald durch Modifikationen zu variieren und erwünschte und unerwünschte Nebenwirkungen beherrschen; durch die Wahl des jeweils geeignetsten Mittels und durch Kombination konnte man so den besten Effekt erzielen. Man fand, daß manche Waschmittel, wie die Schmierseife, auch als Salben verwendbar sind, zog die Erfahrungen der Textilchemie heran und hat nun eine ganze Skala von geeigneten Substanzen zur Verfügung, die im folgenden nach verschiedenen Klassifikationen zusammengestellt werden.

So kann man die Präparate in organische und anorganische Waschmittel einteilen. Letztere sind meist Waschhilfsmittel und dienen etwa zur Wasserenthärtung oder sonst zur Ergänzung der organischen Waschmittel, die ihrerseits Seifen, Türkischrotöle, Sulfosäuren, Fettalkoholsulfonate, Kondensationsprodukte, kationaktive Mittel und Anlagerungsprodukte sein können.

Eine weitere Klassifikation teilt die Produkte in ionogenaktive und nichtionogenaktive ein. Unter den ersteren sind ionogene Anziehungs- und Dispergierkräfte salzbildender Gruppen wie COONa, SO_3Na, $=N-AC$ die Ursache für die Waschwirkung. Unter den letzteren verursachen die nicht ionogenen Bindungskräfte wasseraffiner Molekülstellen, etwa gehäufte Hydroxylgruppen, die Löslichkeit der Substanzen in Wasser.

Die ionenaktiven Waschmittel sind in unserem Falle die wichtigere Gruppe und zerfallen, je nachdem der den Fettkettenrest tragende Teil des Waschmittelmoleküls positiv oder negativ elektrisch geladen ist, in anion- oder kationaktive „Seifen". Zu den anionaktiven Mitteln gehören die gewöhnlichen Seifen, alle Sulfonate und Sulfonsäuren und zu den kationaktiven die als Waschmittel unwichtigen, aber als Desinfektionsmittel und Emulgatoren bekannten quarternären Ammonsalze.

WURZSCHMITT[1] teilt wie folgt ein in:

Die *Seifen*, die Seifen-, Wasch-, Putz- und Scheuerpulver.
Die *synthetischen Waschmittel*, wie die Türkischrotöle und die Sulfonate.

---

[1] WURZSCHMITT: Lunge-Berl, Chemisch-technische Untersuchungsmethoden 8. Aufl. Springer, Berlin 1940.

Organische Fettlösungsmittel, wie aliphatische (z. B. Benzin, Petroleum), aromatische (z. B. Benzol, Toluol, Xylol) und hydroaromatische Kohlenwasserstoffe (Tetralin, Dekalin, Methylhexalin, Terpene usw.), Alkohole, Ketone, chlorierte Kohlenwasserstoffe (Methylenchlorid, Chloroform, Tetrachlorkohlenstoff, Trichloräthylen, Chlorbenzol), Pyridinbasen und Ammoniaksubstitutionsprodukte, wie z. B. Äthanolamin, Triäthanolamin usw.

Anorganische Chemikalien, wie Alkalihydroxyde, Ätzkalk, Soda, Natriumbicarbonat, Pottasche, Ammoniak, Wasserglas, Metasilicat, Natriumaluminat, Phosphate, Borax, Natriumsulfat, Natriumsulfit, Kochsalz, Ammonsalze und auch Quarzmehl, Sandpulver, Glaspulver, Marmorpulver, Kreide, Talkum, Kaolin, Bentonit, Hydrosilikate (Bleicherden), Bimsstein und natürlich vorkommende und künstlich hergestellte Metalloxyde, wie Eisenoxyde, Chromoxyd, Titandioxyd, Tonerde.

Sauerstoffabgebende und dadurch bleichende Produkte, wie Chlorkalk, Natriumhypochlorit, Natriumperoxyd, Wasserstoffsuperoxyd, Perborate, -carbonate, -silicate und -sulfate, Kaliumpermanganat und aromatische Sulfosäurechlorylamide.

Das durch Reduktionswirkung bleichende und entfärbende *Natriumhyposulfit* und seine Abkömmlinge, ferner:

Organische Stoffe, wie Holzmehl, Stärke, Dextrine, Zucker, löslich gemachte Cellulose, Saponine, Lecithine, Pflanzenschleime, tierisches Eiweiß und dessen Abbauprodukte, Sulfitablaugenextrakte, Oxalsäure, diastatische Fermente und Pankreasenzyme.

Für uns kommen von diesen Mitteln nur wenige in Frage. Es sind dies:

	Mechanische	{ Reinigung durch feinen Sand, Holzmehl. Der Schmutz wird mechanisch abgerieben.
Reinigungsmittel für die menschliche Haut	Lösungsmittel	{ Je nach der Schmutzart wird das unschädlichste und beste Lösungsmittel gewählt.
	Emulgiermittel	*Saure* Sulfonate, Saponine *Neutrale* Eiweißkondensationsprodukte *Alkalische* Seifen, Alkalien, Kaolin Pasten aus mechanischen und emulgierenden Reinigungsmitteln.

Die mechanischen Reinigungsmittel, wie Sand und Sägemehl, spielen pharmazeutisch keine Rolle, sind aber technisch zur Einsparung und Streckung von Seifen wertvoll. Lösungsmittel, die zur Hautreinigung und -entfettung herangezogen werden, wie Alkohol, Benzin und Äther, sind für den Apotheker und den Arzt gleichermaßen von Bedeutung, da der Pharmazeut ihre chemischen Eigenschaften und der Arzt ihre Reizwirkung beurteilen kann. In vielen stark schmutzenden Betrieben werden Mischungen aus mechanischen, chemischen (Lösungsmitteln) und emulgierenden Reinigungsmitteln herangezogen, da eine Komponente nicht genügend wirksam ist. Auch hier müssen Arzt und Apotheker zusammenarbeiten.

Die wichtigsten Waschmittel sind die Emulgiermittel. Unter ihrer großen Zahl haben Pharmazie und Medizin nur eine sehr beschränkte Auswahl getroffen, wogegen die Textilchemie eine Unzahl von Produkten gebraucht.

Die Präparate, die uns besonders interessieren, sind die

$$
\text{Waschmittel vom Seifencharakter (Emulgiermittel} \left\{ \begin{array}{ll} \text{schwach saure} & \left\{ \begin{array}{l} \text{Saponine} \\ \text{Sapamine} \\ \text{Sulfonate} \\ \text{Türkischrotöle} \end{array} \right. \\ \text{neutrale} & \left| \begin{array}{l} \text{Fettsäure- und Eiweiß-Kondensationspro-} \\ \text{dukte, Sulfonate} \end{array} \right. \\ \text{alkalische} & \left\{ \begin{array}{l} \text{Seifen} \\ \text{Alkalien} \\ \text{Carbonate} \end{array} \right. \end{array} \right.
$$

Die **Sapamine** besitzen in der Pharmazie nur als Salbenemulgatoren Bedeutung. Es sind Kondensationsprodukte von Fettsäuren mit Diaminen bzw. deren Salze mit organischen oder anorganischen Säuren:

$$
R_1 \cdot (CH_2)_x \cdot CH_2 \cdot CO \cdot \underset{\underset{\text{Säurerest}}{|}}{N} \overset{\diagup H_2}{\text{------}} (CH_2)_y \cdot CH_2 \cdot N \overset{\diagup R_2}{\diagdown R_3}.
$$

Sie sind gewissermaßen die Umkehrung der normalen Seifen: Alkalien scheiden die Seifenbase ab, die sauren Lösungen sind auch in der Hitze beständig. Sie werden deshalb auch s a u r e S e i f e n o d e r S ä u r e s e i f e n genannt.

Türkischrotöle werden durch Schwefelsäurebehandlung von Ölen hergestellt. Sie enthalten als wirksamen Bestandteil neben Öl (Oxyfettsäuren und deren innere Ester) Schwefelsäureester von Ricinusöl, Olivenöl (Tournanteöle) oder von Tranen und Talgen, die mit Alkalien, Ammoniak oder dessen Substitutionsprodukten, wie z. B. Triäthanolamin neutralisiert sind. Sie können allgemein durch die Formel

$$
R \cdot (CH_2)_x - \underset{\underset{\underset{SO_3 - Me}{|}}{\overset{|}{O}}}{\overset{\overset{H}{|}}{C}} - (CH_2)_y \cdot CH_2 \cdot COOMe
$$

dargestellt werden. Wenn die sulfierten Fettprodukte vom Typus des Türkischrotöls in Substanz auch hauptsächlich als typische Textilhilfsmittel, insbesondere als Netz-, Färbe- und Appreturöle, als Wollschmälzöle und als Ölbeizen und nicht als Wasch- und Reinigungsmittel Verwendung finden, so sollen sie doch an dieser Stelle angeführt werden, da eines von ihnen, ein hochsulfuriertes Öl der Firma Stockhausen, die fettende Komponente des Präcutans darstellt (Prästabitöl).

Die **Fettalkoholsulfonate** stellen wie die Türkischrotöle Schwefelsäureester dar, die durch Sulfonierung (Veresterung) von Fettalkoholen meist mit einer Kohlenstoffkette von etwa 10 bis 18 Kohlenstoffatomen hergestellt werden. Diese Alkohole sind einesteils direkt natürlichen Ursprungs, z. B. die Spermölalkohole, andernteils werden sie durch chemische Verfahren (katalytische Reduktion) aus den entsprechenden Fettsäuren bzw. deren Estern gewonnen. Enthalten sie Doppelbindungen in ihrem Molekül, so kann die Schwefelsäureesterbildung nicht nur an der Hydroxylgruppe, sondern auch an der Doppelbindung eintreten. Je nach den Sulfonierungsbedingungen und der Wahl des Ausgangsalkohols können also im fertigen Sulfonierungsgemisch folgende schematisch dargestellte Schwefelsäureester nebeneinander vorliegen:

1. $\qquad R \cdot CH_2 \cdot OH + H_2SO_4 = R \cdot CH_2 \cdot O \cdot SO_3H + H_2O,$

wobei im Falle des Vorliegens sekundärer Alkohole natürlich auch die sekundären Ester

$$\begin{array}{l} R_1 \\ {\Large\diagdown} \\ CHO \cdot SO_3H \\ {\Large\diagup} \\ R_2 \end{array}$$

erhalten werden.

2. $\qquad R \cdot (CH_2)_x \cdot CH = CH \cdot (CH_2)_y \cdot CH_2 \cdot OH + H_2SO_4 =$

$$R \cdot (CH_2)_x \cdot CH - CH_2(CH_2)_y \cdot CH_2 \cdot OH + H_2O$$
$$\overset{\cdot}{O} \cdot SO_3H$$

oder

$$R \cdot (CH_2)_x \cdot CH = CH \cdot (CH_2)_y \cdot CH_2 \cdot O \cdot SO_3H + H_2O.$$

Besitzen also die Seifen nur Carboxylgruppen, die Türkischrotöle Carboxyl- und Schwefelsäureestergruppen, die nekalähnlichen Produkte nur echt an Kohlenstoff gebundene SO_3-Gruppen als salzbildende und wasserlöslich machende Gruppen, so tragen die Alkoholsulfonate in der Hauptsache nur Schwefelsäureestergruppen, wenn auch häufig von der Herstellung her kleine Mengen echt C-sulfierter Verbindungen vorhanden sind.

Die Fettalkoholsulfonate, bilden mit hartem Wasser und Meerwasser keinerlei Ausfällungen, von klebrigen Kalkseifen und sonstigen unlöslichen Stoffen, schäumen auch in diesen Wässern und sind durch Vermeidung von Verlusten und infolge ihrer großen Schaum- und Emulgierkraft sparsamer als Seifen. Als Salze starker Säuren mit einer starken Base zeigen die Fettalkoholsulfonate in wäßriger Lösung neutrale Reaktion. Eine Abspaltung von freiem Alkali durch Hydrolyse wie bei der Seife tritt nicht ein. Es ist damit also möglich, alkaliempfindliche Textilien und die Haut neutral und mit einem Waschmittel hohen Reinigungsvermögens zu behandeln. Bei aller Schwierigkeit der Ermittlung exakter, allgemein gültiger Vergleichszahlen kann man auf Grund der bisherigen Erfahrungen nämlich sagen, daß der Waschwert von Fettalkoholsulfonaten denjenigen von Seife durchschnittlich erheblich — je nach Anschmutzung und Arbeitsbedingungen bis zu einem Vielfachen — übertrifft.

Im Bölo und im Rivonit sind Fettalkoholsulfonate enthalten. Die Mittel reinigen sehr gut, entfetten aber die Haut außerordentlich stark, so daß wenigstens das letztere Mittel für den Dauergebrauch nur bei unempfindlichen Personen in Frage kommt.

Fettsäurekondensationsprodukte sind chemisch weitgehend verschieden zusammengesetzt. Die Nekale, Salze der alkylierten aromatischen Sulfosäuren, sind Netzmittel. Die Igepone, Melioran, Ultravon, Neopal sind Textilhilfsmittel, auf deren chemische Zusammensetzung nicht eingegangen werden soll. Sie besitzen unter anderem die wichtige Eigenschaft, die bei der Seifenwäsche entstehenden Kalkseifen feinst zu dispergieren und so unschädlich zu machen. — Einen kleinen Teil dieser Produkte, wie die Igepone, hat man speziell zur Dermatherapie weiterentwickelt. Beim Präcutan, dem bekanntesten derartigen Produkt, ist das Igepon die reinigende, das fettende Prästabitöl die konservierende Komponente, so daß das Endprodukt intensiver als Seife wäscht und nicht stärker entfettet.

Einen Seifenschutzstoff, der den normalen Hautschutz erhöhen soll, hat die Märkische Seifenindustrie in ihrem Präparat 048 G entwickelt. Es besteht aus Fettsäuren bestimmter Länge (?) und stellt eine neutrale Fettsäureverbindung von fettähnlichem Charakter dar. Durch Substitution mit besonders hydrophilen Gruppen erhält der Schutzstoff kolloide Eigenschaften und bildet mit Wasser Emulsionen. In Fettlösungsmitteln ist er gut löslich und besitzt eine gute Adsorptionsfähigkeit auf der Hautoberfläche. Da 048 G stark kolloid-dispers gelöst ist, wird die durch die molekular-dispers gelösten Netzmittel und Sulfonatseifen gelegentlich verursachte aufrauhende Wirkung der Haut vermieden. In klinischen Versuchen konnten CARRIE und NEUHAUS[1], SCHNEIDER und SCHÄDEL[2] die schützende Wirkung von 048 G, das gute Schmutzlöse- und Schmutztragevermögen und die reizlose Verträglichkcit einer Schutzstoffseife selbst bei subakuten Ekzemen nachweisen.

Eiweißkondensationsprodukte sind durch Hydrolyse aus Leim, Casein oder Leder gewonnene Polypeptide, die meist amidartig mit Fettsäureestern verbunden sind (Satina). RUF[3] berichtet eingehend über die Eigenschaften dieser Kondensate und zeigt, daß die Kombination „chemisch abgewandelte Seife" mit Eiweißketten sich nicht nur als Waschmittel, sondern auch als Schutzkolloid bewährt.

Bisher war Satina nur als Flüssigkeit bekannt. Nun ist es gelungen, derartige Produkte auch in Stückform herauszubringen. Die wesentlichen Eigenschaften bleiben erhalten (Schutzkolloideigenschaft, hohes Schmutztragevermögen, gute Ausnützung der Fettsäuren), es steht aber eine „Stückseife", möchte man sagen, zur Verfügung. Natürlich ist keine Seife im chemischen Sinn vorhanden, sondern ein festes Stück mit den Vorteilen, die dem Laien bekannt sind, die Nachteile fehlen aber.

Präcutan und Satina enthalten, um die Entfettung weiter herabzusetzen, Gerbstoffe, die „Dermolane". Sie ziehen auf die Haut auf und schützen sie, gerben aber nicht die lebende Haut, da der Gerbwirkung die Fettung der Haut entgegenwirkt. Ein echtes Gerben wäre auch nicht von Vorteil, denn wir benötigen kein Leder, sondern eben den Komplex „Haut". Leder würde als tote Substanz abgestoßen werden. Der Ausdruck „Lebendgerbung" war werbetechnisch gut, hat aber zu Mißverständnissen geführt. Satina ist sehr angenehm mit einem Fichtennadelaroma parfümiert, doch kann dieser Duftstoff bei empfindlichen Patienten zu Reizungen führen.

---

[1] CARRIE und NEUHAUS: Z. Haut- u. Geschlechtskrankh., **VII/2** (1949).
[2] SCHNEIDER und SCHÄDEL: Dtsch. med. Wschr. **1949**, 1191.
[3] RUF: Fette u. Seifen **57**, 3 (1950).

Saponine sind Glykoside, die in manchen Pflanzenfamilien vorkommen. Sie können im alkalischen, neutralen oder sauren Bereich ihre allerdings völlig unzureichende Waschwirkung entfalten. Als Reinigungsmittel besitzen sie weder textiltechnisch (W. KIND[1]) noch pharmazeutisch Bedeutung, sie sind aber Emulgatoren und insbesondere Netzmittel, die Teere und Öle in Lösung bzw. in Suspension (Liquor carbonis det.) und auf der Haut zur Wirkung bringen (siehe S. 226).

Inwieweit ein **Waschmittel** für den Textilfachmann brauchbar ist, entscheiden verschiedene Methoden, die die einzelnen Komponenten der Waschmittelwirkung prüfen. Das Waschen mit Reinigungsmitteln stellt ja einen komplizierten Vorgang dar, schon dann, wenn das Prüfprodukt nur aus einer einzigen Komponente besteht; es wird noch schwieriger, wenn Zusatzstoffe beigefügt werden und bei verschiedenen Temperaturen zu arbeiten ist. Waschen wir z. B. mit Seifenlösung, so setzen wir zunächst die Oberflächenspannung der Flotte herab, die Benetzung und Ausbreitung der Waschflüssigkeit wird durch das „Netzmittel" Seife erleichtert. Die Seifenlösung dringt in die capillaren Räume ein, verdrängt die Luft, bringt als *Alkali* und elektrisch geladene Lösung die Schmutzteilchen zur Quellung und Abstoßung, sie werden beweglich, der *Emulgator* Seife tritt in Aktion und spült die Verunreinigungen ab. Er muß ein *Schmutztragevermögen* besitzen und darf die Teilchen nach dem Abheben nicht wieder an derselben Stelle niederfallen lassen.

Die ganze Lage wird noch durch die verschiedenen Schmutzarten erschwert. Man kann folgende Arten unterscheiden:

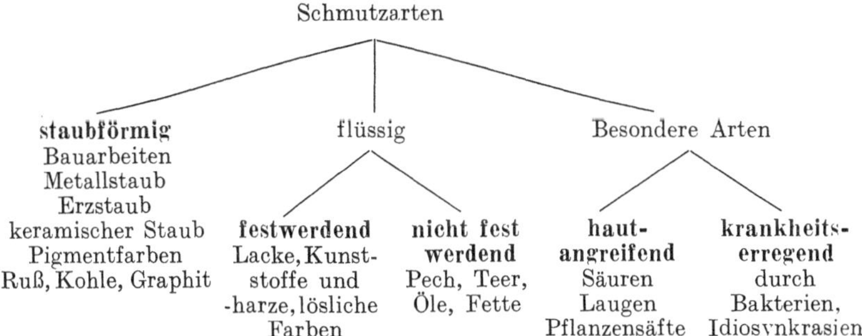

Ein Waschmittel ist Netzmittel, Emulgator, Suspensionsmittel, chemisch und physikalisch wirkendes „Lösungsmittel", und muß außerdem, falls sein dermatologischer Einsatz zur Debatte steht, reizlos vertragen werden. Modellversuche mit Waschmitteln geben nur Anhaltspunkte, aber keinen Überblick, der allein zur Beurteilung genügt. Die Messung der Schaumkraft und der Beständigkeit des Schaumes, zweier Eigenschaften, die insbesondere dem Laien imponieren, ist, jeweils allein für sich durchgeführt, kein Maßstab für die Güte eines Waschmittels. Die Prüfung der Netzfähigkeit erfolgt meist durch „Randwinkelmessungen" und gibt ebenfalls nur ein Glied zur Beurteilung. Ein Tropfen Wasser hat auf

---

[1] KIND, W.: Fette u. Seifen **49**, 10 (1942).

einer Glasplatte das Bestreben, seine Kugelgestalt zu bewahren, die Schwerkraft hindert ihn daran, und beide Komponenten balancieren sich so aus, daß der Randwinkel, den ein Tropfen bildet, immer gleich groß ist. Zusätze von Netzmitteln verringern die Oberflächenspannung, die Schwerkraft bekommt das Übergewicht, und der Randwinkel wird kleiner. Die Beeinflussung des Winkels, die in eigens dazu konstruierten Apparaten (z. B. von R. Jung, Heidelberg, lieferbar) erfolgt, gibt ein Maß für die Netzwirkung des Prüfobjektes. Außer dieser Methode gibt es natürlich noch zahlreiche andere. Man kann z. B. mit einer Torsionswaage die Kraft, die nötig ist, um einen Metallring von der Oberflächenspannung zu befreien, in Dyn messen, entfettetes Garn oder Gewebe auf Wasser werfen und die Geschwindigkeit, mit der es versinkt, als Maß für die Netzwirkung nehmen.

Die Prüfung auf Emulgierfähigkeit erfolgt bei verschiedenen Temperaturen. Sie und die quantitative Bestimmung der Zahl der Emulsionskügelchen im Hämocytometer, die Prüfung des Schmutztragevermögens sind weitere Möglichkeiten, sich über ein Waschmittel ein Bild zu machen. Bei der Prüfung des Schmutztragevermögens mischt man die Waschmittellösung mit Ruß und trägt davon einen Tropfen auf glattes Papier. Unter einem Wasserstrahl wird der Tropfen abgespült. Sind Lösungs- und Tragevermögen gut, so wird die Stelle, wo der Tropfen saß, weiß werden; ist das Lösungsvermögen schlecht, so bleibt ein dunkler Kreis zurück; ist das Tragevermögen schlecht, so wird der Fleck zwar hell, in Richtung des abfließenden Wassers setzt sich aber ein dunkler Kometenschweif ab (R. Jäger). Diese Einzelversuche geben bereits Anhaltspunkte für die Beurteilung eines Reinigungsmittels, sie werden durch Waschversuche, die einen Überblick über die Wascheigenschaften der Prüfprodukte geben, ergänzt. Man verwendet hierzu meist durch Zusammennähen „unendlich" lange Bänder, die künstlich verschmutzt sind. Als „Schmutz" dienen Farbstoffe, gefärbte Fette, Straßenschmutz. Vergleichswaschungen ermöglichen ein Urteil.

Auf der Haut muß bei der Waschmittelprüfung nicht nur die Waschkraft, die mit künstlicher Verschmutzung, z. B. mit gebrauchtem Autoöl, dessen Reste auf der Haut fluoreszieren und so nachgewiesen werden können, veranschaulicht wird, geprüft werden, sondern auch die Verträglichkeit. Das Institut für Kolloidforschung in Frankfurt und die Gießener Dermatologische Klinik haben dazu Verfahren ausgearbeitet[1]. Läppchenproben und Dauerwaschversuche, Prüfungen der Hautrauhung, der Alkalisierung, Fluoreszenzmessungen, Prüfung der Quellung und Entfettung sind nötig, können hier aber als über den Rahmen des Buches hinausgehend nur erwähnt werden, um so mehr, als sie alle von Ruf[2] neuerlich eingehend referiert, ergänzt und besprochen werden. Wir selbst haben die Hautentfettung durch Waschmittel zu testen ver-

---

[1] Jäger, R.: Zbl. Gewerbehyg. Wien **42**, 167, 186 (1935); Hippokrates **1937**, Nr 18; Arch. Gewerbepath. **9**, 276 (1938); Peukert u. Schneider: Arch. Gewerbepath. **9**, 288 (1938); W. Schultze: Arch. f. Dermat. **177**, 80 (1938); Peukert u. Schultze: Ebenda **179**, 2 (1939). Greuer: Ebenda **185**, 2 (1944).

[2] Ruf: Fette und Seifen **57**, 3 (1950).

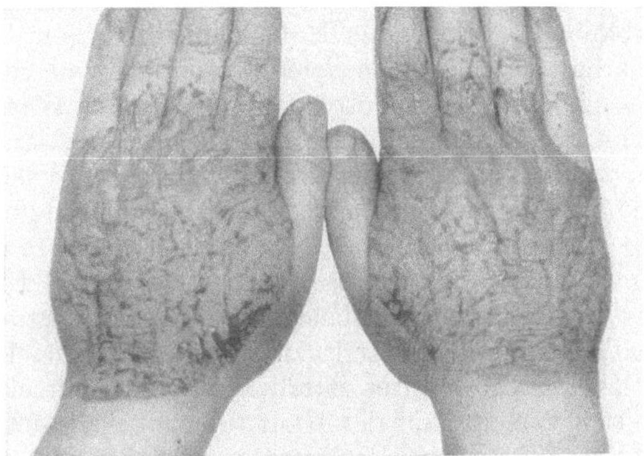

Abb. 49a. Wassertropfen auf der mit Vaselin gefetteten Haut vor der Waschung.

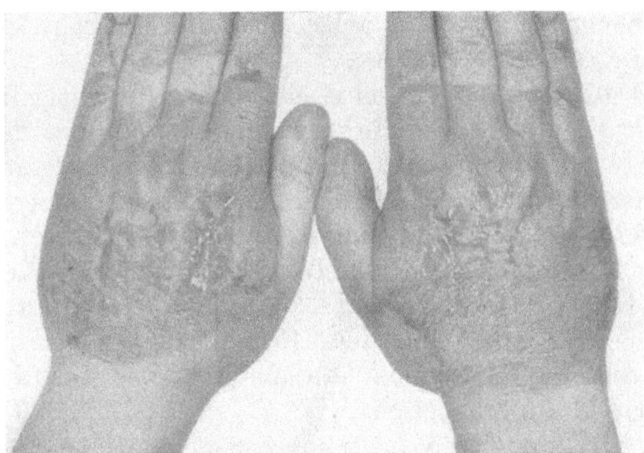

Abb. 49b. Nach der dritten Waschung.

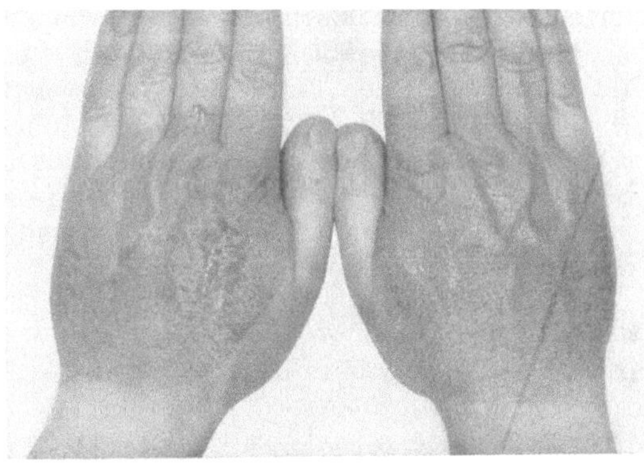

Abb. 49c. Nach der fünften Waschung.

Man sieht deutlich, daß die Haut nach der dritten Waschung benetzt wird, nach der fünften Waschung
ist der Fettfilm völlig verschwunden.

Abb. 49a—c. Entfettungsversuch auf der Haut.

sucht und bedienten uns hierbei der Tatsache, daß Wasser auf fetter Haut in Inseln stehenbleibt, auf entfetteter Haut als Film aufzieht. Färbt man das Wasser, so erhält man je nach dem Entfettungsgrad verschiedene Bilder (s. Abb. 49), die zu einer guten Beurteilung der Waschwirkung führen. Ein stark entfettendes Waschmittel zeigt den Film nämlich schon nach der zweiten oder dritten, andere erst nach der fünften Waschung oder gar nicht. Diese Methode kann umgekehrt auch als Prüfung der Salbenresistenz benutzt werden. Sie hat aber den Nachteil, daß ihre Ergebnisse von verschiedenen äußeren Umständen getrübt werden. Ein Waschmittel z. B., das gleichzeitig ein intensiv wirkendes und stark auf der Haut haftendes Netzmittel darstellt, kann völlige Entfettung vortäuschen. In solchen Fällen haftet nämlich eine Netzmittelschicht, in der das Wasser sich verteilt, auf der Haut, obwohl vielleicht gar keine Entfettung stattgefunden hat. Hier wird man daher mit einer Entfettung mit Petroläther und nachträglicher gravimetrischer Bestimmung der so gewonnenen Fettmenge weiterkommen, muß aber mit großen Lösungsmittelmengen sehr sauber arbeiten und erhält sehr kleine Fettmengen (v. CZETSCH-LINDENWALD[1]).

Aus all dem geht hervor, daß eine Methode gleichzeitig für die Beurteilung, meist aber nicht für die exakte Messung eines der komplizierten Vorgänge, aus denen sich die Waschwirkung zusammensetzt, herangezogen werden kann. Diese Schilderung eines einzigen kleinen Bausteines unseres Wissens zeigt, daß es außerordentlich schwierig und nur in innigster Zusammenarbeit von Textilchemikern und Ärzten überhaupt möglich ist, in das komplizierte Gebiet der Waschmittelwirkung auf der Haut einzudringen und dort Erkenntnisse zu erringen. Man kann sich auf diesem Gebiet nicht einfach irgendwo kurz informieren und dann lustig drauflosarbeiten.

Wenn wir nun auf die Besprechung der einzelnen Waschmittel zurückkommen, so sei die *Seife* ausführlich behandelt, da sie infolge ihrer leichten Herstellung, ihrer milden Wirkung und auf Grund der großen Erfahrungen, die Generationen mit ihr gewannen, nach wie vor die größte Rolle spielt. Die Seifen waren nach PLINIUS schon den Galliern bekannt; sie kochten Fette mit Pflanzenasche, wie das auch heute noch die russischen Bauern tun, und gewannen so Seifen, die sie allerdings nicht als Reinigungsmittel, sondern als Haarpomade verwendeten. Seither war die Verseifung die wichtigste, mit Fetten durchgeführte chemische Reaktion, denn aus der Pomade wurde ein Waschmittel, das nach der Reaktion

$$
\begin{matrix}
CH_2 \cdot OOC \cdot R & & CH_2OH \\
| & & | \\
CH \cdot OOC \cdot R & + \ 3\,NaOH \rightarrow & CHOH & + \ 3\,RCOONa \\
| & & | \\
CH_2 \cdot OOC \cdot R & & CH_2OH \\
\text{Glyceridfett} & \text{Lauge} & \text{Glycerin} & \text{Seife}
\end{matrix}
$$

entsteht. Diese so wichtige Reaktion kann beim Waschen mit Seife von

---

[1] v. CZETSCH-LINDENWALD: Arch. Gewerbepath. **10**, I (1940).

einer anderen unerwünschten, der Bildung von Kalkseifen im „harten" Wasser, gefolgt werden.

$$2 \; RCOONa + Ca(H \cdot CO_3)_2 \qquad 2 \; NaHCO_3 + (RCOO)_2Ca$$
$$\text{Seife} \qquad \text{Ca-Carbonat} \qquad \text{Na-Carbonat} \qquad \text{Kalkseife}$$

Diese Kalkseifenbildung kann durch Enthärtung des Wassers verhindert werden.

Die Nomenklatur der Seifen ist uneinheitlich, da die Definition weiter und enger gewählt werden kann. Im ersteren Falle werden ihnen auch seifenartige Produkte, wie *Amphoseifen*, zugezählt, ja in manchen Veröffentlichungen werden die Sulfonate unter den Seifen angeführt, weil sie Waschwirkung — Seifenwirkung — besitzen. Dies ist chemisch gesehen unrichtig. Andrerseits ist das *Diachylon*, das Bleisalz, wie alle löslichen und unlöslichen Metallsalze der Fettsäuren genau so eine Seife wie die *Calcium-, Magnesium- und Aluminiumstearate*. Wir wollen die Definition hier aber enger fassen und die unlöslichen Produkte fettsaure Salze nennen, die Sulfonate, Amphoseifen u. dgl. aber als Wasch- und Netzmittel bezeichnen. *Seifen im engeren Sinne sind nur die wasserlöslichen Kalium-, Natrium-, Ammonium- oder Aminsalze der Fettsäuren, und zwar vorwiegend die mit 12—18 Kohlenstoffatomen.* In der Pharmazie kommen sowohl die Natronseifen als auch die stärker keratolytischen und leichter löslichen Kaliseifen zur Anwendung. Erstere werden durch Verseifung der Neutralfette oder Neutralisation freier Fettsäuren mit Natronlauge hergestellt. Man salzt die Seife dann aus und erhält feste Stückseifen. Mit Kalilauge werden weiche, stark alkalische, noch Wasser und Glycerin enthaltende Kaliseifen hergestellt.

Alle diese Seifen sind entweder Waschmittel, Fettemulgatoren, Wirkstoffträger und als solche häufige Bestandteile dermatologisch verwendeter Präparate. Es ist nun nicht gleichgültig, welche Seifen man verwendet. Die Salze niederer Fettsäuren schäumen nicht und sind zu Waschzwecken unbrauchbar. Niemand wird es einfallen, Formiate oder Acetate als Seifen zu verwenden. Aber auch die Salze der nächsthöheren Homologen, wie Butter- und Baldriansäure, sind als Waschmittel und Medikamententräger schon ihres Geruches wegen nicht brauchbar. Die Seifen mit 8 C-Atomen sind Schaum- und Netzmittel, aber noch keine guten Emulgatoren und Schmutzträger. Die nächsthöheren Seifen mit 8—12 Kohlenstoffatomen reizen die Haut, einerseits weil sie als „kaltgerührte" Leimseifen (nicht ausgesalzen) überschüssige Lauge enthalten, andererseits vielleicht auch weil ihr kleines Molekül besser dialysierbar ist und so tiefer in die Haut eindringt (KRÖPER[1]). Diese Nachteile werden zum Teil durch besonders gutes Schaumvermögen (Optimum bei C 12) bei unempfindlichen Personen etwas leichter in Kauf genommen werden. Die Seifen der ungesättigten Fettsäuren reinigen bei niedriger Temperatur besser als die der höher schmelzenden gesättigten Fettsäuren, die ihrerseits wieder in heißem Wasser besser wirken. Sie bilden aber in heißem Wasser gelöst gelatinöse Ausscheidungen, die vorwiegend als Pseudoemulgatoren wirken (Stearatcreme). Die Seifen mit 12 bis

---

[1] KRÖPER: Fette und Seifen **44**, 298 (1937).

14 C-Atomen hingegen sind noch vorwiegend echte oberflächenaktive Substanzen (Kokosseife), die C_{14}-Seife ist das beste Waschmittel, Seifen, die über 18 C-Atome enthalten, lösen sich schlecht und schäumen wenig. Sehr schön kann man die ganze Lage zeigen, wenn man 0,1 g Ruß, 0,1 g Seife und 1,0 Wasser heiß anreibt und davon einen Tropfen auf glattes Papier fließen läßt. Unter dem Wasserstrahl abgespült hinterlassen die Tropfen verschiedene Bilder (Abb. 50).

Man sieht hier, daß die Seifen mit 8 C-Atomen oder weniger nicht benetzen und nicht in der Lage sind, Ruß und Papier in Kontakt zu bringen. Die Seife mit 10 C-Atomen netzt bereits, hebt aber den Ruß

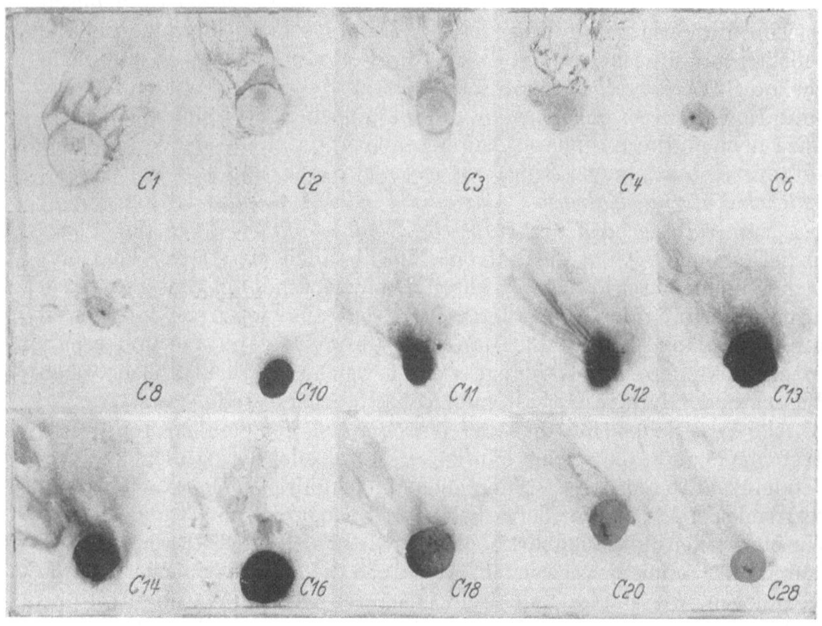

Abb. 50. Prüfung des Schmutztragevermögens der Seifen verschiedener Kettenlänge nach der Methode von JÄGER-LIESEGANG.

nicht wieder ab. Die Abemulgierung (kenntlich durch den Kometenschweif) beginnt bei C_{11}, hat bei C_{14} ihr Optimum, sinkt bei C_{16} ab. Die Stearinseife und die höheren Seifen sind nur mehr schwache Netzmittel und schwache echte Emulgatoren. An die Stelle ihrer oberflächenaktiven Kräfte tritt die Fähigkeit, Pseudoemulsionen zu bilden.

Die Ölsäure, die wichtigste ungesättigte Fettsäure, würde trotz ihrer 18 C-Atome ein Bild geben, das einer gesättigten Seife mit 14 C-Atomen entspricht. Die Naphthen- und Harzseifen verhalten sich ähnlich, es würde zu weit führen auch darauf näher einzugehen.

Die Fette der Natur und die Fettsäuren der Synthese sind aus den verschiedensten Komponenten zusammengesetzt; je nachdem Ölsäure oder Linolsäure oder sonst irgendeine andere Säure überwiegt, kann die Seife diese oder jene Eigenschaften aufweisen. In den meisten Fällen ist dies schon weitgehend von den Textilchemikern vorbearbeitet, wir können uns deren Erfahrungen zunutze machen. Die Prüfmethoden bleiben aber doch nötig und müssen sogar noch weiter ausgebaut werden, denn nicht alles kann unbesehen übernommen werden. Jedenfalls sind die Seifen der sogenannten Seifenfettsäuren mit 14, 16 und 18 C-Atomen, gesättigte und ungesättigte, wie die Ölsäure, am wichtigsten. Sie sind es, die zu den verschiedensten Zwecken verwendet werden, und zwar als

1. Waschmittel,   2. Medikament,
3. Medikamententräger und Emulgator,   4. Medikamentenbestandteil.

Als *Waschmittel* ist die Seife, insbesondere die Stückseife, aus den Natriumsalzen der Fettsäuren in jedem Haushalt anzutreffen. Sie ist dort geschätzt, weil sie gut schäumt und beim Waschen angenehm gleitet. In Lösungen ist sie schwach alkalisch, ein Grund, für die „hautschonenden" Waschmittel, die im sauren Bereich waschen und nicht alkalisieren sollen, also keine Quellung verursachen, zu werben. Da die Alkalisierung von der Haut in 1—2 Stunden wieder ausgeglichen wird[1], ist beim Hautgesunden nur sehr selten mit Schädigung durch Seife zu rechnen. Darüber hinaus ist die Keratolyse mit Seifenbädern und in manchen Fällen, in denen man Seife zu Salben zusetzt, erwünscht, da sie die Wirkung bedingt oder verstärkt. Notwendig ist die „erweichende" Wirkung ferner beim Rasieren. Gut schäumende Substanzen, die sauer sind, sind als Rasierhilfsmittel unbrauchbar, ebenso gleitfähige Körper, da sie die Haut zwar glatt, das Haar ohne Alkalizusatz aber nicht erweichen und schneidbar machen. Die Alkalisierung ist also nicht nur ein Nachteil, sondern auch ein Vorteil. Trotzdem suchte man nun die zu starke Alkalisierung abzuschwächen. Man versuchte dies durch Zugabe von Säuren, insbesondere Fettsäuren, Glyceriden und anderen Estern, die die Seife im sauren Milieu puffern sollten. Im Satina-Rasierstück und der Satina-Rasiercreme scheint es zum ersten Male gelungen zu sein, ein erweichendes Rasiermittel schwacher Alkalität (p_H 7,5) herzustellen. RUF (loc. cit.) berichtet eingehender darüber.

Die *überfetteten* Seifen stellen gleichzeitig die erste Gruppe von Seifen, denen gewisse auf der Haut, wie man hofft, wirksame Zusätze beigefügt wurden, dar. Sie sollen daher an erster Stelle besprochen werden. Ihnen folgen dann nach Aufzählung weiterer indifferenter Seifen zuletzt die Präparate mit medikamentösen Zusätzen im engeren Sinne.

Überfettete Seifen werden aus verschiedenen Gründen hergestellt. Sie sollen besonders mild wirken (JAMIESON und DOTT[2]), denn man hoffte, durch die Fette das Alkali abzupuffern. Die Zusätze von Lecithin, Wollfett, Monoglyceriden, Äthern und Vaselin sind jedoch nicht in der Lage, das überschüssige Alkali „abzufangen", da dessen Konzentration, wie schon SCHRAUTH[3] feststellt, zur Verseifung von Glyceriden oder gar von Wachsen nicht genügt. Man versuchte, als man dies erkannte,

---

[1] v. CZETSCH-LINDENWALD: Fette u. Seifen 1941.
[2] JAMIESON u. DOTT: Überfettete Seife. Mh. Dermat. 11, Nr 2 (1890).
[3] SCHRAUTH: Die medikamentösen Seifen. Berlin: Springer 1914.

durch Zusatz freier Öl- oder Stearinsäure zu neutralisieren. Man erhält so im Stück, aber nicht in Lösung, neutrale Seifen, denn die Hydrolyse, die um so stärker ist, je längerkettig die Fettsäuren sind, kann man durch derartige Zusätze nicht zurückdrängen.

Ein weiterer Grund zur Herstellung überfetteter Seifen ist in der Vorstellung zu suchen, daß das Fett oder der fettähnliche Körper auf die Haut aufzieht, diese fettet und an Stelle des Hautfettes das Alkali „absättigt". Das Fett sollte ferner die Seifen mechanisch einhüllen und diese damit nur schonend zur Wirkung bringen. Leider bestätigen sich diese theoretischen Überlegungen nur teilweise. Das „Einhüllen" der Seife durch das Fett unterbleibt, denn die Seife ist ein Öl-in-Wasser-Emulgator und umschließt ihrerseits das Fett, so daß nur Bruchteile von Milligrammen der Haut geboten werden, und davon wieder nur geringe Mengen auf diese selbst aufziehen. Der eine von uns[1] hat festgestellt, daß die Fettung der Haut mit überfetteten Seifen nur einen symbolischen Akt darstellt und daß diese Produkte nicht mehr als milde Seifen aus gutem Rohmaterial sind, denen ein Teil der Emulgierkraft durch den Fettzusatz entzogen ist. Die Existenz derartiger Seifen hat daher letzten Endes vorwiegend technische Gründe, denn die Überfettung der Seifenstücke macht diese geschmeidig, verbessert unter Umständen die Schaumbeständigkeit und erhöht ihre Haltbarkeit.

Neben Fetten und fettartigen Produkten werden als mehr oder minder indifferente Zusätze noch Eiweiß, Kaolin, Wasserglas, Tylose, Alkalicarbonate, Glycerin, Marmorpulver, Bimsstein und Sand als Füllstoffe zur Wirkungssteigerung und aus anderen Gründen zugefügt.

Eiweißseifen werden hergestellt, da die Eiweißstoffe den Schaum verbessern und als amphotere Stoffe das freie Alkali binden. Der Zusatz von Trockenmilchpulver, Casein, Eieralbumin (Rayseife), Gliadin, Albumosen, Tierbluteiweiß und anderen Stoffen wurde schon von SCHRAUTH erwähnt. Ihre Beifügung bringt vorwiegend technische, aber kaum therapeutische Vorzüge.

*Kaolin*beimengungen sind uns in den Kriegsseifen bekannt; auch dieser Zusatz dient als Streckungsmittel. Bei der Auswahl des Tones ist große Erfahrung nötig, um ein Material zu finden, das den Waschwert durch Absorption der Seife nicht beeinträchtigt. Dasselbe gilt vom Meeresschlick. Lignin hingegen und einige Ligninprodukte verbessern nach REFLE[2] verschiedene Waschmitteleigenschaften.

Wasserglas fügt man als Füllstoff bei. Diese Silicate sind starke Alkalien ($p_H > 10$) und nicht, wie KÖLSCH publizierte, neutral. Sie sollen als Alkali in billigen Waschmitteln die Seifenwirkung ergänzen. Der Plural von Wasserglas ist Wasserglassorten und nicht Wassergläser. Diese Mehrzahl ist bereits „besetzt". Interessant und wertvoll sind die Metaphosphate, die durch Basenaustausch die unlöslichen Calciumseifen in lösliche Verbindungen überführen.

Tylose- und *Alginat*zusätze sind neueren Ursprungs und dienen zur Streckung und Verbesserung der Seifenstücke, ohne therapeutisch in

---

[1] v. CZETSCH-LINDENWALD: Arch. Gewerbepath., Gewerbehyg. **10**, 1 (1940).
[2] REFLE: Fette u. Seifen **48**, 10, 621 (1941).

Erscheinung zu treten. Unter Alginaten versteht man die Salze der Alginsäure, deren hochmolekulare Struktur BONNIKSEN[1] aufgeklärt hat.

Alkalicarbonate setzt man den Seifen zu, um für spezielle Zwecke die Alkalität zu steigern oder um die teuren Seifen mit billigem Material zu strecken. BUZZI[2] betont bereits die gute Keratolyse durch solche Seifen, die er an Stelle der Sapo viridis und Sapo kalinus empfahl, da mit dem Zusatz von 4% Kaliumcarbonat ähnliche Effekte erreicht werden wie mit den beiden vorgenannten Handelsprodukten, die infolge ihrer stärkeren Alkalität leichter zu Schäden führen.

Der Zusatz von *Glycerin* soll die umstrittene, insbesondere vom Laien aber immer wieder bestätigte hautpflegende Wirkung dieses dreiwertigen Alkohols mit der Reinigungswirkung der Seife gleichzeitig zur Folge haben. SCHRAUTH rät in seinem Buch von derartigen Kombinationen ab, da das Glycerin den Desinfektionswert herabsetzt. Darüber hinaus ist ein einfacher Zusatz von Glycerin nachteilig für die Ökonomie der Seifenverwertung. Glycerinhaltige Seifen nutzen sich weitaus schneller ab, ihr „Abrieb" ist größer. Der hautpflegende Effekt ist wohl nicht beweisbar und auch kaum vorhanden, denn die verdünnten Lösungen, die entstehen können, sind in dieser Hinsicht sicher wertlos.

Marmorpulver, Bimsstein und *Sand* sind mechanische Reinigungsmittel, die die Seifenwirkung ergänzen. Die damit hergestellten Waschmittel sind Kombinationen von rein mechanischen Reibstoffen und Seife.

Feste *Schwimmstoffe* oder *Luft* werden zugesetzt, um „Schwimmseifen" herzustellen. Im letzteren Falle bläst man Luft in die heiße konzentrierte Lösung ein, beim Erstarren werden die Blasen gefangen und verleihen den Seifen so viel Auftrieb, daß sie in Wasser schwimmen.

Elektrolyte, etwa Badesalze, in Seifen einzuarbeiten, ist irrationell; sie kommen kaum zur Wirkung, behindern aber die Schaumkraft.

Ätherische Öle ziehen aus dem wäßrigen Seifenmilieu zu den Hautlipoiden, in denen sie leichter löslich sind. Darauf beruht u. a. die Parfümierung mit ihren Vor- und Nachteilen. Seifen, die einen geringen Zusatz ätherischer Öle enthalten, werden also eine gewisse Wirkung im Sinne des zugesetzten Produktes erwarten lassen (Tymolseifen).

Seifen mit *Vitaminzusätzen* fehlen natürlich nicht, denn die Vitamine sind ja schon in kleinen Dosen wirksam und solche Produkte werbetechnisch leicht zu empfehlen. Wir können hier, da es sich ja wohl meist um öllösliche Substanzen, wie Vitamin D, das „Vitamin" F und allenfalls um Lactoflavin handelt, bei einigem Optimismus eine therapeutische Wirkung zwar nicht erwarten, aber doch erhoffen, sofern die Gewähr besteht, daß die Produkte unzersetzt zur Wirkung kommen. Zu dieser Einstellung, die nicht vollkommen ablehnend ist, verhelfen uns insbesondere amerikanische Arbeiten und die Überlegung, daß sich die genannten Vitamine so verhalten wie Fette und Lipoide, also teilweise doch der Haut zugute kommen und nicht quantitativ im Waschwasser verlorengehen. Hierher gehören wohl auch die Hefeseifen, deren

---

[1] BONNIKSEN: Chemist. and Druggist **2**, 741 (1948).

[2] BUZZI: Beitrag zur Würdigung der medikamentösen Seifen. Dermat. Studien **2**, 6, 509.

Wirkung aus der Eiweiß- und der Vitaminwirkung zusammengesetzt sein könnte. Man muß allerdings wissen, daß sich die B-Vitamine im alkalischen Milieu zersetzen, und wird in diesem Falle recht skeptisch urteilen müssen.

Medikamentöse Seifen im engeren Sinne stellen verschiedene Firmen, wie Beiersdorf-Hamburg, Jünger & Gebhard-Berlin, Riedel-Berlin, Hageda-Berlin, Bergmann-Waldheim, her. Bevor wir auf ihre einzelnen Bestandteile eingehen, sei die Technik der Applikation geschildert, denn mit dem Waschen der Haut mit derartigen Präparaten allein ist es nicht getan. Sie würden in diesen Fällen nur unterschwellig wirken. Die Anwendung der medikamentösen Seifen kann nach UNNA[1] in dreierlei Weise erfolgen:

1. Schwache Form: Die Haut wird mit der Seife gut eingeschäumt und der Schaum nach einigen Minuten mit warmem Wasser wieder abgespült.

2. Mittlere Form: Die Haut wird eingeschäumt und der Schaum nach einigen Minuten mit einem trockenen Tuch wieder abgerieben. Nahezu die Hälfte des Seifenschaumes wird hierbei der Hornschicht einverleibt.

3. Starke Form: Der Schaum wird dick aufgetragen. Man läßt ihn dann auf der Haut eintrocknen.

Für diejenigen Seifen, die nur mechanisch wirken sollen, wie z. B. die Marmorseifen und die Bimssteinseifen, kommt natürlich nur die erstgenannte Form in Betracht. Warmes oder wenigstens laues Wasser ist beim Gebrauch der überfetteten Seifen vorzuziehen.

Die Wirkung der *desinfizierenden Seifen* setzt sich aus derjenigen der Seife und derjenigen des zugesetzten Desinfiziens zusammen. Die beiden Komponenten können sich gegenseitig aufheben, ergänzen, vielleicht sogar potenzieren. Man muß daher mit zweckmäßig und unzweckmäßig zusammengesetzten Handelsprodukten rechnen. Wenn wir uns mit dem Desinfektionswert der Seife selbst beschäftigen, so sehen wir, daß er schon wieder aus zwei Komponenten zusammengesetzt ist. Die eine ist die in vitro meßbare hemmende oder abtötende chemisch bedingte Wirkung auf Bakterien. In vivo, beim Händewaschen z. B., tritt hierzu noch eine wichtige und intensiver zur Geltung kommende physikalisch bedingte Komponente, die Abemulgierung und mechanische Entfernung der Bakterien hinzu.

Wir haben gesehen, daß die Seifen verschiedener Kettenlängen sich ganz allgemein verschieden halten. Diese Unterschiede kommen auch bei der Desinfektionswirkung zur Geltung. Die Seifen, deren Fettsäuren weniger als 8 C-Atome aufweisen, haben kaum eine desinfizierende Wirkung. Sie beginnt parallel mit der insekticiden, der Reiz- und Netzmittelwirkung, wie neuere Arbeiten zeigten, bei der Capronsäure und steigt bis zur Undecansäure[2]. Die Seifen der Seifenfettsäuren mit 14, 16 und 18 C-Atomen sowie die üblichen Seifen aus Ölen und Fetten desinfizieren wieder schwächer oder gar nicht. Harzseifen sind stark

---

[1] BLOCH, I.: Die Praxis der Hautkrankheiten. UNNAS Lehren. Berlin: Urban & Schwarzenberg 1908.

[2] KLARMANN u. STERNOV: Soap Sanit. Chemikals 17, 1, 23 (1941).

wirksam, obwohl diese Produkte nach EDWARDS[1] von der menschlichen Haut recht gut vertragen werden. Wenn also die Seife von ROBERT KOCH und E. v. BEHRING als Desinfektionsmittel bezeichnet wird, so haben diese Untersucher in den natürlichen Seifen, deren Zusammensetzung ja schwankt (je nach Ursprung), nicht immer optimale, aber doch meist wirksame Komponenten geprüft. Andere Autoren, die STOCKHAUSEN[2] anführt, haben gerade das Gegenteil wie KLARMANN und Mitarbeiter festgestellt; sie finden langkettige Seifen wirksam und halten Harzseifen für wertlos; sie haben offenbar mit ungeeigneteren Seifen gearbeitet, oder sie haben recht und die Amerikaner unrecht. Gegen diese Ansicht sprechen aber verschiedene eigene Beobachtungen, auf die im Rahmen des Buches nicht eingegangen werden kann. PETERSON[3] geht von der Tatsache aus, daß die Seife eine Desinfektionswirkung besitzt und prüft ihren Wert zur Reinigung frischer, z. T. infizierter Wunden. Er kommt bei seinen Untersuchungen zu folgendem Resultat: Die Seifen desinfizieren und reinigen zwar, verursachen aber Reizungen, die nur mikroskopisch erkennbar sind. Kaliseifen reizen stärker als Natronseifen. Die Reinigung der Wunden durch Überrieselung mit physiologischer Kochsalzlösung ist der Seife vorzuziehen.

Desinfizierende Seifen. Im weiteren Sinne, der Wirkung nach, gehören hierher die kationaktiven, emulgierenden, quarternären Ammonbasen vom Typ des Zephirol. Ferner das Tego 103, das wir als Vertreter einer neuen Art etwas eingehender besprechen wollen. Unter dieser Bezeichnung „Tego 103" bringt die Th. Goldschmidt A.G. neuerdings ein flüssiges Wasch- und Desinfektionsmittel von schwach saurer Reaktion heraus. Die beiden wirksamen Bestandteile dieses Erzeugnisses sind nach ihrer chemischen Konstitution Substanzen, die bisher weder auf dem Waschmittel- noch auf dem Desinfektionsmittelgebiet verwandt wurden; es handelt sich um höhermolekulare Stoffe amphoteren Charakters. Das in „Tego 103" enthaltene Desinfektionsmittel ist Dioktylaminoäthylglycerin, das chemisch reizlos in der schwach sauren Lösung als Lactat vorliegt. Der waschaktive Anteil Alkylaminoäthylglycerinhydrochlorid gehört zur gleichen Stoffklasse. Die beiden Bestandteile hindern sich in ihrer Wirkung gegenseitig nicht, im Gegenteil ist, wie Untersuchungen von HERRMANN und PREUSS[4] im Bakteriologischen Institut Essen ergeben haben, durch die neuartige Kombination der überraschende Effekt erzielt, daß die Desinfektionswirkung des Gemisches unabhängig von der Gegenwart von Eiweiß ist. Selbst in unverdünntem Blutserum wird die bactericide Wirkung von „Tego 103" nicht abgeschwächt. Im handelsfertigen „Tego 103" sind die Konzentrationen der beiden Stoffe so gewählt, daß beim Waschen der Hände mit etwa 2—3 ccm der Original-

---

[1] EDWARDS: zit. in Fette u. Seifen **1943**, 7, 375.

[2] STOCKHAUSEN: Fette u. Seifen **45**, 596 (1938); Seifensieder-Ztg **68**, 461 (1941).

[3] PETERSON: Arch. Surg. **50**, 177 (1945).

[4] HERRMANN, W. u. H. PREUSS: Höhermolekulare Derivate von Aminosäuren als Händedesinfektionsmittel. Dtsch. med. Wschr. (im Druck).

lösung unter Zugabe von Wasser in weniger als 5 Minuten völlige Keimfreiheit der Haut erreicht wird. „Tego 103" ist als Händedesinfektionsmittel in mehreren großen chirurgischen Kliniken erprobt worden und hat sich gut bewährt.

Um auf die desinfizierenden Seifen zurückzukommen. In Kombination mit Desinfizienzien beeinflussen sich die Komponenten, so daß ihre Mischung, ja ihr Mischungsverhältnis in jedem einzelnen Fall überlegt werden muß. Kleine Mengen von Seife verstärken z. B. die Phenolwirkung, große heben sie auf. Die Kresole und Phenole werden durch geringere Seifen- und Sulfonatzusätze aber löslicher und insbesondere dann wirksamer, wenn die Seifen kurzkettig sind. Wird der Seifenzusatz größer als 50% der Kresolmenge, so ist dies für die Desinfektionskraft nachteilig. Carbolseifen in Stückform sind daher unwirksam. KLIEWE und PEUCKERT[1] glauben, daß die Alkalität der Seifen in Desinfektionsmitteln die Haut schädige. Da erst die Seifen mit 16 und 18 C-Atomen, die unschädlichsten Seifen, stark dissoziieren, die stark angreifende Undekansäureseife aber kaum alkalisch ist, kann man ihren Schlüssen nicht beipflichten.

Formaldehydseifenlösungen gehören zu den bekanntesten Desinfektionsmitteln. Diese Präparate, wie das Lysoform, eine Mischung von Formaldehyd- und Kaliseifelösung, sind keine Wasch- und Reinigungsmittel, sondern ausschließlich Desinfektionsmittel, so daß sich eine Diskussion ihrer Zweckmäßigkeit im Rahmen des Buches erübrigt. Stückseifen mit Formaldehydzusatz, die hier besprochen werden müßten, sind nicht haltbar und verlieren in wenigen Wochen ihren Wirkstoffgehalt.

Sublimatseifen sind vollkommen wirkungslos, da das Quecksilbersalz mit der Seife reagiert und wasserunlösliche Seifen entstehen. Ähnliche Verhältnisse finden wir bei allen anderen löslichen ionenbildenden Schwermetallsalzen, die mit der Seife reagieren. In solchen Fällen müssen wir zu Stoffen greifen, die mit der Seife keine Bindung eingehen, z. B. zu den Alkalisalzen aromatischer Quecksilbercarbonsäuren und -phenolen. Das bekannteste derartige Produkt ist das Afridol, das Natriumsalz der Oxyquecksilber-o-toluylsäure; es ist in der therapeutisch angewendeten Afridolseife enthalten, ein ähnlicher Körper ist in der Providolseife, die kosmetischen Zwecken dient, eingearbeitet. Nipagin und ähnliche Körper können zugesetzt werden (0,2—0,5%), ferner Chinosol und Chloramin.

„Sauerstoffseifen" enthalten durchwegs Perborate und Persalze des Magnesiums, Natriums, Zinks und anderer Metalle. Sie spalten geringe Sauerstoffmengen ab und wirken bleichend und desinfizierend. Die historisch erste dieser Seifen ist die Pernatrolseife (Natriumsuperoxydseife), die MIELCK auf Veranlassung von UNNA herausbrachte. Die Seife wurde bei Acne, Rosacea, Comedonen usw. empfohlen. Pernatrolseife wird nicht mehr hergestellt.

Die Zinksuperoxydseife von Fresenius, Homburg v. d. H., wird

---

[1] KLIEWE u. PEUCKERT: Z. Hyg. **122**, 560 (1940).

bei Erosionen und Ekzemen verwendet. Solange sie Sauerstoff abspaltet, wirkt sie durch diese Komponente, im Anschluß als Zinkoxydträger.

Borsäure- und Boraxseifen sind sehr beliebt. Freie Borsäure ist in Seifen nicht haltbar, sie setzt sich zu Boraten um und spaltet Fettsäure ab, so daß wir auch mit ihr Borsalztherapie und nicht Borsäurebehandlung durchführen.

Anion- und kationaktive Seifen heben sich in ihrer Wirkung vollkommen auf. Als Beispiel seien Zephirol und Quartamon genannt, quartäre Ammoniumbasen, die sich als Desinfizienzien gut bewährt haben. Ihre oberflächenwirksamen Gruppen sind positiv geladen, Seife hingegen negativ. Daran scheitern zunächst die Versuche, eine Zephirolseife herzustellen, ja, die noch auf der Hand vorhandenen Seifenreste stören die Zephirolwirkung sehr erheblich, so daß vor der Desinfektion mit quartären Ammoniumbasen die Seifenreste sorgfältig abgespült werden müssen. Ähnlich, wenn auch aus anderen Gründen, unwirksam sind Jodoformseifen und Seifen, die Jodsalze oder das Element enthalten.

Nun zu einigen Seifen mit Medikamentenzusätzen, die neben ihrer spezifischen Wirkung auch eine gewisse Desinfektionskraft besitzen können.

β-Naphthol ist ein mildes Desinfektionsmittel und kräftiges Antiparasiticum, Resorcin und Pyrogallol sind Wirkstoffe. Diese Gruppe von Arzneimitteln wird nicht ob ihrer Desinfektionswirkung gebraucht, als Wirkstoffe können sie in Seifen nur in sehr schwacher Konzentration angewandt werden und sind dann nicht in der Lage, ihre reduzierenden Eigenschaften zu entfalten.

Resorcinseifen (3proz.) mit Teer, Salicylsäure, Schwefel und anderen Zusätzen bringen verschiedene Firmen, wie z. B. A. H. A. Bergmann in den Handel (Baldur-Heilseifen).

Salicylsäureseifen gibt es nicht. Durch Umsetzungen enthalten sie nicht die freie Säure, sondern das durch das Alkali entstehende Natron-, eventuell das Kalisalz. Sie mögen als solche einen gewissen Wert als „übersäuerte" Seifen besitzen. Desinfizienzien oder Keratolytica sind sie nicht.

Die Paribanuseifen-Fabrik Lendsiedel/W. bringt neuerdings eine Paribanu-Immunseife in den Handel. Ihr Gehalt an freiem Alkali übersteigt in keinem Fall 0,04 %, sie kann demnach praktisch als neutral bezeichnet werden. Außerdem enthält sie Zusätze von etwa ¾ % Albuminen, ½ % Dermolan und ½ % hochwertiger Ester einer aromatischen Carbonsäure.

Teerseifen können sowohl unlösliche Teere als auch deren Sulfonate in Form ihrer Alkalisalze enthalten. Diese letzteren, zu denen auch die Ichthyolseifen gehören, erfreuen sich großer Beliebtheit.

Plesiocid (Stockhausen) ist zur Bädertherapie der bei Neoplesiol und Neoplesiol-Salben aufgeführten Hautkrankheiten indiziert und darüber hinaus für rheumatische Erkrankungen, Blutergüsse usw. Das Präparat besteht aus Ammonium sulfoplesiolicum mit Präcutan.

2—10proz. *Schwefelseifen* wirken schwach reduzierend und antiparasitär und sind als Ergänzung der Schwefeltherapie mit Salben,

Pudern und Schüttelmixturen brauchbar. SCHRAUTH hält die wasserlöslichen Schwefelpräparate, wie Thiopinol *Matzka*, eine Kombination von ätherischen Ölen der Terpenreihe und Sulfiden, für besonders geeignet. Tigenol kann in Mengen von 5—15% ebenfalls eingearbeitet werden. Neben elementarem kann auch organisch gebundener Schwefel zugefügt werden, so z. B. Mitigal oder Schwefeladditionsprodukte an ungesättigte Fettsäuren. Da Schwefel in verhältnismäßig kleinen Dosen wirksam ist, kann eine therapeutische Beeinflussung der Haut durch die kleinen Mengen, die zur Verfügung stehen, pro Dosi bei 2proz. Seifen etwa 0,004 g, bei 10proz. Seifen 0,02 g erhofft werden, wenn auch diese Mengen nicht voll ausgenützt werden, sondern großenteils in das Waschwasser übergehen. In England und Amerika verwendet man das Tetmosol (Tetraäthylthiuranmonosulfid) in Seifen 10%. Nach MELLAMBY[1] konnte durch die Prophylaxe mit dieser Seife die Scabies in einer Anstalt gegenüber den Kontrollen wesentlich herabgesetzt werden. Im Ecrasol Schürholz steht eine Seife zur Verfügung, die organisch gebundenen Schwefel, β-Naphthol und ein Zinkderivat zur Scabiesbehandlung enthält. (Siehe auch den Abschnitt über Antiscabiosa.)

Seifen mit Schwefelalkalien oder Schwefelwasserstoff, wie die Akremnin-, Eusulfin- und Antibleiseife, werden speziell für Arbeiter, die mit Blei zu tun haben, wie Bleilöter, Schriftsetzer, empfohlen. Nach RAGG[2] und SACHER[3] sind diese Produkte aber nur schlecht haltbar und verlieren rasch die Eigenschaft, Bleisalze und Bleimetall in unlösliche und dunkle, daher sichtbare Sulfide zu verwandeln und so als Indicator, als Warner, zu dienen. Wir möchten dazu noch die Frage aufwerfen, ob es zweckmäßig ist, das Metall in unlöslicher Form niederzuschlagen und nicht als lösliche Verbindungen abzuwaschen?

UNNA hat Seifen mit Benzoe, Bimsstein, Borsäure, Chininsulfat, Thiosinamin, Kreolin, Dermatol, Eucalyptol, Fetten und vielen anderen Stoffen, ein anderer Autor sogar Tabakseifen gegen Scabies angegeben. Viele derartige Kombinationen sind noch in Verwendung, andere haben der kritischen Prüfung nicht standgehalten und sind verschwunden.

Die Seife selbst wird als Medikamententräger und Reinigungsmittel wohl in aller Zukunft erhalten bleiben. In ersteren ist die keratolytische Wirkung erwünscht, in letzteren hat sie Vor- und Nachteile, jedoch überwiegen erstere bedeutend. Wenn ein Prospekt eines seifenfreien Reinigungsmittels schreibt: „Seife ist bei weitem nicht so harmlos, wie eine lange Gewöhnung es uns erscheinen läßt. Sie ist chemisch gesehen eine Verbindung von Fett und Lauge und hat die unangenehme Eigenschaft, in Berührung mit Wasser wieder in Fett und Lauge zu zerfallen. Diese Lauge aber frißt die Schutzsäure zwischen den Hornzellen der Haut und frißt den Talg auf den Hornzellen und zerfetzt die Hornzellen selbst, und hat damit den ganzen Festungsgürtel zerstört", so wundern wir uns mit diesem säuremantelumflatterten Fana-

---

[1] MELLAMBY: Brit. med. J. **1945**, 13. Januar.
[2] RAGG: Farbenzeitung **1910**, 2216.
[3] SACHER: Seifensieder-Ztg **1912**, 390.

tiker, daß durch so schreckliche festungsbrechende Waffen die Menschheit noch nicht ausgerottet wurde. Wir müssen dann die Neger vom Sumpfgürtel am oberen Nil, die in Pflanzenasche- (Pottasche-) „Betten" als Mückenschutz schlafen, ob ihrer Resistenz bestaunen, und empfehlen ihm, dort sein saures Waschmittel als Gegengewicht zu verkaufen. Dabei wollen wir den dermatologischen Wert eines hautschonenden Waschmittels nicht verkennen, sondern nur von Übertreibungen absehen. Es gibt unzählige Fälle, bei denen Seife durch Präcutan, Satina und andere ersetzt werden muß. Verallgemeinern dürfen wir aber deshalb nicht, wenn auch die größere Wirtschaftlichkeit dazu lockt.

Zusammenfassung. Die Seifen dienen den verschiedensten Zwecken. Stückseifen mit medikamentösen Zusätzen sind Dermatologica, aus denen man sich beim Waschen ex tempore eine mit Luft verdünnte Stearatcreme — einen Seifenschaum, den man entweder abspült oder eintrocknen läßt — herstellt. Alle die uns bekannten Regeln, die für Emulsionen vom Öl-in-Wasser-Typ aufgestellt werden könnten, treffen also auch bei der Anwendung medikamentöser Seifen zu. Eine solche Seife ist alkalisch und wird vorwiegend lokal sowohl auf der geschädigten als auch auf der gesunden Haut wirken. Sie beeinflußt die zu behandelnden Stellen nur so lange, als sie bzw. ihre Bestandteile daran haften. Die Reizmitteleigenschaft der Seifen fördert die Wirkung, die Wanderung eines Medikamentes aus der wäßrigen Lösung zum Lipoid. *Lipoidlöslich sind Seifen nicht.* Beim Eintrocknen ober Abspülen wird die ohnehin schon beinahe homöopathische Verdünnung noch weiterhin vergrößert. Nach dem Abspülen bleiben nur mehr unterschwellige Spuren des zugefügten Wirkstoffes auf und in der Haut zurück. Läßt man den Seifenschaum eintrocknen, so verschwindet das wäßrige Medium, in dem Reaktionen stattfinden sollen, der Schaum geht in eine feste Phase über, so daß die Medikamente, die nicht öllöslich sind, dann unter Umständen nur schwach oder nicht wirken. Wir dürfen von dieser Therapie also nicht allzuviel erwarten, denn die Menge des beim Waschen überhaupt zur Verfügung stehenden eingearbeiteten Medikamentes ist gering. Pro Waschung eines Quadratmeters Haut sind etwa 2 g Toiletteseife nötig. Beim Händewaschen werden etwa 0,2 g Seife verbraucht; doch schwanken diese Zahlen ziemlich stark. Eine Seife, die erst kurz vorher gebraucht wurde und noch feucht ist, verliert bei der gleich darauf folgenden Verwendung mehr, z. B. 0,6 g. Die zur therapeutischen Wirkung kommenden Mengen der zugesetzten Medikamente sind aber auch dann sehr klein, denn 1% von 0,2—0,6 g sind 0,002—0,006 g, eine Menge, von der mehr als 90% in das Waschwasser übergehen und nur der Rest, Teile von Milligrammen, auf der Haut aufziehen. Dort werden sie, mangels jeder Verankerung, von der Umwelt zum großen Teile abgelöst und bleiben schon beim Abtrocknen im Handtuch zurück.

Die Seifen können darüber hinaus als Salbenbestandteile und Emulsionsbildner Bedeutung besitzen. Es sei daher nur in Erinnerung gebracht, daß als Salbenbestandteil meist die Kaliumseifen, Sapo kalinus, gewählt werden, da sie stärker alkalisieren, selbst salbenartig sind und sich leicht einarbeiten lassen. Sie sollen keratolysieren und zugesetzten Medikamenten die Passage durch die Haut erleichtern. Man muß bei ihrer Verwendung immer daran denken, daß die Seifen Salze sind, die mit Säuren reagieren. Ihre Verwendung ist daher beschränkt. Die Natriumseifen sind härter, können aber unter gewissen Bedingungen Salbenbestandteile werden. Man kann sie so mit Fetten, etwa Schweinefett, unter Glycerinzusatz vermischen und erhält so Sapo unguinosus, eine Salbe, die gut vertragen wird. Auf dieser Basis wurden z. B. Sapo cinereum mit 33% Quecksilber und andere Salbenseifen aufgebaut. Die Aminseifen hingegen, wie die Morpholin- und Triäthanolaminseife, sind salbenförmige Emulgatoren der Kosmetik, die als therapeutisch wirksame Bestandteile nicht verwendet werden.

Jedes der erwähnten Seifen- und Waschmittel hat Vor- und Nachteile. Seifen sind alkalisch, entfetten aber wenig. Die „hautschonenden" Waschmittel entfetten und netzen stark, waschen aber im sauren Bereich. Welches Mittel gewählt wird, entscheidet die Indikation bzw. der Arzt, der auf der Tastatur der Waschmittel zu spielen weiß. Er muß sich darüber klar sein, daß das Waschen ein außerordentlich komplizierter, aus Lösen, Emulgieren, Netzen, Erweichen, von der Unterlage Abheben und Tragen zusammengesetzter Vorgang ist, in dem das eine Mal diese, das andere Mal jene Teilwirkung vorherrscht.

Die Seifen mit diesen Zusätzen sind „medizinische Seifen" im Sinne ROSSNERS[1]. Das Arzneibuch versteht unter *medizinischer Seife* etwas anderes, nämlich eine gepulverte Natronseife aus gleichen Teilen Olivenöl und Schweinefett. Sie wird innerlich in Pillenform bei Cholelithiasis, als Suppositorienbestandteil und äußerlich zu Reinigungszwecken verwendet.

Die zweite offizinelle Seife ist *Sapo kalinus*, die aus den Kalisalzen der ungesättigten und gesättigten Fettsäuren mit 16 und 18 C-Atomen, Glycerin und Wasser besteht. Sie ist salbenartig schlüpfrig, durchscheinend, gelbbraun und soll in Wasser und Weingeist klar löslich sein. Sie dient zur Maceration der Haut, als Reinigungsmittel und als Salbenbestandteil. Spiritus Saponis Kalini ist eine ex tempore bereitete Lösung der Kaliseife der Linol- und der Linolensäure in Spiritus. Spiritus saponatus ist eine alkoholische, ex tempore bereitete Lösung von ölsaurem Kali. Der beste Spiritus saponatus wird nach NEMEDY[2] aus Kokosöl, Olivenöl oder Ricinusöl hergestellt. Andere Seifen geben einen schlechten Schaum. Wir ersehen auch daraus, daß die gesättigten Seifen mit 12 C-Atomen und die ungesättigten mit 18 C-Atomen etwa gleich gut abschneiden.

Bei der Beurteilung der Arbeit NEMEDYs ist festzustellen, daß der Autor die Schaumwirkung als Kriterium wertete. Wir sind uns im unklaren, ob man das tun darf und ob es nicht besser ist, die Schaumwirkung nur als eines der Symptome zu werten.

Seifenspiritus ist Einreibungs- und Reinigungsmittel, er wird im ersteren Falle meist mit Camphergeist, Chloroform und anderen Hautreizmitteln zusammen verschrieben. Diese Mischungen leiten zu den

---

[1] ROSSNER: Parfüm und Seifen. **2/3** 15 (1949).
[2] NEMEDY: Ber. ungar. pharmaz. Ges. **18**, 253 (1942).

Linimenten über. Linimente sind dickflüssige Medikamente, die zur äußerlichen Applikation gedacht sind. Die Definition der Linimente ist ziemlich weit gezogen, eine einfache Mischung von Öl und Chloroform wird auch schon als Liniment (L. STOCKES) bezeichnet. Linimentum saponatum camphoratum, der Opodeldok, ist eine gleichförmige, gelartige und opalisierende Masse, die bei Körpertemperatur schmilzt und nach den zugesetzten hautreizenden Komponenten riecht. Das Kropfmittel Linimentum saponatum cum Kalio jodato sowie Linimentum ammoniatum, ein Rheumamittel aus überschüssigem freiem Ammoniak und Ammoniakseife, seien nur erwähnt. Ihre eingehende Bearbeitung erübrigt sich, da sie über den Rahmen des Buches hinausgehen würde.

Zinkleim.

Salben sind bei Körpertemperatur weiche, Pflaster der engeren Definition hingegen harte, erst bei höheren Temperaturen schmelzende, zur äußerlichen Anwendung gedachte Arzneimittel. In dem Verhalten gegen Temperaturen ähneln die Zinkleime den Pflastern, denn es sind bei Zimmer- und Körpertemperatur mehr oder minder feste elastische Präparate, die als Deck- und Druckmittel verwendet werden. Sie wurden, wie fast alle Dermatologica, um das Jahr 1880 von UNNA, LEISTIKOW, SCHÄFFER, BETTMANN u. a. eingeführt. In ihrer Herstellung und Anwendung hat sich nicht mehr viel geändert. Die verschiedenen Arzneibücher führen einen oder mehrere Zinkleime an. Das DAB 6 nennt den Zinkleim einer Gallerte, definiert ihn als Arzneizubereitung, die bei Zimmertemperatur elastisch ist und bei gelindem Erwärmen flüssig wird. Der Zinkleim des DAB 6 besteht aus:

Zincum oxydat. crud.	10	Teile
Glycerin	40	,,
Weißem Leim	15	,,
Wasser	35	,,

Das Zinkoxyd wird mit der nötigen Menge Glycerin fein angerieben, dann mit der heißen Leimlösung, dem übrigen Glycerin und dem Wasser gemischt.

Das Schweizer Arzneibuch kennt eine harte und eine weiche „Zinkgelatine". Die harte Zinkgelatine enthält

Zinkoxyd	10	Teile
Glycerin	30	,,
Gelatine	30	,,
Wasser	30	,,

und die weiche

Zinkoxyd	10	Teile
Glycerin	25	,,
Gelatine	15	,,
Wasser	50	,,

Außerdem enthalten diese Gelatinen 0,1 % Methyl-paraoxybenzoeester als Konservierungsmittel. Der Zusatz von Nipagin erweist sich, wie wir bei der Großherstellung der DAB-Ware oft erfahren mußten, als un-

bedingt nötig, da sich auf unserem Präparat an der Oberfläche ein
Schimmelrasen bildet.

Auch bezüglich der Aufbewahrung werden zukünftige Arzneibücher
Vorschriften erlassen müssen. Durchlässige Gefäße, z. B. imprägnierte
Pappdosen, lassen den Wasseranteil verdunsten, so daß im Laufe weniger
Wochen eine 1-kg-Dose nur mehr 850 Gramm wiegt.

Da Glycerin und Gelatine in Kriegszeiten schwer zu erhalten sind
und das Prüfen der Ersatzstoffe nicht jedermanns Sache ist, wurde
schon verschiedentlich die Anregung gegeben, bereits gebrauchte Zinkleime wieder aufs neue zu verwerten. Trotz aller Sterilisiermöglichkeiten
halten wir diese Vorschläge doch für abwegig und der Hygiene nicht
entsprechend.

Die Gelatine können wir in den Gallerten bisher noch nicht ersetzen.
Pektine, Tylosen, Alginate (Schleim aus Meeresalgen) und synthetische
Polymere geben zwar entsprechende Gallerten, die aber nicht schmelzen.
Glycerin kann durch zahlreiche Austauschstoffe substituiert werden. So
ist Glycerogen brauchbar, ferner verschiedene Glykole, Glykolester und
Glykolpolymere, Pentaerythrit und vielleicht auch Formamid. Unbrauchbar sind alle Hautreizstoffe und anorganischen Produkte. Es hat keinen
Zweck, hier an dieser Stelle eine Liste der brauchbaren und der un-
geeigneten Stoffe zusammenzustellen, denn im Bedarfsfalle stehen diese
Produkte der Liste ja doch nicht zur Verfügung, sondern ein „Ersatz“,
dessen Konstitution und Ursprung nur in den seltensten Fällen bekannt
ist. Man kommt um das Erproben also nicht herum. Bei unseren Versuchen haben wir jeweils nach Klärung der Verträglichkeit und Un-
bedenklichkeit einen Knöchelverband mit DAB 6-Zinkleim und dem
Ersatzprodukt gemacht und ließen die Versuchsperson einen Tag lang
damit herumgehen. Am Abend wurden beide Zinkleime untersucht;
die Biegeresistenz, die eventuell aufgetretenen Risse und Verwerfungen,
die bei der scharfen Probe auftreten, waren ein Maßstab für die Brauchbarkeit, vorausgesetzt, daß der Glycerinaustauschstoff etwa gleiche
Viscosität und Hygroskopizität besitzt. Weicht der Austauschstoff in
diesen Eigenschaften wesentlich ab und kann auch durch Wasserzusatz
oder durch Beifügung von Verdickungsmitteln, insbesondere durch
Vermehrung des Gelatinezusatzes nicht geändert werden, so ist seine
Verwertbarkeit schlecht zu beurteilen.

Zinkleim hat vorwiegend mechanische Funktionen zu erfüllen. Er
soll durch Luftabschluß und Verhinderung der Reibung juckstillend
wirken, die Venendilatation durch Druck in Schranken halten. Hierdurch und durch die Auswirkungen des Stützverbandes bessert er Geh-
beschwerden, verhindert Schwellungen durch Stauungen (Stauungs-
ekzeme an den Beinen) und wird zu einem wichtigen Medikament.

Zinkleim kühlt anfangs durch Verdunstung des Wassers, anschließend durch Kompressionsanämie. Man kann ihn nach dem DAB 6 in
jeder Apotheke herstellen lassen oder die fertigen Präparate von Beiersdorf bzw. Helfenberg (auch mit 12,5% Ichthyol) verordnen. Nach
WINTERNITZ[1] wird dem Zinkleim eventuell Salicyl, Ichthyol und

---

[1] WINTERNITZ: Handb. der Haut- u. Geschlechtskrkh. V/I. Berlin: Springer.

Schwefel zugesetzt, jedoch ist hier Vorsicht bei empfindlicher Haut angezeigt. Tannin-, Resorcin- und Pyrogallolbeifügungen müssen selbstverständlich unterbleiben, da sie die Gelatine fällen.

Unter den tagelang liegenden Zinkleimen können nur trockene, chronische Dermatosen und reine granulierende Geschwüre gebessert werden. Die torpiden müssen durch ein Fenster der Behandlung zugänglich bleiben. Bei Verdacht auf Artefakte ist der Zinkleim in manchen Fällen besonders geeignet, um weitere Schädigungen auszuschließen, ebenso zum Schutz der Unterschenkel gegen Druck und Stoß, z. B. bei Müttern mit Stauungsulcerationen, die bei Wartung ihrer Kleinkinder den Zinkleimverband als „Stoßschutz" oft angenehm empfinden.

Die Industrie hat neben den fertigen Zinkleimen auch gebrauchsfertige, mit Zinkleim imprägnierte Verbände herausgebracht. Derartige Erzeugnisse sind die Klebro-, Varicosan- und Glaucobinden sowie Colligamina Helfenberg, wozu neuerdings der gebrauchsfertige Zinkleimverband **Zinclona** von der Firma W. Söhngen und Co., Wiesbaden, kommt.

Die nahe Verwandtschaft zwischen Zinkleim und Firnissen (Gelantum) wird bei Überprüfung der Zusammensetzung offenbar. Weitere Parallelen weisen die Leimstifte, das sind gegossene Stifte aus Leim, Glycerin und Wirkstoffen, auf. In diesen Mitteln, die als *Glutektone* beschrieben werden, haben wir harte Zinkleime vor uns. Um sie zur Wirkung zu bringen, feuchtet man die zu behandelnde Stelle an und reibt sie dann mit dem Stift ein.

Pflaster, Pflastermulle, Salbenmulle, gestrichene Pflaster.

Aus den Definitionen der Salben, Pasten und Pflaster geht die nahe Verwandtschaft dieser Dermatologica eindeutig hervor. Salben sind zum äußeren Gebrauch bestimmte Arzneizubereitungen, die bei Zimmertemperatur streichbar sind und meist beim Erwärmen schmelzen.

Pasten sind Salben mit größeren Mengen fester Bestandteile. Pflaster sind bei Zimmertemperatur feste, beim Erwärmen erweichende, aber nicht schmelzende, gleichfalls zum äußeren Gebrauch bestimmte Arzneizubereitungen, die nach DAB 6 aus den Bleisalzen der in Fetten und Ölen vorkommenden Säuren, aus Fett, Öl, Wachs, Harz und Terpentin oder aus Mischungen einzelner dieser Teile bestehen. Es sind auf Leinwand gestrichene, in Tafeln oder in Stangen gegossene feste, klebrige Massen. Das Arzneibuch führt nicht weniger als 11 Pflaster an, legt also dieser Arzneiform, die früher viel mehr gebraucht wurde, auch jetzt noch Bedeutung bei. Es zählt das Emplastrum adhaesivum auf, zwei Cantharidenpflaster für die Human- und ein weiteres für die Veterinärmedizin. 7 Pflaster enthalten Bleisalze, die anderen sind bleifrei. Die Seifenpflaster, Salicylseifenpflaster und Quecksilberpflaster sind die bekanntesten heute noch verwendeten Präparate dieser Arzneigruppe. Die

Pflaster wirken ganz allgemein den Salben sehr ähnlich und sind in der Lage, leicht durch die Haut dringende Substanzen zur Resorption und zur lokalen Wirkung zu bringen. Resorbiert werden daraus Salicylsäure und Quecksilber, ätherische Öle, lokal wirkt Cantharidin. Bleiresorption ist wie auch bei den Salben nicht zu befürchten. Wasserlösliche Körper sind in Pflastern so gut wie unwirksam. Borsäure, lösliche Aluminium- und sonstige Salze sind daher selten Pflasterbestandteile, denn nur auf geschädigter Haut ist ein Effekt zu erwarten.

Die älteste Form der Pflaster ist die der Stangen, die vor Gebrauch erweicht und auf Leinwand aufgestrichen werden. In vielen Fällen macht die große Härte der Stangen Schwierigkeiten, der Apotheker kann sie durch Zusatz von 10% Wollfett herabsetzen, er erreicht dadurch zusätzlich eine erhöhte Klebkraft.

Salben, Pasten und Pflaster werden vielfach, wie erwähnt, auf Stoffe aufgestrichen angewandt. Es lag daher der Gedanke nahe, diese Arzneimittel fertig auf geeigneten Unterlagen aufgestrichen in den Handel zu bringen. So entstanden die verschiedenen Sorten von Salben- und Pflastermullen, die UNNA[1] einführte und JANOVSKY[2] angelegentlich empfahl. Man wollte mit diesen Medikamententrägern Luft und mechanische Schäden abhalten und die Wirkstoffe an die Haut heranbringen.

Die erste dieser Arzneimittelgruppen sind die Salbenmulle. Sie bestehen aus einem engmaschigen Mullgerüst, das mit Salbenmasse und verschiedenen medikamentösen Zusätzen vollständig durchtränkt ist. Die Salbenmulle sind eine geeignete Form zur Behandlung kompliziert gefalteter Hautflächen am Ohr, an der Nase, an Fingern, Zehen und Genitalien, an Stellen also, wo mit schmelzenden Salben schwer zu arbeiten ist. Ein Stück Salbenmull wird auf die Haut gelegt, mit den Fingern angedrückt und glattgestrichen, so daß es wie eine Salbe deckt und wie ein Pflaster haftet.

Beiersdorf brachte früher diese Mulle in den Handel. Zinkoxyd, Borsäure, Carbol, Diachylon, Ichthyol und andere Pflastermulle sind herstellbar. Ihr Wirkstoffgehalt war bei den handelsüblichen Mullen in Gramm und Prozenten angegeben, damit sich der Arzt über beides ein Bild machen kann. Literatur über ihre Anwendung stammt von den obengenannten Verfassern und von JADASSON[3], DREUW[4] und ARNING[5].

Wir haben schon erwähnt, daß zwischen Salben und Pflastern Übergänge vorhanden sind. Dazu gehören die mit benzoiniertem Hammeltalg versteiften Salben, wie die WILKINSONsche und die HEBRA-Salbe, die auf ungestärkten Mull aufgetragen wurden. Diese Produkte leiten zu den gestrichenen Pflastern über, die Salbenstifte und Pastenstifte zu den ungestrichenen Pflastern. Solche Salbenstifte erhält man z. B.:

Rp. Acid. stearinic.	20,10		Ol. Cacao	10,0
Cera fl. ´	40,0	oder	Paraff. sol.	2,0
Ol. oliv.	35,0		Ol. oliv.	10,0
Colophonii	5,0		Chrysarobini	6,0

---

[1] UNNA: Berl. klin. Wschr. **1880**, 35; **1881**, 27; **1887**, 27.   [2] JANOVSKY: Wschr. f. prakt. Dermat. **III**, 209 (1884).   [3] JADASSON: Z. prakt. Ärzte **1897**, Aprilheft.   [4] DREUW: Münch. med. Wschr. **1904**, 20.   [5] ARNING: Wschr. f. prakt. Dermat. **1901**, 7.

Pastenstifte, die ebenfalls UNNA einführte, haben z. B. folgende Zusammensetzung:

Rp. Acid. salicyl. 10
Tragacantae 5
Amyli 30
Dextrini 35
Saccari albi 20

Der Vollständigkeit wegen seien hier die zur Schleimhautbehandlung verwandten Styli wie die Choleval- oder Protargolstäbchen erwähnt, Präparate, die prinzipiell auch Pastenstifte darstellen, andererseits aber zu den internen Mitteln, den Suppositorien und Globuli überleiten.

Pflastereigenschaften hatten die medikamentösen *Tricoplaste*, auf Trikot gestrichene Pflaster. Die Grundmasse enthielt keinen Kautschuk, sondern bestand aus Bleipflaster. Da auf Grund dieser Bestandteile die Klebkraft gering war, mußten die medikamentösen Tricoplaste vor dem Auflegen erwärmt und an besonders viel bewegten Stellen, wie am Hals und an den Gelenken, mit einem Gummipflaster befestigt werden.

Eine andere Form, die *Guttaplaste*, sind medikamentöse Pflaster auf einem luftundurchlässigen Guttaperchamull. Durch An- und Rückstauung des Hautdunstes durch die impermeable Schicht und die dadurch bedingte Hautmazeration wird eine gute Tiefenwirkung des Arzneistoffes erreicht. Der Arzneistoff ist in der Pflastermasse auf das feinste verteilt, die Pflastermasse selbst enthält nur gerade so viel Kautschukklebemasse, wie notwendig ist, damit das Pflaster auf der Haut gut haftet. Einführende Arbeiten schrieb UNNA[1].

Ein Guttaplast hat nicht die Aufgabe, eine ganz zähe Klebkraft zu entwickeln, wie etwa ein Gummipflaster; sein Zweck ist, Arzneistoffe zu möglichst großer Tiefenwirkung zu bringen. Die Guttaplaste lassen sich leicht von der Haut ablösen. Reste der Pflastermasse können mit Benzin oder Äther entfernt werden. Es gibt Guttaplaste mit Salicylsäure, Seife, Carbol, Quecksilber, Ichthyol, Zinkoxyd-Liantral, Fibrolysin, Chrysarobin u. a.

Der Gehalt an Arzneistoffen ist bei den Guttaplasten — im Gegensatz zu den auf Stoff gestrichenen medikamentösen Kautschukpflastern — nicht in Prozenten, sondern in Grammen angegeben, die auf einer Rolle von 1 m × 20 cm gleichmäßig verteilt sind. Nur hierdurch wird dem Arzt die Möglichkeit gegeben, genau zu berechnen, wieviel Arzneistoff auf einer bestimmten Hautfläche zur Wirkung kommt.

Eine besondere Fabrikationsmethode gestattete es, Guttaplaste bereits bei Bestellung von 1 m ab in jeder gewünschten Arzneikombination und -konzentration herzustellen. Daher ermöglichten die Guttaplaste, Rezepte nach eigenem Ermessen zusammenzustellen. Handelt es sich z. B. um einen Psoriatiker, der die Salbenbehandlung nicht verträgt, so verschrieb man beispielsweise:

1 Meter Guttaplast mit Acid. salicylic. 5,0
Chrysarobin 10,0
Ol. Rusci 10,0
Sapo medic. 12,5

---

[1] UNNA: Wschr. f. prakt. Dermat. **1882**, 32.

oder eine Kombination, die für den besonderen Fall angezeigt erschien.
Man mußte also bei dieser Rezeptur berücksichtigen, daß man die Wirk-
stoffe auf 20 cm² verteilt und durfte, um Versager zu vermeiden, nicht
zu nieder dosieren. Die Dosis von 10 g Chrysarobin erscheint im obigen
Rezept sehr hoch, bei Berücksichtigung der Ausdehnung des Pflasters
ist sie aber normal. Die große Liste der Guttaplaste ist bis auf wenige
Sorten zusammengestrichen worden, und auch die rezepturmäßige
Herstellung von 1 m an kann nicht mehr durchgeführt werden. Die
Liefermöglichkeiten sind z. Z. sehr beschränkt, und es sind für die Zukunft nur noch folgende in Aussicht genommen.

Nr. 16	Phenolum	7,5 g	Nr. 15	Hydrargyrum	20 g
	Hydrargyrum	20,0 g	Nr. 66	Ichthoylum Cordes	10 g
Nr. 10	Acid. Salicylic.	10 g	Nr. 210	Liantralum	10 g
Nr. 155	Acid. Salicylic.	20 g	Nr. 24	Zinc. oxydat.	10 g
Nr. 82	Acid. Salicylic.	50 g	Nr. 64	Acid. Salicylic.	20 g
Nr. 113	Acid. Salicylic.	10 g		Extr. Cannabis	5 g
	Sapo medicatus	1 g	Nr. 249	Fibrolysin	10 g
Nr. 185	Chrysarobinum	5 g			

Ihrem Charakter entsprechend ist die Lagerungsfähigkeit der Guttaplaste nicht so groß wie die der verschiedenen anderen Pflasterarten.
Es empfiehlt sich daher, die Guttaplaste stets für den Gebrauch frisch
zu beziehen, jedenfalls nicht mehr davon auf Lager zu nehmen als
voraussichtlich innerhalb eines Jahres verbraucht wird.

Die Emplastra wurden in den letzten Jahrzehnten von den Collem-
plastren weit überflügelt. Vorher haben vorübergehend auch die *Taffetas*,
„englische Pflaster“, für kleine Verletzungen Bedeutung gehabt. Dies
war ein Gewebe, das mit einer wasserlöslichen Masse aus Hausenblase,
Honig, Benzoe und Perubalsam bestrichen und getrocknet war. Man
riß, entlang einer Perforation, ein geeignetes Stück ab, befeuchtete es
und hatte nun einen dicht schließenden, Verunreinigungen abhaltenden
Verband.

Die Einführung der *Collemplastra* besorgten UNNA[1] und der Apotheker
BEIERSDORF, die das Leukoplast, das älteste derartige Präparat, aus-
arbeiteten. Collemplastra (Heftpflaster) bestehen meist aus gutem, nicht
vulkanisiertem Kautschuk, Guttapercha oder einem modernen Ersatzmittel, den Harzen Elemi, Galbanum, Ammoniacum, Dammar und
Kolophonium sowie Zinkoxyd, Stärke und Wollfett; sie kommen in
genormten Packungen in den Handel und kleben bereits in der Kälte.

Der Gummi und die Harze werden in Benzin oder Petroläther,
nicht aber in Benzol getrennt gelöst und zuerst letzterer und hierauf
die Gummilösung einer Salbe aus den übrigen Bestandteilen zugefügt.
Das Aufstreichen auf fleischfarbiges Baumwollgewebe besorgen eigens
konstruierte Maschinen, deren wichtigste Typen in HAGERS Handbuch
der pharmazeutischen Praxis beschrieben werden. Der Stoff, auf den
die Masse aufgestrichen wird, kann undurchlässig sein oder durch
Lochung luftdurchlässig gemacht werden. Da die Klebemasse aber undurchlässig bleibt und sehr fest haftet, so ist der Wert der Lochung

---

[1] UNNA: Wschr. f. prakt. Dermat. **1899**, 10.

nicht allzu hoch. Man hat daher den Versuch gemacht, die Stellen, die Luft durchlassen sollen, nicht mit der Klebemasse zu bestreichen, und auf diese Weise eine gewisse Ventilation erreicht. Besondere Feinheiten, wie „querelastische" Webart, ermöglichen in manchen Fällen Vorteile.

Wir haben also die übliche Methode der Collemplastraherstellung, die im allgemeinen bekannt sein dürfte, kurz skizziert. In den letzten Jahren kam nach den Patenten Dr. Hessles DRP. 742454, Schweiz. P. 246554, Franz. P. 896673 usw. die Herstellung „kalanderter" Kautschukheftpflaster auf. Es wird ohne das feuergefährliche Benzin gearbeitet, es fallen die Trockenräume weg, die Fabrikation wird verkürzt und der Einfluß des Lösungsmittels, der zu unerwünschten Polymerisationserscheinungen führt wird ausgeschaltet.

Das Verfahren beruht darin, daß die vorbereitete Masse zusammen mit dem zu bestreichenden Stoff durch einen Kalander, also einen Mehrwalzenstuhl, läuft. Die Walzen laufen verschieden schnell und werden teils gekühlt, teils geheizt. Nach Verlassen des Kalanders wird das Pflaster sofort aufgewickelt.

Ein Collemplastrum soll fest und bei Körpertemperatur optimal kleben, sich aber mit möglichst geringem Rückstand von der Haut lösen, temperaturunempfindlich und mindestens 5 Jahre haltbar sein. Diese sehr hohen Anforderungen erfüllen heute sowohl die Collemplastra, die Naturstoffe, und auch diejenigen, die Kunstharze und Opanole enthalten. Ihre Herstellungsverfahren werden von den Erzeugern, wie Beiersdorf, Blank, Hartmann, Helfenberg, Lohmann geheim gehalten. Von der Militärpharmazie abgesehen beschäftigen sich kaum andere Stellen, die zu publizieren pflegen mit dem Pflasterproblem. Kein Wunder, daß bis zum letzten Jahre außer der kurzen zusammenfassenden Darstellung im kosmetischen Lexikon[1] wenig Literatur darüber entstanden ist, obwohl die Fortschritte gerade hier sehr bedeutend sind.

Eine etwas abgewandelte weniger klebrige Form der Collemplastra ist heute der Träger vieler Medikamente, wie Quecksilber, Canthariden, Salicylsäure; sie haben auch hier die Emplastra vielfach verdrängt. Diese Präparate sind so weit entwickelt worden, daß heute ein Cantharidincollemplastrum so schwach klebt, daß es ohne Gefährdung der Blase abgezogen werden kann.

Eine besondere Form der Collemplastra sind auch die Tricoplaste, die Arning[2] empfahl. Aus ihnen entwickelten sich die elastischen Verbände, Elastoplast, Krepaplast (Promonta Werke) Blancoplast usw.

Ein vollkommen reizloses Collemplastrum wird es nie geben, nicht nur, weil verschiedene Stoffe wie Zinkoxyd, Gummi, Harze vorhanden sind, Substanzen, die jede für sich Idiosynkrasien verursachen können, sondern auch wegen des Komplexes Pflaster selbst. Schon Salben reizen zuweilen, und wieviel mehr derartig viscose, abschließende Mischungen! Reizungen zu verhindern wird also auch in Zukunft nicht so sehr die Sache des Herstellers wie die der Indikationsstellung des Arztes sein.

---

[1] Lexikon der Kosmetischen Praxis. Wien: Springer 1936.
[2] Arning: Wschr. f. prakt. Dermat. **1901**, 7, 313.

Nach LEGGE[1] kann man, seinen Vorversuchen zufolge, in etwa 40% der Fälle Irritationen verhindern, wenn man Merthiolate (Merthiolat = Aethyl-merkurithiosalicylsaures Natrium) in Acetonalkohol auf die Stellen, die mit dem Pflaster in Kontakt kommen, prophylaktisch aufstreicht.

Die gewöhnlichen medikamentösen Kautschukpflaster unterscheiden sich vom Leukoplast und den sonstigen „Pflastern" äußerlich meist dadurch, daß sie auf weiße Stoffe gestrichen sind und an Stelle des Zinkoxyds einen bestimmten Prozentsatz an anderen wirksamen Arzneimitteln enthalten. Unter diesen sind besonders die Capsicumpflaster (Capsiplast) gegen Rheumatismus, Hexenschuß usw., die Salicylsäurepflaster (Hühneraugenpflaster) und die Quecksilberpflaster (Furunkelpflaster) zu nennen.

Nimmt man an Stelle von wasseraufsaugenden Geweben unbenetzbare Folien aus Kunststoffen oder mit Kunstharzen imprägnierte Gewebe, so erhält man „wasserfeste" Collemplastra wie das Leukoplast wasserfest. Perforation des Gewebes erleichtert die Luftzufuhr (Traumaplast).

Die Fabrikation der Kautschukpflaster ist der Apparaturen und der großen Räume, die nötig sind, wegen nur in Spezialanlagen durchzuführen. Man darf nicht vergessen, daß zum Streichen gleichmäßig dicker Kautschukpflaster komplizierte Maschinen, zum Wegdunsten und Wiedergewinnen des Lösungsmittels eigene große Räume nötig sind. Darüber hinaus gehört zur Fabrikation große Erfahrung. Der Kautschuk z.B. darf in gereinigtem und präpariertem Zustand keine klebenden Eigenschaften besitzen, denn er soll seine Klebkraft erst in Verbindung mit den Harzen erhalten. Die Harze unterstützen die Wirkung also nur, ihr Zusatz darf daher nicht so groß werden wie der des Kautschuks. Das Wollfett bestimmter Viscosität hat den Zweck, dem Pflaster eine schnelle Haftfestigkeit zu erteilen. Auch von ihm darf man nicht zu hohe Zusätze zugeben, da man sonst schmierige Produkte erhält.

Traumaplast (Carl Blank, Bonn) hat seine Besonderheit darin, daß der Pflasterstoff nicht mit Kautschuk-Pflastermasse bestrichen ist, wodurch ein besserer Luftzutritt zur Wunde gewährleistet wird.

Beim Umschalten von den Naturstoffen zu Syntheseprodukten sind eine große Menge von Erfahrungen vollständig neu zu gewinnen. Die neuen Stoffe haben ganz andere Lösungsbedingungen, neue Konstanten und andere Klebkraft, so daß es jahrelanger Versuche bedurfte, um den Naturprodukten gleichwertige und jetzt sogar zum Teil überlegene Pflaster herzustellen. Es bleiben daher viele Firmen bei den alten schon bekannten Rohstoffen und sind nur schwer zu gewinnen neue Produkte einzusetzen. Sie arbeiten mehr auf dem Gebiet der Alterungsschutzmittel, und zwar die Aldehyd-Aminkondensationsprodukte und sekundären Naphthylaminderivate.

Bezüglich der Bestimmung von Pflastern und ihrer eventuellen Konstanten sei auf die Arbeiten von SCHULEK und ROSZÀ[2] sowie von RICH-

---

[1] LEGGE: J. amer. med. Assoc. **117**, 1783 (1941).
[2] SCHULEK und ROSZÀ: Pharmaz. Z.halle Dtschl. **1939**, 80.

Ling[1] verwiesen. Letzterer befaßt sich insbesondere mit der Bestimmung der Klebekraft.

In England gibt es ferner einen Pflastererzeugerkodex, der uns aber leider bisher nicht zugänglich war.

Budig[2] und zum kleineren Teile Meyer[3] haben erst in letzter Zeit einiges über die Roh- und Hilfsstoffe sowie über die Gewebegrundlagen der Pflasterindustrie veröffentlicht, so daß wir jetzt über neuere Literaturangaben verfügen. Der Unterstoff wurde früher ausschließlich aus Baumwolle hergestellt, im Kriege ging man auf Kunstseide, Zellwolle, gekrepptes Papier und Igelitfolien über. Die Zellwolle macht heute bezüglich der Haftfestigkeit der Klebemasse kaum mehr Schwierigkeiten. Sie kann auch auf der bestrichenen Seite leicht aufgerauht werden.

Schwieriger war es, Zellwollgewebe gegen die Masse undurchlässig zu machen. Hierfür sind spezielle Appreturmittel entwickelt worden, die genau wie die zur Verwendung kommenden Farbstoffe keine Kautschukgifte enthalten dürfen.

Bei den Kunststoffolien, z. B. Cellophan, kommt es darauf an, die Masse auf derart glatte Oberflächen einzustellen und abzustimmen, damit die Masse auch bei den hohen Anforderungen auf bewegten Körperpartien richtig mit dem Unterstoff verbunden bleibt.

Budig teilt die Pflasterklebemassen in Gerüstsubstanzen (elastisch, filmbildend) und Füllstoffe ein. Wenn wir seine Angaben zusammenstellen, ergibt sich folgendes Bild:

Elastische Gerüstsubstanzen.

Naturprodukte	**Synth. Präparate**
Naturkautschuk	Oppanol B 200
	Oppanol C
	Buna S/SW, Buna 85
	Plexigum bzw. Acronal

Naturkautschuk ist durch seine Eigenklebrigkeit, die von keinem Syntheseprodukt erreicht wird, ausgezeichnet. Weitere günstige Eigenschaften sind die hohe Elastizität und die gute Löslichkeit in den zur Pflasterfabrikation geeigneten Benzinsorten. Unter den Gummiarten sind nur die Plantagegummisorten First latex crepe und die dunkleren geräucherten smoked Sheets geeignet. Oppanole der B-Klasse sind Isobothylenpolymerisate. Die den Markennamen angehängte Zahl (in Oppanol B 200) gibt mit 1000 multipliziert das Molekulargewicht an (also 200000). Je höher die Zahl, um so gummiartiger, je niedriger, um so flüssiger ist die Substanz. Oppanol B 30 z. B. ist sirupartig. Das gleichfalls oft verwendete Oppanol B 50 klebrig, aber weicher als B 200. Oppanol B 3 ist ein Weichmacher, also eine nicht verdunstende Substanz, die zugesetzt wird, um den Gummi oder Kunststoff weich und geschmeidig zu halten und das Austrocknen zu unterdrücken. Oppanol 200 depolymerisiert bei bestimmten Temperaturen, so daß die an sich nicht sehr starke Eigenklebrigkeit weiter zurückgeht.

<hr>

[1] Richling: Mitt. d. techn. Versuchsamtes. Wien: Springer 1937, **26**.

[2] Budig: Pharmazie **3**, 259 (1948). Ebenda **3**, 310 (1948).

[3] Meyer: Ebenda **3**, 430 (1948).

Oppanol C ist chemisch kein Isobuthylenabkömmling. Es ist berufen, in Mischungen mit Oppanol B 200 dieses durch seine hohe Eigenklebrigkeit zu ergänzen. Die Bunasorten sind dem Naturkautschuk abweichend zusammengesetzt, ihre Makromoleküle (Molekulargewicht des Buna S etwa 85000) sind zum Unterschied vom Naturgummi, dessen Moleküle fadenförmig sind, dreidimensional. Buna S enthält keine Zusätze, die anderen obengenannten Sorten sind Mischpolymerisate mit Polystyrol oder enthalten Weichmacher. Die Eigenklebrigkeit ist geringer als beim Naturkautschuk als Lösungsmittel; falls nicht vorher depolymerisierte Ware verwendet wird, muß Benzol gewählt werden. Die Bunasorten härten im Pflaster nach.

Plexigum und Acronal sind Polymerisate der Acrylsäure, die für die Pflasterindustrie benzinlöslich, weich und klebrig geliefert werden können. Sie härten leicht nach, so daß der Zusatz nur 10—30% des Gummianteils betragen kann.

Unter den Weich- und Klebrigmachern sind die schon ursprünglich verwendeten Dammar- und Kollophoniumharze bekannt. An ihrer Stelle traten in den letzten Jahren verschiedene Kunststoffe, wie die Plasticatoren RA und Z. Es handelt sich um eine neue Vorstufe, die bei der Bunasynthese anfällt. Das Produkt ist ein auf der Haut indifferenter „Weichmacher", der dem Bunapflaster in Mengen von 15—25% zugefügt werden kann.

Verschiedene synthetische Ester von Fettsäuren oder diese selbst, die unter dem Namen I.G.-Wachse herauskamen, können gleichfalls als Zusätze dienen. An Stelle der Naturharze hat man Cumaronharz, Koresin und die Igevine eingesetzt. Die Cumaronharzarten sind auf der Haut indifferent, sie werden aus Steinkohlenteerderivaten hergestellt. Sie wie auch die anderen Ersatzmittel dieser Gruppe altern unter Licht und Gummigifteinfluß (Cu-Salze) in Gegenwart von Naturkautschuk weniger, so daß sie insbesondere hier einzusetzen sind. Buna ist weniger empfindlich als die Naturprodukte. Koresin ist ein Kondensat aus Acetylen und alkylierten Phenolen. Die Igevine sind Polyvinyläther, je nach der Marke mehr oder weniger viskose, teilweise auch feste, gelbe, klebrige, auf der Haut indifferente Substanzen. Der allbekannte Füllstoff Zinkoxyd wurde ursprünglich als Therapeuticum zugesetzt. Er kann durch das noch besser deckende Titandioxyd, gegebenenfalls durch Calciumcarbonat und Talcum ersetzt bzw. teilweise substituiert werden. Ein weiterer beliebter Füllstoff war Tixoton, ein Kolloid, das auch in der Gummiindustrie bei der Latexverarbeitung angewandt wird.

Die alten Pflaster, Präparate, die ursprünglich diesen Namen allein führten, die *Emplastra* der Arzneibücher, sind Arzneizubereitungen, die, wie schon erwähnt, bei Zimmertemperatur erweichen und meist in Form von Pflasterlappen appliziert werden. Sie sind zum Teil mit Salben verdünnbar. Es scheint sich bei diesen Mischungen, die z. B. als Ungt. Diachylon Bedeutung besitzen, nicht um Lösungen, sondern um Suspensionen der Bleiseife im fetten Medium zu handeln. Diese Suspensionen gelingen bisweilen nur unter Zuhilfenahme von Kunstgriffen, zu denen insbesondere das Zufügen von Wasser gehört. Die Bleiseife, die nur absolut trocken haltbar ist und deshalb von Fabriken völlig wasserfrei geliefert wird, muß mit 3% Wasser geschmolzen werden, wenn sie in Vaselin oder Fett leicht verteilbar sein soll.

Blei und Quecksilberseifen sind, wiewohl wasserunslöslich, doch echte Seifen im weiteren Sinne der Definition (S. 429). Die Nomenklatur der ganzen Gebietes wird dadurch ganz wesentlich erschwert.

Anhangsweise seien noch die **medikamentösen Papiere** wie die Charta sinapisata angeführt, Papiere, die mit Klebstoff bestrichen und mit Senfpulver bestreut und dann getrocknet werden. Als Klebstoff eignet sich nach LEHMANN[1] Kautschuk in Benzol (1 : 40) oder Kolophonium-kautschuk in Benzol (1 : 4 : 100). Das Senfpulver muß im Perkolator mit Benzin entfettet werden. Man rechnet etwa 3 g Drogenpulver auf 100 cm² Papierfläche.

Unter den medikamentösen Pflastern werden neuestens auch solche mit Antibioticis hergestellt. HESSLE und KUBITSCHKA arbeiten mit Tyrothricin. Eine österreichische Penicillinfabrik geht andere Wege und bringt lebende Kulturen in Pflasterform zur Anwendung (Peniciplast).

BULL, SQUIRE, TORPLEY[2] haben aus einer Nylonmembran einen Wundverschluß entwickelt, unter dem sich kein Kondenswasser bildet, gut abschließt, durchsichtig ist und sterilisiert werden kann. Es bedarf keines Weichmachers und wird vielleicht der Streichstoff der Zukunft werden.

Hiermit wäre die Schilderung der äußerlich anzuwendenden Heilmittel teils eingehend, teils orientierend behandelt, es soll auf ein weiteres Gebiet übergeleitet werden.

---

[1] LEHMANN: Schweiz. Apoth.-Ztg **78**, 701 (1940).
[2] BULL, SQUIRE, TORPLEY: Lancet **6519**, 213 (1948).

Die Aufgaben der Arbeitsschutzsalben.

Von Dr. R. Jäger.

Leiter des Institutes für Kolloidforschung der Johann-Wolfgang-Goethe-Universität
Frankfurt a. M., Bad Homburg v. d. H.

Mit 7 Abbildungen.

Die Salben, die bisher im Arbeitsschutz verwendet wurden, kamen meist aus der Kosmetik, oder es waren Heilsalben. Beide Gruppen können aber im Betrieb nicht genügen, denn beide sind nicht unter Berücksichtigung der Arbeitsumgebung aufgebaut worden. So kamen auch in diesen Aufgabenkreis Fragestellungen hinein, die zu Scheinproblemen führen mußten. Die einen warteten auf das „schöne Elixier", das, irgendwie auf die Haut geschmiert, nun „gegen alle Stoffe" schützen soll, und die anderen forderten für jeden einzelnen Arbeitsstoff ein eigenes Schutzmittel mit der Begründung, daß jeder Stoff andere Schäden auslöse. Beide Gruppen haben zwei gemeinsame Punkte. Der erste ist die gemeinsame Untätigkeit. Die einen warten gespannt oder geduldig darauf, daß jemand das schöne Elixier finden möge, das alle Hautschäden verhütet, und die anderen haben ihre Frage von vornherein so gestellt, daß sie von der unübersehbaren Menge der Arbeitsstoffe, für die sie jeweils einen eigenen Schutz fordern, erdrückt werden, ehe sie mit der Arbeit beginnen können. Ihre Hoffnungslosigkeit, das Problem überhaupt jemals zu lösen, wird dadurch noch vermehrt, daß immer neue Arbeitsstoffe und Arbeitsplätze kommen, die den Horizont der Wüste, die kolonisiert werden soll, in immer weitere Fernen hinausschieben. Beiden Problemstellungen gemeinsam ist neben der Untätigkeit, zu der sie führen müssen, die Tatsache, daß in ihren Voraussetzungen die Haut fast vollständig fehlt. Kommt die Haut wirklich einmal in den Voraussetzungen vor, dann spielt sie dort nur die Rolle eines fest Gegebenen, eines Unabänderlichen, eines Trägers des Arbeitsschutzmittels, nicht aber eines lebendigen und verwickelten Organs, das mit der Arbeitsumgebung in inniger Berührung steht und dessen Struktur und Funktionen für seine Beziehungen zur Umwelt viel wichtiger sind als die Arbeitsschutzmittel jemals es werden können. Kehren wir unsere Fragestellung diesen brennenden Problemen gegenüber um, und nehmen wir uns vor, nicht mehr „unsichtbare Schutzhandschuhe" gegen Arbeitsstoffe zu suchen oder andere Mittel „gegen die Einflüsse der Umgebung", sondern vielmehr Struktur und Funktion der Haut so zu erhalten und zu stärken, daß im verwickelten Herüber und Hinüber zwischen Haut und Umwelt die Haut dank ihrer Funktionstüchtigkeit standhält, so gewinnen wir einen festen Boden für die experimentelle Lösung der Fragen.

Die unermüdliche Arbeit nach solchen Voraussetzungen wird uns Bausteine liefern, mit denen wir planmäßig und wirklich praktisch handeln können. Einen Verlust bringt allerdings diese Art der Bearbeitung mit sich. Wir verlieren damit jede Hoffnung auf die elegante Patentlösung und sind vorerst der Arbeit ausgeliefert.

Gestalt und Funktion der Haut.

Die Haut vermittelt uns die immerwährende innige Berührung mit der Umwelt. Hier interessieren uns besonders die verwickelten Beziehungen, die bestehen zwischen der Arbeitshaut und der Arbeitsumgebung. Eine scharfe Grenze, die entscheidet: hier ist die Haut und dort ist Arbeitsumgebung, läßt sich nicht ziehen. Beide greifen innig ineinander und stellen ein einziges geschlossenes untrennbares System dar, das Haut-Umwelt-System.

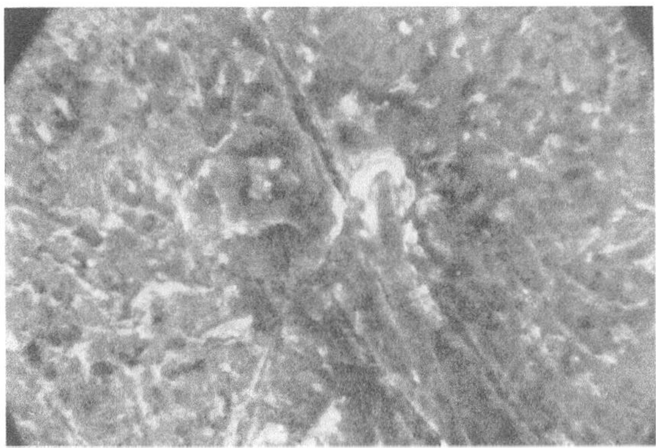

Abb. 1. Glatte Haut, Schmutz ist in der Haaraustrittsöffnung gespeichert.

Die äußerste verhornte Schicht der Haut ist ein geschichtetes Plattenepithel. Diese Hornschicht besteht aus umgewandelten und abgestorbenen, ehemals lebenden Zellen, die als einzelne zusammenhängende Lagen übereinanderliegen. In tieferen Schichten der Haut wandeln sich Zellen allmählich in Horngebilde um. Die äußerste Schicht dieser Horngebilde schilfert in Form kleiner Schüppchen ständig ab, von den tieferen Schichten her rücken neue Lagen solcher Horngebilde nach, so daß immerwährend ein „Strom von Horn" von innen nach außen fließt. In tieferen Schichten entstehen Zellen, bilden sich um, flachen mehr und mehr ab, wandern allmählich an die Stelle der äußersten, immerwährend abschilfernden Schicht. Während dieser Wanderung des Hornstromes an die Oberfläche sind die Horngebilde keine lebenden Zellen mehr. Man kann sie als „geformtes Sekret" auffassen (BIEDERMANN, PETERSEN). Aber auch an der Oberfläche hat der Hornstrom kein bestimmtes Ende. Feine Schüppchen der obersten Schicht schilfern ab, werden so selber zu Schmutz oder vermischen sich mit der fettigen Bedeckung der Haut, oder sie gehen beim Waschen ab und bleiben an den Körpern hängen, die wir berühren. Unter der obersten abschilfernden Lage der Hornschüppchen liegen bei der gesunden, anpassungsfähigen Haut immer wieder neue zusammenhängende Hornschichten bereit. Die einzelnen Hornschüppchen, wie auch die übereinanderliegenden Schichten, sind mit Hautfett durchtränkt und von Hautfett umschlossen. So gleiten sie, den Blättern einer breiten Blattfeder vergleichbar, übereinander hin. Das Abschilfern erfolgt in der obersten Schicht, etwa so, als ob man von einem Papierstoß immer das oberste Blatt abhebt und unten ein neues zugibt. Bei der gesunden Haut erfolgt das Abschilfern immer parallel zur Hautoberfläche.

Ganz anders bei der „rauhen Haut". Bei ihr schilfert nicht nur ein oberstes Häutchen ab, unter dem dann weitere Hornlagen bereitliegen, sondern bei der rauhen Haut laufen Tiefenrisse durch viele Schichten hinunter. An den Rändern der Risse biegen sich die einzelnen Horn-

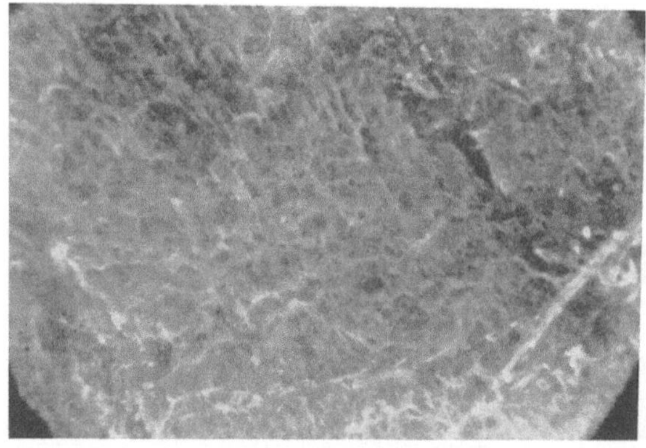

Abb. 2. Glatte Haut.

lagen auf, und es entstehen feine V-förmige Räumchen, wie sie entstehen zwischen den einzelnen Papierblättern eines zum Teil aufgeschlagenen Buches. Nun schilfert nicht ein oberstes Häutchen oder eine oberste Schuppenlage ab, sondern viel gröbere, zusammengeklebte, durch mehrere Lagen reichende Hautteilchen werden abgestoßen. Ein geschlossenes Oberflächenhäutchen (PETERSEN) ist gar nicht mehr vorhanden. Viele Lagen scheinen verklebt zu sein und gehen als dickes, aber in seiner Grundflächenausdehnung kleines Hautstück ab. Dieses grundverschiedene Verhalten der beiden Hauttypen beim Abschilfern bringt nun einige ganz wesentliche Unterschiede der Hautumweltsysteme beider Typen mit sich. Die glatte, geschlossene Haut bietet ihrer Umwelt, ihrer Arbeitsumgebung eine gleichbleibende Grenzfläche dar. Da das Abschilfern nur von der obersten Schicht aus erfolgt, finden der Schmutz und andere Teile der Arbeitsumgebung keine Speicher. Schmutz, der an der obersten Schicht haftet, wird mit ihr bald abgestoßen. In tiefere Schichten kommt kein Schmutz. Die Selbstreinigung einer solchen glatten Haut erfolgt in wenigen Tagen.

In der rauhen Haut findet aber der Schmutz Speicher in den V-förmigen Räumchen. In diesen feinen Räumchen bleibt Schmutz gespeichert und verwahrt gegen den Angriff, der beim Waschen auf ihn
gemacht wird[1]. Da das Abschilfern bei der rauhen Haut gar nicht mehr
nur vom Oberhäutchen aus erfolgt, dauert das Abstoßen des Schmutzes
durch Selbstreinigung wesentlich länger, nämlich 2—3 Wochen. Durch
Waschmittel ist der Schmutz aus den V-Räumchen nicht zu entfernen,
weil in diesen kleinen Räumchen gar keine Strömung mehr möglich ist
und meist auch von der Luft, die in den Räumchen sitzt, dem Waschmittel der Weg versperrt wird. Nun ist es aber gar nicht gleichgültig,
ob ein hautreizender Stoff aus der Arbeitsumgebung nur während der
Arbeitszeit einwirken kann und dann von der glatten, waschbaren Haut

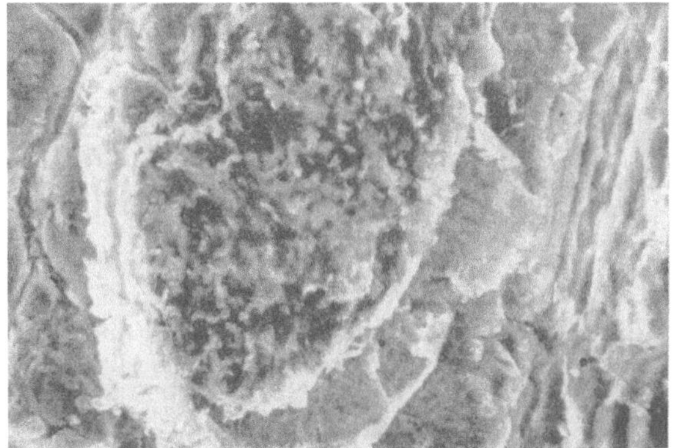

Abb. 3. Rauhe Haut mit V-Räumchen. Selbstreinigungszeit 2—3 Wochen.

abgewaschen wird oder ob ein solcher Stoff in der rauhen, nichtwaschbaren Haut gespeichert wird. Wird ein Arbeitsstoff gespeichert, so
berührt er die Haut ständig. Neue Speicher werden in dem Maße gebildet, wie alte durch Abstoßen verschwinden, und die Haut ist immerwährend beladen mit den Stoffen, vor denen sie bewahrt werden soll.
Aber die rauhe Haut ist nicht nur mit diesen Stoffen beladen, etwa so,
wie die ungewaschene, glatte Haut beladen ist. Bei der rauhen Haut
liegt der Schmutz auch an einem ganz anderen histologischen Ort. Das
Haut-Umwelt-System hat sich verschoben, seine Grenze ist nach innen
gerückt. Andere histologische Stellen der Haut werden unmittelbar
berührt, histologische Orte, die gar nicht dazu bestimmt sind, mit der
Umgebung in Berührung zu kommen. Arbeitet der Träger einer glatten
Haut mit dem einer rauhen Haut ·unter den gleichen Bedingungen am
gleichen Arbeitsplatz, so sehen doch die Haut-Umwelt-Systeme der
beiden ganz verschieden aus. Der eine berührt seine Arbeitsumgebung
nur während der Arbeitszeit, er kann sogar dazwischen beliebige Pausen
einlegen, indem er sich wäscht. Der andere nimmt, in seinen V-Räumchen gespeichert, den Schmutz, also seine Arbeitsumgebung, mit nach

---

[1] Jäger, R. und F.: Hippokrates **1937**, 449.

Hause. Er berührt sie ständig und ohne Unterbrechung. Und er berührt sie an empfindlicheren histologischen Orten. Aber nicht nur nach der Tiefe breitet sich der Schmutz weiter aus, wenn ihm V-Capillaren den Weg aufzwingen, sondern auch in die Breite. Ein Tropfen einer Farbstofflösung färbt eine viel größere Fläche auf der rauhen Haut als auf der glatten. Auf der rauhen Haut breitet sich der Tropfen augenblicklich innerhalb der V-Capillaren aus. Nach der Peripherie der gefärbten Fläche hin verzweigt er sich mit einzelnen Armen noch weiter hinaus und zeigt nun ein weit verzweigtes Netz von oberflächlichen V-Capillaren. Ein gleicher Tropfen auf die glatte Haut gebracht, steht lange und breitet sich wenig aus. Seine Arme greifen langsam in den viel weiteren Rinnen nach außen, die von der Hautfelderung gebildet werden. In die Tiefe wirkt ein Tropfen der Farbstofflösung auf der glatten Haut kaum. Die rauhe Haut mit ihrer gestörten Abschilferung schafft also auch andere Bedingungen für die Ausbreitung von Flüssigkeiten auf der Hautoberfläche. Nicht nur der histologische Ort, an den der Schmutz zu liegen kommt, ist bei den beiden Hauttypen verschieden, sondern auch der Weg, auf dem er dorthin gelangt, denn die capillare Ausbreitung, besonders nach der Tiefe hin, kommt an der glatten Haut nicht vor, aber grade dieser Weg wird einem großen Teil der Schmutze vom Capillarsystem der rauhen Haut geradezu aufgezwungen.

Die Frage: „Warum wird eine glatte Haut rauh?" konnten wir noch nicht sicher beantworten. Wir vermuten, daß die Einbettung der Hornlamellen des Stratum corneum bei der rauhen Haut verändert ist. Die einzelnen Hornlagen der glatten Haut sind eingebettet in eine fettige Masse, bestehend aus dem Fett der Talgdrüsen und den „Nebenprodukten der Verhornung". (Man könnte die Hornlagen als innere Phase bezeichnen in einem System, dessen äußere Phase die fettige Einbettungsmasse bildet, die sie überall berührt und in der die einzelnen Hornlagen übereinander hingleiten.) Tritt an die Stelle der natürlichen fettigen Einbettungsmasse etwas anderes, so erfolgt das Abschilfern nicht mehr in der besten Weise, nicht mehr durch Abheben nur der obersten Schüppchen — es entsteht die rauhe Haut. Ist die fettige Einbettungsmasse aber einmal herausgewaschen, so ist sie nicht zu ersetzen durch Fette, die von außen zugeführt werden. Wo die Einbettungsmasse fehlt, kleben mehrere Hornteilchen zusammen und bilden viel größere starrere Gebilde, die wir in der rauhen Haut als große Schuppen mit V-Räumchen und Rissen sehen. Einmal zusammengeklebte, vergröberte Hornteilchen lassen sich nicht wieder in ihre alte Ordnung bringen, wie wir sie im normalen Stratum corneum der glatten Haut sehen, auch nicht, wenn genügend Hautfett nachrückt. Nicht allein der Fettmangel, sondern erst die Teilchenvergröberung, die dadurch zustande kommt, daß viele Hornzellen des Stratum corneum zusammenkleben, macht die irreversible Veränderung an der entfetteten Arbeitshaut. Schützt man die rauh gewordene Arbeitshaut, an der sich solche groben Schuppen gebildet haben, durch Salben vor der weiteren Entfettung und Vergröberung tieferer Hornschichten, so rückt von unten her eine wohlgeordnete, glatte und geschlossene Hornschicht nach. Die Selbstreinigungszeit ist dann auch die Regenerationszeit. Aber regeneriert werden nicht die einmal vergröberten Hautschichten, sondern an ihre Stelle treten nach ihrer Abschilferung die neuen Hornlagen.

Die rauhe Haut ist also eine Form von Schwäche der funktionellen Anpassung.

Fragen wir nach der Entstehung dieser Schwächeform, die die rauhe Haut darstellt, so können wir an den konstitutionellen Momenten nicht vorübergehen. Leider sind gerade diese für die Gewerbehygiene der Haut so bedeutenden Fragen bisher wenig untersucht. SCHULTZE[1] hat wiederholt darauf hingewiesen, daß die Konstitution der Haut sowohl für die vorbeugende Pflege im Betrieb als auch für die Heilung vorhandener gewerblicher Hautschäden mehr berücksichtigt werden muß, als das bisher geschehen ist.

Berührt man mit der Haut einen oberflächenaktiven Stoff, der Fett zu emulgieren vermag, so geht Fett von der Haut ab. Praktisch tritt dieser Fall ein an vielen Arbeitsplätzen. Bohröle, Kühlöle, wie sie in der metallverarbeitenden Industrie verwendet werden, sind oberflächenaktive Stoffe, ebenso viele Textilhilfsmittel und eine große Anzahl der Arbeitsstoffe der chemischen Industrie. Aber auch beim Waschen der Hände oder allgemein der Arbeitshaut kommen wir mit solchen Stoffen in Berührung. Auch die Händedesinfektionsmittel, die von Ärzten und ihren Hilfskräften angewandt werden, gehören hierher. Der Einfachheit halber soll die Wirkung der oberflächenaktiven Stoffe am Beispiel des Händewaschens besprochen werden. Dabei soll keine erschöpfende Analyse des Waschvorganges gegeben werden, sondern nur die Punkte sollen besprochen werden, die Beziehungen ergeben zum Problem der Arbeitsschutzsalben.

Erfolgt das häufige Waschen mit Seifen im engeren Sinne, so können Hautschäden auftreten durch alkalische Quellung der Haut und durch Verkleben der verhornten Oberschicht mit Kalkseifen. Wäscht man mit seifenfreien Waschmitteln, so können sich andere unangenehme Nebenerscheinungen einstellen, die aber gerade für den Aufbau der Arbeitsschutzsalben wichtige praktische Hinweise geben können. Hat man nämlich mit einem solchen Waschmittel den Schmutz und einen Teil des Hautfettes entfernt, so ist die Haut durchaus nicht im physikalischen Sinne sauber. Es ist nicht so, daß nun die Haut unmittelbar von Luft berührt wird und daß man nur irgendein Fett in Form einer Salbe zuzuführen braucht, um den Mangel auszugleichen. Wie bei der Seifenwaschung das abgespaltene Alkali an der Haut bleibt, so zieht beim Waschen mit den seifenfreien Waschmitteln ein feiner Film auf. Ein Teil des Waschmittels wird an der Haut adsorbiert. Die Waschmittel sind höchst oberflächenaktive Stoffe, Stoffe also, deren Lösungen an der Oberfläche, somit auch an der Grenzfläche zur Haut, weitaus höhere Konzentrationen haben als im Inneren. Wird nun der oberflächenaktive Stoff auch noch von den Hornteilchen der Haut adsorbiert, so spielt die Gesamtkonzentration der Waschflotte keine große Rolle mehr. Selbst

---

[1] SCHULTZE, W.: Zbl. Gewerbehyg. N.F. **15**, 81 (1938).

aus stark verdünnten Lösungen kann die gesamte Menge des gelösten Waschmittels an der Haut adsorbiert werden. Beim Abspülen nach dem Waschen werden diese adsorbierten Emulgatorfilme nicht entfernt. Das Abspülen nach dem Händewaschen ist höchst unvollkommen im Vergleich zum Spülen etwa bei der Textilveredlung. Deshalb sollte auf das Abspülen nach dem Waschen und nach dem Händedesinfizieren mehr Wert gelegt werden. Ist nun ein solcher Emulgatorfilm auf die Haut aufgezogen, so schafft er ganz andere Haut-Umwelt-Beziehungen. Die Haut wird nun zunächst von dem Emulgator berührt. Seine Moleküle sind an der Grenzfläche ausgerichtet. Die Haut wird besser benetzbar. Wird der Haut Fett zugeführt, sei es Hautfett von der Tiefe her oder Fett, Paraffin, Wachse oder ähnliche Stoffe in Form einer Salbe, so berühren diese durchaus nicht unmittelbar die Hornteilchen der Haut. Diese sind mit dem Emulgatorfilm überzogen, der dann zwischen Fett und Haut liegt. Fett oder Salbe liegen nicht an der Haut an, sondern am Emulgatorfilm. Liegt aber zwischen Fett und Haut ein solcher Film, so ist das Fett leicht ab- und auswaschbar. Fett und Schmutz auf diese Weise von der Haut abzuwaschen, ist ja gerade die Aufgabe des Emulgators im Waschmittel. Es stellt sich ein Zustand ein, der paradox erscheint: Auch bei Anwesenheit genügender Mengen von Hautfett und nach der Fettzufuhr von außen besteht der Zustand der Entfettung weiter, weil das Fett nicht an seinen Wirkungsort, also nicht unmittelbar an die Hornteilchen gelangen kann. Oder umgekehrt gesehen: Obwohl die Hornschüppchen entfettet sind, können sie kein Hautfett oder künstlich zugeführtes Fett fest anlagern.

Durch Wasser, vielleicht schon durch die Wasser- und Wasserdampfabgabe der Haut, wird das Fett in diesem Falle immer wieder schnell nach außen getragen. Es bleibt für die Haut wertlos. Nicht die Fettmenge ist also ausschlaggebend für die Beziehungen der Haut zu ihrer Arbeitsumgebung, sondern der histologisch und submikroskopisch definierte Ort, an dem das Fett liegt.

Ist die Haut in der beschriebenen Weise entfettet, obwohl ihr genügend Fett dargeboten wird, so entstehen, vorerst in den obersten Hornlagen, Risse und V-Räumchen. Bei späteren Waschungen breitet sich darin der Emulgatorfilm weiter aus, denn er ist ja bewußt als capillaraktiver Stoff eingesetzt worden. Beim Spülen nach dem Waschen werden die V-Räumchen und die feinen Tiefenrisse nicht erreicht. Die Entfettung mit ihren Folgen, den Rissen, setzt sich mehr und mehr in tiefere Hornschichten fort, und so entsteht die rauhe Haut mit allen ihren unerwünschten Eigenschaften. Die Fläche der rauhen Haut ist um ein Vielfaches größer als die der glatten, geschlossenen Haut, und so werden von ihr auch viel größere Mengen des Emulgatorfilmes adsorbiert. Der Emulgatorfilm macht tiefere Schichten benetzbar. Tiefenrisse und V-Räumchen bilden in der rauhen Haut ein verzweigtes Capillarsystem, das, einem Dochte gleich, den Schmutz geradezu ansaugt und an ganz andere histologische Orte bringt. Aber nicht nur die Waschmittel und die capillaraktiven Stoffe der Arbeitsumgebung können solche Emulgatorfilme an die Haut abgeben, das können auch die Salben

selber tun. Wurde für die Herstellung einer Arbeitsschutzsalbe ein
Emulgator benutzt, der von der Haut in der geschilderten Weise adsorbiert wird und der sich dank seiner Oberflächenaktivität leicht in
den feinsten V-Räumchen ausbreitet, und wurde dieser Emulgator im
Überschuß angewandt, so kann die Salbe selber geradezu entfettend
wirken. Die Fälle, in denen bei der Salbenherstellung mit einem ganz
erheblichen Emulgatorüberschuß gearbeitet wird, sind nicht selten. Man
will eine möglichst stabile Emulsion erreichen. Viel Wasser soll die
Salbe geschmeidig und billig machen, und die Salbe soll leicht eindringen.
Diese Forderungen erfüllt man sehr einfach durch einen Emulgatorüberschuß. Freilich dringen solche Salben schnell ein, aber ihr Weg
nach außen ist ihnen ebenso geschmiert wie der nach innen. Sie werden
ebenso schnell wieder ausgewaschen, wie sie eindringen. Im ungünstigen
Falle hinterlassen sie nach dem Waschen noch einen Emulgatorfilm,
der dann entfettend wirkt und der den Hautfetten den Weg an den
richtigen Ort versperrt. Solche Salben schützen die Haut nicht lange.
Die Prüfmethode, die im Anhang mitgeteilt wird, gestattet, die Zeiten
genau zu messen, während derer eine Salbe schützt. Und sie gestattet
auch, die geschützten histologischen Orte zu unterscheiden von denen,
die von der Salbe nicht mehr geschützt werden. Die Anwendung der
Methode zeigt, daß Salben mit großem Emulgatorüberschuß nur einen
sehr kurz dauernden Schutz bieten.

Verlangen wir von einer Arbeitsschutzsalbe, daß sie die oberflächliche verhornte Hautschicht so durchfettet, daß diese Schicht geschlossen
und glatt bleibt und dabei Wasser und Schmutz abstoßend, kurz Umwelt abstoßend, wirkt, so werden die Untersuchungen über die Entfettung berücksichtigt werden müssen. Aus den Untersuchungen, die
oben mitgeteilt wurden, ergibt sich aber, daß den weitaus besten
Schutz das natürliche Fett der Haut ergeben muß, und zwar auch
nur dann, wenn es in der normalen physiologischen Art an und
in die verhornte Schicht gelangt ist. Das erste dorthin gelangte Hautfett ist das wirkungsvollste, denn ist dieses erst einmal entfernt worden, so sitzt meist ein Emulgator auf dem Horn, und alles später
dorthin kommende Fett, mag es seiner chemischen Zusammensetzung
nach noch so sehr dem Hautfett ähneln, findet immer diese Zwischen-
schicht vor.

Die Aufgabe, das Fett oder die Salbe an den richtigen histologischen
Ort zu bringen, tritt aber erst beim Aufbau der Arbeitsschutzsalben an
uns heran. Für die kosmetischen Salben ist dieser Punkt nahezu bedeutungslos. Die brauchbare Arbeitsschutzsalbe muß aber die Aufgabe,
Fette, Wachse und ähnliche Stoffe wirklich an den richtigen Ort zu
bringen und eine unmittelbare Berührung mit dem Hornteilchen herzustellen, erfüllen; denn alle Erörterungen über die beste Salbengrundlage, über die Eignung verschiedener Fette, Wachse, Paraffine usw.
bleiben dann Scheinfragen, wenn praktisch die ausgewählten Fette gar
nicht an den Ort kommen, an dem die Haut sie braucht. Bei der Beurteilung einer kosmetischen oder einer therapeutischen Salbe ist die
„Haftfestigkeit" der Salbe an der Haut nahezu bedeutungslos. Ganz

anders bei der Arbeitsschutzsalbe. Hier steht die Forderung nach einer guten Haftfestigkeit an erster Stelle.

Reine Kohlenwasserstoffe, wie Vaseline, Paraffin usw. haften an der Haut überhaupt nicht. An entfettete Haut kommen sie auch nach

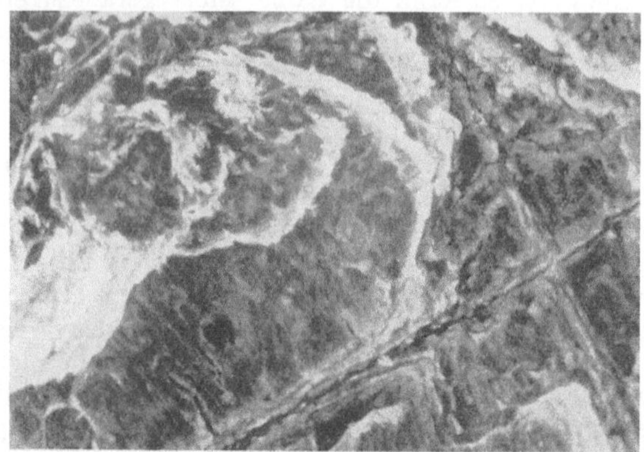

Abb. 4. Rauhe Haut, stark entfettet, mit Tiefenrissen. Selbstreinigungszeit 3 Wochen.

gutem Verreiben nicht eigentlich heran, sondern zwischen der Haut und dem Kohlenwasserstoff liegt dann immer noch ein feiner Luft- oder Wasserfilm. Eine unmittelbare Berührung des Kohlenwasserstoffs mit dem Hauteiweiß findet nicht statt, und der Wasserdampf, den die

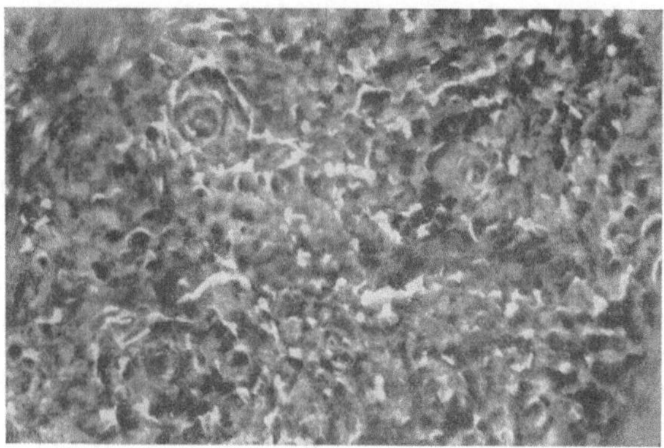

Abb. 5. Haut der gleichen Person, von der gleichen Stelle des Handrückens wie Abb. 4, jedoch nach längerer, vorbeugender Pflege mit einer Arbeitsschutzsalbe ohne Unterbrechung der Arbeit. Gutes Abschilfern parallel zur Oberfläche.

Optische Daten aller Mikrophotogramme: Haut des Handrückens, Färbung mit Primulin O. Ultropak-Objektiv UO 11 ×, Peripl. Okular 10 × (Leitz). Quecksilberdampflampe, Filter BG 12 und Sperrfilter OG 1, Mifilmka, Agfa-ISS-Film. Vergrößerung 1 : 100, hier zurückverkleinert auf 1 : 66. Sämtliche Bilder sind Aufnahmen des Verfassers.

Haut immer abgibt, schiebt den undurchlässigen Kohlenwasserstofffilm immer weiter hinaus. So kann man mikroskopisch beobachten, daß sich unter dem Vaselinefilm auf der Haut ein Tropfen einer wäßrigen netzmittelhaltigen Farbstofflösung weithin capillar ausbreitet. Der Vaselinefilm erzeugt zwar auf der Haut ein deutlich fettiges Gefühl, das bei der Arbeit stört, aber der Film haftet nicht an der Haut, sondern ist leicht abwaschbar. Um einer Salbe eine gute Haftfestigkeit zu verleihen, müssen wir sie an der Haut „verankern". Dem nichtpolaren Molekül des Kohlenwasserstoffs fehlt der „Anker", der es an der Haut anhängen kann. Die verhornte Eiweißschicht der Oberhaut ist hydrophil und gegenüber dem Kohlenwasserstoff „wässerig". Will man eine „fettige" Masse an der „wässerigen" Eiweißoberfläche verankern, so muß man als „Anker" einen Stoff dazwischenschalten, der eine hydrophile Seite hat und eine „lipophile", also eine Seite, an der er Wasser oder etwas „Wässeriges" berühren kann, und eine andere Seite, mit der er etwas „Fettiges", z. B. einen Kohlenwasserstoff, berühren und halten kann. Solche Stoffe sind als „Emulgatoren" bekannt, und sie werden zur Herstellung stabiler Emulsionen und Salben längst verwendet (siehe S. 31 dieses Buches, wo auch die Eignung verschiedener Emulgatoren zur Bereitung von Salben besprochen ist). Am Beispiel des für die Bereitung von Arbeitsschutzsalben bewährten Fettalkohols Lanettewachs[1] (Deutsche Hydrierwerke) sei die Wirkung auf die Haftfestigkeit erläutert. Der Fettalkohol „Lanettewachs", der in der Hauptsache aus Cetylalkohol besteht, ist auf der einen Seite seines Moleküls hydrophil und kann sich mit dieser Seite an das verhornte Eiweiß anlagern. Die andere Seite ist wasserabstoßend und lipophil, ebenso wie es bei einem reinen Kohlenwasserstoff alle beiden Seiten sind. Reine Kohlenwasserstoffe nehmen kein Wasser auf, bilden also ohne weitere Zusätze mit Wasser keine beständige Emulsion. Der Fettalkohol kann also mit seiner einen Seite die Brücke zum Wasser herstellen und bildet Emulsionen, d. h. er nimmt, als Salbe verarbeitet, Wasser auf und hält es beständig verteilt. Verwendet man nun eine Salbe, deren „fettiger" Anteil aus dem Fettalkohol besteht, so dringen die feinen Fettalkoholkügelchen in die freiliegenden capillaren Räumchen der Haut ein und berühren die gesamte Oberfläche der Haut. Am Hauteiweiß, z. B. an den verhornten Schuppen der Oberhaut, finden sie mit ihrer hydrophilen Seite Halt. Der Wasserdampfstrom aus der Haut wird nicht gestaut und schiebt den Film von Fettalkohol nicht von der Haut weg. Fettalkohol haftet fest an der Haut und ist schwer abwaschbar. Aber ebenso, wie der Fettalkohol Kohlenwasserstoffe emulgierbar macht (Gemische von Fettalkoholen und Vaseline geben beständige Emulsionen), so vermag er auch Kohlenwasserstoffe als Salbenbestandteile an der Haut zu verankern. Schmilzt man Lanettewachs und einen Kohlenwasserstoff zusammen und bereitet daraus unter Zugabe von Wasser eine Salbe, so stellt man fest, daß schon bei kleinen Zusätzen von Fettalkohol (3—6%) eine außerordentlich gute Haftfestigkeit erreicht wird, die bei großen Zusätzen von Fettalkohol nicht mehr so beträchtlich ansteigt. Kleine Mengen des Fettalkohols können

---

[1] SCHMIDT-LA BAUME: Die Öl-in-Wasser-Emulsionen. Leipzig 1943.

also große Mengen des sonst haltlosen Kohlenwasserstoffes „verankern".
Den Mechanismus der „Verankerung" hat man sich schematisch etwa
so vorzustellen:

Schmilzt man Vaseline und Lanettewachs zusammen und emulgiert
mit einer geeigneten Menge Wasser, so wird sich der Fettalkohol um
die Paraffinkügelchen herum anordnen, so daß die „Fassade" jedes einzelnen Paraffinkügelchens mit einer dünnen Schicht von Fettalkohol
umgeben ist, dessen hydrophober Teil nach dem Inneren des Paraffinkügelchens ausgerichtet ist, während der hydrophile Teil nach dem
wässerigen Dispersionsmittel zeigt. Die Paraffinkügelchen sind mit
vielen Moleküllagen des Fettalkohols umgeben. Die am Paraffin unmittelbar liegende Schicht von Fettalkoholmolekül liegt mit der hydrophoben Seite nach innen, mit der hydrophilen nach außen. Daran schließt
sich eine Lage, die mit der hydrophilen Seite nach innen liegt und so
wieder die hydrophile Seite der ersten Lage berührt, während ihre
hydrophobe Seite nach außen gerichtet ist. Darauf folgt eine Schicht
mit der hydrophoben Seite nach innen usw., bis als äußerste Schicht
eine folgt, deren hydrophile Seite nach außen liegt. Die Zwischen-
schichten zwischen Paraffinoberfläche und Wasser sind dabei nicht ausgesprochen orientiert.

Die so aufgebauten und umhüllten Paraffinteilchen haben also an
der Oberfläche und in einer verhältnismäßig dicken Schicht, die auf
die Oberfläche folgt, reine Fettalkoholeigenschaften. Diese verhalten
sich gegen Wasser wie Fettalkoholkügelchen, nicht etwa wie Gemische;
denn nur Fettalkohol, und zwar nur dessen hydrophile Seite, ist dem
Wasser zugekehrt. Mit dieser Anordnung gelangt das Kügelchen auch
an die Haut. Beim Gebrauch dieser Salbe wird die Haut zuerst von
Fettalkohol berührt, der eine ganz bedeutend größere „Hautaffinität"
hat als der durchaus indifferente und reaktionsträge Paraffin-Kohlenwasserstoff. Es lagert sich also vorwiegend der Fettalkohol an die Haut
an. Die Anlagerung der Fettalkohole an die Keratinschuppen der Haut
geschieht an der hydrophilen Seite des Fettalkohols. Die hydrophobe
ragt nach außen. An der hydrophoben Seite des Fettalkohols kann sich
der Paraffin-Kohlenwasserstoff anlagern. Er kann nicht an der fettfreien
Haut haften; denn er hat keinerlei hydrophile Gruppen. Wir können
also annehmen, daß auch das Paraffin einer solchen Salbe nicht nur
als „Füllung" zu betrachten ist, sondern daß es wirklich durch den
Fettalkohol an der Haut verankert wird, wenn es auch nicht unmittelbar an die Hauteiweiße zu liegen kommt. Paraffin ohne Fettalkohole
findet keinen Halt an der Haut. Erst dann, wenn die Oberfläche der
Keratinschüppchen mit dem Fettalkohol besetzt ist, dessen hydrophobe
Seite nach außen ragt, kann der Paraffin-Kohlenwasserstoff verankert
werden. So ist auch die Tatsache erklärlich, daß es nicht auf die Menge
des zugesetzten Fettalkohols ankommt. Ein kleiner Anteil genügt zur
Bildung der „Fassade".

Würde man an Stelle des sehr milden Emulgators, des Fettalkohols,
einen Stoff mit stark emulgierender Wirkung verwenden, z. B. ein Fettalkoholsulfonat, so würde man zwar auch eine beständige Emulsion er-

halten, aber keine Arbeitsschutzsalbe. Eine solche Emulsion hätte keine Haftfestigkeit; denn der äußerst starke Emulgator, der nicht nur hydrophil, sondern stark wasserlöslich ist, würde auf die emulgierten Salbenbestandteile wie ein Waschmittel wirken. Bei der Berührung mit Wasser würde das Ganze abgewaschen werden.

Die Frage: „Wie ersetzen wir am besten das Hautfett, das der Haut während der Arbeit oder durch das Waschen entzogen wurde?" stand im Vordergrund vieler Überlegungen, die zu den Problemen der Arbeitsschutzsalben im Laufe der letzten Jahre angestellt wurden. Sie ist ein Beispiel dafür, daß Fragen, die ganz harmlos erscheinen, durch eine verhängnisvolle Antwort, die sie bereits von vornherein in sich verbergen, die praktische Arbeit vom wirklichen Leben weg auf ein totes Gleis verschieben können. Als man die Frage aussprach, erhielt man eine Antwort, die nicht mehr war als das Echo der Frage. Man sagte, daß verlorenes Hautfett natürlich am besten zu ersetzen sei durch eine Schmiere, die dem Hautfett gleich oder möglichst weitgehend ähnlich ist. Die Forderung, dem Hautfett gleich oder ähnlich zu sein, die man an die Salbe stellte, bezog man aber nur auf das Chemische oder auf das Physikalisch-Chemische, und man nannte es „das Biologische". Auch als v. Czetsch-Lindenwald gezeigt hatte[1], daß natürliches Hautfett, aus der Haut lebender Menschen extrahiert, keine grundsätzlich überlegene Arbeitsschutzsalbe ist, fuhr man im allgemeinen mit dem Versuch fort, durch rein chemische oder physikalisch-chemische Nachahmung des Hautfettes eine brauchbare Arbeitsschutzsalbe aufzubauen.

Tatsächlich liegt hier nicht ein physikalisch-chemisches Problem vor, sondern ein morphologisches, das mit physikalisch-chemischen Mitteln gelöst werden kann. Aber das Morphologische steht im Vordergrund. Das natürliche Hautfett oder eine geeignete Salbe muß den richtigen histologischen Ort besetzen, um im Haut-Umwelt-System seine Aufgabe zu erfüllen. Wir haben weiter oben gezeigt, daß schon dadurch grundsätzliche und nicht umkehrbare morphologische Veränderungen in der Hornschicht entstehen, daß an dem Ort an der Haut, den ehemals Hautfett besetzte, nach dessen Entfernung ein Emulgatorfilm liegt. Auch bei Anwesenheit genügender Mengen natürlichen Hautfettes wird der ursprüngliche morphologische Zustand nicht wieder erreicht. Auch eine Salbe, die dem Hautfett noch so ähnlich ist, kann im Haut-Umwelt-System das Hautfett nicht ersetzen; denn gerade die morphologischen Beziehungen, die sich im Haut-Umwelt-System ausdrücken und die bis ins Feinst-Morphologische reichen, z. B. bis zur Dissoziation der reaktionsfähigen Gruppen der Eiweiße, werden auch von den „hautfettähnlichsten" Salben allein durch physikalisch-chemische Nachahmung des Hautfettes nicht berührt.

Salben, die auch morphologisch an die Stelle des verlorengegangenen Hautfettes treten können, haben wir nicht, und ihre Herstellung ist auch unmöglich. Aber das soll nicht heißen, daß wir deshalb vor den drängenden Problemen, die uns hier entgegentreten, die Waffen strecken müssen. Wir brauchen nur unsere Frage richtig zu stellen, um

---

[1] Czetsch-Lindenwald: Arch. Gewerbepath. u. Hyg. 10, 1 (1940).

eine Antwort zu erhalten, die uns auf den rechten Weg bringt. Nachdem wir nämlich erkannt haben, daß die glatte Haut ihrer Gestalt nach die größte Funktionstüchtigkeit und Abwehrbereitschaft verbürgt, fragen wir: „Wie bewahren wir *den* morphologischen Zustand der Haut, den wir als den besten kennen?"

Wir wollen es also gar nicht erst zum Verlust des natürlichen Hautfettes kommen lassen, sondern wollen das ganze, verwickelt gebaute morphologische System, das die Hornschicht darstellt, vor Veränderungen schützen. Das natürliche Hautfett soll an seinem Ort bleiben, es soll weiterhin als zusammenhängende Masse die feinen abgeplatteten Schüppchen des Stratum corneum umkleiden und ein Aneinanderkleben der Schüppchen zu groben Schollen verhüten.

Salben, die diese Bedingungen erfüllen, haben wir noch nicht. Das soll nicht heißen, daß grundsätzlich die Herstellung solcher Salben unmöglich ist. Noch will der Verfasser damit sagen, daß wir in allen Fällen diese besseren Salben erst abwarten müssen. An vielen Arbeitsplätzen helfen uns die vorliegenden Salben auch schon weiter, wenn wir sie richtig handhaben und richtig einsetzen. Mit Hilfe eines kleinen Kunstgriffes gelingt es in sehr vielen Fällen, das natürliche Hautfett an seinem richtigen Ort zu bewahren, so daß es unter dem Einfluß der Arbeitsumgebung oder der Waschmittel dort nicht entfernt wird. Man kann nämlich in diesen Fällen den Schmutz, der bei der Arbeit an die Arbeitshaut gelangt, in einer sehr feinen, oberflächlichen Salbenschicht abfangen. Eine kurze Betrachtung der Lage des Schmutzes macht den Kunstgriff verständlich. In den allermeisten Fällen liegt der Schmutz nicht unmittelbar an der Haut, sondern er liegt in einer feinen Fettschicht. Die Fettschicht hüllt ihn ein, bildet mit dem Schmutz ein disperses System, bei dem das Fett die äußere Phase ist, der Schmutz die innere, disperse Phase. Unbewußt machen ja alle unsere gebräuchlichen Waschmethoden längst von dieser Tatsache Gebrauch, indem sie ohne Ausnahme als Waschmittel solche Stoffe anwenden, die Fette zu emulgieren oder zu lösen vermögen. Die Beobachtung über die Lage des Schmutzes in der Fettbedeckung gibt uns praktisch die Mittel in die Hand, einen sehr großen Teil der Schmutze der Arbeitshaut sozusagen zu normalisieren, d. h. sie bewußt zu einem verhältnismäßig einheitlichen Fettschmutz zu machen. Dann braucht auch das Waschmittel nur das Fett zu emulgieren, um die als disperse Phase darin liegenden Schmutzteilchen mitzunehmen. Will man das natürliche Hautfett an seinem Ort bewahren, so salbt man die Hände oder allgemein die Arbeitshaut *vor* Beginn der Arbeit ein. Selbstverständlich kann man das nach Arbeitsschluß wiederholen. Wichtiger ist aber die planmäßige Salbung vor der Arbeit. (Auf einen Ausnahmefall wird unter „Quellung" eingegangen.) Denn damit kann ein verhältnismäßig fest haftender, unmerklich dünner Fettfilm erzeugt werden, der den Betriebsschmutz in der uns angenehmen Form als Fettschmutz abfängt. In dieser Form kann der Schmutz leicht nach Arbeitsschluß abgewaschen werden. Beim Abwaschen geht das künstlich zugeführte Fett von der Haut. Tiefer braucht man nicht zu waschen, denn der Schmutz liegt oberflächlich an diesem Salbenfilm. Es ist dabei nur nötig, wirklich genau zu wissen, wie lange ein solcher Salbenfilm schützt und welche histologischen Orte er schützt. Bei den Untersuchungen mit der unten angegebenen Methode hat sich ergeben, daß die Schutzdauer nicht nur von der angewandten Salbe, von der angreifenden Arbeitsumgebung und von der Hautstruktur abhängt, sondern in sehr hohem Maße vom richtigen, gründlichen Verreiben der Salbe auf der Haut. Die gleiche Salbe schützt bei der gleichen Arbeit um ein Vielfaches länger und besser, wenn sie mit Sorgfalt eingerieben wird. Nur aufgeschmierte Salbe ist nahezu zwecklos. Sie wird schnell abgewischt und abgewaschen. Nach dem gründlichen Einreiben kann der fühlbare Rest der Salbe mit einem sauberen Lappen abgewischt werden, so daß die Haut sich nicht mehr fettig anfühlt. Das fühlbare Fett auf der Haut bietet keinen Schutz. Es hindert bei der Arbeit und schmutzt das Arbeitsgut an. v. CZETSCH-LINDENWALD[1] hat das bewiesen. Er färbte Arbeitssalben mit einem öllöslichen, fluorescierenden Farbstoff und bestrich damit die Hände der Versuchspersonen, ohne das fühlbare Fett abzuwischen. Die Versuchspersonen ließ er arbeiten. Nach einiger Zeit suchte er mit fluorescenzanregendem Ultraviolett die Umgebung (Kleider, Arbeitsplatz, Arbeitsgut usw.) der Versuchspersonen ab und fand die fluorescierende Salbe an all diesen Orten verschmiert. Bei den Anfangsformen der rauhen Haut füllt eine solche sorgfältig vorgenommene Salbung die V-Räumchen und Risse aus, verkleinert also die Oberfläche. Wird eine Salbe einem bestimmten Arbeitsplatz angepaßt, so muß aber auch die Schutzzeit ziemlich genau ermittelt werden. Dabei muß man den histologischen Ort berücksichtigen, der zuerst seines Schutzes beraubt wird. Bei allen unseren bisher gemachten Untersuchungen waren das die Haaraustrittsöffnungen. Das sind die gleichen Stellen, an denen die Folliculitis der Bohrölarbeiter, der Glasschleifer u. a. auftreten. Es ist wohl eine Hauptaufgabe der Arbeitsschutzsalben, die gefährdeten histologischen Orte möglichst gut und lange zu schützen. Nie fanden wir die Schweißdrüsenausgänge verschmutzt, fast immer jedoch die Haaraustrittsöffnungen, die auch bei sonst glatter Haut rauh sind. Auch die Rolle der Luft darf man nicht vernachlässigen. Um die Haare herum sehen wir oft die gut verriebene Salbe durchsetzt mit verhältnismäßig großen Luftblasen, die dicht an den Haarbälgen und teils in den Schuppen der Haarepidermis hängen. Die Luftblasen machen stellenweise die Berührung der Salben mit Haar und Haut unmöglich.

Benetzung.

Wenn wir von der Arbeitsschutzsalbe verlangen, daß sie die besten Haut-Umwelt-Beziehungen schaffen hilft, so kann uns die Betrachtung der vielfältigen Epochen weiterhelfen, die die Haut durchgemacht hat und die wir heute noch im Tierreich studieren können. Die Haut der niederen und höheren Tiere ist geradezu ein Spiegel der Haut-Umwelt des Tieres, so „daß ein Blick auf die Haut oder ein Schnitt durch sie

---

[1] v. CZETSCH-LINDENWALD: Arch. Gewerbepath. u. Hyg. 10, 1 (1940).

genügt, um zu erkennen, ob sie von einem wirbellosen Tier oder von einem Wirbeltier, einem Cölenter oder einem Mollusk, einem Amphibium oder einem Reptil stammt"[1]. Der Rahmen dieses Buches gestattet es nicht, auf die außerordentlich interessanten Mittel der Anpassung der Haut an die Umwelt einzugehen, die wir in der Entwicklungsgeschichte finden. Immer entwickelt die Haut Mittel, die Grenzfläche Haut-Umwelt möglichst sozusagen hinauszuschieben. Chemisch, physikalisch und morphologisch haben die Mittel, die alle dem gleichen Zweck dienen, die verschiedensten Formen: die Fische sondern aus eigentümlichen, aus der Tiefe nach der Außenfläche heraufwandernden Schleimzellen einen Schleim ab, der die ganze Haut bedeckt. Wasser berührt nicht den Fisch, sondern den Schleim. (Wenn man nicht den Schleim zum Fisch zählen will. Auch hier die Schwierigkeit der klaren Grenzziehung zwischen Haut und Umwelt.) Die Schlangen, die ihre Haut im ganzen, als sogenanntes Natternhemd, abwerfen, haben bei der Häutung oft 2—3 verschiedene Epidermisgenerationen fertig untereinander liegen. Amphibien nehmen sich ein Stück „Wasser-Umwelt" mit heraus ans Land, indem sie ihre Haut dort mit Hilfe vielzelliger, kugeliger Drüsen feucht halten, also die Luft-Umwelt ein Stück hinausschieben. Die gleiche Absicht sehen wir bei der gefetteten, glatten menschlichen Haut. Ein eindrucksvolles, vergrößertes und vergröbertes Bild der entfetteten rauhen Haut gibt uns eine Ente, der wir die Möglichkeit nehmen, ihr Federkleid mit dem Fett ihrer Bürzeldrüse zu schmieren. Nach kurzer Zeit benetzt das Wasser die Federn unmittelbar (nicht wie vorher nur das Fett der Federn), und der Vogel schaut struppig aus. Nach einiger Zeit wird er nicht einmal mehr schwimmen können, weil das Wasser sein Gefieder durchtränkt wie einen Schwamm: in seinem gewohnten Element ersäuft das Tier, nur weil sich seine Haut-Umwelt oder Feder-Umwelt um eine kaum meßbar kleine Strecke, nämlich nur um die Dicke der Fettschicht, nach innen verschoben hat.

Bei den Untersuchungen über die Benetzung muß man stets genau ermitteln, was benetzt wird. Es ist nicht immer die Haut. Oft ist es die Fettbedeckung. Capillaraktive Stoffe benetzen auch die Fettbedeckung, und sie können sogar die fettige Oberfläche hydrophil machen. Damit allein kommen sie noch nicht an die Haut heran. Erst wenn die Fettschicht herunteremulgiert ist, wenn sie von der Oberfläche verdrängt ist, wird die unmittelbare Benetzung der Haut hergestellt. Ein Beispiel aus der Metallbearbeitung zeigt diese Unterschiede eindrucksvoll: Der Verfasser sah dünn eingefettete Leichtmetallstreifen, die aus technischen Gründen während der Ziehbearbeitung mit einer wäßrigen Lösung benetzt werden mußten. Leitungswasser perlte von den Streifen ab. Eine Spur eines hochcapillaraktiven Netzmittels stellte die Benetzung her. Wurde aber nach mehreren Stunden, während derer die Streifen sogar mechanisch bearbeitet wurden, die Netzmittellösung wieder mit Wasser abgespült, so war die „Metalloberfläche" nur für einige Zeit benetzbar, dann wurde sie wieder hydrophob. Der ursprünglich vorhandene Ölfilm war gar nicht von der Metalloberfläche

---

[1] PLATE: Allgemeine Zoologie und Abstammungslehre. Jena 1922.

verdrängt worden. Das Netzmittel benetzte den Ölfilm, dieser die Metalloberfläche, eine unmittelbare Berührung von Netzmittel zu Metall war nur vorgetäuscht. AGNES POCKELS[1] hat Beobachtungen mitgeteilt über die Umorientierung der Moleküle in Oberflächen bei der Benetzung: Nach langer, inniger Berührung mit Wasser wird Paraffin (besonders wenn es geschmolzen auf Wasser gegossen wird und dort erkaltet) an der Fläche benetzbar, die dem Wasser zugekehrt war. Die Benetzbarkeit entsteht durch Ausrichtung der Moleküle an der Oberfläche (LANGMUIR-HARKINS-Orientierung[2]). Nach Unterbrechung der Berührung mit dem Wasser gehen die Moleküle aus ihrem wohlgeordneten Zustand wieder in den der Unordnung zurück oder sie nehmen eine andere Orientierung an. Dann ist das Paraffin nicht mehr benetzbar. So kann eine Zeitlang Benetzung *der Haut* vorgetäuscht werden, wo wirklich nur eine Oberflächenschicht aus sonst hydrophoben Stoffen benetzt wird. Aber die Beispiele mahnen auch zur Vorsicht. Wir können nicht sagen, ein Stoff ist schlechthin hydrophob oder hydrophil. Lange Berührungszeiten und die Gegenwart kleiner Mengen oberflächenaktiver Stoffe können helfen, eine oberste Molekülschicht umzuordnen. LIESEGANG brachte einen Ölfleck auf einen Filtrierpapierstreifen. In der Nähe der einen Kante setzte er einen Tropfen einer Farbstofflösung auf und ließ ihn eintrocknen. Beim senkrechten Einhängen des Papiers in Wasser, derart, daß die Kante mit dem Farbstofftropfen nach unten hängt, steigt das Wasser im Papier capillar hoch und reißt den Farbstoff mit nach oben. Wasser und Farbstoff durchdringen dann den weiter oben sitzenden Öltropfen. Man sollte erwarten, daß der Öltropfen das Papier abgedichtet habe. Nach LIESEGANGs Versuch ist das nicht der Fall. Setzt man dagegen statt des Öltropfens einen Gelatinetropfen auf und läßt diesen eintrocknen, so ist an der Stelle des Gelatinetropfens das Papier gedichtet, und Wasser und Farbstoff dringen nicht ein. Das „hydrophobe" Öl dichtet also in diesem Falle nicht ab. Die „hydrophile" Gelatine dagegen versperrt dem Wasser den Weg. Die Poren des Papiers sind vom Öl nicht vollkommen ausgefüllt, so daß capillarer Aufstieg immer noch erfolgt[3].

Quellung und Entquellung.

Gegen die Einwirkung von Säuren und sauren Lösungen ist die Haut, besonders die verhornte Schicht der Epidermis, verhältnismäßig widerstandsfähig. Ihr isoelektrischer Punkt und damit ihr Quellungsminimum liegen im sauren Gebiet. „Neutrale" Lösungen liegen also schon auf der alkalischen Seite des isoelektrischen Punktes. Wenig

---

[1] POCKELS, AGNES: Kolloid-Z. **62**, 1 (1933) und früher, auch WOLF und TRIESCHMANN: Praktische Einführung in die physikalische Chemie **2**, 107. Braunschweig 1938.

[2] LANGMUIR, I.: Met. Chem. Eng. **15**, 468 (1916). — Ders.: J. amer. chem. Soc. **39**, 1848 (1917). — HARKINS, W. D., E. C. H. DAVIS u. G. L. CLARK: J. amer. chem. Soc. **39**, 541 (1917). — HARKINS, CLARK u. ROBERTS: J. amer. chem. Soc. **42**, 700 (1920).

[3] LIESEGANG, R. ED.: Fette u. Seifen **50**, 437 (1943).

widerstandsfähig sind die oberen Hornschichten gegen den Angriff selbst schwach alkalischer Lösungen. Mehrere Faktoren wirken bei diesem Angriff zusammen. Die alkalischen Lösungen benetzen besser als die sauren. Ist die Berührung mit der Haut hergestellt, so quillt die Haut schon in schwach alkalischen Lösungen. In der gequollenen Haut diffundieren viele Stoffe der Arbeitsumgebung besser als in der normalen, ungequollenen. Aber auch chemische Umwandlungen stellen sich ein. Für das Kollagen und Keratin ist die Quellung der erste Schritt zum Abbau, zur Verleimung. Die so zum Teil abgebauten Eiweiße sind fermentativ leicht weiter spaltbar. Sowohl die autolytischen Fermente der Haut wie auch die Fermente der Mikroorganismen finden Angriffspunkte und spalten diese Bausteine weiter. Die niederen Spaltprodukte sind schon selber entzündungs- und quellungserregend, sie können also weitere Hautanteile zur Quellung und zum stufenweisen Abbau bringen. Die Quellung bedeutet nicht nur das offene Tor für viele eindringende Stoffe aus der Arbeitsumgebung, sie ist auch schon der Beginn des Abbaues der Hauteiweiße. Alkalische Arbeitsumgebungen sind häufig. Ein großer Teil der Händewaschmittel (Seifen, Soda, Seifenpulver usw.) ist alkalisch. Tatsächlich spielen die alkalischen Reizungen der Arbeitshaut eine sehr große Rolle. Würde es gelingen, die Haut während der Arbeit auf ihrem isoelektrischen Punkt (p_H 3,5—5) zu erhalten, so würden viele Hautschäden wegfallen. Aber das gelingt nicht, und es ist schon ein großer Gewinn, daß wir heute wenigstens über geeignete Waschmittel verfügen, die während des Waschens keine weitere Quellung erzeugen.

Die flüssige Arbeitsumgebung kann nur in den seltensten Fällen auf den isoelektrischen Punkt der Haut gebracht werden. In alkalischen Lösungen kommt es dann zur Quellung. Leider ist deren unmittelbare Verhütung oder die künstliche Entquellung der Haut (Gerbung) kein geeignetes Feld für die Anwendung der Arbeitsschutzsalben, wie hier gezeigt werden soll. Nur mittelbar können solche Salben angewandt werden mit dem Ziel, die flüssige, alkalische Arbeitsumgebung von der Haut abzuhalten. Berücksichtigt man die Mengen der Stoffe, die alkalische Reizungen hervorrufen, so sieht man, daß ihre Wirkung kaum von entquellenden Salben der Menge nach aufgehoben werden kann. Selbst bei Salben, die ihrer Qualität nach genügen würden, ist die Quantität in den meisten praktischen Fällen viel zu klein, um große Hautanteile vor der Quellung zu bewahren oder gequollene zu entquellen. Über die Mengen der beteiligten Stoffe muß man sich von Fall zu Fall klar werden. Es würde bessere Vergleiche geben, wenn die Autoren der einschlägigen Arbeiten bei allen ihren Vergleichen für die alkalischen Lösungen nicht nur den p_H-Wert und die Konzentration (bisher wird meist nur eine dieser Größen genannt) angeben würden. sondern auch die Pufferkapazität. Die Pufferkapazität ist nämlich von den drei Größen die wichtigste. Wenn wir uns von einer stark dissoziierten Base eine Lösung mit bestimmtem p_H-Wert herstellen und daneben eine Lösung mit dem gleichen p_H-Wert aus einer schwächer dissoziierten Base oder aus einem alkalisch reagierenden Salz der ersten Base und schließlich eine Lösung mit dem gleichen p_H-Wert aus einem guten

Puffergemisch, so müssen wir ganz verschiedene Säuremengen aufwenden, um jede der drei Lösungen auf einen anderen, einen sauren p_H-Wert zu bringen. Es ist also durchaus nicht gleichgültig, von welcher der Lösungen ein Tropfen auf die Haut kommt. Je größer die Pufferkapazität ist, um so mehr werden bei gleichem p_H-Wert und unter sonst gleichen Bedingungen die Lösungen reizen und die Haut zur Quellung bringen. Der Satz gilt jedoch nur dann, wenn verhältnismäßig kleine Mengen der Lösung auf die Haut kommen. Also er gilt etwa an Arbeitsplätzen, an denen die Haut gelegentlich bespritzt wird oder an denen sie ab und zu einmal in die Lösung eintaucht. Arbeitet die Hand immer in der Lösung, oder wird sie ständig berieselt, so spielt die Pufferung bei gleichem p_H-Wert keine Rolle, denn dann steht einer verhältnismäßig kleinen Menge Haut eine sehr große Menge der Lösung gegenüber, und die Haut wird immer von der praktisch gleichbleibenden Lösung benetzt. Im zuletzt geschilderten Falle ist eine Behandlung der Haut mit einer entquellenden Salbe (Gerbstoffsalbe) bedeutungslos. Es wirkt höchstens die Salbengrundlage fettend und schmierend. Die Gerbstoffmenge ist viel zu gering, um hier überhaupt eine merkliche Wirkung zu entfalten. In solchen Fällen muß man bei der Vorbeugung und Heilung ebenfalls mit Gerbmittellösungen arbeiten. Bekommt die Haut nur kleine Spritzer, so ist die Aussicht, mit einer gerbenden Salbe das Ziel zu erreichen, schon besser. Aber auch in diesen Fällen ist wohl die eigentliche „Schutz"-Wirkung der Salbe, also ihr Schutz gegen Benetzung, wichtiger. Beide Fälle sehen schon günstiger aus, wenn man zu Öl-in-Wasser-Emulsionen übergeht und den Gerbstoff in die äußere Phase bringt.

Die Frage nach der Art der Gerbstoffe, die in Arbeitsschutzsalben angewandt werden können, läßt sich nur nach einer kurzen Betrachtung der Grundlagen der Gerbung der lebenden Haut beantworten.

Man spricht in der Pharmakologie oft von Gerbstoffen oder gar von Adstringentien, obgleich es solche Stoffe strenggenommen in dieser schematisierten Form nicht gibt. Alle Stoffe, die so bezeichnet werden, haben nur in ganz bestimmten Zuständen, z. B. in saurer wäßriger Lösung, andere in alkalischer Umgebung, die Fähigkeit, zu gerben. Bringt man sie aus diesem Milieu, in dem sie gerben können, heraus, so sind sie keine „Gerbstoffe" mehr. Tannin gerbt nur im sauren Gebiet, nicht im neutralen oder alkalischen. Andere Stoffe entfalten ihre Gerbwirkung nur im alkalischen Gebiet (Formaldehyd) und gerben im sauren nicht. Es ist besser, sich in der Praxis nicht „Gerbstoffe" vorzustellen, sondern immer gerbende physikalisch-chemische Systeme. Die „Adstringenz" ist die Eigenschaft, die Haut zusammenzuziehen. Adstringente gerbende Systeme schaffen schnell an der Oberfläche eine dicht zusammengezogene Schicht und versperren sich selber den Weg ins Innere und den Ausscheidungsprodukten der Haut den Weg nach außen. Bezeichnet man die Gerbstoffe als Adstringentien, so wählt man eine Eigenschaft für die Benennung, die man gerade bei der medizinischen Anwendung dieser Stoffe nicht brauchen kann und zu vermeiden sucht. Die Gerbung in der Medizin und Hygiene soll keine Schichten bilden, die Wege versperren, und keine Schorfe, unter denen unerwünschte und nichtkontrollierbare Vorgänge sich abspielen können. Setzt man Gerbung gleich Eiweißfällung, so trifft man, wie bei der Adstringenz, weder das Richtige noch das Wesentliche. Es gibt nämlich auch Gerbstoffe, die sehr energisch gerben, die aber keine Eiweißfällung geben, z.B. der Formaldehyd und manche Chromverbindungen. Eine Gerbung der ganzen Haut, eine Gerbung also, die Eiweiße aller histologischen Elemente der Haut gerben würde, brächte Hautschäden, wie wir sie als Formaldehydschäden aus der Gewerbepathologie kennen. Zellen und lebendes Hautgewebe sollen durch gerbende Lösungen nicht gegerbt oder verändert werden, solange sie noch ihren gesunden Quellungszustand haben. Nur die gequollenen Hauteiweiße und die höheren Eiweißbausteine, die beim Abbau entstehen, sollen bei der Gerbung erfaßt werden. Gegerbt sind sie vor dem weiteren Zerfall bewahrt. *So gelingt es, durch die Gerbung an einer ganz bestimmten Stelle im Verlauf des stufenweisen Abbaues der Hauteiweiße eine Sperre zu setzen*[1].

Nie können untergegangene Hautanteile, gequollene Zellen durch die Gerbung gerettet oder regeneriert werden. Eine gewisse Regenerierung kann höchstens einmal an nichtzelligen Hautanteilen geschehen. Aber die untergegangenen Hautanteile werden durch die Gerbung vor dem weiteren Abbau zu toxischen Bausteinen bewahrt. Damit ist aber die Umgebung, die in manchen Fällen ein weites Feld sein kann, vor Schäden sicher bewahrt. Praktisch spielt diese Sperre des Abbaus auch eine Rolle bei der Vorbeugung in der Gewerbehygiene. Dabei ist es oftmals so, daß die Haut während der Arbeitszeit kleinste Quellungsschäden erleidet. Diese kleinsten Schäden werden durch eine Gerbung nach der Arbeit von der Haut genommen. Sie werden nicht geheilt, aber sie können wenigstens keine weiteren Schäden in der Haut verursachen. Es werden dabei immer wieder in kurzen Abständen die kleinen verleimten Hautanteile gegerbt und vor dem weiteren Abbau bewahrt. Was während der täglichen Arbeit verleimt wurde, wird nach der Arbeit gegerbt. Das übrige Gewebe bleibt unbeeinflußt. Man könnte hier von einer „Vorbeugung 2. Grades" sprechen im Gegensatz zu einer Vorbeugung, die unmittelbar den Schaden verhütet. Bei der Vorbeugung 2. Grades werden also nur kleinste Schäden in geeigneten kleinen Zeitabschnitten erfaßt. Natürlich kommt nicht jede Vorbeugung so zustande, und es gibt auch bei der Anwendung der Gerbstoffe genügend Beispiele für andere Formen der Vorbeugung.

Im Handel sind heute zwei brauchbare Gerbstoffe zur vorbeugenden und heilenden Behandlung der lebenden Arbeitshaut: Dulgon S und Taktocut. Beide werden auch in Form von Salben (Dulgonsalbe, Taktocutsalbe und Taktocutemulsion, letztere ein Öl-in-Wasser-System) hergestellt. Dulgon S (Chem. Fabr. Joh. A. Benckiser, Ludwigshafen/Rh.) ist ein polymeres Natriummetaphosphat, auf einen p_H 3,5 eingestellt. Seine wäßrigen Lösungen binden das Calciumion des Wassers komplex, enthärten also Wasser. Von dieser Eigenschaft wird bei der industriellen Wasserenthärtung Gebrauch gemacht. Allerdings werden

---

[1] Jäger, R.: Arch. Gewerbepath. **7**, 85 (1936); Z. Gewerbehyg. Wien **42**, 167 u. 186 (1935).

dabei anders aufgebaute Metaphosphate angewandt. Die sauren Lösungen gerben, ohne Schorfe zu bilden. Ihre Diffusionsgeschwindigkeit ist gut. Taktocut[1] ist ein organischer Gerbstoff mit großem Pufferungsvermögen, der im sauren, auch im schwach sauren Gebiet gerbt, keine Schorfe bildet und ebenfalls gut eindringt. Beide gerben nicht die ungeschädigten Zelleiweiße, sondern nur die gequollenen und im Abbau begriffenen. Die richtige Form beider Gerbstoffe ist die wäßrige Lösung. In Form der Salben können sie höchstens eine leichte Gerbwirkung entfalten. Die mit Salben aufgebrachten Gerbstoffmengen sind außerordentlich gering. Wir müssen bei Gerbstoffsalben, wie überhaupt bei der ganzen Gerbstofftherapie, immer berücksichtigen, daß die Gerbstoffe an den gequollenen Hauteiweißen wirklich gebunden werden, *und zwar in stöchiometrisch faßbaren Verhältnissen.* Führt man zu geringe Gerbstoffmengen zu, so verteilen sich diese durchaus nicht homogen in der Haut, sondern sie werden von den ersten Hautteilen, die sie erreichen, gebunden. Alle anderen Hautteile bleiben von Gerbstoffen unberührt. Ob die beiden genannten Gerbstoffe außer der Entquellung auch noch andere wichtige Veränderungen auf der Haut verursachen, ist nicht sicher bekannt. Die Befürchtung, die Haut könnte bei dauernder vorbeugender Gerbbehandlung allmählich selber zu einer Art Leder werden, hat sich in der Praxis nicht bestätigen lassen. Das war auch vorauszusehen, denn die Gerbstoffe wurden von vornherein so gewählt, daß sie die unveränderte Haut überhaupt nicht gerben. Auch die Betrachtung der Haut der Gerber bestätigt das. Lohgerber haben ausgesprochen gute Haut. Hautschäden in Lohgerbereien findet man vorwiegend in der Wasserwerkstatt, dort also, wo das Gegenteil von Gerben gemacht wird. Neuere Beobachtungen deuten darauf hin, daß Gerbstoffe, und damit auch Gerbstoffsalben, geeignet sind, den auf die Haut aufgezogenen Emulgatorfilm zu verdrängen. Eine streng gültige Bestätigung für diese Beobachtung, die für den Hautschutz recht bedeutend wäre, ist noch nicht gelungen. Immerhin wurde beobachtet, daß die gleiche Salbengrundlage mit dem gleichen Wassergehalt auf der Haut besser haftet, wenn ihr einer der genannten Gerbstoffe zugesetzt wird. Ob das nur an der Verdrängung des Emulgatorfilmes liegt, ist nicht sicher.

Die Durchsicht des Schrifttums der letzten Jahre, insbesondere der Patentanmeldungen des In- und Auslandes, zeigt, daß zum Teil recht ungeeignete Gerbstoffe empfohlen werden, selbst solche, gegen deren Anwendung im Arbeitsschutz Bedenken bestehen: zahlreiche Patentschriften nennen Formaldehyd und Chromverbindungen als therapeutische Gerbstoffe. Formaldehyd gerbt *nur* im alkalischen Gebiet, nicht im sauren. Aber im alkalischen Gebiet schädigt er die Haut, weil er in diesem Milieu alle Zelleiweiße gerbt, nicht nur die gequollenen. Die gegerbten Zellen gehen ein. Wir kennen das als Formalinhautschäden leider aus der gewerbehygienischen Praxis. Heute gibt es zudem wahrscheinlich noch viele Formaldehyd-Empfindliche, denn es gehen heute viele Menschen mit Formalin um. Formaldehyd ist ein oft verwendeter

---

[1] Chemische Fabrik Stockhausen & Cie., Krefeld.

Arbeitsstoff in der chemischen Industrie. Ähnlich steht es mit den Chromverbindungen als therapeutische Gerbstoffe. Vor den Schäden durch diese Stoffe wollen wir an vielen Arbeitsplätzen die Leute gerade schützen. Tannin wird oft als „der Gerbstoff" bezeichnet. Tannine bilden Schorfe, diffundieren sehr langsam, versperren sich selber den Weg, färben die vergerbten Eiweißschichten dunkel, sind stark eisenempfindlich und leicht aufspaltbar. Tannine geben mit Eisensalzen schwarzgefärbte Verbindungen, die außerordentlich fest an der Haut haften. Aus diesem Grunde können Tannine für Arbeitsschutzsalben nicht verwendet werden; denn die Benutzer der Salben kommen bei der Arbeit und überhaupt im täglichen Leben immer mit Spuren von Eisenverbindungen in Berührung. Bei Verwendung von Tanninsalben treten dann, besonders an den Handflächen, unangenehme und schwer entfernbare schwarze Verfärbungen auf. Daß die Tannine so viel verwendet werden, liegt wahrscheinlich daran, daß sie überall leicht beschafft werden können. Der Name täuscht Sicherheit vor, besonders wenn man ihn, was in dieser Form gar nicht richtig ist, auch noch als Acidum tannicum bringt. Weder die einzelnen Tannine sind einheitliche chemische Stoffe, denen man einen solchen Namen beilegen kann, der eine chemische Bezeichnung vortäuscht, noch stimmen die verschiedenen Tannine des Handels so weit überein, daß sie ein solches Vorgehen rechtfertigen könnten. Vielmehr sind diese verschiedenen Tannine, die alle für die hier interessierenden Zwecke verwendet werden, sogar chemisch-konstitutionell recht verschieden. Es finden sich im Schrifttum auch Vorschläge, die Tannine vor der Verwendung zu neutralisieren (Amerika!). Aus den oben angeführten Gründen ist das sinnlos und unzweckmäßig; denn Tannine gerben nur im sauren Gebiet, nie im neutralen und nie im alkalischen. Zudem kann das Neutralisationsmittel, es wurde Natronlauge empfohlen, auch allein vorausdiffundieren, wenn es im Überschuß angewandt wurde oder wenn ein Teil des recht unbekannten Reaktionsproduktes hydrolysiert.

Die Handhabung der gerbenden Systeme für die Zwecke der Heilung und der Vorbeugung bietet manche Schwierigkeiten. Es wurde oben gezeigt, daß schon die Verschiebung des p_H-Wertes genügt, um aus einem sogenannten Gerbstoff einen nichtgerbenden Stoff zu machen. Man glaubt, sich mit einem Puffer einfach helfen zu können. Aber die Puffer können in der Haut anders, nämlich ganz erheblich schneller diffundieren, ja es können sogar die einzelnen Teile des Puffers verschieden schnell eindringen. Dann ist der Puffer zu einer ganz anderen Zeit in einem Hautstück als der Gerbstoff. Der Puffer kann schon Hautschäden verursachen, bevor der Gerbstoff ankommt. Der Gerbstoff gerbt dann die Hautanteile, die sein Puffer zuvor geschädigt hat! Es bleibt noch die Frage: Wohin mit dem Puffer? Der Gerbstoff wird von der Haut gebunden, nicht der Puffer. Er muß weiterwandern. Besser als gepufferte Gerbstoffe sind solche geeignet, die ein genügend großes eigenes Puffervermögen haben und einer Pufferung durch ein Puffergemisch nicht bedürfen. Aus den dargelegten Gründen können natürlich saure Gerbstoffe nie in Salben verwendet werden, die selber einen alkalisch oder neutral reagierenden Emulgator haben, der gepuffert ist. Seine Wirkung kann der Gerbstoff in der Salbe nur dann ausüben, wenn er selber möglichst gut, die Salbe dagegen möglichst wenig gepuffert ist. So nimmt die Salbe die Reaktion des Gerbstoffs an.

Methoden.

1. Fluorescenzmikroskopische Darstellung der Oberfläche der lebenden Haut. Will man die Hautoberfläche mikroskopisch sichtbar machen, so muß man alle Bilder ausschalten, die nicht Oberfläche zeigen, sondern tiefere Schichten. Praktisch geschieht das mit Hilfe der Fluorescenzauflichtmethode, die R. und F. Jäger angegeben haben[1]. Die Haut-

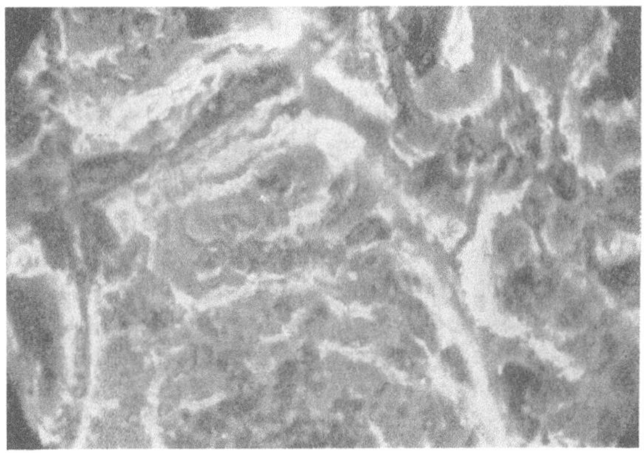

Abb. 6. Rauhe Haut. Die abschilfernden groben Schuppenränder und die V-Räumchen fluorescieren nach der Anfärbung mit Primulin.

oberfläche wird mit einer 1—5 proz. Lösung eines fluorescierenden Farbstoffs eingerieben, der im Tageslicht nicht sichtbar färbt. Geeignet ist Primulin (Grübler, Leipzig). Danach wird kurz abgespült, abgetrocknet und unter dem Ultropak (Leitz) bei etwa 100 facher Vergrößerung betrachtet. Gute helle Bilder sehr guter Auflösung ergibt folgende Optik: Objektiv UO 11, dazu den Immersionsansatz, Peripl. Okular 10 x. Während der Untersuchung wird die Haut ganz leicht an die Fläche des Immersionsansatzes angelegt. Aus einer Lichtquelle, die möglichst viel nahes Ultraviolett und sichtbares Violett bietet, läßt man das Licht durch ein geeignetes Filter (z. B. Schott BG 12), das das sichtbare Licht mit Ausnahme des Violetts zurückhält, in den Ultropak und damit auf die Haut fallen. Dort erregt das Licht die Fluorescenz der Farbstoffe. Diese senden sichtbares Licht größerer Wellenlänge aus, das zur Beobachtung und zur Photographie der mikroskopisch vergrößerten Hautoberfläche benutzt wird. Damit in das Auge des Beobachters und auf die photographische Schicht kein kurzwelliges Erregerlicht kommt, schaltet man zwischen Objektiv und Okular ein

---

[1] Jäger, R. und F.: Arch. Gewerbepath. **9**, 276—287.

Sperrfilter, das nur Licht durchläßt, das eine größere Wellenlänge hat als das Erregerlicht (z. B. Schott OG 1). Da die Farbstoffe auf der Oberfläche adsorbiert sind und das Fluorescenzleuchten sich in diesen Fällen auch nur an der Oberfläche abspielt, werden mit dieser Methode auch nur Oberflächen dargestellt, und keinerlei tiefere Schichten stören das Bild. Einzelheiten über die Methodik müssen in den Originalabhandlungen nachgelesen werden[1]. Die Bilder sind hell und können mit einer Kleinbild-Mikrokamera gut photographiert werden. Eine wesentliche Vereinfachung bedeutet die Einführung einer kleinen Quecksilberdampflampe als Lichtquelle an Stelle der großen Bogenlampe. Im Laboratorium des Verfassers werden alle Hautoberflächenbilder seit längerer Zeit nur noch mit dieser kleinen Lichtquelle gemacht.

2. Raumbildmethode. Mit Hilfe der stereoskopischen binokularen Prismenlupen (Leitz) können gute Raumbilder der Hautoberfläche dargestellt und photographiert werden. Färbung ist unnötig. Die Vergrößerung geht höchstens bis 40fach. Die numerische Apertur dieser Geräte ist natürlich viel kleiner als die des Ultropakmikroskopes. Eine nachträgliche Vergrößerung der Negative führt also bald in das Feld der irreführenden Leervergrößerungen. Die Bilder sind jedoch außerordentlich plastisch. Mikrophotogramme stellt man in der Weise her, daß man durch jeden einzelnen Schenkel des Lupenmikroskopes eine eigene Aufnahme macht. In stereoskopischen Betrachtungsapparaten lassen sich diese Teilbilder zu sehr eindrucksvollen Raumbildern vereinigen. Über das Kleben der Raumbilder muß auf die Schriften dieses Faches verwiesen werden. Falsch geklebte Bilder geben durchaus irreführende Raumbilder.

3. Methode zur Ermittlung der Haftfestigkeit und der Schutzdauer. Will man wissen, wie lange eine Arbeitsschutzsalbe an einem bestimmten Arbeitsplatz die dort Tätigen schützt, so trägt man die Salbe *richtig* auf und färbt dann mit den unter 1. genannten Fluorescenzfarbstofflösungen die Haut in regelmäßigen zeitlichen Zwischenräumen an. Das erste Anfärben geschieht nach dem Einsalben und vor Beginn der Arbeit. Die Farbstoffe färben nur die ungeschützten Hautstellen. Im Fluorescenz erregenden Licht kann man makroskopisch, etwa nicht geschützte große Stellen ermitteln. Unter dem Ultropak (s. Methode 1) bestimmt man mikroskopisch die histologischen Orte, die ihres Schutzes beraubt sind. Wiederholt man die Beobachtung in regelmäßigen Zeitabständen, so kann man erkennen, wie lange eine Salbe die empfindlichen histologischen Orte der Haut schützt. Umgekehrt kann in gleicher Weise ermittelt werden, welche Salbe am besten schützt oder welcher Emulgator in der Salbe die größte Haftfestigkeit zur Haut ergibt. Einem bestimmten Arbeitsplatz kann so eine bestimmte, am besten schützende Salbe angepaßt werden. Diese Methode kann in der Praxis des Arbeitsschutzes eine ganze Reihe interessanter Fragen beantworten. Vor den makroskopischen Methoden hat sie den Vorzug, genau den histologischen Ort erkennen zu lassen, der noch geschützt ist oder der seines Schutzes

---

[1] Jäger: Z. Mikrosk. **56**, 273—290 (1939).

schon beraubt ist. Natürlich kann die gleiche Methode auch angewandt werden bei den Untersuchungen über Schmutz und Waschen. Auch dabei will man oft den histologischen Ort kennen, an dem der Schmutz liegt. Zahlenmäßig kann man die Haftfestigkeit mit Hilfe eines Fluorescenzphotometers einigermaßen genau und gut reproduzierbar bestimmen. Es ist dabei ziemlich gleichgültig, welche photometrische Versuchsanordnung man wählt. Im Laboratorium des Verfassers wird das PULFRICH-Photometer ständig für diese Untersuchungen benutzt. Ebensogut ist natürlich ein lichtelektrisches Photometer genügender Empfindlichkeit brauchbar. Der Grundgedanke der fluorescenzphotometrischen Methode zur Bestimmung der Haftfestigkeit ist folgender:

Die von der Salbe geschützten Hautstellen nehmen kein Wasser und keine in Wasser gelösten fluorescierenden Farbstoffe an. Die nicht von der Salbe geschützten Hautstellen werden dagegen von wässerigen Farbstofflösungen angefärbt. Taucht man die von einer Salbe geschützte Haut in eine wässerige Lösung eines fluorescierenden Farbstoffes, so werden nur die von der Salbe ungeschützten Hautstellen an-

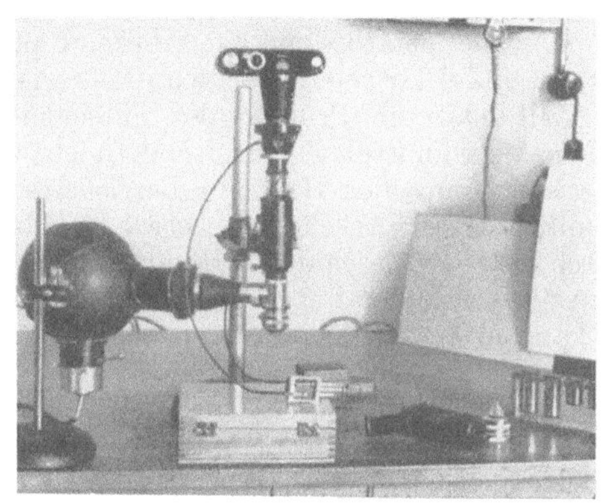

Abb. 7. Ultropakmikroskop zur Hautoberflächenuntersuchung mit kleiner Quecksilberdampflampe und Kamera. (Zusammenstellung aus dem Laboratorium des Verfassers.)

gefärbt. Im Fluorescenzphotometer zeigen diese Hautstellen dann eine größere Helligkeit. Die ungefärbten bleiben schwarz. Zunehmende Helligkeit bedeutet demnach Abnahme der Schutzwirkung der Salbe. Praktisch wird die Haftfestigkeit der Salben an der Haut fluorescenzphotometrisch bestimmt durch Messen der Anfärbbarkeit der Haut nach einigen Waschungen. Die Haut des Handrückens einer Versuchsperson wird mit der zu prüfenden Salbe gründlich eingerieben. Auf den Handrücken der anderen Hand der gleichen Versuchsperson wird eine Vergleichssalbe gebracht. Als Vergleichssalbe benutzt man für alle Versuche eine gute Arbeitsschutzsalbe, deren Eigenschaften aus der Praxis hinreichend bekannt sein müssen. Nach dem Auftragen der beiden Salben wird das grob fühlbare „Fett" mit einem weichen Leinenlappen abgewischt und wird mit Hilfe des Fluorescenzphotometers die Fluorescenz der beiden gleichmäßig gut eingesalbten Handrücken bestimmt. Nun wird mit einem Waschmittel in üblicher Weise gewaschen, d. h. so, daß die Versuchsperson unter Waschbewegungen mit kaltem Wasser die Hände wäscht. Als Waschmittel wird im Laboratorium des Verfassers eine angedickte 3proz. Mersolatlösung verwendet. Nach dem Waschen wird mit kaltem Wasser gründlich abgespült, das anhaftende Wasser von den Händen kurz abgeschleudert, und die Handrücken werden in eine Primulinlösung getaucht. Das Eintauchen wird in einer großen photographischen Entwicklungsschale vorgenommen. Die Eintauchzeit beträgt 10 Sekunden. Nach dem Anfärben mit Primulin wird wieder mit kaltem Wasser gründlich abgespült und dann abgetrocknet. Dabei ist starkes Reiben zu vermeiden. Nun wird wieder photometriert. Der Wert, der nun erhalten wird, liegt zumeist schon bedeutend höher als der erste. Nur bei Salben mit starker eigener Fluorescenz kann der abgelesene Wert nach der ersten Waschung niedriger liegen als der Wert für die eigene Fluorescenz der Salbe. Das rührt daher, daß die oberflächlich als fühlbares Fett aufliegende Salbenschicht in jedem Falle nach der ersten Waschung entfernt wird. Hierauf wird wieder gewaschen, gespült und gefärbt und anschließend photometriert. Waschen, Anfärben und Photometrieren wird 4—8mal wiederholt.

Will man die Prüfung der Salbenhaftfestigkeit nicht gegenüber einem Waschmittel messen, sondern etwa gegenüber der praktischen Beanspruchung der Haut im Betriebe, so kann man natürlich auch unmittelbar am Arbeitsplatz, etwa im Abstand von einer Stunde, die durch die Salbe geschützten Hände anfärben und photometrieren. Trägt man die Werte der einzelnen Messungen in Form von zwei Kurven auf, so kann man die Schutzwirkung der zu prüfenden Salbe im Vergleich zur Vergleichssalbe einwandfrei erkennen. Es ist besonders interessant, daß nach einigen Waschungen und Anfärbungen die am Photometer abgelesenen Werte wieder um ein Stück abfallen und dann erst nach diesem Knick langsam wieder ansteigen. Der Grund für diese Erscheinung liegt darin, daß beim Waschen immer Teile der obersten, verhornten Schicht der Epidermis abgetragen werden. Diese feinen Hautschüppchen verschwinden mit dem daran haftenden Farbstoff. Nun sind aber am meisten anfärbbar die obersten, in Abschilferung befindlichen Schüppchen der Epidermis. Wesentlich weniger anfärbbar sind die tiefer liegenden, noch vom natürlichen Hautfett durchdrungenen Schuppen. Die Kurve zeigt dann an der Stelle, an der der Knick liegt, noch die Schutzwirkung der Salben gegenüber der mechanischen Einwirkung der Waschung. Besonders stark ist der Abfall der Helligkeitswerte an der Stelle des Kurvenknicks bei rauher Haut, und gerade bei einer solchen Haut beobachtet man häufig, daß zwischen der zu messenden Salbe und der Vergleichssalbe ein deutlicher Unterschied besteht, derart, daß die eine erst um eine oder mehrere Waschungen später als die andere den Knick zeigt, oder daß der Abfall der Helligkeit bei der einen stärker ist als bei der anderen.

Mit dieser Methode wird also unmittelbar und wirklich die Schutzwirkung der Salbe gemessen, und das ist etwas ganz anderes als etwa die Messung der auf der Haut noch befindlichen Salbenmenge. Auf die Salbenmenge kommt es nämlich, wie wir weiter oben gezeigt haben, gar nicht so sehr an, und wir haben Arbeitsschutzsalben, die bereits in sehr kleiner Menge einen hervorragenden Schutz gewähren, während andere selbst dann, wenn große Mengen auf der Haut liegen, keinen Schutz gegen Benetzung bilden. Deshalb sind auch diejenigen Methoden irreführend, die etwa durch Extraktion der Haut mit einem Lösungs-

mittel die nach der Beanspruchung der Haut verbliebene Salbenmenge
ermitteln wollen. Natürlich kann man auf diese Weise die Salbenmenge recht exakt und gut reproduzierbar messen. Aber die Salbenmenge hat eben mit der Schutzwirkung nichts zu tun.

4. Methode zur Bestimmung der Selbstreinigungszeit. Die Haut wird
mit Primulin angefärbt und täglich unter dem Ultropakmikroskop angesehen. Nach einigen Tagen bei glatter Haut und einigen Wochen bei
rauher Haut ist keine Fluorescenz mehr zu beobachten. Die bis dahin
verstrichene Zeit kann als Selbstreinigungszeit angesehen werden. Dazu
ist immer anzugeben, wie die Haut während dieser Zeit durch Waschen
und durch die Arbeit beansprucht wurde.

Außer den von JÄGER ausgearbeiteten Methoden wurden von
CZETSCH-LINDENWALD[1] noch Modellversuche zur Vorprüfung von Gewerbeschutzsalben ausgearbeitet.

BÜHLER[2] hat diese Versuchsanordnungen veröffentlicht. Mit ihnen
kann man zum Gewerbeschutz empfohlene Salben auf ihre Einsatz-
fähigkeit gegen Lösungsmittel und gegen Säuren und Laugen prüfen.

Im ersten Falle werden die aus der Gerbereichemie bekannten
Prokterschen Filterglocken unten mit einer Papiermembran lösungsmitteldicht verbunden. Man streicht die Membran von unten her dünn
mit der zu prüfenden Salbe ein und füllt über der Membran 10 ccm des
Lösungsmittels ein. Diese Substanzen durchdringen die Papiermembran
schnell und werden von der Salbenschicht, falls sie lösungsmitteldicht
ist, zurückgehalten, so daß aus der Durchwanderungsgeschwindigkeit
Schlüsse auf die Brauchbarkeit zu ziehen sind.

Die Modellversuche, welche die Säuren- und Laugenresistenz prüfen
sollen, werden mit Glasplatten angestellt. Auf eine Grundschicht von
Gelatine wird eine alkoholische Indikatorenlösung aufgetragen. Nach
dem Trocknen der Phenolphthalein- oder Methylorangeschicht wird
eine dünne Lage Salbe aufgetragen und diese nach dem Eintrocknen
mit verschieden starken Säuren und Laugen beträufelt. Je langsamer
die Salben die Testflüssigkeiten durchlassen, um so langsamer schlägt
der Indikator um, und um so besser ist die Salbe. Die kurz skizzierten
Versuche ergaben Resultate, die in Kurven zusammengefaßt, mit den
anderen Methoden zusammen Schlüsse auf die Brauchbarkeit der
Gewerbeschutzmittel ermöglichen. Wir sind auf diese Weise in der
Lage, ungeeignete Mittel auszuschalten und gewinnen Erfahrungen, mit
deren Hilfe bereits entwickelte Produkte verbessert werden können.

---

[1] v. CZETSCH-LINDENWALD: Ärztl. Nachrichten der Austria pharm. Chemie.
[2] BÜHLER: Dissertation Freiburg, 1944.

Namenverzeichnis.

Sachverzeichnis.